개정4판

공학도를 위한

길잡이 공업수학

김 찬 중

문운당

머 리 말

저는 이 책이 “공학을 다룬 수학책”이 아니라 “수학을 다룬 공학책”으로 평가되기를 바라는 마음으로 집필하였으며, “쉽고 재미있게”를 원칙으로 제 나름대로의 서술을 곳곳에서 시도하였습니다. 물론 제가 지금까지 공부하고 또한 교재로 사용한 훌륭한 공업수학 책들에서 많은 도움을 받았습니다. 그러나 “멋진 남의 안경”보다 “내 눈에 맞는 소박한 안경”에 대한 바램이 있었으며, 그런 저의 바램은 공학도의 관점에서 공학도를 위하여 이 책을 집필하는 동기가 되었습니다.

이 책의 초판이 출간된 이후에도 저는 꾸준히 부족하다고 생각되는 점을 보완해왔습니다. 특히 본서가 일본어로 완역되어 「공업수학 포켓북」이라는 제목으로 일본에서 출간된 것은 그동안 많은 독자의 성원에 힘입은 덕분으로 생각합니다. 그동안 여러모로 도움을 주시고 격려를 해주신 많은 분들께 감사드리며, 이 책이 부족한 대로 공학도에게 도움이 되기를 바랍니다.

저자 씀

차　례

일러두기: 본문의 절이나 예제에서 *가 붙어 있는 것은 강의진도에 따라 생략해도 되는 부분이고, **가 붙어 있으면 생략하는 것을 원칙으로 하되, 필요한 경우에는 다룰 수도 있다는 뜻이다.

▶ 기본과정

제0장　기초적인 공식

제1장　미분방정식의 기초

제2장　2계 선형미분방정식

제3장 미분방정식의 급수해

제4장 라플라스변환

제5장 행렬과 행렬식

제9장 경계값문제와 함수의 직교성

제10장 푸리에 해석 (급수 · 적분 · 변환)

제11장 편미분방정식

제12장 복소수와 복소함수

제13장 복소적분

제14장 유수정리와 응용

제15장 등각사상

▶선택과정

제16장 선형대수의 응용

제17장 고계 및 연립미분방정식

제18장 다변수함수의 해석

제19장 편미분방정식의 해석

제20장 텐서의 기초

제21장 일반좌표계와 텐서

기본과정

Chapter 0

기초적인 공식

이 장에서는 이미 알고 있는 기초적인 공식과 앞으로 공부할 내용과 관련하여 미리 알아두기를 권하는 공식들, Euler(오일러)의 유명한 공식 $e^{i\theta} = \cos\theta + i\sin\theta$, 정적분 $\int_{-\infty}^{\infty} e^{-x^2}\,dx = \sqrt{\pi}$, 실수에 대한 계승(factorial) $x!$ 등을 다룬다.

0-1 대수학의 기초

1차방정식의 해. 일반적인 1차방정식(一次方程式)은

$$ax + b = 0 \tag{1}$$

으로 쓰고, 방정식의 해는 $a \neq 0$인 경우 $x = -\dfrac{b}{a}$로 주어진다. 만일, $a = 0$이면 해는 $b = 0$일 때 **부정**(不定; 무한히 많은 해를 가짐), $b \neq 0$일 때 **불능**(不能; 해가 존재하지 않음)이라고 한다.

2차방정식의 해. $a \neq 0$일 때 2차방정식의 일반형은

$$ax^2 + bx + c = 0 \tag{2}$$

이고, 잘 알려진 바와 같이 $D = b^2 - 4ac$의 부호에 따라 서로 다른 실근(實根), 중근(重根), 복소근(複素根)을 갖는다. 해의 일반형은

$$x = \frac{-b \pm \sqrt{D}}{2a} \tag{3}$$

로 주어진다.

***고차방정식의 해.** 고차(高次)방정식은 항상 다항식의 차수와 같은 갯수의 복소근을 가진다는 것이 가우스(Gauss)에 의해 증명되었다. 그러나, 5차 이상인 방정식의 해는 사칙연산과 제곱근 등을 유한번 사용하여 나타낼 수 없다는 것이 또한 아벨(Abel)에 의해 증명되었기 때문에 3차 및 4차방정식의 일반해를 아래에서 알아본다.

***예제 1** 3차방정식 $x^3 + ax = b$의 한 근을 구하라.

☞ 항등식

$$(\alpha - \beta)^3 + 3\alpha\beta(\alpha - \beta) = \alpha^3 - \beta^3 \tag{4}$$

에서

$$3\alpha\beta = a, \ \alpha^3 - \beta^3 = b \tag{5}$$

로 두면 $x = \alpha - \beta$로 주어진다. 윗식으로부터 α, β를 구하면

$$\alpha = \sqrt[3]{\frac{b}{2} + \sqrt{\left(\frac{b}{2}\right)^2 + \left(\frac{a}{3}\right)^3}}, \quad \beta = \sqrt[3]{-\frac{b}{2} + \sqrt{\left(\frac{b}{2}\right)^2 + \left(\frac{a}{3}\right)^3}} \quad ◀ \tag{6}$$

3차방정식의 일반형 $y^3 + Ay^2 + By + C = 0$에서 $y = x - \frac{A}{3}$로 두면 2차항이 소거되어 $x^3 + \left(B - \frac{1}{3}A^2\right)x = -C + \frac{1}{3}AB - \frac{2}{27}A^3$로 쓸 수 있다. 따라서, 이 예제는 일반적인 3차방정식을 푼 것임을 알 수 있다. 위의 해법은 1535년경에 타르탈리아(Tartalia)에 의해 알려졌다.

****예제 2** 4차방정식 $x^4 + px^2 + qx + r = 0$을 두 개의 2차식으로 인수분해하고 해를 구하라.

☞ $q = 0$인 경우, 주어진 4차방정식은 $x^4 + px^2 + r = 0$과 같이 x^2에 대한 2차방정식이므로

$$x = \pm\sqrt{-\frac{p}{2} \pm \frac{1}{2}\sqrt{p^2 - 4r}} \tag{7}$$

인 해를 쉽게 구할 수 있다. 따라서, $q \neq 0$인 경우만을 생각하기로 한다. 먼저 $s > 0$이라 할 때, 주어진 4차방정식이

$$x^4 + px^2 + qx + r = (x^2 + \sqrt{s}\,x + u)(x^2 - \sqrt{s}\,x + v) \tag{8}$$

로 인수분해된다고 가정하면 계수비교에서

$$p = u + v - s \tag{9}$$

$$q = \sqrt{s}\,(v - u) \tag{10}$$

$$r = uv \tag{11}$$

이다. 계속하여, 식 (9)와 식 (10)을

$$(v + u)^2 - (v - u)^2 = 4uv \tag{12}$$

인 항등식에 대입하면

$$(p + s)^2 - \frac{q^2}{s} = 4r \tag{13}$$

이 된다. 여기서

$$\begin{aligned} f(s) &= s(p+s)^2 - q^2 - 4sr \\ &= s^3 + 2ps^2 + (p^2 - 4r)s - q^2 \end{aligned} \tag{14}$$

이라 하면, $f(0) = -q^2 < 0$이고 $f(\infty) > 0$이므로 3차방정식 $f(s) = 0$은 반드시 양수근 $s = s^+$를 가진다. 따라서, 식 (9)와 (11)

$$u + v = p + s^+, \quad uv = r$$

로부터 u, v는

$$y^2 - (p + s^+)y + r = 0 \tag{15}$$

의 두 근이 된다. 그런데, 식 (13)을 변형하면

$$(p + s^+)^2 - 4r = \frac{q^2}{s^+} > 0 \tag{16}$$

이므로 식 (15)는 항상 서로 다른 두 실근을 갖는다. 즉, 식 (15)를 풀면

$$u, v = \frac{1}{2}\left[(p+s) \pm \sqrt{(p+s)^2 - 4r}\right] = \frac{1}{2}\left[(p+s) \pm \frac{|q|}{\sqrt{s}}\right] \tag{17}$$

를 얻는다. 그런데, 식 (10)에서 $\sqrt{s}(v - u) = q$이므로 $v - u$의 부호와 q의 부호가 같기 때문에

① $q > 0$이면 $v > u$, ② $q < 0$이면 $v < u$

로 되어야 한다. 위의 조건으로부터 u, v를 선택하면 주어진 4차방정식은

$$\left\{x^2 + \sqrt{s}\,x + \frac{1}{2}\left[(p+s) - \frac{q}{\sqrt{s}}\right]\right\} \times \left\{x^2 - \sqrt{s}\,x + \frac{1}{2}\left[(p+s) + \frac{q}{\sqrt{s}}\right]\right\} = 0$$

과 같이 인수분해된다. 정리하면 4차방정식의 근은 다음과 같다.

$$x^4 + px^2 + qx + r = 0$$

• $q = 0$일 때, $x = \pm\sqrt{-\dfrac{p}{2} \pm \dfrac{1}{2}\sqrt{p^2 - 4r}}$

• $q \neq 0$ 일 때, $x = \begin{cases} \dfrac{\sqrt{s}}{2} \pm \dfrac{1}{2}\sqrt{-s - 2p - \dfrac{2q}{\sqrt{s}}} \\ -\dfrac{\sqrt{s}}{2} \pm \dfrac{1}{2}\sqrt{-s - 2p + \dfrac{2q}{\sqrt{s}}} \end{cases}$

여기서, s는 $s^3 + 2ps^2 + (p^2 - 4r)s - q^2 = 0$의 양수근 ◀ (18)

이 문제의 해결을 위해 먼저 $x^4 + px^2 + qx + r = (x^2 + Ax + B)(x^2 + Cx + D)$로 인수분해된다고 가정하자. 그런데, 우변을 전개하여 x^3항이 나타나지 않으려면 $A + C = 0$이어야 한다. 즉, $x^4 + px^2 + qx + r = (x^2 + Ax + B)(x^2 - Ax + D)$의 꼴로 인수분해되어야 한다. 여기서, A 대신 $-A$를 사용하여도 마찬가지라는 것에 착안하여 A가 음이 아닌 수가 되도록 $A = \sqrt{s}$로 둔 것이다.

****예제 3** $x^4 + 3x^2 - 6x + 10 = 0$의 네 근을 모두 구하라.

☞ 식 (18)로부터

$$s^3+2ps^2+(p^2-4r)s-q^2=s^3+6s^2-31s-36=(s-4)(s+1)(s+9)=0$$

을 풀어, 양수근 $s=4$를 구한다. 계속하여, $p=3,\ q=-6$이므로

$$x=\begin{cases}\dfrac{\sqrt{s}}{2}\pm\dfrac{1}{2}\sqrt{-s-2p-\dfrac{2q}{\sqrt{s}}}= & 1\pm\dfrac{1}{2}\sqrt{-4}\\ -\dfrac{\sqrt{s}}{2}\pm\dfrac{1}{2}\sqrt{-s-2p+\dfrac{2q}{\sqrt{s}}}= & -1\pm\dfrac{1}{2}\sqrt{-16}\end{cases}$$

으로부터 4개의 복소근 $x=1\pm i,\ x=-1\pm 2i$를 얻는다. ◀

연습문제

*[1] **(Ferari의 해법)** $x^4+ax^2+bx+c=0$을 변형하여 $x^4+2ax^2+a^2=ax^2-bx-c+a^2$, 즉 $(x^2+a)^2=ax^2-bx-c+a^2$으로 두고 적당한 p에 대해

$$\begin{aligned}(x^2+a+p)^2&=ax^2-bx-c+a^2+2p(x^2+a)+p^2\\&=(a+2p)x^2-bx+(p^2-c+2pa+a^2)\end{aligned}$$

의 우변이 x에 대한 완전제곱꼴로 되도록 하면 $b^2-4(a+2p)(p^2-c+2pa+a^2)=0$인 p에 관한 3차방정식을 얻을 수 있다. 이와 같이 얻은 p의 값을 이용하면 제곱근을 구하는 문제로 바뀌므로 근을 구한다.

*[2] **(Viete의 해법)** 비에트는 $x^4+ax^2+bx=c$, 즉 $x^4=c-ax^2-bx$의 양변에 $x^2y^2+\dfrac{y^4}{4}$을 더하여 $\left(x^2+\dfrac{y^2}{2}\right)^2=(y^2-a)x^2-bx+\left(\dfrac{y^4}{4}+c\right)$를 얻고, 우변이 완전제곱꼴로 되는 조건이 $y^6-ay^4+4cy^2=4ac+b^2$과 같이 y^2에 관한 3차방정식임을 이용하여 해를 구하였다. 또한, 그는 3차방정식 $x^3+3ax=2b$(모든 3차방정식은 이와 같이 나타낼 수 있다)의 해법을 제시하였다. 먼저, $x=\dfrac{a}{y}-y$로 두고 3차방정식에 대입하면 $y^6+2by^3=a^3$과 같이 y^3에 관한 2차방정식을 얻을 수 있다. 여기서, y를 얻으면 결국 3차방정식의 해를 구하게 된다(인용: *An Introduction to the History of Mathematics*, Howard Eves).

[3] **(3차방정식의 일반해) $z^3+az^2+bz+c=0$은 $z=x-\dfrac{a}{3}$로 치환하면

$$x^3+3px+2q=0,\quad p=-\frac{a^2}{9}+\frac{b}{3},\quad q=\frac{a^3}{27}-\frac{ab}{6}+\frac{c}{2}$$

로 된다. 여기서, $\omega^2+\omega+1=0$의 두 근 $\omega,\ \omega^2=-\frac{1}{2}(1\pm i\sqrt{3})$에 대해서

$$x_1=u+v,\quad x_2=u\omega+v\omega^2,\quad x_3=u\omega^2+v\omega$$
$$u=\left[-q+\sqrt{p^3+q^2}\right]^{1/3},\quad v=\left[-q-\sqrt{p^3+q^2}\right]^{1/3}$$

은 3차방정식 $x^3+3px+2q=0$의 해가 된다. 왜냐하면,

$$x_1+x_2+x_3=0,\quad x_1x_2+x_2x_3+x_3x_1=-3uv=3p,\quad x_1x_2x_3=u^3+v^3=-2p$$

로 되기 때문이다. 특히, $p,\ q$가 실수인 경우에 대하여

① $p^3+q^2>0$이면 1개의 실근 x_1과 2개의 복소근 x_2, x_3을 가진다.

② $p^3+q^2\le 0$이면 3개의 실근을 가지고 $\cos\theta=\dfrac{q}{p\sqrt{-p}}$라고 두면(단, $0\le\theta\le\pi$)

$$x_1, x_2, x_3=2\sqrt{-p}\cos\left(\frac{\theta}{3}+\frac{2k}{3}\pi\right),\quad k=0,1,2$$

로 나타낼 수 있다.

[4] (4차방정식의 다른 형태의 일반해) $z^4+az^3+bz^2+cz+d=0$은 $z=x-\frac{a}{4}$로 치환하면

$$p=-\frac{3a^2}{8}+b,\quad q=\frac{a^3}{8}-\frac{ab}{2}+c,\quad r=-\frac{3a^4}{256}+\frac{a^2b}{16}-\frac{ac}{4}+d$$

라고 할 때, $x^4+px^2+qx+r=0$으로 변환된다. 이 방정식의 근을 x_1, x_2, x_3, x_4라고 하면

$$\begin{aligned}(x-x_1)&(x-x_2)(x-x_3)(x-x_4)\\ &=x^4-(x_1+x_2+x_3+x_4)x^3+(x_1x_2+x_1x_3+x_1x_4+x_2x_3+x_2x_4+x_3x_4)x^2\\ &\quad-[x_1x_2(x_3+x_4)+x_3x_4(x_1+x_2)]x+x_1x_2x_3x_4=0\end{aligned}$$

이 된다. 그런데,

$$x_1=\frac{1}{2}(\sqrt{y_1}+\sqrt{y_2}+\sqrt{y_3}),\quad x_2=\frac{1}{2}(\sqrt{y_1}-\sqrt{y_2}-\sqrt{y_3})$$
$$x_3=\frac{1}{2}(-\sqrt{y_1}+\sqrt{y_2}-\sqrt{y_3}),\quad x_4=\frac{1}{2}(-\sqrt{y_1}-\sqrt{y_2}+\sqrt{y_3})$$

로 두면[이것은 식 (18)보다 조금 더 복잡한 해이다] $x_1+x_2+x_3+x_4=0$이고

$$x_1x_2=\frac{1}{4}[y_1-(y_2+y_3+2\sqrt{y_2y_3})],\quad x_2x_3=\frac{1}{4}[y_3-(y_1+y_2-2\sqrt{y_1y_2})]$$
$$x_1x_3=\frac{1}{4}[y_2-(y_3+y_1+2\sqrt{y_3y_1})],\quad x_2x_4=\frac{1}{4}[y_2-(y_3+y_1-2\sqrt{y_3y_1})]$$
$$x_1x_4=\frac{1}{4}[y_3-(y_1+y_2+2\sqrt{y_1y_2})],\quad x_3x_4=\frac{1}{4}[y_1-(y_2+y_3-2\sqrt{y_2y_3})]$$

이므로

$$p=(x_1x_2+x_1x_3+x_1x_4+x_2x_3+x_2x_4+x_3x_4)=-\frac{1}{2}(y_1+y_2+y_3)$$

$$\begin{aligned}-q&=[x_1x_2(x_3+x_4)+x_3x_4(x_1+x_2)]\\ &=\frac{1}{4}[y_1-(y_2+y_3+2\sqrt{y_2y_3})](-\sqrt{y_1})+\frac{1}{4}[y_1-(y_2+y_3-2\sqrt{y_2y_3})](\sqrt{y_1})\\ &=\sqrt{y_1y_2y_3}\end{aligned}$$

$$\begin{aligned}r=x_1x_2x_3x_4&=\frac{1}{4}[y_1-(y_2+y_3+2\sqrt{y_2y_3})]\frac{1}{4}[y_1-(y_2+y_3-2\sqrt{y_2y_3})]\\ &=\frac{1}{16}[(y_1-y_2-y_3)^2-4y_2y_3]\\ &=\frac{1}{16}(y_1^2+y_2^2+y_3^2-2y_1y_2-2y_2y_3-2y_3y_1)\\ &=\frac{1}{16}[(y_1+y_2+y_3)^2-4(y_1y_2+y_2y_3+y_3y_1)]\end{aligned}$$

으로 정리된다. 위의 세 개의 식을 정리하면

$$y_1+y_2+y_3=-2p$$

$$y_1 y_2 + y_2 y_3 + y_3 y_1 = p^2 - 4r$$
$$y_1 y_2 y_3 = q^2$$

이므로, 복소수 y_1, y_2, y_3는 $y^3 + 2py^2 + (p^2 - 4r)y - q^2 = 0$의 세 근으로 주어진다.

0-2 계승과 계승함수

계승과 겹계승. 연산

$$n! = n(n-1)(n-2) \times \cdots \times 3 \cdot 2 \cdot 1 \tag{19}$$

은 **계승**(階乘, factorial)인 것을 이미 알고 있다. 이와 유사하게 하나씩 건너뛰면서 곱해가는 연산을 **겹계승**(double factorial)이라고 정의하고

$$n!! = n(n-2)(n-4)(n-6) \cdots \tag{20}$$

과 같이 계승기호를 두 개 붙여쓴다. 편의상,

$$(-1)!! = 0!! = 1!! = 1 \tag{21}$$

로 $-1, 0, 1$에 대한 겹계승을 모두 1로 약속한다. 겹계승에 대해

$$n! = n!!(n-1)!!, \quad 2^n n! = (2n)!! \tag{22}$$

이 성립한다.

예제 4 식 (22)의 공식 $n! = n!!(n-1)!!$, $2^n n! = (2n)!!$이 성립함을 보여라.

☞ 첫 번째의 공식은 계승 $n!$을 다음과 같이 하나씩 건너뛰면서 곱하고 겹계승의 정의를 이용하면 증명된다.

$$\begin{aligned} n! &= n(n-1)(n-2)(n-3)(n-4)(n-5)(n-6) \times \cdots \\ &= n(n-2)(n-4)(n-6) \times \cdots \\ &\quad \times (n-1)(n-3)(n-5) \times \cdots \\ &= n!! \times (n-1)!! \end{aligned}$$

두 번째의 공식에서 2^n은 2를 n번 곱하는 것이므로 다음과 같이 두 개씩 짝을 지어 먼저 곱하고 정리하면 된다.

$$\begin{aligned} 2^n n! = &\ 2 \times \ 2 \times \ 2 \times \ \cdots \times 2 \times 2 \times 2 \\ &\times n \times (n-1) \times (n-2) \times \cdots \times 3 \times 2 \times 1 \\ &= (2n) \times (2n-2) \times (2n-4) \times \cdots \times 6 \times 4 \times 2 \\ &= (2n)!! \end{aligned}$$ ◀

계승함수와 감마함수. 계승을 실수에 대한 연산으로 확장하기 위해서 다음의 적분을 생각해 보자.

$$\Gamma(x+1) \equiv x! \equiv \int_0^\infty t^x e^{-t}\, dt. \tag{23}$$

위에서, $\Gamma(x+1)$을 **감마함수**(Gamma function), $x!$을 **계승함수**(factorial function)라고 한다. 정의에 따라

$$\Gamma(x) = (x-1)! \tag{24}$$

이 된다. 식 (23)을 부분적분하면(당분간 $x > 0$으로 생각한다)

$$\begin{aligned} x! &\equiv \int_0^\infty t^x e^{-t}\, dt \\ &= [t^x(-e^{-t})]_0^\infty - \int_0^\infty x t^{x-1}(-e^{-t})\, dt \\ &= x\int_0^\infty t^{x-1} e^{-t}\, dt = x(x-1)! \end{aligned} \tag{25}$$

과 같이 쓸 수 있다. 특히, 임의의 자연수 $x = n$에 대해서 윗식은

$$n! = n(n-1)!$$

인 계승과 동일한 내용을 나타낸다. 따라서, x가 음이 아닌 **정수**(整數, integer)일 때 식 (23)은

$$\int_0^\infty t^n e^{-t}\, dt = \Gamma(n+1) = n! = n(n-1)(n-2)\cdots 3\cdot 2\cdot 1$$

인 계승으로 환원되며, 따라서 식 (23)을 계승함수라고 하는 것이다. 보통, $x!$보다 $\Gamma(x+1)$를 선호하는 경우가 많은데 이 교재에서는 이미 알고 있는 계승과 호환성이 높은 계승함수 $x!$을 주로 사용하기로 한다.

계승함수의 중요한 성질. 계승함수는 음의 정수에 대해서는 무한대로 발산하는 성질을 가진다. 즉,

$$(-n)! = \pm\infty, \quad n = 1, 2, 3, \cdots \tag{26}$$

으로 된다. 이것은 음의 실수에 대해 계승함수가

$$x!(-x)! = \frac{\pi x}{\sin \pi x} \tag{27}$$

와 같이 정의되어, 위에서 $x = n$을 대입하면 우변의 분모가 0이 되기 때문이다. 계승함수는 $0 \le x \le 1$에 대해서만 정의되면 다른 범위에 대해서는 계승의 성질

$$x! = x(x-1)! \tag{28}$$

을 연속적으로 이용하거나 또는 음의 실수에 대한 계승은 식 (27)을 사용하여 구한다. 범위 $0 \le x \le 1$에서의 계승함수 $x!$의 값은 부록에 주어져 있다. 특히, x가 큰 수일 때는

다음과 같은 스털링(Stirling)의 공식

$$x! \cong \sqrt{2\pi x}\left(\frac{x}{e}\right)^x\left(1+\frac{1}{12x}+\frac{1}{288x^2}-\frac{139}{51840x^3}+\cdots\right) \tag{29}$$

을 이용하여 근사값을 구한다(윗식은 $x>10$일 때 0.001% 정도의 오차밖에 나지 않는다).

예제 5 $\Gamma\left(\frac{1}{2}\right)=\left(-\frac{1}{2}\right)!=\sqrt{\pi}$임을 보여라.

☞ 식 (27)에 $x=1/2$를 대입하면

$$\left(\frac{1}{2}!\right)\left(-\frac{1}{2}\right)!=\frac{\pi/2}{\sin(\pi/2)}=\frac{\pi}{2}$$

그런데, 계승함수의 정의에서

$$\left(\frac{1}{2}\right)!=\frac{1}{2}\left(\frac{1}{2}-1\right)!=\frac{1}{2}\left(-\frac{1}{2}\right)! \tag{30}$$

이므로

$$\frac{1}{2}\left(-\frac{1}{2}\right)!\left(-\frac{1}{2}\right)!=\frac{\pi}{2} \quad\Rightarrow\quad \left(-\frac{1}{2}\right)!\left(-\frac{1}{2}\right)!=\pi$$

즉,

$$\Gamma\left(\frac{1}{2}\right)=\left(-\frac{1}{2}\right)!=\sqrt{\pi} \tag{31}$$ ◀

예제 6 $\left(\frac{5}{2}\right)!$의 값을 구하라.

☞ 계승의 정의와 $\Gamma\left(\frac{1}{2}\right)=\left(-\frac{1}{2}\right)!=\sqrt{\pi}$를 이용하여

$$\begin{aligned}\left(\frac{5}{2}\right)! &= \frac{5}{2}\cdot\left(\frac{3}{2}\right)!\\ &=\frac{5}{2}\times\frac{3}{2}\cdot\left(\frac{1}{2}\right)!\\ &=\frac{5}{2}\times\frac{3}{2}\times\frac{1}{2}\cdot\left(-\frac{1}{2}\right)!=\frac{15}{8}\sqrt{\pi}\end{aligned} \tag{32}$$ ◀

****예제 7** 다음 르장드르의 중복공식을 보여라(단 z는 양의 정수).

$$z!\left(z+\frac{1}{2}\right)!=\sqrt{\pi}\,\frac{(2z+1)!}{2^{2z+1}}, \quad z!\left(z-\frac{1}{2}\right)!=\sqrt{\pi}\,\frac{(2z)!}{2^{2z}}$$

☞ 계승함수의 정의와 (예제 5)의 결과 $(-1/2)!=\sqrt{\pi}$를 이용하면

$$\begin{aligned}z!\left(z+\frac{1}{2}\right)! &= z!\left(z+\frac{1}{2}\right)\left(z-\frac{1}{2}\right)\left(z-\frac{3}{2}\right)\cdots\frac{3}{2}\cdot\frac{1}{2}\left(-\frac{1}{2}\right)!\\ &= z!\,\frac{2z+1}{2}\,\frac{2z-1}{2}\,\frac{2z-3}{2}\cdots\frac{3}{2}\cdot\frac{1}{2}\sqrt{\pi}\\ &= z!\,\frac{(2z+1)!!}{2^{z+1}}\sqrt{\pi}\\ &= \frac{(2z)!!}{2^z}\,\frac{(2z+1)!!}{2^{z+1}}\sqrt{\pi}\end{aligned} \tag{33}$$

$$= \sqrt{\pi}\,\frac{(2z+1)!}{2^{2z+1}}$$

이 성립한다. 두 번째의 공식은 윗식의 결과로부터

$$z!\left(z+\frac{1}{2}\right)\left(z-\frac{1}{2}\right)! = \frac{2z+1}{2}\,z!\left(z-\frac{1}{2}\right)! = \sqrt{\pi}\,\frac{(2z+1)!}{2^{2z+1}}$$

의 양변에서 $\frac{2z+1}{2}$을 소거하면

$$z!\left(\frac{z-1}{2}\right)! = \sqrt{\pi}\,\frac{(2z)!}{2^{2z}} \quad ◀ \tag{34}$$

0-3 미 분

이 절에서는 기초적인 미분과 편미분, 그리고 사슬법칙에 대해 알아본다.

역함수의 미분. 예를 들어, tangent의 역함수 $y = \tan^{-1} x$의 미분은 $x = \tan y$를 이용하여 구한다. 즉 양변을 x에 관하여 미분하면

$$1 = \sec^2 y\,\frac{dy}{dx} \quad \Rightarrow \quad \frac{dy}{dx} = \frac{1}{\sec^2 y} \tag{35}$$

이 되고, $1 + \tan^2 y = \sec^2 y$를 이용하면

$$\frac{d}{dx}\tan^{-1} x = \frac{1}{1+x^2} \tag{36}$$

과 같이 x에 관한 함수로 나타낼 수 있다.

예제 8 $\frac{d}{dx}\ln|x| = \frac{1}{x}$임을 보여라(단, $x \neq 0$).

☞ 로그함수는 지수함수 $y = e^x$의 역함수이다. 먼저 $x > 0$인 경우에

$$\frac{d}{dx}\ln|x| = \frac{d}{dx}\ln x = \frac{1}{x} \tag{37}$$

이 성립하는 것을 알고 있다. 만일 $x < 0$이라면 $x = -y$로 두어

$$\frac{d}{dx}\ln|x| = \frac{d}{dx}\ln y = -\frac{d}{dy}\ln y = \frac{1}{-y} = \frac{1}{x}$$

이 된다. 즉 $x \neq 0$일 때,

$$\frac{d}{dx}\ln|x| = \frac{1}{x}, \quad \int \frac{1}{x}\,dx = \ln|x| + c \tag{38}$$

인 공식을 얻는다. ◀

편미분. 함수 $f(x) = x^2 + a^2$을 미분하면 $\frac{df}{dx} = 2x$가 되는 것을 이미 알고 있다. 여기서 a는 x에

관하여 미분할 때 상수로 취급한 것이다. **편미분**(偏微分; partial differential)은 주어진 독립변수를 제외하고는 모두 상수처럼 생각하고 미분하는 것을 말한다. 예를 들어

$$f(x, y) = x^3 + x^2 y + y^2$$

이라면

$$\frac{\partial f}{\partial x} = 3x^2 + 2xy, \quad \frac{\partial f}{\partial y} = x^2 + 2y$$

가 될 것이다. 위에서, ∂은 편미분기호를 나타낸다.

흔히, 편도함수는 아래첨자를 이용하여

$$f_x \equiv \frac{\partial f}{\partial x}, \quad f_y \equiv \frac{\partial f}{\partial y} \tag{39}$$

로 보다 간편하게 나타낸다. 또한, 고계(高階) 편도함수는

$$f_{xy} = \frac{\partial^2 f}{\partial y \partial x} = \frac{\partial}{\partial y}\frac{\partial f}{\partial x} \tag{40}$$

등으로 구한다. 이 교재에서는 특별한 언급이 없는 한 편도함수가 연속인 것으로 생각하여 미분의 순서에 관계없이 고계 편도함수를 정의한다. 즉

$$\frac{\partial^2 f}{\partial y \partial x} = \frac{\partial^2 f}{\partial x \partial y}, \quad f_{xyx} = f_{xyy} = f_{yxy} = \frac{\partial^3 f}{\partial x \partial y^2}$$

등으로 간주한다.

사슬법칙(chain rule). 어떤 함수가 2개 이상의 독립변수를 가지면 **다변수함수**(多變數函數)라고 한다. 다변수함수 $f(x,y)$의 **미소증분**(微小增分, infinitesimal increment)은 df로 나타내고

$$df = f(x + dx,\ y + dy) - f(x, y) \tag{41}$$

로부터 구할 수 있다. 윗식을 "give-and-take"에 의해 변형하면

$$\begin{aligned} df = f(x + dx,\ y + dy) - f(x,\ y + dy) \\ + f(x,\ y + dy) - f(x,\ y) \end{aligned} \tag{42}$$

가 되고, 편도함수의 정의로부터

$$\begin{aligned} f(x + dx,\ y + dy) - f(x,\ y + dy) &= \left.\frac{\partial f}{\partial x}\right)_{x,\ y + dy} dx \\ f(x,\ y + dy) - f(x,\ y) &= \left.\frac{\partial f}{\partial y}\right)_{x,\ y} dy \end{aligned} \tag{43}$$

를 얻을 수 있다. 여기서, $dx, dy \to 0$인 경우를 고려하면

$$df = \frac{\partial f}{\partial x} dx + \frac{\partial f}{\partial y} dy \tag{44}$$

로 쓸 수 있는데, 이것을 **사슬법칙**(chain rule) 또는 **연쇄법칙**(連鎖法則)이라고 한다. 3

개의 독립변수를 갖는 함수 $f(x, y, z)$에 대한 사슬법칙은

$$df = \frac{\partial f}{\partial x}dx + \frac{\partial f}{\partial y}dy + \frac{\partial f}{\partial z}dz \tag{45}$$

와 같이 된다.

미분과 미소증분에 의한 나눗셈. 어떤 함수 $y(x)$의 미분은 $y' \equiv \dfrac{dy}{dx} = \lim_{\delta x \to 0}\dfrac{\delta y}{\delta x}$로 x를 독립변수로 하는 미분연산자 $\dfrac{d}{dx}$는

$$\begin{array}{l} d\phi \leftarrow \text{독립변수 } \phi\text{의 증분(increment)} \\ \overline{dx} \leftarrow \text{종속변수 } x\text{의 증분(increment)} \end{array} \tag{46}$$

와 같이 "종속변수 ϕ의 미소증분 $d\phi$와 독립변수 x의 미소증분 dx 사이의 나눗셈"의 극한을 구하는 과정에 대응한다. 이제 「미분과 미소증분에 의한 나눗셈」 사이의 차이를 알아보기로 하자. 독립변수를 T와 P로 택할 때

$$du = T\,ds - P\,dv \tag{47}$$

를 "미소증분 dP로 나누면"

$$\frac{du}{dP} = \frac{T\,ds - P\,dv}{dP} \quad \Rightarrow \quad \frac{\partial u}{\partial P} = T\frac{\partial s}{\partial P} - P\frac{\partial v}{\partial P} \tag{48}$$

가 된다(위에서, 독립변수가 두 개이므로 편미분으로 된 것이다). 그러나 식 (47)을 "P에 관하여 미분하면"

$$\begin{aligned} \frac{\partial}{\partial P}(du) &= \frac{\partial}{\partial P}(T\,ds) - \frac{\partial}{\partial P}(P\,dv) \\ &= T\frac{\partial}{\partial P}(ds) - P\frac{\partial}{\partial P}(dv) - dv \end{aligned} \tag{49}$$

인 복잡한 식이 된다(T와 P는 서로 독립이므로 $\dfrac{\partial T}{\partial P} = 0$이다). 위와 같이, 이미 미소증분 형태로 주어진 식을 미분하는 것과 미소증분으로 나누는 것은 전혀 다른 의미를 가진다.

0-4 적 분

몇 가지 중요한 적분. 적분은 미분의 역산(逆算)으로 정의되지만 간단한 모양에 대해서도 적분이 어려운 경우가 상당히 많다. 그러면 응용범위가 넓은 몇 가지의 적분을 알아보도록 하자.

예제 9 $\int_{-\infty}^{\infty} e^{-x^2}dx = \sqrt{\pi}$임을 보여라.

☞ 우선, $x^2=t$로 두면 $x=t^{1/2}$, $dx=\frac{1}{2}t^{-1/2}\,dt$가 되어 주어진 적분은

$$\int_{-\infty}^{\infty} e^{-x^2}\,dx = 2\int_0^{\infty} e^{-t}\frac{1}{2}t^{-1/2}\,dt = \int_0^{\infty} t^{-1/2}e^{-t}\,dt \tag{50}$$

로 변환된다. 그런데, 윗식은 식 (23)으로 주어진 계승함수의 형태이므로

$$\int_{-\infty}^{\infty} e^{-x^2}\,dx = \left(-\frac{1}{2}\right)! = \sqrt{\pi} \tag{51}$$

로 (예제 5)의 결과를 이용하여 적분값이 주어진다. ◀

주어진 적분을 제곱하면 $I^2=\int_{-\infty}^{\infty}e^{-x^2}dx\int_{-\infty}^{\infty}e^{-y^2}dy=\int_{-\infty}^{\infty}\int_{-\infty}^{\infty}e^{-(x^2+y^2)}dxdy$가 된다. 여기서, 변수변환을 $x=r\cos\theta$, $y=r\sin\theta$로 하여 다음과 같이 구하는 방법도 있다.

$$I^2=\int_{-\infty}^{\infty}\int_{-\infty}^{\infty}e^{-(x^2+y^2)}\,dx\,dy=\int_0^{2\pi}\int_0^{\infty}e^{-r^2}r\,dr\,d\theta=\int_0^{2\pi}\left[-\frac{1}{2}e^{-r^2}\right]_0^{\infty}d\theta=\pi.$$

예제 10 $\int\frac{1}{\sqrt{x^2\pm a^2}}\,dx=\ln\left(x+\sqrt{x^2\pm a^2}\right)$임을 보여라(적분상수는 생략).

☞ 적분은 미분의 역산이므로

$$\frac{d}{dx}\ln(x+\sqrt{x^2\pm a^2})=\frac{(x+\sqrt{x^2\pm a^2})'}{x+\sqrt{x^2\pm a^2}}=\frac{1+\frac{x}{\sqrt{x^2\pm a^2}}}{x+\sqrt{x^2\pm a^2}}=\frac{1}{\sqrt{x^2\pm a^2}} \tag{52}$$

로부터 주어진 식이 성립함을 알 수 있다. ◀

****예제 11** $\int\frac{dx}{x^2+ax+b}$를 구하라.

☞ 주어진 적분은 $z=2x+a$, $D=a^2-4b$로 치환하면

$$\int\frac{dx}{x^2+ax+b}=\int\frac{dx}{\left(x+\frac{a}{2}\right)^2-\frac{a^2-4b}{4}}=2\int\frac{dz}{z^2-D}$$

로 된다. 이때, $D>0$일 때는

$$\begin{aligned}2\int\frac{dz}{z^2-D}&=-\frac{1}{\sqrt{D}}\int\left(\frac{1}{\sqrt{D}-z}+\frac{1}{\sqrt{D}+z}\right)dz\\&=-\frac{1}{\sqrt{D}}\{-\ln(\sqrt{D}-z)+\ln(\sqrt{D}+z)\}=-\frac{1}{\sqrt{D}}\ln\frac{1+\frac{z}{\sqrt{D}}}{1-\frac{z}{\sqrt{D}}}\end{aligned}$$

로 된다. 여기서, $\tanh^{-1}x=\frac{1}{2}\ln\frac{1+x}{1-x}$ (0−5절의 연습문제 참조)이므로 윗식은

$$\int\frac{dx}{x^2+ax+b}=-\frac{2}{\sqrt{D}}\tanh^{-1}\frac{2x+a}{\sqrt{D}}$$

로 정리된다. 또한, $D<0$인 경우에는 $\dfrac{d}{dz}\dfrac{1}{a}\tan^{-1}\dfrac{z}{a}=\dfrac{1}{z^2+a^2}$을 이용하여

$$2\int\frac{dz}{z^2+(-D)}=\frac{2}{\sqrt{-D}}\tan^{-1}\frac{z}{\sqrt{-D}}$$

를 얻는다. 결과를 정리하면

$$\int\frac{dx}{x^2+ax+b}=\begin{cases}-\dfrac{2}{\sqrt{D}}\tanh^{-1}\left(\dfrac{2x+a}{\sqrt{D}}\right), & D>0\\ \dfrac{2}{\sqrt{-D}}\tan^{-1}\left(\dfrac{2x+a}{\sqrt{-D}}\right), & D<0\end{cases},\quad D=a^2-4b \tag{53}$$

로 쓸 수 있다(적분상수는 생략). ◀

**✓ 식 (53)의 일반형은 다음과 같이 쓸 수 있다.

$$\int\frac{dx}{ax^2+bx+c}=\begin{cases}-\dfrac{2}{\sqrt{D}}\tanh^{-1}\left(\dfrac{2ax+b}{\sqrt{D}}\right), & D=b^2-4ac>0\\ \dfrac{2}{\sqrt{-D}}\tan^{-1}\left(\dfrac{2ax+b}{\sqrt{-D}}\right), & D=b^2-4ac<0\end{cases}$$

또는 복소수를 이용하면 $\dfrac{A}{i}\tan^{-1}\dfrac{B}{i}=\dfrac{A}{i}\dfrac{1}{i}\tanh^{-1}B=-A\tanh^{-1}B$(0-5절 참조)를 이용하여 다음과 같이 쓰는 것도 가능하다.

$$\int\frac{dx}{ax^2+bx+c}=\frac{P''\tan^{-1}P'}{a},\quad P(x)=\frac{ax^2+bx+c}{\sqrt{-D}},\quad D=b^2-4ac$$

연속적인 부분적분. 부분적분을 이용하면 쉽게 적분이 되는 경우가 많으므로 이를 잘 활용하는 것이 필요하다. 부분적분은 미분의 위치를

$$\int uv'=uv-\int u'v \tag{54}$$

처럼 교환하여 적분하는 것이다. 이러한 부분적분을 반복하면, 예를 들어

$$\begin{aligned}\int uv''''&=uv'''-\int u'v'''=\cdots\\&=uv'''-u'v''+u''v'-u'''v+\int u''''v\end{aligned}$$

와 같이 된다. 이때, 반복되는 부분적분을 효과적으로 수행하기 위해서 위의 과정을 도식화하면 다음과 같다.

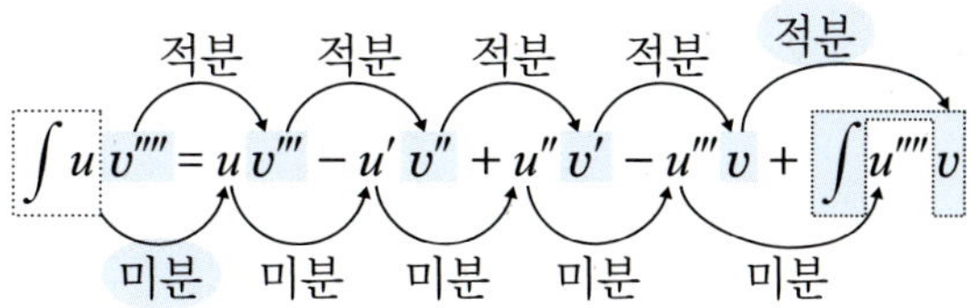

① +와 −부호가 계속 번갈아 바뀐다.

② 처음 미분된 함수는 계속 미분된다(처음 미분은 적분기호를 소거)

③ 처음 적분된 함수는 계속 적분된다(마지막 적분은 적분기호로 대치)

정리하면, 연속적인 부분적분은 순차적으로 부호가 바뀌며 미분과 적분이 계속 수행된다(즉, 微積分 − 미적분 + 미적분 − 미적분 ⋯). 다음의 예를 보면

$$\begin{aligned}\int x^3 \sin nx dx = x^3\left(\frac{-\cos nx}{n}\right) - 3x^2\left(\frac{-\sin nx}{n^2}\right) \\ + 6x\left(\frac{\cos nx}{n^3}\right) - 6\left(\frac{\sin nx}{n^4}\right)\end{aligned} \tag{55}$$

$$\begin{aligned}\int e^{-2x}(5x^2 - x^3)\, dx = \left(-\frac{1}{2}e^{-2x}\right)(5x^2 - x^3) - \left(\frac{1}{4}e^{-2x}\right)(10x - 3x^2) \\ + \left(-\frac{1}{8}e^{-2x}\right)(10 - 6x) - \left(\frac{1}{16}e^{-2x}\right)(-6)\end{aligned} \tag{56}$$

과 같이 복잡한 적분을 "단 한번에" 끝낼 수 있다(적분상수는 생략).

이러한 연속적인 부분적분은 이 교재의 여러 부분에서 나타나지만, 그때마다 노력과 시간을 덜어줄 것이다. 식 (56)에서는 「積微分 − 적미분 + ⋯」의 순서임에 주목한다.

예제 12 $\int_a^b (x-a)(x-b)^2\, dx$를 계산하라.

☞ 연속적인 부분적분을 수행하면

$$\int_a^b (x-a)(x-b)^2\, dx = \left[(x-a)\frac{(x-b)^3}{3} - 1\cdot\frac{(x-b)^4}{12}\right]_a^b = \frac{(a-b)^4}{12} \tag{57}$$ ◀

예제 13 $\int e^{ax}\cos bx dx$와 $\int e^{ax}\sin bx dx$를 각각 구하라.

☞ 첫 번째 적분을 I_C라고 두고 부분적분을 두 번 연속하여 수행하면

$$\begin{aligned}I_C &= \int e^{ax}\cos bx dx \\ &= e^{ax}\left(\frac{\sin bx}{b}\right) - ae^{ax}\left(\frac{-\cos bx}{b^2}\right) + \int a^2 e^{ax}\left(\frac{-\cos bx}{b^2}\right) dx\end{aligned} \tag{58}$$

로 되고, 마지막 항은 다시 I_C의 상수배가 되므로 정리하면

$$I_C\left(1 + \frac{a^2}{b^2}\right) = e^{ax}\left(\frac{\sin bx}{b} + \frac{a\cos bx}{b^2}\right)$$

즉,

$$I_C = \int e^{ax}\cos bx dx = \frac{e^{ax}}{a^2+b^2}(a\cos bx + b\sin bx)$$

를 얻는다. 마찬가지 방법으로 $\int e^{ax}\sin bx dx$를 구하고 기억하기 좋게 모양을 정돈하여

$$\int e^{ax}\cos bx dx = \frac{(e^{ax})'\cos bx - e^{ax}(\cos bx)'}{a^2+b^2}$$
$$\int e^{ax}\sin bx dx = \frac{(e^{ax})'\sin bx - e^{ax}(\sin bx)'}{a^2+b^2} \tag{59}$$

과 같이 미분을 포함하도록 나타내자. ◀

윗식처럼 분수함수의 미분 $(F/G)' = \dfrac{F'G - FG'}{G^2}$과 비슷한 형태로 나타내면 기억하기가 좋다. 그리고, 이 적분은 뒤에서 배울 Laplace 변환, Fourier 변환 등 여러 분야에서 나타나므로 잘 알아두어야 한다.

***예제 14** 부분적분을 하여 다음을 보여라.

$$B_n = \int_0^1 (1-x^2)^n\, dx = \int_0^{\pi/2} \cos^{2n+1}\theta\, d\theta = \frac{(2n)!!}{(2n+1)!!}$$

☞ 먼저, $x = \sin\theta$로 두면 $1 - x^2 = \cos^2\theta$이므로 주어진 적분은

$$\int_0^1 (1-x^2)^n\, dx = \int_0^{\pi/2} \cos^{2n}\theta(\cos\theta\, d\theta) = \int_0^{\pi/2}\cos^{2n+1}\theta\, d\theta \tag{60}$$

로 된다. 부분적분을 하면

$$\begin{aligned} B_n &= \int_0^1 (1-x^2)^n \cdot 1\, dx \\ &= \left[(1-x^2)^n \cdot x\right]_0^1 - \int_0^1 [n(1-x^2)^{n-1}(-2x)]x\, dx \\ &= 2n\int_0^1 (1-x^2)^{n-1}x^2\, dx = 2n\int_0^1 (1-x^2)^{n-1}[1-(1-x^2)]\, dx \\ &= 2n\left[\int_0^1 (1-x^2)^{n-1}\, dx - \int_0^1 (1-x^2)^n\, dx\right] \\ &= 2n(B_{n-1} - B_n) \end{aligned} \tag{61}$$

다시 B_n에 대해 정리하면 $B_n = \dfrac{2n}{2n+1}B_{n-1}$인 반복공식을 얻고

$$\begin{aligned} B_n = \frac{2n}{2n+1}B_{n-1} &= \frac{2n}{2n+1}\frac{2n-2}{2n-1}B_{n-2} \\ &\;\vdots \\ &= \frac{2n}{2n+1}\frac{2n-2}{2n-1}\frac{2n-4}{2n-3}\cdots\frac{4}{5}\frac{2}{3}B_0 \\ &= \frac{(2n)!!}{(2n+1)!!}\times\int_0^1 (1-x^2)^0\, dx = \frac{(2n)!!}{(2n+1)!!}\times\int_0^1 1\, dx \end{aligned}$$

정리하면,

$$\int_0^1 (1-x^2)^n\, dx = \frac{(2n)!!}{(2n+1)!!} = \frac{2^{2n}(n!)^2}{(2n+1)!} \tag{62}$$

으로 된다. 자주 쓰이게 되는 정적분으로 겹계승을 이용하면 다음과 같이 간단하게 나타낼 수 있다.

$$\int_0^{\pi/2} \cos^n \theta \, d\theta = \int_0^{\pi/2} \sin^n \theta \, d\theta = \begin{cases} \dfrac{(n-1)!!}{n!!} & (n = \text{홀수}) \\ \dfrac{(n-1)!!}{n!!}\dfrac{\pi}{2} & (n = \text{짝수}) \end{cases} \quad ◀ \qquad (63)$$

이 결과는 3장과 9장에서 다루게 될 Legendre 함수와 관련되어 사용될 것이다. 특히, $n=0$일 때 $\int_0^{\pi/2} d\theta = \frac{\pi}{2}$인 것을 이용하여 짝수인 경우 $\frac{\pi}{2}$항을 빠뜨리지 않도록 주의한다.

***예제 15** $\int_0^{\pi} (1-\cos\theta)^4 \, d\theta$의 값을 구하라.

☞ 피적분함수를 전개하여 다시 쓰면

$$I = \int_0^{\pi} (1 - 4\cos\theta + 6\cos^2\theta - 4\cos^3\theta + \cos^4\theta)\, d\theta \qquad (64)$$

로 된다. 여기서, $\cos\theta$, $\cos^3\theta$는 구간 $0 \le \theta \le \pi$에서 점 $\theta = \frac{\pi}{2}$에 대해서 점대칭이므로 적분은 0이 된다. 따라서 위의 적분은

$$\begin{aligned} I &= \int_0^{\pi} (1 + 6\cos^2\theta + \cos^4\theta)\, d\theta \\ &= 2\int_0^{\pi/2} (1 + 6\cos^2\theta + \cos^4\theta)\, d\theta \\ &= 2\left(1 + 6\cdot\frac{1!!}{2!!} + \frac{3!!}{4!!}\right) \times \frac{\pi}{2} = \frac{35}{8}\pi \quad ◀ \end{aligned} \qquad (65)$$

*0-5 삼각함수와 쌍곡선함수(선택)

삼각함수는 지수함수와 더불어 기초적인 함수 중에서 가장 중요한 역할을 하므로 이에 대해 잘 알아둘 필요가 있다. 이 절에서는 오일러의 공식을 이용하여 삼각함수와 쌍곡선함수의 관계를 살펴본다.

삼각함수의 기본 공식. 삼각함수(三角函數; trigonometric function)는 $\sin x$, $\cos x$ 및 $\tan x = \dfrac{\sin x}{\cos x}$를 기본으로 하여 그 역수인

$$\csc x = \frac{1}{\sin x}, \quad \sec x = \frac{1}{\cos x}, \quad \cot x = \frac{1}{\tan x} \qquad (66)$$

을 총칭한다. 삼각함수에 대해서

$$\begin{aligned} &\sin(-x) = -\sin x, \quad && \cos^2 x + \sin^2 x = 1, \quad && \frac{d}{dx}\sin x = \cos x \\ &\cos(-x) = \cos x, && 1 + \tan^2 x = \sec^2 x, && \frac{d}{dx}\cos x = -\sin x \\ &\tan(-x) = -\tan x, && 1 + \cot^2 x = \mathrm{cosec}^2 x, && \frac{d}{dx}\tan x = \sec^2 x \end{aligned} \qquad (67)$$

및

$$\sin(x+y) = \sin x\cos y + \cos x\sin y$$
$$\cos(x+y) = \cos x\cos y - \sin x\sin y$$
$$\tan(x+y) = \frac{\tan x + \tan y}{1 - \tan x\tan y}$$

$$\begin{aligned} \sin x\cos y &= \frac{1}{2}[\sin(x+y) + \sin(x-y)] \\ \cos x\cos y &= \frac{1}{2}[\cos(x+y) + \cos(x-y)] \\ -\sin x\sin y &= \frac{1}{2}[\cos(x+y) - \cos(x-y)] \end{aligned} \tag{68}$$

의 관계식은 잘 알려져 있다.

**☑ 삼각함수에 대한 2배수 및 3배수 공식은

$$\begin{aligned} \sin 2x &= 2\sin x\cos x \\ \cos 2x &= \cos^2 x - \sin^2 x = 2\cos^2 x - 1 = 1 - 2\sin^2 x \\ \sin 3x &= 3\sin x - 4\sin^3 x \\ \cos 3x &= 4\cos^3 x - 3\cos x \end{aligned}$$

를 말한다. 2배수 및 3배수 공식의 다른 형태는

$$\sin^2 x = \frac{1}{2}(1-\cos 2x), \qquad \cos^2 x = \frac{1}{2}(1+\cos 2x)$$
$$\sin^3 x = \frac{1}{4}(3\sin x - \sin 3x), \qquad \cos^3 x = \frac{1}{4}(3\cos x + \cos 3x)$$

이다. 그런데, $\sin^4 x$, $\cos^5 x$와 같이 거듭제곱의 차수가 높아지면 아래에서 다루는 오일러의 공식을 이용할 수도 있다. 예를 들어, $\cos^5 x$의 경우 다음 쪽에 나오는 식 (72)를 이용하면

$$\begin{aligned} \cos^5 x &= \left(\frac{e^{ix} + e^{-ix}}{2}\right)^5 = \frac{1}{32}(e^{5ix} + 5e^{3ix} + 10e^{ix} + 10e^{-ix} + 5e^{-3ix} + e^{-5ix}) \\ &= \frac{1}{16}(\cos 5x + 5\cos 3x + 10\cos x) \end{aligned}$$

와 같이 결정된다. 또한, 3배각 공식 이후는

$$\cos(n+1)x = \cos nx\cos x - \sin nx\sin x$$
$$\cos(n-1)x = \cos nx\cos x + \sin nx\sin x$$

에서 $\sin nx\sin x$를 소거하여

$$\cos(n+1)x = 2\cos x\cos nx - \cos(n-1)x$$

인 공식을 얻을 수 있다. 그런데, 체비쇼프(Chebyshev) 다항식으로 알려진 고등함수 $T_n(z) = \cos(n\cos^{-1}z)$에서 $x = \cos^{-1}z$, $z = \cos x$로 두면 위의 반복관계는

$$T_{n+1}(z) = 2zT_n(z) - T_{n-1}(z)$$

인 형태로 표현된다. 그 몇 가지를 정리하면 다음과 같다.

$\sin 2x = 2\cos x \sin x$	$\cos 2x = 2\cos^2 x - 1$
$\sin 3x = 3\sin x - 4\sin^3 x$	$\cos 3x = 4\cos^3 x - 3\cos x$
$\sin 4x = 4\cos x(\sin x - 2\sin^3 x)$	$\cos 4x = 8\cos^4 x - 8\cos^2 x + 1$
$\sin 5x = 16\sin^5 x - 20\sin^3 x + 5\sin x$	$\cos 5x = 16\cos^5 x - 20\cos^3 x + 5\cos x$
$\sin 6x = 2\cos x(16\sin^5 x - 16\sin^3 x + 3\sin x)$	$\cos 6x = 32\cos^6 x - 48\cos^4 x + 18\cos^2 x - 1$
$\vdots$	$\vdots$
$\sin(n+1)x = 2\cos x \sin nx - \sin(n-1)x$	$\cos(n+1)x = 2\cos x \cos nx - \cos(n-1)x$

Euler의 공식. 지수함수 e^x에서 허수를 지수로 갖는 경우, 오일러(Euler)의 공식은

$$e^{i\theta} = \cos\theta + i\sin\theta \tag{69}$$

로 주어진다. 윗식에 $\theta = \pi$를 대입하면

$$e^{i\pi} + 1 = 0 \tag{70}$$

인 식을 얻는데, 이 식은 수학에서 중요한 수들인 0, 1, π, e, i를 모두 포함하고 있는 경이로운 공식으로 알려져 있다. 오일러의 공식은 지수함수에 대한 테일러(Taylor) 전개를 이용하여 증명할 수 있지만, 여기서는 단지 정의로 받아들이기로 한다. 다음은 비교적 자주 나타나는 계산들이다.

$$\begin{aligned} e^{i\frac{\pi}{2}} &= \cos\frac{\pi}{2} + i\sin\frac{\pi}{2} = i \\ e^{\pm i\pi} &= \cos(\pm\pi) + i\sin(\pm\pi) = -1 \\ e^{i2\pi} &= \cos 2\pi + i\sin 2\pi = 1 \end{aligned} \tag{71}$$

***삼각함수의 복소수표현.** 오일러의 공식을 이용하면 삼각함수를 지수함수를 이용하여 나타낼 수 있다. 식 (69)에서 $-\theta$를 대입하여

$$\begin{aligned} e^{i\theta} &= \cos\theta + i\sin\theta \\ e^{-i\theta} &= \cos\theta - i\sin\theta \end{aligned}$$

인 두 식을 더하고 빼면

$$\cos\theta = \frac{e^{i\theta} + e^{-i\theta}}{2}, \quad \sin\theta = \frac{e^{i\theta} - e^{-i\theta}}{2i} \tag{72}$$

의 관계를 얻는다. 이 관계식은 θ가 임의의 복소수일 때에도 성립한다.

쌍곡선함수의 정의와 이해. 쌍곡선함수(雙曲線函數; hyperbolic function)는 식 (72)와 유사하게

$$\cosh\theta = \frac{e^{\theta} + e^{-\theta}}{2}, \quad \sinh\theta = \frac{e^{\theta} - e^{-\theta}}{2} \tag{73}$$

로 정의된다. 또한,

$$\tanh\theta = \frac{\sinh\theta}{\cosh\theta} \tag{74}$$

는 $\tan\theta$와 유사한 방법으로 정의된다. 이러한 쌍곡선함수에 대한 여러 가지 관계식은 모두 삼각함수로부터 유도할 수 있다. 이것을 설명하기 위해 먼저 두 함수 사이의 관계를 알아보자. 식 (73)에 $\theta \to i\theta$를 대입하고 식 (72)와 비교하면

$$\sinh i\theta = i\sin\theta, \quad \cosh i\theta = \cos\theta \tag{75}$$

인 관계를 얻는다. 그리고, 두 식을 나누면

$$\tanh i\theta = i\tan\theta \tag{76}$$

가 된다. 식 (75)와 (76)은 삼각함수와 쌍곡선함수를 연결하는 중요한 관계식으로 다음과 같이 이해하는 것이 매우 편리한다. 이미 잘 알고 있듯이, sine은 홀함수, cosine은 짝함수 및 $i^2=-1$인 사실에 비추어 아래와 같이 정리할 수 있다.

짝함수	홀함수	홀함수
$\cos(-x)=\cos x$	$\sin(-x)=-\sin x$	$\tan(-x)=-\tan x$
$\cosh(-x)=\cosh x$	$\sinh(-x)=-\sinh x$	$\tanh(-x)=-\tanh x$
$\cos i^2 x=\cos x$	$\sin i^2 x=i^2\sin x$	$\tan i^2 x=i^2\tan x$
$\cosh i^2 x=\cosh x$	$\sinh i^2 x=i^2\sinh x$	$\tanh i^2 x=i^2\tanh x$
$\cos ix=\cosh x$	$\sin ix=i\sinh x$	$\tan ix=i\tanh x$
$\cosh ix=\cos x$	$\sinh ix=i\sin x$	$\tanh ix=i\tan x$

(77)

식 (77)에서 홀함수일 때는 복소수 i^2, i가 모두 밖으로 빠져나오지만, 짝함수일 때는 그렇지 않다. 또한, 복소수 i가 두 개일 때는 이름이 바뀌지 않지만, i가 하나만 있을 때는 삼각함수는 쌍곡선함수로, 쌍곡선함수는 삼각함수로 이름이 바뀐다. 물론 $\tanh ix = i\tan x$로부터 $-i\tanh ix=\tan x$도 성립하지만 이 식은 같은 결과이면서도 다루기가 훨씬 불편하다. 역함수에 대해서는 다음과 같이 홀함수의 경우에만 식 (77)과 비슷한 형태가 된다.

$\cos^{-1}x=-i\cosh^{-1}x$	$\sin^{-1}ix=i\sinh^{-1}x$	$\tan^{-1}ix=i\tanh^{-1}x$
$\cosh^{-1}x=i\cos^{-1}x$	$\sinh^{-1}ix=i\sin^{-1}x$	$\tanh^{-1}ix=i\tan^{-1}x$

윗식의 증명은 아주 간단하다. 예를 들어, $\sin(i\sinh^{-1}x)=i\sinh(\sinh^{-1}x)=ix$로부터 첫 번째의 식, 즉 $\sin^{-1}ix=i\sinh^{-1}x$가 증명된다.

쌍곡선함수의 기본 공식. 쌍곡선함수에 대한 기본 공식은 모두 삼각함수로부터 구할 수 있다. 예를 들어, $\cos^2 x+\sin^2 x=1$인 기본공식에서 $x=iy$로 두면

$$\cos^2 iy+\sin^2 iy=1 \quad \Rightarrow \quad (\cosh y)^2+(i\sinh y)^2=1$$

즉,

$$\cosh^2 y - \sinh^2 y = 1 \tag{78}$$

인 공식을 얻는다. 또한, 이로부터

$$\frac{1}{\cosh^2 y} = 1 - \tanh^2 y \tag{79}$$

임을 알 수 있다.

예제 16 $\sinh(x+y)$, $\cosh(x+y)$, $\tanh(x+y)$를 전개하여 써라.

☞ 쌍곡선함수에 대응하는 삼각함수의 공식으로부터 구한다. 우선, 알고 있는 공식에서 복소수 i를 포함하도록

$$\begin{aligned} &\sin i(x+y) = \sin ix \cos iy + \cos ix \sin iy \\ \Rightarrow\ &i\sinh(x+y) = i\sinh x \cosh y + i\cosh x \sinh y \end{aligned}$$

로 쓰고, 양변에서 다시 i를 소거하면

$$\sinh(x+y) = \sinh x \cosh y + \cosh x \sinh y \tag{80}$$

를 얻는다. 마찬가지로 $\cos i(x+y) = \cos ix \cos iy - \sin ix \sin iy$로부터

$$\begin{aligned} \cosh(x+y) &= \cosh x \cosh y - (i\sinh x)(i\sinh y) \\ &= \cosh x \cosh y + \sinh x \sinh y \end{aligned} \tag{81}$$

가 성립한다. 또한,

$$\begin{aligned} &\tan i(x+y) = \frac{\tan ix + \tan iy}{1 - \tan ix \tan iy} \\ \Rightarrow\ &i\tanh(x+y) = \frac{i\tanh x + i\tanh y}{1 - (i\tanh x)(i\tanh y)} \end{aligned}$$

로부터

$$\tanh(x+y) = \frac{\tanh x + \tanh y}{1 + \tanh x \tanh y} \quad ◀ \tag{82}$$

예제 17 $\frac{d}{dx}\tanh x = 1 - \tanh^2 x$를 증명하라.

☞ 삼각함수 $\tan x$의 미분으로부터 구한다. 즉,

$$\frac{d}{dx}\tan x = \sec^2 x = 1 + \tan^2 x$$

에서 x를 ix로 치환하면

$$\frac{d}{d(ix)}\tan ix = 1 + (\tan ix)^2 \quad \Rightarrow \quad \frac{1}{i}\frac{d}{dx} i\tanh x = 1 + (i\tanh x)^2$$

이 된다. 윗식으로부터

$$\frac{d}{dx}\tanh x = 1 - \tanh^2 x \quad ◀ \tag{83}$$

***삼각함수와 쌍곡선함수의 역함수.** 역함수의 미분은 $\tan^{-1} x$의 미분, 즉 식 (36)과 유사한 방법

으로 구한다. 따라서 다음이 성립한다.

$$\frac{d}{dx}\cos^{-1}x = \frac{-1}{\sqrt{1-x^2}} \qquad \frac{d}{dx}\cosh^{-1}x = \frac{1}{\sqrt{x^2-1}}$$
$$\frac{d}{dx}\sin^{-1}x = \frac{1}{\sqrt{1-x^2}} \qquad \frac{d}{dx}\sinh^{-1}x = \frac{1}{\sqrt{x^2+1}} \tag{84}$$
$$\frac{d}{dx}\tan^{-1}x = \frac{1}{1+x^2} \qquad \frac{d}{dx}\tanh^{-1}x = \frac{1}{1-x^2}$$

연습문제

[1] $\frac{d}{dx}\cosh x = \sinh x$, $\frac{d}{dx}\sinh x = \cosh x$를 보여라.

[2] 다음의 관계식을 보여라.

$$\cosh^{-1}x = \ln(x+\sqrt{x^2-1}), \qquad \frac{d}{dx}\cosh^{-1}x = \frac{1}{\sqrt{x^2-1}}$$
$$\sinh^{-1}x = \ln(x+\sqrt{x^2+1}), \qquad \frac{d}{dx}\sinh^{-1}x = \frac{1}{\sqrt{x^2+1}} \tag{85}$$
$$\tanh^{-1}x = \frac{1}{2}\ln\frac{1+x}{1-x}, \qquad \frac{d}{dx}\tanh^{-1}x = \frac{1}{1-x^2}$$

0-6 기타 중요한 공식

이 절에서는 행렬과 행렬식, 오차함수, 테일러전개 및 Leibniz의 미분규칙 등을 살펴본다.

1차연립방정식과 행렬. 1차연립방정식

$$\begin{aligned} a_{11}x + a_{12}y + a_{13}z &= b_1 \\ a_{21}x + a_{22}y + a_{23}z &= b_2 \\ a_{31}x + a_{32}y + a_{33}z &= b_3 \end{aligned} \tag{86}$$

는 행렬을 이용하면

$$\begin{bmatrix} a_{11} & a_{12} & a_{13} \\ a_{21} & a_{22} & a_{23} \\ a_{31} & a_{32} & a_{33} \end{bmatrix} \begin{bmatrix} x \\ y \\ z \end{bmatrix} = \begin{bmatrix} b_1 \\ b_2 \\ b_3 \end{bmatrix} \tag{87}$$

와 같이 훨씬 간편한 모양으로 나타낼 수 있다.

행렬식. 어떤 행렬로부터 스칼라인 수를 구하는 규칙으로 행렬식은

$$\begin{vmatrix} a_{11} & a_{12} \\ a_{21} & a_{22} \end{vmatrix} = a_{11}a_{22} - a_{21}a_{12}$$

$$\begin{vmatrix} a_{11} & a_{12} & a_{13} \\ a_{21} & a_{22} & a_{23} \\ a_{31} & a_{32} & a_{33} \end{vmatrix} = a_{11}\begin{vmatrix} a_{22} & a_{23} \\ a_{32} & a_{33} \end{vmatrix} - a_{21}\begin{vmatrix} a_{12} & a_{13} \\ a_{32} & a_{33} \end{vmatrix} + a_{31}\begin{vmatrix} a_{12} & a_{13} \\ a_{22} & a_{23} \end{vmatrix} \tag{88}$$

$$= a_{11}a_{22}a_{33} + a_{21}a_{32}a_{13} + a_{31}a_{12}a_{23} - a_{13}a_{22}a_{31} - a_{23}a_{32}a_{11} - a_{33}a_{12}a_{21}$$

로 정의된다.

크래머의 공식. 식 (87)로 주어진 연립방정식의 해는 크래머(Cramer)의 공식으로 알려진 방법을 사용하면 아주 편리하게 구할 수 있다. 행렬식의 정의, 식 (88)을 이용하면

$$x = \frac{1}{D}\begin{vmatrix} b_1 & a_{12} & a_{13} \\ b_2 & a_{22} & a_{23} \\ b_3 & a_{32} & a_{33} \end{vmatrix}, \quad D = \begin{vmatrix} a_{11} & a_{12} & a_{13} \\ a_{21} & a_{22} & a_{23} \\ a_{31} & a_{32} & a_{33} \end{vmatrix} \tag{89}$$

과 같이 연립방정식의 해를 바로 적을 수 있다.

크로네커의 델타. 크로네커의 델타(Kronecker's delta) δ_{ij}는 다음과 같이

$$\delta_{ij} = \begin{cases} 1 & (i = j) \\ 0 & (i \neq j) \end{cases} \tag{90}$$

아래첨자가 서로 같을 때는 1이고 다를 때는 0이 되는 기호를 말한다. 크로네커의 델타는

$$\sum_{i=1}^{N} \delta_{ij}\, a_i = a_j, \quad 1 \le j \le N \tag{91}$$

과 같이 수열의 합에서 a_i의 첨자 i를 a_j와 같이 j로 바꾸는 역할을 하며, 그 외에도 많은 분야에서 유용하게 사용된다.

이항정리. 다음과 같은 다항식의 전개공식

$$(1+z)^n = {}_nC_0 + {}_nC_1 z + {}_nC_2 z^2 + {}_nC_3 z^3 + \cdots + {}_nC_n z^n$$
$$= 1 + nz + \frac{n(n-1)}{2!}z^2 + \frac{n(n-1)(n-2)}{3!}z^3 + \cdots + z^n \tag{92}$$

과 매우 유사하게 $-1 < \alpha < 1$에 대해서 이항정리는

$$(1+z)^\alpha = 1 + \alpha z + \frac{\alpha(\alpha-1)}{2!}z^2 + \frac{\alpha(\alpha-1)(\alpha-2)}{3!}z^3 + \cdots \tag{93}$$

인 형태로 주어진다. 그러나, 식 (92)와는 달리 윗식은 무한급수임에 특히 주의해야 한다.

***예제 18** $\dfrac{1}{\sqrt{1-2xu+u^2}} = 1 + xu + \dfrac{1}{2}(3x^2-1)u^2 + \cdots$임을 보여라.

☞ 식 (93)에서 $\alpha = -1/2$로 두면

$$\begin{aligned}\frac{1}{\sqrt{1+z}} &= 1 - \frac{1}{2}z + \frac{\left(-\frac{1}{2}\right)\left(-\frac{3}{2}\right)}{2!}z^2 + \frac{\left(-\frac{1}{2}\right)\left(-\frac{3}{2}\right)\left(-\frac{5}{2}\right)}{3!}z^3 + \cdots \\ &= 1 - \frac{1}{2}z + \frac{3!!}{2!2^2}z^2 - \frac{5!!}{3!2^3}z^3 + \cdots \\ &= \sum_{n=0}^{\infty} \frac{(-1)^n(2n-1)!!}{n!2^n} z^n \\ &= \sum_{n=0}^{\infty} \frac{(2n-1)!!}{(2n)!!}(-z)^n\end{aligned}$$

을 얻는다. 또는 풀어서 쓰면

$$\frac{1}{\sqrt{1+z}} = \sum_{n=0}^{\infty} \frac{(2n-1)!!}{(2n)!!}(-z)^n = 1 - \frac{1}{2}z + \frac{3}{8}z^2 - \frac{5}{16}z^3 + \cdots \tag{94}$$

이 된다. 계속해서, $z = u^2 - 2xu$로 치환하면

$$\begin{aligned}&\frac{1}{\sqrt{1-2xu+u^2}} \\ &= 1 - \frac{1}{2}u(u-2x) + \frac{3}{8}u^2(u-2x)^2 - \frac{5}{16}u^3(u-2x)^3 + \cdots \\ &= 1 - \frac{1}{2}u^2 + xu + \frac{3}{8}(u^4 - 4xu^3 + 4x^2u^2) - \frac{5}{16}(-8x^3u^3 + \cdots) + \cdots \\ &= 1 + xu + \frac{1}{2}(3x^2-1)u^2 + \frac{1}{2}(5x^3-3x)u^3 + \cdots\end{aligned} \tag{95}$$

◀

이 예제는 나중에 3-3절에서 다루는 르장드르 다항식의 생성함수에 대한 것이다. 위에서, $(2n)! = (2n)!! \times (2n-1)!!$, $(2n)!! = n!2^n$을 이용하면

$$\frac{1}{\sqrt{1+z}} = \sum_{n=0}^{\infty} \frac{(2n)!}{n!n!}\left(-\frac{z}{4}\right)^n$$

이 된다.

테일러전개. 함수 $f(x)$가 점 $x=a$에서 무한번 미분가능하면 이 점에서의 테일러(Taylor) 전개는

$$\begin{aligned}f(x) &= \sum_{n=0}^{\infty} \frac{f^{(n)}(a)}{n!}(x-a)^n \\ &= f(a) + f'(a)(x-a) + \frac{f''(a)}{2!}(x-a)^2 + \frac{f'''(a)}{3!}(x-a)^3 + \cdots\end{aligned} \tag{96}$$

으로 주어진다. 테일러 전개공식의 유도과정은 다음과 같이

$$f(x) = A_0 + A_1(x-a) + A_2(x-a)^2 + A_3(x-a)^3 + \cdots$$

으로 두고 $x=a$를 대입하면 $A_0 = f(a)$를 얻는다. 다시 양변을 미분하고 $x=a$를 대입하여 $A_1 = f'(a)$을 얻고 이것을 계속 반복하면

$$A_n = \frac{f^{(n)}(a)}{n!} \tag{97}$$

가 된다. 특히, $x = 0$에서의 전개를 **매클로린**(Maclaurin) **급수**라고 하며 다음은 잘 알려진 급수이다.

$$\frac{1}{1-x} = \sum_{n=0}^{\infty} x^n = 1 + x + x^2 + x^3 + \cdots, \text{ 단 } |x| < 1$$
$$e^x = \sum_{n=0}^{\infty} \frac{x^n}{n!} = 1 + x + \frac{x^2}{2!} + \frac{x^3}{3!} + \cdots$$
$$\cos x = \sum_{n=0}^{\infty} \frac{(-1)^n x^{2n}}{(2n)!} = 1 - \frac{x^2}{2!} + \frac{x^4}{4!} - \frac{x^6}{6!} + \cdots$$
$$\sin x = \sum_{n=0}^{\infty} \frac{(-1)^n x^{2n+1}}{(2n+1)!} = x - \frac{x^3}{3!} + \frac{x^5}{5!} - \frac{x^7}{7!} + \cdots \tag{98}$$

****예제 19** $\sin^{-1} x$의 테일러급수를 구하라.

☞ 식 (96)을 이용하는 것보다 간단한 방법을 사용한다. 식 (84)와 (94)를 결합하면

$$\frac{d}{dx} \sin^{-1} x = \frac{1}{\sqrt{1-x^2}} = \sum_{n=0}^{\infty} \frac{(2n-1)!!}{(2n)!!} x^{2n}$$

이 되고, 양변을 각각 적분하여

$$\sin^{-1} x = \sum_{n=0}^{\infty} \frac{(2n-1)!!}{(2n)!!} \frac{x^{2n+1}}{2n+1} = x + \frac{1}{6} x^3 + \frac{3}{40} x^5 + \cdots \tag{99}$$

을 얻는다. ◀

☑ 이와 비슷하게 식 (84)로부터

$$\frac{d}{dx} \tan^{-1} x = \frac{1}{1+x^2} = \sum_{n=0} (-1)^n x^{2n}$$

을 적분하면

$$\tan^{-1} x = \sum_{n=0} \frac{(-1)^n x^{2n+1}}{2n+1} = x - \frac{x^3}{3} + \frac{x^5}{5} - \frac{x^7}{7} + \cdots$$

이 된다. 또한 x 대신에 ix를 대입하여 정리하면

$$\tanh^{-1} x = \sum_{n=0} \frac{x^{2n+1}}{2n+1} = x + \frac{x^3}{3} + \frac{x^5}{5} + \frac{x^7}{7} + \cdots$$ ◀

오차함수. 앞의 (예제 9)에서 구한 적분값을 구간을 변형하여 쓰면

$$\frac{2}{\sqrt{\pi}} \int_0^{\infty} e^{-x^2} dx = 1$$

로 된다. 여기서, **오차함수**(誤差函數; error function)를

$$\mathrm{erf}(x) = \frac{2}{\sqrt{\pi}} \int_0^x e^{-z^2}\, dz \qquad (100)$$

로 정의한다. 오차함수의 정의에 의해

$$\mathrm{erf}(0) = 0, \quad \mathrm{erf}(\infty) = 1$$

인 성질을 갖는다. 이 함수는 뒤에서 배우게 될 포물형 편미분방정식을 다룰 때 자주 나타나며 통계처리에서도 매우 중요한 함수가 된다.

그리고, **여오차함수**(餘誤差函數, complementary error function)는 오차함수로부터 파생되는 함수로 다음과 같은 형태를 갖는다.

$$\mathrm{erfc}(x) = 1 - \mathrm{erf}(x) = 1 - \frac{2}{\sqrt{\pi}} \int_0^x e^{-z^2}\, dz \qquad (101)$$

Leibniz의 미분규칙. 적분의 미분에 대한 라이프니츠의 규칙은 함수 $a(x)$와 $b(x)$에 대하여

$$\frac{d}{dx}\int_a^b f(x,v)\,dv = \int_a^b \frac{\partial}{\partial x} f(x,v)\,dv + f(x,b)\frac{\partial b}{\partial x} - f(x,a)\frac{\partial a}{\partial x} \qquad (102)$$

로 주어진다(증명은 연습문제 참조).

연습문제

[1] $\frac{\partial}{\partial t}\mathrm{erf}\left(\frac{x}{2\sqrt{\alpha t}}\right) = -\frac{x}{2\sqrt{\pi\alpha t^3}}\, e^{-\frac{x^2}{4\alpha t}}$ 임을 보여라.

[2] $\frac{d}{dt}\int_0^t f(\tau)\psi(t-\tau)\,d\tau = f(t)\psi(0) + \int_0^t f(\tau)\frac{d\psi}{dt}(t-\tau)\,d\tau$를 보여라.

[3] $\frac{1}{\sqrt{1-4x^2}} = \sum_{n=0}^{\infty}\frac{(2n)!}{n!n!}x^{2n}$임을 보여라.

*[4] Leibniz의 미분규칙 $\frac{d}{dx}\int_a^b f(x,v)\,dv = \int_a^b \frac{\partial}{\partial x} f(x,v)\,dv + f(x,b)\frac{db}{dx} - f(x,a)\frac{da}{dx}$를 증명하라.

[풀이] $\int_a^b f(x,t)\,dt$는 x에 관한 함수이고, 적분결과는 또한 a, b에 의존하므로

$$\varphi(x,\ a,\ b) = \int_a^b f(x,t)\,dt$$

와 같이 적분을 나타내는 것이 보다 편리하다. 이때, $a(x)$, $b(x)$는 마찬가지로 x에 관한 함수이므로 φ는 최종적으로 x에 관한 함수임은 자명한 일이다. 윗식의 전미분(total differential)을 구하면 사슬법칙으로부터

$$d\varphi = \frac{\partial \varphi}{\partial x}dx + \frac{\partial \varphi}{\partial a}da + \frac{\partial \varphi}{\partial b}db$$

이므로

$$\frac{d\varphi}{dx} = \frac{\partial\varphi}{\partial x} + \frac{\partial\varphi}{\partial a}\frac{da}{dx} + \frac{\partial\varphi}{\partial b}\frac{db}{dx}$$

가 성립한다. 여기서

$$\frac{\partial F}{\partial t}(x,t) = f(x,t)$$

를 만족하는 함수 $F(x,\ t)$를 고려하면 $\varphi(x)$는

$$\begin{aligned}\varphi(x) = \int_a^b f(x,t)\,dt = \int_a^b \frac{\partial F}{\partial t}(x,t)\,dt = [F(x,t)]_{t=a}^{t=b} \\ = F[x,b(x)] - F[x,a(x)]\end{aligned}$$

와 같이 결정된다. 이때, 윗식의 편미분을 구하면

$$\begin{aligned}\frac{\partial\varphi}{\partial a} &= \frac{\partial}{\partial a}[F(x,b) - F(x,a)] = -\frac{\partial F}{\partial a}(x,a) = -f(x,a) \\ \frac{\partial\varphi}{\partial b} &= \frac{\partial}{\partial b}[F(x,b) - F(x,a)] = \frac{\partial F}{\partial b}(x,b) = f(x,b)\end{aligned}$$

이고, x에 관한 편미분 시 a와 b는 상수로 취급하므로

$$\frac{\partial\varphi}{\partial x} = \frac{\partial}{\partial x}\int_a^b f(x,t)\,dt = \int_a^b \frac{\partial}{\partial x} f(x,t)\,dt$$

와 같이 미분연산은 적분기호 안으로 들어갈 수 있다. 최종적으로

$$\begin{aligned}\frac{d}{dx}\int_a^b f(x,t)\,dt = \frac{d\varphi}{dx} = \frac{\partial\varphi}{\partial x} + \frac{\partial\varphi}{\partial a}\frac{da}{dx} + \frac{\partial\varphi}{\partial b}\frac{db}{dx} \\ = \int_a^b \frac{\partial}{\partial x} f(x,t)\,dt + \left[-f(x,a)\frac{da}{dx} + f(x,b)\frac{db}{dx}\right]\end{aligned}$$

인 공식을 얻을 수 있다. 위에서 명시하지는 않았지만 $f,\ \frac{\partial f}{\partial x},\ \frac{da}{dx},\ \frac{db}{dx}$가 주어진 구간에서 연속인 조건 등이 필요하다.

Chapter 1

미분방정식의 기초

함수의 미분 또는 도함수(導函數; derivative)를 포함하는 식을 미분방정식이라고 말한다. 자연계의 많은 현상들과 공학적으로 중요한 문제들에서 나타나는 법칙들은 대부분 미분방정식의 형태로 주어진다. 따라서, 미분방정식을 올바르게 이해하고 응용하는 것은 매우 중요한 일이다. 이 장에서는 미분방정식과 관련된 기본적인 개념들을 설명하고 가장 간단한 1계 미분방정식의 종류와 해를 구하는 방법을 알아본다.

1-1 기본 개념

미분방정식의 정의. 함수의 **도함수**(導函數; derivative)를 포함하는 방정식을 미분방정식이라고 한다. 예를 들어,

$$\frac{dy}{dx} = h(x) \tag{1}$$

는 $y(x)$의 도함수를 포함하므로 미분방정식이고, 식 (1)로 주어진 미분방정식을 푼다는 것은 미분하여 $h(x)$가 되는 x의 함수 $y(x)$를 구하는 것이다.

이 장에서는 위와 같이 **독립변수**(獨立變數; independent variable)가 한 개인 **상미분방정식**(常微分方程式; ordinary differential equation)만을 다루기로 하며, 독립변수가 둘 이상인 **편미분방정식**(偏微分方程式; partial differential equation)은 나중에 공부하기로 한다.

기본적인 용어. 미분방정식에 포함된 도함수의 최고차를 미분방정식의 **계**(階; order) 또는 **차수**(次數)라고 한다. 일반적인 n계 미분방정식은

$$F\left(x, y, \frac{dy}{dx}, \frac{d^2y}{dx^2}, \cdots, \frac{d^ny}{dx^n}\right) = 0 \tag{2}$$

의 형태로 주어진다.

식 (2)로 표현된 미분방정식의 각 항이 종속변수 y 또는 그의 도함수에 관하여 1차이면 주어진 미분방정식을 **선형**(線型; linear)이라고 하고, 그렇지 않은 경우에는 **비선형**(非線型; nonlinear)이라고 한다. 예를 들어,

$$\sin x\frac{dy}{dx} + x^2y = 0, \quad \frac{d^2y}{dx^2} + (x^3 - 1)y = 0$$

으로 주어진 미분방정식의 각 항은 y, y', y''에 관하여 각각 1차이므로 선형미분방정식이다. 위에서, 독립변수 x에 관한 식 $\sin x$, x^2, $x^3 - 1$ 등은 미분방정식의 **계수함수**(係數函數; coefficient function) 또는 계수에 해당하며 미분방정식의 선형성과는 무관하다. 반면에,

$$y\frac{dy}{dx} = x, \quad \frac{dy}{dx} + \sin y = 0, \quad \frac{d^2y}{dx^2} + \left(\frac{dy}{dx}\right)^2 = 1 \tag{3}$$

은 모두 비선형미분방정식이다(첫 번째는 y와 dy/dx의 곱을 포함; 두 번째는 비선형함수 $\sin y$를 포함; 세 번째는 (dy/dx)의 제곱을 포함).

특히, n계 선형미분방정식은

$$a_0(x)\frac{d^ny}{dx^n} + a_1(x)\frac{d^{n-1}y}{dx^{n-1}} + \cdots + a_{n-1}(x)\frac{dy}{dx} + a_n(x)y = h(x) \tag{4}$$

와 같이 독립변수 x에 관한 식을 계수로 갖는 형태로 나타내고, $a_0(x) = 1$인 경우를 n계 선형미분방정식의 **표준형**이라고 한다.

선형미분방정식과 관련하여 중요한 용어 중의 하나는 **제차**(齊次; homogeneous)와 **비제차**(非齊次; nonhomogeneous)이다. 식 (4)는

- $h(x) = 0$이면 제차
- $h(x) \neq 0$이면 비제차

라고 한다.

☑ 제차, 비제차의 다른 정의는 다음과 같다. 주어진 선형미분방정식이 y에 대해 만족될 때 임의의 상수 C를 곱한 Cy에 의해서도 만족되면 제차, 그렇지 않으면 비제차라고 한다. 예를 들면, 식 (4)에 y 대신 Cy를 대입하면 $C\left[a_0(x)\frac{d^ny}{dx^n} + \cdots + a_{n-1}(x)\frac{dy}{dx} + a_n(x)y\right] = h(x)$로 되어 $h(x) = 0$일 때만 원래의 식과 같아진다. 즉, $h(x) = 0$일 때 선형미분방정식이 제차이다.

해의 종류. 미분방정식을 만족하는 해가

$$F(x, y) = 0 \tag{5}$$

과 같이 **음함수**(陰函數; implicit function)로 구해지면 **암시적 해**(暗示的 解; implicit solution)라고 하고,

$$y = f(x) \tag{6}$$

의 꼴로 나타나면 **현시적 해**(顯示的 解; explicit solution)라고 한다. 특히, $y=0$인 해를 **자명(自明)한 해**(trivial solution)라고 하며, 보통 미분방정식에서 의미가 없는 해로 취급한다.

어떤 미분방정식을 만족하는 해가 임의 상수 c를 포함하면 **일반해**(一般解; general solution), c의 특정한 값이 주어지면 **특수해**(特殊解; particular solution)라고 한다. 또한, 일반해로부터 얻을 수 없는 해를 **특이해**(特異解; singular solution)라고 한다. 한 예로,

$$y = y'x + y'^2 \tag{7}$$

은 직선의 식 $y = cx + c^2$을 일반해로 가지며(미분하여 대입하여 보라), $c=3$인 경우의 해 $y = 3x + 9$는 특수해가 된다. 그런데, 식 (7)은 일반해 $y = cx + c^2$에 어떠한 c의 값을 대입하여도 구할 수 없는 $y = -\frac{1}{4}x^2$인 포물선을 특이해로 갖는다는 것을 알 수 있다.

☑ 주어진 미분방정식이 항상 해를 갖는 것은 아니다. 예를 들어, $y'^2 + y^2 = -1$은 실수함수를 해로 가질 수 없다.

부정적분과 적분상수. 미분방정식의 일반해는 부정적분을 포함하는 형태로 나타나는 경우가 많다. 앞에서 식 (1)의 경우 $\frac{dy}{dx} = h(x)$를 적분하여

$$y(x) = \int h(x)\,dx + c \tag{8}$$

로 해를 나타낼 수 있다. 앞으로 적분상수의 처리를 명확히 하기 위해 다음과 같이 몇 가지 규칙을 정하기로 하자.

① 부정적분 자체는 $\int x\,dx = \frac{1}{2}x^2$처럼 적분상수를 갖지 않는다.
② 의미가 명확할 때는 $\int h(x)\,dx = \int h$와 같이 적분변수를 생략한다.
③ 적분상수를 다시 포함하는 적분상수는 구분하지 않는다. 예를 들어, 적분한 결과 $\ln|y| = x + c$에서 $y = \pm e^c e^x$ 대신 $y = ce^x$로 쓴다.

1계 미분방정식의 형태. 앞에서 미분방정식의 정의와 해의 종류 등 기본적인 개념에 대하여 알아보았다. 이 장에서는 y의 1계 도함수만을 포함하는 1계 상미분방정식, 즉

$$\text{양함수 형태: } \frac{dy}{dx} = F(x, y)$$
$$\text{음함수 형태: } F\left(x, y, \frac{dy}{dx}\right) = 0 \tag{9}$$

으로 주어지는 미분방정식을 다루기 쉬운 형태부터 난이도에 따라 해를 구하는 방법을 알아본다.

1-2 1계 선형미분방정식

1계 제차선형미분방정식의 해. 가장 간단한 1계 미분방정식은 식 (9)에서 $F(x, y)$가 y에 관한 1차식으로 주어지는 경우이다. 즉, $y' = ay + b$인 선형미분방정식일 때이다. 그러나, 관습적으로 1계 선형미분방정식은

$$y' + a(x)y = h(x) \tag{10}$$

로 나타내고

① $h(x) = 0$일 때는 제차

② $h(x) \neq 0$일 때는 비제차

라고 한다.

예제 1 1계 제차선형미분방정식 $y' + a(x)y = 0$의 해를 구하라.

☞ 두 번째 항을 이항하면

$$y' = -a(x)y$$

가 되고, 다시 양변을 y로 나누면

$$\frac{y'}{y} = -a(x) \tag{11}$$

를 얻는다. 윗식의 좌변은 로그함수의 미분이므로

$$\begin{aligned} \ln|y| &= -\int a(x)\,dx + C \\ \Rightarrow\quad |y| &= e^{-\int a} \times e^{C} \\ \Rightarrow\quad y &= \pm e^{C} e^{-\int a(x)\,dx} \end{aligned} \tag{12}$$

와 같이 적분된다. 앞에서 "적분상수를 다시 포함하는 적분상수는 따로 구별하지 않기로 약속"하였으므로 $c = e^C$로 치환하여 쓰면

$$y = \pm ce^{-\int a(x)\,dx} \tag{13}$$

인 해를 구할 수 있다. 이때, 적분상수 c는 임의의 상수이므로 해는 무한히 많이 존재한다. 위의 결과를 보다 간단히 나타내기 위해서

$$p(x) = \pm e^{\int a(x)\,dx} \tag{14}$$

인 보조함수를 도입하기로 한다(보통 "+" 부호가 붙는 경우를 택한다). 그러면 미분방정식

$y' + a(x)y = 0$의 해는

$$py = c$$

의 간단한 형태로 표현된다. 이것을 $a(x)=0$인 경우와 비교하여

$$\left.\begin{array}{lcl} y' = 0 & \rightarrow & y = c \\ y' + ay = 0 & \rightarrow & py = c \end{array}\right\} \ p = e^{\int a} \tag{15}$$

와 같이 쓰면 사용이 편리하다. 특히, $p = e^{\int a}$는 앞으로 자주 쓰이게 될 중요한 보조함수이므로 잘 알아두자. ◀

예제 2 미분방정식 $y' - xy = 0$의 해를 구하라.

☞ 식 (15)를 이용하면 먼저 $p = e^{\int -x} = e^{-x^2/2}$이므로 해는

$$py = c \quad \Rightarrow \quad y = ce^{x^2/2} \tag{16}$$

으로 구해진다. ◀

***예제 3** 미분방정식 $xy' + y = 0$의 해를 구하라.

☞ 이 문제에서 가장 주의할 것은 $p = \pm e^{\int 1} = \pm e^x$가 아니라는 것이다. 즉, 주어진 미분방정식은 표준형(최고차 도함수의 계수가 1인 형태)이 아니기 때문에

$$y' + \frac{1}{x}y = 0 \tag{17}$$

과 같이 표준형으로 쓴 후에 보조함수 $p = e^{\int a}$를 결정해야 한다. 다시 말해서,

$$p = \pm e^{\int \frac{1}{x}} = \pm e^{\ln|x|} = x \tag{18}$$

를 구할 수 있으므로 해는

$$py = c \quad \Rightarrow \quad y = \frac{c}{x} \tag{19}$$

로 주어진다. ◀

보통의 경우에는 $p = e^{\int a}$를 사용하지만 절대값이 나타나는 경우에는 $p = \pm e^{\int a}$를 써야 부호의 혼동이 일어나지 않는다. 쉽게 말해서, 앞으로는 $p = e^{\int a}$를 사용하고 절대값 기호를 무시하기로 한다.

적분인자와 일반해. 식 (15)로 주어지는 해 $py = c$의 양변을 미분하면 $p' = ae^{\int a} = ap$이므로

$$\begin{aligned}(py)' &= py' + p'y \\ &= py' + pay \\ &= p(y' + ay) = 0\end{aligned} \tag{20}$$

이 되어 $py = c$가 미분방정식 $y' + ay = 0$의 해임을 바로 확인할 수 있다. 그런데, 위의 과정을 잘 활용하면 비제차선형미분방정식

$$y' + ay = h \tag{21}$$

의 해를 쉽게 구할 수 있다. 즉, 윗식의 양변에 $p = e^{\int a}$를 곱하고 식 (20)에서 $p(y' + ay) = (py)'$인 결과를 이용하면

$$p(y' + ay) = ph \quad \Rightarrow \quad (py)' = ph \tag{22}$$

인 식을 얻는다. 이것을 적분하면 해를 바로 구할 수 있다. 즉,

$$py = \int ph + c \tag{23}$$

또는

$$y = \frac{1}{p}\int ph + \frac{c}{p} \tag{24}$$

로 해가 주어진다. 위와 같이, 주어진 미분방정식 $y' + ay = h$의 양변에 $p = e^{\int a}$를 곱하면 바로 적분될 수 있기 때문에 $p = e^{\int a}$를 **적분인자**(積分因子; integrating factor)라고 한다. 그러나, 식 (24)로 주어진 형태 대신에

$$\left.\begin{array}{ll} y' = 0 & \to\ y = c \\ y' + ay = 0 & \to\ py = c \\ y' + ay = h & \to\ py = c + \int ph \end{array}\right\}\ p = e^{\int a} \tag{25}$$

를 사용하기로 한다.

가능하면 식 (24)에 주어진 $y = \frac{1}{p}\int ph + \frac{c}{p}$의 일반해를 그대로 사용하지 말자. 식 (25)를 살펴보면 가장 단순한 해 $y = \int h + c$와 닮은 $py = \int ph + c$가 편리하고 또한 오래 기억될 것이다(물론, $p = 1$인 경우에는 $y = \int h + c$로 된다).

예제 4 $xy' + y = x\sin x$를 풀어라.

☞ 다시 한번 말해 두지만, 해를 구하기 전에 반드시 먼저 밟아 두어야 하는 과정은 미분방정식을 표준형으로 쓰는 것이다. 즉, 최고차 도함수의 계수가 1이 되도록 y'의 계수 x로 양변을 나누어

$$y' + \frac{1}{x}y = \sin x \tag{26}$$

로 쓴다. 그러면, $y' + ay = h$에서 $a = \frac{1}{x}$, $h = \sin x$인 경우이므로

$$py = \int ph + c$$

인 일반해에서 $p = e^{\int \frac{1}{x}} = e^{\ln|x|} = x$를 대입하면(절대값 기호는 무시)

$$xy = \int x\sin x + c = \{x(-\cos x) - 1(-\sin x)\} + c.$$

따라서,

$$y = -\cos x + \frac{\sin x}{x} + \frac{c}{x} \tag{27}$$

항상 $py = \int ph + c$에서 적분상수 c를 잊지 말자. 위의 해에서 $x = 0$일 때는 분모가 0이 되므로 해가 정의되지 않는다. 즉, 주어진 미분방정식은 점 $x = 0$을 특이점으로 가진다. 한편, $xy' + y = x\sin x$에 $x = 0$을 대입하면 $y = 0$이므로 특이점에서의 함수값이 정의될 수도 있다.

예제 5 $y' + y = x^2$의 해를 구하라.

☞ 주어진 미분방정식은 표준형으로 나타낸 선형미분방정식이다. 따라서, $p = e^{\int 1} = e^x$이고 $py = \int ph + c$로부터

$$\begin{aligned} e^x y &= \int e^x \cdot x^2 + c \\ &= [x^2 e^x - 2xe^x + 2e^x] + c = (x^2 - 2x + 2)e^x + c \end{aligned}$$

이므로

$$y = (x^2 - 2x + 2) + ce^{-x} \quad ◀ \tag{28}$$

위에서도 제0장에서 다룬 연속적인 부분적분이 사용되었다.

***예제 6** $y' + y\tan x = \sec x$의 해를 구하라.

☞ 먼저 적분인자를 구하면 $p = e^{\int \tan x} = e^{\int \frac{\sin x}{\cos x}} = e^{-\ln|\cos x|} = \frac{1}{\cos x}$이다(절대값 기호가 필요없다는 것을 이미 언급하였다). 따라서, $py = \int ph + c$로부터

$$\frac{1}{\cos x} y = \int \left(\frac{1}{\cos x}\sec x\right) + c = \int \sec^2 x\, dx + c = \tan x + c$$

즉,

$$y = \sin x + c\cos x \quad ◀ \tag{29}$$

연습문제

※ 다음의 미분방정식을 풀어라.

[1] $y' + 3y = -2$

[2] $y' + xy = 0$

[3] $y' + y = 1$

[4] $y' - y = e^{ax} \quad (a \neq 1)$

[5] $xy' - y = x$

[6] $y' = x - 2xy$

[7] $xy' + (1 - x)y = xe^x$

[8] $xy' + y = \cos x$

[9] $y' + y\tan x = \sin 2x$

[10] $y'\tan x = y$

[11] 방사능물질의 붕괴율은 남아 있는 질량에 비례한다. 시간 t에 남아 있는 질량을 $y(t)$라고 하면 붕괴율 $\frac{dy}{dt}$는 y에 비례하므로 $\frac{dy}{dt} = -ky$ (단, k는 비례상수)로 모델링할 수 있다. 최초의 질량 $y(0) = y_0$가 반으로 줄어드는 데 필요한 시간을 방사능물질의 **반감기**(半減期; half life)라고 한다. 반감기는 $t_h = \frac{\ln 2}{k}$, $y(t) = y_0 e^{-kt} = y_0 (1/2)^{t/t_h}$임을 보여라.

*1-3 특수한 비선형미분방정식

***베르누이 방정식.** 1계 비선형미분방정식에는 적절한 변환에 의해 선형으로 바꿀 수 있는 경우가 있다. 이러한 비선형미분방정식에서 가장 유명한 것은

$$y' + a(x)y = h(x)y^n \tag{30}$$

으로 주어지는 **베르누이(Bernoulli) 방정식**이다($n \neq 1$인 상수). 식 (30)은 양변을 y^n으로 나누면

$$y'y^{-n} + a(x)y^{1-n} = h(x) \tag{31}$$

로 된다. 여기서, 두 번째 항에서

$$v = y^{1-n} \tag{32}$$

으로 두고, 첫 번째 항의 $y'y^{-n}$을 v만으로 나타낼 수 있는가를 조사해 보자. 그런데, 식 (32)를 미분하면 과연

$$\frac{dv}{dx} = (1-n)y^{-n}y'$$

이 되므로 식 (31)은

$$\frac{1}{1-n}\frac{dv}{dx} + a(x)v = h(x) \tag{33}$$

인 형태의 선형미분방정식으로 변환된다.

베르누이 방정식을 소개하고 곧바로 "$v = y^{1-n}$으로 두자"에서 출발하는 것은 이미 답을 알고 푸는 방법이다. 여기서는 베르누이 방정식 자체에서 출발하여 먼저 우변에서 y^n을 소거하고 나머지 모양으로부터 변환형태를 추론하도록 유도하였다. 이러한 "실마리"를 스스로 만들어보는 습관을 들이자.

****리카티 방정식.** $a(x)$, $b(x)$, $c(x)$를 계수로 하는 다음의 미분방정식

$$y' = ay^2 + by + c \tag{34}$$

를 **리카티(Riccati) 방정식**이라고 한다. 만일, $u = f(x)$가 하나의 특수해로 알려져 있다면

$$y = u + \frac{1}{v} \tag{35}$$

을 식 (34)에 대입하고

$$u' - \frac{v'}{v^2} = a\left(u^2 + \frac{2u}{v} + \frac{1}{v^2}\right) + b\left(u + \frac{1}{v}\right) + c$$

에서 u가 하나의 해이므로 $u' = au^2 + bu + c$를 이용하면

$$v' + (2au + b)v = -a \tag{36}$$

인 v에 관한 선형미분방정식으로 바꿀 수 있다.

리카티 방정식은 기울기 y'이 자신에 관한 2차식으로 나타나는 미분방정식으로, 2계 선형미분방정식과 밀접한 관련이 있다(2-1절 참조).

****클레로 방정식.** y의 1계 도함수를 $p = \dfrac{dy}{dx}$로 나타낼 때

$$y = xy' + f(y')$$

또는

$$y = px + f(p) \tag{37}$$

인 형태를 **클레로**(Clairaut) **방정식**이라고 한다. 윗식을 미분하면

$$p = p + x\frac{dp}{dx} + \frac{df}{dp}\frac{dp}{dx} \quad \Rightarrow \quad \frac{dp}{dx}\left(x + \frac{df}{dp}\right) = 0$$

을 얻는다. 따라서, 클레로 방정식은 $\dfrac{dp}{dx} = 0$인 경우, 즉 $p = c$를 식 (37)에 대입한

$$y = cx + f(c) \tag{38}$$

로 주어지는 직선족(直線族)을 해로 갖고, 또한

$$\frac{df}{dp} + x = 0 \tag{39}$$

을 만족하는 해를 특이해로 갖는다.

앞에서 식 (7)로 주어진 미분방정식은 클레로 방정식 $y = xp + p^2$임을 알 수 있다. 따라서, $y = cx + c^2$을 일반해로 갖는다. $f(p) = p^2$이므로

$$\frac{df}{dp} + x = 0 \quad \Rightarrow \quad 2p + x = 2\frac{dy}{dx} + x = 0$$

을 풀어 특이해 $y = -x^2/4$을 얻는다.

연습문제

[1] 다음의 베르누이 방정식을 풀어라.

(a) $y' + y = y^2$ (b) $y' + xy = \dfrac{x}{y}$ (c) $xy' + y = (1-x)y^2$

[2] 인구증가의 논리적 법칙으로 불리는 Verhulst 방정식 $\dfrac{dy}{dt} - Ay = -By^2$은 베르누이 방정식의 특별한 경우이다(단, A, B는 양의 상수). 이 방정식의 해가 $y = \dfrac{1}{(B/A) + ce^{-At}}$로 되는 것을 보여라.

*[3] 리카티 방정식 $y' = x(y-x)^2 + \dfrac{y}{x}$가 $y = x$를 특수해로 가질 때, 다른 해를 구하라.

*[4] $y' = (y - \sin x)^2 + \cos x$로 주어진 리카티 방정식의 특수해가 $y = \sin x$임을 이용하여

일반해가 $y = \sin x + \dfrac{1}{c-x}$로 되는 것을 보여라.

[5] 리카티 방정식 $y' = ay^2 + by + c$는 $y = -\dfrac{u'}{au}$으로 두면 다음의 2계 선형미분방정식

$$u'' - \left(b + \frac{a'}{a}\right)u' + acu = 0$$

으로 되는 것을 보여라.

***[6]** 길이가 1인 사다리가 벽면에서 미끌어지며 내려올 때 항상 접하게 되는 곡선을 구해 보자. 먼저, 사다리가 만드는 직선의 식이 $y = cx - \dfrac{c}{\sqrt{1+c^2}}\,(c \le 0)$임을 보이고(참고: x축과 y축에 의해 잘려진 선분의 길이가 1이 된다), 이 직선이 $y = y'x - \dfrac{y'}{\sqrt{1+y'^2}}$인 클레로 방정식의 일반해임을 이용하여 사다리가 항상 접하는 곡선이 $x^{2/3} + y^{2/3} = 1$로 주어지는 성망형곡선(星芒形曲線; asteroid)임을 보여라.

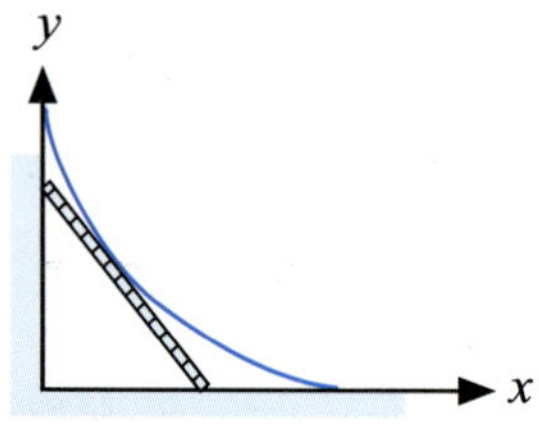

1-4 변수분리형 미분방정식

변수분리 형태. 변수분리(變數分離; separation of variables)란 독립변수 및 종속변수를

$$f(x)\,dx = g(y)\,dy \tag{40}$$

와 같이 x는 등식의 한쪽에서만 나타나고, y는 등식의 다른 쪽에서만 나타나도록 분리하는 것을 말한다. 따라서, 구하고자 하는 해는 양변을 x와 y에 대해 각각 적분하여

$$\int f(x)\,dx = \int g(y)\,dy + c$$

로부터 결정할 수 있다.

식 (9)에서 변수분리가 가능한 1계 미분방정식은 $F(x, y) = f(x)g(y)$, 즉

$$\frac{dy}{dx} = f(x)g(y) \tag{41}$$

인 형태로 주어진다. 이 경우의 해는

$$\frac{dy}{g(y)} = f(x)\,dx$$

로 변수분리되므로 양변을 각각 적분하여 해를 구할 수 있다.

예제 7 미분방정식 $\dfrac{dy}{y} = \dfrac{dx}{x}$의 해를 구하라.

☞ 주어진 그대로 변수분리되어 있는 형태이다. 따라서, 양변을 각각 적분하면

$$\ln|y| = \ln|x| + c = \ln(|x|e^c) \tag{42}$$

즉,

$$|y| = e^c|x| \quad \Rightarrow \quad y = \pm e^c x$$

가 된다. 그런데, 윗식에서 적분상수 $\pm e^c$는 임의의 수를 나타내므로 $A = \pm e^c$로 두면

$$y = Ax \tag{43}$$

인 해를 얻는다. ◀

이 예제는 아주 단순한 경우임에도 불구하고 주의하지 않으면 다음과 같은 실수를 범하게 된다.

① $y = x$, 식 (43)에서 $A = 1$인 특수한 경우만을 말하고 있다.

② $y = x + c$, $c = 0$일 때만 특수해가 되고 다른 값에 대해서는 해가 되지 못한다.

예제 8 $yy' + 2x = 0$을 풀어라.

☞ 윗식은 $y' = -\frac{2x}{y}$로 $\frac{dy}{dx} = f(x)g(y)$의 형태이므로 $y\,dy = -2x\,dx$로 변수분리한 후에 적분하면

$$\int y\,dy = -\int 2x\,dx + c \quad \Rightarrow \quad \frac{1}{2}y^2 = -x^2 + c$$

또는 표준형으로 형태를 바꾸어

$$x^2 + \frac{y^2}{2} = c \tag{44}$$

인 타원의 방정식을 얻을 수 있다. ◀

식 (44)는 임의 상수 c를 포함하는 일반해이며, 무한히 많은 갯수의 타원을 나타내는 타원족을 뜻한다.

예제 9 미분방정식 $y' + xy = xy^2$의 해를 구하라.

☞ 주어진 미분방정식을 이항하여 $\frac{dy}{dx} = x(y^2 - y)$로 변형한 후에 변수분리하면

$$\frac{dy}{y(y-1)} = x\,dx \quad \Rightarrow \quad \left(\frac{1}{y-1} - \frac{1}{y}\right)dy = x\,dx \tag{45}$$

로 된다. 이것을 적분하면

$$\ln|y-1| - \ln|y| = \frac{1}{2}x^2 + c \quad \Rightarrow \quad \frac{y-1}{y} = ce^{x^2/2} \tag{46}$$

을 얻는다. 윗식을 정리하면

$$y = \frac{1}{1 - ce^{x^2/2}} \quad ◀ \tag{47}$$

식 (47)에서 적분상수 c의 부호는 의미가 없으므로 $y = \frac{1}{1 + ce^{x^2/2}}$로 써도 된다. 이 예제

는 앞에서 공부한 베르누이 방정식의 형태로 풀어도 된다.

***예제 10** $y' = 1 + y^2$, $y(0) = 1$을 만족하는 해 $y(x)$를 구하라.

☞ $y(0) = 1$과 같이 $x = 0$에서 주어진 조건을 **초기조건**(初期條件; initial condition)이라 한다. 먼저, 주어진 미분방정식 $\frac{dy}{dx} = 1 + y^2$을 변수분리하여 $\frac{dy}{1+y^2} = dx$로 쓰고 적분하면

$$\int \frac{dy}{1+y^2} = \int dx + c \quad \Rightarrow \quad \tan^{-1} y = x + c$$

즉,

$$y = \tan(x + c)$$

이다. 다시, $x = 0$을 대입하여 $1 = \tan c$로부터 $c = \pi/4$이므로 특수해는

$$y = \tan\left(x + \frac{\pi}{4}\right) \quad ◀ \tag{48}$$

✔ $\int \frac{dx}{1+x^2} = \tan^{-1} x$는 자주 나타나는 식이다. 일반형은 제0장에서 살펴본 것처럼 다음의 식으로 나타낼 수 있다(참고: $\tanh^{-1} x = \frac{1}{2}\ln\frac{1+x}{1-x}$).

$$\int \frac{dx}{ax^2 + bx + c} = \begin{cases} -\dfrac{2}{\sqrt{D}} \tanh^{-1}\left\{\dfrac{(ax^2+bx+c)'}{\sqrt{D}}\right\}, & D > 0 \\ \dfrac{2}{\sqrt{-D}} \tan^{-1}\left\{\dfrac{(ax^2+bx+c)'}{\sqrt{-D}}\right\}, & D < 0 \end{cases}, \quad D = b^2 - 4ac$$

치환에 의한 변수분리. 미분방정식이 주어진 대로는 변수분리가 되지 않지만 치환에 의하여 변수분리되는 경우가 있다. 가장 잘 알려진 형태는

$$\frac{dy}{dx} = f\left(\frac{y}{x}\right) \tag{49}$$

로 주어진 미분방정식으로 $u = \frac{y}{x}$인 치환에 의해 변수분리할 수 있다. 즉, $y = xu$를 x에 관하여 미분하면($u' = du/dx$라 하자)

$$y' = u + xu'$$

이고, 원 식 $y' = f(y/x)$에 대입하면

$$u + x\frac{du}{dx} = f(u)$$

로 된다. 계속해서

$$\frac{du}{f(u) - u} = \frac{dx}{x} \tag{50}$$

로 변수분리하고 적분하여

$$\int^{y/x} \frac{du}{f(u) - u} = \ln|x| + c \tag{51}$$

로부터 해를 구한다.

예제 11 미분방정식 $2xyy' - y^2 + x^2 = 0$을 풀어라.

☞ 주어진 식을 y'에 관하여 다시 정리하면

$$y' = \frac{y^2 - x^2}{2xy}$$

가 되어 $y' = f(x)g(y)$의 꼴로 나타낼 수는 없지만 우변의 분모와 분자를 각각 x^2으로 나누어서 y/x에 대한 함수

$$y' = \frac{(y/x)^2 - 1}{2(y/x)}$$

로 바꿀 수 있으므로 $u = y/x$인 치환에 의해 변수분리할 수 있다. 따라서, $y = xu$를 미분하여

$$\frac{dy}{dx} = u + x\frac{du}{dx} = \frac{u^2 - 1}{2u} \tag{52}$$

즉,

$$x\frac{du}{dx} = \frac{u^2 - 1}{2u} - u = -\frac{u^2 + 1}{2u}$$

을 얻고, 변수분리하여 적분한다.

$$\frac{2u}{u^2 + 1}du = -\frac{dx}{x}$$

$$\ln(u^2 + 1) = -\ln|x| + c \tag{53}$$

$$u^2 + 1 = \frac{c}{x}$$

여기에, 다시 $u = \dfrac{y}{x}$를 대입하면

$$\left(\frac{y}{x}\right)^2 + 1 = \frac{c}{x} \quad \Rightarrow \quad x^2 + y^2 = cx \tag{54}$$

가 구하고자 하는 해가 된다. ◀

자칫하면 식 (53) 자체, 즉 $u^2 + 1 = \frac{c}{x}$, $x(u^2 + 1) = c$ 또는 $u = \pm\sqrt{\frac{c}{x} - 1}$을 답으로 생각할 수 있다. 그러나, 미분방정식은 x와 y의 관계를 구하는 것임을 잊지 말자.

****선형결합에 의한 변수분리.** 비교적 간단한 조작으로 변수분리가 가능한 다른 경우는

$$\frac{dy}{dx} = f\left(\frac{p_2x + q_2y + r_2}{p_1x + q_1y + r_1}\right) \tag{55}$$

형태로 독립변수 x, y의 선형결합으로 이루어진 유리함수를 가지는 미분방정식이다(단, p_i, q_i, r_i는 상수). 다음과 같은

$$x = X + A, \quad y = Y + B \tag{56}$$

변수변환을 하면

$$\frac{dy}{dx}=\frac{dY}{dX}=f\left\{\frac{p_2X+q_2Y+(p_2A+q_2B+r_2)}{p_1X+q_1Y+(p_1A+q_1B+r_1)}\right\}$$

으로 된다. 이때,

$$p_1A+q_1B+r_1=0$$
$$p_2A+q_2B+r_2=0 \tag{57}$$

이 만족되도록 A, B를 결정하면 주어진 미분방정식은

$$\frac{dY}{dX}=f\left\{\frac{p_2X+q_2Y}{p_1X+q_1Y}\right\}=f\left\{\frac{p_2+q_2(Y/X)}{p_1+q_1(Y/X)}\right\} \tag{58}$$

인 형태가 되므로 다시 $u=Y/X$의 변환을 하여 해를 구할 수 있다.

만약, 식 (57)에서 $\frac{p_2}{p_1}=\frac{q_2}{q_1}$인 경우는 A, B를 결정할 수 없지만

$$u=p_1x+q_1y,\quad \frac{p_2}{p_1}u=p_2x+q_2y \tag{59}$$

로 치환하면, 식 (55)는

$$\frac{dy}{dx}=f\left\{\frac{(p_2/p_1)u+r_2}{u+r_1}\right\}$$

가 되므로

$$\frac{du}{dx}=p_1+q_1\frac{dy}{dx}=p_1+q_1f\left\{\frac{(p_2/p_1)u+r_2}{u+r_1}\right\}$$

와 같이 변수분리가 가능한 형태로 바뀐다.

예제 12 $y'=\frac{x-2y+1}{2x+y}$을 풀어라.

☞ 식 (57)을 이용하면 $A-2B+1=0$, $2A+B=0$으로부터 $A=-\frac{1}{5}$, $B=\frac{2}{5}$이고, $x=X-\frac{1}{5}$, $y=Y+\frac{2}{5}$로 두면 주어진 식은

$$\frac{dY}{dX}=\frac{X-2Y}{2X+Y}$$

로 변환된다. 다시, $u=Y/X$인 변환에 의해 $Y=Xu$, 즉

$$X\frac{du}{dX}+u=\frac{1-2u}{2+u}\ \Rightarrow\ X\frac{du}{dX}=-\frac{u^2+4u-1}{u+2}$$

을 얻고, 이를 변수분리하고 적분하면

$$\frac{u+2}{u^2+4u-1}du+\frac{dX}{X}=0\ \Rightarrow\ \frac{1}{2}\ln(u^2+4u-1)+\ln|X|=c$$

또는

$$(u^2+4u-1)X^2=c\ \Rightarrow\ \left(\frac{Y^2}{X^2}+4\frac{Y}{X}-1\right)X^2=c$$

여기서, $X=x+\frac{1}{5}$, $Y=y-\frac{2}{5}$를 사용하여 다시 쓰면

$$(5y-2)^2+4(5x+1)(5y-2)-(5x+1)^2=25c$$

가 되고 간단히 정리하면

$$y^2 + 4xy - x^2 - 2x = C \quad ◀ \tag{60}$$

연습문제

※다음의 미분방정식의 해를 변수분리를 이용하여 구하라.

[1] $x^2 y' = x^2 + xy + y^2$

[2] $yy' + \sin x = 0$

[3] $y' = 1 - y^2$

[4] $y' = e^{x+y}$

[5] $y' = xy^2$

[6] $y' + xy = xy^2$

***[7]** $y' = \dfrac{x+y}{x-y}$

***[8]** $y' = \dfrac{2x+y}{-x+y+3}$

[9] 임의의 함수가 $F(x, y) = f(x)g(y)$의 꼴로 변수분리되기 위한 조건은 편미분을 $F_x = \dfrac{\partial F}{\partial x}$와 같이 아래첨자로 나타내기로 할 때 $\dfrac{F_x}{F} = \dfrac{F_{xy}}{F_y}$임을 보여라.

[10] 식 (55)의 특수한 경우로 $\dfrac{dy}{dx} = f(p_1 x + q_1 y + r_1)$의 형태로 미분방정식이 주어지면 $u = p_1 x + q_1 y + r_1$인 치환에 의해 변수분리되는 것을 보여라(단, p_1, q_1, r_1은 상수).

***[11]** $f(tx, ty) = t^n f(x, y)$가 성립하면 함수 $f(x, y)$는 n차의 **동차**(同次)**함수**라고 한다. 함수 $P(x, y)$와 $Q(x, y)$가 모두 n차의 동차함수라고 하면 $P(x, y)\,dx + Q(x, y)\,dy = 0$은 변수분리하여 해를 구할 수 있는 것을 보여라.

☑ $f(tx, ty) = t^n f(x, y)$에서 $t = 1/x$로 두면 $f(x, y) = x^n f(1, y/x)$를 얻는다. 마찬가지로 $P(x, y) = x^n P(1, y/x), Q(x, y) = x^n Q(1, y/x)$가 성립한다. 이것을 주어진 식에 대입하고 양변을 x^n으로 나누면 $P(1, y/x)\,dx + Q(1, y/x)\,dy = 0$이고, 다시 $y = xu$로 치환하면

$$P(1, u)\,dx + Q(1, u)(u\,dx + x\,du) = 0 \quad \Rightarrow \quad \frac{dx}{x} + \frac{Q(1, u)\,du}{P(1, u) + uQ(1, u)} = 0$$

으로 변수분리된다.

1-5 완전미분형 미분방정식

완전미분방정식. 다음의 1계 미분방정식

$$\frac{dy}{dx} + \frac{P(x,y)}{Q(x,y)} = 0$$

또는

$$P(x, y)\,dx + Q(x, y)\,dy = 0 \tag{61}$$

과 같이 **미소증분**(微小增分; infinitesimal increment) dx, dy를 사용하여 나타낸 미분방정식을 생각해 보자. 위에서,

$$R \equiv \frac{\partial Q}{\partial x} - \frac{\partial P}{\partial y} = 0 \tag{62}$$

이 만족되는 경우, 식 (61)을 **완전**(完全; exact)**미분방정식**이라고 한다. 완전미분방정식이 갖는 중요한 성질은 $P\,dx + Q\,dy$가 어떤 함수 $u(x, y)$의 **전미분**(全微分; total differential)

$$du = \frac{\partial u}{\partial x}dx + \frac{\partial u}{\partial y}dy = P\,dx + Q\,dy \tag{63}$$

와 같고, 따라서

$$P = \frac{\partial u}{\partial x}, \quad Q = \frac{\partial u}{\partial y} \tag{64}$$

로 나타낼 수 있다. 이것은 식 (64)를 각각 편미분하면

$$\frac{\partial P}{\partial y} = \frac{\partial^2 u}{\partial y \partial x}, \quad \frac{\partial Q}{\partial x} = \frac{\partial^2 u}{\partial x \partial y}$$

로 되어 P, Q가 연속인 1계 편도함수를 갖는다면 서로 같기 때문이다. 계속하여, 식 (64)를 각각 x와 y에 관하여 적분하면 완전미분방정식의 해 $u(x, y) = c$를 구할 수 있다.

✔ 식 (62)에서 교차미분이 서로 같다는 사실은 실제로 $\mathbf{v} = \mathbf{i}\,P(x, y) + \mathbf{j}\,Q(x, y)$라고 할 때, $\nabla \times \mathbf{v} = 0$ (뒤에서 배울 내용이므로 지금은 그냥 받아들이자)

$$\nabla \times \mathbf{v} = \begin{vmatrix} \mathbf{i} & \mathbf{j} & \mathbf{k} \\ \dfrac{\partial}{\partial x} & \dfrac{\partial}{\partial y} & \dfrac{\partial}{\partial z} \\ P & Q & 0 \end{vmatrix} = \mathbf{k}\left(\frac{\partial Q}{\partial x} - \frac{\partial P}{\partial y}\right) = 0$$

을 전개한 결과와 일치한다. 그리고, 식 (62)는 $P(x, y)\,dx + Q(x, y)\,dy = 0$이 완전미분방정식이 되기 위한 필요충분조건이다, 즉

$$du = P(x,y)\,dx + Q(x,y)\,dy \quad \rightleftarrows \quad \frac{\partial Q}{\partial x} - \frac{\partial P}{\partial y} = 0$$

✔ 또한, 식 (62)에서 $R \equiv \dfrac{\partial Q}{\partial x} - \dfrac{\partial P}{\partial y}$와 같이 QP의 순서로 정의하는 것이 편리하다. 나중에 알게 되겠지만 Green의 정리 $\oint_C Pdx + Qdy = \iint_S \left(\dfrac{\partial Q}{\partial x} - \dfrac{\partial P}{\partial y}\right) dxdy$에서도 QP의 순서가 나타난다. 위에서도 $\nabla \times \mathbf{v}$의 k방향 성분이 $\mathbf{k} \cdot \nabla \times \mathbf{v} = \dfrac{\partial Q}{\partial x} - \dfrac{\partial P}{\partial y}$로 주어진다.

예제 13 $(2xy + 1)\,dx + (x^2 - 6y)\,dy = 0$을 풀어라.

☞ 주어진 미분방정식에서 우선 $P = 2xy + 1$, $Q = x^2 - 6y$로 둔다. 그러면,

$$R = \frac{\partial Q}{\partial x} - \frac{\partial P}{\partial y} = \frac{\partial}{\partial x}(x^2 - 6y) - \frac{\partial}{\partial y}(2xy + 1) = 2x - 2x = 0$$

이므로 완전미분방정식이라는 것을 알 수 있다. 이러한 완전미분방정식의 해를 구하기 위해서는

$$P = \frac{\partial u}{\partial x} = 2xy + 1, \quad Q = \frac{\partial u}{\partial y} = x^2 - 6y$$

로부터 첫 번째 식을 적분하면

$$\int \frac{\partial u}{\partial x}\,dx = \int (2xy+1)\,dx + f(y) \quad \Rightarrow \quad u = x^2 y + x + f(y)$$

가 된다. 이번에는 윗식을 y에 대해 편미분한 결과가 두 번째 식과 같아야 한다. 즉,

$$\frac{\partial u}{\partial y} = x^2 + f'(y) = x^2 - 6y \quad \Rightarrow \quad f'(y) = -6y$$

로부터 $f(y) = -3y^2 + c$를 얻는다. 따라서, 구하고자 하는 해는

$$u(x,\ y) = x^2 y + x - 3y^2 = c \quad ◀ \tag{65}$$

$\frac{\partial u}{\partial x} = 2xy + 1$로부터 $u_1 = x^2 y + x$, $\frac{\partial u}{\partial y} = x^2 - 6y$로부터 $u_2 = x^2 y - 3y^2$을 각각 구하고, u_1과 u_2에서 마치 "최소공배수"를 구하는 것처럼 항을 택하여 $u = x^2 y + x - 3y^2 = c$를 얻을 수 있다(적분상수의 처리는 마지막에 하는 것이 편리하다).

예제 14 $(3x^2 y + x + e^x \sin y)\,dx + (x^3 + y + e^x \cos y)\,dy = 0$을 풀어라.

☞ 우선 $P = 3x^2 y + x + e^x \sin y$, $Q = x^3 + y + e^x \cos y$로 둔다. 그러면,

$$R = \frac{\partial Q}{\partial x} - \frac{\partial P}{\partial y} = \frac{\partial}{\partial x}(x^3 + y + e^x \cos y) - \frac{\partial}{\partial y}(3x^2 y + x + e^x \sin y)$$
$$= (3x^2 + e^x \cos y) - (3x^2 + e^x \cos y) = 0$$

이므로 완전미분방정식이다. 앞에서 설명한 것처럼

$$P = \frac{\partial u}{\partial x} = 3x^2 y + x + e^x \sin y, \quad Q = \frac{\partial u}{\partial y} = x^3 + y + e^x \cos y$$

를 각각 적분하고(적분상수는 생략)

$$u_1 = x^3 y + \frac{1}{2}x^2 + e^x \sin y, \quad u_2 = x^3 y + \frac{1}{2}y^2 + e^x \sin y$$

마치 "최소공배수를 구하는 것처럼" 항을 택하면

$$u(x,\ y) = x^3 y + \frac{1}{2}(x^2 + y^2) + e^x \sin y = c$$

형태의 해를 구한다. 윗식을 각각 편미분하여 원 식과 비교하면 옳은 해인가를 확인할 수 있다. ◀

***적분인자와 전미분.** 다음의 미분방정식

$$P(x,\ y)\,dx + Q(x,\ y)\,dy = 0$$

은 $R \equiv \frac{\partial Q}{\partial x} - \frac{\partial P}{\partial y} \neq 0$이면 완전미분방정식이 아니다. 그러나, 적절한 함수 $\mu(x,\ y)$를 곱하면 "반드시"

$$du = \mu P\,dx + \mu Q\,dy = 0 \tag{66}$$

인 완전미분방정식으로 전환될 수 있다. 이때, 함수 $\mu(x, y)$를 **적분인자**라고 하고

$$\frac{\partial}{\partial x}(\mu Q) - \frac{\partial}{\partial y}(\mu P) = 0 \tag{67}$$

이 완전미분방정식이 되기 위한 필요충분조건이다.

적분인자가 x만의 함수 $\mu = \mu(x)$라고 가정하면 식 (67)은

$$\mu \frac{\partial P}{\partial y} = Q \frac{d\mu}{dx} + \mu \frac{\partial Q}{\partial x}$$

즉,

$$\frac{1}{\mu}\frac{d\mu}{dx} = -\frac{1}{Q}\left(\frac{\partial Q}{\partial x} - \frac{\partial P}{\partial y}\right) = -\frac{R}{Q} \tag{68}$$

로 되고, 우변이 x만의 함수로 주어질 경우 $\mu(x)$에 관하여 풀 수 있다. 마찬가지 방법으로 $\mu = \mu(y)$라면

$$\frac{1}{\mu}\frac{d\mu}{dy} = \frac{1}{P}\left(\frac{\partial Q}{\partial x} - \frac{\partial P}{\partial y}\right) = \frac{R}{P} \tag{69}$$

로부터 적분인자를 구할 수 있는 경우가 있다.

☑ 독립변수가 2개인 경우 $P\,dx + Q\,dy = 0$은 적분인자를 이용하여 "항상" 전미분형태로 바꿀 수 있다. 그러나, 독립변수가 3개 이상이 되면 꼭 전미분이 존재하는 것은 아니다.

***적분인자의 결정.** 식 (68) 또는 식 (69)로부터 구한 적분인자를 미분방정식에 곱하면 완전미분형으로 바뀌므로 쉽게 해를 얻을 수 있다. 그러나, 식 (68)과 식 (69) 중에서 어떤 식이 실제로 유용할지는 상황에 따라 결정되기 때문에 두 식을 통합하여 단순화시키면 편리할 것이다. 따라서, 복소수를 보통 $x + iy$와 같이 실수부를 x, 허수부를 y로 나타내는 사실에 착안하여, 식 (68)과 식 (69)를 모두 합친 결과를 다음과 같이 복소수형식으로 표현하였다.

$$\frac{\mu'}{\mu} \sim R(-1)\left(\frac{1}{Q} - i\frac{1}{P}\right) \quad \Rightarrow \quad \mu \sim e^{\int\left(\frac{\partial Q}{\partial x} - \frac{\partial P}{\partial y}\right)(-1)\left(\frac{1}{Q} - i\frac{1}{P}\right)} \tag{70}$$

위에서, $R \equiv \dfrac{\partial Q}{\partial x} - \dfrac{\partial P}{\partial y} = 0$이면 완전미분방정식이므로 적분인자가 필요없다. 만일, $R \neq 0$이면 복소수 i를 포함하는 우변에서

- $x + iy$, 실수부가 x만의 함수이면 $\dfrac{1}{\mu}\dfrac{d\mu}{dx} = \dfrac{\mu'}{\mu} = -\dfrac{R}{Q}$
- $x + iy$, 허수부가 y만의 함수이면 $\dfrac{1}{\mu}\dfrac{d\mu}{dy} = \dfrac{\mu'}{\mu} = \dfrac{R}{P}$

과 같이 등호가 선택적으로 성립하므로 식 (70)에서 "~"를 사용한 것이다. 그러나, 위의 두 경우가 아니면 식 (70)으로부터는 적분인자를 얻을 수 없고, 경험에 의존하여 다른 방법으로 해를 구해야 한다.

식 (70)을 $\frac{\mu'}{\mu} \sim \left(\frac{\partial Q}{\partial x} - \frac{\partial P}{\partial y}\right)(-1)\left(\frac{1}{Q} - i\frac{1}{P}\right)$의 순서로 써서 「QP my QP(구피)」로 암기해 보자. 아니면 식 (67)에서부터 출발하여 스스로 유도하는 힘을 기른다. 1-2절을 참조하여 식 (70)의 $\frac{\mu'}{\mu} \sim R(-1)\left(\frac{1}{Q} - i\frac{1}{P}\right)$을 적분하면 $\mu \sim \pm ce^{\int R(-1)\left(\frac{1}{Q} - i\frac{1}{P}\right)}$와 같이 적분상수 $\pm c$가 나타나지만 이것을 보통 1로 둔다.

***예제 15** $2xy\,dx + (2x^2 + 3y)\,dy = 0$을 완전미분형으로 만들기 위한 적분인자를 찾고, 전미분형태로 나타내어라.

☞ $R = \frac{\partial Q}{\partial x} - \frac{\partial P}{\partial y} = \frac{\partial}{\partial x}(2x^2 + 3y) - \frac{\partial}{\partial y}(2xy) = 4x - 2x = 2x$이므로 주어진 미분방정식은 완전미분형이 아니다. 그런데, 식 (70)으로부터

$$\begin{aligned}\frac{\mu'}{\mu} &\sim \left(\frac{\partial Q}{\partial x} - \frac{\partial P}{\partial y}\right)(-1)\left(\frac{1}{Q} - i\frac{1}{P}\right) \\ &= (2x)(-1)\left(\frac{1}{2x^2 + 3y} - i\frac{1}{2xy}\right) = \frac{-2x}{2x^2 + 3y} + i\frac{1}{y}\end{aligned} \tag{71}$$

에서 허수부가 y만의 함수이므로 적분인자는 y만의 함수가 된다. 즉, 식 (70)을 이용하여

$$\mu \sim e^{\int\left(\frac{\partial Q}{\partial x} - \frac{\partial P}{\partial y}\right)(-1)\left(\frac{1}{Q} - i\frac{1}{P}\right)} \quad \Rightarrow \quad \mu \sim e^{\int \frac{-2x}{2x^2 + 3y} + i\frac{1}{y}} \tag{72}$$

에서 y만의 함수인 적분인자 $\mu = e^{\int \frac{1}{y}} = y$를 구할 수 있다. 따라서, 주어진 미분방정식에 적분인자 $\mu = y$를 곱하여 얻는

$$2xy^2\,dx + (2x^2y + 3y^2)\,dy = 0$$

을 푼다.

$$u_1 = x^2y^2, \quad u_2 = x^2y^2 + y^3 \quad \Rightarrow \quad u = x^2y^2 + y^3 = c$$

즉,

$$u(x,\ y) = x^2y^2 + y^3 = c \tag{73}$$

인 해를 얻는다. ◀

이 예제는 식 (68)을 먼저 택할 경우 적분인자를 구할 수 없고, 식 (69)를 사용해야만 원하는 적분인자를 구하게 된다. 그러나, 식 (70)을 사용하면 이러한 시행착오를 거치지 않고 x 또는 y만의 함수가 적분인자로 되는 경우를 바로 알 수 있는 장점이 있다. 물론, $e^x \sin(x + y^2)$과 같이 x, y에 모두 의존하는 적분인자의 경우 "틀림없이 존재하지만" 위와 같은 방법으로는 찾을 수 없다.

***예제 16** 1계 비제차선형미분방정식 $y' + a(x)y = h(x)$를 다시 쓰면 $(ay - h)\,dx + dy = 0$인 형태가 된다. 이 식에서 필요한 적분인자를 찾고 해를 구하라.

☞ $R = \frac{\partial Q}{\partial x} - \frac{\partial P}{\partial y} = \frac{\partial}{\partial x}(1) - \frac{\partial}{\partial y}(ay - h) = -a$가 되어 주어진 미분방정식은 완전미분형이 아니다. 식 (70)의 공식

$$\frac{\mu'}{\mu} \sim \left(\frac{\partial Q}{\partial x} - \frac{\partial P}{\partial y}\right)(-1)\left(\frac{1}{Q} - i\frac{1}{P}\right)$$
$$= (-a)(-1)\left(\frac{1}{1} - i\frac{1}{ay-h}\right) = a - i\frac{a}{ay-h} \quad (74)$$

에서 실수부가 x만의 함수이므로 적분인자는 x만의 함수가 된다. 따라서,

$$\mu \sim e^{\int\left(\frac{\partial Q}{\partial x} - \frac{\partial P}{\partial y}\right)(-1)\left(\frac{1}{Q} - i\frac{1}{P}\right)} \;\Rightarrow\; \mu \sim e^{\int a - i\frac{a}{ay-h}}$$

에서 실수부를 택하면

$$\mu = e^{\int a} \quad (75)$$

인 적분인자를 얻는다. 이것을 원식에 곱하고

$$(ay-h)e^{\int a}dx + e^{\int a}dy = 0 \quad (76)$$

앞 부분과 뒷 부분을 각각 적분하면

$$u_1 = y\int ae^{\int a}dx - \int he^{\int a}dx = ye^{\int a} - \int he^{\int a}dx$$
$$u_2 = ye^{\int a} \quad (77)$$

이므로 구하고자 하는 해는

$$ye^{\int a} - \int he^{\int a}dx = c \quad (78)$$

로 된다. 이때, $p = e^{\int a}$로 치환하면 윗식은

$$py = \int ph\,dx + c \quad (79)$$

인 잘 알고 있는 공식이 된다. ◀

예제 17 $[x^2 + (y+4)x + 3y]\,dx + xdy = 0$을 풀어라.

☞ $R = \frac{\partial Q}{\partial x} - \frac{\partial P}{\partial y} = \frac{\partial}{\partial x}(x) - \frac{\partial}{\partial y}[x^2 + (y+4)x + 3y] = -2 - x$이므로 주어진 미분방정식은 완전미분형이 아니다. 그런데, 식 (70)으로부터

$$\frac{\mu'}{\mu} \sim \left(\frac{\partial Q}{\partial x} - \frac{\partial P}{\partial y}\right)(-1)\left(\frac{1}{Q} - i\frac{1}{P}\right)$$
$$= (-2-x)(-1)\left(\frac{1}{x} - i\frac{1}{x^2 + (y+4)x + 3y}\right) \quad (80)$$
$$= \left(1 + \frac{2}{x}\right) - i\frac{x+2}{x^2 + (y+4)x + 3y}$$

즉,

$$\mu \sim e^{\int\left(\frac{\partial Q}{\partial x} - \frac{\partial P}{\partial y}\right)(-1)\left(\frac{1}{Q} - i\frac{1}{P}\right)} \;\Rightarrow\; \mu \sim e^{\int\left(1+\frac{2}{x}\right) - i\frac{x+2}{x^2 + (y+4)x + 3y}} \quad (81)$$

에서 x만의 함수인 적분인자 $\mu = e^{\int\left(1+\frac{2}{x}\right)} = x^2e^x$를 구할 수 있다. 따라서, 미분방정식에 적분인자 $\mu = x^2e^x$를 곱하여

$$\begin{aligned} &e^x[x^4 + x^3y + 4x^3 + 3x^2y]\,dx + x^3e^x dy \\ &= e^x\left[(x^4 + x^3y) + \frac{\partial}{\partial x}(x^4 + x^3y)\right]dx + x^3e^x dy = 0 \end{aligned} \tag{82}$$

을 얻는다. 앞부분과 뒷부분을 각각 적분하면

$$u_1 = e^x(x^4 + x^3y), \quad u_2 = e^x x^3 y$$

이므로 최종해는

$$u = e^x(x^4 + x^3y) = c \quad \Rightarrow \quad y = -x + cx^{-3}e^{-x} \quad ◀ \tag{83}$$

****독립변수가 3개인 경우.** 독립변수가 2개일 때는 $P\,dx + Q\,dy = 0$의 양변에 적분인자 μ를 곱하여 "항상" 완전미분형으로 바꿀 수 있다(물론, 적분인자를 실제로 구하는 것은 별개의 문제이다). 그러나, 독립변수가 3개인 경우에는 적분인자가 반드시 존재하는 것은 아니다. 만일

$$Adx + Bdy + Cdz = 0 \tag{84}$$

인 형태로 3개의 독립변수 x, y, z를 고려할 때 적분인자(만약 있다면)를 찾는 방법은 다음과 같다. 먼저, 식 (84)의 두 번째와 세 번째 항을 택하여 적분인자 μ를 찾는다(독립변수가 2개인 경우이므로 이러한 μ는 반드시 존재한다). 즉,

$$du = \mu(Bdy + Cdz) \tag{85}$$

가 성립하도록 앞에서 설명한 방법, 또는 $\mu = y^\alpha z^\beta$로 가정하는 등의 경험적인 방법으로 적분인자를 구한다. 식 (84)에 μ를 곱하면

$$\begin{aligned} \mu(Adx + Bdy + Cdz) &= \mu Adx + \mu(Bdy + Cdz) \\ &= \mu Adx + du = 0 \end{aligned} \tag{86}$$

과 같이 새로운 방정식으로 변환된다. 그런데,

$$\mu Adx + du = 0 \tag{87}$$

으로 주어지는 방정식에서 μA가 x, u만으로 표현된다면 마찬가지 방법으로 적분인자를 구하여 완전미분형으로 바꿀 수 있다. 만일 그렇지 않다면 완전미분형으로 바꿀 수 없는 경우이다.

****예제 18** $2xyz^2dx + z^2dy + ydz = 0$을 완전미분형으로 바꾸어라.

☞ 우선 처음 두 항에 대해서

$$R = \frac{\partial}{\partial x}(z^2) - \frac{\partial}{\partial y}(2xyz^2) = -2xz^2$$

을 구한 다음에

$$\frac{\mu'}{\mu} \sim \left(\frac{\partial Q}{\partial x} - \frac{\partial P}{\partial y}\right)(-1)\left(\frac{1}{Q} - i\frac{1}{P}\right)$$
$$= (-2xz^2)(-1)\left(\frac{1}{z^2} - i\frac{1}{2xyz^2}\right) = 2x - i\frac{1}{y}$$

로부터 $\mu = e^{\int 2x} = e^{x^2}$ 또는 $\mu = e^{\int -\frac{1}{y}} = \frac{1}{y}$을 얻는다. 여기서 $\mu = \frac{1}{y}$을 주어진 식의 양변에 곱하면

$$\left(2xz^2\,dx + \frac{z^2}{y}\,dy\right) + dz = z^2\left(2x\,dx + \frac{dy}{y}\right) + dz$$
$$= z^2 d(x^2 + \ln y) + dz = 0 \tag{88}$$

이고, 계속해서 양변을 z^2으로 나누면

$$d(x^2 + \ln y) + \frac{dz}{z^2} = 0 \tag{89}$$

을 얻는다. 윗식은 변수분리된 형태이므로

$$v(x,\ y,\ z) = x^2 + \ln y - \frac{1}{z} = c \tag{90}$$

와 같이 적분된다. ◀

✔ 위에서, 적분인자를 $\mu = e^{x^2}$을 택하였다면 $z^2 d(e^{x^2}y) + e^{x^2}y\,dz = 0$으로 정리되고, 이것을 변수분리하여

$$\frac{d(e^{x^2}y)}{e^{x^2}y} + \frac{dz}{z^2} = 0 \quad \Rightarrow \quad \ln(e^{x^2}y) - \frac{1}{z} = c \quad \Rightarrow \quad x^2 + \ln y - \frac{1}{z} - c$$

와 같이 다른 경로를 거쳐 식 (90)과 동일한 해를 얻는다. 만일, $2xyz^2dx + z^2dy + xydz = 0$으로 미분방정식이 주어질 경우에는 식 (88)과 유사하게 양변에 $\frac{1}{y}$를 곱하여

$$z^2 d(x^2 + \ln y) + xdz = 0 \quad \Rightarrow \quad z^2 du + xdz = 0,\ u = x^2 + \ln y$$

로 독립변수가 u, z으로 두 개로 줄어들지만 미분방정식은 u, z으로만 나타낼 수 없기 때문에 완전미분형으로 변환되지 않는 경우이다.

연습문제

※ 다음의 미분방정식을 풀어라.

[1] $(x^2 + y)\,dx + (y^2 + x)\,dy = 0$

[2] $(x + e^y)\,dx + xe^y\,dy = 0$

[3] $e^{-\theta}dr - re^{-\theta}d\theta = 0$

[4] $\dfrac{xdy - ydx}{x^2} = 0$

※ 다음의 미분방정식을 완전미분형으로 바꾸어 풀어라.

[5] $2ydx - xdy = 0$

[6] $dx - e^{y-x}dy = 0$

[7] $dx + (x + y + 1)\,dy = 0$

[8] $y\sin x\,dx - 2\cos x\,dy = 0$

*[9] 미분방정식 $Pdx + Qdy = 0$의 적분인자가 다음과 같이 주어질 때, 상수 A, B는 오른쪽

의 식으로부터 구할 수 있다는 것을 보여라.

(a) $\mu = e^{Ax}e^{By}$ $\qquad \left(\frac{\partial Q}{\partial x} - \frac{\partial P}{\partial y}\right) + (AQ - BP) = 0$

(b) $\mu = e^{A\ln x}e^{By} = x^A e^{By}$ $\qquad \left(\frac{\partial Q}{\partial x} - \frac{\partial P}{\partial y}\right) + \left(A\frac{Q}{x} - BP\right) = 0$

(c) $\mu = e^{Ax}e^{B\ln y} = e^{Ax}y^B$ $\qquad \left(\frac{\partial Q}{\partial x} - \frac{\partial P}{\partial y}\right) + \left(AQ - B\frac{P}{y}\right) = 0$

(d) $\mu = e^{A\ln x}e^{B\ln y} = x^A y^B$ $\qquad \left(\frac{\partial Q}{\partial x} - \frac{\partial P}{\partial y}\right) + \left(A\frac{Q}{x} - B\frac{P}{y}\right) = 0$

***[10]** 미분방정식 $2y^2dx + (x^3 + 3xy)\,dy = 0$의 적분인자가 $\mu = \frac{1}{x^3y^5}$ 임을 보이고 해를 구하라.

**1-6 기초적인 비선형미분방정식

비선형미분방정식에 대한 일반적인 해법이 없기 때문에 각 경우에 따라 알맞는 방법으로 해를 구하게 된다. 따라서, 비선형미분방정식을 푸는 것은 상당한 경험과 노력을 필요로 한다. 이 절에서는 기초적인 비선형미분방정식의 몇 가지 예를 살펴본다.

예제 19 비선형미분방정식 $y'^2 + y^2 = 1$을 풀어라.

☞ 주어진 미분방정식을 y'에 대해서 풀면

$$y' = \pm\sqrt{1 - y^2} \tag{91}$$

을 얻는다. 윗식은

$$\pm\frac{dy}{\sqrt{1 - y^2}} = dx$$

와 같이 변수분리되고 0-5절에서

$$(\cos^{-1}y)' = -\frac{1}{\sqrt{1 - y^2}}, \quad (\sin^{-1}y)' = \frac{1}{\sqrt{1 - y^2}} \tag{92}$$

이므로

$$(\cos^{-1}y) = x + c \qquad \text{또는} \qquad (\sin^{-1}y) = x + c$$

가 된다. 따라서, 구하고자 하는 해는

$$y = \cos(x + c), \quad \sin(x + c) \tag{93}$$ ◀

비선형미분방정식의 해에는 중첩의 원리를 적용할 수 없다는 점을 주의한다. 예를 들어 두 식의 합 $y = \cos(x + c) + \sin(x + c)$는 주어진 미분방정식을 만족하지 않는다.

예제 20 비선형미분방정식

$$y'' + a^2\sin y = 0, \quad y(0) = y_0, \; y'(0) = v_0$$

를 풀어라(단 $a \neq 0$인 상수).

☞ 양변에 y'을 곱하면

$$y''y' + a^2 y' \sin y = 0 \tag{94}$$

이 되고, 이것을 적분하고 $t = 0$을 대입하면(독립변수를 t로 두었다)

$$\frac{1}{2}y'^2 - a^2 \cos y = c \quad \Rightarrow \quad \frac{1}{2}y'^2 - a^2 \cos y = \frac{1}{2}v_0^2 - a^2 \cos y_0 \tag{95}$$

계속해서, 주어진 미분방정식을 y'에 대해서 풀면

$$y' = \sqrt{v_0^2 + 2a^2(\cos y - \cos y_0)} \tag{96}$$

즉,

$$\frac{dy}{\sqrt{v_0^2 + 2a^2(\cos y - \cos y_0)}} = dt$$

로 변수분리되므로 적분하여

$$\int_{y_0}^{y} \frac{dy}{\sqrt{v_0^2 + 2a^2(\cos y - \cos y_0)}} = t \tag{97}$$

의 형태로 된다(위에서, $t = 0$일 때 $y = y_0$이므로 적분기호 $\int$의 아래첨자가 y_0로 되었다. 즉, 적분상수를 주어진 조건에 맞게 구한 것이다).

**✓ 길이 L인 진자의 운동은 뉴턴의 제2법칙으로부터 $m(L\ddot{\theta}) = -mg\sin\theta$로 기술된다. 이 식을 정리하면 $\ddot{\theta} + (g/L)\sin\theta = 0$이다. 따라서, 이 예제는 초기각속도 $\dot{\theta}(0) = v_0$, 초기각도 $\theta(0) = y_0$인 경우의 해를 의미한다($a = \sqrt{g/L}$). 특히, 진자의 진폭이 작은 경우

$$\cos y - \cos y_0 = \left(1 - \frac{y^2}{2} + \frac{y^4}{4!} - \cdots\right) - \left(1 - \frac{y_0^2}{2} + \frac{y_0^4}{4!} - \cdots\right) \cong \frac{1}{2}(y_0^2 - y^2)$$

이므로

$$\begin{aligned}\int_{y_0}^{y} \frac{dy}{\sqrt{v_0^2 + 2a^2(\cos y - \cos y_0)}} &\cong \int_{y_0}^{y} \frac{dy}{\sqrt{v_0^2 + a^2(y_0^2 - y^2)}} \\ &= \frac{1}{a}\int_{y_0}^{y} \frac{dy}{\sqrt{\beta^2 - y^2}}, \quad \beta = \sqrt{y_0^2 + (v_0/a)^2} \\ &= \frac{1}{a}\left(\sin^{-1}\frac{y}{\beta} - \sin^{-1}\frac{y_0}{\beta}\right)\end{aligned}$$

와 같이 적분된다. 따라서,

$$\frac{1}{a}\left(\sin^{-1}\frac{y}{\beta} - \sin^{-1}\frac{y_0}{\beta}\right) = t \quad \Rightarrow \quad y = \beta\sin\left(at + \sin^{-1}\frac{y_0}{\beta}\right)$$

를 얻는다. 그런데, $\sin\theta_0 = \dfrac{y_0}{\beta}$로 두면 $\cos\theta_0 = \dfrac{\sqrt{\beta^2 - y_0^2}}{\beta} = \dfrac{v_0}{\beta a}$이므로

$$\begin{aligned}y &= \beta\cos\left(\sin^{-1}\frac{y_0}{\beta}\right)\sin at + \beta\sin\left(\sin^{-1}\frac{y_0}{\beta}\right)\cos at \\ &= \frac{v_0}{a}\sin at + y_0\cos at.\end{aligned}$$

이것은 미분방정식 $\ddot{\theta} + \dfrac{g}{L}\sin\theta \cong \ddot{\theta} + \dfrac{g}{L}\theta = 0$을 푼 것과 같은 결과이다(2-2절 참조).

요약

선형과 몇 가지 특수형		변수분리형
① $y' + ay = h$	linear	$\dfrac{dy}{dx} = \begin{cases} f(x)g(y) \\ f\left(\dfrac{y}{x}\right) \\ f\left(\dfrac{p_2 x + q_2 y + r_2}{p_1 x + q_1 y + r_1}\right) \end{cases}$
② $y' + ay = hy^n$	Bernoulli	
③ $y' = ay^2 + by + c$	Ricatti	
④ $y = xy' + f(y')$	Clairaut	

이 장에서는 1계 상미분방정식을 위에 정리한 선형과 몇 가지 특수형, 변수분리형, 그리고 다음의 완전미분형

$$P(x, y)\,dx + Q(x, y)\,dy = 0, \quad \frac{\mu'}{\mu} \sim \left(\frac{\partial Q}{\partial x} - \frac{\partial P}{\partial y}\right)(-1)\left(\frac{1}{Q} - i\,\frac{1}{P}\right)$$

로 나누어 공부하였다. 가장 기초적이면서도 공학적으로 중요한 선형미분방정식의 일반해

$$\left.\begin{array}{lll} y' = 0 & \rightarrow & y = c \\ y' + ay = 0 & \rightarrow & py = c \\ y' + ay = h & \rightarrow & py = c + \int ph \end{array}\right\} p = e^{\int a}$$

는 자주 쓰이게 되므로 잘 알아두도록 하자.

Chapter 2

2계 선형미분방정식

흔히 접할 수 있는 공학적인 문제들의 상당수가 2계 미분방정식으로 표현된다. 예를 들어, 기계적인 진동문제나 *RLC* 전기회로뿐 아니라 뒤에서 다루게 될 라플라스 방정식, 열전도방정식, 파동방정식에서도 2계 미분방정식은 중요한 위치를 차지하고 있다. 2계 비선형미분방정식의 해는 구하기가 상당히 어렵기 때문에 이 장에서는 선형미분방정식의 해법만을 크게 제차와 비제차인 경우로 나누어 다루기로 한다. 이 장에서 공부하게 될 이론의 대부분은 비슷한 모양의 **고계**(高階; high order) 미분방정식에도 적용할 수 있다.

2-1 기본적인 정의와 성질

1차결합. c_1, c_2를 임의의 상수라고 할 때 함수 $y_1(x)$와 $y_2(x)$의 **1차결합**(一次結合; linear combination)은

$$y = c_1 y_1 + c_2 y_2 \tag{1}$$

로 정의한다. 특히, $c_1 = c_2 = 0$일 때는 항상 자명한 함수 $y(x) = 0$으로 되는 것을 유념한다. 1차결합은 미분방정식을 포함하여 벡터, 행렬, 급수전개 등의 여러 분야에서 나

타나는 기초적인 개념이며, 주로 **선형성**(線型性; linearity)을 가진 문제들과 함께 다루어진다.

예제 1 지수함수 e^x는 $\cosh x$와 $\sinh x$의 1차결합으로 나타낼 수 있음을 보여라.

☞ 정의에 의하여

$$\cosh x = \frac{e^x + e^{-x}}{2}, \quad \sinh x = \frac{e^x - e^{-x}}{2} \tag{2}$$

이므로

$$e^x = \cosh x + \sinh x. \quad ◀$$

✔ 윗식 외에도, 다른 모양의 1차결합, 예를 들면 $e^x = 2\cosh x - e^{-x}$, $e^x = 2\sinh x + e^{-x}$로 나타낼 수도 있다.

1차독립과 1차종속. 주어진 x의 구간에 대해 다음을 생각해 보자. 항등적으로 0이 아닌 함수 $y_1(x)$와 $y_2(x)$가 서로 비례관계에 있으면, 즉 $k \neq 0$인 비례상수에 대해

$$\frac{y_2}{y_1} = k \qquad \text{또는} \qquad y_2(x) = ky_1(x) \tag{3}$$

로 쓸 수 있으면 두 함수는 **1차종속**(一次從屬; linearly dependent)이라고 한다. 예를 들어, $y_1 = 1 - x$와 $y_2 = 3x - 3$은 x의 모든 구간에서 $y_2 = -3y_1$이므로 1차종속이다. 반면에, 1차종속이 아닌 두 함수는 **1차독립**(一次獨立; linearly independent)이라고 한다. 따라서, 1차독립인 y_1과 y_2에 대해서는 1차결합을 이용하여

$$c_1 y_1 + c_2 y_2 = 0 \text{이면 반드시 } c_1 = c_2 = 0 \tag{4}$$

이라고 말할 수 있다(증명은 연습문제 참조).

✔ 어떤 두 함수가 1차독립인가 1차종속인가를 판단하는 것이 때로는 그리 쉽지만은 않다. 예를 들어, $\cosh^{-1} x - \ln(x + \sqrt{x^2 - 1}) = 0$이므로 두 함수는 서로 1차종속이지만 이것은 상당한 경험이 필요하다(0-5절 연습문제 참조).

해의 기본계와 중첩의 원리. 이미 앞에서 기술하였듯이 2계 제차선형미분방정식은

$$y'' + a(x)y' + b(x)y = 0 \tag{5}$$

으로 표현되고, 함수 $a(x)$, $b(x)$는 미분방정식의 계수(coefficient)이다. 나중에 알게 되겠지만, 식 (5)로 주어진 제차미분방정식은 비제차미분방정식의 해를 찾는 열쇠가 된다.

어떤 함수 $y_1(x)$와 $y_2(x)$가 식 (5)의 해이고 서로 1차독립이면 $y_1(x)$와 $y_2(x)$를 **해의 기본계**(fundamental system of solutions)라고 한다. 또한, 제차선형미분방정식이 갖는 가장 중요한 성질은 **중첩**(重疊; superposition)의 원리이다.

(중첩의 원리) 함수 y_1, y_2가 제차선형미분방정식의 해이면 y_1과 y_2의 1차결합 $y = c_1 y_1 + c_2 y_2$도 해가 된다.

▶ 제차선형미분방정식의 일반해는 중첩의 원리로부터 해의 기본계 y_1과 y_2의 1차결합

$$y = c_1 y_1 + c_2 y_2 \tag{6}$$

로 나타낼 수 있으며, 일반해에 포함된 적분상수 c_1과 c_2의 값이 특정한 값으로 주어지면 **특수해**라고 한다. 그러나,

중첩의 원리는 비제차 또는 비선형방정식에 대해서는 성립하지 않는다

는 것에 주의해야 한다. 예를 들어, $y = 1 + e^x$와 $y = 1 + e^{-x}$는 비제차선형미분방정식

$$y'' = y - 1$$

의 해이지만, $2(1+e^x)$ 또는 $(1+e^x)+(1+e^{-x})$는 해가 되지 않는다. 마찬가지로 비선형미분방정식에 대해서도 중첩의 원리를 적용할 수 없다.

2계 미분방정식의 해의 기본계 y_1, y_2와 1차결합 $y = c_1 y_1 + c_2 y_2$는 2차원 벡터평면에서 서로 독립인 기본벡터 **i**, **j**와 유사한 개념이다. 이것을 비교하면 다음과 같다.

	1차독립	1차결합
2차원 벡터평면	$\mathbf{i}, \mathbf{j}$	$\mathbf{r} = c_1\mathbf{i} + c_2\mathbf{j}$
2계 미분방정식	y_1, y_2	$y = c_1 y_1 + c_2 y_2$

예를 들어, 가장 간단한 미분방정식 $y'' = 0$을 풀면 $y = c_1 x + c_2$가 되고 이때 c_1, c_2는 임의의 상수이므로 해는 무한개가 된다. 2차원 벡터평면에서 임의의 벡터는 두 개의 독립인 기본벡터 **i**, **j**만을 이용하여 $r = x\mathbf{i} + y\mathbf{j}$와 같이 나타낼 수 있는 것처럼, 2계 미분방정식의 무수히 많은 해는 두 개의 독립인 기본해 y_1, y_2만을 알면 이의 1차결합으로부터 결정된다.

중첩의 원리를 증명하기 위해서는 y_1, y_2가 식 (5)의 해라고 가정한다. 그러면,

$$y_1'' + a(x)y_1' + b(x)y_1 = 0$$
$$y_2'' + a(x)y_2' + b(x)y_2 = 0$$

이 만족되고, 다시 $y = c_1 y_1 + c_2 y_2$를 식 (5)에 대입하면

$$\begin{aligned}&(c_1 y_1 + c_2 y_2)'' + a(x)(c_1 y_1 + c_2 y_2)' + b(x)(c_1 y_1 + c_2 y_2)\\ &= c_1[y_1'' + a(x)y_1' + b(x)y_1] + c_2[y_2'' + a(x)y_2' + b(x)y_2] = 0\end{aligned}$$

이므로 증명이 완료된다.

예제 2 다음의 두 경우는 모두 $y'' - y = 0$의 기본계임을 보여라.

① $y_1 = e^x$, $y_2 = e^{-x}$

② $y_1^* = \cosh x$, $y_2^* = \sinh x$

☞ 주어진 함수들의 2계 도함수는 모두 $y'' = y$가 되는 것을 보일 수 있다. 예를 들어,

$$(\cosh x)' = \frac{d}{dx}\left(\frac{e^x + e^{-x}}{2}\right) = \frac{e^x - e^{-x}}{2} = \sinh x$$
$$(\sinh x)' = \frac{d}{dx}\left(\frac{e^x - e^{-x}}{2}\right) = \frac{e^x + e^{-x}}{2} = \cosh x$$

이므로 $(\cosh x)'' = (\sinh x)' = \cosh x$, $(\sinh x)'' = (\cosh x)' = \sinh x$가 된다. 그리고,

$$\frac{y_2}{y_1} = \frac{e^{-x}}{e^x} = e^{-2x}, \quad \frac{y_2^*}{y_1^*} = \frac{\sinh x}{\cosh x} = \tanh x$$

는 모두 임의의 **열린 구간**(開區間; open interval) $x_1 < x < x_2$에서 상수가 될 수 없으므로 y_1, y_2와 y_1^*, y_2^*는 각각 1차독립이고, 또한 미분방정식을 만족하므로 모두 해의 기본계이다. ◀

☑ 위의 두 가지 경우 외에도 $y_1 = \cosh x - 2\sinh x$, $y_2 = e^x + \cosh x$도 해의 기본계가 된다. 즉, 해의 기본계는 미분방정식을 만족하고 서로 1차독립인 y_1, y_2의 모든 쌍을 말한다. 그러나, 가장 단순한 해의 쌍을 기본계로 택하는 것이 편리하다.

****1계 선형미분방정식과의 비교.** 2계 선형미분방정식은 항상 두 개의 1계 선형미분방정식에 대응된다. 이것을 설명하기 위해서

$$y' + Ay = z \tag{7}$$

로 두고 z에 대한 미분방정식

$$z' + Bz = h \tag{8}$$

에 대입하면

$$\begin{aligned} z' + Bz &= (y' + Ay)' + B(y' + Ay) \\ &= y'' + (A + B)y' + (A' + AB)y = h \end{aligned} \tag{9}$$

즉,

$$\left.\begin{aligned} y' + Ay = z \\ z' + Bz = h \end{aligned}\right\} \Rightarrow \quad y'' + ay' + by = h \tag{10}$$

와 같이 '두 개의 1계 선형미분방정식'으로부터 '한 개의 2계 선형미분방정식'을 얻을 수 있다. 여기서,

$$a = A + B, \quad b = A' + AB \tag{11}$$

이다. 그러나, 계수함수 $a(x)$, $b(x)$가 주어졌을 때 $A(x)$, $B(x)$를 구하는 것이 그리 쉬운 일은 아니다. 실제로, 윗식으로부터 B를 소거하면

$$A' = A^2 - aA + b \tag{12}$$

형태의 Riccati **방정식**을 얻게 된다. 사실 윗식을 푸는 것은 대부분의 경우 원래의 2계 선형미분방정식을 푸는 것에 비해 유리한 점이 거의 없다.

☑ 역으로, $A=-\frac{y'}{y}$으로 치환하면 윗식은 다시 2계 선형미분방정식 $y''+ay'+by=0$으로 된다(1-3절 연습문제 참조).

***두 함수 y_1과 y_2를 해로 가지는 2계 선형미분방정식.** y_1, y_2를 두 근으로 하는 2차방정식은

$$(y-y_1)(y-y_2)=y^2-(y_1+y_2)y+y_1y_2=0$$

과 같이 전개하여 얻을 수 있다. 이와 유사하게, 1계 선형미분방정식의 한 근을 y_1이라고 할 때 원래의 1계 미분방정식을 구해 보자. 먼저, 주어진 미분방정식을 $y'+Ay=0$이라고 하면 y_1이 해이므로 $y_1'+Ay_1=0$을 만족한다. 따라서, 계수함수 $A(x)$를 소거하면 $A=-\frac{y_1'}{y_1}$이므로

$$y_1'y-y_1y'=\begin{vmatrix} y & y_1 \\ y' & y_1' \end{vmatrix}=0 \tag{13}$$

인 1계 선형미분방정식을 얻는다. 마찬가지로, 함수 y_1과 y_2를 서로 독립인 해로 가지는 2계 선형미분방정식은(유도과정은 아래의 ☑ 참조)

$$\begin{vmatrix} y & y_1 & y_2 \\ y' & y_1' & y_2' \\ y'' & y_1'' & y_2'' \end{vmatrix}=0 \tag{14}$$

으로 주어진다. 이를 일반화하면 n계 선형미분방정식의 해 $y_1, y_2, y_3, \cdots, y_n$이 주어질 경우 원래의 미분방정식은

$$W[y, y_1, y_2, \cdots, y_n]=\begin{vmatrix} y & y_1 & y_2 & \cdots & y_n \\ y' & y_1' & y_2' & \cdots & y_n' \\ y'' & y_1'' & y_2'' & \cdots & y'' \\ \vdots & \vdots & \vdots & \vdots & \vdots \\ y^{(n-1)} & y_1^{(n-1)} & y_2^{(n-1)} & \cdots & y_n^{(n-1)} \\ y^{(n)} & y_1^{(n)} & y_2^{(n)} & \cdots & y_n^{(n)} \end{vmatrix}=0 \tag{15}$$

이다. 위의 사실은 $n+1$개의 함수 $y, y_1, y_2, \cdots, y_n$이 1차종속이 되는 조건을 의미하는 것으로 뒤에서 다루게 될 Wronskian을 이용하여 설명된다(증명은 2-9절 참조).

☑ 2계 선형미분방정식을 $y''+Ay'+By=0$이라고 하자. 만일, y_1과 y_2가 해라면

$$\left.\begin{aligned} y_1''+Ay_1'+By_1=0 \\ y_2''+Ay_2'+By_2=0 \end{aligned}\right\} \quad \Rightarrow \quad \begin{bmatrix} y_1 & y_1' \\ y_2 & y_2' \end{bmatrix}\begin{bmatrix} B \\ A \end{bmatrix}=-\begin{bmatrix} y_1'' \\ y_2'' \end{bmatrix}$$

이 성립해야 한다. 위에서, A, B를 풀어

$$B=-\frac{1}{D}\begin{vmatrix} y_1'' & y_1' \\ y_2'' & y_2' \end{vmatrix}, \quad A=-\frac{1}{D}\begin{vmatrix} y_1 & y_1'' \\ y_2 & y_2'' \end{vmatrix}, \quad D=\begin{vmatrix} y_1 & y_1' \\ y_2 & y_2' \end{vmatrix}.$$

원래의 2계 선형미분방정식 $y''+Ay'+By=0$에 대입하면

$$\begin{vmatrix} y_1 & y_1' \\ y_2 & y_2' \end{vmatrix} y'' - \begin{vmatrix} y_1 & y_1'' \\ y_2 & y_2'' \end{vmatrix} y' + \begin{vmatrix} y_1' & y_1'' \\ y_2' & y_2'' \end{vmatrix} y = 0$$

이 되고 이것을 정리하면 식 (14)가 된다.

***예제 3** 함수 x와 e^x를 서로 독립인 해로 가지는 2계 선형미분방정식을 구하라.

☞ $y=c_1x+c_2e^x$라고 하면 y, x, e^x가 1차종속이므로 식 (14)를 이용하면

$$\begin{vmatrix} y & x & e^x \\ y' & 1 & e^x \\ y'' & 0 & e^x \end{vmatrix} = e^x \begin{vmatrix} y & x & 1 \\ y' & 1 & 1 \\ y'' & 0 & 1 \end{vmatrix} = 0 \tag{16}$$

으로 되고 윗식을 전개하여 간단히 하면

$$(x-1)y''-xy'+y=0 \quad ◀ \tag{17}$$

위의 결과는 선형(linear)미분방정식의 경우에만 해당한다. 예를 들어, $y_1=1$, $y_2=x^3$은 $xy''-2y'=0$의 해이고, 또한 이것이 유일한 2계 선형미분방정식이다. 그러나, 비선형미분방정식의 경우에는 여러 개가 될 수 있다(실제로, $y_1=1$, $y_2=x^3$은 각각 $y''y-2x^2y'=0$과 $3x^3y''-2y'^2=0$의 해임을 확인해 보라).

연습문제

※ 다음의 함수들이 주어진 구간에서 1차독립인가, 또는 1차종속인가를 판단하라.

[1] $\sin x, \cos x \quad (-\pi<x<\pi)$

[2] $x|x|-1,\ x^2-1 \quad (x>0)$

[3] $\cos 2x,\ 1-2\sin^2 x$ (모든 구간)

[4] $x^m,\ x^n$ (모든 구간, $m \neq n$)

***[5]** 주어진 구간에서 항등적으로 0이 아닌 두 함수 y_1과 y_2가 서로 1차독립일 때, 명제 "$c_1y_1+c_2y_2=0$이면 반드시 $c_1=c_2=0$"을 증명하라.

먼저, $c_1 \neq 0$이라고 가정하면 $c_1y_1+c_2y_2=0$으로부터 $\frac{y_1}{y_2}=-\frac{c_2}{c_1}$, 즉 두 함수가 서로 비례하므로 1차종속이다. 그런데, 이것은 모순이므로 반드시 $c_1=0$이다. 그러면, $c_2y_2=0$에서 다시 y_2가 항등적으로 0이 아니므로 $c_2=0$을 얻는다.

2-2 상계수를 갖는 제차미분방정식

상계수 미분방정식. 임의의 실수 a, b를 계수로 갖는 미분방정식

$$y'' + ay' + by = 0 \tag{18}$$

을 **상계수**(常係數; constant coefficient)를 갖는 제차미분방정식이라고 하며, 비록 아주 단순한 형태의 2계 미분방정식이지만 많은 공학분야에서 대단히 중요한 가치를 지닌다.

****예제 4** $y'' - 3y' + 2y = 0$의 해를 1계 미분방정식의 풀이방법 $z' + az = h,\ pz = \int ph + c,\ p = e^{\int a}$를 이용하여 구해 보라.

☞ 주어진 2계 미분방정식을 다음과 같이

$$\begin{aligned} y'' - 3y' + 2y &= y'' - y' - 2y' + 2y \\ &= (y'' - y') - 2(y' - y) \\ &= (y' - y)' - 2(y' - y) = 0 \end{aligned}$$

으로 변형한 후에

$$z = y' - y \tag{19}$$

로 치환하면

$$y'' - 3y' + 2y = 0 \quad \Rightarrow \quad z' - 2z = 0 \tag{20}$$

형태의 1계 미분방정식을 얻는다. 이것을 풀면 $p = e^{\int -2} = e^{-2x}$이므로

$$pz = \int 0 + c_1 \quad \Rightarrow \quad e^{-2x} z = c_1 \quad \Rightarrow \quad z = c_1 e^{2x}$$

가 된다. 다시

$$z = y' - y = c_1 e^{2x} \tag{21}$$

를 풀면 $p = e^{\int -1} = e^{-x}$이므로

$$e^{-x} y = \int (e^{-x} c_1 e^{2x}) + c_2 = c_1 e^{x} + c_2$$

따라서,

$$y = c_1 e^{2x} + c_2 e^{x} \tag{22}$$

인 해를 얻는다. ◀

특성방정식. (예제 4)의 결과에서 해의 기본계는 e^x, e^{2x}로 모두 지수함수의 형태임을 알 수 있다. 이 결과를 이용하여 임의의 실수 a, b에 대응하는 미분방정식의 해를 그 때마다 적분하지 않고 **직관**(直觀; intuition)에 의해 풀어 보기로 한다. 즉, 앞의 예제로부터 유추하여 식 (18)이

$$y = e^{\lambda x} \tag{23}$$

형태의 해를 갖는다고 가정하자. 계속하여, 1계 및 2계 도함수

$$y' = \lambda e^{\lambda x}, \quad y'' = \lambda^2 e^{\lambda x}$$

를 식 (18)에 대입하면

표 2.1 특성방정식 $\lambda^2 + a\lambda + b = 0$의 근에 따른 해의 구분

근의 경우	해의 기본계	일반해
두 실근, $\lambda = \lambda_1, \lambda_2$	$e^{\lambda_1 x}, e^{\lambda_2 x}$	$y = c_1 e^{\lambda_1 x} + c_2 e^{\lambda_2 x}$
중근, $\lambda_1 = \lambda_2 = \lambda$	$e^{\lambda x}, xe^{\lambda x}$	$y = e^{\lambda x}(c_1 + c_2 x)$
복소근, $\lambda = p \pm iq$	$e^{px}\cos qx, e^{px}\sin qx$	$y = e^{px}(c_1 \cos qx + c_2 \sin qx)$

$$\lambda^2 e^{\lambda x} + a\lambda e^{\lambda x} + be^{\lambda x} = 0 \quad \Rightarrow \quad (\lambda^2 + a\lambda + b)\, e^{\lambda x} = 0$$

여기서, 지수함수 $e^{\lambda x}$는 0이 될 수 없으므로

$$\lambda^2 + a\lambda + b = 0 \tag{24}$$

인 **특성방정식**(特性方程式; characteristic equation)을 얻는다. 특성방정식은 $a^2 - 4b$의 부호에 따라

① 서로 다른 두 실근(實根; real root)

② 중근(重根; multiple root)

③ 복소근(複素根; complex root)

을 가지며, 각 경우에 따른 미분방정식의 해를 표 2.1에 정리하였다. 표 2.1의 각 경우마다 예제를 풀어가며 상세히 토의하기로 하자.

먼저, 특성방정식이 서로 다른 실근 λ_1과 λ_2를 가지면

$$y_1 = e^{\lambda_1 x}, \quad y_2 = e^{\lambda_2 x} \tag{25}$$

가 해의 기본계가 되는 것은 식 (23)으로부터 시작한 풀이과정으로 볼 때 당연한 일이다.

식 (25)에서 $\lambda_1 \neq \lambda_2$일 때 $\dfrac{y_2}{y_1} = e^{(\lambda_2 - \lambda_1)x}$는 상수가 아니므로 y_1과 y_2는 1차독립이다.

예제 5 미분방정식 $y'' - y' - 2y = 0$의 일반해를 구하라.

☞ 특성방정식 $\lambda^2 - \lambda - 2 = (\lambda + 1)(\lambda - 2) = 0$은 서로 다른 실근 $\lambda = -1$과 $\lambda = 2$를 갖는다. 따라서, 일반해는

$$y = c_1 e^{\lambda_1 x} + c_2 e^{\lambda_2 x} = c_1 e^{-x} + c_2 e^{2x} \quad ◀ \tag{26}$$

중근의 경우. 특성방정식 $\lambda^2 + a\lambda + b = 0$이 서로 다른 실근 λ_1과 λ_2를 가질 때, 식 (25)로 주어진 기본계를 재구성하여 얻은 새로운 기본계

$$y_1^* = e^{\lambda_1 x}, \quad y_2^* = \frac{e^{\lambda_1 x} - e^{\lambda_2 x}}{\lambda_1 - \lambda_2} \tag{27}$$

를 생각해 보자(단, $\lambda_1 \neq \lambda_2$). 여기서, $\lambda_1 \to \lambda_2$인 극한

$$\lim_{\lambda_1 \to \lambda_2} y_2^* = \lim_{\lambda_1 \to \lambda_2} \frac{e^{\lambda_1 x} - e^{\lambda_2 x}}{\lambda_1 - \lambda_2} = \frac{\partial}{\partial \lambda}(e^{\lambda x})\bigg|_{\lambda_1 = \lambda_2 = \lambda} = xe^{\lambda x} \tag{28}$$

는 $\lambda_1 = \lambda_2 = \lambda$인 중근에 대응하는 해가 될 것이다(단, $\lambda = -a/2$). 그리고, $e^{\lambda x}$와 $xe^{\lambda x}$는 명백히 서로 1차독립이므로

$$y_1 = e^{\lambda x}, \quad y_2 = \frac{\partial}{\partial \lambda} e^{\lambda x} = xe^{\lambda x} \tag{29}$$

가 특성방정식이 중근을 가질 때 해의 기본계로 된다.

☑ $\lambda^2 + a\lambda + b = 0$이 중근을 가질 때, 즉 $\lambda = -a/2$, $b = a^2/4$일 때, 함수 $y = xe^{\lambda x}$가 해가 되는 것을 보이자. $y' = (\lambda x + 1)e^{\lambda x}$, $y'' = \lambda(\lambda x + 1)e^{\lambda x} + \lambda e^{\lambda x} = (\lambda^2 x + 2\lambda)e^{\lambda x}$를 상계수 미분방정식 $y'' + ay' + by = 0$에 대입하면

$$\{(\lambda^2 x + 2\lambda) + a(\lambda x + 1) + bx\}e^{\lambda x} = 0 \quad \Rightarrow \quad x(\lambda^2 + a\lambda + b) + (2\lambda + a) = 0$$

에서 $\lambda^2 + a\lambda + b = (\lambda + a/2)^2 = 0$, $2\lambda + a = 0$이므로 미분방정식을 만족한다.

예제 6 미분방정식 $y'' + 2y' + y = 0$의 해를 구하라.

☞ 특성방정식 $\lambda^2 + 2\lambda + 1 = (\lambda + 1)^2 = 0$은 중근 $\lambda = -1$을 갖는다. 따라서, 해의 기본계는 표 2.1로부터

$$y_1 = e^{-x}, \quad y_2 = xe^{-x}$$

이고, 일반해는

$$y = c_1 y_1 + c_2 y_2 = e^{-x}(c_1 + c_2 x) \quad ◀ \tag{30}$$

복소근의 경우. 특성방정식 $\lambda^2 + a\lambda + b = 0$이 복소근 $\lambda = p \pm iq$를 가지면 일반해

$$y = c_1 e^{\lambda_1 x} + c_2 e^{\lambda_2 x} = c_1 e^{(p+iq)x} + c_2 e^{(p-iq)x} \tag{31}$$

는 복소수를 지수로 갖게 된다. 그런데, 복소지수함수에 대한 오일러 공식

$$e^{i\theta} = \cos\theta + i\sin\theta \tag{32}$$

를 이용하면, 일반해는

$$\begin{aligned} y &= e^{px}(c_1 e^{iqx} + c_2 e^{-iqx}) \\ &= e^{px}[c_1(\cos qx + i\sin qx) + c_2(\cos qx - i\sin qx)] \\ &= e^{px}[(c_1 + c_2)\cos qx + i(c_1 - c_2)\sin qx] \end{aligned}$$

로 나타낼 수 있다. 여기서 $c_1' = c_1 + c_2$, $c_2' = i(c_1 - c_2)$로 두면, 일반해는

$$y = e^{px}(c_1' \cos qx + c_2' \sin qx) \tag{33}$$

가 되고, 해의 기본계는

$$y_1 = e^{px}\cos qx, \quad y_2 = e^{px}\sin qx \tag{34}$$

로 구성된다.

위에서, $c_1' = c_1 + c_2$, $c_2' = i(c_1 - c_2)$로 치환하여 복소수를 소거하는 것은 편의에 따른 것이다. 예를 들어, $y = x$와 $y = (1+i)x + 3 - 2i$는 모두 미분방정식 $y'' = 0$의 일반해 $y = c_1 x + c_2$로부터 구할 수 있다.

2계 상계수 미분방정식 $y'' + ay' + by = 0$의 일반해는 특성방정식 $\lambda^2 + a\lambda + b = 0$을 풀어 구한 λ값을 이용하여 $y = e^{\lambda x}$의 형태로 표현된다. 2차방정식이 중근 또는 복소근을 가지는 경우는 따로 취급하지 말고 기본형 $y = e^{\lambda x}$로부터

$$y = e^{\lambda x}(\text{기본해}) \quad \Rightarrow \quad \begin{cases} \text{중근: } \dfrac{\partial}{\partial \lambda} e^{\lambda x} = x e^{\lambda x} \\ \text{복소근: } e^{\lambda x} = e^{(p \pm iq)x} = e^{px}(\cos qx \pm i \sin qx) \end{cases}$$

와 같이 유도하는 습관을 들인다(적분상수는 생각하지 않았음).

예제 7 $y'' + 6y' + 13y = 0$의 기본계와 일반해를 구하라.

☞ 특성방정식 $\lambda^2 + 6\lambda + 13 = (\lambda + 3)^2 + 4 = 0$은 복소근 $\lambda = -3 \pm 2i$를 갖는다. 따라서, 해의 기본계는

$$y_1 = e^{-3x} \cos 2x, \quad y_2 = e^{-3x} \sin 2x$$

이고, 일반해는

$$y = c_1 y_1 + c_2 y_2 = e^{-3x}(c_1 \cos 2x + c_2 \sin 2x) \quad ◀ \tag{35}$$

연습문제

※ 다음의 미분방정식을 풀어라.

[1] $y'' - y' - 12y = 0$

[2] $y'' + 2y' + 5y = 0$

[3] $y'' - 10y' + 25y = 0$

[4] $2y'' - 5y' - 3y = 0$

[5] $2y'' + y = 0$

[6] $3y'' - y = 0$

[7] $y'' - 2py' + (p^2 + q^2)y = 0$의 특성방정식은 $\lambda^2 - 2p\lambda + p^2 + q^2 = (\lambda - p)^2 + q^2 = 0$으로 복소근 $\lambda = p \pm iq$를 갖는다. 이때, $e^{px} \cos qx$가 해가 되는 것을 직접 대입하여 확인해 보라.

2-3 Euler 방정식

보조방정식. 오일러(Euler) 방정식은 a, b를 임의의 실수라고 할 때

$$x^2 y'' + axy' + by = 0 \tag{36}$$

으로 주어지는 미분방정식을 말하며, 상계수를 갖는 미분방정식과 마찬가지로 대수적인 방법으로 해의 기본계를 구할 수 있다. 이것은 오일러 방정식이 $x = e^z$인 치환에 의해 z를 독립변수로 하는 상계수 미분방정식으로 변환되기 때문이다(연습문제 참조). 따라서, $y = e^{\lambda z}$의 꼴, 즉

$$y = e^{\lambda z} = (e^z)^\lambda = x^\lambda \tag{37}$$

가 해라고 가정하고 1계 및 2계 도함수

$$y' = \lambda x^{\lambda - 1}$$
$$y'' = \lambda(\lambda - 1)x^{\lambda - 2}$$

를 식 (36)에 대입하면

$$x^2[\lambda(\lambda - 1)x^{\lambda - 2}] + ax(\lambda x^{\lambda - 1}) + bx^\lambda = 0$$

을 얻는다. 그런데, 윗식으로부터 x^λ를 소거하면

$$\lambda(\lambda - 1) + a\lambda + b = 0 \tag{38}$$

인 보조방정식(補助方程式; auxiliary equation)을 얻는다. 오일러 방정식의 해의 기본계는 보조방정식이 ① 서로 다른 두 실근, ② 중근, ③ 복소근을 가지는 경우에 따라 달라지며, 표 2.2에 나타낸 바와 같이 오일러 방정식의 일반해는 상계수 미분방정식의 일반해에서 x 대신 $\ln x$로 치환한 형태이다. 식 (37)로부터 보조방정식이 서로 다른 두 실근을 가지는 경우 해의 기본계는

$$y_1 = x^{\lambda_1}, \quad y_2 = x^{\lambda_2}$$

로 되는 것은 자명한 사실이다.

특히, 보조방정식이 중근을 갖는 경우(즉, $\lambda_1 = \lambda_2 = \lambda$)

$$\lim_{\lambda_1 \to \lambda_2} \frac{x^{\lambda_1} - x^{\lambda_2}}{\lambda_1 - \lambda_2} = \frac{\partial}{\partial \lambda}(x^\lambda)\bigg|_{\lambda_1 = \lambda_2 = \lambda} = x^\lambda \ln x \tag{39}$$

가 x^λ와 서로 1차독립인 해가 되는 결과는 식 (28)의 경우와 동일한 개념이다(또한, $x \Rightarrow \ln x$로 치환을 하면 $xe^{\lambda x} \Rightarrow (\ln x)e^{\lambda \ln x} = x^\lambda \ln x$로 된다). 즉, 중근의 경우 해의 기본계는

표 2.2 상계수방정식과 오일러 방정식의 유사성

상계수방정식($y'' + ay' + by = 0$)	오일러 방정식($x^2y'' + axy' + by = 0$)
$\lambda^2 + a\lambda + b = 0$ $y = \begin{cases} c_1 e^{\lambda_1 x} + c_2 e^{\lambda_2 x} \\ e^{\lambda x}(c_1 + c_2 x) \\ e^{px}(c_1 \cos qx + c_2 \sin qx) \end{cases}$	$\lambda(\lambda - 1) + a\lambda + b = 0$ $y = \begin{cases} c_1 x^{\lambda_1} + c_2 x^{\lambda_2} \\ x^\lambda(c_1 + c_2 \ln x) \\ x^p[c_1 \cos(q \ln x) + c_2 \sin(q \ln x)] \end{cases}$

*2차방정식에서 λ_1, λ_2는 서로 다른 실근, $p \pm iq$는 복소근, 중근은 $\lambda_1 = \lambda_2 = \lambda$인 경우

$$y_1 = x^{\lambda}, \quad y_2 = \frac{\partial}{\partial \lambda}(x^{\lambda}) = x^{\lambda} \ln x$$

로 된다. 또한, 복소근 $\lambda = p \pm iq$의 경우는

$$\begin{aligned} x^{\lambda} &= x^{p \pm iq} = x^p x^{\pm iq} = x^p e^{\pm iq \ln x} \\ &= x^p [\cos(q \ln x) \pm i \sin(q \ln x)] \end{aligned}$$

와 같이 되어

$$y_1 = x^p \cos(q \ln x), \quad y_2 = x^p \sin(q \ln x)$$

가 해의 기본계가 되는 것이다. 이와 같이 보조방정식이 실근, 중근, 복소근을 가지는 모든 경우는 $y = x^{\lambda}$인 기본형으로부터 자연스럽게 구할 수 있다는 점을 확실히 알아둔다.

물론, $\lambda(\lambda - 1) + a\lambda + b = 0$ 대신 $\lambda^2 + (a-1)\lambda + b = 0$을 선호하여 사용할 수도 있다.

예제 8 $x^2 y'' - \frac{1}{2} xy' - y = 0$을 풀어라.

☞ 보조방정식 $\lambda(\lambda - 1) - \frac{1}{2}\lambda - 1 = 0$은 $\lambda^2 - \frac{3}{2}\lambda - 1 = \left(\lambda + \frac{1}{2}\right)(\lambda - 2) = 0$으로 서로 다른 두 실근 $\lambda_1 = -\frac{1}{2}$과 $\lambda_2 = 2$를 가지므로 표 2.2로부터

$$y_1 = \frac{1}{\sqrt{x}}, \quad y_2 = x^2$$

이 해의 기본계이다. 따라서, 일반해는

$$y = \frac{c_1}{\sqrt{x}} + c_2 x^2 \tag{40}$$

으로 쓸 수 있다. ◀

예제 9 $x^2 y'' + \frac{1}{4} y = 0$을 풀어라.

☞ 보조방정식 $\lambda(\lambda - 1) + \frac{1}{4} = \left(\lambda - \frac{1}{2}\right)^2 = 0$은 중근 $\lambda = \frac{1}{2}$을 가진다. 표 2.2로부터 일반해를 쓰면

$$y = \sqrt{x}\,(c_1 + c_2 \ln x) \quad ◀ \tag{41}$$

예제 10 $x^2 y'' + 3xy' + 5y = 0$을 풀어라.

☞ 보조방정식 $\lambda(\lambda - 1) + 3\lambda + 5 = (\lambda + 1)^2 + 4 = 0$은 복소근 $\lambda = -1 \pm 2i$를 가지므로 일반해는 표 2.2로부터

$$y = \frac{1}{x}[c_1 \cos(2 \ln x) + c_2 \sin(2 \ln x)] \quad ◀ \tag{42}$$

오일러 방정식 $x^2 y'' + axy' + by = 0$의 일반해는 보조방정식 $\lambda(\lambda - 1) + a\lambda + b = 0$으로

부터 $y = x^\lambda$ 형태로 구해진다. 2차방정식의 해가 중근 또는 복소근인 경우는 기본형 $y = x^\lambda$ 로부터

$$y = x^\lambda(\text{기본해}) \quad \Rightarrow \quad \begin{cases} \text{중근: } \dfrac{\partial}{\partial\lambda} x^\lambda = x^\lambda \ln x \\ \text{복소근: } x^{p \pm iq} = x^p e^{\pm iq \ln x} = x^p [\cos(q \ln x) \pm i \sin(q \ln x)] \end{cases}$$

와 같이 유도하도록 한다(적분상수는 생각하지 않았음).

연습문제

※ 다음의 미분방정식을 풀어라.

[1] $x^2y'' - 4xy' + 4y = 0$

[2] $x^2y'' - xy' + 5y = 0$

[3] $x^2y'' + xy' - y = 0$

[4] $xy'' - y' = 0$

[5] 두 동심구(同心球; concentric sphere) 사이의 정전위(靜電位)는 $r^2\dfrac{d^2V}{dr^2} + 2r\dfrac{dV}{dr} = 0$으로부터 결정된다고 한다. $r = a$에서 $V = V_a$, $r = b$에서 $V = V_b$인 정전위를 구하라.

*[6] 미분방정식 $x^n\dfrac{d^n y}{dx^n} + a_1 x^{n-1}\dfrac{d^{n-1}y}{dx^{n-1}} + \cdots + a_{n-1}x\dfrac{dy}{dx} + a_n y = 0$은 $x = e^z$로 두면 상계수를 갖는 미분방정식으로 바뀐다는 것이 오일러에 의해 알려졌다. 이를 증명하라.

✔ $x = e^z$로부터 $dx = e^z dz = x dz$, 즉 $x\dfrac{d}{dx} = \dfrac{d}{dz}$이다. 또한,

$$\frac{d^2}{dz^2} = \frac{d}{dz}\left(\frac{d}{dz}\right) = x\frac{d}{dx}\left(x\frac{d}{dx}\right) = x^2\frac{d^2}{dx^2} + x\frac{d}{dx}$$

로부터

$$x^2\frac{d^2}{dx^2} = \frac{d^2}{dz^2} - \frac{d}{dz} = \frac{d}{dz}\left(\frac{d}{dz} - 1\right)$$

을 얻는다. 다시, 양변을 z에 관하여 미분하여

$$\frac{d}{dz}\left(\frac{d^2}{dz^2} - \frac{d}{dz}\right) = x\frac{d}{dx}\left(x^2\frac{d^2}{dx^2}\right) = x^3\frac{d^3}{dx^3} + 2x^2\frac{d^2}{dx^2}$$

으로부터

$$\begin{aligned} x^3\frac{d^3}{dx^3} &= \frac{d}{dz}\left(\frac{d^2}{dz^2} - \frac{d}{dz}\right) - 2\left(\frac{d^2}{dz^2} - \frac{d}{dz}\right) \\ &= \frac{d}{dz}\left(\frac{d}{dz} - 1\right)\left(\frac{d}{dz} - 2\right) \end{aligned}$$

를 얻는다. 이것을 계속하면,

$$x^n\frac{d^n}{dx^n} = \frac{d}{dz}\left(\frac{d}{dz} - 1\right)\left(\frac{d}{dz} - 2\right)\cdots\left[\frac{d}{dz} - (n-1)\right]$$

이 성립한다. 이 결과를 오일러 방정식에 대입하면 z에 관한 상계수 미분방정식이 되는 것을 알 수 있다. 거꾸로, 상계수 미분방정식은 $x = \ln z$로 치환하면 오일러 방정식으로 바뀐다.

2-4 차수내림과 1계 도함수의 소거

차수내림. 함수 $a(x)$, $b(x)$를 계수로 갖는 다음의 제차미분방정식

$$y'' + a(x)y' + b(x)y = 0 \tag{43}$$

에서 추측하거나 또는 기타의 방법(예를 들면 급수해)으로 얻은 하나의 해 $y_1(x)$를 이용하여 다른 해 $y_2(x)$를 구하는 방법을 **차수내림**(reduction of order)이라고 한다. 차수내림은 뒤에서 다루게 될 변수변분법의 특수한 경우에 해당한다.

먼저, 주어진 구간에서 항등적으로 0이 아닌 함수 y_1이 식 (43)의 한 해라고 하자. 그리고, y_1과 1차독립인 함수 y_2가 식 (43)의 다른 해라면 반드시 $\frac{y_2}{y_1} \neq$ 상수이어야 한다. 따라서, 이미 알고 있는 해 y_1과 어떤 함수 $u(x)$와의 곱

$$y_2 = uy_1 \tag{44}$$

이 식 (43)의 다른 해라고 가정할 수 있다. 계속하여, 1계 및 2계 도함수

$$y_2' = u'y_1 + uy_1', \quad y_2'' = u''y_1 + 2u'y_1' + uy_1''$$

을 식 (43)에 대입하고 u에 관해 정리하면

$$u''y_1 + u'(2y_1' + ay_1) + u(y'' + ay_1' + by_1) = 0$$

이 된다. 여기서, y_1은 미분방정식의 해이므로 마지막 항은 0이고, 따라서

$$u''y_1 + u'(2y_1' + ay_1) = 0 \tag{45}$$

으로 단순화된다. 윗식을 y_1으로 나누고 $u' = v$로 두면

$$v' + v\left(2\frac{y_1'}{y_1} + a\right) = 0 \quad \Rightarrow \quad \frac{v'}{v} = -2\frac{y_1'}{y_1} - a$$

인 1계 미분방정식으로 변환된다. 윗식을 적분하면

$$\ln|v| = -2\ln|y_1| - \int a \quad \Rightarrow \quad v = \frac{1}{y_1^2}e^{-\int a}$$

를 얻는다. 그런데 $u' = v$이므로 $u = \int v$로 결정된다(적분상수는 다시 cy_1 형태의 해를 생성하므로 생략할 수 있다). 다시 말하면, 이미 알고 있는 해 y_1을 이용하면 y_1과 1차 독립인 다른 해 y_2는

$$y_2 = y_1\int v, \quad v = \frac{1}{y_1^2}e^{-\int a} \tag{46}$$

으로부터 결정할 수 있다.

식 (46)에서 $\frac{y_2}{y_1} = \int v$의 우변은 주어진 구간에서 상수가 아니므로 y_1과 y_2는 서로 1차 독립이 된다.

차수내림의 활용. 1계 선형미분방정식 $y'+ay=h$의 해를 구할 때 적분인자 $p=e^{\int a}$를 도입한 사실을 이용하여 식 (46)을

$$\left.\begin{array}{lll} y'+ay=h & \Rightarrow & py=\int ph+c \\ y''+ay'+by=0 & \Rightarrow & y_2=y_1\int \dfrac{1}{py_1^2} \end{array}\right\} p=e^{\int a} \tag{47}$$

와 같이 1계 선형미분방정식의 일반해와 함께 적어두기로 한다.

위에서, $x^2y''-2y=0$에서처럼 $a=0$인 경우에는 $p=e^{\int 0}=$ 상수가 된다. 이때는 $p=1$로 두어 식 (47)을 사용한다.

예제 11 상계수 미분방정식 $y''-2ay'+a^2y=0$의 한 해가 $y_1=e^{ax}$일 때, 1차독립인 다른 해를 차수내림하여 구하라.

☞ 식 (47)을 이용하면

$$p=e^{\int -2a}=e^{-2ax}, \quad py_1^2=e^{-2ax}(e^{ax})^2=1$$

이다. 따라서, 다른 해는

$$y_2=y_1\int \frac{1}{py_1^2}=e^{ax}\int 1=xe^{ax} \quad ◀ \tag{48}$$

$\lambda^2-2a\lambda+a^2=(\lambda-a)^2=0$은 중근을 가지므로 일반해가 $y=e^{ax}(c_1+c_2x)$이다. 이 예제를 2-2절에서 식 (28)로부터 유도한 것과 비교하라.

예제 12 오일러 방정식 $x^2y''+(1-2a)xy'+a^2y=0$의 한 해가 $y_1=x^a$일 때, 다른 해를 차수내림하여 구하라(단, a는 상수이고 $x>0$).

☞ 절대로 잊으면 안되는 것이 있다. 차수내림을 하려면 반드시 표준형

$$y''+\frac{1-2a}{x}y'+\frac{a^2}{x^2}y=0$$

에서부터 시작해야 한다. 그러면, 식 (47)에서

$$p=e^{\int \frac{1-2a}{x}}=e^{(1-2a)\ln x}=x^{1-2a}, \quad py_1^2=x^{1-2a}(x^a)^2=x$$

이므로

$$y_2=y_1\int \frac{1}{py_1^2}=x^a\int \frac{1}{x}=x^a\ln x \quad ◀ \tag{49}$$

보조방정식 $\lambda(\lambda-1)+(1-2a)\lambda+a^2=(\lambda-a)^2=0$은 중근을 갖는다. 따라서, 일반해는 $y=x^a(c_1+c_2\ln x)$이다. 예제의 결과를 2-3절에서 식 (39)로부터 유도한 것과 비교하라.

***예제 13** 구간 $x>0$에서 정의된 미분방정식 $(x^2-x)y''-xy'+y=0$의 한 해가 $y_1=x$일 때, 1차독립인 다른 해를 차수내림하여 구하라.

☞ 주어진 미분방정식은 $y''-\frac{1}{x-1}y'+\frac{1}{x^2-x}y=0$인 표준형을 가지므로 식 (47)을 이용하면

$$p=e^{\int -\frac{1}{x-1}}=e^{-\ln|x-1|}=\frac{1}{x-1}$$

$$py_1^2=\frac{x^2}{x-1}$$

이므로

$$y_2=y_1\int\frac{1}{py_1^2}=x\int\left(\frac{1}{x}-\frac{1}{x^2}\right)=x\left(\ln x+\frac{1}{x}\right)=x\ln x+1 \quad ◀ \tag{50}$$

1계 도함수의 소거. a, b가 상수일 때 2차방정식 $y^2+ay+b=0$은 $y=z-\frac{a}{2}$로 두면 완전제곱꼴 $z^2+b-\frac{a^2}{4}=0$으로 변환된다. 즉, 2차방정식의 1차항이 소거된다. 이와 매우 유사하게 미분방정식 $y''+ay'+by=0$의 1계도함수도 아래의 예제와 같이 소거할 수 있다.

예제 14 2계 상계수미분방정식 $y''+ay'+by=0$에서 $y(x)=z(x)u(x)$로 치환하고 1계도함수 z'이 나타나지 않도록 함수 $u(x)$를 구하라.

☞ $y=zu$를 미분하고

$$y'=z'u+zu',\quad y''=z''u+2z'u'+zu''$$

주어진 미분방정식 $y''+ay'+by=0$에 대입하면

$$\begin{aligned}y''+ay'+by&=(z''u+2z'u'+zu'')+a(z'u+zu')+bzu\\&=z''u+z'(2u'+au)+z(u''+au'+bu)\\&=0\end{aligned} \tag{51}$$

을 얻는다. 위에서, z'의 계수가 0이 되는 조건으로부터

$$2u'+au=0 \quad\Rightarrow\quad u=e^{-ax/2}$$

가 된다. 이 결과를 식 (51)에 대입하고 정리하면

$$z''+\left(b-\frac{a^2}{4}\right)z=0$$

의 형태로 1계 도함수가 소거된다.

이것을 계수함수 $a(x)$, $b(x)$인 경우로 확장하려면 $y=ze^{-\int\frac{a}{2}}$로 치환하면 된다. 정리하면

$$\begin{aligned}&y^2+ay+b=h,\ y=z-\frac{a}{2} &&\Rightarrow\quad z^2+b-\frac{a^2}{4}=h\\&y''+ay'+by=h,\ y=ze^{-\int\frac{a}{2}} &&\Rightarrow\quad \left[z''+\left(b-\frac{a^2}{4}-\frac{a'}{2}\right)z\right]e^{-\int\frac{a}{2}}=h\end{aligned} \tag{52}$$

로 나타낼 수 있다. ◀

윗식을 $\left\{z''+\left[b-\left(\frac{a}{2}\right)^2-\left(\frac{a}{2}\right)'\right]z\right\}e^{-\int\frac{a}{2}}=h$와 같이 $\frac{a}{2}$를 "제곱해서 빼고", "미분해서 빼고", "적분해서 빼는" 형태가 나타나도록 쓰면 사용이 편리하다.

예제 15 미분방정식 $xy''+(2-x)y'-y=0$의 1계 도함수를 소거하여 해를 구하라.

☞ 차수내림의 경우와 마찬가지로 반드시 표준형

$$y''+\left(\frac{2}{x}-1\right)y'-\frac{1}{x}y=0$$

으로 먼저 정리한 후에 1계 도함수를 소거한다. 여기서, $\frac{a}{2}=\frac{1}{x}-\frac{1}{2}$이므로 $y=ze^{-\int\frac{a}{2}}=ze^{-\ln x+x/2}=ze^{x/2}/x$로 치환하면

$$z''+\left[-\frac{1}{x}-\left(\frac{1}{x}-\frac{1}{2}\right)^2-\left(-\frac{1}{x^2}\right)\right]z=0 \quad\Rightarrow\quad z''-\frac{1}{4}z=0$$

이므로 $z=c_1e^{-x/2}+c_2e^{x/2}$를 얻는다. 따라서, 최종해는

$$y=z\frac{e^{x/2}}{x}=c_1\frac{1}{x}+c_2\frac{e^x}{x} \quad ◀ \tag{53}$$

연습문제

※ 다음의 미분방정식의 한 해가 괄호 안에 주어져 있을 때, 1차독립인 다른 해를 구하라.

[1] $x^2y''-6y=0 \quad (y=x^3)$

[2] $(x^2-x)y''-xy'+y=0 \quad (y=x)$

[3] $(x-1)y''-xy'+y=0 \quad (y=e^x)$

[4] $(x^2-x)y''+(3x-1)y'+y=0 \quad \left(y=\frac{1}{1-x},\ x>1\right)$

[5] $(1-x^2)y''-2xy'=0 \quad (y=1,\ -1<x<1)$

[6] $x^2y''+xy'+\left(x^2-\frac{1}{4}\right)y=0 \quad \left(y=\frac{\sin x}{\sqrt{x}},\ x>0\right)$

[7] $\frac{1}{r^2}\frac{d}{dr}\left(r^2\frac{dy}{dr}\right)+y=0 \quad \left(y=\frac{\sin r}{r},\ r>0\right)$

[8] $(1-x^2)y''-2xy'+2y=0 \quad (y=x,\ -1<x<1)$

[9] Legendre(르장드르) 방정식 $(1-x^2)y''-2xy'+n(n+1)y=0$의 한 해를 $P_n(x)$라고 하면 다른 해는 $y_2=P_n(x)\int\frac{dx}{(1-x^2)[P_n(x)]^2}$로 주어지는 것을 보여라.

[10] Bessel(베셀) 방정식 $x^2y''+xy'+(x^2-\nu^2)y=0$의 한 해를 $J_\nu(x)$라고 하면 다른 해는 $y_2=J_\nu(x)\int\frac{dx}{x[J_\nu(x)]^2}$로 쓸 수 있음을 보여라.

※ 다음의 미분방정식의 해를 1계 도함수를 소거하는 방법으로 구하라.

[11] $x^2y''+(4x-x^2)y'+(2-2x)y=0$

[12] $x^2y''-2xy'+(x^2+2)y=0$

2-5 비제차미분방정식의 성질

제차해, 일반해 및 특수해. 비제차미분방정식

$$y''+a(x)y'+b(x)y=h(x) \tag{54}$$

의 **제차해**(齊次解; homogeneous solution)는 $h(x)=0$에 대응하는 해를 말하고, 보통 $y=y_h$로 표현한다. 즉,

$$y_h''+a(x)y_h'+b(x)y_h=0 \tag{55}$$

을 만족한다. 앞에서 이미 살펴본 바와 같이 식 (55)의 해의 기본계를 y_1, y_2라고 할 때, 제차해는 $y_h=c_1y_1+c_2y_2$의 형태로 주어진다.

비제차미분방정식의 일반해는

$$y=y_h+y_p=(c_1y_1+c_2y_2)+y_p \tag{56}$$

의 꼴로 주어진다. 위에서, y_p는 임의 상수를 포함하지 않는 식 (54)의 어떤 해, 즉 비제차미분방정식의 특수해를 뜻한다(일반해에서 임의 상수에 특정한 값을 대입하여 얻는 해를 **특수해**라고 하며, 따라서 어떤 형태의 임의상수도 포함하지 않는다).

결론적으로, 비제차미분방정식을 푼다는 것은 제차해 y_h와 특수해 y_p를 찾는 것과 동일하다. 특수해를 구하기 위해 가장 많이 사용하는 방법은 다음의 두 절에서 공부하게 되는 ① 미정계수법과 ② 변수변분법이다.

미정계수법은 여러 가지 제한점에도 불구하고 그 간편성으로 인해 자주 사용되며, 변수변분법은 비제차선형미분방정식의 해에 대한 일반적인 방법을 제공한다.

2-6 미정계수법(상계수 비제차미분방정식)

어떤 함수를 계속 미분할 때 자신이 다시 나타나거나 몇 번 미분하면 0으로 되는 경우가 있다. 예를 들어, $\cos x$를 계속 미분하면 $\cos x$와 $\sin x$가 반복적으로 나타난다(부

호는 의미가 없음). 이러한 성질을 미분방정식의 풀이에 응용한 것이 **미정계수법**(未定係數法; method of undetermined coefficients)이다. 여기서, 한 가지 주의할 것은 미정계수법은 상계수를 갖는 비제차미분방정식에 주로 사용된다는 사실이다.

간단한 비제차항의 경우. 비제차항이 단순한 경우에 해를 구하는 방법을 살펴보고 이를 확장하기로 한다. 먼저,

$$y = x - 1$$

로 두고 미분하면

$$y' = 1$$

이 된다. 위의 두 식을 더하면

$$y' + y = x \tag{57}$$

형태의 1계 비제차미분방정식을 얻는다. 여기서, 특수해 $y = x - 1$은 비제차항 $h = x$와 비제차항의 미분 $h' = 1$의 1차결합, 즉 $Ax + B$의 형태이다. 이러한 관찰로부터 미정계수법을 이해하기로 한다.

예제 16 1계 비제차미분방정식 $y' + y = x^2$에서 $y_p = Ax^2 + Bx + C$로 특수해를 가정하여 해를 구하라.

☞ 가정한 특수해로부터 $y_p' = 2Ax + B$를 얻고, 따라서

$$y_p' + y_p = 2Ax + B + Ax^2 + Bx + C = x^2$$

이 성립해야 한다. 양변을 계수비교하면 $A = 1, B = -2, C = 2$이므로 특수해는

$$y_p = x^2 - 2x + 2 \quad ◀ \tag{58}$$

예제 17 $y' + y = e^{-x}$의 특수해를 $y_p = Ae^{-x}$로부터 구할 수 있는가를 살펴보고, 1계 선형미분방정식 $y' + ay = h$의 일반해 $py = \int ph + c$로부터 특수해를 구해 보라(단, $p = e^{\int a}$).

☞ 앞의 예제처럼 $y_p' = -Ae^{-x}$를 대입하면

$$y_p' + y_p = -Ae^{-x} + Ae^{-x} = e^{-x} \tag{59}$$

로 되지만 윗식으로부터는 A의 값을 구할 수 없다. 그 이유는 비제차항 e^{-x}는 미분방정식의 제차해에 이미 포함되어 있기 때문이다. 주어진 공식에서 $p = e^x$이므로 $e^x y = \int e^x(e^{-x}) + c = x + c$, 즉 특수해는 $y_p = xe^{-x}$이다. 이 예제의 결과를 일반화하면 다음과 같다.

미분방정식 $y' + ay = 0$의 제차해 $y = e^{-ax}$가 비제차항이 되는 경우, 즉

$$y' + ay = e^{-ax}, \quad p = e^{ax} \tag{60}$$

로 주어진 경우(단, a는 상수), 특수해는 $h = e^{-ax}$를 대입하여

$$e^{ax} y_p = \int (e^{ax} e^{-ax}) = x \quad \Rightarrow \quad y_p = xe^{-ax} \tag{61}$$

와 같이 x를 곱한 형태로 된다. ◀

☑ 위의 내용을 2계 선형미분방정식의 경우로 확장하기 위해서

$$z = y' + ay, \quad z' + az = e^{-ax}$$

로 두면 $y'' + 2ay' + a^2 y = e^{-ax}$이고 비제차항 $h = e^{-ax}$는 제차해에 이중근으로 포함된다. 이때, 윗식을 풀면 $z = xe^{-ax} + c_1 e^{-ax}$이고 다시 $y' + ay = z = xe^{-ax} + c_1 e^{-ax}$를 풀면

$$y = \frac{1}{2} x^2 e^{-ax} + c_1 xe^{-ax} + c_2 e^{-ax}$$

와 같이 비제차항 $h = e^{-ax}$에 x^2을 곱한 형태의 해가 나타난다.

생성집합. 위와 같은 해법이 임의의 비제차항에 대해서 성립하는 것이 아니므로 미정계수법을 적용할 수 있는 비제차항에 대해 알아본다. 어떤 함수 $y(x)$의 **생성집합**(生成集合; generating set)은 함수 자신과 그 도함수들 중에서 서로 1차독립인 모든 함수의 집합으로 정의한다. 예를 들어, $y = x^2$의 생성집합은 x^2, $2x$, 2, 또는 편의상 계수를 모두 1로 통일하면

$$\{y, y', y'', y^{(3)}, \cdots\} = \{x^2, 2x, 2\} \quad \Rightarrow \quad \{x^2, x, 1\} \tag{62}$$

로 정의한다. 미정계수법을 사용할 수 있는 비제차항의 형태와 대응하는 생성집합을 표 2.3에 나타내었다. 보는 바와 같이, e^{ax}, $x^n\,(n = 0, 1, \cdots)$, $\cos ax$, $\sin ax$ 등은 생성집합의 원소수가 유한한 성질을 갖는다. 표 2.3에 주어진 생성집합을 서로 곱하면 새로운 생성집합을 만들 수 있다. 즉, $x^2 \cos ax$의 생성집합은 표 2.3으로부터

$$\begin{aligned} &\{x^2,\ x,\ 1\} \times \{\cos ax,\ \sin ax\} \\ &\quad = \{x^2 \cos ax,\ x\cos ax,\ \cos ax,\ x^2 \sin ax,\ x\sin ax,\ \sin ax\} \end{aligned} \tag{63}$$

☑ $\frac{1}{x}$ 또는 $\tan x$와 같이 비제차항을 미분할 때마다 새로운 함수가 나타나면 미정계수법을 사용할 수 없다.

표 2.3 미정계수법의 비제차 형태와 생성집합

$h(x)$	생성집합
e^{ax}	$\{e^{ax}\}$
x^n	$\{x^n, x^{n-1}, \cdots, x^2, x, 1\}$
$\left.\begin{matrix}\cos ax \\ \sin ax\end{matrix}\right\}$	$\{\cos ax,\ \sin ax\}$

* $y'' + a_0 y' + b_0 y = h(x)$ 형태의 미분방정식에 적용

미정계수법의 규칙. 상계수를 갖는 비제차미분방정식

$$y'' + a_0 y' + b_0 y = h(x) \tag{64}$$

에서 비제차항 $h(x)$가 표 2.3에 주어진 지수함수, 다항식, 삼각함수의 곱이나 합으로 주어진 경우에 미정계수법을 적용할 수 있다. 따라서, $h(x) = \sec x$ 등으로 주어진 경우에는 사용할 수 없는 제한이 따른다. 그럼에도 불구하고 미정계수법은 해를 빠르게 구할 수 있는 장점으로 이용되고 있다. 미정계수법을 사용할 때의 규칙은 다음과 같다.

① 비제차항 $h(x)$의 형태로부터 구한 생성집합에 포함된 함수들의 1차결합을 해로 가정한다(예제 16 참조).
② 생성집합의 원소가 제차해에 이미 포함되어 있으면 x를 곱하고, 중근으로 포함되어 있으면 x^2을 곱한 식을 해로 가정한다(예제 17 참조).
③ 비제차항 $h(x)$가 다수의 항이면 각각에 대해 ①, ②를 적용한다.

▶ 위에 열거한 규칙이 생각보다는 훨씬 단순하다는 것을 다음의 예제들을 통하여 확인하기로 한다.

위에서 규칙 ②의 경우는 $e^{\lambda x}$ 형태(λ가 복소수 $\lambda = p \pm iq$일 때는 $e^{px}\cos qx$, $e^{px}\sin qx$)의 비제차항만을 고려하면 된다. 왜냐하면, 미정계수법은 상계수 미분방정식일 때만 사용하기로 하였기 때문이다.

예제 18 비제차미분방정식 $y'' + y = x^2 + e^{3x}$를 풀어라.

☞ 제차해를 구하면 $\lambda^2 + 1 = 0$, 즉 $\lambda = \pm i$로부터 $y_h = c_1 \cos x + c_2 \sin x$이다. 비제차항에서 x^2에 대한 생성집합 $\{x^2, x, 1\}$의 1차결합과 e^{3x}에 대한 생성집합 $\{e^{3x}\}$의 1차결합의 합

$$y_p = (Ax^2 + Bx + C) + (De^{3x})$$

로 특수해를 가정한다. 계속하여

$$y_p' = 2Ax + B + 3De^{3x}, \quad y_p'' = 2A + 9De^{3x}$$

를 대입하여

$$2A + (Ax^2 + Bx + C) + 10De^{3x} = x^2 + e^{3x} \tag{65}$$

를 얻는다. 윗식이 항등적으로 성립하기 위해서는

$$A = 1, \quad B = 0, \quad 2A + C = 0, \quad 10D = 1$$

즉,

$$y_p = x^2 - 2 + \frac{1}{10}e^{3x}$$

가 해가 됨을 알 수 있다. 따라서, 구하고자 하는 일반해는

$$y = c_1 \cos x + c_2 \sin x + x^2 - 2 + \frac{1}{10} e^{3x} \quad \blacktriangleleft \tag{66}$$

예제 19 $y'' + 2y' + y = e^{-x}$을 미정계수법을 이용하여 풀어라.

☞ $\lambda^2 + 2\lambda + 1 = 0$은 중근 $\lambda = -1$을 가지므로 $y_h = e^{-x}(c_1 + c_2 x)$이다. 그런데, 비제차항 e^{-x}는 이미 y_h에 이중근으로 포함되어 있으므로 생성집합 $\{e^{-x}\}$ 대신 x^2을 곱한 $\{x^2 e^{-x}\}$를 사용하여야 한다. 따라서,

$$y_p = Ax^2 e^{-x} \tag{67}$$

로 해를 가정하고

$$y_p' = A(-x^2 + 2x) e^{-x}$$
$$y_p'' = A(x^2 - 2x - 2x + 2) e^{-x}$$

를 대입하면

$$Ae^{-x}[(x^2 - 2x - 2x + 2) + 2(-x^2 + 2x) + x^2] = e^{-x}$$

를 얻고, 양변을 비교하여 $2A = 1$, 즉

$$y = e^{-x}(c_1 + c_2 x) + \frac{1}{2} x^2 e^{-x} = e^{-x}\left(c_1 + c_2 x + \frac{1}{2} x^2\right) \quad \blacktriangleleft \tag{68}$$

그런데, 미분방정식이 $y'' + 2y' + y = (x-2)e^{-x}$으로 주어졌다면 $(x-2)e^{-x}$의 생성집합 $\{xe^{-x}, e^{-x}\}$에 x^2을 곱한 $\{x^3 e^{-x}, x^2 e^{-x}\}$을 쓴다. 즉, $y_p = (Ax^3 + Bx^2)e^{-x}$를 미분방정식에 대입하고 정리하여 $(6Ax + 2B)e^{-x} = (x-2)e^{-x}$. 따라서, $y_p = e^{-x}\left(\frac{1}{6}x^3 - x^2\right)$.

***예제 20** $y'' - y = x \sin x$의 해를 구하라.

☞ 특성방정식 $\lambda^2 - 1 = (\lambda - 1)(\lambda + 1) = 0$은 서로 다른 실근을 가지므로 $y_h = c_1 e^x + c_2 e^{-x}$이다. 그리고, 비제차항 $x \sin x$의 생성집합은 x의 생성집합 $\{x, 1\}$과 $\sin x$의 생성집합 $\{\cos x, \sin x\}$의 곱으로 주어진다. 즉,

$$y_p = Ax \cos x + Bx \sin x + C \cos x + D \sin x \tag{69}$$

로 해를 가정한다. 계속하여,

$$y_p' = Bx \cos x - Ax \sin x + (A + D) \cos x + (B - C) \sin x$$
$$y_p'' = -Ax \cos x - Bx \sin x + (2B - C) \cos x - (2A + D) \sin x$$

를 얻고, 미분방정식에 대입하면

$$-2Ax \cos x - 2Bx \sin x + (2B - 2C) \cos x - (2A + 2D) \sin x = x \sin x \tag{70}$$

이다. 따라서, 양변의 계수비교

$$-2A = 0, \quad -2B = 1, \quad 2B - 2C = 0, \quad 2A + 2D = 0$$

으로부터 $A = -D = 0$, $B = C = -\frac{1}{2}$을 얻어 일반해는

$$y = c_1 e^x + c_2 e^{-x} - \frac{1}{2}(x\sin x + \cos x) \quad ◀ \tag{71}$$

미정계수법을 사용할 때의 주의사항. 미정계수법은 불행히도 비제차항을 포함한 오일러 방정식 $x^2y'' + axy' + by = h(x)$의 해를 구하는 데는 큰 도움이 되지 않는다. 상계수 방정식에서 x를 $\ln x$로 치환하면 오일러 방정식이 되는 사실(2-3절 연습문제 참조)을 이용하면 표 2.3에 보인 지수함수, 다항식, 삼각함수는 각각

$$x^a,\ (\ln x)^n,\ \cos(a\ln x),\ \sin(a\ln x) \tag{72}$$

로 된다. 즉, $h(x)$가 위와 같은 함수들의 곱과 합으로 이루어지는 경우에 국한하여 "굳이 원한다면" 미정계수법을 적용할 수 있다. 실제로는 다음 절에서 보는 것처럼 비제차 오일러 방정식의 해는 변수변환법을 사용하여 구한다.

다음은 미정계수법으로 풀 수 있다고 착각하기 쉬운 대표적인 문제이다.

① $x^2y'' + xy' - y = x^2$의 특수해를 $y_p = Ax^2 + Bx + C$라 두자. (×)
② $xy' - y = x$의 특수해를 $y_p = Ax + B$라고 가정하자. (×)

위 문제의 특수해는 각각 $y_p = \frac{1}{15}x^4$과 $y_p = x\ln x$이다. 항상 상계수 미분방정식의 경우에 미정계수법을 사용한다는 사실을 잊지 말아야 한다.

연습문제

※ 다음의 미분방정식을 미정계수법을 적용하여 풀어라.

[1] $y'' + 4y = 4$

[2] $y'' - 4y = \cos x$

[3] $y'' - y' - 6y = x + e^{-x}$

[4] $y'' + y' - 2y = x^2 - \sin x$

[5] $y'' + 2y' + 2y = e^{-x}\cos x$

[6] $y'' + 4y' + 4y = x^2 + e^{-2x}$

[7] $y' + 2y = \cos x$

[8] $y' - y = x^2$

2-7 변수변분법(일반적인 비제차미분방정식)

Lagrange의 변수변분법. 일반적인 비제차미분방정식

$$y'' + a(x)y' + b(x)y = h(x) \tag{73}$$

의 해를 구하는 라그랑주(Lagrange)의 **변수변분법**(method of variation of parameters) 또는 매개변수변환법을 알아본다.

먼저, 식 (73)의 제차해가

$$y_h = c_1 y_1 + c_2 y_2$$

로 주어져 있다고 가정하자. 변수변환이란 상수 c_1, c_2를 함수로 보고

$$y = c_1(x) y_1 + c_2(x) y_2 \tag{74}$$

가 다시 식 (73)의 해가 되도록 함수 $c_1(x)$와 $c_2(x)$를 적절히 결정하는 방법이다. 식 (74)를 미분하여

$$y' = c_1 y_1' + c_2 y_2' + \underbrace{(c_1' y_1 + c_2' y_2)}_{\text{0으로 둔다.}}$$

로 얻은 식을 다시 미분하여

$$y'' = c_1 y_1'' + c_2 y_2'' + \underbrace{(c_1' y_1' + c_2' y_2')}_{h(x)\text{으로 둔다.}}$$

라 하자(위의 중간과정에서 $c_1' y_1 + c_2' y_2 = 0$으로 두는 이유에 대해서는 연습문제를 참조하라). 위의 과정은 매개변수 c_1과 c_2의 미분을 포함하는가에 따라 다음과 같이 두 그룹으로 분리시킨 것이다.

$$\begin{array}{l|l} y = c_1 y_1 + c_2 y_2 & \\ y' = c_1 y_1' + c_2 y_2' & c_1' y_1 + c_2' y_2 = 0 \\ y'' = c_1 y_1'' + c_2 y_2'' + h & c_1' y_1' + c_2' y_2' = h \end{array}$$

위에서, y, y', y''은 자동적으로 비제차미분방정식을 만족한다. 따라서, 이제는 매개변수 c_1과 c_2를

$$\begin{aligned} &\text{제차해: } y = c_1 y_1 + c_2 y_2 \\ &\text{특수해: } \begin{cases} c_1' y_1 + c_2' y_2 = 0 \\ c_1' y_1' + c_2' y_2' = h \end{cases} \end{aligned} \tag{75}$$

로부터 결정하는 일만 남았다. 그런데, 식 (75)에서 c_1', c_2'을 구하여 적분할 때 적분상수는 생략해도 된다. 이것은 적분상수와 y_1, y_2의 곱은 이미 알고 있는 제차해로 되돌아가기 때문이다.

☑ 식 (75)의 첫 줄에 제차해를 의도적으로 포함시켰다. 식 (75)를 유심히 살펴보면

① 제차해를 적고,
② 다음 줄에 "c_1, c_2를 미분하고 0",
③ 그리고 "y_1, y_2를 미분하고 h"

의 순서라는 것을 알 수 있다.

예제 21 $y'' + y = \sec^3 x$를 풀어라.

☞ 특성방정식 $\lambda^2 + 1 = 0$으로부터 $y = c_1 \cos x + c_2 \sin x$가 제차해이다. 그런데, 비제차항 $\sec^3 x$는 미분할 때마다 새로운 형태의 복잡한 함수들을 만들어내므로 미정계수법을 사용하여 특수해를 구할 수 없다(즉, 표 2.3에 열거된 $h(x)$의 곱과 합으로부터 얻을 수 없는 함수이다). 따라서,

$$\begin{aligned} &\text{제차해를 적는다} && \Rightarrow && y = c_1 \cos x + c_2 \sin x \\ &\text{계수를 미분하고 } 0 && \Rightarrow && c_1' \cos x + c_2' \sin x = 0 \\ &\text{함수를 미분하고 } h && \Rightarrow && c_1'(-\sin x) + c_2' \cos x = \sec^3 x \end{aligned} \tag{76}$$

를 얻고, 이것을 풀면(아래의 ✔ 참조)

$$c_1' = -\tan x \sec^2 x, \quad c_2' = \sec^2 x$$

즉

$$c_1 = -\frac{1}{2}(\tan x)^2, \quad c_2 = \tan x$$

가 되므로, 특수해는

$$\begin{aligned} y_p &= c_1 \cos x + c_2 \sin x \\ &= -\frac{1}{2}(\tan x)^2 \cos x + \tan x \sin x = \frac{1}{2} \tan x \sin x \end{aligned}$$

이다. 따라서, 일반해는

$$y = (c_1 \cos x + c_2 \sin x) + \frac{1}{2} \tan x \sin x \quad ◀ \tag{77}$$

✔ $c_1' \cos x + c_2' \sin x = 0$에서 $c_1' = -c_2' \tan x$을 얻고 두 번째 식에 대입하여

$$c_2'\left(\frac{\sin^2 x}{\cos x}\right) + c_2' \cos x = c_2'\left(\frac{\sin^2 x + \cos^2 x}{\cos x}\right) = c_2' \sec x = \sec^3 x$$

예제 22 구간 $x > 0$에서 $x^2 y'' - 2xy' + 2y = x^2$의 해를 구하라.

☞ $\lambda(\lambda - 1) - 2\lambda + 2 = (\lambda - 1)(\lambda - 2) = 0$으로부터 $y = c_1 x + c_2 x^2$이 제차해이다. 여기서, 주의할 것은 미분방정식을 표준형

$$y'' - \frac{2}{x} y' + \frac{2}{x^2} y = 1 \tag{78}$$

로 나타내었을 때의 $h(x) = 1$을 사용해야 한다. 따라서, 식 (75)로부터

$$\begin{aligned} &\text{제차해를 적는다} && \Rightarrow && y = c_1 x + c_2 x^2 \\ &\text{계수를 미분하고 } 0 && \Rightarrow && c_1' x + c_2' x^2 = 0 \\ &\text{함수를 미분하고 } h && \Rightarrow && c_1' + c_2'(2x) = 1 \end{aligned} \tag{79}$$

을 풀어

$$c_1' = -1, \ c_2' = \frac{1}{x} \quad \Rightarrow \quad c_1 = -x, \ c_2 = \ln x$$

따라서, 특수해는

$$y_p = c_1 x + c_2 x^2 = -x^2 + x^2 \ln x$$

이다. 그런데, x^2은 이미 제차해에 포함되어 있으므로 일반해는

$$y = c_1 x + c_2 x^2 + x^2 \ln x \quad ◀ \tag{80}$$

차수내림에 의한 특수해의 결정. 앞서 2-4절에서 언급한 바와 같이 차수내림은 변수변환법의 특수한 경우이다. 이번에는 차수내림을 이용하여 특수해를 구해 보자. 비제차미분방정식

$$y'' + a(x)y' + b(x)y = h(x) \tag{81}$$

의 한 제차해를 y_1이라 하면 1차독립인 다른 해는 $y_2 = y_1 \int \frac{1}{py_1^2}$임을 2-4절로부터 이미 알고 있다. 마찬가지로 특수해도

$$y_p = uy_1 \tag{82}$$

의 형태라고 가정하고, 1계 및 2계 도함수

$$y_p' = u'y_1 + uy_1', \quad y_p'' = u''y_1 + 2u'y_1' + uy_1''$$

을 식 (81)에 대입하고 u에 관해 정리하면

$$u''y_1 + u'(2y_1' + ay_1) + u\overbrace{(y_1'' + ay_1' + by_1)}^{0} = h$$

가 된다. 계속해서, y_1으로 나누고 $u' = v$로 두면

$$v' + v\left(2\frac{y_1'}{y_1} + a\right) = \frac{h}{y_1} \tag{83}$$

이고, 윗식의 적분인자는

$$e^{\int\left(2\frac{y_1'}{y_1} + a\right)} = e^{2\ln y_1 + \int a} = py_1^2 \quad (\text{단, } p = e^{\int a}) \tag{84}$$

이므로

$$(py_1^2)v = \int (py_1^2)\frac{h}{y_1} = \int py_1 h \quad \Rightarrow \quad v = \frac{\int py_1 h}{py_1^2} \tag{85}$$

로 적분된다. 따라서, 특수해 $y_p = y_1 u = y_1 \int v$는

$$y_p = y_1 \int \frac{\int py_1 h}{py_1^2} \tag{86}$$

✅ 윗식을 자세히 살펴보면 $y_p = y\int\frac{\int h(py)}{y(py)}$와 같이 분모와 분자에서 각각 y와 py가 한 쌍으로 있는 것을 알 수 있다. 특히 py는 1계미분방정식 $y' + ay = 0$의 제차해라는 사실을 이용하면 윗식을 기억하는 것이 한층 쉬워진다.

예제 23 $y''+y=\sec^3 x$의 한 제차해가 $y_1=\cos x$인 것을 이용하여 차수내림으로 특수해를 구하라(참고: 예제 21).

☞ $y''+a(x)y'+b(x)y=h(x)$에서 $a(x)=0$인 경우 $p=e^{\int 0}=1$로 쓰기로 한다(p에 곱해지는 상수는 식 (86)을 보면 결국 약분되어 소거되는 것을 알 수 있다). 먼저, 식 (86)의 분자

$$\int py_1 h=\int 1\cdot\cos x\cdot\sec^3 x=\int\sec^2 x=\tan x$$

를 구하고, 다시 식 (86)에 대입하면

$$\begin{aligned} y_p=y_1\int\frac{\int py_1 h}{py_1^2}&=\cos x\int\frac{\tan x}{\cos^2 x}\\ &=\cos x\cdot\frac{1}{2}(\tan x)^2=\frac{1}{2}\tan x\sin x \quad ◀ \end{aligned} \tag{87}$$

다른 제차해가 $y_2=y_1\int\frac{1}{py_1^2}=\cos x\int\frac{1}{\cos^2 x}=\cos x\cdot\tan x=\sin x$임은 당연하다. 여기서, $\tan x\sin x=\frac{\sin^2 x}{\cos x}=\frac{1-\cos^2 x}{\cos x}=\sec x-\cos x$를 이용하고, $\cos x$가 일반해에 포함되므로 가장 간단한 특수해는 $y_p=1/2\sec x$로 쓸 수 있다.

예제 24 $x^2y''-2xy'+2y=x^2$의 한 제차해가 $y_1=x$이다. 차수내림으로 1차독립인 제차해를 구하고, 또 특수해를 구하라(참고: 예제 22).

☞ 주어진 미분방정식의 표준형

$$y''-\frac{2}{x}y'+\frac{2}{x^2}y=1$$

로부터 $a(x)=-\frac{2}{x}$, $h(x)=1$이므로

$$p=e^{\int-\frac{2}{x}}=e^{-2\ln x}=x^{-2}$$

이다. 먼저, 1차독립인 제차해는

$$y_2=y_1\int\frac{1}{py_1^2}=x\int\frac{1}{x^{-2}(x)^2}=x\int 1=x^2 \tag{88}$$

이고, 특수해는

$$\int py_1 h=\int x^{-2}\cdot x\cdot 1=\int\frac{1}{x}=\ln x$$

를 대입하여

$$y_p=y_1\int\frac{\int py_1 h}{py_1^2}=x\int\frac{\ln x}{x^{-2}(x)^2}=x(x\ln x-x)=x^2\ln x-x^2 \tag{89}$$

(예제 22)와 마찬가지로 y_p에 포함된 제차해 $y_2=x^2$은 생략하고 $y_p=x^2\ln x$로 쓸 수 있다. 그러나, 이것은 일반해 $x^2\ln x+c_1x+c_2x^2$에서 $c_1=c_2=0$인 경우를 가장 기본적인 특

수해로 간주하는 관습 때문이며, 예를 들면 $y_p = x^2 \ln x + 2x - 3x^2$도 특수해임은 틀림없다.

***예제 25** $y' + a(x)y = h(x)$의 제차해가 $y = \dfrac{1}{p(x)}$임을 이용하여 특수해를 구하라(단, $p(x) = e^{\int a(x)\,dx}$).

☞ 특수해를 $y_p = u(x)\dfrac{1}{p(x)}$로 두고 대입하면

$$\frac{u'}{p} - \frac{u}{p^2}p' + a\frac{u}{p} = h \tag{90}$$

에서 $p' = ap$이므로

$$\frac{u'}{p} = h \quad \Rightarrow \quad u' = ph$$

로 된다. 여기서, $u(x)$를 구하면 $u(x) = \int ph$이므로 특수해는

$$y_p = u(x)\frac{1}{p(x)} = \frac{1}{p}\int ph \quad ◀ \tag{91}$$

앞의 1-2절에서 구한 일반해 $py = \int ph + c$와 비교해 보라.

연습문제

※ 변수변분법을 이용하여 다음의 미분방정식의 해를 구하라.

[1] $y'' + y = \sec x$

[2] $4y'' - y = xe^{x/2}$

[3] $2y'' + y' - y = x + 1$

[4] $y'' - 3y' + 2y = x^2 e^{2x}$

[5] $y'' - 4y' + 5y = \dfrac{2e^{2x}}{\sin x}$

[6] $x^2y'' - 2xy' + 2y = x^3 \sin x$

[7] $x^2y'' - 4xy' + 6y = x^4 \ln x$

[8] $x^2y'' - 2y = x$

[9] 구간 $-1 < x < 0$에서 정의된 미분방정식 $(1 - x^2)y'' - 2xy' + 2y = 1 - x^2$의 한 제차해가 $y = x$이다. 차수내림으로 특수해를 구하라.

[10] $y'' - y'\tan x - y\sec^2 x = x$의 한 제차해가 $y = \sec x$이다. 차수내림으로 다른 제차해와 특수해를 구하라.

[11] $x(y'' - y') - (y'' - y) = 1$에서 $y = y' = y''$을 만족하는 함수가 있다면 미분방정식의 하나의 제차해가 될 것이다. 이것을 구하고 차수내림으로 다른 제차해와 특수해를 구하라.

[12] 비제차선형미분방정식 $y'' + ay' + by = h$의 한 제차해가 y_1이라면 일반해는 다음과 같음을 보여라.

$$y = \left(c_1 y_1 + c_2 y_1 \int \frac{1}{py_1^2}\right) + y_1 \int \frac{\int py_1 h}{py_1^2}$$

[13] $y = \tan x$로 두고 미분하면 $(\tan x)' = \sec^2 x = 1 + \tan^2 x$이므로 $y' = 1 + \tan^2 x$, $y'' = 2\tan x(1 + \tan^2 x)$이다. 따라서 $y'' - 2y = 2\tan^3 x$인 2계 비제차선형미분방정식을 얻는다. 이 방정식의 특수해는 당연히 $y_p = \tan x$이고 일반해는 특성방정식 $\lambda^2 - 2 = 0$을 풀어서

$$y = c_1 e^{\sqrt{2}\,x} + c_2 e^{-\sqrt{2}\,x} + \tan x$$

로 될 것이다. 그렇다면 이 방정식의 특수해를 변수변분법으로 구할 수 있는가를 알아보라.

✔ 변수변분법을 이용하면 제차해 $y = c_1 e^{\sqrt{2}\,x} + c_2 e^{-\sqrt{2}\,x}$로부터

$$c_1' = \frac{1}{\sqrt{2}} e^{-\sqrt{2}\,x} \tan^3 x, \quad c_2' = -\frac{1}{\sqrt{2}} e^{\sqrt{2}\,x} \tan^3 x$$

를 얻고, 따라서 특수해는

$$y_p = \frac{1}{\sqrt{2}} e^{\sqrt{2}\,x}\left(\int e^{-\sqrt{2}\,x} \tan^3 x\right) - \frac{1}{\sqrt{2}} e^{-\sqrt{2}\,x}\left(\int e^{\sqrt{2}\,x} \tan^3 x\right)$$

가 된다. 그러나, 위의 적분을 수행하여 해를 간단히 하는 것이 생각보다는 쉽지 않다. 실제로 $I = \int e^{ax} \tan x$로 두고 부분적분을 연속해서 수행하면(0-4절 참조)

$$\begin{aligned}\int e^{ax} \tan x &= \left(\frac{1}{a} e^{ax}\right)\tan x - \left(\frac{1}{a^2} e^{ax}\right)(1 + \tan^2 x) + \int \left(\frac{1}{a^2} e^{ax}\right) 2\tan x(1 + \tan^2 x) \\ &= \frac{1}{a^2} e^{ax}(a\tan x - 1 - \tan^2 x) + \frac{2}{a^2}\left(\int e^{ax}\tan x + \int e^{ax}\tan^3 x)\right)\end{aligned}$$

즉

$$\int e^{ax}\tan^3 x = \frac{1}{2} e^{ax}(1 - a\tan x + \tan^2 x) + \frac{1}{2}(a^2 - 2)\int e^{ax}\tan x$$

인 결과를 얻을 수 있고, 위에서 $a = \pm\sqrt{2}$일 때는 운좋게도 마지막 적분이 소거된다. 이와 같이 변수변분법을 이용하여 특수해를 구할 때, 비록 불가능하지는 않지만 적분을 구하는 어려움에 부딪히는 경우가 있다.

[14] 변수변분법의 유도과정에서 $c_1' y_1 + c_2' y_2$를 0으로 두지 않고 어떤 함수 $\phi(x)$라고 하면 어떻게 될 것인가를 논의하라.

✔ 변수변분법에서 c_1, c_2를 함수로 보고 $y = c_1 y_1 + c_2 y_2$를 미분하였을 때 얻는 식에서 뒷부분을 본문과 같이 0으로 두지 않고

$\phi(x)$로 둔다.

$$y' = (c_1 y_1' + c_2 y_2') + (c_1' y_1 + c_2' y_2)$$

라고 하자. 다시 y'을 미분하면

$$y'' = c_1 y_1'' + c_2 y_2'' + c_1' y_1' + c_2' y_2' + \phi'$$

을 얻는다. 이것을 원래의 미분방정식 $y'' + a(x)y' + b(x)y = h(x)$에 대입하면

$$(c_1 y_1'' + c_2 y_2'' + c_1' y_1' + c_2' y_2' + \phi') + a(c_1 y_1' + c_2 y_2' + \phi) + b(c_1 y_1 + c_2 y_2) = h$$

즉

$$c_1(y_1'' + ay_1' + by_1) + c_2(y_2'' + ay_2' + by_2) + (c_1' y_1' + c_2' y_2') + a\phi + \phi' = h$$

로 정리된다. 그런데 y_1, y_2가 제차해이므로

$$c_1' y_1 + c_2' y_2 = \phi$$
$$c_1' y_1' + c_2' y_2' = h - \phi' - a\phi$$

인 연립방정식을 얻게 된다. 이것을 풀면

$$c_1' = \frac{1}{W}\begin{vmatrix} \phi & y_2 \\ h-\phi'-a\phi & y_2' \end{vmatrix}, \quad c_2' = \frac{1}{W}\begin{vmatrix} y_1 & \phi \\ y_1' & h-\phi'-a\phi \end{vmatrix}, \quad W = \begin{vmatrix} y_1 & y_2 \\ y_1' & y_2' \end{vmatrix}$$

가 된다. 또한, 2-9절에서 다루는 Abel의 공식으로부터 Wronskian W는 $W = A/p$(단, A는 상수이고 $p = e^{\int a}$)의 형태로 주어지기 때문에 c_1', c_2'을 구하고 적분하면

$$c_1 = \frac{1}{A}\int p(-y_2 h)\,dx + \frac{1}{A}\int p(y_2'\phi + y_2\phi' + ay_2\phi)\,dx$$
$$c_2 = \frac{1}{A}\int p(y_1 h)\,dx \quad - \frac{1}{A}\int p(y_1'\phi + y_1\phi' + ay_1\phi)\,dx$$

를 얻는다. 여기서, $p = e^{\int a}$이므로 $p' = ap$이고 따라서

$$\int pay_1\phi = \int (y_1\phi)p' = (y_1\phi)p - \int (y_1\phi)'p = p(y_1\phi) - \int p(y_1'\phi + y_1\phi')$$

으로 된다. 계속해서, c_1, c_2를 다시 정리하면

$$c_1 = \frac{1}{A}\int p(-y_2 h)\,dx + \frac{1}{A}(py_2\phi)$$
$$c_2 = \frac{1}{A}\int p(y_1 h)\,dx \quad - \frac{1}{A}(py_1\phi)$$

이고, 이것을 원래의 식에 대입하면

$$y = c_1 y_1 + c_2 y_2 = y_1\int \frac{p}{A}(-y_2 h)\,dx + y_2\int \frac{p}{A}(y_1 h)\,dx + \frac{y_1}{A}(py_2\phi) - \frac{y_2}{A}(py_1\phi)$$
$$= y_1\int \frac{(-y_2 h)}{W}\,dx + y_2\int \frac{(y_1 h)}{W}\,dx$$

와 같이 ϕ는 최종적으로 나타나지 않는다. 다시 말해서, $\phi(x)$를 어떤 함수로 택하여도 해에는 영향을 미치지 않기 때문에 가장 간단한 경우인 $\phi(x) = 0$으로 사용하는 것이다.

2-8 초기값문제와 경계값문제

지금까지는 주어진 미분방정식의 제차해를 구하는 방법과 비제차항에 대응하는 특수해를 구하는 방법을 알아보았다. 그러나, 공학적인 응용문제에서 얻어지는 미분방정식은 어떤 조건하에서 풀어야 하는 경우가 대부분이다. 이 절에서는 미분방정식이 만족시켜야 하는 조건의 성질과 해의 존재성에 관해 알아본다.

초기값문제와 해의 유일성. 어떤 구간에서 정의된 미분방정식이 만족시켜야 할 조건이 구간의 한

점 x_0에서 모두 주어져 있으면 **초기값문제**(initial value problem)라고 한다. 이러한 초기값문제의 해가 존재하는가에 대한 판단은 선형미분방정식의 경우 초기값문제의 **존재성정리**(existence theorem)

> 주어진 구간에서 $a(x)$, $b(x)$, $h(x)$가 연속이면
>
> ① $y' + ay = h;\qquad y(x_0) = K_0$
>
> ② $y'' + ay' + by = h;\qquad y(x_0) = K_0,\ y'(x_0) = K_1$
>
> 을 만족시키는 유일한 해가 존재한다. (92)

로부터 내릴 수 있다.

초기값문제와 경계값문제의 특성. 초기값문제와는 달리 미분방정식에 부과된 조건이 구간의 두 점 이상에서 주어지면 **경계값문제**(boundary value problem)라 한다. 초기값 또는 경계값문제가 갖는 특성을 다음의 예제를 통하여 알아보자.

예제 26 다음의 초기값 및 경계값문제의 해가 존재하는가를 판단하고 해가 있을 경우 구하라.

① 초기값문제: $y'' + y = 0,\ y(0) = 0,\ y'(0) = 1$

② 경계값문제: $y'' + y = 0,\ y(0) = 0,\ y(\pi) = 0$

☞ 보조방정식 $\lambda^2 + 1 = 0$으로부터 $y_1 = \cos x$, $y_2 = \sin x$이다. 따라서,

$$y(x) = c_1 \cos x + c_2 \sin x \tag{93}$$

가 일반해이다. 그런데, $x = 0$에서 공통으로 갖는 조건 $y(0) = 0$으로부터 $c_1 = 0$이므로 $y(x) = c_2 \sin x$로 되고 나머지 조건으로부터 c_2를 결정한다.

①의 초기값문제에서 $y'(0) = 1$로부터 $c_2 = 1$, 즉 $y(x) = \sin x$이다.

②의 경계값문제에서 $y(\pi) = 0$으로부터 $c_2 \sin \pi = 0$. 그런데, $\sin \pi = 0$

이므로 c_2가 어떤 값을 택해도 경계조건을 만족한다. 따라서, 임의의 상수 A에 대해 $y(x) = A \sin x$가 해이다.

위의 결과에서

① 초기값문제의 해: $y(x) = \sin x$

② 경계값문제의 해: $y(x) = A \sin x$, A는 임의의 상수

로 주어진다. 다시 말하면, 경계값문제의 해는 유일하지 않을 수 있다. ◀

경계값문제의 해는 ① 존재하지 않거나, ② 유일하거나, ③ 또는 무한히 많은 해를 가질 수 있다. 경계값문제가 무한히 많은 해를 가지는 경우는 Fourier 급수와 같이 함수의 전개에 응용되며, 뒤에서 자세히 다루게 될 것이다.

연습문제

※ 다음의 경계값문제가 해를 갖는가, 또는 해를 가지면 유일한 해인가를 판단하라.

[1] $y''=0,\ y(0)=1,\ y(L)=0$

[2] $y''-y=0,\ y(0)=0,\ y(L)=0$

[3] $y''-y=0,\ y(0)=0,\ y(L)=1$

[4] $y''+y=0,\ y(0)=0,\ y(1)=0$

[5] $y''+y=0,\ y(0)=0,\ y'(1)=0$

[6] $y''+y=0,\ y'(0)=0,\ y'(1)=0$

*2-9 Wronski 행렬식과 Abel의 공식

***Wronskian과 특수해의 표준형.** 변수변분법으로부터 유도한 식 (75)를 크래머의 방법으로 직접 풀어 보면

$$c_1'=\frac{\begin{vmatrix}0 & y_2\\ h & y_2'\end{vmatrix}}{\begin{vmatrix}y_1 & y_2\\ y_1' & y_2'\end{vmatrix}}=\frac{-hy_2}{W},\quad c_2'=\frac{\begin{vmatrix}y_1 & 0\\ y_1' & h\end{vmatrix}}{\begin{vmatrix}y_1 & y_2\\ y_1' & y_2'\end{vmatrix}}=\frac{hy_1}{W} \tag{94}$$

이 되고, 여기서

$$W[y_1,\ y_2]=\begin{vmatrix}y_1 & y_2\\ y_1' & y_2'\end{vmatrix}=y_1y_2'-y_1'y_2 \tag{95}$$

를 함수 y_1, y_2의 론스키(Wronski) 행렬식 또는 론스키안(Wronskian)이라고 한다. 식 (94)를 적분하면

$$c_1=-\int\frac{hy_2}{W},\quad c_2=\int\frac{hy_1}{W}$$

으로 되고, 특수해는

$$y_p=-y_1\int\frac{hy_2}{W}+y_2\int\frac{hy_1}{W} \tag{96}$$

이라 쓸 수 있다. 그런데, 보다 일관성 있는 형식으로 특수해를 쓰고 싶으면,

$$W_1=\begin{vmatrix}0 & y_2\\ h & y_2'\end{vmatrix}=-hy_2,\quad W_2=\begin{vmatrix}y_1 & 0\\ y_1' & h\end{vmatrix}=hy_1 \tag{97}$$

을 정의하여

$$y_p=y_1\int\frac{W_1}{W}+y_2\int\frac{W_2}{W} \tag{98}$$

인 형태를 택한다. 이러한 형태는 뒤에서 고계 비제차미분방정식을 다룰 때 다시 나타날 것이다.

***예제 27** $y'' - y' - 2y = x$의 특수해를 론스키안을 써서 구하라.

☞ 보조방정식 $\lambda^2 - \lambda - 2 = (\lambda+1)(\lambda-2) = 0$으로부터 $y_1 = e^{-x}$, $y_2 = e^{2x}$이다. 따라서, 론스키안은

$$W[e^{-x}, e^{2x}] = \begin{vmatrix} e^{-x} & e^{2x} \\ -e^{-x} & 2e^{2x} \end{vmatrix} = 3e^x$$

이고, 식 (96)을 사용하면

$$\begin{aligned} y_p &= -e^{-x}\int \frac{xe^{2x}}{3e^x} + e^{2x}\int \frac{xe^{-x}}{3e^x} \\ &= -\frac{1}{3}e^{-x}[xe^x - e^x] + \frac{1}{3}e^{2x}\left[x\left(-\frac{e^{-2x}}{2}\right) - \left(\frac{e^{-2x}}{4}\right)\right] \\ &= \frac{1}{3}\left[-x + 1 - \frac{1}{2}x - \frac{1}{4}\right] = -\frac{1}{2}x + \frac{1}{4} \end{aligned} \tag{99}$$

◀

✔ 미정계수법을 이용하면 $y_p = Ax + B$로 가정하고 대입하여 $-2Ax - A - 2B = x$로부터 $y_p = -\frac{1}{2}x + \frac{1}{4}$. 적용될 수만 있다면 미정계수법으로 훨씬 간단하게 해를 구할 수 있다.

***Abel의 공식과 해의 1차독립.** 식 (96)의 분모에서 론스키안이 항등적으로 0이 되는 경우, 즉 $W = y_1y_2' - y_1'y_2 \equiv 0$이라면 변수변환에 의하여 특수해를 구할 수 없을 것이다. 따라서, 어떤 조건하에서 론스키안이 0이 되는가를 살펴보자.

함수 y_1과 y_2가 제차미분방정식 $y'' + a(x)y' + b(x)y = 0$의 해이면

$$y_1'' + ay_1' + by_1 = 0$$
$$y_2'' + ay_2' + by_2 = 0$$

이므로, 첫째 식에 y_2를 곱하고 둘째 식에는 y_1을 곱하여 빼면

$$(y_1y_2'' - y_1''y_2) + a(y_1y_2' - y_1'y_2) = 0 \tag{100}$$

을 얻는다. 그런데, 식 (100)의 앞 부분은 론스키안의 미분

$$\frac{dW}{dx} = \frac{d}{dx}(y_1y_2' - y_1'y_2) = (y_1'y_2' + y_1y_2'') - (y_1''y_2 + y_1'y_2') = y_1\,y_2'' - y_1''y_2$$

와 같으므로 식 (100)을

$$\frac{dW}{dx} + aW = 0 \tag{101}$$

으로 쓸 수 있다. 이것을 적분하면

$$W[y_1,\, y_2](x) = \frac{c}{p(x)}, \quad p = e^{\int a} \tag{102}$$

인 Abel의 공식을 얻는다(적분상수 c의 결정은 연습문제 참조). 식 (102)에서, $c = 0$이면 $W(x) \equiv 0$이고, $c \neq 0$이면 $W(x) = ce^{-\int a} \neq 0$이다. 즉, 미분방정식 $y'' + a(x)y' +$

$b(x)y = 0$의 해로 주어지는 y_1과 y_2의

> $W[y_1, y_2](x)$는 ① 항상 0이거나, ② 절대로 0이 될 수 없다.

그런데, 론스키안이 0이 되는 경우는 y_1, y_2가 서로 1차종속일 때이다. 예를 들어, $y_2 = ky_1$이라면

$$W = y_1 y_2' - y_1' y_2 = y_1(k y_1') - y_1'(k y_1) = 0$$

이다. 그런데, $W[y_1, y_2](x)$는 항등적으로 0이거나 절대로 0이 될 수 없으므로 비록 단 하나의 점 x_0에서 $W[y_1, y_2](x_0) = 0$이라면 결국 모든 구간에서 항등적으로 $W \equiv 0$을 뜻한다. 이와 같이, Abel의 공식을 이용하면 해의 1차독립성에 대한 다음의 중요한 정리

> 미분방정식 $y'' + a(x)y' + b(x)y = 0$의 해 y_1과 y_2가 1차독립일 필요충분조건은 론스키안이 0이 아니다. 즉 $W[y_1, y_2](x) \neq 0$

을 얻을 수 있다. 그러나, 이 절에서 다룬 모든 내용은 함수 y_1과 y_2가 어떤 2계 선형미분방정식의 제차해인 경우라는 사실을 잊으면 안된다.

☑ 임의의 두 함수가 서로 1차종속이면 반드시 론스키안이 0이다. 그러나, $W = 0$이어도 두 함수가 반드시 1차종속일 필요가 없다. 즉, $W = 0$은 임의의 두 함수가 1차종속일 '필요조건'이다.

*☑ 론스키안을 이용하면 주어진 두 함수가 어떤 2계 선형미분방정식의 해인가를 판단할 수 있다. 예를 들어, x와 e^x는 명백히 1차독립이지만($x/e^x = xe^{-x}$는 상수가 아님)

$$W[x, e^x](x) = \begin{vmatrix} x & e^x \\ 1 & e^x \end{vmatrix} = (x-1)e^x$$

는 $x = 1$일 때 $W = 0$이 된다. 만약, 주어진 두 함수가 어떤 2계 선형미분방정식의 1차독립인 해였다면 반드시 모든 x의 점에서 $W \neq 0$일 것이기 때문에 "x와 e^x는 서로 1차독립일 뿐 어떤 2계 선형미분방정식의 서로 다른 해는 아니다".

그러나, 점 $x = 1$을 포함하지 않는 구간에서는 $W \neq 0$ (단, $x \neq 1$)이므로 어떤 2계 선형미분방정식의 서로 다른 해가 될 수 있다. 실제로, $y = x$, e^x는 $(x-1)y'' - xy' + y = 0$의 서로 다른 독립해이다(예제 3 참조). 그러나, 표준형은 $y'' - \frac{x}{x-1}y' + \frac{1}{x-1}y = 0$이므로 점 $x = 1$에서 정의되지 않는다.

***주어진 해로부터 미분방정식을 얻는 경우.** 2-1절에서 살펴본 바와 같이 선형미분방정식의 해가 모두 주어지면 원래의 선형미분방정식을 다시 구할 수 있다. 즉, 서로 독립인 n개의 함수가 어떤 n계 선형미분방정식의 해라고 하면 일반해는

$$y = c_1 y_1 + c_2 y_2 + c_3 y_3 + \cdots + c_n y_n$$

으로 표현된다. 그런데, 윗식은 $n+1$개의 함수 $y, y_1, y_2, y_3, \cdots, y_n$이 1차종속이라는 것

을 뜻하므로 이들의 론스키안은 반드시 0이 되어야 한다. 즉,

$$W[y, y_1, y_2, \cdots, y_n] = \begin{vmatrix} y & y_1 & y_2 & \cdots & y_n \\ y' & y_1' & y_2' & \cdots & y_n' \\ y'' & y_1'' & y_2'' & \cdots & y_n'' \\ \vdots & \vdots & \vdots & \vdots & \vdots \\ y^{(n-1)} & y_1^{(n-1)} & y_2^{(n-1)} & \cdots & y_n^{(n-1)} \\ y^{(n)} & y_1^{(n)} & y_2^{(n)} & \cdots & y_n^{(n)} \end{vmatrix} = 0$$

이 성립해야 한다. 특히, 2계 선형미분방정식의 경우에는

$$\begin{vmatrix} y & y_1 & y_2 \\ y' & y_1' & y_2' \\ y'' & y_1'' & y_2'' \end{vmatrix} = 0$$

즉,

$$\begin{vmatrix} y_1 & y_2 \\ y_1' & y_2' \end{vmatrix} y'' - \begin{vmatrix} y_1 & y_2 \\ y_1'' & y_2'' \end{vmatrix} y' + \begin{vmatrix} y_1' & y_2' \\ y_1'' & y_2'' \end{vmatrix} y = 0$$

인 형태로 주어진다(이때, y''의 계수가 $W[y_1, y_2]$임에 주목한다).

연습문제

[1] 식 (102)에서 구간 내의 어떤 점 $x = x_0$를 대입하여 상수 c를 소거하면

$$W(x) = \frac{p(x_0)}{p(x)} \begin{vmatrix} y_1(x_0) & y_2(x_0) \\ y_1'(x_0) & y_2'(x_0) \end{vmatrix}$$

로 되는 것을 보여라.

*2-10 전기회로 및 역학에서의 미분방정식

전기회로의 모형. 전기회로는 그 수학적 모델의 유용성으로 인하여 다양한 분야에 응용되므로 기본적인 개념을 설명하기로 한다.

그림 2.1에 저항, 유도기, 축전기를 이용한 RLC 회로를 보였다. 회로를 흐르는 **전류**(電流; current)는 i로 나타내고 단위는 A(ampere)를 사용하며, **전압**(電壓; voltage)은 E로 표시하고 V(volt)를 단위로 사용한다. 표 2.4는 RLC 회로의 각 구성요소를 통한 전압강하량을 나타낸 것이다.

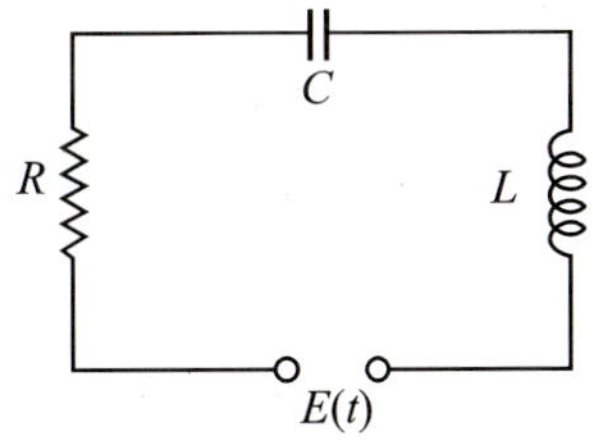

그림 2.1

전기회로를 다루는 데 가장 중요한 법칙은

표 2.4 *RLC* 회로의 구성요소를 통한 전압강하

구성요소	전압강하량	일반해
저항	$E_R = Ri$	R(저항, ohm)
유도기	$E_L = L\dfrac{di}{dt}$	L(인덕턴스, henry)
축전기	$E_C = \dfrac{1}{C}\int i\,dt$	C(정전용량, farad)

• Kirchhoff의 **전압법칙**: 임의의 폐쇄회로의 전압강하의 합은 0이거나, 폐쇄회로에 가해진 전압은 나머지 회로에서의 전압강하의 합과 같다.
• Kirchhoff의 **전류법칙**: 회로의 임의의 점으로 흐르는 총전류(net current)는 0이다.

위에 설명한 전압법칙을 그림 2.1에 보인 *RLC* 회로에 적용하면

$$L\frac{di}{dt} + Ri + \frac{1}{C}\int i\,dt = E(t) \tag{103}$$

인 방정식을 얻을 수 있다. 보다 간단한 *RL* 회로에 대해서는

$$L\frac{di}{dt} + Ri = E(t) \tag{104}$$

인 1계 비제차선형미분방정식으로 단순화된다.

비슷한 방법으로, *RC* 회로인 경우에는

$$Ri + \frac{1}{C}\int i\,dt = E(t) \tag{105}$$

와 같이 적분을 포함하는 방정식이 된다. 이러한 식을 다루기 위해서는 한번 더 미분하여

$$R\frac{di}{dt} + \frac{1}{C}i = \frac{dE}{dt}(t) \tag{106}$$

인 형태의 미분방정식으로 변환하여 해석한다.

전기회로와 진동시스템의 상사. 이미 언급하였듯이 전기회로에 대한 수학적 모델은 다른 응용분야에서 같은 형태로 재현된다. 이러한 현상을 **상사**(相似; similarity)라고 한다. 그림 2.2는 질량, 용수철, **감쇠기**(減衰機; damper)로 이루어진 기계적 진동시스템을 보여준다. 여기서, m은 질량, k는 탄성계수, c는 감쇠계수, $F(t)$는 **외력**(外力; external force) 또는 입력을 나타낸다.

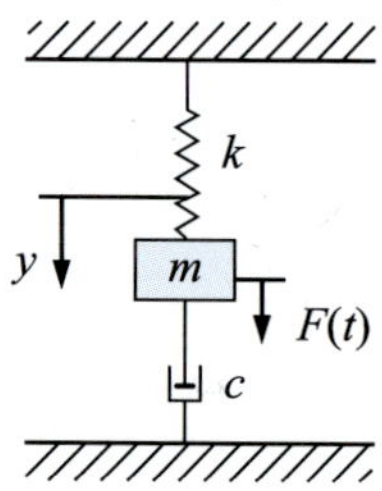

그림 2.2

종속변수 y를 평형상태로부터의 **변위**(變位; displacement)라고 하면, 뉴턴의 제2법칙을 적용하여

$$m\ddot{y} = -c\dot{y} - ky + F(t)$$

즉,

$$m\frac{d^2y}{dt^2} + c\frac{dy}{dt} + ky = F(t) \tag{107}$$

를 얻는다. 그런데, 이 식은 RLC 회로에서 구한 식 (103)을 미분한 결과

$$L\frac{d^2i}{dt^2} + R\frac{di}{dt} + \frac{1}{C}i = \frac{dE}{dt}(t) \tag{108}$$

와 동일한 형태를 갖는다. 즉, 전기회로와 기계적 진동시스템 사이에 존재하는 상사성을 보여주며, 이것을 표 2.5에 정리하였다.

표 2.5 전기시스템과 진동시스템의 상사성

전기시스템		진동시스템	
$i(t)$	전류	$y(t)$	변위
L	인덕턴스	m	질량
R	저항	c	감쇠계수
$\frac{1}{C}$	정전용량의 역수	k	탄성계수
$\frac{dE}{dt}$	기전력의 변화율	$F(t)$	외력

연습문제

[1] RL 회로에 대한 미분방정식 $L\frac{di}{dt} + Ri = E(t)$는 1계 비제차선형미분방정식이다. **유도시정수**(誘導時定數; inductive time constant)를 $L/R = \tau_L$로 두면 미분방정식의 일반해가 $e^{t/\tau_L}i(t) = \int e^{t/\tau_L}\frac{E}{L}dt + c$임을 이용하여 다음을 보여라.

(a) $E = E_0$인 경우의 해는 $i(t) = \frac{E_0}{R} + ce^{-t/\tau_L}$

(b) $E = E_0\sin\omega t$일 때의 해는 $i(t) = \frac{E_0}{R^2+\omega^2L^2}(R\sin\omega t - \omega L\cos\omega t) + ce^{-t/\tau_L}$

[2] RC 회로에 대한 미분방정식 $R\frac{di}{dt} + \frac{1}{C}i = \frac{dE}{dt}(t)$로부터 **용량시정수**(容量時定數; capacitive time constant)를 $RC = \tau_C$로 정의할 때 다음의 두 경우에 대한 해를 보여라.

(a) $E = E_0$일 때 $i(t) = ce^{-t/\tau_C}$

(b) $E = E_0\sin\omega t$일 때 $i(t) = \frac{\omega E_0 C}{1+(\omega RC)^2}(\cos\omega t + \omega RC\sin\omega t) + ce^{-t/\tau_C}$

***[3]** 빗방울의 속도 $v(t)$를 다음의 수학적인 모델링으로부터 구해 보자. 빗방울의 질량을 m

이라고 할 때 빗방울에 작용하는 힘은 중력 $F_g = mg$와 공기에 의한 저항력 $F_r = -kv^2$이다. 뉴턴의 제2법칙으로부터 $m\dfrac{dv}{dt} = mg - kv^2$이고, 초기조건은 $v(0) = v_0$이다.

☑ 주어진 지배방정식의 양변을 m으로 나누고 $a = \sqrt{\dfrac{mg}{k}}$라고 두면

$$\frac{dv}{dt} = -\frac{g}{a^2}(v^2 - a^2) \tag{A1}$$

으로 되고, 변수분리하여 $\dfrac{dv}{v^2 - a^2} = -\dfrac{g}{a^2}dt$를 얻는다. 윗식의 적분은 부분분수를 이용하면

$$\int \frac{dv}{v^2 - a^2} = \frac{1}{2a}\int\left(\frac{1}{v-a} - \frac{1}{v+a}\right)dv = \frac{1}{2a}(\ln|v-a| - \ln|v+a|)$$

이므로 $\dfrac{1}{2a}\ln\left|\dfrac{v-a}{v+a}\right| = -\dfrac{g}{a^2}t + c$가 된다. 다시 v에 관한 식으로 정리하면

$$\frac{v-a}{v+a} = ce^{-(2g/a)t} \tag{A2}$$

또는

$$v(t) = a\frac{1 + ce^{-(2g/a)t}}{1 - ce^{-(2g/a)t}} \tag{A3}$$

이다. 초기조건 $v(0) = v_0$를 만족하는 적분상수 c는 식 (A2)에 $t = 0$을 대입하여 $\dfrac{v_0 - a}{v_0 + a} = c$로 결정된다. 여기서, 식 (A3)로부터 $t \to \infty$일 때 빗방울의 속도는 $v \to a$인 유한한 속도를 갖게 되고 초기속도에는 관계없는 것을 알 수 있다. 그리고, 빗방울의 최종속도(terminal velocity)를 다른 방법으로 구하면 $\dfrac{dv}{dt} \to 0$인 조건으로부터 식 (A1)에서 바로 $v \to a$임을 알 수 있다.

[4] (만유인력의 계산) 두 물체의 질량을 각각 M, m이라 하면 뉴턴의 법칙에서 만유인력의 크기는 $F = G\dfrac{Mm}{r^2}$으로 알려져 있다. 이때, r은 질량중심 사이의 거리, G는 만유인력 상수이다. 이 법칙은 물체가 밀도가 일정한 구의 형상으로 이루어진 경우에 대해 성립하며, 일반적으로 물체의 질량중심과 "평균인력이 작용하는 점(인력점)"과는 차이가 난다. 다음의 그림을 보고 이러한 사실에 대하여 논의하라. 단, 물체 m은 점질량이라고 가정한다.

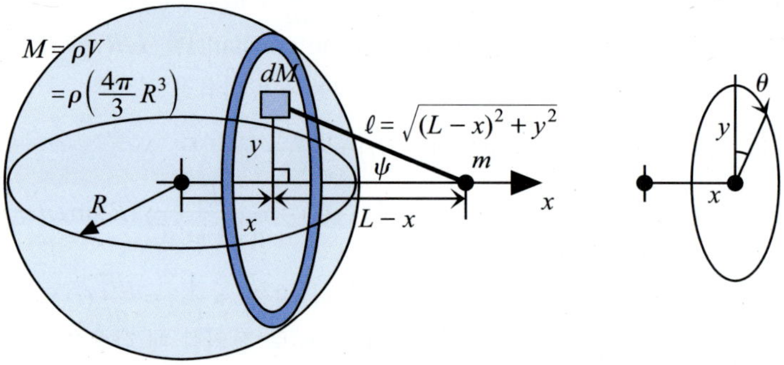

☑ 미소체적에 대한 만유인력을 구하고 적분한다. 그림으로부터

$$dM = \rho dV = \rho y\, d\theta\, dy\, dx, \quad \ell = \sqrt{(L-x)^2 + y^2}, \quad \cos\psi = \frac{L-x}{\ell}$$

이므로 미소 인력의 x 방향성분은

$$dF_x = dF\cos\psi = G\frac{dM\cdot m}{\ell^2}\cdot\frac{L-x}{\ell}$$
$$= Gm\frac{(L-x)}{\ell^3}dM$$
$$= \rho Gm\frac{(L-x)y}{[(L-x)^2+y^2]^{3/2}}d\theta\, dy\, dx$$

이므로 적분하면

$$F_x = \int_V dF_x = \rho Gm\int_{-R}^{R}\int_0^{\sqrt{R^2-x^2}}\int_0^{2\pi}\frac{(L-x)y}{[(L-x)^2+y^2]^{3/2}}d\theta\, dy\, dx$$
$$= 2\pi\rho Gm\int_{-R}^{R}\int_0^{\sqrt{R^2-x^2}}\frac{(L-x)y}{[(L-x)^2+y^2]^{3/2}}dy\, dx$$
$$= 2\pi\rho Gm\left(\frac{2}{3}\frac{R^3}{L^2}\right)$$
$$= G\frac{Mm}{L^2}$$

으로 된다(적분과정은 아래를 참조). 즉, 구의 경우 인력은 질량이 구의 중심에 밀집되어 있는 것으로 해석할 수 있다. 그러나, 일반적으로 인력점은 물체의 질량중심과는 다르다는 점에 주의한다(예를 들어, 위의 예에서 구를 두 개의 반구로 나누었을 경우를 생각해 본다).

▶ $$\int_{-R}^{R}\int_0^{\sqrt{R^2-x^2}}\frac{(L-x)y}{[(L-x)^2+y^2]^{3/2}}dy\, dx$$
$$= \int_{-R}^{R}\left[-\frac{(L-x)}{[(L-x)^2+y^2]^{1/2}}\right]_0^{\sqrt{R^2-x^2}}dx$$
$$= \int_{-R}^{R}\left(1-\frac{L-x}{\sqrt{R^2+L^2-2Lx}}\right)dx$$
$$= \left[x+\frac{1}{L}(L-x)\sqrt{R^2+L^2-2Lx}-\frac{1}{3L^2}(R^2+L^2-2Lx)^{3/2}\right]_{-R}^{R}$$
$$= 2R+\frac{1}{L}[(L-R)^2-(L+R)^2]-\frac{1}{3L^2}[(L-R)^3-(L+R)^3]$$
$$= 2R+\frac{1}{L}(-4LR)-\frac{1}{3L^2}(-6L^2R-2R^3) = \frac{2}{3}\frac{R^3}{L^2}$$

단, $L > R$인 경우를 고려한 것이다. 참고로, 전문적인 내용이지만 만유인력장에 대한 퍼텐셜 이론으로부터

$$\boldsymbol{i}\cdot\nabla\frac{1}{\ell} = \frac{\partial}{\partial x}\frac{1}{\ell} = \frac{\partial}{\partial x}\frac{1}{\sqrt{(L-x)^2+y^2}} = \frac{(L-x)}{[(L-x)^2+y^2]^{3/2}}$$

가 x 방향의 힘성분과 연관된다. 즉, 처음의 적분은 다음과 같은 내용이다.

$$F_x = \int_V dF_x = \int_V \boldsymbol{i}\cdot d\mathbf{F} = \int_V \boldsymbol{i}\cdot\nabla\frac{GmdM}{|\mathbf{r}_1-\mathbf{r}_2|} = \boldsymbol{i}\cdot\int_V GmdM\nabla\frac{1}{\ell}$$

***[5] (행성의 탈출속도)** 질량 M인 지구 위에서 질량 m인 물체에 작용하는 힘은 지구표면

$r = R$에서 $F = -mg$이고, 지구중심까지의 거리를 r이라고 할 때 $F = -G\dfrac{Mm}{r^2}$으로 주어진다. 이때, 지구를 탈출하기 위한 초기속도를 구하라.

☑ 질량 M인 지구에서 질량 m인 물체에 작용하는 힘은 행성중심까지의 거리를 r이라고 할 때 $F = -G\dfrac{Mm}{r^2}$으로 주어진다. 그런데, 지구표면 $r = R$에서의 중력이 $F = -mg$이므로 $GM = gR^2$으로 된다. 또한, 뉴턴의 제2법칙 $\dfrac{d}{dt}(mv) = F$로부터 $m\dfrac{dv}{dt} = -mg\dfrac{R^2}{r^2}$을 얻고, $\dfrac{dv}{dt} = \dfrac{dv}{dr}\dfrac{dr}{dt} = v\dfrac{dv}{dr}$를 이용하면 $v\dfrac{dv}{dr} = -g\dfrac{R^2}{r^2}$인 미분방정식을 얻는다. 이것을 변수분리하여 적분하면 $\dfrac{v^2}{2} = \dfrac{gR^2}{r} + c$가 되고, 지표면 $r = R$에서의 초기속도를 $v = v_0$라고 하면 $\dfrac{v_0^2}{2} = gR + c$. 따라서, $\dfrac{1}{2}v^2 = \dfrac{gR^2}{r} + \dfrac{1}{2}v_0^2 - gR$이다. 이 식으로부터 지구를 탈출하기 위해서는 $\dfrac{1}{2}v^2 = \left(\dfrac{gR^2}{r} + \dfrac{1}{2}v_0^2 - gR\right)_{r\to\infty} \ge 0$이 항상 만족되어야 한다. 즉, 초기속도가 $v_0 \ge \sqrt{2gR} \cong 11.2\,\text{km/sec}$이면 지구를 탈출할 수 있다.

*[6] **(Kepler의 행성운동법칙)** 지구의 질량을 m이라 하고, 태양의 질량을 M이라 하자. 지구에 작용하는 유일한 힘이 태양을 향하는 만유인력으로 가정하고 태양을 중심으로 하는 (r, θ)좌표계에서 뉴턴의 제2법칙을 적용하면 $F_r = ma_r = -G\dfrac{Mm}{r^2}$, $F_\theta = ma_\theta = 0$이다. 그런데, 극좌표계에서 $a_r = \ddot{r} - r\dot{\theta}^2$, $a_\theta = r\ddot{\theta} + 2\dot{r}\dot{\theta}$이므로(뒤의 제6장에서 확인할 수 있다)

$$-G\frac{Mm}{r^2} = m(\ddot{r} - r\dot{\theta}^2) \tag{A1}$$

$$0 = r\ddot{\theta} + 2\dot{r}\dot{\theta} = \frac{1}{r}\frac{d}{dt}(r^2\dot{\theta}) \tag{A2}$$

를 얻는다. 식 (A2)로부터 β를 상수라고 할 때

$$r^2\dot{\theta} = \beta \tag{A3}$$

가 만족된다. 윗식은 Kepler(케플러)의 제1법칙 "태양까지 그은 반지름은 같은 시간에 같은 면적을 지나간다"를 식으로 나타낸 것이다(반지름이 r이고 dt 시간동안에 $d\theta$만큼 이동하면서 지나는 면적은 $\frac{1}{2}r^2d\theta$이므로). 또한, 식 (A3)는 동역학적으로 각운동량의 보존을 의미한다. 계속하여, 식 (A1)과 (A3)에서 $\dot{\theta}$를 소거하면

$$\ddot{r} + \frac{GM}{r^2} - \frac{\beta^2}{r^3} = 0 \tag{A4}$$

인 미분방정식을 얻는다. 여기서, 식 (A3)로부터 $\dot{\theta} = \beta/r^2$를 사용하면

$$\frac{d}{dt} = \frac{d\theta}{dt}\frac{d}{d\theta} = \dot{\theta}\frac{d}{d\theta} = \frac{\beta}{r^2}\frac{d}{d\theta}$$

이므로 식 (A4)는

$$\frac{\beta}{r^2}\frac{d}{d\theta}\left(\frac{\beta}{r^2}\frac{dr}{d\theta}\right) + \frac{GM}{r^2} - \frac{\beta^2}{r^3} = 0$$

으로 정리된다. 다시, 양변에 r^2을 곱하고 $r = \dfrac{1}{\rho}$로 치환하면

$$\beta\frac{d}{d\theta}\left\{\beta\rho^2\frac{d}{d\theta}\left(\frac{1}{\rho}\right)\right\} + GM - \beta^2\rho = 0$$

즉,

$$-\beta^2 \frac{d^2\rho}{d\theta^2} + GM - \beta^2\rho = 0 \quad \Rightarrow \quad \frac{d^2\rho}{d\theta^2} + \rho = \frac{GM}{\beta^2}$$

으로 단순화된다. 윗식은 2계 선형미분방정식으로 일반해가

$$\rho = A\cos\theta + B\sin\theta + \frac{GM}{\beta^2} = \frac{GM}{\beta^2}[1 - K\cos(\theta - \alpha)]$$

의 형태로 되고 정리하면

$$\frac{1}{\rho} = r = \frac{\beta^2/(GM)}{1 - K\cos(\theta - \alpha)} \tag{A5}$$

으로 된다. 식 (A5)는 K의 값에 따라 원($K = 0$), 타원($-1 < K < 1$), 포물선($K = 1$), 쌍곡선($K > 1$)으로 된다. Kepler의 제2법칙 "각 행성의 궤도는 태양을 한 초점으로 하는 타원이다"는 Kepler가 행한 지루한 계산 끝에 얻은 결과이며, 뉴턴에 의해 수학적으로 증명되었다. 행성의 운동법칙의 발견은 천문학과 수학의 역사에서 획기적인 사건으로 기록되고 있다.

**2-11 자유진동과 강제진동

이 절에서는 2계 선형미분방정식의 대표적인 응용문제인 기계적 진동시스템에 대해 알아본다. 이에 대한 수학적인 모델은 앞 절에서 토론한 바와 같이 식 (107)로 주어진

$$my'' + cy' + ky = F(t) \tag{109}$$

형태의 미분방정식이다. 여기서, 외력 $F(t) = 0$이면 **자유진동**(自由振動; free oscillation), $F(t) \neq 0$이면 **강제진동**(强制振動; forced oscillation)이라고 한다. 진동시스템의 해석은 보통 다음과 같은

$$2\zeta\omega_n = \frac{c}{m}, \quad \omega_n^2 = \frac{k}{m}, \quad f(t) = \frac{F(t)}{m} \tag{110}$$

변수를 도입하여 수행한다. 즉

$$y'' + 2\zeta\omega_n y' + \omega_n^2 y = f(t) \tag{111}$$

로 주어지는 미분방정식으로 해석한다. 이러한 진동시스템의 일반해는 라플라스 변환을 다룬 4장의 표 4.5에 정리되어 있으며, 이 장에서는 주로 진동시스템이 갖는 몇 가지 특성과 흥미로운 현상을 고찰하기로 한다.

비감쇠 진동시스템의 자유진동(조화진동). 먼저, 감쇠(減衰; damping)를 거의 무시할 수 있는 경우($\xi = 0$)의 자유진동은 $y'' + \omega_n^2 y = 0$인 미분방정식으로 표현되고

$$y = A\cos\omega_n t + B\sin\omega_n t = \sqrt{A^2 + B^2}\cos(\omega_n t - \beta), \quad \beta = \tan^{-1}\frac{B}{A} \tag{112}$$

형태의 해를 가진다. 윗식은 똑같은 진폭으로 영원히 진동하는 운동을 나타내고, 이것을 **조화진동**(調和振動; harmonic oscillation)이라고 한다. 식 (112)에서 삼각함수의 주기(週期; period)가 $2\pi/\omega_n$이므로 1초간 진동하는 횟수는 $\omega_n/2\pi$가 되고 이를 진동의 **진동수**(振動數; frequency)라고 한다. 진동수의 단위는 cycle/sec 또는 Hz(Hertz; 헤르츠)로 쓴다. 여기서,

$$\frac{\omega_n}{2\pi} = \frac{1}{2\pi}\sqrt{\frac{k}{m}}$$

는 질량과 용수철의 특성이 주어진 진동시스템의 고유한 진동수이므로 **고유진동수**(固有振動數; natural frequency)라고 한다.

감쇠진동시스템의 자유진동. 감쇠가 있는 경우($\zeta > 0$)의 자유진동은

$$y'' + 2\zeta\omega_n y' + \omega_n^2 y = 0 \tag{113}$$

으로 나타난다. 특성방정식

$$\lambda^2 + 2\zeta\omega_n\lambda + \omega_n^2 = (\lambda + \zeta\omega_n)^2 + \omega_n^2(1-\zeta^2) = 0$$

은 ζ의 값에 따라 ① ($\zeta > 1$) 서로 다른 두 실근, ② ($\zeta = 1$) 중근, ③ ($\zeta < 1$) 복소근을 가지며, 이에 대응하는 진동의 특성도 달라진다. 여기서,

$$\omega = \omega_n\sqrt{|1-\zeta^2|} \tag{114}$$

을 정의하여 세 가지 다른 형태의 진동특성을 표 2.6에 정리하였다. 주어진 초기조건에 대응하는 미분방정식의 해는 4장 표 4.5를 참조하라.

표 2.6의 해로부터 알 수 있듯이 **과감쇠진동**(過減衰振動; overdamping)은 실제로 진동하지 않는다($AB < 0$이면 $y = 0$인 평형점을 겨우 한번 지난다). 그리고, $-\zeta\omega_n \pm \omega = \omega_n(-\zeta \pm \sqrt{\zeta^2-1}) < 0$이므로 $\lim_{t\to\infty} e^{(-\zeta\omega_n \pm \omega)t} \to 0$이 되어 진동시스템은 정지상태에 도달한다.

임계진동(臨界振動; critical damping)의 특성은 과감쇠진동과 비슷하며 $AB < 0$일 때 $y = e^{-\omega_n t}(A+Bt) = 0$이 되는 t가 한번 나타난다. **저감쇠진동**(低減衰振動; underdamping)은 진폭이 $e^{-\zeta\omega_n t}$로 계속 줄어들면서 진동수가 $\omega/2\pi$인 진동을 한다. 그림 2.3에 감쇠시스템의 자유진동 형태를 개략적으로 보였다.

표 2.6 감쇠진동시스템에서 ζ의 값에 따른 자유진동의 특성

진동의 종류	구분	해의 형태
과감쇠진동	$\zeta > 1$	$y = e^{-\zeta\omega_n t}(Ae^{\omega t} + Be^{-\omega t})$
임계진동	$\zeta = 1$	$y = e^{-\omega_n t}(A + Bt)$
저감쇠진동	$\zeta < 1$	$y = e^{-\zeta\omega_n t}(A\cos\omega t + B\sin\omega t)$

강제진동의 일반해. 강제진동은 어떤 외력이 작용할 때 일어나는 진동을 말하며 외력을 보통 **입력**

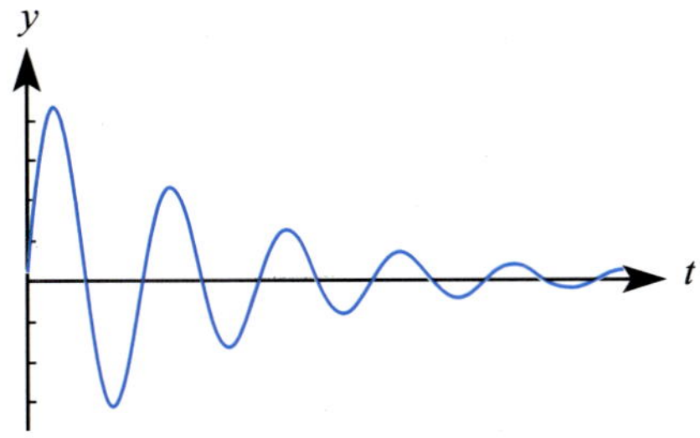

그림 2.3 저감쇠진동의 형태

(入力; input)이라고 하고, 대응하는 진동 또는 미분방정식의 해를 입력에 대한 **응답**(應答; response) 또는 **출력**이라고 한다. 여기서, 관심을 갖는 입력의 형태는 주기적인 입력

$$f(t) = f_0 \cos \Omega t \tag{115}$$

인 경우이다. 이때의 미분방정식은

$$y'' + 2\zeta\omega_n y' + \omega_n^2 y = f_0 \cos \omega t \tag{116}$$

로 주어진다. 윗식의 제차해는 이미 앞에서 다루어 본 자유진동에 대응하는 해이다. 따라서, 입력에 대한 특수해는 미정계수법을 이용하여

$$y_p = A \cos \Omega t + B \sin \Omega t \tag{117}$$

로 두고, 1계 및 2계 도함수

$$\begin{aligned} y_p' &= -A\Omega \sin \Omega t + B\Omega \cos \Omega t \\ y_p'' &= -A\Omega^2 \cos \Omega t - B\Omega^2 \sin \Omega t \end{aligned}$$

를 식 (116)에 대입하여

$$\begin{aligned} f_0 \cos \Omega t = & [-A\Omega^2 + B\Omega(2\zeta\omega_n) + A\omega_n^2] \cos \Omega t \\ & + [-B\Omega^2 - A\Omega(2\zeta\omega_n) + B\omega_n^2] \sin \Omega t \end{aligned}$$

가 된다. 여기서,

$$B(\omega_n^2 - \Omega^2) = A\Omega(2\zeta\omega_n) \quad \Rightarrow \quad B = \frac{2\zeta\omega_n\Omega}{\omega_n^2 - \Omega^2} A$$

를 얻고, 따라서,

$$\begin{aligned} A &= f_0 \frac{(\omega_n^2 - \Omega^2)}{(\omega_n^2 - \Omega^2)^2 + (2\zeta\omega_n\Omega)^2} \\ B &= f_0 \frac{(2\zeta\omega_n\Omega)}{(\omega_n^2 - \Omega^2)^2 + (2\zeta\omega_n\Omega)^2} \end{aligned} \tag{118}$$

로 결정된다. 최종적으로 구하고자 하는 특수해는

$$y_p(t) = \frac{f_0}{(\omega_n^2 - \Omega^2)^2 + (2\zeta\omega_n\Omega)^2} [(\omega_n^2 - \Omega^2) \cos \Omega t + (2\zeta\omega_n\Omega) \sin \Omega t] \tag{119}$$

이다. 그리고, 앞에서 구하였던 제차해, 즉 자유진동에 의한 해를 함께 고려하면 강제진

동에 의한 일반해는

$$y(t) = \underbrace{y_h(t)}_{f(t)=0\text{인 자유진동}} + \underbrace{y_p(t)}_{f(t)\text{에 대한 응답}} \tag{120}$$

로 쓸 수 있다. 감쇠진동시스템의 경우($\zeta > 0$), $t \to \infty$일 때(실제로는 충분한 시간) $y_h \to 0$으로 되기 때문에 y_h를 **과도해**(過渡解; transient solution)라고 하고, $t \to \infty$에서 $y = y_h + y_p \to y_p$인 사실로부터 y_p를 **정상상태해**(定常狀態解; steady-state solution)라고 한다.

공명 및 맥놀이(비감쇠강제진동). 비감쇠 진동시스템의 경우($\zeta = 0$), y_h는 무한히 반복되는 조화진동이고 이것은 외부입력과 결합하여 공명과 맥놀이 같은 아주 흥미 있는 현상을 일으킨다.

▶ 공명(resonance). 비감쇠강제진동인 경우, 식 (119)는 $\zeta = 0$을 대입하여

$$y_p(t) = \frac{f_0}{\omega_n^2 - \Omega^2}\cos\Omega t = \frac{f_0}{\omega_n^2}\rho\cos\Omega t$$
$$\rho = \frac{1}{1-(\Omega/\omega_n)^2} \tag{121}$$

로 되고, ρ를 **공명인자**라고 한다. 여기서, 입력의 진동수가 시스템의 고유진동수에 점점 가까워지면, 즉 $\Omega \to \omega_n$이면 $\rho \to \infty$가 되어 진동의 진폭이 무한하게 된다. 이러한 현상을 **공명**(共鳴; resonance)이라고 한다. 이때의 해는 식 (116)에서 $\zeta = 0$일 때의 제차해 $y_h(t) \sim \cos\omega_n t$를 식 (121)에 더하여 얻은 다음의 특수해에 대하여 $\Omega \to \omega_n$인 극한을 L'Hospital(로피탈)의 정리를 적용하여

$$\begin{aligned} y_p(t) &= \lim_{\Omega\to\omega_n}\frac{f_0}{\omega_n^2-\Omega^2}(\cos\Omega t - \cos\omega_n t) \\ &= \lim_{\Omega\to\omega_n}\frac{f_0}{-2\Omega}(-t\sin\Omega t) \\ &= \frac{f_0}{2\omega_n}t\sin\omega_n t \end{aligned} \tag{122}$$

로 쓸 수 있다. 윗식에서 $t \to \infty$일 때 y_p의 절대값이 무한히 커지는 것을 알 수 있으며, 또한 그림 2.4에서 보는 바와 같이 최대진폭이 시간이 지남에 따라 선형적으로 증가한다.

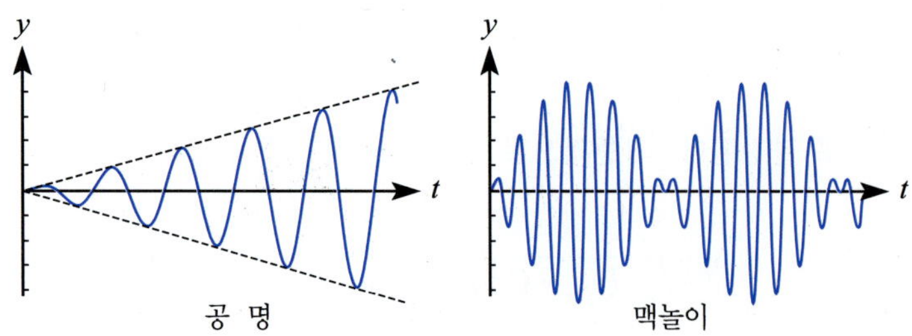

그림 2.4

식 (122)는 특수해에 임의의 제차해를 더하여도 다시 특수해가 되는 성질을 로피탈의 정리가 적용가능하도록 이용한 것이다. 물론, 식 (122)는 미정계수법을 이용하여 직접 구할 수도 있다(연습문제 참조).

▶ **맥놀이(beats).** 강제진동에서 다른 흥미 있는 현상은 악기를 조율할 때 나타나는 맥놀이울림이다. 초기조건 $y(0) = y'(0) = 0$을 만족하는 강제진동

$$y(t) = \frac{f_0}{\omega_n^2 - \Omega^2}(\cos \omega_n t - \cos \Omega t) \tag{123}$$

에서, ω와 ω_n이 충분히 서로 가까운 값(그러나 $\omega \neq \omega_n$)을 가지는 경우를 생각해 보자. 삼각함수의 합과 차를 곱으로 바꾸어 쓰는 공식을 사용하면

$$y(t) = \frac{2f_0}{\omega_n^2 - \Omega^2} \sin \frac{(\omega_n + \Omega)t}{2} \sin \frac{(\omega_n - \Omega)t}{2} \tag{124}$$

이고, 여기서 $\omega_n - \Omega$는 아주 작은 값을 갖기 때문에 그림 2.4에 보는 바와 같은 진동을 하게 되고 이러한 현상을 "**맥놀이**"라고 한다.

연습문제

※ 어떤 진동시스템이 $f(t) = 0$, 즉 자유진동이라고 하자. 다음의 물음에 답하여라.

[1] 초기변위 y_0, 초기속도 v_0인 조화진동은 $y(t) = y_0 \cos \omega_n t + (v_0/\omega_n) \sin \omega_n t$로 표현되는 것을 보여라.

[2] 초기의 변위와 속도가 y_0, v_0인 과감쇠진동, 임계진동, 저감쇠진동에 대한 해를 각각 구하라.

***[3]** 저감쇠진동의 진폭이 최대, 최소가 되는 t의 값은 일정한 간격을 이루고 최대진폭이 일어난 후 다음 최대진폭까지의 시간 $\Delta t = 2\pi/\omega$임을 보여라.

***[4]** 저감쇠진동의 최대진폭의 크기는 일정한 비율을 이룬다는 것을 보여라.

※ 강제진동에 대한 다음 물음에 답하여라.

[5] 비감쇠진동이 공명을 할 때($\Omega \to \omega_n$) 대응하는 미분방정식 $y'' + \omega_n^2 y = f_0 \cos \omega_n t$를 미정계수법으로 풀어서 특수해가 $y_p = \frac{f_0}{2\omega_n} t \sin \omega_n t$임을 보여라.

[6] 어떤 비감쇠강제진동이 $y'' + y = \cos(1-\epsilon)t,\ \epsilon \neq 0$으로 기술되고 $y(0) = y'(0) = 0$으로 초기조건이 주어져 있다고 한다. 이때의 해를 $y(t) = \frac{2}{\epsilon(2-\epsilon)} \sin(1-\frac{\epsilon}{2})t \cdot \sin\frac{\epsilon}{2}t$로 쓸 수 있음을 보여라.

***[7]** 감쇠강제진동에서 정상상태에 도달하면 진폭은 $|y_p| = f_0/\sqrt{(\omega_n^2 - \Omega^2)^2 + (2\zeta\omega_n\Omega)^2}$으로 된다. 진폭이 최대값을 갖는 경우를 $\frac{d}{d\Omega}|y_p| = 0$인 조건으로부터 구하라.

미분한 결과

$$\frac{d}{d\Omega}|y_p| = f_0\left(-\frac{1}{2}\right)[(\omega_n^2-\Omega^2)^2+(2\zeta\omega_n\Omega)^2]^{-3/2}[2(\omega_n^2-\Omega^2)(-2\Omega)+4\zeta^2\omega_n^2(2\Omega)]=0$$

을 정리하면 $\Omega^2=\omega_n^2(1-2\zeta^2)$을 얻는다. 이 식으로부터 $\zeta<1/\sqrt{2}$이면 $\Omega=\omega_n\sqrt{1-2\zeta^2}$에서 $|y_p|_{\max}=\dfrac{f_0}{2\omega_n^2\zeta\sqrt{1-\zeta^2}}$를 얻는다. 그러나, $\zeta>1/\sqrt{2}$일 때는 실수근을 갖지 못하므로 진폭은 계속 감소한다. 즉, $\zeta>1/\sqrt{2}$이면 $\dfrac{d}{d\Omega}|y_p|<0$이다.

*2-12 전기회로에의 응용

진동시스템과 전기회로의 유사성에 대해서는 이미 앞에서 고찰하였다. 이 절에서는 전류 i에 대한 2계 선형미분방정식

$$L\frac{d^2i}{dt^2}+R\frac{di}{dt}+\frac{1}{C}i=\frac{dE}{dt}(t) \tag{125}$$

를 다루어 본다. 물론, 윗식의 해는 이미 앞 절에서 구한 해와 동일한 형태와 특성을 가지지만 전기적인 관점에 적합한 특성인자를 설명하기 위하여 고려한다. 실제로, 기계적 진동시스템은 전기회로에 비해 제작, 운전하는 데 비용과 시간이 훨씬 많이 들기 때문에 진동시스템에 대한 전기적 모델을 통해 해석하는 것이 유리하다.

$E(t)=E_0\sin\Omega t$ 형태의 기전력. 기전력이 $E(t)=E_0\sin\Omega t$로 주어질 경우 식 (125)는

$$L\frac{d^2i}{dt^2}+R\frac{di}{dt}+\frac{1}{C}i=E_0\Omega\cos\Omega t \tag{126}$$

로 된다. 윗식의 특수해는 미정계수법을 이용하여

$$i_p=A\cos\Omega t+B\sin\Omega t$$

로 두고 해를 구하면

$$i_p=-\frac{E_0S}{R^2+S^2}\cos\Omega t+\frac{E_0R}{R^2+S^2}\sin\Omega t \tag{127}$$

이고, 여기서 S는 리액턴스(reactance)

$$S=\Omega L-\frac{1}{\Omega C} \tag{128}$$

이다. 또한, 식 (127)은

$$i_p=i_0\sin(\Omega t-\beta),\quad i_0=\frac{E_0}{\sqrt{R^2+S^2}},\quad \beta=\tan^{-1}\left(-\frac{S}{R}\right) \tag{129}$$

로 간단히 나타낼 수 있다. 이때,

$$\sqrt{R^2+S^2}=\frac{E_0}{i_0} \tag{130}$$

를 **임피던스**(impedance)라고 하며, 저항을 정의하는 Ohm의 법칙 $R=\frac{E}{i}$와 비슷한 형태임을 알 수 있다.

요약

선형미분방정식의 중요한 성질 중의 하나는 제차인 경우 해의 중첩이 가능하다는 것이다. 따라서, 제차해는 서로 1차독립인 y_1과 y_2의 1차결합 $y_h=c_1y_1+c_2y_2$로 나타낼 수 있다. 비제차미분방정식의 해는

$$y=y_h+y_p$$

형태로 제차해와 특수해를 각각 구하여 얻게 된다.

- 제차방정식(상계수방정식과 오일러 방정식)

$y''+ay'+by=0$ (상계수)	$x^2y''+axy'+by=0$ (오일러)
$\lambda^2+a\lambda+b=0$	$\lambda(\lambda-1)+a\lambda+b=0$
$y=\begin{cases} c_1e^{\lambda_1x}+c_2e^{\lambda_2x} \\ e^{\lambda x}(c_1+c_2x) \\ e^{px}(c_1\cos qx+c_2\sin qx)\end{cases}$	$y=\begin{cases} c_1x^{\lambda_1}+c_2x^{\lambda_2} \\ x^{\lambda}(c_1+c_2\ln x) \\ x^p[c_1\cos(q\ln x)+c_2\sin(q\ln x)]\end{cases}$

$$y=e^{\lambda x}\ (\text{기본해}) \quad \Rightarrow \quad \begin{cases} \text{중근} \ : \dfrac{\partial}{\partial\lambda}e^{\lambda x}=xe^{\lambda x} \\ \text{복소근}: e^{\lambda x}=e^{(p\pm iq)x}=e^{px}(\cos qx\pm i\sin qx)\end{cases}$$

$$y=e^{\lambda}\ (\text{기본해}) \quad \Rightarrow \quad \begin{cases} \text{중근} \ : \dfrac{\partial}{\partial\lambda}x^{\lambda}=x^{\lambda}\ln x \\ \text{복소근}: x^{p\pm iq}=x^pe^{\pm iq\ln x}=x^p[\cos(q\ln x)\pm i\sin(q\ln x)]\end{cases}$$

- 비제차방정식($y''+ay'+by=h,\ p=e^{\int a}$)

미정계수법	변수변환법	차수내림
$e^{ax}\to\{e^{ax}\}$ $x^n\to\{x^n, x^{n-1},\cdots,x,1\}$ $\cos ax\to\{\cos ax,\sin ax\}$ $\sin ax\to\{\cos ax,\sin ax\}$	$y=c_1y_1+c_2y_2$ $\begin{cases}c_1'y_1+c_2'y_2=0\\ c_1'y_1'+c_2'y_2'=h\end{cases}$	$y_2=y_1\int\frac{1}{py_1^2}$ $y_p=y_1\int\frac{\int py_1h}{py_1^2}$

• 1계 도함수의 소거

$$y^2 + ay + b = h,\ y = z - \frac{a}{2} \quad \Rightarrow \quad z^2 + b - \frac{a^2}{4} = h$$

$$y'' + ay' + by = h,\ y = ze^{-\int \frac{a}{2}} \quad \Rightarrow \quad \left\{ z'' + \left[b - \left(\frac{a}{2}\right)^2 - \left(\frac{a}{2}\right)' \right] z \right\} e^{-\int \frac{a}{2}} = h$$

• Wronskian과 Abel의 공식

$$W[y_1,\ y_2] = \begin{cases} \begin{vmatrix} y_1 & y_2 \\ y_1' & y_2' \end{vmatrix} = y_1 y_2' - y_1' y_2 \\ \dfrac{c}{p(x)}, \quad p = e^{\int a} \end{cases}$$

• n개의 해가 주어질 때의 미분방정식

$y = c_1 y_1 + c_2 y_2 + c_3 y_3 + \cdots + c_n y_n$을 일반해로 가지는 선형미분방정식

$$W[y,\ y_1,\ y_2, \cdots,\ y_n] = \begin{vmatrix} y & y_1 & y_2 & \cdots & y_n \\ y' & y_1' & y_2' & \cdots & y_n' \\ y'' & y_1'' & y_2'' & \cdots & y_n'' \\ \vdots & \vdots & \vdots & \vdots & \vdots \\ y^{(n-1)} & y_1^{(n-1)} & y_2^{(n-1)} & \cdots & y_n^{(n-1)} \\ y^{(n)} & y_1^{(n)} & y_2^{(n)} & \cdots & y_n^{(n)} \end{vmatrix} = 0$$

Chapter 3

미분방정식의 급수해

앞 장에서는 상계수를 갖는 미분방정식과 오일러 방정식의 해를 구하는 방법에 대하여 알아보았다. 미분방정식의 계수가 독립변수 x에 의존하면 오일러 방정식을 제외하고는 간단한 방법으로 해를 구하기가 매우 어려워진다. 이 장에서는 2계 선형미분방정식의 해를 x에 관한 멱급수(power series) 형태로 구하는 방법에 대하여 알아본다. 이러한 방법을 적용하여 얻은 특수함수에서 가장 유명한 것은 베셀함수, 르장드르함수, 그리고 가우스의 초기하함수이다.

3-1 멱급수와 해석함수

멱급수의 정의. $(x-x_0)$의 멱(冪; power)은 $(x-x_0)^s$이고, **급수**(級數; series)는 무한히 나열된 항의 합이므로 **멱급수**(冪級數; power series)란

$$\sum_{s=0}^{\infty} A_s(x-x_0)^s = A_0 + A_1(x-x_0) + A_2(x-x_0)^2 + A_3(x-x_0)^3 + \cdots \qquad (1)$$

의 형태로 주어진 무한급수를 말한다. 이때, x_0를 **중심**(center), A_s를 **계수**(coefficient)라 한다. 일반적으로 x, x_0, A_s는 복소수이지만 이 장에서는 모두 실수로 생각한다. 특히, $x_0=0$일 때의 멱급수를 **매클로린**(Maclaurin) **급수**라 하며

$$\frac{1}{1-x} = \sum_{s=0}^{\infty} x^s = 1 + x + x^2 + x^3 + \cdots, \text{ 단 } |x| < 1$$

$$
\begin{aligned}
e^x &= \sum_{s=0}^{\infty} \frac{x^s}{s!} = 1 + x + \frac{x^2}{2!} + \frac{x^3}{3!} + \cdots \\
\cos x &= \sum_{s=0}^{\infty} \frac{(-1)^s x^{2s}}{(2s)!} = 1 - \frac{x^2}{2!} + \frac{x^4}{4!} - \frac{x^6}{6!} + \cdots \\
\sin x &= \sum_{s=0}^{\infty} \frac{(-1)^s x^{2s+1}}{(2s+1)!} = x - \frac{x^3}{3!} + \frac{x^5}{5!} - \frac{x^7}{7!} + \cdots
\end{aligned} \tag{2}
$$

은 잘 알려져 있으며,

$$J_\nu(x) = \sum_{s=0}^{\infty} \frac{(-1)^s}{s!(s+\nu)!} \left(\frac{x}{2}\right)^{2s+\nu}$$

로 정의되는 베셀함수(Bessel function)는 이 장에서 다루게 되는 중요한 멱급수이다.

✔ 위에 보인 베셀함수는 sine, cosine보다는 비록 낯설지만 분모에 있는 $s!(s+\nu)!$로부터 $s + (s+\nu) = 2s + \nu$만큼의 거듭제곱(power)을 갖는 형태는 식 (2)에 나타난 sine, cosine의 멱급수표현과 상당히 유사하다. 베셀함수는 뒤에서 충분히 다루게 될 내용이므로 우리에게 익숙한 sine, cosine과 같은 자리에서 "미리 선보는" 정도로 생각해 두자.

비율판정법. 무한히 나열된 수의 합, 즉 **무한급수**(infinite series)는 다음과 같이

① $1+1+1+1+\cdots$과 같이 그 합이 ∞로 발산하는 경우

② $1-1+1-1+\cdots$과 같이 합이 계속 진동하는 경우

③ $1+\frac{1}{2}+\frac{1}{4}+\frac{1}{8}+\cdots$처럼 어떤 수로 수렴하는 경우

로 구분된다. 이미 잘 알려진 기하급수

$$a + ar + ar^2 + \cdots + ar^n + ar^{n+1} + \cdots \text{ (단, } |r| < 1)$$

에서 연속하는 항의 비가

$$\left|\frac{ar^{n+1}}{ar^n}\right| = |r| < 1$$

일 때 수렴하는 것을 이용하면, 임의의 무한급수 $x_0 + x_1 + x_2 + x_3 + \cdots$가 수렴하기 위한 조건은

$$\lim_{n\to\infty} \left|\frac{x_{n+1}}{x_n}\right| < 1 \tag{3}$$

로 되고, 이것을 **비율판정법**(ratio test)이라고 한다. 이와 비슷한 방법으로

$$\lim_{n\to\infty} \sqrt[n]{|x_n|} < 1$$

이 만족되면 역시 무한급수는 수렴한다(증명은 연습문제).

멱급수의 수렴반지름. 주어진 x에 대해 급수 (1)의 합이 어떤 특정한 값에 무한히 가까워지면 멱급수는 주어진 점에서 **수렴**(收斂; convergence)한다고 한다. 멱급수가 수렴하는 x의 구간은 비율판정법

$$\lim_{s\to\infty}\left|\frac{A_{s+1}(x-x_0)^{s+1}}{A_s(x-x_0)^s}\right| = |x-x_0|\lim_{s\to\infty}\left|\frac{A_{s+1}}{A_s}\right| < 1$$

로부터(root test를 적용해도 된다)

$$\frac{1}{R} = \lim_{s\to\infty}\left|\frac{A_{s+1}}{A_s}\right| \qquad \text{또는} \qquad \frac{1}{R} = \lim_{s\to\infty}|A_s|^{\frac{1}{s}} \tag{4}$$

이라 하면, $|x - x_0| < R$로 주어진다. 여기서 R을 **수렴반지름**(radius of convergence)이라 하고 $|x - x_0| < R$인 모든 x에 대해 식 (1)로 주어진 급수는 수렴한다. 만약

① $R = 0$이면 급수는 $x = x_0$인 한 점에서만 A_0로 수렴하고,

② $R = \infty$이면 식 (2)의 e^x, $\sin x$처럼 모든 x의 범위에서 수렴한다.

예제 1 $\sum_{s=0}^{\infty}\frac{(x-\pi)^s}{s!}$의 수렴반지름과 수렴구간을 구하라.

☞ $A_s = \frac{1}{s!}$이고 $\frac{A_{s+1}}{A_s} = \frac{s!}{(s+1)!} = \frac{1}{s+1}$이므로

$$\frac{1}{R} = \lim_{s\to\infty}\left|\frac{A_{s+1}}{A_s}\right| = \lim_{s\to\infty}\frac{1}{s+1} = 0$$

따라서, $R = \infty$이고 멱급수는 $|x - \pi| < \infty$, 즉 모든 x에 대해 수렴한다.

예제 2 $\sum_{s=0}^{\infty}\frac{(-1)^s}{3^s}(x-1)^{2s}$의 수렴반지름과 수렴구간을 구하라.

☞ 주어진 급수는 $v = (x - 1)^2$에 관한 멱급수

$$\sum_{s=0}^{\infty}A_s v^s, \quad A_s = \frac{(-1)s}{3^s}$$

로 볼 수 있다. 따라서,

$$\frac{1}{R} = \lim_{s\to\infty}\left|\frac{A_{s+1}}{A_s}\right| = \lim_{s\to\infty}\frac{3^s}{3^{s+1}} = \frac{1}{3}$$

그러나, 여기서의 R은 $v = (x - 1)^2$에 대한 수렴반지름이기 때문에 구하고자 하는 수렴구간은 $|v| < 3$, 즉 $|x-1| < \sqrt{3}$이고, $R = \sqrt{3}$이 된다. ◀

멱급수의 성질. 수렴반지름 $R > 0$을 가진 멱급수는 $|x - x_0| < R$인 구간에서 정의되는 어떤 함수 $f(x)$로 수렴한다. 즉,

$$f(x) = \sum_{s=0}^{\infty}A_s(x-x_0)^s, \quad |x-x_0| < R \tag{5}$$

또, 멱급수의 미분은 $|x - x_0| < R$인 구간에서

$$f'(x) = \sum_{s=0}^{\infty}sA_s(x-x_0)^{s-1} \tag{6}$$

로 수렴하는 멱급수이며(비율판정법을 적용해 보라), 계속하여

$$f''(x) = \sum_{s=0}^{\infty} s(s-1)A_s(x-x_0)^{s-2}$$

인 멱급수의 미분관계가 $|x - x_0| < R$인 구간에서 무한히 성립한다.

또한, 멱급수는 함수와 마찬가지로 사칙연산(더하기, 빼기, 곱하기, 나누기)이 가능하지만, 이때의 수렴구간은 **교집합**(交集合; intersection)으로 주어지는 것에 주의해야 한다. 예를 들면, 식 (2)로부터

$$\tan x = \frac{\sin x}{\cos x} = \frac{x - \frac{x^3}{3!} + \frac{x^5}{5!} - \frac{x^7}{7!} + \cdots}{1 - \frac{x^2}{2!} + \frac{x^4}{4!} - \frac{x^6}{6!} + \cdots} = x + \frac{1}{3}x^3 + \frac{2}{15}x^5 + \cdots \tag{7}$$

은 분모를 0으로 하지 않는 모든 x에 대해 성립하는 반면,

$$\frac{1}{1-x} + e^x = \sum_{s=0}^{\infty}\left(1 + \frac{1}{s!}\right)x^s \tag{8}$$

의 수렴구간은 $|x| < 1$이 된다.

✔ 수열의 나눗셈은 보통 숫자끼리의 나눗셈과 같은 요령으로 한다. 예를 들어, 식 (7)의 결과는 다음의 연산을 통하여 구할 수 있다(물론 다른 방법으로 구하는 것이 더 편리할 때도 있다).

$$\begin{array}{r|l}
 & x + \frac{1}{3}x^3 + \frac{2}{15}x^5 + \cdots \\ \hline
1 - \frac{x^2}{2!} + \frac{x^4}{4!} - \frac{x^6}{6!} + \cdots & x - \frac{x^3}{3!} + \frac{x^5}{5!} - \frac{x^7}{7!} + \cdots \\
 & x - \frac{x^3}{2!} + \frac{x^5}{4!} - \frac{x^7}{6!} + \cdots \\ \cline{2-2}
 & \quad \frac{x^3}{3} - \frac{x^5}{30} + \frac{x^7}{840} + \cdots \\
 & \quad \frac{x^3}{3} - \frac{x^5}{6} + \frac{x^7}{72} + \cdots \\ \cline{2-2}
 & \qquad \frac{2x^5}{15} - \frac{4x^7}{315} + \cdots \\
 & \qquad \cdots
\end{array}$$

합첨자 변환. 합첨자(合添字; summation index)의 변환은 멱급수해법에서 가장 중요한 조작이다. 편의상, Σ의 내부에서 x의 거듭제곱이 증가하도록 합첨자를 조작하는 것을 "up", 감소하도록 조작하는 것을 "down"이라고 정의한다. 예를 들면

$$\begin{aligned}
&\sum_{s=1}^{\infty} sA_s x^{s-1} \xrightarrow{\text{(1 up)}} \sum_{s=0}^{\infty} (s+1)A_{s+1}x^s \\
&\sum_{s=1}^{\infty} sA_s x^{s-1} \xrightarrow{\text{(2 down)}} \sum_{s=3}^{\infty} (s-2)A_{s-2}x^{s-3}
\end{aligned} \tag{9}$$

으로 나타내기로 하자. 위에서, "1 up"은 Σ 내부의 모든 s가 1씩 증가하는 대신에 합기호 Σ의 아래쪽에 붙어 있는 s의 값이 1만큼 감소하므로, 실제 멱급수의 내용은 전혀 달라지지 않는다.

실제로, "1 up"은 s 대신 $s+1$로 치환하는 것이고, "2 down"은 s 대신 $s-2$로 치환하는 것을 뜻한다. 그러나 "1 up" 등으로 나타내는 것은 합첨자 변수이름을 쓰지 않기 때문에 $m = s+1$ 등의 치환을 하면서 이름을 바꿔주어야 하는 불편을 일으키지 않는다. 여기에서 사용하는 "up-down" 방법은 $\sum_{\text{up}}$down 또는 $\sum_{\text{down}}$up과 같이 한쪽이 올라가면 다른 쪽은 내려가는 형태를 활용한 것이다.

예제 3 두 멱급수의 합 $\sum_{m=2}^{\infty} m(m-1)A_m x^{m-1} + \sum_{k=0}^{\infty} A_k x^{k+1}$을 하나의 멱급수로 묶어 써라.

☞ 합첨자를 모두 s로 통일하고 멱급수의 대표항이 x^s가 되도록 적절한 "up-down"을

$$\sum_{m=2}^{\infty} m(m-1)A_m x^{m-1} \xrightarrow{(1\text{ up})} \sum_{s=1}^{\infty} (s+1)sA_{s+1}x^s \qquad (\text{참고: } \sum_{\text{down}} \text{up})$$

$$\sum_{k=0}^{\infty} A_k x^{k+1} \xrightarrow{(1\text{ down})} \sum_{s=1}^{\infty} A_{s-1}x^s \qquad (\text{참고: } \sum_{\text{up}} \text{down})$$

와 같이 하면, 주어진 두 멱급수의 합은

$$\sum_{s=1}^{\infty} (s+1)sA_{s+1}x^s + \sum_{s=1}^{\infty} A_{s-1}x^s = \sum_{s=1}^{\infty} [(s+1)sA_{s+1} + A_{s-1}]x^s \tag{10}$$

로 묶어 쓸 수 있다. ◀

그러나 합첨자의 시작값이 서로 다르면 따로따로 쓰거나 필요한 만큼 떼어내고 하나로 묶는다. 예를 들면, $\sum_{s=1}^{\infty}(s+1)sA_{s+1}x^s + \sum_{s=2}^{\infty} A_{s-1}x^s$는 그대로 두거나 앞의 멱급수에서 $s=1$에 대응하는 항을 떼어낸 형태인 $2A_2 x + \sum_{s=2}^{\infty}[(s+1)sA_{s+1} + A_{s-1}]x^s$로 쓴다.

해석함수의 정의와 성질. 어떤 함수 $f(x)$가 x_0 부근에서 수렴반지름 $R>0$인 $x-x_0$의 멱급수

$$f(x) = \sum_{s=0}^{\infty} A_s(x-x_0)^s \tag{11}$$

로 나타낼 수 있을 때, 이 함수는 $x = x_0$에서 **해석적**(解析的; analytic)이라고 한다. 예를 들어,

① $f(x) = \dfrac{1}{x}$은 x에 관한 음의 거듭제곱(negative power)을 가지므로,

② $f(x) = |x|$는 x에 관한 멱급수(즉, $x_0 = 0$)로 나타낼 수 없으므로

$x = 0$에서 해석적이 아니다. 그러나, $1/(1+x)$와 $|1-x|$는 $x=0$에서 해석적이 된다. 어떤 주어진 점에서 함수의 성질은

부분연속 < 연속 < 1계 미분가능 < ⋯ < ∞계 미분가능 < 해석적

의 순서로 성질의 제한이 많아진다고 할 수 있다.

연습문제

※ 다음 급수의 수렴반지름을 구하라.

[1] $\sum_{s=0}^{\infty} \frac{x^s}{2^s}$ [2] $\sum_{s=0}^{\infty} \frac{x^{2s}}{(2s)!}$ [3] $\sum_{s=0}^{\infty} \frac{s^{100}x^s}{3^s}$

[4] $\sum_{s=0}^{\infty} s!(x-1)^{2s}$ [5] $\sum_{s=0}^{\infty} \frac{(-1)^s x^{2s}}{5^s}$ [6] $\sum_{s=0}^{\infty} \frac{(-1)^s x^s}{(s+1)(s+2)}$

※ 다음의 두 멱급수를 묶어 하나의 멱급수로 나타내어라.

[7] $\sum_{m=0}^{\infty} mA_m x^{m-1} + \sum_{k=0}^{\infty} A_k x^k$ [8] $\sum_{s=2}^{\infty} s(s-1)A_s x^{s-2} + \sum_{m=0}^{\infty} 2mA_m x^m$

[9] (Cauchy의 root test) 급수 $x_0 + x_1 + x_2 + x_3 + \cdots + x_n + x_{n+1} + \cdots$은 $\lim_{n\to\infty} \sqrt[n]{|x_n|} < 1$이 성립하면 수렴한다.

충분히 큰 n에 대해서 $\sqrt[n]{|x_n|} \le r < 1$이 항상 성립한다면 $|x_n| \le r^n$이다. 따라서,

$$|x_n| + |x_{n+1}| + \cdots < r^n + r^{n+1} + \cdots = r^n \frac{1}{1-r}$$

이므로 급수는 수렴한다. 따라서, 멱급수 $f(x) = \sum_{s=0}^{\infty} A_s(x-x_0)^s$에 대해서 root test를 적용하면 $\sqrt[s]{|A_s(x-x_0)^s|} = |x-x_0|\sqrt[s]{|A_s|} < 1$, 즉 $|x-x_0| < \frac{1}{\lim_{s\to\infty} |A_s|^{1/s}}$에서 수렴한다.

3-2 멱급수에 의한 미분방정식의 해

멱급수해의 존재정리. 멱급수와 해석함수의 성질로부터 멱급수를 이용하여 미분방정식을 풀 수 있는 근거가 다음과 같이 서술된다.

정리 1. $a(x)$, $b(x)$ 및 $h(x)$가 $x = x_0$에서 해석적이면 미분방정식

① $y' + a(x)y = h(x)$

② $y'' + a(x)y' + b(x)y = h(x)$

의 모든 해는 $y(x) = \sum_{s=0}^{\infty} A_s(x-x_0)^s$로 나타낼 수 있다.

▶ 미분방정식을 급수해로 푸는 경우, 일반적으로 n계 미분방정식의 급수해는 n개의 임의 상수를 갖게 된다. 위의 정리를 사용할 때 주의하여야 할 점은 미분방정식이 표준형(최고차 도함수의 계수가 1)으로 쓰여진 것을 확인하여야 하는 것이다. 예를 들어, 표준형이 아닌 $xy' - y = x$의 미분방정식을 $y' - \frac{1}{x}y = 1$인 표준형으로 바꾸어 보면 $\frac{1}{x}$이 $x = 0$에서 해석적이 아니므로 x에 관한 멱급수형태의 해를 가질 수 없다는 것이 명확해진다(참고: 일반해는 $y = x\ln x + cx$).

예제 4 미분방정식 $y' - y = 0$을 급수해법으로 풀어라.

☞ 특별한 언급이 없으면 급수해는 x에 대한 멱급수로 본다. 따라서,

$$\begin{aligned} y(x) &= \sum_{s=0}^{\infty} A_s x^s \\ &= A_0 + A_1 x + A_2 x^2 + A_3 x^3 + A_4 x^4 + \cdots \end{aligned}$$

으로 두고 원 식에 대입하면

$$(A_1 + 2A_2 x + 3A_3 x^2 + 4A_4 x^3 + \cdots) - (A_0 + A_1 x + A_2 x^2 + A_3 x^3 + \cdots) = 0$$

다시, x의 거듭제곱(멱)이 같은 항끼리 모으면

$$(A_1 - A_0) + (2A_2 - A_1)x + (3A_3 - A_2)x^2 + (4A_4 - A_3)x^3 + \cdots = 0$$

항등식의 성질로부터

$$\begin{aligned} (A_1 - A_0) &= 0 \quad \Rightarrow \quad A_1 = A_0 \\ (2A_2 - A_1) &= 0 \quad \Rightarrow \quad A_2 = \frac{1}{2}A_1 = \frac{1}{2}A_0 \\ (3A_3 - A_2) &= 0 \quad \Rightarrow \quad A_3 = \frac{1}{3}A_2 = \frac{1}{3\cdot 2}A_0 \\ (4A_4 - A_3) &= 0 \quad \Rightarrow \quad A_4 = \frac{1}{4}A_3 = \frac{1}{4\cdot 3\cdot 2}A_0 \\ &\vdots \end{aligned}$$

의 관계로부터 $A_s = \frac{1}{s!}A_0$를 얻어

$$y(x) = \sum_{s=0}^{\infty} A_s x^s = A_0\left(1 + x + \frac{x^2}{2!} + \frac{x^3}{3!} + \frac{x^4}{4!} + \cdots\right) = A_0 e^x \tag{12}$$

가 되고, A_0는 임의의 상수로 된다. ◀

예제 5 미분방정식 $(1+x)y' + y = 0$의 급수해를 구하라.

☞ 미분방정식을 표준형으로 바꾸면 $y' + \frac{1}{1+x}y = 0$으로 되고, $\frac{1}{1+x}$은 $x = 0$에서 해석적이므로 $y(x) = \sum_{s=0}^{\infty} A_s x^s$ 형태의 해를 갖는다. 그러나, (예제 4)의 경우처럼 x의 거듭제곱에 따라 일일이 전개하지 않고, 합첨자를 변형하는 방법을 사용하기로 하자.

합첨자변형법은 먼저 미분방정식의 각 항을 하나씩 멱급수형태로 나타내고, 각 멱급수에

서 x^s가 공통으로 나타나도록 적절히 "up-down"을 한다.

$$y' = \sum_{s=0}^{\infty} sA_s x^{s-1} \xrightarrow{\text{(1 up)}} \sum_{s=-1}^{\infty} (s+1) A_{s+1} x^s \qquad (\text{참고: } \sum_{\text{down}} \text{up})$$

$$xy' = \sum_{s=0}^{\infty} sA_s x^s$$

$$y = \sum_{s=0}^{\infty} A_s x^s \tag{13}$$

를 모두 더하여 정리하면 [y'에서 $s = -1$일 때의 계수는 $(s+1)A_{s+1} = 0$이므로 위의 모든 멱급수는 $s = 0$에서 시작하는 것으로 볼 수 있다]

$$(1+x)y' + y = \sum_{s=0}^{\infty} [(s+1)A_{s+1} + sA_s + A_s]x^s = 0 \tag{14}$$

즉, 항등식의 성질로부터

$$(s+1)(A_{s+1} + A_s) = 0, \quad s = 0, 1, 2, 3, \cdots$$

그런데, $s = 0, 1, 2, 3, \cdots$에 대해서 $s + 1 > 0$이므로

$$A_{s+1} = -A_s, \quad s = 0, 1, 2, 3, \cdots \tag{15}$$

인 **반복관계**(反復關係; recurrence formula)를 얻는다. 따라서, A_0를 임의의 상수라 할 때

$$y = A_0(1 - x + x^2 - x^3 + \cdots) = A_0 \frac{1}{1+x}, \quad \text{단 } |x| < 1 \;◀ \tag{16}$$

***예제 6** 미분방정식 $(1+x)y' + y = 3x^2 - 1$의 급수해를 구하라.

☞ 이 문제는 (예제 5)에서 우변이 비제차항으로 된 경우이다. 따라서, 풀이과정은 거의 비슷하고 식 (14) 대신

$$(1+x)y' + y = \sum_{s=0}^{\infty} (s+1)(A_{s+1} + A_s)x^s = 3x^2 - 1 \tag{17}$$

의 양변에서 같은 차수를 가진 항의 계수를 각각 비교하면

i) x^0항$(s = 0)$; $1(A_1 + A_0) = -1 \quad \Rightarrow \quad A_1 = -1 - A_0$

ii) x^1항$(s = 1)$; $2(A_2 + A_1) = 0 \quad \Rightarrow \quad A_2 = -A_1 = 1 + A_0$

iii) x^2항$(s = 2)$; $3(A_3 + A_2) = 3 \quad \Rightarrow \quad A_3 = 1 - A_2 = -A_0$

iv) x^s항$(s \ge 3)$; $(s+1)(A_{s+1} + A_s) = 0 \quad \Rightarrow \quad A_{s+1} = -A_s, \; s \ge 3$

따라서, A_0는 임의의 상수이고

$$\begin{aligned} y(x) &= A_0 + (-1 - A_0)x + (1 + A_0)x^2 - A_0x^3 + A_0x^4 - A_0x^5 + \cdots \\ &= x^2 - x + A_0(1 - x + x^2 - x^3 + \cdots) \\ &= x^2 - x + A_0\frac{1}{1+x}, \quad |x| < 1 \end{aligned} \tag{18}$$

로 특수해 $y_p(x) = x^2 - x$와 (예제 5)에서 구한 일반해가 함께 구해진다. ◀

예제 7 미분방정식 $y''+y=0$의 일반해를 멱급수해법으로 구하라.

☞
$$y=\sum_{s=0}^{\infty} A_s x^s$$

$$y''=\sum_{s=0}^{\infty} s(s-1)A_s x^{s-2} \xrightarrow{\text{(2 up)}} \sum_{s=-2}^{\infty}(s+2)(s+1)A_{s+2}x^s$$

의 멱급수표현을 사용하면

$$y''+y=\sum_{s=-2}^{\infty}(s+2)(s+1)A_{s+2}x^s+\sum_{s=0}^{\infty}A_s x^s=0$$

으로 된다. 그런데, 첫 번째 급수에서 $s=-2$, -1일 때 대응하는 항의 계수는 $(s+2)(s+1)A_{s+2}=0$이므로 급수의 시작을 $s=0$으로 통일하여

$$\sum_{s=0}^{\infty}[(s+2)(s+1)A_{s+2}+A_s]x^s=0$$

으로 쓸 수 있고, 계속하여

$$A_{s+2}=-\frac{1}{(s+2)(s+1)}A_s,\quad s=0,1,2,3,\cdots \tag{19}$$

의 반복관계를 얻는다.

위의 반복관계에 $s=0,\ 1,\ 2,\ 3,\ \cdots$을 계속 대입해가면

$$A_2=-\frac{1}{2\cdot 1}A_0=-\frac{1}{2!}A_0 \qquad A_3=-\frac{1}{3\cdot 2}A_1=-\frac{1}{3!}A_1$$
$$A_4=-\frac{1}{4\cdot 3}A_2=+\frac{1}{4!}A_0 \qquad A_5=-\frac{1}{5\cdot 4}A_3=+\frac{1}{5!}A_1$$
$$\vdots \qquad\qquad \vdots$$

을 구할 수 있으므로

$$\begin{aligned} y&=A_0+A_1x+A_2x^2+A_3x^3+A_4x^4+A_5x^5+\cdots \\ &=A_0\left(1-\frac{x^2}{2!}+\frac{x^4}{4!}-\cdots\right)+A_1\left(x-\frac{x^3}{3!}+\frac{x^5}{5!}-\cdots\right) \\ &=A_0\cos x+A_1\sin x \end{aligned} \tag{20}$$

인 해를 얻는다. 여기서, A_0와 A_1은 임의의 상수이다. ◀

연습문제

※ 아래의 미분방정식을 급수해법으로 풀어라.

[1] $(x+1)y'-(x+2)y=0$

[2] $y'-y=x^2$

[3] $y'-2xy=0$

[4] $y''-xy'+y=0$

[5] $y''-4y'=0$

[6] $y''-(x-2)y=0$

[7] $y''+xy=0$

*[8] $xy'' + y' + xy = 0$의 해를 $y = \sum_{s=0}^{\infty} A_s x^s$ 형태로 가정하는 것이 가장 흔한 실수이다(표준형은 $y'' + \frac{1}{x}y' + y = 0$이다. 그러나, 이 경우는 운좋게도 $y = \sum_{s=0}^{\infty} A_s x^s$ 형태의 해를 갖지만 일반적으로는 뒤에서 다루게 될 **"확장된 멱급수해법"**을 사용하여야 한다).

3-3 르장드르(Legendre) 방정식

르장드르 방정식의 정의. 다음의 2계 선형미분방정식

$$(1 - x^2)y'' - 2xy' + \mu(\mu + 1)y = 0 \tag{21}$$

을 **르장드르 방정식**이라 하며, 구형의 형상을 다루는 문제에서 자주 나타나는 특수함수인 르장드르 함수를 만들어 낸다.

예제 8 미분방정식 $\frac{1}{\sin\theta}\frac{d}{d\theta}\left(\sin\theta\frac{dy}{d\theta}\right) + \mu(\mu + 1)y = 0$은 $x = \cos\theta$의 치환에 의하여 르장드르 방정식과 같게 되는 것을 보여라.

☞ 먼저, 원 식을

$$\frac{1}{\sin\theta}\frac{d}{d\theta}\left(\frac{1 - \cos^2\theta}{\sin\theta}\frac{dy}{d\theta}\right) + \mu(\mu + 1)y = 0 \tag{22}$$

으로 변형한 후 $x = \cos\theta$로 치환하고, $\frac{1}{\sin\theta}\frac{d}{d\theta} = -\frac{d}{dx}$를 대입하면

$$-\frac{d}{dx}\left[(1 - x^2)\left(-\frac{dy}{dx}\right)\right] + \mu(\mu + 1)y = 0$$

이고, 전개하면 르장드르 방정식과 같게 된다.

예제 9 구간 $|x| < 1$에서 르장드르 방정식의 해를 $\mu = 0$인 경우 식 (21)을 변수분리하여 구하라.

☞ $\mu = 0$인 경우의 르장드르 방정식은 $(1 - x^2)y'' - 2xy' = 0$이고, $y' \neq 0$이라면 변수분리하여 적분하면

$$\frac{y''}{y'} = \frac{2x}{1 - x^2} \quad \Rightarrow \quad \ln|y'| = -\ln(1 - x^2) + c \quad \Rightarrow \quad y' = \frac{c_1}{1 - x^2}$$

다시, 적분하여

$$y' = \frac{c_1}{2}\left(\frac{1}{1 + x} + \frac{1}{1 - x}\right) \quad \Rightarrow \quad y = \frac{c_1}{2}\ln\left(\frac{1 + x}{1 - x}\right) + c_2$$

를 구할 수 있다. 위에서 $y' = 0$일 때의 해인 $y =$ 상수는 $c_1 = 0$인 경우에 포함되어 있다. 따라서, $\mu = 0$에 대한 르장드르 방정식의 해의 기본계는

$$y_1(x) = 1, \quad y_2(x) = \frac{1}{2}\ln\left(\frac{1+x}{1-x}\right) = \tanh^{-1} x \tag{23}$$

로 주어진다. ◀

✅ 역함수의 정의로부터 $x = \tanh y$, 즉 $x = \dfrac{e^y - e^{-y}}{e^y + e^{-y}} = \dfrac{e^{2y}-1}{e^{2y}+1}$를 풀어 $e^{2y} = \dfrac{x+1}{-x+1}$이다. 다시 정리하면 $y = \frac{1}{2}\ln\left(\frac{1+x}{1-x}\right) = \tanh^{-1} x$를 얻는다.

르장드르 방정식의 급수해. 르장드르 방정식을 표준형으로 쓰면

$$y'' - \frac{2x}{(1-x^2)}y' + \frac{\mu(\mu+1)}{(1-x^2)}y = 0 \tag{24}$$

으로 y'과 y의 계수가 모두 $x=0$에서 해석적이므로

$$y = \sum_{s=0}^{\infty} A_s x^s \tag{25}$$

형태의 급수해를 갖는다. 윗식의 1계 및 2계 도함수

$$\begin{aligned} y' &= \sum_{s=0}^{\infty} sA_s x^{s-1} \\ y'' &= \sum_{s=0}^{\infty} s(s-1)A_s x^{s-2} \end{aligned} \tag{26}$$

를 르장드르 방정식을 풀어 쓴 $y'' - x^2y'' - 2xy' + \mu(\mu+1)y = 0$에 대입한

$$\begin{aligned} y'' &= \sum_{s=0}^{\infty} s(s-1)A_s x^{s-2} \xrightarrow{\text{(2 up)}} \sum_{s=-2}^{\infty} (s+2)(s+1)A_{s+2}x^s \\ -x^2y'' &= \sum_{s=0}^{\infty} -s(s-1)A_s x^s \\ -2xy' &= \sum_{s=0}^{\infty} -2sA_s x^s \\ \mu(\mu+1)y &= \sum_{s=0}^{\infty} \mu(\mu+1)A_s x^s \end{aligned} \tag{27}$$

결과를 써서 정리하면 (y''의 항에서 $s=-2, -1$에 대응하는 항은 0이므로 급수의 시작을 $s=0$으로 통일할 수 있다)

$$\begin{aligned} &(1-x^2)y'' - 2xy + \mu(\mu+1)y \\ &= \sum_{s=0}^{\infty} [(s+2)(s+1)A_{s+2} - s(s-1)A_s - 2sA_s + \mu(\mu+1)A_s]x^s = 0 \end{aligned}$$

인수분해하여 더 간단히 하면

$$\sum_{s=0}^{\infty} [(s+2)(s+1)A_{s+2} + (\mu-s)(\mu+s+1)A_s]x^s = 0 \tag{28}$$

이 된다. x^s의 모든 계수가 0이 되는 항등식의 조건으로부터

$$A_{s+2} = -\frac{(\mu-s)(\mu+s+1)}{(s+2)(s+1)}A_s, \quad s \geq 0 \tag{29}$$

형태의 반복공식이 구해진다. 식 (29)에 $s=0,1,2,3,\cdots$을 계속 대입하면,

$$A_2 = -\frac{\mu(\mu+1)}{2\cdot 1}A_0 \qquad A_3 = -\frac{(\mu-1)(\mu+2)}{3\cdot 2}A_1$$

$$A_4 = -\frac{(\mu-2)(\mu+3)}{4\cdot 3}A_2 = \frac{(\mu-2)\mu\cdot(\mu+1)(\mu+3)}{4!}A_0 \qquad A_5 = -\frac{(\mu-3)(\mu+4)}{5\cdot 4}A_3 = \frac{(\mu-3)(\mu-1)\cdot(\mu+2)(\mu+4)}{5!}A_1$$

$$\vdots \qquad\qquad \vdots$$

등으로 구해지며, A_0, A_1은 임의의 수로 주어진다. 따라서, 르장드르 방정식의 일반해는

$$y(x) = A_0\, y_1(x) + A_1\, y_2(x) \tag{30}$$

로 쓸 수 있고, $y_1(x)$와 $y_2(x)$는 서로 다른 독립해로서

$$y_1(x) = 1 - \frac{\mu\cdot(\mu+1)}{2!}x^2 + \frac{(\mu-2)\mu\cdot(\mu+1)(\mu+3)}{4!}x^4 - \cdots \tag{31}$$

$$y_2(x) = x - \frac{(\mu-1)\cdot(\mu+2)}{3!}x^3 + \frac{(\mu-3)(\mu-1)\cdot(\mu+2)(\mu+4)}{5!}x^5 - \cdots \tag{32}$$

이다. 위의 멱급수 $y_1(x)$와 $y_2(x)$는 $|x|<1$에서 수렴하는 것을 쉽게 증명할 수 있다(연습문제 참조).

제1종 르장드르 다항식. 식 (31)과 (32)로 주어지는 르장드르 방정식의 해의 기본계에 $\mu = 0, 1, 2, 3, 4, \cdots$을 계속 대입하면

$$\mu=0:\ y_1(x)=1 \qquad \mu=3:\ y_2(x)=x-\frac{5}{3}x^3$$

$$\mu=1:\ y_2(x)=x \qquad \mu=4:\ y_1(x)=1-10x^2+\frac{35}{3}x^4$$

$$\mu=2:\ y_1(x)=1-3x^2 \qquad \mu=5:\ y_2(x)=x-\frac{14}{3}x^3+\frac{21}{5}x^5 \tag{33}$$

등으로, 상수 μ가 음이 아닌 정수 $\mu=n$일 때 $y_1(x)$와 $y_2(x)$가 서로 번갈아 가면서 n차 다항식(多項式; polynomial)으로 된다. 이때의 다항식을 n차 **제1종 르장드르 다항식** 또는 간단히 **르장드르 다항식** $P_n(x)$라 한다. 그러나, 관습상 르장드르 다항식은 $P_n(1)=1$로 만들기 위해 $P_n(x)$의 최고차항의 계수가(겹계승에 대해서는 제0장 참조)

$$A_n = \frac{(2n-1)!!}{n!} = \frac{(2n)!}{2^n(n!)^2} \tag{34}$$

로 되도록 조정한다. 그러면, 제1종 르장드르 함수 $P_n(x)$의 처음 몇 개는 식 (33)에서 최고차항의 계수를 조정한 형태인

$$P_0(x)=1 \qquad P_3(x)=\frac{1}{2}(5x^3-3x)$$

$$P_1(x)=x \qquad P_4(x)=\frac{1}{8}(35x^4-30x^2+3) \tag{35}$$

$$P_2(x)=\frac{1}{2}(3x^2-1) \qquad P_5(x)=\frac{1}{8}(63x^5-70x^3+15x)$$

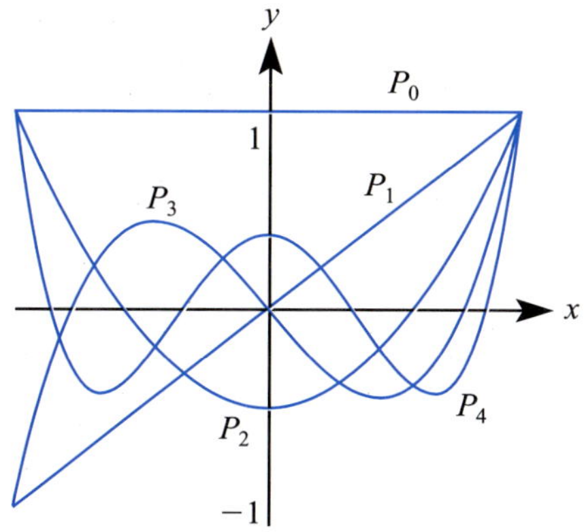

그림 3.1

로 쓸 수 있다. 높은 차수의 $P_n(x)$은 잘 알려진 Bonnet의 공식

$$P_{n+1}(x) = \frac{(2n+1)xP_n(x) - nP_{n-1}(x)}{n+1} \tag{36}$$

를 이용하면 구할 수 있다. 그림 3.1은 르장드르 다항식의 형태를 나타내고 있다. 그림으로부터 구간 $-1 \le x \le 1$에서 르장드르 다항식의 함수값이 항상 $-1 \le P_n(x) \le 1$이 되는 것을 알 수 있다.

***르장드르 다항식의 몇 가지 성질.** $P_n(x)$는 구간 $|x| < 1$에서 $|P_n(x)| < 1$을 만족하고, 구간의 경계에서 $P_n(1) = 1$, $P_n(-1) = (-1)^n$이다. 아래는 자주 쓰이는 르장드르 다항식의 성질들이다.

$$P_n(-x) = (-1)^n P_n(x) \tag{37}$$

$$\int_{-1}^{1} P_n^2(x)\,dx = \frac{2}{2n+1} \tag{38}$$

$$P_n(x) = \frac{1}{2^n n!}\frac{d^n}{dx^n}(x^2-1)^n \quad \text{(Rodrigues 공식)} \tag{39}$$

$$(n+1)P_{n+1}(x) + nP_{n-1}(x) = (2n+1)xP_n(x), \quad n = 1, 2, 3, \cdots \tag{40}$$

$$\frac{d}{dx}P_{n+1}(x) - \frac{d}{dx}P_{n-1}(x) = (2n+1)P_n(x), \quad n = 1, 2, 3, \cdots \tag{41}$$

****제1종 르장드르 다항식의 일반형.** 르장드르 다항식 $P_n(x)$의 일반형을 구하기 위해 식 (29)에 $\mu = n$을 대입하고 A_s에 관해 정리하면

$$A_s = -\frac{(s+2)(s+1)}{(n-s)(n+s+1)}A_{s+2}$$

여기서, $s = n-2$를 대입하고 식 (34)의 $A_n = \dfrac{(2n-1)!!}{n!}$을 이용하면

$$A_{n-2} = -\frac{n(n-1)}{2(2n-1)} A_n = -\frac{n(n-1)}{2!!(2n-1)} \frac{(2n-1)!!}{n!} = -\frac{(2n-3)!!}{2!!(n-2)!} \tag{42}$$

이 되고, 계속 반복하여 더욱 낮은 차수의 계수를 구한다. 최종결과는

$$P_n(x) = (2n-1)!! \frac{x^n}{n!} - \frac{(2n-3)!!}{2!!} \frac{x^{n-2}}{(n-2)!} + \frac{(2n-5)!!}{4!!} \frac{x^{n-4}}{(n-4)!} - \cdots = \frac{(2n)!}{2^n (n!)^2} x^n - \frac{(2n-2)!}{2^n 1!(n-1)!(n-2)!} x^{n-2} + \cdots \tag{43}$$

과 같이 나타낼 수 있다. 식 (43)은 상수항 또는 x의 일차항이 나타날 때까지의 합으로 된다. 위에서, 겹계승(double factorial) $(2n-1)!!$은 제0장에서 살펴본 바와 같이

$$(2n-1)!! = (2n-1)(2n-3)(2n-5)\cdots(3)(1)$$

처럼 하나씩 건너뛰는 계승(階乘; factorial)을 뜻한다. 편의상 $(-1)!! = 1,\ 0!! = 1,\ 1!! = 1$로 사용하고,

$$n! = n!! \times (n-1)!! \qquad 2^n n! = (2n)!! \tag{44}$$

은 자주 쓰는 공식이다.

☑ 식 (43)에서 $P_n(x)$의 최고차항 계수는 $A_n = \frac{(2n-1)!!}{n!}$이므로 $P_n(x)$의 n계 도함수는 $\frac{d^n P_n}{dx^n} = (2n-1)!!$인 상수가 된다.

****제2종 르장드르 다항식.** μ가 음이 아닌 정수 $\mu = n$인 경우, 식 (31)과 (32)로 주어진 두 독립해에서 하나가 제1종 르장드르 다항식과 연관되는 것을 알았다. 이때, 다른 하나를 n차 **제2종 르장드르 다항식**이라 하며, (예제 9)에서 이미 살펴본 바와 같이 로그함수를 포함하게 된다. 제2종 르장드르 다항식 $Q_n(x)$의 처음 몇 개를 써 보면

$$\begin{aligned}
Q_0(x) &= \begin{cases} \frac{1}{2}\ln\left(\frac{1+x}{1-x}\right) = \tanh^{-1}x, & |x|<1 \\ \frac{1}{2}\ln\left(\frac{x+1}{x-1}\right) = \coth^{-1}x, & |x|>1 \end{cases} \\
Q_1(x) &= Q_0(x)P_1(x) - 1 \\
Q_2(x) &= Q_0(x)P_2(x) - \frac{3}{2}x \\
Q_3(x) &= Q_0(x)P_3(x) - \frac{5}{2}x^2 + \frac{2}{3} \\
Q_4(x) &= Q_0(x)P_4(x) - \frac{35}{8}x^3 + \frac{55}{24}x^2 \\
&\vdots \\
Q_n(x) &= Q_0(x)P_n(x) - \frac{2(n-1)+1}{1\cdot n}P_{n-1}(x) - \frac{2(n-3)+1}{3\cdot(n-1)}P_{n-3}(x) - \cdots
\end{aligned} \tag{45}$$

으로 된다. 그런데, $x=\pm 1$에서 $|Q_0(x)| \to \infty$가 되기 때문에 제2종 르장드르 다항식은 $|Q_n(\pm 1)| \to \infty$인 성질을 갖는다.

음이 아닌 정수 $\mu = n$인 경우 르장드르 방정식의 일반해는

$$y(x) = c_1 P_n(x) + c_2 Q_n(x) \tag{46}$$

로 주어지게 된다.

****삼각함수에 의한 르장드르 다항식의 표현.** $|x|<1$일 때는 식 (43)을 $x=\cos\theta$를 이용하여 $P_n(\cos\theta)$의 꼴로 쓸 수 있으며,

$$\begin{aligned} &P_0(\cos\theta) = 1, && P_1(\cos\theta) = \cos\theta \\ &P_2(\cos\theta) = \frac{1}{4}(3\cos 2\theta + 1), && P_3(\cos\theta) = \frac{1}{8}(5\cos 3\theta + 3\cos\theta) \\ &\vdots \end{aligned} \tag{47}$$

$$P_n(\cos\theta) = \frac{(2n-1)!!}{n!2^{n-1}}\left[\cos n\theta + \frac{1\cdot n}{1\cdot(2n-1)}\cos(n-2)\theta + \frac{1\cdot 3\cdot n(n-1)}{1\cdot 2\cdot(2n-1)(2n-3)}\cos(n-4)\theta + \cdots\right]$$

등으로 구해진다. 이러한 표현은 구형문제의 변수분리에 의한 편미분방정식을 풀 때 사용된다.

연습문제

[1] μ가 정수가 아닐 때, 식 (31)과 (32)로 주어지는 급수의 수렴반지름이 1임을 보여라.

***[2]** $(x^2-1)^n$을 이항정리를 이용하여 전개한 후에, n번 미분하여 식 (39)에 나타낸 Rodrigues (로드리게스)의 공식을 보여라.

***[3]** (a) 이항정리를 이용하여 다음이 성립하는 것을 보여라(0-6절 참조).

$$\frac{1}{\sqrt{1-v}} = \sum_{n=0}^{\infty}\frac{(2n)!}{2^{2n}(n!)^2}v^n = \sum_{n=0}^{\infty}\frac{(2n-1)!!}{(2n)!!}v^n$$

(b) $v = 2xu - u^2$이라 두어 르장드르 다항식의 생성함수 $g(u,x)$를 확인하라.

$$g(u,x) = \frac{1}{\sqrt{1-2xu+u^2}} = \sum_{n=0}^{\infty}P_n(x)u^n, \quad |u|<1$$

※ 르장드르 다항식의 생성함수를 이용하여 다음을 증명하라.

[4] $P_n(1) = 1$

[5] $P_n(-1) = (-1)^n$

[6] $P_n(-x) = (-1)^n P_n(x)$

[7] $P_{2n+1}(0) = 0$

[8] $P_{2n}(0) = (-1)^n\dfrac{(2n-1)!!}{(2n)!!}$

*[9] $(n+1)P_{n+1}(x) = (2n+1)xP_n(x) - nP_{n-1}(x)$

*[10] $\dfrac{1}{\sqrt{r^2+a^2-2ar\cos\theta}} = \dfrac{1}{r}\sum_{n=0}^{\infty}\left(\dfrac{a}{r}\right)^n P_n(\cos\theta),\quad 0 \le \dfrac{a}{r} < 1$

*[11] 생성함수 $g(u, x)$를 u에 관하여 편미분하면 다음과 같다.

$$P_0(x) = g(0,x) = 1$$
$$P_1(x) = \frac{\partial g}{\partial u}(0,x) = x$$
$$P_2(x) = \frac{1}{2!}\frac{\partial^2 g}{\partial u^2}(0,x) = \frac{1}{2}(3x^2-1)$$
$$\vdots$$
$$P_n(x) = \frac{1}{n!}\frac{\partial^n g}{\partial u^n}(0,x)$$

3-4 베셀(Bessel) 방정식

베셀방정식은 원통형상의 문제를 다룰 때 나타나는 전형적인 특수함수로 공학적으로 매우 중요하다.

베셀방정식의 정의. 베셀방정식은 ν를 음이 아닌 실수라 할 때,

$$x^2y'' + xy' + (x^2 - \nu^2)y = 0 \tag{48}$$

으로 주어지는 미분방정식을 말한다. 베셀방정식의 급수해는 뒤에서 유도하겠지만 표 3.1에 나타낸 바와 같이 여러 면에서 sine, cosine 함수와 비슷한 성질을 가진다.

✔ $(x^\nu J_\nu)' = x^\nu J_{\nu-1}$과 $(x^{-\nu}J_\nu)' = -x^{-\nu}J_{\nu+1}$에서 x^ν 또는 $x^{-\nu}$는 마치 "화학반응의 촉매"와

표 3.1 삼각함수와 베셀함수의 비교

미분방정식	$y'' + y = 0$	$x^2y'' + xy' + (x^2-\nu^2)y = 0$
급수해	$\sin x = \sum_{s=0}^{\infty}\dfrac{(-1)^s x^{2s+1}}{(2s+1)!}$ $\cos x = \sum_{s=0}^{\infty}\dfrac{(-1)^s x^{2s}}{(2s)!}$	$J_\nu(x) = \sum_{s=0}^{\infty}\dfrac{(-1)^s}{s!(s+\nu)!}\left(\dfrac{x}{2}\right)^{2s+\nu}$ $J_{-\nu}(x) = \sum_{s=0}^{\infty}\dfrac{(-1)^s}{s!(s-\nu)!}\left(\dfrac{x}{2}\right)^{2s-\nu}$
함수의 미분	$(\sin x)' = \cos x$ $(\cos x)' = -\sin x$	$(x^\nu J_\nu)' = x^\nu J_{\nu-1}$ $(x^{-\nu}J_\nu)' = -x^{-\nu}J_{\nu+1}$

*ν가 정수일 때는 $J_{-\nu}(x)$ 대신 뒤에서 정의하는 $Y_\nu(x)$를 사용
**$(x^\nu J_{-\nu})' = -x^\nu J_{-\nu+1}$에서 $\nu \to -\nu$로 치환한 $(x^{-\nu}J_\nu)' = -x^{-\nu}J_{\nu+1}$이 더 많이 쓰임

같이 자신은 변하지 않고 미분에 참여한다. 이 관계식은 베셀함수에서 가장 중요한 공식 중의 하나이며 $(\sin x)' = \cos x$, $(\cos x)' = -\sin x$와 거의 대등한 중요성을 갖는다.

베셀방정식의 기본적인 성질. 우리에게 익숙한 $\sin^2 x + \cos^2 x = 1$의 관계식은 우리가 삼각함수 $\sin x$, $\cos x$의 급수형태를 공부하기 이전부터 알고 있었다. 이와 마찬가지로 베셀함수에 대해서도 표 3.1에 주어진 급수해는 뒤에서 다루기로 하고 우선 몇 가지 중요한 성질을 알아본다.

예제 10 $J'_\nu = J_{\nu-1} - \frac{\nu}{x} J_\nu$, $J'_\nu = -J_{\nu+1} + \frac{\nu}{x} J_\nu$가 성립함을 보여라.

☞ 표 3.1에 주어진 미분공식을 전개하면

$$(x^\nu J_\nu)' = x^\nu J_{\nu-1} \quad \Rightarrow \quad \nu x^{\nu-1} J_\nu + x^\nu J'_\nu = x^\nu J_{\nu-1}$$
$$(x^{-\nu} J_\nu)' = -x^{-\nu} J_{\nu+1} \quad \Rightarrow \quad -\nu x^{-\nu-1} J_\nu + x^{-\nu} J'_\nu = -x^{-\nu} J_{\nu+1}$$

위의 첫 번째 식에는 $x^{-\nu}$, 두 번째 식에는 x^ν를 곱하여 정리하면

$$\frac{d}{dx} J_\nu(x) = J_{\nu-1}(x) - \frac{\nu}{x} J_\nu(x) \tag{49}$$
$$\frac{d}{dx} J_\nu(x) = -J_{\nu+1}(x) + \frac{\nu}{x} J_\nu(x) \tag{50}$$

여기서, 식 (49)에서 식 (50)을 뺀 결과와 더한 결과로부터 각각

$$J_{\nu-1}(x) + J_{\nu+1}(x) = \frac{2\nu}{x} J_\nu(x)$$
$$J_{\nu-1}(x) - J_{\nu+1}(x) = 2\frac{d}{dx} J_\nu(x) \tag{51}$$

의 관계식을 추가로 얻는다. ◀

☑ 식 (51)을 변형하면 $J_{\nu+1}(x) = \frac{2\nu}{x} J_\nu(x) - J_{\nu-1}(x)$와 같은 반복관계가 되어 고차(high order)의 베셀함수를 구할 때 이용된다. 예를 들어, 부록에는 $J_0(x)$, $J_1(x)$의 함수값만이 표로 주어지고 윗식을 이용하여 $J_2(x)$ 등을 구한다.

예제 11 $\nu = \frac{1}{2}$에 대응하는 베셀방정식의 기본계는 $\frac{\cos x}{\sqrt{x}}$, $\frac{\sin x}{\sqrt{x}}$임을 보여라.

☞ 2차방정식 $y^2 + ay + b = 0$은 $y = z - \frac{a}{2}$로 두어 $z^2 + b - \frac{a^2}{4} = 0$인 완전제곱꼴로 바뀌고, 2계 선형미분방정식 $y'' + ay' + by = 0$은 $y = ze^{-\int \frac{a}{2}}$로 치환하여

$$z'' + \left(b - \frac{a^2}{4} - \frac{a'}{2}\right) z = 0$$

으로 바뀐다는 것을 알고 있다(2-4절 참조). 이것을 이용하면, 베셀방정식의 표준형

$$y'' + \frac{1}{x} y' + \left(1 - \frac{\nu^2}{x^2}\right) y = 0 \tag{52}$$

은 $y = ze^{-\int \frac{a}{2}} = ze^{-\int \frac{1}{2x}} = z/\sqrt{x}$로 두어 1계 도함수를 소거하면

$$z'' + \left[1 - \frac{\nu^2}{x^2} - \frac{1}{4x^2} - \frac{1}{2}\left(-\frac{1}{x^2}\right)\right]z = 0$$

즉,

$$z'' + \left[1 + \left(\frac{1}{4} - \nu^2\right)\frac{1}{x^2}\right]z = 0 \tag{53}$$

으로 변환된다. 따라서, $\nu = \frac{1}{2}$이면 $z'' + z = 0$이므로 $y = \frac{\sin x}{\sqrt{x}}$, $\frac{\cos x}{\sqrt{x}}$가 해가 되는 것을 쉽게 알 수 있다. ◀

☑ 또한, $x \to \infty$이면 $z'' + \left[1 + \left(\frac{1}{4} - \nu^2\right)\frac{1}{x^2}\right]z \;\to\; z'' + z = 0$으로 되기 때문에 충분히 큰 x에 대해 $y\sqrt{x}$가 삼각함수로 근사될 수 있다. 이러한 성질로부터 베셀함수는 삼각함수와 같이 무한히 진동하는, 그러나 진폭은 $\frac{1}{\sqrt{x}}$에 비례하는 형태가 되는 것을 예측할 수 있다.

***실수에 대한 $\nu!$ 계승(factorial).** 대부분의 경우 실수의 계승 $\nu!$은

$$\Gamma(\nu + 1) = \nu! = \int_0^\infty x^\nu e^{-x}\,dx \tag{54}$$

로 정의된 감마함수(Gamma function)를 이용하여 나타낸다. 그러나, ν가 음이 아닌 정수 $\nu = n$일 때는 보통의 계승 $\nu! = n!$과 같다는 것을 생각하면 계승기호를 계속 사용하는 것이 편리할 것이다. 계승 $\nu!$의 계산은

$$(4.7)! = (4.7)(3.7)(2.7)(1.7) \times (0.7)! = 79.8201 \times (0.7)! \tag{55}$$

과 같이 마지막에는 $0 \le x \le 1$에 대한 $x!$로 끝나며, $x!$의 공식과 값은 부록에 주어져 있다(부록의 표 8에서 $0.88 \le x! \le 1$이다). 참고로 매우 중요하게 사용되는 값은 $\left(-\frac{1}{2}\right)! = \sqrt{\pi}$이고, 음의 정수에 대해서는

$$(-n)! = \pm\infty, \quad n = 1, 2, 3, \cdots$$

이고 르장드르의 중복공식(duplication formula)

$$\left(z - \frac{1}{2}\right)!\,z! = \sqrt{\pi}\,\frac{(2z)!}{2^{2z}}, \quad z!\left(z + \frac{1}{2}\right)! = \sqrt{\pi}\,\frac{(2z+1)!}{2^{2z+1}} \tag{56}$$

및 음의 실수에 대한 계승공식

$$z!(-z)! = \frac{\pi z}{\sin \pi z} \tag{57}$$

가 성립하는 것을 이미 제0장에서 살펴본 바 있다.

***베셀함수의 적분.** 베셀함수의 적분은(적분상수는 생략)

$$\begin{aligned}&\int x^{\nu} J_{\nu-1}=x^{\nu} J_{\nu} && \int x^{\nu+1} J_{\nu}=x^{\nu+1} J_{\nu+1}\\&\int x^{-\nu} J_{\nu+1}=-x^{-\nu} J_{\nu} && \int x^{-\nu+1} J_{\nu}=-x^{-\nu+1} J_{\nu-1}\\&\int J_{\nu+1}=\int J_{\nu-1}-2J_{\nu} && \int J_{\nu}=\int J_{\nu-2}-2J_{\nu-1}\end{aligned} \tag{58}$$

의 공식을 주로 부분적분을 통하여 이용하게 된다. 그러나, $\int J_0(x)\,dx$는 더 이상 간단히 되지 않는 점에 주의한다(보통 도표화되어 있음).

예제 12 베셀함수의 적분 $\int J_3(x)\,dx$, $\int J_4(x)\,dx$를 구하라.

☞ 위의 공식으로부터

$$\begin{aligned}\int J_3(x)\,dx &= \int J_1(x)\,dx - 2J_2(x)\\&= -J_0(x) - 2J_2(x)\\\int J_4(x)\,dx &= \int J_2(x)\,dx - 2J_3(x)\\&= \left\{\int J_0(x) - 2J_1(x)\right\} - 2J_3(x)\\&= -2J_3(x) - 2J_1(x) + \int J_0(x)\,dx\end{aligned} \tag{59}$$ ◀

$\int J_{2n}(x)\,dx$는 항상 $\int J_0(x)\,dx$를 포함하는 식으로 나타나고, $\int J_{2n+1}(x)\,dx$는 짝수의 베셀함수 J_{2k}의 조합으로 나타난다.

*예제 13 베셀함수의 적분 $\int x^{-2} J_2(x)\,dx$를 구하라.

☞ 베셀함수의 미분공식 $(x^{\nu} J_{\nu})' = x^{\nu} J_{\nu-1}$을 활용하기 위해서 주어진 적분을 $\int x^{-2} J_2(x)\,dx = \int x^{-4}\{x^2 J_2(x)\}\,dx$로 두고 부분적분하면

$$\begin{aligned}\int x^{-4}(x^2 J_2) &= \left(-\frac{1}{3}x^{-3}\right)(x^2 J_2) - \int\left(-\frac{1}{3}x^{-3}\right)(x^2 J_1)\\&= -\frac{J_2}{3x} + \frac{1}{3}\int x^{-1} J_1\end{aligned}$$

뒤의 식을 다시 부분적분하면

$$\begin{aligned}\int x^{-1} J_1 &= \int x^{-2}(xJ_1)\\&= (-x^{-1})(xJ_1) - \int(-x^{-1})(xJ_0) = -J_1 + \int J_0\end{aligned}$$

가 되므로 최종결과는

$$\int x^{-2} J_2(x)\,dx = -\frac{J_2(x)}{3x} - \frac{J_1(x)}{3} + \frac{1}{3}\int J_0(x)\,dx \tag{60}$$ ◀

연습문제에서 보다 일반적인 경우를 다룬다.

***베셀방정식의 급수해.** ν를 음이 아닌 실수라 할 때, 베셀방정식을

$$y'' + \frac{1}{x}y' + \frac{x^2 - \nu^2}{x^2}y = 0 \tag{61}$$

의 표준형으로 쓰면 $x = 0$에서 계수가 해석적이 아니므로 $y = \sum_{s=0}^{\infty} A_s x^s$ 형태의 해를 갖지 못한다. 그러나, 3-5절에서 알게 되겠지만 식 (61)은 $x = 0$에서 "다행히" 적당한 λ의 값에 대해

$$y = x^{\lambda}\sum_{s=0}^{\infty} A_s x^s = \sum_{s=0}^{\infty} A_s x^{\lambda+s}, \quad A_0 \neq 0 \tag{62}$$

인 형태를 최소한 하나의 해로 가진다. 따라서, 윗식의 1계 및 2계 미분

$$y' = \sum_{s=0}^{\infty} A_s(\lambda+s)x^{\lambda+s-1}$$

$$y'' = \sum_{s=0}^{\infty} A_s(\lambda+s)(\lambda+s-1)x^{\lambda+s-2}$$

를 베셀방정식의 각 항에 대입하여

$$\begin{aligned} x^2y'' &= \sum_{s=0}^{\infty} A_s(\lambda+s)(\lambda+s-1)x^{\lambda+s} \\ xy' &= \sum_{s=0}^{\infty} A_s(\lambda+s)x^{\lambda+s} \\ x^2y &= \sum_{s=0}^{\infty} A_s x^{\lambda+s+2} \xrightarrow{(2\text{ down})} \sum_{s=2}^{\infty} A_{s-2}x^{\lambda+s} \qquad (\text{참고: } \sum_{\text{up}} \text{down}) \\ -\nu^2 y &= \sum_{s=0}^{\infty}(-\nu^2)A_s x^{\lambda+s} \end{aligned} \tag{63}$$

를 구한 후, 원 식에 대입하고 정리하면($s = 2$부터 시작하는 x^2y항은 나머지 급수와는 분리하여 쓰자)

$$\begin{aligned} &x^2y'' + xy' + (x^2 - \nu^2)y \\ &\quad = \sum_{s=0}^{\infty} A_s[(\lambda+s)^2 - \nu^2]x^{\lambda+s} + \sum_{s=2}^{\infty} A_{s-2}x^{\lambda+s} = 0 \end{aligned} \tag{64}$$

각 항의 계수를 0으로 두면(두 번째 급수는 $s = 2$부터 시작함에 주의)

i) $s = 0 \quad \Rightarrow \quad A_0(\lambda^2 - \nu^2) = 0$

ii) $s = 1 \quad \Rightarrow \quad A_1[(\lambda+1)^2 - \nu^2] = 0$

iii) $s \geq 2 \quad \Rightarrow \quad A_s[(\lambda+s)^2 - \nu^2] + A_{s-2} = 0$

위의 i)로부터 $\lambda = \pm\nu$이지만 $\lambda = \nu$인 경우의 독립해만을 구하기로 한다(나중에 표 3.3에서 알 수 있듯이 큰 근에 대해서는 항상 식 (62) 형태의 해가 존재한다). $\lambda = \nu$를 ii)에 대입하면 $A_1(2\nu+1) = 0$ 즉, ν는 음이 아닌 실수라 했으므로 $A_1 = 0$이 된다. iii)에서는 $\lambda = \nu$를 대입하여

$$A_s = \frac{-1}{(s+2\nu)s}A_{s-2} \tag{65}$$

의 반복관계를 얻어, s가 홀수인 경우는 $A_1 = 0$이므로

$$A_1 = A_3 = A_5 = \cdots = 0$$

이고, 짝수인 경우는 $s = 2m$이라 두면

$$A_{2m} = \left(\frac{1}{2}\right)^2 \frac{(-1)}{m(\nu+m)} A_{2m-2}, \quad m = 1, 2, 3, \cdots \tag{66}$$

해의 표준화를 위해 관습상

$$A_0 = \left(\frac{1}{2}\right)^\nu \frac{1}{\nu!} \tag{67}$$

로 두면

$$A_2 = \left(\frac{1}{2}\right)^2 \frac{(-1)}{1(\nu+1)} \times \left(\frac{1}{2}\right)^\nu \frac{1}{\nu!} = \left(\frac{1}{2}\right)^{\nu+2} \frac{(-1)}{1!(\nu+1)!}$$

$$A_4 = \left(\frac{1}{2}\right)^2 \frac{(-1)}{2(\nu+2)} \times \left(\frac{1}{2}\right)^{\nu+2} \frac{(-1)}{1!(\nu+1)!} = \left(\frac{1}{2}\right)^{\nu+4} \frac{(-1)^2}{2!(\nu+2)!}$$

$$\vdots \qquad \cdots$$

$$A_{2s} = \left(\frac{1}{2}\right)^{2s+\nu} \frac{(-1)^s}{s!(s+\nu)!}$$

로 결정된다. 위와 같이 하여 구한 독립해를 ν차 **제1종 베셀함수**라 하며

$$\begin{aligned} J_\nu(x) &= \sum_{s=0}^{\infty} \frac{(-1)^s}{s!(s+\nu)!}\left(\frac{x}{2}\right)^{2s+\nu} \\ &= \frac{(x/2)^\nu}{\nu!}\left\{1 - \frac{(x/2)^2}{1!(1+\nu)} + \frac{(x/2)^4}{2!(1+\nu)(2+\nu)} - \cdots\right\} \end{aligned} \tag{68}$$

으로 나타낸다. 제1종 베셀함수 $J_\nu(x)$는 모든 x에 대해 수렴하며, ν가 정수일 경우는 그림 3.2에 보인 바와 같은 형태의 함수로 된다.

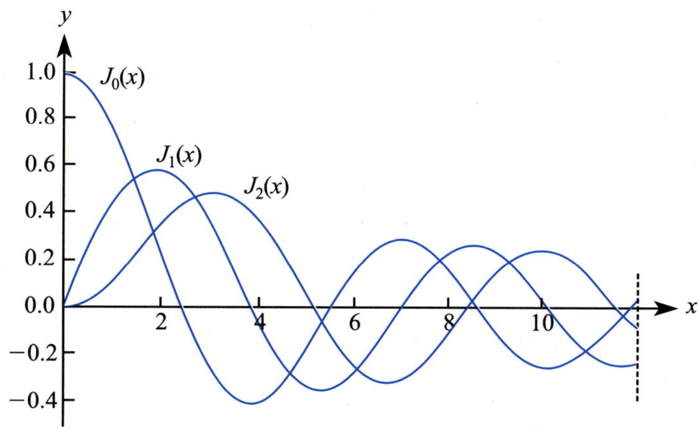

그림 3.2 제1종 Bessel 함수

베셀방정식의 또다른 독립해는 ν가 정수가 아닌 경우 식 (68)의 ν를 $-\nu$로 바꾼

$$J_{-\nu}(x)=\sum_{s=0}^{\infty}\frac{(-1)^s}{s!(s-\nu)!}\left(\frac{x}{2}\right)^{2s-\nu}$$
$$=\frac{(x/2)^{-\nu}}{(-\nu)!}\left\{1-\frac{(x/2)^2}{1!(1-\nu)}+\frac{(x/2)^4}{2!(1-\nu)(2-\nu)}-\cdots\right\} \tag{69}$$

으로 구할 수 있다. 즉, ν가 정수가 아닌 경우에는

$$y(x)=c_1 J_\nu(x)+c_2 J_{-\nu}(x) \tag{70}$$

가 베셀방정식의 일반해가 된다.

참고로, $\nu\neq 0$이면 $J_\nu(0)=0$이고, $\nu=0$일 때만 $J_0(0)=1$이다.

예제 14 베셀방정식 $x^2y''+xy'+(x^2-\nu^2)y=0\ (\nu\geq 0)$의 해가 식 (68)로 주어질 때, ν가 정수이면, 즉 $\nu=n$이면 $J_n(x)$와 $J_{-n}(x)$는 1차종속임을 보여라.

☞ 식 (68)에서 $\nu=n$으로 두면

$$J_n(x)=\sum_{s=0}^{\infty}\frac{(-1)^s}{s!(s+n)!}\left(\frac{x}{2}\right)^{2s+n}$$
$$=\left(\frac{x}{2}\right)^n\left\{\frac{1}{n!}-\frac{(x/2)^2}{1!(n+1)!}+\frac{(x/2)^4}{2!(n+2)!}-\cdots\right\} \tag{71}$$

이 된다. 식 (68)에서 $\nu=-n$일 경우에는

$$J_{-n}(x)=\sum_{s=0}^{\infty}\frac{(-1)^s}{s!(s-n)!}\left(\frac{x}{2}\right)^{2s-n}$$

으로 된다. 그런데 $(s-n)!$은 $s-n$이 음의 정수이면 무한값을 가지므로 대응하는 계수는 $\frac{(-1)^s}{s!(s-n)!}\to 0$이다. 따라서, 위의 무한급수는 $s=n$부터 시작하게 되어

$$J_{-n}(x)=\sum_{s=n}^{\infty}\frac{(-1)^s}{s!(s-n)!}\left(\frac{x}{2}\right)^{2s-n}\xrightarrow{(n\text{ up})}$$
$$=\sum_{s=0}^{\infty}\frac{(-1)^{s+n}}{(s+n)!s!}\left(\frac{x}{2}\right)^{2(s+n)-n}$$
$$=(-1)^n\sum_{s=0}^{\infty}\frac{(-1)^s}{s!(s+n)!}\left(\frac{x}{2}\right)^{2s+n}$$
$$=(-1)^n J_n(x) \tag{72}$$

즉, $J_{-n}(x)=(-1)^n J_n(x)$이므로 1차종속이다. ◀

예제 15 $x=0$ 부근에서 베셀함수 $J_0(x)$와 $\cos x$의 거동을 비교하라.

☞ 다음의 급수전개에서

$$J_0(x)=\sum_{s=0}^{\infty}\frac{(-1)^s}{s!s!}\left(\frac{x}{2}\right)^{2s}=1-\frac{1}{1!1!}\left(\frac{x}{2}\right)^2+\frac{1}{2!2!}\left(\frac{x}{2}\right)^4-\frac{1}{3!3!}\left(\frac{x}{2}\right)^6+\cdots$$

$$\cos x=\sum_{s=0}^{\infty}\frac{(-1)^s}{(2s)!}x^{2s}=1-\frac{x^2}{2!}+\frac{x^4}{4!}-\frac{x^6}{6!}+\cdots \tag{73}$$

임을 이용하면 $J_0(0)=\cos 0=1$이고, 처음의 두 항만을 생각하면

$$J_0(x)\cong 1-\frac{x^2}{4},\quad \cos x\cong 1-\frac{x^2}{2} \tag{74}$$

이므로 $J_0(x)\cong 0$은 $x\cong 2$(실제는 $x=2.405\cdots$)에서, $\cos(x)\cong 0$은 $x\cong\sqrt{2}$(실제는 $x=\pi/2=1.570\cdots$)에서 함수값이 0이 된다. 즉, $J_0(x)$는 $x=0$ 부근에서 $\cos x$보다 완만하게 감소한다. ◀

☑ 이 예제는 $\sin x$, $\cos x$처럼 낯익은 함수도 알고보면 함수를 정의하는 관점에서는 베셀함수와 대등하다는 것을 강조하기 위해서 다루어 보았다. 예를 들어, $C_0(x)\equiv\cos x$로 정의해 보면, $C_0(x)$라는 함수는 바로 어색하게 느껴질 것이다.

제2종 베셀함수 $Y_\nu(x)$. 제1종 베셀함수 $J_\nu(x)$와 $J_{-\nu}(x)$의 1차결합으로부터

$$Y_\nu(x)=\frac{J_\nu(x)\cos\nu\pi-J_{-\nu}(x)}{\sin\nu\pi}$$
$$Y_n(x)=\lim_{\nu\to n}Y_\nu(x) \tag{75}$$

와 같이 ν차 **제2종 베셀함수**(또는 Neumann 함수)를 정의하면, $Y_\nu(x)$는 $J_\nu(x)$와 1차 독립이고, $Y_n(x)$은 $J_n(x)$와 1차독립이 된다. 따라서, 모든 ν의 값에 대해

$$\text{베셀방정식의 일반해: } y(x)=c_1J_\nu(x)+c_2Y_\nu(x) \tag{76}$$

이고, ν가 정수가 아닌 경우에는 일반해를

$$y(x)=c_1J_\nu(x)+c_2J_{-\nu}(x) \tag{77}$$

로 쓸 수도 있다. 제2종 베셀함수는 그림 3.3에 보인 바와 같이 $x=0$에서 무한대로 발산하는 성질을 가진다.

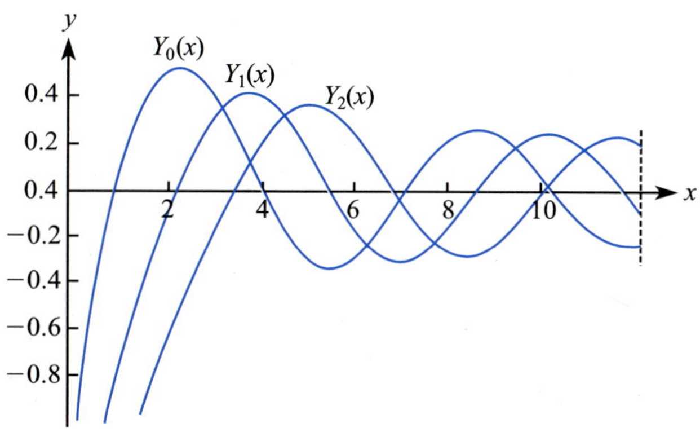

그림 3.3 제2종 Bessel 함수

✔ 식 (75)로 정의한 제2종 베셀함수는 2장에서 상계수미분방정식의 중근에 대한 독립해를 구한 식 (2.28)과 오일러방정식에 대한 식 (2.39)와 기본적으로는 동일한 개념을 나타낸다.

****제3종 베셀함수.** 베셀방정식의 복소수해를 이용하기 위해

$$H_\nu^{(1)}(x) = J_\nu(x) + iY_\nu(x)$$
$$H_\nu^{(2)}(x) = J_\nu(x) - iY_\nu(x) \tag{78}$$

로 정의된 함수를 ν차 제3종 베셀함수 또는 **제1종** 및 **제2종 Hankel 함수**라고 한다.

***변형 베셀함수.** 베셀방정식 식 (48)에서 x를 ix로 치환하면

$$(ix)^2\frac{d^2y(ix)}{d(ix)^2} + (ix)\frac{dy(ix)}{d(ix)} + [(ix)^2 - \nu^2]y(ix) = 0$$

이고, 분모와 분자에서 공통으로 나타나는 복소수 i를 소거하면

$$x^2\frac{d^2y(ix)}{dx^2} + x\frac{dy(ix)}{dx} - (x^2+\nu^2)y(ix) = 0$$

그리고, $Y(x) = y(ix)$라 하면

$$x^2Y'' + xY' - (x^2+\nu^2)Y = 0 \tag{79}$$

인 **변형 베셀방정식**(modified Bessel equation)이 얻어진다. 이것의 해는 베셀방정식의 해인 $J_\nu(x)$에서 x를 역시 ix로 치환한 $J_\nu(ix)$이다. 허수를 제거하기 위해 $J_\nu(ix) = i^\nu I_\nu(x)$라 할 때

$$\begin{aligned} I_\nu(x) &= \sum_{s=0}^{\infty}\frac{1}{s!(s+\nu)!}\left(\frac{x}{2}\right)^{2s+\nu} \\ &= \frac{(x/2)^\nu}{\nu!}\left\{1 + \frac{(x/2)^2}{1!(1+\nu)} + \frac{(x/2)^4}{2!(1+\nu)(2+\nu)} + \cdots\right\} \end{aligned} \tag{80}$$

을 ν차 **제1종 변형 베셀함수**라 한다. $I_\nu(x)$와 1차독립인 제2종 변형 베셀함수는

$$K_\nu(x) = \frac{\pi}{2\sin\nu\pi}[I_{-\nu}(x) - I_\nu(x)]$$
$$K_n(x) = \lim_{\nu\to n}K_\nu(x) \tag{81}$$

로 주어지고, 변형 베셀방정식의 일반해는

$$y(x) = c_1 I_\nu(x) + c_2 K_\nu(x) \tag{82}$$

로 구할 수 있다. 물론 ν가 정수가 아닌 경우 일반해는

$$y(x) = c_1 I_\nu(x) + c_2 I_{-\nu}(x)$$

로도 쓸 수 있다. 그림 3.4는 몇 개의 변형 베셀함수를 보여주고 있다.

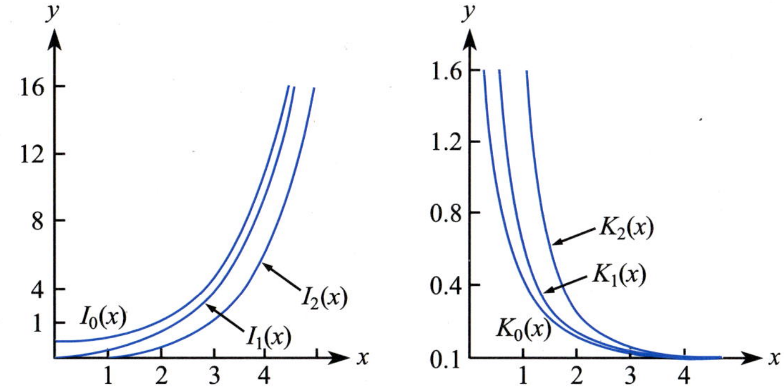

그림 3.4 변형 Bessel 함수

$\sin x = \sum_{s=0}^{\infty} \frac{(-1)^s x^{2s+1}}{(2s+1)!}$, $\sinh x = \sum_{s=0}^{\infty} \frac{x^{2s+1}}{(2s+1)!}$ 사이의 차이는 $(-1)^s$뿐이다. 마찬가지로, 식 (80)과 식 (68)을 비교하면 $(-1)^s$가 생략된 것 이외에는 동일한 식이다. 따라서, $J_\nu(x)$와 $I_\nu(x)$의 관계는 $\sin x$와 $\sinh x$의 관계와 유사하다는 것에 주목하라.

베셀함수의 일반적인 미분공식. 위에서 정의한 여러 가지 형태의 베셀함수를 대표하여 $Z_\nu(x)$라 쓰면 미분과 관련된 베셀함수의 성질은 다음과 같다.

$$\frac{d}{dx}[x^\nu Z_\nu(\lambda x)] = \begin{cases} \lambda x^\nu Z_{\nu-1}(\lambda x), & Z = J, Y, I, H^{(1)}, H^{(2)} \\ -\lambda x^\nu Z_{\nu-1}(\lambda x), & Z = K \end{cases} \quad (83)$$

$$\frac{d}{dx}[x^{-\nu} Z_\nu(\lambda x)] = \begin{cases} -\lambda x^{-\nu} Z_{\nu+1}(\lambda x), & Z = J, Y, K, H^{(1)}, H^{(2)} \\ \lambda x^{-\nu} Z_{\nu+1}(\lambda x), & Z = I \end{cases} \quad (84)$$

$$\frac{d}{dx}[Z_0(\lambda x)] = \begin{cases} -\lambda Z_1(\lambda x), & Z = J, Y, K, H^{(1)}, H^{(2)} \\ \lambda Z_1(\lambda x), & Z = I \end{cases} \quad (85)$$

$$\frac{d}{dx}[Z_\nu(\lambda x)] = \begin{cases} \lambda Z_{\nu-1}(\lambda x) - (\nu/x) Z_\nu(\lambda x), & Z = J, Y, I, H^{(1)}, H^{(2)} \\ -\lambda Z_{\nu-1}(\lambda x) - (\nu/x) Z_\nu(\lambda x), & Z = K \end{cases} \quad (86)$$

$$\frac{d}{dx}[Z_\nu(\lambda x)] = \begin{cases} -\lambda Z_{\nu+1}(\lambda x) + (\nu/x) Z_\nu(\lambda x), & Z = J, Y, K, H^{(1)}, H^{(2)} \\ \lambda Z_{\nu+1}(\lambda x) + (\nu/x) Z_\nu(\lambda x), & Z = I \end{cases} \quad (87)$$

***예제 16** 식 (68)로 주어진 급수형식을 이용하여 베셀함수의 기본 성질 $(x^\nu J_\nu)' = x^\nu J_{\nu-1}$, $(x^{-\nu} J_\nu)' = -x^{-\nu} J_{\nu+1}$을 각각 증명하라.

☞ 식 (68)에 x^ν를 곱한 식

$$x^\nu J_\nu(x) = \sum_{s=0}^{\infty} \frac{(-1)^s}{s!(s+\nu)!} \frac{x^{2s+2\nu}}{2^{2s+\nu}}$$

를 미분하면

$$\begin{aligned}\frac{d}{dx}[x^{\nu}J_{\nu}(x)] &= \sum_{s=0}^{\infty}\frac{(-1)^s}{s!(s+\nu)!}(2s+2\nu)\frac{x^{2s+2\nu-1}}{2^{2s+\nu}}\\ &= x^{\nu}\sum_{s=0}^{\infty}\frac{(-1)^s}{s!(s+\nu-1)!}\left(\frac{x}{2}\right)^{2s+\nu-1}\\ &= x^{\nu}J_{\nu-1}(x)\end{aligned} \tag{88}$$

비슷한 요령으로 $x^{-\nu}$를 곱하고 미분하면

$$\begin{aligned}\frac{d}{dx}[x^{-\nu}J_{\nu}(x)] &= \frac{d}{dx}\left\{\sum_{s=0}^{\infty}\frac{(-1)^s}{s!(s+\nu)!}\frac{x^{2s}}{2^{2s+\nu}}\right\}\\ &= \sum_{s=1}^{\infty}\frac{(-1)^s}{s!(s+\nu)!}(2s)\frac{x^{2s-1}}{2^{2s+\nu}} \quad \Leftarrow (\text{시작이 } s=1\text{에 유의})\\ &= \sum_{s=1}^{\infty}\frac{(-1)^s}{(s-1)!(s+\nu)!}\frac{x^{2s-1}}{2^{2s+\nu-1}} \quad \xrightarrow{(1\text{ up})}\\ &= \sum_{s=0}^{\infty}\frac{(-1)^{s+1}}{s!(s+\nu+1)!}\frac{x^{2s+1}}{2^{2s+\nu+1}}\\ &= -x^{-\nu}J_{\nu+1}(x)\end{aligned}$$ ◀

***예제 17** 베셀함수의 급수형식을 이용하여 다음의 관계식을 보여라.

$J_{1/2}(x)=\sqrt{\dfrac{2}{\pi x}}\sin x,\ J_{-1/2}(x)=\sqrt{\dfrac{2}{\pi x}}\cos x$

☞ 식 (68)에서 $\nu=\frac{1}{2}$을 대입하고 $\left(-\frac{1}{2}\right)!=\sqrt{\pi}$인 공식을 쓰면

$$\begin{aligned}&s!\left(s+\frac{1}{2}\right)!\,2^{2s+\frac{1}{2}}\\ &= s!\left(s+\frac{1}{2}\right)\left(s-\frac{1}{2}\right)\left(s-\frac{3}{2}\right)\cdots\left(\frac{1}{2}\right)\left(-\frac{1}{2}\right)!\times(2^{2s})\,2^{1/2}\\ &= s!\,\frac{2s+1}{2}\frac{2s-1}{2}\frac{2s-3}{2}\cdots\frac{1}{2}\times\sqrt{\pi}\times(2^s)(2^s)\,2^{1/2}\\ &= (2s)!!\,\frac{(2s+1)!!}{2^{s+1}}\sqrt{\pi}\times2^s\,2^{1/2} \quad \Leftarrow n!2^n=(2n)!!\\ &= \sqrt{\frac{\pi}{2}}\,(2s+1)! \quad \Leftarrow n!!(n-1)!!=n!\end{aligned}$$

으로부터

$$\begin{aligned}J_{1/2}(x) &= \sum_{s=0}^{\infty}\frac{(-1)^s}{s!\left(s+\frac{1}{2}\right)!}\left(\frac{x}{2}\right)^{2s+\frac{1}{2}}\\ &= \sum_{s=0}^{\infty}\sqrt{\frac{2}{\pi}}\frac{(-1)^s}{(2s+1)!}x^{2s+\frac{1}{2}}\\ &= \sqrt{\frac{2}{\pi x}}\sum_{s=0}^{\infty}\frac{(-1)^s}{(2s+1)!}x^{2s+1}\\ &= \sqrt{\frac{2}{\pi x}}\sin x\end{aligned} \tag{89}$$

이고, 위의 과정을 $J_{-1/2}(x)$에 대해서 반복하는 것보다 효율적으로 $(x^{\nu}J_{\nu})'=x^{\nu}J_{\nu-1}$에서 $\nu=1/2$이라 두면

$$\frac{d}{dx}[x^{1/2}J_{1/2}(x)] = x^{1/2}J_{-1/2}(x)$$

이므로

$$x^{1/2}J_{-1/2}(x) = \frac{d}{dx}\left(\sqrt{\frac{2}{\pi}}\sin x\right) \quad\Rightarrow\quad J_{-1/2}(x) = \sqrt{\frac{2}{\pi x}}\cos x \tag{90}$$

의 관계식을 얻을 수 있다. ◀

위에서 르장드르의 중복공식(제0장 참조) $s!\left(s+\frac{1}{2}\right)! = \sqrt{\pi}\frac{(2s+1)!}{2^{2s+1}}$을 사용하면 바로 $s!\left(s+\frac{1}{2}\right)!\,2^{2s+\frac{1}{2}} = \sqrt{\frac{\pi}{2}}(2s+1)!$인 관계를 얻는다. $s!\left(s-\frac{1}{2}\right)!\,2^{2s-\frac{1}{2}} = \sqrt{\frac{\pi}{2}}(2s)!$인 관계도 역시 식 (56)으로부터 얻을 수 있다. 그러나, $\left(-\frac{1}{2}\right)! = \sqrt{\pi}$ 이외에는 대부분 어렵게 느껴지므로 예제처럼 하나씩 풀어나가는 것이 좋은 방법이다.

****베셀방정식으로 환원되는 미분방정식.** 공학적으로 중요한 미분방정식들에서 적절한 치환에 의해 베셀방정식으로 변환되는 경우가 많다.

****예제 18** 미분방정식 $x^2y'' + axy' + b^2x^2y = 0$은 $y(x) = x^\nu z(x)$, $z(x) = Z(bx)$인 치환에 의해 베셀방정식으로 변환됨을 보여라(단, $\nu = (1-a)/2$).

☞ $y = x^\nu z$를 미분하여

$$y' = x^\nu z' + \nu x^{\nu-1}z, \quad y'' = x^\nu z'' + 2\nu x^{\nu-1}z' + (\nu^2-\nu)x^{\nu-2}z$$

을 원 식에 대입하면,

$$x^\nu \times \{x^2z'' + (a+2\nu)xz' + [b^2x^2 + (a\nu + \nu^2 - \nu)]z\} = 0$$

이 되고, $a + 2\nu = 1$로 두면

$$x\frac{d}{dx}\left[x\frac{dz(x)}{dx}\right] + (b^2x^2 - \nu^2)z(x) = 0 \tag{91}$$

으로 된다. 다시, $z(x) = Z(bx)$이라 두면

$$x\frac{d}{dx}\left[x\frac{dZ(bx)}{dx}\right] + [(bx)^2 - \nu^2]Z(bx) = 0$$

이고, bx가 공통으로 나타나도록 $x\frac{d}{dx} = (bx)\frac{d}{d(bx)}$임을 이용하여

$$(bx)\frac{d}{d(bx)}\left[(bx)\frac{dZ(bx)}{d(bx)}\right] + [(bx)^2 - \nu^2]Z(bx) = 0$$

으로 쓴 후에, 독립변수를 $t = bx$로 바꾸면

$$t\frac{d}{dt}\left[t\frac{dZ(t)}{dt}\right] + (t^2 - \nu^2)Z(t) = 0 \tag{92}$$

인 베셀방정식을 얻는다. 즉, 미분방정식은 $y(x) = x^\nu[c_1J_\nu(bx) + c_2Y_\nu(bx)]$를 일반해로 갖는다[단, $\nu = (1-a)/2$]. ◀

****예제 19** $\frac{d}{dx}\left(x^{\alpha}\frac{dy}{dx}\right)+\gamma^2 x^{\beta}y=0$은 $x=t^{\mu}$로 두어 베셀방정식으로 되는 것을 보여라(단, $\beta-\alpha+2\neq 0$).

☞ $x=t^{\mu}$에서 $\frac{d}{dx}=\frac{t^{1-\mu}}{\mu}\frac{d}{dt}$를 원 식에 대입하여

$$\frac{t^{1-\mu}}{\mu}\frac{d}{dt}\left[t^{\alpha\mu}\left(\frac{t^{1-\mu}}{\mu}\frac{dy}{dt}\right)\right]+\gamma^2 t^{\beta\mu}y=0 \tag{93}$$

즉,

$$t^{\mu[(\alpha-1)-2]}\times\left\{t^2\frac{d^2y}{dt^2}+t[\mu(\alpha-1)+1]\frac{dy}{dt}+\gamma^2\mu^2 t^{\mu(\beta-\alpha+2)}y\right\}=0$$

으로 변환되고, 다시,

$$\mu(\beta-\alpha+2)=2,\quad a=\mu(\alpha-1)+1,\quad b=\gamma\mu \tag{94}$$

로 두면

$$t^2\frac{d^2y}{dt^2}+at\frac{dy}{dt}+b^2t^2y=0 \tag{95}$$

과 같이 (예제 18)로 된다. 표 3.2에 일반적인 경우의 해를 정리하였다. ◀

표 3.2 $\frac{d}{dx}\left(x^{\alpha}\frac{dy}{dx}\right)+\gamma^2x^{\beta}y=0,\ x^2y''+\alpha xy'+\gamma^2x^{\beta-\alpha+2}y=0$의 해

<table>
<tr><th colspan="3">(I) $\beta-\alpha+2\neq 0$</th><th colspan="2">(II) $\beta-\alpha+2=0$</th></tr>
<tr><td colspan="3">독립해: $y(x)\sim x^{\nu/\mu}Z_{\nu}(|\gamma|\mu x^{1/\mu})$
$\nu=(1-\alpha)/(\beta-\alpha+2)$
$\mu=2/(\beta-\alpha+2)$
$\nu/\mu=(1-\alpha)/2$</td><td colspan="2">독립해: $y(x)\sim x^s$
s는 $s^2+(\alpha-1)s+\gamma^2=0$의 근
$D=[(\alpha-1)^2-4\gamma^2]/4$
$\delta=(1-\alpha)/2,\ \epsilon=\sqrt{|D|}$</td></tr>
<tr><th>γ</th><th>ν</th><th>독립해, Z</th><th>D</th><th>독립해</th></tr>
<tr><td rowspan="2">실수</td><td>유리수</td><td>$J_{\nu},\ J_{-\nu}$ 또는 $J_{\nu},\ Y_{\nu}$</td><td>양수</td><td>$x^{\delta+\epsilon},\ x^{\delta-\epsilon}$</td></tr>
<tr><td>정수</td><td>$J_n,\ Y_n$</td><td>영</td><td>$x^{\delta},\ x^{\delta}\ln x$</td></tr>
<tr><td rowspan="2">허수</td><td>유리수</td><td>$I_{\nu},\ I_{-\nu}$ 또는 $I_{\nu},\ K_{\nu}$</td><td>음수</td><td>$x^{\delta}\cos(\epsilon\ln x),\ x^{\delta}\sin(\epsilon\ln x)$</td></tr>
<tr><td>정수</td><td>$I_n,\ K_n$</td><td colspan="2">*오일러방정식으로 환원된 경우임</td></tr>
</table>

***베셀함수를 기억하는 실마리.** 베셀함수는 우리가 이미 잘 알고 있는 삼각함수의 상징적인 조작으로부터 간단히 얻을 수 있다. 예를 들어, $J_0(x)$와 $J_1(x)$는(아래의 그림 참조)

[x를 둘로 쪼갠다]

$$\cos x=\sum_{s=0}^{\infty}\frac{(-1)^s}{(2s)!}x^{2s}\qquad \sin x=\sum_{s=0}^{\infty}\frac{(-1)^s}{(2s+1)!}x^{2s+1}$$

[$(2s)$를 쪼갠다] ⇩ [$(2s+1)$를 쪼갠다] ⇩

$$J_0(x)=\sum_{s=0}^{\infty}\frac{(-1)^s}{s!s!}\left(\frac{x}{2}\right)^{2s}\qquad J_1(x)=\sum_{s=0}^{\infty}\frac{(-1)^s}{s!(s+1)!}\left(\frac{x}{2}\right)^{2s+1}$$

"$\cos x$와 $\sin x$의 급수형태를 마치 둘로 쪼개어 얻는 형태"가 된다. 실제로 함수를 그려 보면 $J_0(x)$는 $\cos x$와 비슷한 모양이고, $J_1(x)$는 $\sin x$와 비슷한 모양을 가진다(그림 3.2 참조).

일반적으로 베셀함수는 x를 둘로 쪼갠 $\left(\frac{x}{2}\right)$와 거듭제곱 $(2s+\nu)$를 둘로 쪼갠 계승 $s!(s+\nu)!$을 분모에 가지는 형태

$$J_\nu(x) = \sum_{s=0}^{\infty} \frac{(-1)^s}{s!(s+\nu)!}\left(\frac{x}{2}\right)^{2s+\nu} \tag{96}$$

로 나타낼 수 있다. 위의 형태는 널리 사용되고 있는 형태

$$J_\nu(x) = \sum_{s=0}^{\infty} \frac{(-1)^s}{2^{2s+\nu}\, s!\Gamma(\nu+s+1)} x^{2s+\nu} \tag{97}$$

또는

$$J_\nu(x) = x^\nu \sum_{s=0}^{\infty} \frac{(-1)^s x^{2s}}{2^{2s+\nu}\, s!\Gamma(\nu+s+1)} \tag{98}$$

보다 다루기가 훨씬 편리하다.

연습문제

[1] 식 (68)로 표현된 베셀함수의 무한급수는 모든 x의 값에 대해 수렴함을 증명하라.

[2] $J_n(x)$는 n이 홀수이면 홀함수이고, 짝수이면 짝함수라는 것을 보여라.

[3] 식 (51)로 주어진 공식 $J_{\nu+1}(x) + J_{\nu-1}(x) = \frac{2\nu}{x} J_\nu(x)$를 이용하여 다음을 보여라.

(a) $J_{3/2}(x) = \sqrt{\frac{2}{\pi x}}\left(\frac{\sin x}{x} - \cos x\right)$

(b) $J_{-3/2}(x) = -\sqrt{\frac{2}{\pi x}}\left(\frac{\cos x}{x} + \sin x\right)$

[4] n을 정수라할 때 변형 베셀함수는 $I_{-n}(x) = I_n(x)$가 되는 것을 증명하라.

[5] 식 (80)을 이용하여 $I_{1/2}(x) = \sqrt{\frac{2}{\pi x}} \sinh x$, $I_{-1/2}(x) = \sqrt{\frac{2}{\pi x}} \cosh x$임을 보여라.

[6] 미분방정식 $y'' + xy = 0$은 베셀함수를 해로 갖는다. 표 3.2를 이용하여 해를 구하라.

[7] $\frac{d}{dx}\left(x^2 \frac{dy}{dx}\right) + \lambda^2 x^2 y = 0$의 해가 베셀함수로 되는 것을 표 3.2를 이용하여 보여라. 또, 독립해가 $j_0(x) = \frac{\sin x}{x}$, $n_0(x) = -\frac{\cos x}{x}$로 정의되는 구형 베셀(spherical Bessel) 함수로 되는 것을 보여라. 구형 베셀함수는 구면좌표계에서 변수분리할 때 나타나며 일반적인 정의는 다음과 같다.

$$j_n(x) = \sqrt{\frac{\pi}{2x}} J_{n+1/2}(x),\quad n_n(x) = (-1)^{n+1}\sqrt{\frac{\pi}{2x}} J_{-n-1/2}(x)$$

[8] x가 충분히 작은 양수일 때, $Y_0(x) \sim \frac{2}{\pi}\left(\ln \frac{1}{2}x + \gamma\right)$로 근사할 수 있음을 보여라.

[9] 미분방정식 $y'' + ay' + by = 0$의 양변에 $p = e^{\int a}$를 곱하면 $(py')' + pby = 0$의 형태가 된다. 이 결과와 표 3.2를 이용하여 다음 미분방정식의 해를 구하라.

(a) $xy'' + (1 - 2n)y' + xy = 0$

(b) $xy'' + (1 + 2n)y' + xy = 0$

***[10]** x가 충분히 큰 수일 때 다음의 근사식이 성립한다(증명은 교재의 수준을 넘는다).

(a) $J_\nu(x) \sim \sqrt{\dfrac{2}{\pi x}} \cos\left[x - \left(\nu + \dfrac{1}{2}\right)\dfrac{\pi}{2}\right]$

(b) $Y_\nu(x) \sim \sqrt{\dfrac{2}{\pi x}} \sin\left[x - \left(\nu + \dfrac{1}{2}\right)\dfrac{\pi}{2}\right]$

****[11]** 일반적으로 $\int x^n J_\nu(x)\,dx$ 형태의 적분은 다음의 공식을 이용하여 구한다(단 n과 ν는 정수이고 $n + \nu \geq 0$이다). 아래에서 $n = 0$일 때는 식 (58)을 사용하면 된다.

> ① $n > 0$일 때, $\int x^n J_\nu = -x^n J_{\nu-1} + (n + \nu - 1)\int x^{n-1} J_{\nu-1}$
>
> ② $n < 0$일 때, $\int x^n J_\nu = \dfrac{1}{n - \nu + 1}\left(x^{n+1} J_\nu - \int x^{n+1} J_{\nu-1}\right), \quad n - \nu + 1 \neq 0$

만일, $n + \nu < 0$이면 적분은 $\int x^{-1} J_0$와 같이 더 이상 간단히 할 수 없는 형태를 포함하게 된다. 특히, 공식 ①에서 $\nu = n - 1$인 경우는 $J_{-n} = (-1)^n J_n$을 이용하면

$$\begin{aligned}\int x^n J_{n-1} &= (-1)^{n-1}\int x^n J_{1-n} \\ &= (-1)^{n-1}[-x^n J_{-n}] \\ &= (-1)^n x^n J_{-n} \\ &= x^n J_n\end{aligned}$$

으로 이미 알고 있는 결과 $(x^\nu J_\nu)' = x^\nu J_{\nu-1}$을 적분한 것과 동일하게 된다.

예를 들어, 적분 $\int x^3 J_0(x)\,dx$는 공식 ①을 계속 적용하면

$$\begin{aligned}\int x^3 J_0 &= -x^3 J_{-1} + 2\int x^2 J_{-1} \\ &= -x^3 J_{-1} + 2\left[-x^2 J_{-2} + (2 - 1 - 1)\int x^1 J_{-2}\right] \\ &= x^3 J_1 - 2x^2 J_2\end{aligned}$$

로 된다[위에서, $J_{-n} = (-1)^n J_n$을 이용하였다].

3-5 확장된 멱급수해법(Frobenius 방법)

프로베니우스의 정리. 우리가 앞에서 베셀방정식의 급수해를 구할 때 $y = \sum_{s=0}^{\infty} A_s x^{\lambda+s}$인 형태의 해를 가정하였는데, 그러한 가정의 근거가 되는 **프로베니우스(Frobenius) 방법**을 이 절에서 알아본다.

(정리 2) 확장된 멱급수해의 존재(프로베니우스 방법)

$$y'' + \frac{a(x)}{x} y' + \frac{b(x)}{x^2} y = 0 \tag{99}$$

에서 $a(x)$와 $b(x)$가 $x = 0$에서 해석적이면, 상수 λ를 임의의 실수 또는 복소수라 할 때

$$y = \sum_{s=0}^{\infty} A_s x^{\lambda+s}, \quad A_0 \neq 0 \tag{100}$$

으로 나타낼 수 있는 해가 적어도 하나 존재한다.

▶ 일반적으로 $x = x_0$인 점에 대해서는 $v = x - x_0$인 치환을 할 수 있으므로 $x = 0$인 경우만 고려한 것이다.

지수방정식. (정리 2)에서 주어진 미분방정식

$$x^2 y'' + xa(x) y' + b(x) y = 0 \tag{101}$$

에 대해서 $y = \sum_{s=0}^{\infty} A_s x^{\lambda+s} = A_0 x^{\lambda} + A_1 x^{\lambda+1} + \cdots$인 형태의 해가 존재하므로

$$\begin{aligned} y &= A_0 x^{\lambda} + A_1 x^{\lambda+1} + \cdots \\ xy' &= \lambda A_0 x^{\lambda} + (\lambda+1) A_1 x^{\lambda+1} + \cdots \\ x^2 y'' &= \lambda(\lambda-1) A_0 x^{\lambda} + (\lambda+1)\lambda A_1 x^{\lambda+1} + \cdots \end{aligned} \tag{102}$$

인 멱급수와, 또한 계수 $a(x)$와 $b(x)$가 $x = 0$에서 해석적이므로

$$\begin{aligned} a(x) &= a_0 + a_1 x + a_2 x^2 + \cdots \\ b(x) &= b_0 + b_1 x + b_2 x^2 + \cdots \end{aligned} \tag{103}$$

의 멱급수를 식 (101)에 대입하면

$$\begin{aligned} & x^2 y'' + xa(x) y' + b(x) y \\ &= \{\lambda(\lambda-1) A_0 x^{\lambda} + (\lambda+1)\lambda A_1 x^{\lambda+1} + \cdots\} \\ &\quad + \{a_0 + a_1 x + \cdots\}\{\lambda A_0 x^{\lambda} + (\lambda+1) A_1 x^{\lambda+1} + \cdots\} \\ &\quad + \{b_0 + b_1 x + \cdots\}\{A_0 x^{\lambda} + A_1 x^{\lambda+1} + \cdots\} \\ &= [\lambda(\lambda-1) + a_0 \lambda + b_0] A_0 x^{\lambda} + \cdots \\ &= 0 \end{aligned}$$

으로 되고, 최저차항인 x^{λ}의 계수를 0으로 하는 조건에서($A_0 \neq 0$)

$$\lambda(\lambda-1) + a_0 \lambda + b_0 = 0 \tag{104}$$

과 같이 상수 λ에 관한 **지수방정식**(指數方程式; indicial equation)을 얻는다. 그런데, 식 (104)로 주어진 지수방정식은 잘 알려진 오일러 방정식

표 3.3 지수방정식의 근의 형태에 따른 서로 다른 독립해의 유형

$\lambda(\lambda-1)+a_0\lambda+b_0=0$, 실근일 때는 $\alpha\ge\beta$라 하자.	
공통해:	$y_1(x)=x^{\alpha}(A_0+A_1x+A_2x^2+\cdots),\quad A_0=1$
① $\alpha-\beta\ne$ 정수,	$y_2(x)=x^{\beta}(B_0+B_1x+B_2x^2+\cdots),\quad B_0=1$
② $\alpha-\beta=0$,	$y_2(x)=y_1(x)\ln x+x^{\beta}(B_1x+B_2x^2+\cdots)$
③ $\alpha-\beta=$ 자연수,	$y_2(x)=ky_1(x)\ln x+x^{\beta}(B_0+B_1x+B_2x^2+\cdots),\quad B_0=1$

*① 복소수근 포함, ② B_0항이 없음, ③ $k=0$일 수도 있음에 주의.

$$x^2y''+a_0xy'+b_0y=0$$

의 보조방정식 $\lambda(\lambda-1)+a_0\lambda+b_0=0$과 동일함을 알 수 있다. 즉, 오일러 방정식은 프로베니우스 방법으로 해를 구할 수 있는 가장 간단한 경우이다. 표 3.3은 지수방정식의 두 근의 형태에 따라 다른 하나의 독립해가 결정되는 경우를 정리한 것이다(증명은 연습문제를 참조하라).

프로베니우스 방법을 이용하여 미분방정식의 해를 구하는 경우에는 다음의 표현

$$\begin{aligned} y&=\sum_{s=0}^{\infty}A_sx^{\lambda+s}\\ y'&=\sum_{s=0}^{\infty}A_s(\lambda+s)x^{\lambda+s-1}\\ y''&=\sum_{s=0}^{\infty}A_s(\lambda+s)(\lambda+s-1)x^{\lambda+s-2}\end{aligned}\tag{105}$$

와 합첨자의 변환관계, 즉 "up-down"조작을 주로 사용하게 된다.

✓ 그러나, $x^3y''-y'+3xy=0$과 $xy''-y'+(\ln x)y=0$은 $y=\sum_{s=0}^{\infty}A_sx^{\lambda+s}$ 형태의 해를 갖지 못한다. 왜냐하면 $y''+\dfrac{a(x)}{x}y'+\dfrac{b(x)}{x^2}y=0$의 형태로 바꾸었을 때 $a(x)$ 또는 $b(x)$가 $x=0$에서 해석적(즉, 급수전개 가능)이 아니기 때문이다.

① 첫 번째 식에서 $a(x)=-\dfrac{1}{x^2},\ b(x)=3$

② 두 번째 식에서 $a(x)=-1,\ b(x)=x\ln x$

따라서, 프로베니우스의 방법을 적용할 수 있는 형태인가를 반드시 먼저 확인할 필요가 있다. 그러나, 식 (104)로 주어지는 지수방정식을 알아둘 필요는 없다. 왜냐하면 "up-down"을 하여 정리하면 지수방정식에 해당하는 식이 저절로 나타나기 때문이다.

****오일러 방정식과의 비교.** 표 3.3으로 정리한 프로베니우스의 방법을 오일러 방정식과 비교하면 이해하기 쉽다. 편의상, 식 (101)을 **프로베니우스 방정식**으로 부르기로 한다. 다음과 같이

$$\text{오일러 방정식: } x^2y''+xa_0y'+b_0y=0$$

$$\text{프로베니우스 방정식: } x^2y''+x(a_0+a_1x+\cdots)y'+(b_0+b_1x+\cdots)y=0$$

으로 쓰면 프로베니우스 방정식은 $a_1 = a_2 = \cdots = 0$, $b_1 = b_2 = \cdots = 0$인 경우 오일러 방정식으로 환원된다. 즉, 개념적으로

$$\text{Euler} = \lim_{\substack{\text{simplest}\\ \text{case}}} (\text{Frobenius})$$

인 상황을 이용하여 표 3.3의 내용을 이해하기로 한다. 먼저, 지수방정식의 ① 두 근의 차가 정수가 아닌 경우(복소근도 포함된다)

$$\begin{matrix} \text{Euler} & & \text{Frobenius} \\ \begin{cases} y_1 = x^{\alpha} \\ y_2 = x^{\beta} \end{cases} & \xLeftarrow{A_i = B_i = 0} & \begin{cases} y_1 = x^{\alpha}(1 + A_1 x + A_2 x^2 + \cdots) \\ y_2 = x^{\beta}(1 + B_1 x + B_2 x^2 + \cdots) \end{cases} \end{matrix}$$

의 형태로 해가 주어지는 것은 쉽게 이해할 수 있다. 그런데, ② 두 근의 차가 정수(단, $\alpha \neq \beta$)일 경우는 ①의 경우에 단순히 $ky_1 \ln x$만을 더하면 된다.

$$\begin{matrix} \text{Euler} & & \text{Frobenius} \\ \begin{cases} y_1 = x^{\alpha} \\ y_2 = x^{\beta} \end{cases} & \xLeftarrow[]{\substack{k=0 \\ A_i = B_i = 0}} & \begin{cases} y_1 = x^{\alpha}(1 + A_1 x + A_2 x^2 + \cdots) \\ y_2 = ky_1 \ln x + x^{\beta}(1 + B_1 x + B_2 x^2 + \cdots) \end{cases} \end{matrix}.$$

이때, $k = 0$일 수도 있어야 오일러 방정식으로 환원되는 것을 잘 알아둔다. 실제로, 특수한 경우를 제외하고는 k의 값을 미리 알 수 있는 방법은 거의 없다.

마지막으로, ③ 중근을 가지는 경우 오일러방정식은 반드시 $x^{\lambda} \ln x$ 형태의 해를 가지므로, 이의 확장인 프로베니우스 방정식도 마찬가지 성질을 가져야 한다. 따라서, 이때의 해는

$$\begin{matrix} \text{Euler} & & \text{Frobenius} \\ \begin{cases} y_1 = x^{\lambda} \\ y_2 = x^{\lambda} \ln x \end{cases} & \xLeftarrow{A_i = B_i = 0} & \begin{cases} y_1 = x^{\lambda}(1 + A_1 x + A_2 x^2 + \cdots) \\ y_2 = y_1 \ln x + x^{\lambda}(B_1 x + B_2 x^2 + \cdots) \end{cases} \end{matrix}$$

과 같이 두어 $y_1 \ln x$의 계수가 0이 될 수 없도록 한다. 그런데, 특별히 $B_0 = 0$으로 둔 것은 y_2에서 $B_0 x^{\lambda}$항을 포함하더라도 y_1과의 1차결합을 이용하여

$$\begin{aligned} y_2^* &= y_2 - B_0 y_1 \\ &= y_1 \ln x + x^{\lambda}(B_0 + B_1 x + B_2 x^2 + \cdots) - B_0 x^{\lambda}(1 + A_1 x + A_2 x^2 + \cdots) \\ &= y_1 \ln x + x^{\lambda}[(B_1 - B_0 A_1)x + (B_2 - B_0 A_2)x^2 + \cdots] \end{aligned}$$

과 같이 $B_0 x^{\lambda}$항을 소거할 수 있기 때문이다.

✔ 표 3.3을 정리하여 다시 쓰면

$$y_1(x) = x^{\alpha}(1 + A_1 x + A_2 x^2 + \cdots)$$

$$y_2(x) = y_1 \int \frac{1}{py_1^2} = \begin{cases} ky_1 \ln x + x^{\beta}(1 + B_1 x + B_2 x^2 + \cdots) & \text{정수차} \\ y_1 \ln x + x^{\beta}(\quad B_1 x + B_2 x^2 + \cdots) & \text{중근} \\ x^{\beta}(1 + B_1 x + B_2 x^2 + \cdots) & \text{기타의 경우} \end{cases}$$

가 프로베니우스의 미분방정식 $x^2 y'' + xa(x)y' + b(x)y = 0$의 서로 다른 두 독립해가 된다.

예제 20 미분방정식 $4xy'' + 2y' + y = 0$의 서로 다른 독립해를 구하라.

☞ 식 (105)를 원식에 대입하면

$$\begin{aligned} 4xy'' &= \sum_{s=0}^{\infty} 4A_s(\lambda+s)(\lambda+s-1)x^{\lambda+s-1} \xrightarrow{(1\text{ up})} \\ &= \sum_{s=-1}^{\infty} 4A_{s+1}(\lambda+s+1)(\lambda+s)x^{\lambda+s} \\ 2y' &= \sum_{s=0}^{\infty} 2A_s(\lambda+s)x^{\lambda+s-1} \xrightarrow{(1\text{ up})} \sum_{s=-1}^{\infty} 2A_{s+1}(\lambda+s+1)x^{\lambda+s} \\ y &= \sum_{s=0}^{\infty} A_s x^{\lambda+s} \end{aligned} \tag{106}$$

로 된다. 위의 결과를 주어진 식 $4xy'' + 2y' + y = 0$에 대입하고 합첨자의 시작값이 같은 멱급수를 모아서 쓰면

$$\begin{aligned} &4xy'' + 2y' + y \\ &= \sum_{s=-1}^{\infty} [4A_{s+1}(\lambda+s+1)(\lambda+s) + 2A_{s+1}(\lambda+s+1)]x^{\lambda+s} + \sum_{s=0}^{\infty} A_s x^{\lambda+s} \\ &= 0 \end{aligned}$$

으로 된다. 계속해서 합첨자가 $s=-1$과 $s \geq 0$인 경우로 나누어($A_0 \neq 0$)

- $s=-1 \;\; \Rightarrow \;\; A_0[4\lambda(\lambda-1) + 2\lambda] = 0$, 따라서, $\lambda_1 = \frac{1}{2}$, $\lambda_2 = 0$
- $s \geq 0 \;\; \Rightarrow \;\; 4A_{s+1}(\lambda+s+1)(\lambda+s) + 2A_{s+1}(\lambda+s+1) + A_s = 0$

윗식을 풀어서 정리하면

$$A_{s+1} = -\frac{A_s}{(2\lambda+2s+2)(2\lambda+2s+1)} \tag{107}$$

각각의 λ에 대응하는 해는 아래와 같이 결정된다.

$\lambda = 1/2$에 대응하는 해, $y_1(x)$	$\lambda = 0$에 대응하는 해, $y_2(x)$
$A_{s+1} = -\dfrac{A_s}{(2s+3)(2s+2)}$	$A_{s+1} = -\dfrac{A_s}{(2s+2)(2s+1)}$
$A_1 = -\dfrac{A_0}{3\cdot 2} = -\dfrac{A_0}{3!}$	$A_1 = -\dfrac{A_0}{2\cdot 1} = -\dfrac{A_0}{2!}$
$A_2 = -\dfrac{A_1}{5\cdot 4} = +\dfrac{A_0}{5!}$	$A_2 = -\dfrac{A_1}{4\cdot 3} = +\dfrac{A_0}{4!}$
$A_3 = -\dfrac{A_2}{7\cdot 6} = -\dfrac{A_0}{7!}$	$A_3 = -\dfrac{A_2}{6\cdot 5} = -\dfrac{A_0}{6!}$
$\vdots$	$\vdots$

편의상, $A_0 = 1$이라고 하면

$$\begin{aligned} y_1(x) &= \sqrt{x}\left(1 - \frac{x}{3!} + \frac{x^2}{5!} - \frac{x^3}{7!} + \cdots\right) \\ y_2(x) &= x^0\left(1 - \frac{x}{2!} + \frac{x^2}{4!} - \frac{x^3}{6!} + \cdots\right) \quad ◀ \end{aligned} \tag{108}$$

$y_1(x) = \sin\sqrt{x},\ y_2(x) = \cos\sqrt{x}$임을 확인해 보라.

***지수방정식의 두 근이 정수차 또는 중근인 경우.** 이때는 표 3.3, 즉

$$y_1(x) = x^{\alpha}(1 + A_1 x + A_2 x^2 + \cdots) \tag{109}$$

$$y_2(x) = y_1 \int \frac{1}{py_1^2} = \begin{cases} ky_1 \ln x + x^{\beta}(1 + B_1 x + B_2 x^2 + \cdots) & \text{정수차} \\ y_1 \ln x + x^{\beta}(\quad B_1 x + B_2 x^2 + \cdots) & \text{중근} \\ \qquad x^{\beta}(1 + B_1 x + B_2 x^2 + \cdots) & \text{기타의 경우} \end{cases} \tag{110}$$

로 주어지는 프로베니우스의 정리를 이용하게 된다. 그러나, 위의 공식은 2-4절에서 이미 살펴본 공식 $y_2 = y_1 \int \frac{1}{py_1^2},\ p = e^{\int a}$로부터 유도된 것이다(이 절의 마지막에 보인 증명 참조). 따라서, 식 (109)로 주어진 급수해가 간단할 경우에는

$$y_2 = y_1 \int \frac{1}{py_1^2}, \quad p = e^{\int a} \tag{111}$$

로부터 다른 해를 구한다. 다음의 두 예제는 각각 식 (110) 또는 (111)을 이용하여 해를 구하는 방법을 다룬다.

***예제 21** 미분방정식 $(x^3 + 2x^2)y'' + 2xy' - 2y = 0$의 서로 다른 독립해를 구하라.

☞ 식 (105)를 원식에 대입하면

$$\begin{aligned} x^3 y'' &= \sum_{s=0}^{\infty} A_s(\lambda + s)(\lambda + s - 1)x^{\lambda+s+1} \xrightarrow{\text{(1 down)}} \\ &= \sum_{s=1}^{\infty} A_{s-1}(\lambda + s - 1)(\lambda + s - 2)x^{\lambda+s} \\ 2x^2 y'' &= \sum_{s=0}^{\infty} 2A_s(\lambda + s)(\lambda + s - 1)x^{\lambda+s} \\ 2xy' &= \sum_{s=0}^{\infty} 2A_s(\lambda + s)x^{\lambda+s} \\ -2y &= \sum_{s=0}^{\infty} (-2A_s)x^{\lambda+s} \end{aligned} \tag{112}$$

로 된다. 위의 결과를 주어진 식 $(x^3 + 2x^2)y'' + 2xy' - 2y = 0$에 대입하고 합첨자의 시작값이 같은 멱급수를 모아서 쓰면

$$\begin{aligned} &(x^3 + 2x^2)y'' + 2xy' - 2y \\ &= \sum_{s=1}^{\infty} A_{s-1}(\lambda + s - 1)(\lambda + s - 2)x^{\lambda+s} \\ &\quad + \sum_{s=0}^{\infty} [2A_s(\lambda + s)(\lambda + s - 1) + 2A_s(\lambda + s) - 2A_s]x^{\lambda+s} \\ &= 0 \end{aligned} \tag{113}$$

으로 된다. 따라서, 합첨자가 $s = 0$인 경우(단, $A_0 = 1$)

$$2A_0[\lambda(\lambda - 1) + \lambda - 1] = 0$$

으로 되고 $\lambda_1=1$, $\lambda_2=-1$을 얻는다. 계속해서, $s\ge 1$인 경우

$$\begin{aligned} &A_{s-1}(\lambda+s-1)(\lambda+s-2)+2A_s(\lambda+s+1)(\lambda+s-1) \\ &\quad=(\lambda+s-1)[A_{s-1}(\lambda+s-2)+2A_s(\lambda+s+1)]=0 \end{aligned} \tag{114}$$

을 얻는다. 그런데, 두 근의 차가 $\lambda_1-\lambda_2=2$로 정수이므로 먼저 큰 근에 대한 급수해를 구하고 식 (110) 또는 (111)에서 어느 쪽을 쓸 것인가를 결정한다.

먼저, $\lambda=1$인 경우의 반복관계는 식 (114)로부터

$$A_s=-\frac{s-1}{2(s+2)}A_{s-1},\quad s\ge 1 \tag{115}$$

로 주어진다. 따라서,

$$A_1=A_2=A_3=A_4=\cdots=0$$

과 같이 계수가 결정된다(단, $A_0=1$). 즉,

$$y_1=x^1(A_0+0+0+\cdots)=x \tag{116}$$

가 하나의 해가 된다. 이 형태는 아주 간단하므로 다른 해는 식 (110)을 이용하는 것보다 식 (111)로부터 구하는 것이 훨씬 유리하다. 주어진 미분방정식을 변형하면

$$y''+\frac{2}{x^2+2x}y'-\frac{2}{x^3+2x^2}y=0,\quad p=e^{\int\frac{1}{x}-\frac{1}{x+2}}=\frac{x}{x+2}$$

이므로

$$\begin{aligned} y_2&=y_1\int\frac{1}{py_1^2}=x\int\frac{x+2}{x}\frac{1}{x^2} \\ &=x\int\left(\frac{1}{x^2}+\frac{2}{x^3}\right)=x\left(-\frac{1}{x}-\frac{1}{x^2}\right)=-1-\frac{1}{x} \end{aligned} \tag{117}$$

즉,

$$y_1=x,\quad y_2=1+\frac{1}{x} \tag{118}$$

로 서로 독립인 해를 구한다[식 (117)에 상수 -1을 곱하여 알기 쉽게 모양을 바꾸었다]. ◀

***예제 22** 0차 베셀방정식 $x^2y''+xy'+x^2y=0$의 한 독립해가 $J_0(x)$로 주어질 때, 다른 독립해인 0차 제2종 베셀함수 $Y_0(x)$를 프로베니우스 방법으로 구하라.

☞

$$\begin{aligned} x^2y''&=\sum_{s=0}^{\infty}A_s(\lambda+s)(\lambda+s-1)x^{\lambda+s} \\ xy'&=\sum_{s=0}^{\infty}A_s(\lambda+s)x^{\lambda+s} \\ x^2y&=\sum_{s=0}^{\infty}A_s x^{\lambda+s+2}\xrightarrow{\text{(2 down)}}\sum_{s=2}^{\infty}A_{s-2}x^{\lambda+s} \end{aligned} \tag{119}$$

가 되고, 미분방정식에 대입하면

$$\begin{aligned} &x^2y''+xy'+x^2y \\ &\quad=\sum_{s=0}^{\infty}A_s(\lambda+s)^2x^{\lambda+s}+\sum_{s=2}^{\infty}A_{s-2}x^{\lambda+s}=0 \end{aligned}$$

과 같이 정리된다. 먼저 $s=0$에 대해 $A_0\lambda^2=0$이므로 $\lambda_1=\lambda_2=0$이 된다. 그런데, $\lambda=0$에

대응하는 해인 $y_1 = J_0(x)$는 (예제 21)에서와는 달리 간단한 형태가 아니므로, 서로 독립인 제차해를 $p = e^{\int \frac{1}{x}} = x$, $y_2 = J_0 \int \frac{1}{x(J_0)^2}$인 공식으로부터 구하기가 쉽지 않다. 따라서, 다른 해는 표 3.3 ②의 경우로부터[또는 식 (110)]

$$y = J_0 \ln x + \sum_{s=1}^{\infty} B_s x^s \tag{120}$$

$$y' = J_0' \ln x + \frac{J_0}{x} + \sum_{s=1}^{\infty} s B_s x^{s-1}$$

$$y'' = J_0'' \ln x + \frac{2J_0'}{x} - \frac{J_0}{x^2} + \sum_{s=1}^{\infty} s(s-1) B_s x^{s-2}$$

의 관계식을 $x^2y'' + xy' + x^2y = 0$에 대입한 후, 정리하면

$$2x\frac{dJ_0}{dx} + \sum_{s=1}^{\infty} s(s-1) B_s x^s + \sum_{s=1}^{\infty} s B_s x^s + \sum_{s=1}^{\infty} B_s x^{s+2} = 0 \tag{121}$$

다시, 처음 두 개의 급수를 하나로 묶고 세 번째 급수는 "2 down"하면

$$\sum_{s=1}^{\infty} s^2 B_s x^s + \sum_{s=3}^{\infty} B_{s-2} x^s = -2x\frac{dJ_0}{dx}$$

계속하여, 베셀함수의 미분

$$\frac{dJ_0}{dx} = \frac{d}{dx}\left[\sum_{s=0}^{\infty} \frac{(-1)^s}{2^{2s}(s!)^2} x^{2s}\right]$$

$$= \sum_{s=1}^{\infty} \frac{2s(-1)^s}{2^{2s}(s!)^2} x^{2s-1} = \sum_{s=1}^{\infty} \frac{(-1)s}{2^{2s-1} s!(s-1)!} x^{2s-1}$$

을 대입하고, $s = 3$부터의 급수를 묶어내면

$$B_1 x + 4B_2 x^2 + \sum_{s=3}^{\infty} (s^2 B_s + B_{s-2}) x^s = \sum_{s=1}^{\infty} \frac{(-1)^{s-1}}{2^{2s-2} s!(s-1)!} x^{2s}$$

를 얻는다. 양변의 홀수차항 $x, x^3, x^5, \cdots$의 계수를 비교하면

$$B_1 = 0,\ s^2 B_s + B_{s-2} = 0,\ s \geq 3, 5, 7, \cdots \quad \Rightarrow \quad B_1 = B_3 = B_5 = \cdots = 0$$

이므로 좌변은 s가 짝수인 경우만 남게 된다. 따라서 좌변의 s를 $2s$로 바꾸어 쓰면

$$4B_2 x^2 + \sum_{s=2}^{\infty} (4s^2 B_{2s} + B_{2s-2}) x^{2s} = \sum_{s=1}^{\infty} \frac{(-1)^{s-1}}{2^{2s-2} s!(s-1)!} x^{2s} \tag{122}$$

양변의 계수비교에서

$$4B_2 = 1, \quad 4s^2 B_{2s} + B_{2s-2} = \frac{(-1)^{s-1}}{2^{2s-2} s!(s-1)!}, \quad s = 2, 3, 4, \cdots \tag{123}$$

을 얻는다. 여기서,

$$B_{2s} = \frac{(-1)^{s-1}}{2^{2s} s! s!} h_s \tag{124}$$

로 두어 B_{2s}를 결정하는 대신 h_s를 구하는 것으로 문제를 바꾼다. 먼저 $4B_2 = 1$에서 $h_1 = 1$을 구하고, 식 (124)를 식 (123)에 대입하면

$$4s^2 B_{2s} + B_{2s-2} = \frac{(-1)^{s-1}}{2^{2s-2}(s-1)!(s-1)!}(h_s - h_{s-1}) = \frac{(-1)^{s-1}}{2^{2s-2}s!(s-1)!}$$

즉,

$$h_s - h_{s-1} = \frac{1}{s} \tag{125}$$

인 반복관계로 귀착된다. $h_1 = 1$부터 $s = 2, 3, \cdots$을 대입해 가면

$$h_s = 1 + \frac{1}{2} + \frac{1}{3} + \cdots + \frac{1}{s-1} + \frac{1}{s} = \sum_{m=1}^{s} \frac{1}{m} \tag{126}$$

을 얻는다. 최종적으로, $J_0(x)$와 서로 독립인 해는

$$y_2(x) = J_0(x)\ln x - \sum_{s=1}^{\infty} \frac{(-1)^s}{s!s!}\left(\frac{x}{2}\right)^{2s} h_s \tag{127}$$

으로 결정된다. 그러나, 관습상 $y_2(x)$와 $J_0(x)$의 1차결합을 이용하여 0차 제2종 베셀함수

$$Y_0(x) = \frac{2}{\pi}\left[J_0(x)\left(\ln\frac{x}{2} + \gamma\right) - \sum_{s=1}^{\infty} \frac{(-1)^s}{s!s!}\left(\frac{x}{2}\right)^{2s} h_s\right] \tag{128}$$

를 정의하여 사용한다. 위에서 Euler 상수

$$\gamma = \lim_{s\to\infty}(h_s - \ln s) = 0.5772\cdots$$

이다. 이것은 식 (75)로 정의한 **제2종 베셀함수의 다른 표현이라고 할 수 있다.** ◀

☑ 식 (85)로부터 $dJ_0/dx = -J_1$을 사용해도 된다. 또한, 식 (128)로 주어지는 제2종 베셀함수 $Y_0(x)$를 $J_0(x)$와 비교하면

$$J_0(x) = \sum_{s=0}^{\infty} \frac{(-1)^s}{s!s!}\left(\frac{x}{2}\right)^{2s}$$

$$Y_0(x) = \frac{2}{\pi}\left[J_0(x)\left(\ln\frac{x}{2} + \gamma\right) - \sum_{s=0}^{\infty} \frac{(-1)^s}{s!s!}\left(\frac{x}{2}\right)^{2s} h_s\right]$$

와 같이 h_s를 제외한 급수부분의 모양이 같다는 것을 알 수 있다(위에서, $h_0 = 0$이다). 마찬가지로, n차 제2종 베셀함수는

$$J_n(x) = \sum_{s=0}^{\infty} \frac{(-1)^s}{s!(s+n)!}\left(\frac{x}{2}\right)^{2s+n}$$

$$Y_n(x) = \frac{2}{\pi}\left[J_n(x)\left(\ln\frac{x}{2} + \gamma\right) - \sum_{s=0}^{\infty} \frac{(-1)^s}{s!(s+n)!}\left(\frac{x}{2}\right)^{2s+n} \frac{(h_s + h_{s+n})}{2}\right]$$

$$-\frac{1}{\pi}\sum_{s=0}^{n-1} \frac{(n-s-1)!}{s!}\left(\frac{x}{2}\right)^{2s-n}$$

의 형태로 주어진다.

****초기하방정식.** 가우스의 초기하(超幾何; hypergeometric) 방정식은

$$x(1-x)y'' + [c - (a+b+1)x]y' - aby = 0 \tag{129}$$

으로 주어지는 미분방정식을 말한다(단, $c \neq 0, -1, -2, -3, \cdots$). 프로베니우스 방법으로 해를 구하기 위해

$$\begin{aligned}
xy'' &= \sum_{s=0}^{\infty} A_s(\lambda+s)(\lambda+s-1)x^{\lambda+s-1} \xrightarrow{\text{(1 up)}} \\
&= \sum_{s=-1}^{\infty} A_{s+1}(\lambda+s+1)(\lambda+s)x^{\lambda+s} \\
-x^2y'' &= \sum_{s=0}^{\infty} (-A_s)(\lambda+s)(\lambda+s-1)x^{\lambda+s} \\
cy' &= \sum_{s=0}^{\infty} (cA_s)(\lambda+s)x^{\lambda+s-1} \xrightarrow{\text{(1 up)}} \\
&= \sum_{s=-1}^{\infty} (cA_{s+1})(\lambda+s+1)x^{\lambda+s} \\
-(a+b+1)xy' &= \sum_{s=0}^{\infty} -(a+b+1)A_s(\lambda+s)x^{\lambda+s} \\
-aby &= \sum_{s=0}^{\infty} (-abA_s)x^{\lambda+s}
\end{aligned} \tag{130}$$

즉,

$$\begin{aligned}
&\sum_{s=-1}^{\infty} [A_{s+1}(\lambda+s+1)(\lambda+s)+(cA_{s+1})(\lambda+s+1)]x^{\lambda+s} \\
&\quad + \sum_{s=0}^{\infty} [(-A_s)(\lambda+s)(\lambda+s-1)-(a+b+1)A_s(\lambda+s)-abA_s]x^{\lambda+s} = 0
\end{aligned}$$

을 정리하여,

- $s=-1 \quad \Rightarrow \quad \lambda(\lambda-1)+c\lambda=0, \quad \therefore \lambda_1=0,\ \lambda_2=1-c$
- $s \geq 0 \quad \Rightarrow \quad A_s[-(\lambda+s)(\lambda+s-1)-(a+b+1)(\lambda+s)-ab]$
  $+A_{s+1}[(\lambda+s+1)(\lambda+s)+c(\lambda+s+1)]=0$

에서 반복공식을 찾으면

$$A_{s+1} = \frac{(\lambda+s+a)(\lambda+s+b)}{(\lambda+s+1)(\lambda+s+c)}A_s. \tag{131}$$

초기하 미분방정식의 $\lambda_1=0$에 대응하는 해를 구하기로 하면, 반복공식은

$$A_{s+1} = \frac{(s+a)(s+b)}{(s+1)(s+c)}A_s \tag{132}$$

가 되고, $s=0, 1, 2, 3, \cdots$을 계속 대입하여

$$\begin{aligned}
A_1 &= \frac{(a)(b)}{1(c)}A_0 \\
A_2 &= \frac{(a+1)(b+1)}{2(c+1)}A_1 \\
&= \frac{(a+1)(b+1)}{2(c+1)}\frac{(a)(b)}{1(c)}A_0 \\
&= \frac{a(a+1)b(b+1)}{(2\cdot1)c(c+1)}A_0
\end{aligned} \tag{133}$$

등이 되므로

$$y_1(x) = 1 + \frac{a \cdot b}{c}\frac{x}{1!} + \frac{a(a+1)b(b+1)}{c(c+1)}\frac{x^2}{2!} + \cdots \tag{134}$$

을 얻는다. 여기서,

$$(a)_0 = 1, \quad (a)_s = a(a+1)(a+2)\cdots(a+s-1) = \frac{(a+s-1)!}{(a-1)!} \tag{135}$$

로 약속하면 초기하함수(hypergeometric function) $F(a, b, c\,; x)$를

$$F(a,b,c\,;x) \equiv \sum_{s=0}^{\infty} \frac{(a)_s (b)_s}{(c)_s}\frac{x^s}{s!} \tag{136}$$

와 같이 정의할 수 있다.

연습문제

※ 다음의 미분방정식의 한 독립해를 무한급수 형태로 구하고 다른 독립해는 어떤 형태로 주어지는가를 말하라.

[1] $x^2 y'' - 2xy' + 2y = 0$

[2] $xy'' - y' + 4x^3 y = 0$

[3] $x(x-1)y'' + (3x-1)y' + y = 0$

[4] $(x^2 - x)y'' - xy' + y = 0$

[5] $xy'' + 3y' + 4x^3 y = 0$

[6] $16x^2 y'' + 3y = 0$

*[7] $(3x^2 + 2x)y'' + 6(x+1)y' - 6y = 0$

*[8] $x(x+1)^2 y'' - (x^2 - 1)y' + (x-1)y = 0$

※ 초기하 함수에 대하여 다음을 증명하여라.

[9] 구간 $|x| < 1$에서 수렴한다.

[10] a 또는 b가 음의 정수이면 다항식으로 된다.

[11] $\dfrac{dF(a,b,c\,;x)}{dx} = \dfrac{ab}{c} F(a+1,\ b+1,\ c+1\,;x)$

[12] $\dfrac{d^2 F(a,b,c\,;x)}{dx^2} = \dfrac{a(a+1)b(b+1)}{c(c+1)} F(a+2,\ b+2,\ c+2\,;x)$

[13] $\dfrac{1}{1-x} = F(1,1,1\,;x)$

[14] $(1+x)^n = F(-n,1,1\,;-x), \quad (1-x)^n = 1 - nxF(1-n,1,2\,;x)$

[15] $\ln(1+x) = xF(1,1,2\,;-x), \quad \ln\dfrac{1+x}{1-x} = 2xF\left(\dfrac{1}{2},1,\dfrac{3}{2}\,;x^2\right)$

*[16] $\tan^{-1}x = xF\left(\dfrac{1}{2},1,\dfrac{3}{2}\,;-x^2\right), \quad \sin^{-1}x = xF\left(\dfrac{1}{2},\dfrac{1}{2},\dfrac{3}{2}\,;x^2\right)$ (0−6절 참조)

*[17] 미분방정식 $(x^2 + Ax + B)y'' + (Cx + D)y' + Ey = 0$의 해를 급수해법으로 구하려고 한다(단, A, B, C, D, E는 상수). 만일 $x^2 + Ax + B = (x-\alpha)(x-\beta)$ 라고 하면 변수변환

$\xi = \dfrac{x-\alpha}{\beta-\alpha}$를 통하여 주어진 미분방정식을 초기하방정식으로 바꿀 수 있는 것을 보여라.

✅ $x-\alpha = (\beta-\alpha)\xi$, $x-\beta = (\beta-\alpha)(\xi-1)$이고, 또한 $\dfrac{d}{dx} = \dfrac{1}{\beta-\alpha}\dfrac{d}{d\xi}$이므로 주어진 미분방정식은

$$\xi(1-\xi)\frac{d^2y}{d\xi^2} + \left[\frac{C\alpha+D}{\alpha-\beta} - C\xi\right]\frac{dy}{d\xi} - Ey = 0$$

으로 된다. 여기서, 초기하방정식의 계수와 비교하면 $c = \dfrac{C\alpha+D}{\alpha-\beta}$, $a+b+1 = C$, $ab = E$를 만족하는 a, b, c에 관한 초기하함수가 해가 되는 것을 알 수 있다.

**[18] (Frobenius 방법의 증명) $y'' + \dfrac{a_0+a_1x+\cdots}{x}y' + \dfrac{b_0+b_1x+\cdots}{x^2}y = 0$으로 주어진 미분방정식의 서로 다른 독립해는 표 3.3에 보인 바와 같음을 증명하라.

✅ 지수방정식 $\lambda(\lambda-1) + a_0\lambda + b_0 = 0$의 두 근을 $\lambda = \alpha, \beta$라고 하자(단, $\alpha \ge \beta$). 이때, $\alpha \ge \beta$이므로 한 독립해는 $y_1 = x^\alpha(A_0 + A_1x + A_2x^2 + \cdots)$의 형태로 주어진다(단, $A_0 \ne 0$).

① 만일 $\alpha - \beta \ne$ 정수라고 하면 급수해 $y_2 = x^\beta(B_0 + B_1x + B_2x^2 + \cdots)$에 대해서

$$\frac{y_1}{y_2} = \frac{x^\alpha(A_0 + A_1x + A_2x^2 + \cdots)}{x^\beta(B_0 + B_1x + B_2x^2 + \cdots)} = x^{\alpha-\beta}\frac{A_0 + A_1x + A_2x^2 + \cdots}{B_0 + B_1x + B_2x^2 + \cdots}$$

은 상수가 아니므로 y_1과 y_2는 서로 다른 독립해이다.

② 지수방정식이 중근을 가지는 경우 $\alpha = \beta = \dfrac{1-a_0}{2}$이다. 이 경우, 차수내림의 공식 $y_2 = y_1\int\dfrac{1}{py_1^2}$을 다음과 같이 이용한다(2장 참조). 테일러 전개 $e^x = 1 + x + \dfrac{x^2}{2!} + \cdots$을 이용하면

$$\begin{aligned} p &= e^{\int\frac{a_0+a_1x+a_2x^2\cdots}{x}} = e^{a_0\ln x + a_1x + \frac{a_2}{2}x^2 + \cdots} \\ &= x^{a_0}e^{a_1x+\frac{a_2}{2}x^2+\cdots} = x^{a_0}(1 + c_1x + c_2x^2 + \cdots) \end{aligned}$$

으로 나타낼 수 있다. 편의상, $A_0 = 1$로 두면

$$y_1^2 = x^{2\alpha}(1 + A_1x + A_2x^2 + \cdots)^2 = x^{2\alpha}(1 + d_1x + d_2x^2 + \cdots)$$

이므로

$$py_1^2 = x^{a_0}(1 + c_1x + \cdots) \times x^{2\alpha}(1 + d_1x + d_2x^2 + \cdots) = x^{a_0+2\alpha}(1 + f_1x + f_2x^2 + \cdots)$$

과 같이 쓸 수 있다. 이때, 중근인 경우 $a_0 + 2\alpha = 1$이므로

$$\frac{1}{py_1^2} = \frac{1}{x(1 + f_1x + f_2x^2 + \cdots)} = \frac{1}{x}(1 + g_1x + g_2x^2 + \cdots) = \frac{1}{x} + g_1 + g_2x + \cdots$$

으로 전개되고

$$y_2 = y_1\int\frac{1}{py_1^2} = y_1\int\left(\frac{1}{x} + g_1 + g_2x + \cdots\right) = y_1\ln x + y_1\left(g_1x + \frac{g_2}{2}x^2 + \cdots\right)$$

을 얻는다. 위에서, 뒷부분은

$$\begin{aligned} y_1\left(g_1x + \frac{g_2}{2}x^2 + \cdots\right) &= x^\alpha(1 + A_1x + A_2x^2 + \cdots)\left(g_1x + \frac{g_2}{2}x^2 + \cdots\right) \\ &= x^\alpha(B_1x + B_2x^2 + \cdots) \end{aligned}$$

으로 쓸 수 있으므로 독립해는

$$y_2 = y_1 \int \frac{1}{py_1^2} = y_1 \ln x + x^{\alpha}(B_1 x + B_2 x^2 + \cdots)$$

으로 표현된다(B_0항이 없음에 주의한다).

③ 두 근의 차가 자연수 n인 경우, 즉 $\alpha - \beta = n$인 경우 $\alpha + \beta = 1 - a_0$와 결합하면 $a_0 + 2\alpha = 1 + \alpha - \beta = 1 + n$으로 쓸 수 있다. 따라서,

$$\begin{aligned}\int \frac{1}{py_1^2} &= \int \frac{1}{x^{a_0+2\alpha}(1 + f_1 x + f_2 x^2 + \cdots)} = \int \frac{1}{x^{1+n}}(1 + g_1 x + g_2 x^2 + \cdots) \\ &= \int \left(\frac{1}{x^{1+n}} + \frac{g_1}{x^n} + \frac{g_2}{x^{n-1}} + \cdots + \frac{g_n}{x} + g_{n+1} + \cdots \right) \\ &= -\frac{1}{nx^n} + \frac{g_1}{(1-n)x^{n-1}} + \cdots + g_n \ln x + g_{n+1} x + \cdots \\ &= g_n \ln x + x^{-n}\left[-\frac{1}{n} + \frac{g_1}{(1-n)} x + \cdots + g_{n+1} x^{n+1} + \cdots \right]\end{aligned}$$

이 되고, 계속해서

$$\begin{aligned} y_1 \int \frac{1}{py_1^2} &= g_n y_1 \ln x + y_1 x^{-n}\left[-\frac{1}{n} + \frac{g_1}{(1-n)} x + \cdots + g_{n+1} x^{n+1} + \cdots \right] \\ &= g_n y_1 \ln x + x^{\alpha}(1 + A_1 x + A_2 x^2 + \cdots) \times x^{-n}\left[-\frac{1}{n} + \frac{g_1}{(1-n)} x + \cdots \right]\end{aligned}$$

여기서, $\alpha - n = \beta$를 대입하고 $g_n = k$로 두면

$$y_2 = y_1 \int \frac{1}{py_1^2} = ky_1 \ln x + x^{\beta}(B_0 + B_1 x + B_2 x^2 + \cdots)$$

인 형태의 독립해로 정리된다($k = 0$일 수 있다는 것에 주의한다).

요 약

미분방정식의 해를 멱급수를 이용하여 구하는 방법은

$$\sum_{s=1}^{\infty} sA_s x^{s-1} \xrightarrow{(1\text{ up})} \sum_{s=0}^{\infty} (s+1) A_{s+1} x^s$$

$$\sum_{s=1}^{\infty} sA_s x^{s-1} \xrightarrow{(2\text{ down})} \sum_{s=3}^{\infty} (s-2) A_{s-2} x^{s-3}$$

등의 "up-down" 조작을 사용하여 계수간의 반복관계를 구하는 것이다.

- 멱급수의 수렴반지름

$$|x - x_0| < R, \quad \frac{1}{R} = \lim_{s \to \infty} \left| \frac{A_{s+1}}{A_s} \right|, \quad \frac{1}{R} = \lim_{s \to \infty} |A_s|^{\frac{1}{s}}$$

- 멱급수법 적용의 유형 (표 3.3과 병행)

① $y'' + a(x)y' + b(x)y = 0$의 경우, $y = \sum_{s=0}^{\infty} A_s (x - x_0)^s$

② $y'' + \frac{a(x)}{x} y' + \frac{b(x)}{x^2} y = 0$의 경우, $y = \sum_{s=0}^{\infty} A_s x^{\lambda + s}$, $A_0 \neq 0$

- 멱급수법의 대표적인 응용 예

① 르장드르 방정식: $(1 - x^2)y'' - 2xy' + \mu(\mu + 1)y = 0$

② 베셀방정식: $x^2 y'' + xy' + (x^2 - \nu^2)y = 0$

③ 초기하방정식: $x(1 - x)y'' + [c - (a + b + 1)x]y' - aby = 0$

- 르장드르 방정식의 일반해: $y = c_1 P_n(x) + c_2 Q_n(x)$

중요성질: $\int_{-1}^{1} P_n^2 = \frac{2}{2n+1}$, $xP_n(x) = \frac{(n+1)P_{n+1}(x) + nP_{n-1}(x)}{(2n+1)}$

- 베셀방정식의 일반해: $y = c_1 J_\nu(x) + c_2 Y_\nu(x)$

중요성질: $(x^\nu J_\nu)' = x^\nu J_{\nu-1}$, $(x^{-\nu} J_\nu)' = -x^{-\nu} J_{\nu+1}$

$J_0(0) = 1$, $J_\nu(0) = 0 \quad (\nu \neq 0)$

$J_{-n} = (-1)^n J_n$

- 초기하함수: $x(1 - x)F'' + [c - (a + b + 1)x]F' - abF = 0$

$$\begin{cases} F(a, b, c; x) \equiv \sum_{s=0}^{\infty} \frac{(a)_s (b)_s}{(c)_s} \frac{x^s}{s!} \\ (a)_0 = 1, \quad (a)_s = a(a+1)(a+2)\cdots(a+s-1) = \frac{(a+s-1)!}{(a-1)!} \end{cases}$$

- 프로베니우스 방법: $x^2 y'' + xa(x)y' + b(x)y = 0$

$$y_1(x) = x^\alpha (1 + A_1 x + A_2 x^2 + \cdots)$$

$$y_2(x) = y_1 \int \frac{1}{p y_1^2} = \begin{cases} k y_1 \ln x + x^\beta (1 + B_1 x + B_2 x^2 + \cdots) & \text{정수차} \\ y_1 \ln x + x^\beta (\quad B_1 x + B_2 x^2 + \cdots) & \text{중근} \\ x^\beta (1 + B_1 x + B_2 x^2 + \cdots) & \text{기타의 경우} \end{cases}$$

Chapter 4

라플라스변환

가장 기본적인 더하기 "+" 연산은 이항연산자(二項演算子)로서 $3+2=5$와 같이 임의의 두 수의 조합에 하나의 수가 대응하는 규칙을 정의한 것이며, 수의 공간뿐 아니라 $\sinh x + \cosh x = e^x$에서처럼 함수공간에서도 같은 의미를 가진다. 이와 유사하게, 함수를 단항연산자(單項演算子)로 생각하면, 예를 들어 로그함수인 경우 $a \xrightarrow{\log} A$, $b \xrightarrow{\log} B$라 할 때

$$a \times b \xrightarrow{\log} A + B$$

인 결과를, 연산 "×"가 사상공간(寫像空間; image space)에서는 연산 "+"로 바뀌는

$$\times \xrightarrow{\log} +$$

인 것으로 해석할 수 있다. 또한, 연산 "×"에 대한 항등원인 1의 로그값 $\log 1 = 0$은 사상공간에서의 연산 "+"에 대한 항등원이 됨을 알 수 있다. 이와 같이 어떤 연산이 사상공간에서 보다 쉬운 연산으로 바뀌게 된다면 매우 편리할 것이다. 이 장에서는 함수공간에서의 미분연산과 적분연산을 사상공간에서의 대수적인 연산들(곱셈과 나눗셈)로 대치하는 라플라스변환에 대해 알아본다. 라플라스변환은 특히 불연속적인 함수를 포함하는 미분방정식의 해를 구할 때 매우 중요한 역할을 한다.

4-1 라플라스변환의 정의

정 의. 라플라스변환(變換; Laplace transform)은 $t \geq 0$에서 정의된 함수 $f(t)$를

$$F(s) = \mathscr{L}\{f(t)\} \equiv \int_0^{\infty} e^{-st} f(t)\, dt = \lim_{T \to \infty} \int_0^{T} e^{-st} f(t)\, dt \tag{1}$$

인 적분을 통해서 s를 독립변수로 하는 다른 함수공간으로의 **사상**(寫像; image)을 뜻하고, 이때 $F(s)$를 $f(t)$의 라플라스변환이라고 한다. 편의상 주어진 함수는 영문소문자로 나타내고, 대문자는 라플라스변환을 표시한다. 이 장에서는

$$\mathscr{L}\{f(t)\} = F(s) \qquad \text{또는} \qquad f(t) \xrightarrow{\ \mathscr{L}\ } F(s) \tag{2}$$

로 라플라스변환을 나타내고, 함수 $f(t)$는 $F(s)$의 **역변환**(逆變換; inverse transform)으로 생각하여

$$\mathscr{L}^{-1}\{F(s)\} = f(t) \qquad \text{또는} \qquad F(s) \xrightarrow{\ \mathscr{L}^{-1}\ } f(t) \tag{3}$$

처럼 쓰기로 한다. 또한, 함수 $f(t)$가 정의되는 구간은 t-domain, 그리고 변환 $F(s)$가 정의되는 구간은 s-domain이라고 하여 구분하기로 한다.

라플라스변환의 존재조건과 선형성. 식 (1)로 주어진 적분이 발산하는 경우 라플라스변환이 존재하지 않는 것은 당연한 일이다. 어떤 함수 $f(t)$가

① $0 < a \le t \le b$인 임의의 구간에서 부분연속이다.
② $t \to 0$일 때 $\beta < 1$인 어떤 수에 대해 $t^{\beta}|f(t)|$가 유한하다. (4)
③ $t \to \infty$일 때 어떤 수 β에 대해 $e^{-\beta t}|f(t)|$가 유한하다.

인 조건을 만족하면 함수 $f(t)$의 라플라스변환은 존재한다. 특히, 조건 ③은 적당한 $M > 0$에 대해

$$e^{-\beta t}|f(t)| \le M \quad \Rightarrow \quad |f(t)| \le Me^{\beta t} \tag{5}$$

로 쓸 수 있고, 이것을 이용하면 라플라스변환은

$$\begin{aligned} |\mathscr{L}(f)| = \left| \int_0^{\infty} e^{-st} f(t)\, dt \right| &\le \int_0^{\infty} e^{-st} |f(t)|\, dt \\ &\le \int_0^{\infty} e^{-st} Me^{\beta t}\, dt = \frac{M}{s - \beta} \end{aligned} \tag{6}$$

과 같이 $s > \beta$인 구간에서 존재한다는 것을 알 수 있다.

함수 $f(t)$가 주어진 구간 $[a, b]$에서 유한한 갯수의 각 부분구간에서 연속이고 $|f(t)| < \infty$이면 **부분연속**(部分連續; piecewise continuous)이라고 하며, 그림 4.1에 부분연속 함수의 한 예를 보였다.

경우에 따라서는, 예를 들어 $f(t) = 1/t$은 조건 ②에, $f(t) = \exp(t^2)$은 조건 ③에 위배되어 라플라스변환이 존재하지 않지만, 우리가 알고 있는 대부분의 함수들은 라플라스변환을 가진다고 생각해도 큰 무리가 없다. 앞으로 어떤 함수 $f(t)$의 라플라스변환에 대해 말할 때는 $t < 0$인 구간에서는 항상 $f(t) = 0$인 것으로 약속한다. 만약 라플라스변

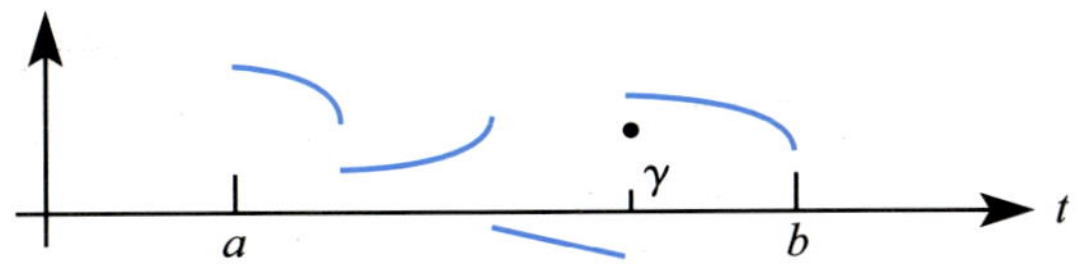

그림 4.1 구간 $[a, b]$에서 부분연속인 함수 $f(t)$의 예

환 $F(s)$가 존재한다면, 식 (1)에서 $s \to \infty$일 때 우변은 0으로 점근(漸近)하므로

$$\lim_{s \to \infty} \mathscr{L}(f) = \lim_{s \to \infty} F(s) = 0 \tag{7}$$

임을 예상할 수 있다. 반면에 $F(s)$가 정의되는 s의 **하한값**(下限値; lower bound)은 특정한 값을 갖는 것이 아니라 경우에 따라 다르게 주어진다.

라플라스변환은 적분으로써 정의되므로 적분이 갖는 성질인

$$\mathscr{L}(c_1 f_1 + c_2 f_2) = c_1 \mathscr{L}(f_1) + c_2 \mathscr{L}(f_2) \tag{8}$$

의 선형성을 가진다.

임의의 불연속점 $t = \gamma$에서 함수의 우방(右方) 및 좌방극한(左方極限)인 $f(\gamma+)$와 $f(\gamma-)$는 아주 중요한 값이지만, 함숫값으로 정의된 $f(\gamma)$ 자체는 (그림 4.1의 까만점) 라플라스변환을 구하는 데 참여하지 않는다.

예제 1 함수 $f(t) = 1$의 라플라스변환을 구하라.

☞

$$\mathscr{L}(1) = \int_0^\infty e^{-st}\, dt = \lim_{T \to \infty} \int_0^T e^{-st}\, dt = \lim_{T \to \infty} \left(\frac{1}{s} - \frac{1}{s} e^{-sT} \right) \tag{9}$$

위 극한은 $s > 0$인 경우에 존재한다. 따라서, $s > 0$일 때 $\mathscr{L}(1) = \frac{1}{s}$.

예제 2 $\mathscr{L}(e^{at})$를 구하라.

☞ 정의로부터

$$\begin{aligned} \mathscr{L}(e^{at}) &= \int_0^\infty e^{at} e^{-st}\, dt = \int_0^\infty e^{-(s-a)t}\, dt \\ &= \left[-\frac{1}{s-a} e^{-(s-a)t} \right]_0^\infty = \frac{1}{s-a} \end{aligned} \tag{10}$$

단, $s > a$이다. ◀

위에서 a가 복소수일 경우에는 $a = a_1 + ia_2$라고 두면 적분값은

$$\begin{aligned} \left[-\frac{1}{s-a_1-ia_2} e^{-(s-a_1-ia_2)t} \right]_0^\infty &= \left[-\frac{1}{s-a_1-ia_2} e^{-(s-a_1)t} e^{ia_2 t} \right]_0^\infty \\ &= \frac{1}{s-a_1-ia_2} = \frac{1}{s-a} \end{aligned}$$

로 마찬가지 결과를 얻는다. 그러나, $\frac{1}{s-a}$의 정의역은 $s>a_1$, 즉 $s>\mathrm{Re}(a)$로 된다. 이 결과는 뒤에서 삼각함수 $\sin at$, $\cos at$의 라플라스변환을 구할 때 사용된다.

예제 3 $\cosh at=\frac{1}{2}(e^{at}+e^{-at})$, $\sinh at=\frac{1}{2}(e^{at}-e^{-at})$를 라플라스변환하라.

☞ 라플라스변환의 선형성에 의해

$$\mathcal{L}(\cosh at)=\mathcal{L}\left\{\frac{1}{2}(e^{at}+e^{-at})\right\}=\frac{1}{2}\left(\frac{1}{s-a}+\frac{1}{s+a}\right)=\frac{s}{s^2-a^2}$$

$$\mathcal{L}(\sinh at)=\mathcal{L}\left\{\frac{1}{2}(e^{at}-e^{-at})\right\}=\frac{1}{2}\left(\frac{1}{s-a}-\frac{1}{s+a}\right)=\frac{a}{s^2-a^2}$$

단, $s>a$이다.

예제 4 삼각함수 $\cos at$, $\sin at$의 라플라스변환을 구하라.

☞ (예제 2)로부터 e^{at}의 변환은 a가 복소수일 때도 가능한 것을 알고 있다. 그런데, $e^{iat}=\cos at+i\sin at$의 좌변을 라플라스변환하면

$$\begin{aligned}\mathcal{L}(e^{iat})&=\frac{1}{s-ia}=\frac{(s+ia)}{(s-ia)(s+ia)}\\&=\frac{s}{s^2+a^2}+i\frac{a}{s^2+a^2}\end{aligned},\quad \text{단, } s>\mathrm{Re}(ia)=0$$

이 되고, $\mathcal{L}(e^{iat})=\mathcal{L}(\cos at+i\sin at)$의 실수부와 허수부를 서로 비교하여

$$\frac{s}{s^2+a^2}+i\frac{a}{s^2+a^2}=\mathcal{L}(\cos at)+i\mathcal{L}(\sin at) \tag{11}$$

로부터

$$\mathcal{L}(\cos at)=\frac{s}{s^2+a^2},\quad \mathcal{L}(\sin at)=\frac{a}{s^2+a^2} \tag{12}$$

위의 결과는 $\sinh iat=i\sin at$, $\cosh iat=\cos at$를 이용하여 구할 수도 있다. 또한, 라플라스변환의 정의와 제0장에서 다룬 적분공식을 이용하여

$$\mathcal{L}(\cos at)=\int_0^\infty e^{-st}\cos at\,dt=\left[\frac{e^{-st}}{s^2+a^2}(-s\cos at+a\sin at)\right]_0^\infty=\frac{s}{s^2+a^2}$$

$$\mathcal{L}(\sin at)=\int_0^\infty e^{-st}\sin at\,dt=\left[\frac{e^{-st}}{s^2+a^2}(-s\sin at-a\cos at)\right]_0^\infty=\frac{a}{s^2+a^2}$$

와 같이 직접 구할 수도 있다(단, $s>0$). ◀

✔ $\mathcal{L}(\cos at)=\frac{s}{s^2+a^2}$, $\mathcal{L}(\sin at)=\frac{a}{s^2+a^2}$로 짝함수인 $\cos at$의 라플라스변환은 홀함수이고, 홀함수인 $\sin at$의 라플라스변환은 짝함수로 바뀌는 것을 기억해 두자.

예제 5 $f(t)=t^n$ $(t>0,\ n=1,2,3,\cdots)$의 라플라스변환을 구하라.

☞ 부분적분을 써서

$$\begin{aligned}\mathcal{L}(t^n) &= \int_0^\infty t^n e^{-st}\,dt = \left[t^n\left(-\frac{1}{s}\right)e^{-st}\right]_0^\infty - \int_0^\infty nt^{n-1}\left(-\frac{1}{s}\right)e^{-st}\,dt \\ &= \frac{n}{s}\int_0^\infty t^{n-1}e^{-st}\,dt \\ &= \frac{n}{s}\mathcal{L}(t^{n-1})\end{aligned} \tag{13}$$

(단, $s > 0$)인 관계를 구하고, 계속 반복하면

$$\begin{aligned}\mathcal{L}(t^n) &= \frac{n}{s}\mathcal{L}(t^{n-1}) = \frac{n}{s}\frac{n-1}{s}\mathcal{L}(t^{n-2}) = \cdots \\ &= \frac{n}{s}\frac{n-1}{s}\cdots\frac{2}{s}\frac{1}{s}\mathcal{L}(1) = \frac{n!}{s^n}\frac{1}{s}\end{aligned} \tag{14}$$

을 얻는다. 보다 효율적으로, 부분적분의 연속수행법을 이용하면

$$\begin{aligned}\mathcal{L}(t^n) &= \int_0^\infty t^n e^{-st}\,dt \\ &= \left[t^n\left(-\frac{1}{s}\right)e^{-st} - nt^{n-1}\left(-\frac{1}{s}\right)^2 e^{-st} + n(n-1)t^{n-2}\left(-\frac{1}{s}\right)^3 e^{-st} - \cdots\right]_0^\infty \\ &= \left[\left\{-\frac{t^n}{s} - \frac{nt^{n-1}}{s^2} - \frac{n(n-1)t^{n-2}}{s^3} - \cdots - \frac{n!}{s^{n+1}}\right\}e^{-st}\right]_0^\infty \\ &= \frac{n!}{s^{n+1}}.\end{aligned}$$

다른 방법으로는 $st = x$로 치환하여

$$\begin{aligned}\mathcal{L}(t^n) &= \int_0^\infty t^n e^{-st}\,dt = \int_0^\infty \left(\frac{x}{s}\right)^n e^{-x}\frac{dx}{s} \\ &= \frac{1}{s^{n+1}}\int_0^\infty x^n e^{-x}\,dx\end{aligned} \tag{15}$$

를 얻고, 계승함수의 정의 $\alpha! = \int_0^\infty x^\alpha e^{-x}\,dx$로부터(제0장 참조)

$$\mathcal{L}(t^n) = \frac{n!}{s^{n+1}} \quad ◀$$

✔ $\mathcal{L}(t^n) = \frac{(n+1)!}{s^{n+1}}$과 같은 실수를 피하려면 $\mathcal{L}\left(\frac{t^n}{n!}\right) = \frac{1}{s^{n+1}}$로 기억한다.

예제 6 $\frac{1}{(s-a)(s-b)}$의 라플라스 역변환을 구하라.

☞ 주어진 식을 부분분수로 나타내면(✔ 참조)

$$\frac{1}{(s-a)(s-b)} = \frac{1}{a-b}\left(\frac{1}{s-a} - \frac{1}{s-b}\right) \tag{16}$$

로 되고, 표 4.1에서 $\mathcal{L}^{-1}\left(\frac{1}{s-a}\right) = e^{at}$이므로

$$\begin{aligned}\mathcal{L}^{-1}\left[\frac{1}{(s-a)(s-b)}\right] &= \frac{1}{a-b}\mathcal{L}^{-1}\left(\frac{1}{s-a} - \frac{1}{s-b}\right) \\ &= \frac{1}{a-b}(e^{at} - e^{bt}) \quad ◀\end{aligned} \tag{17}$$

표 4.1 기본적인 함수의 라플라스변환

$\mathcal{L}(1)=\frac{1}{s},\quad s>0$	$\mathcal{L}(\cos at)=\frac{s}{s^2+a^2},\quad s>0$
$\mathcal{L}\left(\frac{t^n}{n!}\right)=\frac{1}{s^{n+1}},\quad n=1,2,3,\cdots,\ s>0$	$\mathcal{L}(\sin at)=\frac{a}{s^2+a^2},\quad s>0$
$\mathcal{L}\left(\frac{t^\alpha}{\alpha!}\right)=\frac{1}{s^{\alpha+1}},\quad \alpha>-1,\ s>0$	$\mathcal{L}(\cosh at)=\frac{s}{s^2-a^2},\quad s>a$
$\mathcal{L}(e^{at})=\frac{1}{s-a},\quad s>a$	$\mathcal{L}(\sinh at)=\frac{a}{s^2-a^2},\quad s>a$

$\frac{1}{(s-a)(s-b)}=\frac{A}{s-a}+\frac{B}{s-b}\Rightarrow 1=A(s-b)+B(s-a)$인 항등식으로부터 계수 A, B를 구한 것으로 생각한다. 부분분수에 대해서는 4-6절에서 상세하게 다룰 것이다.

연습문제

[1] 다음 함수의 라플라스변환을 구하라.

(a) $2t-3$ (b) $\sin^2 t$ (c) e^{at+b} (d) $\cos(at+b)$

[2] $0<t<1$에서는 $f(t)=1$, 이외의 구간에서는 $f(t)=0$인 함수를 라플라스변환하라.

[3] 다음 함수의 라플라스 역변환을 구하라.

(a) $\frac{2}{s-1}$ (b) $\frac{1}{(s+a)(s+b)}$ (c) $\frac{s+1}{s^2-1}$ (d) $\frac{1}{s}+\frac{1}{s^2}+\frac{1}{s^3}+\frac{1}{s^4}+\cdots$

[4] $\mathcal{L}(c_1f_1+c_2f_2)=c_1\mathcal{L}(f_1)+c_2\mathcal{L}(f_2)$를 증명하라.

[5] $\Gamma(1/2)=\left(-\frac{1}{2}\right)!=\sqrt{\pi}$를 이용하여 $\mathcal{L}\left(\frac{1}{\sqrt{t}}\right)=\sqrt{\frac{\pi}{s}}$임을 보여라.

4-2 미분, 적분과 라플라스변환

미적분 연산의 라플라스변환. 라플라스변환이 갖는 가장 유용한 성질은 미적분 연산을 다루는 데에서 나타난다. 아래에서는 미분과 적분이 충분히 가능한 것으로 가정하고 라플라스변환이 갖는 몇 가지 성질을 간략히 설명하기로 한다.

A $\mathcal{L}\left(\frac{df}{dt}\right)=s\mathcal{L}(f)-f(0),\quad t$-domain에서의 미분

▶ 라플라스변환의 정의와 부분적분을 이용하면

$$\begin{aligned}\mathcal{L}\left(\frac{df}{dt}\right)&=\int_0^\infty \frac{df(t)}{dt}e^{-st}\,dt\\&=\left[f(t)e^{-st}\right]_0^\infty-\int_0^\infty f(t)[-se^{-st}]\,dt=-f(0)+s\mathcal{L}(f)\end{aligned}\tag{18}$$

위의 관계식이 성립하기 위해서는

① $\mathscr{L}(f)$가 존재하고, $f(t)$는 연속

② df/dt는 t-domain에서 부분연속 (19)

인 조건이 만족되어야 한다. 여기서, df/dt는 부분연속이어도 되지만 $f(t)$는 모든 $t \geq 0$에서 연속이어야 하는 것을 주목한다(불연속의 경우는 4-4절 연습문제 참조).

B $\mathscr{L}\left\{\int_0^t f(\tau)\,d\tau\right\} = \frac{1}{s}\mathscr{L}(f)$, t-domain에서의 적분

▶ **A**의 결과를 다음과 같이 이용한다.

$$\begin{aligned}\mathscr{L}(f) &= \mathscr{L}\left\{\frac{d}{dt}\int_0^t f(\tau)\,d\tau\right\}\\ &= s\mathscr{L}\left\{\int_0^t f(\tau)\,d\tau\right\} - \left[\int_0^t f(\tau)\,d\tau\right]_{t=0}\\ &= s\mathscr{L}\left\{\int_0^t f(\tau)\,d\tau\right\}\end{aligned} \tag{20}$$

C $\mathscr{L}\{tf(t)\} = -\frac{d}{ds}\mathscr{L}(f)$, s-domain에서의 미분

▶ 라이프니츠의 규칙(Leibniz's rule)

$$\frac{d}{dx}\int_a^b f(x,v)\,dv = \int_a^b \frac{\partial}{\partial x} f(x,v)\,dv + f(x,b)\frac{\partial b}{\partial x} - f(x,a)\frac{\partial a}{\partial x} \tag{21}$$

를 이용하면

$$\begin{aligned}\frac{d}{ds}\mathscr{L}(f) &= \frac{d}{ds}\int_0^\infty f(t)\,e^{-st}\,dt\\ &= \int_0^\infty \frac{\partial}{\partial s}[f(t)\,e^{-st}]\,dt\\ &= \int_0^\infty [-tf(t)\,\bar{e}^{st}]\,dt\end{aligned} \tag{22}$$

D $\mathscr{L}\left\{\frac{f(t)}{t}\right\} = -\int_\infty^s \mathscr{L}(f)$, s-domain에서의 적분

▶ $\mathscr{L}(f) = F(s) = \int_0^\infty f(t)e^{-st}\,dt$를 구간 $\int_\infty^s$에서 다시 적분하고, 이때 적분의 순서를 바꿀 수 있다고 하면

$$\begin{aligned}-\int_\infty^s \mathscr{L}(f) &= \int_s^\infty F(v)\,dv = \int_s^\infty \int_0^\infty f(t)\,e^{-vt}\,dt\,dv\\ &= \int_0^\infty f(t)\left(\int_s^\infty e^{-vt}\,dv\right)dt\\ &= \int_0^\infty f(t)\left[-\frac{1}{t}e^{-vt}\right]_{v=s}^{v=\infty}dt\\ &= \int_0^\infty \frac{f(t)}{t}\,e^{-st}\,dt\end{aligned} \tag{23}$$

미적분 변환의 단축키. 위에 열거한, 미분과 적분을 포함하는 라플라스변환의 성질을 다른 각도에서 해석해 보자. 성질 **B**에서 적분변수를 생략하면 $\mathscr{L}\left(\int_0^t f\right) = \frac{1}{s}\mathscr{L}(f)$가 되고, t-domain의 f와 s-domain의 $\mathscr{L}(f)$에 각각 작용하는 연산의 내용만을 적어보면

$$\int_0^t \overset{\mathscr{L}}{\sim} \frac{1}{s} \tag{24}$$

과 같이 라플라스변환에 의해 적분연산이 $1/s$을 곱하는 연산으로 바뀌는 것으로 생각한다. 이때, 적분은 미분의 역산이므로 $\frac{d}{dt} \equiv D,\ \int_0^t \equiv \frac{1}{D}$이라고 하면,

$$\frac{1}{D} \overset{\mathscr{L}}{\sim} \frac{1}{s} \tag{25}$$

인 간결하고 함축적인 표현으로 된다. s-domain에서는 $\frac{d}{ds} \equiv D,\ \int_\infty^s \equiv \frac{1}{D}$이라고 놓으면 성질 **C**, **D**는 비슷한 방법으로

$$t \overset{\mathscr{L}}{\sim} -D,\quad \frac{1}{t} \overset{\mathscr{L}}{\sim} -\frac{1}{D} \tag{26}$$

로 나타낼 수 있다. 계속하여 성질 **A**는

$$D \overset{\mathscr{L}}{\sim} s - \emptyset$$

으로 초기값 $f(0)$를 $\emptyset$이라고 쓰면 그런대로 간결한 형태가 된다. 따라서, 표 4.2에서 오른쪽의 함축된 내용은 비록 엄밀한 표현은 아니지만 쉽게 잊어버리지 않는 전화기의 단축키를 사용하는 것과 같은 편리함을 제공할 것이다.

☑ 표 4.2에 보인 라플라스변환의 단축키 중에서 $D \sim s - \emptyset$의 $\emptyset$이 없다면 $D \sim s$로 되어 $\frac{1}{D} \sim \frac{1}{s}$과 대응할 것처럼 보인다. 그러나, 정말로 $D \sim s$로 된다면 초기값 문제를 풀 수 있는 실마리가 끊어져 라플라스변환의 유용성이 사라지게 된다.

미적분 변환의 응용. 이제부터, 라플라스변환의 성질을 활용한 예를 살펴보자. $D \sim s - \emptyset$과 식 (7)을 조합하면

$$\lim_{s\to\infty} \mathscr{L}(f') = 0 = \lim_{s\to\infty} [s\mathscr{L}(f) - f(0)] \tag{27}$$

임을 이용하여

$$\lim_{s\to\infty} s\mathscr{L}(f) = \lim_{s\to\infty} sF(s) = f(0) \tag{28}$$

인 관계식을 얻을 수 있다. 이 식은 함수의 초기값을 구할 때 긴요한 역할을 하며, $t \to 0$과 $s \to \infty$ 사이의 (엄밀한 의미는 아니지만) 대응관계를 암시한다. 사실은 표 4.2에서 $\frac{1}{D} = \int_0^t$ 또는 $\int_\infty^s$ 로 정의한 것은 이러한 대응관계를 이용한 것이다.

☑ $\mathscr{L}\left\{\frac{f(t)}{t}\right\} = \int_s^\infty F(v)\,dv$인 형태로 쓰는 것이 당연한 것 같지만 사실은 $t \to 0$과 $s \to \infty$의 상징적인 대응관계에 비추어보면 생각보다 부자연스러운 표현이다. 실제로 표 4.2의 단축키

표 4.2 미적분과 연관된 라플라스변환의 성질과 효과적인 표현법

미적분 변환공식	단축형(短縮形)*	
$\mathscr{L}\left\{\dfrac{df(t)}{dt}\right\} = sF(s) - f(0)$	$D \sim s - \emptyset$	$D^n \sim s^n - \sum \emptyset$**
$\mathscr{L}\left\{\int_0^t f(\tau)\,d\tau\right\} = \frac{1}{s}F(s)$	$\frac{1}{D} \sim \frac{1}{s}$	$\left(\frac{1}{D}\right)^n \sim \frac{1}{s^n}$
$\mathscr{L}\{tf(t)\} = -\dfrac{dF(s)}{ds}$	$t \sim -D$	$t^n \sim (-D)^n$
$\mathscr{L}\left\{\dfrac{f(t)}{t}\right\} = -\int_\infty^s F(v)\,dv$	$\frac{1}{t} \sim -\frac{1}{D}$	$\frac{1}{t^n} \sim \left(-\frac{1}{D}\right)^n$

*$D = \frac{d}{dt}$ 또는 $\frac{d}{ds}$, $\frac{1}{D} = \int_0^t$ 또는 $\int_\infty^s$를 의미, **(예제 11) 참조

부호가 짝이 맞지 않게 된다.

예제 7 $f(t) = J_0(t) = 1 - \frac{1}{1!1!}\left(\frac{t}{2}\right)^2 + \frac{1}{2!2!}\left(\frac{t}{2}\right)^4 - \frac{1}{3!3!}\left(\frac{t}{2}\right)^6 + \cdots$의 라플라스변환이 $F(s) = \dfrac{C}{\sqrt{s^2+1}}$라 할 때, 상수 C의 값을 구하라.

☞ 식 (28)에서 $\lim_{s\to\infty} sF(s) = \lim_{s\to\infty} s\dfrac{C}{\sqrt{s^2+1}} = C = J_0(0) = 1$이므로 $C = 1$.

예제 8 $n = 1, 2, 3, \cdots$에 대해서 $\mathscr{L}(t^n)$을 표 4.2의 성질과 $\mathscr{L}(1) = 1/s$을 이용하여 구하라.

☞ $1 \xrightarrow{\mathscr{L}} \frac{1}{s}$인 결과에 표 4.2의 $t^n \sim (-D)^n$을 적용하면

$$t^n \cdot 1 \xrightarrow{\mathscr{L}} (-D)^n \frac{1}{s}$$

$$\mathscr{L}(t^n) = \left(-\frac{d}{ds}\right)^n \frac{1}{s} \tag{29}$$

로 되고,

$$-\frac{d}{ds}(s^{-1}) = s^{-2}, \quad -\frac{d}{ds}(s^{-2}) = 2!s^{-3}, \quad -\frac{d}{ds}(2!s^{-3}) = 3!s^{-4}$$

등으로 계속 반복하면

$$\mathscr{L}(t^n) = \left(-\frac{d}{ds}\right)^n \frac{1}{s} = n!s^{-n-1} = \frac{n!}{s^{n+1}} \tag{30}$$

임을 유도할 수 있다. 다른 방법으로는 $\left(\frac{1}{D}\right)^n \sim \frac{1}{s^n}$을 이용하는 방법으로서

$$\left(\frac{1}{D}\right)^n 1 \xrightarrow{\mathscr{L}} \frac{1}{s^n}\frac{1}{s} \quad \Rightarrow \quad \mathscr{L}\left(\int_0^t \int_0^t \cdots \int_0^t 1\,dt\right) = \mathscr{L}\left(\frac{t^n}{n!}\right) = \frac{1}{s^n}\frac{1}{s}$$

예제 9 $F(s) = \ln\left(\dfrac{s+a}{s-a}\right)$가 되는 함수 $f(t)$를 구하라.

☞ $f(t) \xrightarrow{\mathscr{L}} \ln\left(\frac{s+a}{s-a}\right)$라 두고 $t \sim -D = -\frac{d}{ds}$를 사용하면

$$tf(t) \xrightarrow{\mathscr{L}} -\frac{d}{ds}\ln\left(\frac{s+a}{s-a}\right) = -\frac{1}{s+a} + \frac{1}{s-a} \tag{31}$$

그런데

$$\mathscr{L}^{-1}\left\{-\frac{1}{s+a} + \frac{1}{s-a}\right\} = -e^{-at} + e^{at}$$

인 결과로부터 $tf(t) = e^{at} - e^{-at}$, 즉

$$f(t) = \frac{1}{t}(e^{at} - e^{-at}) = \frac{2\sinh at}{t} \tag{32}$$

예제 10 $\frac{1}{t}(1-\cos at)$의 라플라스변환을 구하라.

☞ 먼저, $\mathscr{L}(1-\cos at) = \frac{1}{s} - \frac{s}{s^2+a^2}$를 구하고, $\frac{1}{t} \sim -\frac{1}{D}$을 이용하면

$$\begin{aligned}\mathscr{L}\left\{\frac{1}{t}(1-\cos at)\right\} &= -\int_{\infty}^{s}\left(\frac{1}{s} - \frac{s}{s^2+a^2}\right)ds \\ &= \left[-\ln s + \frac{1}{2}\ln(s^2+a^2)\right]_{\infty}^{s} \\ &= \left[\frac{1}{2}\ln\frac{s^2+a^2}{s^2}\right]_{\infty}^{s} \\ &= \frac{1}{2}\ln\left(1+\frac{a^2}{s^2}\right)\end{aligned} \tag{33}$$

◀

여기서, 주의할 점은 $\frac{1}{t}$ 자체의 라플라스변환은 존재하지 않는다는 것이다[식 (4)의 조건 ②를 참조]. 이는 $\mathscr{L}\left\{\frac{1}{t}\right\} = -\int_{\infty}^{s}\frac{1}{s}ds$의 적분이 존재하지 않는 것과 같은 의미가 된다.

예제 11 n계 도함수의 라플라스변환 $\mathscr{L}\left\{\frac{d^n}{dt^n}f(t)\right\}$를 구하라.

☞ $D \sim s - \emptyset$을 2계 도함수에 적용하면,

$$\begin{aligned}\mathscr{L}\left(\frac{d^2}{dt^2}f\right) &= s\mathscr{L}\left(\frac{d}{dt}f\right) - \frac{d}{dt}f(0) \\ &= s[s\mathscr{L}(f) - f(0)] - \frac{d}{dt}f(0)\end{aligned} \tag{34}$$

이 되고, 계속적으로 반복하면

$$\mathscr{L}\left(\frac{d^n}{dt^n}f\right) = s^n\mathscr{L}(f) - s^{n-1}f(0) - s^{n-2}\frac{d}{dt}f(0) - \cdots - \frac{d^{n-1}}{dt^{n-1}}f(0) \tag{35}$$

또는 $D = d/dt$로 두고

$$\mathscr{L}(D^n f) = s^n\mathscr{L}(f) - \{s^{n-1} + s^{n-2}D + \cdots + D^{n-1}\}f(0) \tag{36}$$

단, 위의 결과가 성립하기 위해서는

① $D^n f(t) = f^{(n)}(t)$는 t-domain에서 부분연속

② $f(t), f'(t), f''(t), \cdots, f^{(n-1)}(t)$는 연속이면서 라플라스변환을 가진다

인 두 조건이 만족되어야 한다. ◀

실제로 $\mathscr{L}(1) = 1/s$이므로 $\mathscr{L}$를 대충 s^{-1}차원으로 보면 $s^2\mathscr{L}(f)$는 s^1차원, $sf(0)$도 s^1차원, $f'(0)$은 미분값이므로 $D \sim s - \emptyset$에 의해 s^1차원으로 볼 수 있고, 따라서 $\mathscr{L}(f'') = s^2\mathscr{L}(f) - sf(0) - f'(0)$의 우변은 모두 s^1차원으로 볼 수 있다. 이때, 좌변도 역시 $s^{-1} \cdot s^2 = s^1$ 차원이다! 이러한 관점에서 보면 $\mathscr{L}(f'') = s^2\mathscr{L}(f) - sf'(0) - f(0)$으로 잘못 쓰는 것은(미분의 위치를 살펴보라) 1 kg = 1 m라고 하는 것과 다름없는 실수이다.

예제 12 $F(s) = \dfrac{1}{s^2(s^2+a^2)}$이 되는 함수 $f(t)$를 구하라.

☞
$$\frac{1}{s^2+a^2} \xrightarrow{\mathscr{L}^{-1}} \frac{1}{a}\sin at \tag{37}$$

를 기본으로 하여 $\dfrac{1}{D} \sim \dfrac{1}{s}$을 연속 두 번 적용하면

$$\frac{1}{s}\frac{1}{s^2+a^2} \xrightarrow{\mathscr{L}^{-1}} \int_0^t \frac{1}{a}\sin at\, dt = \frac{1}{a^2}(1-\cos at)$$
$$\frac{1}{s^2}\frac{1}{s^2+a^2} \xrightarrow{\mathscr{L}^{-1}} \int_0^t \frac{1}{a^2}(1-\cos at)\, dt = \frac{1}{a^2}\left(t - \frac{1}{a}\sin at\right)$$

의 결과를 구할 수 있다. 또다른 방법은 부분분수로 분해하여

$$\begin{aligned}\mathscr{L}^{-1}\left(\frac{1}{s^2}\frac{1}{s^2+a^2}\right) &= \frac{1}{a^2}\mathscr{L}^{-1}\left(\frac{1}{s^2} - \frac{1}{s^2+a^2}\right) \\ &= \frac{1}{a^2}\left(t - \frac{1}{a}\sin at\right)\end{aligned} \tag{38}$$

***예제 13** $\mathscr{L}\{f(t)\} = \cot^{-1}s$가 되는 함수 $f(t)$를 구하라.

☞ 얼핏 보기에는 어려운 문제 같지만 라플라스변환의 기본공식을 차근차근 따져보면 해결의 실마리가 잡힌다. 즉, 다음의 여러 연산에서

	$f(t) \xrightarrow{\mathscr{L}} \cot^{-1}s$
① $D \sim s - \emptyset$	$\dfrac{d}{dt}f(t) \xrightarrow{\mathscr{L}} s\cot^{-1}s - f(0)$
② $\dfrac{1}{D} \sim \dfrac{1}{s}$	$\displaystyle\int_0^t f(t)\,dt \xrightarrow{\mathscr{L}} \frac{\cot^{-1}s}{s}$
③ $\dfrac{1}{t} \sim -\dfrac{1}{D}$	$\displaystyle\frac{1}{t}f(t) \xrightarrow{\mathscr{L}} -\int_\infty^s \cot^{-1}s\,ds$
④ $t \sim -D$	$tf(t) \xrightarrow{\mathscr{L}} -\dfrac{d}{ds}\cot^{-1}s$

청색 부분의 함수에 대한 라플라스변환을 쉽게 구할 수 있는 것은(적어도 $\cot^{-1}s$보다는 간단해 보이는)

$$-\frac{d}{ds}\cot^{-1}s = -\frac{d}{ds}\left(\frac{\pi}{2} - \tan^{-1}s\right) = \frac{1}{s^2+1} \tag{39}$$

이다. 다시 말해서,

$$tf(t) \xrightarrow{\mathscr{L}} -\frac{d}{ds}\cot^{-1}s = \frac{1}{s^2+1} \tag{40}$$

의 오른쪽은 $\sin t$의 라플라스변환이므로

$$tf(t) = \sin t \quad \Rightarrow \quad f(t) = \frac{\sin t}{t} \tag{41}$$

를 얻는다. ◀

$\theta = \cot^{-1}s$로 두면 $\cot\theta = s$, 즉 $\frac{1}{\tan\theta} = s$가 된다. 따라서, $\theta = \tan^{-1}\frac{1}{s}$인 결과가 된다. 또한, 어떤 직각삼각형의 한 각이 θ라고 하면 다른 각은 $\frac{\pi}{2}$, $\frac{\pi}{2} - \theta$가 될 것이다. 따라서, $\frac{\pi}{2} - \theta = \tan^{-1}s$가 성립하고

$$\cot^{-1}s = \tan^{-1}\frac{1}{s} = \frac{\pi}{2} - \tan^{-1}s$$

인 공식을 얻게 된다.

연습문제

[1] 다음의 라플라스변환을 구하라.

(a) te^{at} (b) $t^n e^{at}$ (c) $\frac{\sin at}{t}$

[2] 다음의 변환을 보여라.

(a) $\mathscr{L}(t\cos at) = \frac{s^2-a^2}{(s^2+a^2)^2}$ (b) $\mathscr{L}(t\sin at) = \frac{2as}{(s^2+a^2)^2}$

(c) $\mathscr{L}(t\cosh at) = \frac{s^2+a^2}{(s^2-a^2)^2}$ (d) $\mathscr{L}(t\sinh at) = \frac{2as}{(s^2-a^2)^2}$

(e) $\mathscr{L}^{-1}\left[\frac{1}{(s^2+a^2)^2}\right] = \frac{1}{2a^3}(\sin at - at\cos at)$

(f) $\mathscr{L}^{-1}\left[\frac{s^2}{(s^2+a^2)^2}\right] = \frac{1}{2a}(\sin at + at\cos at)$

[3] 다음의 라플라스 역변환을 구하라.

(a) $\frac{1}{s^2}\left(\frac{s-1}{s+1}\right)$ (b) $\frac{1}{s^2+as}$ (c) $\frac{1}{s}\frac{1}{s^2+a^2}$ (d) $\tan^{-1}\frac{a}{s}$

[4] $\mathscr{L}\left(t\frac{df}{dt}\right) = -\frac{d}{ds}[sF(s)]$임을 보여라.

4-3 평행이동과 라플라스변환

기하학적인 평행이동을 수식으로 표현하기 위해서 그림 4.2에 보인 바와 같이 $a \ge 0$이라 할 때 **단위계단함수**(單位階段函數; unit step function) 또는 **헤비사이드 함수**(Heaviside

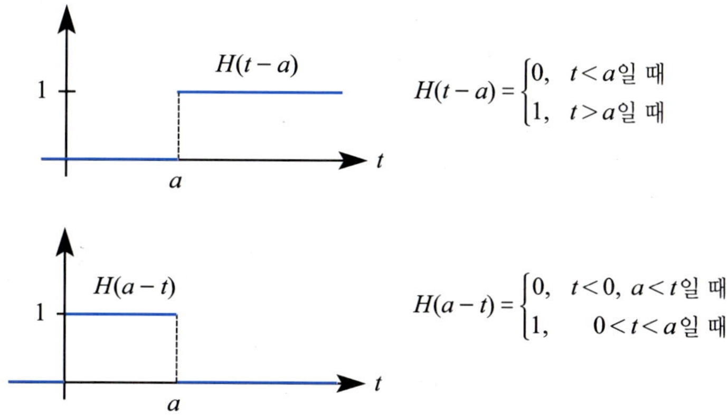

그림 4.2

function)를

$$H(t-a)=\begin{cases}0, & t<a\text{일 때}\\ 1, & t>a\text{일 때}\end{cases}$$

$$H(a-t)=\begin{cases}0, & t<0,\ a<t\text{일 때}\\ 1, & 0<t<a\text{일 때}\end{cases} \tag{42}$$

로 정의한다. 그러면, 지금까지 $t \geq 0$에서 정의된 함수 $f(t)$의 라플라스변환은, 보다 엄밀히 말하면 $H(t)f(t)$의 라플라스변환

$$\mathscr{L}\{H(t)\,f(t)\}=F(s),\quad \mathscr{L}^{-1}\{F(s)\}=H(t)\,f(t) \tag{43}$$

라는 것을 알 수 있다. 왜냐하면 $t < 0$인 구간에서는 항상 $f(t) = 0$인 것으로 간주하였기 때문이다.

함수 $f(t)$, 다시 말해 $H(t)f(t)$를 그림 4.3에서 보듯이 오른쪽으로 $a \geq 0$만큼 평행이동한 함수는 $H(t-a)f(t-a)$으로 나타낼 수 있다. 함수 $F(s)$를 평행이동하는 경우도 비슷한 방법으로 표현할 수 있으며, 이러한 t-domain 및 s-domain에서의 평행이동과 관련된 라플라스변환의 성질은 다음과 같다.

✓ 그림 4.2로부터 $H(t) = H(t-a) + H(a-t)$임을 알 수 있다.

E $\mathscr{L}\{H(t-a)\,f(t-a)\}=e^{-as}F(s)$, t-domain에서의 평행이동

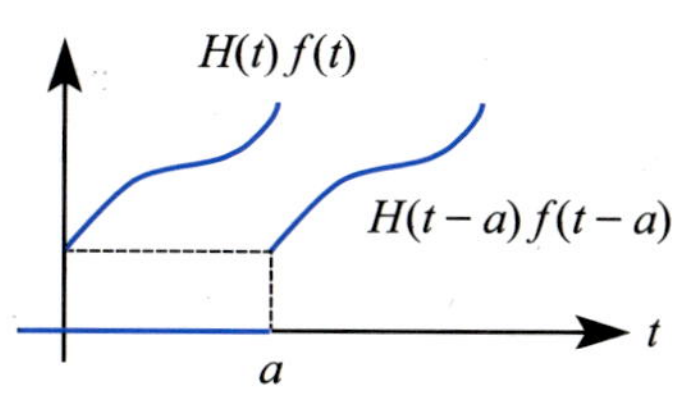

그림 4.3

▶ 적분구간 $0 \le t \le a$에서는 $H(t-a)=0$이므로

$$\mathcal{L}\{H(t-a)f(t-a)\} = \int_0^a 0\,dt + \int_a^\infty f(t-a)e^{-st}\,dt \tag{44}$$

계속하여 $\tau = t-a$의 치환에 의해

$$\begin{aligned}\int_a^\infty f(t-a)e^{-st}\,dt &= \int_0^\infty f(\tau)e^{-s(\tau+a)}\,d\tau \\ &= e^{-as}\int_0^\infty f(\tau)e^{-s\tau}\,d\tau = e^{-as}\mathcal{L}(f)\end{aligned}$$

F $\mathcal{L}\{e^{at}f(t)\} = F(s-a)$, s-domain에서의 평행이동

▶ 정의에 의해

$$\mathcal{L}\{e^{at}f(t)\} = \int_0^\infty e^{at}f(t)e^{-st}\,dt = \int_0^\infty f(t)e^{-(s-a)t}\,dt = F(s-a) \tag{45}$$

여기서, s-domain에서 $F(s)$가 $s>r$에서 정의되면 $F(s-a)$는 $s-a>r$에서 정의되며, $F(s)$를 s축 방향으로 a만큼 평행이동시킨 것과 같다.

변위정리. 식 (44)와 (45)는 t-평면과 s-평면에서의 평행이동에 따른 라플라스변환 공식을 나타내고, 이것을 **변위정리**(變位定理)라고 한다. 결과를 요약하면 다음과 같다.

변 위 정 리
$\mathcal{L}\{H(t)f(t)\} = F(s),\quad s>r$
t-변위: $\mathcal{L}\{H(t-a)f(t-a)\} = e^{-as}F(s),\quad s>r$
s-변위: $\mathcal{L}\{e^{at}f(t)\} = F(s-a),\quad s-a>r$

(46)

위의 결과에서 한 가지 주목할 것은 t-변위의 경우 그림 4.3에서 보듯이 오른쪽으로 평행이동하게 되므로 $a \ge 0$이라는 것이다. 그런데, 평행이동한 함수는 a의 값이 점점 커지면 함수값이 0이 되는 구간 $0 \le t \le a$가 점점 넓어진다. 만일, 극단적으로 $a \to \infty$라면 실질적으로 $f(t)=0$의 라플라스변환을 구하는 것과 동일하므로

$$\lim_{a\to\infty}\mathcal{L}\{H(t-a)f(t-a)\} = 0 \tag{47}$$

이 되어야 한다. 이러한 사실을

$$\mathcal{L}\{H(t-a)f(t-a)\} = \begin{cases} e^{-as}F(s) & (\bigcirc) \quad a\to\infty\text{일 때 0으로 수렴} \\ e^{as}F(s) & (\times) \quad a\to\infty\text{일 때 }\infty\text{으로 발산}\end{cases}$$

의 형태로 잘 알아두기로 한다. 그러나, s-변위의 경우에는 아래와 같이 a의 값이 양수일 수도, 음수일 수도 있다.

$$\mathcal{L}\{e^{at}f(t)\} = F(s-a),\quad \mathcal{L}\{e^{-at}f(t)\} = F(s+a)$$

변위정리의 결과를 응용한 것으로는 다소 사용빈도가 낮은 공식이지만 $H(t) = H(t - a) + H(a - t)$로부터 정의하여

$$\mathscr{L}\{H(t-a)f(t)\} = e^{-as}\mathscr{L}\{H(t)f(t+a)\}$$
$$\mathscr{L}\{H(a-t)f(t)\} = \int_0^a f(t)e^{-st}\,dt \tag{48}$$

인 관계식을 추가로 얻을 수 있다.

예제 14 $\mathscr{L}(e^{-at}\cos bt)$, $\mathscr{L}(e^{-at}\sin bt)$를 구하라.

☞ e^{-at}를 포함하므로 s-변위정리를

$$\mathscr{L}(\cos bt) = \frac{s}{s^2+b^2}, \quad \mathscr{L}(\sin bt) = \frac{b}{s^2+b^2}$$

에 적용하면

$$\mathscr{L}(e^{-at}\cos bt) = \frac{s+a}{(s+a)^2+b^2}, \quad \mathscr{L}(e^{-at}\sin bt) = \frac{b}{(s+a)^2+b^2} \tag{49}$$

✔ $\mathscr{L}(e^{at}) = \frac{1}{s-a}$인 결과를 잘 알아두면 $\mathscr{L}\{e^{at}f(t)\} = F(s+a)$의 실수는 피할 수 있다.

예제 15 $\mathscr{L}^{-1}\left\{\frac{s+4}{s^2+2s+5}\right\}$를 구하라.

☞ 분모에 있는 2차식을 완전제곱꼴 $(s+\alpha)^2+\beta$로 바꾸면 s-변위정리를 적용할 수 있다. 즉,

$$\begin{aligned}\frac{s+4}{s^2+2s+5} &= \frac{(s+1)+3}{(s+1)^2+2^2} \\ &= \frac{(s+1)}{(s+1)^2+2^2} + \frac{3}{2}\frac{2}{(s+1)^2+2^2}\end{aligned} \tag{50}$$

로 s에 관한 모든 항에서 $(s+1)$이 공통으로 나타나도록 모양을 바꾸고 s-변위정리를 적용하면

$$\mathscr{L}^{-1}\left\{\frac{(s+1)}{(s+1)^2+2^2}\right\} = e^{-t}\cdot\mathscr{L}^{-1}\left(\frac{s}{s^2+2^2}\right) = e^{-t}\cos 2t$$
$$\mathscr{L}^{-1}\left\{\frac{3}{2}\frac{2}{(s+1)^2+2^2}\right\} = e^{-t}\cdot\mathscr{L}^{-1}\left(\frac{3}{2}\frac{2}{s^2+2^2}\right) = e^{-t}\frac{3}{2}\sin 2t$$

따라서,

$$\mathscr{L}^{-1}\left\{\frac{s+4}{s^2+2s+5}\right\} = e^{-t}\left(\cos 2t + \frac{3}{2}\sin 2t\right) \tag{51}$$

예제 16 $\mathscr{L}^{-1}\left\{\frac{e^{-\pi s}}{(s+5)^2}\right\}$를 구하라.

☞ 이 예제에서는 $e^{-\pi s}$항이 나타나므로 π만큼의 t-변위가 필요하고, 또 $(s+5)$인 s-변위를 가지므로 e^{-5t}가 필요하다. 보통, t-변위정리는 마지막에 사용한다[다시 말하면 $e^{-as}F(s)$

형태의 역변환을 항상 최종과정으로 선택한다]. 따라서,

$$\frac{1}{s^2} \xrightarrow{\mathscr{L}^{-1}} t \tag{52}$$

의 기본형에 s-변위정리를 적용하여

$$\frac{1}{(s+5)^2} \xrightarrow{\mathscr{L}^{-1}} e^{-5t} \cdot t = te^{-5t} \tag{53}$$

를 얻고, 최종적으로 t-변위정리를 써서 역변환을 구한다.

$$\frac{e^{-\pi s}}{(s+5)^2} \xrightarrow{\mathscr{L}^{-1}} (t-\pi)\, e^{-5(t-\pi)} H(t-\pi) \quad ◀ \tag{54}$$

☑ $\mathscr{L}^{-1}\{e^{-as} F(s)\} = f(t-a)$와 같은 실수를 피하려면 $t < 0$에서 $f(t) = 0$, 즉 정의할 때부터 $\mathscr{L}^{-1}\{F(s)\} = H(t)f(t)$라고 이해하여 $H(t-a)f(t-a)$인 모양이 자연스러운 것으로 받아들이도록 한다. 만약, 문제가 $\mathscr{L}^{-1}\left\{\frac{e^{\pi s}}{(s+5)^2}\right\}$와 같이 $e^{\pi s}$인 형태가 나타나면 이미 무엇인가 잘못된 것이다. 항상, $e^{-|a|s}$와 같이 s를 포함하는 지수함수는 음의 지수만을 가진다는 것을 확실히 알아둔다. 마찬가지로 $H(t+\pi)f(t+\pi)$는 $e^{\pi s}$에 대응하므로 옳지 않은 표현이다.

연습문제

[1] 평행이동에 관한 라플라스변환의 성질을 이용하여 다음을 보여라.

(a) $\mathscr{L}(\sinh at \cos at) = \dfrac{a(s^2 - 2a^2)}{s^4 + 4a^4}$　　(b) $\mathscr{L}(\cosh at \sin at) = \dfrac{a(s^2 + 2a^2)}{s^4 + 4a^4}$

(c) $\mathscr{L}(\sinh at \sin at) = \dfrac{2a^2 s}{s^4 + 4a^4}$　　(d) $\mathscr{L}(\cosh at \cos at) = \dfrac{s^3}{s^4 + 4a^4}$

(e) $\mathscr{L}(\sinh^2 at) = \dfrac{2a^2}{s(s^2 - 4a^2)}$　　(f) $\mathscr{L}(\cosh^2 at) = \dfrac{s^2 - 2a^2}{s(s^2 - 4a^2)}$

[2] 다음의 라플라스 역변환을 구하라.

(a) $\dfrac{1-e^{-as}}{s^2}$　　(b) $\dfrac{e^{-bs}}{s^2 + a^2}$　　(c) $\dfrac{1-e^{-\pi s}}{s^2+4}$　　(d) $\dfrac{se^{-as}}{(s+1)^2+9}$

[3] 다음의 단위계단함수를 이용한 라플라스변환을 보여라.

(a) $\mathscr{L}\{H(t-a)\, f(t)\} = e^{-as}\, \mathscr{L}\{H(t)\, f(t+a)\}$

(b) $\mathscr{L}H\{(a-t)\, f(t)\} = \int_0^a f(t)\, e^{-st}\, dt$

*__[4]__ 라게르(Laguerre) 함수 $L_n(t) = \dfrac{e^t}{n!}\dfrac{d^n}{dt^n}(t^n e^{-t})$의 라플라스변환을 구해 보자.

☑ 가장 먼저 손대야 할 곳은 $\mathscr{L}(t^n) = \dfrac{n!}{s^{n+1}}$이다. 다음에는 e^{-t}로 s-변위를 하면 $\mathscr{L}(t^n e^{-t}) = \dfrac{n!}{(s+1)^{n+1}}$이 된다. 그런데, $\dfrac{d}{dt}(t^n e^{-t}) = (-t^n + nt^{n-1})\, e^{-t}$는 $t = 0$을 대입하면 0이 된다. 이것

은 t^n항이 곱해져 있기 때문인데 $n-1$번 미분할 때까지 성립한다. 따라서, $D^n \sim s^n - \sum \emptyset$를 적용하게 되면

$$\mathcal{L}[D^n(t^n e^{-t})] = \frac{n!s^n}{(s+1)^{n+1}} - 0 - 0 - \cdots - 0$$

계속하여 e^t로 s-변위를 시키고 $n!$로 나누면 $\mathcal{L}\left[\frac{e^t}{n!}\left(\frac{d}{dt}\right)^n t^n e^{-t}\right] = \frac{(s-1)^n}{s^{n+1}}$을 얻을 수 있다.

4-4 특수한 경우의 라플라스변환

부분(piecewise)연속함수. 함수 $f(t)$가 점 $t = a_1, a_2, a_3, \cdots$에서

$$f(t) = \begin{cases} f_1(t) & (a_0 < t < a_1), \quad a_0 = 0 \\ f_2(t) & (a_1 < t < a_2), \\ f_3(t) & (a_2 < t < a_3), \\ \vdots \end{cases} \tag{55}$$

과 같이 불연속일 때, 단위계단함수를 쓰면

$$\begin{aligned} f(t) = f_1(t)&[H(t-a_0) - H(t-a_1)] \\ &+ f_2(t)[H(t-a_1) - H(t-a_2)] \\ &+ f_3(t)[H(t-a_2) - H(t-a_3)] \\ &+ \cdots \end{aligned} \tag{56}$$

으로 되고, 식 (48)의 $\mathcal{L}\{H(t-a)f(t)\} = e^{-as}\mathcal{L}\{H(t)f(t+a)\}$를 이용하는 것이 유용하다.

예제 17 그림 4.4에 보인 무한계단함수 $f(t)$의 라플라스변환을 구하라.

☞ 단위계단함수를 이용하여 식 (56)의 형태로 나타내면

$$\begin{aligned} f(t) = 1&[H(t) - H(t-a)] \\ &+ 2[H(t-a) - H(t-2a)] \\ &+ 3[H(t-2a) - H(t-3a)] \\ &+ \cdots \end{aligned}$$

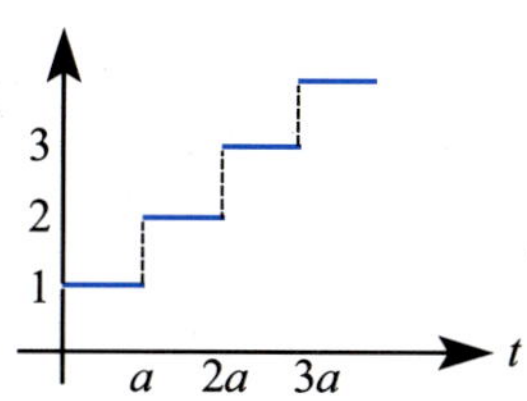

그림 4.4

즉,

$$f(t) = H(t) + H(t-a) + H(t-2a) + \cdots$$

이고, 라플라스변환을 각각에 대해 구하면

$$F(s) = \frac{1}{s}(1 + e^{-as} + e^{-2as} + \cdots) = \frac{1}{s(1-e^{-as})} \quad \blacktriangleleft \tag{57}$$

주기함수. 함수 $f(t)$가 모든 t의 정의역에서

$$f(t) = f(t+T) = f(t+2T) = \cdots = f(t+nT) = \cdots \tag{58}$$

을 만족하는 일정한 값 T를 가질 때, $f(t)$는 **주기**(週期; period)가 T인 **주기함수**(週期函數; periodic function)라 한다. 주기함수 $f(t) = f(t+T)$의 라플라스변환은 $H(t) = H(T-t) + H(t-T)$인 관계를 이용하여 식 (48)로부터

$$\begin{aligned}\mathscr{L}\{f(t)\} &= \mathscr{L}\{H(t)f(t)\} \\ &= \mathscr{L}\{H(T-t)f(t) + H(t-T)f(t)\} \\ &= \int_0^T e^{-st} f(t)\,dt + e^{-sT}\mathscr{L}\{H(t)f(t+T)\} \\ &= \int_0^T e^{-st} f(t)\,dt + e^{-sT}\mathscr{L}\{H(t)f(t)\}\end{aligned} \tag{59}$$

를 얻고, 정리하면

$$\mathscr{L}\{f(t)\} = \frac{1}{1-e^{-sT}}\int_0^T e^{-st} f(t)\,dt \tag{60}$$

예제 18 함수 $f(t)$가 주기는 2π이고 $f(t) = \begin{cases} \sin t & (0 \le t \le \pi) \\ 0 & (\pi \le t \le 2\pi) \end{cases}$로 주어질 때 $f(t)$의 라플라스변환을 구하라.

☞

$$\begin{aligned}\mathscr{L}\{f(t)\} &= \frac{1}{1-e^{-2\pi s}}\left[\int_0^\pi e^{-st}\sin t\,dt + \int_\pi^{2\pi} 0\,dt\right] \\ &= \frac{1}{1-e^{-2\pi s}}\left[\frac{e^{-st}}{s^2+1}(-s\sin t - \cos t)\right]_0^\pi \quad \text{(제0장의 적분공식)} \\ &= \frac{1}{(1-e^{-\pi s})(1+e^{-\pi s})}\frac{(1+e^{-\pi s})}{s^2+1} = \frac{1}{1-e^{-\pi s}}\frac{1}{s^2+1} \quad \blacktriangleleft\end{aligned} \tag{61}$$

✔ 적분 $\int_0^\pi e^{-st}\sin t\,dt$는 $\sin t[H(t) - H(t-\pi)]$의 라플라스변환을 구하는 것과 같기 때문에 $\sin t = -\sin(t-\pi)$를 이용하여

$$\begin{aligned}\mathscr{L}[H(t)\sin t + H(t-\pi)\sin(t-\pi)] &= \mathscr{L}[H(t)\sin t] + e^{-\pi s}\mathscr{L}[H(t)\sin(t)] \\ &= \frac{1}{s^2+1}(1+e^{-\pi s})\end{aligned}$$

로 계산할 수도 있다.

디락 델타함수. 디락 델타(Dirac delta)함수는

$$\delta_a(t) = \begin{cases} \dfrac{1}{a} & (0 < t < a) \\ 0 & (a < t) \end{cases} \tag{62}$$

으로 정의된 함수가 $a \to 0$일 때의 극한값인 $\lim\limits_{a\to 0} \delta_a(t) = \delta(t)$로 정의한다. 단위계단함수를 이용하여 $\delta_a(t)$는

$$\delta_a(t) = \frac{1}{a}[H(t) - H(t-a)] \tag{63}$$

로 쓸 수 있고, 이를 이용하면 디락 델타함수의 라플라스변환은

$$\begin{aligned} \mathscr{L}\{\delta(t)\} &= \lim_{a\to 0} \mathscr{L}\{\delta_a(t)\} \\ &= \lim_{a\to 0} \frac{1}{a}\left(\frac{1}{s} - \frac{e^{-as}}{s}\right) = \lim_{a\to 0} \frac{1-e^{-as}}{as} = 1 \end{aligned} \tag{64}$$

이다. 엄밀한 의미에서 $\delta(t)$는 함수가 아니지만[$\delta(0) = \infty$이다] 보통 특수함수처럼 취급하고 있다. 위에서 구한 $\mathscr{L}\{\delta(t)\} = 1$에서 $\frac{1}{D} \sim \frac{1}{s}$을 적용하면

$$\mathscr{L}\left\{\frac{1}{D}\cdot\delta(t)\right\} = \frac{1}{s}\cdot 1 \;\;\Rightarrow\;\; \mathscr{L}\left\{\int_0^t \delta(t)\,dt\right\} = \frac{1}{s} \tag{65}$$

이 되고, 또한 $\mathscr{L}\{H(t)\} = \frac{1}{s}$이므로 $\frac{d}{dt}H(t) = \delta(t)$라고 생각할 수 있다. 아래의 식은 단위계단함수와 디락함수 간의 대응관계 및 자주 쓰이는 공식들이다.

$$\begin{aligned} a \ge 0,\quad \frac{d}{dt}H(t-a) &= \delta(t-a) \\ \mathscr{L}\{\delta(t-a)\} &= e^{-as} \\ \mathscr{L}\{H(t-a)\} &= \frac{e^{-as}}{s} \\ \int_0^\infty \delta(t-\tau)\,d\tau &= 1 \\ \int_0^\infty \delta(t-\tau)f(\tau)\,d\tau &= f(t) \\ \int_0^\infty H(t-\tau)f(\tau)\,d\tau &= \int_0^t f(\tau)\,d\tau \end{aligned} \tag{66}$$

***s-domain의 고정점.** 라플라스변환 $F(s)$는 s-domain에서 s에 관한 함수이며, $s\to\infty$에서의 거동은 $\lim\limits_{s\to\infty} F(s) = 0$과 $\lim\limits_{s\to\infty} sF(s) = f(0)$임을 이미 배웠다[식 (7)과 식 (28)]. s-domain의 다른 점 $s = a$(특히 $s = 0$인 경우)에 대한 라플라스변환은 적분의 계산에 주로 사용된다. 물론, 표 4.3의 공식은 $s = a$인 점이 $F(s)$가 정의되는 구간 내에 있을 때만 성립한다.

***예제 19** $\int_0^\infty \frac{\sin t}{t}\,dt$를 구하라.

☞ 표 4.3의 결과와 $\mathscr{L}(\sin t) = F(s) = \dfrac{1}{s^2+1}$을 이용하면

표 4.3 라플라스변환을 이용한 적분의 계산

s-domain의 $s=a$인 점	s-domain의 $s=0$인 점
$\int_0^\infty f(t)e^{-at}\,dt = F(a)$ $\int_0^\infty tf(t)e^{-at}\,dt = -\frac{dF}{ds}(a)$ $\int_0^\infty \frac{f(t)}{t}e^{-at}\,dt = \int_a^\infty F(s)\,ds$	$\int_0^\infty f(t)\,dt = F(0)$ $\int_0^\infty tf(t)\,dt = -\frac{dF}{ds}(0)$ $\int_0^\infty \frac{f(t)}{t}\,dt = \int_0^\infty F(s)\,ds$

$$\int_0^\infty \frac{\sin t}{t}\,dt = \int_0^\infty \frac{1}{s^2+1}\,ds = [\tan^{-1}s]_0^\infty = \frac{\pi}{2} \quad ◀ \tag{67}$$

그러나 $\int_0^\infty \sin t\,dt = [-\cos t]_0^\infty$와 같이 적분 자체가 정의되지 않는 경우도 있으므로 적분의 존재여부를 먼저 확인한다. 표 4.3에서는 $\int_0^\infty \sin t\,dt = F(0) = \left.\frac{1}{s^2+1}\right|_{s=0} = 1$ (×).

****무한급수의 라플라스변환.** 함수 $f(t)$가

$$f(t) = a_0 + a_1 t + a_2 t^2 + a_3 t^3 + \cdots + a_n t^n + \cdots \tag{68}$$

의 급수형태로 주어져 있는 경우에는 각 항의 라플라스변환을 구하여

$$\mathscr{L}\{f(t)\} = F(s) = a_0\frac{0!}{s} + a_1\frac{1!}{s^2} + a_2\frac{2!}{s^3} + \cdots + a_n\frac{n!}{s^{n+1}} + \cdots \tag{69}$$

의 합으로써 라플라스변환이 정의된다. 경우에 따라서는 식 (69)가 잘 알려진 함수로 나타나기도 한다.

****예제 20** $J_0(2\sqrt{at}) = 1 - (at) + \frac{1}{2!}\frac{(at)^2}{2!} - \frac{1}{3!}\frac{(at)^3}{3!} + \cdots$을 라플라스변환하라.

☞ $\mathscr{L}\left\{\frac{t^n}{n!}\right\} = \frac{1}{s^{n+1}}$을 이용하면

$$\mathscr{L}\{J_0(2\sqrt{at})\} = \frac{1}{s}\left\{1 - \frac{a}{s} + \frac{1}{2!}\frac{a^2}{s^2} - \frac{1}{3!}\frac{a^3}{s^3} + \right\}\cdots = \frac{1}{s}e^{-\frac{a}{s}} \quad ◀ \tag{70}$$

연습문제

[1] 그림 4.5에 나타낸 함수를 계단함수로 나타내고 라플라스변환을 구하라.

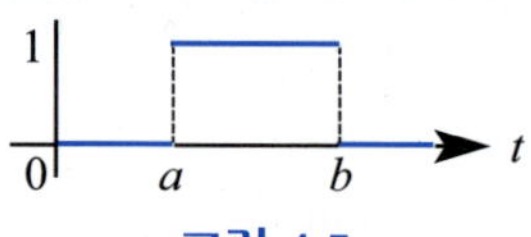

그림 4.5

[2] 그림 4.6에 보인 함수는 주기가 $2a$인 주기함수라는 것을 이용하여 라플라스변환을 구하고 $F(s) = \frac{1}{s}\tanh\frac{as}{2}$가 되는 것을 확인하라.

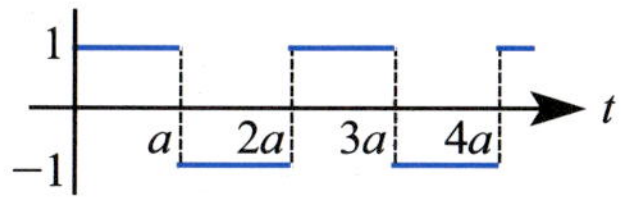

그림 4.6

[3] 그림 4.7에 보인 톱니형 함수의 라플라스변환을 구하라.

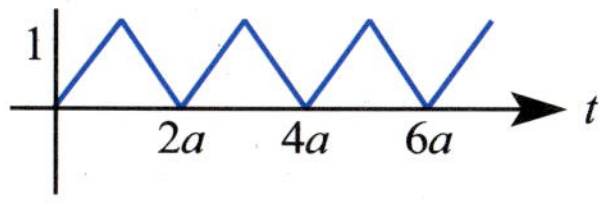

그림 4.7

[4] $\mathscr{L}(e^{-at}\cos bt) = \dfrac{s+a}{(s+a)^2+b^2}$를 이용하면 $\int_0^\infty e^{-at}\cos bt\,dt$는 다시 적분을 하지 않아도 구할 수 있다. 적분값은 무엇인가. 또, $\int_0^\infty e^{-at}\sin bt\,dt$를 구해 보라.

[5] $\displaystyle\int_0^\infty \frac{e^{-at}-e^{-bt}}{t}\,dt = \ln\frac{b}{a}$임을 보여라.

[6] $\dfrac{1}{s^2+1} = \dfrac{1}{s^2}\dfrac{1}{1+\frac{1}{s^2}} = \dfrac{1}{s^2}\left(1-\dfrac{1}{s^2}+\dfrac{1}{s^4}+\cdots\right) = \dfrac{1}{s^2}-\dfrac{1}{s^4}+\dfrac{1}{s^6}-\cdots$인 급수를 역변환하고 어떤 함수로 되는지 말하라.

[7] $\mathscr{L}\{f(at)\} = \dfrac{1}{a}F\left(\dfrac{s}{a}\right)$, $\mathscr{L}^{-1}\{F(as)\} = \dfrac{1}{a}f\left(\dfrac{t}{a}\right)$를 증명하라.

[8] T를 주기로 하는 주기함수의 라플라스변환을

$$\mathscr{L}\{f(t)\} = \int_0^\infty e^{-st}f(t)\,dt = \int_0^T e^{-st}f(t)\,dt + \int_T^\infty e^{-st}f(t)\,dt$$

로 나누고, 두 번째의 적분을 $t = v + T$로 치환하여 구해 보라. 또는

$$\mathscr{L}\{f(t)\} = \int_0^\infty e^{-st}f(t)\,dt = \int_0^T e^{-st}f(t)\,dt + \int_T^{2T} e^{-st}f(t)\,dt + \cdots$$

의 무한합으로 두고 라플라스변환을 구하라.

***[9]** 식 (66)의 공식을 확장하여 $\int_{-\infty}^\infty \delta(t-\tau)\phi(\tau)\,d\tau = \phi(t)$는 $\delta(t-\tau)$의 괄호 안이 0이 되는 점 $t-\tau=0$의 $\phi(\tau)_{\tau=t}$값만을 선택하는 것으로 볼 수 있다. 다음을 증명하여라.

(a) $\mathscr{L}\{\delta(t-a)f(t)\} = f(a)e^{-as}$

(b) $\mathscr{L}\{\delta(t-a)f(t-a)\} = f(0)e^{-as}$

***[10]** 함수 $f(t)$가 $t=a$에서 $\Delta f(a) = f(a+) - f(a-) \neq 0$인 도약불연속(跳躍不連續; jump discontinuity)을 가지면,

$$\mathscr{L}\left\{\frac{df}{dt}(t)\right\} = s\mathscr{L}\{f(t)\} - f(0) - \Delta f(a)e^{-as}$$

의 관계를

$$\begin{aligned}\mathcal{L}\left\{\frac{df}{dt}(t)\right\} &= \int_0^\infty \frac{df}{dt} e^{-st}\,dt \\ &= \int_0^{a-} \frac{df}{dt} e^{-st}\,dt + \int_{a+}^\infty \frac{df}{dt} e^{-st}\,dt \\ &= [f(t)e^{-st}]_0^{a-} + s\int_0^{a-} f(t)e^{-st}\,dt + [f(t)e^{-st}]_{a+}^\infty + s\int_{a+}^\infty f(t)e^{-st}\,dt \\ &= [f(t)e^{-st}]_0^{a-} + [f(t)e^{-st}]_{a+}^\infty + s\int_0^\infty f(t)e^{-st}\,dt \\ &= f(a-)e^{-as} - f(0) - f(a+)e^{-as} + s\mathcal{L}\{f(t)\} \\ &= s\mathcal{L}\{f(t)\} - f(0) - [f(a+) - f(a-)]e^{-as} \\ &= s\mathcal{L}\{f(t)\} - f(0) - \Delta f(a)e^{-as}\end{aligned}$$

와 같이 증명할 수 있다. 일반적으로는 불연속점이 다수가 되므로 다음과 같이 된다.

$$\mathcal{L}\left\{\frac{df}{dt}(t)\right\} = s\mathcal{L}\{f(t)\} - f(0) - \sum_{k=1}^{N} \Delta f(a_k)e^{-a_k s}$$

그런데 $t = 0$에서의 함수값 $f(0)$을 마찬가지로 불연속점으로 처리하면 $-\Delta f(0)e^{-0s}$, 즉 $-[f(0^+) - f(0^-)]e^{-0s} = -f(0)$으로 된다(실제로 $t < 0$에서는 함수값이 정의될 필요가 없으므로 $f(0^-) = 0$으로 둔 것이다). 다시 말해서 불연속점을 포함하는 경우의 일반형은

$$\mathcal{L}\left\{\frac{df}{dt}(t)\right\} = s\,\mathcal{L}\{f(t) - \sum_{k=0}^{N} \Delta f(a_k)e^{-a_k s}$$

*[11] 문제 10번을 이용하여 $t < a$에서 $f(t) = 0$, $t > a$에서 $f(t) = 1$인 함수, 즉 단위계단함수 $H(t - a)$의 라플라스변환을 구하라.

4-5 합성곱과 라플라스변환

합성곱의 정의와 성질. 함수의 **합성곱**(合成積; convolution) 또는 대합(對合)은

$$(f*g)(t) = f(t)*g(t) = \int_0^t f(t-\tau)g(\tau)\,d\tau = \int_0^t f(\tau)g(t-\tau)\,d\tau \tag{71}$$

로 정의하며, 식 (66)에서 $\int_0^t \delta(t-\tau)f(\tau)\,d\tau = f(t)$이므로 디락 델타함수 $\delta(t)$가 합성곱의 항등원, 즉

$$\delta * f = f * \delta = f \tag{72}$$

임을 알 수 있다(따라서, $1*f \neq f$임에 주의).

라플라스변환에 대해서 $\mathcal{L}\{f*g\} = \mathcal{L}(f)\mathcal{L}(g)$로 되어(아래의 증명 참조) 합성곱 "*"는 $\mathcal{L}$에 의해 단순한 곱 "×"으로 변환된다고 말할 수 있다. 이에 상응하여, 연산 "*"의 항등원 $\delta(t)$의 $\mathcal{L}\{\delta(t)\} = 1$은 s-domain에서 연산 "×"의 항등원 역할을 한다. 합성곱의 성질은 표 4.4에 나타나 있다.

표 4.4	합성곱의 여러가지 성질

$$f(t)*g(t)=\int_0^t f(\tau)g(t-\tau)\,d\tau$$

$\mathscr{L}\{f*g\}=\mathscr{L}(f)\mathscr{L}(g)$	$f*g=g*f$
$0*f=f*0=0$	$f*(g+h)=f*g+f*h$
$\delta*f=f*\delta=f$	$f*(g*h)=(f*g)*h$

**합성곱의 라플라스변환 $\mathscr{L}\{f*g\}=\mathscr{L}(f)\mathscr{L}(g)$의 증명.

$$\begin{aligned}
\mathscr{L}\{f*g\} &= \mathscr{L}\left\{\int_0^t f(\tau)g(t-\tau)\,d\tau\right\} \\
&= \mathscr{L}\left\{\int_0^\infty H(t-\tau)f(\tau)g(t-\tau)\,d\tau\right\} && \Leftarrow \text{ 식 (66)을 이용} \\
&= \int_0^\infty\left[\int_0^\infty H(t-\tau)f(\tau)g(t-\tau)\,d\tau\right]e^{-st}\,dt && \Leftarrow \text{ 라플라스변환} \\
&= \int_0^\infty f(\tau)\left\{\int_0^\infty H(t-\tau)g(t-\tau)e^{-st}\,dt\right\}d\tau && \Leftarrow \text{ 적분의 순서 교환} \\
&= \int_0^\infty f(\tau)[\mathscr{L}\{H(t-\tau)g(t-\tau)\}]\,d\tau && \Leftarrow \text{ 라플라스변환의 정의} \\
&= \int_0^\infty f(\tau)e^{-s\tau}G(s)\,d\tau && \Leftarrow \text{ 식 (46), } t\text{-변위정리를 이용} \\
&= \left(\int_0^\infty f(\tau)e^{-s\tau}\,d\tau\right)G(s)=F(s)G(s)
\end{aligned} \tag{73}$$

예제 21 합성곱을 이용하여 $\mathscr{L}^{-1}\left\{\dfrac{1}{s^2(s^2+a^2)}\right\}$을 구하라(단, $a>0$).

☞ $\mathscr{L}^{-1}\left(\dfrac{1}{s^2}\right)=t,\ \mathscr{L}^{-1}\left(\dfrac{1}{s^2+a^2}\right)=\dfrac{1}{a}\sin at$ 이므로

$$\begin{aligned}
\mathscr{L}^{-1}\left\{\frac{1}{s^2}\cdot\frac{1}{s^2+a^2}\right\} &= \int_0^t \tau\cdot\frac{\sin a(t-\tau)}{a}\,d\tau \\
&= \left[\tau\cdot\frac{\cos a(t-\tau)}{a^2}-1\cdot\frac{\sin a(t-\tau)}{-a^3}\right]_0^t \\
&= \frac{t}{a^2}-\frac{\sin at}{a^3}
\end{aligned} \tag{74}$$ ◀

☑ 이 문제는 (예제 12)의 부분분수를 이용한 풀이가 가장 간단한 경우이다.

***예제 22** 함수 $f(t)=t^a$와 $g(t)=t^b$에 대하여 합성곱을 적용하면 $(f*g)(t)=t^{a+b+1}\int_0^1 x^a(1-x)^b\,dx$임을 보이고 $\int_0^1 x^a(1-x)^b\,dx$의 값을 구하라(단, $a>-1,\ b>-1$).

☞ $f*g=\int_0^t \tau^a(t-\tau)^b\,d\tau$에서 $\tau = tx$로 치환하면

$$(f*g)(t)=t^{a+b+1}\int_0^1 x^a(1-x)^b\,dx \tag{75}$$

가 되고, 합성곱의 라플라스변환식 $\mathscr{L}\{f*g\}=\mathscr{L}(f)\mathscr{L}(g)$에 대입하면

$$\frac{(a+b+1)!}{s^{a+b+2}}\int_0^1 x^a(1-x)^b\,dx=\frac{a!}{s^{a+1}}\frac{b!}{s^{b+1}}$$

따라서,

$$B(a+1,\,b+1)\equiv\int_0^1 x^a(1-x)^b\,dx=\frac{a!b!}{(a+b+1)!} \quad ◀ \tag{76}$$

이 예제는 베타함수(beta function) $B(x, y)$와 관련된 문제이다.

연습문제

[1] 합성곱을 이용하여 다음 함수의 라플라스 역변환을 구하라.

(a) $\dfrac{1}{s(s^2+a^2)}$ (b) $\dfrac{1}{(s+a)(s+b)}$ (c) $\dfrac{1}{(s^2+a^2)^2}$ (d) $\dfrac{1}{s^2(s+a)}$

[2] $\mathscr{L}(1*t)\neq\mathscr{L}(t)$를 보여라.

[3] 합성곱을 이용하여 $\mathscr{L}\left\{\int_0^t f(\tau)\,d\tau\right\}=\frac{1}{s}F(s)$를 보여라.

4-6 부분분수 분해

주어진 미분방정식을 라플라스변환하면 거의 대부분 $Y(s)=\dfrac{F(s)}{G(s)}$ 꼴의 유리함수가 나타난다. 이때, 부분분수를 이용하면 쉽게 라플라스 역변환을 구할 수 있다. 이 절에서는

① $s-a$, 1차인수

② $(s-a)^n$, 1차인수의 거듭제곱

③ $(s-a)^2+b^2$, 복소인수

④ $[(s-a)^2+b^2]^n$, 복소인수의 거듭제곱

과 같은 몇 가지 대표적인 형태의 부분분수 변환에 대해 알아본다. 부분분수 전개에 관해서는 헤비사이드(Heaviside) 전개정리가 잘 알려져 있다.

헤비사이드 전개정리. 분모에 인수 $s-a$의 거듭제곱이 포함되는 경우 부분분수 분해는

$$\frac{F(s)}{(s-a)^n}=\frac{A_0}{(s-a)^n}+\frac{A_1}{(s-a)^{n-1}}+\cdots+\frac{A_{n-1}}{(s-a)^1} \tag{77}$$

으로 두고 적당한 방법으로 계수 $A_0, A_1, A_2, \cdots, A_{n-1}$을 결정하면 된다. 이때, 우변의 분모를 통분하고 계수비교를 하는 방법도 있으나 일반적으로는 다음의 방법을 따른다. 먼저 식 (77)의 양변에 $(s-a)^n$을 곱하면

$$F(s) = A_0 + A_1(s-a) + \cdots + A_{n-1}(s-a)^{n-1} \tag{78}$$

의 형태가 된다. 여기서, $s=a$를 대입하면 $A_0 = F(a)$가 되고, 윗식을 한번 미분하고 $s=a$를 대입하면 $A_1 = F'(a)$가 된다. 이 과정을 반복하면 계수 A_k는

$$A_k = \frac{1}{k!}\left[\frac{d^k F(s)}{ds^k}\right]_{s=a} = \frac{F^{(k)}(a)}{k!} \tag{79}$$

로부터 결정되고, 이것을 **헤비사이드의 전개정리**라고 한다.

테일러 전개와 헤비사이드 전개의 비교. 함수 $F(s)$에 대한 테일러 전개의 처음 n개의 항을 써 보면

$$F(s) = F(a) + F'(a)(s-a) + \frac{F''(a)}{2!}(s-a)^2 + \cdots + \frac{F^{(n-1)}(a)}{(n-1)!}(s-a)^{n-1} + \cdots$$

으로 된다. 이것을 식 (79)로 주어지는 계수를 식 (77)에 대입한 결과

$$\frac{F(s)}{(s-a)^n} = \frac{F(a)}{(s-a)^n} + \frac{F'(a)}{(s-a)^{n-1}} + \frac{F''(a)}{2!}\frac{1}{(s-a)^{n-2}} + \cdots + \frac{F^{(n-1)}(a)}{(n-1)!}\frac{1}{s-a}$$

과 비교하면 헤비사이드 전개정리는 테일러 전개의 처음 n항을 $(s-a)^n$으로 나눈 것과 같은 형태임을 알 수 있다.

부분분수의 헤비사이드 전개는 테일러 전개와 계수의 형태가 동일한 사실을 이용하면 쉽게 얻을 수 있다.

반복되지 않는 인수. 반복되지 않는 인수 $s-a$를 포함하는 경우 헤비사이드 전개정리로부터 $s-a$를 제외한 부분에 $s=a$를 대입한 값을 계수로 갖는다. 즉,

$$\frac{F(s)}{(s-a)} = \frac{F(a)}{s-a} + \cdots \tag{80}$$

인 형태의 부분분수를 포함한다.

예제 23 $Y(s) = \dfrac{2s^2+s-4}{(s-1)(s+1)(s+2)}$를 부분분수로 전개하라.

☞ 식 (80)의 형태인

$$Y(s) = \frac{2s^2+s-4}{(s-1)(s+1)(s+2)} = \frac{A}{s-1} + \frac{B}{s+1} + \frac{C}{s+2} \tag{81}$$

로 전개되고, 각 계수는

$$A=\left.\frac{2s^2+s-4}{(s-1)(s+1)(s+2)}\right|_{s=1}=\frac{-1}{2\cdot 3}=-\frac{1}{6}$$

$$B=\left.\frac{2s^2+s-4}{(s-1)(s+1)(s+2)}\right|_{s=-1}=\frac{-3}{(-2)\cdot 1}=\frac{3}{2}$$

$$C=\left.\frac{2s^2+s-4}{(s-1)(s+1)(s+2)}\right|_{s=-2}=\frac{-2}{(-3)\cdot(-1)}=\frac{2}{3}$$

로 구해지므로

$$Y(s)=\frac{2s^2+s-4}{(s-1)(s+1)(s+2)}=-\frac{1}{6}\frac{1}{s-1}+\frac{3}{2}\frac{1}{s+1}+\frac{2}{3}\frac{1}{s+2} \quad ◀ \tag{82}$$

반복되는 인수. $s-a$의 거듭제곱을 포함하는 경우 $(s-a)^n$을 제외한 부분을 $F(s)$라고 할 때 다음과 같이 부분분수 분해된다.

$$F(s)=\boxed{F(a)}+\boxed{F'(a)}(s-a)+\boxed{\frac{F''(a)}{2!}}(s-a)^2+\cdots+$$

$$\frac{F(s)}{(s-a)^n}=\frac{F(a)}{(s-a)^n}+\frac{F'(a)}{(s-a)^{n-1}}+\frac{F''(a)}{2!}\frac{1}{(s-a)^{n-2}}+\cdots \tag{83}$$

예제 24 $Y(s)=\dfrac{1}{(s-1)(s+1)^3}$을 부분분수로 전개하라.

☞ 식 (80)과 (83)을 이용하면

$$\left.\frac{1}{(s-1)(s+1)^3}\right|_{s=1}=\frac{1}{(2)^3}=\frac{1}{8},\quad \left.\frac{1}{(s-1)(s+1)^3}\right|_{s=-1}=\frac{1}{-2}=-\frac{1}{2}$$

이 된다. 또한, $(s+1)^3$을 제외한 부분인 $\frac{1}{s-1}$을 한번 미분하고 $s=-1$을 대입하면

$$\frac{d}{ds}\left[\frac{1}{s-1}\right]_{s=-1}=-\left.\frac{1}{(s-1)^2}\right|_{s=-1}=-\frac{1}{4} \tag{84}$$

다시 미분하여

$$\frac{d}{ds}\left[-\frac{1}{(s-1)^2}\right]_{s=-1}=\left.\frac{2}{(s-1)^3}\right|_{s=-1}=-\frac{1}{4} \tag{85}$$

이므로 부분분수는

$$\frac{1}{(s-1)(s+1)^3}=\frac{1}{8}\frac{1}{s-1}+\left(-\frac{1}{2}\right)\frac{1}{(s+1)^3}+\left(-\frac{1}{4}\right)\frac{1}{(s+1)^2}+\frac{1}{2!}\left(-\frac{1}{4}\right)\frac{1}{(s+1)}$$

$$=\frac{1}{8}\frac{1}{s-1}-\frac{1}{2}\frac{1}{(s+1)^3}-\frac{1}{4}\frac{1}{(s+1)^2}-\frac{1}{8}\frac{1}{(s+1)} \quad ◀$$

수식이 간단한 경우 미분을 사용하지 않고 다음과 같이 계수비교를 이용할 수도 있다.

$$\frac{1}{(s-1)(s+1)^3}=\frac{1}{8}\frac{1}{s-1}-\frac{1}{2}\frac{1}{(s+1)^3}+\frac{A}{(s+1)^2}+\frac{B}{(s+1)}$$

까지 전개한 후에 양변에 $(s-1)(s+1)^3$을 곱하면

$$1=\frac{1}{8}(s+1)^3-\frac{1}{2}(s-1)+A(s-1)(s+1)+B(s-1)(s+1)^2$$

을 얻는다. 이때, 상수항만을 따져보면 $1=\frac{1}{8}+\frac{1}{2}-A-B$가 되고, 최고차항 x^3의 계수를 따져보면 $0=\frac{1}{8}+B$이므로 $A=-\frac{1}{4}$, $B=-\frac{1}{8}$을 얻는다.

반복되지 않는 2차인수. a, b를 실수라고 할 때 $(s-a)^2+b^2$과 같은 형태의 인수는 복소근 $s=s_{1,2}=a\pm ib$를 가진다. 식 (80)과 비슷한 방법으로 $(s-a)^2+b^2$을 제외한 부분에 $s=a+ib$를 대입한 결과를 이용하여

$$\frac{F(s)}{(s-a)^2+b^2}=\frac{A(s-a)+B}{(s-a)^2+b^2}+\cdots$$
$$F(a+ib)=Abi+B \tag{86}$$

와 같이 계수 A, B를 결정한다.

예제 25 $Y(s)=\dfrac{1}{(s-1)(s^2+2s+2)}$을 부분분수로 전개하라.

☞ 먼저, 인수 $(s-1)$에 대한 계수

$$\left.\frac{1}{(s-1)(s^2+2s+2)}\right|_{s=1}=\frac{1}{5}$$

을 구하고, $s^2+2s+2=(s+1)^2+1$로 복소인수를 가지므로

$$\frac{1}{(s-1)(s^2+2s+2)}=\frac{1}{5}\frac{1}{s-1}+\frac{A(s+1)+B}{s^2+2s+2} \tag{87}$$

를 얻는다. 계속하여, s^2+2s+2를 포함한 항에서 s^2+2s+2를 제외한 부분에 $s=-1+i$를 대입하면

$$\left.\frac{1}{(s-1)(s^2+2s+2)}\right|_{s=-1+i}=\frac{1}{(-1+i)-1}=Ai+B$$

즉,

$$-\frac{2}{5}-\frac{1}{5}i=Ai+B$$

로부터 $A=-\frac{1}{5}$, $B=-\frac{2}{5}$를 얻어

$$\frac{1}{(s-1)(s^2+2s+2)}=\frac{1}{5}\left(\frac{1}{s-1}-\frac{s+3}{s^2+2s+2}\right) \tag{88}$$

으로 부분분수 전개된다. ◀

이 예제는 복소근을 갖는 경우 식 (86)을 사용하는 방법을 보여주기 위한 것으로, 실제로는

$$\frac{1}{(s-1)(s^2+2s+2)}=\frac{1}{5}\left(\frac{1}{s-1}+\frac{as+b}{s^2+2s+2}\right)$$

까지 구한 다음에는 바로 계수비교를 하는 것이 훨씬 빠르고 편리하다. 우변을 통합하면 분자에서 (s^2+as^2)이 최고차항이므로 $a=-1$이고, 또한 $2-b$가 상수항이므로 $5=(2-b)$에서 $b=-3$을 얻어 식 (88)로 된다. 주어진 수식이 비교적 간단한 경우에는 이러한 방법이 더욱 편리하다.

****반복되는 2차인수.** $[(s-a)^2+b^2]^n$을 포함하는 경우에는 식 (86)과 비슷한 방법으로 $[(s-a)^2+b^2]^n$을 제외한 부분에 $s=a+ib$를 대입한 결과를 이용하여

$$\frac{F(s)}{[(s-a)^2+b^2]^n}=\frac{A_0(s-a)+B_0}{[(s-a)^2+b^2]^n}+\cdots+\frac{A_{n-1}(s-a)+B_{n-1}}{(s-a)^2+b^2}$$
$$F(s)\big|_{s=a+ib}=iA_0b+B_0 \tag{89}$$

와 같이 최고차항의 계수 A_0, B_0를 결정한다. 나머지 계수들은 양변에 $[(s-a)^2+b^2]^n$을 곱한 식에서 계수비교를 통하여 구하기로 한다.

****예제 26** $Y(s)=\dfrac{s^3+1}{(s^2+2s+2)^2}$을 부분분수로 전개하라.

☞ 식 (89)와 $s^2+2s+2=(s+1)^2+1$을 이용하면

$$\frac{s^3+1}{(s^2+2s+2)^2}=\frac{A(s+1)+B}{(s^2+2s+2)^2}+\frac{as+b}{s^2+2s+2} \tag{90}$$

라고 쓸 수 있고, $(s^2+2s+2)^2$을 제외한 부분에 $s=-1+i$를 대입하면

$$(-1+i)^3+1=3+2i=Ai+B \quad\Rightarrow\quad A=2,\ B=3$$

을 얻는다. 다시, 식 (90)의 양변에 $(s^2+2s+2)^2$을 곱하면

$$s^3+1=2s+5+(as+b)(s^2+2s+2) \tag{91}$$

를 얻고, 최고차항의 계수에서 $a=1$, 상수항에서 $1=5+2b$, 즉 $b=-2$를 얻는다. 따라서, 최종적인 부분분수 분해는

$$\frac{s^3+1}{(s^2+2s+2)^2}=\frac{2s+5}{(s^2+2s+2)^2}+\frac{s-2}{s^2+2s+2} \tag{92}$$

로 된다. ◀

간단한 방법:

$$Y(s)=\frac{s(s^2+2s+2)-2s^2-2s+1}{(s^2+2s+2)^2}=\frac{s(s^2+2s+2)-2(s^2+2s+2)+2s+5}{(s^2+2s+2)^2}$$
$$=\frac{s-2}{(s^2+2s+2)}+\frac{2s+5}{(s^2+2s+2)^2}$$

연습문제

※ 다음을 부분분수로 분해하라.

[1] $Y(s) = \dfrac{1}{s(s-1)(s+1)}$

[2] $Y(s) = \dfrac{s^3 - 4s^2 + 4}{s^2(s-1)(s+1)}$

[3] $Y(s) = \dfrac{s^2 + s - 1}{(s+1)^3}$

[4] $Y(s) = \dfrac{s^2 + 1}{s(s^2 + 4s + 5)}$

***[5]** $Y(s) = \dfrac{s^4 + 1}{s(s^2 + 4s + 5)^2}$

[6] $Y(s) = \dfrac{s^2 - 3}{s^4(s+1)}$

4-7 라플라스변환에 의한 미분, 적분방정식의 해법

상수계수를 가진 미분방정식은 라플라스변환에 의해 사상공간에서는 대수적인 식으로 되기 때문에 해가 쉽게 구해진다. 그리고, 사상공간에서 구한 해의 역변환을 이용하면 원래의 미분방정식의 해가 얻어진다. 특히,

> 미분방정식의 비제차항이 불연속인 경우에 라플라스변환을 사용하는 것이 다른 방법을 이용하는 것에 비해 훨씬 편리하다.

경우에 따라서는 계수가 상수가 아니라도 약간 복잡하지만 라플라스변환에 의해 해가 구해질 수도 있다.

불연속함수를 가진 미분방정식의 해. 불연속함수를 가진 미분방정식의 해를 쉽게 구할 수 있다는 점이 라플라스변환의 가장 큰 매력이라고 할 수 있다. 특히, 실제적인 문제에서는 제어를 위한 능동적인 입력이나 외부에서 불규칙적으로 가해지는 입력 등은 대부분 불연속적이며, 따라서 단위계단함수 또는 디랙 델타함수 등을 이용하여 해를 구하게 된다.

예제 27 $y'' - 2y' - 3y = \delta(t-1),\ y(0) = y'(0) = 0$의 해를 구하라.

☞ 라플라스변환을 하면

$$[s^2 Y - sy(0) - y'(0)] - 2[sY - y(0)] - 3Y = e^{-s} \qquad (93)$$

로 되고, 초기값이 $y(0) = y'(0) = 0$이므로 정리하여

$$Y(s) = \frac{e^{-s}}{s^2 - 2s - 3} = \frac{1}{4}\left(\frac{1}{s-3} - \frac{1}{s+1}\right)e^{-s}$$

가 된다. 다시 역변환을 취하면

$$y(t) = \frac{1}{4}[e^{3(t-1)} - e^{-(t-1)}]H(t-1) \quad ◀ \tag{94}$$

여기서, $\mathscr{L}^{-1}\{e^{-as}F(s)\} = f(t-a)$가 아니라 $\mathscr{L}^{-1}\{e^{-as}F(s)\} = f(t-a)H(t-a)$라는 것에 주의한다. 항상, e^{-as}가 곱해진 경우 단위계단함수가 나타나는 것을 잊지 말자.

예제 28 전압 E_0인 기전력이 그림 4.8과 같이 회로에 가해질 때 회로에 흐르는 전류 $i(t)$를 구하라.

☞ RC회로에 대한 미분방정식

$$Ri + \frac{1}{C}\int_0^t i\,dt = E(t) \tag{95}$$

에서 기전력이

$$E(t) = E_0[H(t-a) - H(t-b)] \tag{96}$$

로 주어져 있다. 식 (95)를 라플라스변환하면

$$RI(s) + \frac{1}{C}\frac{I(s)}{s} = \frac{E_0}{s}[e^{-as} - e^{-bs}] \tag{97}$$

를 얻고, 이것을 정리하면

$$I(s) = \frac{E_0/R}{s + \frac{1}{RC}}[e^{-as} - e^{-bs}] = \frac{i_0}{s + \frac{1}{\tau_C}}[e^{-as} - e^{-bs}] \tag{98}$$

가 된다. 여기서, $\tau_C = RC$, $i_0 = E_0/R$이다. 윗식은

$$\mathscr{L}^{-1}\left(\frac{i_0}{s + 1/\tau_C}\right) = i_0 e^{-t/\tau_C} \tag{99}$$

를 이용하면

$$i(t) = i_0[e^{-\frac{t-a}{\tau_C}}H(t-a) - e^{-\frac{t-b}{\tau_C}}H(t-b)] \tag{100}$$

가 된다. 시간에 따른 전류의 변화는 그림 4.8에 나타낸 바와 같다. ◀

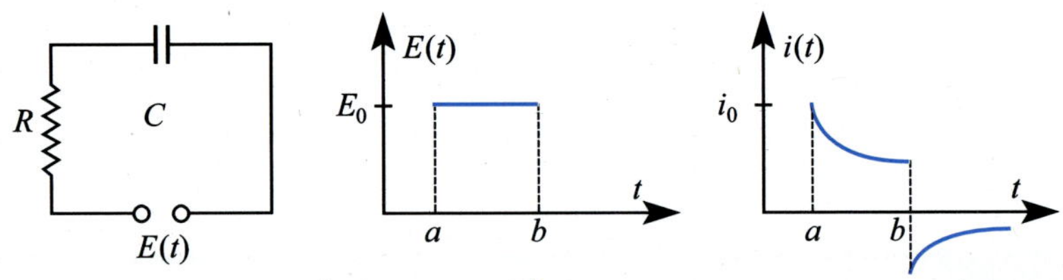

그림 4.8

1계 및 2계 선형미분방정식의 일반해. $t = 0$에서의 초기조건이 주어진 비제차 선형미분방정식은 라플라스변환을 이용하여 일반해를 구할 수 있다. 그러나, 라플라스변환은 미분방정식이 상계수를 가진 경우에 적합하다는 것을 유념하자.

예제 29 미분방정식 $y' + ay = h(t)$, $y(0) = y_0$를 라플라스변환을 이용하여 풀어라.

☞ 라플라스변환을 취한 결과 $sY(s) - y_0 + aY(s) = H(s)$로부터

$$Y(s) = \frac{y_0}{s+a} + \frac{H(s)}{s+a} \tag{101}$$

이다. $\mathscr{L}^{-1}\left\{\frac{1}{s+a}\right\} = e^{-at}$와 합성곱을 이용하면

$$y(t) = y_0 e^{-at} + [e^{-at} * h(t)] = e^{-at}\left[y_0 + \int_0^t e^{a\tau} h(\tau)\, d\tau\right] \tag{102}$$

인 일반해를 구할 수 있다. ◀

1장의 방법으로 하면 $p = e^{\int a} = e^{at}$라고 할 때, $py = \int ph + c$로부터 구한다.

예제 30 $\frac{d^2x}{dt^2} + 2\zeta\omega_n \frac{dx}{dt} + \omega_n^2 x = f(t)$, $x(0) = x_0$, $x'(0) = v_0$로 주어지는 미분방정식을 라플라스변환을 이용하여 풀어라.

☞ 주어진 미분방정식의 라플라스변환을 취하고

$$[s^2 X(s) - sx_0 - v_0] + 2\zeta\omega_n [sX(s) - x_0] + \omega_n^2 X(s) = F(s) \tag{103}$$

를 정리하면

$$X(s) = \frac{F(s)}{s^2 + 2\zeta\omega_n s + \omega_n^2} + \frac{x_0(s + 2\zeta\omega_n) + v_0}{s^2 + 2\zeta\omega_n s + \omega_n^2} \tag{104}$$

를 얻는다. 여기서, $\zeta < 1$인 경우

$$\omega^2 = \omega_n^2(1 - \zeta^2), \quad G(s) = \frac{1}{(s + \zeta\omega_n)^2 + \omega^2} \tag{105}$$

이라고 두면

$$\begin{aligned} X(s) &= F(s)G(s) + X_i(s) \\ X_i(s) &= \frac{x_0(s + \zeta\omega_n)}{(s + \zeta\omega_n)^2 + \omega^2} + \frac{(v_0 + x_0\zeta\omega_n)}{(s + \zeta\omega_n)^2 + \omega^2} \end{aligned} \tag{106}$$

으로 된다. 라플라스 역변환을 취하면

$$x(t) = f(t) * g(t) + x_i(t) = \int_0^t f(\tau) g(t - \tau)\, d\tau + x_i(t) \tag{107}$$

표 4.5 $x'' + 2\zeta\omega_n x' + \omega_n^2 x = f(t)$, $x(0) = x_0$, $x'(0) = v_0$의 일반해

$x(t) = x_i(t) + \int_0^t f(\tau) g(t-\tau)\, d\tau$	
$\zeta < 1$, $x_i = e^{-\zeta\omega_n t}\left\{x_0 \cos\omega t + \frac{v_0 + x_0\zeta\omega_n}{\omega}\sin\omega t\right\}$,	$g(t) = \frac{1}{\omega} e^{-\zeta\omega_n t}\sin\omega t$
$\zeta = 1$, $x_i = e^{-\omega_n t}\{x_0 + (v_0 + x_0\omega_n)t\}$,	$g(t) = te^{-\omega_n t}$
$\zeta > 1$, $x_i = e^{-\zeta\omega_n t}\left\{x_0 \cosh\omega t + \frac{v_0 + x_0\zeta\omega_n}{\omega}\sinh\omega t\right\}$,	$g(t) = \frac{1}{\omega} e^{-\zeta\omega_n t}\sinh\omega t$

*여기서, $\omega = \omega_n\sqrt{|1 - \zeta^2|}$으로 정의되었다.

로 되고 ζ값의 범위에 따른 해가 표 4.5에 주어져 있다.

예제 31 적분방정식 $y(t) = e^{-t} + \int_0^t y(\tau)\sin(t-\tau)\,d\tau$를 풀어라.

☞ 주어진 식을 합성곱을 이용하여 $y(t) = e^{-t} + y(t) * \sin t$로 나타내고, 라플라스변환을 취하면

$$Y(s) = \frac{1}{s+1} + Y(s)\frac{1}{s^2+1} \quad \text{또는} \quad Y(s) = \frac{s^2+1}{s^2(s+1)} \tag{108}$$

이다. 부분분수를 구하기 위해

$$\begin{aligned}\frac{s^2+1}{s^2(s+1)} &= \frac{(-1)^2+1}{(-1)^2}\frac{1}{s+1} + \frac{0^2+1}{0+1}\frac{1}{s^2} + \frac{A}{s} \\ &= \frac{2}{s+1} + \frac{1}{s^2} + \frac{A}{s}\end{aligned} \tag{109}$$

인 형태로 계수를 바로 구할 수 있는 항부터 우선 결정하면 미지수가 1개로 된다. 양변에 $s^2(s+1)$을 곱하면

$$s^2 + 1 = 2s^2 + (s+1) + As(s+1)$$

이 되고, s^2항의 계수를 비교하여 $1 = 2 + A$, 즉 $A = -1$을 얻는다. 최종적으로 라플라스 역변환을 하여

$$y(t) = \mathscr{L}^{-1}\{Y(s)\} = \mathscr{L}^{-1}\left(\frac{2}{s+1} + \frac{1}{s^2} - \frac{1}{s}\right) = 2e^{-t} + t - 1 \quad ◀ \tag{110}$$

연습문제

※ 다음의 초기값문제를 풀어라.

[1] $y'' - y = 1, \quad y(0) = 0, \quad y'(0) = 1$

[2] $y'' + y' - 2y = 1, \quad y(0) = 1, \quad y'(0) = 2$

[3] $y'' - 3y' + 2y = t + e^{-t}, \quad y(0) = -1, \quad y'(0) = 1$

[4] $y'' - \lambda^2 y = 1, \quad y(0) = A, \quad y'(0) = B$

[5] $y'' + y = f(t), \quad y(0) = y'(0) = 0$ [단, $f(t) = t \quad (0 < t < \pi)$, 그렇지 않으면 $f(t) = 0$]

[6] $y'' + 2y' + 2y = 1 + H(t-2), \quad y(0) = y'(0) = 0$

[7] $y'' + 9y = \delta(t-\pi) - \delta(t-2\pi), \quad y(0) = 1, \quad y'(0) = 2$

[8] $y(t) = t + \int_0^t y(\tau)\,d\tau$

[9] $y(t) = 1 + t - \int_0^t (t-\tau)y(\tau)\,d\tau$

***[10]** $ty'' + y' + ty = 0, \; y(0) = 1, \; y'(0) = 0$을 만족하는 $y(t)$의 $\mathscr{L}\{y\}$와 해를 구하라.

미분방정식 $ty'' + y' + ty = 0$에서 $t \sim -D$를 이용하여 $(s^2+1)\dfrac{dY}{ds}(s) + sY(s) = 0$으로 변환하고 적분하면 $\ln Y = -\dfrac{1}{2}\ln(s^2+1) + C$, 즉 $Y(s) = \dfrac{C}{\sqrt{s^2+1}}$의 형태가 되고 (예제 7)에서 다룬 초기값정리에 의해 상수 $C = 1$이 된다. 그런 다음, 최종적으로는 라플라스 변환표로부터 $\mathscr{L}^{-1}\left\{\dfrac{1}{\sqrt{s^2+1}}\right\} = J_0(t)$를 구하거나 급수전개, 복소적분 등을 이용하여 역변환을 구한다.

※ 라플라스변환을 이용하여 다음의 미분방정식을 풀어라.

*[11] $ty'' - ty' - y = 0,\quad y(0) = 0,\quad y'(0) = 1$

*[12] $ty'' + y = 0,\quad y(0) = 0,\quad y'(0) = 1$

4-8 라플라스변환표

이 절에서는 지금까지 다룬 라플라스변환과 공학적으로 중요한 라플라스 변환을 표 4.6에 나타내었다.

표 4.6 라플라스 변환표

	$\mathscr{L}\{f(t)\}$	$f(t)$
1	$\dfrac{1}{s}$	1
2	$\dfrac{1}{s^2}$	t
3	$\dfrac{1}{s^k}$	$\dfrac{t^{k-1}}{(k-1)!}$
4	$\dfrac{1}{s^{1/2}}$	$\dfrac{1}{\sqrt{\pi t}}$
5	$\dfrac{1}{s^{3/2}}$	$2\sqrt{\dfrac{t}{\pi}}$
6	$\dfrac{1}{s^{k+1/2}}$	$\dfrac{2^k}{\sqrt{\pi}\,(2k-1)!!}t^{k-1/2}$
7	$\dfrac{1}{s^\nu}$	$\dfrac{t^{\nu-1}}{(\nu-1)!}$
8	$s^{1/2}$	$-\dfrac{1}{2\sqrt{\pi t^3}}$
9	$s^{3/2}$	$\dfrac{3}{4\sqrt{\pi}\,t^{5/2}}$
10	$s^{k-1/2}$	$\dfrac{(-1)^k(2k-1)!!}{2^k\sqrt{\pi}\,t^{k+1/2}}$

*β, x는 양수, ν는 유리수, k는 자연수

**사용의 편의상 라플라스 역변환을 기준으로 나타내었다.

표 4.6 라플라스 변환표(계속)

	$\mathscr{L}\{f(t)\}$	$f(t)$
11	$s^{n-\nu}$	$\dfrac{t^{\nu-n-1}}{(\nu-n-1)!}$
12	$\dfrac{1}{s+a}$	e^{-at}
13	$\dfrac{1}{(s+a)^2}$	te^{-at}
14	$\dfrac{1}{(s+a)^k}$	$\dfrac{t^{k-1}e^{-at}}{(k-1)!}$
15	$\dfrac{s}{(s+a)^2}$	$(1-at)e^{-at}$
16	$\dfrac{s}{(s+a)^3}$	$t\left(1-\dfrac{1}{2}at\right)e^{-at}$
17	$\dfrac{1}{(s+a)(s+b)}$	$-\dfrac{e^{-at}-e^{-bt}}{a-b}$
18	$\dfrac{s}{(s+a)(s+b)}$	$\dfrac{ae^{-at}-be^{-bt}}{a-b}$
19	$\dfrac{1}{(s+a)^2(s+b)}$	$-\dfrac{[1+(a-b)t]e^{-at}-e^{-bt}}{(a-b)^2}$
20	$\dfrac{s}{(s+a)^2(s+b)}$	$\dfrac{[b+a(a-b)t]e^{-at}-be^{-bt}}{(a-b)^2}$
21	$\dfrac{1}{(s+a)(s+b)(s+c)}$	$-\dfrac{(b-c)e^{-at}+(c-a)e^{-bt}+(a-b)e^{-ct}}{(a-b)(b-c)(c-a)}$
22	$\dfrac{s}{(s+a)(s+b)(s+c)}$	$\dfrac{a(b-c)e^{-at}+b(c-a)e^{-bt}+c(a-b)e^{-ct}}{(a-b)(b-c)(c-a)}$
23	$\dfrac{a}{s^2+a^2}$	$\sin at$
24	$\dfrac{s}{s^2+a^2}$	$\cos at$
25	$\dfrac{a}{s^2-a^2}$	$\sinh at$
26	$\dfrac{s}{s^2-a^2}$	$\cosh at$
27	$\dfrac{1}{s(s^2+a^2)}$	$\dfrac{1}{a^2}(1-\cos at)$
28	$\dfrac{1}{s^2(s^2+a^2)}$	$\dfrac{1}{a^3}(at-\sin at)$
29	$\dfrac{1}{(s^2+a^2)^2}$	$\dfrac{1}{2a^3}(\sin at-at\cos at)$
30	$\dfrac{s}{(s^2+a^2)^2}$	$\dfrac{t}{2a}\sin at$

표 4.6 라플라스 변환표(계속)

	$\mathscr{L}\{f(t)\}$	$f(t)$
31	$\dfrac{s^2}{(s^2+a^2)^2}$	$\dfrac{1}{2a}(\sin at + at\cos at)$
32	$\dfrac{s}{(s^2+a^2)(s^2+b^2)}$	$-\dfrac{1}{a^2-b^2}(\cos at - \cos bt)$
33	$\dfrac{1}{s^4+4a^4}$	$\dfrac{1}{4a^3}(\sin at\cosh at - \cos at\sinh at)$
34	$\dfrac{s}{s^4+4a^4}$	$\dfrac{1}{2a^2}\sin at\sinh at$
35	$\dfrac{1}{s^4-a^4}$	$\dfrac{1}{2a^3}(\sinh at - \sin at)$
36	$\dfrac{s}{s^4-a^4}$	$\dfrac{1}{2a^2}(\cosh at - \cos at)$
37	$\sqrt{s+a}-\sqrt{s+b}$	$-\dfrac{1}{2(\pi t^3)^{1/2}}(e^{-at}-e^{-bt})$
38	$\dfrac{1}{\sqrt{s+a}\sqrt{s+b}}$	$e^{-(a+b)t/2}I_0\left(\dfrac{a-b}{2}t\right)$
39	$\dfrac{1}{\sqrt{s^2+a^2}}$	$J_0(at)$
40	$\dfrac{s}{(s-a)^{3/2}}$	$\dfrac{1}{\sqrt{\pi t}}(1+2at)e^{at}$
41	$\dfrac{1}{(s^2-a^2)^k}$	$\dfrac{\sqrt{\pi}}{(k-1)!}\left(\dfrac{t}{2a}\right)^{k-1/2} I_{k-1/2}(at)$
42	e^{-as}/s	$H(t-a)$
43	e^{-as}	$\delta(t-a)$
44	$\dfrac{1}{s}e^{-k/s}$	$J_0(2\sqrt{kt})$
45	$\dfrac{1}{\sqrt{s}}e^{-k/s}$	$\dfrac{1}{\sqrt{\pi t}}\cos 2\sqrt{kt}$
46	$\dfrac{1}{s\sqrt{s}}e^{k/s}$	$\dfrac{1}{\sqrt{\pi t}}\sinh 2\sqrt{kt}$
47	$e^{-x\sqrt{s/\beta}}$	$\dfrac{x}{2\sqrt{\pi\beta t^3}}e^{-x^2/4\beta t}$
48	$\dfrac{e^{-x\sqrt{s/\beta}}}{\sqrt{s/\beta}}$	$\left(\dfrac{\beta}{\pi t}\right)^{1/2} e^{-x^2/4\beta t}$
49	$\dfrac{e^{-x\sqrt{s/\beta}}}{s}$	$\operatorname{erfc}\left(\dfrac{x}{2\sqrt{\beta t}}\right)$
50	$\dfrac{e^{-x\sqrt{s/\beta}}}{s\sqrt{s/\beta}}$	$2\left(\dfrac{\beta t}{\pi}\right)^{1/2} e^{-x^2/4\beta t} - x\operatorname{erfc}\left(\dfrac{x}{2\sqrt{\beta t}}\right)$

표 4.6 라플라스 변환표(계속)

	$\mathcal{L}\{f(t)\}$	$f(t)$
51	$\frac{1}{s}\ln s$	$-\ln t-\gamma \quad (\gamma=0.5772\cdots)$
52	$\ln\frac{s-a}{s-b}$	$\frac{1}{t}(e^{bt}-e^{at})$
53	$\ln\frac{s^2+a^2}{s^2}$	$\frac{2}{t}(1-\cos at)$
54	$\tan^{-1}\frac{a}{s}$	$\frac{1}{t}\sin at$
55	$\frac{1}{s}\cot^{-1}s$	$Si(t)=\int_0^t\frac{\sin x}{x}dx$
56	$\frac{1}{s}\ln\frac{1}{\sqrt{s^2+1}}$	$Ci(t)=\int_\infty^t\frac{\cos x}{x}dx$
57	$\frac{1}{s}\ln\frac{1}{s+1}$	$Ei(-t)=\int_\infty^t\frac{e^{-x}}{x}dx$

요약

라플라스변환은 다루기 힘든 미적분연산을 사상공간에서의 대수적(代數的; algebraic)인 연산으로 바꾸어서 문제를 해결한 후 다시 되돌려주는(라플라스 역변환) 과정을 통해, 특히 미분방정식의 풀이에 유용한 역할을 한다. 다음은 라플라스변환의 가장 기본적인 내용이다.

- 정의: $F(s)=\mathcal{L}\{f(t)\}=\int_0^\infty e^{-st}f(t)\,dt$
- 기본연산의 단축키

미 적 분		변 위
$\mathcal{L}\left\{\frac{df}{dt}\right\}=sF(s)-f(0)$	$D\sim s-\emptyset$	$\mathcal{L}\{e^{at}f(t)\}=F(s-a)$
$\mathcal{L}\left\{\int_0^t f\right\}=\frac{1}{s}F(s)$	$\frac{1}{D}\sim\frac{1}{s}$	
$\mathcal{L}\{tf\}=-\frac{dF}{ds}$	$t\sim -D$	$\mathcal{L}\{H(t-a)f(t-a)\}=e^{-as}F(s)$
$\mathcal{L}\left\{\frac{f}{t}\right\}=-\int_\infty^s F$	$\frac{1}{t}\sim-\frac{1}{D}$	

- 합성곱: $\mathcal{L}\{f*g\}=\mathcal{L}(f)\mathcal{L}(g)$
- 디락 델타함수: $\mathcal{L}\{\delta(t)\}=1$

- 단위계단함수: 구간 $[a, b]$에서 $g(t)$이고 이외의 구간에서 0일 때

$$f(t) = g(t)[H(t-a) - H(t-b)]$$

$a \ge 0,$	$\frac{d}{dt}H(t-a) = \delta(t-a)$	$\int_0^\infty \delta(t-\tau)\,d\tau = 1$
	$\mathscr{L}\{\delta(t-a)\} = e^{-as}$	$\int_0^\infty \delta(t-\tau)f(\tau)\,d\tau = f(t)$
	$\mathscr{L}\{H(t-a)\} = \frac{e^{-as}}{s}$	$\int_0^\infty H(t-\tau)f(\tau)\,d\tau = \int_0^t f(\tau)\,d\tau$

- 불연속점을 가지는 경우

$$\mathscr{L}\left\{\frac{df}{dt}(t)\right\} = s\,\mathscr{L}\{f(t)\} - f(0) - \sum_{k=1}^{N}\Delta f(a_k)\,e^{-a_k s}$$

- 부분분수(실근을 갖는 경우)

$$\frac{F(s)}{(s-a)^n} = \frac{F(a)}{(s-a)^n} + \frac{F'(a)}{(s-a)^{n-1}} + \frac{F''(a)}{2!}\frac{1}{(s-a)^{n-2}} + \cdots$$

참고: $F(s) = F(a) + F'(a)(s-a) + \frac{F''(a)}{2!}(s-a)^2 + \cdots\cdots$
(테일러 전개)

- 부분분수(복소근을 갖는 경우)

$$\frac{F(s)}{[(s-a)^2+b^2]^n} = \frac{A_0(s-a)+B_0}{[(s-a)^2+b^2]^n} + \cdots + \frac{A_{n-1}(s-a)+B_{n-1}}{(s-a)^2+b^2}$$

$$F(s)\big|_{s=a+ib} = A_0 bi + B_0$$

Chapter 5

행렬과 행렬식

행렬과 행렬식은 단순히 수를 직사각형 형태로 나열한 것 이상으로 선형연립방정식, 선형변환, 고유값문제, 최적화이론, 회로망, 진동시스템의 해석 등의 응용분야를 가지고 있다. 또한, 컴퓨터 그래픽과 가상현실 등의 분야에서도 행렬이 중요한 역할을 한다. 특히, 공간상의 3차원 벡터는 수의 순서쌍으로서 $\mathbf{r} = (x, y, z)$과 같이 이해할 수 있기 때문에 행렬을 이용하면 벡터를 보다 체계적으로 다룰 수 있게 된다. 그리고, 물리적인 현상을 기술하는 편미분방정식을 수치적으로 푸는 경우 최종적으로는 행렬을 이용한 연립방정식의 해를 구하는 문제로 귀착된다. 이 장에서는 행렬과 행렬식의 기본적인 개념과 성질을 알아보기로 한다.

5-1 기본개념

행벡터와 열벡터. 3차원 벡터의 확장으로서 n차원 벡터를

$$\mathbf{a} = [a_1 \;\; a_2 \;\; \cdots \;\; a_n] \tag{1}$$

과 같이 정의할 수 있다. 이러한 n차원 벡터는 행(行; row)으로 이루어진 벡터, 즉 **행벡터**(row vector)라고 하며 굵은 소문자로 표시한다. 이와 비슷한 방법으로 **열**(列; column)로 나타낸 m차원 벡터를 **열벡터**(column vector)라고 하며

$$\mathbf{b} = \begin{bmatrix} b_1 \\ b_2 \\ \vdots \\ b_m \end{bmatrix} \tag{2}$$

과 같이 나타낸다.

행렬의 정의. **행렬**(行列; matrix)이란 이름 자체에서 알 수 있듯이 수 또는 함수를 행과 열을 갖도록 직사각형 모양으로 괄호 안에 배열한 것이다. 일반적으로 $m \times n$ 행렬은 m개의 행벡터와 n개의 열벡터로 이루어진 행렬을 말하며 다음과 같이 나타낼 수 있다.

열(列; column)

$j = 2$

$$\text{행(行; row)} \qquad i = 3 \begin{bmatrix} a_{11} & a_{12} & \cdots & a_{1n} \\ a_{21} & a_{22} & \cdots & a_{2n} \\ a_{31} & a_{32} & \cdots & a_{3n} \\ \cdot & \cdot & \cdots & \cdot \\ a_{m1} & a_{m2} & \cdots & a_{mn} \end{bmatrix} \tag{3}$$

여기서, $m \times n$ 행렬에서 i번째 행과 j번째 열의 **원소**(元素; element)는 a_{ij}로 나타내고 행렬은 굵은 대문자로 나타낸다. 행렬과 행렬의 원소는

$$\mathbf{A} = (a_{ij}) = \begin{bmatrix} a_{11} & a_{12} & \cdots & a_{1n} \\ a_{21} & a_{22} & \cdots & a_{2n} \\ a_{31} & a_{32} & \cdots & a_{3n} \\ \cdot & \cdot & \cdots & \cdot \\ a_{m1} & a_{m2} & \cdots & a_{mn} \end{bmatrix} \tag{4}$$

과 같이 쓰는 것이 일반적이다. 이때, a_{ij}에서

① 첫 번째 아래첨자 i는 행

② 두 번째 아래첨자 j는 열

을 나타내므로 $i = 1, 2, 3, \cdots, m$ 및 $j = 1, 2, 3, \cdots, n$으로 된다. 여기서는, 행렬의 "i행, j열"의 원소를 보다 명확히 나타내기 위해서 꺽쇠(bracket)를 이용하여

$$[\mathbf{A}]_{i,j} = a_{ij}$$

행 열

로 쓰기로 약속한다.

만약, $m = n$이라면 $\mathbf{A}$는 정사각형 모양을 가지므로 **정사각행렬**(正四角行列; square matrix)이라고 한다. 임의의 $n \times n$ 정사각행렬에서 원소 $a_{11}, a_{22}, a_{33}, \cdots, a_{nn}$을 포함하는 대각선을 행렬 $\mathbf{A}$의 **주대각선**(主對角線; principal diagonal)이라고 한다.

✔ 행렬 $\mathbf{A}$의 i행 j열의 원소를 a_{ij}로 나타내는 것이 가장 일반적이지만 위와 같이 $[\mathbf{A}]_{i,j}$로 사용하는 것은 보다 복잡한 상황을 다룰 때 매우 편리하다. 예를 들어, 두 행렬의 곱 $\mathbf{AB}$의 i행 j열의 원소를 $[\mathbf{AB}]_{i,j}$로 간단히 나타낼 수 있다.

삼각행렬과 대각행렬. 임의의 $n \times n$ 정사각행렬 중에서 주대각선 아래쪽의 모든 원소가 0인 경우를 **위삼각행렬**(上三角行列; upper triangular matrix), 주대각선 위쪽의 모든 원소가 0인 경우를 **아래삼각행렬**(下三角行列; lower triangular matrix)이라고 한다. 아래삼각행렬인 동시에 위삼각행렬인 정사각행렬, 즉 주대각선이 아닌 모든 원소가 0인 정사각행렬은 **대각행렬**(對角行列; diagonal matrix)이라고 한다. 보통 다음과 같이

$$\mathbf{U} = \begin{bmatrix} a_{11} & a_{12} & a_{13} \\ 0 & a_{22} & a_{23} \\ 0 & 0 & a_{33} \end{bmatrix}, \quad \mathbf{L} = \begin{bmatrix} a_{11} & 0 & 0 \\ a_{21} & a_{22} & 0 \\ a_{31} & a_{32} & a_{33} \end{bmatrix}, \quad \mathbf{D} = \begin{bmatrix} a_{11} & 0 & 0 \\ 0 & a_{22} & 0 \\ 0 & 0 & a_{33} \end{bmatrix} \tag{5}$$

위삼각행렬은 $\mathbf{U}$, 아래삼각행렬은 $\mathbf{L}$, 대각행렬은 $\mathbf{D}$로 나타낸다.

✔ 위삼각행렬 $\mathbf{U}$에 대해 $[\mathbf{U}]_{i,j} = u_{ij} = 0 \ (i > j)$, 아래삼각행렬 $\boldsymbol{L}$은 $[\mathbf{L}]_{i,j} = l_{ij} = 0 \ (i < j)$으로 표현하기도 한다. 대각행렬 $\mathbf{D}$는 $[\mathbf{D}]_{i,j} = d_{ij} = 0 \ (i \neq j)$으로 표현할 수 있다. 이것을 크로네커의 델타를 이용하여 보다 간단히 표기하면 $[\mathbf{D}]_{i,j} = d_{ii}\delta_{ij}$로 된다.

스칼라행렬 및 단위행렬. 대각행렬 $\mathbf{D}$의 모든 원소가 같은 수로 이루어져 있으면 **스칼라행렬**(scalar matrix)이라고 하고, 대각행렬의 모든 원소가 1이면 **단위행렬**(unit matrix)이라고 한다. 스칼라행렬과 단위행렬은

$$\mathbf{S} = \begin{bmatrix} k & 0 & 0 \\ 0 & k & 0 \\ 0 & 0 & k \end{bmatrix}, \quad \mathbf{I} = \begin{bmatrix} 1 & 0 & 0 \\ 0 & 1 & 0 \\ 0 & 0 & 1 \end{bmatrix} \tag{6}$$

과 같이 나타낸다. 정사각행렬에서 중요하게 다루는 행렬들의 집합관계를 그림 5.1에 나타내었다.

✔ 스칼라행렬에 대해 $[\mathbf{S}]_{i,j} = k\delta_{ij}$, 단위행렬은 $[\mathbf{I}]_{i,j} = \delta_{ij}$인 표현은 자주 사용된다.

행렬의 상등. 두 행렬 $\mathbf{A} = (a_{ij})$와 $\mathbf{B} = (b_{ij})$가 상등(相等), 즉 $\mathbf{A} = \mathbf{B}$일 필요충분조건은 다음과 같이

$$\underset{\substack{m_1 \times n_1 \\ \text{matrix}}}{\mathbf{A}} = \underset{\substack{m_2 \times n_2 \\ \text{matrix}}}{\mathbf{B}} \quad \Leftrightarrow \quad \begin{cases} m_1 = m_2 \\ n_1 = n_2 \\ a_{ij} = b_{ij} \ \text{for all } i, j \end{cases} \tag{7}$$

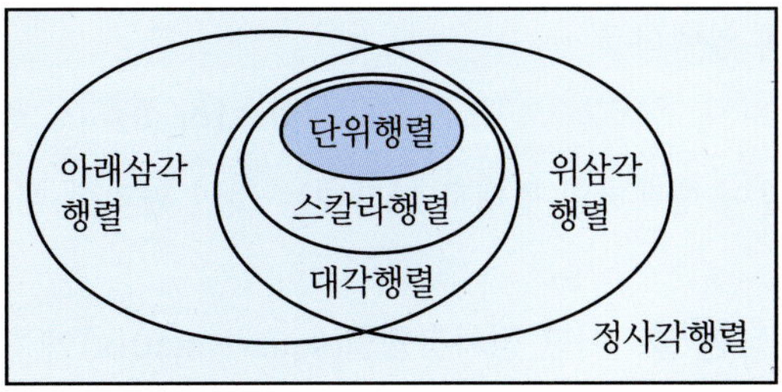

그림 5.1 정사각행렬 중에서 몇 가지 특수한 행렬의 집합관계

행렬의 크기가 서로 같고 또한 각 원소가 모두 같다는 것이다. 다시 말하면, 행의 갯수 또는 열의 갯수가 다른 두 행렬은 상등이 될 수 없다.

행렬의 합과 차, 스칼라와의 곱. 행렬의 상등과 마찬가지로 두 행렬의 합과 차는 행렬의 크기가 같을 때만 정의된다. 이때, 행렬의 합과 차는 각 원소의 합과 차로써 정의된다. 예를 들어,

$$\mathbf{A} = (a_{ij}) = \begin{bmatrix} 3 & -2 & 1 \\ -1 & 0 & 2 \end{bmatrix}, \quad \mathbf{B} = (b_{ij}) = \begin{bmatrix} -1 & 0 & 4 \\ 5 & 1 & -3 \end{bmatrix}$$

라고 하면

$$\mathbf{A} + \mathbf{B} = (a_{ij} + b_{ij}) = \begin{bmatrix} 2 & -2 & 5 \\ 4 & 1 & -1 \end{bmatrix} \tag{8}$$

과 같이 계산된다.

행렬에 스칼라를 곱하는 것은

$$c\mathbf{A} = c\,(a_{ij}) = (ca_{ij}) \tag{9}$$

처럼 행렬의 각 원소에 모두 상수배를 하는 것과 같다. 예를 들어,

$$\mathbf{A} = (a_{ij}) = \begin{bmatrix} 3 & -2 & 1 \\ -1 & 0 & 2 \end{bmatrix} \;\Rightarrow\; 3\mathbf{A} = (3a_{ij}) = \begin{bmatrix} 9 & -6 & 3 \\ -3 & 0 & 6 \end{bmatrix} \tag{10}$$

전 치. $m \times n$ 행렬 $\mathbf{A} = (a_{ij})$를 다음과 같이 열과 행을 서로 바꾸어서 얻은 $n \times m$ 행렬

$$\mathbf{A}^{\mathrm{T}} = \begin{bmatrix} a_{11} & a_{21} & \cdots & a_{m1} \\ a_{12} & a_{22} & \cdots & a_{m2} \\ a_{13} & a_{23} & \cdots & a_{m3} \\ \cdot & \cdot & \cdots & \cdot \\ a_{1n} & a_{2n} & \cdots & a_{mn} \end{bmatrix} \tag{11}$$

을 $\mathbf{A}$의 **전치**(轉置; transposition)라고 하고 $\mathbf{A}^{\mathrm{T}}$로 정의한다. 다시 말해서, 전치행렬 $\mathbf{A}^{\mathrm{T}}$의 "i행 j열"의 원소는 원래의 행렬 $\mathbf{A}$의 "j행 i열"의 원소로 정의되므로

$$[\mathbf{A}^{\mathrm{T}}]_{i,\,j} = [\mathbf{A}]_{j,i} = a_{ji}$$

행과 열을 바꾼다

로 표현할 수 있다. 전치행렬은 열벡터를 나타낼 때 특히 편리하게 된다. 예를 들어, 식 (2)의 열벡터를

$$\mathbf{b} = [b_1 \;\; b_2 \;\; \cdots \;\; b_m]^{\mathrm{T}} \tag{12}$$

과 같이 행벡터의 형태로 나타내는 것이 편리할 때가 많다.

대칭행렬과 반대칭행렬. 어떤 **정사각행렬**(square matrix)이

$$\mathbf{A}^{\mathrm{T}} = \mathbf{A}$$

가 되면(즉, $a_{ji}=a_{ij}$), 이 행렬을 **대칭행렬**(對稱行列; symmetric matrix)이라고 한다. 한편

$$\mathbf{A}^{\mathrm{T}}=-\mathbf{A}$$

(즉, $a_{ji}=-a_{ij}$)를 만족하는 행렬은 **반대칭행렬**(skew-symmetric matrix)이라고 한다. 반대칭행렬의 정의로부터 $a_{ii}=-a_{ii}$, 즉 $2a_{ii}=0$이므로 반대칭행렬의 주대각선은 반드시 0이 되는 성질을 가진다.

연습문제

*[1] 크기가 같은 행렬에 대해서 스칼라의 경우와 같이 다음의 연산이 성립한다(성질을 잘 알아두는 것이 필요하다).

(a) $\mathbf{A}+\mathbf{B}=\mathbf{B}+\mathbf{A}$
(b) $\mathbf{A}+\mathbf{0}=\mathbf{A}$
(c) $\mathbf{A}+(-\mathbf{A})=\mathbf{0}$
(d) $(\mathbf{A}+\mathbf{B})+\mathbf{C}=\mathbf{A}+(\mathbf{B}+\mathbf{C})$
(e) $c(\mathbf{A}+\mathbf{B})=c\mathbf{A}+c\mathbf{B}$
(f) $(c+d)\mathbf{A}=c\mathbf{A}+d\mathbf{A}$
(g) $c(d\mathbf{A})=cd\mathbf{A}$
(h) $1\mathbf{A}=\mathbf{A}$

[2] $\mathbf{A}$가 정사각행렬이면 $\mathbf{S}=\frac{1}{2}(\mathbf{A}+\mathbf{A}^{\mathrm{T}})$는 대칭행렬이고 $\mathbf{K}=\frac{1}{2}(\mathbf{A}-\mathbf{A}^{\mathrm{T}})$는 반대칭행렬(skew-symmetric matrix)임을 보여라(이때, $\mathbf{A}=\mathbf{S}+\mathbf{K}$임에 주목한다).

[3] $(\mathbf{A}+\mathbf{B})^{\mathrm{T}}=\mathbf{A}^{\mathrm{T}}+\mathbf{B}^{\mathrm{T}}$, $(c\mathbf{A})^{\mathrm{T}}=c\mathbf{A}^{\mathrm{T}}$, $(\mathbf{A}^{\mathrm{T}})^{\mathrm{T}}=\mathbf{A}$임을 보여라.

[4] $\mathbf{A}$가 반대칭행렬이면 주대각선은 모두 0이 되는 것을 보여라. 즉, $a_{ii}=0$임을 보여라.

5-2 행렬의 곱

벡터의 내적. 3차원 공간에서 두 벡터의 내적이

$$\mathbf{a}\cdot\mathbf{b}=a_1b_1+a_2b_2+a_3b_3=\sum_{k=1}^{3}a_kb_k$$

와 같이 정의되는 것을 행렬의 관점에서는 행벡터 $\mathbf{a}^{\mathrm{T}}$와 열벡터 $\mathbf{b}$의 곱

$$\mathbf{a}\cdot\mathbf{b}\equiv\mathbf{a}^{\mathrm{T}}\mathbf{b}=[a_1\ \ a_2\ \ a_3]\begin{bmatrix}b_1\\b_2\\b_3\end{bmatrix}=a_1b_1+a_2b_2+a_3b_3=\sum_{k=1}^{3}a_kb_k \tag{13}$$

로 해석한다. 일반적인 행렬의 곱은 위의 개념을 확장하여 정의된다. 그리고, 앞으로 특별한 언급이 없으면 벡터는 열벡터인 것으로 간주한다.

두 행렬의 곱. 크기가 $m\times n$인 행렬 $\mathbf{A}$와 크기가 $n\times \ell$인 행렬 $\mathbf{B}$의 행렬곱 $\mathbf{AB}$의 크기는 $(m\times n)\times(n\times\ell)=(m\times\ell)$이 되고, 행렬곱의 원소는

$$\mathbf{C}=\mathbf{AB} \;\Rightarrow\; c_{ij}=[\mathbf{AB}]_{i,j}=a_{i1}b_{1j}+a_{i2}b_{2j}+\cdots+a_{in}b_{nj} = \sum_{k=1}^{n} a_{ik}b_{kj} \tag{14}$$

로부터 구해진다. 이때, 아래에 보인 것처럼 서로 마주보는 같은 문자가 상쇄되는 것같은 형태를 잘 알아두자.

크기: $(m\times n)\times(n\times\ell)=(m\times\ell)$

원소: $\sum_{k=1}^{n} a_{ik}b_{kj}=c_{ij}$

또한, 행렬곱을 풀어서 표현하면

$$\underset{(m\times n)}{\begin{bmatrix} a_{11} & a_{12} & \cdots & a_{1n} \\ a_{21} & a_{22} & \cdots & a_{2n} \\ \cdot & \cdot & \cdots & \cdot \\ a_{i1} & a_{i2} & \cdots & a_{in} \\ \cdot & \cdot & \cdots & \cdot \\ a_{m1} & a_{m2} & \cdots & a_{mn} \end{bmatrix}} \underset{(n\times\ell)}{\begin{bmatrix} b_{11} & b_{12} & \cdot & b_{1j} & \cdots & b_{1\ell} \\ b_{21} & b_{22} & \cdot & b_{2j} & \cdots & b_{2\ell} \\ \vdots & \vdots & \vdots & \vdots & \vdots & \vdots \\ b_{n1} & b_{n2} & \cdot & b_{nj} & \cdots & b_{n\ell} \end{bmatrix}} = \underset{(m\times\ell)}{\begin{bmatrix} c_{11} & c_{12} & \cdots & c_{1j} & \cdots & c_{1\ell} \\ c_{21} & c_{22} & \cdots & c_{2j} & \cdots & c_{2\ell} \\ \cdot & \cdot & \cdots & \cdot & \cdots & \cdot \\ c_{i1} & c_{i2} & \cdots & c_{ij} & \cdots & c_{i\ell} \\ \cdot & \cdot & \cdots & \cdot & \cdots & \cdot \\ c_{m1} & c_{m2} & \cdots & c_{mj} & \cdots & c_{m\ell} \end{bmatrix}}$$

$$a_{i1}b_{1j}+a_{i2}b_{2j}+\cdots+a_{in}b_{nj}=c_{ij}$$

와 같다. 위에서, $m\times n$ 행렬의 i번째 행(row)벡터와 $n\times\ell$ 행렬의 j번째 열(column)벡터의 내적이 $m\times\ell$ 행렬의 원소 c_{ij}가 되는 것을 알 수 있다. 행렬의 곱 $\mathbf{AB}$에서 주의해야 할 것은 행렬 $\mathbf{A}$의 열의 크기가 행렬 $\mathbf{B}$의 행의 크기와 같아야 된다는 점이다. 따라서, $\mathbf{AB}$는 정의되지만 $\mathbf{BA}$는 정의되지 않을 수 있다.

✔ 행렬곱의 공식에서 합첨자의 이름은

$$[\mathbf{AB}]_{i,j}=\sum_k [\mathbf{A}]_{i,k}[\mathbf{B}]_{k,j}=\sum_m [\mathbf{A}]_{i,m}[\mathbf{B}]_{m,j}$$

와 같이 바꾸어도 된다. 적분의 경우에도 $\int_0^x f(u)\,du=\int_0^x f(v)\,dv=\cdots$처럼 적분변수의 이름은 본질적으로 중요하지 않게 되는데, 이러한 변수를 **겉보기변수**(dummy variable)라고 한다.

행렬곱의 성질. 행렬의 곱이 정의되는 경우에 대해 다음의 성질이 성립한다.

(a) $(c\mathbf{A})\mathbf{B}=\mathbf{A}(c\mathbf{B})=c\mathbf{AB}$

(b) $\mathbf{AI}=\mathbf{IA}=\mathbf{A}$

(c) $\mathbf{A}(\mathbf{BC})=(\mathbf{AB})\mathbf{C}=\mathbf{ABC}$

(d) $(\mathbf{A}+\mathbf{B})\mathbf{C}=\mathbf{AC}+\mathbf{BC}$

(e) $\mathbf{A}(\mathbf{B}+\mathbf{C})=\mathbf{AB}+\mathbf{AC}$ (15)

예제 1 $\mathbf{A}=\begin{bmatrix}-1 & 2\\ 3 & 1\end{bmatrix}$, $\mathbf{B}=\begin{bmatrix}0 & 1\\ -1 & 2\end{bmatrix}$를 써서 일반적으로 두 행렬의 곱은 비가환(非可換)이라는 것을 보여라. 즉, $\mathbf{AB}\neq\mathbf{BA}$임을 보여라.

☞ 행렬의 곱에 대한 정의에 따라

$$\begin{aligned}\mathbf{AB}&=\begin{bmatrix}-1 & 2\\ 3 & 1\end{bmatrix}\begin{bmatrix}0 & 1\\ -1 & 2\end{bmatrix}\\&=\begin{bmatrix}(-1)(0)+(2)(-1) & (-1)(1)+(2)(2)\\ (3)(0)+(1)(-1) & (3)(1)+(1)(2)\end{bmatrix}=\begin{bmatrix}-2 & 3\\ -1 & 5\end{bmatrix}\\ \mathbf{BA}&=\begin{bmatrix}0 & 1\\ -1 & 2\end{bmatrix}\begin{bmatrix}-1 & 2\\ 3 & 1\end{bmatrix}\\&=\begin{bmatrix}(0)(-1)+(1)(3) & (0)(2)+(1)(1)\\ (-1)(-1)+(2)(3) & (-1)(2)+(2)(1)\end{bmatrix}=\begin{bmatrix}3 & 1\\ 7 & 0\end{bmatrix}\end{aligned} \quad (16)$$ ◀

✔ $\mathbf{AB}=\mathbf{BA}$가 되는 특별한 경우는 뒤에서 다루게 될 것이다.

예제 2 두 행렬 $\mathbf{A}\neq 0$와 $\mathbf{B}\neq 0$에 대해 $\mathbf{AB}=0$이 될 수 있음을 보여라.

☞ 하나의 예를 들면 다음과 같다.

$$\mathbf{AB}=\begin{bmatrix}1 & 0\\ 0 & 0\end{bmatrix}\begin{bmatrix}0 & 0\\ 0 & 1\end{bmatrix}=\begin{bmatrix}0 & 0\\ 0 & 0\end{bmatrix}=0 \quad (17)$$ ◀

✔ $\mathbf{AB}=0$이 되더라도 반드시 $\mathbf{A}=0$ 또는 $\mathbf{B}=0$이 아니라는 것을 잘 알아두어야 한다.

예제 3 $\mathbf{AA}^{\mathrm{T}}$와 $\mathbf{A}^{\mathrm{T}}\mathbf{A}$는 모두 정사각행렬임을 보여라.

☞ 행렬 $\mathbf{A}$가 $m\times n$ 행렬이라고 하면 $\mathbf{A}^{\mathrm{T}}$는 $n\times m$ 행렬이다. 따라서,

$$\begin{aligned}\text{size of }\mathbf{AA}^{\mathrm{T}}&=(m\times n)\times(n\times m)=m\times m\\ \text{size of }\mathbf{A}^{\mathrm{T}}\mathbf{A}&=(n\times m)\times(m\times n)=n\times n\end{aligned} \quad (18)$$

으로 $\mathbf{AA}^{\mathrm{T}}$는 $m\times m$ 정사각행렬, $\mathbf{A}^{\mathrm{T}}\mathbf{A}$는 $n\times n$ 정사각행렬이 된다. 여기서, $m\neq n$이면 $\mathbf{AA}^{\mathrm{T}}$와 $\mathbf{A}^{\mathrm{T}}\mathbf{A}$는 크기가 서로 다른 행렬임을 알 수 있다. ◀

예제 4 $(\mathbf{AB})^{\mathrm{T}}=\mathbf{B}^{\mathrm{T}}\mathbf{A}^{\mathrm{T}}$임을 보여라.

☞ 행렬곱의 공식 $[\mathbf{XY}]_{i,j}=\sum_k[\mathbf{X}]_{i,k}[\mathbf{Y}]_{k,j}$와 전치행렬 $\mathbf{A}^{\mathrm{T}}$의 i행 j열의 원소는 $[\mathbf{A}^{\mathrm{T}}]_{i,j}$

$= [\mathbf{A}]_{j,i} = a_{ji}$인 사실로부터

$$\begin{aligned}[\mathbf{B}^{\mathrm{T}}\mathbf{A}^{\mathrm{T}}]_{i,j} &= \sum_k [\mathbf{B}^{\mathrm{T}}]_{i,k}[\mathbf{A}^{\mathrm{T}}]_{k,j} \\ &= \sum_k [\mathbf{B}]_{k,i}[\mathbf{A}]_{j,k} \\ &= \sum_k [\mathbf{A}]_{j,k}[\mathbf{B}]_{k,i} \\ &= [\mathbf{AB}]_{j,i}. \end{aligned} \tag{19}$$

그런데,

$$[(\mathbf{AB})^{\mathrm{T}}]_{i,j} = [\mathbf{AB}]_{j,i} \tag{20}$$

이므로

$$(\mathbf{AB})^{\mathrm{T}} = \mathbf{B}^{\mathrm{T}}\mathbf{A}^{\mathrm{T}} \quad ◀ \tag{21}$$

식 (21)을 세 개 이상의 행렬곱에 대해 적용하면 $(\mathbf{ABC})^{\mathrm{T}} = \mathbf{C}^{\mathrm{T}}\mathbf{B}^{\mathrm{T}}\mathbf{A}^{\mathrm{T}}$ 등으로 된다.

***예제 5** $\mathbf{A}(\mathbf{BC}) = (\mathbf{AB})\mathbf{C}$임을 보여라.

☞ 세 개의 행렬을 곱할 때는 첨자가 $(i\square)(\square\bigcirc)(\bigcirc j)$와 같이 마주보면서 상쇄되는 합첨자가 두 번 나타나게 되므로 $(ik)(km)(mj)$의 순서를 택하기로 한다. 그러면,

$$\begin{aligned}[\mathbf{A}(\mathbf{BC})]_{i,j} &= \sum_k [\mathbf{A}]_{i,k}[\mathbf{BC}]_{k,j} \\ &= \sum_k [\mathbf{A}]_{i,k}\left(\sum_m [\mathbf{B}]_{k,m}[\mathbf{C}]_{m,j}\right) = \sum_k\sum_m a_{ik}b_{km}c_{mj}\end{aligned}$$

와

$$\begin{aligned}[(\mathbf{AB})\mathbf{C}]_{i,j} &= \sum_m [\mathbf{AB}]_{i,m}[C]_{m,j} \\ &= \sum_m \left(\sum_k [\mathbf{A}]_{i,k}[\mathbf{B}]_{k,m}\right)[\mathbf{C}]_{m,j} = \sum_m\sum_k a_{ik}b_{km}c_{mj}\end{aligned}$$

에서 두 행렬의 원소는 동일하다. 즉, $\mathbf{A}(\mathbf{BC}) = (\mathbf{AB})\mathbf{C}$가 성립한다. ◀

벡터를 이용한 행렬곱의 표현. 행렬을 열벡터 또는 행벡터를 이용하면 훨씬 간단한 모양으로 나타낼 수 있다. 행벡터를

$$\begin{aligned}\mathbf{a}_1 &= [a_{11}\ \ a_{12}\ \ \cdots\ \ a_{1n}] \\ \mathbf{a}_2 &= [a_{21}\ \ a_{22}\ \ \cdots\ \ a_{2n}] \\ &\ \ \vdots \\ \mathbf{a}_m &= [a_{m1}\ \ a_{m2}\ \ \cdots\ \ a_{mn}]\end{aligned} \tag{22}$$

으로 정의하면 $m \times n$ 행렬 $\mathbf{A}$는

$$\mathbf{A} = (a_{ij}) = \begin{bmatrix} a_{11} & a_{12} & \cdots & a_{1n} \\ a_{21} & a_{22} & \cdots & a_{2n} \\ a_{31} & a_{32} & \cdots & a_{3n} \\ \cdot & \cdot & \cdots & \cdot \\ a_{m1} & a_{m2} & \cdots & a_{mn} \end{bmatrix} = \begin{bmatrix} \mathbf{a}_1 \\ \mathbf{a}_2 \\ \mathbf{a}_3 \\ \cdot \\ \mathbf{a}_m \end{bmatrix} \tag{23}$$

으로 쓸 수 있다. 마찬가지로 열벡터를

$$\mathbf{b}_1 = \begin{bmatrix} b_{11} \\ b_{21} \\ \vdots \\ b_{n1} \end{bmatrix}, \quad \mathbf{b}_2 = \begin{bmatrix} b_{12} \\ b_{22} \\ \vdots \\ b_{n2} \end{bmatrix}, \quad \cdots, \quad \mathbf{b}_\ell = \begin{bmatrix} b_{1\ell} \\ b_{2\ell} \\ \vdots \\ b_{n\ell} \end{bmatrix} \tag{24}$$

과 같이 정의하면 $n \times \ell$ 행렬 $\mathbf{B}$는

$$\mathbf{B} = (b_{ij}) = \begin{bmatrix} b_{11} & b_{12} & \cdots & b_{1\ell} \\ b_{21} & b_{22} & \cdots & b_{2\ell} \\ b_{31} & b_{32} & \cdots & b_{3\ell} \\ \cdot & \cdot & \cdots & \cdot \\ b_{n1} & b_{n2} & \cdots & b_{n\ell} \end{bmatrix} = [\mathbf{b}_1, \mathbf{b}_2, \cdots, \mathbf{b}_\ell] \tag{25}$$

과 같이 표현할 수 있다. 그러면 두 행렬의 곱은

$$\mathbf{AB} = \begin{bmatrix} \mathbf{a}_1 \\ \mathbf{a}_2 \\ \vdots \\ \mathbf{a}_m \end{bmatrix} [\mathbf{b}_1, \mathbf{b}_2, \cdots, \mathbf{b}_\ell] = \begin{bmatrix} \mathbf{a}_1 \cdot \mathbf{b}_1 & \mathbf{a}_1 \cdot \mathbf{b}_2 & \cdots & \mathbf{a}_1 \cdot \mathbf{b}_\ell \\ \mathbf{a}_2 \cdot \mathbf{b}_1 & \mathbf{a}_2 \cdot \mathbf{b}_2 & \cdots & \mathbf{a}_2 \cdot \mathbf{b}_\ell \\ \vdots & \vdots & \vdots & \vdots \\ \mathbf{a}_m \cdot \mathbf{b}_1 & \mathbf{a}_m \cdot \mathbf{b}_2 & \cdots & \mathbf{a}_m \cdot \mathbf{b}_\ell \end{bmatrix} \tag{26}$$

로 나타낼 수 있다. 이러한 표현은 응용문제를 다룰 때 유용하게 사용될 것이다. 또한, $\mathbf{Ab}_1$은

$$\mathbf{Ab}_1 = \begin{bmatrix} a_{11} & a_{12} & \cdots & a_{1n} \\ a_{21} & a_{22} & \cdots & a_{2n} \\ a_{31} & a_{32} & \cdots & a_{3n} \\ \cdot & \cdot & \cdots & \cdot \\ a_{m1} & a_{m2} & \cdots & a_{mn} \end{bmatrix} \begin{bmatrix} b_{11} \\ b_{21} \\ b_{31} \\ \cdot \\ b_{n1} \end{bmatrix} = \begin{bmatrix} \mathbf{a}_1 \cdot \mathbf{b}_1 \\ \mathbf{a}_2 \cdot \mathbf{b}_1 \\ \vdots \\ \mathbf{a}_m \cdot \mathbf{b}_1 \end{bmatrix} \tag{27}$$

과 같이 하나의 열벡터가 되므로

$$\mathbf{AB} = [\mathbf{Ab}_1, \ \mathbf{Ab}_2, \ \cdots, \ \mathbf{Ab}_\ell] \tag{28}$$

과 같이 쓸 수 있는데, 이것은 선형변환, 선형연립방정식 등의 응용에서 자주 사용되는 표현이다.

연습문제

[1] $\mathbf{AA}^{\mathrm{T}}$는 대칭행렬임을 보여라.

[2] 대칭행렬 $\mathbf{A}, \mathbf{B}$의 행렬곱이 대칭일 필요충분조건은 $\mathbf{AB} = \mathbf{BA}$임을 보여라.

[3] 정사각행렬 $\mathbf{A}, \mathbf{B}$에 대해 $(\mathbf{A} + \mathbf{B})(\mathbf{A} + \mathbf{B}) = \mathbf{AA} + \mathbf{BA} + \mathbf{AB} + \mathbf{BB}$임을 보여라.

[4] 정사각행렬에 대해 $\mathbf{AA} = \mathbf{A}^2$으로 쓸 수 있다. 이때, $(\mathbf{A} + \mathbf{B})^2 = \mathbf{A}^2 + 2\mathbf{AB} + \mathbf{B}^2$일 조건을 구하라.

[5] $\mathbf{A}^2 = \mathbf{A}$를 만족하는 행렬 $\mathbf{A}$를 **멱등행렬**(idempotent matrix)이라고 한다. 0행렬과 단위행렬은 모두 멱등행렬임을 알 수 있다. 2×2 행렬 중에서 0행렬과 단위행렬이 아닌 멱등행렬을 찾아보라.

[6] $\mathbf{A}^2 = \mathbf{I}$가 되는 2×2 행렬 $\mathbf{A}$의 예를 들어라.

[7] $\mathbf{A}^2 = 0$이면서 $\mathbf{A} \neq 0$인 2×2 행렬 $\mathbf{A}$의 예를 들어라.

[8] $\mathbf{A} = \begin{bmatrix} -1 & 0 \\ 3 & -2 \end{bmatrix}$라 할 때, $\mathbf{A}^2$을 구하고 $\mathbf{A}^2 + \alpha\mathbf{A} + \beta\mathbf{I} = 0$을 만족하는 α, β가 존재하면 그 값을 구하라.

5-3 행렬과 선형변환

이 절에서는 행렬이 가지는 기하학적인 의미를 선형변환과 관련하여 알아보기로 한다. 이해를 돕기 위하여 가장 단순한 2×2 행렬에 대해 서술한다.

행렬에 의한 선형변환의 정의. 선형변환(線形變換)

$$X = a_1 x + a_2 y$$
$$Y = b_1 x + b_2 y \tag{29}$$

를 고려해 보자. 위의 선형변환은 행렬을 사용하여

$$\begin{bmatrix} X \\ Y \end{bmatrix} = \begin{bmatrix} a_1 & a_2 \\ b_1 & b_2 \end{bmatrix} \begin{bmatrix} x \\ y \end{bmatrix} \tag{30}$$

와 같이 간단히 나타낼 수 있다. 여기서, 2×2 행렬

$$\mathbf{A} = \begin{bmatrix} a_1 & a_2 \\ b_1 & b_2 \end{bmatrix} \tag{31}$$

를 $\mathbb{R}^2$공간에서 $\mathbb{R}^2$공간으로의 선형변환과 대응관계에 있다고 한다. 이러한 선형변환을 이해하기 위하여 그림 5.2에 행렬과 선형변환 사이의 기하학적인 관계를 나타내었다.

그림 5.2에 나타나 있듯이 $\mathbb{R}^2$공간(즉, xy평면) 위의 기본 단위벡터

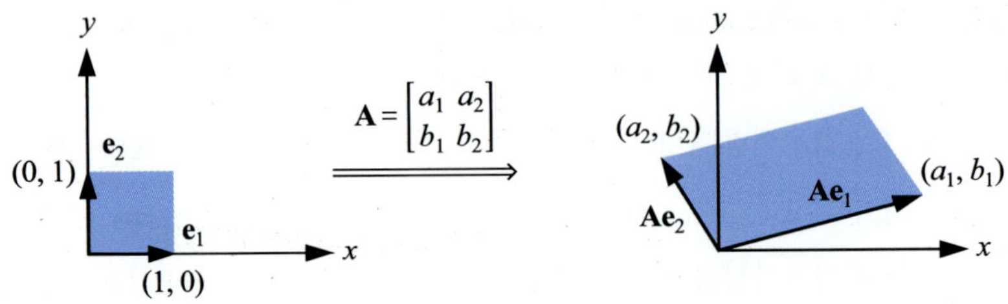

그림 5.2 행렬과 선형변환의 기하학적인 관계

$$\mathbf{e}_1 = \begin{bmatrix} 1 \\ 0 \end{bmatrix}, \quad \mathbf{e}_2 = \begin{bmatrix} 0 \\ 1 \end{bmatrix} \tag{32}$$

을 $\mathbb{R}^2$공간의 **기저**(基底; basis)**벡터**라고 한다. 이는 $\mathbb{R}^2$공간의 점은

$$\begin{bmatrix} x \\ y \end{bmatrix} = x\mathbf{e}_1 + y\mathbf{e}_2 \tag{33}$$

와 같이 기저벡터의 **선형결합**(線形結合; linear combination)으로 나타낼 수 있기 때문에 얻은 이름이다. 행렬의 곱을 이용하면

$$\mathbf{Ae}_1 = \begin{bmatrix} a_1 & a_2 \\ b_1 & b_2 \end{bmatrix}\begin{bmatrix} 1 \\ 0 \end{bmatrix} = \begin{bmatrix} a_1 \\ b_1 \end{bmatrix}, \quad \mathbf{Ae}_2 = \begin{bmatrix} a_1 & a_2 \\ b_1 & b_2 \end{bmatrix}\begin{bmatrix} 0 \\ 1 \end{bmatrix} = \begin{bmatrix} a_2 \\ b_2 \end{bmatrix} \tag{34}$$

가 되어 행렬 $\mathbf{A}$의 첫 번째 열은 기저벡터 $\mathbf{e}_1$의 $\mathbf{A}$에 의한 **사상**(寫像; image)을 의미하고, 두 번째 열도 마찬가지로 대등한 의미를 가진다. 따라서, 행렬 $\mathbf{A}$를

$$\mathbf{A} = [\mathbf{Ae}_1, \ \mathbf{Ae}_2] = \begin{bmatrix} a_1 & a_2 \\ b_1 & b_2 \end{bmatrix} \tag{35}$$

로 써서 $\mathbb{R}^2$공간에서 $\mathbb{R}^2$공간으로의 선형변환과 대응하는 것을 명확히 나타낸다. 이때, 식 (30)은

$$\begin{bmatrix} X \\ Y \end{bmatrix} = \mathbf{A}(x\mathbf{e}_1 + y\mathbf{e}_2) = x(\mathbf{Ae}_1) + y(\mathbf{Ae}_2) \tag{36}$$

와 같이 쓸 수 있으므로 $\mathbf{Ae}_1$과 $\mathbf{Ae}_2$만을 알고 있으면 $\mathbb{R}^2 \Rightarrow \mathbb{R}^2$ 변환이 유일하게 결정된다.

☑ 그림 5.2에서 청색 부분의 면적비는 $\det \mathbf{A} = a_1 b_2 - a_2 b_1$의 절대값과 같게 된다.

중요한 선형변환. 우리가 이미 잘 알고 있는 원점대칭과 같은 점의 이동에 관한 선형변환은 각각 하나의 행렬과 대응한다(그림 5.2 참조).

$$\begin{bmatrix} 1 & 0 \\ 0 & -1 \end{bmatrix} \Rightarrow x\text{축 대칭 } (X = x, \ Y = -y)$$

$$\begin{bmatrix} -1 & 0 \\ 0 & 1 \end{bmatrix} \Rightarrow y\text{축 대칭 } (X = -x, \ Y = y)$$

$$\begin{bmatrix} -1 & 0 \\ 0 & -1 \end{bmatrix} \Rightarrow \text{원점 대칭 } (X = -x, \ Y = -y)$$

$$\begin{bmatrix} 0 & 1 \\ 1 & 0 \end{bmatrix} \Rightarrow \text{직선 } y = x\text{에 관한 대칭}$$

$$\begin{bmatrix} \cos\theta & -\sin\theta \\ \sin\theta & \cos\theta \end{bmatrix} \Rightarrow \text{반시계방향으로 } \theta\text{만큼 회전} \tag{37}$$

***행렬의 곱과 선형변환.** 행렬의 곱에 대한 정의, 식 (14)를 선형변환으로부터 유도해 보자. x_1x_2, y_1y_2, z_1z_2 좌표계 사이의 선형변환

$$y_1 = b_{11}x_1 + b_{12}x_2$$
$$y_2 = b_{21}x_1 + b_{22}x_2 \tag{38}$$

와

$$z_1 = a_{11}y_1 + a_{12}y_2$$
$$z_2 = a_{21}y_1 + a_{22}y_2 \tag{39}$$

를 생각하자. 식 (38)을 식 (39)에 대입하면

$$z_1 = a_{11}(b_{11}x_1 + b_{12}x_2) + a_{12}(b_{21}x_1 + b_{22}x_2)$$
$$z_2 = a_{21}(b_{11}x_1 + b_{12}x_2) + a_{22}(b_{21}x_1 + b_{22}x_2)$$

가 된다. 우변을 정리하면

$$z_1 = (a_{11}b_{11} + a_{12}b_{21})x_1 + (a_{11}b_{12} + a_{12}b_{22})x_2$$
$$z_2 = (a_{21}b_{11} + a_{22}b_{21})x_1 + (a_{21}b_{12} + a_{22}b_{22})x_2 \tag{40}$$

그런데, 선형변환을 2×2 행렬

$$\mathbf{A} = \begin{bmatrix} a_{11} & a_{12} \\ a_{21} & a_{22} \end{bmatrix}, \quad \mathbf{B} = \begin{bmatrix} b_{11} & b_{12} \\ b_{21} & b_{22} \end{bmatrix}$$

와 열벡터

$$\mathbf{x} = \begin{bmatrix} x_1 \\ x_2 \end{bmatrix}, \quad \mathbf{y} = \begin{bmatrix} y_1 \\ y_2 \end{bmatrix}, \quad \mathbf{z} = \begin{bmatrix} z_1 \\ z_2 \end{bmatrix}$$

를 이용하여 나타내면

$$\mathbf{y} = \mathbf{Bx}, \quad \mathbf{z} = \mathbf{Ay} \quad \Rightarrow \quad \mathbf{z} = \mathbf{A}(\mathbf{Bx}) = (\mathbf{AB})\,\mathbf{x}$$

로 쓸 수 있다. 여기서,

$$\mathbf{C} = \mathbf{AB}$$

라고 하면, 식 (40)과 비교하여

$$\begin{bmatrix} c_{11} & c_{12} \\ c_{21} & c_{22} \end{bmatrix} = \begin{bmatrix} a_{11} & a_{12} \\ a_{21} & a_{22} \end{bmatrix}\begin{bmatrix} b_{11} & b_{12} \\ b_{21} & b_{22} \end{bmatrix} = \begin{bmatrix} a_{11}b_{11} + a_{12}b_{21} & a_{11}b_{12} + a_{12}b_{22} \\ a_{21}b_{11} + a_{22}b_{21} & a_{21}b_{12} + a_{22}b_{22} \end{bmatrix} \tag{41}$$

즉, 행렬곱이 식 (14)와 같이 정의되는 이유를 찾아볼 수 있다.

****일반적인 선형변환과 행렬.** 일반적으로 $\mathbb{R}^n$공간에서 $\mathbb{R}^m$공간으로의 선형변환에는 반드시 하나의 $m\times n$ 행렬이 대응한다. 즉,

$$\mathbb{R}^n \xrightarrow{\;m\times n \text{ 행렬 } \mathbf{A}\;} \mathbb{R}^m \tag{42}$$

과 같이 표현할 수 있다. 예를 들어, 3차원 물체에 의해 2차원 평면상에 생기는 그림자는 2×3 행렬에 의해 표현될 것이다.

연습문제

[1] $\mathbf{A} = \begin{bmatrix} \cos\theta & -\sin\theta \\ \sin\theta & \cos\theta \end{bmatrix}$라고 할 때, $\mathbf{A}^n = \begin{bmatrix} \cos n\theta & -\sin n\theta \\ \sin n\theta & \cos n\theta \end{bmatrix}$임을 보여라.

[2] $\begin{bmatrix} a & 0 \\ 0 & 1 \end{bmatrix}$은 x축 방향으로 a배 확장, $\begin{bmatrix} 1 & 0 \\ 0 & a \end{bmatrix}$는 y축 방향으로 a배 확장하는 변환과 대응하는 것을 보여라.

*[3] 컴퓨터 그래픽에서 사용되는 다음의 행렬을 설명하라.

$$\begin{bmatrix} 1 & 0 & 0 \\ 0 & \cos\theta & -\sin\theta \\ 0 & \sin\theta & \cos\theta \end{bmatrix}, \quad \begin{bmatrix} \cos\varphi & 0 & -\sin\varphi \\ 0 & 1 & 0 \\ \sin\varphi & 0 & \cos\varphi \end{bmatrix}, \quad \begin{bmatrix} \cos\psi & -\sin\psi & 0 \\ \sin\psi & \cos\psi & 0 \\ 0 & 0 & 1 \end{bmatrix}$$

5-4 행렬식의 정의

행렬식(行列式; determinant)은 정사각행렬에 대해 정의되는 스칼라량으로 다양하게 응용된다. 이 절에서는 가장 단순한 2×2 행렬에 대해 행렬식을 정의하고 일반적인 $n\times n$ 행렬에 대해 행렬식의 개념을 확장한다.

2차 행렬식. 2×2 행렬에 대한 2차 행렬식은

$$D = \det\mathbf{A} = \begin{vmatrix} a_{11} & a_{12} \\ a_{21} & a_{22} \end{vmatrix} = a_{11}a_{22} - a_{12}a_{21} \tag{43}$$

로 정의한다(행렬은 괄호를 사용하여 나타내는 반면에 행렬식은 직선으로 나타낸다). 행렬식의 가장 중요한 응용은 연립방정식의 해를 구하는 것으로

$$\begin{aligned} a_{11}x_1 + a_{12}x_2 &= b_1 \\ a_{21}x_1 + a_{22}x_2 &= b_2 \end{aligned} \quad \Rightarrow \quad \begin{bmatrix} a_{11} & a_{12} \\ a_{21} & a_{22} \end{bmatrix}\begin{bmatrix} x_1 \\ x_2 \end{bmatrix} = \begin{bmatrix} b_1 \\ b_2 \end{bmatrix} \tag{44}$$

의 해는 2차 행렬식의 정의로부터

$$x_1 = \frac{\begin{vmatrix} b_1 & a_{12} \\ b_2 & a_{22} \end{vmatrix}}{\begin{vmatrix} a_{11} & a_{12} \\ a_{21} & a_{22} \end{vmatrix}}, \quad x_2 = \frac{\begin{vmatrix} a_{11} & b_1 \\ a_{21} & b_2 \end{vmatrix}}{\begin{vmatrix} a_{11} & a_{12} \\ a_{21} & a_{22} \end{vmatrix}} \tag{45}$$

와 같이 쓸 수 있다. 물론, 윗식을 사용하기 위해서는

$$D = \det\mathbf{A} = \begin{vmatrix} a_{11} & a_{12} \\ a_{21} & a_{22} \end{vmatrix} \neq 0 \tag{46}$$

인 조건이 성립해야 한다. 위의 정의와 결과는 이미 제0장에서 다루어 본 크래머의 공식을 말한다.

3차 행렬식. 3×3 행렬에 대한 3차 행렬식은

$$D=\begin{vmatrix} a_{11} & a_{12} & a_{13} \\ a_{21} & a_{22} & a_{23} \\ a_{31} & a_{32} & a_{33} \end{vmatrix}=a_{11}\begin{vmatrix} a_{22} & a_{23} \\ a_{32} & a_{33} \end{vmatrix}-a_{21}\begin{vmatrix} a_{12} & a_{13} \\ a_{32} & a_{33} \end{vmatrix}+a_{31}\begin{vmatrix} a_{12} & a_{13} \\ a_{22} & a_{23} \end{vmatrix} \tag{47}$$

와 같이 2차 행렬식을 이용하여 정의된다. 위에서, 우변의 부호가 $+\,-\,+$의 순서로 번갈아 바뀌는 것에 주목한다. 계속해서, 식 (47)을 전개하면

$$\begin{vmatrix} a_{11} & a_{12} & a_{13} \\ a_{21} & a_{22} & a_{23} \\ a_{31} & a_{32} & a_{33} \end{vmatrix}=a_{11}a_{22}a_{33}+a_{21}a_{32}a_{13}+a_{31}a_{23}a_{12}$$
$$-a_{13}a_{22}a_{31}-a_{23}a_{32}a_{11}-a_{33}a_{21}a_{12}$$

와 같이 3개의 양의 부호, 3개의 음의 부호가 나타난다. 이것을

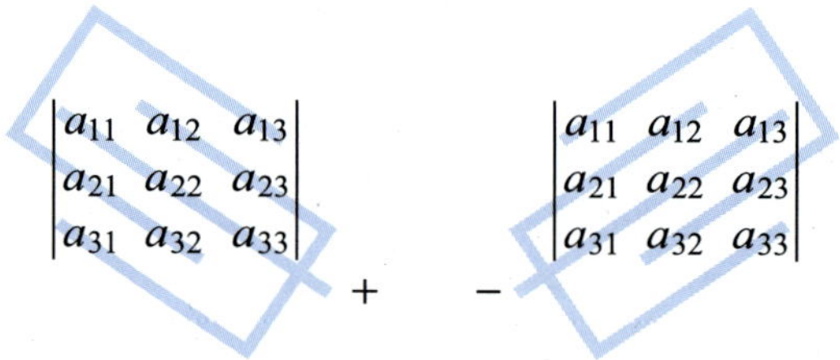

와 같이 오른쪽으로 사선을 그어 3개를 취할 때는 양의 부호, 왼쪽으로 사선을 그어 3개를 취할 때는 음의 부호가 되도록 하여 기억하는 경우가 많다. 그러나, 이러한 방법은 2차 행렬식과 3차 행렬식에 대해서만 성립한다. 3차 이상의 행렬식을 정의하기 위해서는 다음에서 다루게 될 소행렬식과 여인자를 알아야 한다.

크래머의 공식을 이용하면

$$\begin{bmatrix} a_{11} & a_{12} & a_{13} \\ a_{21} & a_{22} & a_{23} \\ a_{31} & a_{32} & a_{33} \end{bmatrix}\begin{bmatrix} x_1 \\ x_2 \\ x_3 \end{bmatrix}=\begin{bmatrix} b_1 \\ b_2 \\ b_3 \end{bmatrix} \tag{48}$$

의 해는

$$D_1=\begin{vmatrix} b_1 & a_{12} & a_{13} \\ b_2 & a_{22} & a_{23} \\ b_3 & a_{32} & a_{33} \end{vmatrix},\quad D_2=\begin{vmatrix} a_{11} & b_1 & a_{13} \\ a_{21} & b_2 & a_{23} \\ a_{31} & b_3 & a_{33} \end{vmatrix},\quad D_3=\begin{vmatrix} a_{11} & a_{12} & b_1 \\ a_{21} & a_{22} & b_2 \\ a_{31} & a_{32} & b_3 \end{vmatrix} \tag{49}$$

으로부터

$$x_1=\frac{D_1}{D},\quad x_2=\frac{D_2}{D},\quad x_3=\frac{D_3}{D} \tag{50}$$

와 같이 구할 수 있다.

소행렬식과 여인자. n차 행렬식을 구하기 위해서 먼저 소행렬식과 여인자를 다음과 같이 정의한다.

> **(소행렬식의 정의)** 행렬 $\mathbf{A} = (a_{ij})$에 대한 소행렬식 A_{ij}는 원소 a_{ij}를 포함하는 행과 열을 소거하여 얻는 행렬식이다.

▶ 예를 들어, 식 (47)에서 사용된 3개의 2차 행렬식은 다음과 같이 정의된

$$A_{11} = \begin{vmatrix} \textcircled{a_{11}} & a_{12} & a_{13} \\ a_{21} & a_{22} & a_{23} \\ a_{31} & a_{32} & a_{33} \end{vmatrix} = \begin{vmatrix} a_{22} & a_{23} \\ a_{32} & a_{33} \end{vmatrix}$$

$$A_{21} = \begin{vmatrix} a_{11} & a_{12} & a_{13} \\ \textcircled{a_{21}} & a_{22} & a_{23} \\ a_{31} & a_{32} & a_{33} \end{vmatrix} = \begin{vmatrix} a_{12} & a_{13} \\ a_{32} & a_{33} \end{vmatrix}$$

$$A_{31} = \begin{vmatrix} a_{11} & a_{12} & a_{13} \\ a_{21} & a_{22} & a_{23} \\ \textcircled{a_{31}} & a_{32} & a_{33} \end{vmatrix} = \begin{vmatrix} a_{12} & a_{13} \\ a_{22} & a_{23} \end{vmatrix}$$

소행렬식(小行列式; minor)으로, **부분행렬**(部分行列; submatrix)의 행렬식값으로 이해할 수 있다.

> **(여인자의 정의)** 행렬 $\mathbf{A} = (a_{ij})$에 대한 여인자 C_{ij}는 소행렬식 A_{ij}를 이용하여 $C_{ij} = (-1)^{i+j} A_{ij}$로 정의한다.

▶ 위에서 정의한 **여인자**(餘因子; cofactor)를 이용하면 식 (47)로 정의한 3차 행렬식은

$$D = \begin{vmatrix} a_{11} & a_{12} & a_{13} \\ a_{21} & a_{22} & a_{23} \\ a_{31} & a_{32} & a_{33} \end{vmatrix} = a_{11}C_{11} + a_{21}C_{21} + a_{31}C_{31}$$

과 같이 쓸 수 있다. 이것을 확장하면 $n \times n$ 행렬식에 대한 공식을 얻는다.

n차 행렬식. $n \times n$ 행렬에 대한 n차 행렬식은 여인자를 이용하여

$$D = \det \mathbf{A} = \sum_{k=1}^{n} a_{ik} C_{ik} = a_{i1} C_{i1} + a_{i2} C_{i2} + \cdots + a_{in} C_{in} \tag{51}$$

으로 구할 수 있다. 위의 공식에서 첨자 i는 1, 2, 3, ⋯, n 중에서 임의로 택할 수 있으므로 **행에 관한 전개**(row expansion)라고 한다. 마찬가지로 **열에 관한 전개**(column expansion)는

$$D = \det \mathbf{A} = \sum_{k=1}^{n} a_{kj} C_{kj} = a_{1j} C_{1j} + a_{2j} C_{2j} + \cdots + a_{nj} C_{nj} \tag{52}$$

로 쓸 수 있고, 첨자 j는 1 ,2 , 3, ⋯, n에서 임의로 택하는 양수이다.

식 (51)과 식 (52)는 행렬곱과는 달리 합첨자(summation index)가 $a_{ik}C_{ik}$ 또는 $a_{kj}C_{kj}$와 같이 "행이면 행", "열이면 열"에 놓이게 된다는 것을 잘 알아두자. 참고로, 행렬곱에서는 $[\mathbf{AB}]_{i,j} = \sum_{k=1}^{n} a_{ik} b_{kj}$와 같이 합첨자가 서로 마주보면서 상쇄되는 것을 다시 말해둔다.

예제 6 행렬식 $\begin{vmatrix} a_{11} & a_{12} & a_{13} \\ a_{21} & a_{22} & a_{23} \\ a_{31} & a_{32} & a_{33} \end{vmatrix}$를 3번째 열에 관해 전개하여 구하라.

☞ 행렬식의 정의로부터 3번째 열에 관한 전개는 식 (52)에서 $j = 3$으로 두고, 여인자를 구하여 대입하면

$$\begin{aligned} D &= a_{13}C_{13} + a_{23}C_{23} + a_{33}C_{33} \\ &= a_{13}(-1)^{1+3}\begin{vmatrix} a_{21} & a_{22} \\ a_{31} & a_{32} \end{vmatrix} \\ &\quad + a_{23}(-1)^{2+3}\begin{vmatrix} a_{11} & a_{12} \\ a_{31} & a_{32} \end{vmatrix} \\ &\quad + a_{33}(-1)^{3+3}\begin{vmatrix} a_{11} & a_{12} \\ a_{21} & a_{22} \end{vmatrix} \\ &= a_{13}(a_{21}a_{32} - a_{22}a_{31}) - a_{23}(a_{11}a_{32} - a_{12}a_{31}) + a_{33}(a_{11}a_{22} - a_{12}a_{21}) \end{aligned}$$

예제 7 n차 행렬식을 전개하면 $n!$개의 항이 나타나는 것을 보여라.

☞ n차 행렬식이 갖는 항의 개수를 $F(n)$이라고 하면 식 (51)로부터

$$D = \det \mathbf{A} = \sum_{k=1}^{n} a_{ik}C_{ik} = a_{i1}C_{i1} + a_{i2}C_{i2} + \cdots + a_{in}C_{in}$$

즉, $a_{ik}C_{ik}$ 형태의 항을 n개 가진다. 그런데, 여인자 C_{ik}는 $n-1$차의 행렬식으로부터 얻어지므로

$$F(n) = nF(n-1)$$

의 관계가 성립한다. 이것을 반복하면 2×2 행렬식은 2개의 항을 가지므로

$$F(n) = n! \quad ◀ \tag{53}$$

2차 행렬식은 $2! = 2$개, 3차 행렬식은 $3! = 6$개의 항을 가진다. 그러나, 15차 행렬식이라면 $15! = 1{,}307{,}674{,}368{,}000$. 즉, 1조 3천억 개 가량의 항을 갖는다. 따라서, 식 (51) 또는 식 (52) 자체는 큰 n에 대해서는 실용적이라고 할 수 없다.

연습문제

※ 다음의 행렬식을 구하라.

[1] $\begin{vmatrix} \cos n\theta & -\sin n\theta \\ \sin n\theta & \cos n\theta \end{vmatrix}$ **[2]** $\begin{vmatrix} 1 & a & a^2 \\ 1 & b & b^2 \\ 1 & c & c^2 \end{vmatrix}$ **[3]** $\begin{vmatrix} x & y & z \\ y & z & x \\ z & x & y \end{vmatrix}$

[4] 평면 위의 두 점 (x_1, y_1)과 (x_2, y_2)를 지나는 직선의 식은 $\begin{vmatrix} 1 & x & y \\ 1 & x_1 & y_1 \\ 1 & x_2 & y_2 \end{vmatrix} = 0$으로 표현되는 것을 보여라.

[5] a_i, b_i, c_i가 모두 x의 함수일 때 다음을 보여라(단, $i = 1, 2, 3$).

$$\frac{d}{dx}\begin{vmatrix} a_1 & a_2 & a_3 \\ b_1 & b_2 & b_3 \\ c_1 & c_2 & c_3 \end{vmatrix} = \begin{vmatrix} a_1' & a_2' & a_3' \\ b_1 & b_2 & b_3 \\ c_1 & c_2 & c_3 \end{vmatrix} + \begin{vmatrix} a_1 & a_2 & a_3 \\ b_1' & b_2' & b_3' \\ c_1 & c_2 & c_3 \end{vmatrix} + \begin{vmatrix} a_1 & a_2 & a_3 \\ b_1 & b_2 & b_3 \\ c_1' & c_2' & c_3' \end{vmatrix}$$

5-5 행렬식의 성질

행렬식의 기본성질. 행렬식의 성질을 파악하기 위해서는 행렬을 열벡터에 대한 표현으로 나타내는 것이 편리하다. 이미 앞에서 다루어 본 바와 같이 $m \times n$ 행렬 $\mathbf{A}$를 열벡터 $\mathbf{a}_1$, $\mathbf{a}_2$, $\cdots$, $\mathbf{a}_n$을 이용하여

$$\mathbf{A} = (a_{ij}) = \begin{bmatrix} a_{11} & a_{12} & \cdots & a_{1n} \\ a_{21} & a_{22} & \cdots & a_{2n} \\ a_{31} & a_{32} & \cdots & a_{3n} \\ \cdot & \cdot & \cdots & \cdot \\ a_{m1} & a_{m2} & \cdots & a_{mn} \end{bmatrix} = [\mathbf{a}_1, \mathbf{a}_2, \cdots, \mathbf{a}_n] \tag{54}$$

과 같이 쓰면 행렬 $\mathbf{A}$의 행렬식 $\det \mathbf{A}$는

$$\det \mathbf{A} = \det(\mathbf{a}_1, \mathbf{a}_2, \cdots, \mathbf{a}_n) \tag{55}$$

으로 나타낼 수 있다. 윗식은 열벡터 사이의 연산을 명확하게 나타낼 수 있는 유용한 표현이다. 다음에 정리하는 행렬식의 성질은 주로 열벡터에 대하여 서술하지만 행벡터에 대해서도 동일하게 성립한다.

1. (전치) $\det \mathbf{A} = \det \mathbf{A}^{\mathrm{T}}$

▶ 행렬 $\mathbf{A}$와 전치행렬 $\mathbf{A}^{\mathrm{T}}$는 같은 행렬식의 값을 갖는다. 이 성질은 식 (51)과 식 (52)에서 행에 대한 전개와 열에 대한 전개가 모두 같은 행렬식의 값을 나타내는 사실로부터 얻어진다.

2. (열벡터의 상수배) 한 열벡터를 p배하면 행렬식도 p배가 된다.

$$\det(\mathbf{a}_1, \cdots, \boxed{p\mathbf{a}_j}, \cdots, \mathbf{a}_n) = \boxed{p}\det(\mathbf{a}_1, \cdots, \boxed{\mathbf{a}_j}, \cdots, \mathbf{a}_n)$$

▶ 증명: 식 (52)로부터 행렬식의 값을 j번째 열에 대해 전개하면

$$\det(\mathbf{a}_1, \cdots, p\mathbf{a}_j, \cdots, \mathbf{a}_n) = \sum_{k=1}^{n}(pa_{kj})C_{kj} = p\sum_{k=1}^{n}a_{kj}C_{kj} \tag{56}$$

이므로 증명된다. 만일, $p=0$이라면 열벡터의 원소는 모두 0이 되는데, 이때의 행렬식은 0이 되는 것을 알 수 있다.

☑ 위의 성질을 행렬 자체에 p를 곱한 경우와 혼동하면 안된다. 왜냐하면 행렬의 상수배는 모든 열벡터에 같은 수를 곱하는 것이므로 다음과 같이 된다.

$$\det p\mathbf{A} = \det(p\mathbf{a}_1,\ p\mathbf{a}_2, \cdots,\ p\mathbf{a}_n) = p^n \det(\mathbf{a}_1, \mathbf{a}_2, \cdots, \mathbf{a}_n) = p^n \det \mathbf{A}$$

3. (열벡터의 분리) 한 열벡터를 분리하면 두 행렬식의 합으로 된다.

$$\det(\cdots, \boxed{\mathbf{a}_j + \mathbf{b}_j,}\ \cdots) = \det(\cdots, \boxed{\mathbf{a}_j,}\ \cdots) + \det(\cdots, \boxed{\mathbf{b}_j,}\ \cdots)$$

▶ **증명:** 행렬식의 값을 j번째 열에 대해 전개하면 다음과 같이 된다.

$$\sum_{k=1}^{n}(a_{kj}+b_{kj})C_{kj} = \sum_{k=1}^{n} a_{kj}C_{kj} + \sum_{k=1}^{n} b_{kj}C_{kj} \tag{57}$$

예를 들면,

$$\begin{vmatrix} a_1+x_1 & a_2 & a_3 \\ b_1+y_1 & b_2 & b_3 \\ c_1 & c_2 & c_3 \end{vmatrix} = \begin{vmatrix} a_1 & a_2 & a_3 \\ b_1 & b_2 & b_3 \\ c_1 & c_2 & c_3 \end{vmatrix} + \begin{vmatrix} x_1 & a_2 & a_3 \\ y_1 & b_2 & b_3 \\ 0 & c_2 & c_3 \end{vmatrix}.$$

☑ 그러나, 열벡터의 분리가 아래의 식처럼 되지 않는 이유를 유사한 개념을 갖고 있는 관계식 $(a+b)(a+b) = aa+ab+ba+bb$로부터 찾아보라.

$$\begin{vmatrix} a+w & b+x \\ c+y & d+z \end{vmatrix} \neq \begin{vmatrix} a & b \\ c & d \end{vmatrix} + \begin{vmatrix} w & x \\ y & z \end{vmatrix}$$

4. (열벡터의 교환) 두 열벡터를 교환하면 부호가 바뀐다.

$$\det(\cdots, \boxed{\mathbf{a}_j,} \cdots, \boxed{\mathbf{a}_k,} \cdots) = \ominus\det(\cdots, \boxed{\mathbf{a}_k,} \cdots, \boxed{\mathbf{a}_j,} \cdots)$$

▶ **증명:** 먼저 두 열벡터가 바로 이웃하는 경우를 다음과 같이 고려해 보자.

$$D = \begin{vmatrix} \cdots & \triangleright & \star & \overset{j}{\blacklozenge} & \blacktriangle & \bigcirc & \square & \cdots \\ \cdots & \triangleright & \star & \blacklozenge & \blacktriangle & \bigcirc & \square & \cdots \\ \vdots & \vdots & \vdots & \vdots & \vdots & \vdots & \vdots & \vdots \\ \cdots & \triangleright & \star & \blacklozenge & \blacktriangle & \bigcirc & \square & \cdots \end{vmatrix}$$

$$D' = \begin{vmatrix} \cdots & \triangleright & \star & \blacktriangle & \overset{j+1}{\blacklozenge} & \bigcirc & \square & \cdots \\ \cdots & \triangleright & \star & \blacktriangle & \blacklozenge & \bigcirc & \square & \cdots \\ \vdots & \vdots & \vdots & \vdots & \vdots & \vdots & \vdots & \vdots \\ \cdots & \triangleright & \star & \blacktriangle & \blacklozenge & \bigcirc & \square & \cdots \end{vmatrix}$$

위에서 D'은 행렬식 D의 j열과 $j+1$열을 교환하여 얻는 행렬식을 말한다. 이때 행렬식 D의 i행, j열에 관한 소행렬식 A_{ij}와 행렬식 D'의 i행, $k=j+1$열에 관한 소행렬식 A'_{ik}은 위의 그림에서 보듯이 i행과 ◆를 포함하는 열을 각각 소거하여 얻는 것이므로 서로 같을 수밖에 없다. 따라서, 식 (52)를 이용하여 D와 D'을 각각 j열과 $k=j+1$열에 관하여 전개하면

$$D=\sum_{i=1}^{n} a_{ij}C_{ij}=\sum_{i=1}^{n}(-1)^{i+j}a_{ij}A_{ij}$$

$$D'=\sum_{i=1}^{n} a'_{ik}C'_{ik}=\sum_{i=1}^{n}(-1)^{i+k}a'_{ik}A'_{ik}=\sum_{i=1}^{n}(-1)^{i+j+1}a_{ij}A_{ij} \tag{58}$$

로 되므로 $D'=-D$인 결과를 얻는다. 즉, 서로 이웃하는 두 열벡터를 교환하면 행렬식의 부호가 바뀐다. 계속해서 아래와 같이 두 열벡터 사이에 p개의 열벡터가 놓여 있는 경우, 서로 이웃하는 열을 교환하여 ◆열이 ▲열의 위치로 옮겨가는 데에는 $p+1$번의 자리바꿈이 필요한 것을 알 수 있다.

$$D=\begin{vmatrix} \cdots & \blacklozenge & \overbrace{\star & \triangleright & \square & \bigcirc}^{p} & \blacktriangle & \cdots \\ \cdots & \blacklozenge & \star & \triangleright & \square & \bigcirc & \blacktriangle & \cdots \\ \vdots & \vdots & \vdots & \vdots & \vdots & \vdots & \vdots & \vdots \\ \cdots & \blacklozenge & \star & \triangleright & \square & \bigcirc & \blacktriangle & \cdots \end{vmatrix}$$

$$D_1=\begin{vmatrix} \cdots & \star & \triangleright & \square & \bigcirc & \blacktriangle & \blacklozenge & \cdots \\ \cdots & \star & \triangleright & \square & \bigcirc & \blacktriangle & \blacklozenge & \cdots \\ \vdots & \vdots & \vdots & \vdots & \vdots & \vdots & \vdots & \vdots \\ \cdots & \star & \triangleright & \square & \bigcirc & \blacktriangle & \blacklozenge & \cdots \end{vmatrix}=(-1)^{p+1}D$$

$$D_2=\begin{vmatrix} \cdots & \blacktriangle & \star & \triangleright & \square & \bigcirc & \blacklozenge & \cdots \\ \cdots & \blacktriangle & \star & \triangleright & \square & \bigcirc & \blacklozenge & \cdots \\ \vdots & \vdots & \vdots & \vdots & \vdots & \vdots & \vdots & \vdots \\ \cdots & \blacktriangle & \star & \triangleright & \square & \bigcirc & \blacklozenge & \cdots \end{vmatrix}=(-1)^{p}D_1$$

마찬가지로 ▲열이 왼쪽방향으로 열벡터를 교환해 가면 최종적으로 p번의 자리바꿈 후에는 원래 ◆열의 위치로 옮겨가게 된다. 다시 말해서 두 열벡터가 서로 자리를 바꾸는 데에는 이웃하는 열벡터끼리의 자리바꿈이 총 $2p+1$번 필요하다. 이때 $2p+1$은 항상 홀수이므로 두 열벡터를 교환하면 행렬식은

$$D'=(-1)^{2p+1}D=-D \tag{59}$$

의 관계를 만족하게 된다. 특히, 두 열벡터가 서로 동일할 경우에는

$$\det(\cdots,\mathbf{a}_j,\cdots,\mathbf{a}_j,\cdots)=-\det(\cdots,\mathbf{a}_j,\cdots,\mathbf{a}_j,\cdots)$$

과 같이 열벡터를 교환하여도 동일한 형태가 되므로 이항하여

$$2\times\det(\cdots,\mathbf{a}_j,\cdots,\mathbf{a}_j,\cdots)=0$$

즉, 행렬식은 0이 된다.

> **5. (열벡터의 비례)** 두 열벡터가 서로 비례하면 행렬식은 0이다.
>
> $$\det(\cdots, \boxed{\mathbf{a}_j,} \cdots, \boxed{p\mathbf{a}_j,} \cdots) = 0$$

▶ **증명:** (성질 2)로부터

$$\det(\cdots, \mathbf{a}_j, \cdots, p\mathbf{a}_j, \cdots) = p\det(\cdots, \mathbf{a}_j, \cdots, \mathbf{a}_j, \cdots) \tag{60}$$

이 성립하고, (성질 4)로부터 두 열벡터가 서로 같으면 행렬식은 0이므로

$$\det(\cdots, \mathbf{a}_j, \cdots, p\mathbf{a}_j, \cdots) = 0 \tag{61}$$

이 된다. 즉, 두 열벡터가 서로 비례하면 행렬식은 0이다.

> **6. (열벡터의 가법)** 한 열벡터에 다른 열벡터의 상수배를 더하여도 행렬식의 값은 바뀌지 않는다.
>
> $$\det(\cdots, \boxed{\mathbf{a}_j + p\mathbf{a}_k,} \cdots, \mathbf{a}_k, \cdots) = \det(\cdots, \boxed{\mathbf{a}_j,} \cdots, \mathbf{a}_k, \cdots)$$

▶ **증명:** 먼저, 열벡터를 분리하고

$$\begin{aligned}\det(\cdots, \mathbf{a}_j + p\mathbf{a}_k, \cdots, \mathbf{a}_k, \cdots) &= \det(\cdots, \mathbf{a}_j, \cdots, \mathbf{a}_k, \cdots)\\ &\quad + \det(\cdots, p\mathbf{a}_k, \cdots, \mathbf{a}_k, \cdots)\end{aligned}$$

(성질 4)로부터 우변의 마지막 항은 0이 되어 증명된다. 열벡터의 가법 또는 행벡터의 가법에 대한 성질로부터 행렬식의 계산을 쉽게 바꿀 수 있다. 예를 들어, 4차 행렬식을

$$\begin{vmatrix} 1 & 0 & -2 & 3 \\ -2 & 4 & 5 & -1 \\ 3 & -1 & 2 & 0 \\ 1 & -3 & 1 & 4 \end{vmatrix} = \begin{vmatrix} 1 & 0 & -2 & 3 \\ 0 & 4 & 1 & 5 \\ 0 & -1 & 8 & -9 \\ 0 & -3 & 3 & 1 \end{vmatrix} \begin{matrix} \\ \Leftarrow a_2 + 2a_1 \\ \Leftarrow a_3 - 3a_1 \\ \Leftarrow a_4 - a_1 \end{matrix}$$

과 같이 1행을 기준으로 청색 부분이 0이 되도록 조작하고 1열에 대해 전개하면

$$\begin{vmatrix} 1 & 0 & -2 & 3 \\ 0 & 4 & 1 & 5 \\ 0 & -1 & 8 & -9 \\ 0 & -3 & 3 & 1 \end{vmatrix} = 1 \times \begin{vmatrix} 4 & 1 & 5 \\ -1 & 8 & -9 \\ -3 & 3 & 1 \end{vmatrix}$$

과 같이 3차 행렬식을 구하는 것으로 단순화된다.

☑ 단, 자기 자신에게 자신의 상수배를 더하면 안된다. 예를 들어, 1열에서 1열을 빼고, 2열에서 2열 빼기를 반복하면 행렬식은 모두 0을 원소로 갖게 된다.

크로네커 델타와 행렬식. 행렬식을 i행에 관한 전개

$$D = \det \mathbf{A} = \sum_{k=1}^{n} a_{ik} C_{ik} = a_{i1} C_{i1} + a_{i2} C_{i2} + \cdots + a_{in} C_{in}$$

과 j열에 관한 전개

$$D = \det \mathbf{A} = \sum_{k=1}^{n} a_{kj} C_{kj} = a_{1j} C_{1j} + a_{2j} C_{2j} + \cdots + a_{nj} C_{nj} \tag{62}$$

를 흔히 행렬식의 **라플라스 전개**(Laplacian expansion)라고 한다. 그런데, 행에 관한 전개에서 i열과 j열이 서로 같다면, 즉

$$a_{ki} = a_{kj}, \quad k = 1, 2, 3, \cdots, n$$

이라면 열벡터의 비례에 대한 (성질 5)로부터 행렬식은 0이 될 것이다. 이것을 j열에 관한 전개, 식 (62)를 이용하여 나타내면

$$\begin{aligned} 0 &= \sum_{k=1}^{n} a_{kj} C_{kj} \\ &= \sum_{k=1}^{n} a_{ki} C_{kj} = a_{1i} C_{1j} + a_{2i} C_{2j} + \cdots + a_{ni} C_{nj}, \quad i \neq j \end{aligned} \tag{63}$$

가 된다. 식 (62)와 (63)은 잘 알려진 크로네커 델타를 이용하면

$$D\delta_{ij} = \sum_{k=1}^{n} a_{ki} C_{kj} = a_{1i} C_{1j} + a_{2i} C_{2j} + \cdots + a_{ni} C_{nj}$$

로 쓸 수 있다[위에서, $\delta_{ij} = 0\ (i \neq j)$, $\delta_{ij} = 1\ (i = j)$이다]. 행에 관한 전개에서도 마찬가지로 반복하고 윗식과 결합하면

$$D\delta_{ij} = \begin{cases} \displaystyle\sum_{k=1}^{n} a_{ki} C_{kj} = a_{1i} C_{1j} + a_{2i} C_{2j} + \cdots + a_{ni} C_{nj}, & \text{열확장} \\ \displaystyle\sum_{k=1}^{n} a_{ik} C_{jk} = a_{i1} C_{j1} + a_{i2} C_{j2} + \cdots + a_{in} C_{jn}, & \text{행확장} \end{cases} \tag{64}$$

과 같이 간단히 쓸 수 있다, 식 (64)는 뒤에서 역행렬을 구할 때, 크래머의 법칙을 설명할 때 핵심적인 역할을 하게 될 것이다.

삼각행렬에 대한 행렬식. 위삼각행렬 또는 아래삼각행렬의 행렬식은 대각원소의 곱

$$\det \mathbf{A} = a_{11} a_{22} a_{33} \cdots a_{nn} \tag{65}$$

으로 간단히 주어진다. 이것은 첫 번째 열에 대한 전개에서

$$\begin{vmatrix} a_{11} & a_{12} & a_{13} & \cdots & a_{1n} \\ 0 & a_{22} & a_{23} & \cdots & a_{2n} \\ 0 & 0 & a_{33} & \cdots & a_{3n} \\ \cdot & \cdot & \cdot & \cdots & \cdot \\ 0 & 0 & 0 & \cdots & a_{nn} \end{vmatrix} = a_{11} \begin{vmatrix} a_{22} & a_{23} & \cdots & a_{2n} \\ 0 & a_{33} & \cdots & a_{3n} \\ \cdot & \cdot & \cdots & \cdot \\ 0 & 0 & \cdots & a_{nn} \end{vmatrix} \tag{66}$$

과 같이 $n-1$차 행렬식으로 줄어드는 성질을 이용하면 쉽게 증명이 된다. 따라서, 주어진 행렬을 삼각화(三角化)시키면 행렬식의 값을 빠르게 구할 수 있다(n차 행렬식을 직접 전개하면 $n!$개의 항을 가진다는 사실을 상기하라).

행렬곱의 행렬식. 임의의 $n \times n$ 정사각행렬 $\mathbf{A}$, $\mathbf{B}$에 대하여

$$\det \mathbf{AB} = \det \mathbf{BA} = (\det \mathbf{A})(\det \mathbf{B}) \tag{67}$$

인 성질을 갖는다. 이 식의 증명은 보기보다 어려우며 연습문제에서 제한된 경우를 다루기로 한다.

연습문제

※ 열벡터의 가법 또는 행벡터의 가법을 이용하여 다음의 행렬식을 구하라.

[1] $\begin{vmatrix} 2 & 0 & -2 & 3 \\ -4 & 4 & 1 & 5 \\ -2 & 1 & -1 & -2 \\ 6 & -2 & 3 & 1 \end{vmatrix}$

[2] $\begin{vmatrix} -3 & -2 & 6 & -4 \\ 1 & 0 & 1 & 2 \\ -2 & 1 & -1 & 3 \\ 5 & 4 & -3 & -5 \end{vmatrix}$

****[3]** $\det \mathbf{AB} = (\det \mathbf{A})(\det \mathbf{B})$의 공식을 $\mathbf{B}$가 대각행렬, 즉 i행 j열의 원소가 $[\mathbf{B}]_{i,j} = \delta_{ij} b_{ij}$로 주어진 경우에 대해 증명해 보자. $\mathbf{AB}$의 i행 j열의 원소는

$$[\mathbf{AB}]_{i,j} = \sum_{k=1}^{n} a_{ik}(\delta_{kj} b_{kk}) = a_{ij} b_{jj}$$

가 된다. 이것을 풀어 쓰면

$$\begin{bmatrix} a_{11} & a_{12} & \cdots & a_{1n} \\ a_{21} & a_{22} & \cdots & a_{2n} \\ \cdot & \cdot & \cdots & \cdot \\ a_{n1} & a_{n2} & \cdots & a_{nn} \end{bmatrix} \begin{bmatrix} b_{11} & 0 & \cdots & 0 \\ 0 & b_{22} & \cdots & 0 \\ \cdot & \cdot & \cdots & \cdot \\ 0 & 0 & \cdots & b_{nn} \end{bmatrix} = \begin{bmatrix} b_{11}a_{11} & b_{22}a_{12} & \cdots & b_{nn}a_{1n} \\ b_{11}a_{21} & b_{22}a_{22} & \cdots & b_{nn}a_{2n} \\ \cdot & \cdot & \cdots & \cdot \\ b_{11}a_{n1} & b_{22}a_{n2} & \cdots & b_{nn}a_{nn} \end{bmatrix}$$

과 같이 된다. 윗식의 우변에서 j열의 원소 모두에는 b_{jj}가 곱해져 있으므로

$$\det \mathbf{AB} = \det(b_{11}\mathbf{a}_1, b_{22}\mathbf{a}_2, \cdots, b_{nn}\mathbf{a}_n) = (b_{11}b_{22}\cdots b_{nn})\det(\mathbf{a}_1, \mathbf{a}_2, \cdots, \mathbf{a}_n)$$

으로 된다. 식 (65)에 의해 $\det \mathbf{B} = b_{11}b_{22}b_{33}\cdots b_{nn}$이므로 $\det \mathbf{AB} = (\det \mathbf{A})(\det \mathbf{B})$.

5-6 역행렬

역행렬의 정의. 역행렬은 행렬식과 마찬가지로 $n \times n$ 정사각행렬에 대해서 정의된다. 어떤 $n \times n$ 행렬 $\mathbf{A}$의 역행렬은

$$\mathbf{A}^{-1}\mathbf{A} = \mathbf{A}\mathbf{A}^{-1} = \mathbf{I} \tag{68}$$

로 정의되는 $n \times n$ 행렬이다. 그러나, 모든 행렬에 대해서 대응하는 역행렬이 존재하는 것이 아니다.

$n \times n$ 행렬 $\mathbf{A}$가 역행렬을 가지면 **정칙행렬**(正則行列; nonsingular matrix), 그렇지

않으면 **특이행렬**(特異行列; singular matrix)이라고 한다. 만일 $\mathbf{A}$가 역행렬 $\mathbf{A}^{-1}$을 가지면 그것은 유일하게 주어진다.

역행렬의 유일성 증명: $\mathbf{B}$, $\mathbf{C}$가 모두 $\mathbf{A}$의 역행렬이라고 가정하면 역행렬의 정의로부터 $\mathbf{AB} = \mathbf{I}$, $\mathbf{CA} = \mathbf{I}$가 성립한다. 그러면, $\mathbf{B} = \mathbf{IB} = \mathbf{CAB} = \mathbf{CI} = \mathbf{C}$. 즉, $\mathbf{B} = \mathbf{C}$.

역행렬의 계산. 역행렬을 구하는 여러 가지 방법에서 식 (64), 즉

$$D\delta_{ij} = \sum_{k=1}^{n} a_{ki} C_{kj} \quad \text{or} \quad D\delta_{ij} = \sum_{k=1}^{n} a_{ik} C_{jk} \tag{69}$$

를 이용하는 경우를 먼저 살펴본다.

예제 8 $n \times n$ 정칙행렬의 역행렬은 $\mathbf{A}^{-1} = \dfrac{1}{\det \mathbf{A}}(C_{ji})$임을 보여라.

여기서, C_{ji}는 행렬 $\mathbf{A}$의 여인자(cofactor)이다. 위의 관계를 보이려면

$$\mathbf{B} = \mathbf{A}^{-1} = \frac{1}{\det \mathbf{A}}(C_{ji}) \quad \Rightarrow \quad b_{ij} = \frac{1}{\det \mathbf{A}} C_{ji} = \frac{1}{D} C_{ji}$$

라고 두고, $\mathbf{AB} = \mathbf{I}$, 즉 $[\mathbf{AB}]_{i,j} = [\mathbf{I}]_{i,j} = \delta_{ij}$임을 보이면 된다. 그런데, 행렬의 곱과 식 (69)를 이용하면

$$\begin{aligned}[\mathbf{AB}]_{i,j} &= \sum_{k=1}^{n} a_{ik} b_{kj} = \sum_{k=1}^{n} a_{ik} \frac{1}{D} C_{jk} \\ &= \frac{1}{D} \sum_{k=1}^{n} a_{ik} C_{jk} = \frac{1}{D}(D\delta_{ij}) = \delta_{ij}\end{aligned} \tag{70}$$

이므로 증명이 된다. 한 가지 주의할 것은 역행렬의 i행 j열의 원소는

$$[\mathbf{A}^{-1}]_{i,j} = \frac{1}{D} C_{ji}$$

와 같이 여인자행렬의 전치임을 잊으면 안된다. 따라서, 역행렬을 구하려면

$$(\mathbf{A}^{-1})^{\mathrm{T}} = \frac{1}{\det \mathbf{A}}(C_{ij}) = \frac{1}{\det \mathbf{A}} \begin{bmatrix} C_{11} & C_{12} & \cdots & C_{1n} \\ C_{21} & C_{22} & \cdots & C_{2n} \\ C_{31} & C_{32} & \cdots & C_{3n} \\ \cdot & \cdot & \cdots & \cdot \\ C_{n1} & C_{n2} & \cdots & C_{nn} \end{bmatrix} \tag{71}$$

을 사용하는 것이 혼동을 피할 수 있다. ◀

물론, $\det \mathbf{A} \neq 0$이어야 역행렬이 존재할 것이다. 따라서, $\det \mathbf{A} \neq 0$은 역행렬이 존재할 필요충분조건이 된다. 그러나, 식 (71)을 이용하여 역행렬을 구하는 것은 많은 양의 계산이 필요하므로 실용적인 공식은 아니다.

예제 9 $\mathbf{A}=\begin{bmatrix} a & b \\ c & d \end{bmatrix}$의 역행렬을 구하라(단, $ad-bc \neq 0$).

☞ 먼저, 주어진 행렬의 행렬식을 구하면 $D=\det\mathbf{A}=ad-bc$이고

$$A_{11}=\begin{vmatrix} ⓐ & b \\ c & d \end{vmatrix},\quad A_{12}=\begin{vmatrix} a & ⓑ \\ c & d \end{vmatrix},\quad A_{21}=\begin{vmatrix} a & b \\ ⓒ & d \end{vmatrix},\quad A_{22}=\begin{vmatrix} a & b \\ c & ⓓ \end{vmatrix}$$

와 같이 소행렬식을 모두 구하여 여인자행렬 (C_{ij})를 구하면

$$\begin{bmatrix} A_{11} & -A_{12} \\ -A_{21} & A_{22} \end{bmatrix}=\begin{bmatrix} d & -c \\ -b & a \end{bmatrix}$$

이므로

$$\mathbf{A}^{-1}=\frac{1}{\det\mathbf{A}}(C_{ij})^{\mathrm{T}}=\frac{1}{ad-bc}\begin{bmatrix} d & -b \\ -c & a \end{bmatrix} \quad ◀ \qquad (72)$$

✔ 3×3 행렬만 되어도 역행렬을 구하려면 계산이 복잡해진다. 따라서, 다음 장에서 다루게 될 Gauss-Jordan 소거법으로 역행렬을 구하는 것이 편리하다. 식 (72)를 아래와 같이 사용하면 된다.

$$\mathbf{A}^{-1}=\begin{bmatrix} a & b \\ c & d \end{bmatrix}^{-1}=\frac{1}{ad-bc}\begin{bmatrix} d & -b \\ -c & a \end{bmatrix}$$

부호를 바꾼다 위치를 바꾼다

위의 조작은 분수함수의 역변환에서도 유사하게 나타난다. 즉,

$$z=\frac{ax+b}{cx+d} \Rightarrow x=\frac{dz-b}{-cz+a}$$

부호를 바꾼다 위치를 바꾼다

역행렬의 성질. 역행렬과 관련된 중요한 성질은 다음과 같다(증명은 연습문제).

(a) $(\mathbf{A}^{-1})^{-1}=\mathbf{A}$
(b) $(\mathbf{A}^{-1})^{\mathrm{T}}=(\mathbf{A}^{\mathrm{T}})^{-1}$
(c) $(\mathbf{A}^{-1})^{n}=(\mathbf{A}^{n})^{-1}$
(d) $(\mathbf{AB})^{-1}=\mathbf{B}^{-1}\mathbf{A}^{-1}$
(e) $\det\mathbf{A}^{-1}=(\det\mathbf{A})^{-1}$
(f) $D=\det\mathbf{A}\neq 0$은 역행렬이 존재하는 필요충분조건이다.
(g) 대칭행렬의 역은 대칭행렬이다.
(h) 위(아래)삼각행렬의 역은 위(아래)삼각행렬이다.

예제 10 $(\mathbf{AB})^{-1}=\mathbf{B}^{-1}\mathbf{A}^{-1}$임을 보여라.

☞ 주어진 식의 우변과 $\mathbf{AB}$의 곱으로부터

$$\begin{aligned}(\mathbf{AB})\,\mathbf{B}^{-1}\mathbf{A}^{-1} &= \mathbf{A}(\mathbf{BB}^{-1})\,\mathbf{A}^{-1}\\ &= \mathbf{AIA}^{-1} = \mathbf{AA}^{-1} = \mathbf{I}\end{aligned} \tag{73}$$

이므로 $(\mathbf{AB})(\mathbf{AB})^{-1} = \mathbf{I}$와 비교하면 증명된다. ◀

☑ $\mathbf{B}^{-1}\mathbf{A}^{-1}(\mathbf{AB}) = \mathbf{B}^{-1}(\mathbf{A}^{-1}\mathbf{A})\mathbf{B} = \mathbf{B}^{-1}\mathbf{IB} = \mathbf{B}^{-1}\mathbf{B} = \mathbf{I}$를 보여도 마찬가지이다.

예제 11 $\mathbf{AB} = 0$이라면 $\mathbf{A}$ 또는 $\mathbf{B}$가 특이행렬임을 보여라.

☞ $\mathbf{A}$와 $\mathbf{B}$가 모두 정칙행렬이라면 역행렬 $\mathbf{A}^{-1}$과 $\mathbf{B}^{-1}$이 존재한다. 따라서, $\mathbf{AB} = 0$의 왼쪽으로 $\mathbf{A}^{-1}$을 곱하면

$$\mathbf{A}^{-1}\mathbf{AB} = \mathbf{IB} = \mathbf{B} = 0$$

이 된다. 그러나, 0행렬은 역행렬을 가질 수 없으므로 가정에 모순된다. 따라서, $\mathbf{AB} = 0$이면 $\mathbf{A}$ 또는 $\mathbf{B}$ 중의 하나는 반드시 특이행렬이다. ◀

****크래머 법칙의 증명.** 역행렬을 이용하면 선형연립방정식의 해의 일반형을 구할 수 있다. 이미 여러 번 앞에서 사용한 바가 있지만, 크래머의 법칙을 $n \times n$ 행렬에 대해 증명해 보기로 한다.

n개의 미지수 $x_1, x_2, x_3, \cdots, x_n$에 관한 n개의 1차연립방정식

$$\begin{aligned} a_{11}x_1 + a_{12}x_2 + \cdots + a_{1n}x_n &= b_1\\ a_{21}x_1 + a_{22}x_2 + \cdots + a_{2n}x_n &= b_2\\ &\vdots\\ a_{n1}x_1 + a_{n2}x_2 + \cdots + a_{nn}x_n &= b_n \end{aligned} \tag{74}$$

의 해는 행렬과 행렬식을 이용하면

$$\mathbf{Ax} = \mathbf{b}$$

로 간단히 쓸 수 있다. 양변에 $\mathbf{A}^{-1}$을 왼쪽에서 곱하면

$$\mathbf{A}^{-1}\mathbf{Ax} = \mathbf{A}^{-1}\mathbf{b} \quad \Rightarrow \quad \mathbf{x} = \mathbf{A}^{-1}\mathbf{b} \tag{75}$$

로 주어진다. 그런데, 식 (75)를 원소에 대해 나타내면

$$[\mathbf{x}]_i = \sum_{k=1}^{n}[\mathbf{A}^{-1}]_{i,k}[\mathbf{b}]_k = \sum_{k=1}^{n}\frac{1}{D}C_{ki}b_k = \frac{1}{D}\sum_{k=1}^{n}b_kC_{ki} \tag{76}$$

가 된다. 윗식의 우변은 행렬식 $D = \det\mathbf{A}$를 i열에 관해 전개한 결과

$$D = \sum_{k=1}^{n}a_{ki}C_{ki}$$

에서 a_{ki}를 b_k로 치환한 행렬식이므로

$$D_i = \sum_{k=1}^{n}b_kC_{ki} = b_1C_{1i} + b_2C_{2i} + \cdots + b_nC_{ni} \tag{77}$$

로 정의하면

$$x_i = \frac{D_i}{D} \tag{78}$$

인 크래머의 법칙을 얻는다(단, $\det \mathbf{A} \neq 0$인 경우에 해당).

✓ n차 행렬식의 항은 일반적으로 $n!$개의 항을 가지므로 크래머의 법칙은 2차 및 3차 행렬식을 다룰 때 이외의 실제 계산에서는 실용적이 아니다.

연습문제

※ 역행렬에 대하여 다음을 증명하라.

[1] $(\mathbf{A}^{-1})^{-1} = \mathbf{A}$

[2] $(\mathbf{A}^{-1})^{\mathrm{T}} = (\mathbf{A}^{\mathrm{T}})^{-1}$

[3] $(\mathbf{A}^{-1})^n = (\mathbf{A}^n)^{-1}$

[4] $\det \mathbf{A}^{-1} = (\det \mathbf{A})^{-1}$

[5] 대칭행렬의 역은 대칭행렬이다.

[6] 위(아래)삼각행렬의 역은 아래(위)삼각행렬이다.

5-7 고유값과 고유벡터

고유값과 고유벡터의 정의. 먼저 정사각행렬과 관련한 고유벡터의 기하학적인 의미를 그림 5.3에서 살펴보자(이것을 그림 5.2와 비교해 본다).

그림에서 보듯이 대부분의 경우 행렬 $\mathbf{A}$에 대응하는 선형변환에 의해 벡터 $\mathbf{x}$의 사상(image) $\mathbf{Ax}$는 방향이 바뀌게 된다(음의 방향은 같은 방향으로 본다). 그러나, 경우에 따라 그림 5.3에 보인 바와 같이 벡터 $\mathbf{x}_1$과 $\mathbf{Ax}_1$이 서로 평행할 수 있다. 이와 같이 선형변환에 의해서 회전하지 않는 벡터를 **고유벡터**(eigenvector)라고 한다. 두 벡터가 서로 평행하다는 것은 한 벡터가 다른 벡터의 **상수배**(常數倍)가 되는 것을 의미하므로 행렬 $\mathbf{A}$의 고유벡터는 어떤 상수 λ에 대해

$$\mathbf{Ax} = \lambda\mathbf{x} \tag{79}$$

를 만족하는 "0이 아닌 벡터"로 정의한다. 이때, 상수 λ를 행렬 $\mathbf{A}$의 **고유값**(固有値;

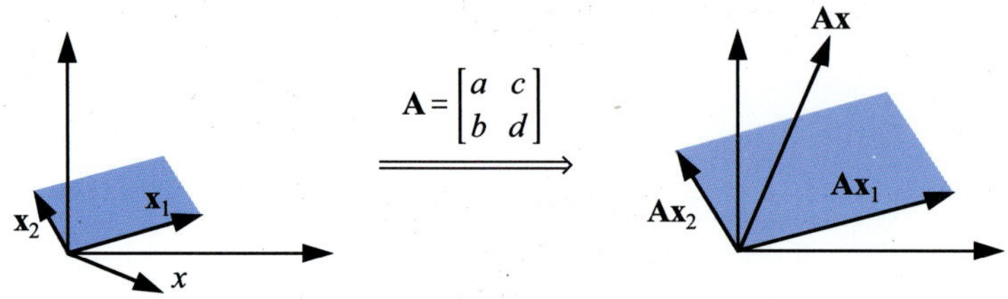

그림 5.3 고유벡터의 기하학적인 의미

eigenvalue)이라고 한다. 특히, $n \times n$ 행렬은 최대 n개의 고유값을 가질 수 있는데 고유값의 집합을 행렬 **A**의 **스펙트럼**, 절대값이 최대인 고유값을 행렬 **A**의 **스펙트럼 반지름**(spectrum radius)이라고 한다.

고유벡터는 선형변환에 대해 방향이 변하지 않는 벡터(음의 방향을 포함)로 정의되기 때문에 벡터 $\mathbf{x}$가 고유벡터이면 상수배인 $c\mathbf{x}$도 고유벡터가 된다. 이러한 성질은 9장에서 다루게 되는 고유함수에 대한 성질과 비슷하다.

✓ 위에서, 벡터 $\mathbf{x}=0$은 분명히 식 (79)를 만족하지만 0벡터는 방향이 정의되지 않는 벡터이므로 **고유벡터라고 할 수 없다.**

고유값과 고유벡터의 결정방법. 가장 간단한 2×2 행렬 **A**와 열벡터 $\mathbf{x}$에 대해서 고유값과 고유벡터를 구해 보자.

$$\mathbf{A}=\begin{bmatrix} a & c \\ b & d \end{bmatrix},\quad \mathbf{x}=\begin{bmatrix} x \\ y \end{bmatrix} \tag{80}$$

를 식 (79)에 대입하면

$$\begin{bmatrix} a & c \\ b & d \end{bmatrix}\begin{bmatrix} x \\ y \end{bmatrix}=\lambda\begin{bmatrix} x \\ y \end{bmatrix}$$

가 되고, 정리하면

$$\begin{aligned}(a-\lambda)x+cy&=0\\ bx+(d-\lambda)y&=0\end{aligned} \tag{81}$$

인 연립방정식이 된다. 식 (81)은 다시 행렬의 형태로 쓰면

$$\begin{bmatrix} a-\lambda & c \\ b & d-\lambda \end{bmatrix}\begin{bmatrix} x \\ y \end{bmatrix}=0 \tag{82}$$

으로 된다. 윗식이 0이 아닌 해를 가질 필요충분조건은 행렬의 행렬식이 0이 되는 것이다(증명은 연습문제 참조). 즉,

$$\begin{vmatrix} a-\lambda & c \\ b & d-\lambda \end{vmatrix}=(a-\lambda)(d-\lambda)-bc=\lambda^2-(a+d)\lambda+ad-bc=0 \tag{83}$$

이 성립하면 고유벡터를 가지는 것을 알 수 있다. 윗식은 λ에 관한 2차식으로 이러한 다항식을 행렬 **A**의 **특성다항식**이라고 한다. 식 (83)에서 1차항의 계수는 행렬 **A**의 대각원소의 합이고 상수항은 $\det \mathbf{A}$임에 주목한다. 정사각행렬에서 대각원소의 합을

$$\operatorname{trace}\mathbf{A}=a_{11}+a_{22}+\cdots+a_{nn}=\sum_{k=1}^{n}a_{kk} \tag{84}$$

라고 정의하면 2×2 행렬의 특성방정식은

$$\lambda^2-\lambda(\operatorname{trace}\mathbf{A})+\det\mathbf{A}=0 \tag{85}$$

으로 쓸 수 있다.

예제 12 $\mathbf{A}=\begin{bmatrix}-2 & 4\\ -1 & 3\end{bmatrix}$의 고유값과 고유벡터를 구하라.

☞ 2×2 행렬에 대해서는 식 (85)로 주어지는 특성다항식으로부터 고유값을 구할 수 있으므로

$$\lambda^2-\lambda(\text{trace}\,\mathbf{A})+\det\mathbf{A}=\lambda^2-\lambda-2=0$$

을 풀어 고유값

$$\lambda_1=-1,\quad \lambda_2=2 \tag{86}$$

를 얻는다. 먼저, 고유값 $\lambda_1=-1$에 대응하는 고유벡터는 정의로부터

$$\mathbf{Ax}=\lambda_1\mathbf{x} \quad\Rightarrow\quad \begin{bmatrix}-2 & 4\\ -1 & 3\end{bmatrix}\begin{bmatrix}x\\ y\end{bmatrix}=-\begin{bmatrix}x\\ y\end{bmatrix}$$
$$\Rightarrow\quad \begin{aligned}-2x+4y&=-x\\ -x+3y&=-y\end{aligned}$$

즉, $-x+4y=0$을 얻는다. 여기서, $x=4$, $y=1$을 택하면

$$\mathbf{x}_1=\begin{bmatrix}x_1\\ y_1\end{bmatrix}=\begin{bmatrix}4\\ 1\end{bmatrix} \tag{87}$$

가 고유벡터가 된다(물론, $\mathbf{x}_1$의 상수배 $c\mathbf{x}_1$도 고유벡터가 된다). 마찬가지 방법으로 $\lambda_2=2$에 대응하는 고유벡터는

$$\mathbf{Ax}=\lambda_2\mathbf{x} \quad\Rightarrow\quad \begin{bmatrix}-2 & 4\\ -1 & 3\end{bmatrix}\begin{bmatrix}x\\ y\end{bmatrix}=2\begin{bmatrix}x\\ y\end{bmatrix}$$
$$\Rightarrow\quad \begin{aligned}-2x+4y&=2x\\ -x+3y&=2y\end{aligned}$$

로부터 $-x+y=0$을 얻고, $x=y=1$을 택하면

$$\mathbf{x}_2=\begin{bmatrix}x_2\\ y_2\end{bmatrix}=\begin{bmatrix}1\\ 1\end{bmatrix} \tag{88}$$

***예제 13** $\mathbf{A}=\begin{bmatrix}-2 & 4\\ -1 & 3\end{bmatrix}$의 고유값 $\lambda_1=-1$, $\lambda_2=2$와 대응하는 고유벡터 $\mathbf{x}_1=\begin{bmatrix}4\\ 1\end{bmatrix}$과 $\mathbf{x}_2=\begin{bmatrix}1\\ 1\end{bmatrix}$이 뜻하는 의미를 기하학적으로 설명하라.

☞ 앞의 (예제 12)에서 구한 결과를 기하학적으로 해석해 보는 문제이다. 선형변환을 개념적으로 그려보면 그림 5.4와 같다.

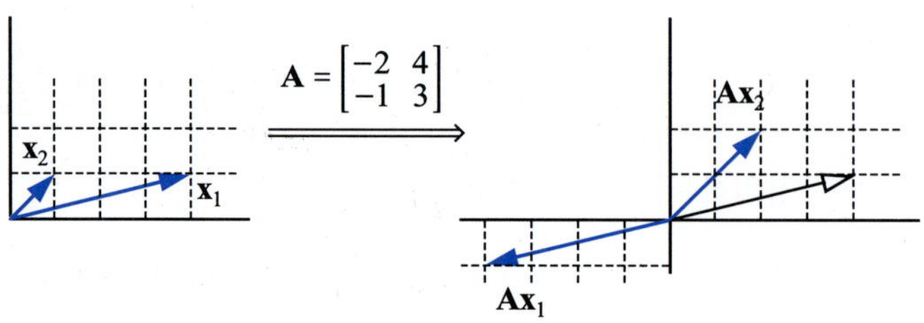

그림 5.4

- $\lambda_1 = -1$에 대응하는 $\mathbf{x}_1$의 사상 $\mathbf{Ax}_1$은 크기가 같고 반대방향이고
- $\lambda_2 = 2$에 대응하는 $\mathbf{x}_2$의 사상 $\mathbf{Ax}_2$는 같은 방향이고 크기가 2배

가 되는 것을 알 수 있다. 즉, 고유값의 부호는 방향부호와 같고 고유값의 크기는 사상의 확대/축소비를 의미하는 것을 알 수 있다. ◀

예제 14 $\mathbf{A} = \begin{bmatrix} a & b \\ -b & a \end{bmatrix}$의 고유값과 고유벡터를 구하라(단, $b \neq 0$).

☞ 2×2 행렬에 대한 특성방정식으로부터

$$\lambda^2 - \lambda(\text{trace}\,\mathbf{A}) + \det\mathbf{A} = \lambda^2 - 2a\lambda + a^2 + b^2 = 0 \quad \Rightarrow \quad \lambda = a \pm ib$$

즉, $\lambda_1 = a + ib$, $\lambda_2 = a - ib$이고

$$\mathbf{Ax} = \lambda\mathbf{x} \quad \Rightarrow \quad \begin{aligned} ax + by &= (a \pm ib)x \\ -bx + ay &= (a \pm ib)y \end{aligned}$$

로부터

$$\mathbf{x}_1 = \begin{bmatrix} 1 \\ i \end{bmatrix}, \quad \mathbf{x}_2 = \begin{bmatrix} 1 \\ -i \end{bmatrix} \tag{89}$$

가 고유벡터가 된다. 만약, $b = 0$이면 $\lambda_1 = \lambda_2 = a$로 하나의 고유값이 존재한다. 이때의 행렬은 대각행렬이고 또한 대응하는 고유벡터는 0벡터를 제외한 모든 벡터가 된다는 것에 주목한다. ◀

☑ $b \neq 0$인 경우 복소수를 포함하는 고유벡터를 가진다는 것은 실제의 $\mathbb{R}^2$ 평면상에서 행렬 $\mathbf{A}$에 의해 방향이 바뀌지 않는 벡터는 존재하지 않는다는 것을 의미한다. 이것은 $x^2 + 1 = 0$은 복소평면상에서 비록 두 근을 가지지만 $\mathbb{R}^2$ 평면상에서 $y = 0$과 $y = x^2 + 1$이 실제로 서로 만나는 점이 없다는 것과 같은 의미이다.

$n \times n$ 행렬에 대한 고유값과 고유벡터. 위에서 살펴본 고유값과 고유벡터를 일반적인 $n \times n$ 행렬에 대해 알아보자. 이때는 2×2 행렬의 경우처럼 기하학적으로 쉽게 나타낼 수 없지만 개념이 크게 달라지는 것은 아니다. 고유벡터와 고유값의 정의

$$\mathbf{Ax} = \lambda\mathbf{x}$$

로부터 우변을 이항하면

$$\mathbf{Ax} - \lambda\mathbf{Ix} = (\mathbf{A} - \lambda\mathbf{I})\mathbf{x} = 0 \tag{90}$$

이 된다. 이 식이 $\mathbf{x} \neq 0$인 해를 가질 필요충분조건은

$$D(\lambda) = \det(\mathbf{A} - \lambda\mathbf{I}) = \begin{vmatrix} a_{11}-\lambda & a_{12} & \cdots & a_{1n} \\ a_{21} & a_{22}-\lambda & \cdots & a_{2n} \\ \cdot & \cdot & \cdots & \cdot \\ a_{n1} & a_{n2} & \cdots & a_{nn}-\lambda \end{vmatrix} = (\lambda_1-\lambda)(\lambda_2-\lambda)\times\cdots\times(\lambda_n-\lambda) = 0 \tag{91}$$

이다. 여기서, $\det(\mathbf{A} - \lambda\mathbf{I})$를 **특성행렬식**(characteristic determinant)이라 하고, λ에

관한 n차다항식 $D(\lambda)$를 **특성다항식**(characteristic polynomial)이라고 한다. 여기서, 특성방정식 $D(\lambda)=0$의 근 $\lambda_1, \lambda_2, \cdots, \lambda_n$이 고유값으로 된다. $n \times n$ 행렬에 대한 고유값과 고유벡터의 성질은 다음과 같다.

> (a) $n \times n$ 행렬 $\mathbf{A}$는 최소 1개, 최대 n개의 고유값을 갖는다.
> (b) 행렬 $\mathbf{A}$의 고유값 λ에 대응하는 고유벡터가 $\mathbf{x}$이면 $c \neq 0$인 상수에 대해 $c\mathbf{x}$도 고유벡터이다.

▶ **증명**: 고유값은 식 (91)의 근이므로 $\lambda_1 = \lambda_2 = \cdots = \lambda_n$이면 1개, 서로 다른 λ_i라면 n개가 존재한다($i = 1, 2, 3, \cdots, n$). 또한, $\mathbf{Ax} = \lambda\mathbf{x}$로부터

$$\mathbf{A}(c\mathbf{x}) = c\mathbf{Ax} = c\lambda\mathbf{x} = \lambda(c\mathbf{x}) \tag{92}$$

***예제 15** 서로 1차독립인 n개의 벡터 $\mathbf{x}_1, \mathbf{x}_2, \cdots, \mathbf{x}_n$이 $n \times n$ 행렬 $\mathbf{A}$의 고유벡터이고 대응하는 고유값이 모두 1이라면 행렬 $\mathbf{A}$는 단위행렬 $\mathbf{I}$임을 보여라.

☞ 고유벡터와 고유값의 정의 $\mathbf{Ax}_i = \lambda_i\mathbf{x}_i$에서 $\lambda_i = 1$ ($i = 1, 2, 3, \cdots, n$)로 주어진 경우이다. 그런데, n개의 벡터 $\mathbf{x}_1, \mathbf{x}_2, \cdots, \mathbf{x}_n$이 서로 1차독립이므로 임의의 벡터는 이들의 선형결합으로 주어진다. 즉,

$$\mathbf{x} = \beta_1\mathbf{x}_1 + \beta_2\mathbf{x}_2 + \cdots + \beta_n\mathbf{x}_n \tag{93}$$

이 성립한다. 윗식에 행렬 $\mathbf{A}$를 곱하고 $\mathbf{Ax}_i = \lambda_i\mathbf{x}_i = \mathbf{x}_i$임을 이용하면

$$\begin{aligned}\mathbf{Ax} &= \mathbf{A}(\beta_1\mathbf{x}_1 + \beta_2\mathbf{x}_2 + \cdots + \beta_n\mathbf{x}_n) \\ &= \beta_1\mathbf{Ax}_1 + \beta_2\mathbf{Ax}_2 + \cdots + \beta_n\mathbf{Ax}_n \\ &= \beta_1\mathbf{x}_1 + \beta_2\mathbf{x}_2 + \cdots + \beta_n\mathbf{x}_n = \mathbf{x} = \mathbf{Ix}\end{aligned} \tag{94}$$

가 성립한다. 우변을 다시 이항하면 $(\mathbf{A} - \mathbf{I})\mathbf{x} = 0$이 되고 이때 $\mathbf{x}$는 임의의 벡터이므로 $\mathbf{A} - \mathbf{I} = 0$이어야 한다. 즉, $\mathbf{A} = \mathbf{I}$일 수밖에 없다. ◀

고유값의 합과 곱. 특성방정식은 λ에 관한 n차방정식

$$\begin{aligned}D(\lambda) &= \det(\mathbf{A} - \lambda\mathbf{I}) \\ &= (a_{11} - \lambda)(a_{22} - \lambda) \times \cdots \times (a_{nn} - \lambda) \\ &\quad + \text{terms with at most } n-2 \text{ factors of the form } a_{ii} - \lambda \\ &= (\lambda_1 - \lambda)(\lambda_2 - \lambda) \times \cdots \times (\lambda_n - \lambda) = 0\end{aligned} \tag{95}$$

으로 쓸 수 있다. 윗식에 $\lambda = 0$을 대입하면(즉, 상수항을 구하면)

$$\det \mathbf{A} = \lambda_1\lambda_2 \times \cdots \times \lambda_n \tag{96}$$

인 관계를 얻을 수 있다. 또한, 식 (95)에서 λ^{n-1}항의 계수를 비교하면

$$\operatorname{trace} \mathbf{A} \equiv a_{11} + a_{22} + \cdots + a_{nn} = \lambda_1 + \lambda_2 + \cdots + \lambda_n \tag{97}$$

이 성립한다. 식 (96)과 (97)은 고유값의 합과 곱이 갖는 흥미로운 성질을 말해준다.

✔ 2×2 행렬의 특성방정식 $\lambda^2 - \lambda(\text{trace}\,\mathbf{A}) + \det\mathbf{A} = 0$에서 두 근을 λ_1과 λ_2라고 하면 $\det\mathbf{A} = \lambda_1\lambda_2$, $\text{trace}\,\mathbf{A} = \lambda_1 + \lambda_2$가 성립하는 것은 자명한 사실이다. 또한, 식 (96)으로부터 고유값 중의 하나가 0이면 $\det\mathbf{A} = 0$이 되는 것을 알 수 있다. 다시 말해서 행렬 **A**가 0인 고유값을 가지면 역행렬을 가질 수 없다는 것을 의미한다.

***다중고유값.** 특성방정식이

$$D(\lambda) = (\lambda_1 - \lambda) \times \cdots (\lambda_r - \lambda)^m \cdots \times (\lambda_n - \lambda) = 0 \tag{98}$$

과 같이 고유값 λ_r이 m차의 **다중근**(多重根; multiple root)으로 존재하는 경우 m을 λ_r의 **대수적 다중도**(代數的多重度; algebraic multiplicity)라고 한다. 이때, 대응하는 고유벡터의 공간차원을 **기하학적 다중도**(幾何學的多重度; geometric multiplicity)라고 한다. 일반적으로

$$\text{기하학적 다중도} \le \text{대수적 다중도} \tag{99}$$

인 관계가 성립한다.

예를 들어, 2×2 행렬

$$\mathbf{A} = \begin{bmatrix} 3 & -2 \\ 2 & -1 \end{bmatrix} \tag{100}$$

의 특성방정식은

$$\lambda^2 - \lambda(\text{trace}\,\mathbf{A}) + \det\mathbf{A} = \lambda^2 - 2\lambda + 1 = 0 \quad \Rightarrow \quad \lambda = 1 \tag{101}$$

과 같이 중근을 갖는다. 즉, $\lambda = 1$의 대수적 다중도는 2가 된다. 이때, 대응하는 고유벡터는

$$3x - 2y = x \quad \text{또는} \quad 2x - y = y$$

를 풀어 $x = y$, 즉 $\begin{bmatrix} 1 \\ 1 \end{bmatrix}$을 고유벡터로 갖는다. 이것은 직선이므로 기하학적 다중도는 1이다.

***예제 16** $\mathbf{A} = \begin{bmatrix} 1 & -3 & 3 \\ 3 & -5 & 3 \\ 6 & -6 & 4 \end{bmatrix}$의 고유값과 고유벡터를 구하라.

☞ 주어진 행렬에 대한 특성방정식 $D(\lambda) = \det(\mathbf{A} - \lambda\mathbf{I}) = 0$을 구하고

$$\begin{vmatrix} 1-\lambda & -3 & 3 \\ 3 & -5-\lambda & 3 \\ 6 & -6 & 4-\lambda \end{vmatrix}$$
$$= (1-\lambda)(-5-\lambda)(4-\lambda) + 3(-6)3 + 6(3)(-3)$$
$$- 3(6)(-5-\lambda) - 3(-6)(1-\lambda) - (4-\lambda)(3)(-3) = 0$$

을 정리하면

$$D(\lambda) = -(\lambda-1)(\lambda+5)(\lambda-4) - 54 - 54 + 18(5+\lambda) + 18(1-\lambda) + 9(4-\lambda)$$
$$= -(\lambda^3 - 12\lambda - 16) = -(\lambda-4)(\lambda+2)^2 = 0$$

이 된다. 따라서, 고유값은 $\lambda_1 = 4$와 2차다중도를 가진 $\lambda_2 = -2$이다. 먼저, 고유값 $\lambda_1 = 4$에 대한 고유벡터는

$$\begin{bmatrix} 1-4 & -3 & 3 \\ 3 & -5-4 & 3 \\ 6 & -6 & 4-4 \end{bmatrix}\begin{bmatrix} x \\ y \\ z \end{bmatrix} = 0 \quad \Rightarrow \quad \begin{aligned} -3x - 3y + 3z &= 0 \\ 3x - 9y + 3z &= 0 \\ 6x - 6y &= 0 \end{aligned} \tag{102}$$

을 풀어

$$\begin{cases} x + y - z = 0 \\ 2y - z = 0 \end{cases} \Rightarrow \quad x = y,\ z = 2y$$

를 얻는다. 따라서, 고유벡터는 $y = 1$을 택하여 $\mathbf{x}_1 = [1 \ \ 1 \ \ 2]^{\mathrm{T}}$를 구한다. 고유값 $\lambda_2 = -2$에 대해서는

$$\begin{bmatrix} 1+2 & -3 & 3 \\ 3 & -5+2 & 3 \\ 6 & -6 & 4+2 \end{bmatrix}\begin{bmatrix} x \\ y \\ z \end{bmatrix} = 0 \quad \Rightarrow \quad \begin{aligned} 3x - 3y + 3z &= 0 \\ 3x - 3y + 3z &= 0 \\ 6x - 6y + 6z &= 0 \end{aligned}$$

을 풀어

$$x - y + z = 0$$

을 얻는다. 이것은 공간상에서 평면을 뜻하고 따라서 기하학적 다중도는 2가 된다. 대응하는 고유벡터는 평면상에서 서로 독립인 두 벡터를 택하여

$$\mathbf{x}_2 = [1 \ \ 1 \ \ 0]^{\mathrm{T}}, \qquad \mathbf{x}_3 = [1 \ \ 0 \ \ -1]^{\mathrm{T}} \quad ◀ \tag{103}$$

연습문제

※ 다음 행렬의 고유값과 고유벡터를 구하라.

[1] $\begin{bmatrix} 1 & 0 \\ 0 & 3 \end{bmatrix}$ **[2]** $\begin{bmatrix} 0 & 2 \\ 1 & 0 \end{bmatrix}$ **[3]** $\begin{bmatrix} 0 & 0 \\ 0 & 0 \end{bmatrix}$

[4] $\begin{bmatrix} -1 & 2 \\ -3 & 4 \end{bmatrix}$ **[5]** $\begin{bmatrix} 3 & -7 & 1 \\ 0 & 1 & 0 \\ -1 & 0 & 1 \end{bmatrix}$ **[6]** $\begin{bmatrix} -2 & 1 & 0 \\ 6 & 3 & 0 \\ 0 & 0 & -1 \end{bmatrix}$

[7] $\mathbf{Ax} = 0$이 $\mathbf{x} \neq 0$인 해를 갖기 위한 조건은 $\det \mathbf{A} = 0$임을 보여라(참고: $\det \mathbf{A} \neq 0$을 가정하고 시작한다).

※ $n \times n$ 행렬 $\mathbf{A}$의 고유값을 $\lambda_1, \lambda_2, \cdots, \lambda_n$이라 할 때 문제 [8]-[10]을 증명하라.

[8] (a) $p\mathbf{A}$의 고유값은 $p\lambda_1, p\lambda_2, \cdots, p\lambda_n$

(b) $\mathbf{A}^{-1}$의 고유값은 $\lambda_1^{-1}, \lambda_2^{-1}, \cdots, \lambda_n^{-1}$

(c) $\mathbf{A} - p\mathbf{I}$의 고유값은 $\lambda_1 - p, \lambda_2 - p, \cdots, \lambda_n - p$

(d) $\mathbf{A}^m$의 고유값은 $\lambda_1^m, \lambda_2^m, \cdots, \lambda_n^m$(단, m은 음이 아닌 정수)

(e) 삼각행렬 $\mathbf{A}$의 고유값은 주대각선의 원소, 즉 $\lambda_i = a_{ii}$

[9] 역행렬 $\mathbf{A}^{-1}$가 존재할 필요충분조건은 $\lambda_i \neq 0$ $(i = 1, 2, 3, \cdots, n)$이다.

[10] 다항행렬(多項行列) $s_m\mathbf{A}^m + s_{m-1}\mathbf{A}^{m-1} + \cdots + s_1\mathbf{A} + s_0\mathbf{I}$의 고유값은

$$s_m\lambda_j^m + s_{m-1}\lambda_j^{m-1} + \cdots + s_1\lambda_j + s_0 \quad (j = 1, 2, 3, \cdots, n)$$

과 같고, 다항행렬의 고유벡터는 $\mathbf{A}$의 고유벡터와 같다는 것을 보여라.

***[11]** (Cayley-Hamilton theorem) 모든 정사각행렬은 특성방정식으로 이루어진 다항행렬식의 근이다. 즉, 행렬 $\mathbf{A}$의 특성방정식이 $\lambda^2 + \alpha\lambda + \beta = 0$이면 $\mathbf{A}^2 + \alpha\mathbf{A} + \beta\mathbf{I} = 0$이 된다. 이것을 임의의 2×2 행렬에 대해 증명하라.

***[12]** 행렬 $\mathbf{A} = \begin{bmatrix} 1 & 4 \\ 2 & 3 \end{bmatrix}$에 의해 단위원 $x^2 + y^2 = 1$은 어떤 도형으로 변환되는가?

☑ $\begin{bmatrix} 1 & 4 \\ 2 & 3 \end{bmatrix}\begin{bmatrix} x \\ y \end{bmatrix} = \begin{bmatrix} X \\ Y \end{bmatrix}$의 역변환

$$\begin{bmatrix} x \\ y \end{bmatrix} = \begin{bmatrix} 1 & 4 \\ 2 & 3 \end{bmatrix}^{-1} = \begin{bmatrix} X \\ Y \end{bmatrix} = \frac{1}{-5}\begin{bmatrix} 3 & -4 \\ -2 & 1 \end{bmatrix}\begin{bmatrix} X \\ Y \end{bmatrix}$$

로부터 구한 x, y를 $x^2 + y^2 = 1$에 대입하면 $13X^2 - 28XY + 17Y^2 = 25$인 2차곡선을 얻을 수 있다.

5-8 대칭, 상사 및 직교행렬

2차형식과 대칭행렬. 어떤 $n\times n$ 행렬 $\mathbf{A}$가 열벡터 $\mathbf{x}$에 대해

$$\begin{aligned}\mathbf{x}^{\mathrm{T}}\mathbf{A}\mathbf{x} &= [x_1\, x_2 \cdots x_n]\begin{bmatrix} a_{11} & a_{12} & \cdots & a_{1n} \\ a_{21} & a_{22} & \cdots & a_{2n} \\ \cdot & \cdot & \cdots & \cdot \\ a_{n1} & a_{n2} & \cdots & a_{nn} \end{bmatrix}\begin{bmatrix} x_1 \\ x_2 \\ \vdots \\ x_n \end{bmatrix} \\ &= a_{11}x_1^2 + a_{12}x_1x_2 + \cdots + a_{1n}x_1x_n \\ &\quad + a_{21}x_2x_1 + a_{22}x_2^2 + \cdots + a_{2n}x_2x_n \\ &\quad \vdots \\ &\quad + a_{n1}x_nx_1 + a_{n2}x_nx_2 + \cdots + a_{nn}x_n^2 \\ &= \sum_{i=1}^{n}\sum_{j=1}^{n} a_{ij}x_ix_j \end{aligned} \tag{104}$$

로 주어진 스칼라를 **2차형식**(quadratic form)이라고 한다. 이것은, $\mathbf{x}^{\mathrm{T}}\mathbf{A}\mathbf{x}$는 $(1\times n)\cdot(n\times n)\cdot(n\times 1) = 1\times 1$ 행렬, 즉 스칼라로 되기 때문이다. 이러한 2차형식은 물리학 또는 기하학에서 원추곡선과 2차곡면을 다룰 때 자주 나타난다. 예를 들어, 2차원 평면의 경우

① $[x \;\; y]\begin{bmatrix}1 & 0\\0 & 1\end{bmatrix}\begin{bmatrix}x\\y\end{bmatrix} = x^2 + y^2 = 1$: 원

② $[x \;\; y]\begin{bmatrix}2 & 0\\0 & 5\end{bmatrix}\begin{bmatrix}x\\y\end{bmatrix} = 2x^2 + 5y^2 = 1$: 타원

③ $[x \;\; y]\begin{bmatrix}3 & 0\\0 & -1\end{bmatrix}\begin{bmatrix}x\\y\end{bmatrix} = 3x^2 - y^2 = 1$: 쌍곡선

등과 같이 잘 알려진 곡선으로 된다. 식 (104)는 다음과 같은 대칭행렬

$$\mathbf{B} = \frac{1}{2}(\mathbf{A} + \mathbf{A}^{\mathrm{T}}) \quad \Rightarrow \quad b_{ij} = \frac{1}{2}(a_{ij} + a_{ji})$$

에 대해

$$\mathbf{x}^{\mathrm{T}}\mathbf{A}\mathbf{x} = \mathbf{x}^{\mathrm{T}}\mathbf{B}\mathbf{x} \tag{105}$$

가 만족되므로 2차형식에 관련된 행렬은 항상 대칭행렬로 간주할 수 있다. 그리고, 모든 벡터 $\mathbf{x} \neq 0$에 대해 $\mathbf{x}^{\mathrm{T}}\mathbf{A}\mathbf{x}$가 양수이면 $\mathbf{A}$를 **양정치**(陽定值; positive definite)**행렬**이라고 한다.

일반적으로 행렬의 왼쪽과 오른쪽에서 행벡터와 열벡터가 곱해질 때

$$[x_1 \;\; x_2 \;\; \cdots \;\; x_n]\begin{bmatrix}a_{11} & a_{12} & \cdots & a_{1n}\\ a_{21} & a_{22} & \cdots & a_{2n}\\ \cdot & \cdot & \cdots & \cdot\\ a_{n1} & a_{n2} & \cdots & a_{nn}\end{bmatrix}\begin{bmatrix}y_1\\y_2\\ \vdots\\ y_n\end{bmatrix} = \mathbf{x}^{\mathrm{T}}\mathbf{A}\mathbf{y} = \sum_{i=1}^{n}\sum_{j=1}^{n} a_{ij}\, \underset{\text{row}}{x_i}\, \overset{\text{column}}{y_j} \tag{106}$$

로 쓸 수 있다.

식 (104)에서

$$a_{12}x_1x_2 + a_{21}x_2x_1 = \frac{1}{2}(a_{12} + a_{21})x_1x_2 + \frac{1}{2}(a_{12} + a_{21})x_2x_1$$

과 같이 x_1x_2를 포함하는 항을 대칭적으로 쓸 수 있고, 다른 x_ix_j에 대해서도 마찬가지가 되어 식 (105)가 성립하게 된다.

예제 17 λ_ℓ, λ_m와 $\mathbf{x}_\ell$, $\mathbf{x}_m$를 대칭행렬 $\mathbf{A}$에 대응하는 서로 다른 고유값과 고유벡터라고 하면 $\mathbf{x}_\ell \cdot \mathbf{x}_m = \mathbf{x}_\ell^{\mathrm{T}}\mathbf{x}_m = 0$임을 보여라.

고유값과 고유벡터의 정의에 의하여

$$\mathbf{A}\mathbf{x}_\ell = \lambda_\ell\,\mathbf{x}_\ell, \quad \mathbf{A}\mathbf{x}_m = \lambda_m\,\mathbf{x}_m$$

이 성립한다. 위에서 첫 번째 식에는 $\mathbf{x}_m^{\mathrm{T}}$, 두 번째 식에는 $\mathbf{x}_\ell^{\mathrm{T}}$를 왼쪽으로 곱하면

$$\begin{aligned}\mathbf{x}_m^{\mathrm{T}}\mathbf{A}\mathbf{x}_\ell &= \lambda_\ell\,\mathbf{x}_m^{\mathrm{T}}\mathbf{x}_\ell\\ \mathbf{x}_\ell^{\mathrm{T}}\mathbf{A}\mathbf{x}_m &= \lambda_m\,\mathbf{x}_\ell^{\mathrm{T}}\mathbf{x}_m\end{aligned} \tag{107}$$

이 된다. 여기서, 첫 번째 식의 전치에서 두 번째 식을 빼면

$$(\mathbf{x}_m^T \mathbf{A}\mathbf{x}_\ell)^T - \mathbf{x}_\ell^T \mathbf{A}\mathbf{x}_m = (\lambda_\ell \mathbf{x}_m^T \mathbf{x}_\ell)^T - \lambda_m \mathbf{x}_\ell^T \mathbf{x}_m$$

이고, 계속하여 $(\mathbf{ABC})^T = \mathbf{C}^T\mathbf{B}^T\mathbf{A}^T$인 관계를 이용하면

$$\mathbf{x}_\ell^T(\mathbf{A}^T - \mathbf{A})\mathbf{x}_m = (\lambda_\ell - \lambda_m)\mathbf{x}_\ell^T \mathbf{x}_m \tag{108}$$

을 얻는다. 그런데, $\lambda_\ell - \lambda_m \neq 0$이고 대칭행렬에 대해 $\mathbf{A}^T - \mathbf{A} = 0$이므로

$$\mathbf{x}_\ell \cdot \mathbf{x}_m = \mathbf{x}_\ell^T \mathbf{x}_m = 0 \tag{109}$$

즉, 서로 다른 고유벡터는 직교한다. ◀

***예제 18** 대칭행렬 $\mathbf{A}$의 모든 고유값이 양수이면 행렬 $\mathbf{A}$는 양정치행렬임을 보여라.

☞ $\mathbf{Ax} = \lambda\mathbf{x}$의 양변에 왼쪽으로 $\mathbf{x}^T$를 곱하면

$$\mathbf{x}^T\mathbf{Ax} = \lambda\mathbf{x}^T\mathbf{x} = \lambda\mathbf{x}\cdot\mathbf{x} = \lambda|\mathbf{x}|^2 \tag{110}$$

으로 된다. 만일 모든 고유값이 $\lambda > 0$이라면 임의의 $\mathbf{x} \neq 0$에 대해 $\mathbf{x}^T\mathbf{Ax} = \lambda|\mathbf{x}|^2 > 0$이므로 행렬 $\mathbf{A}$는 양정치행렬이다. ◀

상사행렬의 정의. 역행렬을 갖는 임의의 행렬 $\mathbf{T}$에 대해

$$\tilde{\mathbf{A}} = \mathbf{T}^{-1}\mathbf{AT} \tag{111}$$

로 주어지는 행렬 $\tilde{\mathbf{A}}$를 $\mathbf{A}$의 **상사행렬**(相似行列; similar matrix)이라고 정의하고, 이러한 변환을 **상사변환**(similarity transformation)이라고 한다. 상사행렬은 고유값을 보존하므로 매우 중요한 행렬이 된다.

예제 19 $\mathbf{A}$와 상사행렬 $\tilde{\mathbf{A}} = \mathbf{T}^{-1}\mathbf{AT}$는 같은 고유값을 가지고 $\mathbf{A}$의 고유벡터가 $\mathbf{x}$이면 상사행렬의 고유벡터는 $\mathbf{y} = \mathbf{T}^{-1}\mathbf{x}$임을 보여라.

☞ $\mathbf{x} \neq 0$인 고유벡터에 대해 $\mathbf{Ax} = \lambda\mathbf{x}$에 $\mathbf{T}^{-1}$을 왼쪽으로 곱하면

$$\mathbf{T}^{-1}\mathbf{Ax} = \lambda\mathbf{T}^{-1}\mathbf{x}$$

가 되고, 좌변은

$$\begin{aligned}\mathbf{T}^{-1}\mathbf{Ax} = \mathbf{T}^{-1}\mathbf{AIx} &= \mathbf{T}^{-1}\mathbf{A}(\mathbf{TT}^{-1})\mathbf{x} \\ &= (\mathbf{T}^{-1}\mathbf{AT})\mathbf{T}^{-1}\mathbf{x}\end{aligned}$$

로 변형된다. 위의 두 식에서 우변을 비교하면

$$(\mathbf{T}^{-1}\mathbf{AT})\mathbf{T}^{-1}\mathbf{x} = \lambda\mathbf{T}^{-1}\mathbf{x} \tag{112}$$

즉, $\tilde{\mathbf{A}} = \mathbf{T}^{-1}\mathbf{AT}$의 고유값은 λ이고 고유벡터는 $\mathbf{T}^{-1}\mathbf{x}$임을 알 수 있다. ◀

☑ 위에서, $0 = \mathbf{T}^{-1}\mathbf{x}$이라면 양변에 $\mathbf{T}$를 곱할 때 $0 = \mathbf{TT}^{-1}\mathbf{x} = \mathbf{Ix} = \mathbf{x}$가 되어 처음의 가정

에 모순이 되므로 $\mathbf{T}^{-1}\mathbf{x} \neq 0$이다.

예제 20 상사행렬 $\tilde{\mathbf{A}} = \mathbf{T}^{-1}\mathbf{AT}$에 대해 $\tilde{\mathbf{A}}^n = \mathbf{T}^{-1}\mathbf{A}^n\mathbf{T}$임을 보여라(단, n은 음이 아닌 정수).

☞ 먼저, $\tilde{\mathbf{A}}^2$을 구하면

$$\begin{aligned}\tilde{\mathbf{A}}^2 &= (\mathbf{T}^{-1}\mathbf{AT})(\mathbf{T}^{-1}\mathbf{AT}) \\ &= \mathbf{T}^{-1}\mathbf{A}(\mathbf{TT}^{-1})\mathbf{AT} = \mathbf{T}^{-1}\mathbf{A}^2\mathbf{T}\end{aligned}$$

가 얻어지고 귀납적인 방법으로

$$\tilde{\mathbf{A}}^n = \mathbf{T}^{-1}\mathbf{A}^n\mathbf{T} \tag{113}$$

가 성립한다면

$$\tilde{\mathbf{A}}^{n+1} = (\mathbf{T}^{-1}\mathbf{A}^n\mathbf{T})(\mathbf{T}^{-1}\mathbf{AT}) = \mathbf{T}^{-1}\mathbf{A}^{n+1}\mathbf{T}$$

이므로 증명이 된다. ◀

직교행렬의 정의와 성질. $n \times n$ 정사각행렬 $\mathbf{A}$가

$$\mathbf{A}^{\mathrm{T}} = \mathbf{A}^{-1} \tag{114}$$

로 되는 행렬을 **직교행렬**(直交行列; orthogonal matrix)이라고 한다. 직교행렬에 대응하는 선형변환은 내적값을 보존하는 좋은 성질을 가지며, 일반적으로 축변환을 포함하는 응용, 예를 들어 형상데이터를 처리하는 컴퓨터그래픽 등에서 중요한 행렬이다.

예제 21 직교행렬 $\mathbf{A}$에 대해 $\det\mathbf{A} = 1$ 또는 $\det\mathbf{A} = -1$을 보여라.

☞ $\det\mathbf{AB} = \det\mathbf{A} \cdot \det\mathbf{B}$, $\det\mathbf{A}^{\mathrm{T}} = \det\mathbf{A}$를 다음과 같이 이용한다.

$$1 = \det\mathbf{I} = \det\mathbf{AA}^{-1} = \det\mathbf{AA}^{\mathrm{T}} = \det\mathbf{A}\,\det\mathbf{A}^{\mathrm{T}} = (\det\mathbf{A})^2 \quad ◀ \tag{115}$$

✔ 그러나, 위의 역은 일반적으로 성립하지 않는다. 즉, $\begin{bmatrix} 2 & 5 \\ 1 & 3 \end{bmatrix}$의 행렬식은 1이지만 직교행렬이 아니다.

예제 22 2×2 행렬 $\begin{bmatrix} a & b \\ c & d \end{bmatrix}$가 직교행렬이 될 조건을 구하라.

☞ 직교행렬의 정의와 (예제 21)로부터

$$\begin{bmatrix} a & b \\ c & d \end{bmatrix} = \frac{1}{ad-bc}\begin{bmatrix} d & -c \\ -b & a \end{bmatrix}, \quad \begin{vmatrix} a & b \\ c & d \end{vmatrix} = ad - bc = \pm 1$$

을 만족하기 위해서는

$$\begin{cases} a = d, & b = -c, \quad ad - bc = 1 \\ a = -d, & b = c, \quad\;\; ad - bc = -1 \end{cases} \quad ◀ \tag{116}$$

✔ 위의 결과를 정리하면, 2×2 직교행렬은 $\begin{bmatrix} a & -b \\ b & a \end{bmatrix}$ 또는 $\begin{bmatrix} a & b \\ b & -a \end{bmatrix}$의 형태를 가진다(단, $a^2+b^2=1$). 그리고, 회전과 관련된 행렬 $\begin{bmatrix} \cos\theta & -\sin\theta \\ \sin\theta & \cos\theta \end{bmatrix}$가 직교행렬임을 알 수 있다.

예제 23 두 열벡터의 내적은 $\mathbf{a}\cdot\mathbf{b}=\mathbf{a}^{\mathrm{T}}\mathbf{b}$로 정의된다. $\mathbf{A}$가 직교행렬이라면 $(\mathbf{Aa})\cdot(\mathbf{Ab})=\mathbf{a}\cdot\mathbf{b}$임을 보여라.

☞ 직교행렬에 대해 $\mathbf{A}^{\mathrm{T}}\mathbf{A}=\mathbf{A}^{-1}\mathbf{A}=\mathbf{I}$임을 이용하면

$$\begin{aligned}(\mathbf{Aa})\cdot(\mathbf{Ab}) &= (\mathbf{Aa})^{\mathrm{T}}(\mathbf{Ab}) \\ &= (\mathbf{a}^{\mathrm{T}}\mathbf{A}^{\mathrm{T}})\mathbf{Ab}=\mathbf{a}^{\mathrm{T}}\mathbf{A}^{-1}\mathbf{Ab}=\mathbf{a}^{\mathrm{T}}\mathbf{b}=\mathbf{a}\cdot\mathbf{b}\end{aligned} \tag{117}$$

즉, 직교행렬에 의한 선형변환은 내적값을 보존한다. ◀

직교행렬과 정규직교계. 직교행렬(orthogonal matrix)의 이름은 각 열벡터(또는 행벡터)가 서로 정규직교계를 이루는 사실로부터 유래한다.

> $n\times n$ 행렬 $\mathbf{A}$가 직교행렬일 필요충분조건은 열벡터 $\mathbf{a}_1$, $\mathbf{a}_2$, $\cdots$, $\mathbf{a}_n$이 정규직교계(orthonormal system), 즉 $\mathbf{a}_i\cdot\mathbf{a}_j=\delta_{ij}$를 이루는 것이다.

▶ 증명: $\mathbf{A}$가 직교행렬이라면 $\mathbf{A}^{\mathrm{T}}=\mathbf{A}^{-1}$이므로

$$[\mathbf{A}^{\mathrm{T}}\mathbf{A}]_{i,j}=[\mathbf{A}^{-1}\mathbf{A}]_{i,j}=[\mathbf{I}]_{i,j}=\delta_{ij}$$

이고, 행렬곱의 정의로부터

$$\begin{aligned}[\mathbf{A}^{\mathrm{T}}\mathbf{A}]_{i,j} &= \sum_{k=1}^{n}[\mathbf{A}^{\mathrm{T}}]_{i,k}[\mathbf{A}]_{k,j} \\ &= \sum_{k=1}^{n}[\mathbf{A}]_{k,i}[\mathbf{A}]_{k,j} \\ &= \sum_{k=1}^{n}a_{ki}a_{kj}\end{aligned}$$

이다. 위의 두 식을 비교하면

$$\sum_{k=1}^{n}a_{ki}a_{kj}=a_i\cdot a_j=\delta_{ij} \tag{118}$$

직교행렬과 좌표변환. 직교행렬에 의한 선형변환을 하면 내적의 값이 보존($\mathbf{a}\cdot\mathbf{b}=|\mathbf{a}||\mathbf{b}|\cos\varphi$)되므로 각도가 유지되고, 또한 행렬식의 절대값이 1이므로 크기가 변하지 않는다. 이러한 성질은 회전변환과 같이 어떤 물체의 영상(image)을 찌그러지지 않게 처리하는 방법에 응용된다.

이것을 구체적으로 설명하기 위해 그림 5.5에 보인 점 P의 좌표를 x_1x_2 좌표계와 y_1y_2 좌표계에 대해서 각각 구하면

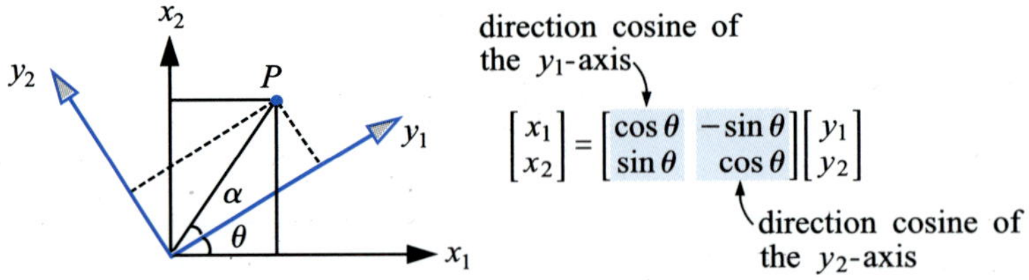

그림 5.5 직교행렬과 좌표변환의 기하학적인 관계

$$\begin{cases} x_1 = R\cos(\alpha+\theta) = R(\cos\alpha\cos\theta - \sin\alpha\sin\theta) \\ x_2 = R\sin(\alpha+\theta) = R(\sin\alpha\cos\theta + \cos\alpha\sin\theta) \end{cases}$$

$$\begin{cases} x_1 = R\cos\alpha \\ x_2 = R\sin\alpha \end{cases} \tag{119}$$

로 된다. 여기서, R은 원점에서 P점까지의 거리이다. 위의 식을 연립하면 좌표변환 사이의 관계를

$$\begin{bmatrix} x_1 \\ x_2 \end{bmatrix} = \begin{bmatrix} \cos\theta & -\sin\theta \\ \sin\theta & \cos\theta \end{bmatrix} \begin{bmatrix} y_1 \\ y_2 \end{bmatrix} \tag{120}$$

와 같이 나타낼 수 있다. 이때, $x_1 x_2$ 좌표계에 대하여 직교행렬

$$\mathbf{A} = \begin{bmatrix} \cos\theta & -\sin\theta \\ \sin\theta & \cos\theta \end{bmatrix} \tag{121}$$

의 1열(column)은 y_1축의 방향코사인이고, 2열은 y_2축의 방향코사인임을 알 수 있다(그림 5.5 참조). 역으로 $y_1 y_2$좌표계에 대하여 직교행렬 $\mathbf{A}$의 1행(row)은 x_1축, 2행은 x_2축의 방향코사인이다($\mathbf{A}^{-1} = \mathbf{A}^{\mathrm{T}}$).

이것을 일반화하면 $n \times n$ 직교행렬 $\mathbf{A}$에 의한 좌표계 $x_1 x_2 \cdots x_n$에서 좌표계 $y_1 y_2 \cdots y_n$으로의 회전변환

$$\mathbf{x} = \mathbf{A}\mathbf{y} \quad \Rightarrow \quad x_i = \sum_{j=1}^{n} a_{ij}\, y_j \tag{122}$$

에서 직교행렬 $\mathbf{A}$의

① i행은 좌표계 $y_1 y_2 \cdots y_n$에 대한 x_i축의 방향코사인
② j열은 좌표계 $x_1 x_2 \cdots x_n$에 대한 y_j축의 방향코사인

으로 된다.

✔ 그림 5.5와 식 (122)에서 선형변환을 $\mathbf{y} = \mathbf{A}^{-1}\mathbf{x} = \mathbf{B}\mathbf{x}$의 형태, 즉

$$\begin{bmatrix} y_1 \\ y_2 \end{bmatrix} = \begin{bmatrix} \cos\theta & \sin\theta \\ -\sin\theta & \cos\theta \end{bmatrix} \begin{bmatrix} x_1 \\ x_2 \end{bmatrix}, \quad \mathbf{B} = \begin{bmatrix} \cos\theta & \sin\theta \\ -\sin\theta & \cos\theta \end{bmatrix}$$

로 쓴다 해도 동일한 내용이지만, 그럼에도 불구하고 $\mathbf{x} = \mathbf{A}\mathbf{y}$의 형태를 선호하는 이유를 알아보자. 2차원 평면에서 위치벡터 $\mathbf{r} = \mathbf{i}x + \mathbf{j}y$를 다음과 같이 써 보면

$$\mathbf{r} = \mathbf{i}x + \mathbf{j}y = [x \quad y]\begin{bmatrix}\mathbf{i}\\ \mathbf{j}\end{bmatrix} = [x \quad y]\begin{bmatrix}\cos\theta & -\sin\theta\\ \sin\theta & \cos\theta\end{bmatrix}\begin{bmatrix}\mathbf{e}_1\\ \mathbf{e}_2\end{bmatrix}$$

회전에 관여하는 행렬은

$$\begin{bmatrix}\mathbf{i}\\ \mathbf{j}\end{bmatrix} = \mathbf{A}\begin{bmatrix}\mathbf{e}_1\\ \mathbf{e}_2\end{bmatrix}, \quad \mathbf{A} = \begin{bmatrix}\cos\theta & -\sin\theta\\ \sin\theta & \cos\theta\end{bmatrix}$$

의 형태가 보다 자연스러운 것을 알 수 있다. 즉, 가장 기본적인 카테시안(Cartesian) 좌표로부터 시작하기 위해서는

(a) $\begin{bmatrix}\mathbf{i}\\ \mathbf{j}\end{bmatrix} = \mathbf{A}\begin{bmatrix}\mathbf{e}_1\\ \mathbf{e}_2\end{bmatrix}$, (b) $\begin{bmatrix}\mathbf{e}_1\\ \mathbf{e}_2\end{bmatrix} = \mathbf{B}\begin{bmatrix}\mathbf{i}\\ \mathbf{j}\end{bmatrix}$

중에서 (b)보다는 (a)의 형태가 권장된다.

✓ 위에서, 명제 ②는 당연한 사실이다. 예를 들어, y_1축은 $y_1y_2\cdots y_n$좌표계에서 $(1, 0, \cdots, 0)$인 좌표를 가지고, 따라서 선형변환 $\mathbf{x} = \mathbf{A}\mathbf{y}$에 대입하면 1열의 벡터만 남게 된다. 이것이 바로 $x_1x_2\cdots x_n$좌표계에서의 방향코사인이 되는 것이다. 컴퓨터 그래픽에서 3차원 물체의 형상을 회전변환하는 3×3 행렬은 모두 직교행렬인데, 다음과 같다.

$$\begin{bmatrix}1 & 0 & 0\\ 0 & \cos\theta & -\sin\theta\\ 0 & \sin\theta & \cos\theta\end{bmatrix}, \begin{bmatrix}\cos\varphi & 0 & -\sin\varphi\\ 0 & 1 & 0\\ \sin\varphi & 0 & \cos\varphi\end{bmatrix}, \begin{bmatrix}\cos\psi & -\sin\psi & 0\\ \sin\psi & \cos\psi & 0\\ 0 & 0 & 1\end{bmatrix}$$

연습문제

[1] 직교행렬의 역은 직교행렬임을 보여라.

[2] 두 직교행렬의 곱은 직교행렬임을 보여라.

[3] 대칭행렬의 역이 존재하면 대칭행렬임을 보여라.

Chapter 6

벡터와 공간도형

벡터는 공간적인 개념을 표현하는 데 매우 편리하다. 따라서 힘, 속도 등의 물리적인 현상을 설명하는 기본적인 도구이다. 이 장에서는 개념을 가시화하는 데 편리한 공간도형을 이용하여 벡터를 이해하도록 구성하였다. 특히, 임의의 벡터 $\mathbf{a}$를 단위벡터 $\mathbf{u}$에 대해 평행 및 수직하게 분해한 $\mathbf{a} = \mathbf{u}(\mathbf{a} \cdot \mathbf{u}) + \mathbf{u} \times (\mathbf{a} \times \mathbf{u})$인 식이 가지는 물리적인 의미를 비중 있게 다루었다. 또한, 구심가속도와 연관하여 $\dfrac{v^2}{\rho}\mathbf{n} = \mathbf{u} \times (\mathbf{v}' \times \mathbf{u})$의 관계로부터 곡률을 바로 결정할 수 있는 방법을 알아본다.

6-1 벡터의 기본성질

벡터의 정의. 크기만을 가진 스칼라(scalar)와 구별하여 크기와 방향을 가진 물리량을 **벡터**(vector)라고 한다. 힘, 모멘트, 위치, 속도, 가속도 등은 우리가 알고 있는 대표적인 벡터량들이다. A점을 **시점**(始點)으로 하고 B점을 **종점**(終點)으로 하는 화살표로써 벡터 $\overrightarrow{AB}$를 나타내면, 화살표의 길이는 벡터의 크기, 화살표의 방향은 벡터의 방향과 각각 대응된다. 다른 방법으로는 굵은 글씨의 문자 $\mathbf{a}$로 같은 벡터를 나타낼 수 있다. 이때, 벡터 $\mathbf{a}$와 벡터 $\overrightarrow{AB}$의 방향과 크기가 서로 같으면 두 벡터는 **동치**(同値)라고 하고 $\mathbf{a} = \overrightarrow{AB}$로 쓴다.

카테시안(Cartesian) 좌표계를 이용한 벡터의 좌표성분 표시법은 B점의 좌표 (B_1, B_2, B_3)에서 A점의 좌표 (A_1, A_2, A_3)를 감한

$$\overrightarrow{AB} = (B_1 - A_1,\ B_2 - A_2,\ B_3 - A_3) \tag{1}$$

로 벡터 $\overrightarrow{AB}$를 나타낸다.

✓ 시점의 위치는 벡터의 성질이 아니므로 주어진 벡터를 평행이동하여 얻는 모든 벡터는 서로 동치이다.

벡터의 크기와 기본연산. 벡터의 카테시안 좌표성분 표시에서

$$\mathbf{a} = (a_1, a_2, a_3)$$

라고 할 때, 스칼라 $\sqrt{a_1^2 + a_2^2 + a_3^2}$을 벡터 $\mathbf{a}$의 **크기**(norm)라 하고

$$|\mathbf{a}| = a = \sqrt{a_1^2 + a_2^2 + a_3^2} \tag{2}$$

으로 쓴다. 특히, 크기가 1인 벡터를 **단위벡터**(unit vector)라 한다. 벡터 $\mathbf{a}$를 (0, 0, 0)을 시점, (a_1, a_2, a_3)를 종점으로 하는 벡터로 볼 수 있으며, 이때 좌표계의 원점을 시점으로 한 벡터를 **위치벡터**라고 한다.

두 벡터 $\mathbf{a}$와 $\mathbf{b}$의 합은 각 좌표성분끼리의 합

$$\begin{aligned} \mathbf{a} + \mathbf{b} &= (a_1, a_2, a_3) + (b_1, b_2, b_3) \\ &= (a_1 + b_1, a_2 + b_2, a_3 + b_3) \end{aligned} \tag{3}$$

로 정의한다(이것은 우리가 잘 아는 평행사변형 법칙을 말한다). 따라서, 벡터의 합은 $\mathbf{a} + \mathbf{b} = \mathbf{b} + \mathbf{a}$인 교환법칙 등 스칼라의 합이 갖는 성질들을 그대로 가진다.

주어진 벡터 $\mathbf{a}$와 스칼라 c의 곱 $c\mathbf{a}$는 벡터 $\mathbf{a}$의 방향(또는 반대방향)으로 c배 만큼 확대/축소한 벡터를 나타낸다. 만일 $c = 0$이면 방향이 없고 크기가 0인 유일한 **영(零)벡터**가 된다. 또한 벡터와 스칼라의 곱을 이용하여 벡터의 차를 $\mathbf{a} - \mathbf{b} = \mathbf{a} + (-\mathbf{b})$로써 정의한다.

3차원 공간에서 가장 기본적인 벡터는

$$\mathbf{i} = (1, 0, 0), \qquad \mathbf{j} = (0, 1, 0), \qquad \mathbf{k} = (0, 0, 1) \tag{4}$$

인 단위벡터로 임의의 벡터 $\mathbf{a} = (a_1, a_2, a_3)$는

$$\begin{aligned} \mathbf{a} &= a_1(1, 0, 0) + a_2(0, 1, 0) + a_3(0, 0, 1) \\ &= \mathbf{i}a_1 + \mathbf{j}a_2 + \mathbf{k}a_3 \end{aligned}$$

로 나타낼 수 있다.

방향코사인. 0이 아닌 벡터를 자신의 크기로 나누어 얻은

$$\frac{\mathbf{a}}{a} = \left(\frac{a_1}{a}, \frac{a_2}{a}, \frac{a_3}{a}\right) \equiv (l, m, n)$$

으로 되는 벡터의 각 성분을 **방향코사인**(方向餘弦; direction cosine)이라고 한다. 방향

코사인은 위치벡터 $\mathbf{a}$가 x, y, z축과 이루는 사이각을 각각 α, β, γ라 할 때(여기서, α, β, γ를 **방향각**이라고 한다)

$$l = \cos\alpha = \frac{a_1}{a}, \quad m = \cos\beta = \frac{a_2}{a}, \quad n = \cos\gamma = \frac{a_3}{a} \tag{5}$$

로 쓸 수 있고, 또한 $a^2 = a_1^2 + a_2^2 + a_3^2$이므로

$$l^2 + m^2 + n^2 = \cos^2\alpha + \cos^2\beta + \cos^2\gamma = 1 \tag{6}$$

인 관계를 만족한다.

벡터 $\mathbf{a}$의 방향코사인으로 이루어진 벡터 (l, m, n)은 단위벡터이므로 $\mathbf{e}_a$로 쓰기로 한다. 마찬가지로 임의의 벡터 $\mathbf{A}$는

$$\mathbf{A} = A(l, m, n) = A\mathbf{e}_A \tag{7}$$

로 쓸 수 있으므로 벡터의 크기 A와 방향 $\mathbf{e}_A$를 명확히 구분하여 나타낼 수 있다. 이러한 표현법은 벡터의 미분

$$\frac{d\mathbf{A}}{dt} = \frac{d}{dt}(A\mathbf{e}_A) = \frac{dA}{dt}\mathbf{e}_A + A\frac{d\mathbf{e}_A}{dt} \tag{8}$$

등을 구할 때 유용하다. 특히, 위치벡터 $\mathbf{r} = (x, y, z)$의 경우에 $\mathbf{e}_r = \frac{\mathbf{r}}{r}$인 표현은 원통 및 구면좌표계에서 자주 사용된다.

예제 1 위치벡터 $\mathbf{r}$의 좌표가 $(2, 1, \sqrt{3})$으로 주어져 있다. 이 벡터의 방향코사인을 구하고, 또 x축과 이루는 각을 구하라.

☞ $r^2 = 2^2 + 1^2 + (\sqrt{3})^2 = 8$. 즉, 벡터의 크기는 $r = 2\sqrt{2}$이다. 주어진 벡터의 방향코사인은 벡터방향의 단위벡터

$$\mathbf{e}_r = \frac{\mathbf{r}}{r} = \frac{1}{2\sqrt{2}}(2, 1, \sqrt{3}) = \left(\frac{\sqrt{2}}{2}, \frac{\sqrt{2}}{4}, \frac{\sqrt{6}}{4}\right) \tag{9}$$

에서 $l = \frac{\sqrt{2}}{2}$, $m = \frac{\sqrt{2}}{4}$, $n = \frac{\sqrt{6}}{4}$이고, $l = \cos\alpha = \frac{\sqrt{2}}{2}$로부터 $\alpha = 45°$이다. ◀

연습문제

[1] 벡터의 합에 관한 다음의 성질을 증명하라.

(a) $\mathbf{a} + \mathbf{b} = \mathbf{b} + \mathbf{a}$ (b) $(\mathbf{a} + \mathbf{b}) + \mathbf{c} = \mathbf{a} + (\mathbf{b} + \mathbf{c})$

(c) $\mathbf{a} + \mathbf{0} = \mathbf{0} + \mathbf{a} = \mathbf{a}$ (d) $\mathbf{a} + (-\mathbf{a}) = 0$

[2] 점 A와 B의 좌표가 $(2, -3, 7)$과 $(6, 5, -1)$일 때, 선분 AB의 중점 M의 좌표를 구하라. 또, 원점을 O라고 할 때, $\overrightarrow{OM}$의 크기와 방향코사인을 구하라.

[3] A점 $(a,\ 1,\ -2)$와 B점 $(-3,\ -2,\ 7)$을 잇는 선분 AB를 $2:1$로 내분하는 점 M의 좌표를 구하고, 이 점이 yz 평면 위에 위치하게 되는 a의 값을 구하라.

[4] 벡터 $\mathbf{a}$가 x축과 $45°$, y축과 $45°$를 이룬다면 z축과 이루는 각은 얼마인가?

[5] 점 $(x_0,\ y_0,\ z_0)$를 지나고 $x,\ y,\ z$축과 이루는 각이 각각 $\alpha,\ \beta,\ \gamma$인 직선의 식은

$$\frac{x-x_0}{\cos\alpha}=\frac{y-y_0}{\cos\beta}=\frac{z-z_0}{\cos\gamma}$$

로 되는 것을 보이고, 또 매개변수 t를 사용하여

$$(x,\ y,\ z)=(x_0,\ y_0,\ z_0)+t(\cos\alpha,\ \cos\beta,\ \cos\gamma)$$

로 나타낼 수 있다는 것을 보여라.

[6] $|\mathbf{a}+\mathbf{b}|\le|\mathbf{a}|+|\mathbf{b}|$, $|\mathbf{a}|-|\mathbf{b}|\le|\mathbf{a}-\mathbf{b}|$를 보여라.

[7] 힘의 평형을 이루고 있는 벡터 $\mathbf{a},\ \mathbf{b},\ \mathbf{c}$는 $\mathbf{a}+\mathbf{b}+\mathbf{c}=0$을 만족함을 보여라.

6-2 벡터의 내적

내적의 정의. 두 벡터 $\mathbf{a}$와 $\mathbf{b}$의 내적(內積; inner product)은

$$\mathbf{a}\cdot\mathbf{b}=ab\cos\theta \tag{10}$$

로 정의한다. 위에서 스칼라 $a,\ b$는 두 벡터의 크기이고 θ는 두 벡터가 모두 0이 아닐 때의 사이각을 말한다(즉, 영벡터와의 사이각은 정의되지 않는다). 특히, 자신과의 내적($\theta=0$인 경우)으로부터

$$\mathbf{a}\cdot\mathbf{a}=a^2=|\mathbf{a}|^2 \tag{11}$$

임을 알 수 있다.

식 (10)에서 두 벡터가 모두 0이 아닌 경우 양변을 b로 나누어

$$\mathbf{a}\cdot\mathbf{e}_b=a\cos\theta,\quad \mathbf{e}_b=\frac{\mathbf{b}}{b}$$

로 나타내었을 때, $a\cos\theta$, 즉 $\mathbf{a}\cdot\mathbf{e}_b$를 $\mathbf{a}$의 $\mathbf{e}_b$(또는 $\mathbf{b}$)로의 **투영**(投影; projection)이라고 한다.

두 벡터의 내적이 0이 될 때, 즉

$$\mathbf{a}\cdot\mathbf{b}=0 \tag{12}$$

일 때 $\mathbf{a}$와 $\mathbf{b}$는 서로 **직교**(直交; orthogonal)한다고 한다. 특히, 영벡터는 모든 벡터와 직교하는 유일한 벡터이다. 0이 아닌 두 벡터가 서로 직교하면 사이각은 반드시 $\theta=90°$가 된다.

정규직교기저. 벡터 $\mathbf{e}_1, \mathbf{e}_2, \mathbf{e}_3$를 서로 직교하고 크기가 1인 단위벡터라고 하면

$$\mathbf{e}_1 \cdot \mathbf{e}_2 = \mathbf{e}_2 \cdot \mathbf{e}_3 = \mathbf{e}_3 \cdot \mathbf{e}_1 = 0$$
$$\mathbf{e}_1 \cdot \mathbf{e}_1 = \mathbf{e}_2 \cdot \mathbf{e}_2 = \mathbf{e}_3 \cdot \mathbf{e}_3 = 1$$

이 성립한다. 이것을 하나로 묶어

$$\mathbf{e}_i \cdot \mathbf{e}_j = \delta_{ij} = \begin{cases} 1 & (i=j) \\ 0 & (i \neq j) \end{cases} \tag{13}$$

으로 간단히 쓸 수 있다. 위에서 δ_{ij}를 **크로네커 델타**(Kronecker delta)라고 하고, 식 (13)을 만족하는 벡터집합 $\{\mathbf{e}_1, \mathbf{e}_2, \mathbf{e}_3\}$를 **정규직교기저**(正規直交基底; orthonormal basis)라고 한다. 이미 언급한 **i**, **j**, **k**는 가장 대표적인 정규직교기저이다.

내적의 성질. 카테시안 좌표성분 표시에 의하면 벡터의 내적은 **i**, **j**, **k**가 정규직교기저이므로

$$\begin{aligned} \mathbf{a} \cdot \mathbf{b} &= (a_1\mathbf{i} + a_2\mathbf{j} + a_3\mathbf{k}) \cdot (b_1\mathbf{i} + b_2\mathbf{j} + b_3\mathbf{k}) \\ &= a_1b_1(\mathbf{i}\cdot\mathbf{i}) + a_1b_2(\mathbf{i}\cdot\mathbf{j}) + a_1b_3(\mathbf{i}\cdot\mathbf{k}) \\ &\quad + a_2b_1(\mathbf{j}\cdot\mathbf{i}) + a_2b_2(\mathbf{j}\cdot\mathbf{j}) + a_2b_3(\mathbf{j}\cdot\mathbf{k}) \\ &\quad + a_3b_1(\mathbf{k}\cdot\mathbf{i}) + a_3b_2(\mathbf{k}\cdot\mathbf{j}) + a_3b_3(\mathbf{k}\cdot\mathbf{k}) \\ &= a_1b_1 + a_2b_2 + a_3b_3 \end{aligned} \tag{14}$$

로 되고, 식 (10)과 비교하면 0이 아닌 두 벡터의 사이각을 구하는

$$\cos\theta = \frac{\mathbf{a}\cdot\mathbf{b}}{ab} = \frac{a_1b_1 + a_2b_2 + a_3b_3}{\sqrt{a_1^2 + a_2^2 + a_3^2}\sqrt{b_1^2 + b_2^2 + b_3^2}} \tag{15}$$

인 관계를 얻는다.

벡터의 내적에 관한 몇 가지 성질을 아래에 요약하였다.

$$\begin{aligned} &\mathbf{a}\cdot\mathbf{a} = |\mathbf{a}|^2 = 0 \quad \Leftrightarrow \quad \mathbf{a} = 0 && \text{(양의 정치성)} \\ &|\mathbf{a}\cdot\mathbf{b}| \leq |\mathbf{a}||\mathbf{b}| && \text{(Schwarz의 부등식)} \\ &|\mathbf{a}+\mathbf{b}| \leq |\mathbf{a}| + |\mathbf{b}| && \text{(삼각형의 부등식)} \\ &|\mathbf{a}-\mathbf{b}|^2 = |\mathbf{a}|^2 + |\mathbf{b}|^2 - 2\mathbf{a}\cdot\mathbf{b} && \text{(삼각형의 코사인 정리)} \\ &|\mathbf{a}+\mathbf{b}|^2 + |\mathbf{a}-\mathbf{b}|^2 = 2(|\mathbf{a}|^2 + |\mathbf{b}|^2) && \text{(평행사변형의 등식)} \end{aligned} \tag{16}$$

✓ 식 (16)에서 $|\mathbf{a}\cdot\mathbf{b}| \leq |\mathbf{a}||\mathbf{b}|$는 $(ax+by+cz)^2 \leq (a^2+b^2+c^2)(x^2+y^2+z^2)$의 꼴로 되는 친숙한 부등식이다.

***기하도형의 벡터표현.** 카테시안 좌표계에서 $\mathbf{r} = (x, y, z)$를 위치벡터라 할 때, 벡터의 크기와 내적을 이용한 몇 개 기하도형의 벡터표현은 다음과 같다(t는 매개변수).

① $\mathbf{r} = \mathbf{r}_0 + t\mathbf{p}$ 점 $\mathbf{r}_0$를 지나고 $\mathbf{p}$에 평행한 직선

② $\mathbf{r} = (1-t)\mathbf{r}_1 + t\mathbf{r}_2$ 두 점 $\mathbf{r}_1$과 $\mathbf{r}_2$를 지나는 직선

③ $\mathbf{p}\cdot(\mathbf{r}-\mathbf{r}_0)=0$ — $\mathbf{p}$에 수직이고 점 $\mathbf{r}_0$를 포함하는 평면

④ $|\mathbf{r}-\mathbf{r}_1|=|\mathbf{r}-\mathbf{r}_2|$ — 두 점 $\mathbf{r}_1$과 $\mathbf{r}_2$를 잇는 선분을 수직이등분하는 평면

⑤ $|\mathbf{r}-\mathbf{p}|=R$ — 반지름이 R이고 중심이 $\mathbf{p}$에 놓인 구면

⑥ $|\mathbf{r}-\mathbf{r}_1|+|\mathbf{r}-\mathbf{r}_2|=\ell$ — 두 점 $\mathbf{r}_1$과 $\mathbf{r}_2$를 초점으로 하는 타원회전체

예제 2 그림 6.1과 같이 $\mathbf{a}=\overrightarrow{AC}$라 하고 $\overrightarrow{AB}$ 방향의 단위벡터를 $\mathbf{u}$라고 할 때, $\overrightarrow{AB}$와 $\overrightarrow{BC}$를 $\mathbf{a}$와 $\mathbf{u}$를 이용하여 나타내어라.

☞ 내적의 정의에서 $\mathbf{a}\cdot\mathbf{u}$는 벡터 $\overrightarrow{AC}$의 $\mathbf{u}$방향으로의 투영, 즉 선분 AB의 길이 $a\cos\theta$이다. 따라서, $\overrightarrow{AB}=\mathbf{u}(a\cos\theta)=\mathbf{u}(\mathbf{a}\cdot\mathbf{u})$이고 $\overrightarrow{BC}=\overrightarrow{AC}-\overrightarrow{AB}$, 즉 $\overrightarrow{BC}=\mathbf{a}-\mathbf{u}(\mathbf{a}\cdot\mathbf{u})$이다.

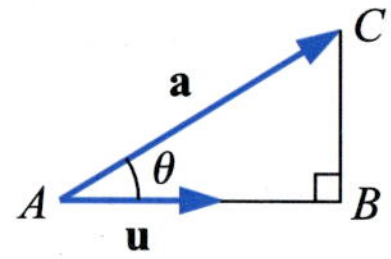

그림 6.1

예제 3 평면의 방정식을 $ax+by+cz=d$라 할 때, 이 평면에 수직인 단위벡터를 구하라.

☞ $\mathbf{p}=(a, b, c)$라 두고, 평면 위의 한 점을 $\mathbf{r}=(x, y, z)$라 하면 평면의 방정식은 $\mathbf{p}\cdot\mathbf{r}=d$로 주어진다. 평면 위의 점 $\mathbf{r}$ 이외의 다른 점을 $\mathbf{r}_0$라고 하면 $\mathbf{p}\cdot\mathbf{r}_0=d$이다. 따라서, $\mathbf{p}\cdot(\mathbf{r}-\mathbf{r}_0)=d-d=0$이므로 $\mathbf{p}$는 $\mathbf{r}-\mathbf{r}_0$에 수직하다. 그런데, $\mathbf{r}-\mathbf{r}_0$의 시점 $\mathbf{r}_0$와 종점 $\mathbf{r}$이 모두 같은 평면 위의 점이므로 $\mathbf{p}$는 평면에 수직이다. 즉, 평면에 수직인 단위벡터는

$$\mathbf{e}_p=\frac{\mathbf{p}}{p}=\frac{1}{\sqrt{a^2+b^2+c^2}}(a, b, c) \tag{17}$$

***예제 4** 공간상의 한 점 $\mathbf{r}_0=(x_0, y_0, z_0)$에서 평면 $ax+by+cz=d$에 내린 수선의 길이를 구하라.

☞ (예제 3)으로부터 $\mathbf{p}=(a, b, c)$는 평면에 수직한 벡터이다. 점 $\mathbf{r}_0$를 지나고 $\mathbf{p}$에 평행한 직선의 식은 $\mathbf{r}=\mathbf{r}_0+t\mathbf{p}$이고, 이 직선이 평면과 만나는 점을 구하려면 평면의 식 $\mathbf{p}\cdot\mathbf{r}=d$에 대입하여 $\mathbf{p}\cdot(\mathbf{r}_0+t\mathbf{p})=d$. 즉, $\mathbf{p}\cdot\mathbf{r}_0+t\mathbf{p}\cdot\mathbf{p}=d$로부터 $t=t_\perp=\dfrac{d-\mathbf{p}\cdot\mathbf{r}_0}{\mathbf{p}\cdot\mathbf{p}}$를 얻을 수 있고, 따라서, 평면과 만나는 점은 $\mathbf{r}_\perp=\mathbf{r}_0+t_\perp\mathbf{p}$이다. 이때, 수선의 길이는

$$|\mathbf{r}_\perp-\mathbf{r}_0|=|t_\perp\mathbf{p}|=\frac{|d-\mathbf{p}\cdot\mathbf{r}_0|}{\mathbf{p}\cdot\mathbf{p}}|\mathbf{p}|=\frac{|ax_0+by_0+cz_0-d|}{\sqrt{a^2+b^2+c^2}} \quad ◀ \tag{18}$$

✔ $\mathbf{r}_0=0$일 때의 수선의 길이는 $\dfrac{|d|}{p}$가 되고, 이때 $\dfrac{\mathbf{p}}{p}\cdot\mathbf{r}=\dfrac{d}{p}$로 나타낸 평면의 식을 헤세(Hesse)의 표준형이라고 한다.

예제 5 벡터 $\mathbf{e}_1$, $\mathbf{e}_2$, $\mathbf{e}_3$가 정규직교기저를 이룰 때, 임의의 벡터 $\mathbf{a}$가 $\mathbf{a}=\mathbf{e}_1\lambda_1+\mathbf{e}_2\lambda_2+\mathbf{e}_3\lambda_3$으로 표현되기 위한 계수 λ_1, λ_2, λ_3를 구하라.

☞ $\mathbf{a}$와 $\mathbf{e}_1$의 내적을 취하고 정규직교기저에 대해 $\mathbf{e}_i \cdot \mathbf{e}_j = \delta_{ij}$인 사실을 이용하면

$$\mathbf{a} \cdot \mathbf{e}_1 = (\mathbf{e}_1 \lambda_1 + \mathbf{e}_2 \lambda_2 + \mathbf{e}_3 \lambda_3) \cdot \mathbf{e}_1 = \lambda_1$$

을 얻는다. 마찬가지 방법으로 $\mathbf{a} \cdot \mathbf{e}_2 = \lambda_2$ 및 $\mathbf{a} \cdot \mathbf{e}_3 = \lambda_3$를 얻어

$$\mathbf{a} = \mathbf{e}_1(\mathbf{a} \cdot \mathbf{e}_1) + \mathbf{e}_2(\mathbf{a} \cdot \mathbf{e}_2) + \mathbf{e}_3(\mathbf{a} \cdot \mathbf{e}_3) \tag{19}$$

로 쓸 수 있다. 이와 같이 정규직교기저는 벡터의 분해에 사용된다. ◀

☑ 식 (19)의 우변은 매우 낯익은 표현을 포함하고 있다. (예제 2)로 되돌아가 보면 $\mathbf{a}$의 정규직교기저 $\mathbf{e}_1$으로의 투영 $\mathbf{a} \cdot \mathbf{e}_1$을 $\mathbf{e}_1$의 계수로 한다. 결국,

"$\mathbf{a}$의 $\mathbf{e}_1$방향의 성분벡터는 $\mathbf{e}_1$이 $\mathbf{a}$를 양쪽에서 호위하는 모양의 $\mathbf{e}_1(\mathbf{a} \cdot \mathbf{e}_1)$이다."

"$\mathbf{r} = 3\mathbf{i} - \mathbf{j} + 4\mathbf{k}$에서 x축 방향의 성분벡터는 $3\mathbf{i}$이다."

는 서로 같은 내용이다. 뒤의 문장에서 $\mathbf{i}(\mathbf{r} \cdot \mathbf{i}) = 3\mathbf{i}$임을 확인해 보라. 이 개념은 뒤에서 여러 형태로 다시 반복될 것이다.

***예제 6** 2차원 평면에서 주어진 단위벡터 $\mathbf{e}_1$, $\mathbf{e}_2$ 방향으로 임의의 벡터 $\mathbf{v}$를 투영한 값이 각각 $\mathbf{v} \cdot \mathbf{e}_1 = v_1$ 및 $\mathbf{v} \cdot \mathbf{e}_2 = v_2$라고 할 때, 벡터 $\mathbf{v}$를 $\mathbf{e}_1$과 $\mathbf{e}_2$의 1차결합으로 나타내어라.

☞ 그림 6.2를 참조하면 두 단위벡터가 직교하지 않을 때, 즉 $\mathbf{e}_1 \cdot \mathbf{e}_2 \neq 0$이면 $\mathbf{v} = \mathbf{e}_1(\mathbf{v} \cdot \mathbf{e}_1) + \mathbf{e}_2(\mathbf{v} \cdot \mathbf{e}_2) = v_1\mathbf{e}_1 + v_2\mathbf{e}_2$로 나타낼 수 없다는 사실에 특히 주의한다. 먼저, $\mathbf{v} = A_1\mathbf{e}_1 + A_2\mathbf{e}_2$로 두고, $\mathbf{e}_1$ 및 $\mathbf{e}_2$와의 내적을 취하면(단, $\gamma = \mathbf{e}_1 \cdot \mathbf{e}_2$라 하자)

$$\begin{aligned} \mathbf{v} \cdot \mathbf{e}_1 &= A_1\mathbf{e}_1 \cdot \mathbf{e}_1 + A_2\mathbf{e}_2 \cdot \mathbf{e}_1 \quad \Rightarrow \quad v_1 = A_1 + \gamma A_2 \\ \mathbf{v} \cdot \mathbf{e}_2 &= A_1\mathbf{e}_1 \cdot \mathbf{e}_2 + A_2\mathbf{e}_2 \cdot \mathbf{e}_2 \quad \Rightarrow \quad v_2 = \gamma A_1 + A_2 \end{aligned}$$

가 된다. 윗식을 결합하여 풀면

$$\mathbf{v} = \frac{\begin{vmatrix} v_1 & \gamma \\ v_2 & 1 \end{vmatrix}\mathbf{e}_1 + \begin{vmatrix} 1 & v_1 \\ \gamma & v_2 \end{vmatrix}\mathbf{e}_2}{\begin{vmatrix} 1 & \gamma \\ \gamma & 1 \end{vmatrix}}, \quad \gamma = \mathbf{e}_1 \cdot \mathbf{e}_2 \tag{20}$$

를 얻는다. ◀

☑ 만일, 단위벡터가 서로 직교하는 경우에는 $\gamma = 0$으로 되어

$$\mathbf{v} = \mathbf{e}_1(\mathbf{v} \cdot \mathbf{e}_1) + \mathbf{e}_2(\mathbf{v} \cdot \mathbf{e}_2) = v_1\mathbf{e}_1 + v_2\mathbf{e}_2$$

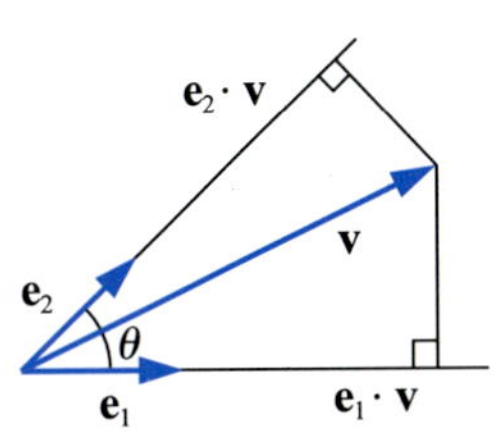

그림 6.2

인 낯익은 형태가 된다. 식 (20)을 3차원으로 확장하면(단, $\mathbf{e}_1 \cdot \mathbf{e}_2 \times \mathbf{e}_3 \neq 0$)

$$\mathbf{v} = \frac{\begin{vmatrix} v_1 & \gamma & \beta \\ v_2 & 1 & \alpha \\ v_3 & \alpha & 1 \end{vmatrix}\mathbf{e}_1 + \begin{vmatrix} 1 & v_1 & \beta \\ \gamma & v_2 & \alpha \\ \beta & v_3 & 1 \end{vmatrix}\mathbf{e}_2 + \begin{vmatrix} 1 & \gamma & v_1 \\ \gamma & 1 & v_2 \\ \beta & \alpha & v_3 \end{vmatrix}\mathbf{e}_3}{\begin{vmatrix} 1 & \gamma & \beta \\ \gamma & 1 & \alpha \\ \beta & \alpha & 1 \end{vmatrix}} \tag{21}$$

로 된다. 여기서,

$$\alpha = \mathbf{e}_2 \cdot \mathbf{e}_3, \qquad \beta = \mathbf{e}_3 \cdot \mathbf{e}_1, \qquad \gamma = \mathbf{e}_1 \cdot \mathbf{e}_2.$$

연습문제

[1] 벡터의 내적에 관한 다음의 성질을 증명하여라.

(a) $\mathbf{a} \cdot \mathbf{b} = \mathbf{b} \cdot \mathbf{a}$ (b) $(\mathbf{a} + \mathbf{b}) \cdot \mathbf{c} = \mathbf{a} \cdot \mathbf{c} + \mathbf{b} \cdot \mathbf{c}$

[2] 벡터 $\mathbf{a}$가 영벡터가 되기 위한 필요충분조건은 $\mathbf{a} \cdot \mathbf{a} = |\mathbf{a}|^2 = 0$임을 보여라.

[3] 삼각형의 코사인 정리 $|\mathbf{a} - \mathbf{b}|^2 = |\mathbf{a}|^2 + |\mathbf{b}|^2 - 2\mathbf{a} \cdot \mathbf{b}$를 증명하라.

[4] 평행사변형의 등식 $|\mathbf{a} + \mathbf{b}|^2 + |\mathbf{a} - \mathbf{b}|^2 = 2(|\mathbf{a}|^2 + |\mathbf{b}|^2)$을 증명하라.

[5] 평행사변형의 두 대각선은 서로 이등분하는 것을 증명하라.

[6] $\mathbf{a}$, $\mathbf{b}$를 두 변으로 하는 삼각형 내부의 임의의 점은

$$\mathbf{r} = (1 - u)v\mathbf{a} + uv\mathbf{b}, \qquad 0 \le u, v \le 1$$

로 나타낼 수 있다는 것을 증명하라.

[7] 벡터 $\mathbf{a} \neq 0$에 대해 $\mathbf{a} \cdot \mathbf{b} = \mathbf{a} \cdot \mathbf{c}$일 때 $\mathbf{b} = \mathbf{c}$가 항상 성립하는 것이 아님을 보여라.

[8] $\mathbf{a}$의 $\mathbf{b}$로의 투영은 $\mathbf{a} \cdot \dfrac{\mathbf{b}}{b} = \mathbf{a} \cdot \mathbf{e}_b$이고, $\mathbf{b}$의 $\mathbf{a}$로의 투영은 $\dfrac{\mathbf{a}}{a} \cdot \mathbf{b} = \mathbf{e}_a \cdot \mathbf{b}$이다. 이 투영이 서로 같을 조건을 구하라.

[9] 원점 O를 시점으로 하고 점 P를 종점으로 하는 위치벡터를 $\mathbf{p}$라 할 때, 점 P를 지나고 $\overrightarrow{OP}$에 수직인 평면의 식은 $\mathbf{p} \cdot \mathbf{r} = |\mathbf{p}|^2$ 또는 $\mathbf{p} \cdot (\mathbf{r} - \mathbf{p}) = 0$임을 보여라. 또, 이 평면과 평행한 다른 평면은 $\mathbf{p} \cdot \mathbf{r} = c$로 나타낼 수 있음을 보여라(단, c는 상수).

[10] $z = 0$ 평면에서 두 직선 $a_1x + b_1y = c_1$, $a_2x + b_2y = c_2$가 직교할 조건과 평행할 조건을 각각 구하라.

[11] 두 평면 $a_1x + b_1y + c_1z = d_1$, $a_2x + b_2y + c_2z = d_2$가 이루는 각을 구하라.

[12] $\mathbf{e}_r = \mathbf{i}\cos\theta + \mathbf{j}\sin\theta$, $\mathbf{e}_\theta = -\mathbf{i}\sin\theta + \mathbf{j}\cos\theta$, $\mathbf{e}_z = \mathbf{k}$로 주어지는 $\mathbf{e}_r$, $\mathbf{e}_\theta$, $\mathbf{e}_z$는 정규직교기저임을 보여라.

[13] 다음으로 정의된 $\mathbf{e}_r$, $\mathbf{e}_\theta$, $\mathbf{e}_\varphi$는 정규직교기저임을 보여라.

$$\mathbf{e}_r = (\mathbf{i}\cos\varphi + \mathbf{j}\sin\varphi)\sin\theta + \mathbf{k}\cos\theta$$
$$\mathbf{e}_\theta = (\mathbf{i}\cos\varphi + \mathbf{j}\sin\varphi)\cos\theta - \mathbf{k}\sin\theta$$
$$\mathbf{e}_\varphi = -\mathbf{i}\sin\varphi + \mathbf{j}\cos\varphi$$

6-3 벡터의 외적과 다중적

외적의 정의. 두 벡터 **a**와 **b**의 외적(外積; outer/cross product)은

$$\mathbf{p} = \mathbf{a} \times \mathbf{b} \tag{22}$$

로 정의되는 벡터이다. 외적의 크기는

$$p = ab\sin\theta \tag{23}$$

로 그림 6.3에 나타낸 바와 같이 두 벡터 **a**와 **b**로 이루어지는 평행사변형의 면적을 나타낸다. 따라서, 두 벡터가 직교할 때, 즉 $\theta = \pi/2$로 $\sin\theta = 1$일 때 외적의 크기가 최대이다. 외적이 0이 되는 경우는 식 (23)으로부터 ① $a = 0$, ② $b = 0$, 또는 ③ $\theta = 0, \pi$일 때, 즉 어느 한쪽이 영벡터이거나 서로 평행할 때이다.

외적의 방향은 그림 6.3에 나타낸 바와 같이 오른손(right-handed)좌표계를 따라 결정되며, 정규직교기저 **i**, **j**, **k**에 대해서는

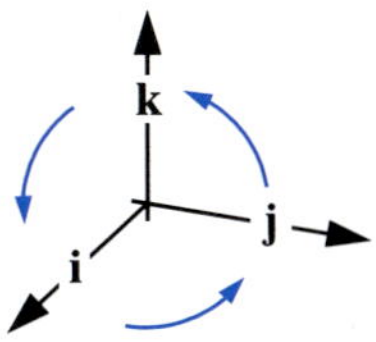

$$\begin{array}{lll} \mathbf{i}\times\mathbf{i} = 0, & \mathbf{j}\times\mathbf{j} = 0, & \mathbf{k}\times\mathbf{k} = 0 \\ \mathbf{i}\times\mathbf{j} = \mathbf{k}, & \mathbf{j}\times\mathbf{k} = \mathbf{i}, & \mathbf{k}\times\mathbf{i} = \mathbf{j} \\ \mathbf{j}\times\mathbf{i} = -\mathbf{k}, & \mathbf{k}\times\mathbf{j} = -\mathbf{i}, & \mathbf{i}\times\mathbf{k} = -\mathbf{j} \end{array} \tag{24}$$

의 관계로 된다. 벡터의 외적에서 주의해야 할 것은

$$\mathbf{a}\times\mathbf{b} = -\mathbf{b}\times\mathbf{a} \tag{25}$$

와 같이 교환법칙이 성립하지 않고,

$$\mathbf{a}\times(\mathbf{b}\times\mathbf{c}) \neq (\mathbf{a}\times\mathbf{b})\times\mathbf{c} \tag{26}$$

와 같이 결합법칙도 성립하지 않는다. 외적의 크기에 관한 중요한 공식은 $(ab\sin\theta)^2 = a^2b^2 - (ab\cos\theta)^2$을 이용하여

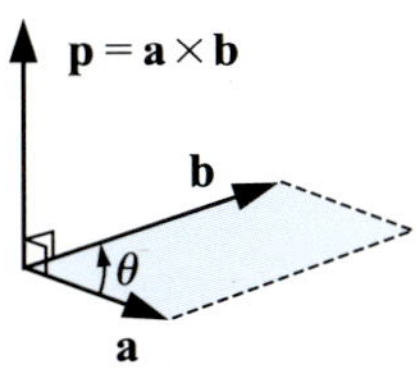

그림 6.3

$$|\mathbf{a}\times\mathbf{b}|^2=(\mathbf{a}\cdot\mathbf{a})(\mathbf{b}\cdot\mathbf{b})-(\mathbf{a}\cdot\mathbf{b})^2=\begin{vmatrix}\mathbf{a}\cdot\mathbf{a} & \mathbf{a}\cdot\mathbf{b}\\ \mathbf{a}\cdot\mathbf{b} & \mathbf{b}\cdot\mathbf{b}\end{vmatrix} \tag{27}$$

로 자주 쓰이는 관계식이다.

좌표성분에 의한 외적의 표현은 행렬식의 내부에 "상징적"으로 벡터를 갖는 형태를 사용하여

$$\begin{aligned}\mathbf{a}\times\mathbf{b}&=\begin{vmatrix}\mathbf{i} & \mathbf{j} & \mathbf{k}\\ a_1 & a_2 & a_3\\ b_1 & b_2 & b_3\end{vmatrix}\\ &=\mathbf{i}(a_2b_3-a_3b_2)+\mathbf{j}(a_3b_1-a_1b_3)+\mathbf{k}(a_1b_2-a_2b_1)\end{aligned} \tag{28}$$

으로 나타내는 것이 일반적이다. 여기서 벡터 **a**, **b**와 $\mathbf{a}\times\mathbf{b}$의 내적은, 예를 들어 **a**인 경우

$$\mathbf{a}\cdot(\mathbf{a}\times\mathbf{b})=\mathbf{a}\cdot\begin{vmatrix}\mathbf{i} & \mathbf{j} & \mathbf{k}\\ a_1 & a_2 & a_3\\ b_1 & b_2 & b_3\end{vmatrix}=\begin{vmatrix}a_1 & a_2 & a_3\\ a_1 & a_2 & a_3\\ b_1 & b_2 & b_3\end{vmatrix}=0$$

이 되므로, $\mathbf{a}\times\mathbf{b}$가 벡터 **a**, **b**와 직교하는 사실을 행렬식을 이용하여 다시 확인할 수 있다.

✓ 식 (28)은 다음과 같이 전개하고 식 (24)를 대입하여 증명할 수 있다.

$$\begin{aligned}&(\mathbf{i}a_1+\mathbf{j}a_2+\mathbf{k}a_3)\times(\mathbf{i}b_1+\mathbf{j}b_2+\mathbf{k}b_3)\\ &=a_1b_1(\mathbf{i}\times\mathbf{i})+a_1b_2(\mathbf{i}\times\mathbf{j})+a_1b_3(\mathbf{i}\times\mathbf{k})\\ &\quad+a_2b_1(\mathbf{j}\times\mathbf{i})+a_2b_2(\mathbf{j}\times\mathbf{j})+a_2b_3(\mathbf{j}\times\mathbf{k})\\ &\quad+a_3b_1(\mathbf{k}\times\mathbf{i})+a_3b_2(\mathbf{k}\times\mathbf{j})+a_3b_3(\mathbf{k}\times\mathbf{k})\\ &=a_1b_2\mathbf{k}+a_1b_3(-\mathbf{j})+a_2b_1(-\mathbf{k})+a_2b_3\mathbf{i}+a_3b_1\mathbf{j}+a_3b_2(-\mathbf{i})\end{aligned}$$

예제 7 그림 6.4에 보인 바와 같이 xy 평면상에서 닫힌 곡선 C로 둘러싸인 영역의 면적은 $\mathbf{S}=\frac{1}{2}\oint_C \mathbf{r}\times d\mathbf{r}$의 크기로 주어지는 것을 보여라.

☞ 삼각형의 면적은 평행사변형의 반이므로 그림에 보인 미소면적벡터는

$$d\mathbf{S}=\frac{1}{2}\mathbf{r}\times d\mathbf{r}$$

로부터 구할 수 있다(위치벡터 **r**은 곡선 C 위의 점을 말한다). 따라서, 곡선 C로 둘러싸인

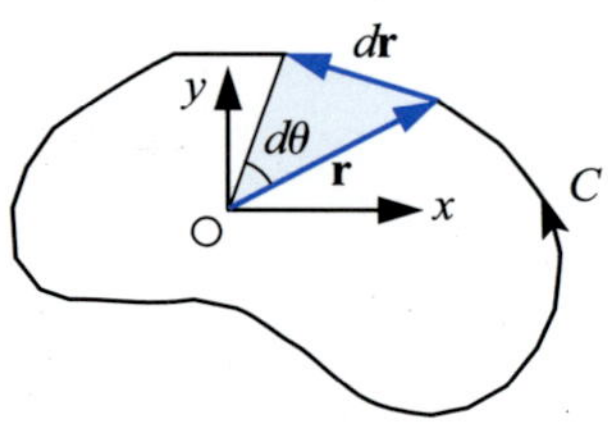

그림 6.4

면적은

$$\mathbf{S} = \int d\mathbf{S} = \frac{1}{2}\oint_C \mathbf{r}\times d\mathbf{r} \tag{29}$$

로 주어지는 벡터의 스칼라성분으로 된다. 이것을 카테시안 좌표계에서 쓰면

$$\mathbf{S} = \frac{1}{2}\oint_C \mathbf{r}\times d\mathbf{r} = \frac{1}{2}\oint_C \begin{vmatrix} \mathbf{i} & \mathbf{j} & \mathbf{k} \\ x & y & 0 \\ dx & dy & 0 \end{vmatrix} = \frac{1}{2}\oint_C (x\,dy - y\,dx)\mathbf{k}$$

즉,

$$S = \frac{1}{2}\oint_C (x\,dy - y\,dx) \tag{30}$$

와 같이 표현된다. ◀

☑ 윗식을 (r, θ)극좌표계에서 쓰면 $S = \frac{1}{2}\oint_C r^2\,d\theta$으로 된다.

스칼라 삼중적. 벡터 **a**, **b**, **c**의 스칼라 삼중적(三重積; scalar triple product)은

$$(\mathbf{abc}) \equiv \mathbf{a}\cdot(\mathbf{b}\times\mathbf{c}) = (\mathbf{a}\times\mathbf{b})\cdot\mathbf{c} = \begin{vmatrix} a_1 & a_2 & a_3 \\ b_1 & b_2 & b_3 \\ c_1 & c_2 & c_3 \end{vmatrix} \tag{31}$$

로 정의한다. 행렬식을 이용한 벡터의 외적, 식 (28)을 이용하면

$$\mathbf{a}\cdot(\mathbf{b}\times\mathbf{c}) = (\mathbf{i}a_1 + \mathbf{j}a_2 + \mathbf{k}a_3)\cdot\begin{vmatrix} \mathbf{i} & \mathbf{j} & \mathbf{k} \\ b_1 & b_2 & b_3 \\ c_1 & c_2 & c_3 \end{vmatrix} = \begin{vmatrix} a_1 & a_2 & a_3 \\ b_1 & b_2 & b_3 \\ c_1 & c_2 & c_3 \end{vmatrix}$$

로 되고, 마찬가지 방법으로

$$(\mathbf{abc}) \equiv \mathbf{a}\cdot\mathbf{b}\times\mathbf{c} = \mathbf{a}\times\mathbf{b}\cdot\mathbf{c} = \begin{vmatrix} a_1 & a_2 & a_3 \\ b_1 & b_2 & b_3 \\ c_1 & c_2 & c_3 \end{vmatrix}$$

임을 보일 수 있다.

삼중적의 의미를 알아보기 위해 그림 6.5에 보인 바와 같이 $\mathbf{a}\times\mathbf{b}$와 $\mathbf{c}$가 이루는 사이각을 β라고 하면 $(\mathbf{a}\times\mathbf{b})\cdot\mathbf{c} = |\mathbf{a}\times\mathbf{b}||\mathbf{c}|\cos\beta$이고 $|\mathbf{c}|\cos\beta$는 **a**와 **b**를 두 변으로 하는 평행사변형에 수직한 높이가 된다(β가 90°보다 큰 경우 높이는 음수가 되는 것에 주의). 그런데, $|\mathbf{a}\times\mathbf{b}| = |\mathbf{a}||\mathbf{b}|\sin\theta$는 평행사변형의 면적이므로($\theta$는 **a**와 **b**의 사이각)

$$\mathbf{a}\times\mathbf{b}\cdot\mathbf{c} = |\mathbf{a}||\mathbf{b}||\mathbf{c}|\sin\theta\cos\beta \tag{32}$$

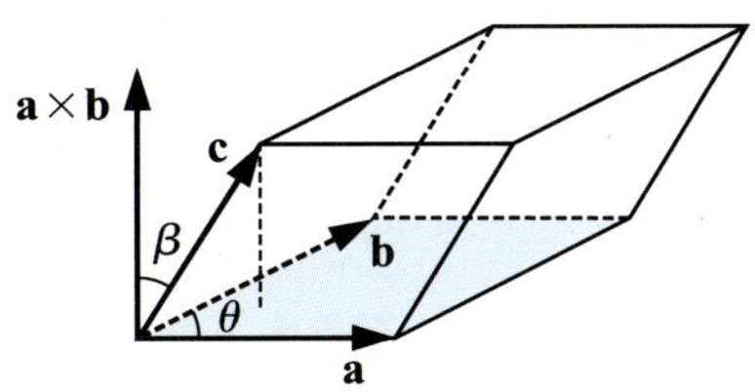

그림 6.5

는 “±”의 부호를 제외하면, 벡터 **a**, **b**, **c**를 세 모서리로 하는 평행육면체(parallelepiped)의 체적과 같게 된다. 실제로, $(\mathbf{abc}) = -(\mathbf{acb})$와 같이 두 벡터가 서로 위치를 바꾸면 삼중적의 부호가 바뀌므로 평행육면체의 체적을 정확히 나타내려면 $|(\mathbf{abc})|$로 쓴다. 특히, 벡터가 모두 한 평면상에 놓이면 $(\mathbf{abc}) = 0$이다.

단위벡터집합 **a**, **b**, **c**가 정규직교기저를 이루는 조건은 식 (13), 즉 $\mathbf{e}_i \cdot \mathbf{e}_j = \delta_{ij}$보다 더욱 간단한 $(\mathbf{abc}) = 1$로 된다. 왜냐하면 $(\mathbf{abc}) = |\mathbf{a}||\mathbf{b}||\mathbf{c}|\sin\theta\cos\beta$에서 $\theta = 90^\circ$, $\beta = 0^\circ$일 때에만 $\sin\theta\cos\beta = 1$이 되기 때문이다. 참고로, $\mathbf{a}\cdot(\mathbf{b}\times\mathbf{c}) = (\mathbf{a}\times\mathbf{b})\cdot\mathbf{c}$에서 내적과 외적을 서로 교환하는 조작을 눈여겨 둔다. 또한, $\mathbf{a}\cdot(\mathbf{b}\times\mathbf{c}) = \mathbf{a}\cdot\mathbf{b}\times\mathbf{c}$와 같이 괄호를 생략해도 된다. 왜냐하면, 내적을 먼저 수행하는 경우 의미가 없는 식이 되기 때문이다.

예제 8 위치벡터 **F**를 임의로 주어진 **a**, **b**, **c**에 관하여 분해하라. 즉, $\mathbf{F} = \alpha\mathbf{a} + \beta\mathbf{b} + \gamma\mathbf{c}$로 둘 때의 계수 α, β, γ를 구하라[단, $(\mathbf{abc}) \neq 0$이다].

☞ 위치벡터 **F**가

$$\mathbf{F} = \alpha\mathbf{a} + \beta\mathbf{b} + \gamma\mathbf{c} \tag{33}$$

로 분해된다고 하자. 이때, $\mathbf{b}\times\mathbf{c}$는 **b** 및 **c**와 직교하므로 식 (33)의 양변과 $\mathbf{b}\times\mathbf{c}$의 내적을 취하면

$$\mathbf{F}\cdot(\mathbf{b}\times\mathbf{c}) = \alpha\mathbf{a}\cdot(\mathbf{b}\times\mathbf{c}) + \beta\,\mathbf{b}\cdot(\mathbf{b}\times\mathbf{c}) + \gamma\mathbf{c}\cdot(\mathbf{b}\times\mathbf{c})$$

가 되므로 계수 α를

$$\alpha = \frac{\mathbf{F}\cdot(\mathbf{b}\times\mathbf{c})}{\mathbf{a}\cdot(\mathbf{b}\times\mathbf{c})} = \frac{(\mathbf{Fbc})}{(\mathbf{abc})}$$

로 구한다. 비슷한 방법으로 평행육면체 분해에 대한 계수를

$$\alpha = \frac{(\mathbf{Fbc})}{(\mathbf{abc})}, \quad \beta = \frac{(\mathbf{aFc})}{(\mathbf{abc})}, \quad \gamma = \frac{(\mathbf{abF})}{(\mathbf{abc})}$$

로 구할 수 있다. 따라서, 평행육면체 분해에 대한 공식

$$\mathbf{F} = \mathbf{a}\frac{(\mathbf{Fbc})}{(\mathbf{abc})} + \mathbf{b}\frac{(\mathbf{aFc})}{(\mathbf{abc})} + \mathbf{c}\frac{(\mathbf{abF})}{(\mathbf{abc})} \tag{34}$$

를 얻을 수 있다. ◀

만약 **a**, **b**, **c**가 주어진 순서대로 정규직교기저를 이루면 $(\mathbf{abc}) = 1$이고 $\mathbf{b}\times\mathbf{c} = \mathbf{a}$이므로

$$\alpha = \frac{(\mathbf{Fbc})}{(\mathbf{abc})} = \mathbf{F}\cdot\mathbf{b}\times\mathbf{c} = \mathbf{F}\cdot\mathbf{a}$$

등으로 되어 식 (34)는

$$\mathbf{F} = \mathbf{a}(\mathbf{F}\cdot\mathbf{a}) + \mathbf{b}(\mathbf{F}\cdot\mathbf{b}) + \mathbf{c}(\mathbf{F}\cdot\mathbf{c})$$

로 된다. 특히, 정규직교기저를 **i**, **j**, **k**로 두면

$$\mathbf{F} = \mathbf{i}(\mathbf{F}\cdot\mathbf{i}) + \mathbf{j}(\mathbf{F}\cdot\mathbf{j}) + \mathbf{k}(\mathbf{F}\cdot\mathbf{k}) = \mathbf{i}F_1 + \mathbf{j}F_2 + \mathbf{k}F_3$$

와 같이 잘 알려진 벡터의 카테시안 성분표시로 된다.

예제 9 점 O에서 점 P까지의 위치벡터를 $\mathbf{r}$이라 하고 점 P에 작용하는 힘벡터를 $\mathbf{F}$라 하면 점 O에 걸리는 모멘트벡터는 $\mathbf{M} = \mathbf{r} \times \mathbf{F}$임을 보여라(그림 6.6 참조).

☞ 역학에서 P점에 작용하는 힘 $\mathbf{F}$에 의해 O점에 걸리는 모멘트의 크기는 $|\mathbf{F}|\ell$로 정의된다. 그런데, 벡터 $\mathbf{r}$과 $\mathbf{F}$가 이루는 사이각을 θ라 하면 $\ell = r\sin\theta$이므로 $|\mathbf{F}|\ell = |\mathbf{F}||\mathbf{r}|\sin\theta = |\mathbf{r} \times \mathbf{F}|$로 된다. 여기서 힘 $\mathbf{F}$에 의하여 돌아가려는 회전의 방향은 반시계방향으로 외적 $\mathbf{r} \times \mathbf{F}$와 같은 방향이므로 모멘트벡터는

$$\mathbf{M} = \mathbf{r} \times \mathbf{F} \quad (35)$$

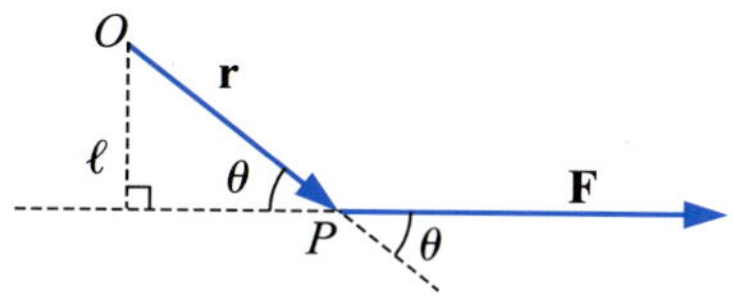

그림 6.6

✓ 흔히 힘의 크기, 방향 및 작용점까지 중요하다고 할 때의 작용점은 힘벡터의 성질에 속한 것이 아니라 위치벡터 $\mathbf{r}$로 힘 $\mathbf{F}$와는 독립적인 벡터량이다.

예제 10 $\mathbf{a} \times (\mathbf{b} \times \mathbf{c}) = (\mathbf{a} \cdot \mathbf{c})\mathbf{b} - (\mathbf{a} \cdot \mathbf{b})\mathbf{c}$가 성립함을 보여라.

☞ 벡터 삼중적이라고 하는 연산으로

$$\mathbf{a} \times (\mathbf{b} \times \mathbf{c}) = \left\| \begin{matrix} \mathbf{a} & \mathbf{a} \\ \mathbf{c} & \mathbf{b} \\ \mathbf{c} & \mathbf{b} \end{matrix} \right\| = \left\| \begin{matrix} \mathbf{a} & \mathbf{a} \\ \mathbf{c} & \mathbf{b} \\ \mathbf{c} & \mathbf{b} \end{matrix} \right\|_{-\;\;+} = (\mathbf{a} \cdot \mathbf{c})\mathbf{b} - (\mathbf{a} \cdot \mathbf{b})\mathbf{c} \quad (36)$$

와 같은 "유사행렬식"의 형태로 이해하는 것이 편리하다(이러한 표현은 이해를 돕기 위하여 이 교재에서만 사용하는 것이다). 위의 "유사행렬식"은 괄호의 바깥에 있는 벡터부터 순서대로 (즉, $\mathbf{a}$, $\mathbf{b}$, $\mathbf{c}$ 순서) 시계방향으로 돌아가면서 두 번씩 반복하여 얻는다. 이와 비슷하게, $(\mathbf{a} \times \mathbf{b}) \times \mathbf{c}$의 경우는 괄호의 바깥에 있는 것부터 $\mathbf{c}$, $\mathbf{b}$, $\mathbf{a}$의 순서로 구한다. 즉,

$$(\mathbf{a} \times \mathbf{b}) \times \mathbf{c} = \left\| \begin{matrix} \mathbf{c} & \mathbf{c} \\ \mathbf{a} & \mathbf{b} \\ \mathbf{a} & \mathbf{b} \end{matrix} \right\| = \left\| \begin{matrix} \mathbf{c} & \mathbf{c} \\ \mathbf{a} & \mathbf{b} \\ \mathbf{a} & \mathbf{b} \end{matrix} \right\|_{-\;\;+} = (\mathbf{c} \cdot \mathbf{a})\mathbf{b} - (\mathbf{c} \cdot \mathbf{b})\mathbf{a} \quad (37)$$

로 계산한다(증명은 연습문제).

예제 11 임의의 벡터 $\mathbf{a}$를 단위벡터 $\mathbf{u}$에 평행한 성분과 직교하는 성분으로 분해하면 $\mathbf{a} = (\mathbf{u} \cdot \mathbf{a})\mathbf{u} + \mathbf{u} \times (\mathbf{a} \times \mathbf{u})$로 되는 것을 보여라.

☞ **u**는 단위벡터이므로 $\mathbf{u}\cdot\mathbf{u}=1$과 앞의 예제의 결과를 이용하면

$$\mathbf{u}\times(\mathbf{a}\times\mathbf{u})=\begin{Vmatrix}\mathbf{u} & \mathbf{u}\\ \mathbf{u} & \mathbf{a}\\ \mathbf{u} & \mathbf{a}\end{Vmatrix}=(\mathbf{u}\cdot\mathbf{u})\mathbf{a}-(\mathbf{u}\cdot\mathbf{a})\mathbf{u}=\mathbf{a}-(\mathbf{u}\cdot\mathbf{a})\mathbf{u}$$

이고(예제 2와 비교해 보라), 윗식을 이항하면

$$\mathbf{a}=\underbrace{(\mathbf{u}\cdot\mathbf{a})\mathbf{u}}_{\substack{\text{단위벡터 }\mathbf{u}\text{에}\\ \text{평행한 성분}}}+\underbrace{\mathbf{u}\times(\mathbf{a}\times\mathbf{u})}_{\substack{\text{단위벡터 }\mathbf{u}\text{에}\\ \text{수직한 성분}}} \tag{38}$$

✓ 벡터 **a**를 단위벡터 **u**가 마치 양쪽에서 호위하듯이 **u**, **a**, **u**의 순서를 유지하며 내적은 평행한 성분과, 외적은 직교하는 성분과 멋진 대응을 이룬다. 참고로, **a**와 **u**가 이루는 사이각을 θ라 하면

$$|(\mathbf{u}\cdot\mathbf{a})\mathbf{u}|=a\cos\theta=|\mathbf{u}\cdot\mathbf{a}|$$
$$|\mathbf{u}\times(\mathbf{a}\times\mathbf{u})|=a\sin\theta=|\mathbf{u}\times\mathbf{a}|$$

이므로 $|\mathbf{a}|^2=|(\mathbf{u}\cdot\mathbf{a})\mathbf{u}|^2+|\mathbf{u}\times(\mathbf{a}\times\mathbf{u})|^2$은 피타고라스의 정리를 나타내고, 유사한 구조를 가진 다른 예는 $\nabla\left(\frac{1}{2}v^2\right)=(\mathbf{v}\cdot\nabla)\mathbf{v}+\mathbf{v}\times(\nabla\times\mathbf{v})$로 뒤에서 다루게 될 것이다. 또한, 식 (38)의 결과는 구심가속도와 연관하여 곡선의 곡률을 구할 때 결정적인 역할을 하게 된다.

✓ 임의의 벡터 **a**를 단위벡터 **u**에 평행한 방향과 직교하는 방향에 대해 분해하는 것을 기하학적으로 나타내면 그림 6.7과 같다. 동역학에서 회전을 다룰 때 축방향을 $\boldsymbol{\omega}=\mathbf{u}$로 쓰면 $\boldsymbol{\omega}\times(\boldsymbol{\omega}\times\mathbf{r})=-\boldsymbol{\omega}\times(\mathbf{r}\times\boldsymbol{\omega})$는 축의 중심을 향하는 방향, 즉 구심방향이라는 것을 그림 6.7을 보면 쉽게 파악할 수 있다.

그러나, $\boldsymbol{\omega}$가 반드시 단위벡터라고 할 수 없기 때문에 일반적으로는 다음과 같이 써야 하는 것을 유념해야 한다.

$$\mathbf{r}=\frac{(\boldsymbol{\omega}\cdot\mathbf{r})\boldsymbol{\omega}}{\omega^2}+\frac{\boldsymbol{\omega}\times(\mathbf{r}\times\boldsymbol{\omega})}{\omega^2}$$

✓ 임의의 벡터 **a**를 단위벡터 **u**에 평행 및 직교방향으로 분해하는 공식에서 **u** 대신에 $-\mathbf{u}$로 바꾸었을 경우에도

$$\mathbf{a}=[(-\mathbf{u})\cdot\mathbf{a}](-\mathbf{u})+(-\mathbf{u})\times[\mathbf{a}\times(-\mathbf{u})]$$
$$=(\mathbf{u}\cdot\mathbf{a})\mathbf{u}+\mathbf{u}\times(\mathbf{a}\times\mathbf{u})$$

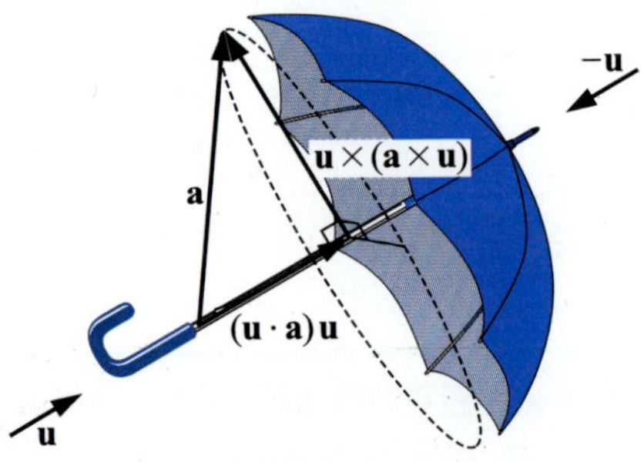

그림 6.7

로 벡터분해는 동일한 결과를 가진다. 즉, **u**에 평행한 방향으로 축이 놓여 있을 때, 축 방향을 어느 쪽을 택하여도(즉, **u** 또는 −**u** 방향) 벡터분해는 마찬가지라는 것이다. 예를 들어, 우산의 손잡이를 잡고 돌리거나 우산끝을 잡고 돌리거나, 우산에 묻어 있는 물방울은 우산대에서 멀어지는 방향(즉, 원심방향)으로 움직이게 되는 것을 생각해 보라(그림 6.7 참조).

예제 12 강체의 회전은 각속도벡터 $\boldsymbol{\omega}$로 회전의 빠르기와 회전축의 방향을 나타낸다. 회전축으로부터의 위치가 $\mathbf{r}$로 주어진 점의 속도는 $\mathbf{v}=\boldsymbol{\omega}\times\mathbf{r}$임을 보여라.

☞ 각속도벡터 방향의 단위벡터를 $\mathbf{u}$로 나타내면 $\boldsymbol{\omega}=\omega\mathbf{u}$로 쓸 수 있으며, (예제 11)로부터 $\mathbf{r}=(\mathbf{u}\cdot\mathbf{r})\mathbf{u}+\mathbf{u}\times(\mathbf{r}\times\mathbf{u})$이다. 그런데, $(\mathbf{u}\cdot\mathbf{r})\mathbf{u}$는 회전축 위에 있으므로 회전반지름이 0이고 따라서 속도에 기여하지 않는다. 회전축에 직교하는 $\mathbf{u}\times(\mathbf{r}\times\mathbf{u})$의 회전반지름은 $|\mathbf{u}\times(\mathbf{r}\times\mathbf{u})|=|\mathbf{u}\times\mathbf{r}|$이므로 접선방향의 속력은

$$\text{접선방향의 속력} = \text{회전각속도} \times \text{회전반지름}$$

즉, $\omega(r\sin\theta)$이다. 또한, 회전방향은 오른손좌표계에서 정의하므로

$$\mathbf{v}=\boldsymbol{\omega}\times\mathbf{r} \quad ◀ \tag{39}$$

☑ 스칼라인 경우라도 $v=\omega r$로 사용하는 습관을 들이면 $\mathbf{v}=\mathbf{r}\times\boldsymbol{\omega}$와 같은 사소한 실수를 하지 않게 된다.

***예제 13** 평면 $3x-y+z=5$와 평면 $x+y-z=3$이 교차하는 선에 평행한 단위벡터를 구하라.

☞ $\mathbf{p}_1=(3,-1,1)$과 $\mathbf{p}_2=(1,1,-1)$은 각 평면에 수직인 벡터이므로 두 평면의 교선에 역시 수직이다. 따라서, 교선은 $\mathbf{p}_1\times\mathbf{p}_2$에 평행하다.

$$\mathbf{p}_1\times\mathbf{p}_2=\begin{vmatrix}\mathbf{i} & \mathbf{j} & \mathbf{k}\\ 3 & -1 & 1\\ 1 & 1 & -1\end{vmatrix}=\mathbf{i}(1-1)+\mathbf{j}(1+3)+\mathbf{k}(3+1)=4\mathbf{j}+4\mathbf{k}$$

즉, 교선에 평행한 단위벡터는 $\dfrac{1}{\sqrt{2}}(\mathbf{j}+\mathbf{k})$이다.

예제 14 $(\mathbf{a}\times\mathbf{b})\cdot(\mathbf{c}\times\mathbf{d})$를 외적이 포함되지 않는 식으로 써라.

☞ $\mathbf{u}=\mathbf{a}\times\mathbf{b}$라 하면, $\mathbf{u}\cdot(\mathbf{c}\times\mathbf{d})=(\mathbf{u}\times\mathbf{c})\cdot\mathbf{d}=[(\mathbf{a}\times\mathbf{b})\times\mathbf{c}]\cdot\mathbf{d}$에서

$$(\mathbf{a}\times\mathbf{b})\times\mathbf{c}=\begin{Vmatrix}\mathbf{c} & \mathbf{c}\\ \mathbf{a} & \mathbf{b}\\ \mathbf{a} & \mathbf{b}\end{Vmatrix}=(\mathbf{c}\cdot\mathbf{a})\mathbf{b}-(\mathbf{c}\cdot\mathbf{b})\mathbf{a}$$

이므로

$$(\mathbf{a}\times\mathbf{b})\cdot(\mathbf{c}\times\mathbf{d})=(\mathbf{a}\cdot\mathbf{c})(\mathbf{b}\cdot\mathbf{d})-(\mathbf{a}\cdot\mathbf{d})(\mathbf{b}\cdot\mathbf{c})=\begin{vmatrix}\mathbf{a}\cdot\mathbf{c} & \mathbf{a}\cdot\mathbf{d}\\ \mathbf{b}\cdot\mathbf{c} & \mathbf{b}\cdot\mathbf{d}\end{vmatrix} \quad ◀ \tag{40}$$

예제 15 $(\mathbf{a}\times\mathbf{b})\times(\mathbf{c}\times\mathbf{d})$를 전개하라.

☞ $\mathbf{u}=\mathbf{a}\times\mathbf{b}$라 하면

$$\mathbf{u}\times(\mathbf{c}\times\mathbf{d})=\begin{Vmatrix}\mathbf{u} & \mathbf{u}\\ \mathbf{d} & \mathbf{c}\\ \mathbf{d} & \mathbf{c}\end{Vmatrix}=(\mathbf{u}\cdot\mathbf{d})\,\mathbf{c}-(\mathbf{u}\cdot\mathbf{c})\,\mathbf{d}=(\mathbf{abd})\,\mathbf{c}-(\mathbf{abc})\,\mathbf{d}$$

여기서, $\mathbf{u}\cdot\mathbf{d}=(\mathbf{a}\times\mathbf{b})\cdot\mathbf{d}=(\mathbf{abd})$ 등을 사용하였다. 만약 $\mathbf{u}=\mathbf{c}\times\mathbf{d}$로 두었을 때는

$$(\mathbf{a}\times\mathbf{b})\times\mathbf{u}=\begin{Vmatrix}\mathbf{u} & \mathbf{u}\\ \mathbf{a} & \mathbf{b}\\ \mathbf{a} & \mathbf{b}\end{Vmatrix}=(\mathbf{u}\cdot\mathbf{a})\,\mathbf{b}-(\mathbf{u}\cdot\mathbf{b})\,\mathbf{a}=(\mathbf{acd})\,\mathbf{b}-(\mathbf{bcd})\,\mathbf{a}$$

위의 두 식으로부터

$$(\mathbf{a}\times\mathbf{b})\times(\mathbf{c}\times\mathbf{d})=(\mathbf{abd})\,\mathbf{c}-(\mathbf{abc})\,\mathbf{d}=(\mathbf{acd})\,\mathbf{b}-(\mathbf{bcd})\,\mathbf{a} \quad ◀ \qquad (41)$$

✔ 두 벡터 $\mathbf{a}$와 $\mathbf{b}$가 이루는 평면 π_1은 $\mathbf{a}\times\mathbf{b}$와 수직이다. 또한, $\mathbf{c}$와 $\mathbf{d}$가 이루는 평면 π_2는 $\mathbf{c}\times\mathbf{d}$와 수직이다. 따라서, $(\mathbf{a}\times\mathbf{b})\times(\mathbf{c}\times\mathbf{d})$는 평면 π_1과 π_2의 교선에 평행한 벡터이다. 이 예제를 (예제 13)과 비교해 보라.

*예제 16 임의의 벡터 F를 분해하는 여러 가지 방법을 설명하라.

☞ 지금까지 살펴본 벡터의 분해는 1차원(직선), 2차원(평면), 3차원(입체)에서 수행되었다. 이것을 정리하면 다음과 같으며 그림 6.8에 각각의 방법에 대해 설명하였다.

$$\mathbf{F}=\begin{cases} ① \ F\mathbf{e}_F \\ ② \ (\mathbf{u}\cdot\mathbf{F})\,\mathbf{u}+\mathbf{u}\times(\mathbf{F}\times\mathbf{u}) \\ ③ \ \mathbf{a}\dfrac{(\mathbf{Fbc})}{(\mathbf{abc})}+\mathbf{b}\dfrac{(\mathbf{aFc})}{(\mathbf{abc})}+\mathbf{c}\dfrac{(\mathbf{abF})}{(\mathbf{abc})}\end{cases} \quad ◀ \qquad (42)$$

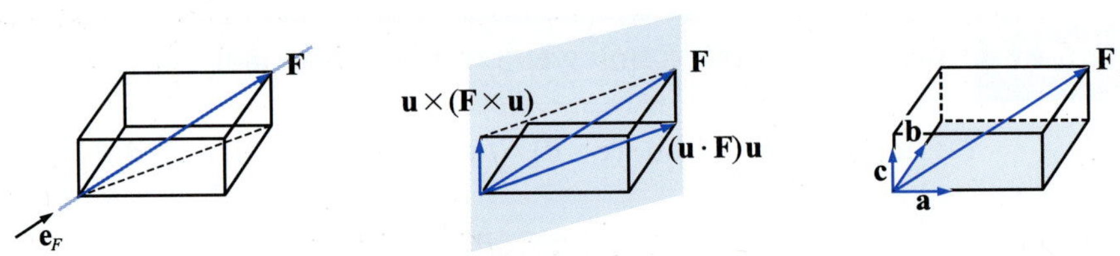

① (1차원분해) $\mathbf{e}_F$로 이루어지는 직선에서의 분해

② (2차원분해) 벡터 **F** 자신과 **u**로 이루어지는 평면에서의 평행 · 직교분해

③ (3차원분해) 임의의 벡터 **a**, **b**, **c**로 이루어지는 입체에서의 평행육면체 분해

그림 6.8

연습문제

[1] 평면상의 세 점 (x_1, y_1), (x_2, y_2), (x_3, y_3)로 이루어지는 삼각형의 면적은

$$S = \frac{1}{2}\begin{vmatrix} x_1 & x_2 & x_3 & x_1 \\ y_1 & y_2 & y_3 & y_1 \end{vmatrix} = \frac{1}{2}(x_1 y_2 + x_2 y_3 + x_3 y_1 - x_2 y_1 - x_3 y_2 - x_1 y_3)$$

임을 보여라(단, 세 점은 위에서 보았을 때 xy 평면 위에서 반시계방향의 순서로 놓여 있다고 하자).

[2] 위 문제의 확장으로 2차원 평면상에 놓여 있는 볼록다각형의 꼭지점의 좌표를 반시계방향의 순서로 (x_1, y_1), (x_2, y_2), (x_3, y_3), $\cdots$, (x_N, y_N)이라 하면, 이 볼록다각형의 면적은

$$S = \frac{1}{2}\begin{vmatrix} x_1 & x_2 & x_3 & \cdots & x_N & x_1 \\ y_1 & y_2 & y_3 & \cdots & y_N & y_1 \end{vmatrix}$$

으로 주어짐을 보여라.

[3] 3차원 공간상의 세 점 (x_1, y_1, z_1), (x_2, y_2, z_2), (x_3, y_3, z_3)로 이루어지는 삼각형의 면적을 구하라.

[4] 원점에서 직선 AB까지의 최단거리는 $\ell = \dfrac{|\overrightarrow{OA} \times \overrightarrow{OB}|}{|\overrightarrow{AB}|}$임을 보여라 (**참고:** 삼각형 OAB의 면적을 생각해 보라).

[5] 벡터 $\mathbf{a} \neq 0$에 대해 $\mathbf{a} \times \mathbf{b} = \mathbf{a} \times \mathbf{c}$일 때 $\mathbf{b} = \mathbf{c}$가 항상 성립하는 것이 아님을 보여라.

[6] $\mathbf{a} \times (\mathbf{b} \times \mathbf{c}) + \mathbf{b} \times (\mathbf{c} \times \mathbf{a}) + \mathbf{c} \times (\mathbf{a} \times \mathbf{b}) = 0$을 증명하라.

[7] $(\mathbf{abc}) = (\mathbf{bca}) = (\mathbf{cab})$, $(\mathbf{abc}) = -(\mathbf{acb})$를 증명하라.

[8] 위치벡터 $\mathbf{a}$, $\mathbf{b}$, $\mathbf{c}$가 한 평면상에 놓여 있을 필요충분조건은 $(\mathbf{abc}) = \mathbf{a} \cdot \mathbf{b} \times \mathbf{c} = 0$임을 증명하라.

[9] $(\mathbf{abc}) \leq |\mathbf{a}||\mathbf{b}||\mathbf{c}| = abc$임을 증명하고 단위벡터 $\mathbf{a}$, $\mathbf{b}$, $\mathbf{c}$가 정규직교기저를 이룰 필요충분조건은 $(\mathbf{abc}) = \mathbf{a} \cdot \mathbf{b} \times \mathbf{c} = 1$임을 증명하라.

[10] 다음의 연립방정식을 풀어서 구한 α, β, γ

$$\begin{aligned} \alpha a_1 + \beta b_1 + \gamma c_1 &= F_1 \\ \alpha a_2 + \beta b_2 + \gamma c_2 &= F_2 \\ \alpha a_3 + \beta b_3 + \gamma c_3 &= F_3 \end{aligned}$$

를 식 (34)로 주어진 벡터분해의 계수와 비교하라.

[11] $(\mathbf{a} \times \mathbf{b}) \cdot (\mathbf{b} \times \mathbf{c}) \times (\mathbf{c} \times \mathbf{a}) = (\mathbf{a} \cdot \mathbf{b} \times \mathbf{c})^2$임을 보여라.

***[12]** $\mathbf{a} \times \mathbf{b} \neq 0$일 때, $\mathbf{x} + \mathbf{a} \times \mathbf{x} = \mathbf{b}$로부터 벡터 $\mathbf{x}$를 구하라(**참고:** 벡터 $\mathbf{a}$, $\mathbf{b}$, $\mathbf{a} \times \mathbf{b}$는 공간에서 서로 독립인 벡터이며 $\mathbf{x}$는 이들의 1차결합으로 표현된다).

***[13]** 식 (36)을 증명하라. ☑ 먼저, 양변을 각각 전개하면

$$\mathbf{b}\times\mathbf{c}=\begin{vmatrix}\mathbf{i} & \mathbf{j} & \mathbf{k}\\ b_1 & b_2 & b_3\\ c_1 & c_2 & c_3\end{vmatrix}=\mathbf{i}(b_2c_3-b_3c_2)+\mathbf{j}(b_3c_1-b_1c_3)+\mathbf{k}(b_1c_2-b_2c_1)$$

이므로

$$\begin{aligned}\mathbf{a}\times(\mathbf{b}\times\mathbf{c}) &= \begin{vmatrix}\mathbf{i} & \mathbf{j} & \mathbf{k}\\ a_1 & a_2 & a_3\\ b_2c_3-b_3c_2 & b_3c_1-b_1c_3 & b_1c_2-b_2c_1\end{vmatrix}\\ &= \mathbf{i}\,[a_2(b_1c_2-b_2c_1)-a_3(b_3c_1-b_1c_3)]\\ &\quad+\mathbf{j}\,[a_3(b_2c_3-b_3c_2)-a_1(b_1c_2-b_2c_1)]\\ &\quad+\mathbf{k}\,[a_1(b_3c_1-b_1c_3)-a_2(b_2c_3-b_3c_2)]\\ &= b_1\mathbf{i}\,(a_2c_2+a_3c_3)-c_1\mathbf{i}\,(a_2b_2+a_3b_3)\\ &\quad+b_2\mathbf{j}\,(a_3c_3+a_1c_1)-c_2\mathbf{j}\,(a_3b_3+a_1b_1)\\ &\quad+b_3\mathbf{k}\,(a_1c_1+a_2c_2)-c_3\mathbf{k}\,(a_1b_1+a_2b_2)\end{aligned}$$

로 정리된다. 한편, 식 (36)의 오른쪽을 전개하면

$$\begin{aligned}(\mathbf{a}\cdot\mathbf{c})\,\mathbf{b}-(\mathbf{a}\cdot\mathbf{b})\,\mathbf{c} &= b_1\mathbf{i}\,(\cancel{a_1c_1}+a_2c_2+a_3c_3)-c_1\mathbf{i}\,(\cancel{a_1b_1}+a_2b_2+a_3b_3)\\ &\quad+b_2\mathbf{j}\,(a_1c_1+\cancel{a_2c_2}+a_3c_3)-c_2\mathbf{j}\,(a_1b_1+\cancel{a_2b_2}+a_3b_3)\\ &\quad+b_3\mathbf{k}\,(a_1c_1+a_2c_2+\cancel{a_3c_3})-c_3\mathbf{k}\,(a_1b_1+a_2b_2+\cancel{a_3b_3})\end{aligned}$$

가 되어, 두 식의 우변이 서로 같다. 즉, $\mathbf{a}\times(\mathbf{b}\times\mathbf{c})=(\mathbf{a}\cdot\mathbf{c})\,\mathbf{b}-(\mathbf{a}\cdot\mathbf{b})\,\mathbf{c}$가 성립한다.

✓ **보다 간단한 증명방법:** $\mathbf{a}\times(\mathbf{b}\times\mathbf{c})$는 $\mathbf{a}$와 직교하므로 $\mathbf{a}\times(\mathbf{b}\times\mathbf{c})=\lambda\mathbf{b}+\mu\mathbf{c}$로 나타낼 수 있고, $\mathbf{a}$와 내적을 취하면 $0=\lambda\mathbf{a}\cdot\mathbf{b}+\mu\mathbf{a}\cdot\mathbf{c}$이다. 이것을 만족하는 $\lambda=\zeta(\mathbf{a}\cdot\mathbf{c})$, $\mu=-\zeta(\mathbf{a}\cdot\mathbf{b})$를 대입하면 $\mathbf{a}\times(\mathbf{b}\times\mathbf{c})=\zeta[(\mathbf{a}\cdot\mathbf{c})\,\mathbf{b}-(\mathbf{a}\cdot\mathbf{b})\,\mathbf{c}]$가 된다($\zeta$는 아직 미지수). 최종적으로 $\mathbf{a}=\mathbf{j}$, $\mathbf{b}=\mathbf{i}$, $\mathbf{c}=\mathbf{j}$를 대입하여 $\zeta=1$을 얻을 수 있다(항등식이므로 다른 값을 대입해도 마찬가지이다).

6-4 벡터함수와 곡선

스칼라 함수와 벡터함수. 스칼라 함수는 $f(t)$, $f(x, y, z)$ 등으로 1개 또는 다수의 독립변수에 대해 실수(또는 복소수)를 함수값으로 택한다. 반면에 시간 t에 따라 변하는 위치벡터 $\mathbf{r}$은

$$\mathbf{r}(t)=\mathbf{i}x(t)+\mathbf{j}y(t)+\mathbf{k}z(t) \tag{43}$$

와 같이 벡터를 함수값으로 한다. 이때 $\mathbf{r}(t)$를 **벡터함수**라고 하고, 정의된 영역에서 **벡터장**(場; field)을 형성한다고 말한다. 벡터함수의 각 좌표성분 $x(t)$, $y(t)$, $z(t)$는 스칼라 함수이므로 벡터함수는 스칼라 함수가 갖는 성질을 그대로 가진다. 즉,

$$\begin{aligned}(\mathbf{u}\cdot\mathbf{v})' &= \mathbf{u}'\cdot\mathbf{v}+\mathbf{u}\cdot\mathbf{v}'\\ (\mathbf{u}\times\mathbf{v})' &= \mathbf{u}'\times\mathbf{v}+\mathbf{u}\times\mathbf{v}'\\ (\mathbf{uvw})' &= (\mathbf{u'vw})+(\mathbf{uv'w})+(\mathbf{uvw'})\end{aligned} \tag{44}$$

등의 미분규칙이 벡터함수에 대해서도 성립하고, 연속과 미분가능 등의 성질들도 같은 방법으로 정의된다. 또한 $\mathbf{r}(t) = \mathbf{i} - 3\mathbf{j}$처럼 상수벡터를 함수값으로 하는 경우에는 **상수 벡터함수**라고 한다.

예제 17 $|\mathbf{v}| \neq 0$일 때 $|\mathbf{v}|' = \frac{1}{|\mathbf{v}|}(\mathbf{v} \cdot \mathbf{v}')$임을 보이고 크기가 일정한 벡터의 미분은 자신과 직교함을 보여라.

☞ $\mathbf{v} \cdot \mathbf{v} = |\mathbf{v}|^2$의 양변을 미분하면

$$\mathbf{v}' \cdot \mathbf{v} + \mathbf{v} \cdot \mathbf{v}' = 2|\mathbf{v}||\mathbf{v}|'$$

으로부터

$$|\mathbf{v}|' = \frac{1}{|\mathbf{v}|}(\mathbf{v} \cdot \mathbf{v}') \tag{45}$$

을 얻을 수 있고, 벡터의 크기 $|\mathbf{v}|$가 일정하면 $|\mathbf{v}|' = 0$이므로 윗식에서 $(\mathbf{v} \cdot \mathbf{v}') = 0$, 즉 크기가 일정한 벡터의 미분은 자신과 직교한다.

***예제 18** 임의의 벡터 $|\mathbf{v}| \neq 0$에 대해 $\frac{d}{dt}\frac{\mathbf{v}}{|\mathbf{v}|}$를 구하라.

☞ 기하학적(幾何學的) 의미를 가진 방법으로 풀어 본다. 임의의 벡터를 자신의 크기로 나눈 벡터는 단위벡터이고, 따라서 $\mathbf{v} = \mathbf{u}|\mathbf{v}|$라 하자. 이때,

$$\mathbf{v}' = \mathbf{u}|\mathbf{v}|' + \mathbf{u}'|\mathbf{v}| \tag{46}$$

와 같이 미분규칙으로부터 구한 미분과, (예제 11)을 이용하여 $\mathbf{v}'$을 단위벡터 $\mathbf{u}$에 평행한 성분과 직교하는 성분으로 분해한

$$\mathbf{v}' = \mathbf{u}(\mathbf{v}' \cdot \mathbf{u}) + \mathbf{u} \times (\mathbf{v}' \times \mathbf{u}) \tag{47}$$

의 결과를 비교하자. 그런데, (예제 17)에서 $|\mathbf{v}|' = \frac{1}{|\mathbf{v}|}(\mathbf{v} \cdot \mathbf{v}') = (\mathbf{u} \cdot \mathbf{v}')$이므로 위의 두 식의 첫 번째 항이 서로 같다. 따라서, 두 번째 항들도 서로 같게 되어

$$\mathbf{u}'|\mathbf{v}| = \mathbf{u} \times (\mathbf{v}' \times \mathbf{u})$$

임을 알 수 있고, 이것을 $\mathbf{v} = \mathbf{u}|\mathbf{v}|$에 관하여 정리하면

$$\frac{d}{dt}\frac{\mathbf{v}}{|\mathbf{v}|} = \mathbf{u}' = \frac{\mathbf{u} \times (\mathbf{v}' \times \mathbf{u})}{|\mathbf{v}|} = \frac{\mathbf{v} \times (\mathbf{v}' \times \mathbf{v})}{|\mathbf{v}|^3}$$

로 된다. 또, (예제 11)로부터 $|\mathbf{u} \times (\mathbf{v}' \times \mathbf{u})| = |\mathbf{u} \times \mathbf{v}'|$이므로

$$\left|\frac{d}{dt}\frac{\mathbf{v}}{|\mathbf{v}|}\right| = \frac{|\mathbf{u} \times \mathbf{v}'|}{|\mathbf{v}|} = \frac{|\mathbf{v} \times \mathbf{v}'|}{|\mathbf{v}|^2}$$

을 얻는다. 정리하면,

$$\frac{d}{dt}\frac{\mathbf{v}}{|\mathbf{v}|} = \frac{\mathbf{v} \times (\mathbf{v}' \times \mathbf{v})}{|\mathbf{v}|^3}, \quad \left|\frac{d}{dt}\frac{\mathbf{v}}{|\mathbf{v}|}\right| = \frac{|\mathbf{v} \times \mathbf{v}'|}{|\mathbf{v}|^2} \tag{48}$$

식 (45)와 (48)은 주어진 벡터의 크기와 방향의 미분을 $\mathbf{v}$, $\mathbf{v}'$만으로 표현하는 매우 유용한 관계식이 된다. 식 (48)로부터 벡터 $\mathbf{v}$와 $(\mathbf{v}/|\mathbf{v}|)'$은 당연히 서로 직교한다. ◀

✔ 보통, 곧이 곧대로(straightforward) 구하려고 하면 아래와 같은 풀이법을 따르게 된다. 미분을 직접하면 $\frac{d}{dt}\frac{\mathbf{v}}{|\mathbf{v}|}=\frac{\mathbf{v}'}{|\mathbf{v}|}-\mathbf{v}\frac{|\mathbf{v}|'}{|\mathbf{v}|^2}$이 되고, 여기서 (예제 17)의 $|\mathbf{v}|'=\frac{1}{|\mathbf{v}|}(\mathbf{v}\cdot\mathbf{v}')$을 사용하면

$$\frac{d}{dt}\frac{\mathbf{v}}{|\mathbf{v}|}=\frac{1}{|\mathbf{v}|}\left\{\mathbf{v}'-\mathbf{v}\frac{(\mathbf{v}\cdot\mathbf{v}')}{(\mathbf{v}\cdot\mathbf{v})}\right\} \tag{49}$$

을 얻는다. 이 결과는

$$\mathbf{v}\times(\mathbf{v}'\times\mathbf{v})=(\mathbf{v}\cdot\mathbf{v})\mathbf{v}'-(\mathbf{v}\cdot\mathbf{v}')\mathbf{v}$$

이므로 식 (48)과 같다. 또, 크기를 구하기 위해, 식 (49)의 괄호 안에 있는 벡터를 제곱한

$$|\mathbf{v}'|^2-2(\mathbf{v}\cdot\mathbf{v}')\frac{(\mathbf{v}\cdot\mathbf{v}')}{(\mathbf{v}\cdot\mathbf{v})}+(\mathbf{v}\cdot\mathbf{v})\frac{(\mathbf{v}\cdot\mathbf{v}')^2}{(\mathbf{v}\cdot\mathbf{v})^2}=|\mathbf{v}'|^2-\frac{(\mathbf{v}\cdot\mathbf{v}')^2}{|\mathbf{v}|^2}$$

의 결과와 식 (27)의 공식 $(\mathbf{a}\cdot\mathbf{a})(\mathbf{b}\cdot\mathbf{b})-(\mathbf{a}\cdot\mathbf{b})^2=|\mathbf{a}\times\mathbf{b}|^2$을 사용하면

$$\left|\frac{d}{dt}\frac{\mathbf{v}}{|\mathbf{v}|}\right|^2=\frac{1}{|\mathbf{v}|^2}\frac{(\mathbf{v}\cdot\mathbf{v})(\mathbf{v}'\cdot\mathbf{v}')-(\mathbf{v}\cdot\mathbf{v}')^2}{|\mathbf{v}|^2}$$
$$=\frac{|\mathbf{v}\times\mathbf{v}'|^2}{|\mathbf{v}|^4}$$

곡선의 정의와 성질. 위치벡터 $\mathbf{r}(t)$가 연속(continuous)인 벡터함수이면 3차원 공간에서 **곡선**(曲線; curve)을 이루는 것으로 생각할 수 있다. 따라서,

$$\text{곡선 } C:\ \mathbf{r}(t)=\mathbf{i}x(t)+\mathbf{j}y(t)+\mathbf{k}z(t),\qquad a\le t\le b \tag{50}$$

는 t를 매개변수로 하고 구간 $[a, b]$에서 정의된 **곡선의 방정식**이라고 한다. 여기서 t를 증가시킬 때 곡선 C가 향하는 방향을 곡선의 **양(陽)의 방향**이라고 정의한다. 곡선의 대표적인 예로는 앞에서 다루어 본 직선 $\mathbf{r}=\mathbf{r}_0+t\mathbf{p}$로 벡터 $\mathbf{p}$가 곡선의 양의 방향이 된다.

곡선 위의 임의의 점 $\mathbf{r}(t)$에서 곡선의 양의 방향을 따라 이동할 때의 미소변위

$$d\mathbf{r}=\mathbf{r}(t+dt)-\mathbf{r}(t) \tag{51}$$

는 $d\mathbf{r}\neq 0$이면 $dt\to 0$의 극한에서 $d\mathbf{r}$은 곡선에 접하는 벡터가 되고, 이때 $\mathbf{r}'=\frac{d\mathbf{r}}{dt}$를 곡선의 **접선벡터**라고 한다(그림 6.9 참조).

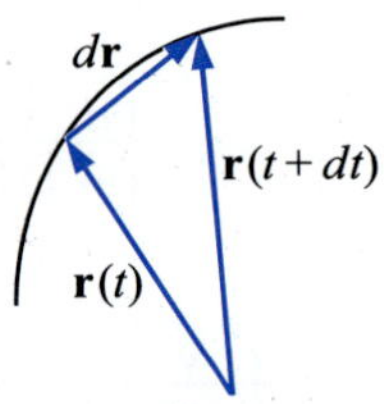

그림 6.9

또한, 단위접선벡터는

$$\mathbf{u} = \frac{d\mathbf{r}}{|d\mathbf{r}|} = \frac{\mathbf{r}'}{|\mathbf{r}'|} \tag{52}$$

으로 정의한다.

곡선 위의 두 점 $\mathbf{r}(t_0)$와 $\mathbf{r}(t)$ 사이의 거리는

$$s(t) = \int_{t_0}^{t} |d\mathbf{r}| = \int_{t_0}^{t} \left|\frac{d\mathbf{r}}{dt}\right| dt = \int_{t_0}^{t} (\mathbf{r}' \cdot \mathbf{r}')^{1/2}\, dt \tag{53}$$

로부터 구할 수 있다. 위의 식에서, $s(t)$를 곡선 C의 호(弧)의 길이함수(arc length function) 또는 단순히 호의 길이(arc length)라고 하고(보통은 $t_0 = 0$으로 한다), 정의에 의하여 단위접선벡터는

$$ds = |d\mathbf{r}|, \quad \mathbf{u} = \frac{d\mathbf{r}}{ds} \tag{54}$$

로 나타낼 수 있다.

예제 19 그림 6.10과 같이 사각형의 종이에 대각선을 그은 후 반지름 a인 원통에 감으면 생기는 곡선을 원나선(圓螺線; circular helix)이라 하고, $\mathbf{r}(t) = (a\cos t,\ a\sin t,\ ct)$인 식으로 표현한다. 곡선의 방향, 접선벡터, 호의 길이를 구하라.

☞ 원나선의 정의에 따라 t가 0부터 2π까지 증가하면 원통을 따라 한바퀴 돌면서 높이 $2\pi c$만큼 올라가게 된다(단, $c > 0$이라고 하자). 그림에서 보면 곡선의 진행방향은 시계반대방향이다. 또, 접선벡터는

$$\frac{d\mathbf{r}}{dt}(t) = \frac{d}{dt}(a\cos t,\ a\sin t,\ ct) = (-a\sin t,\ a\cos t,\ c)$$

로 구할 수 있고, $\left|\frac{d\mathbf{r}}{dt}\right|^2 = (a\sin t)^2 + (a\cos t)^2 + c^2 = a^2 + c^2$이므로 호의 길이는

$$s(t) = \int_0^t \sqrt{a^2 + c^2}\, dt = t\sqrt{a^2 + c^2} \quad ◀ \tag{55}$$

✔ $p = |2\pi c|$는 1회전당(當) 회전축방향으로의 진행거리를 나타내며 나사(螺絲)의 피치(pitch)라고 한다. 또한, c가 음수인 경우는 왼손나사로 된다.

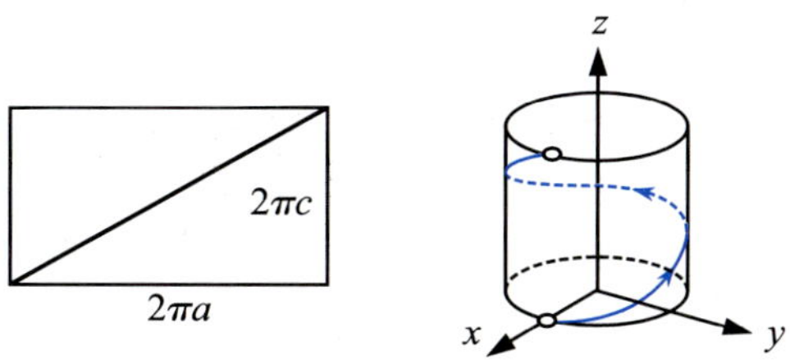

그림 6.10

***길이, 면적 및 체적의 계산.** 식 (53)에서 곡선의 길이는 $L=\int|d\mathbf{r}|$의 형태로 적분하였다. 이때, $|d\mathbf{r}|$을 어떻게 표현하는가는 상황에 따라 다를 수 있지만, 근본적으로 "길이는 미소길이로 무한히 나눈 다음에 더하면 된다"는 원리로부터 구한 것이다. 마찬가지로 면적과 체적의 계산도 같은 요령으로 한다. 길이, 면적 및 체적에 관련된 벡터 공식은 내적, 외적과 스칼라 삼중적

$$(\mathbf{a}\cdot\mathbf{a})^{1/2},\quad |\mathbf{a}\times\mathbf{b}|,\quad |\mathbf{a}\cdot\mathbf{b}\times\mathbf{c}|$$

이다(그림 6.11 참조). 따라서 길이, 면적, 체적의 계산은 벡터를 이용하면

$$\begin{aligned} &\text{① 길이(1차원)} \quad L=\int dL=\int|d\mathbf{u}| \\ &\text{② 면적(2차원)} \quad S=\int dS=\int|d\mathbf{u}\times d\mathbf{v}| \\ &\text{③ 체적(3차원)} \quad V=\int dV=\int|d\mathbf{u}\cdot d\mathbf{v}\times d\mathbf{w}| \end{aligned} \tag{56}$$

로 된다.

✓ 식 (56)을 가장 간단한 카테시안 좌표계에서 쓰면 $d\mathbf{u}=\mathbf{i}dx,\ d\mathbf{v}=\mathbf{i}dy,\ d\mathbf{w}=\mathbf{k}dz$이므로 $S=\int|dx\,dy|,\ V=\int|dx\,dy\,dz|$와 같다.

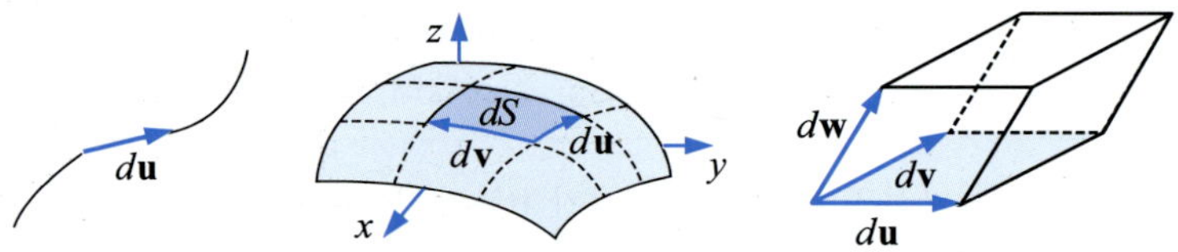

그림 6.11

연습문제

[1] $\mathbf{r}=\mathbf{i}a\cos\omega t+\mathbf{j}b\sin\omega t$는 어떤 도형을 나타내는가?

[2] 원 $x^2+y^2=25$의 한 점 (3, 4)에서의 접선벡터를 구하라.

[3] 곡선 C의 한 점 $\mathbf{r}_0=(x_0,\ y_0,\ z_0)$에서의 접선의 식은 $\mathbf{r}=\mathbf{r}_0+t\mathbf{u}$임을 보여라. 여기서, $\mathbf{u}=\dfrac{\mathbf{r}'}{|\mathbf{r}'|}$인 **단위접선벡터**라고 한다.

[4] xy 평면상에서 곡선의 식이 $y=f(x)$로 주어지면 $x=a$에서 $x=b$ 사이의 호의 길이는 $\int_a^b\sqrt{1+y'^2}\,dx$로 구해지는 것을 보여라.

[5] xy 평면상에서 $Ax^2+Bxy+Cy^2+\alpha x+\beta y+\gamma=0$인 2차곡선의 한 점 $(x_0,\ y_0)$에서의 접선의 방정식은

$$x^2\to x_0x,\quad y^2\to y_0y,\quad xy\to\frac{x_0y+xy_0}{2},\quad x\to\frac{x_0+x}{2},\quad y\to\frac{y_0+y}{2}$$

인 치환에 의해

$$Ax_0x+\frac{1}{2}B(x_0y+xy_0)+Cy_0y+\frac{1}{2}\alpha(x_0+x)+\frac{1}{2}\beta(y_0+y)+\gamma=0$$

으로 주어진다. 위의 결과의 한 예로 $x^2+y^2=25$의 한 점 (3, 4)에서의 접선의 식이 $3x+4y=25$로 되는지 확인해 보라.

6-5 직교좌표계(원통 및 구면좌표계)

벡터 **i**, **j**, **k**를 정규직교기저로 하는 카테시안 좌표계와 함께 널리 쓰이는 원통좌표계와 구면좌표계는 그림 6.12에 보인 바와 같이, 기하학적으로 가장 중요한 형상에 기초한 좌표계로 카테시안 좌표계와 함께 3대 기본좌표계를 구성한다. 카테시안 좌표계와는 달리 원통 및 구면좌표계의 정규직교기저는 위치에 따라 방향이 바뀌는 단위벡터이다. 이 절에서는 원통 및 구면좌표계를 포함한 직교좌표계와 카테시안 좌표계의 관계를 살펴보기로 한다.

일반좌표계에서의 접선벡터, 척도요소 및 자코비안. 카테시안 좌표계의 위치벡터 $\mathbf{r}=\mathbf{i}x+\mathbf{j}y+\mathbf{k}z$에서

$$\frac{\partial\mathbf{r}}{\partial x}=\mathbf{i}$$

이므로 벡터 **i**는 x를 매개변수로 하는 곡선(즉 x축)의 접선벡터가 된다. 마찬가지로 일반좌표계를 (η_1, η_2, η_3)로 나타낼 경우 η_i축은 η_i를 매개변수로 하는 곡선으로 생각할 수 있고($i=1, 2, 3$), 따라서

$$\mathbf{g}_i\equiv\frac{\partial\mathbf{r}}{\partial\eta_i}=\mathbf{i}\frac{\partial x}{\partial\eta_i}+\mathbf{j}\frac{\partial y}{\partial\eta_i}+\mathbf{k}\frac{\partial z}{\partial\eta_i} \tag{57}$$

는 η_i축의 접선벡터가 된다. 그러나, $\mathbf{g}_i$는 일반적으로 단위벡터가 아니기 때문에 η_i축의 단위접선벡터는 $\mathbf{g}_i$를 정규화하여

$$\mathbf{e}_i\equiv\frac{\mathbf{g}_i}{|\mathbf{g}_i|}, \quad h_i\equiv|\mathbf{g}_i| \tag{58}$$

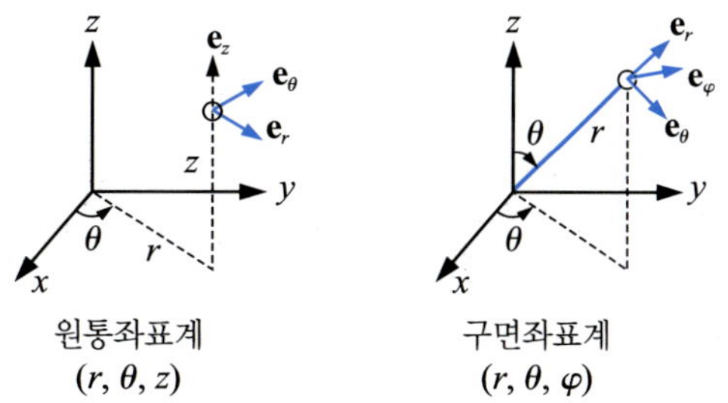

그림 6.12

로 구할 수 있다. 특히, 식 (58)에서 접선벡터 $\mathbf{g}_i = \dfrac{\partial \mathbf{r}}{\partial \eta_i}$의 크기 h_i를 **척도요소**(scale factor)라고 한다. 만일 일반좌표계 (η_1, η_2, η_3)의 각 축에 대한 단위접선벡터가

$$\mathbf{e}_i \cdot \mathbf{e}_j = \delta_{ij} \tag{59}$$

를 만족하면 주어진 좌표계는 **직교좌표계**(orthogonal coordinate)라고 하고, 벡터 집합 $\{\mathbf{e}_1, \mathbf{e}_2, \mathbf{e}_3\}$는 정규직교기저가 된다.

3차원 공간에서 좌표축 η_1, η_2, η_3 방향의 각 접선벡터 $\mathbf{g}_1$, $\mathbf{g}_2$, $\mathbf{g}_3$로 이루어진 평행육면체의 체적

$$J \equiv \mathbf{g}_1 \cdot \mathbf{g}_2 \times \mathbf{g}_3 = \frac{\partial \mathbf{r}}{\partial \eta_1} \cdot \frac{\partial \mathbf{r}}{\partial \eta_2} \times \frac{\partial \mathbf{r}}{\partial \eta_3} = \begin{vmatrix} \dfrac{\partial x}{\partial \eta_1} & \dfrac{\partial y}{\partial \eta_1} & \dfrac{\partial z}{\partial \eta_1} \\ \dfrac{\partial x}{\partial \eta_2} & \dfrac{\partial y}{\partial \eta_2} & \dfrac{\partial z}{\partial \eta_2} \\ \dfrac{\partial x}{\partial \eta_3} & \dfrac{\partial y}{\partial \eta_3} & \dfrac{\partial z}{\partial \eta_3} \end{vmatrix} \tag{60}$$

를 **자코비안**(Jacobian)이라고 한다. 특히, 직교좌표계의 경우 정규직교기저가 $(\mathbf{e}_1\mathbf{e}_2\mathbf{e}_3) = \mathbf{e}_1 \cdot \mathbf{e}_2 \times \mathbf{e}_3 = 1$을 만족하므로 자코비안은

$$J = \mathbf{g}_1 \cdot \mathbf{g}_2 \times \mathbf{g}_3 = h_1 h_2 h_3 (\mathbf{e}_1 \cdot \mathbf{e}_2 \times \mathbf{e}_3) = h_1 h_2 h_3 \tag{61}$$

인 간단한 형태가 된다.

원통좌표계. **원통**(圓筒; cylindrical)**좌표계** (r, θ, z)는 그림 6.12에 보인 바와 같이

$$\begin{aligned} &x = r\cos\theta, \qquad y = r\sin\theta, \qquad z = z \\ &r = (x^2 + y^2)^{1/2}, \qquad \theta = \tan^{-1}\frac{y}{x} \end{aligned} \tag{62}$$

$(0 \le \theta < 2\pi)$로 주어지는 좌표변환에 의한 **곡면**(曲面; curvilinear)**좌표계**를 말한다. 각 좌표축의 접선벡터는 식 (57)로부터

$$\begin{aligned} \mathbf{g}_r &= \frac{\partial \mathbf{r}}{\partial r} = \frac{\partial}{\partial r}(\mathbf{i}r\cos\theta + \mathbf{j}r\sin\theta + \mathbf{k}z) = \mathbf{i}\cos\theta + \mathbf{j}\sin\theta \\ \mathbf{g}_\theta &= \frac{\partial \mathbf{r}}{\partial \theta} = \frac{\partial}{\partial \theta}(\mathbf{i}r\cos\theta + \mathbf{j}r\sin\theta + \mathbf{k}z) = -\mathbf{i}r\sin\theta + \mathbf{j}r\cos\theta \\ \mathbf{g}_z &= \frac{\partial \mathbf{r}}{\partial z} = \frac{\partial}{\partial z}(\mathbf{i}r\cos\theta + \mathbf{j}r\sin\theta + \mathbf{k}z) = \mathbf{k} \end{aligned}$$

이므로, 각 좌표축의 단위접선벡터 $\mathbf{e}_i = \mathbf{g}_i / |\mathbf{g}_i|$와 척도요소 $h_i = |\mathbf{g}_i|$는

$$\begin{aligned} \mathbf{e}_r &= \mathbf{i}\cos\theta + \mathbf{j}\sin\theta, \qquad & h_r &= 1 \\ \mathbf{e}_\theta &= -\mathbf{i}\sin\theta + \mathbf{j}\cos\theta, \qquad & h_\theta &= r \\ \mathbf{e}_z &= \mathbf{k}, \qquad & h_z &= 1 \end{aligned} \tag{63}$$

이 된다. 특히, 윗식으로 주어진 기저 $\mathbf{e}_r$, $\mathbf{e}_\theta$, $\mathbf{e}_z$는 정규직교기저가 된다(즉, $\mathbf{e}_i \cdot \mathbf{e}_j = \delta_{ij}$로 된다. 6-2절의 연습문제 참조). 경우에 따라서는

① 각도 θ를 방위각(方位角; azimuthal angle),

② z축을 포함하고 θ = 일정한 면을 **자오면**(子午面; meridional plane)

이라고 한다.

식 (63)을 행렬을 이용하여 나타내면

$$\begin{bmatrix} \mathbf{e}_r \\ \mathbf{e}_\theta \\ \mathbf{e}_z \end{bmatrix} = \begin{bmatrix} \cos\theta & \sin\theta & 0 \\ -\sin\theta & \cos\theta & 0 \\ 0 & 0 & 1 \end{bmatrix} \begin{bmatrix} \mathbf{i} \\ \mathbf{j} \\ \mathbf{k} \end{bmatrix} \tag{64}$$

또는

$$\begin{bmatrix} \mathbf{i} \\ \mathbf{j} \\ \mathbf{k} \end{bmatrix} = \mathbf{L} \begin{bmatrix} \mathbf{e}_r \\ \mathbf{e}_\theta \\ \mathbf{e}_z \end{bmatrix}, \quad \mathbf{L} = \begin{bmatrix} \cos\theta & -\sin\theta & 0 \\ \sin\theta & \cos\theta & 0 \\ 0 & 0 & 1 \end{bmatrix} \tag{65}$$

로 된다. 이때 $\mathbf{e}_r$, $\mathbf{e}_\theta$, $\mathbf{e}_z$는 정규직교기저이므로 카테시안 기저 $\mathbf{i}$, $\mathbf{j}$, $\mathbf{k}$ 사이의 변환에 관여하는 행렬 $\mathbf{L}$은 직교행렬이다[즉, $\mathbf{L}^{-1} = \mathbf{L}^{\mathrm{T}}$를 만족한다. 5-8절의 식 (5.118) 참조]. 또한, 윗식에

$$\mathbf{i} = \frac{\partial \mathbf{r}}{\partial x}, \qquad \mathbf{j} = \frac{\partial \mathbf{r}}{\partial y}, \qquad \mathbf{k} = \frac{\partial \mathbf{r}}{\partial z}$$
$$\mathbf{e}_r = \frac{1}{h_r}\frac{\partial \mathbf{r}}{\partial r}, \qquad \mathbf{e}_\theta = \frac{1}{h_\theta}\frac{\partial \mathbf{r}}{\partial \theta}, \qquad \mathbf{e}_z = \frac{1}{h_z}\frac{\partial \mathbf{r}}{\partial z}$$

을 대입하고 벡터 $\mathbf{r}$을 생략하고 쓰면

$$\begin{bmatrix} \dfrac{\partial}{\partial x} \\ \dfrac{\partial}{\partial y} \\ \dfrac{\partial}{\partial z} \end{bmatrix} = \mathbf{L} \begin{bmatrix} \dfrac{\partial}{\partial r} \\ \dfrac{1}{r}\dfrac{\partial}{\partial \theta} \\ \dfrac{\partial}{\partial z} \end{bmatrix}, \quad \mathbf{L} = \begin{bmatrix} \cos\theta & -\sin\theta & 0 \\ \sin\theta & \cos\theta & 0 \\ 0 & 0 & 1 \end{bmatrix} \tag{66}$$

인 중요한 관계를 얻는다.

구면좌표계. **구면**(球面; spherical)**좌표계** (r, θ, φ)는 그림 6.12에 보인 것처럼

$$\begin{aligned} &x = r\sin\theta\cos\varphi, \qquad y = r\sin\theta\sin\varphi, \qquad z = r\cos\theta \\ &r = (x^2+y^2+z^2)^{1/2}, \qquad \theta = \cos^{-1}\frac{z}{r}, \qquad \varphi = \tan^{-1}\frac{y}{x} \end{aligned} \tag{67}$$

$(0 \le \theta \le \pi,\ 0 \le \varphi < 2\pi)$로 주어지는 좌표변환에 의한 곡면좌표계이며

$$\begin{aligned} \mathbf{g}_r &= \frac{\partial \mathbf{r}}{\partial r} = \mathbf{i}\sin\theta\cos\varphi + \mathbf{j}\sin\theta\sin\varphi + \mathbf{k}\cos\theta \\ \mathbf{g}_\theta &= \frac{\partial \mathbf{r}}{\partial \theta} = \mathbf{i}r\cos\theta\cos\varphi + \mathbf{j}r\cos\theta\sin\varphi - \mathbf{k}r\sin\theta \\ \mathbf{g}_\varphi &= \frac{\partial \mathbf{r}}{\partial \varphi} = -\mathbf{i}r\sin\theta\sin\varphi + \mathbf{j}r\sin\theta\cos\varphi \end{aligned}$$

이므로, 각 좌표축의 단위접선벡터 $\mathbf{e}_i = \mathbf{g}_i/|\mathbf{g}_i|$와 척도요소 $h_i = |\mathbf{g}_i|$는

$$\begin{aligned} \mathbf{e}_r &= (\mathbf{i}\cos\varphi + \mathbf{j}\sin\varphi)\sin\theta + \mathbf{k}\cos\theta, & h_r &= 1 \\ \mathbf{e}_\theta &= (\mathbf{i}\cos\varphi + \mathbf{j}\sin\varphi)\cos\theta - \mathbf{k}\sin\theta, & h_\theta &= r \\ \mathbf{e}_\varphi &= -\mathbf{i}\sin\varphi + \mathbf{j}\cos\varphi, & h_\varphi &= r\sin\theta \end{aligned} \tag{68}$$

로 결정된다. 흔히, θ를 **원추각**(圓錐角; cone angle), φ를 **방위각**(方位角; azimuthal angle)이라고 한다. 식 (68)은 행렬을 이용하여 나타내면

$$\begin{bmatrix} \mathbf{e}_r \\ \mathbf{e}_\theta \\ \mathbf{e}_\varphi \end{bmatrix} = \begin{bmatrix} \sin\theta\cos\varphi & \sin\theta\sin\varphi & \cos\theta \\ \cos\theta\cos\varphi & \cos\theta\sin\varphi & -\sin\theta \\ -\sin\varphi & \cos\varphi & 0 \end{bmatrix} \begin{bmatrix} \mathbf{i} \\ \mathbf{j} \\ \mathbf{k} \end{bmatrix} \tag{69}$$

로 되고, 원통좌표계와 마찬가지로 구면좌표계는 직교좌표계이므로 정규직교기저 $\mathbf{e}_r$, $\mathbf{e}_\theta$, $\mathbf{e}_\varphi$와 $\mathbf{i}$, $\mathbf{j}$, $\mathbf{k}$ 사이의 변환에 관여하는 행렬은 직교행렬로서 $\mathbf{L}^{-1} = \mathbf{L}^{\mathrm{T}}$를 만족한다. 따라서,

$$\begin{bmatrix} \mathbf{i} \\ \mathbf{j} \\ \mathbf{k} \end{bmatrix} = \mathbf{L} \begin{bmatrix} \mathbf{e}_r \\ \mathbf{e}_\theta \\ \mathbf{e}_\varphi \end{bmatrix}, \quad \mathbf{L} = \begin{bmatrix} \sin\theta\cos\varphi & \cos\theta\cos\varphi & -\sin\varphi \\ \sin\theta\sin\varphi & \cos\theta\sin\varphi & \cos\varphi \\ \cos\theta & -\sin\theta & 0 \end{bmatrix} \tag{70}$$

으로 된다. 또한, 식 (66)과 유사하게

$$\begin{bmatrix} \dfrac{\partial}{\partial x} \\ \dfrac{\partial}{\partial y} \\ \dfrac{\partial}{\partial z} \end{bmatrix} = \mathbf{L} \begin{bmatrix} \dfrac{\partial}{\partial r} \\ \dfrac{1}{r}\dfrac{\partial}{\partial \theta} \\ \dfrac{1}{r\sin\theta}\dfrac{\partial}{\partial \varphi} \end{bmatrix}, \quad \mathbf{L} = \begin{bmatrix} \sin\theta\cos\varphi & \cos\theta\cos\varphi & -\sin\varphi \\ \sin\theta\sin\varphi & \cos\theta\sin\varphi & \cos\varphi \\ \cos\theta & -\sin\theta & 0 \end{bmatrix} \tag{71}$$

이 되는 것은 식 (70)으로부터 쉽게 보일 수 있다.

✔ 특히, 구면좌표계에서 (r, θ, φ)와 (r, φ, θ) 사이에서 혼동이 되는 경우가 많다. 이것은 교재마다 θ와 φ를 다르게 정의하기 때문이다. 확실한 방법은 어떤 정의를 택하든지 다른 독립변수는 고정된 상태에서

① r이 증가하는 방향의 $\mathbf{e}_r$
② θ가 증가하는 방향의 $\mathbf{e}_\theta$
③ φ가 증가하는 방향의 $\mathbf{e}_\varphi$

의 세 단위벡터가, 예를 들어 $\mathbf{e}_r$, $\mathbf{e}_\theta$, $\mathbf{e}_\varphi$의 순서로 오른손좌표계를 이루면 (r, θ, φ) 좌표계라고 하면 된다. 실제로, 이 교재에서도 방위각을 원통좌표계에서는 θ, 구면좌표계에서 φ로 표현한다. 얼핏 보기에는 이러한 용법이 혼동을 일으킬 것 같지만 좌표계를 분명히 명시하고 쓰면 큰 문제가 되지 않는다.

연습문제

[1] 2차원 평면에서 새로운 좌표계 (u, v)를 $x = \frac{1}{2}(u^2 - v^2)$, $y = uv$로 정의할 때, 각 좌표축

방향의 단위접선벡터를 구하고 두 벡터는 $\mathbf{e}_u \cdot \mathbf{e}_v = 0$으로 서로 직교하는 것을 보여라.

*[2] 좌표축 η_i에 대한 단위접선벡터는 $\mathbf{e}_i = \frac{1}{h_i}\frac{\partial \mathbf{r}}{\partial \eta_i} = \sum_j \frac{1}{h_i}\frac{\partial x_j}{\partial \eta_i}\mathbf{i}_j$이고, 이것을 행렬을 이용하여 나타내면 다음과 같다.

$$\mathbf{e}_i = \sum_j [\mathbf{M}]_{i,j}\mathbf{i}_j, \quad [\mathbf{M}]_{i,j} = \frac{1}{h_i}\frac{\partial x_j}{\partial \eta_i}, \quad \begin{bmatrix} \mathbf{e}_1 \\ \mathbf{e}_2 \\ \mathbf{e}_3 \end{bmatrix} = \mathbf{M}\begin{bmatrix} \mathbf{i}_1 \\ \mathbf{i}_2 \\ \mathbf{i}_3 \end{bmatrix}.$$

6-6 속도와 가속도

곡선을 물체의 운동경로로 생각하면 곡선의 접선벡터

$$\mathbf{v}(t) = \frac{d}{dt}\mathbf{r}(t) = \mathbf{i}\frac{dx}{dt}(t) + \mathbf{j}\frac{dy}{dt}(t) + \mathbf{k}\frac{dz}{dt}(t)$$

는 물체의 **속도벡터**를 나타내고, 이것을 다시 미분하면

$$\mathbf{a}(t) = \frac{d}{dt}\mathbf{v}(t) = \mathbf{i}\frac{d^2x}{dt^2}(t) + \mathbf{j}\frac{d^2y}{dt^2}(t) + \mathbf{k}\frac{d^2z}{dt^2}(t) \tag{72}$$

인 **가속도벡터**가 된다.

속도벡터의 방향코사인 $\mathbf{e}_v = \frac{\mathbf{v}}{v}$는 단위접선벡터 $\mathbf{u}$와 같다. 따라서,

$$\mathbf{v} = \mathbf{u}v \tag{73}$$

로 나타내고 스칼라 $v = \left|\frac{d\mathbf{r}}{dt}\right| = \frac{ds}{dt}$를 **속력**(速力; speed)이라고 한다. 가속도벡터를 식 (73)을 사용하여 다시 정리하면

$$\mathbf{a} = \frac{d\mathbf{v}}{dt} = \frac{d}{dt}(\mathbf{u}v) = \mathbf{u}\frac{dv}{dt} + \frac{d\mathbf{u}}{dt}v \tag{74}$$

이고, 둘째 항에서 사슬법칙(chain rule)을 이용하면

$$\frac{d\mathbf{u}}{dt}v = \frac{d\mathbf{u}}{ds}\frac{ds}{dt}v = \frac{d\mathbf{u}}{ds}v^2 \tag{75}$$

을 얻을 수 있다. 여기서, $\left|\frac{d\mathbf{u}}{ds}\right|$를 **곡률**(曲率; curvature)이라고 하고 $\frac{1}{\rho}$로 나타낸다. 곡률은 "곡선이 휘어 있는 정도"를 말하며, 직선의 곡률은 0이다. 곡률의 역수 ρ를 **곡률 반지름**(曲率半徑; radius of curvature)이라고 한다. 단위벡터의 미분은 자신과 직교하므로, $\mathbf{u}$와 직교하는 단위벡터 $\mathbf{u}'/|\mathbf{u}'|$를 $\mathbf{n}$이라 하면

$$\frac{d\mathbf{u}}{ds} = \mathbf{n}\frac{1}{\rho} \tag{76}$$

로 쓸 수 있고, $\mathbf{n}$을 **단위주법선**(單位主法線; principal normal)**벡터**라고 정의한다. 단위주법선벡터 $\mathbf{n}$은 그림 6.13에 보인 바와 같이 항상 곡선이 휘는 쪽($\mathbf{u}'$ 방향)을 향하며, 원(圓)인 경우 원의 중심을 향하게 된다. 정리하면, 가속도는

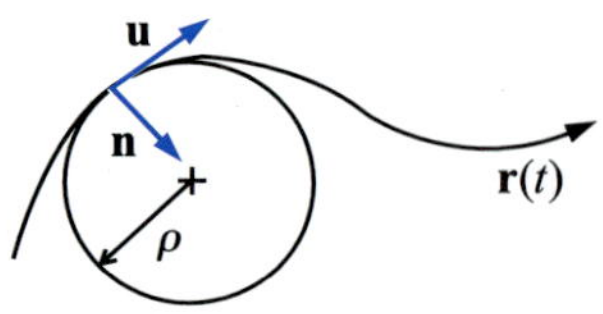

그림 6.13

$$\mathbf{a} = \frac{d\mathbf{v}}{dt} = \frac{d}{dt}(\mathbf{u}v) = \mathbf{u}\frac{dv}{dt} + \mathbf{n}\frac{v^2}{\rho} \tag{77}$$

으로 나타낼 수 있고, 이때 $\mathbf{n}v^2/\rho$을 **구심**(求心; centripetal)**가속도**라고 한다. 우리가 흔히 **원심**(遠心; centrifugal)**가속도**라고 하는 것은 $-\mathbf{n}v^2/\rho$으로 구심가속도와 크기가 같고 방향이 반대이다. 또한, 곡률반지름으로 그린 원의 중심좌표 $\mathbf{r} + \rho\mathbf{n}$은 **순간회전축**(瞬間回轉軸; instance axis of rotation, $\mathbf{u} \times \mathbf{n}$과 방향이 일치)을 지난다.

단위접선벡터 $\mathbf{u}$와 단위주법선벡터 $\mathbf{n}$, 그리고 이들의 외적

$$\mathbf{u} = \frac{\mathbf{r}'}{|\mathbf{r}'|}, \quad \mathbf{n} = \frac{\mathbf{u}'}{|\mathbf{u}'|}, \quad \mathbf{b} = \mathbf{u} \times \mathbf{n} \tag{78}$$

은 정규직교기저를 이루며 $\mathbf{b}$를 **단위배법선**(單位倍法線; binormal)**벡터**라고 정의한다.

예제 20 곡선을 $\mathbf{r}(t)$로 쓸 때, 곡률 $\frac{1}{\rho}(t) = \frac{|\mathbf{r}' \times \mathbf{r}''|}{|\mathbf{r}'|^3}$임을 보여라.

☞ 곡선을 따라가는 점의 속도는 $\mathbf{v} = \mathbf{r}'$으로 주어진다. 이때, $\mathbf{v} = v\mathbf{u}$라고 하면 가속도 $\mathbf{a} = \mathbf{v}'$은 식 (77)로부터

$$\mathbf{v}' = v'\mathbf{u} + \frac{v^2}{\rho}\mathbf{n} \tag{79}$$

과 같이 접선가속도와 구심가속도로 분해되는 것을 알고 있다. 그런데, $\mathbf{v}'$의 벡터분해 [식 (38) 참조]

$$\mathbf{v}' = (\mathbf{u} \cdot \mathbf{v}')\mathbf{u} + \mathbf{u} \times (\mathbf{v}' \times \mathbf{u}) \tag{80}$$

에서 우변의 두 번째 항이 구심가속도를 나타내므로

$$\frac{v^2}{\rho}\mathbf{n} = \mathbf{u} \times (\mathbf{v}' \times \mathbf{u}) \tag{81}$$

로 같게 놓을 수 있다. 계속해서, $\mathbf{n}$과 $\mathbf{u}$는 단위벡터이므로

$$\frac{v^2}{\rho} = |\mathbf{u} \times (\mathbf{v}' \times \mathbf{u})| = |\mathbf{u} \times \mathbf{v}'| = \frac{|\mathbf{v} \times \mathbf{v}'|}{v}$$

을 얻고 $\mathbf{v} = \mathbf{r}'$임을 이용하면

$$\frac{v^2}{\rho} = \frac{|\mathbf{v} \times \mathbf{v}'|}{v}, \quad \frac{1}{\rho} = \frac{|\mathbf{r}' \times \mathbf{r}''|}{|\mathbf{r}'|^3} \tag{82}$$

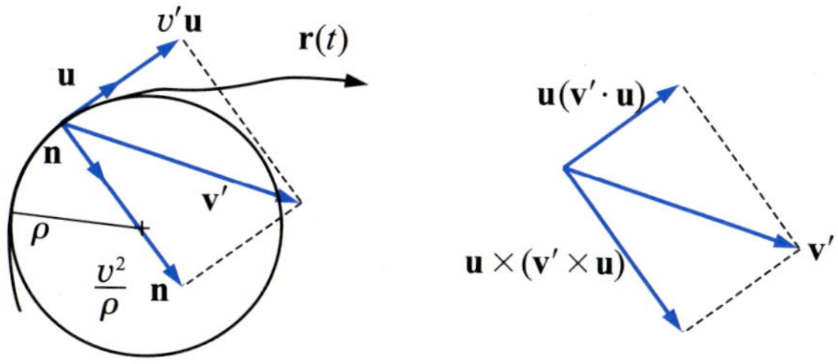

그림 6.14

여기서, 우리는 가속도, 즉 속도의 미분 $\mathbf{v}'$에 대한 다양한 표현

$$\mathbf{v}' = \begin{cases} v'\mathbf{u} \quad + \quad v\mathbf{u}' & \text{(미분규칙)} \\ v'\mathbf{u} \quad + \quad \dfrac{v^2}{\rho}\mathbf{n} & \text{(동역학)} \\ (\mathbf{u}\cdot\mathbf{v}')\mathbf{u} \quad + \quad \mathbf{u}\times(\mathbf{v}'\times\mathbf{u}) & \text{(벡터분해)} \end{cases} \tag{83}$$

가 모두 같은 개념을 나타낸다는 사실에 주목하자(그림 6.14와 비교한다). 다시 말해서, 윗식의 두 번째 항들은

$$v\mathbf{u}' = \frac{v^2}{\rho}\mathbf{n} = \mathbf{u}\times(\mathbf{v}'\times\mathbf{u})$$

와 같이 등호가 성립하므로 특히 곡률을 구할 때 매우 유용하게 된다. ◀

☑ 식 (83)의 두 번째 항은 모두 동일한 내용을 나타내고 있으며, 위의 간결한 유도과정은 (곡률을 공학적인 입장에서 구심력과 연결하여 알기 쉽게 설명한 것이다. 대다수의 교재에서는 "식 (82) 또는 다음의 식"

$$\frac{1}{\rho}(t) = \frac{\sqrt{(\mathbf{r}'\cdot\mathbf{r}')(\mathbf{r}''\cdot\mathbf{r}'') - (\mathbf{r}'\cdot\mathbf{r}'')^2}}{(\mathbf{r}'\cdot\mathbf{r}')^{3/2}}$$

을 스스로 구해 보는 연습문제로 다루거나 복잡한 미분을 이용하여 증명하고 있다[위의 수식은 실제로 식 (27)을 이용하면 식 (82)와 같은 결과임을 알 수 있다].

예제 21 xy 평면 위의 곡선을 $x = x(t)$, $y = y(t)$로 나타낼 때, 곡률은 $\dfrac{1}{\rho} = \dfrac{|x'y'' - x''y'|}{(x'^2 + y'^2)^{3/2}}$ 으로 주어지는 것을 보여라.

☞ $\mathbf{r} = (x(t), y(t), 0)$에서 $\mathbf{v} = \mathbf{r}' = (x', y', 0)$, $\mathbf{v}' = \mathbf{r}'' = (x'', y'', 0)$을

$$v = \sqrt{x'^2 + y'^2}, \quad \mathbf{v}\times\mathbf{v}' = \begin{vmatrix} \mathbf{i} & \mathbf{j} & \mathbf{k} \\ x' & y' & 0 \\ x'' & y'' & 0 \end{vmatrix} = \mathbf{k}(x'y'' - x''y')$$

이므로 대입하면

$$\frac{v^2}{\rho} = \frac{|\mathbf{v}\times\mathbf{v}'|}{v} \quad \Rightarrow \quad \frac{1}{\rho} = \frac{|x'y'' - x''y'|}{(x'^2 + y'^2)^{3/2}} \quad ◀ \tag{84}$$

여기서, $\dfrac{v^2}{\rho} = |\mathbf{u} \times (\mathbf{v}' \times \mathbf{u})| = |\mathbf{u} \times \mathbf{v}'| = \dfrac{|\mathbf{v} \times \mathbf{v}'|}{v}$은 "구심가속도 = 가속도의 구심방향 성분"이라는 공학적으로 자연스러운 개념을 나타낸다. 비록, $\dfrac{1}{\rho}(t) = \dfrac{|\mathbf{r}' \times \mathbf{r}''|}{|\mathbf{r}'|^3}$인 표현도 똑같은 내용이지만 구심력이라는 말에서 느껴지는 "공학적인 친근함"과는 거리가 멀다. 특히, 곡선을 $y = y(x)$로 나타낼 경우에는

$$\frac{1}{\rho} = \frac{|y''|}{(1 + y'^2)^{3/2}}$$

의 간단한 형태로 된다.

예제 22 $r\theta$ 평면 위의 곡선을 매개변수 t를 이용하여 $r = r(t)$, $\theta = \theta(t)$로 나타낼 때, 곡률은

$$\frac{1}{\rho} = \frac{|r'(r\theta'' + 2r'\theta') - r\theta'(r'' - r\theta'^2)|}{(r'^2 + r^2\theta'^2)^{3/2}}$$

임을 보여라.

☞ $r\theta$ 평면에서의 위치벡터는 $\mathbf{r} = (x, y, 0) = (r\cos\theta, r\sin\theta, 0)$이다. 위치벡터를 미분하면(편의상, $\mathrm{c} = \cos\theta$, $\mathrm{s} = \sin\theta$로 두자)

$$\begin{aligned} \mathbf{v} = \mathbf{r}' &= (x', y', 0) = (r'\mathrm{c} - r\theta'\mathrm{s},\ r'\mathrm{s} + r\theta'\mathrm{c},\ 0) \\ \mathbf{v}' &= (r''\mathrm{c} - 2r'\theta'\mathrm{s} - r\theta''\mathrm{s} - r\theta'^2\mathrm{c},\ r''\mathrm{s} + 2r'\theta'\mathrm{c} + r\theta''\mathrm{c} - r\theta'^2\mathrm{s},\ 0) \\ \mathbf{v} \times \mathbf{v}' &= \begin{vmatrix} \mathbf{i} & \mathbf{j} & \mathbf{k} \\ r'\mathrm{c} - r\theta'\mathrm{s} & r'\mathrm{s} + r\theta'\mathrm{c} & 0 \\ r''\mathrm{c} - 2r'\theta'\mathrm{s} - r\theta''\mathrm{s} - r\theta'^2\mathrm{c} & r''\mathrm{s} + 2r'\theta'\mathrm{c} + r\theta''\mathrm{c} - r\theta'^2\mathrm{s} & 0 \end{vmatrix} \\ &= \mathbf{k}\{(r'\mathrm{c} - r\theta'\mathrm{s})(r''\mathrm{s} + 2r'\theta'\mathrm{c} + r\theta''\mathrm{c} - r\theta'^2\mathrm{s}) \\ &\quad - (r'\mathrm{s} + r\theta'\mathrm{c})(r''\mathrm{c} - 2r'\theta'\mathrm{s} - r\theta''\mathrm{s} - r\theta'^2\mathrm{c})\} \\ &= \mathbf{k}(2r'^2\theta' + rr'\theta'' - rr''\theta' + r^2\theta'^3) \end{aligned} \tag{85}$$

가 되고

$$v^2 = (r'\mathrm{c} - r\theta'\mathrm{s})^2 + (r'\mathrm{s} + r\theta'\mathrm{c})^2 = r'^2 + r^2\theta'^2 \tag{86}$$

이므로 곡률은

$$\frac{1}{\rho} = \frac{|r'(r\theta'' + 2r'\theta') - r\theta'(r'' - r\theta'^2)|}{(r'^2 + r^2\theta'^2)^{3/2}} \tag{87}$$

으로 구할 수 있다[식 (97) 아래의 해설에서 윗식은 더욱 간단한 형태로 표현될 것이다]. 덧붙여서, 기울기는 정의에 따라

$$\begin{aligned} y' &= \frac{dy}{dx} = \frac{(dy/dt)}{(dx/dt)} \\ &= \frac{r'\sin\theta + r\theta'\cos\theta}{r'\cos\theta - r\theta'\sin\theta} = \frac{r'\tan\theta + r\theta'}{r' - r\theta'\tan\theta} \end{aligned} \tag{88}$$

으로 주어진다. ◀

***각속도와 기저벡터의 회전.** 임의의 벡터를 $\mathbf{A} = A\mathbf{e}_A$로 벡터의 크기와 방향코사인을 구분하여 쓰

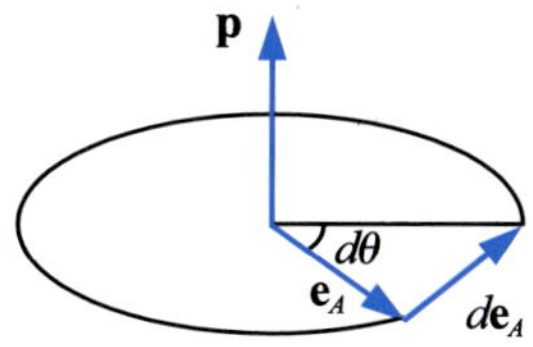

그림 6.15

고, 미소변화 $d\mathbf{A}$를 생각하면

$$d\mathbf{A} = d(A\mathbf{e}_A) = dA\,\mathbf{e}_A + A\,d\,\mathbf{e}_A \tag{89}$$

로 되어 $A\,d\,\mathbf{e}_A$가 회전에 의한 미소변화량을 나타낸다. 여기서, 그림 6.15에 보인 바와 같이 단위벡터 $\mathbf{e}_A$가 "어떤 단위벡터 $\mathbf{p}$를 회전축으로 하여 $d\theta$만큼 회전하였다"라고 생각하면 회전한 거리는 $|d\,\mathbf{e}_A| = 1 \cdot d\theta$이고 회전 방향은 $\mathbf{p}\times\mathbf{e}_A$이다. 따라서,

$$d\,\mathbf{e}_A = d\theta\,(\mathbf{p}\times\mathbf{e}_A) \tag{90}$$

로 쓸 수 있다. 윗식을 dt로 나누면

$$\frac{d\,\mathbf{e}_A}{dt} = \frac{d\theta}{dt}(\mathbf{p}\times\mathbf{e}_A) = \dot{\theta}\,\mathbf{p}\times\mathbf{e}_A \tag{91}$$

이고, 또한 각속도벡터 $\boldsymbol{\omega} = \dot{\theta}\mathbf{p}$를 도입하면 식 (89)는 윗식과 결합하여

$$\frac{d\mathbf{A}}{dt} = \frac{dA}{dt}\mathbf{e}_A + A\frac{d\mathbf{e}_A}{dt} = \frac{dA}{dt}\mathbf{e}_A + A\boldsymbol{\omega}\times\mathbf{e}_A$$

즉,

$$\frac{d\mathbf{A}}{dt} = \frac{dA}{dt}\mathbf{e}_A + \boldsymbol{\omega}\times\mathbf{A} \tag{92}$$

인 **동역학**(動力學; dynamics)에서 매우 유용한 표현 중의 하나로 된다.

특히, 정규직교기저는 크기가 일정한 벡터이므로 미분하게 되면 식 (92)의 첫째 항이 없어지므로

$$\frac{d}{dt}\mathbf{e}_i = \boldsymbol{\omega}\times\mathbf{e}_i \tag{93}$$

와 같이 벡터의 미분이 외적으로 대치된다.

****원통 및 구면좌표계에서 기저벡터의 회전.** 구면좌표계 $(r,\ \theta,\ \varphi)$에서 정규직교기저의 시간 미분은 다음과 같이 구한다. 식 (68)을 다시 쓰면

$$\mathbf{e}_r = (\mathbf{i}\cos\varphi + \mathbf{j}\sin\varphi)\sin\theta + \mathbf{k}\cos\theta$$
$$\mathbf{e}_\theta = (\mathbf{i}\cos\varphi + \mathbf{j}\sin\varphi)\cos\theta - \mathbf{k}\sin\theta$$
$$\mathbf{e}_\varphi = -\mathbf{i}\sin\varphi + \mathbf{j}\cos\varphi$$

가 되고, 먼저 $\mathbf{e}_r$을 미분하면

$$\begin{aligned}\frac{d\mathbf{e}_r}{dt} &= \dot{\theta}(\mathbf{i}\cos\varphi\cos\theta + \mathbf{j}\sin\varphi\cos\theta - \mathbf{k}\sin\theta) \\ &\quad + \dot{\varphi}(-\mathbf{i}\sin\varphi + \mathbf{j}\cos\varphi)\sin\theta \\ &= \dot{\theta}\mathbf{e}_\theta + \dot{\varphi}\sin\theta\mathbf{e}_\varphi \\ &= \dot{\theta}\mathbf{e}_\varphi \times \mathbf{e}_r + \dot{\varphi}\sin\theta\mathbf{e}_r \times \mathbf{e}_\theta \\ &= (\dot{\theta}\mathbf{e}_\varphi - \dot{\varphi}\sin\theta\mathbf{e}_\theta) \times \mathbf{e}_r\end{aligned}$$

을 얻는다. 다른 항에 대해서도 마찬가지로 반복하면 $\frac{d\mathbf{e}_\theta}{dt}$, $\frac{d\mathbf{e}_\varphi}{dt}$를 구할 수 있다. 또한 원통좌표계에 대해서도 같은 방법으로 구한다. 결과를 정리하면 다음과 같다.

- 원통좌표계: $\boldsymbol{\omega} = \dot{\theta}\mathbf{e}_z$

$$\frac{d}{dt}\begin{bmatrix}\mathbf{e}_r \\ \mathbf{e}_\theta \\ \mathbf{e}_z\end{bmatrix} = \begin{bmatrix}\boldsymbol{\omega}\times\mathbf{e}_r \\ \boldsymbol{\omega}\times\mathbf{e}_\theta \\ \boldsymbol{\omega}\times\mathbf{e}_z\end{bmatrix} = \begin{bmatrix}0 & \dot{\theta} & 0 \\ -\dot{\theta} & 0 & 0 \\ 0 & 0 & 0\end{bmatrix}\begin{bmatrix}\mathbf{e}_r \\ \mathbf{e}_\theta \\ \mathbf{e}_z\end{bmatrix} \tag{94}$$

- 구면좌표계: $\boldsymbol{\omega} = \dot{\theta}\mathbf{e}_\varphi + \dot{\varphi}(\mathbf{e}_r\cos\theta - \mathbf{e}_\theta\sin\theta)$

$$\frac{d}{dt}\begin{bmatrix}\mathbf{e}_r \\ \mathbf{e}_\theta \\ \mathbf{e}_\varphi\end{bmatrix} = \begin{bmatrix}\boldsymbol{\omega}\times\mathbf{e}_r \\ \boldsymbol{\omega}\times\mathbf{e}_\theta \\ \boldsymbol{\omega}\times\mathbf{e}_\varphi\end{bmatrix} = \begin{bmatrix}0 & \dot{\theta} & \dot{\varphi}\sin\theta \\ -\dot{\theta} & 0 & \dot{\varphi}\cos\theta \\ -\dot{\varphi}\sin\theta & -\dot{\varphi}\cos\theta & 0\end{bmatrix}\begin{bmatrix}\mathbf{e}_r \\ \mathbf{e}_\theta \\ \mathbf{e}_\varphi\end{bmatrix} \tag{95}$$

****기저벡터에 의한 가속도의 해석.** 식 (72)와 (77)은 서로 표현은 다르지만 가속도벡터라는 같은 물리량을 나타내고 있다. 그런데도 다르게 표현된 것은 각기 다른 정규직교기저를 이용하여 가속도벡터를 분해하였기 때문이며, 표 6.1에서 기저벡터의 선택에 따른 가속도의 표현을 정리하였다.

원통좌표계 또는 구면좌표계의 정규직교기저를 사용할 때는 식 (92)에서 $\mathbf{A} = \mathbf{r}$로 두어

$$\mathbf{v} = \frac{d\mathbf{r}}{dt} = \mathbf{e}_r\frac{dr}{dt} + \boldsymbol{\omega}\times\mathbf{r} \tag{96}$$

로부터 속도를 구한 다음, 다시 속도를 미분한 것을 식 (94) 또는 식 (95)를 써서 가속도를 구한다(연습문제 참조). 결과를 정리하면 다음과 같다.

표 6.1 기저벡터에 따른 가속도의 표현

가속도	정규직교기저	기저벡터의 관점
$\mathbf{i}\frac{d^2x}{dt^2} + \mathbf{j}\frac{d^2y}{dt^2} + \mathbf{k}\frac{d^2z}{dt^2}$	**i**, **j**, **k**	전역(全域; global)
$\mathbf{u}\frac{dv}{dt} + \mathbf{n}\frac{v^2}{\rho}$	**u**, **n**, **b**	국소(局所; local)

*기저벡터 **u**, **n**, **b**는 곡선이 휘거나 비틀리는 경우 곡선과 더불어 회전하므로 국소적이라 하고, 방향이 일정한 **i**, **j**, **k**는 전역적이라 한다.

$$
\begin{array}{l|l}
\text{원통좌표계 } (r, \theta, z) & \text{구면좌표계 } (r, \theta, \varphi) \\
\mathbf{v} = \mathbf{e}_r \dot{r} + \mathbf{e}_\theta r\dot{\theta} + \mathbf{e}_z \dot{z} & \mathbf{v} = \mathbf{e}_r \dot{r} + \mathbf{e}_\theta r\dot{\theta} + \mathbf{e}_\varphi r\dot{\varphi}\sin\theta \\
\mathbf{a} = \mathbf{e}_r(\ddot{r} - r\dot{\theta}^2) & \mathbf{a} = \mathbf{e}_r(\ddot{r} - r\dot{\theta}^2 - r\dot{\varphi}^2\sin^2\theta) \\
\quad + \mathbf{e}_\theta(r\ddot{\theta} + 2\dot{r}\dot{\theta}) & \quad + \mathbf{e}_\theta(r\ddot{\theta} + 2\dot{r}\dot{\theta} - r\dot{\varphi}^2\sin\theta\cos\theta) \\
\quad + \mathbf{e}_z\ddot{z} & \quad\quad + \mathbf{e}_\varphi(r\ddot{\varphi}\sin\theta + 2\dot{r}\dot{\varphi}\sin\theta + 2r\dot{\theta}\dot{\varphi}\cos\theta)
\end{array} \tag{97}
$$

식 (97)에서 원통좌표계에 대한 결과를 이용하여 식 (86)에 보인 곡률을 다시 쓰면

$$\frac{1}{\rho} = \frac{|r'(r\theta'' + 2r'\theta') - r\theta'(r'' - r\theta'^2)|}{(r'^2 + r^2\theta'^2)^{3/2}} = \frac{|v_r a_\theta - v_\theta a_r|}{(v_r^2 + v_\theta^2)^{3/2}} = \frac{|\mathbf{v} \times \mathbf{v}'|}{v^3}$$

과 같다.

***예제 23** 그림 6.16에 보인 바와 같이 가느다란 막대 $\overline{OA}$가 평면에 놓여 있고, 이 막대에 붙어서 개미가 점 A를 향하여 움직이고 있다. 이때, 막대가 O점을 중심으로 일정한 각속도로 반시계방향으로 회전한다면 개미의 가속도는 어떻게 되는가? 참고로, 개미의 위치벡터를 $\mathbf{r}(t) = r\mathbf{e}_r$이라 하면 $r = r(t)$는 O점으로부터의 거리이고, 회전각속도가 일정하므로 $\mathbf{e}_r = \mathbf{i}\cos\omega t + \mathbf{j}\sin\omega t$로 주어진다.

☞ 위치벡터를 미분하여 구한 속도와 가속도

$$\mathbf{v} = r'\mathbf{e}_r + r\mathbf{e}'_r, \quad \mathbf{a} = r''\mathbf{e}_r + 2r'\mathbf{e}'_r + r\mathbf{e}''_r$$

즉,

$$\mathbf{a} = (r''\mathbf{e}_r + r\mathbf{e}''_r) + 2r'\mathbf{e}'_r \tag{98}$$

을 얻는다. 식 (98)에서 $2r'\mathbf{e}'_r$항을 코리올리스(Coriolis) 가속도라고 하고, 이것은 막대의 회전과 개미 사이의 상대운동에 의하여 나타나는 가속도이다. 그런데,

$$
\begin{aligned}
\mathbf{e}'_r &= \omega(-\mathbf{i}\sin\omega t + \mathbf{j}\cos\omega t) = \omega\mathbf{k} \times \mathbf{e}_r \\
\mathbf{e}''_r &= \omega^2(-\mathbf{i}\cos\omega t - \mathbf{j}\sin\omega t) = -\omega^2\mathbf{e}_r
\end{aligned} \tag{99}
$$

이므로 $r\mathbf{e}''_r = -r\omega^2\mathbf{e}_r$은 구심가속도를 나타내고, 코리올리스 가속도의 방향은 $\mathbf{e}'_r = \omega\mathbf{k} \times \mathbf{e}_r$이므로 그림 6.16에 보인 바와 같이 반시계방향이다. ◀

일반적으로 각속도벡터를 $\boldsymbol{\omega}$라 하고 운동체 사이의 상대속도를 $\mathbf{v}_{\text{rel}}$이라 하면 코리올리스 가속도는 $\mathbf{a}_{\text{cor}} = 2\boldsymbol{\omega} \times \mathbf{v}_{\text{rel}}$이다. 우리가 급회전하는 차 안에서 구심가속도의 반대방향인

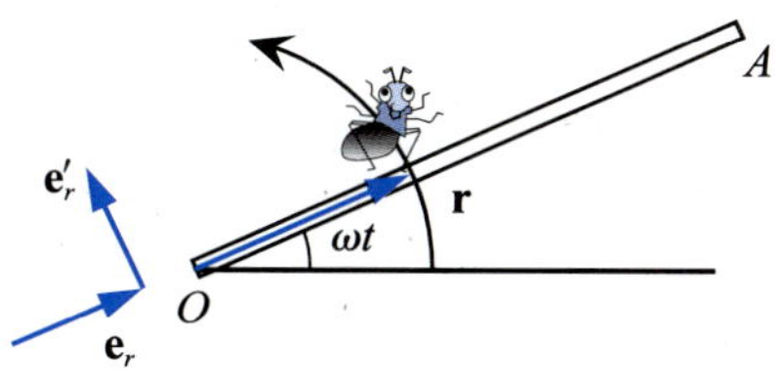

그림 6.16

바깥쪽으로 몸이 쏠리는 것처럼, 위의 문제에서 막대를 기어가는 개미는 코리올리스 가속도와 반대방향인 시계방향으로 몸이 기울어지려 할 것이다.

** 식 (92)의 공식 $\frac{d\mathbf{A}}{dt} = \mathbf{A}' = (A\mathbf{e}_A)' = A'\mathbf{e}_A + \boldsymbol{\omega} \times \mathbf{A}$을 다시 미분하고, $\boldsymbol{\alpha} = \boldsymbol{\omega}'$으로 두면 가속도는 다음과 같다.

$$\begin{aligned}\mathbf{A}'' &= A''\mathbf{e}_A + A'\mathbf{e}_A' + \boldsymbol{\omega} \times \mathbf{A}' + \boldsymbol{\omega}' \times \mathbf{A} \\ &= A''\mathbf{e}_A + A'\boldsymbol{\omega} \times \mathbf{e}_A + \boldsymbol{\omega} \times (A'\mathbf{e}_A + \boldsymbol{\omega} \times \mathbf{A}) + \boldsymbol{\alpha} \times \mathbf{A} \\ &= A''\mathbf{e}_A + \boldsymbol{\omega} \times (\boldsymbol{\omega} \times \mathbf{A}) + \boldsymbol{\alpha} \times \mathbf{A} + 2A'\boldsymbol{\omega} \times \mathbf{e}_A.\end{aligned}$$

위에서, $\mathbf{v}_{\text{rel}} = A'\mathbf{e}_A$는 $\mathbf{e}_A$ 방향으로 고정된 좌표에 대한 상대속도로 해석할 수 있으므로 가속도는

$$\mathbf{A}'' = A''\mathbf{e}_A + \boldsymbol{\omega} \times (\boldsymbol{\omega} \times \mathbf{A}) + \boldsymbol{\alpha} \times \mathbf{A} + 2\boldsymbol{\omega} \times \mathbf{v}_{\text{rel}}$$

로 쓸 수 있다. 이때, $\boldsymbol{\omega} \times (\boldsymbol{\omega} \times \mathbf{A})$를 구심가속도, $2\boldsymbol{\omega} \times \mathbf{v}_{\text{rel}}$를 코리올리스 가속도라고 한다.

연습문제

[1] $\mathbf{v} = \boldsymbol{\omega} \times \mathbf{r}$일 때, $\frac{d\mathbf{v}}{dt}$와 $\frac{d}{dt}(\mathbf{r} \times \mathbf{v})$를 구하라.

[2] (예제 23)에서 $\mathbf{r}(t) = \mathbf{e}_r e^t$로 두고 코리올리스 가속도를 구하라.

[3] $\mathbf{u}(t)$가 임의의 벡터함수일 때 $\frac{d}{dt}\left(\mathbf{u} \cdot \frac{d\mathbf{u}}{dt} \times \frac{d^2\mathbf{u}}{dt^2}\right)$를 구하라.

[4] 원통좌표계에서 위치벡터를 $\mathbf{r} = \mathbf{e}_r r + \mathbf{e}_z z$으로 나타낼 수 있다. 식 (94)를 써서 속도와 가속도의 표현, 즉 식 (97)을 보여라.

[5] $\mathbf{r} = \mathbf{e}_r r$에 식 (95)를 써서 구면좌표계에서의 속도와 가속도의 표현, 즉 식 (97)을 보여라.

[6] 포물선 $y = x^2$ 위의 점 (0, 0)에서의 곡률반지름을 구하라.

[7] 직선의 곡률은 0임을 보여라.

[8] 반지름 a인 원의 곡률반지름은 $\rho = a$임을 보여라

[9] $\mathbf{r} = \mathbf{i}a\cos t + \mathbf{j}b\sin t$로 주어지는 곡선의 곡률을 구하라.

***[10]** 곡률에 대한 식 (82)를 구하는 또다른 방법은 $\mathbf{v}' = v'\mathbf{u} + \frac{v^2}{\rho}\mathbf{n}$과 $\mathbf{v} = v\mathbf{u}$의 외적을 취하면 $\mathbf{v} \times \mathbf{v}' = \frac{v^3}{\rho}\mathbf{u} \times \mathbf{n} = \frac{v^3}{\rho}\mathbf{b}$이고, 양변의 크기를 취하면 $|\mathbf{v} \times \mathbf{v}'| = \frac{v^3}{\rho}$인 식을 얻을 수 있다(그러나, 한눈에 개념을 알 수 있는 식 (83)이 보다 편리하다).

**6-7 곡선의 기하학

***정의에 따른 곡률의 계산.** 곡선을 t 또는 호의 길이 s를 매개변수로 택하여 $\mathbf{r}(t)$ 또는 $\mathbf{r}(s)$로 나

타내면, 각각의 경우에 대해 곡률은

$$\frac{1}{\rho}(s)=\left|\frac{d^2\mathbf{r}}{ds^2}\right|,\quad \frac{1}{\rho}(t)=\frac{|\mathbf{r}'\times\mathbf{r}''|}{|\mathbf{r}'|^3} \tag{100}$$

으로 주어진다. 위의 첫 번째 공식은 곡률의 정의 $\frac{1}{\rho}=\left|\frac{d\mathbf{u}}{ds}\right|$에 $\mathbf{u}=\frac{d\mathbf{r}}{ds}$를 대입한 것이고, 두 번째 공식은 $\mathbf{u}=\frac{\mathbf{r}'}{|\mathbf{r}'|}$과 (예제 18)을 이용하면

$$\frac{1}{\rho}=\left|\frac{d\mathbf{u}}{ds}\right|=\frac{\left|\frac{d\mathbf{u}}{dt}\right|}{\left|\frac{ds}{dt}\right|}=\frac{\left|\frac{d}{dt}\frac{\mathbf{r}'}{|\mathbf{r}'|}\right|}{\left|\frac{d\mathbf{r}}{dt}\right|}=\frac{\frac{|\mathbf{r}'\times\mathbf{r}''|}{|\mathbf{r}'|^2}}{|\mathbf{r}'|}=\frac{|\mathbf{r}'\times\mathbf{r}''|}{|\mathbf{r}'|^3}$$

으로 증명할 수도 있다.

☑ (예제 20)에서 구한 곡률의 계산이 훨씬 간단하고 개념적으로 이해하기 용이할 것이다.

***비틀림률의 정의.** 단위배법선벡터를 미분해 보면

$$\begin{aligned}\frac{d\mathbf{b}}{ds}&=\frac{d}{ds}(\mathbf{u}\times\mathbf{n})=\frac{d\mathbf{u}}{ds}\times\mathbf{n}+\mathbf{u}\times\frac{d\mathbf{n}}{ds}\\&=\frac{1}{\rho}\mathbf{n}\times\mathbf{n}+\mathbf{u}\times\frac{d\mathbf{n}}{ds}\\&=\mathbf{u}\times\frac{d\mathbf{n}}{ds}\end{aligned}$$

이 되므로 $\frac{d\mathbf{b}}{ds}$는 $\mathbf{u}$와 직교하는 것을 알 수 있다. 그런데, $\frac{d\mathbf{b}}{ds}$는 $\mathbf{b}$와도 직교한다(이유를 생각해 보라). 따라서, $\mathbf{u}$, $\mathbf{b}$와 모두 직교하므로

$$\frac{d\mathbf{b}}{ds}=-\frac{1}{\tau}\mathbf{n} \tag{101}$$

으로 쓸 수 있다. 여기서, $\frac{1}{\tau}$을 **비틀림률**(torsion)이라고 정의한다. 비틀림률은 평면으로부터 비틀린 정도를 나타내며, 평면곡선(평면 위에 놓인 곡선)의 비틀림률은 0이다. 식 (101)에서 음의 부호는 오른손좌표계를 유지하기 위한 것이다.

***비틀림률의 계산.** 곡률의 경우와 마찬가지로 비틀림률을 구하는 방법은 매개변수의 선택에 따라

$$\begin{aligned}\frac{1}{\tau}(t)&=\frac{|\mathbf{r}'\cdot\mathbf{r}''\times r'''|}{|\mathbf{r}'\times\mathbf{r}''|^2}\\\frac{1}{\tau}(s)&=\rho^2\left(\frac{d\mathbf{r}}{ds}\cdot\frac{d^2\mathbf{r}}{ds^2}\times\frac{d^3\mathbf{r}}{ds^3}\right)\end{aligned} \tag{102}$$

의 두 가지로 주어진다. 미분기하학에서 곡률 $\frac{1}{\rho}(s)$와 비틀림률 $\frac{1}{\tau}(s)$가 연속함수이면 곡선은 유일하게 결정되는 것으로 알려져 있다.

구심가속도의 크기 $a_\rho = \dfrac{v^2}{\rho}$과 비슷한 방법으로 τ를 ρ보다 한 단계 높은 것으로 간주하면 다른 것도 "상징적으로" 한 단계를 높여서

$$\frac{v^2}{\rho} \longrightarrow \frac{a_\rho^2}{\tau}, \quad \frac{|\mathbf{v}\times\mathbf{v}'|}{v} \longrightarrow \frac{|\mathbf{v}\times\mathbf{v}'\cdot\mathbf{v}''|}{v^2}$$

이라고 생각할 수도 있다(증명은 연습문제 참조). 정리하면 다음과 같다.

$$a_\rho = \frac{v^2}{\rho} = \frac{|\mathbf{v}\times\mathbf{v}'|}{v}, \quad \frac{a_\rho^2}{\tau} = \frac{|\mathbf{v}\times\mathbf{v}'\cdot\mathbf{v}''|}{v^2} \tag{103}$$

*Frenet의 공식. $\dfrac{d\mathbf{n}}{ds}$을 구해 보면

$$\begin{aligned}\frac{d\mathbf{n}}{ds} &= \frac{d}{ds}(\mathbf{b}\times\mathbf{u}) = \frac{d\mathbf{b}}{ds}\times\mathbf{u} + \mathbf{b}\times\frac{d\mathbf{u}}{ds} \\ &= -\frac{1}{\tau}\mathbf{n}\times\mathbf{u} + \mathbf{b}\times\frac{1}{\rho}\mathbf{n}\end{aligned}$$

따라서,

$$\frac{d\mathbf{n}}{ds} = \frac{1}{\tau}\mathbf{b} - \frac{1}{\rho}\mathbf{u} \tag{104}$$

를 얻고, 지금까지 구한 $\dfrac{d\mathbf{u}}{ds}$, $\dfrac{d\mathbf{b}}{ds}$, $\dfrac{d\mathbf{n}}{ds}$에 대한 결과를 **프레네(Frenet)의 공식**이라고 하며

$$\frac{d}{ds}\begin{bmatrix}\mathbf{u}\\ \mathbf{n}\\ \mathbf{b}\end{bmatrix} = \begin{bmatrix} 0 & \frac{1}{\rho} & 0 \\ -\frac{1}{\rho} & 0 & \frac{1}{\tau} \\ 0 & -\frac{1}{\tau} & 0\end{bmatrix}\begin{bmatrix}\mathbf{u}\\ \mathbf{n}\\ \mathbf{b}\end{bmatrix} \tag{105}$$

처럼 행렬형태로 나타내는 것이 편리하다.

***예제 24** 비틀림률 $\dfrac{1}{\tau}(s) = \rho^2\left(\dfrac{d\mathbf{r}}{ds}\cdot\dfrac{d^2\mathbf{r}}{ds^2}\times\dfrac{d^3\mathbf{r}}{ds^3}\right)$을 증명하라.

☞ 식 (104)의 양변과 $\mathbf{b}$의 내적을 취하고, 다시 $\mathbf{b} = \mathbf{u}\times\mathbf{n}$을 대입한 후에 삼중적조작을 이용하면

$$\frac{1}{\tau} = \mathbf{b}\cdot\frac{d\mathbf{n}}{ds} = \mathbf{u}\times\mathbf{n}\cdot\frac{d\mathbf{n}}{ds} = \mathbf{u}\cdot\mathbf{n}\times\frac{d\mathbf{n}}{ds}$$

으로 된다. 그런데, 식 (76)에서

$$\mathbf{n} = \rho\frac{d\mathbf{u}}{ds}, \quad \frac{d\mathbf{n}}{ds} = \rho\frac{d^2\mathbf{u}}{ds^2} + \frac{d\rho}{ds}\frac{d\mathbf{u}}{ds} \tag{106}$$

이므로 $\mathbf{n}\times\dfrac{d\mathbf{n}}{ds} = \rho\dfrac{d\mathbf{u}}{ds}\times\rho\dfrac{d^2\mathbf{u}}{ds^2}$이다. 따라서, 정리하면

$$\frac{1}{\tau} = \left|\frac{d\mathbf{b}}{ds}\right| = \rho^2\left(\mathbf{u}\cdot\frac{d\mathbf{u}}{ds}\times\frac{d^2\mathbf{u}}{ds^2}\right) = \rho^2\left(\frac{d\mathbf{r}}{ds}\cdot\frac{d^2\mathbf{r}}{ds^2}\times\frac{d^3\mathbf{r}}{ds^3}\right) \tag{107}$$

의 결과를 얻는다. ◀

☑ $\frac{1}{\tau}(t)$에 관한 공식은 연습문제에서 다루기로 하자.

***예제 25** 앞의 (예제 19)에서 정의한 원나선의 곡률과 비틀림률, 접선벡터, 주법선벡터와 배법선벡터를 구하라.

☞ 식 (55)의 호의 길이 $s = t\sqrt{a^2+c^2}$, 즉 $t = \frac{s}{\sqrt{a^2+c^2}}$를 이용하여 원나선의 방정식을 다시 쓰면

$$\mathbf{r}(s) = \mathbf{i}\,a\cos\frac{s}{\beta} + \mathbf{j}\,a\sin\frac{s}{\beta} + \mathbf{k}\,c\,\frac{s}{\beta}, \quad \beta = \sqrt{a^2+c^2} \tag{108}$$

이것을 미분하여 접선벡터 $\mathbf{u}$

$$\mathbf{u}(s) = \frac{d\mathbf{r}}{ds}(s) = -\mathbf{i}\,\frac{a}{\beta}\sin\frac{s}{\beta} + \mathbf{j}\,\frac{a}{\beta}\cos\frac{s}{\beta} + \mathbf{k}\,\frac{c}{\beta} \tag{109}$$

를 얻고, 계속 미분하여

$$\frac{d\mathbf{u}}{ds}(s) = -\mathbf{i}\,\frac{a}{\beta^2}\cos\frac{s}{\beta} - \mathbf{j}\,\frac{a}{\beta^2}\sin\frac{s}{\beta} = -\frac{a}{\beta^2}\left(\mathbf{i}\cos\frac{s}{\beta} + \mathbf{j}\sin\frac{s}{\beta}\right)$$

으로부터 곡률 $\frac{1}{\rho}$과 주법선벡터 $\mathbf{n}$

$$\frac{1}{\rho} = \left|\frac{d\mathbf{u}}{ds}\right| = \frac{a}{\beta^2} = \frac{a}{a^2+c^2}$$

$$\mathbf{n}(s) = \rho\,\frac{d\mathbf{u}}{ds} = -\mathbf{i}\cos\frac{s}{\beta} - \mathbf{j}\sin\frac{s}{\beta} \tag{110}$$

를 얻는다. 계속하여

$$\mathbf{b}(s) = \mathbf{u}\times\mathbf{n} = \begin{vmatrix} \mathbf{i} & \mathbf{j} & \mathbf{k} \\ -\frac{a}{\beta}\sin\frac{s}{\beta} & \frac{a}{\beta}\cos\frac{s}{\beta} & \frac{c}{\beta} \\ -\cos\frac{s}{\beta} & -\sin\frac{s}{\beta} & 0 \end{vmatrix}$$

$$= \mathbf{i}\,\frac{c}{\beta}\sin\frac{s}{\beta} - \mathbf{j}\,\frac{c}{\beta}\cos\frac{s}{\beta} + \mathbf{k}\,\frac{a}{\beta}$$

$$\frac{d\mathbf{b}}{ds} = \frac{c}{\beta^2}\left(\mathbf{i}\cos\frac{s}{\beta} + \mathbf{j}\sin\frac{s}{\beta}\right)$$

$$\frac{1}{\tau} = \left|\frac{d\mathbf{b}}{ds}\right| = \frac{c}{\beta^2} = \frac{c}{a^2+c^2} \quad ◀ \tag{111}$$

*☑ 위의 풀이방법은 호의 길이 $s = \int_C (d\mathbf{r}\cdot d\mathbf{r})^{1/2} = \int_C v\,dt$를 쉽게 구할 수 있을 때 유용하다. 실제로, 타원과 같이 잘 알려진 곡선의 경우에도 호의 길이는 기초적인 함수로 표현되지 않는다. 따라서, 식 (103)으로부터 구한 공식 $a_\rho = \frac{v^2}{\rho} = \frac{|\mathbf{v}\times\mathbf{v}'|}{v}$과 $\frac{a_\rho^2}{\tau} = \frac{|\mathbf{v}\times\mathbf{v}'\cdot\mathbf{v}''|}{v^2}$를 이용하여 곡률과 비틀림률을 구하는 것이 편리하다. 위 예제의 경우 위치벡터 $\mathbf{r} = \mathbf{i}\,a\cos t + \mathbf{j}\,a\sin t + \mathbf{k}\,ct$를 계속 미분하면

$$
\begin{aligned}
\mathbf{v} &= -\mathbf{i}\,a\sin t + \mathbf{j}\,a\cos t + \mathbf{k}\,c \\
\mathbf{v}' &= -\mathbf{i}\,a\cos t - \mathbf{j}\,a\sin t \\
\mathbf{v}'' &= \mathbf{i}\,a\sin t - \mathbf{j}\,a\cos t \\
\mathbf{v}\times\mathbf{v}' &= ac(\mathbf{i}\sin t - \mathbf{j}\cos t) + \mathbf{k}\,a^2 \\
\mathbf{v}\times\mathbf{v}'\cdot\mathbf{v}'' &= [ac(\mathbf{i}\sin t - \mathbf{j}\cos t) + \mathbf{k}\,a^2]\cdot(\mathbf{i}\,a\sin t - \mathbf{j}\,a\cos t) \\
&= a^2 c(\sin^2 t + \cos^2 t) \\
&= a^2 c
\end{aligned}
$$

이므로, $v = |\mathbf{v}| = \beta \equiv \sqrt{a^2+c^2}$을 먼저 구한다. 계속해서,

$$
a_\rho = \frac{v^2}{\rho} = \frac{|\mathbf{v}\times\mathbf{v}'|}{v} = \frac{a\sqrt{c^2+a^2}}{\beta} = \frac{a\beta}{\beta} = a
$$

$$
\frac{a_\rho^2}{\tau} = \frac{|\mathbf{v}\times\mathbf{v}'\cdot\mathbf{v}''|}{v^2} \quad\Rightarrow\quad \frac{a^2}{\tau} = \frac{a^2 c}{\beta^2}
$$

로부터 $\frac{1}{\rho} = \frac{a}{\beta^2}$, $\frac{1}{\tau} = \frac{c}{\beta^2}$ 등을 구할 수 있다. 또한, 정의로부터 $\mathbf{u} = \frac{\mathbf{v}}{|\mathbf{v}|}$, 단위벡터의 미분은 자신과 직교하는 성질로부터 $\mathbf{n} = \frac{\mathbf{u}'}{|\mathbf{u}'|}$을 구한 다음에 $\mathbf{b} = \mathbf{u}\times\mathbf{n}$을 사용한다.

연습문제

[1] 다음으로 주어지는 곡선의 비틀림률을 구하라.

(a) $\mathbf{r}(t) = \mathbf{i}\,t + \mathbf{j}\,2t + \mathbf{k}\,3t$ (b) $\mathbf{r}(t) = \mathbf{i}\,t + \mathbf{j}\,t^2 + \mathbf{k}\,t^3$ (c) $\mathbf{r}(t) = \mathbf{i}\cos t + \mathbf{j}\sin t + \mathbf{k}\,e^t$

[2] 평면곡선의 비틀림률은 0이 되는 것을 증명하라.

[3] $\frac{1}{\tau}(s) = \rho^2\left(\frac{d\mathbf{r}}{ds}\cdot\frac{d^2\mathbf{r}}{ds^2}\times\frac{d^3\mathbf{r}}{ds^3}\right)$을 이용하여 $\frac{1}{\tau}(t) = \frac{|\mathbf{r}'\cdot\mathbf{r}''\times\mathbf{r}'''|}{|\mathbf{r}'\times\mathbf{r}''|^2}$을 증명하라.

증명: $v = \frac{ds}{dt} = |\mathbf{r}'|$이라 하면 $\frac{d}{ds} \equiv \frac{dt}{ds}\frac{d}{dt} = \frac{1}{v}\frac{d}{dt}$이다.

$$
\begin{aligned}
\frac{d\mathbf{r}}{ds} &= \frac{1}{v}\frac{d}{dt}\mathbf{r} = \frac{1}{v}\mathbf{r}' \\
\frac{d^2\mathbf{r}}{ds^2} &= \frac{1}{v}\frac{d}{dt}\left(\frac{1}{v}\mathbf{r}'\right) = -\frac{1}{v^3}\mathbf{r}' + \frac{1}{v^2}\mathbf{r}'' \\
\frac{d^3\mathbf{r}}{ds^3} &= \frac{1}{v}\frac{d}{dt}\left(-\frac{1}{v^3}\mathbf{r}' + \frac{1}{v^2}\mathbf{r}''\right) = \frac{3}{v^5}\mathbf{r}' - \frac{3}{v^4}\mathbf{r}'' + \frac{1}{v^3}\mathbf{r}'''
\end{aligned}
$$

을 구해 놓고

$$
\begin{aligned}
\frac{d\mathbf{r}}{ds}\times\frac{d^2\mathbf{r}}{ds^2} &= \frac{1}{v}\mathbf{r}'\times\left(-\frac{1}{v^3}\mathbf{r}' + \frac{1}{v^2}\mathbf{r}''\right) = \frac{1}{v^3}\mathbf{r}'\times\mathbf{r}'' \\
\frac{d\mathbf{r}}{ds}\times\frac{d^2\mathbf{r}}{ds^2}\cdot\frac{d^3\mathbf{r}}{ds^3} &= \left(\frac{1}{v^3}\mathbf{r}'\times\mathbf{r}''\right)\cdot\left(\frac{3}{v^5}\mathbf{r}' - \frac{3}{v^4}\mathbf{r}'' + \frac{1}{v^3}\mathbf{r}'''\right) \\
&= \frac{1}{v^6}\mathbf{r}'\times\mathbf{r}''\cdot\mathbf{r}''' = \frac{1}{v^6}(\mathbf{r}'\cdot\mathbf{r}''\times\mathbf{r}''')
\end{aligned}
$$

그런데, 식 (100)에서 $\frac{\rho^2}{v^6} = \frac{\rho^2}{|\mathbf{r}'|^6} = \frac{1}{|\mathbf{r}' \times \mathbf{r}''|^2}$이므로 준 식이 성립한다.

요 약

다음은 벡터를 기하학적으로 이해하는 데 기본이 되는 요소로 이들의 조합으로 곡선의 곡률, 기저벡터의 회전 등을 나타낼 수 있다.

- 구성요소: 크기 $|\mathbf{A}|$, 방향코사인 $\mathbf{e}_A = \frac{\mathbf{A}}{|\mathbf{A}|}$
- 중요한 연산: (내적, 외적, 스칼라 삼중적)

$$\mathbf{a} \cdot \mathbf{b}, \quad \mathbf{a} \times \mathbf{b}, \quad (\mathbf{abc}) = \mathbf{a} \cdot \mathbf{b} \times \mathbf{c}$$

- 성분분해:
  ① $\mathbf{F} = (\mathbf{u} \cdot \mathbf{F})\mathbf{u} + \mathbf{u} \times (\mathbf{F} \times \mathbf{u})$, 단위벡터와 평행, 직교분해
  ② $\mathbf{F} = \mathbf{a}\frac{(\mathbf{Fbc})}{(\mathbf{abc})} + \mathbf{b}\frac{(\mathbf{aFc})}{(\mathbf{abc})} + \mathbf{c}\frac{(\mathbf{abF})}{(\mathbf{abc})}$, 평행육면체 분해
- 구성요소의 변화: $\mathbf{v} = \mathbf{u}|\mathbf{v}|$라 할 때
  ① $\frac{d}{dt}|\mathbf{v}| = (\mathbf{u} \cdot \mathbf{v}') = \frac{1}{|\mathbf{v}|}(\mathbf{v} \cdot \mathbf{v}')$, 크기의 미분
  ② $\frac{d}{dt}\left(\frac{\mathbf{v}}{|\mathbf{v}|}\right) = \frac{\mathbf{u} \times (\mathbf{v}' \times \mathbf{u})}{|\mathbf{v}|} = \frac{\mathbf{v} \times (\mathbf{v}' \times \mathbf{v})}{|\mathbf{v}|^3}$, 방향코사인의 미분
- 직교좌표계에서 η_i축에 대한 접선벡터, 척도요소 및 자코비안

$$\mathbf{g}_i = \frac{\partial \mathbf{r}}{\partial \eta_i}, \quad \mathbf{e}_i = \frac{\mathbf{g}_i}{|\mathbf{g}_i|}, \quad h_i = |\mathbf{g}_i|$$

$$J \equiv \mathbf{g}_1 \cdot \mathbf{g}_2 \times \mathbf{g}_3 = \begin{vmatrix} \frac{\partial x}{\partial \eta_1} & \frac{\partial y}{\partial \eta_1} & \frac{\partial z}{\partial \eta_1} \\ \frac{\partial x}{\partial \eta_2} & \frac{\partial y}{\partial \eta_2} & \frac{\partial z}{\partial \eta_2} \\ \frac{\partial x}{\partial \eta_3} & \frac{\partial y}{\partial \eta_3} & \frac{\partial z}{\partial \eta_3} \end{vmatrix}$$

- 가속도의 분해: $\mathbf{v} = v\mathbf{u}$라고 할 때

$$\mathbf{v}' = \begin{cases} v'\mathbf{u} + v\mathbf{u}' & \text{(미분규칙)} \\ v'\mathbf{u} + \frac{v^2}{\rho}\mathbf{n} & \text{(동역학)} \\ (\mathbf{u} \cdot \mathbf{v}')\mathbf{u} + \mathbf{u} \times (\mathbf{v}' \times \mathbf{u}) & \text{(벡터분해)} \end{cases}$$

- 곡률과 비틀림률: $\frac{v^2}{\rho}\mathbf{n} = \mathbf{u} \times (\mathbf{v}' \times \mathbf{u})$에서

$$\begin{cases} \dfrac{1}{\rho} = \dfrac{|\mathbf{v} \times \mathbf{v}'|}{v^3} \\ \dfrac{1}{\tau} = \dfrac{|\mathbf{v} \times \mathbf{v}' \cdot \mathbf{v}''|}{|\mathbf{v} \times \mathbf{v}'|^2} \end{cases} \quad \begin{cases} a_\rho = \dfrac{v^2}{\rho} = \dfrac{|\mathbf{v} \times \mathbf{v}'|}{v} \\ \dfrac{a_\rho^2}{\tau} = \dfrac{|\mathbf{v} \cdot \mathbf{v}' \times \mathbf{v}''|}{v^2} \end{cases}$$

또는

$$\frac{1}{\rho}(s) = \left|\frac{d^2\mathbf{r}}{ds^2}\right| \qquad \frac{1}{\tau}(s) = \rho^2\left(\frac{d\mathbf{r}}{ds} \cdot \frac{d^2\mathbf{r}}{ds^2} \times \frac{d^3\mathbf{r}}{ds^3}\right)$$

$$\frac{1}{\rho}(t) = \frac{|\mathbf{r}' \times \mathbf{r}''|}{v^3} \qquad \frac{1}{\tau}(t) = \rho^2 \frac{|\mathbf{r}' \cdot \mathbf{r}'' \times \mathbf{r}'''|}{v \cdot v^2 \cdot v^3}.$$

Chapter 7

벡터의 미분법 (구배 · 발산 · 회전)

어떤 물리적인 대상, 예를 들어 조리되고 있는 감자 내부의 임의의 점에서의 온도를 ϕ라고 하면, 공간에서의 미소변화량 $d\phi_{\text{space}}$는 미소 위치변화 $d\mathbf{r}$과 연관된 양으로 다루어져야 할 것이다. 이 장에서는 주로 공간에서의 $d\mathbf{r}$, $d\phi$, 구배(gradient), 발산(divergence), 회전(curl) 등 벡터의 미분과 관련된 내용을 다루게 된다. 특히, 공간변화율을 다루기 위해 도입하는 구배를 $\nabla = \dfrac{d}{d\mathbf{r}}$와 같이 표현하는 것은 수학의 엄격성에 어긋나지만, 어느 정도 개념에 익숙해질 때까지만 사용하기로 한다.

7-1 함수의 구배

구배(gradient)의 정의. 독립변수 x에 관한 함수 $\phi(x)$를 생각해 보자. 주어진 독립변수 x의 미소변화 dx에 대한 종속변수 ϕ의 미소변화 $d\phi$는 이미 알고 있는 바와 같이

$$d\phi = dx\left(\frac{d\phi}{dx}\right) \tag{1}$$

로 구한다. 비슷한 방법으로 다변수(多變數)함수 $\phi(x, y, z)$의 미소변화 $d\phi$는 사슬법칙에 의해

$$\begin{aligned} d\phi &= \frac{\partial\phi}{\partial x}dx + \frac{\partial\phi}{\partial y}dy + \frac{\partial\phi}{\partial z}dz \\ &= (\mathbf{i}\,dx + \mathbf{j}\,dy + \mathbf{k}\,dz)\cdot\left(\mathbf{i}\frac{\partial\phi}{\partial x} + \mathbf{j}\frac{\partial\phi}{\partial y} + \mathbf{k}\frac{\partial\phi}{\partial z}\right) \end{aligned} \tag{2}$$

이다. 여기서, 다변수함수 $\phi(x, y, z)$를 $\mathbf{r} = (x, y, z) = \mathbf{i}x + \mathbf{j}y + \mathbf{k}z$에 관하여 보다 간명하게 $\phi(x, y, z) \equiv \phi(\mathbf{r})$로 표현하자. 그러면 $\phi(\mathbf{r})$은 독립변수가 $\mathbf{r}$인 함수로 생각할

수 있으므로 미소변화 $d\phi$를 단변수(單變數)함수에 대한 식 (1)과 같이

$$d\phi = d\mathbf{r} \cdot \left(\frac{d\phi}{d\mathbf{r}}\right) \tag{3}$$

로 쓸 수 있다고 가정하자. 단, $d\mathbf{r} = \mathbf{i}\,dx + \mathbf{j}\,dy + \mathbf{k}\,dz$를 나타내고 $d\mathbf{r}$과 $(d\phi/d\mathbf{r})$의 곱은 내적으로 정의되었다고 한다. 여기서 우리는 식 (3)의 분모에 위치한 벡터 때문에 아마 당황하게 될지도 모른다. 그러나, 앞에서 식 (6.28)에서도 벡터를 행렬식의 인수로 "상징적"으로 사용한 경험이 있으므로, 분모에 위치한 벡터를 "상징적"으로 사용해 보기로 하자. 그리고, 보다 합리적인 형태의 $\nabla\phi$(또는 grad ϕ)를

$$\frac{d\phi}{d\mathbf{r}} \equiv \nabla\phi \tag{4}$$

로 정의하자. 이때, 식 (2)와 (3)을 비교해 보면

$$\frac{d\phi}{d\mathbf{r}} \equiv \nabla\phi = \mathbf{i}\frac{\partial\phi}{\partial x} + \mathbf{j}\frac{\partial\phi}{\partial y} + \mathbf{k}\frac{\partial\phi}{\partial z}$$

라는 것을 알 수 있다. 여기서 미분연산자만을 추려내어 적어보면

$$\frac{d}{d\mathbf{r}} \equiv \nabla = \mathbf{i}\frac{\partial}{\partial x} + \mathbf{j}\frac{\partial}{\partial y} + \mathbf{k}\frac{\partial}{\partial z} \tag{5}$$

이며, ∇을 물매 또는 **구배**(勾配; gradient)라 정의하고 "del" 또는 "nabla"라고 읽는다. 그리고, 이제부터는 $\dfrac{d}{d\mathbf{r}}$를 ∇의 상징적인 표현으로 생각하기로 한다. 마찬가지로 분모에 위치한 $d\mathbf{r}$을 밖으로 끌어내는 "상징적인 연산"을

$$\begin{aligned}\nabla\phi \equiv \lim_{|\delta\mathbf{r}|\to 0}\frac{\delta\phi}{\delta\mathbf{r}} &= \lim_{|\delta\mathbf{r}|\to 0}\left(\frac{\delta\phi}{\mathbf{i}\delta x + \mathbf{j}\delta y + \mathbf{k}\delta z}\right)\\ &= \lim_{|\delta\mathbf{r}|\to 0}\left(\mathbf{i}\frac{\delta\phi}{\delta x} + \mathbf{j}\frac{\delta\phi}{\delta y} + \mathbf{k}\frac{\delta\phi}{\delta z}\right)\\ &= \mathbf{i}\frac{\partial\phi}{\partial x} + \mathbf{j}\frac{\partial\phi}{\partial y} + \mathbf{k}\frac{\partial\phi}{\partial z}\end{aligned} \tag{6}$$

와 같이 수행한 것처럼 생각한다.

☑ 다른 교재에서는 식 (3) 대신에 식 (2)로부터 **방향도함수**(方向導函數; directional derivative)라는 것을 먼저 정의하고, 구배연산자 ∇을 도입하기 때문에 벡터가 분모에 놓인 "상징적인, 그러나 꽤 쓸모있는" 표현 $\dfrac{d}{d\mathbf{r}} \equiv \nabla$을 생각해 볼 필요가 없다. 여기서는 ∇을 먼저 정의하고 방향도함수를 나중에 도입하는 방법을 택하였다.

$\dfrac{d}{d\mathbf{r}} \equiv \nabla$의 이해. 어떤 물리량 ϕ가 시간과 공간에 대한 종속함수라고 하면 $\phi(t, x, y, z)$보다는 $\phi(t, \mathbf{r})$로 나타내는 것이 더욱 편리하다. 이때,

① 시간의 미소변화 dt

② 공간의 미소변화 $d\mathbf{r}$

③ 물리량의 미소변화 $d\phi$

를 아래의 그림처럼 "마치 카드와 같이 늘어놓고" 두 개씩 짝지어 보면

$\boxed{dt}$ → $(dt, d\mathbf{r})$ → $\dfrac{d\mathbf{r}}{dt}$ (위치의 시간변화율, 즉 속도)

$\boxed{d\mathbf{r}}$ → $(dt, d\phi)$ → $\dfrac{d\phi}{dt}$ (물리량의 시간변화율)

$\boxed{d\phi}$ → $(d\mathbf{r}, d\phi)$ → $\dfrac{d\phi}{d\mathbf{r}}$ (물리량의 공간변화율, 즉 구배)

로 된다. 위의 관계로부터 $\dfrac{d\phi}{d\mathbf{r}} \equiv \nabla\phi$의 물리적인 의미를 이해할 수 있다. 실제로, 시간과 공간에 관한 미분을 각각 $\dfrac{d\phi}{dt}$, $\dfrac{d\phi}{d\mathbf{r}}$ (또는 편미분임을 강조하여 $\dfrac{\partial\phi}{\partial t}$, $\dfrac{\partial\phi}{\partial\mathbf{r}}$)로 쓸 수 있다면 시간변화율, 공간변화율의 의미가 보다 명확히 나타날 것이다. 물론 $\dfrac{\partial\phi}{\partial\mathbf{r}}$와 같은 표현은 $\nabla\phi$를 공간변화율로 "충분히 이해할 때까지만" 사용하기로 한다. 다음은 식 (2)와 (5)를

$$d\phi = \begin{cases} d\mathbf{r}\cdot\dfrac{d\phi}{d\mathbf{r}} \\ d\mathbf{r}\cdot\nabla\phi \end{cases} \quad d \equiv \begin{cases} d\mathbf{r}\cdot\dfrac{d}{d\mathbf{r}} \\ d\mathbf{r}\cdot\nabla \end{cases} \tag{7}$$

과 같이 요약한 것으로, 공간에서의 변화량이 중요한 만큼 그것을 다루는 위의 표현은 너무나 중요한 공식이다. 특히, $d \equiv d\mathbf{r}\cdot\dfrac{d}{d\mathbf{r}} = d\mathbf{r}\cdot\nabla$의 표현은 공간에서의 미소증분이 어떻게 정의되는가를 알기 쉽게 표현해 준다.

공간변화율로서의 $\dfrac{d\phi}{d\mathbf{r}} \equiv \nabla\phi$는 다음의 적분과정

$$\frac{d\phi}{dx} = u(x) \quad \Rightarrow \quad \phi = \int u\,dx$$

$$\nabla\phi \equiv \frac{d\phi}{d\mathbf{r}} = \mathbf{u}(\mathbf{r}) \quad \Rightarrow \quad \phi = \int \mathbf{u}\cdot d\mathbf{r} \tag{8}$$

에서 보듯이 보통의 상미분과 구조적인 유사성을 가진다.

$\dfrac{d\phi}{d\mathbf{r}} \equiv \nabla\phi$의 방향(곡면법선벡터). 앞에서 다루어 본 평면의 식

$$\phi(\mathbf{r}) = \phi(x, y, z) = ax + by + cz = d \tag{9}$$

에 대해 생각해 보자. 이 평면을 나타내는 스칼라함수 ϕ의 구배

$$\nabla\phi = \mathbf{i}\frac{\partial\phi}{\partial x} + \mathbf{j}\frac{\partial\phi}{\partial y} + \mathbf{k}\frac{\partial\phi}{\partial z} = \mathbf{i}a + \mathbf{j}b + \mathbf{k}c$$

는 6장의 (예제 3)으로부터 평면과 수직한 것을 알 수 있다. 이러한 사실을 보다 일반적인 **곡면**(曲面; surface)에 대해 확장해 보기로 하자.

$$f(\mathbf{r}) = f(x, y, z) = c = \text{상수} \tag{10}$$

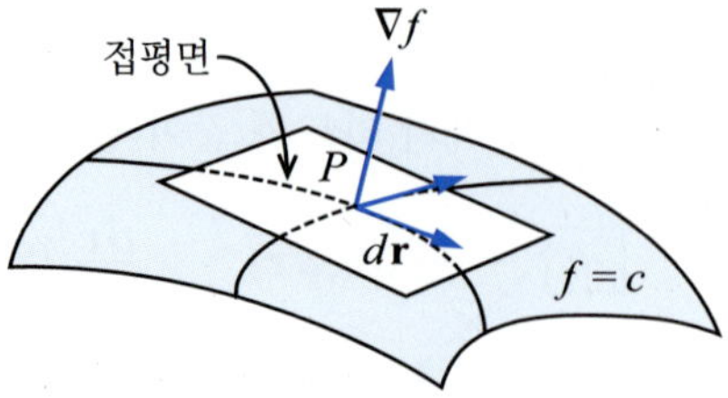

그림 7.1 곡면법선벡터로서의 구배

의 형태로 주어진 식을 **곡면의 방정식**이라고 한다. 그림 7.1을 참조하여, 주어진 곡면 위에서 ∇f가 정의되는 임의의 점 $P(x, y, z)$를 잡는다.

만약, $\nabla f = 0$이면 ∇f의 방향에 대해 생각할 필요가 없으므로 $\nabla f \neq 0$이라 하자. 이때 P점으로부터 미소변위가 $d\mathbf{r}$인 곡면 위의 다른 점들은 P점에서의 곡면의 **접평면**(接平面; tangent plane) 상에 존재한다(접평면은 곡선에서의 접선개념을 확장한 것이다). 그런데, 곡면상에서는

$$df = f(\mathbf{r} + d\mathbf{r}) - f(\mathbf{r}) = c - c = 0 \tag{11}$$

이고, 식 (7)로부터

$$0 = df = d\mathbf{r} \cdot \nabla f \tag{12}$$

가 성립하므로 $d\mathbf{r}$과 ∇f는 서로 직교한다. 여기서, $d\mathbf{r}$은 P점에서의 접평면상에 놓여 있으므로 ∇f는 접평면과 수직이다. 보통 접평면에 수직한 벡터는 **곡면법선**(曲面法線; surface normal)이라고 한다. 이것을 정리하면

> $f(\mathbf{r}) = f(x, y, z) = c$로 표현되는 곡면이 ∇f가 정의되는 점 P에서 $\nabla f \neq 0$이면 ∇f는 점 P의 접평면에 수직한 **곡면법선벡터**이다.

$\frac{d\phi}{d\mathbf{r}} \equiv \nabla\phi$와 방향도함수. $d\phi = d\mathbf{r} \cdot \frac{d\phi}{d\mathbf{r}} = d\mathbf{r} \cdot \nabla\phi$에서 미소변위를 $d\mathbf{r} = \mathbf{u}\, ds$인 형태로 단위벡터 $\mathbf{u}$와 미소길이 ds로 나타내고, 양변을 ds로 나누면

$$\frac{d\phi}{ds} = \mathbf{u} \cdot \nabla\phi \tag{13}$$

를 얻는다. 위의 미분을 단위벡터 $\mathbf{u}$ 방향으로의 **방향도함수**(方向導函數; directional derivative)라 한다. 방향도함수를 이해하는 가장 좋은 방법은 벡터 $\nabla\phi$를

$$\begin{aligned}\nabla\phi &= \frac{\partial\phi}{\partial x}\mathbf{i} + \frac{\partial\phi}{\partial y}\mathbf{j} + \frac{\partial\phi}{\partial z}\mathbf{k} \\ &= (\mathbf{i} \cdot \nabla\phi)\mathbf{i} + (\mathbf{j} \cdot \nabla\phi)\mathbf{j} + (\mathbf{k} \cdot \nabla\phi)\mathbf{k}\end{aligned} \tag{14}$$

로 쓰면 단위벡터 $\mathbf{u} = \mathbf{i}$인 경우 $\mathbf{i} \cdot \nabla\phi = \frac{\partial\phi}{\partial x}$이므로 $\mathbf{i}$ 방향으로의 방향도함수 $\mathbf{i} \cdot \nabla\phi$는

바로 x에 대한 편도함수 $\dfrac{\partial\phi}{\partial x}$와 같다. 그렇기 때문에 어떤 면(面)의 단위법선벡터를 $\mathbf{n}$이라고 할 때, 이 방향으로의 방향도함수 $\mathbf{n}\cdot\nabla\phi$를 $\dfrac{\partial\phi}{\partial n}$로 나타내는 경우가 종종 있다(8장의 예제 10 참조).

또한, 방향도함수를 이 장에서 도입한 $\dfrac{d}{d\mathbf{r}}\equiv\nabla$로 다시 쓰면

$$\frac{d\phi}{ds}=\mathbf{u}\cdot\nabla\phi=\frac{d\mathbf{r}}{ds}\cdot\frac{d\phi}{d\mathbf{r}} \tag{15}$$

인 "형식적으로는" 사슬법칙을 나타내는 것을 알 수 있다. 식 (13)의 방향도함수를 다시

$$\frac{d\phi}{ds}=\mathbf{u}\cdot\nabla\phi=|\mathbf{u}||\nabla\phi|\cos\theta \tag{16}$$

로 써 보자(단, θ는 $\mathbf{u}$와 $\nabla\phi$가 이루는 사이각이고, 만일 $\nabla\phi=0$이면 사이각은 정의되지 않는다). 그러면 $\mathbf{u}$가 $\nabla\phi$와 같은 방향(즉, $\theta=0$)일 때 $\dfrac{d\phi}{ds}$가 최대이고 이때의 방향도함수는 $\dfrac{d\phi}{ds}=|\nabla\phi|$이다. 즉, $\nabla\phi$는 주어진 점에서 ϕ의 변화가 최대로 되는 방향이다.

지금까지 알아본 내용을 정리하면 다음과 같다.

$\nabla\phi$는 ① ϕ의 공간변화율 $\dfrac{d\phi}{d\mathbf{r}}$의 개념으로 차원이 $\dim[\phi]\cdot\text{length}^{-1}$
② ϕ의 변화가 최대로 되는 방향 ($\nabla\phi\neq0$일 때)
③ ϕ의 변화가 없는 방향(ϕ가 일정한 면)과는 수직 ($\nabla\phi\neq0$일 때)
④ $d\phi=d\mathbf{r}\cdot\dfrac{d\phi}{d\mathbf{r}}=d\mathbf{r}\cdot\nabla\phi,\qquad d=d\mathbf{r}\cdot\dfrac{d}{d\mathbf{r}}=d\mathbf{r}\cdot\nabla$
⑤ $\dfrac{d\phi}{d\mathbf{r}}\equiv\nabla\phi=\mathbf{u}$의 적분은 $\phi=\int\mathbf{u}\cdot d\mathbf{r}$

예제 1 $f=x^2+y^2$로 주어지는 스칼라함수의 구배를 구하고, 얻어진 벡터장을 평면상에서 화살표를 이용하여 개략적으로 나타내어라.

☞ $\nabla f=\nabla(x^2+y^2)=\left(\mathbf{i}\dfrac{\partial}{\partial x}+\mathbf{j}\dfrac{\partial}{\partial y}+\mathbf{k}\dfrac{\partial}{\partial z}\right)(x^2+y^2)=\mathbf{i}(2x)+\mathbf{j}(2y)$

가 되고, $z=0$ 평면 위에서 구배를 그려보면 ∇f는 중심에서 밖으로 나가는 방향의 벡터로 중심에서 멀어질수록 크기가 증가하는 벡터장이 된다. ◀

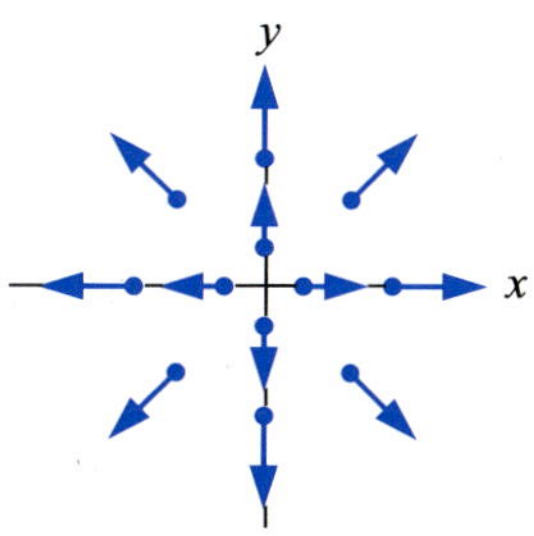

그림 7.2 벡터장 $\nabla(x^2+y^2)$의 개략적인 그림

예제 2 구면 $x^2+y^2+z^2=5$의 한 점 (1, 0, 2)에서의 접평면의 방정식과 법선벡터를 구하라.

☞ 주어진 구면의 식을 $\phi(\mathbf{r})=x^2+y^2+z^2=5$로 나타내면 점 (1, 0, 2)에서의 법선벡터는

$$\nabla\phi=\nabla(x^2+y^2+z^2)=2(\mathbf{i}\,x+\mathbf{j}\,y+\mathbf{k}\,z)=2\mathbf{i}+4\mathbf{k}$$

이고, 접평면의 식은 $\nabla\phi=2\mathbf{i}+4\mathbf{k}=(2,0,4)$가 평면에 수직이며 또한 점 (1, 0, 2)을 포함하므로

$$(2,0,4)\cdot(x,y,z)=(2,0,4)\cdot(1,0,2)\quad\Rightarrow\quad 2x+4z=2+8$$

즉,

$$x+2z=5 \tag{17}$$

예제 3 $r=\sqrt{x^2+y^2+z^2}$으로 정의할 때, $\nabla\phi(r)$을 구하라.

☞ $\dfrac{d}{dt}\phi(r)=\dfrac{d\phi}{dr}\dfrac{d}{dt}r$과 같은 형태인 $\nabla\phi(r)=\dfrac{d\phi}{dr}\nabla r$로 쓸 수 있다. 그런데

$$\frac{\partial r}{\partial x}=\frac{\partial}{\partial x}\sqrt{x^2+y^2+z^2}=\frac{2x}{2\sqrt{x^2+y^2+z^2}}=\frac{x}{r}$$

이고 비슷한 방법으로 $\dfrac{\partial r}{\partial y}=\dfrac{y}{r}$, $\dfrac{\partial r}{\partial z}=\dfrac{z}{r}$이므로

$$\nabla r=\left(\mathbf{i}\frac{\partial}{\partial x}+\mathbf{j}\frac{\partial}{\partial y}+\mathbf{k}\frac{\partial}{\partial z}\right)r=\frac{\mathbf{i}\,x+\mathbf{j}\,y+\mathbf{k}\,z}{r}=\frac{\mathbf{r}}{r}=\mathbf{e}_r \tag{18}$$

따라서,

$$\nabla\phi(r)=\frac{d\phi}{dr}\nabla r=\frac{d\phi}{dr}\mathbf{e}_r \tag{19}$$

연습문제

[1] 다음 스칼라함수의 구배를 구하고 평면상에서 구배의 방향을 간단히 그려 보아라.

(a) $f=x^2-y^2$ (b) $f=xy$ (c) $f=\tan^{-1}\dfrac{y}{x}$ (d) $f=e^x\cos y$

[2] $\nabla(uv)=u\nabla v+v\nabla u$임을 보여라.

[3] ∇x, ∇y, ∇z를 구하라.

[4] xy 평면상에서 $r=\sqrt{x^2+y^2}$, $\theta=\tan^{-1}\dfrac{y}{x}$라 할 때 ∇r, $\nabla\theta$를 구하라.

[5] $r=\sqrt{x^2+y^2+z^2}$이라 할 때, ∇r의 크기와 방향을 구하라. 또, ∇r^n을 구하라.

[6] $\mathbf{u}$를 $\mathbf{i}$, $\mathbf{j}$, $\mathbf{k}$로 택하였을 때의 방향도함수 $\dfrac{d\phi}{ds}=\mathbf{u}\cdot\nabla\phi$를 구하여라.

[7] 힘벡터 $\mathbf{F}$가 $\mathbf{F}=-\nabla\phi$로 주어지면 $\mathbf{F}\cdot d\mathbf{r}=-d\phi$임을 증명하라.

[8] 열유속(熱流束; heat flux)벡터 $\mathbf{q}$는 Fourier의 법칙에 의해 $\mathbf{q}=-k\nabla T$로 주어진다. 여기

서 k는 **열전도도**(熱傳導度)이고 T는 온도이다. 그러면 Fourier의 법칙은 온도가 최대로 감소하는 방향으로 열이 흐른다는 것을 의미한다. $T = x^2 - y^2$으로 주어질 때 점 (3, 2)에서 열이 흐르는 방향을 구하고, 등온선(等溫線) $T = 5$를 그려 보아라.

[9] xy 평면상에서 전압(電壓; voltage)이 일정한 선 $V(x,y) = \ln(x^2 + y^2) = 50$으로 주어져 있다. 점 (1, 1)에서의 전기력(구배)의 방향을 구하라.

[10] 함수 ϕ가 시간과 공간좌표에 모두 종속하면, 즉 $\phi = \phi(\mathbf{r}, t)$일 때 다음을 보여라.

$$d\phi = d\bar{\mathbf{r}} \cdot \frac{\partial \phi}{\partial \bar{\mathbf{r}}} + dt\,\frac{\partial \phi}{\partial t} = d\bar{\mathbf{r}} \cdot \nabla\phi + dt\,\frac{\partial \phi}{\partial t}$$

☑ 윗식을 미소시간 dt로 나누고 속도벡터 $\mathbf{v} = \dfrac{d\mathbf{r}}{dt}$을 도입하면

$$\frac{d\phi}{dt} = \frac{\partial \phi}{\partial t} + \bar{\mathbf{v}} \cdot \nabla\phi$$

로 된다. 이때, $d\phi/dt$는 **질량미분**(material derivative)라고 하고 $\mathbf{v} \cdot \nabla\phi$를 대류항(convective term)이라고 한다. 이러한 표현은 검사체적에 의한 유체역학의 기본방정식을 유도할 때 사용된다.

7-2 발산과 회전

발 산. 벡터장의 **발산**(發散; divergence)은 $\mathbf{v} = \mathbf{i}v_1 + \mathbf{j}v_2 + \mathbf{k}v_3$일 때

$$\operatorname{div}\mathbf{v} \equiv \nabla \cdot \mathbf{v} = \frac{\partial v_1}{\partial x} + \frac{\partial v_2}{\partial y} + \frac{\partial v_3}{\partial z} \tag{20}$$

로 정의되는 스칼라를 말한다. 이때, $\nabla \cdot \mathbf{v}$는 내적의 형태이지만

$$\begin{aligned}\nabla \cdot \mathbf{v} &= \left(\mathbf{i}\frac{\partial}{\partial x} + \mathbf{j}\frac{\partial}{\partial y} + \mathbf{k}\frac{\partial}{\partial z}\right) \cdot (\mathbf{i}v_1 + \mathbf{j}v_2 + \mathbf{k}v_3) \\ &= \frac{\partial}{\partial x}v_1 + \frac{\partial}{\partial y}v_2 + \frac{\partial}{\partial z}v_3 \\ &= \frac{\partial v_1}{\partial x} + \frac{\partial v_2}{\partial y} + \frac{\partial v_3}{\partial z}\end{aligned}$$

에서 $\dfrac{\partial}{\partial x}v_1$은 두 수의 곱이 아닌 v_1에 작용하는 편미분연산을 의미한다. 특히, $\mathbf{v} \cdot \nabla$은

$$\begin{aligned}\mathbf{v} \cdot \nabla &= (\mathbf{i}v_1 + \mathbf{j}v_2 + \mathbf{k}v_3) \cdot \left(\mathbf{i}\frac{\partial}{\partial x} + \mathbf{j}\frac{\partial}{\partial y} + \mathbf{k}\frac{\partial}{\partial z}\right) \\ &= v_1\frac{\partial}{\partial x} + v_2\frac{\partial}{\partial y} + v_3\frac{\partial}{\partial z}\end{aligned} \tag{21}$$

로 편미분연산이 아직 수행되지 않은 상태의 미분연산자를 의미하며, 따라서 $\nabla \cdot \mathbf{v} \neq \mathbf{v} \cdot \nabla$임에 주의한다. 실제로 스칼라함수 ϕ에 대해서

$$\mathbf{v}\cdot\nabla\phi = v\left(\frac{\mathbf{v}}{v}\cdot\nabla\phi\right) = v\frac{d\phi}{ds} \tag{22}$$

는 $\mathbf{v}$ 벡터 방향으로의 방향도함수와 $\mathbf{v}$ 벡터의 크기를 곱한 양을 의미한다. 정리하면,

① $\nabla\cdot\mathbf{v}$는 발산(divergence)을 나타내는 스칼라량

② $\mathbf{v}\cdot\nabla$은 방향도함수에 관계하는 미분연산자

를 의미한다.

발산이라 함은 밖으로 퍼져나가는 양, 즉 유출량(流出量)이라는 뜻을 가지고 있으며, 어떤 점에서 양(陽)의 발산을 가지면 source, 음(陰)의 발산을 가지면 sink가 주어졌다고 한다. 다시 말해

$$\nabla\cdot\mathbf{v} = \begin{cases} q>0 & \text{source} \\ q<0 & \text{sink} \end{cases} \tag{23}$$

로 구별한다(예를 들어, 수도꼭지와 세면대는 각각 source, sink와 유사한 역할을 한다). 만일 $\nabla\cdot\mathbf{v}=0$이면 source와 sink가 평형, 즉 $\sum_i q_i = 0$인 것으로 본다.

구배의 발산, 즉 $\nabla\cdot\nabla\phi$는

$$\nabla^2\phi \equiv \nabla\cdot\nabla\phi = \frac{\partial^2\phi}{\partial x^2}+\frac{\partial^2\phi}{\partial y^2}+\frac{\partial^2\phi}{\partial z^2} \tag{24}$$

인 스칼라량이 된다. 여기서 ∇^2을 라플라시안(Laplacian)이라고 하고, $\nabla^2\phi=0$을 **라플라스 방정식**이라고 한다. 라플라스 방정식을 만족하는 연속함수를 보통 **조화**(調和; harmonic)**함수**라고 한다.

예제 4 밀도가 ρ인 압축성 유체(壓縮性流體)가 속도 v로 1차원 유동을 하고 있다. 이때의 질량보존법칙 $\frac{\partial\rho}{\partial t}+\frac{\partial}{\partial x}(\rho v)=0$을 유도하라.

☞ 그림 7.3과 같이 면적이 A, 두께가 dx인 얇은 판 모양의 미소체적 내부에서 밀도가 ρ인 압축성 유체를 고려하자. 이 체적의 왼쪽과 오른쪽 면으로는 유체가 출입할 수 있으며, 왼쪽 면(surface)을 통과하는 질량을 m_Σ라고 하면 오른쪽 면을 통과하는 질량은 $m_\Sigma + \frac{\partial m_\Sigma}{\partial x}dx$

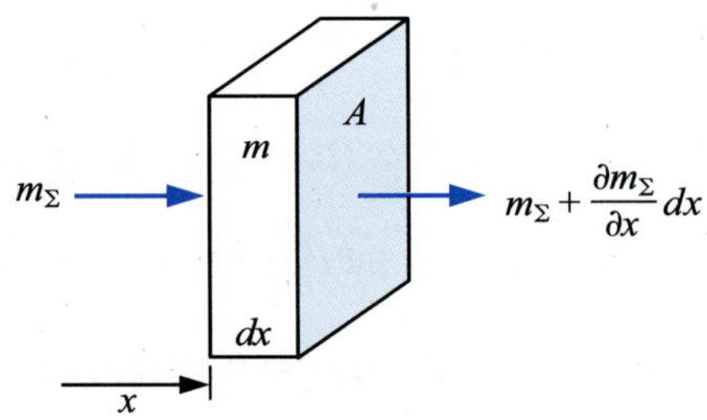

그림 7.3

이다. 시간 dt 동안 체적 내부의

$$\text{질량증가량} = \text{유입량} - \text{유출량}$$

이므로

$$\left(m + \frac{\partial m}{\partial t}dt\right) - m = m_\Sigma - \left(m_\Sigma + \frac{\partial m_\Sigma}{\partial x}dx\right) \tag{25}$$

인 식으로 쓸 수 있다. 위에서, $m = \rho A\,dx$와 $m_\Sigma = \rho v A\,dt$를 대입하면

$$\frac{\partial}{\partial t}(\rho A\,dx)\,dt = -\frac{\partial}{\partial x}(\rho v A\,dt)\,dx$$

인데, 양변을 $A\,dxdt$로 나누면

$$\frac{\partial \rho}{\partial t} + \frac{\partial}{\partial x}(\rho v) = 0 \tag{26}$$

을 얻는다. 이것을 3차원 공간으로 확장하면

$$\frac{\partial \rho}{\partial t} + \nabla \cdot \rho \mathbf{v} = 0 \tag{27}$$

인 **연속방정식** 또는 **질량보존의 법칙**을 얻을 수 있다. ◀

회 전. 벡터의 **회전**(回轉; curl)은

$$\text{curl}\,\mathbf{v} \equiv \nabla \times \mathbf{v} = \begin{vmatrix} \mathbf{i} & \mathbf{j} & \mathbf{k} \\ \dfrac{\partial}{\partial x} & \dfrac{\partial}{\partial y} & \dfrac{\partial}{\partial z} \\ v_1 & v_2 & v_3 \end{vmatrix} \tag{28}$$

로 정의되는 벡터를 말한다.

회전의 물리적인 의미는 유체역학에서 인용하여 설명할 수 있다. 그림 7.4에 나타낸 것처럼 물에 떠 있는 나뭇잎이 A점에서 B점까지 이동한 두 가지 경우를 살펴보면 $\mathbf{v}$를 속도벡터라 할 때

왼쪽의 나뭇잎	오른쪽의 나뭇잎
• 잎줄기 방향이 유지됨 • 병진(竝進)운동만을 함 • $\lim\limits_{B \to A} \nabla \times \mathbf{v} = 0$	• 잎줄기 방향이 달라짐 • 병진 + 회전의 합성운동을 함 • $\lim\limits_{B \to A} \nabla \times \mathbf{v} \neq 0$

으로 해석할 수 있고, 위의 경우에서 진정한 의미의 회전을 한 것은 오른쪽의 나뭇잎이라는 것을 알 수 있다. $\mathbf{v}$를 속도벡터라고 생각하여 이러한 개념을 확장하면, 공간상의 한 점 P에서의 $\nabla \times \mathbf{v}$는 "점 P에 무한히 작은 나뭇잎을 놓았을 때 나뭇잎이 갖게 되는 각속도"와 비슷한 개념이라고 할 수 있다. 예를 들어, 장난감팽이의 윗면에 그려진 나뭇잎의 잎줄기는 팽이가 돌면 따라서 회전하게 되므로 $\nabla \times \mathbf{v} \neq 0$이다. 나중에 (예제 10)에서 알 수 있듯이 팽이와 같은 강체(剛體, solid body)가 일정한 각속도 $\boldsymbol{\omega}$로 회전

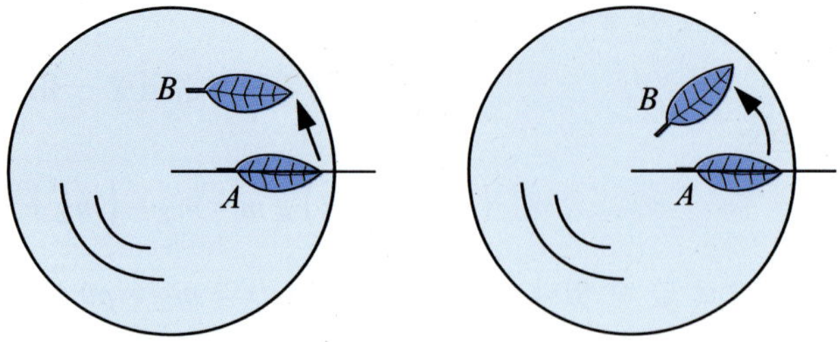

그림 7.4

할 때는 $\nabla \times \mathbf{v} = 2\boldsymbol{\omega}$로 된다. 만약, $\nabla \times \mathbf{v} = 0$이면 P점에 놓여지는 미소한 나뭇잎은 순수히 평행이동, 즉 병진운동만을 하게 되고, 이러한 벡터장 $\mathbf{v}$는 **비회전**(irrotational)이라고 한다.

구배, 발산과 회전을 포함한 여러 가지 공식. 다음에서 살펴보는 공식들은 ∇연산자를 다루는 기술을 익히기 위한 것들이다. 필요할 때마다 『부담없이 쉽게』 유도할 수 있도록 주로 시각적인 방법을 택하여 "공식을 엄밀히 증명"하는 대신에 주어진 식이 "무리없이 성립"하는 것을 보였다.

예제 5 $\nabla \cdot (\mathbf{u} \times \mathbf{v}) = (\nabla \times \mathbf{u}) \cdot \mathbf{v} - (\nabla \times \mathbf{v}) \cdot \mathbf{u}$가 성립함을 보여라.

☞ ∇은 $\mathbf{u}$와 $\mathbf{v}$에 모두 작용할 수 있기 때문에 ∇_u를 $\mathbf{u}$에만 작용하고 $\mathbf{v}$는 상수로 취급하는 미분연산으로 정의한다. 마찬가지 방법으로 ∇_v를 정의하면

$$\begin{aligned}\nabla \cdot (\mathbf{u} \times \mathbf{v}) &= (\nabla_u + \nabla_v) \cdot (\mathbf{u} \times \mathbf{v}) \\ &= \nabla_u \cdot (\mathbf{u} \times \mathbf{v}) - \nabla_v \cdot (\mathbf{v} \times \mathbf{u})\end{aligned}$$

여기서, 삼중적을 이용하면 $\nabla_u \cdot (\mathbf{u} \times \mathbf{v}) = (\nabla_u \times \mathbf{u}) \cdot \mathbf{v} = (\nabla \times \mathbf{u}) \cdot \mathbf{v}$임을 알 수 있다($\nabla_u \times \mathbf{u}$에서 ∇_u는 이미 $\mathbf{u}$에 직접 작용하였으므로 첨자 u를 생략해도 혼동이 일어나지 않는다). $\nabla_v \cdot (\mathbf{v} \times \mathbf{u})$에 대해서도 마찬가지로 삼중적을 이용하면

$$\nabla \cdot (\mathbf{u} \times \mathbf{v}) = (\nabla \times \mathbf{u}) \cdot \mathbf{v} - (\nabla \times \mathbf{v}) \cdot \mathbf{u} \tag{29}$$

를 얻을 수 있다. ◀

☑ 흔히 $\nabla \cdot (\mathbf{u} \times \mathbf{v}) = \mathbf{v} \cdot (\nabla \times \mathbf{u}) - \mathbf{u} \cdot (\nabla \times \mathbf{v})$로 내적의 순서를 바꾸어 표현한다. 그러나 $\mathbf{a} \cdot (\mathbf{b} \times \mathbf{c}) = (\mathbf{a} \times \mathbf{b}) \cdot \mathbf{c}$에 익숙해지면 사전단계인 $\nabla \cdot (\mathbf{u} \times \mathbf{v}) \cong (\nabla \times \mathbf{u}) \cdot \mathbf{v}$는 금방 적을 수 있고, 다시 $\mathbf{v}$에도 ∇이 작용하도록 짝을 추가하면 바로 식 (29)를 얻게 된다. 즉, 다음의 식들을 서로 비교해 본다[아래에서 $\mathbf{a} \cdot (\mathbf{u} \times \mathbf{v}) = -\mathbf{a} \cdot (\mathbf{v} \times \mathbf{u})$를 사용함].

$$\begin{aligned}\nabla \cdot (\mathbf{u} \times \mathbf{v}) &= (\nabla \times \mathbf{u}) \cdot \mathbf{v} - (\nabla \times \mathbf{v}) \cdot \mathbf{u} \\ \mathbf{a} \cdot (\mathbf{u} \times \mathbf{v}) &= (\mathbf{a} \times \mathbf{u}) \cdot \mathbf{v} \\ \mathbf{a} \cdot (\mathbf{u} \times \mathbf{v}) &= \qquad\qquad\quad -(\mathbf{a} \times \mathbf{v}) \cdot \mathbf{u} \quad \Leftarrow \quad -\mathbf{a} \cdot (\mathbf{v} \times \mathbf{u})\end{aligned}$$

예제 6 $\nabla \times (\mathbf{u} \times \mathbf{v})$를 전개하여 써라.

☞
$$\begin{aligned}\nabla \times (\mathbf{u} \times \mathbf{v}) &= \nabla_u \times (\mathbf{u} \times \mathbf{v}) + \nabla_v \times (\mathbf{u} \times \mathbf{v}) \\ &= \nabla_u \times (\mathbf{u} \times \mathbf{v}) - \nabla_v \times (\mathbf{v} \times \mathbf{u})\end{aligned}$$

로 나누어 놓고 6장에서 도입한 "유사행렬식"을 사용하면

$$\nabla_u \times (\mathbf{u} \times \mathbf{v}) = \begin{Vmatrix} \nabla_u & \nabla_u \\ \mathbf{v} & \mathbf{u} \\ \mathbf{v} & \mathbf{u} \end{Vmatrix} = (\nabla_u \cdot \mathbf{v})\,\mathbf{u} - (\nabla_u \cdot \mathbf{u})\,\mathbf{v}$$

이다. 여기서, $(\nabla_u \cdot \mathbf{v})\mathbf{u}$가 의미를 가지려면 $(\nabla_u \cdot \mathbf{v})\,\mathbf{u} \Rightarrow (\mathbf{v} \cdot \nabla_u)\,\mathbf{u}$로 내적의 순서를 바꾸어 ∇_u가 직접 $\mathbf{u}$에 작용하도록 해야 한다. 따라서,

$$\nabla_u \times (\mathbf{u} \times \mathbf{v}) = (\mathbf{v} \cdot \nabla_u)\mathbf{u} - (\nabla_u \cdot \mathbf{u})\mathbf{v} = (\mathbf{v} \cdot \nabla)\mathbf{u} - (\nabla \cdot \mathbf{u})\mathbf{v}$$

이고, $\nabla_v \times (\mathbf{v} \times \mathbf{u})$의 경우는 $\nabla_u \times (\mathbf{u} \times \mathbf{v})$와 u, v의 변수명을 서로 바꾸어 가지면 된다. 따라서, 결과를 정리하면

$$\begin{aligned}\nabla \times (\mathbf{u} \times \mathbf{v}) &= (\mathbf{v} \cdot \nabla)\mathbf{u} - (\mathbf{u} \cdot \nabla)\mathbf{v} + (\nabla \cdot \mathbf{v})\mathbf{u} - (\nabla \cdot \mathbf{u})\mathbf{v} \\ &= [(\nabla \cdot \mathbf{v}) + (\mathbf{v} \cdot \nabla)]\,\mathbf{u} \\ &\quad - [(\nabla \cdot \mathbf{u}) + (\mathbf{u} \cdot \nabla)]\,\mathbf{v} \quad ◀\end{aligned} \tag{30}$$

☑ 식 (30)에서 $\mathbf{u}$의 "계수(?)"는 서로 위치만 바꾼 $\nabla \cdot \mathbf{v}$와 $\mathbf{v} \cdot \nabla$의 합인 것에 주목한다. 실제로 "계수"라는 표현을 쓰지 못하는 이유는 $\nabla \cdot \mathbf{v}$의 ∇은 "배부른" 연산자이고, $\mathbf{v} \cdot \nabla$의 ∇은 "배고픈" 연산자라는 말의 뜻을 잘 생각해 보면 알 수 있다. 식 (30)과 같이 표현하는 것은

$$\begin{aligned}\nabla \times (\mathbf{u} \times \mathbf{v}) &= [(\nabla \cdot \mathbf{v}) + (\mathbf{v} \cdot \nabla)]\,\mathbf{u} - [(\nabla \cdot \mathbf{u}) + (\mathbf{u} \cdot \nabla)]\,\mathbf{v} \\ \mathbf{a} \times (\mathbf{u} \times \mathbf{v}) &= [(\mathbf{a} \cdot \mathbf{v}) \qquad\qquad]\,\mathbf{u} - [(\mathbf{a} \cdot \mathbf{u}) \qquad\qquad]\,\mathbf{v} \\ \mathbf{a} \times (\mathbf{u} \times \mathbf{v}) &= [\qquad\qquad (\mathbf{v} \cdot \mathbf{a})]\,\mathbf{u} - [\qquad\qquad (\mathbf{u} \cdot \mathbf{a})]\,\mathbf{v}\end{aligned}$$

와 같은 유사한 형태를 이용한 것으로, 대부분의 교재에서는 다음과 같이 표현하고 있다.

$$\nabla \times (\mathbf{u} \times \mathbf{v}) = \mathbf{v} \cdot \nabla\mathbf{u} - \mathbf{u} \cdot \nabla\mathbf{v} + \mathbf{u}(\nabla \cdot \mathbf{v}) - \mathbf{v}(\nabla \cdot \mathbf{u})$$

예제 7 $\nabla \times (\nabla \times \mathbf{u}) = \nabla(\nabla \cdot \mathbf{u}) - \nabla^2\mathbf{u}$를 보여라.

☞ 아래의 표현이 의미를 갖기 위해서는

$$\nabla \times (\nabla \times \mathbf{u}) = \begin{Vmatrix} \nabla & \nabla \\ \mathbf{u} & \nabla \\ \mathbf{u} & \nabla \end{Vmatrix} = (\nabla \cdot \mathbf{u})\nabla - (\nabla \cdot \nabla)\mathbf{u}$$

에서 $(\nabla \cdot \mathbf{u})\nabla = \nabla(\nabla \cdot \mathbf{u})$로 순서를 바꾸어야 한다. 따라서,

$$\nabla \times (\nabla \times \mathbf{u}) = \nabla(\nabla \cdot \mathbf{u}) - \nabla^2 \mathbf{u} \tag{31}$$

인 결과를 얻는다. ◀

✓ $\nabla \times (\nabla \times \mathbf{u})$에서는 **u** 벡터 하나뿐이므로 ∇_u로 구분할 필요가 없다.

*예제 8 $\nabla(\mathbf{u} \cdot \mathbf{v})$를 전개하여 정리하라.

☞ $\nabla(\mathbf{u} \cdot \mathbf{v})$의 형태는 $\begin{Vmatrix} \mathbf{u} & \square \\ \mathbf{v} & \square \\ \square & \nabla \end{Vmatrix}$의 일부와 비슷하다는 사실을 이용한다.

그런데, 위의 "유사행렬식"은 시계방향으로 두 번씩 적으면서 구하는 것이므로 나머지 네모 칸을 채워 넣으면 ∇을 포함한 식

$$\begin{Vmatrix} \mathbf{u} & \mathbf{u} \\ \mathbf{v} & \nabla \\ \mathbf{v} & \nabla \end{Vmatrix} \Rightarrow \mathbf{u} \times (\nabla \times \mathbf{v}) = \nabla_v(\mathbf{u} \cdot \mathbf{v}) - (\mathbf{u} \cdot \nabla_v)\mathbf{v}$$

에 도달할 수 있다. 따라서, u와 v의 이름을 서로 바꾼 것을 같이 적고

$$\begin{aligned} \mathbf{u} \times (\nabla \times \mathbf{v}) &= \nabla_v(\mathbf{u} \cdot \mathbf{v}) - (\mathbf{u} \cdot \nabla_v)\mathbf{v} \\ \mathbf{v} \times (\nabla \times \mathbf{u}) &= \nabla_u(\mathbf{v} \cdot \mathbf{u}) - (\mathbf{v} \cdot \nabla_u)\mathbf{u} \end{aligned} \tag{32}$$

두 식을 더하면 $\nabla(\mathbf{u} \cdot \mathbf{v}) = \nabla_u(\mathbf{u} \cdot \mathbf{v}) + \nabla_v(\mathbf{v} \cdot \mathbf{u})$이므로

$$\nabla(\mathbf{u} \cdot \mathbf{v}) = \mathbf{u} \cdot \nabla\mathbf{v} + \mathbf{v} \cdot \nabla\mathbf{u} + \mathbf{u} \times (\nabla \times \mathbf{v}) + \mathbf{v} \times (\nabla \times \mathbf{u}) \tag{33}$$ ◀

✓ 많은 교재에서 $\nabla(\mathbf{u} \cdot \mathbf{v})$을 말할 때 거의 예외없이 "$\mathbf{u} \times (\nabla \times \mathbf{v})$를 생각해 보자"로 시작한다. 이것이야말로 진정 답을 알고 시작하는 접근법이 아닌가 하는 의문을 가져왔다. 언제든지 필요할 때 쓰기 위해서는 위 예제처럼 해결의 실마리를 알아둔다.

✓ (아래의 논의는 20-3절의 내용에 기초한 것임) 실제로는 미분규칙에서 미분연산자를 모두 앞으로 옮겨 쓴 형태

$$(\mathbf{u} \cdot \mathbf{v})' = (\mathbf{u}' \cdot \mathbf{v}) + (\mathbf{v}' \cdot \mathbf{u})$$

와 매우 유사하게 ∇ 연산자에 대해서도

$$\nabla(\mathbf{u} \cdot \mathbf{v}) = (\nabla\mathbf{u}) \cdot \mathbf{v} + (\nabla\mathbf{v}) \cdot \mathbf{u}$$

가 성립한다. 계속해서, $(\nabla\mathbf{b}) \cdot \mathbf{a} = \mathbf{a} \cdot \nabla\mathbf{b} + \mathbf{a} \times (\nabla \times \mathbf{b})$를 이용하면 다음과 같다.

$$\begin{aligned} \nabla(\mathbf{u} \cdot \mathbf{v}) &= (\nabla\mathbf{u}) \cdot \mathbf{v} + (\nabla\mathbf{v}) \cdot \mathbf{u} \\ &= [\underbrace{\mathbf{v} \cdot \nabla\mathbf{u}}_{\mathbf{v}\text{ 방향 도함수}} + \underbrace{\mathbf{v} \times (\nabla \times \mathbf{u})}_{\mathbf{v}\text{에 수직}}] + [\underbrace{\mathbf{u} \cdot \nabla\mathbf{v}}_{\mathbf{u}\text{ 방향 도함수}} + \underbrace{\mathbf{u} \times (\nabla \times \mathbf{v})}_{\mathbf{u}\text{에 수직}}]. \end{aligned}$$

위에서, $(\mathbf{a}\cdot\nabla)\mathbf{b}=\mathbf{a}\cdot(\nabla\mathbf{b})$이므로 괄호를 생략해도 된다.

** 거의 비슷한 방법으로 $(\mathbf{u}\times\nabla)\times\mathbf{v}$를 생각해 보자. ∇연산자는 항상 뒤에 오는 수식에만 작용하기 때문에

$$(\mathbf{u}\times\nabla)\times\mathbf{v}=\begin{Vmatrix}\mathbf{v} & \mathbf{v}\\ \mathbf{u} & \nabla_v\\ \mathbf{u} & \nabla_v\end{Vmatrix}=(\mathbf{v}\cdot\mathbf{u})\nabla_v-(\mathbf{v}\cdot\nabla_v)\mathbf{u}=\nabla_v(\mathbf{v}\cdot\mathbf{u})-(\nabla_v\cdot\mathbf{v})\mathbf{u}$$

로 될 것이다. 그런데, 앞에서 $\nabla(\mathbf{u}\cdot\mathbf{v})=(\nabla\mathbf{u})\cdot\mathbf{v}+(\nabla\mathbf{v})\cdot\mathbf{u}$이므로

$$\nabla_u(\mathbf{u}\cdot\mathbf{v})=(\nabla\mathbf{u})\cdot\mathbf{v},\qquad \nabla_v(\mathbf{u}\cdot\mathbf{v})=(\nabla\mathbf{v})\cdot\mathbf{u}$$

와 같다. 따라서,

$$\begin{aligned}(\mathbf{u}\times\nabla)\times\mathbf{v}&=\nabla_v(\mathbf{u}\cdot\mathbf{v})-(\nabla_v\cdot\mathbf{v})\mathbf{u}=(\nabla\mathbf{v})\cdot\mathbf{u}-(\nabla\cdot\mathbf{v})\mathbf{u}\\(\mathbf{v}\times\nabla)\times\mathbf{u}&=\nabla_u(\mathbf{u}\cdot\mathbf{v})-(\nabla_u\cdot\mathbf{u})\mathbf{v}=(\nabla\mathbf{u})\cdot\mathbf{v}-(\nabla\cdot\mathbf{u})\mathbf{v}\end{aligned}$$

가 성립하고, 두 식을 더하면

$$\begin{aligned}\nabla(\mathbf{u}\cdot\mathbf{v})&=\nabla\mathbf{v}\cdot\mathbf{u}+\nabla\mathbf{u}\cdot\mathbf{v}\\&=(\mathbf{u}\times\nabla)\times\mathbf{v}+\mathbf{u}(\nabla\cdot\mathbf{v})+(\mathbf{v}\times\nabla)\times\mathbf{u}+\mathbf{v}(\nabla\cdot\mathbf{u})\end{aligned}$$

인 공식을 얻게 된다. 그러나, 보편적으로 위의 결과보다는 식 (33)을 더 많이 사용하고 있다.

예제 9 다음의 벡터항등식(vector identity)을 각각 보여라.

$$\nabla\times\nabla\phi=0,\qquad \nabla\cdot(\nabla\times\mathbf{v})=0,\qquad \nabla\cdot(\nabla f\times\nabla g)=0$$

☞ 두 행이 서로 같은 행렬식의 값은 0인 사실을 이용한다(5장 참조).

- $$\nabla\times\nabla\phi=\begin{vmatrix}\mathbf{i} & \mathbf{j} & \mathbf{k}\\ \dfrac{\partial}{\partial x} & \dfrac{\partial}{\partial y} & \dfrac{\partial}{\partial z}\\ \dfrac{\partial\phi}{\partial x} & \dfrac{\partial\phi}{\partial y} & \dfrac{\partial\phi}{\partial z}\end{vmatrix}=0 \tag{34}$$

  (2, 3행이 ϕ를 제외하고 동일)

- $$\nabla\cdot\nabla\times\mathbf{v}=\nabla\cdot\begin{vmatrix}\mathbf{i} & \mathbf{j} & \mathbf{k}\\ \dfrac{\partial}{\partial x} & \dfrac{\partial}{\partial y} & \dfrac{\partial}{\partial z}\\ v_1 & v_2 & v_3\end{vmatrix}=\begin{vmatrix}\dfrac{\partial}{\partial x} & \dfrac{\partial}{\partial y} & \dfrac{\partial}{\partial z}\\ \dfrac{\partial}{\partial x} & \dfrac{\partial}{\partial y} & \dfrac{\partial}{\partial z}\\ v_1 & v_2 & v_3\end{vmatrix}=0 \tag{35}$$

  (1, 2행이 서로 같다)

- $\mathbf{u}=\nabla f$, $\mathbf{v}=\nabla g$라 두고 (예제 5)의 결과에 대입하면

$$\begin{aligned}\nabla\cdot(\nabla f\times\nabla g)&=(\nabla\times\nabla f)\cdot\nabla g-(\nabla\times\nabla g)\cdot\nabla f\\&=0\cdot\nabla g-0\cdot\nabla f\end{aligned} \tag{36}$$ ◀

∇을 포함하는 중요한 공식. 아래의 공식은 매우 중요하므로 곧바로 쓸 수 있을 정도로 익혀두는 것이 바람직하다.

① $\nabla \cdot \phi \mathbf{u} = \nabla \phi \cdot \mathbf{u} + \phi(\nabla \cdot \mathbf{u})$

② $\nabla \times \phi \mathbf{u} = \nabla \phi \times \mathbf{u} + \phi(\nabla \times \mathbf{u})$

③ $\nabla \cdot (\mathbf{u} \times \mathbf{v}) = (\nabla \times \mathbf{u}) \cdot \mathbf{v} - (\nabla \times \mathbf{v}) \cdot \mathbf{u}$

④ $\nabla \times (\mathbf{u} \times \mathbf{v}) = [(\nabla \cdot \mathbf{v}) + (\mathbf{v} \cdot \nabla)]\mathbf{u} - [(\nabla \cdot \mathbf{u}) + (\mathbf{u} \cdot \nabla)]\mathbf{v}$

⑤ $\nabla(\mathbf{u} \cdot \mathbf{v}) = \mathbf{u} \cdot \nabla \mathbf{v} + \mathbf{v} \cdot \nabla \mathbf{u} + \mathbf{u} \times (\nabla \times \mathbf{v}) + \mathbf{v} \times (\nabla \times \mathbf{u})$

⑥ $\nabla \times (\nabla \times \mathbf{u}) = \nabla(\nabla \cdot \mathbf{u}) - \nabla^2 \mathbf{u}$ (37)

⑦ $\nabla \times \nabla \phi = 0$

⑧ $\nabla \cdot (\nabla \times \mathbf{u}) = 0$

⑨ $\nabla \cdot (\nabla f \times \nabla g) = 0$

$$** \nabla \mathbf{u} \cdot \mathbf{v} = \begin{cases} \mathbf{v} \cdot \nabla \mathbf{u} + \mathbf{v} \times (\nabla \times \mathbf{u}) \\ \mathbf{v}(\nabla \cdot \mathbf{u}) + (\mathbf{v} \times \nabla) \times \mathbf{u} \end{cases}$$ (예제 8 참조)

✓ $\nabla \equiv \dfrac{d}{d\mathbf{r}}$를 "마치 벡터처럼 다룬다"고 생각하면 $\nabla \times \nabla \phi = 0$은 $\mathbf{u} \times \mathbf{u} = 0$과 같은 형태가 된다. 또한 $\nabla \cdot \nabla \times \mathbf{u} = 0$은 스칼라 삼중적으로 변환하여 $\nabla \times \nabla \cdot \mathbf{u} = 0$으로 생각한다. 위의 식 (37)에서 항상 0이 되는 기본적인 ∇연산은 $\nabla \times \nabla \phi = 0$, $\nabla \cdot \nabla \times \mathbf{u} = 0$의 두 가지 뿐이며, 공식 ⑨는 유도되는 관계식이다.

예제 10 각속도벡터 $\boldsymbol{\omega}$가 일정할 때 속도벡터 $\mathbf{v} = \boldsymbol{\omega} \times \mathbf{r}$의 회전은 $\nabla \times \mathbf{v} = 2\boldsymbol{\omega}$임을 보여라.

☞ $\nabla \times \mathbf{v} = \nabla \times (\boldsymbol{\omega} \times \mathbf{r})$이다. 따라서, 식 (37)의 공식 ④를 이용하면

$$\nabla \times (\boldsymbol{\omega} \times \mathbf{r}) = [(\nabla \cdot \mathbf{r}) + (\mathbf{r} \cdot \nabla)]\boldsymbol{\omega} - [(\nabla \cdot \boldsymbol{\omega}) + (\boldsymbol{\omega} \cdot \nabla)]\mathbf{r} \tag{38}$$

여기서, $\boldsymbol{\omega}$는 상수벡터이므로 $(\mathbf{r} \cdot \nabla)\boldsymbol{\omega} = 0$, $\nabla \cdot \boldsymbol{\omega} = 0$이다. 따라서,

$$\nabla \times (\boldsymbol{\omega} \times \mathbf{r}) = (\nabla \cdot \mathbf{r})\boldsymbol{\omega} - (\boldsymbol{\omega} \cdot \nabla)\mathbf{r}$$

로 되고,

$$\nabla \cdot \mathbf{r} = \frac{\partial x}{\partial x} + \frac{\partial y}{\partial y} + \frac{\partial z}{\partial z} = 3$$

$$\begin{aligned}(\boldsymbol{\omega} \cdot \nabla)\mathbf{r} &= (\mathbf{i}\omega_1 + \mathbf{j}\omega_2 + \mathbf{k}\omega_3) \cdot \left(\mathbf{i}\frac{\partial}{\partial x} + \mathbf{j}\frac{\partial}{\partial y} + \mathbf{k}\frac{\partial}{\partial z}\right)\mathbf{r} \\ &= \left(\omega_1\frac{\partial}{\partial x} + \omega_2\frac{\partial}{\partial y} + \omega_3\frac{\partial}{\partial z}\right)(\mathbf{i}x + \mathbf{j}y + \mathbf{k}z) \\ &= \mathbf{i}\omega_1 + \mathbf{j}\omega_2 + \mathbf{k}\omega_3 \\ &= \boldsymbol{\omega}\end{aligned}$$

이므로,

$$\nabla \times \mathbf{v} = \nabla \times (\boldsymbol{\omega} \times \mathbf{r}) = 3\boldsymbol{\omega} - \boldsymbol{\omega} = 2\boldsymbol{\omega} \quad ◀ \tag{39}$$

✓ 이 절의 연습문제에서 다루겠지만 $\mathbf{a} \cdot \nabla \mathbf{r} = \mathbf{a}$의 관계가 항상 성립한다. 이때, $\nabla \mathbf{r}$은 벡터의 내적에 관한 항등원의 역할을 하며, 20-3절에서 이러한 사실을 텐서와 연관하여 보다 상세히 논의한다. 위에서도 $\boldsymbol{\omega} \cdot \nabla \mathbf{r} = \boldsymbol{\omega}$인 결과를 이용하였다.

***퍼텐셜.** 벡터함수 $\mathbf{F}(x, y, z)$가 어떤 스칼라함수 ϕ의 구배로 주어졌을 때, 즉 $\mathbf{F} = -\nabla\phi$일 때 ϕ를 $\mathbf{F}$의 **퍼텐셜**(potential)이라고 한다(음의 부호가 붙는 것은 관습에 따른 것이다). 이러한 벡터장 $\mathbf{F}$를 **보존적**(保存的; conservative)이라고 하는데, 이것은 어떤 점에서 출발하여 에너지의 손실 없이 다시 처음의 위치로 되돌아 올 수 있는 것을 의미한다. 또, 벡터장 $\mathbf{F} = -\nabla\phi$는 $\nabla \times \mathbf{F} = -\nabla \times \nabla\phi = 0$이므로 항상 비회전이며, 자세한 내용은 벡터의 적분에서 다룬다. 잘 알려진 퍼텐셜로는 $\phi(r) = -C/r$로 두었을 때 얻는 $\mathbf{F} = -\nabla\phi = \nabla\dfrac{C}{r} = -\dfrac{C}{r^2}\mathbf{e}_r$로

① $C = -Gm_1 m_2$이면 Newton의 만유인력법칙
② $C = q_1 q_2 / 4\pi\epsilon_0$이면 Coulomb의 법칙

을 나타낸다.

이와 비슷한 예로 $\mathbf{F} = \nabla \times \mathbf{A}$로 주어질 때 벡터장 $\mathbf{F}$는 **벡터퍼텐셜** $\mathbf{A}$를 갖는다고 한다. 그런데, 벡터장의 발산이 0이 될 때, 즉 $\nabla \cdot \mathbf{F} = 0$ (divergence free)을 만족하는 $\mathbf{F}$를 **비발산**(非發散; solenoidal)이라고 하며, 이것은 맥스웰(Maxwell) 방정식과 관련한 **자기유도**(磁氣誘導; magnetic induction)의 해석에서 얻은 이름이다. $\nabla \cdot \mathbf{F} = -\nabla \cdot \nabla \times \mathbf{A} = 0$이므로[식 (37)의 공식 ⑧ 참조] 벡터퍼텐셜을 가지는 벡터장은 항상 비발산임을 알 수 있다.

✓ $\nabla \cdot \nabla \times \mathbf{u} = 0$은 스칼라 삼중적의 성질로부터 $\nabla \times \nabla \cdot \mathbf{u} = 0$처럼 생각하여 기억한다.

***$\nabla(\mathbf{u} \cdot \mathbf{v})$의 응용.** 특히 식 (37)의 ⑤에서 $\mathbf{u} = \mathbf{v}$인 경우,

$$\nabla\left(\frac{1}{2}v^2\right) = \underbrace{(\mathbf{v} \cdot \nabla)\mathbf{v}}_{\text{translational component}} + \underbrace{\mathbf{v} \times (\nabla \times \mathbf{v})}_{\text{rotational component}} \tag{40}$$

로 되고 $\mathbf{v}$가 속도벡터라면 $v^2/2$은 운동에너지에 해당한다. 그러나, ∇에 의한 미분연산은 점(點)에서 정의되기 때문에 $v^2/2$은 무한히 작은 질점(質點)에 대한 운동에너지로 이해되어야 한다. 반면에, 질량 m인 물체가 가지는 운동에너지 $E = \frac{1}{2}mv^2 + \frac{1}{2}I\omega^2$는 **병진**(竝進; translation)과 **회전**(回轉; rotation)에 의한 성분으로 이루어져 있으며 식 (40)과 개념적으로 대응된다.

✓ 벡터의 분해 $\mathbf{a} = \mathbf{u}(\mathbf{a} \cdot \mathbf{u}) + \mathbf{u} \times (\mathbf{a} \times \mathbf{u})$와의 구조적 유사성을 보라.

연습문제

[1] 다음 벡터장의 발산을 구하라.

(a) $\mathbf{i}x+\mathbf{j}y+\mathbf{k}z$ (b) $\mathbf{i}yz+\mathbf{j}zx+\mathbf{k}xy$ (c) $xyz(\mathbf{i}x+\mathbf{j}y+\mathbf{k}z)$

[2] 다음 벡터장의 회전을 구하라.

(a) $-\mathbf{i}y+\mathbf{j}x$ (b) $\mathbf{i}\ln(x^2+y^2)+\mathbf{j}\tan^{-1}\dfrac{y}{x}$ (c) $-\mathbf{i}\dfrac{y}{x^2+y^2}+\mathbf{j}\dfrac{x}{x^2+y^2}$

[3] 미분규칙, $(uv)'=u'v+uv'$을 이용하여 다음을 증명하라.

(a) $\nabla\cdot\phi\mathbf{u}=\phi\nabla\cdot\mathbf{u}+\nabla\phi\cdot\mathbf{u}$

(b) $\nabla\times\phi\mathbf{u}=\phi\nabla\times\mathbf{u}+\nabla\phi\times\mathbf{u}$

(c) $\nabla^2(uv)=u\nabla^2v+2\nabla u\cdot\nabla v+v\nabla^2u$

[4] (예제 4)의 확장으로 부피가 $dx\,dy\,dz$인 미소직육면체에 대한 압축성 유체의 유동을 고려하여 연속방정식 $\dfrac{\partial\rho}{\partial t}+\nabla\cdot\rho\mathbf{v}=0$을 유도하라.

[5] $\mathbf{A}=\dfrac{1}{2}(u\nabla v-v\nabla u)$라 할 때, $\nabla\times\mathbf{A}=\nabla u\times\nabla v$를 증명하라.

[6] $\nabla\cdot\mathbf{r}=3$과 $\nabla\cdot\mathbf{r}\phi(r)=3\phi(r)+r\dfrac{d\phi}{dr}$를 증명하라.

[7] $\nabla\times\mathbf{r}=0$과 $\nabla\times\mathbf{r}\phi(r)=0$을 증명하라.

[8] $\nabla\cdot\mathbf{e}_r r^n=\nabla\cdot\mathbf{r}r^{n-1}=(n+2)r^{n-1}$을 보여라. ☑ $n=-2$일 때, $\nabla\cdot\mathbf{e}_r r^n=0$이 되는 결과는 역학에서 대단히 중요한 결과이다. 즉, 거리의 제곱에 반비례하는 중력장, 자기장 등에 이 결과가 적용된다.

[9] $\nabla^2\phi(r)=\dfrac{2}{r}\dfrac{d\phi}{dr}+\dfrac{d^2\phi}{dr^2}$를 증명하라. [참고: $\nabla\cdot\nabla\phi(r)$이라 두고 (예제 3)을 이용]

[10] $\nabla^2r^n=n(n+1)r^{n-2}$을 보여라.

[11] $\mathbf{F}=r^n\mathbf{e}_r=r^{n-1}\mathbf{r}$으로 주어질 때, $\nabla\cdot\mathbf{F}$와 $\nabla\times\mathbf{F}$를 구하라.

[12] $\mathbf{a}$를 상수벡터, $\mathbf{r}$을 위치벡터라 할 때 다음이 성립함을 보여라.

(a) $(\mathbf{a}\cdot\nabla)\mathbf{r}=\mathbf{a}$ (b) $\nabla(\mathbf{a}\cdot\mathbf{r})=\mathbf{a}$ (c) $\nabla\times(\mathbf{a}\times\mathbf{r})=2\mathbf{a}$ (d) $\nabla\cdot(\mathbf{a}\times\mathbf{r})=0$

[13] $\mathbf{a}$, $\mathbf{b}$를 상수벡터라 할 때, $\nabla(\mathbf{a}\cdot\mathbf{b}\times\mathbf{r})=\mathbf{a}\times\mathbf{b}$를 증명하라.

[14] $\mathbf{u}$, $\mathbf{v}$가 비회전이면 $\mathbf{u}\times\mathbf{v}$는 비발산(solenoidal)임을 보여라.

[15] $\nabla\times\mathbf{A}=0$이면 $\mathbf{A}\times\mathbf{r}$은 비발산임을 보여라.

[16] 라플라스의 방정식 $\nabla^2\phi=0$을 만족하는 스칼라함수 ϕ의 구배 $\nabla\phi$는 비회전이고, 또한 비발산임을 보여라.

*[17] $\nabla\left(\dfrac{1}{2}v^2\right)=(\mathbf{v}\cdot\nabla)\mathbf{v}$가 성립할 조건은 $\mathbf{v}\times(\nabla\times\mathbf{v})=0$, 즉 $\mathbf{v}=0$, 또는 $\nabla\times\mathbf{v}=0$, 또는 $\mathbf{v}$가 $\nabla\times\mathbf{v}$에 평행할 때이다. 이러한 조건하에서 $\mathbf{v}\cdot\nabla\mathbf{v}+\dfrac{1}{\rho}\nabla p=0$을 $d\mathbf{r}\cdot\nabla=d$를 사용

하여 적분하면 $\frac{1}{2}v^2 + \frac{p}{\rho}$ = 상수가 됨을 보여라. 단, 밀도 ρ는 일정하고 p는 압력을 나타낸다. ☑ 이것은 유체역학에서 **베르누이 방정식**으로 알려져 있다.

7-3 원통 및 구면 좌표계에서의 ∇연산

어떤 물리적인 현상을 해석할 때 알맞는 좌표계의 선택이 문제해결의 첫걸음이 되는 경우가 많다. 이 절에서는 원통 및 구면좌표계에서의 **척도요소, 자코비안, 구배, 발산, 회전** 등을 "필요할 때 활용할 수 있도록" 내용 설명을 위주로 하였으며, 유도과정은 다음 절에서 다루기로 한다.

척도요소와 Jacobian. 6-5절로부터 카테시안 좌표계 (x, y, z)에서 일반좌표계(η_1, η_2, η_3)로의 좌표변환시 관여하는 자코비안은

$$J = \mathbf{g}_1 \cdot \mathbf{g}_2 \times \mathbf{g}_3 = \frac{\partial(x,y,z)}{\partial(\eta_1,\eta_2,\eta_3)} = \begin{vmatrix} \frac{\partial x}{\partial \eta_1} & \frac{\partial x}{\partial \eta_2} & \frac{\partial x}{\partial \eta_3} \\ \frac{\partial y}{\partial \eta_1} & \frac{\partial y}{\partial \eta_2} & \frac{\partial y}{\partial \eta_3} \\ \frac{\partial z}{\partial \eta_1} & \frac{\partial z}{\partial \eta_2} & \frac{\partial z}{\partial \eta_3} \end{vmatrix} \tag{41}$$

로 주어진다(윗식은 6-5절에서 정의한 자코비안과는 행과 열이 교환되어 있지만 $\det \mathbf{G} = \det \mathbf{G}^{\mathrm{T}}$이므로 동일한 내용을 나타낸다). 또한, 원통 및 구면좌표계에서 척도요소 h_i와 자코비안 $J = h_1 h_2 h_3$의 값은

좌표계	(η_1, η_2, η_3)	$h_i\,(i = 1,2,3)$	$J = h_1 h_2 h_3$
원통좌표계	$(r,\ \theta,\ z)$	$h_1 = 1,\ h_2 = r,\ h_3 = 1$	$J = r$
구면좌표계	$(r,\ \theta,\ \varphi)$	$h_1 = 1,\ h_2 = r,\ h_3 = r\sin\theta$	$J = r^2 \sin\theta$

(42)

로 이미 앞에서 구한 결과이지만 매우 중요하므로 다시 적어둔다.

구배, 발산, 라플라시안, 회전. 원통 및 구면좌표계에서 $\nabla\phi$, $\nabla \cdot \mathbf{u}$, $\nabla^2\phi$, $\nabla \times \mathbf{u}$ 등의 표현을 사용하는 경우가 빈번하므로, 이러한 연산을 잘 알아두어야 한다. 여기서는 다음에 주어진 간략한 표현을 이용하기로 한다(상세한 유도과정은 다음 절 참조).

$$\boxed{\text{A}}\ \nabla\phi = \frac{\mathbf{e}_i}{h_i}\frac{\partial \phi}{\partial \eta_i}$$

$$\boxed{\text{B}}\ \nabla \cdot \mathbf{F} = \frac{1}{J}\frac{\partial}{\partial \eta_i}\left(\frac{JF_i}{h_i}\right)$$

$$\boxed{\text{C}}\ \nabla^2\phi = \frac{1}{J}\frac{\partial}{\partial \eta_i}\left(\frac{J}{h_i^2}\frac{\partial \phi}{\partial \eta_i}\right)$$

$$\boxed{\text{D}}\ d\mathbf{r} = \mathbf{e}_i h_i d\eta_i, \quad J = h_1 h_2 h_3$$

$$\boxed{\text{E}}\ \nabla \times \mathbf{F} = \frac{1}{J}\begin{vmatrix} h_1\mathbf{e}_1 & h_2\mathbf{e}_2 & h_3\mathbf{e}_3 \\ \frac{\partial}{\partial \eta_1} & \frac{\partial}{\partial \eta_2} & \frac{\partial}{\partial \eta_3} \\ h_1 F_1 & h_2 F_2 & h_3 F_3 \end{vmatrix} \tag{43}$$

윗식에서 $h_i = J = 1$로 두면 카테시안 좌표계의 경우와 같게 된다. $\nabla = \dfrac{d}{d\mathbf{r}}$는 공간미분으로 length^{-1} 차원이라는 점에 착안하여 식 (43)을 "언제든지 필요할 때마다 바로 쓸 수 있는 실용의 원칙"에서

> ① 첨자 $i = 1, 2, 3$에 대한 합에서 대표항 i만 적는다.
>
> ② $\nabla = \dfrac{d}{d\mathbf{r}} \sim \dfrac{1}{h_i}\dfrac{\partial}{\partial\eta_i}$이 대응한다($h_i d\eta_i$는 길이의 차원).
>
> ③ J는 괄호의 안팎에서 "마치 서로 약분되는 위치"에 놓인다.
>
> ④ $\nabla \times \mathbf{F}$에는 $h_i \mathbf{e}_i$, $\partial\eta_i$, $h_i F_i$처럼 "두 단어"씩 들어간다.

와 같이 정리하였다. 특히,

> • $\nabla \cdot \mathbf{F} = \dfrac{1}{J}\dfrac{\partial}{\partial\eta_i}\left(\dfrac{JF_i}{h_i}\right)$에서는 $\nabla = \dfrac{d}{d\mathbf{r}}$가 한 개, $\dfrac{1}{h_i}\dfrac{\partial}{\partial\eta_i}$이 한 개
>
> • $\nabla^2\phi = \dfrac{1}{J}\dfrac{\partial}{\partial\eta_i}\left(\dfrac{J}{h_i^2}\dfrac{\partial\phi}{\partial\eta_i}\right)$에서는 $\nabla = \dfrac{d}{d\mathbf{r}}$가 두 개, $\dfrac{1}{h_i}\dfrac{\partial}{\partial\eta_i}$이 두 개

인 사실은 자체의 모양으로부터 알 수 있으므로, 이것을 최대한 활용하여 "실마리"가 되도록 공식을 사용하는 습관을 들인다.

☑ 많은 경우 발산과 라플라시안을

$$\nabla \cdot \mathbf{F} = \frac{1}{h_1 h_2 h_3}\left[\frac{\partial}{\partial\eta_1}(h_2 h_3 F_1) + \frac{\partial}{\partial\eta_2}(h_3 h_1 F_2) + \frac{\partial}{\partial\eta_3}(h_1 h_2 F_3)\right]$$

$$\nabla^2\phi = \frac{1}{h_1 h_2 h_3}\left[\frac{\partial}{\partial\eta_1}\left(\frac{h_2 h_3}{h_1}\frac{\partial\phi}{\partial\eta_1}\right) + \frac{\partial}{\partial\eta_2}\left(\frac{h_3 h_1}{h_2}\frac{\partial\phi}{\partial\eta_2}\right) + \frac{\partial}{\partial\eta_3}\left(\frac{h_1 h_2}{h_3}\frac{\partial\phi}{\partial\eta_3}\right)\right]$$

의 형태로 표현한다. 당연히 식 (43)의 [B], [C]와 "똑같은" 결과이지만 위의 공식보다는 식 (43)의 간결한 표현이 개념을 잘 나타내고 있다.

예제 11 구면좌표계에서 라플라시안 $\nabla^2\phi$를 쓰고(유도할 필요는 없음), 이를 이용하여 $\nabla^2\dfrac{1}{r} = 0$임을 보여라.

☞ $\nabla^2\phi \sim \left(\dfrac{d}{d\mathbf{r}}\right)^2 \phi \sim \left(\dfrac{1}{h_i}\dfrac{\partial}{\partial\eta_i}\right)^2 \phi$까지는 ∇의 의미로부터 알 수 있다. 여기서, 자코비안이 괄호의 안팎에 위치하기 위해서는 $\dfrac{1}{J}\dfrac{\partial}{\partial\eta_i}\left(\dfrac{J}{h_i^2}\dfrac{\partial}{\partial\eta_i}\right)$의 형태가 되어야 할 것이다. 즉, $\nabla^2\phi = \sum_i \dfrac{1}{J}\dfrac{\partial}{\partial\eta_i}\left(\dfrac{J}{h_i^2}\dfrac{\partial\phi}{\partial\eta_i}\right)$의 공식을 얻는다. 이때, 구면좌표계에서 $h_1 = 1$, $h_2 = r$, $h_3 = r\sin\theta$, $J = h_1 h_2 h_3 = r^2 \sin\theta$를 대입하고 $i = 1, 2, 3$을 풀어 쓰면

$$\begin{aligned}\nabla^2\phi &= \frac{1}{J}\frac{\partial}{\partial\eta_1}\left(\frac{J}{h_1^2}\frac{\partial\phi}{\partial\eta_1}\right)+\frac{1}{J}\frac{\partial}{\partial\eta_2}\left(\frac{J}{h_2^2}\frac{\partial\phi}{\partial\eta_2}\right)+\frac{1}{J}\frac{\partial}{\partial\eta_3}\left(\frac{J}{h_3^2}\frac{\partial\phi}{\partial\eta_3}\right)\\ &= \frac{1}{r^2\sin\theta}\frac{\partial}{\partial r}\left(\frac{r^2\sin\theta}{1^2}\frac{\partial\phi}{\partial r}\right)\\ &\quad+\frac{1}{r^2\sin\theta}\frac{\partial}{\partial\theta}\left(\frac{r^2\sin\theta}{r^2}\frac{\partial\phi}{\partial\theta}\right)\\ &\quad+\frac{1}{r^2\sin\theta}\frac{\partial}{\partial\varphi}\left(\frac{r^2\sin\theta}{r^2\sin^2\theta}\frac{\partial\phi}{\partial\varphi}\right)\end{aligned}$$

가 되고, 정리하여 간단히 하면

$$\nabla^2\phi = \frac{1}{r^2}\frac{\partial}{\partial r}\left(r^2\frac{\partial\phi}{\partial r}\right)+\frac{1}{r^2\sin\theta}\frac{\partial}{\partial\theta}\left(\sin\theta\frac{\partial\phi}{\partial\theta}\right)+\frac{1}{r^2\sin^2\theta}\frac{\partial^2\phi}{\partial\varphi^2} \tag{44}$$

로 된다. 여기서, $\phi = \frac{1}{r}$을 대입하면 $\frac{\partial}{\partial\theta} = \frac{\partial}{\partial\varphi} = 0$이 되므로

$$\nabla^2\frac{1}{r} = \frac{1}{r^2}\frac{\partial}{\partial r}\left(r^2\frac{\partial}{\partial r}\frac{1}{r}\right) = \frac{1}{r^2}\frac{\partial}{\partial r}\left[r^2\times\left(-\frac{1}{r^2}\right)\right] = 0 \quad ◀ \tag{45}$$

✔ 물론, 식 (44)를 서슴없이 바로 쓸 수 있을 정도의 수준이 된다면 번거롭게 식 (43)을 이용할 필요가 없다. 하지만 그리 쉬운 일이 아닐 것으로 생각되어 이 예제를 다루어 보았다.

원통좌표계. 원통좌표계 (r, θ, z)에서 식 (43)을 이용하여 정리하면 다음과 같다.

$$\begin{aligned} d\,\mathbf{r} &= \mathbf{e}_r dr + \mathbf{e}_\theta r d\theta + \mathbf{e}_z dz\\ \nabla f &= \mathbf{e}_r\frac{\partial f}{\partial r}+\mathbf{e}_\theta\frac{1}{r}\frac{\partial f}{\partial\theta}+\mathbf{e}_z\frac{\partial f}{\partial z}\\ \nabla\cdot\mathbf{F} &= \frac{1}{r}\frac{\partial}{\partial r}(rF_r)+\frac{1}{r}\frac{\partial F_\theta}{\partial\theta}+\frac{\partial F_z}{\partial z}\\ \nabla^2 f &= \frac{1}{r}\frac{\partial}{\partial r}\left(r\frac{\partial f}{\partial r}\right)+\frac{1}{r^2}\frac{\partial^2 f}{\partial\theta^2}+\frac{\partial^2 f}{\partial z^2}\\ \nabla\times\mathbf{F} &= \frac{1}{r}\begin{vmatrix}\mathbf{e}_r & r\mathbf{e}_\theta & \mathbf{e}_z\\ \frac{\partial}{\partial r} & \frac{\partial}{\partial\theta} & \frac{\partial}{\partial z}\\ F_r & rF_\theta & F_z\end{vmatrix}\end{aligned} \tag{46}$$

✔ (예제 11)에서 연습한 것처럼 식 (43)으로부터 위의 모든 관계를 확인해 보라.

구면좌표계. 구면좌표계 (r, θ, φ)에서는 다음과 같다.

$$\begin{aligned} d\,\mathbf{r} &= \mathbf{e}_r dr + \mathbf{e}_\theta r d\theta + \mathbf{e}_\varphi r\sin\theta\, d\varphi\\ \nabla f &= \mathbf{e}_r\frac{\partial f}{\partial r}+\mathbf{e}_\theta\frac{1}{r}\frac{\partial f}{\partial\theta}+\mathbf{e}_\varphi\frac{1}{r\sin\theta}\frac{\partial f}{\partial\varphi}\\ \nabla\cdot\mathbf{F} &= \frac{1}{r^2}\frac{\partial}{\partial r}(r^2F_r)+\frac{1}{r\sin\theta}\frac{\partial}{\partial\theta}(\sin\theta F_\theta)+\frac{1}{r\sin\theta}\frac{\partial F_\varphi}{\partial\varphi}\end{aligned}$$

$$\nabla^2 f = \frac{1}{r^2}\frac{\partial}{\partial r}\left(r^2\frac{\partial f}{\partial r}\right) + \frac{1}{r^2\sin\theta}\frac{\partial}{\partial\theta}\left(\sin\theta\frac{\partial f}{\partial\theta}\right) + \frac{1}{r^2\sin^2\theta}\frac{\partial^2 f}{\partial\varphi^2}$$

$$\nabla\times\mathbf{F} = \frac{1}{r^2\sin\theta}\begin{vmatrix} \mathbf{e}_r & r\mathbf{e}_\theta & r\sin\theta\,\mathbf{e}_\varphi \\ \dfrac{\partial}{\partial r} & \dfrac{\partial}{\partial\theta} & \dfrac{\partial}{\partial\varphi} \\ F_r & rF_\theta & r\sin\theta F_\varphi \end{vmatrix} \tag{47}$$

원통 및 구면좌표계에 대한 결과인 식 (46)과 식 (47)은 모두 식 (43)으로부터 "거의 받아쓰기" 하듯이 적은 후에 정리하여 얻을 수 있다.

*7-4 일반 직교좌표계에서의 ∇연산

직교좌표계란 6-5절에서 토의한 바와 같이 η_i축의 단위접선벡터 $\mathbf{e}_i = \dfrac{1}{h_i}\dfrac{\partial\mathbf{r}}{\partial\eta_i}$들로 구성된 벡터집합 $\{\mathbf{e}_1, \mathbf{e}_2, \mathbf{e}_3\}$가 $\mathbf{e}_i\cdot\mathbf{e}_j = \delta_{ij}$의 관계를 만족하는, 즉 정규직교기저를 이루는 좌표계를 말한다. 이 절에서는 이러한 직교좌표계만을 다루지만, 비직교좌표계는 흔히 텐서와 연관하여 다루게 된다.

***일반 직교좌표계에서의 구배.** 직교좌표계에서 미소변위 $d\mathbf{r}$은 사슬법칙으로부터

$$\begin{aligned} d\mathbf{r} &= \sum_{i=1}^{3}\frac{\partial\mathbf{r}}{\partial\eta_i}d\eta_i \\ &= \sum_{i=1}^{3}\mathbf{e}_i h_i\,d\eta_i = \mathbf{e}_1 h_1\,d\eta_1 + \mathbf{e}_2 h_2\,d\eta_2 + \mathbf{e}_3 h_3\,d\eta_3 \end{aligned} \tag{48}$$

가 된다. 계속해서 윗식과 일반 직교좌표계에서 구배를

$$\nabla\phi = \mathbf{e}_1\lambda_1 + \mathbf{e}_2\lambda_2 + \mathbf{e}_3\lambda_3 \tag{49}$$

라고 가정한 결과를 $d\phi = d\mathbf{r}\cdot\nabla\phi$에 대입하면

$$\begin{aligned} d\phi &= (\mathbf{e}_1 h_1 d\eta_1 + \mathbf{e}_2 h_2\,d\eta_2 + \mathbf{e}_3 h_3\,d\eta_3)\cdot(\mathbf{e}_1\lambda_1 + \mathbf{e}_2\lambda_2 + \mathbf{e}_3\lambda_3) \\ &= \lambda_1 h_1\,d\eta_1 + \lambda_2 h_2\,d\eta_2 + \lambda_3 h_3\,d\eta_3 \end{aligned} \tag{50}$$

로 된다($\mathbf{e}_1$, $\mathbf{e}_2$, $\mathbf{e}_3$는 정규직교기저). 또한 사슬법칙으로부터 얻는 식

$$d\phi = \frac{\partial\phi}{\partial\eta_1}d\eta_1 + \frac{\partial\phi}{\partial\eta_2}d\eta_2 + \frac{\partial\phi}{\partial\eta_3}d\eta_3 \tag{51}$$

와 식 (50)을 비교하면 $\lambda_i = \dfrac{1}{h_i}\dfrac{\partial\phi}{\partial\eta_i}$로 되어

$$\nabla\phi = \frac{\mathbf{e}_1}{h_1}\frac{\partial\phi}{\partial\eta_1} + \frac{\mathbf{e}_2}{h_2}\frac{\partial\phi}{\partial\eta_2} + \frac{\mathbf{e}_3}{h_3}\frac{\partial\phi}{\partial\eta_3} \tag{52}$$

이다. 이때 $\nabla\eta_1$, $\nabla\eta_2$, $\nabla\eta_3$를 구해 보면 η_1, η_2, η_3는 서로 독립인 변수이므로

$$\begin{aligned}\nabla\eta_1 &= \frac{\mathbf{e}_1}{h_1}\frac{\partial\eta_1}{\partial\eta_1} + \frac{\mathbf{e}_2}{h_2}\frac{\partial\eta_1}{\partial\eta_2} + \frac{\mathbf{e}_3}{h_3}\frac{\partial\eta_1}{\partial\eta_3} \\ &= \frac{\mathbf{e}_1}{h_1}\end{aligned}$$

이고, 다른 변수에 대해서도 반복하면

$$\nabla\eta_1 = \frac{\mathbf{e}_1}{h_1},\quad \nabla\eta_2 = \frac{\mathbf{e}_2}{h_2},\quad \nabla\eta_3 = \frac{\mathbf{e}_3}{h_3} \tag{53}$$

인 매우 유용한 관계를 얻는다. 윗식을 **벡터항등식**(vector identity) $\nabla\times\nabla\phi = 0$과 결합하면

$$\nabla\times\frac{\mathbf{e}_1}{h_1} = \nabla\times\frac{\mathbf{e}_2}{h_2} = \nabla\times\frac{\mathbf{e}_3}{h_3} = 0 \tag{54}$$

이 성립함을 알 수 있다. 또한,

$$\nabla\eta_2\times\nabla\eta_3 = \frac{\mathbf{e}_2}{h_2}\times\frac{\mathbf{e}_3}{h_3} = \frac{1}{h_2h_3}(\mathbf{e}_2\times\mathbf{e}_3) = \frac{1}{h_2h_3}\mathbf{e}_1 \tag{55}$$

을 역시 벡터항등식 $\nabla\cdot(\nabla f\times\nabla g) = 0$에 대입하면 $\nabla\cdot\frac{\mathbf{e}_1}{h_2h_3} = 0$이 되므로 $J = h_1h_2h_3$를 이용하여

$$\nabla\cdot\frac{h_1\mathbf{e}_1}{J} = \nabla\cdot\frac{h_2\mathbf{e}_2}{J} = \nabla\cdot\frac{h_3\mathbf{e}_3}{J} = 0 \tag{56}$$

을 얻을 수 있다.

***발산과 라플라시안의 변환.** 일반 직교좌표계에서의 발산

$$\nabla\cdot\mathbf{F} = \nabla\cdot(F_1\mathbf{e}_1 + F_2\mathbf{e}_2 + F_3\mathbf{e}_3)$$

에서 식 (56)을 이용하기 위해 각각의 항을 아래와 같이 모양을 바꾸면

$$\begin{aligned}\nabla\cdot(F_1\mathbf{e}_1) &= \nabla\cdot\left(\frac{JF_1}{h_1}\frac{h_1\mathbf{e}_1}{J}\right) \\ &= \frac{JF_1}{h_1}\left(\nabla\cdot\frac{h_1\mathbf{e}_1}{J}\right) + \frac{h_1\mathbf{e}_1}{J}\cdot\nabla\left(\frac{JF_1}{h_1}\right) \\ &= \frac{h_1\mathbf{e}_1}{J}\cdot\left(\frac{\mathbf{e}_1}{h_1}\frac{\partial}{\partial\eta_1} + \frac{\mathbf{e}_2}{h_2}\frac{\partial}{\partial\eta_2} + \frac{\mathbf{e}_3}{h_3}\frac{\partial}{\partial\eta_3}\right)\left(\frac{JF_1}{h_1}\right) \\ &= \frac{1}{J}\frac{\partial}{\partial\eta_1}\left(\frac{JF_1}{h_1}\right)\end{aligned}$$

이므로, 나머지 $\nabla\cdot(F_2\mathbf{e}_2)$, $\nabla\cdot(F_3\mathbf{e}_3)$에 대해 반복하여

$$\nabla\cdot\mathbf{F} = \frac{1}{J}\left[\frac{\partial}{\partial\eta_1}\left(\frac{JF_1}{h_1}\right) + \frac{\partial}{\partial\eta_2}\left(\frac{JF_2}{h_2}\right) + \frac{\partial}{\partial\eta_3}\left(\frac{JF_3}{h_3}\right)\right] \tag{57}$$

를 유도할 수 있다. 여기서 $\mathbf{F} = \nabla\phi$라 하면

$$\mathbf{F} = F_i \mathbf{e}_i = \nabla\phi \qquad \Rightarrow \qquad F_i = \frac{1}{h_i}\frac{\partial\phi}{\partial\eta_i}$$

이므로

$$\nabla^2\phi = \frac{1}{J}\left[\frac{\partial}{\partial\eta_1}\left(\frac{J}{h_1^2}\frac{\partial\phi}{\partial\eta_1}\right) + \frac{\partial}{\partial\eta_2}\left(\frac{J}{h_2^2}\frac{\partial\phi}{\partial\eta_2}\right) + \frac{\partial}{\partial\eta_3}\left(\frac{J}{h_3^2}\frac{\partial\phi}{\partial\eta_3}\right)\right] \tag{58}$$

인 관계식을 얻는다.

발산 $\nabla \cdot \mathbf{F}$에서 홀로 떨어져 있는 $1/J$은 적분을 하게 되면 미소체적 $dV = Jd\eta_1 d\eta_2 d\eta_3$가 갖고 있는 J와

$$\int \nabla \cdot \mathbf{F} dV = \begin{cases} \int \nabla \cdot \mathbf{F} dx_1 dx_2 dx_3 = \int \dfrac{\partial}{\partial x_i}(F_i)\, dx_1 dx_2 dx_3 \\ \int \nabla \cdot \mathbf{F}(Jd\eta_1 d\eta_2 d\eta_3) = \int \dfrac{\partial}{\partial\eta_i}\left(\dfrac{JF_i}{h_i}\right) d\eta_1 d\eta_2 d\eta_3 \end{cases} \tag{59}$$

로 상쇄되어 카테시안 좌표계(위에서는 x_1, x_2, x_3로 표기)에서의 적분과 거의 같은 꼴로 된다. 즉, 물리적인 양이 좌표계의 선택에 대해 갖는 **불변성**(不變性; invariance)을 나타낸다.

☑ $\dfrac{JF_1}{h_1} = 1$, $F_2 = F_3 = 0$이라면, 즉 $\mathbf{F} = \mathbf{e}_1 F_1 + \mathbf{e}_2 F_2 + \mathbf{e}_3 F_3 = \dfrac{h_1 \mathbf{e}_1}{J}$이라면 식 (57)의 발산 공식에서 $\dfrac{\partial}{\partial\eta_1}(1) = 0$이므로 $\nabla \cdot \mathbf{F} = \nabla \cdot \dfrac{h_1\mathbf{e}_1}{J} = 0$이 되는 것을 알 수 있다. 다시 말하면, 식 (56)을 이제는 완전히 잊어버려도 식 (57)로부터 필요하면 언제든지 유도할 수 있다. 또한, 식 (52)에서 $\phi = \eta_1$이라고 두면 $\nabla\eta_1 = \dfrac{\mathbf{e}_1}{h_1}\dfrac{\partial\eta_1}{\partial\eta_1} = \dfrac{\mathbf{e}_1}{h_1}$이 되므로 식 (53)도 마찬가지로 필요할 때마다 언제든지 식 (52)의 구배공식으로부터 유도할 수 있다.

***회전의 변환.** 일반 곡선직교좌표계에서의 회전(curl)

$$\nabla \times \mathbf{F} = \nabla \times (F_1\mathbf{e}_1 + F_2\mathbf{e}_2 + F_3\mathbf{e}_3) \tag{60}$$

는 위와 비슷한 요령으로 식 (54)를 이용하기 위해

$$\begin{aligned}\nabla \times (F_1\mathbf{e}_1) &= \nabla \times \left(h_1 F_1 \frac{\mathbf{e}_1}{h_1}\right) \\ &= \nabla(h_1F_1) \times \frac{\mathbf{e}_1}{h_1} + h_1F_1\left(\nabla \times \frac{\mathbf{e}_1}{h_1}\right) \\ &= \left[\frac{\mathbf{e}_1}{h_1}\frac{\partial(h_1F_1)}{\partial\eta_1} + \frac{\mathbf{e}_2}{h_2}\frac{\partial(h_1F_1)}{\partial\eta_2} + \frac{\mathbf{e}_3}{h_3}\frac{\partial(h_1F_1)}{\partial\eta_3}\right] \times \frac{\mathbf{e}_1}{h_1} \\ &= -\frac{\mathbf{e}_3}{h_1h_2}\frac{\partial(h_1F_1)}{\partial\eta_2} + \frac{\mathbf{e}_2}{h_3h_1}\frac{\partial(h_1F_1)}{\partial\eta_3} \\ &= \frac{1}{h_1h_2h_3}\left(-h_3\mathbf{e}_3\frac{\partial}{\partial\eta_2} + h_2\mathbf{e}_2\frac{\partial}{\partial\eta_3}\right)(h_1F_1)\end{aligned}$$

을 얻고, 나머지 $\nabla \times (F_2 \mathbf{e}_2)$, $\nabla \times (F_3 \mathbf{e}_3)$에 대해 반복한 결과를 더하여

$$\nabla \times \mathbf{F} = \frac{1}{J}\begin{vmatrix} h_1 \mathbf{e}_1 & h_2 \mathbf{e}_2 & h_3 \mathbf{e}_3 \\ \dfrac{\partial}{\partial \eta_1} & \dfrac{\partial}{\partial \eta_2} & \dfrac{\partial}{\partial \eta_3} \\ h_1 F_1 & h_2 F_2 & h_3 F_3 \end{vmatrix} \tag{61}$$

식 (61)에서 $h_1 F_1 = 1$, $h_2 F_2 = h_3 F_3 = 0$인 경우에 $\nabla \times \mathbf{F} = 0$으로 되는 것을 쉽게 알 수 있다. 그런데, 이것은 $\nabla \times \dfrac{\mathbf{e}_1}{h_1} = 0$인 경우를 말하므로 우리는 식 (54)를 완전히 잊어 버려도 식 (61)로부터 언제든지 이끌어 낼 수 있다.

연습문제

*[1] 포물원통좌표계(parabolic cylindrical coordinate). 2차원 평면에서 포물원통좌표계 (u, v)를

$$x = \frac{1}{2}(u^2 - v^2), \quad y = uv$$

로 정의한다. 그러면 각 축 방향으로의 접선벡터 $\mathbf{g}_i = \partial \mathbf{r} / \partial \eta_i$의 정의로부터$(i = u, v)$

$$\mathbf{g}_u = \frac{\partial \mathbf{r}}{\partial u} = \frac{\partial}{\partial u}\left[\mathbf{i}\frac{1}{2}(u^2 - v^2) + \mathbf{j}uv\right] = \mathbf{i}u + \mathbf{j}v$$
$$\mathbf{g}_v = \frac{\partial \mathbf{r}}{\partial v} = \frac{\partial}{\partial v}\left[\mathbf{i}\frac{1}{2}(u^2 - v^2) + \mathbf{j}uv\right] = -\mathbf{i}v + \mathbf{j}u$$

가 된다. 계속해서, 척도요소 $h_i = |\mathbf{g}_i|$는 표현의 편의상 $\rho = \sqrt{u^2 + v^2}$를 도입하면

$$h_u = h_v = \rho, \qquad J = h_u h_v = \rho^2$$

으로 된다. 따라서, 단위접선벡터 $\mathbf{e}_i = \dfrac{\mathbf{g}_i}{|\mathbf{g}_i|} = \dfrac{\mathbf{g}_i}{h_i}$는

$$\mathbf{e}_u = \frac{1}{\rho}(\mathbf{i}u + \mathbf{j}v), \quad \mathbf{e}_v = \frac{1}{\rho}(-\mathbf{i}v + \mathbf{j}u)$$

이다. 그러면 구배, 발산, 라플라시안 등은 식 (43)으로부터 다음과 같다($i = u, v$에 대한 합 기호는 생략한 것임).

$$\nabla \phi = \frac{\mathbf{e}_i}{h_i}\frac{\partial \phi}{\partial \eta_i} = \frac{\mathbf{e}_u}{\rho}\frac{\partial \phi}{\partial u} + \frac{\mathbf{e}_v}{\rho}\frac{\partial \phi}{\partial v}$$
$$\nabla \cdot \mathbf{F} = \frac{1}{J}\frac{\partial}{\partial \eta_i}\left(\frac{JF_i}{h_i}\right) = \frac{1}{\rho^2}\left[\frac{\partial}{\partial u}(\rho F_u) + \frac{\partial}{\partial v}(\rho F_v)\right]$$
$$\nabla^2 \phi = \frac{1}{J}\frac{\partial}{\partial \eta_i}\left(\frac{J}{h_i^2}\frac{\partial \phi}{\partial \eta_i}\right) = \frac{1}{\rho^2}\left(\frac{\partial^2 \phi}{\partial u^2} + \frac{\partial^2 \phi}{\partial v^2}\right)$$

위에서, 벡터는 $\mathbf{F} = \mathbf{e}_u F_u + \mathbf{e}_v F_v$이다.

요 약

이 장에서는 공간의 위치변화 $d\mathbf{r}$에 따른 물리량의 변화율을 다루기 위한 ∇연산자를 알아 보았다. 특히, $\dfrac{\partial\phi}{\partial t}$(시간변화율)과 $\nabla\phi = \dfrac{\partial\phi}{\partial\mathbf{r}}$(공간변화율)의 대응관계를 살펴보고, 공간상의 위치변화에 따른 물리량의 미소증분연산자 $d = d\mathbf{r}\cdot\dfrac{d}{d\mathbf{r}} \equiv d\mathbf{r}\cdot\nabla$의 의미를 기하학적으로 인식하였다.

∇연산자를 포함하는 중요한 연산으로는 **구배**, **발산**, **회전**, **라플라시안**으로 다음의 일반형으로 기억해 두면 매우 편리할 것이다(반복되는 첨자는 합기호를 생략하였다).

• 중요한 공식

A $\nabla\phi = \dfrac{\mathbf{e}_i}{h_i}\dfrac{\partial\phi}{\partial\eta_i}$

B $\nabla\cdot\mathbf{F} = \dfrac{1}{J}\dfrac{\partial}{\partial\eta_i}\left(\dfrac{JF_i}{h_i}\right)$

C $\nabla^2\phi = \dfrac{1}{J}\dfrac{\partial}{\partial\eta_i}\left(\dfrac{J}{h_i^2}\dfrac{\partial\phi}{\partial\eta_i}\right)$

D $d\mathbf{r} = \mathbf{e}_i h_i d\eta_i, \quad J = h_1 h_2 h_3$

E $\nabla\times\mathbf{F} = \dfrac{1}{J}\begin{vmatrix} h_1\mathbf{e}_1 & h_2\mathbf{e}_2 & h_3\mathbf{e}_3 \\ \dfrac{\partial}{\partial\eta_1} & \dfrac{\partial}{\partial\eta_2} & \dfrac{\partial}{\partial\eta_3} \\ h_1F_1 & h_2F_2 & h_3F_3 \end{vmatrix}$

① $\nabla\cdot\phi\mathbf{u} = \nabla\phi\cdot\mathbf{u} + \phi(\nabla\cdot\mathbf{u})$

② $\nabla\times\phi\mathbf{u} = \nabla\phi\times\mathbf{u} + \phi(\nabla\times\mathbf{u})$

③ $\nabla\cdot(\mathbf{u}\times\mathbf{v}) = (\nabla\times\mathbf{u})\cdot\mathbf{v} - (\nabla\times\mathbf{v})\cdot\mathbf{u}$

④ $\nabla\times(\mathbf{u}\times\mathbf{v}) = [(\nabla\cdot\mathbf{v}) + (\mathbf{v}\cdot\nabla)]\mathbf{u} - [(\nabla\cdot\mathbf{u}) + (\mathbf{u}\cdot\nabla)]\mathbf{v}$

⑤ $\nabla(\mathbf{u}\cdot\mathbf{v}) = \mathbf{u}\cdot\nabla\mathbf{v} + \mathbf{v}\cdot\nabla\mathbf{u} + \mathbf{u}\times(\nabla\times\mathbf{v}) + \mathbf{v}\times(\nabla\times\mathbf{u})$

⑥ $\nabla\times(\nabla\times\mathbf{u}) = \nabla(\nabla\cdot\mathbf{u}) - \nabla^2\mathbf{u}$

⑦ $\nabla\times\nabla\phi = 0$

⑧ $\nabla\cdot(\nabla\times\mathbf{u}) = 0$

⑨ $\nabla\cdot(\nabla f\times\nabla g) = 0$

$$** \ \nabla\mathbf{u}\cdot\mathbf{v} = \begin{cases} \mathbf{v}\cdot\nabla\mathbf{u} + \mathbf{v}\times(\nabla\times\mathbf{u}) \\ \mathbf{v}(\nabla\cdot\mathbf{u}) + (\mathbf{v}\times\nabla)\times\mathbf{u} \end{cases}$$ (예제 8 참조)

• 자코비안

$$\mathbf{g}_i = \frac{\partial\mathbf{r}}{\partial\eta_i} = \mathbf{i}\frac{\partial x}{\partial\eta_i} + \mathbf{j}\frac{\partial y}{\partial\eta_i} + \mathbf{k}\frac{\partial z}{\partial\eta_i}, \quad \mathbf{e}_i = \frac{\mathbf{g}_i}{|\mathbf{g}_i|}$$

$$J = \mathbf{g}_1\cdot\mathbf{g}_2\times\mathbf{g}_3 = \frac{\partial(x, y, z)}{\partial(\eta_1, \eta_2, \eta_3)} = \begin{vmatrix} \dfrac{\partial x}{\partial\eta_1} & \dfrac{\partial x}{\partial\eta_2} & \dfrac{\partial x}{\partial\eta_3} \\ \dfrac{\partial y}{\partial\eta_1} & \dfrac{\partial y}{\partial\eta_2} & \dfrac{\partial y}{\partial\eta_3} \\ \dfrac{\partial z}{\partial\eta_1} & \dfrac{\partial z}{\partial\eta_2} & \dfrac{\partial z}{\partial\eta_3} \end{vmatrix}$$

- 척도요소

  일반좌표계: $h_i = |\mathbf{g}_i| = |\partial \mathbf{r} / \partial \boldsymbol{\eta}_i|$

  원통좌표계: $h_1 = 1,\ h_2 = r,\ h_3 = 1$

  구면좌표계: $h_1 = 1,\ h_2 = r,\ h_3 = r \sin\theta$

Chapter 8

벡터의 적분법

어떤 함수가 시간과 공간에 모두 종속되면, 즉 $\phi = \phi(t, \mathbf{r})$인 경우 시간변화율 $\dfrac{\partial\phi}{\partial t}$와 공간변화율 $\dfrac{\partial\phi}{\partial\mathbf{r}} \equiv \nabla\phi$는 서로 독립적으로 다루어져야 한다. 마찬가지로 시간에 대한 적분은 공간에서의 적분과 독립적으로 취급되어야 할 것이다. 이 장에서는 주로 공간적분에 대해 알아보기로 한다. 특히, ∇연산자를 포함하는 적분은 Green의 정리, Gauss의 정리, Stokes의 정리 등 전자기학, 유체역학 등의 분야에서 중요한 응용을 지닌 적분 정리와 연관된다. 따라서, 이 장에서는 ∇연산자를 포함하는 적분을 주로 다루었으며 보다 수학적인 이중적분과 삼중적분은 선택과정에서 다루기로 한다. 수학적으로 엄밀한 증명이나 유도는 연습문제로 주어지거나 최소한으로 다루었으며, 대신에 7장에서 도입한 $\nabla \equiv \dfrac{d}{d\mathbf{r}}$의 표현을 사용하여 Gauss의 정리 및 Stokes의 정리의 형태를 익히고 이해하도록 하였다.

8-1 시간적분과 공간적분

벡터함수의 시간적분. 시간 t를 독립변수로 갖는 벡터함수 $\mathbf{v}(t) = \mathbf{i}v_1(t) + \mathbf{j}v_2(t) + \mathbf{k}v_3(t)$의 적분은

$$\int \mathbf{v}(t)\,dt = \mathbf{i}\int v_1(t)\,dt + \mathbf{j}\int v_2(t)\,dt + \mathbf{k}\int v_3(t)\,dt \tag{1}$$

와 같이 각 좌표성분의 시간에 대한 적분으로써 정의된다.

***예제 1** 위치 $\mathbf{r}(0)=\mathbf{j}h$인 절벽 끝에서 초기속도 $\mathbf{v}(0)=\mathbf{i}v_0$로 수평방향으로 던져진 물체가 일정한 중력가속도 $\mathbf{a}(t)=-\mathbf{j}g$를 받으며 낙하한다. 높이 h를 낙하하는 동안 날아간 수평거리는 얼마인가?

☞ 우선, 가속도를 적분하여 속도벡터

$$\mathbf{v}(t)=\mathbf{v}(0)+\int_0^t \mathbf{a}(t)\,dt=\mathbf{i}v_0+\int_0^t \mathbf{j}(-g)\,dt=\mathbf{i}v_0+\mathbf{j}(-gt)$$

를 구하고, 다시 속도벡터를 적분하여

$$\begin{aligned}\mathbf{r}(t)&=\mathbf{r}(0)+\int_0^t \mathbf{v}(t)\,dt\\&=\mathbf{j}h+\int_0^t \{\mathbf{i}v_0+\mathbf{j}(-gt)\}\,dt=\mathbf{j}\left(h-\frac{1}{2}gt^2\right)+\mathbf{i}v_0t\end{aligned}\tag{2}$$

로 위치벡터를 구할 수 있다. 땅에 떨어질 때는 $h-\frac{1}{2}gt^2=0$이므로 총 비행시간은 $t=\sqrt{\frac{2h}{g}}$이고 수평이동거리는 $v_0t=v_0\sqrt{\frac{2h}{g}}$이다. ◀

☑ 함수 $f(t)$의 부정적분을 $F(t)=\int^t f(\tau)\,d\tau+C$와 같이 적분상수 C를 포함하는 것보다 $F(t)=\int_a^t f(\tau)\,d\tau+F(a)$의 정적분형태를 이용하는 것이 초기값문제를 다룰 때 편리하다.

공간적분. 시간(time)에 대한 적분에서는 단지 시간의 구간 $[t_1, t_2]$만을 지정해 주면 된다. 그러나, 공간(space)에서 적분을 하려면 공간의 어떤 점집합에 관한 적분인가를 정의해 주어야 한다. 따라서, 공간상에서의 적분은 각각 선적분, 면적분, 체적적분으로 구분하여 다루는 것이 필요하다. 특히, 공간변화율 $\frac{d}{d\mathbf{r}}\equiv\nabla$이 포함된 경우에는 Green, Gauss, Stokes의 정리 등의 중요한 의미를 가진 적분정리를 얻을 수 있다.

공간적분의 계통도. 이미 언급한 바와 같이 물리량(아래에서 □로 표시)의 적분을

i) 시간적분 $\int \square\, d\,(\text{time})$

ii) 공간적분 $\int \square\, d\,(\text{space})$

로 구분할 수 있다. 공간적분의 경우 적분되는 물리량을 스칼라와 벡터로 구분하고 또한

i) ∇을 포함하는 스칼라는 $\nabla\cdot\mathbf{F}$와 $\nabla^2\phi$

ii) ∇을 포함하는 벡터는 $\nabla\phi$와 $\nabla\times\mathbf{F}$

임을 이용하여 공간적분을 분류하면 그림 8.1과 같다. 한결 알기 쉬운 공간적분의 계통도는 그림 8.2에 나와 있다.

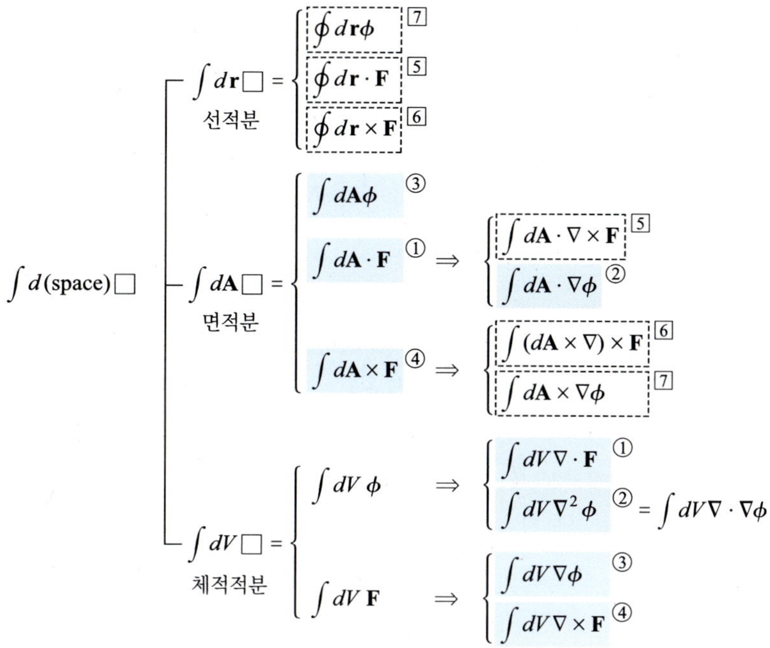

그림 8.1 공간적분의 여러 가지 표현

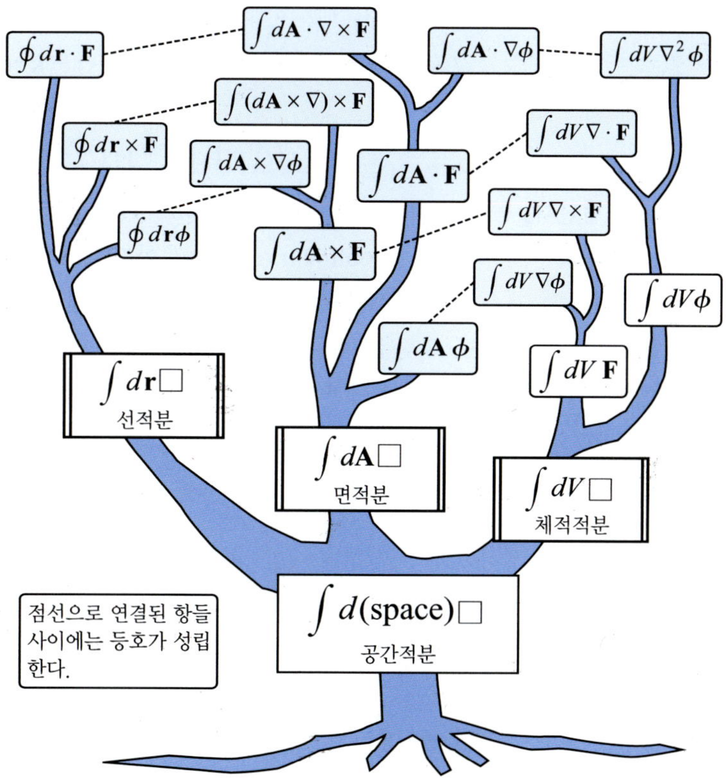

그림 8.2 공간적분의 계통도

✓ 이 장의 뒤에서 공부할 내용이지만 작은 글씨의 번호가 같은 항끼리는 짝을 이루며 등호가 성립한다. 예를 들어, 그림 8.1에서

$$\int dV \nabla \cdot \mathbf{F} = \int d\mathbf{A} \cdot \mathbf{F} \text{ (Gauss의 발산정리, ①번)}$$
$$\int d\mathbf{A} \cdot \nabla \times \mathbf{F} = \oint d\mathbf{r} \cdot \mathbf{F} \text{ (Stokes의 정리, [5]번)}$$

가 된다.

8-2 선적분의 정의

원활곡선과 선적분. 정적분 $\int_a^b f(x)\,dx$는 x축 위의 점 $x = a$에서부터 점 $x = b$까지 x축을 따라가면서 수행한 적분값을 나타내며, 적분구간의 시작점과 끝점을 바꾸면

$$\int_a^b f(x)\,dx = -\int_b^a f(x)\,dx \tag{3}$$

와 같이 적분값의 부호가 바뀌는 것을 이미 알고 있다.

선적분(線積分; line integral)은 정적분의 개념을 공간에서 정의된 어떤 곡선 C에 대해 일반화한 것이다. 앞에서 이미 정의하였듯이 곡선은 s를 호의 길이라 할 때

$$\text{곡선 } C\text{: } \mathbf{r}(s) = \mathbf{i}x(s) + \mathbf{j}y(s) + \mathbf{k}z(s) \tag{4}$$

또는

$$\text{곡선 } C\text{: } \mathbf{r}(t) = \mathbf{i}x(t) + \mathbf{j}y(t) + \mathbf{k}z(t) \tag{5}$$

로 표현한다. 곡선 C의 양의 방향이 정의되고, $\mathbf{r}(s)$ 또는 $\mathbf{r}(t)$가 미분가능하면 곡선 C는 **원활곡선**(圓滑曲線; smooth curve)이라고 한다. 원활곡선들로 계속 이어나간 곡선을 **부분**(piecewise)**원활곡선**이라고 하며, 그림 8.3은 점 A와 점 B 사이를 연결하는 부분원활곡선의 한 예를 보여준다.

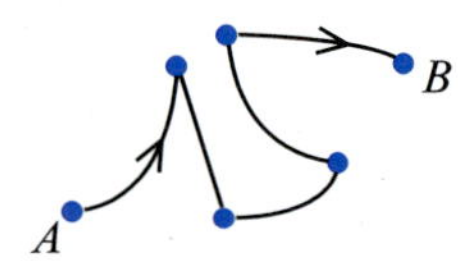

그림 8.3 부분원활곡선의 한 예

스칼라함수의 선적분. 부분원활곡선 C를 따른 스칼라함수 $f(\mathbf{r}) = f(x, y, z)$의 선적분은

$$\int_C f\,ds = \int_C f(\mathbf{r})\,ds = \begin{cases} \int_\alpha^\beta f[x(s),\ y(s),\ z(s)]\,ds, & \alpha \le s \le \beta \\ \int_a^b f[x(t),\ y(t),\ z(t)]\,\dfrac{ds}{dt}\,dt, & a \le t \le b \end{cases} \tag{6}$$

로 정의한다. 여기서 ds/dt는 속력을 말하며 다음과 같이 결정된다.

$$\frac{ds}{dt} = |\mathbf{r}'(t)| = \sqrt{x'^2 + y'^2 + z'^2} \tag{7}$$

정의에 의해 곡선 C의 양의 방향과 반대로 선적분을 수행하면 단지 부호가 바뀌는 것과 같게 된다. 즉, 곡선 C를 음의 방향으로 따라가면 $-C$로 나타내고 이때의 선적분은

$$\int_{-C} f\,ds = -\int_C f\,ds \tag{8}$$

와 같이 부호가 바뀐다. 만약, 곡선 C가 폐곡선(시작점과 끝점이 일치하는 곡선)인 경우에는 $\oint_C f\,ds$로 선적분을 나타내기도 한다. 앞으로는 특별한 언급이 없으면 부분원활곡선을 단순히 곡선이라고 하고, 또한 곡선은 항상 자신과 교차하지 않는 것으로 생각한다.

예제 2 $f = x^2 + y^2$으로 주어질 때, 그림 8.4에 보인 곡선 C_1과 C_2에 대하여 선적분 $\int_C f\,ds$를 각각 구하라.

☞ 우선, 곡선 C_1에 대해서 $x(s) = \cos s$, $y(s) = \sin s$이므로

$$\int_{C_1} f\,ds = \int_0^{\pi/2} (x^2 + y^2)\,ds = \int_0^{\pi/2} (\cos^2 s + \sin^2 s)\,ds = \frac{\pi}{2} \tag{9}$$

또, 곡선 C_2에 대해서는

$$\mathbf{r}(t) = \mathbf{i}(1-t) + \mathbf{j}t, \quad \mathbf{r}'(t) = -\mathbf{i} + \mathbf{j}, \quad \frac{ds}{dt} = |\mathbf{r}'(t)| = \sqrt{2}$$

이므로

$$\int_{C_2} f\,ds = \int_0^1 (x^2 + y^2)\sqrt{2}\,dt = \int_0^1 [(1-t)^2 + t^2]\sqrt{2}\,dt = \frac{2\sqrt{2}}{3} \tag{10}$$ ◀

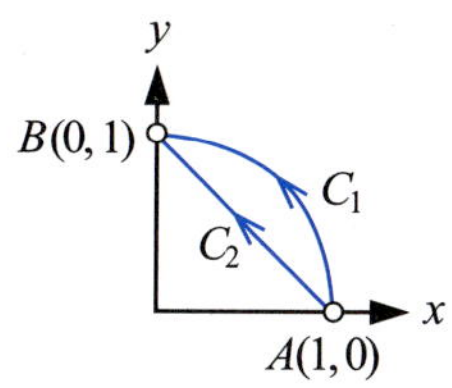

그림 8.4

✔ 시작점과 끝점이 같아도 선적분은 적분경로의 선택에 따라 달라질 수 있다.

C_1: $\mathbf{r}(s) = \mathbf{i}\cos s + \mathbf{j}\sin s, \quad 0 \le s \le \frac{\pi}{2}$

C_2: $\mathbf{r}(t) = \mathbf{i}(1-t) + \mathbf{j}\,t, \quad 0 \le t \le 1$

벡터함수의 선적분. 벡터 $\mathbf{F}$가 주어진 점에 작용하는 힘(force)을 나타낸다고 하자. 곡선 C 위의 어떤 점에서부터 곡선을 따라 $d\mathbf{r}$만큼의 미소변위 동안 힘 $\mathbf{F}$가 수행하는 미소 일(work)은

$$\delta W = \mathbf{F}\cdot d\mathbf{r} \tag{11}$$

로 정의된다. 벡터함수의 선적분은 윗식을 일반적으로 확장한 것으로

$$\int_C \mathbf{F}\cdot d\mathbf{r} = \begin{cases} \int_C \mathbf{F}(\mathbf{r})\cdot d\mathbf{r} = \int_C (F_1\,dx + F_2\,dy + F_3\,dz) \\ \int_C \mathbf{F}(\mathbf{r})\cdot \frac{d\mathbf{r}}{dt}\,dt = \int_C (F_1 x' + F_2 y' + F_3 z')\,dt \end{cases} \tag{12}$$

를 곡선 C에 따른 벡터장(vector field) $\mathbf{F}$의 선적분으로 정의한다.

벡터함수의 선적분에서 곡선 C의 시작점을 (x_1, y_1, z_1), 끝점을 (x_2, y_2, z_2)라고 할 때, 선적분 $\int_C F_1\,dx + F_2\,dy + F_3\,dz = \int_{x_1}^{x_2} F_1\,dx + \int_{y_1}^{y_2} F_2\,dy + \int_{z_1}^{z_2} F_3\,dz$는 일반적으로 성립하지 않고 곡선 C를 특수하게 선택할 때에만 성립한다.

예제 3 어떤 벡터장이 $\mathbf{F} = \mathbf{i}\,e^{x+y} + \mathbf{j}\,e^{x-y}$로 주어져 있다. 그림 8.5에 보인 두 개의 적분경로 $\overline{AC}$와 $\overline{ABC}$에 따른 선적분을 각각 구하라.

(a) 적분경로 $\overline{AC}$는 $y = 2x,\ 0 \le x \le 1$로 나타낼 수 있으므로

$$\begin{aligned} \mathbf{F} &= \mathbf{i}e^{x+y} + \mathbf{j}e^{x-y} = \mathbf{i}e^{3x} + \mathbf{j}e^{-x} \\ d\mathbf{r} &= \mathbf{i}\,dx + \mathbf{j}\,dy = (\mathbf{i} + 2\mathbf{j})\,dx \end{aligned} \tag{13}$$

로 된다. 따라서, 구하고자 하는 선적분은

$$\begin{aligned} \int_{\overline{AC}} \mathbf{F}\cdot d\mathbf{r} &= \int_0^1 (\mathbf{i}e^{3x} + \mathbf{j}e^{-x})\cdot(\mathbf{i} + 2\mathbf{j})\,dx \\ &= \int_0^1 (e^{3x} + 2e^{-x})\,dx = \left[\frac{1}{3}e^{3x} - 2e^{-x}\right]_0^1 = \frac{1}{3}(e^3 + 5) - \frac{2}{e} \end{aligned} \tag{14}$$

(b) 적분경로 $\overline{ABC}$는 $\overline{ABC} = \overline{AB} + \overline{BC}$로 나누어 생각할 수 있고,

- 직선 $\overline{AB}$: $y = 0,\ d\mathbf{r} = \mathbf{i}\,dx + \mathbf{j}\,dy = \mathbf{i}\,dx,\quad 0 \le x \le 1$
- 직선 $\overline{BC}$: $x = 1,\ d\mathbf{r} = \mathbf{i}\,dx + \mathbf{j}\,dy = \mathbf{j}\,dy,\quad 0 \le y \le 2$

이므로

$$\begin{aligned} \int_{\overline{ABC}} \mathbf{F}\cdot d\mathbf{r} &= \int_{\overline{AB}} \mathbf{F}\cdot d\mathbf{r} + \int_{\overline{BC}} \mathbf{F}\cdot d\mathbf{r} \\ &= \int_0^1 (\mathbf{i}e^{x+0} + \mathbf{j}e^{x-0})\cdot\mathbf{i}\,dx + \int_0^2 (\mathbf{i}e^{1+y} + \mathbf{j}e^{1-y})\cdot\mathbf{j}\,dy \\ &= \int_0^1 e^x\,dx + \int_0^2 e^{1-y}\,dy = 2e - 1 - \frac{1}{e} \end{aligned} \tag{15}$$

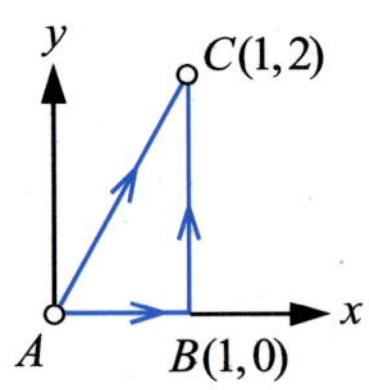

그림 8.5

예제 4 벡터장 $\mathbf{F}(\mathbf{r}) = \mathbf{i}\,y + \mathbf{j}\,x + \mathbf{k}\,z$이고 그림 8.6에 보인 바와 같이 점 $A(a, 0, 0)$과 $B(a, 0, 2\pi c)$를 연결하는 곡선에 대해 선적분을 구하라.

(a) 원나선: $\mathbf{r}(t) = \mathbf{i}\,a\cos t + \mathbf{j}\,a\sin t + \mathbf{k}\,ct,\quad 0 \le t \le 2\pi$

(b) 직선: $\mathbf{r}(t) = \mathbf{i}\,a + \mathbf{k}\,2\pi ct,\quad 0 \le t \le 1$

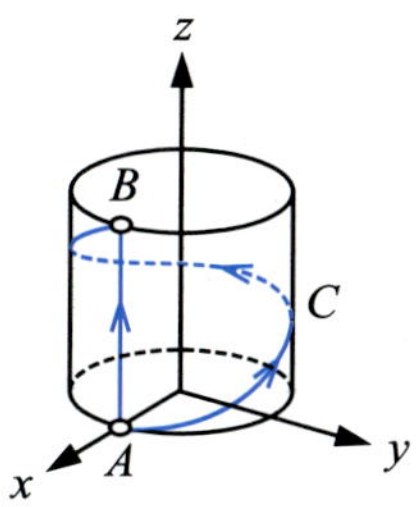

그림 8.6

☞ (a) $x = a\cos t,\ y = a\sin t,\ z = ct,\ \mathbf{r}'(t) = -\mathbf{i}\,a\sin t + \mathbf{j}\,a\cos t + \mathbf{k}\,c$이므로

$$\begin{aligned}\int_{C_1}\mathbf{F}\cdot d\mathbf{r} &= \int_0^{2\pi}\mathbf{F}\cdot\frac{d\mathbf{r}}{dt}\,dt = \int_0^{2\pi}\mathbf{F}\cdot\mathbf{r}'(t)\,dt \\ &= \int_0^{2\pi}(-a^2\sin^2 t + a^2\cos^2 t + c^2 t)\,dt = 2\pi^2 c^2\end{aligned} \tag{16}$$

(b) 위의 풀이와 약간 다르게 해를 구해 보자. 직선에 대해 $x = a,\ y = 0,\ z = 2\pi ct$이고, $dx = dy = 0,\ dz = 2\pi c\,dt$이므로

$$\int_{C_2}\mathbf{F}\cdot d\mathbf{r} = \int_{C_2} y\,dx + x\,dy + z\,dz = \int_{C_2} z\,dz = \int_0^1 4\pi^2 c^2 t\,dt = 2\pi^2 c^2 \quad ◀ \tag{17}$$

✔ 위의 경우에는 선적분의 값이 원나선과 직선 중 어느 것을 따라 적분해도 바뀌지 않았다. 즉, $\int_{C_1}\mathbf{F}\cdot d\mathbf{r} = \int_{C_2}\mathbf{F}\cdot d\mathbf{r}$이 성립한다. 이는 주어진 벡터장을 $\mathbf{F} = \nabla\phi = \nabla\left(xy + \frac{1}{2}z^2\right)$으로 나타낼 수 있기 때문이며, 자세한 내용은 다음 절에서 다루어 보자.

연습문제

※ 다음의 경우에 대한 선적분 $\int_C f\,ds$를 구하라.

[1] $f = x^2 y$일 때, 평면 $z = 0$에서 $x^2 + y^2 = 1$인 원의 점 (1, 0)에서 점 (0, 1)까지의 곡선.

[2] $f = x^2 + y^2 + z^2,\ \mathbf{r}(t) = \mathbf{i}\cos t + \mathbf{j}\sin t + \mathbf{k}\,t$의 (1, 0, 0)에서 $(1, 0, 2\pi)$까지의 곡선.

※ 다음에서 선적분 $\int_C \mathbf{F}\cdot d\mathbf{r} = \int_C F_1\,dx + F_2\,dy + F_3\,dz$를 구하라.

[3] $\mathbf{F} = \mathbf{i}\,2xy + \mathbf{j}\,3x - \mathbf{k}$, 포물선 $y = 2x^2,\ z = 0$을 따라 (0, 0, 0)에서 (2, 8, 0)까지

[4] $\mathbf{F} = \mathbf{i}\,y^2 + \mathbf{j}\,z^2 - \mathbf{k}\,x^2,\ C\!: \mathbf{r}(t) = \mathbf{i}\,t + \mathbf{j}\,t^2 + \mathbf{k}\,t^3,\quad 1 \le t \le 2$

*[5] 질량 m의 물체에 대해 뉴톤의 제2법칙 $\mathbf{F} = m\mathbf{r}''(t) = m\mathbf{v}'(t)$를 이용하여, 이 물체가 시간구간 $[a, b]$에서 임의의 곡선을 따라 움직이는 동안 $\mathbf{F}$가 하는 일을 구하라.

✔ $$\begin{aligned}W_C &= \int_C \mathbf{F}\cdot d\mathbf{r} = \int_a^b m\mathbf{v}'\cdot\frac{d\mathbf{r}}{dt}\,dt = \int_a^b m\mathbf{v}'\cdot\mathbf{v}\,dt \\ &= \int_a^b \frac{1}{2}m(\mathbf{v}\cdot\mathbf{v})'\,dt = \left(\frac{1}{2}mv^2\right)_{t=b} - \left(\frac{1}{2}mv^2\right)_{t=a}\end{aligned}$$

즉, 외력이 하는 일은 운동에너지의 변화량과 같다.

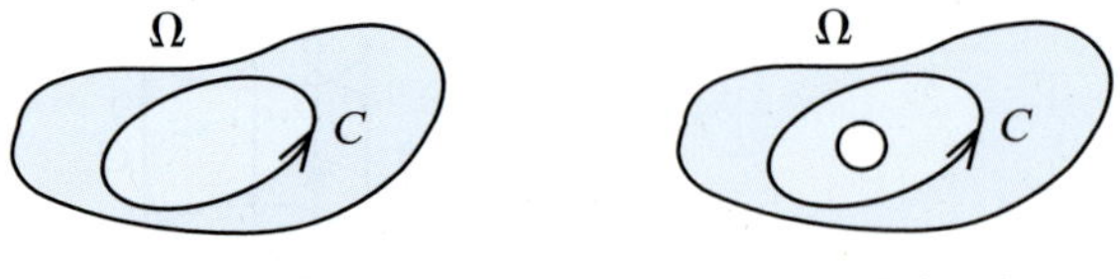

단순연결영역
(simply connected region)

다중연결영역
(multiply connected region)

그림 8.7

8-3 적분경로와 선적분

단순연결과 다중연결. 그림 8.7에 보인 바와 같이 공간 내의 어떤 영역 Ω의 내부에서 임의의 폐곡선 C가 영역을 벗어나지 않으면서 수축할 때, 항상 점으로 줄어들 수 있으면 영역 Ω는 **단순연결**(simply connected)되었다고 하고, 그렇지 않으면 **다중연결**(mutiply connected)되었다고 한다. 단순연결영역의 내부에서 단 하나의 점을 제거하여도 그 점을 둘러싸는 폐곡선은 점으로 수축할 수 없으므로 다중연결영역으로 된다. 이와 같이 영역의 연결성을 구분하는 것은 주어진 영역에서의 선적분이 적분경로 C에 의존하는가를 결정하는 데 중요한 역할을 한다.

적분경로에 무관한 선적분. 영역 Ω의 내부에서 $\mathbf{F}$가 연속이고 또한 1계 도함수도 연속이라고 하자. 이때, 영역 내부에서 정의되는 선적분

$$\int_C \mathbf{F}\cdot d\mathbf{r} = \int_C (F_1\,dx + F_2\,dy + F_3\,dz) \tag{18}$$

가 곡선 C의 시작점 A와 끝점 B에만 의존하고 그 사이를 연결하는 곡선의 선택에는 의존하지 않으면, 선적분은 영역 Ω의 내부의 적분경로에 무관하다고 말한다(그림 8.8 참조). 적분경로의 독립성은 다음에 정리하였다.

> A 영역 Ω 내부에서 선적분이 경로에 독립일 필요충분조건은 영역 Ω 내부의 모든 폐곡선을 따라 수행한 선적분이 0이다. 즉, $\oint_C \mathbf{F}\cdot d\mathbf{r} = 0$.

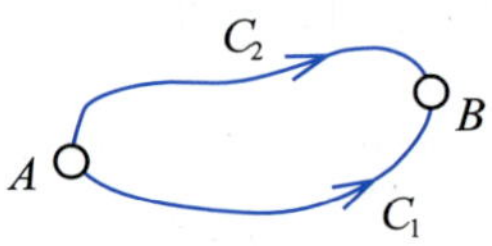

그림 8.8

▶ **증명**: 선적분이 적분경로에 독립이라면 그림 8.8에 보인 바와 같이 곡선 C_1과 C_2를 따른 선적분의 값이 동일하다. 즉,

$$\int_{C_1} \mathbf{F} \cdot d\mathbf{r} = \int_{C_2} \mathbf{F} \cdot d\mathbf{r} \tag{19}$$

우변을 이항하고 식 (8)에 주어진 관계식 $\int_{-C} f\,ds = -\int_C f\,ds$를 이용하면

$$\begin{aligned} 0 &= \int_{C_1} \mathbf{F} \cdot d\mathbf{r} - \int_{C_2} \mathbf{F} \cdot d\mathbf{r} = \int_{C_1} \mathbf{F} \cdot d\mathbf{r} + \int_{-C_2} \mathbf{F} \cdot d\mathbf{r} \\ &= \oint_C \mathbf{F} \cdot d\mathbf{r}. \end{aligned} \tag{20}$$

위에서, $C = C_1 + (-C_2)$는 폐곡선을 나타낸다. 역으로 $\oint_C \mathbf{F} \cdot d\mathbf{r} = 0$이 만족되면 폐곡선을 끊어서 $C = C_1 + (-C_2)$로 두고 위의 과정을 거꾸로 따라가면 식 (19)를 얻을 수 있다.

> B 선적분 $\int_C \mathbf{F} \cdot d\mathbf{r}$이 적분경로 C에 독립일 필요충분조건은 벡터장 $\mathbf{F}$가 어떤 스칼라함수 ϕ의 구배, 즉 $\mathbf{F} = \nabla\phi$이다.

▶ **증명**: $\mathbf{F} = \nabla\phi$가 만족된다면 앞 장에서 $d\mathbf{r} \cdot \nabla\phi \equiv d\mathbf{r} \cdot \frac{d}{d\mathbf{r}}\phi = d\phi$임을 이용하여

$$\int_C \mathbf{F} \cdot d\mathbf{r} = \int_C \nabla\phi \cdot d\mathbf{r} = \int_A^B d\phi = \phi(B) - \phi(A) \tag{21}$$

가 되고 우변은 곡선 C에 독립이다. $\mathbf{F} = \nabla\phi$의 조건을 성분별로 쓰면

$$F_1 = \frac{\partial\phi}{\partial x}, \quad F_2 = \frac{\partial\phi}{\partial y}, \quad F_3 = \frac{\partial\phi}{\partial z}$$

로 된다. 그리고, 역의 증명은 조금 복잡하므로 생략하기로 한다.

> C 선적분 $\int_C \mathbf{F} \cdot d\mathbf{r}$이 적분경로 C에 독립이면 $\nabla \times \mathbf{F} = 0$이다.

▶ **증명**: 선적분이 적분경로에 독립이라면 성질 B로부터 $\mathbf{F} = \nabla\phi$인 함수 ϕ가 존재하고, 따라서 벡터항등식 $\nabla \times \nabla\phi = 0$으로부터 $\nabla \times \mathbf{F} = 0$이 항상 성립한다. 이것을 성분별로 쓰면 $\mathbf{F} = \mathbf{i}F_1 + \mathbf{j}F_2 + \mathbf{k}F_3$라 할 때

$$\frac{\partial F_3}{\partial y} = \frac{\partial F_2}{\partial z}, \quad \frac{\partial F_1}{\partial z} = \frac{\partial F_3}{\partial x}, \quad \frac{\partial F_2}{\partial x} = \frac{\partial F_1}{\partial y}$$

> D 영역 Ω가 단순연결되어 있고 $\nabla \times \mathbf{F} = 0$이면 선적분 $\int_C \mathbf{F} \cdot d\mathbf{r}$은 적분경로 C에 독립이다.

▶ 위의 증명은 뒤에서 공부하게 될 Stokes의 정리가 필요하므로 8-6절에서 다루기로 한다. 그림 8.9에는 지금까지 선적분의 경로독립성에 대해 토의한 내용을 정리하였다.

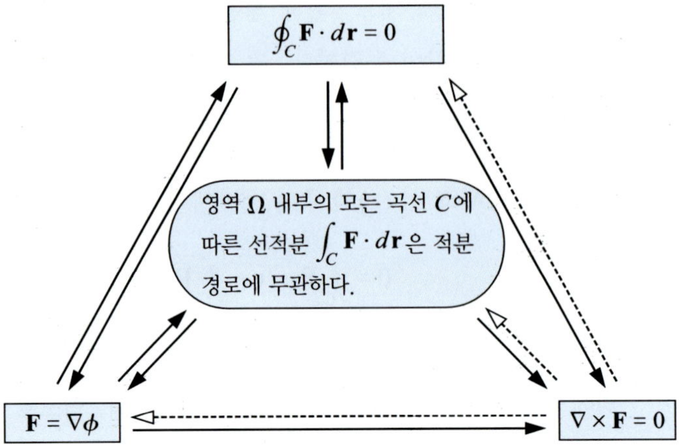

그림 8.9 선적분의 경로독립성에 대한 정리(위 점선은 영역이 단순연결이라는 조건이 만족될 때 성립함을 나타낸다)

성질 D에서 영역의 단순연결성은 매우 중요한 조건이다. 아래의 예제에서 알 수 있듯이 $\nabla\times\mathbf{F} = 0$이 만족되어도 영역 Ω가 다중연결이면 선적분은 적분경로에 의존할 수 있다.

예제 5 $\mathbf{F} = -\mathbf{i}\dfrac{y}{x^2+y^2} + \mathbf{j}\dfrac{x}{x^2+y^2}$로 주어지는 벡터장이 원점을 제외한 모든 xy평면상의 점에서 정의되어 있다. 이 벡터장은 $\nabla\times\mathbf{F} = 0$을 만족하지만 원점을 중심으로 하고 반지름 1인 원주에 따른 선적분은 $\oint_C \mathbf{F}\cdot d\mathbf{r} \neq 0$임을 보여라.

☞ 주어진 벡터장은 $r^2 = x^2 + y^2 \neq 0$인 점에서 정의되고, $rdr = x\,dx + y\,dy$로부터 $\dfrac{\partial r}{\partial x} = \dfrac{x}{r}$, $\dfrac{\partial r}{\partial y} = \dfrac{y}{r}$이므로

$$\begin{aligned}\nabla\times\mathbf{F} &= \begin{vmatrix} \mathbf{i} & \mathbf{j} & \mathbf{k} \\ \dfrac{\partial}{\partial x} & \dfrac{\partial}{\partial y} & \dfrac{\partial}{\partial z} \\ -\dfrac{y}{r^2} & \dfrac{x}{r^2} & 0 \end{vmatrix} \\ &= \mathbf{k}\left(\frac{\partial}{\partial x}\frac{x}{r^2} + \frac{\partial}{\partial y}\frac{y}{r^2}\right) \\ &= \mathbf{k}\left(\frac{1}{r^2} - \frac{2x}{r^3}\frac{x}{r} + \frac{1}{r^2} - \frac{2y}{r^3}\frac{y}{r}\right) = \mathbf{k}\left\{\frac{2}{r^2} - \frac{2(x^2+y^2)}{r^4}\right\} = 0\end{aligned} \tag{22}$$

즉, $\nabla\times\mathbf{F} = 0$이 만족된다. 그러나, 반지름 1인 원의 내부에서 원점을 제거한 영역은 다중연결이므로 성질 D의 조건이 만족되지 않는다. 따라서, 선적분은 적분경로에 반드시 독립이라고 할 수 없다. 실제로, $x = \cos t,\ y = \sin t,\ 0 \le t \le 2\pi$인 매개변수를 이용하여 선적분을 구하면

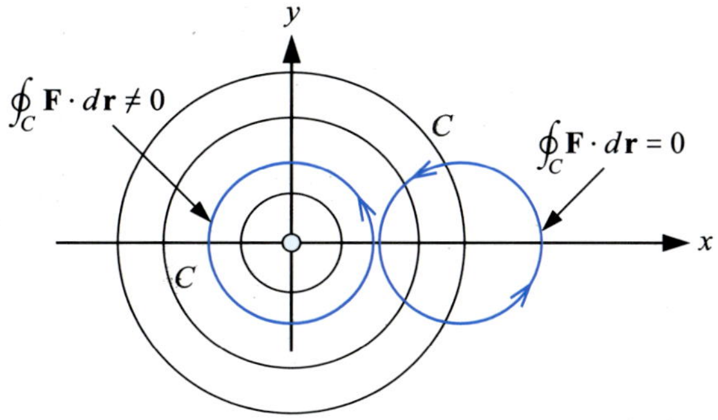

그림 8.10

$$\begin{aligned}\oint_C \mathbf{F}\cdot d\mathbf{r} &= \oint_C \frac{-\mathbf{i}\,y+\mathbf{j}\,x}{x^2+y^2}\cdot(\mathbf{i}\,dx+\mathbf{j}\,dy)\\ &= \oint_C \frac{-y\,dx+x\,dy}{x^2+y^2} \\ &= \int_0^{2\pi} \frac{-\sin t(-\sin t)\,dt+\cos t(\cos t)\,dt}{\cos^2 t+\sin^2 t} = 2\pi\end{aligned} \tag{23}$$

이므로 $\oint_C \mathbf{F}\cdot d\mathbf{r} \neq 0$이다(그림 8.10 참조). ◀

** 위의 예제에서 곡선 C가 원점을 둘러싸지 않는 경우에는 $\oint_C \mathbf{F}\cdot d\mathbf{r} = 0$이 된다. 예를 들어, 점 (2, 0)을 중심으로 하고 반지름이 1인 원의 둘레를 따라서 선적분을 하면, 곡선 위의 점을 $x = 2+\cos\theta$, $y = \sin\theta$, $0 \le \theta \le 2\pi$로 나타낼 수 있으므로

$$\begin{aligned}\oint_C \mathbf{F}\cdot d\mathbf{r} &= \oint_C \frac{-y\,dx+x\,dy}{x^2+y^2}\\ &= \int_0^{2\pi} \frac{-\sin\theta(-\sin\theta\,d\theta)+(2+\cos\theta)(\cos\theta\,d\theta)}{(2+\cos\theta)^2+\sin^2\theta}\\ &= \int_0^{2\pi} \frac{1+2\cos\theta}{5+4\cos\theta}\,d\theta = 0\end{aligned}$$

이다. 위에서, 적분의 계산은 $z = \tan\dfrac{\theta}{2}$로 두고

$$dz = \frac{1}{2}\sec^2\frac{\theta}{2}\,d\theta = \frac{1}{2}(1+z^2)\,d\theta, \quad \cos\theta = 2\cos^2\frac{\theta}{2}-1 = \frac{1-z^2}{1+z^2}$$

을 이용하면

$$\begin{aligned}\int_0^{2\pi} \frac{1+2\cos\theta}{5+4\cos\theta}\,d\theta &= \int_{-\infty}^{\infty} \frac{1+2\dfrac{1-z^2}{1+z^2}}{5+4\dfrac{1-z^2}{1+z^2}}\,\frac{2dz}{1+z^2}\\ &= \int_{-\infty}^{\infty} \frac{6-2z^2}{(9+z^2)(1+z^2)}\,dz = \int_{-\infty}^{\infty} \frac{1}{1+z^2}-\frac{3}{9+z^2}\,dz\end{aligned}$$

와 같이 변형된다. 그런데, 두 번째 적분은 $z = 3y$로 두면 첫 번째 적분과 같게 되므로 전체의 적분값은 0이 된 것이다. 더 쉬운 다른 방법은 14장의 유수적분을 이용하는 것이다.

예제 6 벡터장 $\mathbf{F} = 2x\mathbf{i} + z\mathbf{j} + (y + 3z^2)\mathbf{k}$는 공간의 모든 점에서 연속이고 $\nabla \times \mathbf{F} = 0$을 만족하므로 선적분은 적분경로에 무관하다. 따라서, $\mathbf{F} = \nabla\phi$를 만족하는 퍼텐셜 ϕ를 구하여 $A = (1, -1, 0)$에서부터 $B = (3, 0, 1)$까지의 선적분 $\int_C 2x\,dx + z\,dy + (y + 3z^2)\,dz$을 구하라.

☞ 퍼텐셜 ϕ를 구하는 가장 간단한 방법은

$$\mathbf{F} = \nabla\phi \quad \Rightarrow \quad 2x\mathbf{i} + z\mathbf{j} + (y + 3z^2)\mathbf{k} = \mathbf{i}\frac{\partial\phi}{\partial x} + \mathbf{j}\frac{\partial\phi}{\partial y} + \mathbf{k}\frac{\partial\phi}{\partial z}$$

로부터

$$\frac{\partial\phi}{\partial x} = 2x, \quad \frac{\partial\phi}{\partial y} = z, \quad \frac{\partial\phi}{\partial z} = y + 3z^2$$

을 각각 적분한 결과

$$\phi = x^2 + c_1, \quad \phi = zy + c_2, \quad \phi = zy + z^3 + c_3 \tag{24}$$

에서 "최소공배수"를 구하는 것과 같이 항을 택하면

$$\phi = x^2 + yz + z^3 + c \tag{25}$$

를 얻는다. 따라서, 선적분의 값은

$$\begin{aligned}\int_C 2x\,dx + z\,dy + (y + 3z^2)\,dz &= \int_A^B d\phi = \phi(B) - \phi(A) \\ &= (9 + 1 + c) - (1 + c) = 9\end{aligned} \tag{26}$$

◀

✔ 식 (24)는 $\phi = x^2 + c_1(y, z)$, $\phi = zy + c_2(x, z)$, $\phi = zy + z^3 + c_3(x, y)$로 나타내는 것이 보다 정확한 표현이다. 그러나, 식 (24)에서 "최소공배수"를 구하는 것처럼 해를 구하는 방법은 해가 존재하는 경우에만 유용하다. 따라서, 다시 편미분하여 확인하는 것이 바람직하다.

8-4 평면에서의 Green의 정리

Green의 정리. 평면상에서 어떤 **닫힌 영역**(閉領域; closed region)의 둘레에 따른 선적분은 그 영역 전체에 대한 이중적분으로 변환될 수 있고, 또한 그 역변환도 가능하다. 이것을 **평면에서의 Green의 정리**라고 하고 다음과 같이 쓸 수 있다.

xy평면상에서 유한한 넓이의 닫힌 영역 Ω의 경계 C가 유한개의 원활곡선으로 이루어져 있고, 함수 $P(x, y)$와 $Q(x, y)$가 영역 내에서 연속이고 그 편도함수도 연속이면

$$\iint_\Omega \left(\frac{\partial Q}{\partial x} - \frac{\partial P}{\partial y}\right) dx\,dy = \oint_C (P\,dx + Q\,dy) \tag{27}$$

즉, 영역 Ω의 모든 경계 C에 따른 선적분은 Green의 정리에 의해 이중적분으로 변환

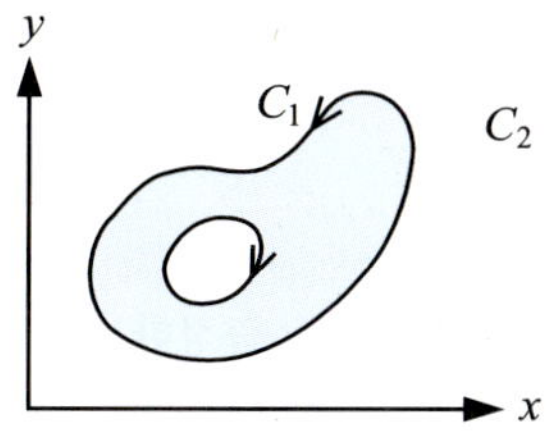

그림 8.11

된다. 이때, 선적분의 방향은 경계를 걸어가는 사람의 왼쪽으로 영역이 보이도록 하는 것이 원칙이다. 예를 들어, 그림 8.11에서 C_1은 반시계반대방향, C_2는 시계방향이 선적분의 방향임을 알 수 있다.

✔ 1장에서 완전미분방정식을 다룰 때 사용한 $R = \dfrac{\partial Q}{\partial x} - \dfrac{\partial P}{\partial y}$가 또 한번 나타난다.

예제 7 C: 타원 $\dfrac{x^2}{a^2} + \dfrac{y^2}{b^2} = 1$에 대해 $\oint_C (2x - y)\,dx + (x + 2y)\,dy$를 Green의 정리로부터 구하고, 직접 선적분한 결과와 비교하라.

☞ Green의 정리로부터

$$\begin{aligned}\oint_C (2x - y)\,dx + (x + 2y)\,dy &= \iint_\Omega \left[\frac{\partial}{\partial x}(x + 2y) - \frac{\partial}{\partial y}(2x - y)\right] dx\,dy \\ &= 2\iint_\Omega dx\,dy = 2A = 2\pi ab\end{aligned} \tag{28}$$

여기서, $\iint_\Omega dx\,dy = A$와 타원의 면적 $A = \pi ab$를 이용하였다. 만일, (반시계방향의) 선적분을 $x = a\cos t,\ y = b\sin t,\ 0 \le t \le 2\pi$인 매개변수를 이용하여 직접 구하게 되면, $dx = -a\sin t\,dt,\ dy = b\cos t\,dt$이므로

$$\begin{aligned}&\oint_C (2x - y)\,dx + (x + 2y)\,dy \\ &\quad = \int_0^{2\pi} (2a\cos t - b\sin t)(-a\sin t\,dt) + (a\cos t + 2b\sin t)(b\cos t\,dt) \\ &\quad = \int_0^{2\pi} [ab + 2(b^2 - a^2)\cos t\sin t]\,dt = 2\pi ab\end{aligned}$$

로 Green의 정리를 확인할 수 있다.

예제 8 닫힌 영역 Ω의 면적 $A = \dfrac{1}{2}\oint_C (xdy - ydx)$를 보여라.

☞ Green의 정리로부터

$$\begin{aligned}\oint_C x\,dy &= \iint_\Omega \frac{\partial}{\partial x}(x)\,dx\,dy = \iint_\Omega dx\,dy = A \\ -\oint_C y\,dx &= \iint_\Omega \frac{\partial}{\partial y}(y)\,dx\,dy = \iint_\Omega dx\,dy = A\end{aligned} \tag{29}$$

를 얻고, 두 식을 더하고 2로 나누면

$$A = \frac{1}{2}\oint_C (x\,dy - y\,dx) \tag{30}$$

가 성립한다. 윗식은 면적을 측정하는 기구인 **면적계**(面積計; planimeter)에 응용된다. 그런데, 극좌표(polar coordinate)를 이용하여 식 (30)을 다시 쓰면

$$x = r\cos\theta, \qquad y = r\sin\theta$$

이므로

$$\begin{aligned} x\,dy - y\,dx &= (r\cos\theta)(dr\sin\theta + r\cos\theta\,d\theta) \\ &\quad -(r\sin\theta)(dr\cos\theta - r\sin\theta\,d\theta) \\ &= r^2(\cos^2\theta + \sin^2\theta)\,d\theta = r^2\,d\theta \end{aligned}$$

가 되어

$$A = \frac{1}{2}\oint_C r^2\,d\theta \tag{31}$$

인 이미 잘 알고 있는 공식이 얻어진다. 또한, $x(t)$, $y(t)$의 매개변수형으로 주어진 곡선에 대해서 식 (30)은

$$A = \frac{1}{2}\int_{t_1}^{t_2}(xy' - yx')\,dt = \frac{1}{2}\int_{t_1}^{t_2}\begin{vmatrix} x & y \\ x' & y' \end{vmatrix}dt \tag{32}$$

로 보다 편리한 형태로 쓸 수 있다(6장의 예제 7과 비교해 보라).

Green 정리의 벡터형식. 벡터형식으로 표현된 Green의 정리는 전자기학, 유체역학 등의 여러 분야에서 응용되며, 또한 특별한 상황에서는 다음 절에서 다루게 될 Gauss 및 Stokes의 정리와 동일한 개념을 나타낸다.

예제 9 그림 8.12에 보인 xy 평면상의 영역 Ω에서 Green의 정리는 다음과 같은 벡터형식으로 표현되는 것을 보여라.

$$\oint_C \mathbf{F}\cdot\mathbf{u}\,ds = \iint_\Omega \nabla\times\mathbf{F}\cdot\mathbf{k}\,dx\,dy$$

$$\oint_C \mathbf{F}\cdot\mathbf{n}\,ds = \iint_\Omega \nabla\cdot\mathbf{F}\,dx\,dy$$

☞ 그림 8.12에서 단위벡터 **u**와 **n**은 각각 경계의 접선벡터와 외향법선벡터(outward normal vector), s는 경계를 따라 잰 길이를 뜻한다.

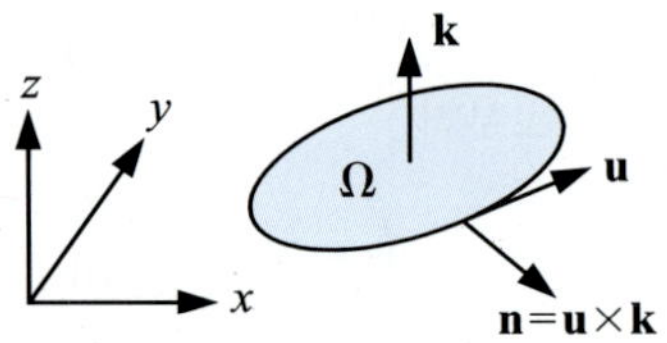

그림 8.12

먼저, 접선벡터와 외향법선벡터의 정의로부터

$$\begin{aligned}\mathbf{u} &= \frac{d\mathbf{r}}{ds} = \frac{d}{ds}(\mathbf{i}x + \mathbf{j}y) = \mathbf{i}\frac{dx}{ds} + \mathbf{j}\frac{dy}{ds} \\ \mathbf{n} &= \mathbf{u}\times\mathbf{k} = \left(\mathbf{i}\frac{dx}{ds} + \mathbf{j}\frac{dy}{ds}\right)\times\mathbf{k} = \mathbf{i}\frac{dy}{ds} - \mathbf{j}\frac{dx}{ds}\end{aligned} \tag{33}$$

를 얻고, 벡터장 $\mathbf{F} = \mathbf{i}P + \mathbf{j}Q$와의 내적

$$\begin{aligned}\mathbf{F}\cdot\mathbf{u}\,ds &= (\mathbf{i}P + \mathbf{j}Q)\cdot(\mathbf{i}\,dx + \mathbf{j}\,dy) = P\,dx + Q\,dy \\ \mathbf{F}\cdot\mathbf{n}\,ds &= (\mathbf{i}P + \mathbf{j}Q)\cdot(\mathbf{i}\,dy - \mathbf{j}\,dx) = -Q\,dx + P\,dy\end{aligned} \tag{34}$$

를 구한 다음에 Green의 정리를 사용한다. 즉,

$$\begin{aligned}\oint_C \mathbf{F}\cdot\mathbf{u}\,ds &= \oint_C Pdx + Qdy = \iint_\Omega\left(\frac{\partial Q}{\partial x} - \frac{\partial P}{\partial y}\right)dx\,dy \\ \oint_C \mathbf{F}\cdot\mathbf{n}\,ds &= \oint_C -Qdx + Pdy = \iint_\Omega\left(\frac{\partial P}{\partial x} + \frac{\partial Q}{\partial y}\right)dx\,dy\end{aligned} \tag{35}$$

에서 윗식의 우변은 각각 $\nabla\times\mathbf{F}\cdot\mathbf{k}$와 $\nabla\cdot\mathbf{F}$임에 주목하면

$$\oint_C \mathbf{F}\cdot\mathbf{u}\,ds = \iint_\Omega \nabla\times\mathbf{F}\cdot\mathbf{k}\,dx\,dy \tag{36}$$

$$\oint_C \mathbf{F}\cdot\mathbf{n}\,ds = \iint_\Omega \nabla\cdot\mathbf{F}\,dx\,dy \tag{37}$$

로 주어진 Green 정리의 벡터표현을 얻을 수 있다. 뒤에서 알게 되겠지만,

① 식 (36)은 평면에서의 Stokes의 정리
② 식 (37)은 평면에서의 Gauss의 정리

를 의미한다.

예제 10 xy 평면상의 영역 Ω에서 $\frac{\partial\phi}{\partial n}$를 경계 C에서의 법선도함수, 즉 $\mathbf{n}\cdot\nabla\phi$라고 할 때 $\iint_\Omega \nabla^2\phi\,dx\,dy = \oint_C \frac{\partial\phi}{\partial n}ds$임을 보여라.

☞ 식 (37)로 주어진 결과인 $\oint_C \mathbf{F}\cdot\mathbf{n}\,ds = \iint_\Omega \nabla\cdot\mathbf{F}\,dx\,dy$에서 $\mathbf{F} = \nabla\phi$를 대입하면

$$\oint_C \nabla\phi\cdot\mathbf{n}\,ds = \iint_\Omega \nabla\cdot\nabla\phi\,dx\,dy$$

가 된다. 여기서, 좌변의 피적분은 법선도함수 $\mathbf{n}\cdot\nabla\phi = \frac{\partial\phi}{\partial n}$를 나타내므로

$$\iint_\Omega \nabla^2\phi\,dx\,dy = \oint_C \frac{\partial\phi}{\partial n}ds \quad ◀ \tag{38}$$

****Green 정리의 증명.** 영역 Ω가 그림 8.13에 나타낸 바와 같이 두 개의 식

$$\begin{aligned}a \le x \le b, \quad & y_1(x) \le y \le y_2(x) \\ c \le y \le d, \quad & x_1(y) \le x \le x_2(y)\end{aligned} \tag{39}$$

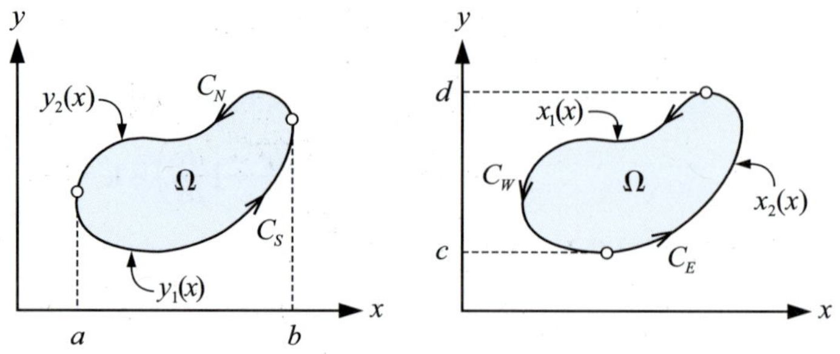

그림 8.13 특수한 경우에 대한 Green 정리의 증명

로 표현되는 특별한 경우에 대해 Green의 정리

$$\iint_\Omega \left(\frac{\partial Q}{\partial x} - \frac{\partial P}{\partial y} \right) dx\, dy = \oint_C (P\, dx + Q\, dy) \tag{40}$$

를 증명하기로 한다. 먼저, 식 (40)의 왼쪽 두 번째 항을 그림 8.13을 이용하여 다음과 같은 중적분

$$\iint_\Omega \frac{\partial P}{\partial y} dx\, dy = \int_a^b \left[\int_{y_1(x)}^{y_2(x)} \frac{\partial P}{\partial y} dy \right] dx$$

로 나타내면, 괄호 안의 적분에 대해

$$\int_{y_1(x)}^{y_2(x)} \frac{\partial P}{\partial y} dy = [P(x, y)]_{y=y_1(x)}^{y=y_2(x)} = P(x, y_2) - P(x, y_1)$$

인 결과를 얻는다. 여기서, 경계는 두 개의 곡선 C_N과 C_S(north, south curve)로 구분되고, 경계 C_N에서는 $y = y_2(x)$이고 경계 C_S에서는 $y = y_1(x)$이므로

$$\begin{aligned}\iint_\Omega \frac{\partial P}{\partial y} dx\, dy &= \int_a^b [P(x, y_2) - P(x, y_1)]\, dx \\ &= -\int_b^a P(x, y_2)\, dx - \int_a^b P(x, y_1)\, dx \\ &= -\left(\int_{C_N} P\, dx + \int_{C_S} P\, dx \right) = -\oint_C P\, dx\end{aligned} \tag{41}$$

와 같이 정리된다. 위에서, 곡선 C_N의 방향은 $x = b$에서 $x = a$로 향하고, 곡선 C_S의 방향은 그 반대임을 이용하였다. 마찬가지로 하면

$$\begin{aligned}\iint_\Omega \frac{\partial Q}{\partial x} dx\, dy &= \int_c^d Q(x_2, y)\, dy - \int_c^d Q(x_1, y)\, dy \\ &= \int_c^d Q(x_2, y)\, dy + \int_d^c Q(x_1, y)\, dy \\ &= \int_{C_E} Q\, dy + \int_{C_W} Q\, dy = \oint_C Q\, dy\end{aligned} \tag{42}$$

를 얻을 수 있고, 식 (42)에서 (41)을 빼면 Green의 정리가 얻어진다.

보다 일반적인 영역에 대한 Green 정리의 증명은 영역을 적절히 나누고 각각의 분할된 영역에 대해 적용한 Green 정리의 결과를 모두 더하여 얻을 수 있지만, 이에 대한

상세한 토의는 생략한다.

✔ Green의 정리 $\iint_{\Omega}\left(\frac{\partial Q}{\partial x}-\frac{\partial P}{\partial y}\right)dx\,dy=\oint_C (P\,dx+Q\,dy)$에서 $P=0$으로 두면 식 (42)가 얻어지고, $Q=0$으로 두면 식 (41)이 얻어지므로 식 (41)과 식 (42)를 따로 구분할 필요가 없다.

연습문제

※ 다음의 [1]–[3]에서 주어진 선적분을 Green의 정리를 이용하여 구하라. 곡선의 방향은 반시계방향이라고 한다.

[1] $\oint_C y\,dx+x\,dy$, 정사각형 $0\le x\le a,\ 0\le y\le a$.

[2] $\oint_C x\sin y\,dx-y\sin x\,dy$, 직사각형 $0\le x\le \pi,\ 0\le y\le \frac{\pi}{2}$.

[3] $\oint_C ay\,dx+bx\,dy$를 임의의 폐곡선 C에 대하여 구하라.

[4] 타원 $x=a\cos t,\ y=b\sin t,\ 0\le t\le 2\pi$의 면적을 $A=\frac{1}{2}\oint_C (x\,dy-y\,dx)$를 이용하여 구하라.

[5] Cycloid형 곡선: $\mathbf{r}=\mathbf{i}a(t-\sin t)+\mathbf{j}a(1-\cos t),\ 0\le t\le 2\pi$와 직선 $y=0$으로 둘러싸인 영역의 면적을 $A=\frac{1}{2}\int_{t=a}^{t=b}\begin{vmatrix} x & y \\ x' & y' \end{vmatrix}dt$의 공식을 이용하여 구하라.

[6] 심장형곡선(cardioid) $r=a(1-\cos\theta),\ 0\le\theta\le 2\pi$의 면적은 $A=\frac{3\pi}{2}a^2$임을 보여라.

*[7] C: 원판 $x^2+y^2=R^2$에 대해 선적분 $\oint_C y^3\,dx-x^3\,dy$을 구하라.

✔ 이중적분은 $x=r\cos\theta,\ y=r\sin\theta,\ 0\le r\le R,\ 0\le\theta\le 2\pi$로 치환하여 구한다.

*[8] C: 타원 $2x^2+y^2=2$의 둘레에 따른 선적분 $\oint_C (2x-y^3)\,dx+(2x^3-y)\,dy$를 구하라.

✔ 이중적분은 $x=r\cos\theta,\ y=\sqrt{2}\,r\sin\theta,\ 0\le r\le 1,\ 0\le\theta\le 2\pi$로 치환하여 구한다.

*[9] 곡선 C가 $x^2+\frac{y^2}{4}=1$인 타원의 둘레로 주어질 때, $\oint_C \frac{y}{x^2+y^2}\,dx-\frac{x}{x^2+y^2}\,dy$에 Green의 정리를 적용할 수 없는 이유를 써라. **참고:** 영역내부의 점 $x=y=0$에서 피적분(integrand)은 발산한다.

*[10] xy 평면상의 영역 Ω에서 정의된 함수 $\phi(x, y)$가 $\nabla^2\phi=0$의 해일 때

$$\iint_{\Omega}\left(\frac{\partial\phi}{\partial x}\right)^2+\left(\frac{\partial\phi}{\partial y}\right)^2 dx\,dy=\oint_C \phi\frac{\partial\phi}{\partial n}\,ds$$

를 보여라. ✔ 식 (37)에 $\mathbf{F}=\phi\nabla\phi$를 대입하고 $\nabla\cdot(\phi\nabla\phi)=\nabla\phi\cdot\nabla\phi+\phi\nabla^2\phi$를 쓴다.

8-5 Gauss의 정리(발산정리)

가우스의 발산정리. 그림 8.14에 보인 바와 같이 폐곡면 S에 의해 둘러싸인 유한한 체적 V의 표면에서 **면적소**(面積素; surface element)를 외향법선벡터 $\mathbf{n}$과 미소면적 dA를 이용하여 $d\mathbf{A} = \mathbf{n}\,dA$로 정의하자.

그러면, 체적적분을 면적분으로 변환시키는 가우스의 **발산정리**(發散定理; divergence theorem)는 벡터함수 $\mathbf{F}$가 체적 V의 내부에서 연속이고 또 연속인 1계 편도함수를 가지면 다음과 같이 표현된다.

$$\int_V (\nabla \cdot \overline{\mathbf{F}})\, dV = \int_S \overline{\mathbf{F}} \cdot d\overline{\mathbf{A}} \tag{43}$$

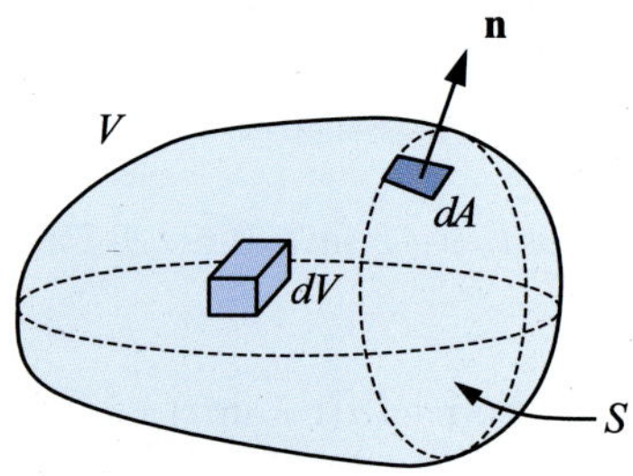

그림 8.14

예제 11 $S: x^2 + y^2 + z^2 = R^2$ 상에서 $\int_S (3x\mathbf{i} - 2y\mathbf{j}) \cdot d\mathbf{A}$를 구하라.

☞ 주어진 곡면은 반지름 R인 구의 표면이다. 여기서, $\mathbf{F} = 3x\mathbf{i} - 2y\mathbf{j}$로 두면 $\nabla \cdot \mathbf{F} = \dfrac{\partial}{\partial x}(3x) + \dfrac{\partial}{\partial y}(-2y) = 3 - 2 = 1$이므로

$$\int_S \mathbf{F} \cdot d\mathbf{A} = \int_V \nabla \cdot \mathbf{F}\, dV = \int_V dV = V = \frac{4}{3}\pi R^3$$ ◀

***발산정리의 전개형.** 미소면(微小面)에 수직한 외향단위벡터 $\mathbf{n}$의 방향코사인을 이용하면

$$d\mathbf{A} = \mathbf{n}\,dA = (\mathbf{i}\cos\alpha + \mathbf{j}\cos\beta + \mathbf{k}\cos\gamma)dA$$

이므로

$$\begin{aligned}\mathbf{F} \cdot d\mathbf{A} &= (\mathbf{i}F_1 + \mathbf{j}F_2 + \mathbf{k}F_3) \cdot (\mathbf{i}\cos\alpha + \mathbf{j}\cos\beta + \mathbf{k}\cos\gamma)dA \\ &= (F_1\cos\alpha + F_2\cos\beta + F_3\cos\gamma)\,dA\end{aligned} \tag{44}$$

가 된다. 따라서, 발산정리는

$$\begin{aligned}\int_V \nabla\cdot\mathbf{F}\,dV &= \iiint_V\left(\frac{\partial F_1}{\partial x}+\frac{\partial F_2}{\partial y}+\frac{\partial F_3}{\partial z}\right)dx\,dy\,dz \\ &= \int_S (F_1\cos\alpha+F_2\cos\beta+F_3\cos\gamma)\,dA \\ &= \iint_S (F_1\,dy\,dz+F_2\,dz\,dx+F_3\,dx\,dy)\end{aligned} \tag{45}$$

인 중적분의 형태로 다시 쓸 수 있다. 발산정리는 식 (45)에서

$$\begin{aligned}\iiint_V \frac{\partial F_1}{\partial x}dx\,dy\,dz &= \int_S F_1\cos\alpha\,dA = \iint_S F_1\,dy\,dz \\ \iiint_V \frac{\partial F_2}{\partial y}dx\,dy\,dz &= \int_S F_2\cos\beta\,dA = \iint_S F_2\,dz\,dx \\ \iiint_V \frac{\partial F_3}{\partial z}dx\,dy\,dz &= \int_S F_3\cos\gamma\,dA = \iint_S F_3\,dx\,dy\end{aligned} \tag{46}$$

등의 관계가 각각 성립하는 것을 보임으로써 증명할 수 있다(18장에서 설명하는 면적분을 참조한다).

발산정리의 형식적인 이해. 공학적인 응용문제를 다루는 경우, 발산정리를 증명하는 것보다 훨씬 중요한 것은 발산정리를 잘 이해하고 적용하는 것이다. 발산정리의 물리적인 이해와 응용은 뒤에서 살펴보기로 하고, 우선 표 8.1에 $\nabla\equiv\dfrac{d}{d\mathbf{r}}$의 표현을 이용하여 발산정리를 "형식적(形式的)으로 유도"하여 이해하기 쉽도록 구성하였다.

✔ 표 8.1에 보인 과정은 발산정리의 이해를 돕기 위한 것으로 절대로 발산정리의 "유도과정" 또는 "증명과정"으로 생각하면 안 된다. 마찬가지로, 구의 체적과 표면적을 같이 적은 것은 단지 체적적분과 면적분 사이의 변환관계를 연상(聯想)하기 위한 것으로, 수학적인 관점에서의 타당성은 논외(論外)로 한다.

예제 12 $\int_V \nabla\phi\,dV = \int_S \phi\,d\mathbf{A}$가 성립하는 것을 보이고, 이를 이용하여 밀도 ρ인 액체 속에 질량 m, 체적 V인 물체가 잠겨 있을 때 물체의 외관상 무게가 $(m-\rho V)g$로 되는 Archimedes의 원리를 증명하라.

☞ 여기서는 표 8.1과 비슷하게 활용의 측면에서 $\nabla\equiv\dfrac{d}{d\mathbf{r}}$를 이용하여

표 8.1 발산정리의 이해를 돕기 위한 표현

$\int_V dV(\nabla\cdot\mathbf{F}) = \int_V dV\left(\frac{d}{d\mathbf{r}}\cdot\mathbf{F}\right)$	$V=\frac{4}{3}\pi r^3$ (구의 체적)
$= \int_V d\left(V\frac{d}{d\mathbf{r}}\right)\cdot\mathbf{F}$	$A=4\pi r^2$ (구를 둘러싼 표면적)
$= \int_S d\mathbf{A}\cdot\mathbf{F}$	$\frac{dV}{dr}=4\pi r^2 \ \Rightarrow\ V\frac{d}{dr}=A$

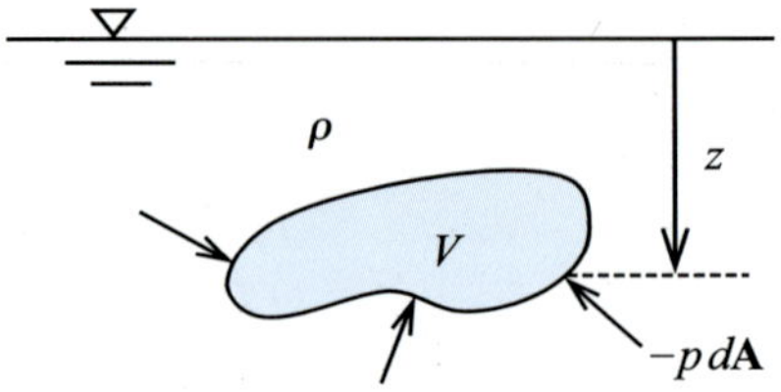

그림 8.15

$$
\begin{aligned}
\int_V dV(\nabla\phi) &= \int_V dV\left(\frac{d}{d\mathbf{r}}\phi\right) \\
&= \int_V d\left(V\frac{d}{d\mathbf{r}}\right)\phi = \int_S d\mathbf{A}\phi = \int_S \phi\, d\mathbf{A}
\end{aligned}
\tag{47}
$$

와 같이 윗식을 "아주 자연스럽게" 받아들일 수 있는 정도로 만족하자(엄밀한 증명은 연습문제를 참조하라).

윗식의 물리적인 응용으로 잘 알려진 Archimedes(아르키메데스)의 **부력의 법칙**을 설명해 보자. 중력가속도를 g라 할 때, 액체의 깊이 $z > 0$에서 물체의 단위면적에 작용하는 압력 $p = \rho gz$은 물체표면을 수직하게 누르는 방향, 즉 $-d\mathbf{A}$ 방향으로 작용하므로 물체에 작용하는 부력은

$$
\begin{aligned}
\mathbf{F} = \int_S d\mathbf{F} = -\int_S p\,d\mathbf{A} &= -\int_V \nabla p\, dV \\
&= -\int_V\left(\mathbf{i}\frac{\partial}{\partial x} + \mathbf{j}\frac{\partial}{\partial y} + \mathbf{k}\frac{\partial}{\partial z}\right)(\rho gz)dV \\
&= -\mathbf{k}\rho g\int_V dV = -\mathbf{k}\rho gV
\end{aligned}
$$

이다(밀도와 중력가속도는 일정하다고 가정한다). 그리고, 물체에 작용하는 중력은 $\mathbf{k}\,mg$이므로 물체의 외관상 무게는 $(m - \rho V)g$가 된다. ◀

☑ 많은 경우, 표면에 작용하는 힘벡터 $-\rho gz\,d\mathbf{A}$의 수직성분을 다시 구한 다음에 발산정리를 적용하여 부력의 법칙을 설명하고 있다. 이러한 과정은 위의 방법보다 조금 더 복잡하다(연습문제 참조).

☑ 아르키메데스는 Hieron 왕으로부터 「순금왕관의 진위여부를 알 수 있는가」에 대한 하명을 받았다. 그는 이에 대한 답을 목욕탕에서 넘쳐흐르는 물을 보고 알아내고는 너무도 기쁜 나머지 "Eureka"하고 외치며 벌거벗은 채로 뛰었다는 이야기가 있다. 아르키메데스의 실험방법은 아래의 그림과 같이 공기 중에서 양팔저울을 이용하여 왕관의 반대편에 같은 무게의 순금을 올려 놓은 후에 그대로 물속에 담가서 수평이 유지되는가를 보는 것이었다. 만일, 왕관이 가짜라면 물속에서는 부력의 차이로 인하여 수평이 깨지게 될 것이기 때문이다.

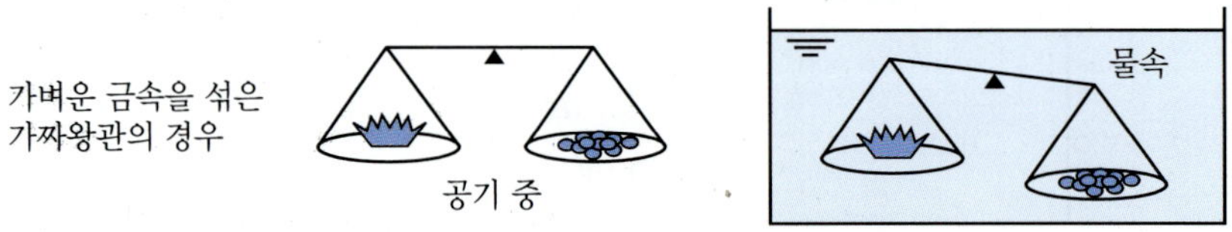

예제 13 $\int_V \nabla \times \mathbf{F}\, dV = -\int_S \mathbf{F} \times d\mathbf{A}$가 성립하는 것을 보여라.

☞ 앞의 (예제 12)와 마찬가지로 $\nabla \equiv \dfrac{d}{d\mathbf{r}}$를 이용하면

$$\begin{aligned}\int_V dV(\nabla \times \mathbf{F}) &= \int_V dV\left(\frac{d}{d\mathbf{r}} \times \mathbf{F}\right) \\ &= \int_V d\left(V \frac{d}{d\mathbf{r}}\right) \times \mathbf{F} \\ &= \int_S d\mathbf{A} \times \mathbf{F} = -\int_S \mathbf{F} \times \mathbf{n}\, dA \end{aligned} \tag{48}$$

◀

✔ 적분변수를 마지막에 쓰는 관습에서 벗어나면 $\int_V dV(\nabla \times \mathbf{F}) = \int_S d\mathbf{A} \times \mathbf{F}$와 같이 음의 부호가 나타나지 않는다. 다시 한번 강조하지만 위의 "전혀 비수학적인 유도과정(?)"은 단지 편의를 위한 표현이며, 수학적인 엄밀한 증명은 연습문제를 참조하자.

발산정리 증명의 밑그림. 식 (46)의 각 등식이 성립하는 것을 엄밀하게 증명하는 대신에 가장 초보적인 적분

$$\int \frac{d\phi}{dx}\, dx = \phi, \quad \int_a^b \frac{d\phi}{dx}\, dx = \phi(b) - \phi(a) \tag{49}$$

의 결과와 연관하여 식 (46)의 증명이 어떻게 이루어질 것인가를 생각해 보자. 식 (49)의 적분은 그림 8.16에 보인 굵은 선분을 따라가면서 수행하고 최종적으로는 선분의 "출구와 입구"에 해당하는 값 $\phi(b)$와 $\phi(a)$의 차로 주어진다. 이러한 간단한 개념을 그대로 체적적분에 확장하면 체적의 모든 부분에서 수행된 적분은 체적의 "출구와 입구"에 대응하는 표면에서의 값의 차이로 나타날 것이다. 즉,

$$\int \frac{d\phi}{dx}\, dx = \phi \qquad \Rightarrow \quad \iiint \frac{\partial F_1}{\partial x}\, dx\, dy\, dz = \iint F_1\, dy\, dz$$

$$\int_a^b \frac{d\phi}{dx}\, dx = \phi(b) - \phi(a) \quad \Rightarrow \quad \iiint_V \frac{\partial F_1}{\partial x}\, dx\, dy\, dz = \iint_{S_b} F_1\, dy\, dz - \iint_{S_a} F_1\, dy\, dz$$

와 닮은 형태의 적분

$$\int_V \frac{\partial F_1}{\partial x}\, dx\, dy\, dz = \int_S F_1\, dy\, dz \tag{50}$$

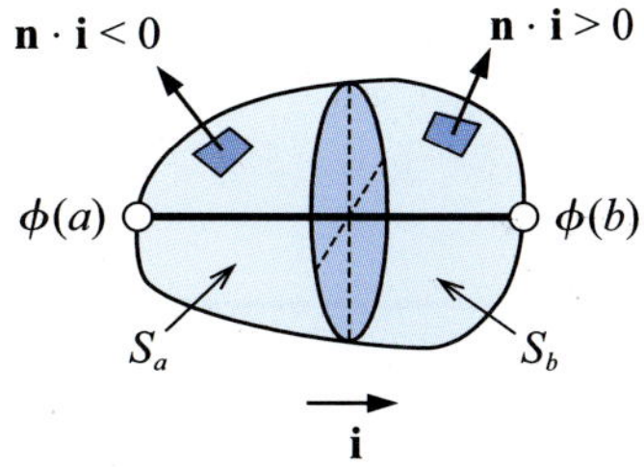

그림 8.16

가 나타날 것이다. 위에서, 표면 S_b와 S_a는 법선이 오른쪽 또는 왼쪽을 향하는가를 기준으로 그림 8.16에서와 같이 구분한 것이고, S는 두 표면의 합을 뜻한다. 실제로, 수학적인 증명은 위의 내용을 엄밀한 서술로 바꾸어 표현할 뿐 근본적인 개념의 차이는 없으므로 더 이상 깊이 다루지 않겠다.

***발산정리의 물리적인 이해와 응용.** 발산(divergence)의 정의에서 밖으로 유출되는 양을 언급하였다. 즉, 7-2절로부터 유체의 밀도를 ρ, 속도를 $\mathbf{v}$라고 할 때 벡터장 $\rho\mathbf{v}$의 발산은

$$\nabla\cdot\rho\mathbf{v} = \begin{cases} + & \text{source} \\ - & \text{sink} \end{cases} \tag{51}$$

인 개념을 나타내는 것으로 이해하였다. 주어진 체적에 대한 적분 $\int_V \nabla\cdot\rho\mathbf{v}\,dV$는 체적으로부터 유체의 **총유출량**(總流出量; net outflow)을 뜻한다. 그런데, 밖으로 유출되는 유체는 반드시 체적의 표면을 통과하기 때문에 표면에 대한 적분 $\int_S \rho\mathbf{v}\cdot\mathbf{n}\,dA$와 서로 같아야 한다. 다시 말하면,

$$\int_V \nabla\cdot\rho\mathbf{v}\,dV = \int_S \rho\mathbf{v}\cdot\mathbf{n}\,dA \tag{52}$$

의 관계가 성립하고, 윗식은 발산정리를 나타내고 있다. 그런데, 유체가 빠져나간 만큼 체적내부의 질량이 감소하므로 **질량보존의 법칙**은

$$\int_V -\frac{\partial\rho}{\partial t}\,dV = \int_S \rho\mathbf{v}\cdot\mathbf{n}\,dA \tag{53}$$

로 나타나고, 발산정리를 이용하면

$$\int_V \left(\frac{\partial\rho}{\partial t} + \nabla\cdot\rho\mathbf{v}\right)dV = 0 \tag{54}$$

인 식을 얻는다. 여기서, 미소체적 dV는 임의로 택할 수 있기 때문에

$$\frac{\partial\rho}{\partial t} + \nabla\cdot\rho\mathbf{v} = 0 \tag{55}$$

이 항상 성립하는데, 이것을 유체역학에서 **연속방정식**(continuity equation)이라고 한다.

✓ $\rho\mathbf{v}\cdot d\mathbf{A} \sim \frac{\text{kg}}{\text{m}^3}\cdot\frac{\text{m}}{\text{s}}\cdot\text{m}^2 = \frac{\text{kg}}{\text{s}}$이므로 단위시간당 주어진 미소면적을 통과하는 질량을 뜻하고, $\nabla\cdot\rho\mathbf{v}\,dV \sim \frac{1}{\text{m}}\cdot\frac{\text{kg}}{\text{m}^3}\frac{\text{m}}{\text{s}}\cdot\text{m}^3 = \frac{\text{kg}}{\text{s}}$은 단위시간당 체적으로부터 밖으로 나간(즉, 발산된) 질량을 말한다.

예제 14 발산정리에서 $\mathbf{F} = \nabla\phi$를 택하면 $\int_V \nabla^2\phi\,dV = \int_S \frac{\partial\phi}{\partial n}\,dA$가 성립함을 보여라.

☞ 식 (43)에서 $\mathbf{F} = \nabla\phi$라고 두면

$$\int_V (\nabla \cdot \nabla\phi)\, dV = \int_S \nabla\phi \cdot d\mathbf{A} = \int_S \mathbf{n} \cdot \nabla\phi\, dA$$

가 되고, 위에서 법선도함수를 $\mathbf{n} \cdot \nabla\phi = \dfrac{\partial\phi}{\partial n}$로 정의하므로

$$\int_V \nabla^2\phi\, dV = \int_S \frac{\partial\phi}{\partial n}\, dA \tag{56}$$

✓ 식 (56)은 식 (38)과 아주 닮은 꼴이며, 따라서 식 (38)을 확장한 결과로 해석할 수 있다.

발산정리를 포함한 체적적분. 표 8.2에는 지금까지 다룬 기본적인 공식을 정리하였다(그림 8.2와 비교해 보라).

표 8.2 발산정리를 포함한 체적적분과 관련된 몇 가지 공식

기본공식	이해를 돕기 위한 보조식
$\int_V \nabla \cdot \mathbf{F}\, dV = \int_S \mathbf{F} \cdot d\mathbf{A}$	$\int_V dV(\nabla \cdot \mathbf{F}) = \int_V d\left(V \frac{d}{d\mathbf{r}}\right) \cdot \mathbf{F} = \int_S d\mathbf{A} \cdot \mathbf{F}$
$\int_V \nabla \times \mathbf{F}\, dV = -\int_S \mathbf{F} \times d\mathbf{A}$	$\int_V dV(\nabla \times \mathbf{F}) = \int_V d\left(V \frac{d}{d\mathbf{r}}\right) \times \mathbf{F} = \int_S d\mathbf{A} \times \mathbf{F}$
$\int_V \nabla\phi\, dV = \int_S \phi\, d\mathbf{A}$	$\int_V dV(\nabla\phi) = \int_V d\left(V \frac{d}{d\mathbf{r}}\right) \phi = \int_S d\mathbf{A}\, \phi$
$\int_V \nabla^2\phi\, dV = \int_S \frac{\partial\phi}{\partial n}\, dA$	$\int_V dV(\nabla^2\phi) = \int_V d\left(V \frac{d}{d\mathbf{r}}\right) \cdot \nabla\phi = \int_S d\mathbf{A} \cdot \nabla\phi$

예제 15 발산정리에서 $\mathbf{F} = f\nabla g$를 택하면 다음이 성립함을 보여라.

$$\int_V (f\nabla^2 g + \nabla f \cdot \nabla g)\, dV = \int_S f \frac{\partial g}{\partial n}\, dA$$

☞ 식 (43)에서 $\mathbf{F} = f\nabla g$라고 두면

$$\nabla \cdot \mathbf{F} = \nabla \cdot (f\nabla g) = f\nabla^2 g + \nabla f \cdot \nabla g$$

이고, $\mathbf{F} \cdot d\mathbf{A} = f\nabla g \cdot \mathbf{n}\, dA = f(\mathbf{n} \cdot \nabla g)\, dA = f\dfrac{\partial g}{\partial n}\, dA$이므로

$$\int_V (f\nabla^2 g + \nabla f \cdot \nabla g)\, dV = \int_S f \frac{\partial g}{\partial n}\, dA \tag{57}$$

가 성립한다. 윗식을 Green의 제1공식(Green's first formula)이라고 한다. 여기서, f와 g의 역할을 바꾸면

$$\int_V (g\nabla^2 f + \nabla g \cdot \nabla f)\, dV = \int_S g \frac{\partial f}{\partial n}\, dA \tag{58}$$

를 얻고, 두 식을 서로 빼면

$$\int_V (f\nabla^2 g - g\nabla^2 f)\,dV = \int_S \left(f\frac{\partial g}{\partial n} - g\frac{\partial f}{\partial n}\right)dA \tag{59}$$

가 된다. 이때, 식 (59)를 Green의 제2공식(Green's second formula)이라고 한다. ◀

****조화함수와 발산정리.** 라플라스의 방정식 $\nabla^2\phi = 0$을 만족하는 해 $\phi(x, y, z)$가 연속인 2계 편도함수를 가지면 **조화함수**(harmonic function)라 하고, 조화함수에 관한 이론을 **퍼텐셜이론**(potential theory)이라고 한다. 발산정리를 이용하면 조화함수에 대한 여러 가지 중요한 성질을 얻을 수 있다.

함수 $\phi(x, y, z)$가 폐곡면 S로 둘러싸인 어떤 영역 Ω에서의 조화함수라면 다음의 성질을 갖는다.

[A] 표면에서의 법선도함수의 적분은 0이다. 즉, $\int_S \frac{\partial \phi}{\partial n}\,dA = 0$.

▶ (예제 14)의 결과 $\int_V \nabla^2\phi\,dV = \int_S \frac{\partial\phi}{\partial n}\,dA$에서 $\nabla^2\phi = 0$이므로 바로 얻을 수 있는 성질이다.

☑ 조화함수의 이러한 성질을 물리적으로 해석하면 경계에서 "구배에 의한 흐름", 예를 들어 높이차에 의한 유동이나 전압차에 의한 전류, 또는 온도차에 의한 열전달 등과 같이 어떤 양이 경계의 한쪽에서 흘러 들어오는 만큼 다른 쪽에서 빠져나가는 것을 뜻한다.

[B] 표면 S 위에서 $\phi = 0$이면 영역 전체에서 항등적으로 $\phi \equiv 0$이다.

▶ 식 (57)에서 $f = g = \phi$로 두면

$$\int_V (\phi\nabla^2\phi + \nabla\phi\cdot\nabla\phi)\,dV = \int_S \phi\frac{\partial\phi}{\partial n}\,dA = 0$$

즉,

$$\int_V |\nabla\phi|^2\,dV = 0 \tag{60}$$

이므로 항등적으로 $\nabla\phi = 0$이 성립한다. 그런데, ϕ = 상수가 해가 되는데 경계에서의 값이 $\phi = 0$이므로 영역 Ω의 모든 점에서 $\phi \equiv 0$이 된다.

☑ 만일, 경계에서 $\frac{\partial\phi}{\partial n} = 0$인 조건이 주어졌다면 ϕ = 상수가 해가 되는 것을 알 수 있다.

[C] 라플라스 방정식의 Dirichlet 문제에 대한 해는 유일하다.

▶ ϕ_1과 ϕ_2가 경계 S에서 동일한 값을 가지고 $\nabla^2\phi = 0$의 해라고 하자. $\phi = \phi_1 - \phi_2$라고 두면 경계 S에서 $\phi = 0$이다. 성질 [B]로부터 경계에서 $\phi = 0$인 조화함수는 영역 Ω의 모든 점에서 $\phi \equiv \phi_1 - \phi_2 \equiv 0$, 즉 $\phi_1 \equiv \phi_2$가 성립한다. 다시 말하면, 경계에서 ϕ의 값이 주어지는 라플라스의 방정식에 대한 Dirichlet(디리클레) 문제의 해는 유일하다.

연습문제

[1] 발산정리를 이용하여 폐곡면 S에 의해 둘러싸인 체적 V의 부피는

$$V = \int_S x\,dy\,dz = \int_S y\,dz\,dx = \int_S z\,dx\,dy = \frac{1}{3}\int_S (x\,dy\,dz + y\,dz\,dx + z\,dx\,dy)$$

로 주어지는 것을 보여라.

[2] (문제 1)의 결과는 $\mathbf{r} = \mathbf{i}x + \mathbf{j}y + \mathbf{k}z$이라고 할 때,

$$V = \frac{1}{3}\int_V \nabla\cdot\mathbf{r}\,dV = \frac{1}{3}\int_S \mathbf{r}\cdot\mathbf{n}\,dA = \frac{1}{3}\int_S |\mathbf{r}||\mathbf{n}|\cos\phi\,dA = \frac{1}{3}\int_S r\cos\phi\,dA$$

임을 보여라. 여기서, ϕ는 곡면 위의 점 $\mathbf{r}$과 외향법선벡터 $\mathbf{n}$이 이루는 각이다.

[3] 곡면 S가 $0 \le x \le 1,\ 0 \le y \le 1,\ 0 \le z \le 1$인 주사위 모양의 입체를 둘러싼 표면일 때, $\int_S (x^2\,dy\,dz + y^2\,dz\,dx + z^2\,dx\,dy)$를 구하라.

[4] 곡면 S가 구면 $x^2 + y^2 + z^2 = R^2$으로 주어질 때, $\int_S (yz\,dy\,dz + zx\,dz\,dx + xy\,dx\,dy)$를 구하라.

[5] 함수 $\phi(x, y, z)$가 체적 V의 내부에서 $\nabla^2\phi = 0$일 때 다음을 보여라.

(a) $\int_S \frac{\partial\phi}{\partial n}\,dA = 0$

(b) $\int_V |\nabla\phi|^2\,dV = \int_S \phi\frac{\partial\phi}{\partial n}\,dA$

(c) ϕ가 S에서 $\frac{\partial\phi}{\partial n} = 0$이면 $\nabla\phi = 0$, 즉 $\phi =$ 상수이다(**참고:** (b)를 이용하라).

[6] 단위체적에 저장되는 에너지를 $\rho h = \rho cT$, 열유속 벡터를 $\mathbf{Q} = -k\nabla T$라고 하자. 주어진 체적 V에서 에너지가 보존되기 위해서는 체적의 표면을 통해 빠져나간 만큼의 에너지가 내부에서 감소된다. 즉, $\int_V -\frac{\partial\rho h}{\partial t}\,dV = \int_S \mathbf{Q}\cdot d\mathbf{A}$로 표현된다. 발산정리를 이용하여 열전도방정식 $\rho c\frac{\partial T}{\partial t} = k\nabla^2 T$를 유도하라(단, 밀도 ρ, 비열 c, 열전도율 k는 모두 일정하다고 하자).

[7] $\int_V (\phi\nabla\cdot\mathbf{F} + \mathbf{F}\cdot\nabla\phi)\,dV = \int_S \phi\mathbf{F}\cdot d\mathbf{A}$의 관계가 성립함을 보여라(**참고:** $\phi\mathbf{F}$에 발산정리를 적용한다).

*** [8]** $\int_V \nabla\phi\,dV = \int_S \phi\,\mathbf{n}\,dA$임을 보여라. ☑ $\mathbf{F} = \mathbf{i}\phi$에 대하여 발산정리를 적용하면

$$\int_V \nabla\cdot(\mathbf{i}\phi)\,dV = \int_S \mathbf{i}\phi\cdot d\mathbf{A} \quad \text{즉} \quad \int_V \frac{\partial\phi}{\partial x}\,dV = \int_S \phi(\mathbf{n}\cdot\mathbf{i})\,dA$$

를 얻는다. 최종적으로 $\mathbf{n} = \mathbf{i}(\mathbf{n}\cdot\mathbf{i}) + \mathbf{j}(\mathbf{n}\cdot\mathbf{j}) + \mathbf{k}(\mathbf{n}\cdot\mathbf{k})$를 이용한다.

*** [9]** $\int_V \nabla\times\mathbf{F}\,dV = -\int_S \mathbf{F}\times\mathbf{n}\,dA$임을 보여라. ☑ $\mathbf{n}\cdot\mathbf{i} = n_1$으로 두고 (문제 8)에서 구한 결과인 $\int_V \frac{\partial\phi}{\partial x}\,dV = \int_S \phi n_1\,dA$ 등과 $\mathbf{n} = \mathbf{i}n_1 + \mathbf{j}n_2 + \mathbf{k}n_3$를 이용한다.

*[10] 식 (55)를 전개하면 $\frac{\partial \rho}{\partial t} + \nabla \cdot \rho \mathbf{v} = \frac{\partial \rho}{\partial t} + \rho \nabla \cdot \mathbf{v} + \nabla \rho \cdot \mathbf{v} = 0$이다. 여기서, 유체가 비압축성(incompressible)이면 ρ = 상수가 되어 $\nabla \cdot \mathbf{v} = 0$인 간단한 식으로 된다. 여기서, $\nabla \cdot \mathbf{v} = 0$이라는 사실은 질량이 생성되거나 소멸되는 경우가 없다는 뜻이다.

*[11] 질량이 m, 체적이 V인 물체가 밀도 ρ인 유체(표면의 위치는 $z = 0$) 속에 잠겨 있을 때 받는 수직방향의 부력(즉, $\mathbf{k}$ 방향)은 물체표면의 외향법선벡터를 $\mathbf{n}$이라고 하면 깊이 z에서의 압력이 $p = -\rho g z$이므로 $\int_S \rho g z \, \mathbf{k} \cdot \mathbf{n} \, dA$로 주어진다(압력의 방향은 $\mathbf{n}$과 반대방향). 여기서, 발산정리를 이용하여 물체의 외관상 무게는 $(m - \rho V) g$인 Archimedes의 원리를 보여라.

8-6 Stokes의 정리

Stokes의 정리. Gauss의 발산정리가 체적적분을 면적분으로 변환하는 것과 매우 유사하게 스토크스(Stokes)의 정리는 면적분을 선적분으로 또는 그 역으로 변환한다. 따라서, 스토크스 정리는 앞 절에서 다룬 Green의 정리를 일반화한 것이고, 식 (36)과 비슷한 다음의 공식으로 나타낼 수 있다.

$$\int_S \nabla \times \mathbf{F} \cdot d\mathbf{A} = \oint_C \mathbf{F} \cdot d\boldsymbol{\ell} \tag{61}$$

위에서, $d\mathbf{A}$, $d\boldsymbol{\ell}$은 주어진 단순연결곡면 S가 방향을 가질 수 있는 경우 그림 8.17에서와 같이 두 가지의 다른 경우에 대해 식 (61)이 성립한다. 흔히, 폐곡선을 따른 선적분 $\oint_C \mathbf{F} \cdot d\boldsymbol{\ell}$을 **순환**(循環; circulation)이라고 부르는데, 이것은 식 (61)과 같이 폐곡선으로 둘러싸인 영역에서의 $\nabla \times \mathbf{F}$와 연관되기 때문이다.

예제 16 평면 $z = 3$ 위의 타원 $x^2 + 4y^2 = 4$의 둘레를 따른 선적분 $\oint_C \mathbf{F} \cdot d\boldsymbol{\ell}$을 구하라(위에서 보았을 때 반시계방향). 단, 벡터장 $\mathbf{F}$는

$$\mathbf{F} = (2xy + yz^2)\,\mathbf{i} + (x^2 + xz)\,\mathbf{j} - (y^2 + yz)\,\mathbf{k}$$

☞ 적분경로 C가 평면 $z = 3$ 위에서 반시계방향을 취하면 스토크스 정리에서의 $\mathbf{n}$은 $\mathbf{n} = \mathbf{k}$가 된다. 그런데,

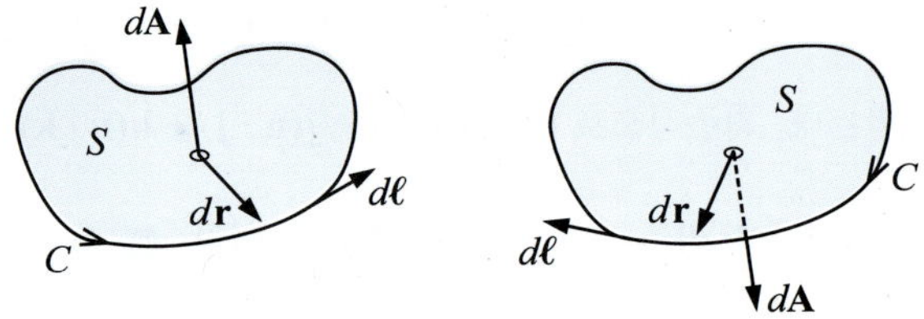

그림 8.17 Stokes 정리의 개념

$$\oint_C \mathbf{F}\cdot d\boldsymbol{\ell} = \int_S \nabla\times\mathbf{F}\cdot d\mathbf{A} = \int_S \nabla\times\mathbf{F}\cdot\mathbf{n}\,dA$$

에서

$$\nabla\times\mathbf{F}\cdot\mathbf{k} = \frac{\partial F_2}{\partial x} - \frac{\partial F_1}{\partial y}$$
$$= \frac{\partial}{\partial x}(x^2+xz) - \frac{\partial}{\partial y}(2xy+yz^2) = z - z^2$$

이고, 평면 $z=3$에서 $\nabla\times\mathbf{F}\cdot\mathbf{k}|_{z=3} = 3-3^2 = -6$이므로

$$\oint_C \mathbf{F}\cdot d\boldsymbol{\ell} = -6\int_S dA = -6\times(2\pi) = -12\pi \quad ◀ \tag{62}$$

스토크스 정리의 형식적인 이해. 가우스의 발산정리를 $\nabla = \dfrac{d}{d\mathbf{r}}$를 이용하여 형식적으로 이해한 것처럼 스토크스의 정리도 표 8.3에 나타낸 바와 같이 설명할 수 있다.

표 8.3의 표현은 앞의 표 8.1과 마찬가지로 "유도" 또는 "증명"이 아니라는 점을 말해 둔다. 그런데, 그림 8.17에서 S가 위를 바라보는 경우(왼쪽)와 아래를 바라보는 경우(오른쪽) 모두 경계의 방향 $d\boldsymbol{\ell}$이 $d\mathbf{A}\times d\mathbf{r}$과 같은 방향이라는 점이 표 8.3에서 사용한

$$\text{“}d\mathbf{A}\times\frac{d}{d\mathbf{r}} = d\boldsymbol{\ell}\text{”} \tag{63}$$

의 형식적인 표현과 닮은 꼴이라는 점이 매우 흥미롭다.

☑ 다시 언급하지만 식 (63)은 어떤 타당성을 전제로 논의를 할 대상이 아니며, 단지 수학적인 도구를 사용하는 데 쉽게 익숙해지기 위한 표현이다.

예제 17 $\int_S d\mathbf{A}\times\nabla\phi = \oint_C \phi\, d\boldsymbol{\ell}$이 성립하는 것을 보여라.

☞ 마찬가지로 $\nabla \equiv \dfrac{d}{d\mathbf{r}}$를 생각하면

$$\int_S d\mathbf{A}\times\nabla\phi = \int_S d\mathbf{A}\times\frac{d}{d\mathbf{r}}\phi$$
$$= \int_S d\left(\mathbf{A}\times\frac{d}{d\mathbf{r}}\right)\phi = \oint_C d\boldsymbol{\ell}\phi = \oint_C \phi\, d\boldsymbol{\ell} \quad ◀ \tag{64}$$

☑ 또한, $\int_S (d\mathbf{A}\times\nabla)\times\mathbf{F} = \oint_C d\boldsymbol{\ell}\times\mathbf{F}$가 성립하는 것을 직감적으로 예상할 수 있다. 엄밀한

표 8.3 Stokes 정리의 이해를 돕기 위한 표현

$\int_S d\mathbf{A}\cdot(\nabla\times\mathbf{F}) = \int_S d\mathbf{A}\cdot\frac{d}{d\mathbf{r}}\times\mathbf{F}$ $= \int_S d\left(\mathbf{A}\times\frac{d}{d\mathbf{r}}\right)\cdot\mathbf{F}$ $= \oint_C d\boldsymbol{\ell}\cdot\mathbf{F}$	$A=\pi r^2$ (원의 면적) $\ell = 2\pi r$ (원을 둘러싼 길이) $\frac{dA}{dr} = 2\pi r \;\Rightarrow\; A\frac{d}{dr} = \ell$

증명은 연습문제에서 다루기로 한다(그림 8.2와 비교해 보라).

평면에서의 Green의 정리와 비교. 만일, 평면 $z = 0$에 놓인 폐곡선 C에 대해 선적분을 반시계방향으로 수행하면 스토크스의 정리에서

$$d\mathbf{A} = \mathbf{k}\,dx\,dy \tag{65}$$

이고, 벡터장 $\mathbf{F} = \mathbf{i}\,P + \mathbf{j}\,Q$에 대하여

$$\nabla \times \mathbf{F} \cdot \mathbf{k} = \frac{\partial Q}{\partial x} - \frac{\partial P}{\partial y}$$

이므로

$$\oint_C P\,dx + Q\,dy = \int_S \left(\frac{\partial Q}{\partial x} - \frac{\partial P}{\partial y} \right) dx\,dy \tag{66}$$

인 Green의 정리를 얻는다.

선적분의 경로의존성과 스토크스의 정리. 임의의 두 점을 잇는 경로에 대한 선적분이 경로에 의존하는가 또는 독립적인가를 판단할 때 스토크스의 정리를 이용할 수 있다.

단순연결된 어떤 영역 내에서 C를 단순폐곡선이라 하자. 이때, 폐곡선 C로 둘러싸인 영역 S와 적절히 결정한 법선벡터 $\mathbf{n}$에 대해서 스토크스의 정리를 쓰면

$$\oint_C \mathbf{F} \cdot d\boldsymbol{\ell} = \oint_C (F_1\,dx + F_2\,dy + F_3\,dz) = \int_S \nabla \times \mathbf{F} \cdot \mathbf{n}\,dA \tag{67}$$

이다. 따라서, $\nabla \times \mathbf{F} = 0$이면 윗식의 우변은 항등적으로 0이므로 폐곡선 C의 선택과는 무관하게 선적분 $\oint_C \mathbf{F} \cdot d\boldsymbol{\ell} = 0$이 된다. 다시 말하면, 단순 연결된 어떤 영역 내에서 $\nabla \times \mathbf{F} = 0$인 벡터장에 대해서는 선적분이 경로 C에 의존하지 않는다.

연습문제

※ 스토크스의 정리를 이용하여 다음의 [1]-[5]까지의 선적분을 구하라.

[1] $\oint_C xz\,dx - y\,dy + x^2 y\,dz$; C는 (1, 0, 0), (0, 0, 1), (0, 0, 0)을 연결하는 삼각형

[2] $\oint_C x\,dx + (x+y)\,dy + (x+y+z)\,dz$; C는 $x^2 + y^2 = 1$, $z = y$의 교선인 타원

[3] $\oint_C (z\,dx + x\,dy + y\,dz)$; C는 (1, 0, 0), (0, 1, 0), (0, 0, 1)에 꼭지점을 둔 삼각형

[4] $\oint_C (y\,dx + xz^2\,dy - zy^2\,dz)$; C는 원 $x^2 + y^2 = a^2$, $z = b$

[5] $\oint_C (x^2\,dx + y^2\,dy + z^2\,dz)$; C는 구면 $x^2 + y^2 + z^2 = a^2$과 $z = y^2$의 교선

[6] 폐곡면 S에 대해 $\int_S \mathbf{n} \cdot \nabla \times \mathbf{v}\,dA = \int_S \nabla \times \mathbf{v} \cdot d\mathbf{A} = 0$임을 보여라.

[7] $\phi\mathbf{F}$에 스토크스의 정리를 적용하면 $\int_S(\nabla\phi\times\mathbf{F}+\phi\nabla\times\mathbf{F})\cdot d\mathbf{A}=\oint_C\phi\mathbf{F}\cdot d\mathbf{r}$로 되는 것을 보여라.

[8] $\oint_C f\nabla g\cdot d\mathbf{r}=-\oint_C g\nabla f\cdot d\mathbf{r}$을 보여라(**참고**: $\mathbf{F}=\nabla(fg)$에 스토크스의 정리를 쓴다).

*[9] $\int_S d\mathbf{A}\times\nabla\phi=\oint_C\phi\, d\mathbf{r}$임을 보여라(8-5절의 연습문제 8번 참조).

*[10] $\int_S(d\mathbf{A}\times\nabla)\times\mathbf{F}=\oint_C d\mathbf{r}\times\mathbf{F}$임을 보여라(**참고**: $\mathbf{a}$를 임의의 상수벡터라고 할 때, $\mathbf{F}\times\mathbf{a}$에 스토크스의 정리를 적용한다).

*[11] Faraday의 법칙: $\oint_C\mathbf{E}\cdot d\mathbf{r}=-\frac{\partial}{\partial t}\int_S\mu\mathbf{H}\cdot d\mathbf{A}$

Ampere의 법칙: $\oint_C\mathbf{H}\cdot d\mathbf{r}=\int_S\mathbf{J}\cdot d\mathbf{A}$

에 스토크스의 정리를 적용하면 $\nabla\times\mathbf{E}=-\mu\frac{\partial\mathbf{H}}{\partial t}$, $\nabla\times\mathbf{H}=\mathbf{J}$로 되는 것을 보여라(각 기호의 정확한 의미는 생략하였다).

*[12] 스토크스의 정리를 풀어 쓰면

$$\begin{aligned}&\oint_C F_1\,dx+F_2\,dy+F_3\,dz\\&=\int_S\left[\left(\frac{\partial F_3}{\partial y}-\frac{\partial F_2}{\partial z}\right)dy\,dz+\left(\frac{\partial F_1}{\partial z}-\frac{\partial F_3}{\partial x}\right)dz\,dx+\left(\frac{\partial F_2}{\partial x}-\frac{\partial F_1}{\partial y}\right)dx\,dy\right]\end{aligned}$$

로 되고, 스토크스 정리의 증명은 다음의 각각이 성립하는 것을 보이는 과정을 밟게 된다.

$$\begin{aligned}\int_S\left(\frac{\partial F_1}{\partial z}dz-\frac{\partial F_1}{\partial y}dy\right)dx&=\oint_C F_1\,dx\\\int_S\left(\frac{\partial F_2}{\partial x}dx-\frac{\partial F_2}{\partial z}dz\right)dy&=\oint_C F_2\,dy\\\int_S\left(\frac{\partial F_3}{\partial y}dy-\frac{\partial F_3}{\partial x}dx\right)dz&=\oint_C F_3\,dz\end{aligned}$$

*[13] $\int_S(d\mathbf{A}\times\nabla)\times\mathbf{F}=\oint_C d\mathbf{r}\times\mathbf{F}$에서 $\mathbf{F}=\mathbf{r}$로 둔 경우에 대해 논하라.

☑ $(d\mathbf{A}\times\nabla)\times\mathbf{r}$에서 구배연산자 ∇은 $\mathbf{r}$에만 작용하는 사실을 이용한다. 7장의 식 (7.37)에서 $\nabla\mathbf{u}\cdot\mathbf{v}=\mathbf{v}(\nabla\cdot\mathbf{u})+(\mathbf{v}\times\nabla)\times\mathbf{u}$인 결과와 $\nabla\mathbf{r}\cdot\mathbf{a}=\mathbf{a}$인 사실로부터

$$(d\mathbf{A}\times\nabla)\times\mathbf{r}=\nabla\mathbf{r}\cdot d\mathbf{A}-d\mathbf{A}(\nabla\cdot\mathbf{r})=d\mathbf{A}-3d\mathbf{A}=-2d\mathbf{A}$$

이므로

$$\oint_C d\mathbf{r}\times\mathbf{r}=\int_S(d\mathbf{A}\times\nabla)\times\mathbf{r}=\int_S-2d\mathbf{A}\quad\Rightarrow\quad\int_S d\mathbf{A}=\frac{1}{2}\oint_C\mathbf{r}\times d\mathbf{r}$$

이 된다. 이 결과는 면적을 구하는 공식을 다룬 6장의 (예제 7)과 동일하다.

요 약

- 선적분과 선적분의 경로독립성(그림 8.9 참조)

$$\int_C \mathbf{F}\cdot d\mathbf{r} = \begin{cases} \int_C \mathbf{F}(\mathbf{r})\cdot d\mathbf{r} = \int_C (F_1\,dx + F_2\,dy + F_3\,dz) \\ \int_C \mathbf{F}(\mathbf{r})\cdot \dfrac{d\mathbf{r}}{dt}\,dt = \int_C (F_1 x' + F_2 y' + F_3 z')\,dt \end{cases}$$

- 평면에서의 Green의 정리

$$\int_\Omega \left(\frac{\partial Q}{\partial x} - \frac{\partial P}{\partial y}\right) dx\,dy = \oint_C (P\,dx + Q\,dy)$$

- Green의 제1공식과 제2공식

$$\int_V (f\nabla^2 g + \nabla f\cdot\nabla g)\,dV = \int_S f\,\frac{\partial g}{\partial n}\,dA$$

$$\int_V (f\nabla^2 g - g\nabla^2 f)\,dV = \int_S \left(f\,\frac{\partial g}{\partial n} - g\,\frac{\partial f}{\partial n}\right) dA$$

- Gauss의 정리(발산정리)와 Stokes의 정리 등 ∇을 포함하는 적분

기본 공식	이해를 돕기 위한 보조식
$\int_V \nabla\cdot\mathbf{F}\,dV = \int_S \mathbf{F}\cdot d\mathbf{A}$	$\int_V dV(\nabla\cdot\mathbf{F}) = \int_V \left(dV\,\frac{d}{d\mathbf{r}}\right)\cdot\mathbf{F} = \int_S d\mathbf{A}\cdot\mathbf{F}$
$\int_V \nabla\times\mathbf{F}\,dV = -\int_S \mathbf{F}\times d\mathbf{A}$	$\int_V dV(\nabla\times\mathbf{F}) = \int_V \left(dV\,\frac{d}{d\mathbf{r}}\right)\times\mathbf{F} = \int_S d\mathbf{A}\times\mathbf{F}$
$\int_V \nabla\phi\,dV = \int_S \phi\,d\mathbf{A}$	$\int_V dV(\nabla\phi) = \int_V \left(dV\,\frac{d}{d\mathbf{r}}\right)\phi = \int_S d\mathbf{A}\,\phi$
$\int_V \nabla^2\phi\,dV = \int_S \frac{\partial\phi}{\partial n}\,dA$	$\int_V dV(\nabla^2\phi) = \int_V \left(dV\,\frac{d}{d\mathbf{r}}\right)\cdot\nabla\phi = \int_S d\mathbf{A}\cdot\nabla\phi$
$\int_S \nabla\times\mathbf{F}\cdot d\mathbf{A} = \oint_C \mathbf{F}\cdot d\ell$	$\int_S d\mathbf{A}\cdot(\nabla\times\mathbf{F}) = \int_S d\mathbf{A}\times\frac{d}{d\mathbf{r}}\cdot\mathbf{F} = \oint_C d\ell\cdot\mathbf{F}$
$\int_S \nabla\phi\times d\mathbf{A} = -\oint_C \phi\,d\ell$	$\int_S d\mathbf{A}\times\nabla\phi = \int_S d\mathbf{A}\times\frac{d}{d\mathbf{r}}\phi = \oint_C d\ell\,\phi$
$\int_S (d\mathbf{A}\times\nabla)\times\mathbf{F} = \oint_C d\ell\times\mathbf{F}$	$\int_S (d\mathbf{A}\times\nabla)\times\mathbf{F} = \int_S \left(d\mathbf{A}\times\frac{d}{d\mathbf{r}}\right)\times\mathbf{F} = \oint_C d\ell\times\mathbf{F}$
$\int_C \nabla\phi\cdot d\mathbf{r} = \int_C d\phi$	$\int_C d\mathbf{r}\cdot\nabla\phi = \int_C \left(d\mathbf{r}\cdot\frac{d}{d\mathbf{r}}\right)\phi = \int_C d\phi$

*참고: 식 (7.37)로부터 $(d\mathbf{A}\times\nabla)\times\mathbf{F} = \nabla\mathbf{F}\cdot d\mathbf{A} - (\nabla\cdot\mathbf{F})\,d\mathbf{A}$

**그림 8.2와 비교해 보라.

- ∇을 포함하는 적분연산의 실마리

$$dV\nabla = d\mathbf{A}$$
$$d\mathbf{A}\times\nabla = d\ell$$
$$d\mathbf{r}\cdot\nabla = d$$

Chapter 9

경계값문제와 함수의 직교성

임의의 3차원 공간벡터를 서로 직교하는 단위벡터들 $\mathbf{e}_1$, $\mathbf{e}_2$, $\mathbf{e}_3$를 이용하여 $\mathbf{a} = a_1\mathbf{e}_1 + a_2\mathbf{e}_2 + a_3\mathbf{e}_3$와 같이 분해할 때, 각 단위벡터 방향으로의 성분은 $a_1 = \mathbf{a} \cdot \mathbf{e}_1$ 등으로 구할 수 있다는 것을 앞에서 다루었다. 이러한 성분분해는 벡터의 직교성으로부터 유도되는 성질이다. 이 장에서는 3차원 공간에서의 단위벡터, 벡터분해, 직교 등의 개념을 함수공간으로 확장하기로 한다. 또한, 경계값문제의 대표적인 응용인 Sturm-Liouville 이론을 공부하고, 파라미터를 가지는 2계 선형미분방정식의 해로 이루어진 함수공간에서의 직교성에 대해 알아본다.

9-1 함수의 직교성

벡터의 분해와 직교성. 3차원 공간에서의 벡터분해를 다시 한 번 생각해 보자. 예를 들어 벡터를

$$\mathbf{F} = a\,\mathbf{i} + b\,\mathbf{j} + c\,\mathbf{k} \tag{1}$$

와 같이 카테시안 기저벡터 $\mathbf{i}$, $\mathbf{j}$, $\mathbf{k}$에 관하여 성분분해할 경우, 벡터의 분해에서 나타나는 계수 a, b, c는 식 (1)의 양변과 벡터 $\mathbf{i}$, $\mathbf{j}$, $\mathbf{k}$의 내적을 각각 취하여

$$\begin{aligned}\mathbf{F}\cdot\mathbf{i} &= a(\mathbf{i}\cdot\mathbf{i}) + b(\mathbf{i}\cdot\mathbf{j}) + c(\mathbf{i}\cdot\mathbf{k})\\ \mathbf{F}\cdot\mathbf{j} &= a(\mathbf{j}\cdot\mathbf{i}) + b(\mathbf{j}\cdot\mathbf{j}) + c(\mathbf{j}\cdot\mathbf{k})\\ \mathbf{F}\cdot\mathbf{k} &= a(\mathbf{k}\cdot\mathbf{i}) + b(\mathbf{k}\cdot\mathbf{j}) + c(\mathbf{k}\cdot\mathbf{k})\end{aligned} \tag{2}$$

로부터

$$a = \frac{\mathbf{F}\cdot\mathbf{i}}{\mathbf{i}\cdot\mathbf{i}}, \quad b = \frac{\mathbf{F}\cdot\mathbf{j}}{\mathbf{j}\cdot\mathbf{j}}, \quad c = \frac{\mathbf{F}\cdot\mathbf{k}}{\mathbf{k}\cdot\mathbf{k}} \tag{3}$$

를 바로 구할 수 있고, 따라서 식 (1)은

$$\mathbf{F} = \frac{(\mathbf{F}\cdot\mathbf{i})}{(\mathbf{i}\cdot\mathbf{i})}\mathbf{i} + \frac{(\mathbf{F}\cdot\mathbf{j})}{(\mathbf{j}\cdot\mathbf{j})}\mathbf{j} + \frac{(\mathbf{F}\cdot\mathbf{k})}{(\mathbf{k}\cdot\mathbf{k})}\mathbf{k} \tag{4}$$

로 다시 표현할 수 있다(위에서 분모는 물론 모두 1이 된다). 여기서, 카테시안 기저벡터를 $\mathbf{e}_1 \equiv \mathbf{i}$, $\mathbf{e}_2 \equiv \mathbf{j}$, $\mathbf{e}_3 \equiv \mathbf{k}$인 **지시표기법**(指示表記法; indicial notation)으로 나타내면 윗식은

$$\mathbf{F} = \sum_{n=1}^{3} \frac{(\mathbf{F}\cdot\mathbf{e}_n)}{(\mathbf{e}_n\cdot\mathbf{e}_n)}\mathbf{e}_n \tag{5}$$

의 형태로 될 것이다. 그러나, 이러한 표현은 임의의 벡터집합 $\{\mathbf{e}_1, \mathbf{e}_2, \mathbf{e}_3\}$에 대해서 가능한 것이 아니라 $\mathbf{e}_i\cdot\mathbf{e}_j = 0,\ i \neq j$와 같이 각각의 벡터가 서로 수직일 때에만 성립하는 것이다.

☑ 실제로, 임의의 벡터집합 $\{\mathbf{b}_1, \mathbf{b}_2, \mathbf{b}_3\}$에 대해서 벡터분해를 시도하면

$$\mathbf{F} = a_1\mathbf{b}_1 + a_2\mathbf{b}_2 + a_3\mathbf{b}_3$$

로 두고

$$\begin{aligned}
\mathbf{F}\cdot\mathbf{b}_1 &= a_1(\mathbf{b}_1\cdot\mathbf{b}_1) + a_2(\mathbf{b}_1\cdot\mathbf{b}_2) + a_3(\mathbf{b}_1\cdot\mathbf{b}_3)\\
\mathbf{F}\cdot\mathbf{b}_2 &= a_1(\mathbf{b}_2\cdot\mathbf{b}_1) + a_2(\mathbf{b}_2\cdot\mathbf{b}_2) + a_3(\mathbf{b}_2\cdot\mathbf{b}_3)\\
\mathbf{F}\cdot\mathbf{b}_3 &= a_1(\mathbf{b}_3\cdot\mathbf{b}_1) + a_2(\mathbf{b}_3\cdot\mathbf{b}_2) + a_3(\mathbf{b}_3\cdot\mathbf{b}_3)
\end{aligned}$$

다시 말해서

$$\begin{bmatrix} \mathbf{b}_1\cdot\mathbf{b}_1 & \mathbf{b}_1\cdot\mathbf{b}_2 & \mathbf{b}_1\cdot\mathbf{b}_3 \\ \mathbf{b}_2\cdot\mathbf{b}_1 & \mathbf{b}_2\cdot\mathbf{b}_2 & \mathbf{b}_2\cdot\mathbf{b}_3 \\ \mathbf{b}_3\cdot\mathbf{b}_1 & \mathbf{b}_3\cdot\mathbf{b}_2 & \mathbf{b}_3\cdot\mathbf{b}_3 \end{bmatrix} \begin{bmatrix} a_1 \\ a_2 \\ a_3 \end{bmatrix} = \begin{bmatrix} \mathbf{F}\cdot\mathbf{b}_1 \\ \mathbf{F}\cdot\mathbf{b}_2 \\ \mathbf{F}\cdot\mathbf{b}_3 \end{bmatrix}$$

를 풀어야만 한다. 만일, $\mathbf{b}_i\cdot\mathbf{b}_j = 0,\ i \neq j$인 성질을 만족한다면 윗식은 바로 풀리지만 그렇지 않다면 위의 연립방정식은 행렬해법을 이용하여 풀어야 할 것이다. 즉, 벡터집합의 원소들이 직교성을 갖는가는 벡터의 분해시 대단히 중요한 문제가 된다.

함수의 분해. 이번에는 함수의 분해에 대해서 생각해 보자. 함수의 분해는 벡터분해와 마찬가지로 미리 지정된 함수집합 $\{y_1, y_2, y_3\}$의 1차결합으로 나타날 것이다(여기서, 함수집합의 갯수는 실제로 무한대가 될 수 있지만 벡터분해와 비교하기 위하여 세 개만을 택하였다). 따라서, 어떤 함수 $f(x)$의 함수분해는

$$f(x) = \alpha_1 y_1(x) + \alpha_2 y_2(x) + \alpha_3 y_3(x) \tag{6}$$

와 같이 될 것이고, 이제 우리가 해야 할 일은 계수 α_1, α_2, α_3를 결정하는 방법을 찾는 것이 된다. 그러나, 벡터의 성분분해를 흉내내어 주어진 함수 y_1, y_2, y_3를 윗식에 각각 곱하여

$$
\begin{aligned}
y_1 f &= \alpha_1 y_1 y_1 + \alpha_2 y_1 y_2 + \alpha_3 y_1 y_3 \\
y_2 f &= \alpha_1 y_2 y_1 + \alpha_2 y_2 y_2 + \alpha_3 y_2 y_3 \\
y_3 f &= \alpha_1 y_3 y_1 + \alpha_2 y_3 y_2 + \alpha_3 y_3 y_3
\end{aligned}
\tag{7}
$$

로 쓰는 단순한 조작으로는 함수 $y_1 y_2$, $y_2 y_3$ 등을 항등적으로 0으로 만들 수 없다. 따라서 $i \neq j$일 때, 두 함수의 곱 $y_i(x) y_j(x)$가 0에 대응하기 위해서는 함수를 수로 대응시키는 연산이 필요한데, 우리가 알고 있는 **정적분**(定積分; definite integral)이 바로 이러한 성질을 가지고 있다(마찬가지로 벡터의 내적은 두 벡터를 하나의 수에 대응시키는 연산이다).

함수가 정의되는 구간을 $[a, b]$라고 할 때 식 (7)을 이 구간에서 모두 적분하여

$$
\begin{aligned}
\int_a^b y_1 f\, dx &= \alpha_1 \int_a^b y_1 y_1\, dx + \alpha_2 \int_a^b y_1 y_2\, dx + \alpha_3 \int_a^b y_1 y_3\, dx \\
\int_a^b y_2 f\, dx &= \alpha_1 \int_a^b y_2 y_1\, dx + \alpha_2 \int_a^b y_2 y_2\, dx + \alpha_3 \int_a^b y_2 y_3\, dx \\
\int_a^b y_3 f\, dx &= \alpha_1 \int_a^b y_3 y_1\, dx + \alpha_2 \int_a^b y_3 y_2\, dx + \alpha_3 \int_a^b y_3 y_3\, dx
\end{aligned}
\tag{8}
$$

인 형태를 유도하고, 만일

$$
\int_a^b y_i y_j\, dx = 0, \quad i \neq j \tag{9}
$$

가 항상 성립하도록 함수집합 $\{y_i\}$를 선택할 수 있다면, 식 (8)로부터 바로

$$
\alpha_i = \frac{\int_a^b f(x) y_i(x)\, dx}{\int_a^b y_i(x) y_i(x)\, dx} \tag{10}
$$

와 같이 함수분해의 계수 α_i를 쉽게 구할 수 있을 것이다.

식 (9)를 만족하는 함수집합 $\{y_i\}$를 어떻게 구할 수 있는가에 대한 의문은 뒤에서 다루기로 하고, 지금까지의 토의로부터 얻은 개념을 우선 정리하기로 한다.

함수공간에서 내적의 정의. 주어진 구간 $[a, b]$에서 두 함수 $f(x)$와 $g(x)$의 내적은

$$
\langle f, g \rangle = \int_a^b w(x) f(x) g(x)\, dx \tag{11}
$$

로 정의한다. 여기서, $w(x)$를 **가중함수**(加重函數; weight function)라 하고 일반적으로 구간 $a < x < b$에서 $w(x) > 0$인 함수로 주어진다. 앞에서 언급한 바와 같이 함수의 내적은 두 함수의 곱을 수에 대응시키기 위하여 정의되는 것이며, 이것이 왜 필요한가는 식 (7) 및 식 (8)과 연관하여 토의한 바 있다. 내적의 정의를 이용하면 식 (8)은 $w(x) = 1$로 두어

$$\begin{aligned}\langle y_1, f\rangle &= \alpha_1\langle y_1, y_1\rangle + \alpha_2\langle y_1, y_2\rangle + \alpha_3\langle y_1, y_3\rangle \\ \langle y_2, f\rangle &= \alpha_1\langle y_2, y_1\rangle + \alpha_2\langle y_2, y_2\rangle + \alpha_3\langle y_2, y_3\rangle \\ \langle y_3, f\rangle &= \alpha_1\langle y_3, y_1\rangle + \alpha_2\langle y_3, y_2\rangle + \alpha_3\langle y_3, y_3\rangle\end{aligned} \tag{12}$$

와 같이 식 (2)와 거의 유사한 형태로 나타낼 수 있다.

✓ 예를 들어 평면(2차원 공간)은 무한히 많은 점의 집합이다. 마찬가지로 **함수공간**이란 무한히 많은 함수가 "마치 점과 같이" 놓여 있는 가상적인 공간을 의미하는 것으로 생각하면 된다. 또한, 함수공간에서의 내적은 **벡터공간**에서의 내적과 같은 개념을 가지도록 정의한 것이다.

직교와 정규. 벡터공간에서 두 벡터가 서로 직교하는 것과 매우 유사하게 어떤 구간 $[a, b]$에서 정의되는 두 함수가

$$\langle y_m, y_n\rangle = \int_a^b w(x) y_m(x) y_n(x)\, dx = 0, \quad m \neq n \tag{13}$$

이면 함수 $y_m(x)$, $y_n(x)$는 가중함수 $w(x)$에 관하여 구간 $[a, b]$에서 **직교**(直交; orthogonal)라고 한다. 편의상, 앞으로 $w(x) = 1$이면 "가중함수 $w(x)$에 관하여"라는 말은 생략하기로 한다.

위에서, $m = n$인 경우에는 자신과의 내적으로 되고

$$\|y_m\| = \langle y_m, y_m\rangle^{1/2} = \left(\int_a^b w(x) y_m^2(x)\, dx\right)^{1/2} \tag{14}$$

을 가중함수 $w(x)$에 관한 $y_m(x)$의 **정규**(正規; norm)라고 한다. 함수의 정규가 갖는 성질은

$$\begin{aligned}&\|y_m(x)\| = 0 \quad \Rightarrow \quad y_m(x) = 0 \\ &\|y_m(x) + y_n(x)\| \le \|y_m(x)\| + \|y_n(x)\| \\ &\|y_m(x) + y_n(x)\|^2 + \|y_m(x) - y_n(x)\|^2 = 2(\|y_m(x)\|^2 + \|y_n(x)\|^2)\end{aligned} \tag{15}$$

등으로 벡터의 크기 $|\mathbf{v}|$의 성질과 여러 면에서 유사하다.

직교집합과 정규직교집합. 어떤 구간 $[a, b]$에서 정의되는 함수집합 $\{y_0(x), y_1(x), y_2(x), \cdots\}$의 서로 다른 두 함수가 항상 직교하면, 다시 말해

$$\langle y_m, y_n\rangle = 0, \quad m \neq n$$

이 성립하면 주어진 함수집합을 **직교집합**(orthogonal set)이라 한다. 이에 덧붙여서 모든 함수들의 정규가 1이면, 즉

$$\|y_m(x)\| = 1, \quad m = 0, 1, 2, \cdots \tag{16}$$

표 9.1 벡터공간과 함수공간의 유사성

벡터공간	함수공간
$\mathbf{a}\cdot\mathbf{b}=\mathbf{b}\cdot\mathbf{a}$	$\langle f,g\rangle=\langle g,f\rangle$
$(k\mathbf{a})\cdot\mathbf{b}=k(\mathbf{a}\cdot\mathbf{b})$	$\langle kf,g\rangle=k\langle f,g\rangle$
$\mathbf{a}\cdot\mathbf{a}=0 \quad\Leftrightarrow\quad \mathbf{a}=0$	$\langle f,f\rangle=0 \quad\Leftrightarrow\quad f=0$
$(\mathbf{a}+\mathbf{b})\cdot\mathbf{c}=\mathbf{a}\cdot\mathbf{c}+\mathbf{b}\cdot\mathbf{c}$	$\langle f+g,h\rangle=\langle f,h\rangle+\langle g,h\rangle$

이면, **정규직교집합(orthonormal set)**이라고 한다. 모든 직교집합은

$$\phi_m(x)=\frac{y_m(x)}{\|y_m(x)\|} \tag{17}$$

로 두면 정규직교집합으로 바꿀 수 있다. 참고로, 벡터공간과 함수공간의 유사구조를 표 9.1에 정리하였다.

예제 1 구간 $-\pi\le x\le\pi$에서 $y_m(x)=\sin mx,\ m=1,2,3,\cdots$은 직교집합을 이루는 것을 보이고, 대응하는 정규직교집합을 구하라.

☞ 특별한 언급이 없으면 가중함수는 $w(x)=1$인 것으로 본다. 따라서, $m\neq n$일 때

$$\begin{aligned}\langle y_m,y_n\rangle&=\int_{-\pi}^{\pi}\sin mx\sin nx\,dx\\&=\frac{1}{2}\int_{-\pi}^{\pi}\cos(m-n)x\,dx-\frac{1}{2}\int_{-\pi}^{\pi}\cos(m+n)x\,dx\\&=\frac{1}{2}\left[\frac{\sin(m-n)x}{m-n}\right]_{-\pi}^{\pi}-\frac{1}{2}\left[\frac{\sin(m+n)x}{m+n}\right]_{-\pi}^{\pi}\\&=0\end{aligned}$$

이므로 직교집합이다. 또한, $m=1,2,3,\cdots$에 대해서

$$\begin{aligned}\|y_m(x)\|^2=\langle y_m,y_m\rangle&=\int_{-\pi}^{\pi}\sin^2 mx\,dx\\&=\int_{-\pi}^{\pi}\frac{1}{2}(1-\cos 2mx)\,dx\\&=\frac{1}{2}\left[x-\frac{\sin 2mx}{2m}\right]_{-\pi}^{\pi}\\&=\pi\end{aligned}$$

이므로

$$\phi_m(x)=\frac{y_m(x)}{\|y_m(x)\|}=\frac{\sin mx}{\sqrt{\pi}},\quad m=1,2,3,\cdots \tag{18}$$

은 정규직교집합을 구성한다.

✔ $m=0$일 때 $\sin mx$는 $y_0(x)=0$이므로 직교집합에 포함되지 않는다. 직교집합의 임의의 함수는 $\|y_m(x)\|\neq 0$을 만족하여야 한다.

예제 2 x의 음이 아닌 거듭제곱 x^n, $n = 0, 1, 2, 3, \cdots$으로 이루어진 함수집합 $\{1, x, x^2, x^3, \cdots, x^n, \cdots\}$이 직교집합을 이루는가를 조사하라.

☞ x^m과 x^n이 어떤 가중함수 $w(x)$에 관하여 주어진 구간 $[a, b]$에서 직교한다면 $\langle x^m, x^n\rangle = \int_a^b w(x)x^m x^n\,dx = 0$, $m \neq n$이 성립할 것이다. 그런데, $m + n = 2k$일 때는 $\langle x^m, x^n\rangle = \langle x^k, x^k\rangle = \|x^k\|^2 = 0$이므로 $x^k = 0$이 되어야 하는데 이것은 모순이다. 따라서, 주어진 함수집합은 어떠한 구간에서도 직교집합을 이룰 수 없다. ◀

연습문제

[1] 구간 $[-1, 1]$에서 $f_1 = 1$, $f_2 = x$, $f_3 = 3x^2 - 1$은 서로 직교하는 것을 보여라. 또, $f_4 = 5x^3 + ax^2 + bx + c$가 f_1, f_2, f_3에 직교하기 위한 a, b, c의 값을 구하고 f_1, f_2, f_3, f_4에 대응하는 정규직교집합을 구하라.

*__[2]__ 구간 $[-1, 1]$에서 $f_1 = 1$, $f_2 = x$, $f_3 = 2x^2 - 1$은 가중함수 $w(x) = \dfrac{1}{\sqrt{1-x^2}}$에 관하여 서로 직교하는 것을 보이고(참고: $x = \cos\theta$인 치환이 필요), 각 함수의 정규를 구하라.

9-2 함수의 직교전개

이 절에서는 함수의 직교성을 이용한 함수의 직교전개(또는 일반 푸리에 급수)에 대해서 다룬다.

함수의 성분분해와 직교전개. 함수 $y_n(x)$, $n = 0, 1, 2, 3, \cdots$이 구간 $[a, b]$에서 가중함수 $w(x)$에 대해 직교집합을 이룰 때, 임의의 함수 $f(x)$를 $y_n(x)$에 관하여

$$f(x) = a_0\, y_0(x) + a_1\, y_1(x) + a_2\, y_2(x) + \cdots = \sum_{s=0}^{\infty} a_s\, y_s(x) \tag{19}$$

와 같이 전개가 가능한 경우, 윗식을 **직교전개**(orthogonal expansion)라고 한다. 보통 직교전개를 **일반화된 Fourier 급수**(generalized Fourier series)라고도 한다.

식 (19)에서 계수 a_s는 지금까지 논의한 바와 같이 함수의 내적을 이용하여 구한다. 즉, 윗식의 양변과 $y_n(x)$의 내적을 취하면 $\langle y_i, y_j\rangle = 0$, $i \neq j$가 되는 직교집합의 성질에 의해 우변은 $s = n$인 경우만 남게 된다. 즉,

$$\langle f(x), y_n(x)\rangle = \sum_{s=0}^{\infty} a_s \langle y_s(x), y_n(x)\rangle \\ = \cdots + 0 + a_n\langle y_n(x), y_n(x)\rangle + 0 + \cdots \tag{20}$$

이 되므로

$$a_n = \frac{\langle f, y_n\rangle}{\langle y_n, y_n\rangle} = \frac{\int_a^b w(x) f(x) y_n(x)\,dx}{\int_a^b w(x) y_n^2(x)\,dx} \tag{21}$$

를 얻는다. 이 결과를 식 (19)에 다시 대입하면

$$\text{직교전개: } f(x) = \begin{cases} \sum_{n=0}^{\infty} \dfrac{\langle f, y_n\rangle}{\langle y_n, y_n\rangle} y_n \\ \sum_{n=0}^{\infty} a_n y_n,\ a_n = \dfrac{\langle f, y_n\rangle}{\langle y_n, y_n\rangle} \end{cases} \tag{22}$$

인 간결한 표현을 얻게 된다[벡터분해에 대한 식 (5)와 비교해 보라]. 그러나, 일반적으로 직교전개가 가능하려면 아래에서 설명하는 직교집합의 **완비성**(完備性; completeness)이 추가로 필요하다.

***직교전개의 완비성(completeness).** 논의에 앞서 3차원 공간벡터의 경우에 대해 생각해 보자. 우리는 단위벡터의 집합 $\{\mathbf{i}, \mathbf{j}, \mathbf{k}\}$에 모두 직교하는 벡터는 $\mathbf{v} = 0$ 하나 밖에 없다는 것을 알고 있다. 이때, 우리는 "벡터집합 $\{\mathbf{i}, \mathbf{j}, \mathbf{k}\}$는 3차원 공간에서 완비되었다"라고 말하고, 3차원 공간상의 모든 벡터는 $\{\mathbf{i}, \mathbf{j}, \mathbf{k}\}$의 1차결합으로 나타낼 수 있다는 의미로 사용한다.

이와 마찬가지로 구간 $[a, b]$에서 정의된 어떤 직교집합 $\{y_0, y_1, y_2, \cdots\}$의 모든 원소와 직교하는 연속함수 $f(x)$가 $f = 0$ 이외에는 없을 때, 즉

$$\langle f, y_m\rangle = 0,\quad m = 0, 1, 2, 3, \cdots \quad \Leftrightarrow \quad \text{연속함수 } f(x) = 0 \tag{23}$$

이 성립하면 "주어진 직교집합은 완비되었다 또는 완비집합이다"라고 말한다. 바꾸어 다시 설명하면

> 구간 $[a, b]$에서 임의의 연속함수 $f(x)$는 완비된 직교집합의 1차결합으로 유일하게 나타낼 수 있다

는 의미가 된다.

✔ 유일하지 않다면 서로 다른 $f(x)$와 $g(x)$가 동일한 직교전개를 가질 것이고, 따라서 $\phi(x) = f(x) - g(x)$의 직교전개는 0이 될 것이다. 결과적으로 $\phi(x) = 0$이어야 하므로 처음의 가정에 모순된다. 즉, 유일할 수밖에 없다.

☑ 실제로, 9-1절의 (예제 1)로부터 구간 $-\pi \le x \le \pi$에서 $y_n(x) = \sin nx$, $n = 1, 2, 3, \cdots$은 직교집합을 이룬다. 그런데, 식 (22)에서 $w(x) = 1$, $f(x) = 1$, $y_n = \sin nx$로 둔 경우

$$1 \overset{?}{=} \sum_{n=1}^{\infty} \frac{\langle 1, \sin nx \rangle}{\langle \sin nx, \sin nx \rangle} \sin nx$$

는 성립하지 않는다. 왜냐하면, 구간 $-\pi \le x \le \pi$에서

$$\langle 1, \sin nx \rangle = \int_{-\pi}^{\pi} \sin nx \, dx = 0$$

이므로, 우변의 모든 계수는 0이 되기 때문이다. 즉, 주어진 함수집합은 함수공간에서 직교집합이지만 완비집합은 아니다. 이 경우는 3차원공간에서 벡터 $\mathbf{k}$를 $\mathbf{k} \neq a\mathbf{i} + b\mathbf{j}$와 같이 두 개의 벡터(직교집합이지만 완비집합이 아닌)를 이용하여 분해할 수 없는 것과 마찬가지이다.

***직교전개와 테일러 전개의 비교.** 어떤 함수 $f(x)$를 전개하는 방법에는 식 (22)에 주어진 직교전개 이외에도 테일러 전개 등 여러 가지가 있으며, 각각의 함수전개는 그것이 필요한 상황에 따라 수행된다. 예를 들어 테일러 전개를 직교전개와 마찬가지로 $f(x) = \sum_{n=0}^{\infty} a_n y_n$의 형태로 쓰면

$$\begin{aligned} f(x) &= f(0) + f'(0)x + \frac{f''(0)}{2!}x^2 + \cdots \\ &= \sum_{n=0}^{\infty} \left(\frac{1}{n!} \frac{d^n f}{dx^n} \right)_{x=0} y_n, \quad y_n = x^n \end{aligned} \tag{24}$$

과 같이 계수가 "미분 연산"과 연관하여 결정되는 것을 알 수 있다. 이에 비하여 직교전개는 함수의 내적이라는 "적분 연산"과 연관하여 계수가 결정되는 사실을 잘 알아둔다. 수학적으로는 두 가지 전개 모두 중요하기 때문에 함수의 전개라는 공통점을 잘 파악하도록 한다.

☑ 덧붙이면, 9-1절의 (예제 2)의 결과로부터 알 수 있듯이, 테일러 전개는 절대로 직교전개가 될 수 없다.

직교전개와 관련된 앞으로의 과제. 식 (22)로 정의되는 직교전개를 활용하기 위해서는 다음의 세 가지 과제

- 서로 직교하는 무한히 많은 함수를 어떻게 찾아낼 것인가?
- 주어진 직교집합이 완비집합을 이루는가?
- 식 (22)로 표현된 직교전개가 함수 $f(x)$에 수렴하는가?

를 모두 해결해야 하며, 이에 대한 해답은 다음 절에서 다루기로 한다.

9-3 Sturm-Liouville 문제와 고유함수

서로 직교하는 무한히 많은 함수를 일일이 찾아낸다는 것은 거의 불가능한 일이다. 그러나, 다행히 경계값문제의 일종인 스텀-리우빌(Sturm-Liouville) 문제의 무한히 많은 해는 서로 직교하는 성질과 완비성을 동시에 가지는 것이 알려져 있으므로, 완비된 직교집합을 손쉽게 얻을 수 있다. 이 절에서는 경계값문제로서의 스텀-리우빌 문제의 특성을 이해하는 데 필수적인 내용을 먼저 살펴보고, 완비된 직교집합을 구성하는 고유함수와 고유함수에 의한 직교전개에 대해 알아본다.

경계값문제의 특성. 초기값문제에 대해서는 해의 존재성과 유일성(2-8절 참조)이 잘 알려져 있지만, 경계값문제의 해는 ① 없거나 ② 유일하거나 ③ 무한히 많이 있을 수 있다. 각각의 경우를 아래의 예제를 통하여 확인해 보기로 한다.

예제 3 경계값문제 $y''+y=0,\ y(0)=0,\ y(\pi)=1$의 해를 구하라.

☞ 일반해는 $y=A\cos x+B\sin x$임을 알 수 있고 주어진 경계조건을 대입하면

$$\begin{aligned} y(0)=0 \quad &\Rightarrow \quad A=0 \\ y(\pi)=1 \quad &\Rightarrow \quad -A=1 \end{aligned} \tag{25}$$

이 되는데, 위의 두 식을 동시에 만족시키는 것은 불가능하다. 따라서, 주어진 경계값문제의 해는 존재하지 않는다.

예제 4 경계값문제 $y''+y=0,\ y(0)=0,\ y'(\pi)=0$의 해를 구하라.

☞ 미분방정식을 풀어 $y=A\cos x+B\sin x,\ y'=-A\sin x+B\cos x$를 구하고 경계조건을 대입하면

$$\begin{aligned} y(0)=0 \quad &\Rightarrow \quad A=0 \\ y'(\pi)=0 \quad &\Rightarrow \quad -B=0 \end{aligned} \tag{26}$$

즉, $y=0$인 유일한 해를 얻는다(그러나, 자명한 해이므로 쓸모없는 해이다).

예제 5 경계값문제 $y''+y=0,\ y(0)=0,\ y(\pi)=0$의 해를 구하라.

☞ 마찬가지로 $y=A\cos x+B\sin x$에 경계조건을 대입하면

$$\begin{aligned} y(0)=0 \quad &\Rightarrow \quad A=0 \\ y(\pi)=0 \quad &\Rightarrow \quad -A=0 \end{aligned} \tag{27}$$

다시 말해서, $A=0$이고 B는 임의의 수가 된다. 따라서, $y=B\sin x$인 무한히 많은 해를 얻

는다. 여기서 주목할 것은 해를 가질 때에도 임의 상수 B가 소거되지 않는 점이다. 이러한 성질은 매우 유용한 것으로 경계값문제의 해를 표준화(예를 들면 $\|y\| = 1$로 정규화)하는 것이 가능해진다. ◀

☑ (예제 3)부터 (예제 5)까지 $x = \pi$에서의 경계조건 하나의 차이로 해가 없거나, 유일하거나, 무한히 많은 해를 가지게 되는 것을 살펴본다. 즉

$$y'' + y = 0, \quad y(0) = 0, \quad \begin{cases} y(\pi) = 1 & \text{해가 없다.} \\ y'(\pi) = 0 & \text{해가 유일하다.} \\ y(\pi) = 0 & \text{해가 무한히 많다.} \end{cases}$$

***표준형 미분방정식의 self-adjoint 형.** 2계 선형미분방정식의 표준형

$$y'' + a(x)y' + b(x)y = 0$$

의 양변에 $p = e^{\int a}$를 곱하면

$$py'' + pay' + pby = \frac{d}{dx}\left(p(x)\frac{dy}{dx}\right) + p(x)\,b(x)\,y = 0 \tag{28}$$

인 형태로 바뀐다. 미분방정식의 이론에 의하면 위의 형태를 **되딸림꼴**(self-adjoint form)이라고 한다. 이러한 되딸림꼴은 무한히 많은 직교함수를 생성하는 기본형으로 되기 때문에 매우 중요하며, 대표적으로 아래의 스텀-리우빌 문제에서 사용된다.

☑ 2장에서 2계 선형미분방정식의 표준형 $y'' + ay' + by = 0$으로부터 $p = e^{\int a}$를 이용하는 것에는 차수내림 $y_2 = y_1 \int \frac{1}{py_1^2}$, 특수해 $y_p = y_1 \int \frac{\int py_1 h}{py_1^2}$와 론스키안 $W = \frac{c}{p}$가 기억날 것이다. 식 (28)을 보면 여기에서도 $p = e^{\int a}$의 유용성을 찾아볼 수 있다.

***예제 6** $x^2y'' + xy' + (x^2 - \nu^2)y = 0$을 되딸림꼴로 써라.

☞ 주어진 미분방정식의 표준형

$$y'' + ay' + by = 0 \quad \Rightarrow \quad y'' + \frac{1}{x}y' + \left(1 - \frac{\nu^2}{x^2}\right)y = 0$$

에서 $p = e^{\int \frac{1}{x}} = x$이므로 양변에 $p(x) = x$를 곱하면

$$(py')' + pby = 0 \quad \Rightarrow \quad \frac{d}{dx}\left(x\frac{dy}{dx}\right) + \left(x - \frac{\nu^2}{x}\right)y = 0 \quad ◀ \tag{29}$$

Sturm-Liouville 문제. 구간 $[a, b]$에서 Λ를 **파라미터**(媒介變數; parameter)로 하는

$$\frac{d}{dx}\left(p(x)\frac{dy}{dx}\right) + [q(x) + \Lambda w(x)]y = 0 \tag{30}$$

인 되딸림(self-adjoint)형태의 2계 선형미분방정식을 **스텀-리우빌 방정식** 또는 **고유(固有)방정식**이라고 한다. 단, 구간 $a \le x \le b$에서 $p,\ q,\ w,\ p'$은 모두 실수값을 택하고 또한 연속이며, 특히 $a < x < b$에서는 항상 $p(x) > 0,\ w(x) > 0$이 만족된다고 하자.

식 (30)으로 주어지는 고유방정식과 구간 $[a, b]$의

각각의 경계에서 다음의 하나가	또는, 양쪽 경계에서 모두
① $y = 0$ ② $y' = 0$ ③ $y' + \beta y = 0$ ④ $p = 0,\ \lvert y\rvert < \infty,\ \lvert y'\rvert < \infty$	⑤ $\begin{cases} p(a) = p(b) \\ y(a) = y(b) \\ y'(a) = y'(b) \end{cases}$ (주기경계조건)

(31)

이 성립하는 경계값문제를 **스텀-리우빌 문제**라 한다. 흔히 조건 ①, ②, ③을 묶어서

$$\beta_1 y + \beta_2 y' = 0,\ \text{상수 } \beta_1\text{과 } \beta_2\text{는 동시에 0이 아니다} \tag{32}$$

라고 표현하기도 한다.

경계에서 조건 ④가 나타나는 경우를 **특이**(singular) **스텀-리우빌 문제**, 조건 ⑤가 나타나는 경우를 **주기**(periodic) **스텀-리우빌 문제**라 하여 조건 ①, ②, ③으로만 주어지는 보통(regular)의 스텀-리우빌 문제와 구별하기도 한다. 스텀-리우빌 문제는 경계값문제의 일종으로서 무한히 많은 직교집합을 생성하는 방법을 제공하므로 매우 응용가치가 높다.

자명한 해와 고유함수. 고유방정식은 항상 자명(自明)한 해(trivial solution)인 $y = 0$에 대해 만족된다. 그러나, 실제로 자명한 해 $y = 0$은 아무런 쓸모가 없기 때문에 고유방정식의 의미 있는 해에는 포함시키지 않기로 한다. 또한, 고유방정식이 구간 $[a, b]$의 경계에서 주어진 조건을 만족하는 해($y \neq 0$)를 가질 때 Λ를 **고유값**(eigenvalue), 이때의 대응하는 해를 **고유함수**(eigenfunction)라고 한다.

예제 7 다음의 문제들은 모두 스텀-리우빌 문제가 아니다. 그 이유를 설명하라.

(1) $y'' + y = 0,\ y(0) = 0,\ y(2\pi) = 0$

(2) $y'' + \Lambda y = 0,\ y(\pi) = 0,\ y'(\pi) = 0$

(3) $y'' + \Lambda y = 0,\ y(\pi) = 0,\ y(2\pi) = 1$

☞ 스텀-리우빌 문제는 파라미터 Λ를 가지는 경계값문제의 특수한 경우이다. 위에서

(1)은 파라미터를 갖지 않는 미분방정식이고,

(2)는 초기값문제이며,

(3)은 $x = 2\pi$에서의 경계조건이 비제차이므로[식 (31) 참조]

모두 스텀-리우빌 문제에 속하지 않는다.

고유함수의 직교성. Λ_m과 Λ_n을 식 (30)의 서로 다른 고유값($\Lambda_m \neq \Lambda_n$)이라 하고, $y_m(x)$와 $y_n(x)$를 각각의 고유값에 대응하는 고유함수라 하면,

$$\begin{aligned}(py'_m)' + (q + \Lambda_m w)y_m = 0\\ (py'_n)' + (q + \Lambda_n w)y_n = 0\end{aligned} \tag{33}$$

이다. 윗식에는 y_n을 곱하고 아래 식에는 y_m을 곱하여 두 식의 차

$$y_n \times [(py'_m)' + (q + \Lambda_m w)y_m] - y_m \times [(py'_n)' + (q + \Lambda_n w)y_n] = 0$$

을 정리하면

$$(\Lambda_m - \Lambda_n)\, wy_m y_n = y_m(py'_n)' - y_n(py'_m)' \tag{34}$$

이다. 이 식을 구간 $[a, b]$에서 부분적분하면

$$\begin{aligned}(\Lambda_m - \Lambda_n) &\int_a^b wy_m y_n\, dx\\ &= \int_a^b y_m(py'_n)' - y_n(py'_m)'\, dx\\ &= [y_m(py'_n) - y_n(py'_m)]_a^b - \int_a^b y'_m(py'_n) - y'_n(py'_m)\, dx\end{aligned}$$

에서 뒷부분은 0이므로

$$(\Lambda_m - \Lambda_n)\langle y_m, y_n\rangle = [p(y_m y'_n - y_n y'_m)]_a^b \tag{35}$$

로 된다. 여기서,

$$\begin{aligned}I(x) &\equiv p(y_m y'_n - y_n y'_m)\\ &= p[y_m(y'_n + \beta y_n) - y_n(y'_m + \beta y_m)]\end{aligned} \tag{36}$$

으로 함수를 정의하면 식 (35)는

$$(\Lambda_m - \Lambda_n)\langle y_m, y_n\rangle = I(b) - I(a) \tag{37}$$

로 쓸 수 있다. 구간 $[a, b]$의 경계 $x = a$에서 식 (31)로 주어지는 조건

① $y_m = y_n = 0$

② $y'_m = y'_n = 0$

③ $y'_m + \beta y_m = y'_n + \beta y_n = 0$

④ $p = 0,\quad |y_m|,\quad |y'_m| < \infty,\quad |y_n|,\quad |y'_n| < \infty$ (38)

중의 하나가 만족되면 $I(x)$의 정의로부터 $I(a) = 0$임을 알 수 있다. 마찬가지로 $I(b) = 0$으로 된다. 위의 경우가 아니라면 ⑤의 주기경계조건으로부터 $I(b) - I(a) = 0$이 된다. 즉, 경계조건이 식 (31)로 주어질 때 $I(b) - I(a) = 0$이 항상 만족된다. 따라서, $\Lambda_m \neq \Lambda_n$이므로

$$\langle y_m, y_n \rangle = 0, \quad m \neq n$$

이 성립한다. 이것을 정리하면

> **(고유함수의 직교성과 완비성, 고유값의 무한성과 실수성)** 구간 $a \le x \le b$에서 연속인 실수함수 p, q, w, p'이 $a < x < b$에서 또한 $w(x) > 0$을 만족한다고 하자. 그러면, 식 (30)의 미분방정식과 식 (31)의 경계조건으로 주어지는 Sturm-Liouville 문제의 서로 다른 고유값 Λ_m과 Λ_n에 대응하는 고유함수 y_m과 y_n은 가중함수 $w(x)$에 관하여 구간 $[a, b]$에서 서로 직교한다. 또한, 고유값은 항상 실수이며 무한히 많이 존재한다. 그리고 고유함수로 이루어진 집합은 완비된 직교집합(9-2절 참조)을 이룬다.

▶ 여기서 더 이상 상세히 다루지는 않겠지만, 스텀-리우빌 문제로부터 구한 직교집합은 완비성을 가지므로 앞 절에서 다룬 직교전개에 사용될 수 있다. 또한, 고유값 Λ_n에 대응하는 고유함수를 y_n이라고 할 때, 임의의 상수 c를 곱한 함수 cy_n은 마찬가지로 식 (30)을 만족한다. 그리고 식 (31)은 모두 제차이므로 함수 cy_n에 의해서도 역시 만족된다. 즉, 고유함수의 상수배는 다시 고유함수가 되므로, 고유함수에 붙는 상수는 다루기 편한 것을 임의로 택하기로 한다(보통은 1을 택한다).

예제 8 스텀-리우빌 문제 $y'' + \Lambda y = 0$, $y(0) = 0$, $y(\pi) = 0$에서 고유값, 고유함수 및 고유함수의 정규를 구하라.

☞ $p(x) = 1$, $q(x) = 0$, $w(x) = 1$로 주어지는 스텀-리우빌 문제이다. Λ의 값에 따라 일반해를 아래의 세 경우로 나누어서 생각한다(단, $\lambda > 0$).

$$\begin{aligned} &\text{i) } \Lambda = -\lambda^2 < 0; && y = A\cosh\lambda x + B\sinh\lambda x \\ &\text{ii) } \Lambda = 0; && y = Ax + B \\ &\text{iii) } \Lambda = \lambda^2 > 0; && y = A\cos\lambda x + B\sin\lambda x \end{aligned} \tag{39}$$

그런데, i)과 ii)의 경우는 모두 자명한 해만을 가진다(✔ 참조). 이에 비해서 iii)의 경우는

- $y(0) = 0$으로부터 $A = 0$
- $y(\pi) = 0$으로부터 $A\cos\lambda\pi + B\sin\lambda\pi = 0$

을 얻는다. 여기서, 이미 $A = 0$이므로 $B \neq 0$이어야 자명하지 않은 해를 가지므로 $\sin\lambda\pi = 0$이 되고, 이것을 만족하는 λ의 값은 $\lambda > 0$이므로 $\lambda = 1, 2, 3, \cdots$이다. 편의상 $B = 1$을 택하면 고유함수는

$$y_\lambda(x) = \sin\lambda x, \qquad \lambda = 1, 2, 3, \cdots \tag{40}$$

이고 고유값은 $\Lambda = \lambda^2 = 1, 4, 9, \cdots$이다. 계속해서, 고유함수의 정규는

$$\begin{aligned} \|\sin\lambda x\|^2 &= \langle \sin\lambda x, \sin\lambda x \rangle \\ &= \int_0^\pi \sin^2\lambda x\, dx = \frac{1}{2}\left[x - \frac{\sin 2\lambda x}{2\lambda}\right]_0^\pi = \frac{\pi}{2} \end{aligned}$$

로부터

$$\|\sin \lambda x\| = \sqrt{\frac{\pi}{2}}$$

를 얻는다. 정리하면

- 고유값: $\Lambda = \lambda^2 = 1, 4, 9, \cdots$
- 고유함수: $y_\lambda(x) = \sin \lambda x, \quad \lambda = 1, 2, 3, \cdots$
- 고유함수의 정규: $\|\sin \lambda x\| = \sqrt{\frac{\pi}{2}}$ ◀ (41)

✓ 유한한 구간 $[0, \pi]$이므로 $y = Ae^{\lambda x} + Be^{-\lambda x}$ 대신에 쌍곡선함수를 이용하여 일반해를 $y = A\cosh \lambda x + B\sinh \lambda x$로 쓴 것이다. 물론 $y = Ae^{\lambda x} + Be^{-\lambda x}$를 이용하여도 마찬가지 결과를 얻을 수 있다. 그리고,

i)의 경우, $A = 0$, $A\cosh \lambda\pi + B\sinh \lambda\pi = 0$을 풀어 $A = B = 0$

ii)의 경우, $A \cdot 0 + B = 0$, $A\pi + B = 0$을 풀어 $A = B = 0$

****예제 9** 스텀-리우빌 문제 $y'' + \Lambda y = 0$, $y(0) = y'(0)$, $y(\pi) = 0$에서 고유값, 고유함수 및 고유함수의 정규를 구하라.

☞ 앞의 예제와 마찬가지로 $p(x) = 1$, $q(x) = 0$, $w(x) = 1$로 주어지는 스텀-리우빌 문제이다. 따라서, λ의 값에 따라 일반해를

i) $\Lambda = -\lambda^2 < 0$;	$y = A\cosh \lambda x + B\sinh \lambda x$	→	자명한 해
ii) $\Lambda = 0$;	$y = Ax + B$	→	자명한 해
iii) $\Lambda = \lambda^2 > 0$;	$y = A\cos \lambda x + B\sin \lambda x$		

의 세 경우로 나누어서 생각한다. 그런데, i) 및 ii)의 경우는 모두 자명한 해를 얻으므로(각자 연습문제로 해본다) $\Lambda = \lambda^2 > 0$인 경우만을 고려한다.

일반해 $y = A\cos \lambda x + B\sin \lambda x$에 대해 $y(\pi) = 0$인 조건을 사용하면

$$y = D\sin \lambda(x - \pi) \tag{42}$$

인 형태를 해로 쓸 수 있다(D는 편의상 새로 도입한 적분상수). 계속해서, $y(0) = y'(0)$인 조건으로부터 $-D\sin \lambda\pi = \lambda D\cos \lambda\pi$, 다시 말해서

$$\tan \lambda\pi = -\lambda, \quad \lambda > 0 \tag{43}$$

을 얻는다. 따라서, 고유값, 고유함수와 정규는(✓ 참조)

- 고유값: $\tan \lambda\pi = -\lambda, \ \lambda > 0$
- 고유함수: $y_\lambda(x) = \sin \lambda(x - \pi)$
- 정규의 제곱: $\|y_\lambda\|^2 = \langle y_\lambda, y_\lambda \rangle = \frac{\pi}{2} + \frac{1}{2(1+\lambda^2)}$ (44)

이 된다. 표 9.2에는 (예제 8)과 (예제 9)의 결과를 정리하였다. ◀

✓ 정규의 계산은 $\tan \lambda\pi = -\lambda$를 이용하여 다음과 같이 한다.

표 9.2 경계조건의 차이에 따른 고유함수의 특성변화

미분방정식	$y'' + \lambda^2 y = 0$	$y'' + \lambda^2 y = 0$
경계조건	$y(0) = 0,\ y(\pi) = 0$	$y(0) = y'(0),\ y(\pi) = 0$
고 유 값	$\lambda_n = n = 1, 2, 3, \cdots$	$\tan\lambda_n \pi = -\lambda_n,\ \lambda_n > 0$
고유함수	$y_n(x) = \sin\lambda_n x$	$y_n(x) = \sin\lambda_n(x - \pi)$
정규의 제곱	$\langle y_n, y_n \rangle = \dfrac{\pi}{2}$	$\langle y_n, y_n \rangle = \dfrac{\pi}{2} + \dfrac{1}{2(1+\lambda_n^2)}$

$$\begin{aligned}\langle y_\lambda, y_\lambda \rangle &= \int_0^\pi \sin^2\lambda(x-\pi)\,dx \\ &= \frac{1}{2}\left[x - \frac{\sin 2\lambda(x-\pi)}{2\lambda}\right]_0^\pi = \frac{\pi}{2} - \frac{\sin 2\lambda\pi}{4\lambda} = \frac{\pi}{2} - \frac{\tan\lambda\pi}{2\lambda(1+\tan^2\lambda\pi)}\end{aligned}$$

*✓ 표 9.2에서 볼 수 있는 것처럼 미분방정식이 같다고 하더라도 경계조건에 따라 고유값, 고유함수 및 정규는 모두 달라진다. 이것은 마치 미분방정식을 빌딩의 이름으로 생각하면 두 개의 경계조건은 빌딩의 몇 층, 몇 호실인가를 정해주는 것과 같다.

연습문제

※ 다음의 미분방정식을 되딸림꼴(self-adjoint form)로 변환하라.

[1] Laguerre 방정식: $xy'' + (1-x)y' + ny = 0$

[2] Hermite 방정식: $y'' - 2xy' + 2\alpha y = 0$

[3] Chebyshev 방정식 I: $(1-x^2)y'' - xy' + n^2 y = 0$

[4] Chebyshev 방정식 II: $(1-x^2)y'' - 3xy' + n(n+2)y = 0$

※ 다음의 Sturm-Liouville 문제의 고유값과 고유함수를 구하라. 편의상, $\Lambda = \lambda^2$을 가정한다.

[5] $y'' + \lambda^2 y = 0,\ y(0) = 0,\ y'(1) = 0$

[6] $y'' + \lambda^2 y = 0,\ y(0) = 0,\ y(1) + y'(1) = 0$

[7] $y'' + \lambda^2 y = 0,\ y'(0) = 0,\ y'(\pi) = 0$

**[8] (adjoint와 self-adjoint 연산자). 일반적인 2계 선형미분방정식

$$p_0(x)\frac{d^2}{dx^2}y(x) + p_1(x)\frac{d}{dx}y(x) + p_2(x)y(x) = 0 \tag{A1}$$

은 미분연산자 L을

$$L \equiv p_0\frac{d^2}{dx^2} + p_1\frac{d}{dx} + p_2 \tag{A2}$$

로 정의하여

$$Ly = 0 \tag{A3}$$

처럼 간단히 나타낼 수 있다. 여기서, $p_0(x)$, $p_1(x)$, $p_2(x)$는 구간 $[a, b]$에서 실수값을 택하는 함수이며, 특히 양쪽 경계점을 제외한 구간 $a < x < b$에서는 항상 $p_0(x) \neq 0$인 경우만을 생각하기로 한다. $p_0(x) = 0$이 되는 점을 **특이점**(singular point)이라 하며, 구간의 경계에서는 르장드르 함수처럼 특이점을 가질 수 있다.

함수 $y(x)$와 L에 의해 사상(image)된 함수 $Ly(x)$의 내적

$$\langle y, Ly \rangle = \int_a^b y(x)Ly(x)\,dx = \int_a^b y[p_0 y'' + p_1 y' + p_2 y] \tag{A4}$$

에 대해 생각해 보자(적분변수 dx는 편의상 생략하기로 한다). 먼저 위 식의 첫째, 둘째 항을 부분적분하여

$$\int yp_0 y'' = (yp_0)y' - (yp_0)'y + \int (yp_0)''y = -yp_0'y + \int (yp_0)''y$$
$$\int yp_1 y' = (yp_1)y - \int (yp_1)'y$$

인 결과를 이용하면

$$\int_a^b y[p_0 y'' + p_1 y' + p_2 y] = [y(p_1 - p_0')y]_a^b + \int_a^b y[(p_0 y)'' - (p_1 y)' + p_2 y] \tag{A5}$$

가 된다. 여기서 우변의 적분에서

$$\overline{L}y = \frac{d^2}{dx^2}(p_0 y) - \frac{d}{dx}(p_1 y) + p_2 y \tag{A6}$$

로 정의되는 미분연산자 $\overline{L}$를 L의 **딸림**(adjoint)이라고 한다. 따라서, 식 (A5)는

$$\langle y, Ly \rangle = [y^2(p_1 - p_0')]_a^b + \langle y, \overline{L}y \rangle \tag{A7}$$

로 보다 간단히 나타낼 수 있다. 이때, $Ly = \overline{L}y$가 성립하는 경우를 찾기 위해서 $Ly = \overline{L}y$를 전개한 후

$$\begin{aligned} p_0 y'' + p_1 y' + p_2 y &= (p_0 y)'' - (p_1 y)' + p_2 y \\ &= (p_0'' y + 2p_0' y' + p_0 y'') - (p_1' y + p_1 y') + p_2 y \end{aligned}$$

우변으로 이항하고, 다시 양변에 y를 곱하여 정리하면

$$y^2(p_0'' - p_1') + 2yy'(p_0' - p_1) = [y^2(p_0' - p_1)]' = 0$$

즉,

$$Ly(x) = \overline{L}y(x) \iff p_0'(x) = p_1(x) \tag{A8}$$

의 관계를 얻으며, 이때 식 (A7)의 $[y^2(p_1 - p_0')]_a^b$ 항은 자동으로 0이 된다. 이러한 조건 $(p_0' = p_1)$이 성립할 때, 미분연산자 L은 **되딸림**(self-adjoint)이라 하고

$$Ly = \overline{L}y = \frac{d}{dx}\left(p(x)\frac{dy}{dx}\right) + q(x)y(x) = 0 \tag{A9}$$

인 형태의 2계 선형미분방정식을 나타낸다.

일반적으로 $p_0' \neq p_1$이면 L는 되딸림이 아니지만

$$\left(\frac{\tilde{p}}{p_0}\right)Ly = \frac{d}{dx}\left(\tilde{p}\,\frac{dy}{dx}\right) + \frac{\tilde{p}}{p_0}p_2\,y, \quad \tilde{p} = \exp\int^x \frac{p_1}{p_0} \tag{A10}$$

에 의해 $\left(\frac{\tilde{p}}{p_0}\right)L$은 되딸림이 된다. 다시 말하면, 2계 선형미분방정식은 항상 되딸림꼴로 변환될 수 있다.

※ 다음의 [9]-[10]번은 [8]번의 내용을 참조하여 풀어라.

**[9] L이 되딸림이면

$$\int_a^b [y_1 Ly_2 - y_2 Ly_1]\,dx = [p(y_1 y_2' - y_2 y_1')]_a^b$$
$$= p(b)\begin{vmatrix} y_1 & y_2 \\ y_1' & y_2' \end{vmatrix}_{x=b} - p(a)\begin{vmatrix} y_1 & y_2 \\ y_1' & y_2' \end{vmatrix}_{x=a}$$

임을 보여라.

**[10] 되딸림꼴의 $L = \frac{d}{dx}\left(p\,\frac{d}{dx}\right) + q$의 Wronskian은 $W[y_1, y_2] = \frac{C}{p(x)}$임을 보여라.

**[11] (일반적인 2계 제차 선형미분방정식으로부터의 논의) 예를 들어, 미분방정식

$$\frac{d^2y}{dx^2} + a_1(x)\frac{dy}{dx} + a_2(x)y = 0, \quad y(x_1) = 0, \quad y(x_2) = 0 \tag{B1}$$

인 해의 기본계를 $y_1(x)$와 $y_2(x)$라고 하면 일반해는

$$y(x) = c_1 y_1(x) + c_2 y_2(x) \tag{B2}$$

이다. 적분상수 c_1, c_2를 결정하기 위해 경계조건을 대입하면

$$\begin{cases} c_1 y_1(x_1) + c_2 y_2(x_1) = 0 \\ c_1 y_1(x_2) + c_2 y_2(x_2) = 0 \end{cases} \Rightarrow \begin{bmatrix} y_1(x_1) & y_2(x_1) \\ y_1(x_2) & y_2(x_2) \end{bmatrix}\begin{bmatrix} c_1 \\ c_2 \end{bmatrix} = \begin{bmatrix} 0 \\ 0 \end{bmatrix} \tag{B3}$$

으로 된다. 여기서 $D \equiv \begin{vmatrix} y_1(x_1) & y_2(x_1) \\ y_1(x_2) & y_2(x_2) \end{vmatrix}$가 0이 아니면 식 (B3)의 해는 $c_1 = c_2 = 0$이므로 식 (B1)은 자명한 해 $y = 0$을 가지게 된다. 그러나, $D = 0$이면 식 (B3)은

$$c_1 = \alpha y_2(x_1),\ c_2 = -\alpha y_1(x_1) \quad \text{또는} \quad c_1 = \alpha y_2(x_2),\ c_2 = -\alpha y_1(x_2) \tag{B4}$$

인 해를 가지고, 따라서 미분방정식 (B1)의 해는

$$y = \alpha\begin{vmatrix} y_1(x) & y_2(x) \\ y_1(x_1) & y_2(x_1) \end{vmatrix} = \alpha\begin{vmatrix} y_1(x) & y_2(x) \\ y_1(x_2) & y_2(x_2) \end{vmatrix} \tag{B5}$$

와 같이 미지상수 α를 포함하는 형태가 된다. 여기서, $D = 0$은 제차조건을 가지는 제차미분방정식이 자명하지 않는 해를 갖기 위한 필요충분조건이다.

만일 미분방정식의 계수함수 $a_1(x)$ 또는 $a_2(x)$가 어떤 파라미터 λ의 함수이면 해의 기본계인 $y_1(x)$와 $y_2(x)$도 λ의 함수가 된다. 결국은 $D = 0$도 λ에 관한 방정식이 될 것이고 이를 만족하는 특정한 λ값이 존재할 것이다. 이러한 λ의 특정한 값을 **고유값**(eigenvalue) 또는 **특성값**(characteristic value)이라고 하며, 이 값에 대응하는 자명하지 않은 해(보통 미지상수 α를 제외한) $y = y_2(x_1)y_1(x) - y_1(x_1)y_2(x)$를 **고유함수**(eigenfunction) 또는 **특성함수**

라고 한다. 일반적으로 미분방정식의 계수함수에 파라미터 λ를 포함하고 제차조건을 가지는 제차미분방정식을 **고유값문제(eigenvalue problem)**라고 한다(스텀-리우빌 문제가 대표적인 예이다).

9-4 고유함수전개

지금까지의 논의로부터 9-2절의 마지막에서 언급한 세 가지 과제

- 서로 직교하는 무한히 많은 함수를 어떻게 찾아낼 것인가?
- 주어진 직교집합이 완비집합을 이루는가?
- 식 (22)로 표현된 직교전개가 함수 $f(x)$에 수렴하는가?

에서 처음 두 개는 스텀-리우빌 문제의 고유함수로 이루어지는 직교집합이 항상 완비집합을 이루는 사실로부터 해결되었다. 이 절에서는 마지막 남은 직교전개의 수렴성 문제와 직교전개의 성질을 다룬다. 그리고 이제부터는 고유함수를 이용하는 직교전개를 **고유함수전개(eigenfunction expansion)**라고 부르기로 한다.

고유함수전개의 개념과 수렴성. 고유함수전개는 스텀-리우빌 문제의 고유함수로 구성되는 직교완비집합에 대한 직교전개로 정의되며, 식 (22)와 표 9.2를 참조하면 고유함수전개를

$$\text{고유함수전개: } f(x) = \sum_{n=0}^{\infty} \frac{\langle f, y_n \rangle}{\langle y_n, y_n \rangle} y_n \tag{45}$$

경계조건, 식 (31) $y' + \beta y = 0$ 등 → $\langle y_n, y_n \rangle$, y_n

스텀-리우빌 방정식 $(py')' + (q + \Lambda w) y = 0$ → y_n

과 같이 나타낼 수 있다. 위에 도시한 것처럼 ① 미분방정식과 주어진 경계조건으로부터 고유함수 y_n과 고유값 Λ_n을 결정하고, ② 경계조건을 이용하여 정규의 제곱값 $\langle y_n, y_n \rangle$을 결정함으로써 고유함수전개를 구하게 된다. 그런데, 같은 미분방정식이라도 경계조건은 무한히 많이 있을 수 있으므로 고유함수전개의 형태는 무한하게 된다. 여기서는 공학적으로 중요한 몇 개의 고유함수전개만을 다루기로 한다. 실제로, 다음 절부터는 공학적으로 중요한

① 비감쇠진동방정식: $y'' + \lambda^2 y = 0$

② 베셀방정식: $x^2 y'' + xy' + (x^2 - \nu^2) y = 0$

③ 르장드르 방정식: $(1 - x^2) y'' - 2xy' + n(n+1) y = 0$

의 고유함수에 의한 전개를 다룬다. 이들 미분방정식의 해를 구하는 방법은 이미 앞에서 공부하였으므로 식 (45)에서 우리가 주의해야 할 것은 다음의 두 가지이다.

표 9.3 스텀-리우빌 문제(Sturm-Liouville Problem)와 고유함수전개

- **미분방정식**: $(py')' + (q + \Lambda w)y = 0$
- **경계조건**: 각각의 경계에서
  - ① $y = 0$
  - ② $y' = 0$
  - ③ $y' + \beta y = 0$
  - ④ $p = 0, \ |y| < \infty, \ |y'| < \infty$

  또는, 양쪽 경계에서 모두

  ⑤ $\begin{cases} p(a) = p(b) \\ y(a) = y(b) \\ y'(a) = y'(b) \end{cases}$

  (주기경계조건)
- 구간 $a \le x \le b$에서 p, q, w, p'은 실수인 연속함수
- 구간 $a < x < b$에서 $p, w > 0$

- **고유값**: 모든 고유값은 실수이며 무한히 많이 존재한다.
- **고유함수**: 서로 다른 고유함수는 직교하며 $[\langle y_i, y_j \rangle = 0, \ i \neq j]$, 고유함수의 집합은 완비집합이다.
- **고유함수전개**: $f(x) = \sum_{n=0}^{\infty} \frac{\langle f, y_n \rangle}{\langle y_n, y_n \rangle} y_n$

- $\Lambda = 0$일 때 고유함수의 존재여부
- 고유함수 y_n에 대응하는 $\langle y_n, y_n \rangle$의 계산

그리고, 스텀-리우빌 문제로부터 시작하여 고유함수전개에 이르기까지의 내용을 한눈에 살펴볼 수 있도록 표 9.3에 정리하였다.

> **(고유함수전개의 수렴성)** 일반적으로 식 (45)로 주어진 고유함수전개 또는 일반 푸리에 급수는 $f(x)$의 미분이 연속인 점에서는 $f(x)$에 수렴하고, 불연속인 점에서는 $\frac{1}{2}[f(x+) + f(x-)]$로 수렴한다.

▶ 그러나, 일반화된 푸리에 급수의 수렴성에 대한 논의는 범위를 넘어서기 때문에 생략한다.

고유값 $\Lambda = 0$의 경우. 고유값 $\Lambda = 0$에 대응하는 고유함수는 여타의 고유함수와 완전히 다른 특성을 나타낼 때가 많다. 예를 들어, 간단한 스텀-리우빌 문제

$$y'' + \lambda^2 y = 0, \quad y(0) = 0, \quad y(1) = y'(1) \tag{46}$$

을 생각해 보자. $\Lambda = \lambda^2 = 0$이면 $y = Ax + B$가 일반해이고 경계조건으로부터

$$B = 0, \qquad A\text{는 임의의 수}$$

를 얻을 수 있다. 즉 $\lambda = 0$에 대응하는 고유함수는 $y_{\lambda=0} = x$이다.

반면에, $\lambda > 0$이면 일반해 $y = A\cos\lambda x + B\sin\lambda x$에 대해 $y(0) = 0$인 조건을 사용하여 $A = 0$을 얻는다. 또한, 다른 경계조건 $y(1) = y'(1)$으로부터 $\sin\lambda = \lambda\cos\lambda$를 만족하는 λ에 대해 $y = \sin\lambda x$가 고유함수로 된다. 이것을 정리하면

$$y = \begin{cases} x & (\lambda_0 = 0) \\ \sin\lambda_n x & (\tan\lambda_n = \lambda_n,\ n = 1, 2, 3, \cdots) \end{cases} \tag{47}$$

형태의 고유함수를 갖는다. 이때, $y = x$는 $y = \sin\lambda_n x$에 $\lambda_n = 0$을 대입하여 얻을 수 없는 함수이므로, $\Lambda = \lambda^2 = 0$인 경우는 특별히 신경써야 하는 것을 알 수 있다.

✔ 식 (45)에서 $n = 0$은 $\lambda = 0$에 대응하는 항이 되도록 한다. 예를 들면, 같은 내용일지라도 "되도록이면"

$$f(x) = \sum_{n=0}^{\infty} \frac{\langle f, \cos\lambda_n x\rangle}{\langle \cos\lambda_n x, \cos\lambda_n x\rangle} \cos\lambda_n x, \quad \lambda_n = (2n+1)\frac{\pi}{2}$$

보다는

$$f(x) = \sum_{n=1}^{\infty} \frac{\langle f, \cos\lambda_n x\rangle}{\langle \cos\lambda_n x, \cos\lambda_n x\rangle} \cos\lambda_n x, \quad \lambda_n = (2n-1)\frac{\pi}{2}$$

를 사용하기로 한다. 즉, 가능하면 합기호에서 $n = 0$은 고유값 $\lambda = 0$에 대응하도록 한다.

함수공간에서의 피타고라스 정리. 함수공간은 입체공간과는 달리 개념을 가시화하기 어렵다. 따라서, 3차원 벡터공간을 이용하여 함수공간으로 일반화된 피타고라스 정리를 알아보자. 서로 직교하는 단위벡터 **i, j, k**를 이용한 벡터분해

$$\mathbf{r} = x\mathbf{i} + y\mathbf{j} + z\mathbf{k} \tag{48}$$

로부터

$$|\mathbf{r}|^2 = (\mathbf{r} \cdot \mathbf{r}) = x^2 + y^2 + z^2$$

을 얻고, 이것을 3차원 공간에서의 **피타고라스 정리**라고 한다. 그런데, 식 (48)로부터 직접

$$|\mathbf{r}|^2 = |x\mathbf{i}|^2 + |y\mathbf{j}|^2 + |z\mathbf{k}|^2$$

과 같이 쓸 수 있음에 주목해 보자. 이것을 함수공간에 대해서 확장하면 함수집합 $\{y_n\}$이 서로 직교할 때[즉, $\langle y_i, y_j\rangle = 0,\ i \neq j$]

$$f(x) = \sum_{n=0}^{\infty} a_n y_n = a_0 y_0 + a_1 y_1 + a_2 y_2 + \cdots$$

으로부터

$$\|f\|^2 = \|a_0 y_0\|^2 + \|a_1 y_1\|^2 + \|a_2 y_2\|^2 + \cdots \tag{49}$$

이 성립하며, 이것을 함수공간에서의 피타고라스 정리라고 한다.

예제 10 직교집합 $\{y_n\}$과 $F(x) = \sum_{n=0}^{N} \beta_n y_n = \beta_0 y_0 + \beta_1 y_1 + \cdots + \beta_N y_N$에 대해서 식 (49), 즉 함수공간에서의 피타고라스 정리를 증명하라.

☞ 우선 $\langle y_m, y_n\rangle = 0,\ m \neq n$을 이용하면

$$\langle \beta_n y_n, F\rangle = \cdots + \langle \beta_n y_n, \beta_{n-1} y_{n-1}\rangle + \langle \beta_n y_n, \beta_n y_n\rangle + \langle \beta_n y_n, \beta_{n+1} y_{n+1}\rangle + \cdots$$
$$= \beta_n^2 \langle y_n, y_n\rangle$$

이므로

$$\begin{aligned}\|F\|^2 = \langle F, F\rangle &= \langle \beta_0 y_0, F\rangle + \langle \beta_1 y_1, F\rangle + \cdots + \langle \beta_N y_N, F\rangle \\ &= \beta_0^2 \langle y_0, y_0\rangle + \beta_1^2 \langle y_1, y_1\rangle + \cdots + \beta_N^2 \langle y_N, y_N\rangle \\ &= \sum_{n=0}^{\infty} \|\beta_n y_n\|^2\end{aligned} \tag{50}$$

이 성립한다. ◀

✔ 직교집합 $\{y_n\}$에 대해서 $\|F(x)\|^2 = \left\| \sum_{n=0}^{N} \beta_n y_n \right\|^2 = \sum_{n=0}^{N} \|\beta_n y_n\|^2$ 으로 되는 것을 잘 알아둔다. 이것은 함수공간에서의 피타고라스 정리이므로 이해하기가 매우 쉬울 것이다.

****전평방오차.** 응용적인 측면에서는 주어진 함수 $f(x)$보다 오히려 근사값(approximation)이 중요한 역할을 하는 경우가 있다. 구간 $[a, b]$에서 정의된 $f(x)$의 근사함수로 $F(x)$를 택할 때 발생하는 오차(誤差; error)를 측정하기 위해서 **전평방오차**(全平方誤差; total square error)를

$$E = \|f - F\|^2 \tag{51}$$

으로 정의한다. 정의에 의해 항상 $E \geq 0$임을 알 수 있다. 고유함수전개는 이러한 전평방오차를 최소화하는 데 사용된다.

****예제 11** 구간 $[a, b]$에서 함수 $f(x)$의 근사값을 $F(x) = \sum_{n=0}^{N} \beta_n y_n$으로 택할 경우, 전평방오차 $E = \|f - F\|^2 = \left\| f - \sum_{n=0}^{N} \beta_n y_n \right\|^2$을 구하라(단, y_n은 직교집합이라고 한다).

☞ 주어진 식은

$$\begin{aligned}E = \|f - F\|^2 &= \langle f - F, f - F\rangle \\ &= \langle f, f\rangle - 2\langle f, F\rangle + \langle F, F\rangle\end{aligned} \tag{52}$$

이다. 그런데, 고유함수전개 $f = \sum_{n=0}^{\infty} a_n y_n$에서 $\langle f, y_n\rangle = a_n \langle y_n, y_n\rangle$이므로 식 (52)에서 $\langle f, F\rangle$는

$$\begin{aligned}\langle f, F\rangle &= \langle f, \beta_0 y_0\rangle + \langle f, \beta_1 y_1\rangle + \cdots + \langle f, \beta_N y_N\rangle \\ &= \beta_0 \langle f, y_0\rangle + \beta_1 \langle f, y_1\rangle + \cdots + \beta_N \langle f, y_N\rangle \\ &= a_0 \beta_0 \langle y_0, y_0\rangle + a_1 \beta_1 \langle y_1, y_1\rangle + \cdots + a_N \beta_N \langle y_N, y_N\rangle \\ &= \sum_{n=0}^{N} a_n \beta_n \|y_n\|^2\end{aligned}$$

이고, 세 번째 항 $\langle F, F\rangle$는 식 (50)으로부터

$$\langle F, F\rangle = \|F\|^2 = \sum_{n=0}^{N} \|\beta_n y_n\|^2$$

으로 된다. 따라서, 식 (52)는

$$\begin{aligned} E &= \left\| f - \sum_{n=0}^{N} \beta_n y_n \right\|^2 \\ &= \|f\|^2 - 2\sum_{n=0}^{N} a_n \beta_n \|y_n\|^2 + \sum_{n=0}^{N} \beta_n^2 \|y_n\|^2 \\ &= \|f\|^2 - \sum_{n=0}^{N} a_n^2 \|y_n\|^2 + \sum_{n=0}^{N} (a_n - \beta_n)^2 \|y_n\|^2 \end{aligned} \tag{53}$$ ◀

예제 12 앞의 (예제 11)에서 $\beta_n = a_n$일 때 전평방오차 E^*가 최소가 되는 것을 보여라. 즉, $E \geq E^*$임을 보여라.

☞ 식 (53)으로부터 $\beta_n = a_n$일 경우의 전평방오차는

$$E^* = \left\| f - \sum_{n=0}^{N} a_n y_n \right\|^2 = \|f\|^2 - \sum_{n=0}^{N} a_n^2 \|y_n\|^2 \tag{54}$$

으로 주어진다. 식 (53)에서 식 (54)를 빼면

$$E - E^* = \sum_{n=0}^{N} (\beta_n - a_n)^2 \|y_n\|^2$$

이 되어 항상 $E - E^* \geq 0$, 즉 $E \geq E^*$가 성립한다. 즉, 전평방오차는 $\beta_n = a_n$일 때 최소값을 갖는다. ◀

***베셀 부등식과 파세발 등식(일반화된 피타고라스 정리).** 어떤 직교집합에서 일반 푸리에 급수 $f = \sum_{n=0}^{\infty} a_n y_n$에 대해 $E^* \geq 0$이 항상 성립하므로, 식 (54)로부터 **베셀 부등식**(Bessel inequality)

$$\|f\|^2 \geq \sum_{n=0}^{N} \|a_n y_n\|^2 = \|a_0 y_0\|^2 + \|a_1 y_1\|^2 + \cdots + \|a_N y_N\|^2 \tag{55}$$

을 얻을 수 있다. 특히, 주어진 직교집합이 완비되어 있는 경우에는 **파세발 등식**(Parseval equality)으로 알려진

$$\|f\|^2 = \sum_{n=0}^{\infty} \|a_n y_n\|^2 = \|a_0 y_0\|^2 + \|a_1 y_1\|^2 + \cdots \tag{56}$$

인 등식으로 된다. 기하학적으로 파세발 등식은 함수공간으로 일반화된 **피타고라스 정리**를 의미한다.

✓ 파세발 등식보다는 우리가 쉽게 받아들일 수 있는 (일반화된) 피타고라스 정리라고 부르는 편이 훨씬 편리하다. 실제로 함수공간에서 정의되는 베셀 부등식과 파세발 등식이 벡터공간에서는 아래와 같이 기하학적으로 아주 당연한 사실을 의미한다.

벡터공간(3차원)	함수공간(∞차원)
$\mathbf{r} = x\mathbf{i} + y\mathbf{j} + z\mathbf{k}$ $\lvert\mathbf{r}\rvert^2 \geq \lvert x\mathbf{i}\rvert^2 + \lvert y\mathbf{j}\rvert^2$ $\lvert\mathbf{r}\rvert^2 = \lvert x\mathbf{i}\rvert^2 + \lvert y\mathbf{j}\rvert^2 + \lvert z\mathbf{k}\rvert^2$	$f(x) = a_0 y_0 + a_1 y_1 + a_2 y_2 + \cdots + a_N y_N + \cdots + a_\infty y_\infty$ $\lVert f\rVert^2 \geq \lVert a_0 y_0\rVert^2 + \lVert a_1 y_1\rVert^2 + \cdots + \lVert a_N y_N\rVert^2$ $\lVert f\rVert^2 = \lVert a_0 y_0\rVert^2 + \lVert a_1 y_1\rVert^2 + \cdots + \lVert a_N y_N\rVert^2 + \cdots + \lVert a_\infty y_\infty\rVert^2$

9-5 Fourier 급수

이 절에서는 고유함수전개의 입장에서 푸리에 급수를 간단히 살펴보고 보다 상세한 내용은 다음 장에서 다루기로 한다. 이것은 푸리에 급수가 다른 고유함수전개에 비하여 공학적으로 너무나 중요하기 때문이다.

푸리에 급수의 정의. 유명한 푸리에 급수는 구간 $[-\pi, \pi]$에서 정의된 주기(periodic) 스텀-리우빌 문제

$$y'' + \Lambda y = 0, \quad y(-\pi) = y(\pi), \quad y'(-\pi) = y'(\pi) \tag{57}$$

의 고유함수에 의한 전개를 말한다(따라서, 다른 경계조건이 주어질 경우에는 일반 푸리에 급수로 취급되어야 한다). 앞에서 확인해 본 바와 같이 Λ의 값이 음수일 때는 자명한 해만이 존재하므로 $\Lambda = \lambda^2$으로 둔다.

먼저, $\lambda = 0$인 경우는 일반해 $y = Ax + B$에서 경계조건을 이용하면

$$\begin{aligned} -A\pi + B &= A\pi + B \\ A &= A \end{aligned} \tag{58}$$

이므로 $A = 0$, B는 임의의 상수인 해를 얻는다. 즉, 고유값 $\lambda = 0$에 대응하는 고유함수는 $y = 1$이 된다($\lambda = 0$인 경우를 빠뜨리지 않도록 항상 주의해야 한다).

계속해서 $\lambda > 0$인 경우, 일반해는 $y = A\cos\lambda x + B\sin\lambda x$이고 주어진 경계조건을 대입하면

$$A\cos(-\lambda\pi) + B\sin(-\lambda\pi) = A\cos(\lambda\pi) + B\sin(\lambda\pi)$$
$$-\lambda A\sin(-\lambda\pi) + \lambda B\cos(-\lambda\pi) = -\lambda A\sin(\lambda\pi) + \lambda B\cos(\lambda\pi)$$

가 되고, 위의 두 식은 모두

$$\sin\lambda\pi = 0, \quad \lambda = 1, 2, 3, \cdots$$

으로 정리된다. 따라서,

$$\Lambda = \lambda^2 = 1, 4, 9, \cdots \tag{59}$$

이 고유값이다. 정리하면, $\lambda = 0$ 및 $\lambda > 0$에 대응하는 고유함수는

$$1, \quad \cos x, \quad \sin x, \quad \cos 2x, \quad \sin 2x, \quad \cdots \tag{60}$$

이다. 그런데 고유함수전개의 공식 (45)로부터

$$f(x) = \sum_{n=0}^{\infty} \frac{\langle f, y_n \rangle}{\langle y_n, y_n \rangle} y_n$$

에서

$$\langle 1, 1 \rangle = \int_{-\pi}^{\pi} dx = 2\pi$$
$$\langle \cos nx, \cos nx \rangle = \int_{-\pi}^{\pi} \cos^2 nx\, dx = \int_{-\pi}^{\pi} \frac{1}{2}(1 + \cos 2nx)\, dx = \pi$$
$$\langle \sin nx, \sin nx \rangle = \int_{-\pi}^{\pi} \sin^2 nx\, dx = \int_{-\pi}^{\pi} \frac{1}{2}(1 - \cos 2nx)\, dx = \pi$$

이므로(단, $n = 1, 2, 3, \cdots$), 임의의 함수 $f(x)$의 푸리에 급수는

$$f(x) = a_0 + \sum_{n=1}^{\infty} (a_n \cos nx + b_n \sin nx), \quad -\pi \le x \le \pi$$
$$a_0 = \frac{1}{2\pi} \int_{-\pi}^{\pi} f(x)\, dx$$
$$a_n = \frac{1}{\pi} \int_{-\pi}^{\pi} f(x) \cos nx\, dx$$
$$b_n = \frac{1}{\pi} \int_{-\pi}^{\pi} f(x) \sin nx\, dx \tag{61}$$

로 정의된다. 그리고, 삼각함수의 주기성에 의해 푸리에 급수는 구간 $[-\pi, \pi]$ 이외의 범위에서는 $\cdots = f(x - 2\pi) = f(x) = f(x + 2\pi) = \cdots$을 만족하는 2π가 주기인 주기함수로 수렴하게 된다.

푸리에 급수에 대한 함수공간에서의 피타고라스 정리(파세발 등식)는

$$\|1\|^2 = 2\pi, \quad \|\cos nx\|^2 = \|\sin nx\|^2 = \pi$$

를 이용하여

$$\|f\|^2 = \|a_0\|^2 + \sum_{n=1}^{\infty} \|a_n \cos nx\|^2 + \|b_n \sin nx\|^2$$
$$\Rightarrow \int_{-\pi}^{\pi} [f(x)]^2\, dx = 2\pi a_0^2 + \sum_{n=1}^{\infty} \pi (a_n^2 + b_n^2) \tag{62}$$

와 같이 된다.

☑ 푸리에 급수는 식 (61)보다는 고유함수전개로부터

$$f(x) = \sum_{n=0}^{\infty} \frac{\langle f, y_n \rangle}{\langle y_n, y_n \rangle} y_n \quad \Leftarrow \quad \begin{cases} y_0 = 1 & \langle y_0, y_0 \rangle = 2\pi \\ y_n = \cos nx & \langle y_n, y_n \rangle = \pi \\ y_n = \sin nx & \langle y_n, y_n \rangle = \pi \end{cases}$$

와 같이 쓰면 기억하는 데 도움이 된다. 특히 $n \ne 0$일 때는 고유함수가 $\cos nx$, $\sin nx$로 두

개인 반면에 $n=0$일 때는 고유함수가 $y_0=1$로 하나이므로 $\langle y_0, y_0\rangle = 2\pi$로 두 배가 되는 것이 "마치 공평한 결과"처럼 생각하는 것이 도움이 된다.

예제 13 구간 $-\pi \le x \le \pi$에서 $y(x)=x$를 푸리에급수로 전개하라.

☞
$$a_0=\frac{1}{2\pi}\int_{-\pi}^{\pi} x\,dx=0,\quad a_n=\frac{1}{\pi}\int_{-\pi}^{\pi} x\cos nx\,dx=0 \quad (\text{홀함수})$$
$$b_n=\frac{1}{\pi}\int_{-\pi}^{\pi} x\sin nx\,dx$$
$$=\frac{1}{\pi}\left[x\left(\frac{-\cos nx}{n}\right)-\left(\frac{-\sin nx}{n^2}\right)\right]_{-\pi}^{\pi}=\frac{2(-1)^{n+1}}{n}$$

여기서, $\cos n\pi=(-1)^n$, $\sin n\pi=0$을 사용하였다. 따라서, 푸리에 급수는

$$\begin{aligned} x &= \sum_{n=1}^{\infty}\frac{2(-1)^{n+1}}{n}\sin nx \\ &= 2\left(\sin x-\frac{\sin 2x}{2}+\frac{\sin 3x}{3}-\cdots\right),\quad -\pi\le x\le\pi \end{aligned} \tag{63}$$

로 주어진다. ◀

☑ 윗식에 함수공간에서의 피타고라스 정리(파세발 등식)를 적용하면

$$\|x\|^2=2^2\left(\|\sin x\|^2+\frac{\|\sin 2x\|^2}{2^2}+\frac{\|\sin 3x\|^2}{3^2}+\cdots\right)$$

에서 $\|\sin nx\|^2=\pi$이므로

$$\int_{-\pi}^{\pi} x^2\,dx=4\pi\left(1^2+\frac{1}{2^2}+\frac{1}{3^2}+\cdots\right)\ \Rightarrow\ \sum_{n=1}^{\infty}\frac{1}{n^2}=\frac{\pi^2}{6}$$

인 관계를 얻을 수 있다.

연습문제

[1] 구간 $-\pi<x<0$에서는 $f(x)=-1$, 구간 $0<x<\pi$에서는 $f(x)=1$로 정의되는 함수의 푸리에 급수를 구하라.

[2] 구간 $-\pi<x<\pi$에서 $f(x)=x^2$인 함수의 푸리에 급수를 구하고, 그 결과에 함수공간에서의 피타고라스 정리(파세발 등식)를 적용하여 $\sum_{n=1}^{\infty}\frac{1}{n^4}=\frac{\pi^4}{90}$을 증명하라.

***[3]** 구간 $-\pi<x<\pi$에서 $\cos ax$의 푸리에 급수가 다음과 같이 되는 것을 증명하라.

$$\cos ax=\frac{2a\sin a\pi}{\pi}\left(\frac{1}{2a^2}-\frac{\cos x}{a^2-1}+\frac{\cos 2x}{a^2-2^2}-\cdots\right),\quad a\ne 0,1,2,3,\cdots$$

****[4]** 어떤 함수 $f(x)$가 두 번 미분가능하고 $|f''(x)|\le M$과 $\int_{-\pi}^{\pi} f(x)\,dx<\infty$를 만족한다고

한다. 이 함수의 푸리에 급수가 수렴하는 것을 증명하라.

푸리에 급수의 계수에서

$$\begin{aligned}a_n &= \frac{1}{\pi}\int_{-\pi}^{\pi} f(x)\cos nx\,dx \\ &= \frac{1}{\pi}\left[f(x)\frac{\sin nx}{n} - f'(x)\frac{-\cos nx}{n^2}\right]_{-\pi}^{\pi} + \frac{1}{\pi}\int_{-\pi}^{\pi} f''(x)\frac{-\cos nx}{n^2}\,dx \\ &= \frac{(-1)^n[f'(\pi)-f'(-\pi)]}{n^2\pi} - \frac{1}{n^2\pi}\int_{-\pi}^{\pi} f''(x)\cos nx\,dx \\ &= -\frac{1}{n^2\pi}\int_{-\pi}^{\pi} f''(x)\cos nx\,dx\end{aligned}$$

이므로(주기경계조건 $f'(\pi) - f'(-\pi) = 0$을 사용하였음)

$$\begin{aligned}|a_n| &\le \frac{1}{n^2\pi}\int_{-\pi}^{\pi}|f''(x)\cos nx|\,dx \\ &\le \frac{1}{n^2\pi}\int_{-\pi}^{\pi}|f''(x)|\,dx \le \frac{1}{n^2\pi}\int_{-\pi}^{\pi} M\,dx = \frac{2M}{n^2}\end{aligned}$$

을 얻는다. 마찬가지로

$$|b_n| \le \frac{1}{n^2\pi}\int_{-\pi}^{\pi} M\,dx = \frac{2M}{n^2}$$

이므로 푸리에 급수의 절대값은

$$\begin{aligned}\left|a_0 + \sum_{n=1}^{\infty}(a_n\cos nx + b_n\sin nx)\right| &\le |a_0| + 2M\left(1 + 1 + \frac{1}{2^2} + \frac{1}{2^2} + \frac{1}{3^2} + \frac{1}{3^2} + \cdots\right) \\ &\le |a_0| + M\frac{2\pi^2}{3}\end{aligned}$$

이므로 수렴한다(예제 13에서 $\sum_{n=1}^{\infty} 1/n^2 = \pi^2/6$).

*9-6 Fourier-Legendre 급수

푸리에-르장드르 급수는 구형의 문제를 다룰 때 자주 나타난다. 구면좌표계에서 원추각 θ의 범위가 $0 \le \theta \le \pi$(지구의 경우, 북극에서 $\theta = 0$, 남극에서 $\theta = \pi$)이므로 $x = \cos\theta$의 치환을 하면 $-1 \le x \le 1$인 구간으로 된다. 따라서, 푸리에-르장드르 급수는 구간 [−1, 1]에서 정의되고 경계조건이 필요 없는 특이 스텀-리우빌 문제에 의한 고유함수전개로 되는 것이 일반적이다.

***푸리에-르장드르 급수의 정의.** n을 음이 아닌 정수($n \ge 0$)라 할 때, $\lambda = n(n+1)$로 두면 르장드르 방정식

$$\frac{d}{dx}\left[(1-x^2)\frac{dy}{dx}\right] + \lambda y = 0 \tag{64}$$

은 $p = 1 - x^2$, $q = 0$, $w = 1$을 갖고, 또한 $p(-1) = 0$, $p(1) = 0$이므로 구간 $[-1, 1]$에서 특이 스텀-리우빌 문제로 된다. 구간의 경계에서 식 (31) ④의 경우, 즉 유계(有界; bounded)인 해는 $P_n(x)$이고 $n = 0, 1, 2, 3, \cdots$에 대해 고유값 $\lambda = n(n+1)$에 대응하는 고유함수로 된다. 르장드르 다항식의 직교성은 가중함수가 $w(x) = 1$이므로

$$\int_{-1}^{1} P_m(x) P_n(x)\, dx = 0, \quad m \neq n \tag{65}$$

으로 표현된다. 구간 $[-1, 1]$에서 임의의 함수 $f(x)$의 푸리에-르장드르 급수전개 또는 단순히 르장드르 급수전개는(예제 14 참조)

$$\| P_n \|^2 = \int_{-1}^{1} P_n^2(x)\, dx = \frac{2}{2n+1} \tag{66}$$

이므로

$$f(x) = \sum_{n=0}^{\infty} a_n P_n(x), \quad a_n = \frac{2n+1}{2} \int_{-1}^{1} f(x) P_n(x)\, dx \tag{67}$$

로 구할 수 있다. 르장드르 다항식은 식 (3.35)와 (3.43)으로 주어져 있으며, 르장드르 급수에 대해서 함수공간에서의 피타고라스 정리(파세발 등식)를 적용하면

$$\| f \|^2 = \sum_{n=0}^{\infty} \| a_n y_n \|^2 \;\Rightarrow\; \int_{-1}^{1} [f(x)]^2\, dx = \sum_{n=0}^{\infty} \frac{2}{2n+1} a_n^2 \tag{68}$$

을 얻는다.

✔ 푸리에-르장드르 급수를 고유함수전개의 기본형을 이용하면 다음과 같이 쓸 수 있다.

$$f(x) = \sum_{n=0}^{\infty} \frac{\langle f, y_n \rangle}{\langle y_n, y_n \rangle} y_n \;\Leftarrow\; y_n = P_n(x), \quad \langle y_n, y_n \rangle = \frac{2}{2n+1}$$

***예제 14** 르장드르 함수의 정규가 $\| P_n \| = \sqrt{\dfrac{2}{2n+1}}$ 임을 보여라.

☞ 르장드르 급수의 계수를 구하는 식 (67)에 포함된 적분 $\int_{-1}^{1} f(x) P_n(x)\, dx$을 먼저 구해보자. 만일 $f(x)$가 미분을 충분히 허용하면, 로드리게스 공식 (3.39)

$$P_n(x) = \frac{1}{(2n)!!} \frac{d^n}{dx^n} (x^2 - 1)^n \tag{69}$$

을 대입하고 부분적분을 n번 수행하면

$$\begin{aligned} \int_{-1}^{1} f(x) P_n(x)\, dx &= \frac{1}{(2n)!!} \int_{-1}^{1} f(x) \frac{d^n}{dx^n} (x^2 - 1)^n\, dx = \cdots \\ &= \frac{(-1)^n}{(2n)!!} \int_{-1}^{1} (x^2 - 1)^n \frac{d^n f}{dx^n}\, dx \end{aligned} \tag{70}$$

를 얻는다. 윗식에 $f(x) = P_n(x)$를 대입하면 식 (3.34)로부터 $P_n(x)$의 최고차항 $A_n x^n$의 계수가

$$A_n = \frac{(2n-1)!!}{n!} = \frac{(2n)!}{2^n(n!)^2}$$

이므로 $P_n(x)$의 n차 미분은 $(2n-1)!!$로 된다. 따라서,

$$\int_{-1}^{1} P_n^2(x)\,dx = \frac{(2n-1)!!}{(2n)!!}\int_{-1}^{1}(1-x^2)^n\,dx$$
$$= \frac{(2n-1)!!}{(2n)!!}\times 2\frac{(2n)!!}{(2n+1)!!} = \frac{2}{2n+1}$$

로 계산된다. 여기서 $\int_{-1}^{1}(1-x^2)^n\,dx = 2\int_{0}^{1}(1-x^2)^n\,dx$의 값과 겹계승 $(2n-1)!!$은 제0장에서 이미 다룬 내용이다. ◀

****예제 15** $f(x) = \cos\frac{\pi}{2}x$의 르장드르 급수에서 처음 두 항을 구하라.

☞ 먼저 $\langle f, P_n\rangle$을 구하면 식 (3.35)에서 $P_0 = 1,\ P_1 = x,\ P_2 = \frac{1}{2}(3x^2-1)$ 등이므로

$$\langle\cos\frac{\pi}{2}x, P_0\rangle = \int_{-1}^{1}\cos\frac{\pi}{2}x\,dx = \frac{4}{\pi}$$
$$\langle\cos\frac{\pi}{2}x, P_1\rangle = \int_{-1}^{1}x\cos\frac{\pi}{2}x\,dx = 0 \tag{71}$$
$$\langle\cos\frac{\pi}{2}x, P_2\rangle = \int_{-1}^{1}\frac{1}{2}(3x^2-1)\cos\frac{\pi}{2}x\,dx = \frac{4}{\pi}-\frac{48}{\pi^3}$$

등을 구하여(☑ 참조)

$$\cos\frac{\pi}{2}x = \frac{1}{2}\left(\frac{4}{\pi}\right)+\frac{5}{2}\left(\frac{4}{\pi}-\frac{48}{\pi^3}\right)\frac{1}{2}(3x^2-1)+\cdots \quad ◀ \tag{72}$$

☑ 위에서 적분을 구하는 과정은 다음과 같다.

$$\int_{-1}^{1}\cos\frac{\pi}{2}x\,dx = \left[\frac{2}{\pi}\sin\frac{\pi}{2}x\right]_{-1}^{1} = \frac{4}{\pi}$$

$$\int_{-1}^{1}\frac{1}{2}(3x^2-1)\cos\frac{\pi}{2}x\,dx$$
$$= \left[\frac{1}{2}(3x^2-1)\left(\frac{2}{\pi}\sin\frac{\pi}{2}x\right)-(3x)\left(-\frac{4}{\pi^2}\cos\frac{\pi}{2}x\right)+3\left(-\frac{8}{\pi^3}\sin\frac{\pi}{2}x\right)\right]_{-1}^{1} = \frac{4}{\pi}-\frac{48}{\pi^3}$$

****삼각함수와 르장드르 급수.** $x = \cos\theta,\ f(x) = f(\cos\theta) = F(\theta)$인 치환에 의하여 르장드르 급수 (67)을

$$F(\theta) = \sum_{n=0}^{\infty} a_n P_n(\cos\theta), \quad a_n = \frac{2n+1}{2}\int_{0}^{\pi}F(\theta)P_n(\cos\theta)\sin\theta\,d\theta \tag{73}$$

로 표현할 수도 있다. 이것은 주어진 함수를 원추각 θ에 관하여 나타내는 것이 편리할 때 사용된다.

예제 16 $F(\theta)=\begin{cases}\cos\theta, & 0\le\theta\le\pi/2\\ 0, & \pi/2\le\theta\le\pi\end{cases}$ 의 르장드르 급수를 구하라.

☞
$$a_n=\frac{2n+1}{2}\left(\int_0^{\pi/2}(\cos\theta)P_n(\cos\theta)\sin\theta\,d\theta+\int_{\pi/2}^{\pi}0\,d\theta\right)$$

에서 $x=\cos\theta$로 치환하면

$$a_n=\frac{2n+1}{2}\int_1^0 xP_n(x)(-dx)=\frac{2n+1}{2}\int_0^1 xP_n(x)\,dx \tag{74}$$

그런데, $P_0=1,\ P_1=x,\ P_2=\frac{1}{2}(3x^2-1)$ 등을 대입하여

$$\int_0^1 xP_0=\int_0^1 x=\frac{1}{2}$$
$$\int_0^1 xP_1=\int_0^1 x\cdot x=\frac{1}{3}$$
$$\int_0^1 xP_2=\int_0^1 x\cdot\frac{1}{2}(3x^2-1)=\frac{1}{8}$$

로부터

$$\begin{aligned}F(\theta)&=\frac{1}{2}\frac{1}{2}P_0(\cos\theta)+\frac{3}{2}\frac{1}{3}P_1(\cos\theta)+\frac{5}{2}\frac{1}{8}P_2(\cos\theta)+\cdots\\&=\frac{1}{4}P_0(\cos\theta)+\frac{1}{2}P_1(\cos\theta)+\frac{5}{16}P_2(\cos\theta)+\cdots\end{aligned} \tag{75}$$ ◀

르장드르 급수의 예. 르장드르 다항식 $P_n(x)$는 n이 홀수일 때는 홀함수(odd function)이고, 짝수일 때는 짝함수(even function)이므로, 짝함수를 전개하면 $A_{2n-1}=0$이고, 홀함수를 전개하면 $A_{2n}=0$이다. 예를 들어, x의 거듭제곱을 르장드르 다항식에 관해 전개하면

$$\begin{aligned}\frac{x^{2s}}{(2s)!}&=\sum_{n=0}^{s}\frac{2^{2n}(4n+1)(s+n)!}{(2s+2n+1)!(s-n)!}P_{2n}(x)\\\frac{x^{2s+1}}{(2s+1)!}&=\sum_{n=0}^{s}\frac{2^{2n+1}(4n+3)(s+n+1)!}{(2s+2n+3)!(s-n)!}P_{2n+1}(x)\end{aligned} \tag{76}$$

이고, 처음의 몇 개는 $1=P_0$을 포함하여

$$\begin{aligned}&x=P_1 &&x^4=\frac{1}{35}(8P_4+20P_2+7)\\&x^2=\frac{1}{3}(2P_2+1) &&x^5=\frac{1}{63}(8P_5+28P_3+27P_1)\\&x^3=\frac{1}{5}(2P_3+3P_1) &&x^6=\frac{1}{231}(16P_6+72P_4+110P_2+33)\end{aligned} \tag{77}$$

✔ 식 (77)은 식 (76)으로부터 유도하지 않고 식 (3.35)에서 예를 들어, $P_2=\frac{1}{2}(3x^2-1)$을 정리하여 $3x^2=2P_2+1$로 두고 얻을 수도 있다.

*9-7 Fourier-Bessel 급수

푸리에-베셀 급수는 마찬가지로 고유함수전개의 한 형태이며, 푸리에-베셀 급수에서 가장 주의해야 할 것은 $\lambda = 0$에 대응하는 고유함수가 존재하는 경우이다. 또한, $\langle y_n, y_n \rangle$의 계산이 다른 급수에 비해 비교적 번거로운 점이 있다.

***베셀방정식과 경계조건.** 음이 아닌 정수로 고정된 $\nu \geq 0$에 대해 베셀방정식

$$x^2 y'' + xy' + (x^2 - \nu^2)y = x\frac{d}{dx}\left[x\frac{dy(x)}{dx}\right] + (x^2 - \nu^2)y(x) = 0 \tag{78}$$

은 x를 λx로 치환하면

$$\begin{aligned}(\lambda x)\frac{d}{d(\lambda x)}\left[(\lambda x)\frac{dy(\lambda x)}{d(\lambda x)}\right] + [(\lambda x)^2 - \nu^2]y(\lambda x) \\ = x\frac{d}{dx}\left[x\frac{dy(\lambda x)}{dx}\right] + (\lambda^2 x^2 - \nu^2)y(\lambda x) = 0\end{aligned}$$

의 형태를 갖는다. 윗식을 x로 나누어 보면

$$\frac{d}{dx}\left(x\frac{dy}{dx}\right) + \left(-\frac{\nu^2}{x} + \lambda^2 x\right)y = 0 \tag{79}$$

으로 $p(x) = x$, $q(x) = -\dfrac{\nu^2}{x}$, $w(x) = x$인 고유방정식의 형태임을 알 수 있다. 보통 베셀방정식이 원통형의 형상을 다룰 때 나타나는 것을 고려하여 반지름 R인 원통의 내부, 즉 구간 $[0, R]$에 대해 생각한다. 식 (31)로부터 $x = 0$에서 조건 ④인 $p(0) = 0$이 성립하므로 $x = 0$에서 유계(bounded)인 $J_\nu(\lambda_n x)$을 고유함수로 택한다. 또한, 경계 $x = R$에서는 식 (31)의

$$x = R\text{에서}\quad \left[\begin{array}{l} ①\ J_\nu(\lambda x) = 0 \\ ②\ \dfrac{d}{dx}J_\nu(\lambda x) = 0 \\ ③\ \dfrac{d}{dx}J_\nu(\lambda x) + \beta J_\nu(\lambda x) = 0 \end{array}\right. \tag{80}$$

중의 하나로부터 $\lambda = \lambda_n$을 결정할 수 있다. 그러나, 특별한 경우가 아니면 푸리에-베셀 급수는 경계조건이

$$J_\nu(\lambda R) = 0 \tag{81}$$

인 조건에 대응하는 고유함수전개로 생각한다. 그런데, 위의 경계조건에 대해서는 항상 $\lambda \neq 0$인 고유값만이 존재한다(즉, 합첨자는 $n = 1$에서부터 시작한다).

✓ $\nu \neq 0$이면 $\lambda = 0$이 $J_\nu(\lambda R) = 0$의 **영점**(零點; zero point)에는 포함되지만 대응하는 고유함수가 $J_\nu(\lambda x) = J_\nu(0) = 0$인 자명한 해이다. 또한, $\nu = 0$이면 $J_0(0) = 1$이므로 $\lambda = 0$은

고유값이 될 수 없다. 따라서, 경계조건이 식 (81)로 주어진 경우 고유값 $\lambda_n^2(n = 1, 2, 3, \cdots)$은 항상 0이 아닌 값을 갖는다.

***푸리에-베셀 급수의 정의.** 고정된 정수 ν의 값에 대한 고유함수 $J_\nu(\lambda_n x)$는 구간 $[0, R]$에서 가중함수 $w(x) = x$에 대해 직교성을 갖는다. 즉,

$$\int_0^R xJ_\nu(\lambda_m x)J_\nu(\lambda_n x)\,dx = 0, \quad m \neq n \tag{82}$$

을 만족한다. 구간 $[0, R]$에서 임의의 함수 $f(x)$의 **푸리에-베셀 급수**는

$$f(x) = \sum_{n=1}^{\infty} a_n J_\nu(\lambda_n x), \quad J_\nu(\lambda_n R) = 0$$
$$a_n = \frac{2}{R^2 J_{\nu+1}^2(\lambda_n R)} \int_0^R xf(x)J_\nu(\lambda_n x)\,dx \tag{83}$$

로부터 구할 수 있다(베셀함수의 정규는 예제 18 참조). 특히, $J_0(\lambda_n R)$의 영점은 $\lambda_1 R = 2.405 \cdots$, $\lambda_2 R = 5.520 \cdots$, $\lambda_3 R = 8.654 \cdots$이다(보다 상세한 내용은 부록을 참조할 것).

많은 경우에 식 (83)의 적분은 $v = \lambda_n x$라 두어

$$\int_0^R xf(x)J_\nu(\lambda_n x)\,dx = \frac{1}{\lambda_n^2}\int_0^{\lambda_n R} f\left(\frac{v}{\lambda_n}\right) vJ_\nu(v)\,dv \tag{84}$$

로 구하거나, $f(x) = x^\nu$인 경우

$$\int_0^R x^{\nu+1} J_\nu(\lambda_n x)\,dx = \frac{R^{\nu+1}}{\lambda_n} J_{\nu+1}(\lambda_n R) \tag{85}$$

의 결과를 알아두면 편리하다.

☑ 베셀함수의 기본성질 $(x^\nu J_\nu)' = x^\nu J_{\nu-1}$에서 $[x^\nu J_\nu(\lambda x)]' = \lambda x^\nu J_{\nu-1}(\lambda x)$가 유도된다. 또한, $\nu \to \nu + 1$로 두면 $[x^{\nu+1} J_{\nu+1}(\lambda x)]' = \lambda x^{\nu+1} J_\nu(\lambda x)$이고, 이것을 적분하면 식 (85)로 된다.

***예제 17** 구간 $[0, 1]$에서 $f(x) = 1$을 0차 베셀함수 J_0를 포함하는 푸리에-베셀 급수로 나타내라.

☞ 여기서 $\nu = 0$, $R = 1$이고 특별한 언급이 없으므로 경계조건은 $J_0(\lambda_n R) = J_0(\lambda_n) = 0$을 사용하여 $\lambda_1 = 2.405 \cdots$, $\lambda_2 = 5.520 \cdots$, $\lambda_3 = 8.654 \cdots$등의 고유값을 구할 수 있다. 식 (83)에서

$$a_n = \frac{2}{J_1^2(\lambda_n)}\int_0^1 xJ_0(\lambda_n x)\,dx = \frac{2}{J_1^2(\lambda_n)}\left\{\frac{1}{\lambda_n}J_1(\lambda_n)\right\} = \frac{2}{\lambda_n J_1(\lambda_n)} \tag{86}$$

가 얻어진다(단, $n = 1, 2, 3, \cdots$). 위의 적분은 식 (85)를 사용하였다. 따라서, 구하고자 하는 푸리에-베셀 급수는

$$1 = \sum_{n=1}^{\infty} \frac{2J_0(\lambda_n x)}{\lambda_n J_1(\lambda_n)}, \quad J_0(\lambda_n) = 0 \qquad (87)$$

✔ 다시 언급하는 것이지만 경계조건 $J_0(\lambda_n R) = 0$일 때, $\lambda = 0$에 대응하는 고유값과 고유함수가 없기 때문에 급수는 $n = 1$부터 시작한 것이다.

****특수한 경우의 베셀급수.** 베셀방정식의 경계조건이 식 (80)의 ② 또는 ③으로 주어지는 경우에는 식 (83)으로 정의한 푸리에-베셀 급수로 전개할 수 없고, 경계조건을 만족하는 고유값을 다시 구하고 대응하는 고유함수에 의해 전개하여야 한다. 특히, $\nu = 0$이고 경계조건이 $J_0'(\lambda R) = 0$으로 주어진 경우라면 고유값으로 $\lambda_0 = 0$을 가질 수 있고, 이때 대응하는 고유함수는 $J_0(\lambda_0 x) = J_0(0) = 1$이다. 따라서, 식 (83)을 포함하는 일반적인 푸리에-베셀 급수는 다음과 같이 주어진다(표 9.4 참조).

$$f(x) = a_0 + \sum_{n=1}^{\infty} a_n J_\nu(\lambda_n x)$$

$$a_0 = \begin{cases} \dfrac{2}{R^2}\displaystyle\int_0^R x f(x)\,dx & (\nu = 0,\ J_0'(\lambda R) = 0\text{일 때}) \\ 0 & (\text{위의 경우가 아닐 때}) \end{cases}$$

$$a_n = \frac{\langle f, y_n \rangle}{\langle y_n, y_n \rangle} = \frac{\displaystyle\int_0^R x f(x) J_\nu(\lambda_n x)\,dx}{\displaystyle\int_0^R x J_\nu^2(\lambda_n x)\,dx}, \quad n = 1, 2, 3, \cdots \qquad (88)$$

****예제 18** 식 (80)의 각 경우에 대하여 정규 $\|J_\nu(\lambda_n x)\|$를 구하라.

☞ 먼저 $J_\nu(\lambda x)$에 관한 베셀방정식

$$x\frac{d}{dx}\left(x\frac{dJ_\nu}{dx}\right) + (\lambda^2 x^2 - \nu^2)J_\nu = 0 \qquad (89)$$

에 $2(dJ_\nu/dx)$를 곱하고 정리하면

$$\frac{d}{dx}\left[\left(x\frac{dJ_\nu}{dx}\right)^2\right] + (\lambda^2 x^2 - \nu^2)\frac{dJ_\nu^2}{dx} = 0$$

으로 되고, 이것을 0부터 R까지 부분적분하면

$$\left[\left(x\frac{dJ_\nu(\lambda x)}{dx}\right)^2 + (\lambda^2 x^2 - \nu^2)J_\nu^2(\lambda x)\right]_0^R - \int_0^R (2\lambda^2 x)J_\nu^2(\lambda x)\,dx = 0 \qquad (90)$$

이 된다. 그런데, $x = 0$일 때 꺽쇠(bracket) 내부는

i) $\nu = 0$이면 $[\lambda^2 x^2 - \nu^2]_{x=0} = 0$

ii) $\nu \neq 0$이면 $[J_\nu(\lambda x)]_{x=0} = 0$

이므로 항상 0이 된다. 따라서, 식 (90)을 정리하면

$$\int_0^R xJ_\nu^2(\lambda x)\,dx = \frac{1}{2\lambda^2}\left[\left(x\frac{dJ_\nu(\lambda x)}{dx}\right)^2 + (\lambda^2x^2-\nu^2)J_\nu^2(\lambda x)\right]_{x=R} \tag{91}$$

이다. 먼저, 경계조건 ① $J_\nu(\lambda_n R) = 0$인 경우에는 식 (3.87)에 주어진 관계식

$$\frac{d}{dx}J_\nu(\lambda x) = -\lambda J_{\nu+1}(\lambda x) + \frac{\nu}{x}J_\nu(\lambda x) \tag{92}$$

를 이용하면 식 (91)은

$$\int_0^R xJ_\nu^2(\lambda x)\,dx = \frac{1}{2\lambda^2}[\{-x\lambda J_{\nu+1}(\lambda x)\}^2]_{x=R} = \frac{R^2}{2}J_{\nu+1}^2(\lambda_n R)$$

로 된다. 또, 경계조건 ③ $\frac{d}{dx}J_\nu(\lambda x) + \beta J_\nu(\lambda x) = 0,\ x = R$로부터 식 (91)에

$$\frac{d}{dx}J_\nu(\lambda x) = -\beta J_\nu(\lambda x)|_{x=R} \tag{93}$$

을 대입하면(경계조건 ②는 $\beta = 0$인 특수한 경우에 해당)

$$\int_0^R xJ_\nu^2(\lambda x)\,dx = \frac{1}{2\lambda^2}[x^2\beta^2J_\nu^2(\lambda x) + (\lambda^2x^2-\nu^2)J_\nu^2(\lambda x)]_{x=R}$$

을 정리하여 다음을 얻는다[단, $y = J_\nu(\lambda_n x)$].

$$\int_0^R xJ_\nu^2(\lambda_n x)\,dx = \begin{cases} \frac{R^2}{2}J_{\nu+1}^2(\lambda_n R), & \text{①}\ y = 0,\ x = R \\ \frac{(\lambda_n^2+\beta^2)R^2-\nu^2}{2\lambda_n^2}J_\nu^2(\lambda_n R), & \text{③}\ y' + \beta y = 0,\ x = R \end{cases} \tag{94}$$

****예제 19** 구간 [0, 1]에서 $f(x) = 1$을 0차 베셀함수 J_0와 경계조건 $\frac{d}{dx}J_0(\lambda_n x) + \beta J_0(\lambda_n x) = 0$인 경우의 일반 푸리에-베셀 급수로 나타내라(예제 17과의 차이를 비교하라).

☞ $R = 1$이고 $\nu = 0$이므로 식 (94)의 ③으로부터

$$\|J_0(\lambda_n x)\|^2 = \int_0^1 xJ_0^2(\lambda_n x)\,dx = \frac{\lambda_n^2+\beta^2}{2\lambda_n^2}J_0^2(\lambda_n) \tag{95}$$

이고, 식 (85)를 이용하여

$$\langle 1, J_0(\lambda_n x)\rangle = \int_0^1 xJ_0(\lambda_n x)\,dx = \frac{1}{\lambda_n}J_1(\lambda_n) \tag{96}$$

을 얻는다. 따라서, 일반 푸리에-베셀 급수[식 (88)]는

$$1 = \sum_{n=1}^{\infty}\frac{2\lambda_n J_1(\lambda_n)}{(\lambda_n^2+\beta^2)J_0^2(\lambda_n)}J_0(\lambda_n x) \tag{97}$$

로 쓸 수 있다. 여기서, λ_n은

$$\left[\frac{d}{dx}J_0(\lambda_n x) + \beta J_0(\lambda_n x)\right]_{x=1} = 0 \quad \Rightarrow \quad -\lambda_n J_1(\lambda_n) + \beta J_0(\lambda_n) = 0 \tag{98}$$

으로부터 결정한다. 위의 관계를 이용하면 식 (97)은

$$1 = \sum_{n=1}^{\infty} \frac{2\beta}{\lambda_n^2 + \beta^2} \frac{J_0(\lambda_n x)}{J_0(\lambda_n)}, \quad \lambda_n J_1(\lambda_n) = \beta J_0(\lambda_n) \tag{99}$$

과 같이 훨씬 간단한 형태로 표현되는 것을 알 수 있다(그러나, 여기서 λ_n을 구하는 것은 수치적으로 그리 쉬운 일이 아니다). ◀

중요한 고유함수전개. 지금까지 다루어 본 고유함수전개를 표 9.4에 정리하였다.

****베셀급수의 다른 예.** 아래에 보인 전개식은 함수의 직교성에 기초한 고유함수전개와는 성격이 전혀 다르며, 원통형상의 공학문제를 해결할 때 가끔 나타나는 표현들이다.

$$\cos x = J_0(x) + 2\sum_{n=1}^{\infty}(-1)^n J_{2n}(x)$$

$$\sin x = 2\sum_{n=1}^{\infty}(-1)^{n+1} J_{2n+1}(x)$$

표 9.4 중요한 고유함수전개, $f(x) = \sum_{n=0}^{\infty} \frac{\langle f, y_n\rangle}{\langle y_n, y_n\rangle} y_n$

급수형태	고유함수	정규의 제곱
푸리에	$y_0 = 1$, $y_n = \cos nx$, $y_n = \sin nx$,	$\langle y_0, y_0\rangle = 2\pi$ $\langle y_n, y_n\rangle = \pi$ $\langle y_n, y_n\rangle = \pi$
푸리에-르장드르	$y_n = P_n(x)$,	$\langle y_n, y_n\rangle = \frac{2}{2n+1}, \quad n = 0, 1, 2, 3, \cdots$
푸리에-베셀	$y_0 = 1$, $y_n = J_\nu(\lambda_n x)$,	$\langle y_0, y_0\rangle = \frac{R^2}{2}$ [$\nu = 0,\ J_0'(\lambda R) = 0$일 때만] $\langle y_n, y_n\rangle = \begin{cases} ① \frac{R^2}{2} J_{\nu+1}^2(\lambda_n R) \\ ② \frac{R^2}{2} J_\nu^2(\lambda_n R)\left[1 - \frac{\nu^2}{(\lambda_n R)^2}\right] \\ ③ \frac{R^2}{2} J_\nu^2(\lambda_n R)\left[1 - \frac{\nu^2 - (\beta R)^2}{(\lambda_n R)^2}\right] \end{cases}$

- 푸리에 급수는 $y(-\pi) = y(\pi)$, $y'(-\pi) = y'(\pi)$인 주기조건으로 지정
- 푸리에-르장드르 급수는 구간 $[-1, 1]$에서 경계조건이 필요없는 특이 스텀-리우빌 문제의 경우에 해당
- 푸리에-베셀 급수에서 가중함수는 $w(x) = x$이고, 구간 $[0, R]$에서 $x = R$에 대한 경계조건은 ① $J_\nu(\lambda_n x) = 0$, ② $\frac{d}{dx}J_\nu(\lambda_n x) = 0$, ③ $\frac{d}{dx}J_\nu(\lambda_n x) + \beta J_\nu(\lambda_n x) = 0$

$$
\begin{aligned}
1 &= J_0(x) + 2\sum_{n=1}^{\infty} J_{2n}(x) = J_0^2(x) + 2\sum_{n=1}^{\infty} J_n^2(x) \\
x &= 2\sum_{n=0}^{\infty}(2n+1)J_{2n+1}(x) = 2\sum_{n=1}^{\infty}(2n+1)J_n(x)J_{n+1}(x) \\
x^2 &= 8\sum_{n=1}^{\infty} n^2 J_{2n}(x) = 4\sum_{n=1}^{\infty} n^2 J_n^2(x)
\end{aligned} \tag{100}
$$

요 약

함수공간에서 정의되는 내적

$$\langle f, g\rangle = \int_a^b w(x)f(x)g(x)\,dx$$

를 이용하면, 벡터의 분해와 마찬가지로

$$f(x) = a_0 y_0(x) + a_1 y_1(x) + a_2 y_2(x) + \cdots = \sum_{s=0}^{\infty} a_s y_s(x)$$

$$a_n = \frac{\langle f, y_n\rangle}{\langle y_n, y_n\rangle} = \frac{\int_a^b w(x)f(x)y_n(x)\,dx}{\int_a^b w(x)y_n^2(x)\,dx}$$

인 형태의 함수전개가 가능해진다. 특히, 스텀-리우빌 문제로부터 비롯되는 고유함수 전개의 중요한 몇 가지가 표 9.4에 정리되어 있고, 스텀-리우빌 문제와 고유함수전개는 다음과 같다.

스텀-리우빌 문제(Sturm-Liouville Problem)와 고유함수전개

- 미분방정식: $(py')' + (q + \Lambda w)y = 0$
- 경계조건: 각각의 경계에서
  - ① $y = 0$
  - ② $y' = 0$
  - ③ $y' + \beta y = 0$
  - ④ $p = 0,\ |y| < \infty,\ |y'| < \infty$

  또는, 양쪽 경계에서 모두
  - ⑤ $\begin{cases} p(a) = p(b) \\ y(a) = y(b) \\ y'(a) = y'(b) \end{cases}$ (주기경계조건)
- 구간 $a \le x \le b$에서 p, q, w, p'은 실수인 **연속함수**
- 구간 $a < x < b$에서 $p, w > 0$

- 고유값: 모든 고유값은 실수이며 무한히 많이 존재한다.
- 고유함수: 서로 다른 고유함수는 직교하며 $[\langle y_i, y_j\rangle = 0,\quad i \ne j]$, 고유함수의 집합은 완비집합이다.
- 고유함수전개: $f(x) = \sum_{n=0}^{\infty} \frac{\langle f, y_n\rangle}{\langle y_n, y_n\rangle} y_n$

- 되말림 형태의 미분방정식

$$y'' + a(x)y' + b(x)y = 0 \quad \Rightarrow \quad \frac{d}{dx}\left(p\frac{dy}{dx}\right) + pby = 0, \; p = e^{\int a}$$

- 함수공간에서의 피타고라스 정리(파세발 등식)

$$f(x) = \sum_{n=0}^{\infty} a_n y_n = a_0 y_0 + a_1 y_1 + a_2 y_2 + \cdots$$

$$\|f\|^2 = \|a_0 y_0\|^2 + \|a_1 y_1\|^2 + \|a_2 y_2\|^2 + \cdots$$

Chapter 10

푸리에 해석 (급수 · 적분 · 변환)

주기적으로 반복되는 현상이 물리적 또는 공학적인 응용에서 많이 나타난다. 푸리에 급수는 임의의 주기함수를 비교적 다루기 쉬운 sine, cosine과 같은 삼각함수를 이용하여 나타낼 수 있으며, 특히 불연속 주기함수를 다룰 수 있다는 점에서 중요한 위치를 차지한다. 푸리에 급수의 기본적인 성질인 존재정리, 직교성, 완비성(completeness), 베셀 부등식, Parseval 등식 등은 이미 앞에서 다루었으므로, 이 장에서는 보다 실용적인 측면을 살펴보기로 한다. 또한, 비주기함수를 다룰 수 있도록 푸리에 급수의 개념을 확장한 푸리에 적분과 푸리에 변환에 대해 알아본다.

10-1 푸리에 급수

주기함수. $f(x)$가 모든 실수에 대해 정의되고 임의의 x에 대해

$$f(x+T)=f(x) \tag{1}$$

가 만족되는 양수(陽數) T를 가질 때, 함수 $f(x)$를 **주기함수**(週期函數; periodic function)라고 하고, T를 이 함수의 **주기**(週期; period)라고 한다. 이때, 식 (1)의 관계를 계속 확장하면

$$\cdots=f(x-T)=f(x)=f(x+T)=f(x+2T)=\cdots \tag{2}$$

과 같이 임의의 정수(整數) n에 대해 $f(x+nT)=f(x)$가 되므로 $T, 2T, 3T, \cdots$은 모두

주기가 된다. 따라서, 주기함수의 최소주기를 **원시주기**(primitive period)라고 정의한다.

삼각함수 $\sin x$와 $\cos x$는 모두 주기가 2π인 주기함수임은 잘 알려져 있으며, 특히 상수함수 $f(x) = c$는 임의의 양수를 주기로 갖는다.

푸리에 급수의 정의. 푸리에 급수는 cosine과 sine 함수에 의한 **삼각급수**(三角級數; trigonometric series)로 잘 알려져 있지만, 그 근원을 살펴보면 스텀-리우빌 경계값문제로부터 비롯된 것이다. 즉, 푸리에 급수는 구간 $[-\pi, \pi]$에서

$$y'' + \nu^2 y = 0, \qquad y(-\pi) = y(\pi), \qquad y'(-\pi) = y'(\pi) \tag{3}$$

로 정의된 미분방정식을 만족하는 고유값과 고유함수에 의한 함수전개를 말한다. 결과적으로, 푸리에 급수는 수많은 고유함수전개 중의 하나일 뿐이지만 응용가치가 매우 높기 때문에 특별히 다룬다.

기본적인 푸리에 급수는 9-5절에서 살펴보았듯이 구간 $[-\pi, \pi]$에서 정의되고 주기가 2π인 주기함수 $f(x)$를 다룬다. 여기서, 주기가 $2L$인 보다 일반적인 경우에 대한 푸리에 급수를 구하면 표 10.1에 나타낸 바와 같다(증명은 연습문제 참조). 푸리에 급수의 수렴성에 대하여 간단히 언급하면

> **(푸리에 급수의 수렴성)** 주기함수 $f(x)$, $f'(x)$가 주어진 구간에서 부분연속이면 푸리에 급수는 수렴하고, $f(x)$가 불연속인 점에서는 좌측 및 우측 극한값의 평균 $[f(x+) + f(x-)]/2$로 수렴한다.

표 10.1 함수 $f(x)$의 푸리에 급수

구간 $[-\pi, \pi]$, 주기 2π인 경우	구간 $[-L, L]$, 주기 $2L$인 경우
$f = a_0 + \sum_{n=1}^{\infty} (a_n \cos nx + b_n \sin nx)$	$f = a_0 + \sum_{n=1}^{\infty} \left(a_n \cos \frac{n\pi}{L} x + b_n \sin \frac{n\pi}{L} x \right)$
$a_0 = \frac{1}{2\pi} \int_{-\pi}^{\pi} f(x)\, dx$	$a_0 = \frac{1}{2L} \int_{-L}^{L} f(x)\, dx$
$a_n = \frac{1}{\pi} \int_{-\pi}^{\pi} f(x) \cos nx\, dx$	$a_n = \frac{1}{L} \int_{-L}^{L} f(x) \cos \frac{n\pi}{L} x\, dx$
$b_n = \frac{1}{\pi} \int_{-\pi}^{\pi} f(x) \sin nx\, dx$	$b_n = \frac{1}{L} \int_{-L}^{L} f(x) \sin \frac{n\pi}{L} x\, dx$

예제 1 구간 $-\pi < x < 0$에서 $f(x) = -1$, 구간 $0 < x < \pi$에서 $f(x) = 1$인 사각파(四角波; square wave)형태의 주기함수 $f(x)$의 푸리에급수를 구하라(그림 10.1 참조).

☞ 주어진 함수는 홀함수, 즉 $f(-x) = -f(x)$임을 알 수 있다. 따라서,

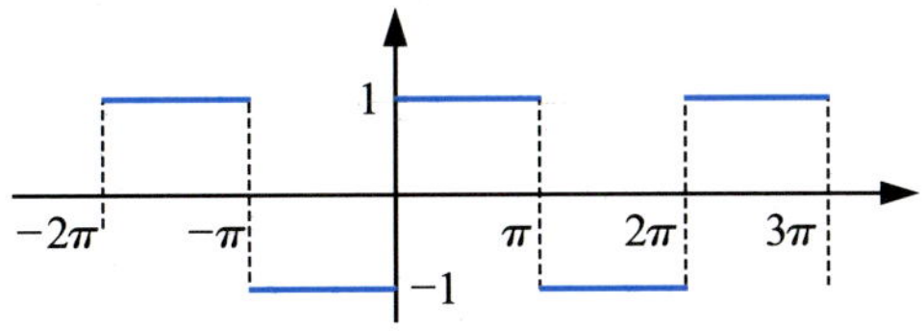

그림 10.1

$$a_0 = \frac{1}{2\pi}\int_{-\pi}^{\pi} f(x)\,dx = 0, \quad a_n = \frac{1}{\pi}\int_{-\pi}^{\pi} f(x)\cos nx\,dx = 0$$

$$\begin{aligned} b_n &= \frac{1}{\pi}\int_{-\pi}^{\pi} f(x)\sin nx\,dx \\ &= \frac{2}{\pi}\int_0^{\pi} \sin nx\,dx = \frac{2}{\pi}\left[-\frac{\cos nx}{n}\right]_0^{\pi} = \frac{2}{n\pi}(1-\cos n\pi) \end{aligned} \tag{4}$$

이다. 여기서, $\cos n\pi = (-1)^n$이므로

$$\begin{aligned} f(x) &= a_0 + \sum_{n=1}^{\infty}(a_n \cos nx + b_n \sin nx) \\ &= \frac{2}{\pi}\sum_{n=1}^{\infty}\frac{1-(-1)^n}{n}\sin nx \\ &= \frac{4}{\pi}\left(\sin x + \frac{1}{3}\sin 3x + \frac{1}{5}\sin 5x + \cdots\right) \end{aligned} \tag{5}$$ ◀

✓ 식 (5)에 $x = \frac{\pi}{2}$를 대입하면 라이프니츠의 공식 $\frac{\pi}{4} = 1 - \frac{1}{3} + \frac{1}{5} - \frac{1}{7} + \cdots$을 얻는다.

상수함수 및 삼각함수의 푸리에 급수. 주기가 $2L$인 임의의 함수 $f(x)$의 푸리에 급수는

$$f(x) = a_0 + \sum_{n=1}^{\infty}\left(a_n \cos\frac{n\pi}{L}x + b_n \sin\frac{n\pi}{L}x\right)$$

와 같이 무한개의 항으로 이루어지는 것이 일반적이다. 그러나, 푸리에 급수를 생성하는 고유함수

$$1,\ \cos\frac{\pi}{L}x,\ \sin\frac{\pi}{L}x,\ \cos\frac{2\pi}{L}x,\ \sin\frac{2\pi}{L}x,\ \cdots \tag{6}$$

의 1차결합으로 주어진 함수의 푸리에 급수는 자기 자신이 된다. 예를 들어, 상수함수 $f(x) = 1$의 푸리에 급수는 자기 자신인 $f(x) = 1$이다. 그리고 이와 비슷한 경우로 구간 $[-\pi, \pi]$에서 다음 함수의 푸리에 급수는

$$\begin{aligned} \cos^3 x &= \frac{3}{4}\cos x + \frac{1}{4}\cos 3x \\ \sin^3 x &= \frac{3}{4}\sin x - \frac{1}{4}\sin 3x \end{aligned} \tag{7}$$

와 같이 유한개의 항을 가진다.

상수함수 또는 삼각함수에 대한 이러한 성질은 경우에 따라 주어진 함수의 푸리에 급수를 구할 때 도움이 된다. 예를 들어, 구간 $-\pi < x < \pi$에서 정의된 함수 $f(x) = x + \pi$

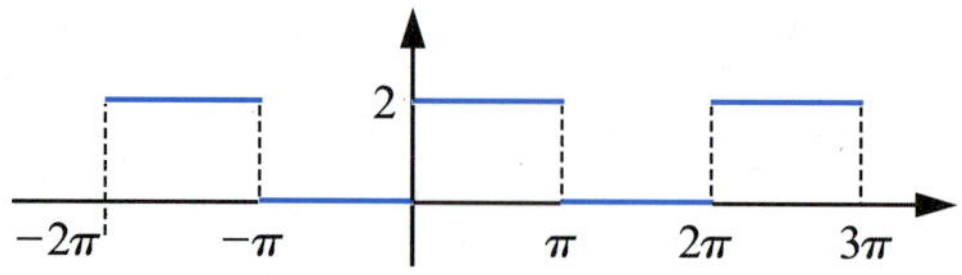

그림 10.2

의 푸리에 급수는 $f(x) = x$의 푸리에 급수에 상수 π를 더하여 구한다. 비슷한 예로, 그림 10.2에 보인 주기함수의 푸리에 급수는 그림 10.1에 나타낸 함수에 상수함수 1을 더한 것이므로

$$f(x) = 1 + \frac{4}{\pi}\left(\sin x + \frac{1}{3}\sin 3x + \frac{1}{5}\sin 5x + \cdots\right) \tag{8}$$

임을 쉽게 알 수 있다.

유한도약 불연속에서의 깁스현상. 푸리에 급수는 **유한도약 불연속**(有限跳躍 不連續; finite jump discontinuity) 부근에서 **깁스(Gibbs)현상**이라는 특이한 성질을 갖는다. 이것을 설명하기 위하여, 그림 10.1에 보인 불연속 주기함수의 푸리에 급수

$$f(x) = \frac{4}{\pi}\left(\sin x + \frac{1}{3}\sin 3x + \frac{1}{5}\sin 5x + \cdots\right) \tag{9}$$

의 처음 4항, 8항, 48항을 더한 결과를 그림 10.3에 나타내었다. 불연속점 $x = \pi$ 부근에서 나타나는 특이한 진동은 더욱 많은 항을 더해도 $x = \pi$ 근처로 옮겨갈 뿐 사라지지 않는다. 여기서는 이러한 깁스현상 자체만을 다루고, 그 원인에 대한 상세한 증명과정은 생략한다.

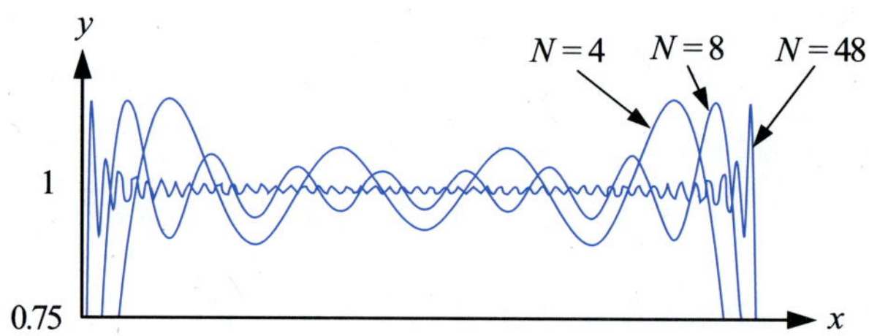

그림 10.3 푸리에급수의 Gibbs 현상

연습문제

[1] 구간 $-2 < x < -1$과 $1 < x < 2$에서 함수값은 0이고 구간 $-1 < x < 1$에서 $f(x) = 1$, 주기가 4인 사각파의 푸리에 급수를 구하라.

[2] 주기가 2π이고 구간 $-\pi < x < \pi$에서 정의된 함수 $f(x) = \sin x$의 푸리에 급수는 어떻

게 되겠는가? 또한, $f(x)=|\sin x|$의 푸리에 급수를 구하고 $f(x)=\frac{1}{2}(\sin x+|\sin x|)$의 푸리에 급수를 구해 보라.

*[3] 주기가 2π이고 구간 $-\pi<x<\pi$에서 주어진 푸리에 급수는 $x=\frac{\pi}{L}v$인 치환에 의해 주기가 $2L$인 푸리에 급수로 바뀌는 것을 보여라(즉, 표 10.1의 왼쪽으로부터 오른쪽의 공식이 유도되는 것을 보여라).

✓ $x=\frac{\pi}{L}v$, 즉 $v=\frac{L}{\pi}x$이므로 구간의 양끝 $x=\pm\pi$는 $v=\pm L$에 대응된다. 또한, $f(x)=f\left(\frac{\pi}{L}v\right)=F(v)$라 하면 푸리에 계수는 $dx=\frac{\pi}{L}dv$이므로

$$a_n=\frac{1}{\pi}\int_{-\pi}^{\pi}f(x)\cos nx\,dx=\frac{1}{\pi}\int_{-L}^{L}f\left(\frac{\pi}{L}v\right)\cos\frac{n\pi}{L}v\left(\frac{\pi}{L}dv\right)=\frac{1}{L}\int_{-L}^{L}F(v)\cos\frac{n\pi}{L}v\,dv$$

로 쓸 수 있다. 마찬가지로 하여 b_n에 대한 표현을 얻을 수 있고 표 10.1이 유도된다.

10-2 주기확장

실제적인 응용문제에서 유한한 영역(예를 들면, 두 평행한 축전판 사이)의 내부만을 해석하는 경우, 구간 $0\le x\le L$에서만 정의되는 함수 $f(x)$를 다루게 된다. 이때, 함수 $f(x)$의 푸리에 급수를 사용해야 할 경우 구간 $0\le x\le L$의 바깥에서는 함수값을 어떻게 정의해야 하는가에 대한 문제가 발생한다. 이러한 경우 **주기확장**(週期擴張; periodic extension)을 도입하면 쉽게 처리할 수 있다.

푸리에 코사인, 사인 급수. 함수 $f(x)$가 짝함수이면

$$a_n=\frac{1}{L}\int_{-L}^{L}f(x)\cos\frac{n\pi}{L}x\,dx=\frac{2}{L}\int_{0}^{L}f(x)\cos\frac{n\pi}{L}x\,dx$$
$$b_n=\frac{1}{L}\int_{-L}^{L}f(x)\sin\frac{n\pi}{L}x\,dx=0\ (\text{짝함수}\times\text{홀함수}=\text{홀함수})$$

이므로 푸리에 급수는

$$f(x)=a_0+\sum_{n=1}^{\infty}a_n\cos\frac{n\pi}{L}x$$
$$a_0=\frac{1}{L}\int_{0}^{L}f(x)\,dx \tag{10}$$
$$a_n=\frac{2}{L}\int_{0}^{L}f(x)\cos\frac{n\pi}{L}x\,dx$$

로 되고, 이것을 푸리에 코사인급수(Fourier cosine series)라고 한다.

비슷한 방법으로 함수 $f(x)$가 홀함수이면 푸리에 급수는

$$f(x) = \sum_{n=1}^{\infty} b_n \sin \frac{n\pi}{L} x$$
$$b_n = \frac{2}{L} \int_0^L f(x) \sin \frac{n\pi}{L} x \, dx \tag{11}$$

와 같이 쓸 수 있고, 이것을 푸리에 사인급수라고 한다.

짝주기확장과 홀주기확장. 유한한 구간 $0 \leq x \leq L$에서만 정의된 함수 $f(x)$를 구간 $-L \leq x \leq 0$에서 $f(-x) = f(x)$가 되도록 짝함수로 확장하고, 다시 구간 $-L \leq x \leq L$에서 위와 같이 정의한 짝함수를 주기 $2L$인 함수로 확장하여 모든 x의 값에 대해 함수값을 정의하는 것을 **짝주기확장**(even period extension)이라고 하고 $f_e(x)$로 나타낸다. 구간 $0 \leq x \leq L$에서 정의된 어떤 함수 $f(x)$의 짝주기확장 $f_e(x)$는 $f(x)$의 푸리에 코사인급수로써 나타낼 수 있다. 이와 유사하게 **홀주기확장**(odd period extension) $f_o(x)$는 $f(x)$의 푸리에 사인급수를 이용하여 표현한다. 다시 말하면,

$$\text{짝주기확장: } f_e(x) = a_0 + \sum_{n=1}^{\infty} a_n \cos \frac{n\pi}{L} x$$
$$\text{홀주기확장: } f_o(x) = \sum_{n=1}^{\infty} b_n \sin \frac{n\pi}{L} x \tag{12}$$

로 쓸 수 있다. 그리고 위에서 푸리에 계수는 식 (10)과 (11)에 주어져 있다. 그림 10.4에 구간 $0 \leq x \leq L$에서 정의된 함수의 짝주기확장 $f_e(x)$와 홀주기확장 $f_o(x)$의 한 예를 보였다.

예제 2 구간 $0 \leq x \leq L$에서 $f(x) = x$로 주어진 함수의 짝주기확장 $f_e(x)$와 홀주기확장 $f_o(x)$를 구하라.

☞ 먼저, 짝주기확장 $f_e(x)$을 구하면

$$a_0 = \frac{1}{L} \int_0^L x \, dx = \frac{1}{L} \left[\frac{1}{2} x^2 \right]_0^L = \frac{L}{2}$$
$$\begin{aligned} a_n &= \frac{2}{L} \int_0^L x \cos \frac{n\pi}{L} x \, dx \\ &= \frac{2}{L} \left[x \left(\frac{L}{n\pi} \sin \frac{n\pi}{L} x \right) - \left(-\frac{L^2}{n^2\pi^2} \cos \frac{n\pi}{L} x \right) \right]_0^L \\ &= \frac{2}{L} \left(\frac{L^2}{n^2\pi^2} \right) (\cos n\pi - 1) \\ &= \frac{2L}{n^2\pi^2} [(-1)^n - 1] \end{aligned} \tag{13}$$

이므로

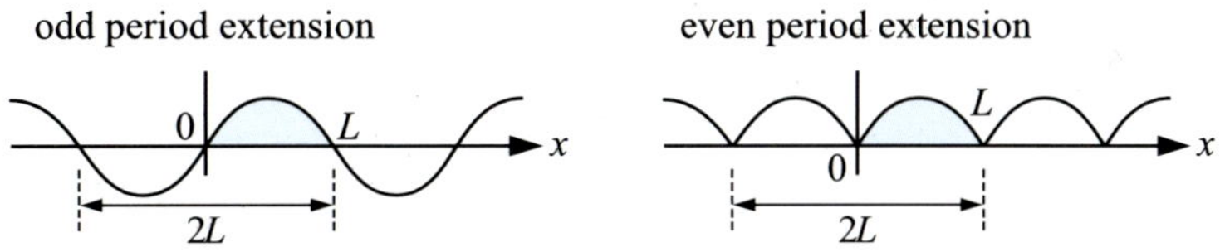

그림 10.4

$$f_e(x) = \frac{L}{2} + \frac{2L}{\pi^2}\sum_{n=1}^{\infty}\frac{(-1)^n - 1}{n^2}\cos\frac{n\pi}{L}x$$
$$= \frac{L}{2} - \frac{4L}{\pi^2}\left(\cos\frac{\pi}{L}x + \frac{1}{3^2}\cos\frac{3\pi}{L}x + \frac{1}{5^2}\cos\frac{5\pi}{L}x + \cdots\right) \tag{14}$$

다음으로, 홀주기확장 $f_o(x)$는

$$b_n = \frac{2}{L}\int_0^L x\sin\frac{n\pi}{L}x\,dx$$
$$= \frac{2}{L}\left[x\left(-\frac{L}{n\pi}\cos\frac{n\pi}{L}x\right) - \left(-\frac{L^2}{n^2\pi^2}\sin\frac{n\pi}{L}x\right)\right]_0^L$$
$$= \frac{2}{L}L\left(-\frac{L}{n\pi}\cos n\pi\right)$$
$$= -\frac{2L}{n\pi}(-1)^n = \frac{2L}{n\pi}(-1)^{n+1} \tag{15}$$

을 얻어

$$f_o(x) = \frac{2L}{\pi}\sum_{n=1}^{\infty}\frac{(-1)^{n+1}}{n}\sin\frac{n\pi}{L}x$$
$$= \frac{2L}{\pi}\left(\sin\frac{\pi}{L}x - \frac{1}{2}\sin\frac{2\pi}{L}x + \frac{1}{3}\sin\frac{3\pi}{L}x - \cdots\right) \tag{16}$$ ◀

***예제 3** 그림 10.5에 보인 함수의 푸리에 급수를 $[0, \pi]$에서 정의된 함수 $f(x) = \begin{cases} x & (0 < x < \pi/2) \\ \pi - x & (\pi/2 < x < \pi) \end{cases}$ 의 홀주기확장 $f_o(x)$로부터 구하라.

☞ 식 (11)로부터 푸리에 계수를 구하면(✔ 참조)

$$b_n = \frac{2}{\pi}\int_0^{\pi/2} x\sin nx\,dx + \frac{2}{\pi}\int_{\pi/2}^{\pi}(\pi - x)\sin nx\,dx$$
$$= \frac{4}{\pi n^2}\sin\frac{n\pi}{2} \tag{17}$$

이므로, 홀주기확장은

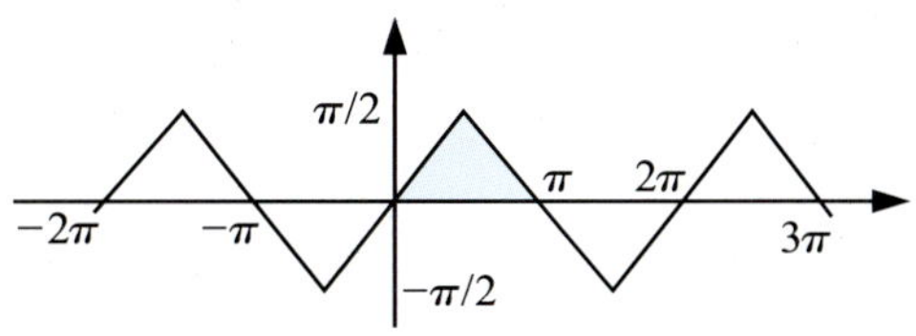

그림 10.5

$$f_o(x) = \frac{4}{\pi}\sum_{n=1}^{\infty}\frac{1}{n^2}\sin\frac{n\pi}{2}\sin nx$$
$$= \frac{4}{\pi}\left(\sin x - \frac{1}{3^2}\sin 3x + \frac{1}{5^2}\sin 5x - \cdots\right) \qquad (18)$$

◀

✓ $b_n = \frac{2}{\pi}\int_0^{\pi/2} x\sin nx\,dx + \frac{2}{\pi}\int_{\pi/2}^{\pi}(\pi - x)\sin nx\,dx$

$= \frac{2}{\pi}\left[x\left(\frac{-\cos nx}{n}\right) - \left(\frac{-\sin nx}{n^2}\right)\right]_0^{\pi/2} + \frac{2}{\pi}\left[(\pi - x)\left(\frac{-\cos nx}{n}\right) + \left(\frac{-\sin nx}{n^2}\right)\right]_{\pi/2}^{\pi}$

에서 $x = 0$과 $x = \pi$에서의 값은 0이 되고 $x = \pi/2$에서의 값만 남는다.

연습문제

※구간 $0 < x < L$에서 정의된 다음 함수의 홀주기확장과 짝주기확장을 구하라.

[1] $f(x) = L - x$ **[2]** $f(x) = x^2$ **[3]** $f(x) = e^x$

*10-3 푸리에 급수에 의한 진동계의 해석

***비(非)사인 주기입력에 대한 감쇠진동계의 응답특성.** 외부입력 $f(t)$에 대한 감쇠진동계의 정상상태의 해는

$$y'' + 2\zeta\omega y' + \omega^2 y = f(t) \qquad (19)$$

의 특수해이다. 이러한 진동계에 대하여 푸리에 급수가 어떻게 응용되는가를 살펴보기 위해 $2\zeta\omega = 0.01$, $\omega = 3$이고 외부입력 $f(t)$가 그림 10.5에 보인 함수인 경우를 생각해 보자. 그리고, 외부입력의 푸리에 급수가(예제 3 참조)

$$f(t) = \frac{4}{\pi}\left(\sin t - \frac{1}{3^2}\sin 3t + \frac{1}{5^2}\sin 5t - \cdots\right) \qquad (20)$$

임을 이용하여 진동계의 개략적인 응답특성을 알아본다. 먼저,

$$y'' + 2\zeta\omega y' + \omega^2 y = f_n \sin\Omega_n t \qquad (21)$$

로 주어진 주기적인 외부입력에 대한 감쇠진동계의 특수해를 2-10절에서와 같이 미정계수법으로 풀면

$$y_n(t) = \frac{f_n}{(\omega^2 - \Omega_n^2)^2 + (2\zeta\omega\Omega_n)^2}\left[(\omega^2 - \Omega_n^2)\sin\Omega_n t + (2\zeta\omega\Omega_n)\cos\Omega_n t\right] \qquad (22)$$

이다. 여기서, 진폭은

$$|y_n| = \frac{|f_n|}{\sqrt{(\omega^2 - \Omega_n^2)^2 + (2\zeta\omega\Omega_n)^2}} \tag{23}$$

임을 알 수 있다. 그런데, 식 (20)을 $f(t) = \sum f_n \sin \Omega_n t$로 나타내면

$$\Omega_n = n, \quad |f_n| = \frac{4}{\pi n^2}, \quad n = 1, 3, 5, \cdots \tag{24}$$

이고, $2\zeta\omega = 0.01$, $\omega = 3$이므로 진폭은

$$|y_n| = \frac{4}{\pi n^2} \frac{1}{\sqrt{(9 - n^2)^2 + (0.01n)^2}}, \quad n = 1, 3, 5, \cdots \tag{25}$$

으로 주어진다. 이때, $n = 1, 3, 5, 7, \cdots$일 때의 진폭의 크기를 비교하면

$$|y_1| = 0.1591$$
$$|y_3| = 4.7157$$
$$|y_5| = 0.0031$$
$$|y_7| = 0.0006$$

등으로 감쇠진동계의 응답을 $y = y_1 + y_3 + y_5 + y_7 + \cdots$이라고 할 때, $|y_3|$의 진폭이 가장 크므로 주어진 진동계의 응답은 y_3에 의해 지배된다. 즉, $f(t)$의 푸리에 급수를 구함으로써 진동계의 응답특성을 쉽게 예측할 수 있다.

연습문제

[1] 예제에서 같은 외부입력에 대해 $2\zeta\omega = 0.01$, $\omega = 5$인 경우라면 진동계의 응답특성은 어떻게 될 것인가 알아보라.

10-4 푸리에 적분

구간 $[-L, L]$에서 정의된 푸리에 급수는 구간의 바깥에서는 주기가 $2L$인 주기확장함수를 나타낸다. 이 절에서는 푸리에 급수의 $L \to \infty$인 극한을 고려하여 비주기(非週期) 함수에 대한 푸리에 적분을 유도한다.

***푸리에 급수의 $L \to \infty$인 극한.** 모든 실수값에서 정의된 임의의 함수 $f(x)$를 생각해 보자. 그리고, 주기가 $2L$인 함수 $f_L(x)$를 구간 $[-L, L]$에서 $f(x)$와 일치시키고, $L \to \infty$인 극한에서 $f(x) = \lim_{L \to \infty} f_L(x)$가 되도록 택한다. 이때, $f_L(x)$의 푸리에 급수는

$$f_L(x) = a_0 + \sum_{n=1}^{\infty} (a_n \cos\lambda_n x + b_n \sin\lambda_n x), \quad \lambda_n = \frac{n\pi}{L} \tag{26}$$

$$a_0 = \frac{1}{2L}\int_{-L}^{L} f_L(v)\,dv$$

$$a_n = \frac{1}{L}\int_{-L}^{L} f_L(v)\cos\lambda_n v\,dv \tag{27}$$

$$b_n = \frac{1}{L}\int_{-L}^{L} f_L(v)\sin\lambda_n v\,dv$$

임을 알고 있다. 위 식에서

$$\Delta\lambda = \lambda_{n+1} - \lambda_n = \frac{(n+1)\pi}{L} - \frac{n\pi}{L} = \frac{\pi}{L}$$

로 두고, 또한 $f(x)$가 **절대적분가능**(絕對積分可能; absolutely integrable)

$$\int_{-\infty}^{\infty} |f(v)|\,dv < \infty \tag{28}$$

이라고 가정하자. 그러면, $L \to \infty$인 극한에서

$$\lim_{L\to\infty} |a_0| \le \frac{1}{2L}\int_{-L}^{L} |f_L(v)|\,dv = 0 \tag{29}$$

이 된다. 계속해서, 식 (27)을 식 (26)에 대입하고 $\frac{1}{L} = \frac{1}{\pi}\frac{\pi}{L} = \frac{1}{\pi}\Delta\lambda$이므로

$$\begin{aligned}\sum_{n=1}^{\infty} a_n \cos\lambda_n x &= \sum_{n=1}^{\infty}\left(\frac{1}{L}\int_{-L}^{L} f_L(v)\cos\lambda_n v\,dv\right)\cos\lambda_n x \\ &= \sum_{n=1}^{\infty}\left(\frac{1}{\pi}\int_{-L}^{L} f_L(v)\cos\lambda_n v\,dv\right)\cos\lambda_n x\,\Delta\lambda\end{aligned}$$

로 나타낼 수 있다. 위에서, $L \to \infty$인 극한에서 $\lim_{L\to\infty} f_L(x) = f(x)$, $\Delta\lambda \to 0$ 및 $\lambda_n \to \lambda$ 임을 이용하면

$$\lim_{L\to\infty}\sum_{n=1}^{\infty} a_n \cos\lambda_n x = \int_0^{\infty}\left(\frac{1}{\pi}\int_{-\infty}^{\infty} f(v)\cos\lambda v\,dv\right)\cos\lambda x\,d\lambda$$

가 된다. 위와 비슷한 과정을 거쳐

$$\lim_{L\to\infty}\sum_{n=1}^{\infty} b_n \sin\lambda_n x = \int_0^{\infty}\left(\frac{1}{\pi}\int_{-\infty}^{\infty} f(v)\sin\lambda v\,dv\right)\sin\lambda x\,d\lambda$$

를 얻을 수 있고, 최종결과를 정리하면 표 10.2에 나타낸 바와 같이 푸리에 적분(Fourier integral)을 정의할 수 있다. 표 10.2에 보인 구조적(構造的)인 유사성은 $L \to \infty$일 때 무한합($\sum$)에서 적분($\int$)으로 변환되는 개념을 잘 나타내고 있다.

푸리에 적분의 정의. 위에서 구한 결과로부터 모든 실수값에 대해 정의된 비주기함수 $f(x)$에 대한 푸리에 적분을

표 10.2 푸리에 급수와 푸리에 적분의 비교

푸리에 급수	푸리에 적분
$f_L(x)=\sum_{n=1}^{\infty}(a_n\cos\lambda_n x+b_n\sin\lambda_n x)$	$f(x)=\int_0^{\infty}[a(\lambda)\cos\lambda x+b(\lambda)\sin\lambda x]\,d\lambda$
$a_n=\frac{1}{L}\int_{-L}^{L}f_L(x)\cos\lambda_n x\,dx$	$a(\lambda)=\frac{1}{\pi}\int_{-\infty}^{\infty}f(x)\cos\lambda x\,dx$
$b_n=\frac{1}{L}\int_{-L}^{L}f_L(x)\sin\lambda_n x\,dx$	$b(\lambda)=\frac{1}{\pi}\int_{-\infty}^{\infty}f(x)\sin\lambda x\,dx$

*푸리에 급수에서 $n=0$에 대응하는 a_0항은 대조를 위해 생략하였음.

$$f(x)=\int_0^{\infty}[a(\lambda)\cos\lambda x+b(\lambda)\sin\lambda x]\,d\lambda$$
$$a(\lambda)=\frac{1}{\pi}\int_{-\infty}^{\infty}f(x)\cos\lambda x\,dx \qquad (30)$$
$$b(\lambda)=\frac{1}{\pi}\int_{-\infty}^{\infty}f(x)\sin\lambda x\,dx$$

로 정의하며, 푸리에 적분에 관한 존재정리는 다음과 같다.

(푸리에 적분의 존재정리) 함수 $f(x)$와 $f'(x)$가 모든 유한구간 내(有限區間內)에서 부분연속(piecewise continuous)이고, $\int_{-\infty}^{\infty}|f(x)|\,dx<\infty$를 만족하면 식 (30)으로 정의한 푸리에 적분이 존재하고 $f(x)$가 불연속인 점에서는 $\frac{1}{2}[f(x+0)+f(x-0)]$인 값을 갖는다.

▶ 절대적분가능조건 $\int_{-\infty}^{\infty}|f(x)|\,dx<\infty$는 최소한 $\lim_{|x|\to\infty}|f(x)|\to 0$이어야 하는 점을 알아둔다. 예를 들어, 상수함수 $f(x)=1$은 비록 간단한 함수이지만 푸리에 적분을 갖지 못한다.

예제 4 $f(x)=\begin{cases}1 & (|x|<1)\\ 0 & (|x|>1)\end{cases}$의 푸리에 적분을 구하라.

☞ 식 (30)으로부터

$$a(\lambda)=\frac{1}{\pi}\int_{-\infty}^{\infty}f(x)\cos\lambda x\,dx=\frac{1}{\pi}\int_{-1}^{1}\cos\lambda x\,dx=\frac{1}{\pi}\frac{\sin\lambda x}{\lambda}\Big|_{-1}^{1}=\frac{2}{\pi}\frac{\sin\lambda}{\lambda}$$
$$b(\lambda)=\frac{1}{\pi}\int_{-\infty}^{\infty}f(x)\sin\lambda x\,dx=\frac{1}{\pi}\int_{-1}^{1}\sin\lambda x\,dx=0$$

이므로, $f(x)$의 푸리에 적분은

$$f(x)=\int_0^{\infty}[a(\lambda)\cos\lambda x+b(\lambda)\sin\lambda x]\,d\lambda=\frac{2}{\pi}\int_0^{\infty}\frac{\sin\lambda}{\lambda}\cos\lambda x\,d\lambda \quad ◀ \qquad (31)$$

✓ 식 (31)에 $x=0$을 대입하면 $1=\frac{2}{\pi}\int_0^{\infty}\frac{\sin\lambda}{\lambda}d\lambda$, 즉 $\int_0^{\infty}\frac{\sin x}{x}dx=\frac{\pi}{2}$인 공식을 얻는다. 또한, 불연속점 $x=\pm 1$에서 함수의 좌측 및 우측극한의 평균은 $(1+0)/2=1/2$이다. 이 예제는 디리클레(Dirichlet)의 불연속인자(不連續因子; discontinuous factor)를 다루었다.

$$\frac{2}{\pi}\int_0^{\infty}\frac{\sin\lambda\cos\lambda x}{\lambda}d\lambda=\begin{cases}1 & (|x|<1)\\ 1/2 & (|x|=1)\\ 0 & (|x|>1)\end{cases}$$

푸리에 코사인적분과 푸리에 사인적분. 주어진 함수 $f(x)$가 짝함수, 즉 $f(-x)=f(x)$이면 푸리에 적분은

$$a(\lambda)=\frac{1}{\pi}\int_{-\infty}^{\infty}f(x)\cos\lambda x\,dx=\frac{2}{\pi}\int_0^{\infty}f(x)\cos\lambda x\,dx$$
$$b(\lambda)=\frac{1}{\pi}\int_{-\infty}^{\infty}f(x)\sin\lambda x\,dx=0 \tag{32}$$

이므로, 짝함수에 대한 푸리에 코사인적분(Fourier cosine integral)은

$$f(x)=\int_0^{\infty}a(\lambda)\cos\lambda x\,d\lambda,\quad a(\lambda)=\frac{2}{\pi}\int_0^{\infty}f(x)\cos\lambda x\,dx \tag{33}$$

로 정의한다. 비슷한 방법으로 홀함수에 대한 푸리에 사인적분(Fourier sine integral)은

$$f(x)=\int_0^{\infty}b(\lambda)\sin\lambda x\,d\lambda,\quad b(\lambda)=\frac{2}{\pi}\int_0^{\infty}f(x)\sin\lambda x\,dx \tag{34}$$

와 같이 정의한다.

예제 5 구간 $x>0$에서 정의된 함수 $f(x)=e^{-ax}$ $(a>0)$의 푸리에 코사인적분과 푸리에 사인적분을 각각 구하라.

☞ 먼저, 식 (33)을 써서 푸리에 코사인적분부터 구하면

$$a(\lambda)=\frac{2}{\pi}\int_0^{\infty}e^{-ax}\cos\lambda x\,dx$$
$$=\frac{2}{\pi}\left[\frac{e^{-ax}}{\lambda^2+a^2}(-a\cos\lambda x+\lambda\sin\lambda x)\right]_0^{\infty}=\frac{2}{\pi}\frac{a}{\lambda^2+a^2}$$

이므로

$$f(x)=\int_0^{\infty}a(\lambda)\cos\lambda x\,d\lambda\quad\Rightarrow\quad e^{-ax}=\frac{2}{\pi}\int_0^{\infty}\frac{a\cos\lambda x}{\lambda^2+a^2}d\lambda \tag{35}$$

다음으로, 식 (34)로부터 푸리에 사인적분은

$$b(\lambda)=\frac{2}{\pi}\int_0^{\infty}e^{-ax}\sin\lambda x\,dx$$
$$=\frac{2}{\pi}\left[\frac{e^{-ax}}{\lambda^2+a^2}(-a\sin\lambda x-\lambda\cos\lambda x)\right]_0^{\infty}=\frac{2}{\pi}\frac{\lambda}{\lambda^2+a^2}$$

을 구하여

$$f(x)=\int_0^\infty b(\lambda)\sin\lambda x\,d\lambda \quad\Rightarrow\quad e^{-ax}=\frac{2}{\pi}\int_0^\infty \frac{\lambda\sin\lambda x}{\lambda^2+a^2}\,d\lambda \quad ◀ \tag{36}$$

☑ 위의 결과에서, 적분변수명을 바꾸면 $\int_0^\infty \frac{a\cos\lambda x}{x^2+a^2}dx=\int_0^\infty \frac{x\sin\lambda x}{x^2+a^2}dx=\frac{\pi}{2}e^{-a\lambda}$인 공식을 얻는다. 이 공식은 다시 $f(x)=\frac{a}{x^2+a^2}$의 푸리에 코사인적분과 $f(x)=\frac{x}{x^2+a^2}$의 푸리에 사인적분을 구할 때 사용된다. 그리고, 이러한 특성은 푸리에적분의 대칭(symmetry) 성질을 말해준다.

연습문제

※ [1]-[2]에 주어진 함수의 푸리에 코사인적분과 푸리에 사인적분을 각각 구하라.

[1] $f(x)=x \quad (0<x<1),\ f(x)=0 \quad (x>1)$

[2] $f(x)=x^2 \quad (0<x<1),\ f(x)=0 \quad (x>1)$

[3] $x>0$에서 정의된 함수 $f(x)=xe^{-ax}\ (a>0)$에서, $a(\lambda)=\frac{2}{\pi}\int_0^\infty xe^{-ax}\cos\lambda x\,dx$를 라플라스 변환을 이용하여 구하기로 하자. 즉,

$$\mathscr{L}(t\cos\lambda t)=\int_0^\infty e^{-st}t\cos\lambda t\,dt=-\frac{d}{ds}\left(\frac{s}{s^2+\lambda^2}\right)=\frac{s^2-\lambda^2}{(s^2+\lambda^2)^2}$$

에서 $s\to a,\ t\to x$로 치환하면 $a(\lambda)$를 구할 수 있다. 이것을 이용하여 $f(x)=xe^{-ax}$의 푸리에 코사인적분을 구하고, 비슷한 방법으로 푸리에 사인적분을 구하라.

[4] 문제 3번은 $\int_0^\infty e^{-ax}\cos\lambda x\,dx=\frac{a}{\lambda^2+a^2}$의 양변을 a에 관하여 편미분하는 것과 같은 결과임을 보여라.

*[5] 푸리에 적분을 이용하여 $\frac{2}{\pi}\int_0^\infty \frac{\lambda^3\sin\lambda x}{\lambda^4+4}d\lambda=e^{-x}\cos x,\ (x>0)$임을 보여라.

※ 푸리에 코사인 및 사인적분

$$f(x)=\int_0^\infty a(\lambda)\cos\lambda x\,d\lambda,\quad a(\lambda)=\frac{2}{\pi}\int_0^\infty f(x)\cos\lambda x\,dx$$

$$g(x)=\int_0^\infty b(\lambda)\sin\lambda x\,d\lambda,\quad b(\lambda)=\frac{2}{\pi}\int_0^\infty g(x)\sin\lambda x\,dx$$

에 대해 다음이 성립하는 것을 보여라($h>0$).

*[6] $f(hx)=\frac{1}{h}\int_0^\infty a\left(\frac{\lambda}{h}\right)\cos\lambda x\,d\lambda$

*[7] $g(hx)=\frac{1}{h}\int_0^\infty b\left(\frac{\lambda}{h}\right)\sin\lambda x\,d\lambda$

*[8] $xf(x)=\int_0^\infty -\frac{da}{d\lambda}\sin\lambda x\,d\lambda$

*[9] $xg(x)=\int_0^\infty \frac{db}{d\lambda}\cos\lambda x\,d\lambda$

*[10] $x^2f(x)=\int_0^\infty -\frac{d^2a}{d\lambda^2}\cos\lambda x\,d\lambda$

*[11] $x^2g(x)=\int_0^\infty -\frac{d^2b}{d\lambda^2}\sin\lambda x\,d\lambda$

*10-5 푸리에 코사인, 사인 변환

푸리에 코사인, 사인 적분은 **적분변환**(積分變換; integral transformation)의 역할을 할 수 있다(라플라스 변환과 비교하라). 이 절에서는 푸리에 코사인, 사인 변환을 정의하고 그들이 갖는 중요한 성질을 알아보기로 한다.

***푸리에 코사인, 사인 변환의 정의.** 식 (33)과 (34)로 정의된 함수 $f(x)$의 푸리에 코사인 및 사인 적분 $a(\lambda)$와 $b(\lambda)$에서 상수를 생략한

$$\begin{aligned} \mathscr{F}_C(f) &= \int_0^\infty f(x)\cos\lambda x\,dx = F_C(\lambda) \\ \mathscr{F}_S(f) &= \int_0^\infty f(x)\sin\lambda x\,dx = F_S(\lambda) \end{aligned} \tag{37}$$

를 각각 푸리에 코사인변환과 푸리에 사인변환으로 정의한다. 위의 역변환은 각각 $\mathscr{F}_C^{-1}$, $\mathscr{F}_S^{-1}$으로 나타내고

$$\begin{aligned} \mathscr{F}_C^{-1}(F_C) &= \frac{2}{\pi}\int_0^\infty F_C(\lambda)\cos\lambda x\,d\lambda = f(x) \\ \mathscr{F}_S^{-1}(F_S) &= \frac{2}{\pi}\int_0^\infty F_S(\lambda)\sin\lambda x\,d\lambda = f(x) \end{aligned} \tag{38}$$

와 같이 정의한다(즉, 상수 $2/\pi$는 역변환에서 사용된다).

☑ $\lim_{x\to\infty} f(x) = 0$은 위의 변환이 존재하기 위한 필요조건이다. 예를 들어, $f(x) = 1\ (x > 0)$의 푸리에 코사인 또는 사인 변환은 존재할 수 없다. 경우에 따라서는 상수 $2/\pi$를 양쪽에 균등히 배분하여 다음과 같이 정의할 수 있다.

$$\mathscr{F}_C(f) = \sqrt{\frac{2}{\pi}}\int_0^\infty f(x)\cos\lambda x\,dx, \quad \mathscr{F}_C^{-1}(F_C) = \sqrt{\frac{2}{\pi}}\int_0^\infty F_C(\lambda)\cos\lambda x\,d\lambda$$

***예제 6** $a > 0$일 때, 구간 $x > 0$에서 정의된 $f(x) = e^{-ax}$의 푸리에 코사인변환과 푸리에 사인변환을 각각 구하라.

☞ 앞의 (예제 5)에서 이미 구한 $a(\lambda)$와 $b(\lambda)$에서 상수 $2/\pi$를 생략하면

$$\begin{aligned} \mathscr{F}_C(e^{-ax}) &= F_C(\lambda) = \frac{a}{\lambda^2 + a^2} \\ \mathscr{F}_S(e^{-ax}) &= F_S(\lambda) = \frac{\lambda}{\lambda^2 + a^2} \end{aligned} \tag{39}$$ ◀

☑ 라플라스 변환에서 t 대신 x를 사용하기로 하면 $\mathscr{L}(\cos\lambda x) = \int_0^\infty e^{-sx}\cos\lambda x\,dx$이다. 즉,

$$\mathcal{L}(\cos\lambda x)=\mathcal{F}_C(e^{-sx})=\frac{s}{s^2+\lambda^2},\quad \mathcal{L}(\sin\lambda x)=\mathcal{F}_S(e^{-sx})=\frac{\lambda}{s^2+\lambda^2}$$

와 같이 서로 상대적으로 변환이 된다.

***푸리에 코사인, 사인 변환의 성질.** 푸리에 코사인, 사인 변환은 라플라스 변환과 마찬가지로 선형성을 갖는다. 즉

$$\begin{aligned}\mathcal{F}_C(c_1f_1+c_2f_2)&=c_1\mathcal{F}_C(f_1)+c_2\mathcal{F}_C(f_2)\\ \mathcal{F}_S(c_1f_1+c_2f_2)&=c_1\mathcal{F}_S(f_1)+c_2\mathcal{F}_S(f_2)\end{aligned}\tag{40}$$

인 관계가 성립한다. 푸리에 코사인, 사인 변환은 다음의 예제에서 보는 바와 같이 도함수에 대하여 라플라스 변환의 경우와 유사한 성질을 갖는다.

***예제 7** 푸리에 코사인, 사인 변환에 대한 다음의 성질을 보여라.

$$\mathcal{F}_C(f')=\lambda\mathcal{F}_S(f)-f(0)$$
$$\mathcal{F}_S(f')=-\lambda\mathcal{F}_C(f)$$

☞ 푸리에 코사인, 사인 변환의 정의와 $\lim_{x\to\infty}f(x)=0$인 조건을 이용하면

$$\begin{aligned}\mathcal{F}_C(f')&=\int_0^\infty f'(x)\cos\lambda x\,dx=f(x)\cos\lambda x\Big|_0^\infty-\int_0^\infty f(x)(-\lambda\sin\lambda x)\,dx\\&=-f(0)+\lambda\int_0^\infty f(x)\sin\lambda x\,dx\\&=\lambda\mathcal{F}_S(f)-f(0)\end{aligned}\tag{41}$$

가 성립하고, 또한

$$\begin{aligned}\mathcal{F}_S(f')&=\int_0^\infty f'(x)\sin\lambda x\,dx=f(x)\sin\lambda x\Big|_0^\infty-\int_0^\infty f(x)(\lambda\cos\lambda x)\,dx\\&=-\lambda\int_0^\infty f(x)\cos\lambda x\,dx\\&=-\lambda\mathcal{F}_C(f)\end{aligned}\tag{42}$$

***예제 8** 푸리에 코사인, 사인 변환에 대한 다음의 성질을 보여라.

$$\mathcal{F}_C(f'')=-\lambda^2\mathcal{F}_C(f)-f'(0)$$
$$\mathcal{F}_S(f'')=-\lambda^2\mathcal{F}_S(f)+\lambda f(0)$$

☞ (예제 7)의 결과를 이용하면

$$\begin{aligned}\mathcal{F}_C(f'')&=\lambda\mathcal{F}_S(f')-f'(0)\\&=\lambda[-\lambda\mathcal{F}_C(f)]-f'(0)\\&=-\lambda^2\mathcal{F}_C(f)-f'(0)\end{aligned}\tag{43}$$

$$\begin{aligned}\mathscr{F}_S(f'') &= -\lambda\mathscr{F}_C(f') \\ &= -\lambda[\lambda\mathscr{F}_S(f) - f(0)] \\ &= -\lambda^2\mathscr{F}_S(f) + \lambda f(0)\end{aligned} \tag{44}$$

◀

✓ 물론, 위의 관계식이 성립하기 위해서는 $|x| \to \infty$에서 $f(x) = f'(x) = 0$이어야 한다.

***예제 9** 푸리에 사인변환의 성질로부터 $\mathscr{F}_S(e^{-ax})$를 구하라($a > 0$).

☞ $f(x) = e^{-ax}$라고 두면 $f''(x) = a^2 e^{-ax}$, $f(0) = 1$이므로

$$\mathscr{F}_S(f'') = -\lambda^2\mathscr{F}_S(f) + \lambda f(0)$$

인 (예제 8)의 결과로부터

$$\mathscr{F}_S(a^2 e^{-ax}) = -\lambda^2\mathscr{F}_S(e^{-ax}) + \lambda$$

즉,

$$\mathscr{F}_S(e^{-ax}) = \frac{\lambda}{\lambda^2 + a^2}$$

◀

연습문제

[1] $\mathscr{F}_C\left(\dfrac{a}{x^2+a^2}\right)$와 $\mathscr{F}_S\left(\dfrac{x}{x^2+a^2}\right)$를 구하라(예제 5 참조).

[2] 밑변과 높이가 각각 λ와 s인 직각삼각형의 내각의 합 $\frac{\pi}{2} + \tan^{-1}\frac{s}{\lambda} + \tan^{-1}\frac{\lambda}{s} = \pi$인 관계를 이용하여 라플라스 변환 $\mathscr{L}\left(\dfrac{\sin\lambda t}{t}\right) = -\displaystyle\int_\infty^s \frac{\lambda}{s^2+\lambda^2}ds = \frac{\pi}{2} - \tan^{-1}\frac{s}{\lambda} = \tan^{-1}\frac{\lambda}{s}$를 얻는다. 그 결과로부터 $f(x) = \dfrac{e^{-ax}}{x}$의 푸리에 사인변환 $\mathscr{F}_S\left(\dfrac{e^{-ax}}{x}\right)$, $a > 0$을 구하라.

[3] $\displaystyle\int_0^\infty e^{-ax}\cos\lambda x\,dx$와 $\displaystyle\int_0^\infty e^{-ax}\sin\lambda x\,dx$는 각각 $\displaystyle\int_0^\infty e^{-ax}e^{i\lambda x}dx = \frac{1}{a-i\lambda}$의 실수부와 허수부이다. 이것을 이용하여 $f(x) = x^n e^{-ax}$의 푸리에 코사인, 사인 변환을 구하라(**참고:** 등식의 양변을 a에 관해 편미분한다).

[4] 구간 $0 < x < a$에서 $f_a(x) = \dfrac{1}{a}$이고 다른 구간에서는 $f_a(x) = 0$으로 정의된 함수를 고려한다(단, a는 음이 아닌 수). 이 함수는 $\displaystyle\int_0^\infty f_a(x)\,dx = 1$을 만족한다. 따라서, $a \to 0$인 극한에서는 디랙 델타함수 $\delta(x) = \lim_{a\to 0} f_a(x)$가 된다. 함수 $f_a(x)$의 푸리에 코사인변환을 구하라.

*10-6 복소수를 이용한 푸리에 해석

***푸리에 급수의 복소형식.** 구간 $[-\pi, \pi]$에서 정의된 함수 $f(x)$의 푸리에 급수를 다시 적어보면

$$f(x) = a_0 + \sum_{n=1}^{\infty} (a_n \cos nx + b_n \sin nx) \tag{45}$$

$$\begin{aligned} a_0 &= \frac{1}{2\pi} \int_{-\pi}^{\pi} f(x)\, dx \\ a_n &= \frac{1}{\pi} \int_{-\pi}^{\pi} f(x) \cos nx\, dx \\ b_n &= \frac{1}{\pi} \int_{-\pi}^{\pi} f(x) \sin nx\, dx \end{aligned} \tag{46}$$

이다. 삼각함수의 복소형식(複素形式)을 이용하면(☑ 참조)

$$\begin{aligned} a_n \cos nx + b_n \sin nx &= a_n \left(\frac{e^{inx} + e^{-inx}}{2} \right) + b_n \left(\frac{e^{inx} - e^{-inx}}{2i} \right) \\ &= \frac{1}{2}(a_n - ib_n) e^{inx} + \frac{1}{2}(a_n + ib_n) e^{-inx} \end{aligned} \tag{47}$$

로 쓸 수 있다. 여기서,

$$\begin{aligned} c_0 = a_0 &= \frac{1}{2\pi} \int_{-\pi}^{\pi} f(x)\, dx \\ c_n = \frac{1}{2}(a_n - ib_n) &= \frac{1}{2\pi} \int_{-\pi}^{\pi} f(x)\, e^{-inx}\, dx \\ d_n = \frac{1}{2}(a_n + ib_n) &= \frac{1}{2\pi} \int_{-\pi}^{\pi} f(x)\, e^{+inx}\, dx \end{aligned} \tag{48}$$

를 정의하면 푸리에 급수는

$$\begin{aligned} f(x) &= a_0 + \sum_{n=1}^{\infty} (a_n \cos nx + b_n \sin nx) \\ &= c_0 + \sum_{n=1}^{\infty} (c_n e^{inx} + d_n e^{-inx}) \end{aligned} \tag{49}$$

로 되고, 다시 $c_{-n} = d_n$으로 치환하면

$$\begin{aligned} f(x) &= \sum_{n=-\infty}^{\infty} c_n e^{inx} \\ c_n &= \frac{1}{2\pi} \int_{-\pi}^{\pi} f(x)\, e^{-inx}\, dx \end{aligned} \tag{50}$$

형태의 **복소 푸리에 급수**(complex Fourier series)를 얻는다. 위에서, c_n을 **복소 푸리에 계수**(complex Fourier coefficient)라고 한다.

푸리에 급수 (49)를 복소형식 (50)과 비교하면

$$a_0 = c_0, \quad a_n = c_n + c_{-n}, \quad b_n = i(c_n - c_{-n}) \tag{51}$$

인 관계가 성립함을 알 수 있다.

☑ 잘 알려진 오일러 공식 $e^{inx} = \cos nx + i \sin nx$와 $e^{-inx} = \cos nx - i \sin nx$의 합과 차로부터 $\cos nx = \frac{1}{2}(e^{inx} + e^{-inx})$, $\sin nx = \frac{1}{2i}(e^{inx} - e^{-inx})$인 복소표현이 얻어진다.

***예제 10** 구간 $-\pi < x < \pi$에서 $f(x) = x$로 정의되고 주기가 2π인 함수의 복소 푸리에 급수를 구하라.

☞ 정의에 따라 복소 푸리에 계수를 구한다. 먼저, $n = 0$인 경우는

$$c_0 = \frac{1}{2\pi}\int_{-\pi}^{\pi} x\,dx = 0$$

이고, $n \neq 0$일 때는

$$c_n = \frac{1}{2\pi}\int_{-\pi}^{\pi} xe^{-inx}\,dx = \frac{1}{2\pi}\left[x\left(-\frac{1}{in}e^{-inx}\right) - \left(\frac{1}{i^2n^2}e^{-inx}\right)\right]_{-\pi}^{\pi}$$

이다. 그런데, $e^{in\pi} = e^{-in\pi} = \cos n\pi = (-1)^n$이므로

$$c_n = \frac{1}{2\pi}\left[2\pi\left(-\frac{1}{in}\right)(-1)^n\right] = \frac{i}{n}(-1)^n$$

으로 된다. 따라서, 복소 푸리에 급수는

$$f(x) = \sum_{n=-\infty}^{\infty} \frac{i(-1)^n}{n} e^{inx} \quad (\text{단, } n = 0\text{은 제외}) \tag{52}$$

☑ 위의 급수를 정리하여 실수부분만을 취하면 다음과 같다(예제 2의 결과와 비교해 보라).

$$\begin{aligned} f(x) &= \sum_{n=1}^{\infty} \frac{(-1)^n}{n}[i\cos nx - \sin nx] + \sum_{n=1}^{\infty} \frac{(-1)^{-n}}{-n}[i\cos nx + \sin nx] \\ &= \sum_{n=1}^{\infty} \frac{2(-1)^{n+1}}{n}\sin nx = 2\left(\sin x - \frac{\sin 2x}{2} + \frac{\sin 3x}{3} - \cdots\right) \end{aligned}$$

또는 더욱 간단히 식 (51)에 $c_n = i\frac{(-1)^n}{n}$을 대입하면 $a_n = i\frac{(-1)^n}{n} + i\frac{(-1)^{-n}}{-n} = 0$과 $b_n = i\left[i\frac{(-1)^n}{n} - i\frac{(-1)^{-n}}{-n}\right] = -2\frac{(-1)^n}{n}$을 바로 얻을 수 있다.

***복소 푸리에 변환의 정의.** 복소 푸리에 급수와 비슷한 방법으로

$$\mathscr{F}(f) = F(\lambda) = \int_{-\infty}^{\infty} f(x)\,e^{-i\lambda x}\,dx \tag{53}$$

를 복소 **푸리에 변환** 또는 단순히 **푸리에 변환**(Fourier transformation)이라고 정의한다. 그리고, **푸리에 역변환**은

$$\mathscr{F}^{-1}(F) = f(x) = \frac{1}{2\pi}\int_{-\infty}^{\infty} F(\lambda)\,e^{i\lambda x}\,d\lambda \tag{54}$$

로 정의하기로 하자. 복소 푸리에 변환의 유도과정은 다음에서 다루기로 한다. 다음의 표 10.3에는 복소 푸리에 급수와 위에서 정의한 복소 푸리에 변환 사이의 유사성을 나

표 10.3 복소 푸리에 급수와 복소 푸리에 변환의 유사성

$f(x)=\frac{1}{2\pi}\sum_{n=-\infty}^{\infty} c_n e^{inx}$ $c_n=\int_{-\pi}^{\pi} f(x)e^{-inx}\,dx$	$f(x)=\frac{1}{2\pi}\int_{-\infty}^{\infty} F(\lambda)\,e^{i\lambda x}\,d\lambda$ $F(\lambda)=\int_{-\infty}^{\infty} f(x)\,e^{-i\lambda x}\,dx$

*비교를 위해 복소 푸리에 급수에서 상수 $1/2\pi$의 위치를 바꾸었음.

타내었다.

✔ 경우에 따라서는 식 (54)에 포함된 상수 $1/2\pi$을 양쪽에 균등히 나누어 푸리에 변환을

$$F(\lambda)=\frac{1}{\sqrt{2\pi}}\int_{-\infty}^{\infty} f(x)\,e^{-i\lambda x}\,dx,\quad f(x)=\frac{1}{\sqrt{2\pi}}\int_{-\infty}^{\infty} F(\lambda)\,e^{i\lambda x}\,d\lambda$$

로 정의하기도 한다.

***예제 11** 푸리에 변환 $\mathscr{F}(e^{-ax^2})=\sqrt{\frac{\pi}{a}}\,e^{-\frac{\lambda^2}{4a}}$을 보여라($a>0$).

☞ 푸리에 변환의 정의로부터

$$\begin{aligned}\mathscr{F}(e^{-ax^2}) &= \int_{-\infty}^{\infty} e^{-ax^2}e^{-i\lambda x}\,dx=\int_{-\infty}^{\infty} e^{-ax^2-i\lambda x}\,dx\\ &= \int_{-\infty}^{\infty} e^{-\left(\sqrt{a}\,x+\frac{i\lambda}{2\sqrt{a}}\right)^2+\left(\frac{i\lambda}{2\sqrt{a}}\right)^2}\,dx\\ &= e^{-\frac{\lambda^2}{4a}}\int_{-\infty}^{\infty} e^{-\left(\sqrt{a}\,x+\frac{i\lambda}{2\sqrt{a}}\right)^2}\,dx\end{aligned}\tag{55}$$

까지 정리할 수 있다. 여기서,

$$u=\sqrt{a}\,x+\frac{i\lambda}{2\sqrt{a}},\quad du=\sqrt{a}\,dx\tag{56}$$

로 치환하면

$$\mathscr{F}(e^{-ax^2})=e^{-\frac{\lambda^2}{4a}}\int_{-\infty}^{\infty} e^{-u^2}\frac{du}{\sqrt{a}}=\sqrt{\frac{\pi}{a}}\,e^{-\frac{\lambda^2}{4a}}\quad ◀\tag{57}$$

✔ 여기서는 0장에서 이미 다루어 본 $\int_{-\infty}^{\infty} e^{-x^2}\,dx=\sqrt{\pi}$의 공식을 사용하였다.

****복소 푸리에 변환의 유도과정.** 식 (30)에서 정의한 푸리에 적분을 다시 적어보면

$$\begin{aligned}f(x) &= \int_0^{\infty}[a(\lambda)\cos\lambda x+b(\lambda)\sin\lambda x]\,d\lambda\\ a(\lambda) &= \frac{1}{\pi}\int_{-\infty}^{\infty} f(v)\cos\lambda v\,dv\\ b(\lambda) &= \frac{1}{\lambda}\int_{-\infty}^{\infty} f(v)\sin\lambda v\,dv\end{aligned}\tag{58}$$

으로 된다. 그런데,

$$\begin{aligned} a(-\lambda) &= a(\lambda), \quad \cos(-\lambda x) = \cos\lambda x \\ b(-\lambda) &= -b(\lambda), \quad \sin(-\lambda x) = -\sin\lambda x \end{aligned} \tag{59}$$

이므로, $a(\lambda)\cos\lambda x + b(\lambda)\sin\lambda x$는 λ에 관하여 짝함수이다. 따라서, 식 (58)을

$$f(x) = \frac{1}{2}\int_{-\infty}^{\infty}[a(\lambda)\cos\lambda x + b(\lambda)\sin\lambda x]\,d\lambda \tag{60}$$

로 쓸 수 있다. 식 (60)에 $a(\lambda)$, $b(\lambda)$의 표현을 대입하고 정리하면

$$\begin{aligned} f(x) &= \frac{1}{2}\int_{-\infty}^{\infty}[a(\lambda)\cos\lambda x + b(\lambda)\sin\lambda x]\,d\lambda \\ &= \frac{1}{2}\int_{-\infty}^{\infty}\left[\frac{1}{\pi}\int_{-\infty}^{\infty} f(v)(\cos\lambda v\cos\lambda x + \sin\lambda v\sin\lambda x)\,dv\right]d\lambda \\ &= \frac{1}{2\pi}\int_{-\infty}^{\infty}\left(\int_{-\infty}^{\infty} f(v)\cos\lambda(x-v)\,dv\right)d\lambda \end{aligned} \tag{61}$$

를 얻을 수 있다. 그런데, 식 (61)의 우변에서 cosine을 sine으로 바꾼 적분은 λ에 관한 홀함수이므로 0이 된다. 즉,

$$0 = \frac{1}{2\pi}\int_{-\infty}^{\infty}\left(\int_{-\infty}^{\infty} f(v)\sin\lambda(x-v)\,dv\right)d\lambda \tag{62}$$

이다. 여기서, 식 (62)에 복소수 i를 곱하고 식 (61)에 더하면 오일러의 공식 $e^{i\theta} = \cos\theta + i\sin\theta$로부터

$$f(x) = \frac{1}{2\pi}\int_{-\infty}^{\infty}\int_{-\infty}^{\infty} f(v)\,e^{i\lambda(x-v)}\,dv\,d\lambda \tag{63}$$

가 되는데, 이것을 **복소 푸리에 적분**(complex Fourier integral)이라고 한다. 복소 푸리에 변환은 윗식을

$$f(x) = \frac{1}{2\pi}\int_{-\infty}^{\infty}\left[\int_{-\infty}^{\infty} f(v)\,e^{-i\lambda v}\,dv\right]e^{i\lambda x}\,d\lambda \tag{64}$$

로 표시하면 바로 얻을 수 있다.

***복소 푸리에 변환의 성질.** 복소 푸리에 변환은 라플라스 변환의 경우와 비슷하게 도함수의 변환, 변위정리 및 합성곱(convolution)의 성질을 갖는다.

***예제 12** $|x| \to \infty$일 때 $f(x) \to 0$인 함수 $f(x)$가 연속이고, 그 도함수 $f'(x)$는 절대적분가능이라고 하면 $\mathscr{F}(f') = (i\lambda)\mathscr{F}(f)$임을 보여라.

☞ 복소 푸리에 변환의 정의와 $|x| \to \infty$일 때 $f(x) \to 0$인 조건을 사용하면

$$\begin{aligned}\mathcal{F}(f') &= \int_{-\infty}^{\infty} f'(x)\,e^{-i\lambda x}\,dx \\ &= f(x)\,e^{-i\lambda x}\Big|_{-\infty}^{\infty} - \int_{-\infty}^{\infty} f(x)(-i\lambda)\,e^{-i\lambda x}\,dx \\ &= (i\lambda)\int_{-\infty}^{\infty} f(x)\,e^{-i\lambda x}\,dx = (i\lambda)\mathcal{F}(f)\end{aligned} \tag{65}$$

를 얻을 수 있다. 이러한 관계는 보다 높은 도함수의 경우에도 적절한 가정하에서 유사하게

$$\mathcal{F}\left(\frac{d^n f}{dx^n}\right) = (i\lambda)^n \mathcal{F}(f) \tag{66}$$

가 성립한다. 또한,

$$g(x) = \int_{-\infty}^{x} f(v)\,dv$$

로 두고 식 (65)을 적용하면 $\mathcal{F}(g') = (i\lambda)\mathcal{F}(g)$, 즉

$$\mathcal{F}\left\{\int_{-\infty}^{x} f(v)\,dv\right\} = \frac{1}{i\lambda}\mathcal{F}\{f(x)\} \tag{67}$$

***예제 13** 변위정리 $\mathcal{F}\{f(x-a)\} = e^{-ia\lambda}\mathcal{F}\{f(x)\}$를 보여라.

☞ 복소 푸리에 변환의 정의로부터

$$\mathcal{F}\{f(x-a)\} = \int_{-\infty}^{\infty} f(x-a)\,e^{-i\lambda x}\,dx$$

에서 $z = x - a$로 치환하면

$$\begin{aligned}\mathcal{F}\{f(x-a)\} &= \int_{-\infty}^{\infty} f(z)\,e^{-i\lambda(z+a)}\,dz \\ &= e^{-ia\lambda}\int_{-\infty}^{\infty} f(z)\,e^{-i\lambda z}\,dz = e^{-ia\lambda}\mathcal{F}\{f(x)\}\end{aligned} \tag{68}$$ ◀

***예제 14** $f(x)$와 $g(x)$의 합성곱을 $(f * g)(x) = \int_{-\infty}^{\infty} f(x-v)\,g(v)\,dv$로 정의할 때, $\mathcal{F}(f * g) = \mathcal{F}(f)\mathcal{F}(g)$임을 보여라.

☞ 복소 푸리에 변환의 정의에서

$$\mathcal{F}(f * g) = \int_{-\infty}^{\infty}\left(\int_{-\infty}^{\infty} f(x-v)\,g(v)\,dv\right)e^{-i\lambda x}\,dx \tag{69}$$

가 된다. 여기서, $x - v = u$로 치환하면 $x = u + v$이므로 윗식은

$$\begin{aligned}\mathcal{F}(f * g) &= \int_{-\infty}^{\infty}\left(\int_{-\infty}^{\infty} f(u)\,g(v)\,dv\right)e^{-i\lambda(u+v)}\,du \\ &= \left(\int_{-\infty}^{\infty} f(u)\,e^{-i\lambda u}\,du\right)\left(\int_{-\infty}^{\infty} g(v)\,e^{-i\lambda v}\,dv\right) \\ &= \mathcal{F}(f)\mathcal{F}(g)\end{aligned} \tag{70}$$

로 되어 복소 푸리에 변환에 대한 **합성곱의 정리**(convolution theorem)가 증명된다. ◀

연습문제

*[1] 구간 $-\pi < x < \pi$에서 $f(x) = e^x$로 정의되고 주기가 2π인 함수의 복소 푸리에 급수는

$$e^x = \frac{\sinh \pi}{\pi} \sum_{n=-\infty}^{\infty} (-1)^n \frac{1+in}{1+n^2} e^{inx}$$

임을 보이고, 실수부를 택하여 e^x의 푸리에 급수가

$$e^x = \frac{2\sinh \pi}{\pi}\left[\frac{1}{2} - \frac{1}{1+1^2}(\cos x - \sin x) + \frac{1}{1+2^2}(\cos 2x - 2\sin 2x) - \cdots\right]$$

으로 되는 것을 보여라($n = 0$일 때를 주의).

*[2] 복소 푸리에 급수 $f(x) = \sum_{n=-\infty}^{\infty} c_n e^{inx}$의 양변에 e^{-isx}를 곱하고 $-\pi$에서 π까지 적분하면 $\int_{-\pi}^{\pi} f(x)e^{-isx}\,dx = \sum_{n=-\infty}^{\infty} c_n \int_{-\pi}^{\pi} e^{i(n-s)x}\,dx$이다. 여기서, 우변이 $n \neq s$이면

$$\int_{-\pi}^{\pi} e^{i(n-s)x}\,dx = \frac{1}{i(n-s)}[e^{i(n-s)\pi} - e^{-i(n-s)\pi}] = \frac{1}{i(n-s)} 2i\sin(n-s)\pi = 0$$

이고, $n = s$일 때 2π이므로 $\int_{-\pi}^{\pi} f(x)e^{isx}\,dx = 2\pi c_s$로 식 (50)이 직접 유도된다.

[3] (예제 11)과 (예제 12)의 결과를 이용하여 $\mathcal{F}(xe^{-ax^2})$을 구하라.

*[4] 합성곱의 정리에서 역변환 $(f * g)(x) = \frac{1}{2\pi}\int_{-\infty}^{\infty} F(\lambda)G(\lambda)e^{i\lambda x}\,d\lambda$가 성립함을 보여라.

요약

푸리에 급수는 임의의 주기함수, 특히 불연속을 포함하는 함수를 삼각함수로 표현하며, 구간을 무한대로 두면 푸리에 적분 및 푸리에 변환이 되어 비주기함수까지 다룰 수 있는 유용한 해석방법이다.

- 푸리에급수: $f(x) = a_0 + \sum_{n=1}^{\infty}\left(a_n \cos\frac{n\pi}{L}x + b_n \sin\frac{n\pi}{L}x\right)$

$$a_0 = \frac{1}{2L}\int_{-L}^{L} f(x)\,dx$$
$$a_n = \frac{1}{L}\int_{-L}^{L} f(x)\cos\frac{n\pi}{L}x\,dx$$
$$b_n = \frac{1}{L}\int_{-L}^{L} f(x)\sin\frac{n\pi}{L}x\,dx$$

- **짝주기확장과 홀주기확장:** 구간 $[0, L]$에서 정의된 함수의 주기확장

$$f_e(x) = a_0 + \sum_{n=1}^{\infty} a_n \cos\frac{n\pi}{L}x$$

$$f_o(x) = \sum_{n=1}^{\infty} b_n \sin\frac{n\pi}{L}x$$

- **푸리에 적분:** $f(x) = \int_0^{\infty} [a(\lambda)\cos\lambda x + b(\lambda)\sin\lambda x]\, d\lambda$

$$a(\lambda) = \frac{1}{\pi}\int_{-\infty}^{\infty} f(x)\cos\lambda x\, dx$$

$$b(\lambda) = \frac{1}{\pi}\int_{-\infty}^{\infty} f(x)\sin\lambda x\, dx$$

- **푸리에 코사인, 사인 변환:**

$$\mathscr{F}_C(f) = \int_0^{\infty} f(x)\cos\lambda x\, dx, \quad \mathscr{F}_C^{-1}(F_C) = \frac{2}{\pi}\int_0^{\infty} F_C(\lambda)\cos\lambda x\, d\lambda$$

$$\mathscr{F}_S(f) = \int_0^{\infty} f(x)\sin\lambda x\, dx, \quad \mathscr{F}_S^{-1}(F_S) = \frac{2}{\pi}\int_0^{\infty} F_S(\lambda)\sin\lambda x\, d\lambda$$

표 10.4 푸리에 코사인 및 사인 변환식

$f(x)$	$\mathscr{F}_C(f)$	$f(x)$	$\mathscr{F}_S(f)$
$1 \quad (0<x<a)$	$\frac{\sin a\lambda}{\lambda}$	$1 \quad (0<x<a)$	$\frac{1-\cos a\lambda}{\lambda}$
$\frac{1}{x^{\beta}} \quad (0<\beta<1)$	$\frac{(-\beta)!}{\lambda^{1-\beta}}\sin\frac{\beta\pi}{2}$	$\frac{1}{x^{\beta}} \quad (0<\beta<1)$	$\frac{(-\beta)!}{\lambda^{1-\beta}}\cos\frac{\beta\pi}{2}$
e^{-ax}	$\frac{a}{\lambda^2+a^2}$	e^{-ax}	$\frac{\lambda}{\lambda^2+a^2}$
$x^n e^{-ax}$	$\mathrm{Re}\left[\frac{n!}{(a-i\lambda)^{n+1}}\right]$	$x^n e^{-ax}$	$\mathrm{Im}\left[\frac{n!}{(a-i\lambda)^{n+1}}\right]$
e^{-ax^2}	$\sqrt{\frac{\pi}{4a}}\, e^{-\lambda^2/4a}$	xe^{-ax^2}	$\sqrt{\frac{\pi}{a^3}}\,\frac{\lambda}{4}\, e^{-\lambda^2/4a}$
$\cos x \quad (0<x<a)$	$\varphi(-\lambda)+\varphi(\lambda)$	$\sin x \quad (0<x<a)$	$\varphi(-\lambda)-\varphi(\lambda)$
$\frac{\sin ax}{x}$	$\frac{\pi}{2}H(a-\lambda)$	$\frac{\cos ax}{x}$	$\frac{\pi}{2}H(\lambda-a)$
$\frac{e^{-x}\sin x}{x}$	$\frac{1}{2}\tan^{-1}\frac{2}{\lambda^2}$	$\frac{e^{-ax}}{x}$	$\tan^{-1}\frac{\lambda}{a}$
$\cos ax^2$	$\sqrt{\frac{\pi}{4a}}\cos\left(\frac{\lambda^2}{4a}-\frac{\pi}{4}\right)$	$\tan^{-1}\frac{2a}{x}$	$\frac{\pi\sinh a\lambda}{\lambda}e^{-a\lambda}$
$\sin ax^2$	$\sqrt{\frac{\pi}{4a}}\cos\left(\frac{\lambda^2}{4a}+\frac{\pi}{4}\right)$		
$J_0(ax)$	$\frac{H(a-\lambda)}{\sqrt{a^2-\lambda^2}}$		

*단, $a>0$이고 $\varphi(x) = \frac{1}{2}\frac{\sin a(1+x)}{1+x}$, $H(x)$는 단위계단함수, $\beta!(-\beta)! = (\beta\pi)/\sin(\beta\pi)$

- 푸리에 코사인, 사인변환의 성질:

$$\mathcal{F}_C(f') = \lambda \mathcal{F}_S(f) - f(0), \quad \mathcal{F}_C(f'') = -\lambda^2 \mathcal{F}_C(f) - f'(0)$$
$$\mathcal{F}_S(f') = -\lambda \mathcal{F}_C(f), \quad \mathcal{F}_S(f'') = -\lambda^2 \mathcal{F}_S(f) + \lambda f(0)$$

- 복소 푸리에 급수:

$$f(x) = \sum_{n=-\infty}^{\infty} c_n e^{inx}, \quad c_n = \frac{1}{2\pi}\int_{-\pi}^{\pi} f(x)\, e^{-inx}\, dx$$

- 복소 푸리에 변환:

$$f(x) = \frac{1}{2\pi}\int_{-\infty}^{\infty} F(\lambda)\, e^{i\lambda x}\, d\lambda, \quad F(\lambda) = \int_{-\infty}^{\infty} f(x)\, e^{-i\lambda x}\, dx$$

- 복소 푸리에 변환의 성질:

▶ 미분: $\mathcal{F}\left(\dfrac{d^n f}{dx^n}\right) = (i\lambda)^n \mathcal{F}(f)$

▶ 적분: $\mathcal{F}\left\{\displaystyle\int_0^x f(v)\, dv\right\} = \dfrac{1}{i\lambda}\mathcal{F}\{f(x)\}$

▶ 변위: $\mathcal{F}\{f(x-a)\} = e^{-ia\lambda}\mathcal{F}\{f(x)\}$

▶ 합성곱: $\mathcal{F}(f * g) = \mathcal{F}(f)\mathcal{F}(g), \quad (f * g)(x) \equiv \displaystyle\int_{-\infty}^{\infty} f(x-v)\, g(v)\, dv$

Chapter 11

편미분방정식

편미분방정식은 공학적인 문제의 해결에서 매우 중요하다. 그러나, 이 장에서 볼 수 있듯이 편미분방정식의 해석적인 해는 극히 제한된 경우에만 구해진다. 따라서, 실용적인 문제의 해결을 위해서는 수치적인 방법에 의존하게 된다. 그럼에도 불구하고 편미분방정식의 해석적인 해는 매우 중요한 의미를 가지며, 해의 중첩을 이용하면 비교적 다양한 응용에 적용될 수 있다. 이 장에서는 주로 변수분리에 의한 편미분방정식의 해법을 다루며, 독립변수의 결합에 의한 해법을 간단히 소개한다. 라플라스 변환, 푸리에 변환 등을 이용하여 해를 구하는 방법들은 선택과정에서 다루기로 한다.

11-1 기본개념

편미분방정식의 정의. 둘 또는 그 이상의 독립변수를 갖는 다변수함수의 편미분을 포함하는 방정식을 **편미분방정식**(偏微分方程式; partial differential equation)이라고 한다. 예를 들어, 다변수함수 $u(x, y)$에 관한 식

$$\frac{\partial u}{\partial x} = 0 \tag{1}$$

은 x에 관한 편미분을 포함하고 있으므로 편미분방정식이고, 적분을 하게 되면

$$\frac{\partial u}{\partial x} = 0 \quad \Rightarrow \quad u(x, y) = f(y) \tag{2}$$

로 된다. 이것은 $f(y)$가 x를 포함하지 않으므로 독립변수 x의 입장에서는 상수로 취급되기 때문이다. 이와 같이 함수를 마치 적분상수처럼 취급할 수 있는 점은 편미분방정식만이 갖는 성질이며, 이러한 점에서 상미분방정식의 적분

$$\frac{du}{dx}(x) = 0 \quad \Rightarrow \quad u(x) = \text{상수} \tag{3}$$

와 명확히 구별된다. 편도함수는 흔히 아래첨자를 사용하여

$$u_x = \frac{\partial u}{\partial x}, \quad u_{xy} = \frac{\partial^2 u}{\partial y \partial x}, \quad u_{xx} = \frac{\partial^2 u}{\partial x^2} \tag{4}$$

등으로 간단히 나타내기도 하나, 여기서는 두 가지 표현 모두를 필요에 따라 사용하기로 한다.

기본적인 용어. 편미분방정식이 다변수함수 및 그 편도함수에 대해 1차이면 주어진 편미분방정식을 **선형**(線型; linear)이라고 하고, 편미분방정식에 포함된 편도함수의 가장 높은 차수를 편미분방정식의 **계**(階; order) 또는 **차수**라고 한다. 덧붙여서, 편미분방정식과 관련하여

> 선형방정식 또는 선형경계조건이 어떤 함수 ϕ에 의해 만족되고, 또한 임의의 상수 C를 곱한 $C\phi$에 대해서도 만족되면 **제차**(homogeneous), 그렇지 않으면 **비제차**(nonhomogeneous)

라고 한다. 다시 말하면, 선형 편미분방정식의 각 항이 다변수함수 또는 그 편도함수를 포함하면 제차라고 한다.

정의역과 경계. 편미분방정식이 정의되는 독립변수의 범위를 **정의역**(定義域)이라고 한다. 그리고, 정의역을 둘러싸는 점들로 이루어진 영역을 **경계**(境界; boundary)라고 하며, 경계에서 주어지는 조건을 **경계조건**이라 한다. 경우에 따라서는 정의역이 무한한 영역이 되어 경계가 없을 때가 있다(예를 들어 xy 평면 전체가 정의역인 경우).

독립변수가 시간좌표 t일 경우에는 t에 대한 조건을 초기조건으로 구별하여 부른다. 그리고, 예를 들어 $u(t, x, y)$의 경우에는 시간 t의 정의역과 공간의 정의역을 따로 구분하여 생각하는 것이 일반적이다. 우리가 편미분방정식을 푼다고 하는 것은 정의역에서 편미분방정식을 만족하고 또한 경계조건 및 초기조건을 만족하는 해를 구하는 것이며,

> 정의역의 임의의 점에서 함수값이 항상 유한(有限; bounded)

인 조건이 문제를 해결하는 1차적인 역할을 하는 경우가 많다는 점을 잘 알아두자.

예를 들어, xy 평면 전체가 정의역이라고 하여도 $u(x, y) = x + y$는 임의의 고정된 점에서는 항상 유한한 값을 취한다. 이것을 $r = \sqrt{x^2 + y^2} \to \infty$에서 $|u(x, y)| \to \infty$인 사실과 혼동하면 안 된다. 왜냐하면 $r \to \infty$는 특정한 점을 말하는 것이 아니기 때문이다.

대표적인 편미분방정식. 물리적으로 또는 공학적으로 잘 알려진 편미분방정식에는

$$\begin{aligned} &\frac{\partial u}{\partial t} = \alpha \nabla^2 u && \text{(열전도방정식)} \\ &\frac{\partial^2 u}{\partial t^2} = c^2 \nabla^2 u && \text{(파동방정식)} \\ &\nabla^2 u = 0 && \text{(Laplace 방정식)} \\ &\nabla^2 u = \rho && \text{(Poisson 방정식)} \\ &(\nabla^2 + k^2) u = 0 && \text{(Helmholtz 방정식)} \end{aligned} \tag{5}$$

등이 있다. 위의 방정식은 모두 2계 선형 편미분방정식이고, $\rho \neq 0$일 때 Poisson 방정식을 제외하고는 제차이다.

상미분형태의 편미분방정식. 경우에 따라서는 편미분방정식이 식 (1)과 같이 상미분형태로 주어지고 또 쉽게 적분이 될 때가 있다.

예제 1 편미분방정식 $u_{xy} = \dfrac{\partial^2 u}{\partial y \partial x} = 0$의 해를 구하라.

☞ $u_x = p$라 하면 주어진 편미분방정식은 $p_y = 0$으로 된다. 이것을 적분하면

$$\int p_y \, dy = \int \frac{\partial p}{\partial y} dy = \int 0 \, dy \quad \Rightarrow \quad p = u_x = f(x)$$

를 얻고, 다시 x에 관하여 적분하면

$$u = \int f(x) \, dx + G(y) = F(x) + G(y)$$

즉, 임의의 단변수함수 $F(x)$와 $G(y)$의 합으로 주어진다. ◀

적분상수 C는 $F(x)$ 또는 $G(y)$에 포함될 수 있으므로 따로 쓰지 않는다.

연습문제

[1] 다음의 다변수함수는 라플라스 방정식의 해가 되는 것을 보여라.

(a) $u = Axy + Bx + Cy + D$ (b) $u = x^2 - y^2$ (c) $u = x^3 - 3xy^2$

(d) $u = 3x^2 y - y^3$ (e) $u = e^x \sin y$ (f) $u = \tan^{-1} \dfrac{y}{x}$

[2] $r=\sqrt{x^2+y^2+z^2}$이라 할 때 $u=\dfrac{1}{r}$이 라플라스 방정식의 해가 됨을 보여라. 이 다변수 함수의 정의역은 어떻게 되겠는가?

[3] $r=\sqrt{x^2+y^2}$이라 할 때 $u=\ln r$이 라플라스 방정식의 해임을 보이고, 정의역을 구하라.

[4] 상수 a와 b를 잘 선택하면 $u=e^{-at}\cos bx$가 열전도방정식의 해가 되는 것을 보여라.

[5] $u(x,t)=\phi(x+ct)+\psi(x-ct)$는 파동방정식의 해가 되는 것을 보여라. 단, ϕ, ψ는 2계 도함수를 갖는 임의의 함수라고 한다.

[6] 파동방정식의 c를 보통 **파동의 속도**(speed of wave)라고 한다. 적당한 c에 대해 다음의 함수들이 파동방정식의 해가 됨을 보여라.

(a) $u=x^2+t^2$ (b) $u=x^3+3xt^2$ (c) $u=\sin at\sin bx$

[7] 다음의 편미분방정식을 풀어라.

(a) $u_{xx}+u=0$ (b) $u_x+yu=0$ (c) $u_{xy}+u_x=0$

***[8]** $au_x+bu_y=0$으로 주어진 1계 선형 편미분방정식은 좌표축을 α만큼 회전시켜 구한 좌표계 $\xi=x\cos\alpha+y\sin\alpha$, $\eta=-x\sin\alpha+y\cos\alpha$에 대하여 $Au_\xi=0$의 형태로 바꿀 수 있다는 것을 보여라(단, $\tan\alpha=b/a$).

***[9]** 상계수를 가진 2계 선형 편미분방정식 $au_{xx}+bu_{xy}+cu_{yy}=0$은 $\xi=x\cos\alpha+y\sin\alpha$, $\eta=-x\sin\alpha+y\cos\alpha$인 변환에 의해 $Au_{\xi\xi}+Bu_{\eta\eta}=0$로 바꿀 수 있다는 것을 보여라[단, $\tan 2\alpha=b/(a-c)$이다].

***[10]** $u_{xx}+u_{yy}=0$일 때, 좌표변환 $\xi=x\cos\alpha+y\sin\alpha$, $\eta=-x\sin\alpha+y\cos\alpha$에 대해서도 마찬가지로 $u_{\xi\xi}+u_{\eta\eta}=0$임을 보여라.

11-2 선형 편미분방정식의 형태와 성질

2계 선형 편미분방정식의 형태. 서로 다른 독립변수(편의상 시간 또는 공간을 구분하지 않기로 한다) x, y에 관한 다변수함수 $u(x,y)$의 편미분방정식

$$a\frac{\partial^2 u}{\partial x^2}+b\frac{\partial^2 u}{\partial x\partial y}+c\frac{\partial^2 u}{\partial y^2}+d\frac{\partial u}{\partial x}+e\frac{\partial u}{\partial y}+fu=h(x,y) \tag{6}$$

는 2계 선형 비제차 편미분방정식으로 된다. 또한, 2계 도함수들의 계수관계에 따라

$$\begin{aligned} &b^2-4ac<0, && \text{타원형(楕圓型; elliptic)} \\ &b^2-4ac=0, && \text{포물형(抛物型; parabolic)} \\ &b^2-4ac>0, && \text{쌍곡형(雙曲型; hyperbolic)} \end{aligned} \tag{7}$$

표 11.1 대표적인 편미분방정식의 형태

방정식	명 칭	구 분	비 고
$\dfrac{\partial^2 u}{\partial x^2} + \dfrac{\partial^2 u}{\partial y^2} = 0$	2차원 라플라스	타원형	$\dfrac{x^2}{a^2} + \dfrac{y^2}{b^2} = 1$ (타원)
$\dfrac{\partial u}{\partial t} = \alpha \dfrac{\partial^2 u}{\partial x^2}$	1차원 열전도	포물형	$y = ax^2$ (포물선)
$\dfrac{\partial^2 u}{\partial t^2} - c^2 \dfrac{\partial^2 u}{\partial x^2} = 0$	1차원 파동	쌍곡형	$\dfrac{x^2}{a^2} - \dfrac{y^2}{b^2} = 1$ (쌍곡선)
$y \dfrac{\partial^2 u}{\partial x^2} + \dfrac{\partial^2 u}{\partial y^2} = 0$	Tricomi	혼합형	타원형$(y > 0)$ + 쌍곡형$(y < 0)$

으로 편미분방정식의 형태를 분류한다. 이것은 $b^2 - 4ac$의 부호에 따라 해의 특성이 결정되기 때문이다. 앞에서 이미 살펴본 대표적인 편미분방정식에 대해서는 표 11.1과 같이 정리할 수 있다. 특히, Tricomi 방정식처럼 독립변수의 범위에 따라 방정식의 성질이 바뀌는 경우도 있다.

종속역과 영향역. 정의역의 점 P에 영향을 주는 경계점들을 점 P의 **종속역**(從屬域; domain of dependence)이라고 한다. 이와 유사하게, 점 P의 영향을 받는 정의역 내부의 점들을 점 P의 **영향역**(影響域; domain of influence)이라고 한다. 편미분방정식은 2계 편도함수의 계수에 따라 해의 특성이 달라지므로 포물형, 타원형, 쌍곡형을 구분하는 것은 해를 구하기 위한 첫 번째 단계가 된다. 특히, 컴퓨터를 이용한 수치해를 구할 때는 방정식의 형태에 따라 풀이법에 있어 상당한 차이가 나타난다.

그림 11.1에 타원형, 포물형, 쌍곡형의 편미분방정식에 대한 각각의 종속역과 영향역의 예를 보였다.

- 타원형 방정식에서는 종속역이 주어진 점 P를 모두 둘러싸는 곡선이 된다. 다시 말하면 모든 경계점이 종속역이 되며, 또한 모든 정의역이 영향역임을 알 수 있다.

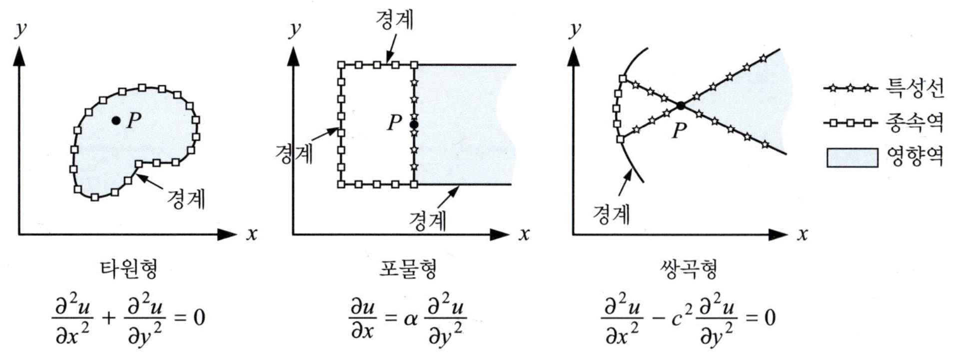

그림 11.1

- 포물형 방정식에서는 종속역이 경계의 일부로 주어지며, 영향역은 주어진 점 P의 한쪽 방향(위에서는 x축 방향)으로 나타난다. 이것은 "현재는 미래에 영향을 미치지만 과거에는 영향을 줄 수 없다"라는 상식적인 개념을 나타낸다. 즉, 그림 11.1의 x축 방향을 시간이 흐르는 방향으로 생각하면 점 P의 왼쪽은 과거에 해당하므로 영향역이 되지 않는다. 이때, 점 P를 포함하는 수직선은 초기에는 경계에 포함되어 있지 않았지만, 주어진 순간에는 마치 영향역을 둘러싸는 경계처럼 보이는 것을 알 수 있다. 이와 같이 어떤 특정한 점 P에 대한 "경계처럼" 행동하는 영역을 **특성역**(特性域; characteristics)이라고 한다. 특성역이 곡선인 경우 보통 **특성선**이라고 한다. 포물형 방정식은 1개의 특성선을 포물방향에 수직한 방향으로 갖는다.

- 쌍곡형 방정식은 포물형 방정식과 여러 면에서 유사하지만 특성선이 2개라는 점에서 완전히 다른 특성을 나타내게 된다. 특히, 포물형 방정식의 경우 주어진 점에서 특성선의 모양이 자명(自明)한 것에 비해, 쌍곡형 방정식에서는 특성선의 모양을 해의 일부로 함께 결정해야 한다.

경계조건의 분류. 편미분방정식이 공간변수 x, y, z 중의 일부 또는 전부를 독립변수로 갖게 되면 경계의 형상은 점, 곡선 또는 곡면으로 주어진다. 이때, 경계조건에는 여러 가지 형태가 있을 수 있으나, 공학적으로 중요한 문제들의 대부분은 다음의 세 가지 중의 하나로 주어지게 된다($\partial u/\partial n$는 경계에 수직한 법선방향도함수 $\partial u/\partial n = \mathbf{n}\cdot\nabla u$를 말한다).

경계조건의 형태	명 칭
① u의 값이 주어진다.	Dirichlet
② $\partial u/\partial n$가 주어진다.	Neumann
③ $Au + B(\partial u/\partial n)$이 주어진다.	혼합(mixed)

(8)

해의 중첩과 선형성. 선형 편미분방정식의 해는 **중첩**(重疊; superposition)의 원리를 이용하여 보다 간단한 다수(多數)의 문제들의 해를 구함으로써 얻어질 수 있다. 이때, 중첩되는 해의 갯수는 풀고자 하는 문제의 경계조건과 미분방정식에 포함된 비제차항의 갯수와 같게 된다.

예제 2 상미분방정식 $u''(x) + 1 = 0$, $u'(0) = u(0) - a$, $u'(1) = u(1) - b$에 포함된 비제차항의 갯수를 구하고, 또한 각각의 비제차항만을 포함하는 분리해를 구하라. 단, a, b는 상수이다.

☞ 미분방정식과 각 경계조건에 u 대신에 Cu를 대입하여도 변화가 없으면 제차, 그렇지 않으면 비제차이다. 경계조건 $u'(0) = u(0) - a$는 치환에 의해 $Cu'(0) = Cu(0) - a$, 즉

$u'(0) = u(0) - \dfrac{a}{C}$로 되어 처음과 달라진다. 이때, $-a$가 비제차항임을 알 수 있다.

결론적으로, 상미분방정식에 1개의 비제차항이 포함되어 있고, 경계조건의 각각에 1개씩의 비제차항이 포함되어 있다. 따라서, 중첩에 필요한 해는 3개가 되고, 보다 단순한 3개의 분리해가 중첩하는 과정을 아래의 그림으로 표현하였다.

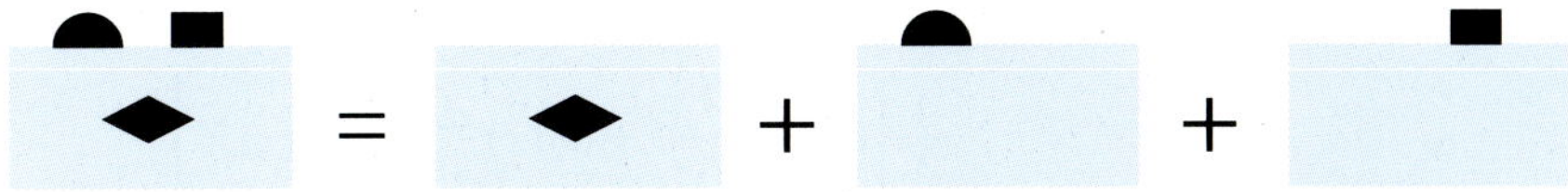

$u'' + 1 = 0$	$u_1'' + 1 = 0$	$u_2'' = 0$	$u_3'' = 0$
$u'(0) = u(0) - a$	$u_1'(0) = u_1(0)$	$u_2'(0) = u_2(0) - a$	$u_3'(0) = u_3(0)$
$u'(1) = u(1) - b$	$u_1'(1) = u_1(1)$	$u_2'(1) = u_2(1)$	$u_3'(1) = u_3(1) - b$

위에서 비제차항을 포함하는 각각의 미분방정식을 풀면

$$u_1 = -\frac{1}{2}(x^2 + x + 1), \quad u_2 = -ax, \quad u_3 = b(x+1)$$

이므로, 구하고자 하는 해는

$$u = u_1 + u_2 + u_3 = -\frac{1}{2}(x^2 + x + 1) - ax + b(x+1) \quad ◀ \tag{9}$$

☑ 이 예제는 중첩의 원리를 이해하기 위한 것으로 $u(x) = -\frac{1}{2}x^2 + Ax + B$로 두어 직접 해를 구할 수 있다. 또한, $v(x) = u(x) - a$로 두게 되면 $v(0) - v'(0) = u(0) - a - u'(0) = 0$으로 되므로, 경계조건의 비제차항이 하나 줄어든다. 즉,

$$v'' + 1 = 0, \quad v'(0) = v(0), \quad v'(1) = v(1) + a - b$$

로 문제가 변환되고 $v(x) = v_1(x) + v_2(x)$의 형태로 중첩해를 구하게 된다. 일반적으로, 간단한 비제차항은 적절히 소거시켜 두는 것이 문제 해결을 쉽게 한다.

11-3 변수분리법

변수분리법의 조건. 2계 편미분방정식

$$\begin{aligned} & a_1(x)\frac{\partial^2 u}{\partial x^2} + a_2(x)\frac{\partial u}{\partial x} + a_3(x)u \\ & \qquad + b_1(y)\frac{\partial^2 u}{\partial y^2} + b_2(y)\frac{\partial u}{\partial y} + b_3(y)u = 0 \end{aligned} \tag{10}$$

은 경계조건으로 식 (8)의 Dirichlet(디리클레), Neumann(노이만), 또는 혼합형태를 가지면 **변수분리법**(變數分離法; method of separation of variables)을 이용하여 해를 구할 수도 있다. 즉, 먼저

$$u(x, y) = X(x)\,Y(y) \tag{11}$$

로 해가 구해진다고 가정한다. 그러면 각 독립변수에 대한 편도함수는

$$\frac{\partial u}{\partial x}=\frac{dX}{dx}Y,\quad \frac{\partial u}{\partial y}=X\frac{dY}{dy}$$

와 같이 상미분으로 나타낼 수 있다. 계속하여, 2계 편도함수를 구하여 지배방정식에 대입한 후, XY로 양변을 나누고 이항하면

$$\begin{aligned}&\frac{1}{X}\left[a_1(x)\frac{d^2X}{dx^2}+a_2(x)\frac{dX}{dx}+a_3(x)X\right]\\&\quad=-\frac{1}{Y}\left[b_1(y)\frac{d^2Y}{dy^2}+b_2(y)\frac{dY}{dy}+b_3(y)Y\right]\end{aligned}\tag{12}$$

와 같이 변수분리된다. 그런데, 윗식의 좌변은 x만의 함수이고, 우변은 y만의 함수가 된다. 식 (12)가 성립하기 위해서는 등식의 값이 상수이어야만 하며, 따라서 **분리상수**(分離常數; separation parameter) $\pm\lambda^2$를 도입하여

$$a_1(x)\frac{d^2X}{dx^2}+a_2(x)\frac{dX}{dx}+[a_3(x)\pm\lambda^2]X=0\tag{13}$$

$$b_1(y)\frac{d^2Y}{dy^2}+b_2(y)\frac{dY}{dy}+[b_3(y)\mp\lambda^2]Y=0\tag{14}$$

처럼 두 개의 상미분방정식으로 분리할 수 있다. 여기서, a_1, a_2, a_3은 x만의 함수이고, b_1, b_2, b_3은 y만의 함수이어야만 변수분리가 가능하다는 것을 알 수 있다. 아직까지 미지수로 남아 있는 분리상수 $\pm\lambda^2$에 대해서는 다음에서 다루기로 한다.

제차방향과 비제차방향. 식 (13)과 (14)로 주어진 x 및 y에 관한 상미분방정식은 모두 제차이다. 이때, x좌표에 관한 경계조건이 역시 제차이면 x방향을 **제차방향**(齊次方向; homogeneous direction)이라고 한다. 만약 경계조건이 비제차항을 포함하면 **비제차 방향**이라고 한다. y좌표에 대해서도 마찬가지로 제차방향인지 비제차방향인지 같은 방법으로 판단할 수 있다.

변수분리를 이용하여 편미분방정식의 해를 구할 때, 제차 또는 비제차 방향을 결정하는 것은 매우 중요한 과정이며 식 (13)과 (14)에 포함된

> 분리상수 $\pm\lambda^2$은 제차방향의 좌표에 대해 Sturm-Liouville 문제의 고유값과 고유함수가 나타나도록 결정한다. 이때, 주어진 경계조건이 $\lambda=0$인 고유값을 가지는가를 반드시 먼저 살펴보아야 한다.

☑ 분리상수 $\pm\lambda^2$에서 $\lambda\geq 0$으로 생각하는 것이 일반적이다. 특별히 구분할 필요가 없을 경우 λ^2 또는 λ를 고유값이라고 한다.

예제 3 스텀-리우빌 문제 $X''+\lambda^2X=0,\ X(0)=0,\ X(1)=0$의 고유값과 고유함수를 구하라.

☞ 먼저, $\lambda = 0$일 때의 해 $X(x) = Ax + B$는 경계조건 $X(0) = 0$에서 $B = 0$, $X(1) = 0$에서 $A + B = 0$으로부터 $A = B = 0$이 되어 자명한 해만이 존재한다. 다음으로 $\lambda \neq 0$일 때는

$$X(x) = A\cos\lambda x + B\sin\lambda x$$

가 해가 되고, 경계조건 $X(0) = 0$에서 $A = 0$, 그리고 $X(1) = B\sin\lambda = 0$에서 $B \neq 0$이어야 자명하지 않은 해가 얻어지므로 $\sin\lambda = 0$이 된다. 따라서,

$$\begin{aligned} &\text{고유값: } \lambda = \lambda_n = n\pi, \quad n = 1, 2, 3, \cdots \\ &\text{고유함수: } X = X_n = A_n \sin\lambda_n x \end{aligned} \tag{15}$$ ◀

✔ 고유함수에 포함된 상수가 갖는 의미는 별로 없으므로 $X \sim \sin\lambda_n x$로 쓰기로 한다. 그리고, 이 예제에서 고유함수 $\sin\lambda_n x$의 정규(norm)의 제곱은

$$\|\sin\lambda_n x\|^2 = \langle \sin\lambda_n x, \sin\lambda_n x \rangle = \int_0^1 \sin^2\lambda_n x\, dx = \frac{1}{2}\left(x - \frac{\sin 2\lambda_n x}{2\lambda_n}\right)\Bigg|_0^1 = \frac{1}{2}$$

***예제 4** 스텀-리우빌 문제 $X'' + \lambda^2 X = 0$, $X(0) = 0$, $X(1) = X'(1)$의 고유값과 고유함수를 구하라.

☞ 앞의 예제와 마찬가지로 $X'' + \lambda^2 X = 0$의 일반해

$$X \sim \begin{cases} 1, \quad x & (\lambda = 0) \\ \cos\lambda x, \quad \sin\lambda x & (\lambda \neq 0) \end{cases} \tag{16}$$

로부터 경계조건을 만족하는 고유함수를 결정한다.

$\lambda = 0$일 때의 해 $X(x) = Ax + B$는 경계조건 $X(0) = 0$에서 $B = 0$이고, $X(1) = X'(1)$에서 $A + B = A$로부터 A는 임의의 수가 되어 $X(x) = Ax$ 즉, $X(x) \sim x$가 고유함수로 된다. 또한, 고유값이 $\lambda \neq 0$일 때는 $X(x) = A\cos\lambda x + B\sin\lambda x$에서 경계조건으로부터 $A = 0$, $B\sin\lambda = B\lambda\cos\lambda$이다. 이때, $B \neq 0$이어야 자명하지 않은 해가 존재하고,

$$\tan\lambda = \lambda$$

를 만족하는 λ가 고유값으로 된다. 따라서, 구간 [0, 1]에서 정의되는 고유방정식의 고유함수는

$$X = X_n \sim \begin{cases} x & (\lambda_0 = 0) \\ \sin\lambda_n x & (\tan\lambda_n = \lambda_n,\ n = 1, 2, 3, \cdots) \end{cases} \tag{17}$$ ◀

✔ 식 (16)에서 $\cos\lambda x$, $\sin\lambda x$는 $X = c_1\cos\lambda x + c_2\sin\lambda x$의 상수 c_1, c_2를 생략하여 독립해의 형태를 강조한 표현이다. 식 (17)에서, $\lambda = 0$일 때는 $\langle x, x \rangle = \int_0^1 x^2\, dx = \frac{1}{3}$이다. $\lambda \neq 0$일 때는

$$\langle \sin\lambda_n x, \sin\lambda_n x \rangle = \int_0^1 \sin^2\lambda_n x\, dx = \frac{1}{2}\left(x - \frac{\sin 2\lambda_n x}{2\lambda_n}\right)\Bigg|_0^1 = \frac{1}{2}\left(1 - \frac{\sin 2\lambda_n}{2\lambda_n}\right)$$

에서 $\tan\lambda_n = \lambda_n$을 쓰면

$$\sin 2\lambda_n = 2\sin\lambda_n\cos\lambda_n = 2\lambda_n\cos^2\lambda_n = \frac{2\lambda_n}{1 + \tan^2\lambda_n} = \frac{2\lambda_n}{1 + \lambda_n^2}$$

이므로, $\langle \sin\lambda_n x, \sin\lambda_n x\rangle = \dfrac{\lambda_n^2}{2(1+\lambda_n^2)}$ 으로 주어진다. 이와 같이, (예제 3)과 고유방정식이 서로 같아도 경계조건이 다르면 그에 따른 정규(norm)와 고유함수전개도 서로 다르게 된다. 더구나, 이러한 경우의 급수전개는 푸리에 사인급수도 아니고 푸리에 코사인급수도 아닌 일반 푸리에 급수로 된다.

예제 5 $u(x, y) = X(x)Y(y)$로 변수분리할 때, 다음으로 주어지는 경계조건으로부터 제차방향과 비제차방향을 결정하라.

$$u(x, 0) = 0, \qquad u(0, y) = f(y)$$
$$u(x, H) = 0, \qquad u(\infty, y) = 0$$

☞ 먼저 $u(x, 0) = X(x)Y(0) = 0$이 항등적으로 만족되려면 반드시 $Y(0) = 0$이어야 한다(☑ 참조). 마찬가지로 하면, $u(x, H) = X(x)Y(H) = 0$으로부터 $Y(H) = 0$이 되며, 따라서

$$Y(0) = 0, \qquad Y(H) = 0$$

을 얻고 y 좌표방향이 제차방향임을 알 수 있다. 비제차방향인 x 좌표의 제차경계조건

$$u(\infty, y) = X(\infty)Y(y) = 0$$

으로부터는 $X(\infty) = 0$을 얻는다. 그러나,

$$u(0, y) = X(0)Y(y) = f(y)$$

에서는 $X(0)$의 "특정한" 값을 결정할 수 없다. 다시 말하면, 비제차 경계조건으로부터는 변수분리된 함수에 대한 정보를 얻어낼 수 없다. 그 대신 중첩해의 최종형태를 결정하는 데 쓰이게 된다. ◀

☑ 만약 $X(x)Y(0) = 0$에서 $X(x) = 0$을 택하게 되면 $u(x, y) = X(x)Y(y) = 0$이 되어 자명한 해가 되므로, $Y(0) = 0$인 경계조건을 얻게 되는 것이다.

11-4 라플라스 방정식의 해: (I) 카테시안 좌표계

라플라스의 방정식 $\nabla^2 u = 0$을 만족하는 해를 **조화**(調和; harmonic)**함수**라고 한다. 또한, 조화함수에 관한 이론을 **퍼텐셜이론**(potential theory)이라고 하며, 조화함수를 **퍼텐셜**이라고도 한다. 예를 들면, 전하가 없는 영역에서 정전기퍼텐셜이 $\nabla^2 u = 0$을 만족하고, 열전도방정식에서 시간에 따라 변하지 않는 **정상상태**(定常狀態; steady-state)에 도달한 온도분포도 역시 $\nabla^2 u = 0$을 만족한다. 이 절과 이어지는 몇 개의 절에서는 라플라스 방정식의 해를 카테시안, 원통, 구면 좌표계에서 변수분리를 이용하여 풀어본다.

분리해의 일반형태. 카테시안 좌표계에서 2차원 라플라스의 방정식은

$$\frac{\partial^2 u}{\partial x^2}+\frac{\partial^2 u}{\partial y^2}=0 \tag{18}$$

으로 되고, $u(x, y)=X(x)Y(y)$ 형태의 변수분리를 하게 된다. 편의상 첨자 $'$(prime)으로 d/dx 또는 d/dy를 나타내기로 하면, 변수분리는

$$X''Y+XY''=0 \quad \text{또는} \quad \frac{X''}{X}=-\frac{Y''}{Y}=\pm\lambda^2$$

즉,

$$X''\mp\lambda^2 X=0 \tag{19}$$

$$Y''\pm\lambda^2 Y=0 \tag{20}$$

으로 된다. 분리상수 $\pm\lambda^2$은 제차방향으로 스텀-리우빌 문제가 나타나도록 결정한다. 따라서, $\lambda\neq 0$인 경우 $v=x, y$ 중의 하나라고 할 때 제차방향에 대해서 $\cos\lambda v$, $\sin\lambda v$가 고유함수로 되고, $e^{\lambda v}$, $e^{-\lambda v}$가 비제차방향의 분리해가 된다. 그러나, 비제차방향이 유한(有限)영역으로 되면 $\cosh\lambda v$, $\sinh\lambda v$를 사용하는 것이 더욱 편리하다. 이것을 정리하면 표 11.2와 같다. 표 11.2에 주어진 일반 분리해를 이용하여 해를 구할 때, $\lambda=0$인 고유값이 존재하는 경우를 잘 따져보아야 한다. 최종적으로, $\lambda=0$일 때와 $\lambda\neq 0$일 때의 분리해를 이용하여 중첩해는

$$u(x, y)=(XY)_{\lambda=0}+\sum(XY)_{\lambda\neq 0}$$

즉,

$$u(x, y)=[(A_0+B_0x)+(C_0+D_0x)y]_{\lambda=0} + \sum_{\lambda\neq 0}(A_\lambda\cos\lambda x+B_\lambda\sin\lambda x)e^{\lambda y}+(C_\lambda\cos\lambda x+D_\lambda\sin\lambda x)e^{-\lambda y} \tag{21}$$

로 일반중첩해를 나타낼 수 있다.

표 11.2 카테시안 (x, y) 좌표계에서 $\nabla^2 u=0$의 분리해

$$\left.\begin{aligned}&\text{제차방향}: X\sim\begin{cases}1, \quad x & (\lambda=0)\\ \cos\lambda x, \quad \sin\lambda x & (\lambda\neq 0)\end{cases}\\ &\text{비제차방향}: Y\sim\begin{cases}1, \quad y & (\lambda=0)\\ e^{\lambda y}, \quad e^{-\lambda y} & (\lambda\neq 0)\end{cases}\end{aligned}\right\}\ \frac{\partial^2 u}{\partial x^2}+\frac{\partial^2 u}{\partial y^2}=0$$

*제차방향이 x 좌표방향으로 주어진 경우임.
**비제차방향이 유한영역일 때는 지수함수 대신에 $\cosh\lambda y$, $\sinh\lambda y$를 사용.

✓ $\lambda=0$인 고유값을 갖지 못하면 식 (21)의 계수 A_0, B_0, C_0, D_0는 당연히 모두 0이다.

제차 및 비제차 방향의 특성. 2차원 라플라스의 방정식을 분리한 식 (19)와 (20)을 살펴보면 x 및 y에 관해 각각 2계 도함수를 가지므로, 경계조건도 각각 2개씩이 필요하다. 변수분리를 이용하여 미분방정식의 해를 구하는 과정은 예를 들어 식

$$u(x,y) = \sum_{n=0}^{\infty} A_n X(\lambda_n x) Y(\lambda_n y)$$

에서

① 분리함수 $X(\lambda_n x)$
② 계수 A_n
③ 고유값 λ_n
④ 분리함수 $Y(\lambda_n y)$

$$u(x, y) = \sum_{n=0}^{\infty} A_n X(\lambda_n x) Y(\lambda_n y)$$

를 결정하는 것과 동일하다. 이때, 각 좌표방향으로 2개씩 총 4개의 경계조건은 이들을 결정하는 데 사용된다. 제차 또는 비제차 방향으로 각 경계조건의 역할을 표 11.3에 정리하였다.

표 11.3 라플라스 방정식의 변수분리시 제차 및 비제차 방향의 특성

제차방향:
- ▶ 두 개의 제차경계조건을 갖는다.
  - 하나의 제차경계조건으로부터 ① 분리함수 선택
  - 다른 제차경계조건으로부터 ② 고유값 결정

비제차방향:
- ▶ 제차, 비제차 경계조건을 각각 하나씩 갖는다.
  - 제차경계조건으로부터 ③ 분리함수 선택
  - 비제차경계조건을 써서 ④ 일반 Fourier 급수의 계수 결정

☑ 두 개의 좌표가 모두 제차방향인 경우는 어떻게 될 것인가. 예를 들어, 미분방정식

$$\frac{\partial^2 u}{\partial x^2} + \frac{\partial^2 u}{\partial y^2} = 0, \quad u(0, y) = u(L, y) = u(x, 0) = u(x, H) = 0$$

은 x, y가 모두 제차방향이다. 이때는 자명한 해 $u(x, y) = 0$만을 가지므로 논의할 필요가 없게 된다. 이에 대해서는 이미 8-5절의 정리 B에서 $\int_V |\nabla\phi|^2 dV = 0$인 성질을 이용하여 증명하였다. 따라서 라플라스 방정식에서 반드시 한 좌표는 비제차방향이 되어야 자명하지 않은 해를 구할 수 있게 된다.

예제 6 다음의 편미분방정식을 풀어라(그림 11.2 참조)

2차원 라플라스의 방정식: $\dfrac{\partial^2 u}{\partial x^2} + \dfrac{\partial^2 u}{\partial y^2} = 0$

경계조건: $u(0, y) = f(y), \quad u(x, 0) = 0$

$u(\infty, y) = 0, \quad u(x, H) = 0$

☞ 이 문제는 그림 11.2에 보인 바와 같이 높이가 H인 무한띠의 한쪽에 비제차조건이 주어진 경우를 모델링한 것이다.

경계조건이 카테시안 좌표계의 좌표방향으로 주어져 있으므로 변수분리를 $u(x, y) = X(x)Y(y)$로 한다. 먼저, 제차경계조건

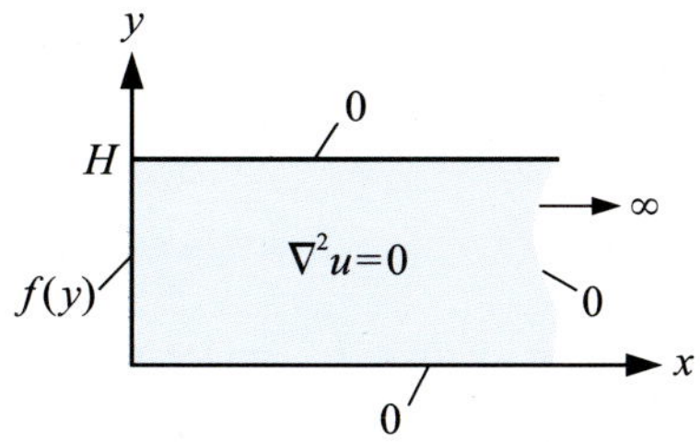

그림 11.2

$$u(\infty, y) = 0, \quad u(x, 0) = 0, \quad u(x, H) = 0$$

으로부터

$$X(\infty) = 0, \quad Y(0) = 0, \quad Y(H) = 0$$

을 얻는다(제차방향은 y좌표). 그런데 $\lambda = 0$일 때의 해 $Y(y) = Ay + B$는 $Y(0) = Y(H) = 0$으로부터 자명한 해가 되므로, 표 11.2로부터 $\cos \lambda y$와 $\sin \lambda y$가 가능한 고유함수가 된다. 계속하여, 표 11.3에 정리한 바와 같이

- $Y(0) = 0 \quad \rightarrow \quad Y \sim \sin \lambda y$를 선택
- $Y(H) = 0 \quad \rightarrow \quad \lambda$를 결정. $\sin \lambda H = 0$, 즉 $\lambda = \lambda_n = \dfrac{n\pi}{H}$, $n = 1, 2, 3, \cdots$
- $X(\infty) = 0 \quad \rightarrow \quad X \sim e^{-\lambda x}$를 선택 (무한영역의 경우이므로)

하는 단계를 밟는다. 다음으로는, 위에서 구한 분리해를 이용하여 중첩해를

$$u(x, y) = \sum_{n=1}^{\infty} A_n e^{-\lambda_n x} \sin \lambda_n y, \quad \lambda_n = \frac{n\pi}{H} \tag{22}$$

로 가정하고, 마지막 남은 비제차경계조건 $u(0, y) = f(y)$을 이용하여 계수를 결정한다. 즉, 식 (22)에 $x = 0$을 대입하면

$$u(0, y) = \sum_{n=1}^{\infty} A_n e^{-\lambda_n 0} \sin \lambda_n y \quad \Rightarrow \quad f(y) = \sum_{n=1}^{\infty} A_n \sin \lambda_n y \tag{23}$$

로 되고, 윗식의 양변과 $\sin \lambda_n y$의 내적을 취하면, 고유함수의 직교성에 의하여

$$\langle f(y), \sin \lambda_n y \rangle = A_n \langle \sin \lambda_n y, \sin \lambda_n y \rangle$$

를 얻는다. 그런데, y좌표의 정의구간 $[0, H]$에서 가중함수가 1이므로 (고유방정식이 $Y'' + \lambda^2 Y = 0$)

$$A_n = \frac{\langle f(y), \sin \lambda_n y \rangle}{\langle \sin \lambda_n y, \sin \lambda_n y \rangle} = \frac{\displaystyle\int_0^H f(y) \sin \lambda_n y \, dy}{\displaystyle\int_0^H \sin^2 \lambda_n y \, dy} = \frac{2}{H} \int_0^H f(y) \sin \lambda_n y \, dy \tag{24}$$

로부터 계수가 결정된다(✓ 참조). 만일 $f(y) = 1$인 경우에는

$$A_n = \frac{2}{H} \frac{-\cos \lambda_n y}{\lambda_n} \bigg|_0^H = \frac{2[1 - (-1)^n]}{\lambda_n H} \tag{25}$$

이 되므로[위에서, $\cos \lambda_n H = \cos n\pi = (-1)^n$을 사용하였다]

$$u(x, y) = 2\sum_{n=1}^{\infty} \frac{1-(-1)^n}{\lambda_n H} e^{-\lambda_n x} \sin\lambda_n y, \quad \lambda_n = \frac{n\pi}{H} \tag{26}$$

식 (24)의 분모는

$$\int_0^H \sin^2 \lambda_n y\, dy = \int_0^H \frac{1}{2}(1-\cos 2\lambda_n y)\, dy = \frac{1}{2}\left(y - \frac{\sin 2\lambda_n y}{2\lambda_n} \right)\Bigg|_0^H = \frac{H}{2}$$

예제 7 x방향으로 유한한 영역에 대해 (예제 6)을 다시 푼다. 즉,

2차원 라플라스의 방정식: $\dfrac{\partial^2 u}{\partial x^2} + \dfrac{\partial^2 u}{\partial y^2} = 0$

경계조건: $u(0, y) = f(y)$, $u(x, 0) = 0$

$\boxed{u(L, y) = 0,}$ $u(x, H) = 0$

으로 주어진 미분방정식의 해를 구하라(그림 11.3 참조).

☞ (예제 6)의 경우와 비교하면 제차방향인 y에 대해서 바뀐 것이 없으므로 고유값과 고유함수는

$$Y \sim \sin\lambda_n y, \quad \lambda_n = \frac{n\pi}{H}, \quad n = 1, 2, 3, \cdots$$

으로 동일하다. 그런데, 비제차방향인 x방향이 유한한 영역이므로 표 11.2에서 지수함수 대신 쌍곡선함수를 이용하여 $X(L) = 0$을 만족하는

$$X(x) = \frac{\sinh \lambda_n (L-x)}{\sinh \lambda_n L}$$

를 x방향의 분리해로 택한다[여기서, $X(0) = 1$, $X(L) = 0$이 되도록 정규화(normalization)시켰다]. 따라서, 중첩해는

$$u(x, y) = \sum_{n=1}^{\infty} A_n \frac{\sinh\lambda_n (L-x)}{\sinh\lambda_n L} \sin\lambda_n y \tag{27}$$

로 나타낼 수 있으며,

$$u(0, y) = \sum_{n=1}^{\infty} A_n \frac{\sinh\lambda_n L}{\sinh\lambda_n L} \sin\lambda_n y \quad \Rightarrow \quad u(0, y) = \sum_{n=1}^{\infty} A_n \sin\lambda_n y$$

는 식 (23)과 동일하므로 계수 A_n은 식 (24)로 주어진다. ◀

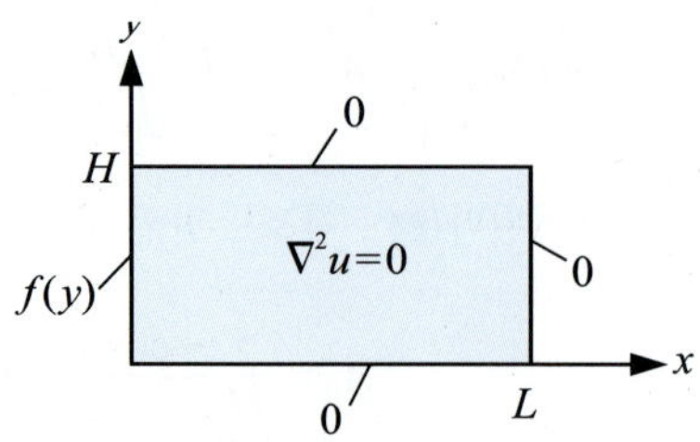

그림 11.3

☑ $\cosh\lambda x = (e^{\lambda x} + e^{-\lambda x})/2$는 어떠한 x에 대해서도 0이 되지 않지만 $\sinh 0 = 0$이다. 따라서, $X(L) = 0$이 될 수 있는 $\sinh\lambda(L-x)$을 택한 것이다. 이것을

$$X(x) = A\sinh\lambda x + B\cosh\lambda x$$

로 두고 $A\sinh\lambda L + B\cosh\lambda L = 0$, 즉

$$A = C_0\cosh\lambda L, \quad B = -C_0\sinh\lambda L$$

을 다시 윗식에 대입하여

$$\begin{aligned} X(x) &= C_0(\sinh\lambda x\cosh\lambda L - \cosh\lambda x\sinh\lambda L) \\ &= C_0\sinh\lambda(x-L) \end{aligned}$$

인 많은 계산과정을 거쳐 같은 결과를 얻는 방법과 비교해 보라. 그리고, $X(0) = 1$로 정규화하지 않았을 때에는

$$u(x, y) = \sum_{n=1}^{\infty} A_n \sinh\lambda_n(L-x)\sin\lambda_n y$$

$$A_n\sinh\lambda_n L = \frac{2}{H}\int_0^H f(y)\sin\lambda_n y\,dy$$

로 해를 나타내어야 하며, 계수 A_n의 표현이 다른 경우와 호환이 되지 않는다.

****비제차 편미분방정식의 경우.** 미분방정식이 비제차항을 포함하는 경우에는 그 자체로 변수분리가 불가능하지만, 중첩의 원리를 이용하여 비제차항의 영향을 분리시킬 수 있다.

****예제 8** 그림 11.4에 보인 유한한 영역에 대해

비제차 편미분방정식: $\dfrac{\partial^2 u}{\partial x^2} + \dfrac{\partial^2 u}{\partial y^2} + 1 = 0$

경계조건: $u(0, y) = 0, \quad u(x, 0) = 0$

$u(L, y) = 0, \quad u(x, H) = 0$

으로 주어진 미분방정식의 해를 구하라.

☞ 간단한 형태처럼 보이지만 해를 구하는 것이 쉽지 않은 문제이다. 경계조건은 모두 제차이지만 미분방정식에 비제차항이 포함되어 있으므로, 이를 먼저 분리한다. 따라서

$$u(x, y) = \phi(y) + v(x, y) \tag{28}$$

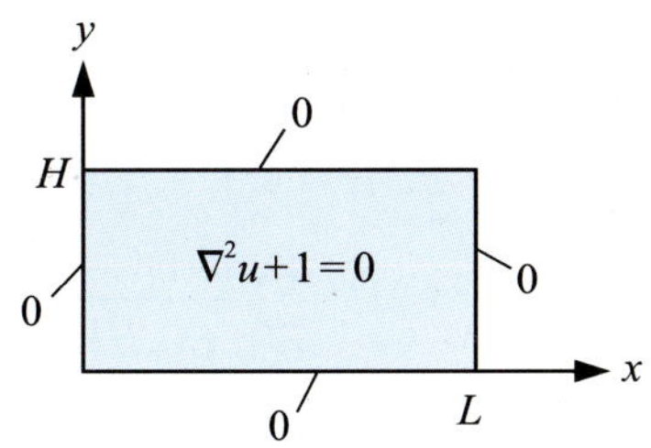

그림 11.4

의 형태로 중첩을 한다. 그러면 지배방정식과 경계조건은

$$\frac{\partial^2 v}{\partial x^2} + \frac{\partial^2 v}{\partial y^2} + \phi''(y) + 1 = 0$$

$$\phi(y) + v(0, y) = 0, \quad \phi(0) + v(x, 0) = 0$$

$$\phi(y) + v(L, y) = 0, \quad \phi(H) + v(x, H) = 0$$

으로 되고 청색 부분을 0으로 두면

$$\begin{array}{c|c} \phi''(y) + 1 = 0 & \dfrac{\partial^2 v}{\partial x^2} + \dfrac{\partial^2 v}{\partial y^2} = 0 \\ \phi(0) = 0 & v(0, y) = -\phi(y), \quad v(x, 0) = 0 \\ \phi(H) = 0 & v(L, y) = -\phi(y), \quad v(x, H) = 0 \end{array} \tag{29}$$

과 같이 분리된다. 왼쪽의 상미분방정식은

$$\phi(y) = -\frac{1}{2}(y^2 - Hy) \tag{30}$$

인 해를 가진다. 또한 오른쪽의 편미분방정식은 두 개의 비제차 경계조건을 가지므로 다시

$$v(x, y) = v_1(x, y) + v_2(x, y) \tag{31}$$

의 형태로 분리하여

$$\begin{array}{c|c} \dfrac{\partial^2 v_1}{\partial x^2} + \dfrac{\partial^2 v_1}{\partial y^2} = 0 & \dfrac{\partial^2 v_2}{\partial x^2} + \dfrac{\partial^2 v_2}{\partial y^2} = 0 \\ v_1(0, y) = -\phi(y), \quad v_1(x, 0) = 0 & v_2(0, y) = 0, \quad v_2(x, 0) = 0 \\ v_1(L, y) = 0, \quad v_1(x, H) = 0 & v_2(L, y) = -\phi(y), \quad v_2(x, H) = 0 \end{array}$$

을 다시 만든다. 위의 해는 (예제 7)로부터

$$v_1(x, y) = \sum_{n=1}^{\infty} A_n \frac{\sinh \lambda_n (L - x)}{\sinh \lambda_n L} \sin \lambda_n y \tag{32}$$

이고, (연습문제 3)으로부터

$$v_2(x, y) = \sum_{n=1}^{\infty} A_n \frac{\sinh \lambda_n x}{\sinh \lambda_n L} \sin \lambda_n y \tag{33}$$

가 된다. 여기서

$$\lambda_n = \frac{n\pi}{H}, \quad n = 1, 2, 3, \cdots \tag{34}$$

이다. 따라서, 최종해는

$$\begin{aligned} u(x, y) &= \frac{1}{2}(Hy - y^2) \\ &\quad + 2H^2 \sum_{n=1}^{\infty} \frac{(-1)^n - 1}{(\lambda_n H)^3} \frac{\sinh \lambda_n x + \sinh \lambda_n (L - x)}{\sinh \lambda_n L} \sin \lambda_n y \end{aligned} \tag{35}$$ ◀

☑ 식 (35)의 계수는 다음과 같이 구한 것이다.

$$A_n = \frac{1}{H}\int_0^H (y^2 - Hy)\sin\lambda_n y\, dy \quad \Leftarrow \quad \frac{\langle -\phi(y), \sin\lambda_n y\rangle}{\langle \sin\lambda_n y, \sin\lambda_n y\rangle}$$

$$= \frac{1}{H}\left[(y^2 - Hy)\left(\frac{-\cos\lambda_n y}{\lambda_n}\right) - (2y - H)\left(\frac{-\sin\lambda_n y}{\lambda_n^2}\right) + 2\left(\frac{\cos\lambda_n y}{\lambda_n^3}\right)\right]_0^H$$

$$= \frac{1}{H}\left(\frac{2\cos\lambda_n H}{\lambda_n^3} - \frac{2}{\lambda_n^3}\right)$$

연습문제

[1] $x = 0$에서 Neumann 조건이 주어진 경우 $u_x(0, y) = f(y)$에 대해 (예제 6)을 풀어라.

[2] 단열조건 $u_y(x, 0) = 0$과 대류조건 $u_y(x, H) + \frac{h_\infty}{k}u(x, H) = 0$에 대하여 (예제 6)을 다시 풀어라.

[3] 그림 11.3에서 x 방향의 경계조건이 $u(0, y) = 0$, $u(L, y) = f(y)$로 위치를 바꾸게 되면

$$u(x, y) = \sum_{n=1}^{\infty} A_n \frac{\sinh\lambda_n x}{\sinh\lambda_n L}\sin\lambda_n y$$

가 해로 되며, 계수 A_n은 식 (24)와 동일함을 보여라.

[4] $0 \le x \le L$, $0 \le y \le H$인 사각형 내부의 온도분포 $u(x, y)$는 $\nabla^2 u = 0$을 만족한다고 한다. x 방향으로 $u(0, y) = f(y)$, $u(L, y) = 0$, y 방향으로 단열조건 $u_y(x, 0) = 0$, $u_y(x, H) = 0$을 가질 때의 온도분포는

$$u(x, y) = A_0\left(1 - \frac{x}{L}\right) + \sum_{n=1}^{\infty} A_n \frac{\sinh\lambda_n (L - x)}{\sinh\lambda_n L}\cos\lambda_n y, \quad \lambda_n = \frac{n\pi}{H}$$

로 쓸 수 있음을 보이고, 계수 A_n은

$$A_0 = \frac{1}{H}\int_0^H f(y)\, dy, \quad A_n = \frac{2}{H}\int_0^H f(y)\cos\lambda_n y\, dy$$

로부터 결정되는 것을 보여라.

*__[5]__ 문제 [4]에서 $f(y) = \frac{1}{H^2}y(H - y)$로 주어질 때의 해가 다음과 같음을 보여라.

$$u(x, y) = \frac{1}{6}\left(1 - \frac{x}{L}\right) - 2\sum_{n=1}^{\infty}\frac{1 + (-1)^n}{(\lambda_n H)^2}\frac{\sinh\lambda_n (L - x)}{\sinh\lambda_n L}\cos\lambda_n y, \quad \lambda_n = \frac{n\pi}{H}$$

**__[6]__ 식 (28)에서 $u(x, y) = \phi(x) + v(x, y)$로 두고 (예제 8)을 다시 풀면 해가 다음과 같음을 보여라.

$$u(x, y) = \frac{1}{2}(Lx - x^2) + 2L^2\sum_{n=1}^{\infty}\frac{(-1)^n - 1}{(\lambda_n L)^3}\frac{\sinh\lambda_n y + \sinh\lambda_n (H - y)}{\sinh\lambda_n H}\sin\lambda_n x, \quad \lambda_n = \frac{n\pi}{L}$$

11-5 라플라스 방정식의 해: (II) (r, θ) 원통좌표계

일반중첩해. 원통좌표계 (r, θ, z)에서 r, θ 방향만을 고려하면 라플라스의 방정식은

$$\frac{1}{r}\frac{\partial}{\partial r}\left(r\frac{\partial u}{\partial r}\right)+\frac{1}{r^2}\frac{\partial^2 u}{\partial \theta^2}=0 \tag{36}$$

또는 전개하여

$$\frac{\partial^2 u}{\partial r^2}+\frac{1}{r}\frac{\partial u}{\partial r}+\frac{1}{r^2}\frac{\partial^2 u}{\partial \theta^2}=0 \tag{37}$$

으로 되고, $u(r, \theta) = \mathscr{R}(r)\Theta(\theta)$ 형태의 변수분리를 하게 된다. 편의상, $'$(prime)으로 d/dr 또는 $d/d\theta$를 나타내기로 하면

$$\mathscr{R}''\Theta+\frac{1}{r}\mathscr{R}'\Theta+\frac{1}{r^2}\mathscr{R}\Theta''=0 \quad\Rightarrow\quad \frac{1}{\mathscr{R}}r^2\left(\mathscr{R}''+\frac{1}{r}\mathscr{R}'\right)=-\frac{\Theta''}{\Theta}=\lambda^2$$

즉,

$$r^2\mathscr{R}''+r\mathscr{R}'-\lambda^2\mathscr{R}=0 \tag{38}$$

$$\Theta''+\lambda^2\Theta=0 \tag{39}$$

과 같이 θ 방향을 제차방향으로 택하여 변수분리할 수 있다(r 방향을 제차방향으로 하는 경우는 연습문제 참조).

먼저, $\lambda=0$인 경우에는 $r\mathscr{R}''+\mathscr{R}'=(r\mathscr{R}')'=0$으로부터 $r\mathscr{R}'=c_1$, 즉 $\mathscr{R}=c_1\ln r+c_2$를 얻고, $\Theta''=0$에서 $\Theta=c_1\theta+c_2$를 얻는다. 계속해서, $\lambda\neq 0$인 경우에는 $\mathscr{R}=r^s$라 두고 오일러 방정식($r^2\mathscr{R}''+r\mathscr{R}'-\lambda^2\mathscr{R}=0$), 즉

$$r^2[s(s-1)r^{s-2}]+r[sr^{s-1}]-\lambda^2 r^s=r^s(s^2-\lambda^2)=0$$

을 풀어 $s=\pm\lambda$, 즉 $\mathscr{R}=r^{\pm\lambda}$를 얻는다. 또한, $\Theta''+\lambda^2\Theta=0$으로부터 $\Theta=c_1\cos\lambda\theta+c_2\sin\lambda\theta$가 구해진다. 각 좌표방향의 분리해를 표 11.4에 보인 바와 같이 정리할 수 있다.

최종적인 중첩해는

$$\begin{aligned}u(r,\theta)&=(\mathscr{R}\Theta)_{\lambda=0}+\sum(\mathscr{R}\Theta)_{\lambda\neq 0}\\&=(a_0+b_0\ln r)(c_0+d_0\theta)+\sum_{\lambda\neq 0}(a_\lambda r^\lambda+b_\lambda r^{-\lambda})(c_\lambda\cos\lambda\theta+d_\lambda\sin\lambda\theta)\end{aligned}$$

로 쓸 수 있다. 위에서, 곱을 전개하면

$$\begin{aligned}u(r,\theta)=&\ [(A_0+B_0\ln r)+(C_0+D_0\ln r)\theta]_{\lambda=0}\\&+\sum_{\lambda\neq 0}(A_\lambda r^\lambda+B_\lambda r^{-\lambda})\cos\lambda\theta+(C_\lambda r^\lambda+D_\lambda r^{-\lambda})\sin\lambda\theta\end{aligned} \tag{40}$$

형태의 일반중첩해를 얻을 수 있으며, 주어진 조건에 따라 계수를 결정하여 해를 구하게 된다. 그러나, 식 (40)의 중첩해는 일반적인 상황에 대한 결과이므로 자주 나타나는 형태에 대해 보다 간단히 정리할 필요가 있다.

표 11.4 원통좌표계에서 (r,θ)에 대한 $\nabla^2 u = 0$의 분리해

$$\left.\begin{array}{l} \text{제차방향: } \Theta \sim \begin{cases} 1,\ \theta & (\lambda = 0) \\ \cos\lambda\theta,\ \ \sin\lambda\theta & (\lambda \neq 0) \end{cases} \\ \text{비제차방향: } \mathscr{R} \sim \begin{cases} 1,\ \ \ln r & (\lambda = 0) \\ r^{\lambda},\ \ r^{-\lambda} & (\lambda \neq 0) \end{cases} \end{array}\right\} \ \frac{1}{r}\frac{\partial}{\partial r}\left(r\frac{\partial u}{\partial r}\right) + \frac{1}{r^2}\frac{\partial^2 u}{\partial \theta^2} = 0$$

*r 방향이 제차방향이 되는 경우는 고려하지 않았음.

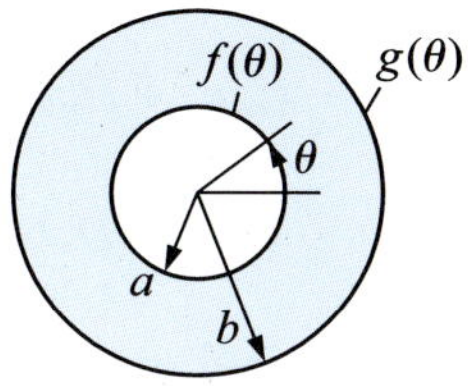

그림 11.5

예제 9 $a \le r \le b,\ 0 \le \theta \le 2\pi$ 영역에서의 온도분포 $u(r,\ \theta)$를 다음의 편미분방정식으로부터 구하라[그림 11.5와 식 (40) 참조].

지배방정식: $$\frac{1}{r}\frac{\partial}{\partial r}\left(r\frac{\partial u}{\partial r}\right) + \frac{1}{r^2}\frac{\partial^2 u}{\partial \theta^2} = 0$$

경계조건: $$u(a,\ \theta) = f(\theta),\ u(b,\ \theta) = g(\theta)$$

θ 방향으로는 주기조건

☞ $0 \le \theta \le 2\pi$가 정의역이므로 주어진 θ에서 온도가 단가(單價; single valued)로 되기 위해서는 반드시 주기(週期)조건

$$u(r,\ \theta) = u(r,\ \theta + 2\pi) \tag{41}$$

를 만족시켜야 한다.

그런데, 식 (40)의 일반중첩해에서 θ 방향의 주기조건을 만족시키려면

$$(C_0 + D_0 \ln r)\,\theta = (C_0 + D_0 \ln r)(\theta + 2\pi)$$
$$\cos\lambda\theta = \cos\lambda(\theta + 2\pi)$$
$$\sin\lambda\theta = \sin\lambda(\theta + 2\pi)$$

즉,

$$C_0 = D_0 = 0$$
$$\lambda = \lambda_n = n, \qquad n = 1, 2, 3, \cdots$$

이어야 함을 알 수 있다. 따라서,

$$u(r,\theta) = (A_0 + B_0 \ln r) + \sum_{n=1}^{\infty} \left[(A_n r^n + B_n r^{-n})\cos n\theta + (C_n r^n + D_n r^{-n})\sin n\theta\right] \tag{42}$$

가 구하고자 하는 해가 되고, 경계조건(아래의 ☑ 참조)의 푸리에 급수전개로부터

$$\begin{aligned} A_0 + B_0 \ln a &= \frac{1}{2\pi}\int_0^{2\pi} f(\theta)\, d\theta \\ A_0 + B_0 \ln b &= \frac{1}{2\pi}\int_0^{2\pi} g(\theta)\, d\theta \\ A_n a^n + B_n a^{-n} &= \frac{1}{\pi}\int_0^{2\pi} f(\theta)\cos n\theta\, d\theta \\ A_n b^n + B_n b^{-n} &= \frac{1}{\pi}\int_0^{2\pi} g(\theta)\cos n\theta\, d\theta \\ C_n a^n + D_n a^{-n} &= \frac{1}{\pi}\int_0^{2\pi} f(\theta)\sin n\theta\, d\theta \\ C_n b^n + D_n b^{-n} &= \frac{1}{\pi}\int_0^{2\pi} g(\theta)\sin n\theta\, d\theta \end{aligned} \tag{43}$$

인 관계를 얻는다. 윗식을 풀어 A_0, B_0, A_n, B_n, C_n, D_n ($n = 1, 2, 3, \cdots$)을 구한다.

특히, 온도 또는 속도 등 항상 유한한 값을 택하는 물리량을 고려할 때 다음의 두 경우에 대해서는

- $a \to 0$일 때: $B_0 = 0$ ($\ln r$의 계수), $B_n = D_n = 0$ (r^{-n}의 계수)
- $b \to \infty$일 때: $B_0 = 0$ ($\ln r$의 계수), $A_n = C_n = 0$ (r^n의 계수)

으로 두어 해가 유한하게 되도록 한다(연습문제 참조). ◀

☑ 경계조건을 식 (42)를 이용하여 다시 쓰면

$$f(\theta) = (A_0 + B_0 \ln a) + \sum_{n=1}^{\infty} [(A_n a^n + B_n a^{-n})\cos n\theta + (C_n a^n + D_n a^{-n})\sin n\theta]$$

$$g(\theta) = (A_0 + B_0 \ln b) + \sum_{n=1}^{\infty} [(A_n b^n + B_n b^{-n})\cos n\theta + (C_n b^n + D_n b^{-n})\sin n\theta]$$

연습문제

[1] 표 11.4로부터 θ에 무관한 해는 $u(r) = A_0 + B_0 \ln r$로 되는 것을 보여라.

[2] 반지름 R인 원통의 주위온도가 $u(R, \theta) = T(\theta)$로 일정하게 주어져 있다. 이때, 원통의 내부영역 $r \le R$과 외부영역 $r \ge R$에서의 온도분포 $u(r, \theta)$는 $\nabla^2 u = 0$을 각각의 영역에 대해 풀어서

$$u(r,\theta) = \begin{cases} A_0 + \displaystyle\sum_{n=1}^{\infty}\left(\frac{r}{R}\right)^n (A_n \cos n\theta + B_n \sin n\theta), & r \le R \\ A_0 + \displaystyle\sum_{n=1}^{\infty}\left(\frac{R}{r}\right)^n (A_n \cos n\theta + B_n \sin n\theta), & r \ge R \end{cases}$$

로 되는 것을 보여라(온도는 무한값을 취할 수 없는 물리량이다). 위에서

$$A_0 = \frac{1}{2\pi}\int_0^{2\pi} T(\theta)\,d\theta$$
$$A_n = \frac{1}{\pi}\int_0^{2\pi} T(\theta)\cos n\theta\,d\theta$$
$$B_n = \frac{1}{\pi}\int_0^{2\pi} T(\theta)\sin n\theta\,d\theta$$

[3] 문제 [2]에서 $r \to 0$일 때와 $r \to \infty$의 온도가 $u_0 = u_\infty = \dfrac{1}{2\pi}\displaystyle\int_0^{2\pi} T(\theta)\,d\theta$로 서로 같음을 보여라.

[4] 반지름 R인 원통의 주위에서

$$\left(\frac{\partial u}{\partial r} + \frac{h}{k}u\right)_{r=R} = q(\theta) = \begin{cases} q_0 \sin\theta & (0 < \theta < \pi) \\ 0 & (\pi < \theta < 2\pi) \end{cases}$$

인 조건을 만족하는 온도분포는

$$u(r, \theta) = A_0 + \sum_{n=1}^{\infty}\left(\frac{r}{R}\right)^n (A_n \cos n\theta + B_n \sin n\theta), \quad r \le R$$

의 중첩해로 나타낼 수 있는 것을 보이고 최종해를 구하라($\beta = hR/k$로 치환하라).

***[5]** 구간 $a \le r \le b,\ 0 \le \theta \le \theta_0 < 2\pi$로 이루어진 부채꼴에서 온도분포 $u(r,\ \theta)$가

$$\frac{\partial u}{\partial \theta}(r, 0) = \frac{\partial u}{\partial \theta}(r, \theta_0) = 0, \quad u(a, \theta) = 0, \quad \frac{\partial u}{\partial r}(b, \theta) = q(\theta)$$

인 경계조건을 만족한다. 온도분포를 구하라.

***[6]** 반지름 R인 원통 주위를 흐르는 유체의 속도퍼텐셜은 라플라스의 방정식을 만족하고 $\dfrac{\partial \phi}{\partial r}(R, \theta) = 0,\quad \dfrac{\partial \phi}{\partial r}(\infty, \theta) = V_0 \cos\theta$인 경계조건을 갖는다. 이때, 속도퍼텐셜은

$$\phi = \phi_0 + \Gamma\theta + V_0\left(r + \frac{R^2}{r}\right)\cos\theta$$

로 나타낼 수 있음을 보여라. 그러면, 속도장은 아래와 같이 된다.

$$\mathbf{v} = \nabla\phi = \mathbf{e}_r V_0\left(1 - \frac{R^2}{r^2}\right)\cos\theta + \mathbf{e}_\theta\left[\frac{\Gamma}{r} - V_0\left(1 + \frac{R^2}{r^2}\right)\sin\theta\right]$$

***[7]** 문제 [2]의 결과를 살펴보면 원통의 내부($r_i < R$)와 외부($r_o > R$)에서 $\dfrac{r_i}{R} = \dfrac{R}{r_o}$, 즉 $r_i r_o = R^2$인 두 동심원에서의 온도가 서로 같다는 것을 알 수 있다. 이것으로부터 원통좌표계에서 $u(r,\ \theta)$가 라플라스 방정식의 해이면 $v(r, \theta) = u\left(\dfrac{1}{r}, \theta\right)$도 해가 되는 것을 유추할 수 있다. 즉, $r = \dfrac{1}{\rho}$이라고 두면 $v(r, \theta) = u(\rho, \theta)$, $dr = -\dfrac{1}{\rho^2}d\rho$이므로 $\dfrac{\partial}{\partial r} = -\rho^2\dfrac{\partial}{\partial \rho}$이다. 따라서,

$$\frac{\partial v}{\partial r} = -\rho^2\frac{\partial u}{\partial \rho}, \quad \frac{\partial^2 v}{\partial r^2} = \frac{\partial}{\partial r}\left(\frac{\partial v}{\partial r}\right) = -\rho^2\frac{\partial}{\partial \rho}\left(-\rho^2\frac{\partial u}{\partial \rho}\right) = \rho^4\frac{\partial^2 u}{\partial \rho^2} + 2\rho^3\frac{\partial u}{\partial \rho}$$

의 결과를 라플라스 방정식에 대입하면

$$\nabla^2 v = \frac{\partial^2 v}{\partial r^2} + \frac{1}{r}\frac{\partial v}{\partial r} + \frac{1}{r^2}\frac{\partial^2 v}{\partial \theta^2} = \rho^4\left(\frac{\partial^2 u}{\partial \rho^2} + \frac{1}{\rho}\frac{\partial u}{\partial \rho} + \frac{1}{\rho^2}\frac{\partial^2 u}{\partial \theta^2}\right) = \rho^4\nabla^2 u = 0$$

**[8] 식 (37)의 변수분리에서 r 방향을 제차방향으로 택하였다면 $r^2\mathcal{R}'' + r\mathcal{R}' + \lambda^2\mathcal{R} = 0$을 풀어 $\mathcal{R} = r^{\pm i\lambda}$, 즉

$$\mathcal{R} \sim \cos(\lambda \ln r), \qquad \sin(\lambda \ln r)$$

을 얻고, $(r\mathcal{R}')' + \dfrac{\lambda^2}{r}\mathcal{R} = 0$으로 되어 $\dfrac{1}{r}$을 가중함수로 갖는다. 예를 들어, 구간 $0 < a \le r \le b$에서 미분방정식 $r^2\mathcal{R}'' + r\mathcal{R}' + \lambda^2\mathcal{R} = 0$과 경계조건 $\mathcal{R}(a) = \mathcal{R}(b) = 0$으로 구성된 스텀-리우빌 문제의 고유값은 $\sin\left(\lambda_n \ln \dfrac{b}{a}\right) = 0$, $\lambda_n \ln \dfrac{b}{a} = n\pi$, $n = 1, 2, 3, \cdots$으로 주어지고, 고유함수는 $\mathcal{R} \sim \sin\left(\lambda_n \ln \dfrac{r}{a}\right)$이다. 또한, 고유함수의 직교성은

$$\int_a^b \frac{1}{r}\sin\left(\lambda_m \ln \frac{r}{a}\right)\sin\left(\lambda_n \ln \frac{r}{a}\right) dr = \int_0^{\ln(b/a)} \sin\lambda_m x \sin\lambda_n x\, dx = 0 \quad (m \ne n)$$

으로 주어진다. 그러나, r 방향이 제차방향으로 되는 경우는 극히 제한된 경우이므로 여기서 더 이상 다루지 않기로 한다.

*11-6 라플라스 방정식의 해: (III) (r, z) 원통좌표계

***r 좌표가 제차방향인 경우.** 원통좌표계에서 r, z 방향만을 고려하면 라플라스의 방정식은

$$\frac{\partial^2 u}{\partial r^2} + \frac{1}{r}\frac{\partial u}{\partial r} + \frac{\partial^2 u}{\partial z^2} = 0 \tag{44}$$

으로 되고, $u(r, z) = \mathcal{R}(r)Z(z)$ 형태의 변수분리를 하게 된다. 마찬가지로, $'$(prime)으로 d/dr 또는 d/dz를 나타내기로 하면

$$\mathcal{R}''Z + \frac{1}{r}\mathcal{R}'Z + \mathcal{R}Z'' = 0 \qquad \text{또는} \qquad \frac{1}{\mathcal{R}}\left(\mathcal{R}'' + \frac{1}{r}\mathcal{R}'\right) = -\frac{Z''}{Z} = \pm\lambda^2$$

즉,

$$r^2\mathcal{R}'' + r\mathcal{R}' \mp \lambda^2 r^2 \mathcal{R} = 0 \tag{45}$$

$$Z'' \pm \lambda^2 Z = 0 \tag{46}$$

으로 변수분리된다. 이때는 (x, y) 좌표계의 경우와 마찬가지로 r과 z 좌표 모두 제차방향이 가능하며, 따라서 주어진 경계조건에 따라 제차방향이 결정된다. 그런데, 식 (45)에서

$$\text{베셀방정식: } x^2y'' + xy' + (\lambda^2x^2 - \nu^2)y = 0, \quad y = c_1 J_\nu(\lambda x) + c_2 Y_\nu(\lambda x)$$
$$\text{변형 베셀방정식: } x^2y'' + xy' - (\lambda^2x^2 + \nu^2)y = 0, \quad y = c_1 I_\nu(\lambda x) + c_2 K_\nu(\lambda x)$$

와 비교하면 $r^2\mathcal{R}'' + r\mathcal{R}' \mp \lambda^2 r^2 \mathcal{R} = 0$은 0차 변형 베셀 또는 0차 베셀방정식이다. 만약, 경계조건으로부터 r 좌표방향이 제차방향으로 주어지면 일반분리해는 표 11.5에 보인 바와 같게 된다.

원점 $r = 0$이 정의역에 포함되고, 편미분방정식의 해가 무한값을 갖지 못하는 속도, 온도 등의 물리량을 의미할 때는 원점에서 발산하는 $\ln r$, $Y_0(\lambda r)$을 소거하여

표 11.5 원통좌표계에서 (r, z)에 대한 $\nabla^2 u = 0$의 분리해

$$\left.\begin{aligned} &\text{제차방향: } \mathscr{R} \sim \begin{cases} 1, \quad \ln r & (\lambda = 0) \\ J_0(\lambda r), \quad Y_0(\lambda r) & (\lambda \neq 0) \end{cases} \\ &\text{비제차방향: } Z \sim \begin{cases} 1, \quad z & (\lambda = 0) \\ e^{\lambda z}, \quad e^{-\lambda z} & (\lambda \neq 0) \end{cases} \end{aligned}\right\} \quad \frac{1}{r}\frac{\partial}{\partial r}\left(r\frac{\partial u}{\partial r}\right) + \frac{\partial^2 u}{\partial z^2} = 0$$

*r 좌표방향이 제차방향인 경우임.
**비제차방향의 영역이 유한할 경우에는 지수함수를 $\cosh \lambda z$, $\sinh \lambda z$로 대체한다.

$$u(r, z) = (A_0 + B_0 z)_{\lambda=0} + \sum_{\lambda \neq 0} (A_\lambda e^{\lambda z} + B_\lambda e^{-\lambda z}) J_0(\lambda r) \tag{47}$$

을 일반중첩해로 쓸 수 있다. 아다시피 $\lambda = 0$인 고유값을 가질 수 있는가는 경계조건이 어떻게 주어져 있는가에 달린 문제이다.

☑ r 방향이 제차방향일 때, $\lambda = 0$이 고유값으로 되는 경우는 $r = a$에서 경계조건이 $J_0'(\lambda a) = 0$으로 주어질 때이다.

***예제 10** 반지름 a인 원통에 대하여 (r, z) 좌표계를 사용하여 다음의 편미분방정식의 해를 구하라(그림 11.6 참조).

라플라스의 방정식: $$\frac{\partial^2 u}{\partial r^2} + \frac{1}{r}\frac{\partial u}{\partial r} + \frac{\partial^2 u}{\partial z^2} = 0$$

경계조건: $$u(r, 0) = f(r),\ u(0, z) = \text{finite 또는 } \frac{\partial u}{\partial r}(0, z) = 0$$
$$u(r, \infty) = 0,\ u(a, z) = 0$$

☞ 이 문제는 (예제 6)을 원통좌표계의 경우로 바꾸어 놓은 것이다. 경계조건 $u(r, 0) = f(r)$에서 z 방향이 비제차방향이고 r 좌표방향이 제차방향임을 알 수 있다. (예제 6)과 거의 유사하게 표 11.5로부터

- $u(0, z) = \text{finite}$ → $\mathscr{R} \sim J_0(\lambda r)$를 택한다. (참고: $Y_0(0) = \infty$)
- $u(a, z) = 0$ → $\lambda = \lambda_n$은 $J_0(\lambda_n a) = 0$, 즉 $\lambda_n a$는 $J_0(x)$의 영점
- $u(r, \infty) = 0$ → $Z \sim e^{-\lambda z}$를 택한다.

의 과정을 밟는다. 따라서, 구간 $0 \le r \le a$에 대하여 중첩해를(표 11.5를 참조)

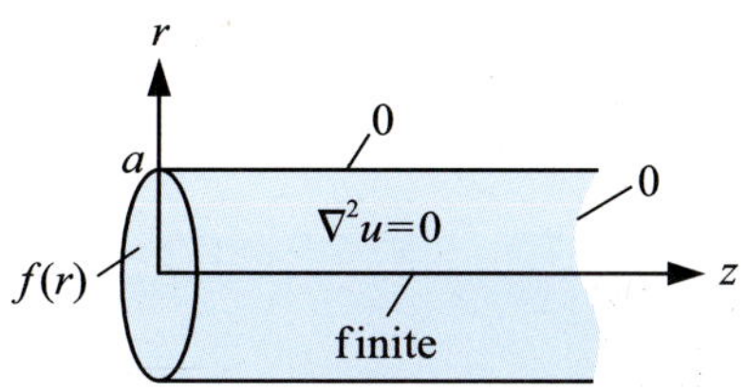

그림 11.6

$$u(r,z)=\sum_{n=1}^{\infty}A_n e^{-\lambda_n z}J_0(\lambda_n r),\quad J_0(\lambda_n a)=0$$

로 쓸 수 있다. 그리고, $z=0$에서의 경계조건은

$$u(r,0)=\sum_{n=1}^{\infty}A_n e^{-\lambda_n 0}J_0(\lambda_n r)\quad\Rightarrow\quad f(r)=\sum_{n=1}^{\infty}A_n J_0(\lambda_n r)$$

로 쓸 수 있고, 이것은 푸리에-베셀급수이므로[경계조건이 $J_0(\lambda_n a)=0$인 경우]

$$A_n=\frac{2}{a^2J_1^2(\lambda_n a)}\int_0^a rf(r)J_0(\lambda_n r)\,dr \tag{48}$$

으로부터 계수를 결정할 수 있다. 특수한 경우, $f(r)=1$일 때(☑ 참조),

$$\int_0^a rJ_0(\lambda_n r)\,dr=\frac{a}{\lambda_n}J_1(\lambda_n a) \tag{49}$$

이므로

$$u(r,z)=2\sum_{n=1}^{\infty}\frac{e^{-\lambda_n z}J_0(\lambda_n r)}{(\lambda_n a)J_1(\lambda_n a)} \tag{50}$$ ◀

☑ 베셀방정식의 성질에서 $(x^{\nu}J_{\nu})'=x^{\nu}J_{\nu-1}$, $(x^{-\nu}J_{\nu})'=-x^{-\nu}J_{\nu+1}$을 알아두는 것이 편리하다. 예를 들어, 식 (49)를 $\lambda_n r=x$의 치환에 의해

$$\int_0^a rJ_0(\lambda_n r)\,dr=\int_0^{\lambda_n a}\frac{x}{\lambda_n}J_0(x)\frac{dx}{\lambda_n}=\frac{1}{\lambda_n^2}\int_0^{\lambda_n a}xJ_0(x)\,dx=\frac{1}{\lambda_n^2}xJ_1(x)\Big|_0^{\lambda_n a}=\frac{a}{\lambda_n}J_1(\lambda_n a)$$

을 구할 수 있다. 이때, $(x^1J_1)'=x^1J_0$를 이용하였다.

$^{**}z$ 좌표가 제차방향인 경우. 경우에 따라서는 z 좌표방향이 제차방향이 될 수 있다. 예를 들어, 원통의 표면에서 z 좌표방향으로 주기적인 조건이 주어진 경우(문제 4번 참조)이다. 이때의 각 좌표방향 분리해를 표 11.6에 나타내었다. 마찬가지로 $r=0$에서 $\ln r$, $K_0(\lambda r)$은 소거되는 경우가 많다.

표 11.6	원통좌표계에서 (r, z)에 대한 $\nabla^2 u=0$의 분리해
	비제차방향: $\mathscr{R}\sim\begin{cases}1,\ \ln r & (\lambda=0)\\ I_0(\lambda r),\ K_0(\lambda r) & (\lambda\neq 0)\end{cases}$ 제차방향: $Z\sim\begin{cases}1,\ z & (\lambda=0)\\ \cos\lambda z,\ \sin\lambda z & (\lambda\neq 0)\end{cases}$ $\dfrac{1}{r}\dfrac{\partial}{\partial r}\left(r\dfrac{\partial u}{\partial r}\right)+\dfrac{\partial^2 u}{\partial z^2}=0$

*z 좌표방향이 제차방향인 경우임.

연습문제

[1] 반지름 a, 높이 H인 원통에 대한 경계조건이 $u(r,0)=f(r)$, $u(r,H)=0$, $u(0,z)=$

finite, $u(a, z) = 0$으로 주어질 때 온도분포가

$$u(r, z) = \sum_{n=1}^{\infty} A_n \frac{\sinh \lambda_n (H - z)}{\sinh \lambda_n H} J_0(\lambda_n r)$$

로 표현되고 계수 A_n과 고유값 λ_n 등은 모두 (예제 10)과 동일함을 보여라.

*[2] $r = a$에서의 경계조건을 $\frac{\partial u}{\partial r}(a, z) = 0$으로 하여 (예제 10)을 다시 풀어라.

*[3] 반지름 a인 무한원통내부에서 $u(r, 0) = u_0$, $u(r, \infty) = 0$, $u(0, z) =$ finite, $\frac{\partial u}{\partial r}(a, z) + \frac{h}{k} u(a, z) = 0$인 경계조건을 만족하는 온도분포를 구하라.

*[4] 반지름 a인 무한원통의 주위온도가 $u(a, z) = \cos \lambda z$로 주어질 때, 원통내부의 온도분포는 $u(r, z) = \frac{I_0(\lambda r)}{I_0(\lambda a)} \cos \lambda z$로 주어지는 것을 보여라. 이를 이용하여 원통의 표면 $r = a$에서 $u(a, z) = u_0$인 경계조건을 만족하는 해를 구하라.

*11-7 라플라스 방정식의 해: (IV) 구면좌표계

***분리해와 일반중첩해.** 구면좌표계에서 r, θ 방향만을 고려하면 라플라스의 방정식은

$$\frac{1}{r^2} \frac{\partial}{\partial r}\left(r^2 \frac{\partial u}{\partial r}\right) + \frac{1}{r^2 \sin\theta} \frac{\partial}{\partial \theta}\left(\sin\theta \frac{\partial u}{\partial \theta}\right) = 0$$

또는

$$\frac{\partial^2 u}{\partial r^2} + \frac{2}{r} \frac{\partial u}{\partial r} + \frac{1}{r^2 \sin\theta} \frac{\partial}{\partial \theta}\left(\sin\theta \frac{\partial u}{\partial \theta}\right) = 0 \tag{51}$$

으로 나타낼 수 있으며, $u(r, \theta) = \mathcal{R}(r)\Theta(\theta)$인 치환에 의해

$$\frac{r^2}{\mathcal{R}}(\mathcal{R}'' + \frac{2}{r}\mathcal{R}') = -\frac{1}{\Theta} \frac{1}{\sin\theta} \frac{d}{d\theta}\left(\sin\theta \frac{d\Theta}{d\theta}\right)$$

으로 변수분리되고, 여기서 분리상수를 $n(n+1)$로 두면

$$r^2 \mathcal{R}'' + 2r\mathcal{R}' - n(n+1)\mathcal{R} = 0 \tag{52}$$

$$\frac{1}{\sin\theta} \frac{d}{d\theta}\left(\sin\theta \frac{d\Theta}{d\theta}\right) + n(n+1)\Theta = 0 \tag{53}$$

을 얻는다. 식 (52)는 오일러 방정식이고, 식 (53)은 n차 르장드르 방정식이므로 분리해를 쉽게 구할 수 있으며(참조), 그 결과를 표 11.7에 정리하였다.

표 11.7	구면좌표계에서 (r, θ)에 대한 $\nabla^2 u = 0$의 분리해
$\Theta \sim P_n(\cos\theta), Q_n(\cos\theta)$ $\mathcal{R} \sim r^n, r^{-n-1}$	$\frac{1}{r^2} \frac{\partial}{\partial r}\left(r^2 \frac{\partial u}{\partial r}\right) + \frac{1}{r^2 \sin\theta} \frac{\partial}{\partial \theta}\left(\sin\theta \frac{\partial u}{\partial \theta}\right) = 0$

*n은 음이 아닌 정수이고 제차방향은 θ 방향임.

여기서, n은 음이 아닌 정수라는 점을 잘 알아 두자. 특히, 고유값이 0인 경우는 $n = 0$에 해당하며 표 11.7에 이미 포함되어 있다. 정리하면, 구면좌표계에서 r, θ 좌표방향만을 고려한 라플라스 방정식의 일반중첩해는

$$u(r,\theta) = \sum_{n=0}^{\infty} (A_n r^n + B_n r^{-n-1}) P_n(\cos\theta) + (C_n r^n + D_n r^{-n-1}) Q_n(\cos\theta) \quad (54)$$

로 나타낼 수 있다. 그러나, 위의 일반중첩해는 z축 위에서 무한값을 갖기 때문에 잘 사용하지 않고, 자주 쓰이는 형태를 다음에서 다루기로 한다.

☑ 먼저, 오일러 방정식인 식 (52)에 $\mathscr{R} = r^\lambda$을 대입하면

$$r^\lambda[(\lambda^2 - \lambda) + 2\lambda - n(n+1)] = r^\lambda(\lambda - n)(\lambda + n + 1) = 0$$

으로부터 $\mathscr{R} \sim r^n, r^{-n-1}$을 얻을 수 있다. 또한, 식 (53)에서 $\mu = \cos\theta$로 치환하고, $d\mu = -\sin\theta\, d\theta$인 관계를 이용하면

$$\frac{1}{\sin\theta}\frac{d}{d\theta}\left(\sin\theta \frac{d\Theta}{d\theta}\right) = \frac{1}{\sin\theta}\frac{d}{d\theta}\left(\frac{1-\cos^2\theta}{\sin\theta}\frac{d\Theta}{d\theta}\right) = -\frac{d}{d\mu}\left[(1-\mu^2)\left(-\frac{d\Theta}{d\mu}\right)\right]$$

이므로 식 (53)은 $(1 - \mu^2)\Theta'' - 2\mu\Theta' + n(n+1)\Theta = 0$인 르장드르 방정식이 된다.

***유한(bounded) 중첩해.** 그림 6.12를 보면 구면좌표계에서 z 좌표축 위에서는 $\theta = 0, \pi$이므로 $\cos\theta = \pm 1$이 된다. 그런데

$$\ln\frac{1+\cos\theta}{1-\cos\theta}\text{를 포함하는 } Q_n(\cos\theta)\text{는 } |Q_n(\pm 1)| \to \infty$$

이므로 z 좌표축이 정의역에 포함되는 경우 일반중첩해에서 $Q_n(\cos\theta)$를 제외하게 된다. 따라서, **z축 위의 점이 정의역에 포함될 때의 중첩해는**

$$u(r,\theta) = \sum_{n=0}^{\infty} (A_n r^n + B_n r^{-n-1}) P_n(\cos\theta) \quad (55)$$

로 된다. 위에서, 계수 A_n, B_n은 경계조건을 푸리에-르장드르 급수전개한 결과로부터 구할 수 있다.

구체적으로, 반지름 a인 구의 표면에서

$$u(a,\theta) = f(\theta) \quad (56)$$

인 경계조건이 주어져 있을 때, 온도 및 속도와 같이 무한값을 가질 수 없는 물리량 $u(r, \theta)$에 대해서는 해를 더욱 단순화할 수 있다. 구의 내부 및 외부에서의 **유한해**(有限解; bounded solution)는 식 (55)를 구간 $r \le a$와 $r \ge a$에 대해 각각 구한

$$u(r,\theta)=\begin{cases}\sum_{n=0}^{\infty} A_n\left(\frac{r}{a}\right)^n P_n(\cos\theta), & r\le a\\ \sum_{n=0}^{\infty} A_n\left(\frac{a}{r}\right)^{n+1} P_n(\cos\theta), & r\ge a\end{cases} \tag{57}$$

$$A_n=\frac{2n+1}{2}\int_0^{\pi} f(\theta)P_n(\cos\theta)\sin\theta\, d\theta$$

푸리에-르장드르 급수와 같게 된다(계수 A_n의 결정은 아래의 ☑ 참조). 그러나, 다음의 예제에서 보는 바와 같이 $u(r,\ \theta)$가 항상 **유계**(有界; bounded)이어야 하는 것은 아니므로 식 (57)은 물리량의 특성에 따라 사용하여야 한다.

☑ 우선, $r\le a$인 경우를 생각하면 $r\to 0$에서 해가 유한하도록 r^{-n-1}항을 소거하고 $\frac{r}{a}$로 정규화시키면

$$u(r,\theta)=\sum_{n=0}^{\infty} A_n\left(\frac{r}{a}\right)^n P_n(\cos\theta)$$

로 쓸 수 있다. $r=a$를 대입하면 $u(a,\ \theta)=f(\theta)=\sum_{n=0}^{\infty} A_n P_n(\cos\theta)$가 되고 양변에 $P_n(\cos\theta)$ $\sin\theta$를 곱하여 구간 $[0,\ \pi]$에서 적분하면 고유함수의 직교성에 의하여

$$\int_0^{\pi} f(\theta)P_n(\cos\theta)\sin\theta\, d\theta = A_n\int_0^{\pi} P_n^2(\cos\theta)\sin\theta\, d\theta$$

우변의 적분에서 $x=\cos\theta$로 치환하면 $dx=-\sin\theta\, d\theta$, 구간은 $[1,\ -1]$로 되어

$$\int_0^{\pi} f(\theta)P_n(\cos\theta)\sin\theta\, d\theta = -A_n\int_1^{-1} P_n^2(x)\,dx=\frac{2}{2n+1}A_n$$

으로부터 계수 A_n을 구할 수 있다.

****예제 11** 반지름 a인 강구(剛球; solid sphere)의 주위를 흐르는 유체의 속도벡터는 속도퍼텐셜 $\phi(r,\ \theta)$를 이용하여 $\mathbf{v}=\nabla\phi$로 주어진다고 한다. 속도퍼텐셜이 라플라스의 방정식 $\nabla^2\phi=0$을 만족하고

$$\text{구의 표면: } \frac{\partial\phi}{\partial r}(a,\theta)=0, \qquad \text{무한점: } \frac{\partial\phi}{\partial r}(\infty,\theta)=V_0\cos\theta$$

인 조건을 만족하는 해를 구하라(단, V_0는 상수).

☞ 이 문제에서는 구 주위의 외부유동, 즉 외부영역 $r\ge a$을 고려하고 있다. z축을 포함하는 영역($0\le\theta\le\pi$)에서 $(r,\ \theta)$에만 의존하는 라플라스 방정식의 일반해인 식 (55)로부터 속도퍼텐셜을

$$\phi(r,\theta)=\sum_{n=0}^{\infty}(A_n r^n + B_n r^{-n-1})P_n(\cos\theta), \quad r\ge a \tag{58}$$

로 쓸 수 있으며 속도벡터는

$$\mathbf{v} = \nabla\phi = \mathbf{e}_r\frac{\partial\phi}{\partial r} + \mathbf{e}_\theta\frac{1}{r}\frac{\partial\phi}{\partial\theta} = \mathbf{e}_r v_r + \mathbf{e}_\theta v_\theta \tag{59}$$

로부터 구할 수 있다. 그런데,

$$v_r = \frac{\partial\phi}{\partial r}(r,\theta) = \sum_{n=0}^{\infty}[nA_n r^{n-1} - (n+1)B_n r^{-n-2}]P_n(\cos\theta), \quad r \geq a$$

에서 $r\to\infty$일 때 속도가 유한하므로(즉, $\left|\frac{\partial\phi}{\partial r}(\infty,\theta)\right| = |V_0\cos\theta| \leq V_0$)

$$A_2 = A_3 = A_4 = \cdots = 0$$

이어야 하고, 또 구의 표면에서의 경계조건 $\frac{\partial\phi}{\partial r}(a,\theta) = 0$으로부터

$$nA_n a^{n-1} - (n+1)B_n a^{-n-2} = 0$$

즉,

$$B_n = \frac{n}{n+1}a^{2n+1}A_n, \quad n = 0, 1, 2, 3, \cdots$$

을 얻는다. 따라서, $B_0 = 0$, $B_1 = \frac{1}{2}a^3A_1$, $B_2 = B_3 = B_4 = \cdots = 0$으로 되고

$$\begin{aligned}\phi(r,\theta) &= A_0P_0(\cos\theta) + A_1\left(r + \frac{a^3}{2r^2}\right)P_1(\cos\theta)\\ &= A_0 + A_1\left(r + \frac{a^3}{2r^2}\right)\cos\theta\end{aligned} \tag{60}$$

$$v_r = \frac{\partial\phi}{\partial r}(r,\theta) = A_1\left(1 - \frac{a^3}{r^3}\right)\cos\theta \tag{61}$$

로 정리된다[참고: $P_0(x) = 1$이고 $P_1(x) = x$]. 계속하여, 무한점에서의 경계조건 $\frac{\partial\phi}{\partial r}(\infty, \theta) = V_0\cos\theta$로부터 $A_1 = V_0$이어야 한다. 결과적으로, 구하고자 하는 속도퍼텐셜은 A_0가 임의의 상수이므로

$$\phi = \phi_0 + V_0\left(r + \frac{a^3}{2r^2}\right)\cos\theta \tag{62}$$

로 쓸 수 있다. ◀

연습문제

[1] 구면좌표계에서 $\nabla^2 u = 0$을 만족하는, θ에 무관한 해는 $u(r) = A + \frac{B}{r}$임을 보여라.

[2] 정전기퍼텐셜 $V(r)$은 반지름만의 함수로 $\nabla^2 V = 0$을 만족한다. 이때, $r = a$에서 $V = V_a$, $r = b$에서 $V = V_b$인 두 구(球) 사이의 퍼텐셜은 $\frac{V - V_a}{V_b - V_a} = \frac{r^{-1} - r_a^{-1}}{r_b^{-1} - r_a^{-1}}$임을 보여라.

[3] 앞의 문제 $r = a$에서 $V = V_a$, $r\to\infty$에서 $V\to 0$인 반지름 a인 구(球)의 바깥쪽 정전기 퍼텐셜을 구하라.

[4] 반지름이 a인 구의 위쪽 반구면($0 \leq \theta \leq \pi/2$)에서는 온도가 u_0이고 나머지 구면에서는

온도가 0으로 유지되어 있을 때 구의 내부에서의 온도분포를 구하라.

*[5] 반지름이 a인 구의 표면에서

$$\left(\frac{\partial u}{\partial r}+\frac{h}{k}u\right)_{r=a}=\frac{q(\theta)}{k}=\begin{cases}\dfrac{q_0}{k}\cos\theta & (0<\theta<\pi/2)\\ 0 & (\pi/2<\theta<\pi)\end{cases}$$

인 조건을 만족하는 해를 구의 내부영역에 대해 구하면 다음과 같음을 보여라($B=ha/k$).

$$\frac{u(r,\theta)}{q_0 a/k}=\frac{1}{B}\frac{1}{4}+\frac{1}{B+1}\frac{1}{2}\left(\frac{r}{a}\right)P_1(\cos\theta)+\frac{1}{B+2}\frac{5}{16}\left(\frac{r}{a}\right)^2P_2(\cos\theta)+\cdots$$

*[6] 식 (57)의 결과를 자세히 살펴보면 구면좌표계에서 $u(r,\theta,\varphi)$가 라플라스 방정식의 해이면 $v(r,\theta,\varphi)=\frac{1}{r}u\left(\frac{1}{r},\theta,\varphi\right)$도 해가 될 것으로 예측할 수 있다(11.5절의 문제 [7]과 비교하라). 즉, $r=\frac{1}{\rho}$이라고 두면 $v(r,\theta,\varphi)=\rho u(\rho,\theta,\varphi)$, $\frac{\partial}{\partial r}=\frac{\partial}{\partial(1/\rho)}=-\rho^2\frac{\partial}{\partial\rho}$이므로

$$\frac{\partial v}{\partial r}=-\rho^2\frac{\partial}{\partial\rho}(\rho u)=-\rho^2u-\rho^3\frac{\partial u}{\partial\rho}$$

$$\frac{\partial^2v}{\partial r^2}=\frac{\partial}{\partial r}\left(\frac{\partial v}{\partial r}\right)=-\rho^2\frac{\partial}{\partial\rho}\left(-\rho^2u-\rho^3\frac{\partial u}{\partial\rho}\right)=2\rho^3u+4\rho^4\frac{\partial u}{\partial\rho}+\rho^5\frac{\partial^2u}{\partial\rho^2}$$

$$\frac{\partial v}{\partial\theta}=\rho\frac{\partial u}{\partial\theta},\quad \frac{\partial v}{\partial\varphi}=\rho\frac{\partial u}{\partial\varphi}$$

의 결과를 이용하면 $u(\rho,\theta,\varphi)$가 $\nabla^2u=0$을 만족하므로

$$\begin{aligned}\nabla^2v&=\frac{\partial^2v}{\partial r^2}+\frac{2}{r}\frac{\partial v}{\partial r}+\frac{1}{r^2\sin\theta}\frac{\partial}{\partial\theta}\left(\sin\theta\frac{\partial v}{\partial\theta}\right)+\frac{1}{r^2\sin^2\theta}\frac{\partial^2v}{\partial\varphi^2}\\&=\rho^5\left[\frac{\partial^2u}{\partial\rho^2}+\frac{2}{\rho}\frac{\partial u}{\partial\rho}+\frac{1}{\rho^2\sin\theta}\frac{\partial}{\partial\theta}\left(\sin\theta\frac{\partial u}{\partial\theta}\right)+\frac{1}{\rho^2\sin^2\theta}\frac{\partial^2u}{\partial\varphi^2}\right]\\&=\rho^5\nabla^2u=0\end{aligned}$$

이 된다. 따라서, $v(r,\theta,\varphi)=\frac{1}{r}u\left(\frac{1}{r},\theta,\varphi\right)$도 라플라스 방정식을 만족한다.

11-8 1차원 열전도방정식의 해

열전도방정식 $\frac{\partial u}{\partial t}=\alpha\nabla^2u$의 해가 시간이 지남에 따라 변하지 않으면, 즉 $\frac{\partial}{\partial t}=0$이면 라플라스의 방정식으로 환원되므로 시간에 대한 편도함수를 포함하는 1차원 열전도방정식의 해를 변수분리를 이용하여 풀어보자.

✔ 제차방향으로 고유값 및 고유함수를 가지려면 2계 상미분방정식이 되어야 한다. 따라서, 포물형의 열전도방정식 $\frac{\partial u}{\partial t}=\alpha\frac{\partial^2u}{\partial x^2}$에서 t 좌표방향으로는 1계 편도함수만을 가지므로 자동적으로 비제차방향이 되고, 제차방향이 될 수 있는 것은 x 좌표방향뿐이다.

카테시안 좌표계. 1차원 열전도방정식

$$\frac{\partial u}{\partial t}=\alpha\frac{\partial^2 u}{\partial x^2} \tag{63}$$

에서 $u(x, t)=X(x)T(t)$로 두면

$$\frac{1}{\alpha}\frac{T'}{T}=\frac{X''}{X}=-\lambda^2$$

과 같이 변수분리되고, 각 좌표방향의 분리해는

$$T'+\alpha\lambda^2 T=0$$
$$X''+\lambda^2 X=0$$

으로부터 $\lambda=0$과 $\lambda\neq 0$인 경우로 나누어 생각하면

$$\begin{aligned} &T\sim e^{-\alpha\lambda^2 t}\quad(\lambda\geq 0)\\ &X\sim\begin{cases}1,\quad x & (\lambda=0)\\ \cos\lambda x,\quad \sin\lambda x & (\lambda\neq 0)\end{cases}\end{aligned} \tag{64}$$

를 얻을 수 있다. 따라서,

$$u(x,t)=(A_0+B_0x)_{\lambda=0}+\sum_{\lambda\neq 0}e^{-\alpha\lambda^2 t}(A_\lambda\cos\lambda x+B_\lambda\sin\lambda x) \tag{65}$$

가 일반중첩해로 된다. 여기서, $t\to\infty$일 때 합기호($\sum$) 내부는 0으로 접근하므로 $u\to A_0+B_0x$로 되며, 이것을 주어진 경계조건에 대한 정상상태의 해(고유값 $\lambda=0$에 대응하는 해)라고 한다.

***예제 12** 길이가 L인 철사의 초기온도가 0으로 유지되어 있다. 한쪽 끝의 온도를 갑자기 u_0로 올릴 때, 철사의 온도분포 $u(x, t)$를 구하라. 즉, 다음의 편미분방정식을 풀어라(단, α는 상수).

지배방정식: $\frac{\partial u}{\partial t}=\alpha\frac{\partial^2 u}{\partial x^2}$

경계조건: $u(0, t)=0,\quad u(L, t)=u_0$

초기조건: $u(x, 0)=0$

☞ x방향이 제차방향으로 되어야만 변수분리방법을 적용할 수 있으므로 경계조건 $u(L, t)=u_0$에 포함된 비제차항을 제거하기 위해서 해의 중첩

$$u(x, t)=v(x, t)+\phi(x) \tag{66}$$

를 이용한다. 그러면,

$$\begin{array}{rlcl} \text{지배방정식:} & v_t=\alpha(v_{xx}+\phi'') & \to & v_t=\alpha v_{xx},\ \phi''(x)=0\\ x=0: & v(0, t)+\phi(0)=0 & \to & v(0, t)=0,\ \phi(0)=0\\ x=L: & v(L, t)+\phi(L)=u_0 & \to & v(L, t)=0,\ \phi(L)=u_0\\ t=0: & v(x, 0)+\phi(x)=0 & \to & v(x, 0)=-\phi(x) \end{array} \tag{67}$$

로부터 비제차항 u_0는 $\phi(x)$에 흡수되는 대신에 $v(x, t)$의 초기조건에서 새로운 비제차항이 나타난다. 먼저, $\phi''(x) = 0$, 즉 $\phi(x) = Ax + B$에서 경계조건 $\phi(0) = 0$, $\phi(L) = u_0$로부터 $\phi(x) = u_0 \frac{x}{L}$이다. 다음으로는 $v(x, t)$에 관한 편미분방정식

$$v_t = \alpha v_{xx}, \quad v(0,t) = 0, \quad v(L,t) = 0, \quad v(x,0) = -\phi(x) = -u_0 \frac{x}{L} \tag{68}$$

를 $v(x, t) = X(x)\,T(t)$의 변수분리를 이용하여 해를 구한다. 경계조건 $v(0, t) = v(L, t) = 0$으로부터 $X(0) = X(L) = 0$을 얻고, 이것을 만족하는 고유함수와 고유값$(\lambda \neq 0)$은

$$X \sim \sin\lambda_n x, \quad \lambda_n = \frac{n\pi}{L}, \quad n = 1, 2, 3, \cdots$$

이므로 일반중첩해인 식 (65)는

$$v(x,t) = \sum_{n=1}^{\infty} A_n e^{-\alpha\lambda_n^2 t} \sin\lambda_n x \tag{69}$$

가 된다. 따라서, $v(x, t)$에 대한 초기조건

$$v(x,0) = -u_0 \frac{x}{L} = \sum_{n=1}^{\infty} A_n \sin\lambda_n x \tag{70}$$

의 푸리에 급수전개로부터 최종해는

$$u(x,t) = u_0 \frac{x}{L} + \sum_{n=1}^{\infty} \frac{2u_0(-1)^n}{\lambda_n L} e^{-\alpha\lambda_n^2 t} \sin\lambda_n x \quad ◀ \tag{71}$$

☑ 식 (70)에 $\sin\lambda_n x$를 곱하고 적분하면 $\int_0^L -u_0 \frac{x}{L} \sin\lambda_n x\, dx = A_n \int_0^L \sin^2\lambda_n x\, dx$, 즉

$$\left(-u_0 \frac{x}{L}\right)\left(\frac{-\cos\lambda_n x}{\lambda_n}\right) - \left(-u_0 \frac{1}{L}\right)\left(\frac{-\sin\lambda_n x}{\lambda_n^2}\right)\Bigg|_0^L = u_0 \frac{1}{\lambda_n}(-1)^n = A_n \frac{L}{2}$$

***원통좌표계.** 원통좌표계에서 r 방향으로 대칭인 1차원 열전도방정식

$$\frac{\partial u}{\partial t} = \frac{\alpha}{r}\frac{\partial}{\partial r}\left(r\frac{\partial u}{\partial r}\right) = \alpha\left(\frac{\partial^2 u}{\partial r^2} + \frac{1}{r}\frac{\partial u}{\partial r}\right) \tag{72}$$

는 변수분리 $u(r, t) = \mathscr{R}(r)\,T(t)$에 의해

$$\frac{1}{\alpha}\frac{T'}{T} = \frac{1}{\mathscr{R}}\left(\mathscr{R}'' + \frac{1}{r}\mathscr{R}'\right) = -\lambda^2$$

즉,

$$T' + \alpha\lambda^2 T = 0$$

$$r^2\mathscr{R}'' + r\mathscr{R}' + \lambda^2 r^2 \mathscr{R} = 0$$

과 같이 된다. 이것은 앞서 살펴본 바와 같이 베셀함수를 갖는 해

$$T \sim e^{-\alpha\lambda^2 t} \quad (\lambda \geq 0)$$

$$\mathscr{R} \sim \begin{cases} 1, \quad \ln r & (\lambda = 0) \\ J_0(\lambda r), \quad Y_0(\lambda r) & (\lambda \neq 0) \end{cases} \tag{73}$$

로 된다. 따라서, 일반 중첩해는

$$u(r,t) = (A_0 + B_0 \ln r)_{\lambda=0} + \sum_{\lambda \neq 0} e^{-\alpha\lambda^2 t}[A_\lambda J_0(\lambda r) + B_\lambda Y_0(\lambda r)] \tag{74}$$

로 쓸 수 있다. 단, 원점에서 유한한 값을 갖지 못하는 $\ln r$, $Y_0(\lambda r)$은 경우에 따라 소거되어야 한다.

☑ 앞에서 살펴본 바와 같이 $\lambda = 0$이 고유값으로 되는 경우는 $dJ_0/dr = 0$인 경계조건을 가질 때이다.

***예제 13** 반지름 R인 원통의 초기온도가 u_0로 유지되어 있다. 원통면의 온도를 0으로 낮추고 고정할 때, 내부의 온도분포를

지배방정식: $$\frac{\partial u}{\partial t} = \frac{\alpha}{r}\frac{\partial}{\partial r}\left(r\frac{\partial u}{\partial r}\right)$$

경계조건: $$\frac{\partial u}{\partial r}(0,t) = 0, \quad u(R,t) = 0$$

초기조건: $$u(r,0) = u_0$$

로부터 구하라.

☞ 경계조건 $\frac{\partial u}{\partial r}(0,t) = 0$, $u(R,t) = 0$은 변수분리 $u(r,t) = \mathscr{R}(r)T(t)$에 의해 $\frac{d\mathscr{R}}{dr}(0) = 0$, $\mathscr{R}(R) = 0$으로 바꾸어 쓸 수 있으며, 이로부터 $\lambda = 0$에 대응하는 해 $A_0 + B_0 \ln r$은 $A_0 = B_0 = 0$으로 되어 소거된다. 또한 원점에서 온도가 무한히 높을 수 없으므로 식 (74)로부터 $Y_0(\lambda r)$이 소거된다. 따라서, 일반중첩해 식 (74)는

$$u(r,t) = \sum_{n=1}^{\infty} A_n e^{-\alpha\lambda_n^2 t} J_0(\lambda_n r) \tag{75}$$

과 같이 단순화된다. 여기서, 고유값 $\lambda_n \neq 0$은 경계조건 $\mathscr{R}(R) = 0$에서

$$J_0(\lambda_n R) = 0, \quad n = 1, 2, 3, \cdots \tag{76}$$

으로부터 구해진다. 식 (75)에 $t = 0$을 대입하면

$$u(r,0) = u_0 = \sum_{n=1}^{\infty} A_n J_0(\lambda_n r)$$

이고, 푸리에-베셀 급수전개로부터(예제 10 참조)

$$A_n = \frac{\langle u_0, J_0(\lambda_n r)\rangle}{\langle J_0(\lambda_n r), J_0(\lambda_n r)\rangle} = \frac{2u_0}{(\lambda_n R)J_1(\lambda_n R)}$$

즉,

$$\frac{u(r,t)}{u_0} = 2\sum_{n=1}^{\infty} \frac{e^{-\alpha\lambda_n^2 t} J_0(\lambda_n r)}{(\lambda_n R)J_1(\lambda_n R)} \tag{77}$$

이 구하고자 하는 해가 된다. ◀

✔ 경계조건 $\frac{\partial u}{\partial r}(0, t) = 0$은 $u(0, t) = \text{finite}$로 바꾸어 표현하는 경우도 많다.

****구면좌표계.** 구면좌표계에서 r 방향으로 대칭인 열전도방정식은

$$\frac{\partial u}{\partial t} = \frac{\alpha}{r^2}\frac{\partial}{\partial r}\left(r^2\frac{\partial u}{\partial r}\right) \tag{78}$$

이고, $u(r, t) = \mathscr{R}(r)T(t)$에 의해

$$\frac{1}{\alpha}\frac{T'}{T} = \frac{1}{r^2}\frac{1}{\mathscr{R}}(r^2\mathscr{R}')' = -\lambda^2$$

즉,

$$\frac{d}{dr}\left(r^2\frac{d\mathscr{R}}{dr}\right) + \lambda^2 r^2\mathscr{R} = 0 \tag{79}$$

$$\frac{dT}{dt} + \alpha\lambda^2 T = 0 \tag{80}$$

으로 변수분리된다. 그런데, 식 (79)는 3장 표 3.2로부터 베셀방정식임을 알 수 있고, 그 해는

$$\mathscr{R} \sim \frac{1}{r^{1/2}}J_{1/2}(\lambda r), \quad \frac{1}{r^{1/2}}J_{-1/2}(\lambda r)$$

로 주어진다. 이때, 3장의 결과에서

$$J_{1/2}(\lambda r) \sim \frac{\sin\lambda r}{r^{1/2}}, \quad J_{-1/2}(\lambda r) \sim \frac{\cos\lambda r}{r^{1/2}}$$

이므로

$$\mathscr{R} \sim \frac{\sin\lambda r}{r}, \quad \frac{\cos\lambda r}{r} \tag{81}$$

로 된다. 다시 말하면,

$$u(r, t) = \frac{v(r, t)}{r} \tag{82}$$

인 변환에 의해 $v(r, t)$는 삼각함수를 포함하는 형태로 바뀐다. 즉, 구형 라플라시안을 $v = ru$인 변환에 의해 직각형 라플라시안

$$\frac{\partial u}{\partial t} = \frac{\alpha}{r^2}\frac{\partial}{\partial r}\left(r^2\frac{\partial u}{\partial r}\right) \Rightarrow u(r, t) = \frac{v(r, t)}{r}, \quad \frac{\partial v}{\partial t} = \alpha\frac{\partial^2 v}{\partial r^2} \tag{83}$$

로 문제를 변환하여 푸는 것이 보다 일반적이다.

✔ 식 (83)에서 $\frac{\partial u}{\partial r} = -\frac{v}{r^2} + \frac{1}{r}\frac{\partial v}{\partial r}$, $\frac{\partial}{\partial r}\left(r^2\frac{\partial u}{\partial r}\right) = \frac{\partial}{\partial r}\left(-v + r\frac{\partial v}{\partial r}\right) = r\frac{\partial^2 v}{\partial r^2}$를 쓴다.

****예제 14** 반지름 a인 구의 내부온도가 $f(r)$로 유지되어 있다. $t = 0$인 순간에 구의 표면온도를 0으로 낮출 때 내부의 온도분포, 즉

지배방정식: $$\frac{\partial u}{\partial t} = \frac{\alpha}{r^2}\frac{\partial}{\partial r}\left(r^2\frac{\partial u}{\partial r}\right)$$

경계조건: $u(0, t) = \text{finite},\ u(a, t) = 0$

초기조건: $u(r, 0) = f(r)$

을 만족하는 해를 구하라.

☞ $u(r,t) = \dfrac{v(r,t)}{r}$ 로 치환하면

$$\frac{\partial v}{\partial t} = \alpha \frac{\partial^2 v}{\partial r^2}, \quad v(0,t) = 0, \quad v(a,t) = 0, \quad v(r,0) = rf(r) \tag{84}$$

으로 문제를 바꿀 수 있다[정의로부터 $r = 0$에서 $v(0, t) = 0 \times u(0, t) = 0$]. 여기서 $v(r, t) = \mathscr{R}(r)T(t)$으로 변수분리하면 $\mathscr{R}(0) = \mathscr{R}(a) = 0$인 조건으로부터 $\lambda = 0$일 때는 자명한 해만을 가지므로, $\sin \lambda_n r$이 고유함수가 되고, $\lambda_n a = n\pi$가 고유값으로 되는 것을 쉽게 알 수 있다. 따라서, 이때의 해를

$$v(r,t) = \sum_{n=1}^{\infty} A_n e^{-\alpha\lambda_n^2 t} \sin \lambda_n r, \quad \lambda_n = \frac{n\pi}{a} \tag{85}$$

로 나타낼 수 있는 것은 앞서의 예제로부터 익히 알고 있다. 초기조건

$$v(r,0) = rf(r) = \sum_{n=1}^{\infty} A_n \sin \lambda_n r$$

로부터 계수 A_n은

$$A_n = \frac{2}{a} \int_0^a r f(r) \sin \lambda_n r \, dr \tag{86}$$

로 주어진다. 특히, $f(r) = u_0$인 경우 $A_n = (-1)^{n+1} \dfrac{2u_0}{\lambda_n}$로 되어

$$\frac{u(r,t)}{u_0} = 2 \sum_{n=1}^{\infty} (-1)^{n+1} e^{-\alpha\lambda_n^2 t} \frac{\sin \lambda_n r}{\lambda_n r} \quad ◀ \tag{87}$$

✔ 계수는 다음과 같이 계산된다.

$$\begin{aligned} A_n = \frac{2u_0}{a} \int_0^a r \sin \lambda_n r \, dr &= \frac{2u_0}{a} \left[r \left(\frac{-\cos \lambda_n r}{\lambda_n} \right) - \left(\frac{-\sin \lambda_n r}{\lambda_n^2} \right) \right]_0^a \\ &= \frac{2u_0}{a} \left[-\frac{a(-1)^n}{\lambda_n} \right] \end{aligned}$$

연습문제

[1] 양끝의 온도가 $u(0, t) = u(L, t) = 0$으로 고정된 철사의 초기온도분포 $u(x, 0) = f(x)$가 삼각형의 분포

$$f(x) = \begin{cases} x/L & (0 < x < L/2) \\ 1 - (x/L) & (L/2 < x < L) \end{cases}$$

로 주어져 있다. 시간 t에서 철사 내부의 온도분포를 구하라.

[2] 양끝이 단열되고 $u_x(0, t) = u_x(L, t) = 0$, 초기온도가 $u(x, 0) = f(x)$일 때 임의의 시간에서의 온도분포 $u(x, t)$는

$$u(x,t) = A_0 + \sum_{n=1}^{\infty} A_n e^{-\alpha\lambda_n^2 t} \cos\lambda_n x$$

$$A_0 = \frac{1}{L}\int_0^L f(x)\,dx, \quad A_n = \frac{2}{L}\int_0^L f(x)\cos\lambda_n x\,dx$$

로 주어지는 것을 보여라. ☑ 이때, 시간이 무한히 흐르게 되면 $u(x, t) \to A_0$인 정상상태에 도달한다. 여기서, A_0는 주어진 구간에서의 평균온도를 의미하며 양끝이 단열되어 열이 빠져나가지 못하므로 내부에서 균일한 분포를 이루게 되는 것이다.

[3] (예제 13)에서 경계조건이

$$u(0,t) = \text{finite}, \quad \left(\frac{\partial u}{\partial r} + \frac{h_\infty}{k}u\right)(R,t) = 0, \quad u(r,0) = u_0$$

로 될 때의 해를 구하라.

*__[4]__ (예제 14)에서 구 표면($r = a$)의 경계조건이 $\frac{\partial u}{\partial r} + \frac{h_\infty}{k}u = 0$으로 주어지면 $v(r, t)$에 대해서는 $\frac{\partial v}{\partial r} + \left(\frac{h_\infty}{k} - \frac{1}{r}\right)v = 0$으로 경계조건이 바뀌고 $f(r) = u_0$일 때의 해가

$$u(r,t) = 2u_0 \sum_{n=1}^{\infty}\left(\frac{\sin\lambda_n R - \lambda_n R\cos\lambda_n R}{\lambda_n R - \sin\lambda_n R\cos\lambda_n R}\right)e^{-\alpha\lambda_n^2 t}\frac{\sin\lambda_n r}{\lambda_n r}$$

임을 보여라. 단, $(\lambda_n R)\cos\lambda_n R = (1 - B)\sin\lambda_n R$, $B = h_\infty R/k$.

**__[5]__ $\frac{\partial u}{\partial t} = \frac{\alpha}{r^2}\frac{\partial}{\partial r}\left(r^2\frac{\partial u}{\partial r}\right)$, $u(\pi,t) = 0$, $u(2\pi,t) = 1$, $u(r,0) = 0$으로 주어지는 편미분방정식을 다음의 순서로 풀어라.

(a) $v(r, t) = ru(r, t)$로 두면 $\frac{\partial v}{\partial t} = \alpha\frac{\partial^2 v}{\partial r^2}$, $v(\pi,t) = 0$, $v(2\pi,t) = 2\pi$, $v(r,0) = 0$을 보여라.

(b) $v(r, t) = w(r, t) + \phi(r)$인 중첩을 통해(경계조건에서 비제차항을 제거하기 위한 것임)

$$\phi'' = 0, \quad \phi(\pi) = 0, \quad \phi(2\pi) = 2\pi$$

$$\frac{\partial w}{\partial t} = \alpha\frac{\partial^2 w}{\partial r^2}, \quad w(\pi,t) = 0, \quad w(2\pi,t) = 0, \quad w(r,0) = -\phi(r)$$

로 변환하라.

(c) 최종해가 $u(r,t) = 2\left(1 - \frac{\pi}{r}\right) + \sum_{n=1}^{\infty}\frac{4}{n}e^{-n^2 t}\frac{\sin nr}{r}$로 되는 것을 보여라.

11-9 1차원 파동방정식의 해

****1차원 파동방정식의 유도.** 길이가 L인 현(弦; string)의 장력이 T로 일정하게 유지되도록 수평하게 잡아당겨 양끝을 고정시킨다. 시간 $t = 0$에서 현을 위로 잡아당겨 수직방향으로

변위 $u(x, t)$가 발생한다고 하자. 단위길이당 현의 질량을 ρ라고 하여 현의 수직변위 $u(x, t)$에 대한 방정식을 유도하면 다음과 같다. 현에 작용하는 장력은 접선방향으로 작용하고 수평방향성분은 T로 일정하다.

따라서, 장력의 수직방향성분은 접선의 기울기를 $\tan\beta\left(=\dfrac{\partial u}{\partial x}\right)$라고 할 때

$$T_\perp = T\tan\beta = T\frac{\partial u}{\partial x}$$

로 쓸 수 있다. 또한, 현의 미소질량 $m = \rho\Delta x$에 작용하는 수직방향의 힘(net vertical force)에 의한 수직가속도 $\dfrac{\partial^2 u}{\partial t^2}$는 뉴턴의 제2법칙으로부터

$$(\rho\Delta x)\frac{\partial^2 u}{\partial t^2} = T_\perp(x+\Delta x, t) - T_\perp(x, t) = \Delta x\frac{\partial T_\perp}{\partial x} = T\Delta x\frac{\partial^2 u}{\partial x^2}$$

를 얻고, 양변을 $\rho\Delta x$로 나누고 $\dfrac{T}{\rho} = c^2$이라 두어 1차원 파동방정식

$$\frac{\partial^2 u}{\partial t^2} = c^2\frac{\partial^2 u}{\partial x^2} \tag{88}$$

를 유도할 수 있다.

☑ 식 (88)이 성립하기 위해서는 몇 가지 기본적인 가정들이 필요하다. "현의 선밀도는 일정하다. 현은 완전탄성체이고 휨에 대해서는 어떠한 저항도 하지 않는다. 현에 작용하는 장력 이외의 힘은 무시한다. 현의 수직변위는 미소하여 현의 각 점은 항상 수직운동만을 하고, 접선의 기울기도 미소하다." 등등으로 까다로운 제한이 많은 것같지만 바이올린 현의 진동과 같은 경우에 충분히 1차원 파동방정식을 적용할 수 있다.

카테시안 좌표계. 1차원 파동방정식 (88)을 $u(x, t) = X(x)T(t)$ 형태의 변수분리를 하여

$$\frac{1}{c^2}\frac{T''}{T} = \frac{X''}{X} = -\lambda^2$$

즉,

$$X'' + \lambda^2 X = 0$$
$$T'' + c^2\lambda^2 T = 0$$

을 얻는다. 이때의 분리해는 표 11.8에 나타낸 바와 같다. 따라서, 카테시안 좌표계에서 1차원 파동방정식의 일반중첩해는

표 11.8 카테시안 좌표계에서 1차원 파동방정식의 분리해

$$\left.\begin{aligned} &\text{공간좌표}: X \sim \begin{cases} 1,\ x & (\lambda = 0) \\ \cos\lambda x,\ \sin\lambda x & (\lambda \neq 0) \end{cases} \\ &\text{시간좌표}: T \sim \begin{cases} 1,\ t & (\lambda = 0) \\ \cos c\lambda t,\ \sin c\lambda t & (\lambda \neq 0) \end{cases} \end{aligned}\right\} \quad \frac{\partial^2 u}{\partial t^2} = c^2\frac{\partial^2 u}{\partial x^2}$$

$$u(x,t) = [(A_0 + B_0 t)(C_0 + D_0 x)]_{\lambda=0} + \sum_{\lambda \neq 0} (A_\lambda \cos c\lambda t + B_\lambda \sin c\lambda t)(C_\lambda \cos \lambda x + D_\lambda \sin \lambda x) \quad (89)$$

로 쓸 수 있다. 그러나, x 방향의 경계조건에서 $\lambda = 0$인 고유값을 갖지 못하는 경우가 많다.

예제 15 길이가 L인 현(弦; string)의 양끝을 고정하고 줄을 잡아당겼다가 놓는 순간(즉, $t = 0$), 구간 $0 \le x \le L$에서 줄의 모양은 $f(x)$이고 각 점에서의 속도는 $g(x)$로 주어질 때, 현이 움직이는 모양을 결정하라. 즉, 다음의 1차원 파동방정식의 해를 구하라.

지배방정식: $$\frac{\partial^2 u}{\partial t^2} = c^2 \frac{\partial^2 u}{\partial x^2}$$

경계조건: $$u(0, t) = u(L, t) = 0$$

초기조건: $$u(x, 0) = f(x), \qquad \frac{\partial u}{\partial t}(x, 0) = g(x)$$

☞ $u(x, t) = X(x)T(t)$인 변수분리를 통하여 해를 구한다. 먼저, x 방향의 제차경계조건으로부터 $\lambda \neq 0$인 고유값 $\lambda_n = n\pi/L$, $n = 1, 2, 3, \cdots$과 고유함수 $\sin \lambda_n x$를 얻는다. 따라서, 일반중첩해 (89)로부터

$$u(x,t) = \sum_{n=1}^{\infty} (A_n \cos c\lambda_n t + B_n \sin c\lambda_n t) \sin \lambda_n x \quad (90)$$

로 해를 가정할 수 있다. 윗식에 초기조건을 적용하면

$$u(x,0) = \sum_{n=1}^{\infty} A_n \sin \lambda_n x = f(x) \quad (91)$$

$$\left.\frac{\partial u}{\partial t}\right|_{t=0} = \left[\sum_{n=1}^{\infty} c\lambda_n(-A_n \sin c\lambda_n t + B_n \cos c\lambda_n t) \sin \lambda_n x\right]_{t=0} = \sum_{n=1}^{\infty} c\lambda_n B_n \sin \lambda_n x = g(x) \quad (92)$$

즉, A_n과 $c\lambda_n B_n$은 식 (91)과 (92)의 양변에 $\sin \lambda_n x$를 곱하고 구간 $[0, L]$에서 적분하여 얻는 $f(x)$, $g(x)$의 푸리에 사인급수의 계수

$$A_n = \frac{2}{L}\int_0^L f(x) \sin \lambda_n x \, dx$$
$$B_n = \frac{1}{c\lambda_n}\frac{2}{L}\int_0^L g(x) \sin \lambda_n x \, dx \quad (93)$$

로부터 얻어진다. ◀

☑ 경계조건으로부터 $\sin \lambda_n L = 0$이므로

$$\int_0^L \sin^2 \lambda_n x \, dx = \frac{1}{2}\left(x - \frac{\sin 2\lambda_n x}{2\lambda_n}\right)\Bigg|_0^L = \frac{L}{2}$$

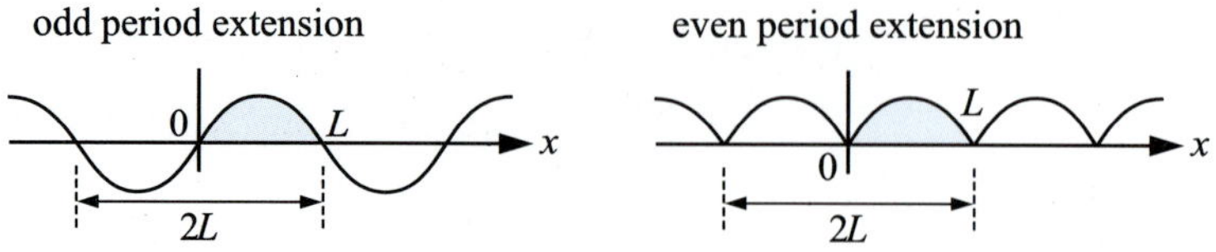

그림 11.7

예제 16 앞의 (예제 15)에서 초기속도가 0인 경우, 즉 $g(x) = 0$일 때의 해는 $u(x, t) = \frac{1}{2}[f_o(x - ct) + f_o(x + ct)]$로 나타낼 수 있다는 것을 보여라($f_o$는 함수 f의 주기 $2L$인 홀주기확장(odd period extension)으로 그림 11.7에 그 예를 보였다).

☞ 앞의 결과에서 $g(x) = 0$이면 계수 $B_n = 0$이고, 구하고자 하는 해는

$$u(x,t) = \sum_{n=1}^{\infty} A_n \cos\lambda_n ct \sin\lambda_n x, \quad \lambda_n = n\pi/L \tag{94}$$

로 된다. 이때,

$$\cos\lambda_n ct \sin\lambda_n x = \frac{1}{2}[\sin\lambda_n(x-ct) + \sin\lambda_n(x+ct)] \tag{95}$$

이므로(✓ 참조)

$$\begin{aligned} u(x,t) &= \sum_{n=1}^{\infty} A_n \frac{1}{2}[\sin\lambda_n(x-ct) + \sin\lambda_n(x+ct)] \\ &= \frac{1}{2}\sum_{n=1}^{\infty} A_n \sin\lambda_n(x-ct) + \frac{1}{2}\sum_{n=1}^{\infty} A_n \sin\lambda_n(x+ct) \end{aligned} \tag{96}$$

와 같이 나타난다. 이때, $\sum_{n=1}^{\infty} A_n \sin\lambda_n(x-ct)$는 $f(x)$의 푸리에 사인급수에서 x 대신 $x-ct$로 치환하여 얻어진 것이다. 뒷부분도 마찬가지로 하여

$$u(x,t) = \frac{1}{2}[f(x-ct) + f(x+ct)] \tag{97}$$

로 해를 다시 쓸 수 있다. 여기서, $x = 0$을 대입하면 경계조건으로부터

$$u(0,t) = 0 = \frac{1}{2}[f(-ct) + f(ct)]$$

즉,

$$f(-ct) = -f(ct)$$

인 홀함수의 형태가 되며 정의역이 구간 $[0, L]$에서 구간 $[-L, L]$로 확장된다. 또한, 다른 경계조건 $u(L, t) = 0$에서

$$u(L,t) = 0 = \frac{1}{2}[f(L-ct) + f(L+ct)]$$

이므로

$$f(L+ct) = -f(L-ct) = f(-L+ct)$$

즉, $2L$을 주기로 하는 주기함수로 다시 확장할 수 있다[$x = ct - L$로 다시 치환하면 $f(x) = f(x + 2L)$로 된다]. 따라서, 그림 11.7에 보인 바와 같은 홀주기확장 f_o를 정의할 수 있고,

최종해는

$$u(x,t) = \frac{1}{2}[f_o(x-ct) + f_o(x+ct)] \tag{98}$$

와 같이 홀주기확장함수를 이용하여 나타내게 된다. ◀

☑ $\sin(a+b) + \sin(a-b) = (\sin a \cos b + \cos a \sin b) + (\sin a \cos b - \cos a \sin b)$

파동의 중첩. 식 (98)에서 $f_o(x+ct)$는 $c>0$이라고 할 때 시간 t가 증가함에 따라 모양이 바뀌지 않고 왼쪽으로 평행이동하는 함수를 나타낸다. 이것을 **여행파**(旅行波; travelling wave)라고 한다. 마찬가지로 하여, $f_o(x-ct)$는 오른쪽으로 이동하는 여행파가 된다.

예제 17 앞의 (예제 15)에서 현의 초기형태와 초기속도가 다음과 같이 주어져 있을 때의 해를 구하라.

$$f(x) = \begin{cases} x & (0<x<L/2) \\ L-x & (L/2<x<L) \end{cases}, \quad g(x) = 0$$

☞ $g(x)=0$이므로 계수 $B_n=0$이다. 따라서, 파동방정식의 해는

$$u(x,t) = \sum_{n=1}^{\infty} A_n \cos c\lambda_n t \sin \lambda_n x, \quad \lambda_n = n\pi/L$$

$$A_n = \frac{2}{L}\int_0^L f(x) \sin \lambda_n x \, dx \tag{99}$$

로부터 결정할 수 있다. 주어진 경계조건에서(아래의 ☑ 참조)

$$A_n = \frac{4L}{\pi^2}\frac{\sin(n\pi/2)}{n^2}$$

가 되어 최종해는

$$u(x,t) = \frac{4L}{\pi^2}\left(\frac{1}{1^2}\cos\frac{\pi c}{L}t \sin\frac{\pi}{L}x - \frac{1}{3^2}\cos\frac{3\pi c}{L}t\sin\frac{3\pi}{L}x + \cdots\right) \tag{100}$$

으로 쓸 수 있다. 식 (100)으로 주어지는 해가 식 (98)로 나타나는 것처럼, 서로 반대로 이동하는 파동(홀주기 확장)의 중첩이라는 사실을 시각적으로 이해하기 위해서 $ct = \frac{L}{4}$ 간격으로 해를 그린 결과를 그림 11.8에 나타내었다. ◀

☑ 편의상 $a = \lambda_n \frac{L}{2}$이라고 두고, 삼각형의 왼쪽부분과 오른쪽부분에 대한 적분을 수행하면

$$\int_0^{L/2} x \sin \lambda_n x \, dx = \left[x\left(\frac{-\cos\lambda_n x}{\lambda_n}\right) - \left(\frac{-\sin\lambda_n x}{\lambda_n^2}\right)\right]_0^{L/2} = -\frac{L}{2}\frac{\cos a}{\lambda_n} + \frac{\sin a}{\lambda_n^2}$$

$$\int_{L/2}^{L} (L-x)\sin\lambda_n x \, dx = \left[(L-x)\left(\frac{-\cos\lambda_n x}{\lambda_n}\right) - \left(\frac{\sin\lambda_n x}{\lambda_n^2}\right)\right]_{L/2}^{L} = \frac{L}{2}\frac{\cos a}{\lambda_n} + \frac{\sin a}{\lambda_n^2}$$

이므로 계수 A_n은 $\lambda_n = n\pi/L$을 이용하면

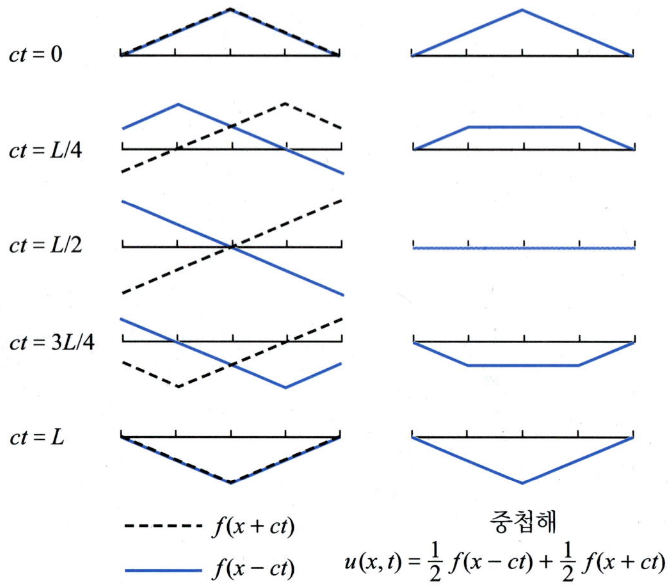

그림 11.8

$$A_n = \frac{2}{L}\left[\int_0^{L/2} x \sin \lambda_n x \, dx + \int_{L/2}^{L} (L-x) \sin \lambda_n x \, dx\right] = \frac{4}{L}\frac{\sin a}{\lambda_n^2} = \frac{4L}{\pi^2}\frac{\sin(n\pi/2)}{n^2}$$

***파동의 반사.** 식 (98)에서 홀주기확장을 사용한 이유는 경계조건이 $u(0, t) = 0$인 형태의 **고정단**(固定端; fixed end)으로 주어져 있기 때문이며, 만약 경계조건이 $\frac{\partial u}{\partial x}(0, t) = 0$과 같이 **자유단**(自由端; free end)으로 주어진 경우에는 짝주기확장을 해야 한다. 이에 대한 개념의 이해를 돕기 위해 파동의 반사되는 과정을 생각해 보자.

그림 11.9에 보인 바와 같이 고정단은 현의 한 끝을 벽에 고정시킨 것으로 볼 수 있고, 자유단은 현의 끝을 막대의 상하로 자유롭게 이동할 수 있는 고리에 묶어 놓은 것으로 볼 수 있다. 이때, 고정단과 자유단에서 반사되어 오는 파동은 그림에 나타나 있듯이 마치 현의 반대방향에서 점선으로 표시한 파동과 서로 교차하는 것처럼 보인다. 또한,

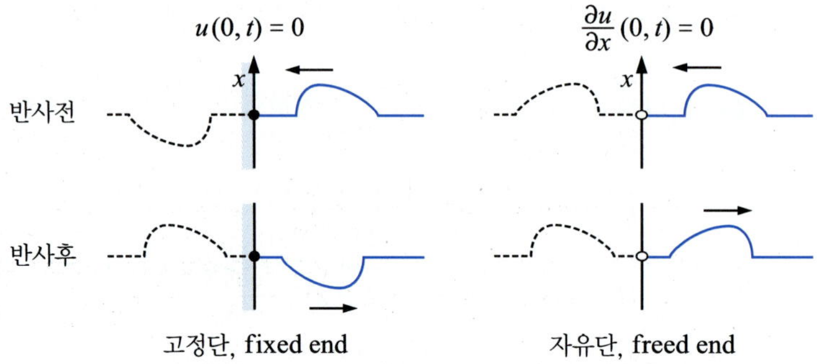

그림 11.9

반사되는 경계에서의 조건에 따라 반사파의 모양이 바뀌는 것을 알 수 있다.

연습문제

[1] 현의 양끝을 자유단으로 두었을 때, 즉 $\frac{\partial u}{\partial x}(0,t) = \frac{\partial u}{\partial x}(L,t) = 0$으로 하여 (예제 15)를 다시 풀어라.

[2] 현의 한 끝을 고정단, 다른 끝을 자유단으로 두었을 때, 즉 $u(0,t) = \frac{\partial u}{\partial x}(L,t) = 0$으로 경계조건이 주어졌을 때 (예제 15)의 해를 구하라.

11-10 독립변수의 결합에 의한 해법

선형결합. 1차원 파동방정식의 경우 식 (98)에서 볼 수 있는 바와 같이 독립변수를 $x+ct$ 또는 $x-ct$처럼 선형결합(linear combination)하여 편미분방정식의 일반해를 구할 수 있었다. 이러한 개념을 보다 일반적인 경우로 확장해 보자.

상수계수를 가진 2계 선형 제차 편미분방정식

$$a\frac{\partial^2 u}{\partial x^2} + b\frac{\partial^2 u}{\partial x \partial y} + c\frac{\partial^2 u}{\partial y^2} = 0 \tag{101}$$

을 생각해 보자. 윗식이 $u(x, y) = f(v)$, $v = y + mx$ 형태의 해를 갖는다고 가정하면

$$\frac{\partial u}{\partial x} = \frac{df}{dv}\frac{\partial v}{\partial x} = m\frac{df}{dv}$$
$$\frac{\partial u}{\partial y} = \frac{df}{dv}\frac{\partial v}{\partial y} = \frac{df}{dv}$$

가 되며, 2계 도함수를 비슷한 방법으로 구하여 식 (101)에 대입하면

$$(am^2 + bm + c)\frac{d^2 f}{dv^2} = 0$$

즉,

$$am^2 + bm + c = 0 \tag{102}$$

인 2차방정식을 얻는다. 여기서, 2차방정식의 근을 m_1, m_2라고 하면 편미분방정식, 식 (101)의 일반해는 ϕ, ψ를 임의의 함수라고 할 때

$$u(x, y) = \phi(y + m_1 x) + \psi(y + m_2 x) \tag{103}$$

로 쓸 수 있다.

만약, 식 (102)에서 2차방정식의 근이 $m_1 = m_2 = m$으로 중근이 되면

$$u(x, y) = \phi(y+mx) + \lim_{m_1 \to m_2} \frac{\psi_1(y+m_1x) - \psi_2(y+m_2x)}{m_1 - m_2} \\ = \phi(y+mx) + x\psi(y+mx) \tag{104}$$

형태의 일반해를 갖게 된다.

✓ $(am^2 + bm + c)\dfrac{d^2f}{dv^2} = 0$에서 예상할 수 있듯이 함수 ϕ, ψ는 2계 도함수를 갖는다고 가정한다. 그리고, 경우에 따라서는 $u(x, y) = f(v)$, $v = x + my$의 꼴로 해를 나타낼 수 있다. 식 (104)는 2장의 식 (2.28), 식 (2.39)와 같은 개념을 포함하고 있다.

파동방정식의 D'Alembert 해. 1차원 파동방정식 $u_{tt} = c^2 u_{xx}$의 경우, $v = x + mt$의 결합에 의해 $m^2 = c^2$, 즉 $m = \pm c$가 되어

$$u(x, t) = \phi(x + ct) + \psi(x - ct) \tag{105}$$

형태의 일반해가 얻어진다. 이것을 파동방정식의 **달랑베르 해**(D'Alembert solution)라고 한다. 특히, (예제 15)에서 주어진 초기조건을 만족하는 해는

$$u(x,0) = \phi(x) + \psi(x) = f(x) \tag{106}$$

$$\frac{\partial u}{\partial t}(x,0) = c\phi'(x) - c\psi'(x) = g(x) \tag{107}$$

로부터 ϕ, ψ를 구할 수 있다. 즉, 식 (107)을 c로 나눈 결과와 식 (106)을 미분한 결과와의 합, 차를 구하면

$$\phi'(x) = \frac{1}{2}f'(x) + \frac{1}{2c}g(x)$$

$$\psi'(x) = \frac{1}{2}f'(x) - \frac{1}{2c}g(x)$$

를 얻고, 적분하면

$$\phi(x) = \frac{1}{2}f(x) + \frac{1}{2c}\int_{x_0}^{x} g(s)\,ds + A$$

$$\psi(x) = \frac{1}{2}f(x) - \frac{1}{2c}\int_{x_0}^{x} g(s)\,ds + B$$

[단, $\phi(x) + \psi(x) = f(x)$로부터 $A + B = 0$]가 된다. 여기서, 변수를 치환하여

$$\phi(x+ct) = \frac{1}{2}f(x+ct) + \frac{1}{2c}\int_{x_0}^{x+ct} g(s)\,ds + A$$

$$\psi(x-ct) = \frac{1}{2}f(x-ct) - \frac{1}{2c}\int_{x_0}^{x-ct} g(s)\,ds + B$$

로 쓸 수 있고, 두 식을 더하면 $\displaystyle\int_{x_0}^{x+ct} - \int_{x_0}^{x-ct} = \int_{x_0}^{x+ct} + \int_{x-ct}^{x_0} = \int_{x-ct}^{x+ct}$이고, $A + B = 0$이므로

$$\begin{aligned} u(x,t) &= \phi(x+ct) + \psi(x-ct) \\ &= \frac{1}{2}[f(x+ct) + f(x-ct)] + \frac{1}{2c}\int_{x-ct}^{x+ct} g(s)\,ds \end{aligned} \tag{108}$$

로 해가 결정된다. 특히, $g(x) = 0$일 때 위의 결과는 식 (98)과 동일하다.

라플라스의 방정식과 복소함수. 2차원 라플라스의 방정식 $u_{xx} + u_{yy} = 0$의 경우, $v = x + my$의 결합에 의해 $1 + m^2 = 0$, 즉 $m = \pm i$가 된다. 그런데, $x + iy$는 복소수이므로 일반해를

$$u(x, y) = \phi(x + iy)$$

라고 하면, 실수부와 허수부를 명확히 구분할 필요가 생긴다. 따라서, 뒤에서 보다 자세히 다루겠지만 복소수를 독립변수로 하는 해석함수(analytic function)

$$\phi(z) = \phi(x + iy) = u(x, y) + iv(x, y) \tag{109}$$

의 실수부와 허수부는 각각

$$\nabla^2 u = \nabla^2 v = 0$$

으로 라플라스의 방정식을 만족하는 조화함수이다. 예를 들어,

$$\phi(z) = z^2 = (x + iy)^2 = (x^2 - y^2) + i(2xy)$$

에서 $u(x, y) = x^2 - y^2$과 $v(x, y) = 2xy$는 모두 2차원 라플라스 방정식의 해가 된다. 마찬가지로, 원통좌표계의 (r, θ)에 대해서도 $z = x + iy = re^{i\theta}$인 표현에 의해

$$\phi(z) = z^n = (re^{i\theta})^n = r^n \cos n\theta + ir^n \sin n\theta$$

의 실수부와 허수부가 각각 2차원 라플라스 방정식의 해가 된다. 이러한 성질로부터 뒤에서 다루게 될 복소함수의 중요성을 엿볼 수 있다.

***열전도방정식과 상사해.** 1차원 열전도방정식 $u_t = \alpha u_{xx}$에 대해서는 독립변수의 선형결합이 큰 역할을 하지 못한다. 그러나, 공간좌표의 정의역이 무한으로 되어 경계가 없을 경우에는 독립변수를 아래와 같이 결합한 **상사변수**(相似變數; similarity variable)

$$\eta = \frac{x}{2\sqrt{\alpha t}} \tag{110}$$

를 사용하여 $u(x, t) = \phi(\eta)$, 즉 η만의 함수로 나타낼 수 있다(문제 5번 참조). 이와 같이 구한 해를 **상사해**(相似解; similarity solution)라고 한다. 그러나, 상사해는 항상 존재하는 것이 아니고 $t = 0$일 때의 조건이 $x \to \infty$일 때의 조건과 같아야 존재한다(두 경우 모두 $\eta \to \infty$에 대응하므로). 다시 말하면, 공간좌표방향으로 유한한 영역에서는 상사해를 결코 가질 수 없다.

***예제 18** 반무한 철사 $0 \le x$에서 열전도방정식 $T_t = \alpha T_{xx}$와 다음의 조건을 만족하는 해를 상사변수 $\eta = \dfrac{x}{2\sqrt{\alpha t}}$를 써서 구하라.

경계조건: $x = 0 : T = T_B,\ x \to \infty : T = T_\infty$

초기조건: $t = 0 : T = T_\infty$

☞ 먼저, 상사변수 $\eta = \dfrac{x}{2\sqrt{\alpha t}}$를 이용하여 편미분을 상사변수에 관한 상미분으로 나타낸

$$\frac{\partial}{\partial x} = \frac{\partial \eta}{\partial x}\frac{d}{d\eta} = \frac{1}{2\sqrt{\alpha t}}\frac{d}{d\eta}$$
$$\frac{\partial}{\partial t} = \frac{\partial \eta}{\partial t}\frac{d}{d\eta} = \frac{x}{2\sqrt{\alpha}}\left(-\frac{1}{2t\sqrt{t}}\right)\frac{d}{d\eta} = -\frac{\eta}{2t}\frac{d}{d\eta}$$

결과를 써서 1차원 열전도방정식 $\dfrac{\partial T}{\partial t} = \alpha\dfrac{\partial^2 T}{\partial x^2}$의 각 항을

$$\begin{aligned}\frac{\partial T}{\partial t} &= -\frac{\eta}{2t}\frac{dT}{d\eta}\\ \frac{\partial^2 T}{\partial x^2} &= \frac{\partial}{\partial x}\left(\frac{\partial T}{\partial x}\right) = \frac{1}{2\sqrt{\alpha t}}\frac{d}{d\eta}\left(\frac{1}{2\sqrt{\alpha t}}\frac{dT}{d\eta}\right) = \frac{1}{4\alpha t}\frac{d^2 T}{d\eta^2}\end{aligned} \tag{111}$$

로 나타낸다. 이것을 원식에 대입하고 $' \equiv d/d\eta$라고 두면

$$-\frac{\eta}{2t}T' = \alpha\frac{1}{4\alpha t}T'', \quad \text{즉} \quad \frac{T''}{T'} = -2\eta$$

를 얻고, 변수분리하여 적분하면

$$\ln T' = -\eta^2 + c_1$$
$$T(\eta) = A\int^{\eta} e^{-\eta^2}d\eta + B \tag{112}$$

인 해를 얻는다. 또는, 보다 편리한 형태로

$$T(\eta) - T(0) = A\int_0^{\eta} e^{-\eta^2}d\eta \tag{113}$$

로 해를 표현할 수 있다. 여기서, 식 (113)에 나타나는 적분은 **오차함수**(誤差函數; error function)

$$\text{erf}(\eta) = \frac{2}{\sqrt{\pi}}\int_0^{\eta} e^{-x^2}dx \tag{114}$$

를 이용하여 표기하는 것이 일반적이다(0–6절 참조).

이제, 경계조건과 초기조건은 각각

$$t = 0,\ \ x \to \infty \ \Rightarrow\ \eta \to \infty$$
$$x = 0 \ \Rightarrow\ \eta = 0$$

에 대응하여 $T(\eta = 0) = T_B,\ T(\eta \to \infty) = T_\infty$를 사용하면

$$\frac{T(\eta) - T(0)}{T(\infty) - T(0)} = \frac{T(\eta) - T_B}{T_\infty - T_B} = \text{erf}(\eta) \tag{115}$$

가 원하는 해가 된다[erf(∞) = 1을 사용하였다]. ◀

☑ $x \to \infty$일 때와 $t = 0$에서의 조건이 모두 $T = T_\infty$이므로 상사해가 구해진다.

연습문제

[1] $u(x, y) = \phi(ax + y)$가 $\dfrac{\partial u}{\partial x} = a\dfrac{\partial u}{\partial y}$의 일반해임을 보여라.

[2] $\phi(z) = e^z = e^{x+iy} = e^x \cos y + ie^x \sin y$의 실수부와 허수부 모두가 라플라스 방정식의 해가 되는 것을 확인해 보라.

[3] $\phi(z) = \ln z = \ln re^{i\theta} = \ln r + i\theta = \dfrac{1}{2}\ln(x^2 + y^2) + i\tan^{-1}\dfrac{y}{x}$의 실수부와 허수부 각각이 라플라스 방정식의 해가 되는 것을 확인해 보라.

[4] $\xi = x + ct$, $\eta = x - ct$라 두고 $u(x, y)$를 ξ, η의 함수라고 생각하자.

$$\frac{\partial}{\partial x} = \frac{\partial}{\partial \xi}\frac{\partial \xi}{\partial x} + \frac{\partial}{\partial \eta}\frac{\partial \eta}{\partial x} = \frac{\partial}{\partial \xi} + \frac{\partial}{\partial \eta}$$
$$\frac{\partial}{\partial t} = \frac{\partial}{\partial \xi}\frac{\partial \xi}{\partial t} + \frac{\partial}{\partial \eta}\frac{\partial \eta}{\partial t} = c\left(\frac{\partial}{\partial \xi} - \frac{\partial}{\partial \eta}\right)$$

임을 이용하여 $u_{tt} - c^2 u_{xx} = 0$은 $u_{\xi\eta} = 0$과 같게 되는 것을 보이고 일반해는

$$u = \phi(\xi) + \psi(\eta) = \phi(x + ct) + \psi(x - ct)$$

로 되는 D'Alembert의 해로 되는 것을 보여라.

*[5] $\eta = x^A t^B$라 하면

$$\frac{\partial}{\partial t} = \frac{\partial \eta}{\partial t}\frac{d}{d\eta} = Bx^A t^{B-1}\frac{d}{d\eta}, \quad \frac{\partial}{\partial x} = \frac{\partial \eta}{\partial x}\frac{d}{d\eta} = Ax^{A-1}t^B\frac{d}{d\eta}$$

이다. 이것을 1차원 열전도방정식 $\dfrac{\partial u}{\partial t} = \alpha\dfrac{\partial^2 u}{\partial x^2}$에 대입하면

$$\frac{\partial u}{\partial t} = Bx^A t^{B-1}\frac{du}{d\eta}$$
$$\alpha\frac{\partial^2 u}{\partial x^2} = \alpha\frac{\partial}{\partial x}\left(\frac{\partial u}{\partial x}\right) = \alpha Ax^{A-1}t^B\frac{d}{d\eta}\left(Ax^{A-1}t^B\frac{du}{d\eta}\right) = \alpha A^2 x^{2A-2}t^{2B}\frac{d^2 u}{d\eta^2}$$

를 얻는다. 여기서 $\dfrac{du}{d\eta}$, $\dfrac{d^2 u}{d\eta^2}$의 계수들의 비가 η만의 함수라면 상사변수를 가질 수 있다. 즉, $\dfrac{\alpha A^2 x^{2A-2}t^{2B}}{Bx^A t^{B-1}} \sim x^{A-2}t^{B+1}$에서 $(A - 2) : (B + 1) = A : B$ 또는 $A + 2B = 0$이다. 따라서, $\eta = \dfrac{x}{2\sqrt{\alpha t}}$는 위의 관계 $A + 2B = 1 + 2\left(-\dfrac{1}{2}\right) = 0$을 만족한다. 실제로 상사변수는 η^k로 무수히 많을 수 있지만, 문제의 성격에 따라 가장 단순하고 물리적인 의미를 나타내는 것을 택한다.

요 약

• 좌표계에 따른 $\nabla^2 u = 0$의 변수분리해

좌표계	제차방향 고유함수	비제차방향 고유함수
(x, y, z)	$X \sim \begin{cases} 1, & x \\ \cos\lambda x, & \sin\lambda x \end{cases}$	$Y \sim \begin{cases} 1, & y \\ e^{\lambda y}, & e^{-\lambda y} \end{cases}$
(r, θ, z)	$\mathscr{R} \sim \begin{cases} 1, & \ln r \\ J_0(\lambda r), & Y_0(\lambda r) \end{cases}$ $Z \sim \begin{cases} 1, & z \\ \cos\lambda z, & \sin\lambda z \end{cases}$ $\mathscr{R} \sim \begin{cases} 1, & \ln r \\ \cos(\lambda \ln r), & \sin(\lambda \ln r) \end{cases}$ $\Theta \sim \begin{cases} 1, & \theta \\ \cos\lambda\theta, & \sin\lambda\theta \end{cases}$	$Z \sim \begin{cases} 1, & z \\ e^{\lambda z}, & e^{-\lambda z} \end{cases}$ $\mathscr{R} \sim \begin{cases} 1, & \ln r \\ I_0(\lambda r), & K_0(\lambda r) \end{cases}$ $\Theta \sim \begin{cases} 1, & \theta \\ e^{\lambda\theta}, & e^{-\lambda\theta} \end{cases}$ $\mathscr{R} \sim \begin{cases} 1, & \ln r \\ r^{\lambda}, & r^{-\lambda} \end{cases}$
(r, θ, φ)	$\Theta \sim P_n(\cos\theta),\ \ \Theta_n(\cos\theta)$	$\mathscr{R} \sim r^n,\ r^{-n-1}$

• 1차원 열전도방정식 $\dfrac{\partial u}{\partial t} = \alpha \nabla^2 u$에 대한 변수분리해

$$T \sim e^{-\alpha\lambda^2 t} \quad \begin{cases} \text{카테시안} & X \sim \begin{cases} 1, & x \\ \cos\lambda x, & \sin\lambda x \end{cases} \\ \text{원통} & \mathscr{R} \sim \begin{cases} 1, & \ln r \\ J_0(\lambda r), & Y_0(\lambda r) \end{cases} \\ \text{구} & \mathscr{R} \sim \begin{cases} 1, & \dfrac{1}{r} \\ \dfrac{\cos\lambda r}{r}, & \dfrac{\sin\lambda x}{r} \end{cases} \end{cases}$$

• 좌표계에 따른 $\dfrac{\partial^2 u}{\partial t^2} = c^2 \nabla^2 u$의 변수분리해

$$T \sim \begin{cases} 1, & t \\ \cos c\lambda t, & \sin c\lambda t \end{cases} \quad \begin{cases} \text{카테시안} & X \sim \begin{cases} 1, & x \\ \cos\lambda x, & \sin\lambda x \end{cases} \\ \text{원통} & \mathscr{R} \sim \begin{cases} 1, & \ln r \\ J_0(\lambda r), & Y_0(\lambda r) \end{cases} \\ \text{구} & \mathscr{R} \sim \begin{cases} 1, & \dfrac{1}{r} \\ \dfrac{\cos\lambda r}{r}, & \dfrac{\sin\lambda x}{r} \end{cases} \end{cases}$$

Chapter 12

복소수와 복소함수

복소수는 실수부와 허수부로 이루어져 있으며, 또한 복소평면상에 나타낸 복소수는 평면벡터와 비슷한 성질(예를 들어, 합의 연산을 평행사변형 법칙으로 설명하는 방법, 또는 크기가 정의되는 방법 등)을 가진다는 것을 알고 있다. 그러나, 복소수 $z = x + iy$는 말 그대로 "수(數; number)"라는 점이 평면벡터 $\mathbf{r} = \mathbf{i}x + \mathbf{j}y$와는 본질적인 차이를 나타낸다. 우리는 앞에서 분모에 놓인 벡터가 정의되지 않음에도 불구하고 $\nabla\phi \equiv \dfrac{d\phi}{d\mathbf{r}}$와 같은 표현을 "상징적으로" 사용한 적이 있다. 그러나, 복소수인 경우에는 $z = x + iy$가 수(數)이기 때문에 $\dfrac{d\phi}{dz}$가 현실적으로 정의된다. 이러한 사실로부터 Cauchy-Riemann방정식을 얻을 수 있고, 복소수가 평면에서의 물리적인 현상을 해석하는 기본도구가 될 수 있다. 또한, 해석함수의 실수부와 허수부가 모두 라플라스 방정식의 해가 되는 성질도 많은 분야에 응용된다.

12-1 복소수의 기본성질

복소수의 정의. 복소수(複素數; complex number)는 $x^2 = -1$을 만족하는 허수(虛數; imaginary number)의 기본단위 $i = \sqrt{-1}$와 임의의 **실수**(實數; real number) a, b를 이용하여

$$z = a + ib \tag{1}$$

로 정의한다. 여기서, 복소수는 실수부 a와 허수부 b로 구성되어 있다고 말하고

$$a = \mathrm{Re}(z), \qquad b = \mathrm{Im}(z) \tag{2}$$

로 각각 실수부와 허수부를 나타낸다. 만약, $a = 0$, $b \neq 0$이면 순허수라고 한다. 또한 x, y가 실수인 독립변수라고 할 때,

$$z = x + iy \tag{3}$$

는 **복소변수**(複素變數; complex variable)라 하고,

$$|z| = |x + iy| = \sqrt{x^2 + y^2} \tag{4}$$

을 복소수 z의 **절대값** 또는 **크기**라고 한다. 복소수의 크기는 평면에서의 벡터 $\mathbf{r} = \mathbf{i}x + \mathbf{j}y$의 크기 $r = |\mathbf{r}| = \sqrt{x^2 + y^2}$과 같은 의미로 이해될 수 있다. 위와 같이 복소수의 크기는 정의되지만 두 복소수의 대소(大小)관계는 정의되지 않는다(둘 다 실수인 경우는 예외). 예를 들어, $i > -i$도 성립하지 않고 $i < -i$도 성립하지 않는다.

복소수 $z = x + iy$의 **공액**(共軛; conjugate)**복소수**는

$$\bar{z} = x - iy \tag{5}$$

로 정의한다. 복소수와 공액복소수의 곱

$$z\bar{z} = (x + iy)(x - iy) = x^2 + y^2 = |z|^2 = |\bar{z}|^2 \tag{6}$$

은 실수이고, 크기의 제곱과 같다. 또한, 공액복소수를 이용하면 복소수의 실수부와 허수부를 각각

$$\text{Re}(z) \equiv x = \frac{1}{2}(z + \bar{z}), \quad \text{Im}(z) \equiv y = \frac{1}{2i}(z - \bar{z}) \tag{7}$$

로 나타낼 수 있다.

☑ 경우에 따라서는, 복소수 $z = a + ib$를 실수의 순서쌍 $z = (a, b)$로 표현할 수 있다.

복소수의 항등과 기본연산. 두 복소수 $z_1 = x_1 + iy_1$, $z_2 = x_2 + iy_2$에 대해서 $z_1 = z_2$인 조건은

$$x_1 = x_2, \qquad y_1 = y_2$$

와 같이 실수부와 허수부가 각각 같다는 것과 동일하다. 이것을 복소수의 **항등관계**라고 하며

$$z = x + iy = 0 \;\leftrightarrows\; x = y = 0 \;\leftrightarrows\; |z| = \sqrt{x^2 + y^2} = 0 \tag{8}$$

으로 표현하기도 한다. 복소수의 사칙연산(더하기, 빼기, 곱하기, 나누기)은 실수와 같은 방법으로 수행하고 $i^2 = -1$을 이용한다. 즉, 이미 알고 있는 바와 같이

$$z_1 + z_2 = (x_1 + iy_1) + (x_2 + iy_2) = (x_1 + x_2) + i(y_1 + y_2)$$
$$z_1 - z_2 = (x_1 + iy_1) - (x_2 + iy_2) = (x_1 - x_2) + i(y_1 - y_2)$$
$$z_1 z_2 = (x_1 + iy_1)(x_2 + iy_2) = (x_1 x_2 - y_1 y_2) + i(x_1 y_2 + x_2 y_1)$$

$$\frac{z_2}{z_1} = \frac{x_2 + iy_2}{x_1 + iy_1} = \frac{(x_2 + iy_2)(x_1 - iy_1)}{(x_1 + iy_1)(x_1 - iy_1)} = \frac{x_1 x_2 + y_1 y_2}{x_1^2 + y_1^2} + i\,\frac{x_1 y_2 - x_2 y_1}{x_1^2 + y_1^2} \tag{9}$$

이다. 특히, 분모에 위치한 복소수에 공액복소수를 곱하는 것을 **분모의 실수화**라고 한다.

공액을 취하는 것도 일종의 연산으로 볼 수 있는데, 이것은 아래에서 보듯이 독립적으로 작용하므로 아주 간단하다.

$$\overline{z_1 + z_2} = \overline{z_1} + \overline{z_2}, \quad \overline{z_1 - z_2} = \overline{z_1} - \overline{z_2}$$
$$\overline{z_1 z_2} = \overline{z_1}\,\overline{z_2}, \quad \overline{\left(\frac{z_2}{z_1}\right)} = \frac{\overline{z_2}}{\overline{z_1}} \tag{10}$$

극좌표에서의 복소수 표현. 그림 12.1에 보인 바와 같이 x축을 실수축, y축을 허수축으로 하여 복소수를 나타내는 것을 복소평면에서의 복소수의 표현이라고 한다. 복소평면에서 두 복소수의 합은 벡터의 합과 마찬가지로 평행사변형의 법칙으로 설명된다.

여기서, 평면 위의 점 (x, y)를 극좌표 (r, θ)로 나타내면

$$z = x + iy = r\cos\theta + ir\sin\theta \tag{11}$$

로 쓸 수 있다. 이때, 원점으로부터의 거리 r을 복소수의 크기, x축의 양의 방향에서 잰 각도 θ를 복소수의 **편각**(偏角; argument)이라 하고,

$$r = |z| = \sqrt{x^2 + y^2}, \quad \theta = \arg z = \tan^{-1}\frac{y}{x} \tag{12}$$

로 쓴다. 그런데, 그림 12.1에서 나타낸 점은 평면을 몇 바퀴 돌고 난 후에도 같은 위치에 올 수 있으므로 복소수의 편각은 무수히 많을 수 있다. 따라서, 복소수 z의 편각에서 $-\pi$와 π 사이의 각을 **주편각**(主偏角; principal value of the argument)이라고 하고, 대문자로 시작하여

$$-\pi < \operatorname{Arg} z \leq \pi \tag{13}$$

로 나타낸다. 따라서, 복소수의 편각은

$$\theta = \arg z = \operatorname{Arg} z + 2k\pi, \quad k = 0, \pm1, \pm2, \pm3, \cdots \tag{14}$$

으로 쓸 수 있다.

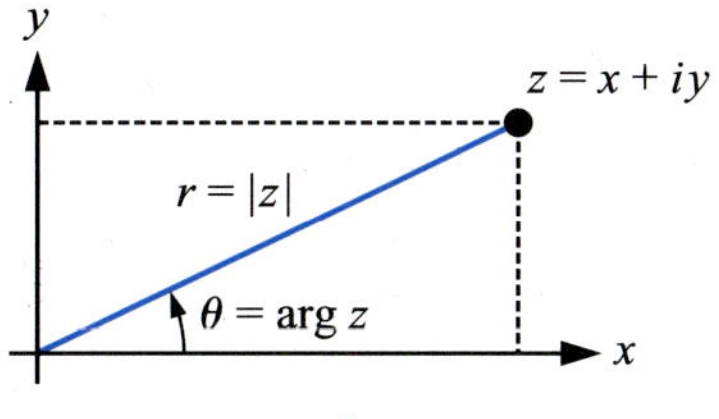

그림 12.1

극좌표를 이용한 복소수의 표현은 오일러의 공식

$$e^{i\theta} = \cos\theta + i\sin\theta$$

를 이용하면 더욱 간단히

$$z = re^{i\theta} = r\cos\theta + ir\sin\theta \tag{15}$$

로 쓸 수 있다. 위에서, 복소수 z의 n거듭제곱은

$$z^n = (re^{i\theta})^n = \begin{cases} r^n(e^{i\theta})^n = r^n(\cos\theta + i\sin\theta)^n \\ r^n e^{in\theta} = r^n(\cos n\theta + i\sin n\theta) \end{cases}$$

로 된다. 이때,

$$(\cos\theta + i\sin\theta)^n = \cos n\theta + i\sin n\theta \tag{16}$$

를 De Moivre(드무아브르)의 공식이라고 한다.

✓ 복소수 $z = 0$의 크기는 0이고 편각은 정의되지 않는다는 것에 유념한다. 그리고, 자주 쓰이는 극형식의 복소수는 $e^{i\frac{\pi}{2}} = i,\ e^{-i\frac{\pi}{2}} = -i,\ e^{i\pi} = e^{-i\pi} = -1,\ e^{i2\pi} = 1$ 등이다.

극형식을 이용한 복소수의 곱셈과 나눗셈. 극형식(極形式; polar form)으로 나타낸 복소수의 곱셈과 나눗셈은

$$\begin{aligned} z_1 z_2 &= (r_1 e^{i\theta_1})(r_2 e^{i\theta_2}) = r_1 r_2 e^{i(\theta_1+\theta_2)} \\ \frac{z_2}{z_1} &= \frac{r_2 e^{i\theta_2}}{r_1 e^{i\theta_1}} = \frac{r_2}{r_1} e^{i(\theta_2-\theta_1)} \end{aligned} \tag{17}$$

과 같이 크기와 편각을 따로따로 계산하므로 매우 편리하다(그러나 합과 차의 경우에는 아주 불편하다). 윗식을 다시 쓰면

$$\begin{aligned} &|z_1 z_2| = |z_1||z_2|, \quad \arg(z_1 z_2) = \arg z_1 + \arg z_2 \\ &\left|\frac{z_2}{z_1}\right| = \frac{|z_2|}{|z_1|}, \quad \arg\left(\frac{z_2}{z_1}\right) = \arg z_2 - \arg z_1 \end{aligned} \tag{18}$$

으로 표현된다. 이때, 편각 $\arg z$에서 2π의 배수(倍數)만큼의 차이는 고려하지 않았다. 또한, 식 (18)로부터 크기가 1인 복소수를 곱하거나 나눈다는 것은 편각만큼 더하거나 빼는 것, 즉 복소평면상에서의 회전과 동일한 것을 알 수 있다. 예를 들어, 복소수 i를 곱하는 것은 기하학적으로 복소평면상에서 $\frac{\pi}{2}$만큼 반시계방향으로 회전하는 것과 동일하다.

✓ $\arg z$는 마치 로그함수와 같은 성질을 갖는다는 것을 알 수 있다. 특히, 식 (17)에서 양변을 전개하여 각각 비교하면

$$\begin{aligned} \cos(\theta_1 + \theta_2) &= \cos\theta_1\cos\theta_2 - \sin\theta_1\sin\theta_2 \\ \sin(\theta_1 + \theta_2) &= \sin\theta_1\cos\theta_2 + \cos\theta_1\sin\theta_2 \end{aligned}$$

인 공식을 쉽게 얻을 수 있다.

복소수의 제곱근. 복소수의 극형식은 제곱근에 대해 편리한 공식을 제공한다. 임의의 복소수 $z \neq 0$의 주편각을 θ라고 하면 편각은 $\theta + 2k\pi$ (단, k는 정수)가 되고, $z = re^{i(\theta + 2k\pi)}$의 n제곱근 $\sqrt[n]{z}$은 오일러의 공식으로부터

$$\sqrt[n]{z} = \sqrt[n]{r}\, e^{i(\theta + 2k\pi)/n} = \sqrt[n]{r}\left(\cos\frac{\theta + 2k\pi}{n} + i\sin\frac{\theta + 2k\pi}{n}\right) \tag{19}$$

와 같이 n개의 서로 다른 값을 갖는 **다가함수**(多價函數; multi-valued function)로 된다(단, $k = 0, 1, 2, \cdots, n-1$). 이때, $k = 0$에 대응하는 값을 $\sqrt[n]{z}$의 **주값**(主値; principal value)이라고 한다.

예제 1 $\sqrt{i} = \pm\frac{1}{\sqrt{2}}(1+i)$임을 보여라.

☞ 복소수 i는 크기가 1, 주편각이 $\frac{\pi}{2}$이다. 따라서,

$$i = e^{i\left(\frac{\pi}{2} + 2k\pi\right)}, \quad k = 0, \pm 1, \pm 2, \cdots$$

으로 쓸 수 있고, 제곱근을 취하면

$$\sqrt{i} = e^{i\left(\frac{\pi}{4} + k\pi\right)} = \cos\left(\frac{\pi}{4} + k\pi\right) + i\sin\left(\frac{\pi}{4} + k\pi\right)$$

이다. 여기서, $k = 0$, $k = 1$을 대입하면

$$\sqrt{i} = \pm\frac{1}{\sqrt{2}}(1+i) \tag{20}$$

가 얻어진다. ◀

연습문제

[1] 복소수가 실수일 조건은 $z = \bar{z}$임을 보여라.

[2] 복소수가 순허수일 조건은 $z + \bar{z} = 0$임을 보여라.

[3] $i^2 = -1$, $i^4 = 1$임을 이용하여 i^{19}을 구하라.

[4] $z^n = 1$의 해는 $z = \cos\frac{2k\pi}{n} + i\sin\frac{2k\pi}{n}$, $k = 0, 1, 2, \cdots, n-1$임을 보여라.

[5] 삼각부등식 $|z_1 + z_2| \leq |z_1| + |z_2|$를 증명하라.

[6] 평행사변형 등식 $|z_1 + z_2|^2 + |z_1 - z_2|^2 = 2(|z_1|^2 + |z_2|^2)$을 증명하라.

[7] De Moivre의 공식을 써서 $\cos 3\theta = 4\cos^3\theta - 3\cos\theta$, $\sin 3\theta = 3\sin\theta - 4\sin^3\theta$를 보여라.

[8] (문제 7)의 결과를 이용하여 $8x^3 - 6x - 1 = 0$의 한 근이 $x = \cos 20°$임을 보여라.

***[9]** 복소수의 연산은 실수와 마찬가지로 다음의 법칙이 성립한다.

(a) $z_1 + z_2 = z_2 + z_1$, $z_1 z_2 = z_2 z_1$ (교환법칙)

(b) $(z_1 + z_2) + z_3 = z_1 + (z_2 + z_3)$, $(z_1 z_2) z_3 = z_1 (z_2 z_3)$ (결합법칙)

(c) $z_1 (z_2 + z_3) = z_1 z_2 + z_1 z_3$ (배분법칙)

(d) $0 + z = z + 0 = z$ (덧셈의 항등원)

(e) $z + (-z) = (-z) + z = 0$ (덧셈의 역원)

(f) $z \cdot 1 = 1 \cdot z = z$ (곱셈의 항등원)

(g) $z \cdot \frac{1}{z} = \frac{1}{z} \cdot z = 1$ (곱셈의 역원, $z \neq 0$)

12-2 복소함수와 해석함수

복소함수와 정의역. 복소변수(complex variable) $z = x + iy$에 관한 복소함수 $f(z)$는

$$f(z) = u(x, y) + iv(x, y) \tag{21}$$

와 같이 일반적으로 복소수가 된다. 여기서, 복소평면에서 복소변수 z로 이루어진 점의 집합을 **정의역**(domain)이라고 하고 D로 나타낸다. 이 장에서 다루게 될 몇 가지 중요한 정의역을 그림 12.2에 나타내었다. 특히, 복소평면에서 충분히 작은 $\rho > 0$에 대해 **열린 원판**(open circular disk) $|z - z_0| < \rho$를 점 $z = z_0$의 **근방**(neighborhood)으로 정의한다. 그림 12.2에 보인 영역 외에

① 상부 반평면(upper half-plane): $z = x + iy$에서 $y > 0$인 영역

② 하부 반평면(lower half-plane): $z = x + iy$에서 $y < 0$인 영역

③ 실수축(real axis): $z = x + iy$에서 $y = 0$인 영역(즉, 직선)

도 앞으로 자주 나타난다.

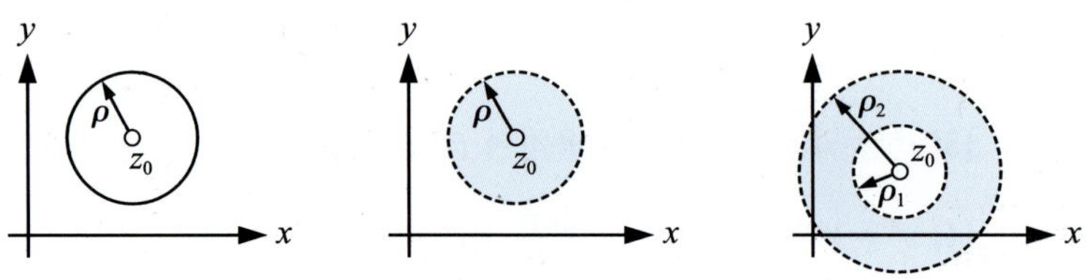

(a) $|z - z_0| = \rho$ 원(circle)

(b) $|z - z_0| < \rho$ 열린 원판 (open disk)

(c) $\rho_1 < |z - z_0| < \rho_2$ 열린 환형(環形, open annulus)

그림 12.2 복소평면상에서 몇 가지 정의역의 형태

복소함수의 연속성과 미분. 복소함수 $f(z)$가 점 $z = z_0$의 근방, 즉 $|z - z_0| < \rho$에서

$$\lim_{z \to z_0} f(z) = f(z_0) \tag{22}$$

가 성립하면 복소함수 $f(z)$는 점 $z = z_0$에서 연속이라고 한다. 또한, 점 $z = z_0$에서 복소함수 $f(z)$의 미분 또는 도함수는

$$f'(z_0) = \lim_{\Delta z \to 0} \frac{f(z_0 + \Delta z) - f(z_0)}{\Delta z} = \lim_{z \to z_0} \frac{f(z) - f(z_0)}{z - z_0} \tag{23}$$

로 정의한다. 물론, 위의 극한이 존재하지 않으면 $f'(z_0)$는 정의되지 않고, 따라서 함수 $f(z)$는 점 $z = z_0$에서 **미분불가능**이라고 한다.

미리 보는 복소미분. 복소변수를 직각형식($z = x + iy$) 또는 극형식($z = re^{i\theta}$)으로 나타낼 때, 어떠한 유도나 증명과정 없이 복소함수의 미분을 "자연스럽게 받아들일 수 있도록" 다음과 같이 미리 살펴보자.

$$\frac{df}{dz} = \begin{cases} \dfrac{df}{d(x+iy)} = \dfrac{\partial f}{\partial x} = \dfrac{1}{i}\dfrac{\partial f}{\partial y} \\ \dfrac{df}{d(re^{i\theta})} = \dfrac{1}{e^{i\theta}}\dfrac{\partial f}{\partial r} = \dfrac{1}{ire^{i\theta}}\dfrac{\partial f}{\partial \theta} \end{cases} \tag{24}$$

그리고, 윗식에서

$$d(x + iy) = dx + i\,dy, \quad d(re^{i\theta}) = e^{i\theta}\,dr + ire^{i\theta}\,d\theta$$

를 최대한 활용하여 복소함수의 미분이 결정되는 것을 눈여겨 본다.

✓ 다음 절에서 배우게 되겠지만 Cauchy-Riemann 방정식은 실제로 식 (24)의 결과를 유도하면서 얻어지는 것이다. 따라서, 식 (24)의 결과에 익숙해지면 이 장에서 배우는 많은 내용을 쉽게 이해할 수 있게 된다.

해석함수의 정의. 함수 $f(z)$가 정의역 D 내의 점 $z = z_0$에서 미분가능하고 점 $z = z_0$를 포함하는 열린 원판, 즉 $z = z_0$의 부근에서 역시 미분가능이면 **해석적**(解析的; analytic)이라고 한다. 즉,

$f(z)$가 $z = z_0$의 근방의 모든 점에서 미분가능하면 그 점에서 해석적이다

라고 정의한다. 또한, 정의역 D 내부의 모든 점에서 해석적이면 함수 $f(z)$는 **해석함수**(解析函數; analytic function)라고 한다.

일반적으로 함수 $f(z)$와 $g(z)$가 해석함수이면

① $c_1 f(z) + c_2 g(z)$ (단, c_1, c_2는 상수)

② $f(z)\,g(z)$

③ $\dfrac{f(z)}{g(z)}$ [단, $g(z) = 0$인 점에서는 비해석적이다]

는 모두 해석함수로 된다.

☑ 해석함수의 미분은 실수함수의 미분과 거의 같은 방법으로 수행된다. 예를 들어,

$$[f(z)\,g(z)]' = f'(z)\,g(z) + f(z)\,g'(z)$$

등의 미분관계식이 성립한다.

12-3 Cauchy-Riemann 방정식

Cauchy-Riemann 방정식. 복소함수 $f(z)$가 해석적인가 또는 비해석적인가의 판단은 복소미분의 정의로부터 유도한

복소함수 $f(z) = u(x, y) + iv(x, y)$가 정의역 D에서 해석적이다.	⇄	$\dfrac{\partial u}{\partial x} = \dfrac{\partial v}{\partial y}, \quad \dfrac{\partial v}{\partial x} = -\dfrac{\partial u}{\partial y}$

인 조건을 사용하고, 오른쪽을 **코시-리만**(Cauchy-Riemann) **방정식**이라고 한다. 특히, 위의 관계가 "필요충분조건"이라는 사실에 주목할 필요가 있는데, 이는 코시-리만 방정식의 중요성을 뒷받침하고 있다.

복소평면 전체에서 해석적인 함수를 **완전함수**(完全函數; entire function)라고 한다. 어떤 함수가 완전함수라는 것을 증명하는 것은 아주 간단한 일이다. 즉, 복소평면 전체에서 코시-리만 방정식이 만족되는 것을 보이면 된다.

예제 2 함수 $f(z)$가 정의역 D에서 해석적이면 코시-리만 방정식 $\dfrac{\partial u}{\partial x} = \dfrac{\partial v}{\partial y}, \dfrac{\partial v}{\partial x} = -\dfrac{\partial u}{\partial y}$가 만족되는 것을 보여라(그림 12.3 참조).

☞ 복소함수 $f(z) = u + iv$가 해석적이라는 것은 복소변수 $z = x + iy$에 관하여 극한값

$$f'(z) = \frac{df}{dz} = \lim_{\Delta z \to 0} \frac{\Delta f}{\Delta z} = \lim_{\substack{\Delta x \to 0 \\ \Delta y \to 0}} \frac{\Delta u + i\Delta v}{\Delta x + i\Delta y} \tag{25}$$

가 존재한다는 것을 의미한다.

그런데, $\Delta z = (z + \Delta z) - z = \Delta x + i\Delta y$가 0으로 접근하는 방법은 그림 12.3에 보인 세 가지의 경우를 포함하여 무한히 많다. 가장 간단한 경우로 x축에 평행한 경로를 따라 접근하는 경우, 즉 $\Delta y = 0$을 먼저 고려해 보자. 이때는 $\Delta z = \Delta x + i\Delta y = \Delta x$가 되어 식 (25)는

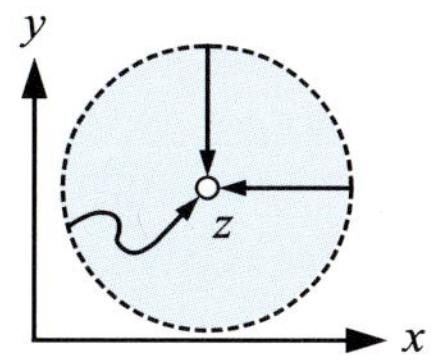

그림 12.3 복소평면상에서 주어진 점 z로 접근하는 경로의 예

$$\frac{df}{dz} = \lim_{\Delta x \to 0} \frac{\Delta u + i\Delta v}{\Delta x} = \frac{\partial u}{\partial x} + i\frac{\partial v}{\partial x} = \frac{\partial}{\partial x}(u + iv) \tag{26}$$

로 된다. 다음으로는 y축에 평행한 경로를 따라 접근하는 경우, 즉 $\Delta x = 0$일 때는 $\Delta z = \Delta x + i\Delta y = i\Delta y$이므로 식 (25)는

$$\frac{df}{dz} = \lim_{\Delta y \to 0} \frac{\Delta u + i\Delta v}{i\Delta y} = \frac{1}{i}\left(\frac{\partial u}{\partial y} + i\frac{\partial v}{\partial y}\right) = \frac{1}{i}\frac{\partial}{\partial y}(u + iv) \tag{27}$$

와 같이 쓸 수 있다. 여기서, 식 (26)과 (27)은 서로 같아야 하므로

$$\frac{\partial u}{\partial x} + i\frac{\partial v}{\partial x} = \frac{1}{i}\frac{\partial u}{\partial y} + \frac{\partial v}{\partial y}$$

이고, 실수부와 허수부를 각각 비교하면 다음의 코시-리만 방정식

$$\frac{\partial u}{\partial x} = \frac{\partial v}{\partial y}, \quad \frac{\partial v}{\partial x} = -\frac{\partial u}{\partial y} \tag{28}$$

가 성립함을 알 수 있다. ◀

☑ 이 예제에서는 함수가 해석적이기 위한 필요충분조건의 한쪽을 증명한 것이다. 위의 역을 증명하는 것은 비교적 복잡하므로 생략하기로 한다. 식 (28)을 기억하는 실마리는 아래와 같다.

$$\frac{\partial u}{\partial x} = \frac{\partial v}{\partial y}, \quad \frac{\partial v}{\partial x} = -\frac{\partial u}{\partial y}$$

화살표의 순서가 바뀌면
음의 부호가 붙는다.

예제 3 (r, θ) 극좌표계에 관한 코시-리만 방정식은 $\dfrac{\partial u}{\partial r} = \dfrac{1}{r}\dfrac{\partial v}{\partial \theta}$, $\dfrac{\partial v}{\partial r} = -\dfrac{1}{r}\dfrac{\partial u}{\partial \theta}$로 쓸 수 있음을 보여라.

☞ 복소함수를 $f(z) = u + iv$라 두고 복소수의 극형식 $z = re^{i\theta}$를 사용한다. 이때, $\Delta z = e^{i\theta}\Delta r + ire^{i\theta}\Delta\theta$에서 $\Delta r = 0$ 또는 $\Delta\theta = 0$인 경우로 나누어 생각하면

$$\frac{df}{dz} = \lim_{\Delta r \to 0} \frac{\Delta u + i\Delta v}{e^{i\theta}\Delta r} = \frac{1}{e^{i\theta}}\left(\frac{\partial u}{\partial r} + i\frac{\partial v}{\partial r}\right) = e^{-i\theta}\frac{\partial f}{\partial r}$$

$$\frac{df}{dz} = \lim_{\Delta \theta \to 0} \frac{\Delta u + i\Delta v}{ire^{i\theta}\Delta\theta} = \frac{1}{ire^{i\theta}}\left(\frac{\partial u}{\partial \theta} + i\frac{\partial v}{\partial \theta}\right) = \frac{e^{-i\theta}}{ir}\frac{\partial f}{\partial \theta}$$

를 얻고, 위의 두 식에서 실수부와 허수부를 각각 비교하면

$$\frac{\partial u}{\partial r} = \frac{1}{r}\frac{\partial v}{\partial \theta}, \quad \frac{\partial v}{\partial r} = -\frac{1}{r}\frac{\partial u}{\partial \theta} \tag{29}$$

✔ $x = r\cos\theta$, $y = r\sin\theta$인 좌표변환과 식 (28)을 이용하여 이 예제를 푸는 방법도 있다. 그리고, 위의 풀이에서 $r \to 0$인 경우는 **특이점(singularity)**이 발생하는 점에 특히 주의해야 한다.

예제 4 코시-리만 방정식을 이용하여 복소평면 전체에서 함수 $f(z) = z^2$은 해석함수이고 $f(z) = \bar{z}$는 해석함수가 아님을 보여라.

☞ 먼저, $f(z) = z^2 = (x + iy)^2 = x^2 - y^2 + i2xy$에서 실수부와 허수부를

$$u(x, y) = x^2 - y^2, \qquad v(x, y) = 2xy$$

로 두면

$$\frac{\partial u}{\partial x} = 2x = \frac{\partial v}{\partial y}, \quad \frac{\partial v}{\partial x} = 2y = -\frac{\partial u}{\partial y} \tag{30}$$

인 코시-리만 방정식이 항상 만족된다. 따라서, $f(z) = z^2$은 완전함수(복소평면 전체에서 해석적인 함수)이다. 그런데, $f(z) = \bar{z} = x - iy$에서

$$u(x, y) = x, \qquad v(x, y) = -y$$

인 경우에는

$$\frac{\partial u}{\partial x} = 1 \neq \frac{\partial v}{\partial y} = -1, \quad \frac{\partial v}{\partial x} = 0 = -\frac{\partial u}{\partial y} \tag{31}$$

로 한쪽의 조건이 성립하지 않으므로 해석함수가 아니다.

예제 5 해석함수의 실수부 $u(x, y)$ 또는 허수부 $v(x, y)$의 한쪽만 주어져도 복소함수의 미분 $\frac{df}{dz}$가 결정되는 것을 보여라.

☞ 복소함수 $f(z) = u + iv$의 미분은 코시-리만 방정식을 이용하면

$$\frac{df}{dz} = \begin{cases} \dfrac{\partial}{\partial x}(u + iv) \\ \dfrac{1}{i}\dfrac{\partial}{\partial y}(u + iv) \end{cases} = \begin{cases} \left(\dfrac{\partial}{\partial x} + \dfrac{1}{i}\dfrac{\partial}{\partial y}\right)u \\ \left(\dfrac{\partial}{\partial x} + \dfrac{1}{i}\dfrac{\partial}{\partial y}\right)iv \end{cases} \tag{32}$$

와 같이

① x에 관한 편도함수, ② 실수부 $u(x, y)$만의 편도함수
③ y에 관한 편도함수, ④ 허수부 $v(x, y)$만의 편도함수

와 같이 모두 네 가지 방법으로 표현할 수 있다. 마찬가지로 극좌표인 경우에도

$$\frac{df}{dz} = \begin{cases} \dfrac{1}{e^{i\theta}}\dfrac{\partial}{\partial r}(u+iv) \\ \dfrac{1}{ire^{i\theta}}\dfrac{\partial}{\partial\theta}(u+iv) \end{cases} = \begin{cases} \dfrac{1}{e^{i\theta}}\left(\dfrac{\partial}{\partial r}+\dfrac{1}{i}\dfrac{\partial}{r\partial\theta}\right)u \\ \dfrac{1}{e^{i\theta}}\left(\dfrac{\partial}{\partial r}+\dfrac{1}{i}\dfrac{\partial}{r\partial\theta}\right)iv \end{cases} \tag{33}$$

와 같이 $u(r, \theta)$ 또는 $v(r, \theta)$만의 편도함수로 함수의 미분을 쓸 수 있다. ◀

✔ 식 (32)와 (33)의 결과를 잘 살펴보면 아주 흥미 있는 사실을 알게 된다. 먼저, 7장에서 공간구배를 $\nabla \equiv \dfrac{d}{d\mathbf{r}} = \dfrac{d}{\mathbf{i}\,dx+\mathbf{j}\,dy+\mathbf{k}\,dz} = \mathbf{i}\dfrac{\partial}{\partial x}+\mathbf{j}\dfrac{\partial}{\partial y}+\mathbf{k}\dfrac{\partial}{\partial z}$과 같이 상징적인 연산을 통하여 이해한 것을 기억할 것이다. 이와 마찬가지로 분모에 놓이는 복소수 dz를 $\dfrac{d}{dz} = \dfrac{d}{dx+idy} \sim \dfrac{\partial}{\partial x}+\dfrac{1}{i}\dfrac{\partial}{\partial y}$의 형태로 이해하면, 복소미분은 (그림과 같이 기억하기에 아주 편리한) 다음과 같은 형태가 된다(극좌표의 경우도 거의 같은 형태가 된다).

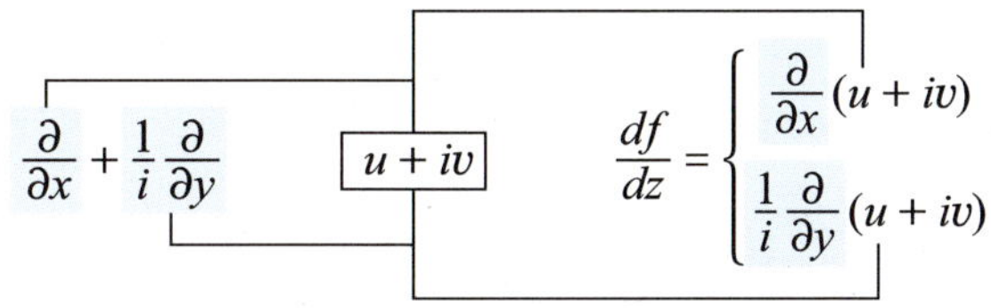

실수부와 허수부를 각각
쪼개어 옆과 결합한다.

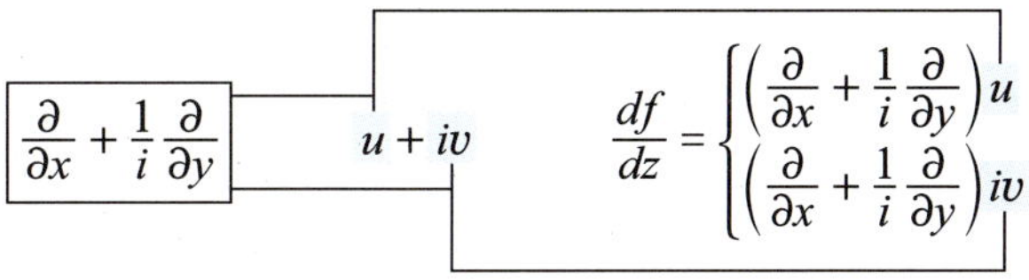

예제 6 해석함수 $f(z)$의 도함수의 크기는 $|f'(z)|^2 = \dfrac{\partial(u,v)}{\partial(x,y)}$로 주어짐을 보여라.

☞ 복소미분의 정의, 식 (24)로부터

$$\frac{df}{dz} = \frac{\partial f}{\partial x} = \frac{\partial u}{\partial x}+i\frac{\partial v}{\partial x} \qquad \text{또는} \qquad \frac{df}{dz} = \frac{1}{i}\frac{\partial f}{\partial y} = \frac{1}{i}\left(\frac{\partial u}{\partial y}+i\frac{\partial v}{\partial y}\right) \tag{34}$$

에서 크기를 구하면

$$\begin{aligned} |f'(z)|^2 &= \left(\frac{\partial u}{\partial x}\right)^2+\left(\frac{\partial v}{\partial x}\right)^2 \\ &= \frac{\partial u}{\partial x}\frac{\partial v}{\partial y}+\frac{\partial v}{\partial x}\left(-\frac{\partial u}{\partial y}\right) = \begin{vmatrix} \dfrac{\partial u}{\partial x} & \dfrac{\partial u}{\partial y} \\ \dfrac{\partial v}{\partial x} & \dfrac{\partial v}{\partial y} \end{vmatrix} \end{aligned} \tag{35}$$

이다. 여기서는 코시-리만 방정식을 이용하였다. 계속하여, 자코비안의 정의로부터

$$|f'(z)|^2 = \frac{\partial(u,v)}{\partial(x,y)} = \begin{vmatrix} \frac{\partial u}{\partial x} & \frac{\partial u}{\partial y} \\ \frac{\partial v}{\partial x} & \frac{\partial v}{\partial y} \end{vmatrix} \qquad (36)$$

연습문제

[1] $f(z) = |z|^2 = x^2 + y^2$은 어떤 점에서도 해석적이 아니라는 것을 보여라.

[2] $f(z) = \mathrm{Re}(z) = x$, $f(z) = \mathrm{Im}(z) = y$는 모두 해석적이 아님을 보여라.

[3] $f(z) = \arg z = \theta$는 해석적이 아님을 보여라.

[4] $z^n = r^n \cos n\theta + ir^n \sin n\theta$, $n = 0, 1, 2, \cdots$이 완전함수라는 것을 보여라.

[5] $e^z = e^x \cos y + ie^x \sin y$가 완전함수라는 것을 보여라.

****[6]** 미분 $\frac{df}{dx}$는 곡선(1차원 공간)에서의 기울기, 복소미분 $\frac{df}{dz}$는 복소평면(2차원 공간)에서의 기울기로 간주할 수 있다. 그렇다면 3차원 공간에 대응하는 복소입체(?)에서의 미분이 존재할 것인가에 대해 논의해 보라(이 문제는 Hamilton에 의해 고려되었으며 4원수의 발견에 이르는 계기가 되었다).

☑ 아래에서 상징적으로 표현한 것과 같이 독립변수가 3개이면서 분모에 놓일 수 있는 "수"는 존재하지 않는다. 따라서, 복소입체의 개념은 불가능하다. 다만, 독립변수가 3개일 때는 수(number) 대신에 벡터의 개념을 도입하면 미분이 가능하다.

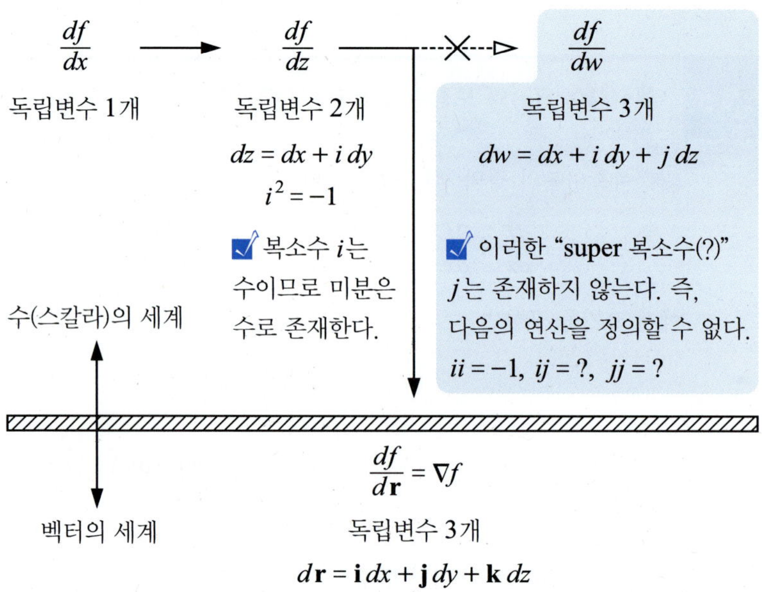

12-4 해석함수와 라플라스의 방정식

조화함수의 성질. 이미 11-10절에서 라플라스의 방정식

$$\nabla^2\phi = \frac{\partial^2\phi}{\partial x^2} + \frac{\partial^2\phi}{\partial y^2} = 0 \tag{37}$$

의 일반해는 독립변수 x, y의 결합으로 $\phi = \phi(x+iy)$의 꼴로 나타낼 수 있다는 것을 공부하였다. 이러한 사실로부터 라플라스 방정식의 일반해가 해석함수의 실수부와 허수부로 나타나는 것을 이미 예측할 수 있다. 이 절에서는 해석함수와 라플라스 방정식의 해인 조화함수와의 관계를 살펴보자.

예제 7 해석함수 $f(z) = u(x, y) + iv(x, y)$의 실수부와 허수부는 모두 라플라스의 방정식을 만족하는 조화함수임을 보여라.

☞ $f(z) = u + iv$가 해석함수이면 $u(x, y)$와 $v(x, y)$는 코시-리만 방정식을 만족함으로,

$$\begin{aligned} \frac{\partial}{\partial x}\left(\frac{\partial u}{\partial x}\right) &= \frac{\partial}{\partial x}\left(\frac{\partial v}{\partial y}\right) = \frac{\partial^2 v}{\partial x \partial y} \\ \frac{\partial}{\partial y}\left(\frac{\partial u}{\partial y}\right) &= \frac{\partial}{\partial y}\left(-\frac{\partial v}{\partial x}\right) = -\frac{\partial^2 v}{\partial y \partial x} \end{aligned} \tag{38}$$

가 성립하고, 위의 두 식을 더하면

$$\nabla^2 u = \frac{\partial}{\partial x}\left(\frac{\partial u}{\partial x}\right) + \frac{\partial}{\partial y}\left(\frac{\partial u}{\partial y}\right) = \frac{\partial^2 v}{\partial x \partial y} - \frac{\partial^2 v}{\partial y \partial x} = 0 \tag{39}$$

마찬가지로 허수부 $v(x, y)$에 대해서도 같은 방법을 적용하여

$$\begin{aligned} \nabla^2 v &= \frac{\partial}{\partial x}\left(\frac{\partial v}{\partial x}\right) + \frac{\partial}{\partial y}\left(\frac{\partial v}{\partial y}\right) \\ &= \frac{\partial}{\partial x}\left(-\frac{\partial u}{\partial y}\right) + \frac{\partial}{\partial y}\left(\frac{\partial u}{\partial x}\right) = -\frac{\partial^2 u}{\partial x \partial y} + \frac{\partial^2 u}{\partial y \partial x} = 0 \end{aligned} \tag{40}$$

즉,

$$\nabla^2 u = 0, \qquad \nabla^2 v = 0 \tag{41}$$

을 만족한다. 따라서, 해석함수의 실수부 및 허수부 u, v를 **공액조화함수**(共軛調和函數; conjugate harmonic functions)라고 한다.

예제 8 $u(x, y) = xy$는 라플라스의 방정식 $\nabla^2 u = 0$을 만족하는 조화함수이다. 이 함수의 공액조화함수 $v(x, y)$를 구하고 $f(z) = u + iv$를 써라.

☞ 코시-리만 조건으로부터

$$\frac{\partial v}{\partial y}=\frac{\partial u}{\partial x}=\frac{\partial}{\partial x}(xy)=y, \quad \frac{\partial v}{\partial x}=-\frac{\partial u}{\partial y}=-\frac{\partial}{\partial y}(xy)=-x$$

를 얻고,

$$\frac{\partial v}{\partial y}=y, \quad \frac{\partial v}{\partial x}=-x \tag{42}$$

를 각각 풀어

$$v_1=\frac{1}{2}y^2+f(x), \quad v_2=-\frac{1}{2}x^2+g(y) \tag{43}$$

를 얻는다. 여기서, 앞에서 자주 나타낸 것이지만 "최소공배수"를 구하는 것과 같이 항을 택하면

$$v=\frac{1}{2}(y^2-x^2)+c \tag{44}$$

가 구해진다(단, c는 상수). 따라서, 해석함수는

$$f(z)=u+iv=xy+i\frac{1}{2}(y^2-x^2)+ic=-\frac{1}{2}iz^2+ic \quad ◀ \tag{45}$$

예제 9 $f(z)=u+iv$가 해석함수이면 공액조화함수 u, v에 대해 $\nabla u\cdot\nabla v=0$이 성립하는 것을 보여라.

☞ $f(z)=u+iv$가 해석함수이면 코시-리만 방정식을 만족하므로

$$\begin{aligned}\nabla u\cdot\nabla v&=\left(\mathbf{i}\frac{\partial u}{\partial x}+\mathbf{j}\frac{\partial u}{\partial y}\right)\cdot\left(\mathbf{i}\frac{\partial v}{\partial x}+\mathbf{j}\frac{\partial v}{\partial y}\right)\\&=\frac{\partial u}{\partial x}\frac{\partial v}{\partial x}+\frac{\partial u}{\partial y}\frac{\partial v}{\partial y}\\&=\frac{\partial u}{\partial x}\left(-\frac{\partial u}{\partial y}\right)+\frac{\partial u}{\partial y}\frac{\partial u}{\partial x}=0 \quad ◀\end{aligned} \tag{46}$$

공액조화함수와 직교사영. 해석함수 $f(z)=u+iv$의 실수부 및 허수부가 $\nabla u\cdot\nabla v=0$을 만족하는 사실이 나타내는 기하학적인 의미를 알아보자. **구배**(勾配; gradient)의 정의로부터 ∇u는 $u=u_0=$ 상수인 곡선과 직교한다. 마찬가지로 ∇v는 $v=v_0=$ 상수인 곡선과 직교한다. 따라서, $\nabla u\cdot\nabla v=0$이 성립하면 곡선 $u=u_0$와 $v=v_0$는 서로 직교하게 된다. 즉, 조화함수 u와 v는 서로 직교하는 **직교사영**(直交寫影)으로 된다.

해석함수는 무한히 많이 존재하므로 $f(z)=u+iv$의 실수부와 허수부를 택하여 서로 직교하는 곡선군(曲線群)을 수없이 많이 만들어낼 수 있다. 서로 직교하는 곡선에는 정전기장(靜電氣場)에서 **등퍼텐셜선**(equipotential line)과 등기전력선, 유체속도장에서 등퍼텐셜선과 유선(流線; stream line) 등이 있으며 물리적으로 매우 중요한 응용을 지닌다.

12-5 대표적인 복소함수

z의 거듭제곱과 다항식. 복소변수 $z = x + iy$에 관한 **거듭제곱** 또는 **멱**(冪; power) $f(z) = z^n$ (단, $n = 0, 1, 2, \cdots$)은 해석함수 중에서 가장 간단한 경우이다. 거듭제곱이 완전함수라는 것을 보이기 위해서는 극형식을 이용하여

$$f(z) = z^n = r^n(\cos n\theta + i\sin n\theta)$$

로부터

$$u(r, \theta) = r^n \cos n\theta, \qquad v(r, \theta) = r^n \sin n\theta \tag{47}$$

가 모든 r, θ에 대해 코시-리만 방정식 (29)를 만족하는 것을 보이면 된다. 복소변수 z의 거듭제곱의 합으로 이루어진 다항식

$$f(z) = a_0 + a_1 z + a_2 z^2 + \cdots + a_n z^n \tag{48}$$

은 마찬가지로 해석함수이다.

예제 10 $\dfrac{d}{dz} z^n = nz^{n-1}$, $n = 1, 2, 3, \cdots$ 을 보여라.

☞ 이 경우의 풀이는 미분의 극형식, 식 (33)을 이용하는 것이 편리하므로

$$\begin{aligned} \frac{d}{dz} z^n &= \frac{1}{e^{i\theta}} \frac{\partial}{\partial r}(u + iv) \\ &= e^{-i\theta} \frac{\partial}{\partial r}(r^n \cos n\theta + ir^n \sin n\theta) \\ &= e^{-i\theta} nr^{n-1}(\cos n\theta + i\sin n\theta) \\ &= e^{-i\theta} nr^{n-1} e^{in\theta} \\ &= nr^{n-1} e^{i(n-1)\theta} = nz^{n-1} \end{aligned} \tag{49}$$ ◀

유리함수. 두 다항식의 분수꼴로 쓰여진 함수

$$f(z) = \frac{Q(z)}{P(z)} \tag{50}$$

를 **유리함수**(rational function)라고 한다. 유리함수는 분모가 0이 되지 않는 모든 점에서 해석적으로 된다. 그런데, $P(z)$가 n차 다항식이면 $P(z) = 0$은 복소평면에서 n개의 근을 가지므로, 유리함수는 복소평면상에서 완전함수가 아니다.

☑ n차 다항식에 관한 방정식 $P(z) = 0$이 n개의 복소근을 가진다는 것은 가우스에 의해 증명되었으며, 대수학의 기본정리로 알려져 있다.

삼각함수. 복소변수에 대한 삼각함수(trigonometric function)는

$$\cos z = \frac{e^{iz}+e^{-iz}}{2}, \quad \sin z = \frac{e^{iz}-e^{-iz}}{2i} \tag{51}$$

로 정의하며, 이것은 실변수에 대한 삼각함수의 정의와 동일하다. 윗식에서 z 대신 iz로 치환하면

$$\cos iz = \frac{e^{-z}+e^{z}}{2} = \cosh z, \quad \sin iz = \frac{e^{-z}-e^{z}}{2i} = i\sinh z \tag{52}$$

임을 알 수 있다. 이 결과를 이용하면

$$\begin{aligned} \cos z = \cos(x+iy) &= \cos x\cos iy - \sin x\sin iy \\ &= \cos x\cosh y - i\sin x\sinh y \\ \sin z = \sin(x+iy) &= \sin x\cos iy + \cos x\sin iy \\ &= \sin x\cosh y + i\cos x\sinh y \end{aligned} \tag{53}$$

가 성립한다. 삼각함수의 미분은

$$\frac{d}{dz}\sin z = \cos z, \quad \frac{d}{dz}\cos z = -\sin z$$

로 실변수의 경우와 동일하다(연습문제 참조).

✓ 여기서, 다음과 같이 짝함수, 홀함수의 성질과 모양이 비슷한 사실에 주목하면, 사용할 때 아주 편리하다(0-5절 참조).

$$\begin{aligned} &\cos(-x) = \cos x, && \sin(-x) = -\sin x, && \tan(-x) = -\tan x \\ &\cos ix = \cosh x, && \sin ix = i\sinh x, && \tan ix = i\tanh x \\ &\cosh ix = \cos x, && \sinh ix = i\sin x, && \tanh ix = i\tan x \end{aligned}$$

그리고, $\cos z$와 $\sin z$는 완전함수이고 $\tan z = \sin z/\cos z$는 $\cos z = 0$이 되는 점에서 해석적이 아니다.

쌍곡선함수. 쌍곡선함수(hyperbolic function)는

$$\cosh z = \frac{e^{z}+e^{-z}}{2}, \quad \sinh z = \frac{e^{z}-e^{-z}}{2} \tag{54}$$

로 정의된다. $\cos iz = \cosh z$, $\sin iz = i\sinh z$의 관계식으로부터

$$\begin{aligned} \cosh z = \cos iz = \cos(ix-y) &= \cos ix\cos y + \sin ix\sin y \\ &= \cosh x\cos y + i\sinh x\sin y \\ i\sinh z = \sin iz = \sin(ix-y) &= \sin ix\cos y - \cos ix\sin y \\ &= i\sinh x\cos y - \cosh x\sin y \\ &= i\sinh x\cos y + i^2\cosh x\sin y \end{aligned}$$

의 결과를 이용하면

$$\cosh z = \cosh x \cos y + i \sinh x \sin y$$
$$\sinh z = \sinh x \cos y + i \cosh x \sin y \tag{55}$$

를 얻는다. 이와 같이 삼각함수와 쌍곡선함수 사이의 관계는

$$\cos iz = \cosh z, \qquad \sin iz = i \sinh z$$
$$\cosh iz = \cos z, \qquad \sinh iz = i \sin z \tag{56}$$

를 이용하면 서로 쉽게 변환될 수 있다. 위의 식에서 cosine 함수는 짝함수, sine 함수는 홀함수인 성질이 복소수에 대해서도 비슷한 모양으로 나타난다. 또한, 쌍곡선함수의 미분은

$$\frac{d}{dz}\sinh z = \cosh z, \quad \frac{d}{dz}\cosh z = \sinh z$$

로 실변수의 경우와 동일하다.

지수함수. 지수함수(exponential function)는

$$\exp z = e^z = e^{x+iy} = e^x(\cos y + i \sin y) \tag{57}$$

로 정의된다. 지수함수는 복소평면의 모든 점에서 해석적이고(즉, 완전함수)

① 모든 z에 대해 $e^z \neq 0$

② 주기가 $2\pi i$인 주기함수이다. 즉, 정수 n에 대해 $e^{z+2n\pi i} = e^z$

③ $\frac{d}{dz}e^z = e^z$

인 중요한 성질을 갖는다.

예제 11 $\frac{d}{dz}e^z = e^z$를 보여라.

☞ 복소미분의 정의로부터

$$\begin{aligned}\frac{d}{dz}e^z &= \frac{\partial}{\partial x}(u+iv) \\ &= \frac{\partial}{\partial x}(e^x \cos y + ie^x \sin y) = e^x \cos y + ie^x \sin y = e^z \end{aligned} \tag{58}$$ ◀

✔ 미분공식 $\frac{df}{dz} = \frac{1}{i}\frac{\partial f}{\partial y} = \frac{1}{i}\frac{\partial}{\partial y}(u+iv)$를 이용하여도 같은 결과를 얻는다.

로그함수. 로그함수(logarithmic function)는

$$\ln z = \ln|z| + i \arg z \tag{59}$$

로 정의된다. 그런데, 이미 앞에서 살펴보았듯이 $\arg z$는 다가함수(多價函數)이므로 $\ln z$는 역시 다가함수로 된다. 이때, 주편각 $\text{Arg}\,z$를 허수부로 갖는 경우를

$$\text{Ln}\,z = \ln|z| + i\,\text{Arg}\,z, \qquad -\pi < \text{Arg}\,z \le \pi \tag{60}$$

로 나타내고 로그함수의 **주값**(principal value)라고 한다. 따라서, $\text{Ln}\,z$는 단가함수(單價函數; single-valued function)로 정의된다. 다가함수로서의 로그함수는

$$\ln z = \text{Ln}\,z + i2k\pi, \qquad k = 0,\ \pm 1,\ \pm 2,\ \cdots$$

으로 나타낼 수 있다. 특히, $z = 0$에서 로그함수가 정의되지 않는다는 것에 주의해야 한다.

☑ 단가함수 $\text{Ln}\,z$는 원점을 분지점으로 하고 음의 실수축을 분지선(branch line)으로 하는 영역에서 정의되는 것으로 한다. 그러나, 상세한 내용은 등각사상과 연관하여 다루기로 한다.

예제 12 복소변수에 대한 로그함수의 미분 $\dfrac{d}{dz}\ln z = \dfrac{1}{z}$을 보여라.

☞ 먼저, $\ln z = u + iv = \ln|z| + i\arg z$로 두고, 복소함수의 미분공식

$$\frac{df}{dz} = \frac{\partial u}{\partial x} + i\frac{\partial v}{\partial x} = \frac{\partial u}{\partial x} - i\frac{\partial u}{\partial y}$$

를 사용한다. 그런데,

$$u = \ln|z| = \frac{1}{2}\ln(x^2+y^2) \quad\Rightarrow\quad \frac{\partial u}{\partial x} = \frac{x}{x^2+y^2},\quad \frac{\partial u}{\partial y} = \frac{y}{x^2+y^2}$$

이므로

$$\frac{d}{dz}\ln z = \frac{\partial u}{\partial x} - i\frac{\partial u}{\partial y} = \frac{x-iy}{x^2+y^2} = \frac{1}{x+iy} = \frac{1}{z} \quad ◀ \tag{61}$$

☑ 일반적으로 $\ln z$는 다가함수이지만 그 미분 $\dfrac{1}{z}$은 원점을 제외한 영역에서 해석적인 함수로 잘 정의되어 있다. 이것은 $y = x + c$가 무한히 많은 직선족(直線族)을 나타내지만, 미분하면 $y' = 1$로 하나의 수가 되는 것과 비슷하다.

일반적인 멱. 임의의 복소상수 α에 대해 $f(z) = z^\alpha$인 일반적인 멱(power)은 지수함수와 로그함수를 이용하여

$$z^\alpha = e^{\alpha \ln z} \tag{62}$$

로 정의한다. 그런데, $\ln z$가 다가함수이므로 z^α도 역시 다가함수로 되며, 앞에서와 마찬가지로 $e^{\alpha\,\text{Ln}\,z} = e^{\alpha(\ln|z| + i\,\text{Arg}\,z)}$에 대응하는 경우를 z^α의 주값이라고 한다. 지금까지 사용해온 $2^3 = 8$과 같은 간단한 연산과의 혼동을 피하기 위해, 특별한 언급이 없으면 $z = x > 0$인 경우, 즉 양의 실수에 대한 일반적인 멱은

$$x^\alpha = e^{\alpha \ln x} \tag{63}$$

를 뜻하는 것으로 한다.

☑ 정의에 의해 $i^i = e^{i \ln i} = e^{i\left[\ln 1 + i\left(\frac{\pi}{2} \pm 2k\pi\right)\right]} = e^{-\frac{\pi}{2} \pm 2k\pi}$로 i^i는 실수가 된다.

연습문제

[1] $\frac{d}{dz}\sin z = \cos z$, $\frac{d}{dz}\cos z = -\sin z$를 보여라.

[2] $\frac{d}{dz}\sinh z = \cosh z$, $\frac{d}{dz}\cosh z = \sinh z$를 보여라.

[3] $|\cos z|^2 = \cos^2 x + \sinh^2 y$, $|\sin z|^2 = \sin^2 x + \sinh^2 y$임을 보여라.

[4] $|\cosh z|^2 = \cos^2 y + \sinh^2 x$, $|\sinh z|^2 = \sin^2 y + \sinh^2 x$임을 보여라.

[5] $\cos z = 0$, $\sin z = 0$을 만족하는 복소수는 실수축 위에 있고, $\cosh z = 0$, $\sinh z = 0$을 만족하는 복소수는 허수축 위에 있는 것을 보여라.

[6] $k = 0, \pm 1, \pm 2, \cdots$일 때, $\ln(1+i) = \frac{1}{2}\ln 2 + i\left(\frac{\pi}{4} + 2k\pi\right)$임을 보여라.

[7] $\cos z$, $\sin z$, $\cosh z$, $\sinh z$가 완전함수라는 것을 보여라.

[8] 다음을 증명하여라.

$$\cos^2 z + \sin^2 z = 1, \qquad \cos^2 z - \sin^2 z = \cos 2z$$
$$\cosh^2 z - \sinh^2 z = 1, \qquad \cosh^2 z + \sinh^2 z = \cosh 2z$$

※ 역함수 $w = f(z) = \cos^{-1} z$는 다음과 같은 방법으로 구한다. 먼저, 역함수의 정의로부터 $\cos w = z$가 만족된다. 이때, $\cos w = \frac{e^{iw} + e^{-iw}}{2} = z$를 정리하면 $e^{2iw} - 2ze^{iw} + 1 = 0$이 되고, 이것은 2차방정식이므로 $e^{iw} = z \pm \sqrt{z^2 - 1}$을 얻는다. 이러한 방법을 적용하여 다음의 관계식을 보여라[여기서, $\sqrt{\ }$에 붙는 부호는 실변수의 경우와 비교하여 택하게 된다. 예를 들어 0-5절 연습문제의 결과와 비교하라].

*[9] $\cos^{-1} z = -i\ln(z + \sqrt{z^2 - 1})$

*[10] $\sin^{-1} z = -i\ln(iz + \sqrt{1 - z^2})$

*[11] $\cosh^{-1} z = \ln(z + \sqrt{z^2 - 1})$

*[12] $\sinh^{-1} z = \ln(z + \sqrt{z^2 + 1})$

*[13] $\tanh^{-1} z = \frac{1}{2}\ln\frac{1+z}{1-z}$

*[14] $\tan^{-1} z = \frac{i}{2}\ln\frac{i+z}{i-z}$

☑ 복소수의 기본개념은 이미 잘 알고 있지만 여기서는 약간 다른 관점에서 논의하기로 한다. 예를 들어, 복소평면과 2차원 벡터평면은 서로 유사한 점이 있다. 이것은 복소평면에서 임의의 복소수 $z = x + iy$와 벡터평면에서 임의의 벡터 $\mathbf{r} = \mathbf{i}x + \mathbf{j}y$는 항상 일대일 대응관계를 가진다는 점에서 비롯된다. 각 평면에서 두 성분의 합은

$$\mathbf{r}_1 + \mathbf{r}_2 = (\mathbf{i}x_1 + \mathbf{j}y_1) + (\mathbf{i}x_2 + \mathbf{j}y_2) = \mathbf{i}(x_1 + x_2) + \mathbf{j}(y_1 + y_2)$$
$$z_1 + z_2 = (x_1 + iy_1) + (x_2 + iy_2) = (x_1 + x_2) + i(y_1 + y_2)$$

로 나타나고, 모두 평행사변형의 법칙을 의미한다(그러나 복소수에서 공액복소수 $\bar{z} = x - iy$에

대응하는 벡터연산이 없다는 점에 주목하라). 한편 두 복소수의 곱은

$$z_1 z_2 = (x_1 + iy_1)(x_2 + iy_2) = (x_1 x_2 - y_1 y_2) + i(x_1 y_2 + x_2 y_1)$$

과 같이 계산되는데, 이것을 기하학적으로 해석하기 위해서는 복소수의 극형식이 보다 편리하다. 다시 말해서, 두 복소수의 곱은

$$z_1 z_2 = r_1 e^{i\theta_1} r_2 e^{i\theta_2} = r_1 r_2 e^{i(\theta_1 + \theta_2)}$$

로 나타낼 수 있고, 이러한 연산은 기하학적으로 복소수 z_1을 복소평면에서 복소수 z_2의 크기만큼 확대/축소한 후에 복소수 z_2의 편각만큼 회전시키는 것을 의미한다. 이러한 복소수 연산이 벡터평면에서는 어떻게 표현되는가에 대해서 논의해 보자. 벡터평면에서는 회전과 관련되는 연산은 벡터의 외적이고, 확대/축소와 관련되는 연산은 벡터의 내적이다. 그러나 두 벡터의 내적 $\mathbf{r}_1 \cdot \mathbf{r}_2$는 스칼라이고, 외적 $\mathbf{r}_1 \times \mathbf{r}_2$는 벡터이므로 이들은 마치 복소수의 실수부와 허수부처럼 서로 독립적이 된다. 이때, 두 벡터의 내적과 외적의 합

$$\begin{aligned}\mathbf{r}_1 \cdot \mathbf{r}_2 + \mathbf{r}_1 \times \mathbf{r}_2 &= (\mathbf{i}x_1 + \mathbf{j}y_1) \cdot (\mathbf{i}x_2 + \mathbf{j}y_2) + (\mathbf{i}x_1 + \mathbf{j}y_1) \times (\mathbf{i}x_2 + \mathbf{j}y_2) \\ &= (x_1 x_2 + y_1 y_2) + \mathbf{k}(x_1 y_2 - x_2 y_1)\end{aligned}$$

에서 스칼라 부분과 벡터 부분은 복소평면에서 두 복소수의 곱

$$\overline{z_1} z_2 = (x_1 - iy_1)(x_2 + iy_2) = (x_1 x_2 + y_1 y_2) + i(x_1 y_2 - x_2 y_1)$$

에서의 실수부와 허수부에 대응하는 것을 알 수 있다(위에서 복소수 z_1에 대해서는 공액복소수를 사용하는 점에 주의한다). 결론적으로, 복소수의 곱은 벡터연산의 내적과 외적을 동시에 의미하며, 아래와 같은 유사성이 존재한다.

$$\begin{aligned}\mathbf{r}_1 \cdot \mathbf{r}_2 + \mathbf{r}_1 \times \mathbf{r}_2 &= (x_1 x_2 + y_1 y_2) + \mathbf{k}(x_1 y_2 - x_2 y_1) \\ \overline{z_1} z_2 &= (x_1 x_2 + y_1 y_2) + i(x_1 y_2 - x_2 y_1)\end{aligned}$$

이제 두 복소수의 곱을 물리적인 현상과 연관하여 살펴보기로 하자. 벡터평면에서 벡터 $\mathbf{F}$와 어떤 곡선을 따른 미소변위벡터 $d\mathbf{r}$에 대해서

$$\mathbf{F} \cdot d\mathbf{r} + \mathbf{F} \times d\mathbf{r} = (F_x dx + F_y dy) + \mathbf{k}(F_x dy - F_y dx)$$

는 복소연산에서

$$\overline{F}\, dz = (F_x - iF_y)(dx + idy) = (F_x dx + F_y dy) + i(F_x dy - F_y dx)$$

인 결과와 대응한다. 즉, 다음과 같은 유사성을 찾아볼 수 있다.

$$\begin{aligned}\mathbf{F} \cdot d\mathbf{r} + \mathbf{F} \times d\mathbf{r} &= (F_x dx + F_y dy) + \mathbf{k}(F_x dy - F_y dx) \\ \overline{F}\, dz &= (F_x dx + F_y dy) + i(F_x dy - F_y dx).\end{aligned}$$

그런데, 벡터 $\mathbf{F}$가 힘벡터를 나타내는 경우 $\mathbf{F} \cdot d\mathbf{r}$은 곡선에서 $d\mathbf{r}$만큼의 미소변위 동안 행한 일(work)을 의미하고, 벡터 $\mathbf{F}$가 속도벡터를 나타내는 경우 $\mathbf{F} \times d\mathbf{r}$은 곡선의 미소부분을 통과하여 흐르는 시간당의 유량을 의미한다(13장의 그림 13.3 참조). 이렇게 서로 다른 두 가지 개념을 벡터평면에서는 각각 내적과 외적을 이용하여 설명하지만, 복소평면에서는 복소수의 곱으로써 설명이 가능한 점이 바로 복소수를 사용하는 장점이 되기도 한다.

요 약

- 복소수의 크기와 편각

$$z = x + iy = r\cos\theta + ir\sin\theta$$
$$r = |z| = \sqrt{x^2 + y^2}, \quad \theta = \arg z = \tan^{-1}\frac{y}{x}$$

- 오일러의 공식과 De Moivre의 공식

$$e^{i\theta} = \cos\theta + i\sin\theta, \quad (\cos\theta + i\sin\theta)^n = \cos n\theta + i\sin n\theta$$

- 복소수의 제곱근

$$\sqrt[n]{z} = \sqrt[n]{r}\, e^{i(\theta + 2k\pi)/n} = \sqrt[n]{r}\left(\cos\frac{\theta + 2k\pi}{n} + i\sin\frac{\theta + 2k\pi}{n}\right)$$

- 복소함수의 연속과 미분

$$\lim_{z \to z_0} f(z) = f(z_0)$$
$$f'(z_0) = \lim_{\Delta z \to 0}\frac{f(z_0 + \Delta z) - f(z_0)}{\Delta z} = \lim_{z \to z_0}\frac{f(z) - f(z_0)}{z - z_0}$$

- 복소함수의 도함수

$$\frac{df}{dz} = \begin{cases} \dfrac{df}{d(x+iy)} = \dfrac{\partial f}{\partial x} = \dfrac{1}{i}\dfrac{\partial f}{\partial y} \\ \dfrac{df}{d(re^{i\theta})} = \dfrac{1}{e^{i\theta}}\dfrac{\partial f}{\partial r} = \dfrac{1}{ire^{i\theta}}\dfrac{\partial f}{\partial \theta} \end{cases}$$

$$\frac{df}{dz} = \begin{cases} \dfrac{\partial}{\partial x}(u + iv) \\ \dfrac{1}{i}\dfrac{\partial}{\partial y}(u + iv) \end{cases} = \begin{cases} \left(\dfrac{\partial}{\partial x} + \dfrac{1}{i}\dfrac{\partial}{\partial y}\right)u \\ \left(\dfrac{\partial}{\partial x} + \dfrac{1}{i}\dfrac{\partial}{\partial y}\right)iv \end{cases}$$

$$\frac{df}{dz} = \begin{cases} \dfrac{1}{e^{i\theta}}\dfrac{\partial}{\partial r}(u + iv) \\ \dfrac{1}{ire^{i\theta}}\dfrac{\partial}{\partial \theta}(u + iv) \end{cases} = \begin{cases} \dfrac{1}{e^{i\theta}}\left(\dfrac{\partial}{\partial r} + \dfrac{1}{i}\dfrac{\partial}{r\partial\theta}\right)u \\ \dfrac{1}{e^{i\theta}}\left(\dfrac{\partial}{\partial r} + \dfrac{1}{i}\dfrac{\partial}{r\partial\theta}\right)iv \end{cases}$$

- Cauchy-Riemann 방정식

$$\frac{\partial u}{\partial x} = \frac{\partial v}{\partial y}, \quad \frac{\partial v}{\partial x} = -\frac{\partial u}{\partial y}$$
$$\frac{\partial u}{\partial r} = \frac{1}{r}\frac{\partial v}{\partial \theta}, \quad \frac{\partial v}{\partial r} = -\frac{1}{r}\frac{\partial u}{\partial \theta}$$

- 조화함수(라플라스 방정식의 해)와의 관계

$$f(z) = u + iv \quad \Rightarrow \quad \begin{cases} \nabla^2 u = 0 \\ \nabla^2 v = 0 \\ \nabla u \cdot \nabla v = 0 \end{cases}$$

Chapter 13

복소적분

복소평면에서의 선적분은 실변수함수의 선적분과 유사하게 정의되지만, 복소적분은 해석함수와 관련하여 훨씬 유용한 성질을 갖는다. 복소해석학에서 위대한 정리인 Cauchy(코시)의 적분정리는 다양한 형태로 응용된다. 단순연결영역에 대해 정립된 코시의 적분정리와 적분공식은 모두 다중연결영역으로 확장되어 더욱 편리한 도구로 활용된다. 이 장에서 공부하는 코시의 적분공식은 Liouville의 정리, n차방정식은 n개의 근을 갖는다는 대수학의 기본정리 등등의 중요한 정리를 증명하는 데 사용될 뿐 아니라, 다음 장에서 다룰 유수와 실변수 적분의 계산에도 폭넓게 응용되는 유용한 공식이다. 특히, 이 장에서는 복소선적분을 공학적으로 친숙하게 느낄 수 있도록 유체의 이상적인 유동과 연관하여 복소선적분의 실수부와 허수부의 물리적인 의미를 강조하여 서술하였다.

13-1 복소평면에서의 선적분

복소평면에서의 곡선. 복소평면에서 곡선 C를

$$C:\ z(t) = x(t) + iy(t)$$

와 같이 매개변수 t를 사용하여 나타낼 수 있다. 이때, 곡선 C의 도함수

$$\frac{dz}{dt} = \dot{z}(t) = \frac{dx}{dt} + i\frac{dy}{dt}$$

가 곡선 위의 모든 점에서 연속이고 0이 되지 않는 경우, 곡선 C를 **원활곡선**(圓滑曲線; smooth curve)이라 하고, 여러 개의 원활곡선을 이어 붙인 곡선을 **부분원활곡선**(piecewise smooth curve)이라고 한다. 이 장에서 다루는 모든 곡선은 부분원활곡선이며 자신과 교차하지 않는다고 생각한다.

✓ $\dfrac{dz}{dt}$가 곡선 C의 접선이라는 것은 벡터해석의 경우와 동일하며, 곡선의 정의도 7장에서 다룬 내용과 동일하다.

복소함수의 선적분. 곡선 C를 **적분경로**(積分經路; integration path)로 하는 복소함수 $f(z) = u + iv$의 선적분은 $dz = dx + i\,dy$이므로

$$\begin{aligned}\int_C f(z)\,dz &= \int_C (u+iv)(dx+i\,dy)\\ &= \int_C (u\,dx - v\,dy) + i\int_C (u\,dy + v\,dx)\end{aligned} \tag{1}$$

로 정의되고, 실수부와 허수부는 각각 앞에서 다룬 실함수(real function)의 선적분이다. 여기서, 복소함수 $f(z)$는 연속인 단가함수(single-valued function)만을 고려한다. 매개변수 형태로 나타낸 곡선 C에 대한 선적분은

$$\int_C f(z)\,dz = \int_a^b f(z)\frac{dz}{dt}\,dt \tag{2}$$

로 쓸 수 있으며, 실수부와 허수부로 전개하면 식 (1)과 유사한 형태로 된다.

곡선 C가 **폐경로**(閉經路; closed path), 즉 경로의 시작점이 끝점과 일치하면 선적분을

$$\oint_C f(z)\,dz$$

로 쓰고, 적분경로를 반대로 따라가면서 적분하면

$$\int_{-C} f(z)\,dz = -\int_C f(z)\,dz \tag{3}$$

와 같이 선적분의 부호가 바뀐다.

예제 1 복소평면상에서 함수 $f(z) = \dfrac{1}{z}$을 단위원(單位圓; unit circle)의 반시계방향을 따라 선적분한 결과가 $\oint_C \dfrac{1}{z}\,dz = 2\pi i$임을 보여라.

☞ 단위원 C 위의 점을 매개변수를 이용하여 나타내면

$$z(t) = \cos t + i\sin t, \quad 0 \le t \le 2\pi \tag{4}$$

로 나타낼 수 있고,

$$dz = (-\sin t + i\cos t)\,dt = i(\cos t + i\sin t)\,dt$$

이므로

$$\oint_C \frac{1}{z}\,dz = \int_0^{2\pi} \frac{i(\cos t + i\sin t)}{\cos t + i\sin t}\,dt = \int_0^{2\pi} i\,dt = 2\pi i \quad ◀ \tag{5}$$

다음의 예제에서 볼 수 있듯이 오일러의 공식 $e^{i\theta} = \cos\theta + i\sin\theta$를 이용하면 적분이 더욱 간단하게 된다.

예제 2 복소함수 $f(z) = (z - z_0)^n$을 중심이 z_0이고 반지름이 ρ인 원의 둘레를 반시계방향으로 따라 구한 선적분을 구하라(단, n은 정수).

☞ 주어진 적분경로를 C라고 하면

$$C: |z - z_0| = \rho \tag{6}$$

또는

$$C: z = z_0 + \rho e^{i\theta}, \quad 0 \le \theta \le 2\pi \tag{7}$$

로 나타낼 수 있다. 따라서,

$$(z - z_0)^n = \rho^n e^{in\theta}, \quad dz = i\rho e^{i\theta}\,d\theta \tag{8}$$

이므로, 선적분은

$$\oint_C (z - z_0)^n\,dz = \int_0^{2\pi} (\rho^n e^{in\theta}) i\rho e^{i\theta}\,d\theta = i\rho^{n+1} \int_0^{2\pi} e^{i(n+1)\theta}\,d\theta$$

이다. 여기서, $n = -1$이면

$$\oint_C (z - z_0)^n\,dz = \oint_C \frac{1}{z - z_0}\,dz = i\int_0^{2\pi} d\theta = 2\pi i \tag{9}$$

로 된다. 만약, $n \neq -1$인 정수이면

$$\begin{aligned}\int_0^{2\pi} e^{i(n+1)\theta}\,d\theta &= \int_0^{2\pi} [\cos(n+1)\theta]\,d\theta + i\int_0^{2\pi} [\sin(n+1)\theta]\,d\theta \\ &= \left[\frac{\sin(n+1)\theta}{n+1}\right]_0^{2\pi} + i\left[-\frac{\cos(n+1)\theta}{n+1}\right]_0^{2\pi} = 0\end{aligned}$$

이므로

$$\oint_C (z - z_0)^n\,dz = \begin{cases} 2\pi i & (n = -1) \\ 0 & (n \neq -1\text{인 정수}) \end{cases} \quad ◀ \tag{10}$$

(예제 1)은 위의 특수한 경우로 볼 수 있으며, 이 결과는 앞으로 자주 사용하게 될 것이다.

복소선적분의 경로의존성. 나중에 알게 되겠지만 단순연결영역에서 해석함수의 선적분은 경로의 선택에 무관하다. 그러나, 일반적으로 복소선적분 특히 비해석함수의 선적분은 경로의 시작점과 끝점뿐 아니라 적분경로의 기하학적인 형상에도 의존한다.

예제 3 복소함수 $f(z)=\bar{z}$를 그림 13.1에 보인 적분경로를 따라 각각 선적분하여라.

☞ 먼저, 경로 C_1위의 점은

$$z(t)=t+it,\quad dz=(1+i)\,dt,\quad 0\le t\le 1 \tag{11}$$

로 나타낼 수 있고, $\bar{z}=t-it$이므로

$$\int_{C_1}\bar{z}\,dz=\int_0^1(t-it)(1+i)\,dt=\int_0^1 2t\,dt=1$$

로 된다. 경로 C_2에서는

$$z(t)=t+it^2,\quad dz=(1+i2t)\,dt,\quad 0\le t\le 1 \tag{12}$$

로 주어지므로

$$\int_{C_1}\bar{z}\,dz=\int_0^1(t-it^2)(1+i2t)\,dt$$
$$=\int_0^1[(t+2t^3)+it^2]\,dt=\left[\left(\frac{1}{2}t^2+\frac{1}{2}t^4\right)+i\frac{1}{3}t^3\right]_0^1=1+\frac{1}{3}i$$

로 되어 경로에 따라 복소선적분의 값이 달라진다는 것을 알 수 있다. ◀

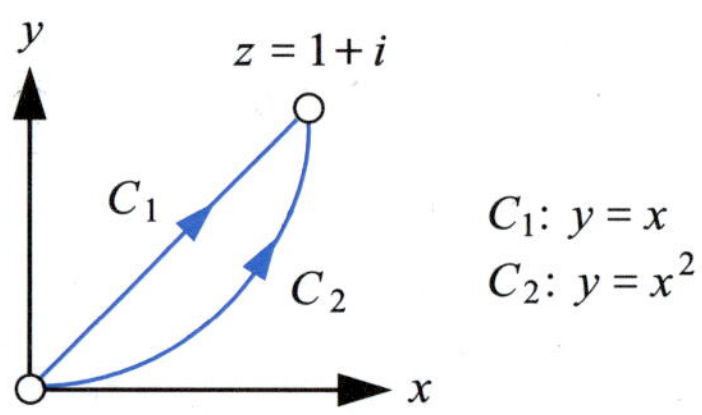

그림 13.1 복소선적분의 경로의존성

선적분의 상한값. 복소선적분의 절대값은 부등식

$$\left|\int_C f(z)\,dz\right|\le\int_C|f(z)||dz| \tag{13}$$

를 만족한다. 위에서, $|f(z)|$는 복소함수의 크기, $|dz|$는 곡선의 미소길이(infinitesimal length)를 의미한다. 이때, 곡선 위에서 함수 $f(z)$의 최대값이 M이고 곡선 C의 총길이가 L이면

$$\int_C|f(z)||dz|\le M\int_C|dz|=ML\quad\Rightarrow\quad\left|\int_C f(z)\,dz\right|\le ML \tag{14}$$

인 부등식이 성립하고, 이것을 ML **부등식**이라고 한다. 이 부등식은 복소적분과 관련된 여러 가지 정리를 증명할 때 매우 중요한 역할을 한다.

연습문제

※ [1]-[4]에 주어진 선적분을 그림 13.1에 보인 경로 C_1: $z = t + it$와 C_2: $z = t + it^2$에 대하여 구하라(단, $0 \le t \le 1$).

[1] $\int_C \mathrm{Re}(z)\, dz$

[2] $\int_C \mathrm{Im}(z)\, dz$

[3] $\int_C z^2\, dz$

[4] $\int_C e^z\, dz$

[5] C: $|z| = 1$ (시계반대방향)에 대해 $\int_C \mathrm{Re}(z)\, dz$를 구하라.

13-2 복소선적분의 물리적인 이해

이 절에서는 복소함수의 선적분 $\int_C f(z)\, dz$가 갖는 물리적인 의미를 벡터적분과 비교하여 파악하기로 한다.

벡터적분과 선적분. 복소평면에서의 선적분을 물리적으로 이해하기 위해서 유사한 구조를 가진 벡터적분과 비교하기로 한다. 이것은 2차원 벡터공간에서의 미소변위 $d\mathbf{r} = \mathbf{i}\, dx + \mathbf{j}\, dy$와 유사하게 복소평면에서의 미소변위를 $dz = dx + i\, dy$로 나타낼 수 있기 때문이다. 계속해서

$$\begin{aligned} \text{vector: } \mathbf{F} &= \mathbf{i} F_x + \mathbf{j} F_y \quad & d\mathbf{r} &= \mathbf{i} dx + \mathbf{j} dy \\ \text{complex number: } F &= F_x + iF_y \quad & dz &= dx + idy \end{aligned} \tag{15}$$

의 형태로 복소함수 F를 생각해 보자. 이때 2차원 벡터공간에서는

$$\int_C \delta W = \int_C \mathbf{F} \cdot d\mathbf{r} = \int_C F_x\, dx + F_y\, dy \tag{16}$$

가 곡선 C를 따라가면서 힘벡터 $\mathbf{F}$가 행한 일에너지(work)라는 것을 알고 있다. 그런데 복소평면에서

$$F\, dz = (F_x + iF_y)(dx + i\, dy) = F_x\, dx - F_y\, dy + i(F_x\, dy + F_y\, dx) \tag{17}$$

의 실수부와 허수부는 모두 벡터공간에서의 $\mathbf{F} \cdot d\mathbf{r} = F_x\, dx + F_y\, dy$와 같지 않지만, 공액복소함수 $\overline{F} = F_x - iF_y$에 대해서는

$$\begin{aligned} \overline{F}\, dz &= F_x\, dx + F_y\, dy + i\,(F_x\, dy - F_y\, dx) \\ \mathbf{F} \cdot d\mathbf{r} &= F_x\, dx + F_y\, dy \\ \mathbf{F} \times d\mathbf{r} &= \qquad\qquad\qquad\quad \mathbf{k}\,(F_x\, dy - F_y\, dx) \end{aligned} \tag{18}$$

와 같이 $\overline{F}\, dz$의 실수부와 허수부는 각각 벡터공간에서의 내적 및 외적연산과 대응하는 것을 알 수 있다. 또한 그림 13.2에 보인 바와 같이 폐경로 C의 접선벡터를 $\mathbf{u}$, 외향법

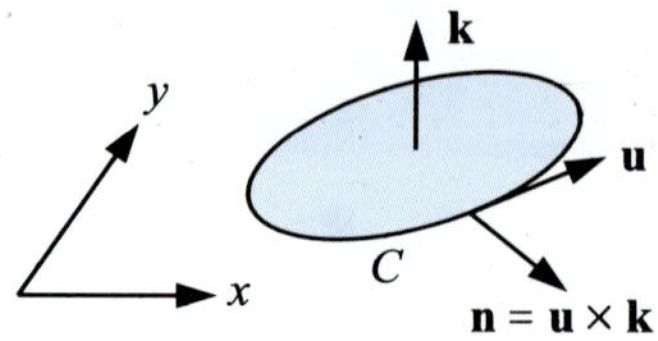

그림 13.2

선벡터를 **n**이라고 하면

$$\begin{aligned} \mathbf{u}\,ds &= \mathbf{i}\,dx + \mathbf{j}\,dy \\ \mathbf{n}\,ds &= \mathbf{u}\,ds \times \mathbf{k} = \mathbf{i}\,dy - \mathbf{j}\,dx \end{aligned} \tag{19}$$

로 쓸 수 있고, 복소선적분은

$$\begin{aligned} \int_C \overline{F}\,dz &= \int_C (F_x - iF_y)(dx + i\,dy) \\ &= \int_C (F_x\,dx + F_y\,dy) + i\int_C (F_x\,dy - F_y\,dx) \\ &= \int_C \mathbf{F}\cdot\mathbf{u}\,ds + i\int_C \mathbf{F}\cdot\mathbf{n}\,ds \end{aligned} \tag{20}$$

로 된다. 이것을 식 (18)과 비교하면

$$\begin{aligned} \mathrm{Re}\left\{\int_C \overline{F}\,dz\right\} &= \int_C \mathbf{F}\cdot d\mathbf{r} = \int_C \mathbf{F}\cdot\mathbf{u}\,ds \\ \mathrm{Im}\left\{\int_C \overline{F}\,dz\right\} &= \int_C \mathbf{F}\times d\mathbf{r}\cdot\mathbf{k} = \int_C \mathbf{F}\cdot d\mathbf{r}\times\mathbf{k} = \int_C \mathbf{F}\cdot\mathbf{n}\,ds \end{aligned} \tag{21}$$

임을 알 수 있다.

여기서, **F**가 힘벡터일 때는 $\mathrm{Re}\left\{\int_C \overline{F}\,dz\right\} = \int_C \mathbf{F}\cdot\mathbf{u}\,ds$는 곡선을 따라 가면서 힘이 수행한 일에너지와 같으며, **F**가 속도벡터를 나타내는 경우에는 $\mathrm{Im}\left\{\int_C \overline{F}\,dz\right\} = \int_C \mathbf{F}\cdot\mathbf{n}\,ds$의 의미는 곡선 C를 통과하는 체적유량(volume flux)으로 된다(그림 13.3 참조).

✔ 복소선적분과 벡터선적분을 $\int_C \overline{F}\,dz$와 $\int_C \vec{F}\cdot d\mathbf{r}$ 및 $\int_C \vec{F}\times d\mathbf{r}$로 써 보면 대문자 F는 마치 "모자를 쓰고 있는 것"과 같은 형태가 되고 식 (18)에 보인 바와 같은 대응을 이룬다.

***2차원 유동과 선적분.** 2차원 평면에서 이상적(理想的)인 유체유동을 생각해 보자(그림 13.3 참조). 편의상, 유동의 x 방향 및 y 방향의 속도성분을 각각 U와 V라고 하자. 이때, 유동의 내부에 놓인 폐경로 C의 미소길이를 따라 구한 미소량

$$\delta Q = \mathbf{V}\cdot\mathbf{n}\,ds = U dy - V dx \tag{22}$$

가 경계를 통과하는 미소 **유량**(流量; flux)임을 알고 있다($-Vdx$에서 음의 부호는 속도성분 V가 경계의 아래쪽으로 통과하는 것을 고려한 것이다). 이와 유사하게

$$\delta W = \mathbf{V}\cdot\mathbf{u}\,ds = U dx + V dy \tag{23}$$

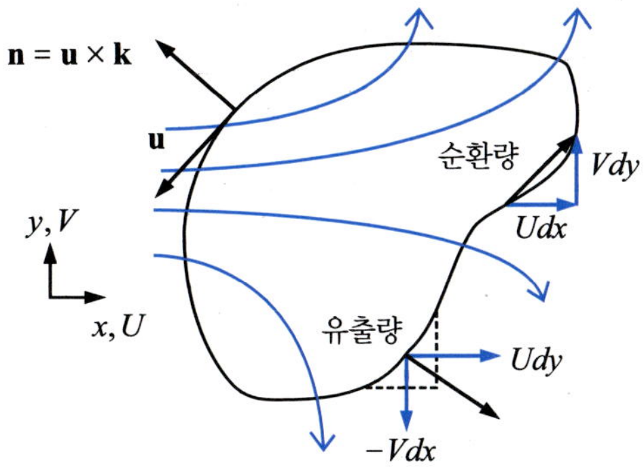

그림 13.3 평면유동에서 경계와 평행한 방향으로의 순환량과 경계를 수직으로 통과하는 유출량

를 미소 **순환**(循環; circulation)으로 정의한다. 다음으로,

$$\overline{F}(z) = U - iV \tag{24}$$

로 정의된 복소함수의 경로 C를 따른 선적분을 구해 보면

$$\begin{aligned}\int_C \overline{F}(z)\,dz &= \int_C (U - iV)(dx + idy) \\ &= \int_C (Udx + Vdy) + i\int_C (Udy - Vdx)\end{aligned} \tag{25}$$

가 되고, 실수부와 허수부는 각각 식 (23)과 (22)로 주어진 미소순환 δW 및 미소유량 δQ와 같다는 것을 알 수 있다. 따라서,

$$\int_C \overline{F}(z)\,dz = \int_C \delta W + i\int_C \delta Q \tag{26}$$

로 쓸 수 있고, 복소선적분은 ① 경로를 따른 순환(circulation)의 크기, ② 경로를 통과한 유량(flux)의 개념을 포괄한다는 것을 알 수 있다. 다시 말하면, 복소선적분은 경로를 따라 유체가 ① (어떤 각속도로) 어느 정도 돌았는가(실수부), ② 어느 정도 빠져나갔는가(허수부)를 동시에 나타낸다.

☑ 순환(circulation)의 의미는 회전각속도로부터 이해할 수 있다. 폐곡선 C를 반지름 R인 원으로 택하였을 때 $\int_C Udx + Vdy =$ (곡선의 총 길이) × (평균속도) = $(2\pi R)v_0$가 된다. 여기서, 평균속도는 반지름과 평균회전각속도의 곱, 즉 $v_0 = R\omega_0$이므로

$$\int_C Udx + Vdy = (\pi R^2)(2\omega_0) \implies \text{(순환)} = \text{(폐영역의 면적)} \times \text{(회전각속도의 2배)}$$

로 쓸 수 있다. 위에서, 마지막에 나타나는 상수 2를 간명히 처리하기 위해서 유체역학에서는 **와도**(渦度; vorticity)를 $\zeta = 2\omega$로 정의한다. 그리고, 회전각속도에 대응하는 ω를 회전(回轉; rotation)이라고 하고 $\omega = \frac{1}{2}\left(\frac{\partial V}{\partial x} - \frac{\partial U}{\partial y}\right)$로 정의한다. 이때, Green의 정리로부터

$$\omega_0 = \frac{1}{2\pi R^2}\int_C Udx + Vdy = \frac{1}{\pi R^2}\iint_D \frac{1}{2}\left(\frac{\partial V}{\partial x} - \frac{\partial U}{\partial y}\right)dx\,dy = \frac{1}{\pi R^2}\iint_D \omega\,dx\,dy$$

로 되어 $R \to 0$인 극한에서 ω_0는 폐영역 중심에서의 ω값으로 된다.

***속도퍼텐셜 ϕ와 유선함수 ψ.** 앞의 식 (20)에서 $\overline{F} = F_x - iF_y$인 공액복소수를 사용한 것처럼 식 (24)에서도 $F(z) = U + iV$를 쓰지 않고 왜 하필이면, $\overline{F}(z) = U - iV$를 사용하는가에 대해 의문을 가질 것이다. 이것은 복소함수

$$\Phi(z) = \phi(x, y) + i\psi(x, y) \tag{27}$$

를 미분하면 코시-리만 방정식을 이용하여

$$\frac{d\Phi}{dz} = \frac{\partial \phi}{\partial x} - i\frac{\partial \phi}{\partial y} \tag{28}$$

와 같이 실수부만의 편미분으로 쓸 수 있다는 사실로부터 설명될 수 있다(예제 12.5 참조). 즉, 함수 $\phi(x, y)$를 **속도퍼텐셜**(velocity potential)

$$\mathbf{V} = \nabla\phi \quad \Rightarrow \quad U = \frac{\partial \phi}{\partial x}, \quad V = \frac{\partial \phi}{\partial y}$$

로 택하면, 식 (28)은

$$\frac{d\Phi}{dz} = \Phi'(z) = U - iV \tag{29}$$

가 되고, 따라서 함수 $\Phi(z)$를 **복소퍼텐셜**(complex potential)이라고 정의한다. 또한, $\Phi'(z)$는 **복소속도**(complex velocity)라고 하고, 속도벡터는 공액복소수 $\overline{\Phi'}(z)$로 나타낼 수 있다.

복소퍼텐셜 $\Phi(z)$의 허수부는 코시-리만 방정식으로부터

$$\frac{\partial \phi}{\partial x} = \frac{\partial \psi}{\partial y} = U, \quad -\frac{\partial \phi}{\partial y} = \frac{\partial \psi}{\partial x} = -V \tag{30}$$

를 만족하고, 따라서

$$\begin{aligned} d\psi &= d\mathbf{r} \cdot \nabla\psi \\ &= \frac{\partial \psi}{\partial x}dx + \frac{\partial \psi}{\partial y}dy = Udy - Vdx \end{aligned} \tag{31}$$

이므로 식 (22)에서 정의한 미소유량과 같게 된다. 그런데, 어떤 곡선을 통과하는 유량이 없다는 것은 유체가 흐르면서 만드는 곡선, 즉 **유선**(流線; stream line)을 뜻하며

$$d\psi = 0 \quad \Rightarrow \quad \psi = \psi_0 = \text{상수}$$

로 표현된다. 이러한 이유로 함수 $\psi(x, y)$를 **유선함수**(stream function)라고 한다.

또한, 해석함수의 성질로부터 속도퍼텐셜 ϕ와 유선함수 ψ는 서로 공액조화함수이다(즉, $\nabla^2\phi = \nabla^2\psi = 0$을 만족한다). 그리고, $\nabla\phi \cdot \nabla\psi = 0$이므로 $\phi = \phi_0$와 $\psi = \psi_0$는 서로 직교하는 곡선군을 이룬다.

13-3 Cauchy의 적분정리

Cauchy의 적분정리. 단순폐경로(simple closed path) 또는 단순폐곡선은 자신과 교차하지 않는 폐곡선을 말한다. 이러한 단순폐곡선에 대한 해석함수의 선적분에 대해서 코시가 1825년에 발표한 적분정리는 복소해석학에서 가장 중요한 정리이며, 다음과 같이 서술된다.

> **(Cauchy의 적분정리)** 복소함수 $f(z)$가 단순연결된 정의역 D에서 해석적이면, 영역 D 내부의 모든 단순폐곡선에 대하여 $\oint_C f(z)\,dz = 0$이다.

위의 정리와 관련하여 몇 가지의 경우를 생각해 보자.

- (경우 I) 임의의 단순폐곡선 C에 대하여

$$\oint_C \sin z\,dz = 0, \quad \oint_C e^z\,dz = 0, \quad \oint_C z^n\,dz = 0 \ (n = 0, 1, 2, \cdots)$$

이 성립한다. 이것은 위의 함수들이 복소평면 전체에서 해석적인 함수, 즉 완전함수이기 때문이다.

- (경우 II) 단위원 $|z| = 1$을 반시계방향으로 따라가는 곡선 C에 대해

$$\oint_C \frac{1}{z}\,dz = 2\pi i$$

가 되는 것을 확인한 바 있다(예제 1). 이것은 단위원의 내부에서 $1/z$은 $z = 0$에서 해석적이 아니기 때문이다.

- (경우 III) 단위원 C에 대해

$$\oint_C \frac{1}{z^2}\,dz = 0$$

이 된다. 그러나, 이것은 $1/z^2$이 단위원의 내부점 $z = 0$에서 해석적이 아니므로 코시의 적분정리에 의한 결과가 아니다. 다시 말하면, 함수 $f(z)$가 정의역 D에서 해석적인 조건은 코시의 적분정리의 필요조건이 아니라 "충분조건"이다.

- (경우 IV) 정의역 D가 열린 환형(open annulus) $1/2 < |z| < 2$의 내부일 때, 단위원 C에 대해

$$\oint_C \frac{1}{z}\,dz = 2\pi i$$

가 된다. 그런데, 환형 내부에서 $1/z$은 환형의 모든 점에서 해석적이지만 적분은 0이 아니다. 즉, 정의역이 단순연결인 조건은 "필수적인 조건"이다.

예제 4 단순연결영역 내부의 단순폐곡선 C에 따른 해석함수에 대해 $\oint_C f(z)\,dz = 0$인 코시의 적분정리를 증명하라.

☞ 복소함수를 $f(z) = u + iv$, 복소변수를 $z = x + iy$로 두고 선적분의 실수부와 허수부를 각각 구하면

$$\begin{aligned}\oint_C f(z)\,dz &= \oint_C (u + iv)(\,dx + idy) \\ &= \oint_C (udx - vdy) + i\oint_C (vdx + udy)\end{aligned} \tag{32}$$

로 된다. 여기서, 8장에서 공부한 Green 정리를 이용하면 위의 적분은

$$\begin{aligned}\oint_C f(z)\,dz &= \oint_C (udx - vdy) + i\oint_C (vdx + udy) \\ &= \iint_D \left(-\frac{\partial v}{\partial x} - \frac{\partial u}{\partial y}\right) dx\,dy + i\iint_D \left(\frac{\partial u}{\partial x} - \frac{\partial v}{\partial y}\right) dx\,dy\end{aligned} \tag{33}$$

로 된다. 여기서, 해석함수 $f(z) = u + iv$는 코시-리만 방정식

$$\frac{\partial u}{\partial x} = \frac{\partial v}{\partial y}, \quad \frac{\partial v}{\partial x} = -\frac{\partial u}{\partial y}$$

를 만족하므로 식 (33)의 괄호 안은 모두 0이 된다. 따라서,

$$\oint_C f(z)\,dz = 0 \quad \blacktriangleleft \tag{34}$$

✓ 위의 증명은 $\dfrac{df}{dz}$가 연속인 조건을 사용한 것이다. 그러나, Goursat에 의해 연속인 조건이 불필요하다는 것이 증명되었다. 따라서, Cauchy의 정리를 Cauchy-Goursat의 정리로 부르기도 한다.

적분경로의 독립성. 단순폐경로에 대한 코시의 정리는 아래에서 보듯이 적분경로의 독립성을 의미한다.

> **(적분경로의 독립성)** 복소함수 $f(z)$가 단순연결된 정의역 D 내부에서 해석적이면, 선적분은 적분경로에 무관하다.

▶ **증명:** 단순연결된 정의역에서 해석적이면 코시의 정리가 성립하므로 임의의 단순폐곡선 C에 대해서 $\oint_C f(z)\,dz = 0$이다. 이때, 폐곡선 위의 서로 다른 점 z_1과 z_2를 각각

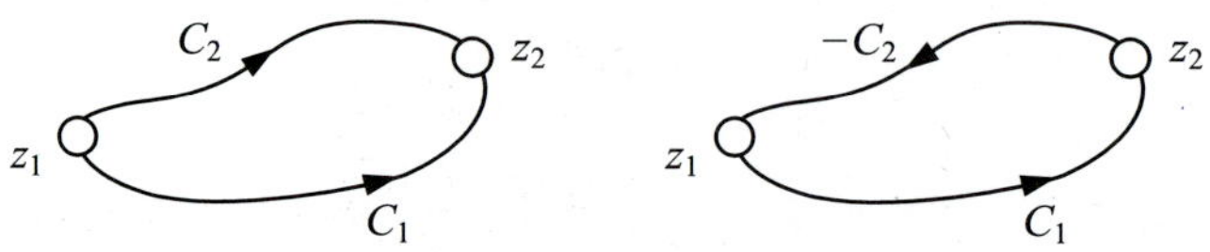

그림 13.4 적분경로의 독립성을 보이기 위한 폐곡선의 분할

시작점과 끝점으로 갖는 곡선을 C_1과 C_2라고 하면 $C = C_1 + (-C_2)$로 쓸 수 있다(그림 13.4 참조). 따라서, 코시의 정리로부터

$$0 = \oint_C f(z) = \int_{C_1} f(z)\,dz + \int_{-C_2} f(z)\,dz = \int_{C_1} f(z)\,dz - \int_{C_2} f(z)\,dz$$

가 성립한다. 위에서 두 번째 항을 이항하면

$$\int_{C_1} f(z)\,dz = \int_{C_2} f(z)\,dz \tag{35}$$

즉, 적분경로의 독립성이 증명된다.

Cauchy의 정리를 이용한 해석함수의 정적분. 코시의 정리는 해석함수의 정적분을 실변수 함수의 정적분과 똑같이 취급할 수 있는 근거를 제공하며, 다음과 같이 서술된다.

> ***(부정적분의 존재성)** $f(z)$가 단순연결된 정의역 D에서 해석적이면, $\dfrac{dF}{dz} = f(z)$를 만족하는 $F(z)$가 존재하고 $\displaystyle\int_{z_1}^{z_2} f(z)\,dz = F(z_2) - F(z_1)$이 성립한다.

▶ **증명:** 코시의 정리가 만족되므로 정의역 D 내부의 고정점 z_0에서 임의의 점 z까지의 선적분은 z_0와 z에만 의존하고 경로에는 의존하지 않는다. 따라서, 선적분은 z_0이 고정되어 있으므로 z의 함수로 된다. 이것을

$$F(z) = \int_{z_0}^{z} f(\zeta)\,d\zeta \tag{36}$$

로 나타내면 $F(z)$는 D 내부에서 해석적이고, 또한 $F'(z) = f(z)$가 성립하는 것을 보이면 된다. 더 이상의 과정은 다분히 "순수수학적이므로" 연습문제에서 다룬다.

예제 5 $\displaystyle\int_{-\pi i}^{\pi i} \cos z\,dz$을 구하라.

☞ 복소함수 $\cos z$는 두 점 $-\pi i$와 πi를 포함하는 단순연결영역의 내부에서 해석함수이므로(물론, 복소평면 전체에서 해석적이기도 하다)

$$\int_{-\pi i}^{\pi i} \cos z\,dz = [\sin z]_{-\pi i}^{\pi i} = 2\sin \pi i = 2i \sinh \pi \quad ◀ \tag{37}$$

다중연결 영역에서의 Cauchy의 정리. 단순연결영역에 대해 정의된 코시의 정리로부터 다중연결영역에서는 안쪽 경계곡선을 따른 선적분의 합과 같다는 따름정리를 얻을 수 있다.

> ***(다중연결 영역에서의 Cauchy 정리)** 다중연결된 정의역의 바깥 경계곡선을 C_0, 안쪽 경계곡선을 $C_i\ (i = 1, 2, 3, \cdots, N)$이라고 하면 해석함수 $f(z)$에 대해 $\displaystyle\int_{C_0} f(z)\,dz =$

$\sum_{i=1}^{N} \int_{C_i} f(z)\,dz$가 성립한다(단, 그림 13.5에 나타낸 바와 같이 곡선의 방향은 모두 반시계방향으로 한다).

▶ **증명:** $N = 3$인 경우에 대해 그림 13.5에 보인 것처럼 바깥 경계곡선 C_0의 내부에 3개의 안쪽 경계곡선을 포함하는 3중연결영역을 생각해 보자.

이러한 3중연결영역은 그림의 오른쪽에 보인 바와 같이 영역을 일부분 잘라내면 단순연결영역으로 바뀐다. 따라서, 오른쪽에 나타낸 단순연결영역에 대한 코시의 정리는

$$\int_{C_0} f(z)\,dz + \int_{-C_1} f(z)\,dz + \int_{-C_2} f(z)\,dz + \int_{-C_3} f(z)\,dz + \sum \int_{\text{cut lines}} f(z)\,dz = 0 \tag{38}$$

으로 쓸 수 있다. 그런데, 절단부위를 조금씩 줄여나가면 절단선(cut line)으로 접근하고 절단선에 따른 선적분은 서로 상쇄된다(그림에서 흰색의 화살표는 서로 반대방향의 선적분을 뜻한다). 즉,

$$\sum \int_{\text{cut lines}} f(z)\,dz = 0 \tag{39}$$

이 된다. 따라서, 식 (38)은 $\int_{-C} = -\int_{C}$인 공식을 이용하면

$$\int_{C_0} f(z)\,dz = \sum_{i=1}^{N} \int_{C_i} f(z)\,dz \tag{40}$$

와 같이 표현된다. 여기서, 안쪽 경계가 없는 경우, 즉 단순연결영역인 경우에는 식 (40)의 우변이 0이 되어 코시의 정리와 동일하게 된다.

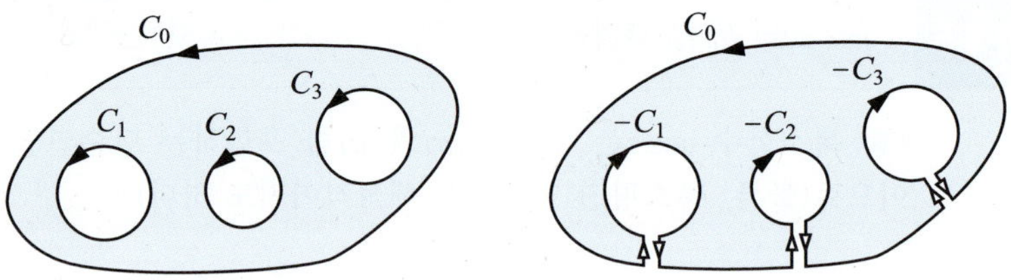

그림 13.5 다중연결영역에서의 코시정리의 증명

연습문제

※ 다음의 [1]–[4]로 주어진 적분을 구하라.

[1] $\int_0^{\pi i} z\,dz$

[2] $\int_{-i}^{i} \sin z\,dz$

[3] $\int_1^i e^z\, dz$ **[4]** $\int_{1-i}^{1+i} (z-1)^2\, dz$

***[5]** (부정적분의 존재성) $f(z)$가 단순연결된 정의역 D에서 해석적이면, $\frac{dF}{dz} = f(z)$를 만족하는 $F(z)$가 존재하고 $\int_{z_1}^{z_2} f(z)\, dz = F(z_2) - F(z_1)$이 성립한다. 이것을 보이기 위해서

$$F(z+\Delta z) - F(z) = \int_{z_0}^{z+\Delta z} f(\zeta)\, d\zeta - \int_{z_0}^{z} f(\zeta)\, d\zeta = \int_{z}^{z+\Delta z} f(\zeta)\, d\zeta$$

를 고려한다. 여기서, ζ는 점 z와 $z+\Delta z$를 연결하는 직선이라고 하자(임의의 곡선도 무관함). 또한, $\frac{1}{\Delta z}\int_z^{z+\Delta z} f(z)\, d\zeta = f(z)\frac{1}{\Delta z}\int_z^{z+\Delta z} d\zeta = f(z)$를 이용하면

$$\frac{F(z+\Delta z) - F(z)}{\Delta z} - f(z) = \frac{1}{\Delta z}\int_z^{z+\Delta z} f(\zeta) - f(z)\, d\zeta$$

가 되고, 복소적분의 상한값을 이용하면

$$\begin{aligned}\frac{1}{|\Delta z|}\left|\int_z^{z+\Delta z} f(\zeta) - f(z)\, d\zeta\right| &\le \frac{1}{|\Delta z|}\max|f(\zeta) - f(z)|\int_z^{z+\Delta z}|d\zeta| \\ &= \max|f(\zeta) - f(z)|\end{aligned}$$

이므로

$$\lim_{\Delta z \to 0}\left|\frac{F(z+\Delta z) - F(z)}{\Delta z} - f(z)\right| \le \lim_{\Delta z \to 0}\max|f(\zeta) - f(z)| \to 0$$

이 된다. 따라서, 도함수의 정의에 의해 $\frac{dF}{dz} = f(z)$가 된다.

13-4 Cauchy의 적분공식

Cauchy의 적분공식. 앞 절에서 다룬 코시 적분정리의 가장 중요한 응용은 코시의 적분공식으로 해석함수가 모든 계(階; order)의 도함수를 갖는다는 성질, 테일러 급수전개 등에 적용된다. 코시의 적분공식을 증명하기 전에 먼저 복소선적분의 개념이 확장되는 과정을 살펴보면 다음과 같다(단, 폐곡선 C는 분모가 0이 되는 점을 포함한다고 하자).

$$\begin{aligned}\oint_C \frac{1}{z}\, dz &= 2\pi i \\ \oint_C \frac{1}{z-z_0}\, dz &= 2\pi i \\ \oint_C \frac{f(z)}{z-z_0}\, dz &= 2\pi i f(z_0) \\ \oint_C \frac{f(z)}{(z-z_0)^{n+1}}\, dz &= 2\pi i \frac{f^{(n)}(z_0)}{n!}\end{aligned} \qquad (41)$$

(Cauchy의 적분공식) 단순연결된 정의역 D 내부에서 해석적인 함수 $f(z)$와 점 z_0

를 둘러싸는 폐곡선 C에 대해 $\oint_C \frac{f(z)}{z-z_0}dz = 2\pi i f(z_0)$가 성립한다(단, 곡선의 방향은 반시계방향으로 한다).

▶ **증명:** 흔히 말하는 "give-and-take"의 방법을 적용하면

$$f(z) = f(z_0) + [f(z) - f(z_0)]$$

로 쓸 수 있으므로 주어진 적분은

$$\begin{aligned}\oint_C \frac{f(z)}{z-z_0}dz &= \oint_C \frac{f(z_0)}{z-z_0}dz + \oint_C \frac{f(z)-f(z_0)}{z-z_0}dz \\ &= f(z_0)\oint_C \frac{1}{z-z_0}dz + \oint_C \frac{f(z)-f(z_0)}{z-z_0}dz\end{aligned}$$

로 된다. 여기서, 우변의 첫 번째 항은 폐곡선 C가 점 z_0를 포함한다고 하였으므로

$$f(z_0)\oint_C \frac{1}{z-z_0}dz = f(z_0)\,2\pi i \tag{42}$$

로 된다. 또한, 두 번째 항은

$$\oint_C \frac{f(z)-f(z_0)}{z-z_0}dz = 0 \tag{43}$$

이므로(연습문제 참조)

$$\oint_C \frac{f(z)}{z-z_0}dz = 2\pi i f(z_0) \tag{44}$$

☑ (예제 1)에서 다루어 본 단위원에 대한 결과 $\oint_C \frac{1}{z-z_0}dz = 2\pi i$는 코시의 적분공식의 가장 간단한 경우이다. 코시의 적분공식, 식 (44)에서 점 z_0가 적분경로 C로 둘러싸여 있다는 것을 잊으면 안 된다. 만일, 점 z_0가 C를 경계로 하는 영역의 바깥쪽에 놓여 있으면 함수 $\frac{f(z)}{z-z_0}$는 해석함수가 되어 $\oint_C \frac{f(z)}{z-z_0}dz = 0$이 된다.

예제 6 C가 단위원일 때 $\oint_C \frac{\cos z}{z}dz$를 구하라.

☞ 코시의 적분공식으로부터 $f(z) = \cos z$라고 하면 단위원 내부에서 함수는 해석적이므로

$$\oint_C \frac{\cos z}{z}dz = 2\pi i[\cos z]_{z=0} = 2\pi i \tag{45}$$ ◀

☑ 만일, 코시의 적분공식을 쓰지 않고 선적분의 정의로부터 $z = \cos t + i\sin t$로 두고

$$\begin{aligned}\cos z &= \cos(\cos t + i\sin t) \\ &= \cos(\cos t)\cosh(\sin t) - i\sin(\cos t)\sinh(\sin t)\end{aligned}$$

를 이용하여

$$\oint_C \frac{\cos z}{z}\,dz$$
$$= \int_0^{2\pi} \frac{\cos(\cos t)\cosh(\sin t) - i\sin(\cos t)\sinh(\sin t)}{\cos t + i\sin t}\, i(\cos t + i\sin t)\,dt$$
$$= \int_0^{2\pi} \sin(\cos t)\sinh(\sin t) + i\cos(\cos t)\cosh(\sin t)\,dt$$

를 구하려고 시도해 보면 코시의 공식이 얼마나 편리한 식인가를 새삼 느끼게 될 것이다.

예제 7 그림 13.6에 보인 3개의 경로 C_1, C_2와 C_3에 대한 선적분 $\oint_C \frac{e^{\pi z}}{z^2+1}dz$를 각각 구하라.

☞ 분모가 0이 되는 점은 $z^2 + 1 = (z + i)(z - i) = 0$으로부터 $z = \pm i$이다. 먼저, 폐곡선 C_2에 대해서 선적분을 구해 보자. 폐곡선 C_2의 내부에는 점 $z = i$가 포함되고 $f(z) = \frac{e^{\pi z}}{z+i}$는 해석적이므로

$$\oint_{C_2} \frac{e^{\pi z}}{z^2+1}dz = \oint_{C_2} \frac{e^{\pi z}}{z+i}\frac{dz}{z-i} = 2\pi i\left[\frac{e^{\pi z}}{z+i}\right]_{z=i} = \pi e^{\pi i} = -\pi \tag{46}$$

비슷한 방법으로 폐곡선 C_3에 대해서

$$\oint_{C_3} \frac{e^{\pi z}}{z^2+1}dz = \oint_{C_3} \frac{e^{\pi z}}{z-i}\frac{dz}{z+i} = 2\pi i\left[\frac{e^{\pi z}}{z-i}\right]_{z=-i} = -\pi e^{-\pi i} = \pi \tag{47}$$

를 얻을 수 있다. 마지막으로 폐곡선 C_1에 대해서는 내부의 점 $z = i$와 $z = -i$를 제외하고는 피적분함수가 해석적이므로 그림의 청색 부분을 제거하여도 적분값이 같다. 즉,

$$\int_{C_1} = \int_{C_2} + \int_{C_3} \quad \Rightarrow \quad \oint_{C_1} \frac{e^{\pi z}}{z^2+1}dz = (-\pi) + \pi = 0 \tag{48}$$ ◀

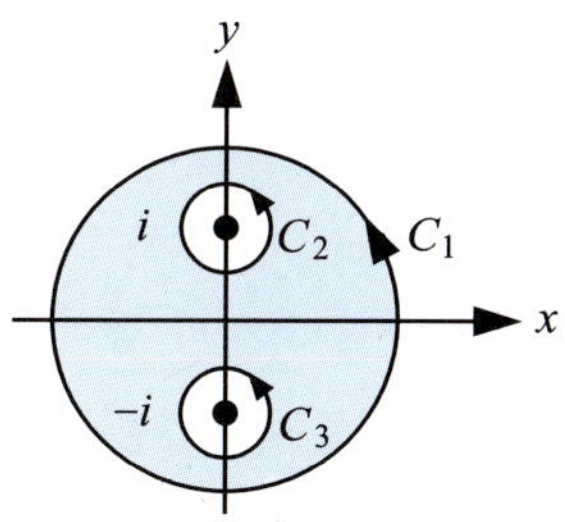

그림 13.6

다중연결영역에 대한 코시의 적분공식. 단순연결영역에 대해 유도한 코시의 적분공식은 폐곡선 C가 바깥쪽과 안쪽으로 떨어져서 구성된 것으로 간주하면 같은 형태로 성립한다. 이의 증명은 그림 13.5와 같이 절단선(cut line)을 이용하여 단순연결영역으로 바꾸어 적용하고, 절단선에 따른 선적분은 서로 방향이 반대이므로 상쇄되는 원리를 이용한다.

그림 13.7에서 청색 부분을 정의역 D라 할 때, 내부의 점 z_0에 대해

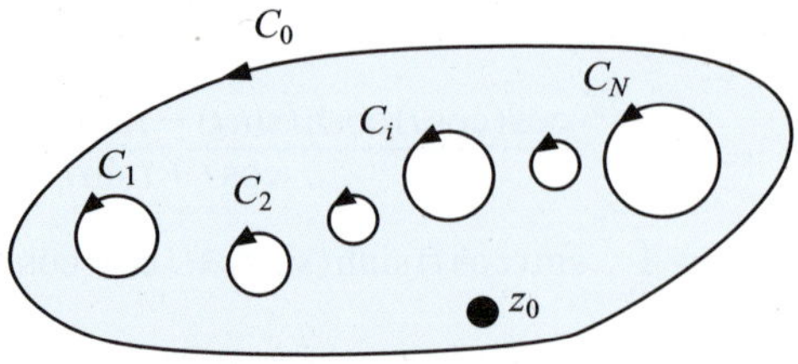

그림 13.7 다중연결영역에서의 코시의 적분공식

$$\int_{C_0} \frac{f(z)}{z-z_0}\,dz - \sum_{i=1}^{N} \int_{C_i} \frac{f(z)}{z-z_0}\,dz = 2\pi i f(z_0) \tag{49}$$

로 코시의 적분공식을 쓸 수 있다.

연습문제

※ 단위원의 둘레를 반시계방향으로 다음의 선적분을 구하라.

[1] $\int_C \frac{1}{z}\,dz$ **[2]** $\int_C \frac{\sin z}{z}\,dz$ **[3]** $\int_C \frac{e^z-1}{z}\,dz$

[4] $\int_C \frac{z^2-1}{2z-1}\,dz$ **[5]** $\int_C \frac{\sinh z}{z}\,dz$ **[6]** $\int_C \frac{\tan z}{z-2}\,dz$

※ 함수 $\frac{z}{z^2-1}$를 다음으로 주어지는 원을 따라 반시계방향으로 적분하여라.

[7] $|z| = 10$ **[8]** $|z-1| = 1$ **[9]** $|z+i| = 1$

***[10]** 코시의 적분공식에서 식 (43)으로 주어진 적분 $\oint_C \frac{f(z)-f(z_0)}{z-z_0}\,dz = 0$을 증명해 보자. 먼저, 피적분함수는 $z = z_0$를 제외하고는 폐곡선 C의 내부에서 해석적이므로 선적분을 점 $z = z_0$를 중심으로 하고, 반지름 ρ인 작은 원의 둘레에 따른 선적분으로 대치할 수 있다(코시의 다중연결영역에 대한 코시의 정리 $\int_{C_0} f(z)\,dz = \sum_{i=1}^{N} \int_{C_i} f(z)\,dz$를 이용한 것이다). 즉, $z - z_0 = \rho e^{i\theta}$, $dz = \rho i e^{i\theta}$를 이용하면 $z \to z_0$일 때

$$\left| \oint_C \frac{f(z)-f(z_0)}{z-z_0}\,dz \right| \le \oint_C \frac{|f(z)-f(z_0)|}{|z-z_0|}|dz|$$
$$\le \int_0^{2\pi} \frac{|f(z)-f(z_0)|}{\rho}\rho\, d\theta \le 2\pi \times \max|f(z)-f(z_0)| \to 0$$

*13-5 해석함수의 미분

해석함수의 도함수. 식 (41)에서 이미 살펴보았듯이 해석함수의 도함수를 미분을 하여 구할 수도

있지만, 거꾸로

$$\oint_C \frac{f(z)}{(z-z_0)^{n+1}}\,dz = 2\pi i\,\frac{f^{(n)}(z_0)}{n!} \tag{50}$$

와 같이 적분을 하여 구할 수 있다. 물론, 여기서 점 $z=z_0$는 폐곡선 C의 내부에 있는 경우에 대한 것이다.

☑ 식 (50)의 증명은 $n=1$인 경우부터

$$\begin{aligned} f'(z_0) &= \lim_{\Delta z \to 0} \frac{f(z+\Delta z)-f(z)}{\Delta z} \\ &= \frac{1}{2\pi i \Delta z}\left[\oint_C \frac{f(z)}{z-(z_0+\Delta z)}\,dz - \oint_C \frac{f(z)}{z-z_0}\,dz\right] \end{aligned}$$

에서 분수를 통합하고 최종적으로 ML 부등식을 이용하게 되지만, 상세한 토의는 생략한다.

☑ 복소평면을 미터 단위로 재는 경우를 생각하면 dz는 복소평면상에서 미소길이에 해당한다. 그러면 $\frac{f(z)}{(z-z_0)^{n+1}}dz$는 전체적으로 길이의 1 − $(n+1) = -n$제곱으로 나타난다(함수 $f(z)$는 차원이 없는 수로 보자). 한편 미분연산자 $\frac{d}{dz}$는 길이로 나누는 차원을 가지므로 $2\pi i\frac{f^{(n)}(z_0)}{n!}$는 길이의 $-n$제곱이 되고, 양변은 결국 같은 차원을 가진다. 이러한 습관을 익혀 두면 아래의 수식이 잘못된 것을 보는 즉시 파악할 수 있다.

$$\oint_C \frac{f(z)}{(z-z_0)^{n}}\,dz = 2\pi i\,\frac{f^{(n)}(z_0)}{n!} \quad (\times)$$

많은 경우 미분연산자는 $\frac{1}{n!}\frac{d^n}{dz^n}$과 같이 $n!$의 역수와 결합되어 자주 쓰이는 점에 유의하면 식 (50)은 매우 쉽게 이해할 수 있다(테일러 급수를 생각해 보라).

**☑ 실변수의 경우, 식 (50)과 유사한 공식은 디락 델타를 포함하는 적분으로 식 (50)을 변형하여 실변수 적분과 비교하면 다음과 같다.

$$\oint_C f(z)\ \frac{n!}{2\pi i(z-z_0)^{n+1}}\ dz = f^{(n)}(z_0)$$

$$\int_{-\infty}^{\infty} f(x)\ (-1)^n\delta^{(n)}(x-x_0)\ dx = f^{(n)}(x_0)$$

여기서 청색 부분은 $x=x_0$ 또는 $z=z_0$를 특이점으로 하는 것에 주목한다. 실변수 적분의 증명은 $\int_{-\infty}^{\infty} f(x)\delta'(x-x_0)\,dx = -\int_{-\infty}^{\infty} f'(x)\delta(x-x_0)\,dx = -f'(x_0)$를 먼저 부분적분을 이용하여 증명하고 차수를 높여가면 된다.

예제 8 단위원을 따른 선적분 $\oint_C \frac{1}{z^2}dz = 0$을 코시의 적분공식을 이용하여 증명하라.

☞ 단위원의 내부에서 비해석적인 점 $z=0$에 대해서

$$\oint_C \frac{1}{z^2}dz = 2\pi i \frac{1}{1!}\frac{d}{dz}(1)_{z=0} = 0 \quad ◀ \tag{51}$$

✓ 앞의 토의와 같이 좌변은 전체적으로 길이로 나눈 차원이므로 한 번 미분한 것과 같은 차원을 가지므로, 우변에서 한 번 미분을 한 것이다.

예제 9 $z=1$을 싸고 있는 폐곡선에 대해 $\oint_C \frac{z^4+1}{(z-1)^3}dz$를 구하라.

☞ $z=1$을 포함하는 임의의 폐곡선에서 비해석적인 점 $z=1$에 대해서

$$\oint_C \frac{z^4+1}{(z-1)^3}dz = 2\pi i \frac{1}{2!}\frac{d^2}{dz^2}(z^4+1)_{z=1} = 12\pi i \quad ◀ \tag{52}$$

✓ 앞에서의 토의에 의하면 $\frac{dz}{(z-1)^3}$는 $[L]^{-2}$ 차원이므로 우변에서 두 번 나누는 차원, 즉 $\frac{1}{2!}\frac{d^2}{dz^2}$을 적용한 것이다.

****적분공식의 여러 가지 응용.** 코시의 적분정리 및 적분공식은 여러 가지 형태로 응용된다. 잘 알려진 몇 가지 정리를 간단히 소개하면 아래와 같다.

> ****(Morera의 정리)** $f(z)$가 단순연결된 정의역 D에서 연속이고 내부의 모든 폐곡선에 대해 $\oint_C f(z)\,dz = 0$이면 $f(z)$는 D에서 해석함수이다.

▶ **증명:** 임의의 폐곡선에 대해 $\oint_C f(z)\,dz = 0$이라는 말은 적분경로의 독립성, 즉 z_0를 고정시킬 때 $\int_{z_0}^{z} f(\zeta)\,d\zeta$가 z만의 함수 $F(z) = \int_{z_0}^{z} f(\zeta)\,d\zeta$로 나타낼 수 있다는 뜻이다. 그런데, 부정적분의 존재성을 언급할 때 함수 $f(z)$가 연속이면 $F'(z) = f(z)$이고 $F(z)$는 해석함수라는 것을 증명하였다[식 (36) 참조]. 여기서, 해석함수의 미분은 해석함수이므로 $f(z)$는 해석함수가 된다.

✓ 코시의 적분정리는 해석함수가 단순연결영역에 놓인 폐곡선에 대해 $\oint_C f(z)\,dz = 0$임을 말해 주고, Morera의 정리는 코시의 정리의 역을 말한다.

> ****(Cauchy의 부등식)** 폐곡선 C를 $|z-z_0| = \rho$인 원이라 하고 C상에서 $f(z)$의 최대값을 M이라 하면 $\left|f^{(n)}(z_0)\right| \le M\frac{n!}{\rho^n}$이다.

▶ **증명:** 식 (50)에서 절대값을 취하면

$$\left|2\pi i \frac{f^{(n)}(z_0)}{n!}\right| = \left|\oint_C \frac{f(z)}{(z-z_0)^{n+1}} dz\right| \le \oint_C \left|\frac{f(z)}{(z-z_0)^{n+1}}\right| |dz|$$

가 성립하고, $z - z_0 = \rho e^{i\theta}$인 원을 폐곡선 C로 택하고 C상에서 함수의 최대값을 M이라고 하면

$$\left|2\pi \frac{f^{(n)}(z_0)}{n!}\right| \le M \int_0^{2\pi} \frac{1}{\rho^{n+1}} \rho d\theta = 2\pi M \frac{1}{\rho^n} \tag{53}$$

즉,

$$\left|f^{(n)}(z_0)\right| \le M \frac{n!}{\rho^n} \tag{54}$$

****(Liouville의 정리)** 복소평면 전체에서 유계(有界; bounded)인 해석함수는 상수함수뿐이다.

▶ **증명:** 만일, 어떤 함수 $f(z)$가 복소평면 전체에서 해석적이고 유계(有界; bounded)이면 충분히 큰 상수 M에 대해 $|f(z)| < M$이 성립한다. 그러면, 코시의 부등식으로부터

$$|f'(z)| \le M \frac{1}{\rho} \tag{55}$$

이다. 그런데, $f(z)$가 복소평면 전체에서 해석적이므로 $\rho \to \infty$를 택하여도 위의 부등식이 성립하므로 $|f'(z)| = 0$, 즉 $f(z)$ = 상수가 된다.

****(Gauss의 평균값정리)** 함수 $f(z)$가 $|z - z_0| < \rho$인 열린 원판 내부 및 둘레에서 해석적이면 $f(z_0) = \frac{1}{2\pi} \int_0^{2\pi} f(z_0 + \rho e^{i\theta}) d\theta$로 원판둘레에 따른 함수값의 평균값과 같다.

▶ **증명:** 열린 원판 위의 점을 $z - z_0 = \rho e^{i\theta}$라고 하면 $0 \le \theta \le 2\pi$가 되고, 코시의 적분공식 $f(z_0) = \frac{1}{2\pi i} \oint_C \frac{f(z)}{z - z_0} dz$를 다시 쓰면

$$\begin{aligned} f(z_0) &= \frac{1}{2\pi i} \int_0^{2\pi} \frac{f(z_0 + \rho e^{i\theta})}{\rho e^{i\theta}} i\rho e^{i\theta} d\theta \\ &= \frac{1}{2\pi} \int_0^{2\pi} f(z_0 + \rho e^{i\theta}) d\theta \end{aligned} \tag{56}$$

****(최대 절대값의 정리)** 상수가 아닌 해석함수 $f(z)$의 절대값 $|f(z)|$의 최대값은 영역의 내부가 아니라 반드시 경계선에서 일어난다.

▶ **증명:** 정의역 내부에서 임의의 점 z_0를 잡고 이 점에서 함수의 최대값을 갖는다고 가정하면, 충분히 가까운 점 $z_0 + \Delta z$에 대해 항상

$$|f(z_0)| \ge |f(z_0 + \Delta z)| \tag{57}$$

가 성립한다. 그런데, 가우스의 평균값정리에서 절대값을 고려하면

$$|f(z_0)| \le \frac{1}{2\pi}\int_0^{2\pi} \left| f(z_0 + \rho e^{i\theta}) \right| d\theta \tag{58}$$

가 된다(단, ρ는 적당한 크기의 반지름). 식 (57)과 연관하면

$$|f(z_0)| = \left| f(z_0 + \rho e^{i\theta}) \right|$$

즉, 함수 $f(z)$는 z_0점 부근에서 상수함수이어야 한다. 그러면, 정의역 D전체에서 상수함수이어야 하므로 $|f(z)|$의 최대값은 내부에서 일어날 수 없다. 따라서, $|f(z)|$는 반드시 경계선에서 최대값을 갖게 된다.

> **(대수학의 기본정리)** 상수가 아닌 $f(z)$가 z의 다항식일 때 $f(z) = 0$이 되는 근이 복소평면상에서 적어도 하나가 존재한다.

▶ **증명:** 다항식 $f(z)$가 복소평면상의 모든 점에서 $f(z) \ne 0$이라고 하자. 그러면, 함수 $g(z) = \dfrac{1}{f(z)}$은 복소평면 전체에서 해석적이고 또한 유계이다. Liouville의 정리로부터 유계인 완전함수는 상수함수뿐이므로 $g(z)$ = 상수이다. 그러나, 이것은 모순이므로 최소한 한 점에서 $f(z) = 0$이어야 한다.

요 약

- **복소함수의 선적분**

$$\int_C f(z)\,dz = \int_C (u + iv)(dx + i\,dy) = \int_C (u\,dx - v\,dy) + i\int_C (u\,dy + v\,dx)$$

- **선적분의 상한값**

$$\left| \int_C f(z)\,dz \right| \le \int_C |f(z)||dz|$$

- **Cauchy의 적분정리**

복소함수 $f(z)$가 단순연결된 정의역 D에서 해석적이면 영역 D 내부의 모든 단순폐곡선에 대하여 $\oint_C f(z)\,dz = 0$이다.

- **Cauchy의 적분공식**

$\oint_C \frac{f(z)}{z - z_0}\,dz = 2\pi i f(z_0)$	$\oint_C \frac{1}{z}\,dz = 2\pi i$
$\oint_C \frac{f(z)}{(z - z_0)^{n+1}}\,dz = 2\pi i \frac{f^{(n)}(z_0)}{n!}$	$\oint_C \frac{1}{z - z_0}\,dz = 2\pi i$

• 다중연결영역에 대한 Cauchy의 적분공식

$$\int_{C_0} \frac{f(z)}{z-z_0}\,dz - \sum_{i=1}^{N} \int_{C_i} \frac{f(z)}{z-z_0}\,dz = 2\pi i f(z_0)$$

Chapter 14

유수정리와 응용

복소해석학에서 Cauchy의 정리가 차지하는 중요성은 이미 앞에서 충분히 확인하였다. 이 장에서는 보다 실용적인 측면에서 복소적분을 알아보기로 한다. 복소함수를 무한급수 형태로 전개하는 Taylor 급수와 Laurent 급수는 모두 Cauchy의 적분공식을 이용하여 설명할 수 있다. 특히, 복소적분을 보다 쉽게 할 수 있는 방법인 유수정리를 이 장에서 공부하자. 유수정리를 이용하면 보통의 방법으로는 구할 수 없는 실변수의 적분을 간단히 얻을 수 있다.

14-1 복소함수와 무한급수

실수에 대한 무한급수가 적절한 구간에서 잘 정의된 실함수(real function)로 수렴하는 경우를 이미 알고 있다(3장 참조). 이 절에서는 무한급수와 복소함수와의 관계를 간략히 살펴보기로 한다.

멱급수와 해석함수. 실수인 경우에 이미 다루어본 멱급수(冪級數)를

$$\sum_{n=0}^{\infty} a_n(z-z_0)^n = a_0 + a_1(z-z_0) + a_2(z-z_0)^2 + \cdots \tag{1}$$

과 같이 복소수에 대해 확장할 수 있다. 여기서, 복소수 z_0는 **중심**(center), 복소수 a_n은 **계수**(coefficient)라고 한다.

식 (1)의 멱급수가

$$|z-z_0|<R \tag{2}$$

인 열린 원판(open disk)에서 수렴하면 R을 **수렴반지름**이라고 정의하는 것도 실수의 경우와 동일하다. 예를 들어,

$$\begin{aligned}\frac{1}{1-z}&=\sum_{n=0}^{\infty}z^n=1+z+z^2+\cdots\\ \frac{1}{1+z}&=\sum_{n=0}^{\infty}(-z)^n=1-z+z^2-\cdots\end{aligned} \tag{3}$$

은 $|z|<1$인 영역에서 수렴하고 $|z|\geq 1$인 영역에서는 발산한다.

식 (1)로 주어진 멱급수는 $z=z_0$를 대입하면 a_0로 된다. 즉, 최소한 한 점에서 수렴하며 이때는 $R=0$인 경우이다. 그러나, 수렴반지름 $R=0$인 무한급수는 그다지 쓸모가 없으므로 $R>0$인 경우만을 다루기로 한다.

테일러 급수. 간단히 말해서, 수렴반지름이 $R>0$인 멱급수는 해석함수와 같고, 또한 그 역도 성립한다. 이때, 해석함수 $f(z)$를 $|z-z_0|<R$인 열린 원판 내에서 멱급수로 나타낸 것을 **테일러(Taylor) 급수**라고 하고

$$f(z)=\sum_{n=0}^{\infty}a_n(z-z_0)^n=\sum_{n=0}^{\infty}\frac{f^n(z_0)}{n!}(z-z_0)^n \tag{4}$$

으로 나타낸다. 테일러 급수가 수렴하는 영역은 그림 14.1에 보인 바와 같다.

식 (4)에서 급수의 계수를

$$a_n=\frac{f^n(z_0)}{n!} \tag{5}$$

인 미분으로부터 구할 수도 있지만 다른 편리한 방법을 사용할 수도 있다. 여기서, $z_0=0$인 경우를 **매클로린(Maclaurin) 급수**라고 한다.

예제 1 $|z|<1$인 열린 원판 내부에서 $f(z)=\dfrac{1}{1-z^2}$을 테일러 전개하라.

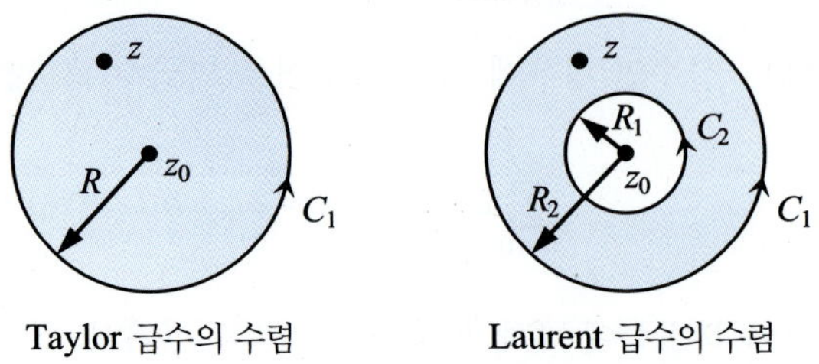

그림 14.1 Taylor 급수와 Laurent 급수전개를 설명하기 위한 영역

☞ $|z|<1$일 때 $|z^2|<1$이므로 식 (3)으로 주어진 기하급수를 이용하면

$$\frac{1}{1-z^2}=\sum_{n=0}^{\infty}(z^2)^n=1+z^2+z^4+\cdots \quad ◀ \tag{6}$$

로랑 급수. 잘 알려진 테일러 급수

$$e^z=\sum_{n=0}^{\infty}\frac{z^n}{n!}=1+z+\frac{z^2}{2!}+\frac{z^3}{3!}+\cdots$$

에서 z를 $1/z$로 치환하면

$$e^{1/z}=1+\frac{1}{z}+\frac{1}{2!}\frac{1}{z^2}+\frac{1}{3!}\frac{1}{z^3}+\cdots \tag{7}$$

인 무한급수를 얻을 수 있고, e^z를 z^2으로 나누면

$$\frac{e^z}{z^2}=\frac{1}{z^2}+\frac{1}{z}+\frac{1}{2!}+\frac{z}{3!}+\cdots \tag{8}$$

과 같은 무한급수를 얻을 수 있다. 위의 두 무한급수는 모두 z의 **음의 멱**(negative power)을 포함하며, $z=0$을 제외한 모든 점에서 수렴한다. 그런데, 함수 $e^{1/z}$과 $z^{-2}e^z$의 무한급수 표현은 모두 테일러 급수로부터 얻었지만, 더 이상 $z=0$을 급수의 중심으로 하는 테일러 급수라고 말할 수 없다. 이것은 테일러 급수가 급수의 중심 $z=0$을 포함하는 열린 원판에서 정의되어 "음의 멱"을 가질 수 없기 때문이다. 이러한 문제점을 해결하기 위해서 도입된 것이 아래에 기술하는 **로랑(Laurent) 급수**이다.

무한급수의 중심 z_0를 제거한 영역(그림 14.1의 $R_1<|z-z_0|<R_2$인 환형 영역)에서 $z-z_0$의 음의 멱을 가진 무한급수를 로랑급수라고 하고

$$\begin{aligned}f(z)&=\sum_{n=-\infty}^{\infty}a_n(z-z_0)^n\\&=\cdots+\frac{a_{-2}}{(z-z_0)^2}+\frac{a_{-1}}{z-z_0}+a_0+a_1(z-z_0)+a_2(z-z_0)^2+\cdots\end{aligned} \tag{9}$$

으로 정의한다. 위의 무한급수는 테일러 급수를 부분집합으로 포함하는 것처럼 보이지만, $z=z_0$에서 함수값이 정의되지 않는 점에서 테일러 급수와는 명백히 구분된다.

분수함수의 로랑급수전개. 분수함수에 대한 로랑급수는 대부분의 경우 기하급수의 합공식

$$\frac{1}{1+\zeta}=1-\zeta+\zeta^2-\zeta^3+\cdots,\quad |\zeta|<1$$

을 이용하여 구하게 된다. 즉, 주어진 영역에서 $|\zeta|<1$이 성립하는 ζ를 적절히 구하면 윗식을 이용하여 바로 로랑전개가 가능하다. 이제 이러한 예를 다루어보기로 하자.

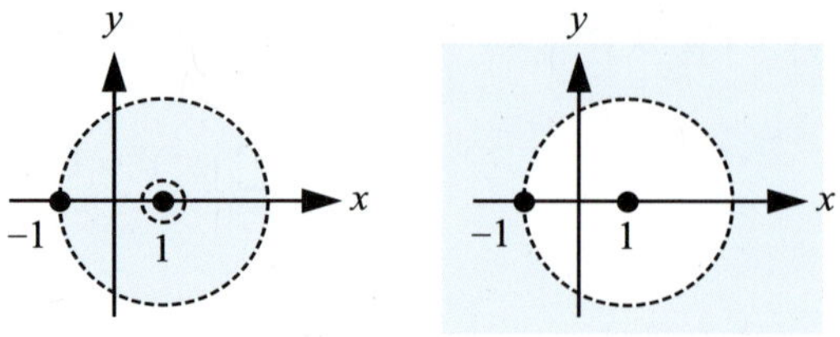

$0 < |z-1| < 2$ $\qquad$ $2 < |z-1|$

그림 14.2

***예제 2** $f(z) = \dfrac{1}{1-z^2}$을 그림 14.2에 보인 바와 같이 $z = 1$을 중심으로 하는 두 가지의 열린 환형에 대해 각각 로랑전개하여라.

☞ 우선 주어진 영역이 수식으로 어떻게 표현되는가를 구한 다음에 $|\zeta| < 1$이 되는 ζ를 z의 함수로 구하면 된다.

① 열린 환형 $0 < |z-1| < 2$에서는 $\left|\dfrac{z-1}{2}\right| < 1$이므로 $\zeta = \dfrac{z-1}{2}$로 두면 $0 < |\zeta| < 1$이 만족된다(여기서 $\zeta \neq 0$이므로 $\dfrac{1}{\zeta}$ 등은 더 이상 전개되지 않고 그대로 남아 있게 된다). 계속해서 $\zeta = \dfrac{z-1}{2}$로부터 구한 $z = 2\zeta + 1$을 주어진 식에 대입하고 기하급수의 합공식을 이용하면

$$\begin{aligned} f(z) &= \frac{1}{(1-z)(1+z)} \\ &= \frac{1}{-2\zeta(2+2\zeta)} = -\frac{1}{4\zeta}\frac{1}{1+\zeta} = -\frac{1}{4\zeta}(1-\zeta+\zeta^2-\zeta^3+\cdots). \end{aligned}$$

여기서 다시 $\zeta = \dfrac{z-1}{2}$을 대입하고 정리하면

$$f(z) = \frac{1}{4}\left[-\frac{2}{z-1} + 1 - \frac{z-1}{2} + \left(\frac{z-1}{2}\right)^2 - \cdots\right] \tag{10}$$

으로 된다.

② 열린 환형 $2 < |z-1|$에서는 $\left|\dfrac{2}{z-1}\right| < 1$이므로 $\zeta = \dfrac{2}{z-1}$로 두어 $z = 1 + \dfrac{2}{\zeta}$를 구한다. 이것을 주어진 식에 대입하면

$$f(z) = \frac{1}{-\dfrac{2}{\zeta}\left(2+\dfrac{2}{\zeta}\right)} = -\frac{\zeta^2}{4}\frac{1}{1+\zeta} = -\frac{\zeta^2}{4}(1-\zeta+\zeta^2-\zeta^3+\cdots)$$

즉,

$$\begin{aligned} f(z) &= -\frac{1}{4}(\zeta^2-\zeta^3+\zeta^4-\zeta^5+\cdots) \\ &= -\frac{1}{4}\left[\left(\frac{2}{z-1}\right)^2 - \left(\frac{2}{z-1}\right)^3 + \left(\frac{2}{z-1}\right)^4 - \cdots\right] \end{aligned} \tag{11}$$

을 얻을 수 있다. 위의 두 경우를 정리하면 다음과 같이 된다.

$$\frac{1}{1-z^2} = \begin{cases} -\dfrac{1}{2(z-1)} + \dfrac{1}{4}\displaystyle\sum_{n=0}^{\infty}\left(-\frac{z-1}{2}\right)^n, & 0<|z-1|<2 \\ -\dfrac{1}{4}\displaystyle\sum_{n=2}^{\infty}\left(-\frac{2}{z-1}\right)^n, & 2<|z-1| \end{cases} \quad (12)$$

고립특이점의 정의와 종류. 함수 $f(z)$가 $z = z_0$에서 해석적이지 않지만(많은 경우 함수값조차 정의되지 않지만), z_0를 제외한 점 $z = z_0$의 근방에서는 해석적이라면 점 $z = z_0$를 **특이점**(特異點, singularity)이라고 한다. 특히, $f(z) = \dfrac{1}{z-z_0}$의 경우처럼 z_0의 근방에서 자신만이 특이점인 경우를 **고립특이점**(isolated singularity)이라고 한다(비고립 특이점은 연습문제 참조).

고립특이점은 몇 가지로 분류되는데 이것은

$$0 < |z - z_0| < R \quad (13)$$

인 열린 환형(열린 원판에서 단지 점 $z = z_0$만을 제거한 영역)에서 구한 로랑급수에서 음의 멱을 따로 분리하여

$$f(z) = \sum_{n=0}^{\infty} a_n(z-z_0)^n + \frac{a_{-1}}{z-z_0} + \frac{a_{-2}}{(z-z_0)^2} + \cdots + \frac{a_{-m}}{(z-z_0)^m} \quad (14)$$

과 같이 쓸 때

① $m = 1$이면 **단순극**(單純極; simple pole)

② $1 < m < \infty$이면 m차 **다중극**(多重極; multiple pole) 또는 m중극

③ $m = \infty$이면 **진성특이점**(眞性特異點; essential singularity)

으로 구분하기로 한다.

식 (7)은 $\dfrac{1}{z}$에 관한 무한급수이므로 $z = 0$을 진성특이점으로 가지며, 식 (8)은 $z = 0$을 2중극으로 갖고 있다. 진성특이점의 부근에서는 함수의 거동(behavior)이 극의 근방에서의 거동과는 완전히 다르며, 이에 관해 Picard의 정리라는 유명한 결과가 있다(연습문제 참조).

예제 3 $f(z) = \dfrac{e^z - 1}{z^2}$과 $g(z) = \dfrac{\sin z}{z^2}$는 모두 $z = 0$에서 단순극을 가지는 것을 보여라.

☞ 두 함수는 모두 분모에 포함된 z^2항으로부터 $z = 0$이 2중극처럼 보이지만 실제로는

$$f(z) = \frac{e^z-1}{z^2} = \frac{1}{z^2}\left[\left(1 + z + \frac{z^2}{2!} + \frac{z^3}{3!} + \cdots\right) - 1\right] = \frac{1}{z} + \frac{1}{2!} + \frac{z}{3!} + \cdots$$

$$g(z) = \frac{\sin z}{z^2} = \frac{1}{z^2}\left(z - \frac{z^3}{3!} + \frac{z^5}{5!} - \cdots\right) = \frac{1}{z} - \frac{z}{3!} + \frac{z^3}{5!} - \cdots$$

과 같이 모두 단순극이 된다.

***극(極)의 형식적인 이해.** 함수 $f(z)$가 $z = z_0$에서 m중극(重極; multiple pole)을 가진다는 뜻은 대응하는 로랑급수가

$$f(z) = \sum_{n=0}^{\infty} a_n(z - z_0)^n + \frac{a_{-1}}{z - z_0} + \frac{a_{-2}}{(z - z_0)^2} + \cdots + \frac{a_{-m}}{(z - z_0)^m} \tag{15}$$

으로 주어진다는 것과 같은 말이다. 복소평면상의 극점 $z = z_0$를 그림 14.3과 같이 막대를 세워두는 것으로 생각해 보자. 그리고, 점 A에서 점 B까지 연결하는 경로를 밧줄로 가정한다. 그러면 평면 위의 밧줄은 막대에 가로막혀서 점선으로 표시된 위치로 이동할 수 없게 된다. 이것을 복소적분의 입장에서 생각하면 점 A와 점 B를 연결하는 경로에 대해서

$$\int_{C_1} f(z)\,dz = \int_{C_2} f(z)\,dz \neq \int_{C_0} f(z)\,dz$$

와 같이 선적분의 값이 다르게 되는 상황으로 해석할 수 있다.

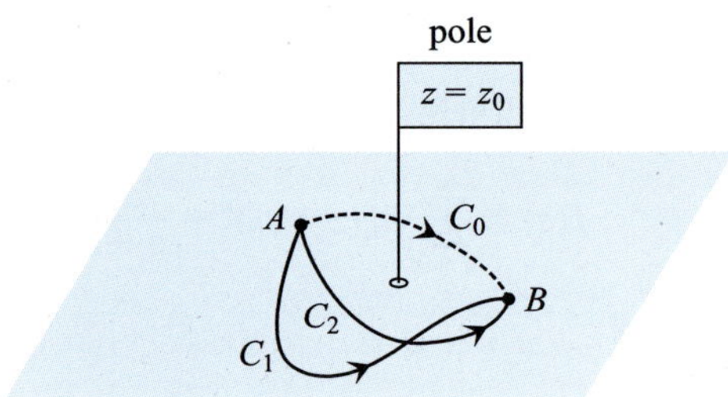

그림 14.3 극(極; pole)의 개념을 나타내기 위한 도식

연습문제

[1] 다음의 테일러 급수가 성립하는 것을 보여라.

(a) $\cosh z = 1 + \dfrac{z^2}{2!} + \dfrac{z^4}{4!} + \cdots,\quad \sinh z = z + \dfrac{z^3}{3!} + \dfrac{z^5}{5!} + \cdots$

(b) $\mathrm{Ln}(1+z) = z - \dfrac{z^2}{2} + \dfrac{z^3}{3} - \cdots,\quad \dfrac{1}{2}\mathrm{Ln}\dfrac{1+z}{1-z} = z + \dfrac{z^3}{3} + \dfrac{z^5}{5} + \cdots,\quad |z| < 1$

[2] 점 $z = 1$을 중심으로 $f(z) = \dfrac{1}{z}$의 테일러 급수와 수렴반지름을 구하라.

[3] 다음 함수를 $0 < |z| < R$인 열린 환형에서 로랑급수를 구하고, 반지름 R의 최대값을 각각 구하라.

(a) $\dfrac{1}{z(1+z)}$ (b) $\dfrac{\cosh z}{z^3}$ (c) $z^2 \sin\dfrac{1}{z}$

***[4]** 다음 함수의 로랑급수를 열린 환형 $1 < |z-1|$에 대하여 구하라.

(a) $\dfrac{1}{z-z^2}$ (b) $\dfrac{1}{2-z}$

*[5] 함수 $\left(\sin\frac{1}{z}\right)^{-1}$은 $z=\frac{1}{n\pi}$ 각각을 고립특이점으로 가지며(단, $n = \pm1, \pm2, \cdots$), 또한 $n\to\infty$일 때 $z=\frac{1}{n\pi}\to 0$이므로, $z=0$에서 아무리 작은 원을 그려도 내부에는 무한히 많은 고립특이점을 가지므로 $z=0$은 고립되지 않는 특이점이다.

*[6] (Picard의 정리) $f(z)$가 점 z_0를 고립된 진성특이점을 가지면, 아무리 작은 반지름 ϵ을 잡아도 $|z-z_0|<\epsilon$인 열린 원판 내부의 점들은 기껏해야 한 개의 점을 제외한 복소평면의 모든 점을 함수값으로 가진다. 예를 들면, 복소평면 위에서 $|z|<\epsilon$인 영역은 함수 $e^{1/z}$에 의해 $z=0$을 제외한 모든 복소평면의 점과 일대일 대응할 수 있다.

**14-2 평등수렴

지금까지 멱급수의 덧셈, 곱셈, 미분, 적분이 수렴반경 내에서는 항상 가능한 것으로 생각하였다. 이것을 보다 엄밀하게 말하면 멱급수는 **평등수렴**(uniform convergence)하기 때문에 가능한 것이었다. 이 절에서는 급수의 평등수렴에 대해서 알아보기로 한다.

***수열의 극한과 연속성.** 어떤 수열 $f_n(x)$가 모든 n에 대해서 점 $x=x_0$에서 연속이라고 해도 수열의 극한 $f(x)\equiv\lim_{n\to\infty} f_n(x)$는 이 점에서 연속이 아닐 수도 있다. 예를 들어 수열 $f_n(x)=\frac{1}{(1+x^2)^n}$은 모든 구간에서 항상 연속함수이지만

① 모든 n에 대해서 $f_n(0)=1$

② $x\neq 0$인 x에 대해서 $\lim_{n\to\infty} f_n(x)=\lim_{n\to\infty}\frac{1}{(1+x^2)^n}=0$

이므로

$$f(x)\equiv\lim_{n\to\infty} f_n(x)=\begin{cases}1 & (x=0)\\ 0 & (x\neq 0)\end{cases} \tag{16}$$

으로 된다. 다시 말해서 연속함수의 극한 $f(x)$는 $x=0$에서 불연속이 된다. 이러한 성질은 그림 14.4를 보면 이해할 수 있다($n\to\infty$일 때 곡선은 $x=0$ 근처에서 점점 가늘고

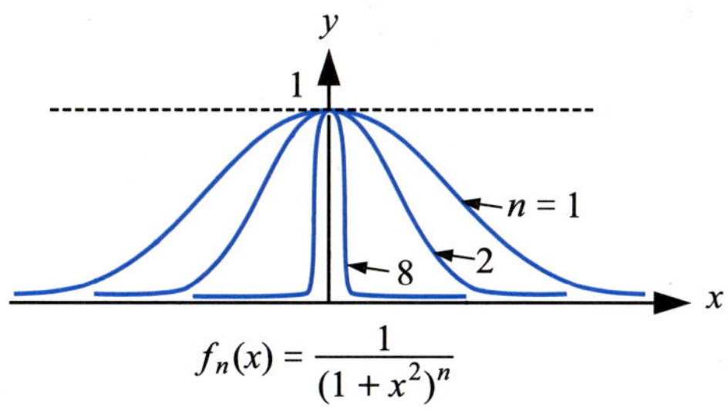

그림 14.4

뾰죽해지고 있다).

*** $\lim_{z \to z_0}$ 와 $\lim_{n \to \infty}$ 의 교환.** 위에서 수열 $f_n(z) = \dfrac{1}{(1+z^2)^n}$에 대해서 어떤 일이 일어났는지 살펴보기로 한다(보다 넓은 의미로 복소수 z를 고려하기로 한다). 모든 n에 대해서 $f_n(z) = \dfrac{1}{(1+z^2)^n}$은 연속함수이지만 $f(z) = \lim_{n \to \infty} f_n(z)$는 $z = 0$에서 불연속임을 다음과 같이 설명할 수 있다.

$$\lim_{n \to \infty} \underbrace{\lim_{z \to 0} \frac{1}{(1+z^2)^n}}_{1} \neq \lim_{z \to 0} \underbrace{\lim_{n \to \infty} \frac{1}{(1+z^2)^n}}_{f(z)} \tag{17}$$

즉, $\lim_{z \to 0}$와 $\lim_{n \to \infty}$를 서로 교환할 수 없다는 의미가 된다. 엄밀한 정의는 아니지만 수열 $f_n(z)$와 점 $z = z_0$에 대해서

$$\lim_{n \to \infty} \lim_{z \to z_0} f_n(z) = \lim_{z \to z_0} \lim_{n \to \infty} f_n(z) \tag{18}$$

와 같이 $\lim_{z \to z_0}$와 $\lim_{n \to \infty}$를 교환할 수 있으면 수열 $f_n(z)$는 점 $z = z_0$에서 **평등수렴**(平等收斂; uniform convergence)한다고 한다. 마찬가지로 급수에 대해서도 부분합수열 $s_n(z) = \sum_{k=0}^{n} f_k(z)$가 식 (18)을 만족하면 급수는 평등수렴한다고 한다. 어떤 급수가 평등수렴하면 다음의 두 가지 중요한 성질을 갖는다.

① 연속인 항을 가지는 급수가 평등수렴하면 그 합도 연속이다.

② 평등수렴하는 급수는 항별적분이 가능하다.

이러한 성질을 구체적으로 살펴보자.

> **(합의 연속성)** 급수 $F(z) = \sum_{n=0}^{\infty} f_n(z) = f_0(z) + f_1(z) + f_2(z) + \cdots$이 점 $z = z_0$에서 평등수렴하고, 각각의 함수 $f_n(z)$가 점 $z = z_0$에서 연속이면 무한합 $F(z)$도 점 $z = z_0$에서 연속이다.

▶ 일반적으로 유한개의 연속함수를 더하면 항상 연속함수를 얻지만 무한개의 연속함수를 더할 때는 평등수렴조건이 필요하다. 예를 들어 무한급수

$$F(z) \equiv \sum_{n=0}^{\infty} \frac{z^2}{(1+z^2)^n} = z^2 + \frac{z^2}{1+z^2} + \frac{z^2}{(1+z^2)^2} + \cdots \tag{19}$$

은 $z = 0$에서 명백히 $F(0) = 0$이 되지만 $z \neq 0$일 때의 무한합

$$F(z) = \frac{z^2}{1 - \dfrac{1}{(1+z^2)}} = 1 + z^2 \tag{20}$$

의 $z \to 0$인 극한은 $\lim_{z \to 0} F(z) = 1$이 된다. 따라서 $F(z)$는 $z = 0$에서 연속이 아니다. 다시 말하면 급수는 $z = 0$에서 평등수렴하지 않는다.

(항별적분) 급수 $F(z) = \sum_{n=0}^{\infty} f_n(z) = f_0(z) + f_1(z) + f_2(z) + \cdots$이 점 $z = z_0$에서 연속함수의 평등수렴급수라고 하면

$$\int_C F(z)\,dz = \sum_{n=0}^{\infty} \int_C f_n(z)\,dz = \int_C f_0(z)\,dz + \int_C f_1(z)\,dz + \int_C f_2(z)\,dz + \cdots$$

이 성립한다(단, C는 평등수렴영역 내부의 곡선이다).

▶ 앞의 정리로부터 $F(z)$는 연속함수가 되고 평등수렴에 의해 항별적분이 가능하게 된다(증명은 생략). 그런데 적분은 미분의 역산이므로, 마찬가지로 평등수렴급수에 대해서는 항별미분이 가능하다.

***평등수렴에 대한 Weierstrass의 M-판정법.** 급수의 평등수렴성을 조사하려면 Weierstrass의 M-판정법을 사용하면 된다. 이 방법은

$$F(z) = \sum_{n=0}^{\infty} f_n(z) = f_0(z) + f_1(z) + f_2(z) + \cdots \tag{21}$$

인 급수가 정의되는 영역 D 내부의 모든 점 z와 $n = 0, 1, 2, 3, \cdots$에 대해서

$$|f_n(z)| \le M_n \tag{22}$$

을 만족하는 상수항의 수렴급수

$$M_0 + M_1 + M_2 + \cdots \tag{23}$$

이 존재한다면 급수는 평등수렴한다.

***예제 4** 멱급수 $f(z) = \sum_{n=0}^{\infty} a_n (z - z_0)^n$은 $|z - z_0| = r < R$인 수렴반경 내부의 점에서 평등수렴하는 것을 보여라.

☞ 멱급수의 수렴반경은

$$\lim_{n \to \infty} \left| \frac{a_{n+1}(z - z_0)^{n+1}}{a_n (z - z_0)^n} \right| < 1 \quad \Rightarrow \quad \frac{1}{R} = \lim_{n \to \infty} \left| \frac{a_{n+1}}{a_n} \right|$$

으로부터 구한 것이다. 계속해서 $\left|a_n (z - z_0)^n\right| = |a_n| r^n = M_n$으로 두면

$$\lim_{n \to \infty} \left| \frac{M_{n+1}}{M_n} \right| = \lim_{n \to \infty} \left| \frac{a_{n+1} r^{n+1}}{a_n r^n} \right| < 1 \quad \Rightarrow \quad \frac{r}{R} < 1 \tag{24}$$

이므로 $M_0 + M_1 + M_2 + \cdots$은 수렴한다. 따라서, Weierstrass의 M-판정법으로부터 멱급수

는 평등수렴한다.

이 결과는 매우 중요하다. 왜냐하면 지금까지 다루어 온 멱급수

$$f(z) = \sum_{n=0}^{\infty} a_n(z-z_0)^n$$

에 대해서 수행한 모든 연산이 정당하다는 것을 보여주기 때문이다. 또한 앞에서도 언급한 바와 같이 해석함수는 멱급수로 표현이 가능한 함수가 된다는 사실도 이러한 평등수렴성으로부터 기인한다. ◀

****평등수렴의 엄밀한 정의.** 앞에서 언급한 평등수렴의 조건

$$\lim_{n\to\infty}\lim_{z\to z_0} f_n(z) = \lim_{z\to z_0}\lim_{n\to\infty} f_n(z) \tag{25}$$

는 이해를 쉽게 하기 위한 것이었으나, 보다 엄밀한 수학적 정의는 다음과 같다.

> ****(평등수렴의 정의)** 급수합 $s(z)$를 가지는 급수
>
> $$s_n(z) = f_0(z) + f_1(z) + f_2(z) + \cdots$$
>
> 은 모든 $\epsilon > 0$에 대하여
>
> $$|s(z) - s_n(z)| < \epsilon \text{ [모든 } n > N(\epsilon)\text{과 영역 내부의 모든 } z\text{에 대하여]}$$
>
> 을 만족하고 z에 의존하지 않는 $N = N(\epsilon)$을 찾아낼 수 있는 경우, 영역에서 평등수렴한다.

▶ 이러한 수학적인 정의는 매우 엄밀한 서술이지만 이해하기가 쉽지 않기 때문에, 식 (25)에 보인 것처럼 극한의 교환이 가능하면 평등수렴한다고 생각해도 무리가 없다.

14-3 유수의 정의와 계산

유수의 정의. 복소함수 $f(z)$가 폐곡선 C의 경로와 그 내부에서 해석적이면 코시의 정리에 의해

$$\oint_C f(z)\,dz = 0 \tag{26}$$

이 된다. 반면에, 만일 $f(z)$가 폐곡선 C의 내부에서 $z = z_0$를 고립특이점으로 가지면 점 z_0를 제거한 열린 환형 $0 < |z - z_0| < R$에서 수렴하는 로랑급수

$$f(z) = \sum_{n=0}^{\infty} a_n(z-z_0)^n + \frac{a_{-1}}{z-z_0} + \frac{a_{-2}}{(z-z_0)^2} + \cdots + \frac{a_{-m}}{(z-z_0)^m} \tag{27}$$

으로 나타낼 수 있다. 위의 양변을 폐곡선 C를 따라 선적분하고

$$\oint_C (z-z_0)^n\,dz = \begin{cases} 2\pi i & (n=-1) \\ 0 & (n \neq -1\text{인 정수}) \end{cases} \tag{28}$$

인 결과를 이용하면

$$\oint_C f(z)\,dz = a_{-1}(2\pi i) \tag{29}$$

와 같이 우변에서는 계수 a_{-1}을 포함하는 항만 남게 된다. 여기서, 선적분할 때 로랑급수에서 "남게 되는 수"인 a_{-1}을 **유수**(留數; residue)라고 하고

$$a_{-1} \equiv \mathrm{Res}(z_0) \equiv \underset{z=z_0}{\mathrm{Res}}\, f(z) \tag{30}$$

로 나타낸다. 식 (29)로부터 어떤 함수의 선적분을 구하려면 "폐곡선 내부에서의 유수"를 구하면 되는 것을 알 수 있다.

예제 5 폐곡선 C를 단위원이라고 할 때 $\oint_C \frac{\sin z}{z^2}\,dz$을 구하라(선적분의 방향은 항상 반시계 방향으로 생각한다).

☞ 앞의 (예제 2)에서 구한 것처럼

$$\frac{\sin z}{z^2} = \frac{1}{z^2}\left(z - \frac{z^3}{3!} + \frac{z^5}{5!} - \cdots\right) = \frac{1}{z} - \frac{z}{3!} + \frac{z^3}{5!} - \cdots$$

인 로랑급수로부터 $z=0$에 대해 유수 $a_{-1}=1$을 얻는다. 따라서,

$$\oint_C \frac{\sin z}{z^2}\,dz = (2\pi i)\times 1 = 2\pi i \quad ◀ \tag{31}$$

☑ 코시의 적분공식을 이용해도 $\oint_C \frac{f(z)}{z^2}\,dz = (2\pi i)\frac{1}{1!}\left[\frac{d}{dz}\sin z\right]_{z=0} = 2\pi i$와 같이 동일한 결과를 얻는다. 여기서, $f(z)=\sin z$가 된다.

유수의 계산. 복소함수 $f(z)$가 $z=z_0$에서 단순극을 가진다면

$$f(z) = \frac{a_{-1}}{z-z_0} + a_0 + a_1(z-z_0) + a_2(z-z_0)^2 + \cdots$$

인 로랑급수로 나타낼 수 있다. 여기서, 양변에 $z-z_0$를 곱하면

$$(z-z_0)f(z) = a_{-1} + a_0(z-z_0) + a_1(z-z_0)^2 + \cdots$$

으로 되고, $z \to z_0$인 극한을 취하면

$$\underset{z=z_0}{\mathrm{Res}}\, f(z) = \lim_{z \to z_0}(z-z_0)f(z) \tag{32}$$

로 유수를 구할 수 있다. 이것을 m중극인 경우로 확장하면

$$\operatorname*{Res}_{z=z_0} f(z) = \lim_{z \to z_0} \frac{1}{(m-1)!} \frac{d^{m-1}}{dz^{m-1}}[(z-z_0)^m f(z)] \tag{33}$$

로부터 유수를 구할 수 있다(연습문제 참조).

☑ 13-5절에서 코시의 적분정리 $\oint_C \frac{f(z)}{(z-z_0)^{n+1}} dz = 2\pi i \frac{f^{(n)}(z_0)}{n!}$를 복소평면을 길이차원으로 해석하여 설명한 바 있다. 마찬가지로 복소평면에서 $z - z_0$를 위치의 변화, 즉 길이 차원으로 해석하면

$$f(z) = \frac{a_{-1}}{z-z_0} + \frac{a_{-2}}{(z-z_0)^2} + \cdots + \frac{a_{-m}}{(z-z_0)^m} + \sum_{n=0}^{\infty} a_n (z-z_0)^n$$

인 식에서, 계수 a_{-1}은 길이의 차원, 계수 a_{-2}는 면적의 차원 등으로 생각할 수 있다. 결국 유수를 구하기 위해서는 항상 길이차원이 나타나도록 조작하면 된다. 단순극의 경우는

$$a_{-1} = \operatorname*{Res}_{z=z_0} f(z) = \lim_{z \to z_0} (z-z_0) f(z)$$

로 양변이 길이차원이 되도록 구하고, m중극의 경우는 $(z-z_0)^m f(z)$가 길이의 m제곱이므로 $m-1$차원으로 나눈다. 여기서 나눈다는 의미는 미소길이 dz로 나누는 것이므로

$$a_1 = \operatorname*{Res}_{z=z_0} f(z) = \lim_{z \to z_0} \frac{1}{(m-1)!} \frac{d^{m-1}}{dz^{m-1}}[(z-z_0)^m f(z)]$$

와 같이 하여 양변이 길이차원이 되도록 한다. 물론 (연습문제 7번)처럼 공식을 바로 유도하는 것도 중요하지만, 위와 같은 토의는 수식에 대한 직관력을 길러준다. 예를 들어 다음과 같이 잘못된 수식

$$a_{-1} = \operatorname*{Res}_{z=z_0} f(z) = \lim_{z \to z_0} \frac{1}{m!} \frac{d^m}{dz^m}[(z-z_0)^m f(z)]$$

에서 유수가 길이차원이 아니므로, 잘못된 점을 즉시 알아볼 수 있게 된다.

예제 6 $f(z) = \frac{1}{(z-1)(z+1)^2}$이라 할 때, $z=1$과 $z=-1$에서의 유수를 각각 구하라.

☞ $z=1$은 단순극이므로 식 (32)를 이용하면

$$\operatorname*{Res}_{z=1} f(z) = \lim_{z \to 1} (z-1) \frac{1}{(z-1)(z+1)^2} = \frac{1}{2^2} = \frac{1}{4}$$

이 된다. 그런데, $z=-1$은 2중극이므로 식 (33)으로부터

$$\operatorname*{Res}_{z=-1} f(z) = \lim_{z \to -1} \frac{1}{1!} \frac{d}{dz}\left[\frac{1}{(z-1)}\right] = \left[-\frac{1}{(z-1)^2}\right]_{z=-1} = -\frac{1}{4}$$ ◀

L'Hospital의 정리를 이용한 유수의 계산. 만일, 복소함수 $f(z)$가 $z=z_0$에서 단순극을 가지고,

$$f(z) = \frac{Q(z)}{P(z)}$$

와 같이 분수형으로 쓸 수 있다고 하자. 그러면, 식 (32)는

$$\operatorname*{Res}_{z=z_0} f(z) = \lim_{z \to z_0} \frac{(z-z_0)\,Q(z)}{P(z)}$$

로 쓸 수 있다. 그런데, $z = z_0$에서 단순극을 가지므로 $P(z_0) = 0$이 성립하고, 따라서 로피탈의 정리를 적용하면

$$\operatorname*{Res}_{z=z_0} f(z) = \lim_{z \to z_0} \frac{(z-z_0)\,Q'(z) + Q(z)}{P'(z)} = \lim_{z \to z_0} \frac{Q(z)}{P'(z)} \tag{34}$$

와 같이 유수를 구할 수 있다.

예제 7 $f(z) = \dfrac{\cosh \pi z}{z^4 - 1}$에 대해 $z = i$에서의 유수를 구하라.

☞ $z = i$가 단순극이므로 식 (32)를 이용하면

$$\operatorname*{Res}_{z=i} f(z) = \lim_{z \to i} \frac{(z-i)\cosh \pi z}{z^4 - 1}$$

가 되지만, 위의 식에 로피탈의 정리를 적용한 식 (34)의 결과를 이용하는 것이 편리하다. 따라서,

$$\operatorname*{Res}_{z=i} f(z) = \lim_{z \to i} \frac{(z-i)\cosh \pi z}{z^4 - 1} = \left[\frac{\cosh \pi z}{4z^3}\right]_{z=i} = \frac{\cosh i\pi}{-4i} = \frac{1}{4i}$$ ◀

☑ 여기서는 $\cosh i\pi = \cos \pi = -1$을 사용하였다. 또한, 굳이 식 (34)를 익히려고 할 필요는 없다. 왜냐하면, 단순극의 정의인 식 (32)로부터 $\dfrac{0}{0}$ 형태에 대해 로피탈의 정리를 적용하면 항상 같은 결과가 되기 때문이다.

부분분수를 이용한 유수의 계산. $f(z)$가 유리함수의 형태를 가지는 경우에는 부분분수로 전개하여 유수를 구할 수 있다. 그러나, 이 방법은 상당히 제한적인 경우에 사용된다는 것을 알아두어야 한다.

예제 8 $f(z) = \dfrac{1}{(z-1)(z+1)^2}$를 부분분수 전개하여 $z = 1$과 $z = -1$에서의 유수를 각각 구하라.

☞ 4장 라플라스 변환에서 공부한 부분분수를 이용하면

$$\frac{1}{(z-1)(z+1)^2} = \frac{1}{4}\frac{1}{z-1} - \frac{1}{2}\frac{1}{(z+1)^2} + \frac{A}{z+1}$$

를 얻을 수 있으므로, 상수 A만을 결정하면 된다. 여기서, $z = 0$을 대입하면

$$-1 = -\frac{1}{4} - \frac{1}{2} + A \quad \Rightarrow \quad A = -\frac{1}{4}$$

따라서,

$$\operatorname*{Res}_{z=1} \frac{1}{(z-1)(z+1)^2} = \frac{1}{4}, \quad \operatorname*{Res}_{z=-1} \frac{1}{(z-1)(z+1)^2} = -\frac{1}{4}$$ ◀

✔ (예제 6)의 결과와 비교해보라.

연습문제

※ 특이점에서 다음 함수의 유수를 모두 구하라.

[1] $\dfrac{1}{z-z^3}$ **[2]** $\dfrac{1}{z^2}-\dfrac{1}{z^3}$ **[3]** $\dfrac{\sinh \pi z}{(4z^2+1)(z-1)}$

[4] $\tan z$ **[5]** $\dfrac{e^{i\pi z}}{(z-1)^4}$ **[6]** $\dfrac{3z}{(z+2)(z-1)^3}$

*__[7]__ 함수 $f(z)$가 $z=z_0$를 m중극으로 가지면

$$f(z) = \frac{a_{-1}}{z-z_0} + \frac{a_{-2}}{(z-z_0)^2} + \cdots + \frac{a_{-m}}{(z-z_0)^m} + \sum_{n=0}^{\infty} a_n (z-z_0)^n$$

인 로랑급수로 쓸 수 있고, 양변에 $(z-z_0)^m$를 곱하면

$$(z-z_0)^m f(z) = a_{-1}(z-z_0)^{m-1} + a_{-2}(z-z_0)^{m-2} + \cdots$$

으로 된다. 여기서, 양변을 $m-1$번 미분하고 $z \to z_0$인 극한을 취하면

$$\lim_{z \to z_0} \frac{d^{m-1}}{dz^{m-1}} [(z-z_0)^m f(z)] = (m-1)!\, a_{-1}$$

을 얻는다. 이 식을 정리하면 식 (33)과 같이 쓸 수 있다.

14-4 유수정리

앞 절에서는 함수 $f(z)$가 폐곡선 C의 내부에서 $z=z_0$을 고립특이점으로 가지는 경우를 생각하였다. 이 절에서는 폐곡선 C의 내부에 다수의 특이점을 가질 때 선적분의 값에 대한 유수정리를 알아보도록 하자.

> (유수정리) 함수 $f(z)$가 단순 폐곡선 C 내부에서 유한개의 특이점 $z_1, z_2, z_3, \cdots, z_N$을 제외한 모든 점과 폐곡선상에서 해석적이면
>
> $$\oint_C f(z)\,dz = 2\pi i \sum_{j=1}^{N} \operatorname*{Res}_{z=z_j} f(z)$$
>
> 인 관계가 성립한다.

▶ **증명:** 그림 14.5에 보인 바와 같이 단순 폐곡선 C 내부에 존재하는 특이점을 반시계

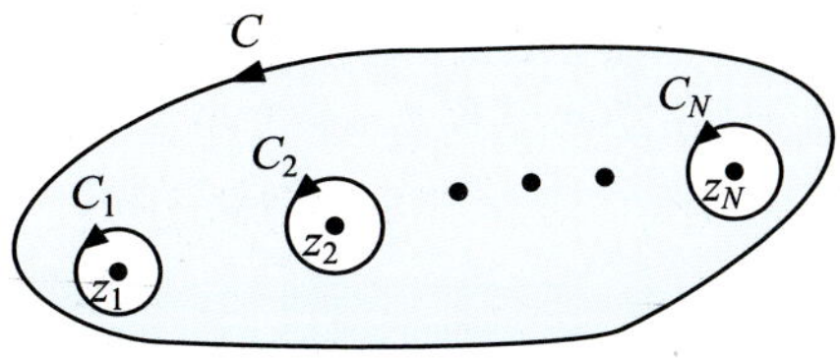

그림 14.5 유수정리

방향으로 둘러싸는 폐곡선을 각각 C_j ($j = 1, 2, 3, \cdots, N$)라고 하자. 그러면, 다중연결 영역에 대한 코시의 공식 (13.35)를 쓰면

$$\oint_C f(z)\,dz = \sum_{j=1}^{N} \int_{C_j} f(z)\,dz \tag{35}$$

가 되고, 각각의 폐곡선 C_j에 대해서 유수를 이용한 적분을 수행하면

$$\oint_C f(z)\,dz = 2\pi i \sum_{j=1}^{N} \operatorname*{Res}_{z=z_j} f(z) \tag{36}$$

를 얻을 수 있다.

예제 9 폐곡선 C가 점 $z = z_0$를 포함할 때 $\oint_C \frac{1}{(z-z_0)^n}\,dz$을 구하라(단, $n = 1, 2, 3, \cdots$).

☞ 함수 $f(z) = \frac{1}{(z-z_0)^n}$은 $n = 1$일 때 유수 $\operatorname*{Res}_{z=z_0} f(z) = 1$을 가지고 $n > 1$인 정수이면 유수가 0이 된다. 따라서, 유수정리로부터

$$\oint_C \frac{1}{(z-z_0)^n}\,dz = \begin{cases} 2\pi i & (n=1) \\ 0 & (n>1) \end{cases}$$ ◀

☑ 만일, 폐곡선 C가 점 $z = z_0$를 포함하지 않으면 $f(z) = \frac{1}{(z-z_0)^n}$은 C 내부에서 해석적이므로 $\oint_C \frac{1}{(z-z_0)^n}\,dz = 0$이 된다. 이 예제는 앞서 직접 선적분을 통해 구한 결과를 다시 확인하는 것이다.

예제 10 폐곡선 C가 $z = \pm ai$를 포함할 때 $\oint_C \frac{\sin z}{z^2+a^2}\,dz$를 구하라.

☞ 먼저, 유수를 각각 구하면

$$\operatorname*{Res}_{z=ai} \frac{\sin z}{z^2+a^2} = \left[\frac{\sin z}{z+ai}\right]_{z=ai} = \frac{\sin ai}{2ai} = \frac{i\sinh a}{2ai}$$

$$\operatorname*{Res}_{z=-ai} \frac{\sin z}{z^2+a^2} = \left[\frac{\sin z}{z-ai}\right]_{z=-ai} = \frac{\sin(-ai)}{-2ai} = \frac{-i\sinh a}{-2ai}$$

따라서,

$$\oint_C \frac{\sin z}{z^2+a^2}\,dz = (2\pi i)\times\left[\frac{\sinh a}{2a}+\frac{\sinh a}{2a}\right] = \frac{i2\pi\sinh a}{a}$$ ◀

연습문제

※ 유수정리를 이용하여 다음의 선적분을 구하라(폐곡선 C는 중심이 원점에 있고 반지름이 2인 원이라 한다).

[1] $\oint_C \frac{z}{z^2-1}\,dz$ **[2]** $\oint_C \frac{e^z}{z}\,dz$ **[3]** $\oint_C \frac{e^{az}}{(z+1)^2}\,dz$

[4] $\oint_C \frac{\cos z}{ze^z}\,dz$ **[5]** $\oint_C \frac{\cos \pi z}{(z+i)^3}\,dz$ **[6]** $\oint_C \tan z\,dz$

[7] $\oint_C e^{\frac{1}{z}}\,dz$ **[8]** $\oint_C \sin\frac{1}{z}\,dz$

14-5 Jordan의 보조정리

Jordan의 보조정리(lemma). 함수 $f(z)$가 유리함수, 즉

$$f(z) = \frac{Q(z)}{P(z)} = \frac{Q_0 z^m + Q_1 z^{m-1} + \cdots}{P_0 z^n + P_1 z^{n-1} + \cdots} \tag{37}$$

으로 표현되고, 복소평면의 상부 반평면(upper half-plane)에서 유한개의 극을 제외하고는 해석적이라고 하자. 그러면, 그림 14.6에 보인 경로 Γ_∞를 따른 선적분에 대해서 $R\to\infty$인 경우 아래의 두 가지 보조정리가 성립한다[경로 Γ_∞를 Jordan(조르당)의 경로라고 부르자]. 조르당의 보조정리는 뒤에서 사용될 정리인데, 편의상

$$\Gamma_\infty : z = Re^{i\theta},\quad 0\le\theta\le\pi$$

$$(\text{Jordan}) \equiv \int_{\Gamma_\infty} = 0 \tag{38}$$

과 같이 간단히 표현하기로 한다.

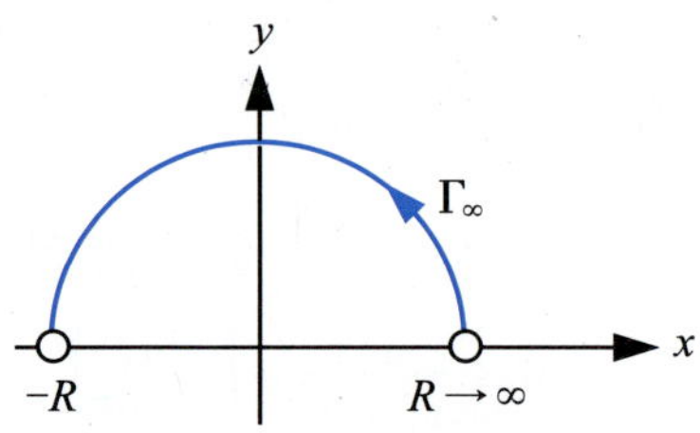

그림 14.6 Jordan의 보조정리를 증명하기 위한 적분경로

*(Lemma I) $\lim_{|z|\to\infty} |zf(z)| \to 0$이면 $\int_{\Gamma_\infty} f(z)\,dz = 0$

▶ **증명:** 조단의 적분경로 Γ_∞ 위의 점 $z = Re^{i\theta}$에 대해

$$dz = iRe^{i\theta}\,d\theta = iz\,d\theta$$

이므로, $0 \le \theta \le \pi$ 구간에서 선적분의 절대값은

$$\begin{aligned}\left|\int_{\Gamma_\infty} f(z)\,dz\right| &\le \int_{\Gamma_\infty} |f(z)||dz| \\ &= \int_0^\pi |f(z)||iz|\,d\theta = \int_0^\pi |zf(z)|\,d\theta\end{aligned} \tag{39}$$

로 되고, 주어진 조건으로부터 $|z| \to \infty$일 때 우변은 0으로 수렴한다.

*(Lemma II) $\lim_{|z|\to\infty} |f(z)| \to 0$이면 $\int_{\Gamma_\infty} f(z)\,e^{iaz}\,dz = 0$ (단, $a > 0$)

▶ **증명:** Jordan의 적분경로 Γ_∞ 위의 점 $z = Re^{i\theta}$, $0 \le \theta \le \pi$에 대해서

$$e^{iaz} = e^{ia(R\cos\theta + iR\sin\theta)}$$

이므로

$$|e^{iaz}| = |e^{-aR\sin\theta}\,e^{iaR\cos\theta}| = e^{-aR\sin\theta} \tag{40}$$

이다. 또한, 주어진 조건으로부터 $|z| \to \infty$에서 적당한 $\epsilon > 0$에 대해

$$|f(z)| \le \epsilon$$

으로 쓸 수 있고, $|dz| = |iRe^{i\theta}\,d\theta| = R\,d\theta$이므로 선적분의 절대값은

$$\begin{aligned}\left|\int_{\Gamma_\infty} f(z)\,e^{iaz}\,dz\right| &\le \int_{\Gamma_\infty} |f(z)||e^{iaz}||dz| \\ &\le \int_0^\pi \epsilon\,e^{-aR\sin\theta}\,R\,d\theta = 2\epsilon\int_0^{\pi/2} Re^{-aR\sin\theta}\,d\theta\end{aligned} \tag{41}$$

를 만족한다. 위에서, $\sin\theta$는 $\theta = \frac{\pi}{2}$에서 대칭인 사실을 이용하였다. 계속하여, 그림 14.7을 보면 구간 $0 \le \theta \le \frac{\pi}{2}$에서 $\sin\theta \ge \frac{2}{\pi}\theta$이므로

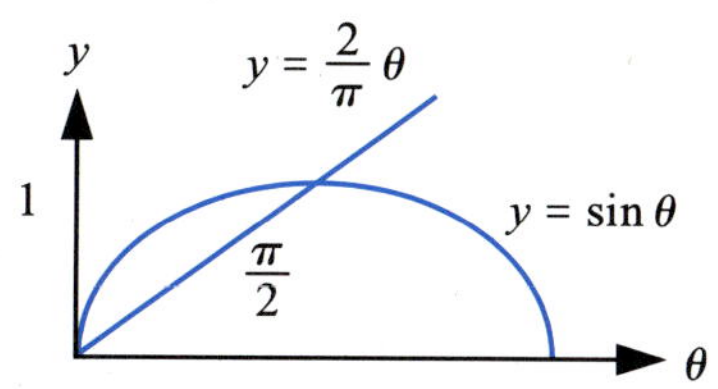

그림 14.7

$$2\epsilon \int_0^{\pi/2} Re^{-aR\sin\theta}\,d\theta \le 2\epsilon \int_0^{\pi/2} Re^{-aR\frac{2}{\pi}\theta}\,d\theta$$
$$= 2\epsilon\left[-\frac{\pi}{2a}e^{-aR\frac{2}{\pi}\theta}\right]_0^{\pi/2} \tag{42}$$
$$= \epsilon\frac{\pi}{a}(1-e^{-aR})$$

로 된다. 여기서, $\epsilon \to 0$, $R \to \infty$일 때 윗식의 우변은 0으로 수렴하게 되므로

$$\left|\int_{\Gamma_\infty} f(z)e^{iaz}\,dz\right| \to 0 \quad 즉 \quad \int_{\Gamma_\infty} f(z)e^{iaz}\,dz = 0 \tag{43}$$

✓ 위의 결과는 나중에 $\int_{-\infty}^{\infty} f(x)e^{i\lambda x}\,dx = \int_{-\infty}^{\infty} f(x)\cos\lambda x\,dx + i\int_{-\infty}^{\infty} f(x)\sin\lambda x\,dx$, 다시 말하면 푸리에 코사인 변환과 푸리에 사인 변환을 구할 때 사용된다.

14-6 유수정리를 이용한 적분계산

보통의 방법으로는 구하기 어려운 실변수에 관한 적분, 예를 들어 $\int_0^{\infty} \frac{\cos x}{x^4+1}dx$는 유수정리를 이용하면 쉽게 얻을 수 있다. 그러나, 모든 실변수 적분에 유수정리가 적용되는 것이 아니므로, 이 절에서는 전형적인 형태를 몇 가지 알아보기로 한다.

✓ 유수정리를 이용한 적분값의 계산은 덮개를 이용하는 것과 같다. 즉, 실수축을 따른 선적분에 "적당한 덮개를 덮어서" 폐곡선을 따른 적분으로 확장한다. 그러면, 선적분은 폐영역 내부에서 유수를 구하는 문제로 바뀐다. 마지막으로 "위에 덮었던 덮개"를 따라 구한 선적분의 값을 소거하면 최초의 실수축을 따른 선적분만 남게 된다. 따라서, 유수정리를 이용한 적분의 계산에서 가장 중요한 과정은 문제에 알맞는 덮개를 택하는 것이다(예를 들어, 조르당의 보조정리에서 사용된 적분경로 Γ_∞를 사용할 수 있다면 선적분값이 0이므로 편리하다).

$\int_0^{2\pi} f(\cos\theta, \sin\theta)\,d\theta$. 이 적분은 $\theta = 0$부터 $\theta = 2\pi$까지 한 바퀴 도는 경로가 필요하다. 가장 간단한 것은 단위원 $|z| = 1$, 즉 $z = e^{i\theta} = \cos\theta + i\sin\theta$, $0 \le \theta \le 2\pi$이다. 치환 $z = e^{i\theta}$로부터 $dz = ie^{i\theta}\,d\theta = iz\,d\theta$이므로 정적분

$$\int_0^{2\pi} f(\cos\theta, \sin\theta)\,d\theta$$

의 각 요소는

$$\cos\theta = \frac{1}{2}(e^{i\theta}+e^{-i\theta}) = \frac{1}{2}\left(z+\frac{1}{z}\right)$$
$$\sin\theta = \frac{1}{2i}(e^{i\theta}-e^{-i\theta}) = \frac{1}{2i}\left(z-\frac{1}{z}\right) \tag{44}$$
$$d\theta = \frac{1}{iz}dz$$

로 표현된다. 따라서,

$$\int_0^{2\pi} f(\cos\theta, \sin\theta)\, d\theta = \oint_{|z|=1} f\left(\frac{z^2+1}{2z}, \frac{z^2-1}{2iz}\right)\frac{dz}{iz} \\ = 2\pi i \sum \text{Residues (단위원 내부)} \tag{45}$$

예제 11 상수 $0 < a < 1$에 대해 정적분 $\displaystyle\int_0^{2\pi} \frac{d\theta}{1-2a\cos\theta + a^2}$를 구하라.

☞ 공식 (45)를 이용하여 치환하면 단위원 C: $|z| = 1$에 대한 선적분

$$\int_0^{2\pi} \frac{d\theta}{1-2a\cos\theta+a^2} = \oint_C \frac{1}{1-2a\dfrac{z^2+1}{2z}+a^2}\frac{dz}{iz} \\ = \oint_C \frac{dz}{i(z-a)(1-az)} \tag{46}$$

로 바뀌고(✓ 참고), $z = a$와 $z = \dfrac{1}{a}$이 단순극이 된다. 그런데, 단위원의 내부 $|z| \le 1$에 포함된 단순극은 $z = a$이고, 이때의 유수는

$$\operatorname*{Res}_{z=a} \frac{1}{i(z-a)(1-az)} = \left[\frac{1}{i(1-az)}\right]_{z=a} = \frac{1}{i(1-a^2)}$$

이다. 따라서,

$$\int_0^{2\pi} \frac{d\theta}{1-2a\cos\theta+a^2} = 2\pi i \frac{1}{i(1-a^2)} = \frac{2\pi}{1-a^2} \quad (\text{단, } 0<a<1) \quad ◀ \tag{47}$$

✓ 분모를 인수분해하면 $z - a(z^2+1) + a^2 z = z - a - az(z-a) = (z-a)(1-az)$.

예제 12 $\displaystyle\int_0^{2\pi} \frac{d\theta}{1+\epsilon\cos\theta}$의 값을 구하라(단, $|\epsilon| < 1$).

☞ 앞의 예제와 같은 방법으로 $z = e^{i\theta}$인 치환에 의해

$$\int_0^{2\pi} \frac{d\theta}{1+\epsilon\cos\theta} = \oint_C \frac{1}{1+\epsilon\dfrac{z^2+1}{2z}}\frac{dz}{iz} = \oint_C \frac{2}{\epsilon i}\frac{1}{z^2+\dfrac{2}{\epsilon}z+1}dz \tag{48}$$

로 변환된다. 여기서,

$$z^2 + \frac{2}{\epsilon}z + 1 = 0 \quad \Rightarrow \quad \begin{cases} z_1 = -\dfrac{1}{\epsilon} + \dfrac{1}{\epsilon}\sqrt{1-\epsilon^2} \\ z_2 = -\dfrac{1}{\epsilon} - \dfrac{1}{\epsilon}\sqrt{1-\epsilon^2} \end{cases}$$

이고, 단위원 내부에서 $z = z_1$이 단순극(單純極)이다. 이때의 유수는

$$\operatorname*{Res}_{z=z_1} \frac{2}{\epsilon i}\frac{1}{z^2+\dfrac{2}{\epsilon}z+1} = \left[\frac{2}{\epsilon i}\frac{1}{(z-z_2)}\right]_{z=z_1} = \frac{1}{i\sqrt{1-\epsilon^2}} \tag{49}$$

따라서,

$$\int_0^{2\pi} \frac{d\theta}{1+\epsilon\cos\theta} = 2\pi i \frac{1}{i\sqrt{1-\epsilon^2}} = \frac{2\pi}{\sqrt{1-\epsilon^2}} \quad ◀ \tag{50}$$

☑ 이 예제는 실질적으로 (예제 11)과 동일한 문제이다.

$\int_{-\infty}^{\infty} f(x)\,dx.$ 여기서, 함수 $f(z)$는 조르당의 보조정리를 만족한다고 하자. 즉,

$$\lim_{|z|\to\infty} |z f(z)| \to 0 \tag{51}$$

을 만족하고 복소평면의 상부 반평면(upper half-plane)에서 유한개의 극을 제외하고는 해석적이다. 그러면, 그림 14.8에 보인 적분경로에 대해[여기서, Γ_∞는 조르당의 경로, 식 (38) 참조]

$$\oint_C f(z)\,dz = \int_{-\infty}^{\infty} f(x)\,dx + (\text{Jordan}) \tag{52}$$

이고, 유수정리를 이용하면

$$\oint_C f(z)\,dz = \int_{-\infty}^{\infty} f(x)\,dx = 2\pi i \sum \text{Residues (상부 반평면)} \tag{53}$$

로부터 실적분을 계산할 수 있다.

☑ 반드시 "상부" 반평면이어야 하는 것은 아니다. 그러나 꼭 필요하다면 "하부" 반평면을 사용해도 된다. 예를 들어, 상부 반평면에는 수없이 많은 극이 있어서 유수의 합을 구하기 힘든 반면에, 하부 반평면에는 단지 몇 개의 극만 존재하는 경우라면 하부 반평면을 택하게 될 것이다.

예제 13 $\int_0^{\infty} \frac{dx}{x^2+1}$를 계산하라.

☞ 그림 14.8에 보인 경로에 대한 선적분

$$\oint_C \frac{dz}{z^2+1} = \int_{-\infty}^{\infty} \frac{dx}{x^2+1} + (\text{Jordan}) = 2\pi i \sum \text{Residues}$$

에서 상부 반평면에 존재하는 단순극은 $z^2+1=0$으로부터 $z=i$이고, 이때의 유수는

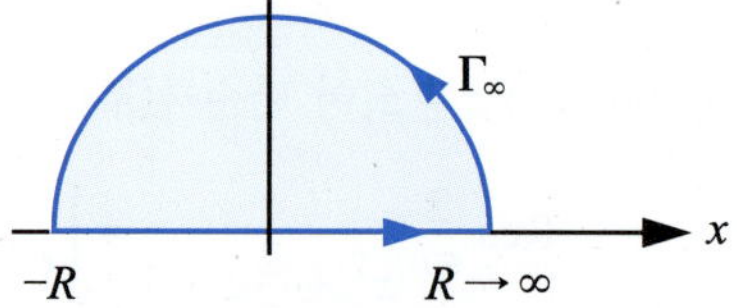

그림 14.8

$$\underset{z=i}{\text{Res}}\frac{1}{(z-i)(z+i)}=\left[\frac{1}{(z+i)}\right]_{z=i}=\frac{1}{2i}$$

따라서,

$$\int_{-\infty}^{\infty}\frac{dx}{x^2+1}=2\pi i\left(\frac{1}{2i}\right)=\pi \quad\Rightarrow\quad \int_{0}^{\infty}\frac{dx}{1+x^2}=\frac{\pi}{2} \quad ◀ \tag{54}$$

☑ 위의 결과는 직접 적분하여 구할 수 있는 경우이다. 즉, $\int_{-\infty}^{\infty}\frac{dx}{x^2+1}=\tan^{-1}x\Big|_{-\infty}^{\infty}=\pi$.

예제 14 $\int_{-\infty}^{\infty}\frac{1}{(x^2+2x+2)^2}dx$를 구하라.

☞ $z^2+2z+2=0$의 두 근 $z_1=-1+i,\ z_2=-1-i$는

$$\frac{1}{(z^2+2z+2)^2}=\frac{1}{(z-z_1)^2(z-z_2)^2}$$

이므로 2중극이고, 상부 반평면에는 $z=z_1$이 존재한다. 이때의 유수는

$$\underset{z=z_1}{\text{Res}}\frac{1}{(z-z_1)^2(z-z_2)^2}=\lim_{z\to z_1}\frac{1}{1!}\left(\frac{d}{dz}\right)^1\left[\frac{1}{(z-z_2)^2}\right]$$
$$=\lim_{z\to z_1}\frac{-2}{(z-z_2)^3}=\frac{(-2)}{(2i)^3}=\frac{1}{4i}$$

이다. 조르당의 보조정리를 이용한 선적분

$$\oint_C\frac{dz}{(z^2+2z+2)^2}=\int_{-\infty}^{\infty}\frac{dx}{(x^2+2x+2)^2}+(\text{Jordan})=2\pi i\sum\text{Residues}$$

로부터

$$\int_{-\infty}^{\infty}\frac{1}{(x^2+2x+2)^2}dx=2\pi i\left(\frac{1}{4i}\right)=\frac{\pi}{2} \quad ◀ \tag{55}$$

☑ 이 경우는 $\int_{-\infty}^{\infty}=2\int_{0}^{\infty}$가 성립하지 않는다(이유는?).

$\int_{-\infty}^{\infty}f(x)e^{i\lambda x}dx$ (단, $\lambda>0$). 이 경우의 함수 $f(z)$는 조르당의 보조정리의 조건, 즉

$$\lim_{|z|\to\infty}|f(z)|\to 0 \tag{56}$$

을 만족한다고 하자. 마찬가지로, 그림 14.8에 보인 적분경로에 대해

$$\oint_C f(z)e^{i\lambda z}dz=\int_{-\infty}^{\infty}f(x)e^{i\lambda x}dx+(\text{Jordan})$$

이고, 유수정리로부터

$$\oint_C f(z)e^{i\lambda z}dz=\int_{-\infty}^{\infty}f(x)e^{i\lambda x}dx=2\pi i\sum\text{Residues (상부 반평면)} \tag{57}$$

를 얻는다. 그런데, 위의 적분에서 실수부와 허수부를 분리하면

$$\int_{-\infty}^{\infty} f(x)\cos\lambda x\, dx + i\int_{-\infty}^{\infty} f(x)\sin\lambda x\, dx = 2\pi i \sum \text{Residues (상부 반평면)} \quad (58)$$

와 같이 각각 푸리에 코사인, 푸리에 사인 변환과 같다는 것을 알 수 있다.

☑ 식 (56)에서의 $\lim_{|z|\to\infty} |f(z)| \to 0$인 조건은 식 (51)로 주어진 조건 $\lim_{|z|\to\infty} |zf(z)| \to 0$보다는 "느슨한 조건"이다. 그리고, $\lambda < 0$인 경우에는 하부 반평면을 사용하면 되지만 여기서 깊이 다루지는 않겠다.

예제 15 $\int_{-\infty}^{\infty} \frac{\cos\lambda x}{x^2+a^2}\, dx$, $\int_{-\infty}^{\infty} \frac{\sin\lambda x}{x^2+a^2}\, dx$를 각각 구하라.

☞ 복소함수 $\frac{e^{i\lambda z}}{z^2+a^2}$는 상부 반평면에서 $z = ia$인 단순극을 갖고,

$$\operatorname*{Res}_{z=ia} \frac{e^{i\lambda z}}{z^2+a^2} = \left[\frac{e^{i\lambda z}}{(z+ia)}\right]_{z=ia} = \frac{e^{-a\lambda}}{2ia} \quad (59)$$

를 유수로 갖는다. 따라서,

$$\begin{aligned}\oint_C \frac{e^{i\lambda z}}{z^2+a^2}\, dz &= \int_{-\infty}^{\infty} \frac{e^{i\lambda x}}{x^2+a^2}\, dx + (\text{Jordan}) \\ &= 2\pi i\left(\frac{e^{-a\lambda}}{2ia}\right) = \frac{\pi}{a} e^{-a\lambda}\end{aligned} \quad (60)$$

를 얻는다. 위의 결과를 실수부와 허수부로 분리하여 쓰고

$$\int_{-\infty}^{\infty} \frac{\cos\lambda x}{x^2+a^2}\, dx + i\int_{-\infty}^{\infty} \frac{\sin\lambda x}{x^2+a^2}\, dx = \frac{\pi}{a} e^{-a\lambda}$$

양변을 비교하면

$$\int_{-\infty}^{\infty} \frac{\cos\lambda x}{x^2+a^2}\, dx = \frac{\pi}{a} e^{-a\lambda}, \quad \int_{-\infty}^{\infty} \frac{\sin\lambda x}{x^2+a^2}\, dx = 0 \quad ◀ \quad (61)$$

☑ 이 예제는 $1/(x^2+a^2)$의 푸리에 코사인 변환과 푸리에 사인 변환을 구한 것이다.

연습문제

[1] (예제 11)을 이용하여 푸아송의 커널(核; kernel) $\frac{1}{2\pi}\int_0^{2\pi} \frac{R^2-r^2}{R^2-2Rr\cos\theta+r^2}\, d\theta = 1$, $0<r<R$을 보여라(참고: $a = \frac{r}{R}$로 둔다).

※ 다음의 적분을 구하라.

[2] $\int_0^{2\pi} \frac{1}{13+12\sin\theta}\, d\theta$ **[3]** $\int_0^{2\pi} \frac{1}{(2+\cos\theta)^2}\, d\theta$ **[4]** $\int_0^{\infty} \frac{x^2+1}{x^4+1}\, dx$

[5] $\int_0^\infty \frac{dx}{x^4+16}$ **[6]** $\int_{-\infty}^\infty \frac{dx}{(x^2+1)(x^2+4)}$ **[7]** $\int_{-\infty}^\infty \frac{dx}{(x^2+9)^2}$

[8] $\int_{-\infty}^\infty \frac{dx}{(x^2-2x+10)^2}$ **[9]** $\int_{-\infty}^\infty \frac{x\sin x}{x^2+1}dx$ **[10]** $\int_0^\infty \frac{x^2\cos x}{x^4+1}dx$

14-7 특수한 경우의 실적분

코시의 주값. 적분 $\int_A^B f(x)\,dx$에서 함수 $f(x)$가 적분구간 내의 점 $x=a$에서 $\lim_{x\to a}|f(x)|\to\infty$가 되는 경우에도

$$\lim_{\rho\to 0}\left(\int_A^{a-\rho} f(x)\,dx+\int_{a+\rho}^B f(x)\,dx\right) \tag{62}$$

가 존재하면, 이것을 적분 $\int_A^B f(x)\,dx$의 **코시의 주값**(Cauchy's principal value)

$$p.v.\int_A^B f(x)\,dx=\lim_{\rho\to 0}\left(\int_A^{a-\rho} f(x)\,dx+\int_{a+\rho}^B f(x)\,dx\right) \tag{63}$$

라고 한다. 예를 들면,

$$p.v.\int_{-1}^1 \frac{dx}{x}dx=\lim_{\rho\to 0}\left(\int_{-1}^{-\rho}\frac{dx}{x}+\int_\rho^1\frac{dx}{x}\right)=\lim_{\rho\to 0}(0)=0$$

과 같이 코시의 주값이 존재한다. 그러나, 위의 적분은 그다지 의미를 갖지 않는다. 특히

$$\lim_{\rho\to 0}\int_{-1}^{-\rho}\frac{dx}{x}+\lim_{r\to 0}\int_r^1\frac{dx}{x} \tag{64}$$

와 같이 $\rho\to 0$, $r\to 0$이 독립적으로 행동하면 적분이 존재하지 않는다는 것에 주의한다.

실수축 위에서 단극을 갖는 적분. 실수축 위에서 함수 $f(z)$가 단극 $z=a$를 가지면, 이 점을 지나갈 수 없으므로 그림 14.9에 보인 바와 같이 조그만 반원을 따라 도는 경로 Γ_0를 택하게 된다. 이 경우, 선적분의 값은 단순극을 따라서 한 바퀴 돌 때 $2\pi i\times\text{Res}$인 사실로부터 유추하면 반 바퀴만을 회전하므로 $\pi i\times\text{Res}$가 될 것이다. 이러한 유추는 다음의 예제에서 증명된다.

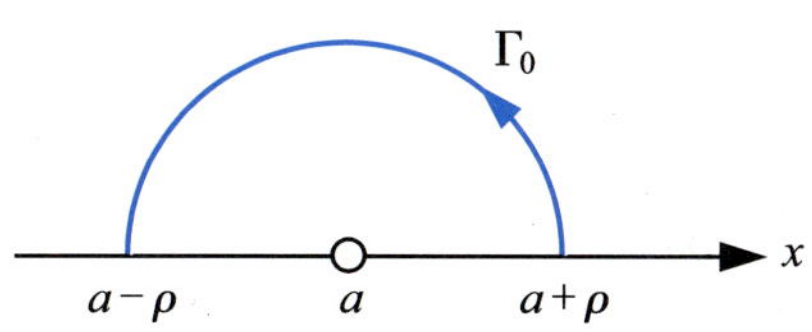

그림 14.9

****예제 16** 그림 14.9에 보인 바와 같이 실수축 위의 점 $z=a$가 함수 $f(z)$의 단극이면 $\lim_{\rho\to 0}\int_{\Gamma_0} f(z)\,dz = (\pi i)\operatorname*{Res}_{z=a} f(z)$이다.

☞ 함수 $f(z)$가 $z=a$에서 단극을 가지면

$$f(z)=\frac{a_{-1}}{z-a}+g(z),\quad a_{-1}=\operatorname*{Res}_{z=a} f(z) \tag{65}$$

로 쓸 수 있고, $f(z)$에서 단극을 제거한 함수 $g(z)$는 $z=a$ 부근에서 해석적으로 된다.

적분경로 Γ_0 위의 점은

$$z=a+\rho e^{i\theta},\quad 0\le\theta\le\pi$$

로 나타낼 수 있으므로, 선적분은

$$\begin{aligned}\int_{\Gamma_0} f(z)\,dz &= \int_0^{\pi}\frac{a_{-1}}{(a+\rho e^{i\theta})-a}\,i\rho e^{i\theta}\,d\theta+\int_{\Gamma_0} g(z)\,dz\\ &=\pi i a_{-1}+\int_{\Gamma_0} g(z)\,dz\end{aligned} \tag{66}$$

로 된다. 그런데, 두 번째 항은 $\rho\to 0$일 때

$$\left|\int_{\Gamma_0} g(z)\,dz\right|\le\int_{\Gamma_0}|g(z)||dz|\le\pi\rho|g(z)|_{\max}\to 0$$

이므로

$$\lim_{\rho\to 0}\int_{\Gamma_0} f(z)\,dz=(\pi i)\operatorname*{Res}_{z=a} f(z) \tag{67}$$

예제 17 $\int_0^{\infty}\frac{\sin x}{x}\,dx=\frac{\pi}{2}$를 증명하라.

☞ $\sin x$는 e^{ix}의 허수부임을 고려하여 피적분함수로 $\frac{e^{iz}}{z}$를 택하고, 이 함수가 Jordan의 보조정리를 만족하는 것을 이용한다. 그런데, 단극 $z=0$는 실수축 위의 점이므로 $\rho\to 0$인 반원을 시계방향으로 반 바퀴 돌아가면서 구한 적분은 식 (67)로부터

$$-\pi i\times\operatorname*{Res}_{z=0}\frac{e^{iz}}{z}=-\pi i\times[e^{iz}]_{z=0}=-\pi i$$

가 된다(그림 14.10 참조). 위에서, 음의 부호는 적분경로가 시계방향인 것을 고려한 것이다.

따라서, 폐곡선에 대한 복소적분은 4개의 부분곡선에 대해

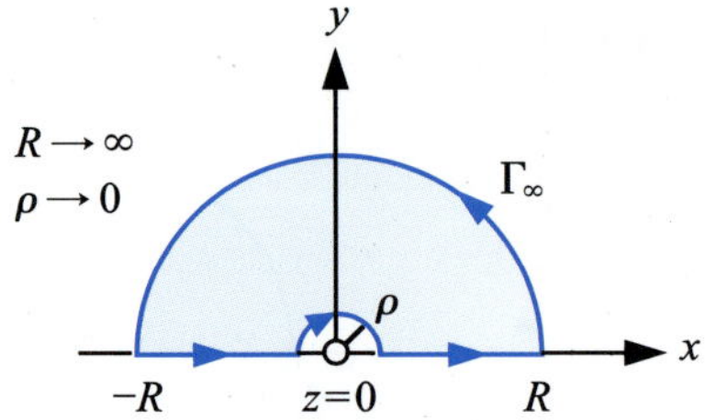

그림 14.10

$$\oint_C \frac{e^{iz}}{z}dz = \int_{-\infty}^{-\rho}\frac{e^{ix}}{x}dx - \pi i + \int_{\rho}^{\infty}\frac{e^{ix}}{x}dx + (\text{Jordan}) \tag{68}$$

으로 쓸 수 있다. 여기서, Cauchy의 주값

$$p.v.\int_{-\infty}^{\infty}\frac{e^{ix}}{x}dx = \int_{-\infty}^{-\rho}\frac{e^{ix}}{x}dx + \int_{\rho}^{\infty}\frac{e^{ix}}{x}dx \tag{69}$$

를 이용하면

$$0 = p.v.\int_{-\infty}^{\infty}\frac{e^{ix}}{x}dx - \pi i \tag{70}$$

로 정리된다. 윗식에서 허수부를 취하면

$$\int_{-\infty}^{\infty}\frac{\sin x}{x}dx = \pi \quad \Rightarrow \quad \int_{0}^{\infty}\frac{\sin x}{x}dx = \frac{\pi}{2} \tag{71}$$ ◀

✓ $\frac{e^{iz}}{z}$는 적분경로로 둘러싸인 영역에서 극을 갖지 않으므로 $\oint_C \frac{e^{iz}}{z}dz = 0$이다.

****예제 18** $\int_{-\infty}^{\infty}\frac{\cos(\pi x/2)}{1-x^2}dx$를 구하라.

☞ 그림 14.11에 보인 적분경로를 택하면 반지름 $\rho \to 0$인 시계방향(즉, 음의 방향)의 경로적분이 $z = -1$과 $z = 1$에서 나타나고, $R \to \infty$인 무한반원을 따른 적분은 조르당의 보조정리를 이용하면

$$\oint_C \frac{e^{i\frac{\pi}{2}z}}{1-z^2}dz = p.v.\int_{-\infty}^{\infty}\frac{e^{i\frac{\pi}{2}x}}{1-x^2}dx - \pi i\{\text{Res}(-1) + \text{Res}(1)\} + (\text{Jordan}).$$

그런데, 실수축 위에서의 유수를 구하면

$$\underset{z=-1}{\text{Res}}\frac{e^{i\frac{\pi}{2}z}}{1-z^2} = \left[\frac{e^{i\frac{\pi}{2}z}}{-2z}\right]_{z=-1} = \frac{e^{-i\frac{\pi}{2}}}{2} = \frac{-i}{2}$$

$$\underset{z=1}{\text{Res}}\frac{e^{i\frac{\pi}{2}z}}{1-z^2} = \left[\frac{e^{i\frac{\pi}{2}z}}{-2z}\right]_{z=1} = \frac{e^{i\frac{\pi}{2}}}{-2} = -\frac{i}{2}$$

이고, 적분경로의 내부에서 $f(z) = e^{i\frac{\pi}{2}z}/(1-z^2)$은 극을 갖지 않으므로

$$0 = p.v.\int_{-\infty}^{\infty}\frac{e^{i\frac{\pi}{2}x}}{1-x^2}dx - \pi i\left\{\frac{-i}{2} - \frac{i}{2}\right\} \tag{72}$$

즉,

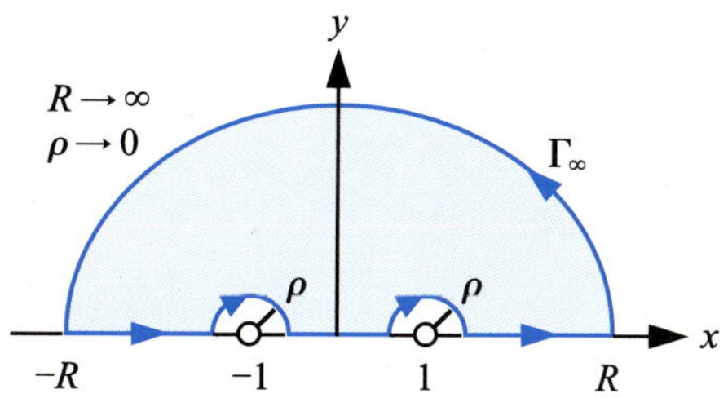

그림 14.11

$$\int_{-\infty}^{\infty} \frac{e^{i\frac{\pi}{2}x}}{1-x^2}\,dx = \pi i\left(\frac{-i}{2}-\frac{i}{2}\right) = \pi \quad \Rightarrow \quad \int_{-\infty}^{\infty} \frac{\cos\frac{\pi}{2}x}{1-x^2}\,dx = \pi \qquad (73)$$

연습문제

[1] $p.v.\int_{-\infty}^{\infty} \dfrac{dx}{(x-1)(x^2+a^2)}$를 구하라.

[2] $p.v.\int_{-\infty}^{\infty} \dfrac{\sin x}{x(\pi^2-x^2)}\,dx$를 구하라.

[3] 복소함수 $f(z) = \dfrac{e^{iaz}-e^{ibz}}{z^2}$ (단, $a, b > 0$)는 $z = 0$을 단순극으로 가지는 것을 보이고 $\int_{-\infty}^{\infty} \dfrac{\cos ax - \cos bx}{x^2}\,dx = \pi(b-a)$임을 보여라.

[4] 함수 $f(z) = e^{-z^2}$을 $-R,\ R,\ R+ia,\ -R+ia$를 연결하는 사각형의 둘레를 따라 선적분하고 $R \to \infty$로 두어 $\int_{-\infty}^{\infty} e^{-x^2}\cos 2ax\,dx = \sqrt{\pi}\,e^{-a^2}$을 보여라.

*[5] 부채꼴 모양의 영역 $0 \le |z| \le R,\ 0 < \arg z \le \frac{\pi}{8}$의 경계를 따라 $f(z) = e^{-z^2}$을 적분하여 다음을 보여라.

(a) $\int_{0}^{\infty} e^{-x^2}\cos x^2\,dx = \dfrac{\sqrt{\pi}}{4}\sqrt{\sqrt{2}+1}$

(b) $\int_{0}^{\infty} e^{-x^2}\sin x^2\,dx = \dfrac{\sqrt{\pi}}{4}\sqrt{\sqrt{2}-1}$

요 약

- Taylor 급수: $$f(z) = \sum_{n=0}^{\infty} \frac{f^n(z_0)}{n!}(z-z_0)^n$$

- Laurent 급수: $$f(z) = \sum_{n=-\infty}^{\infty} a_n(z-z_0)^n$$

- 고립특이점의 종류: 단순극($m = 1$), m중극, 진성특이점($m = \infty$)

$$f(z) = \sum_{n=0}^{\infty} a_n(z-z_0)^n + \frac{a_{-1}}{z-z_0} + \frac{a_{-2}}{(z-z_0)^2} + \cdots + \frac{a_{-m}}{(z-z_0)^m}$$

- 유수의 정의와 계산

$$a_{-1} \equiv \mathrm{Res}(z_0) \equiv \mathop{\mathrm{Res}}_{z=z_0} f(z)$$

$$\mathop{\mathrm{Res}}_{z=z_0} f(z) = \lim_{z\to z_0}(z-z_0)f(z)$$

$$\operatorname*{Res}_{z=z_0} f(z) = \lim_{z \to z_0} \frac{1}{(m-1)!} \frac{d^{m-1}}{dz^{m-1}} [(z-z_0)^m f(z)]$$

$$\operatorname*{Res}_{z=z_0} f(z) = \lim_{z \to z_0} \frac{Q(z)}{P'(z)}$$

- 유수정리

$$\oint_C f(z)\,dz = 2\pi i \sum_{j=1}^{N} \operatorname*{Res}_{z=z_j} f(z)$$

- Jordan의 보조정리(Lemma)

① $\lim_{|z| \to \infty} |zf(z)| \to 0$이면 $\int_{\Gamma_\infty} f(z)\,dz = 0$

② $\lim_{|z| \to \infty} |f(z)| \to 0$이면 $\int_{\Gamma_\infty} f(z)e^{iaz}\,dz = 0$ (단, $a > 0$)

- 유수를 이용한 실적분의 계산

① $\int_0^{2\pi} f(\cos\theta, \sin\theta)\,d\theta = \oint_{|z|=1} f\left(\frac{z^2+1}{2z}, \frac{z^2-1}{2iz}\right)\frac{dz}{iz}$

$= 2\pi i \sum$ Residues (단위원 내부)

② $\oint_C f(z)\,dz = \int_{-\infty}^{\infty} f(x)\,dx = 2\pi i \sum$ Residues (상부 반평면)

③ $\oint_C f(z)e^{i\lambda z}\,dz = \int_{-\infty}^{\infty} f(x)e^{i\lambda x}\,dx = 2\pi i \sum$ Residues (상부 반평면)

- Cauchy의 주값

$$p.v. \int_A^B f(x)\,dx = \lim_{\rho \to 0}\left(\int_A^{a-\rho} f(x)\,dx + \int_{a+\rho}^{B} f(x)\,dx\right)$$

- 실수축 위에 놓인 단순극에 대한 선적분

$$\lim_{\rho \to 0} \int_{\Gamma_0} f(z)\,dz = (\pi i) \operatorname*{Res}_{z=a} f(z)$$

Chapter 15

등각사상

복소변수 $z = x + iy$에 대한 복소함수 $f(z) = u(x, y) + iv(x, y)$는 복소적분, Cauchy의 정리, 유수정리 등에서 매우 유용하게 사용되었다. 그러나, 복소함수는 복소평면에서 다른 복소평면으로의 사상(寫像; mapping)을 통해 더욱 진가를 나타낸다. 특히, 해석적인 복소함수는 사상된 도형의 각도을 유지하는 성질을 가지므로 **등각사상**(等角寫像; conformal mapping)이라고 하며 공학적으로 중요한 가치를 지닌다. 이 장에서는 등각사상의 개념과 응용을 다룬다.

15-1 사상의 기본개념

사상으로서의 복소함수. 복소수 $z = x + iy$는 x축, y축을 각각 실수축과 허수축으로 하는 복소평면, 즉 z 평면(z-plane) 위의 한 점을 나타낸다. 마찬가지로, 복소함수 $w = f(z) = u + iv$는 그림 15.1에 보인 바와 같이 u축과 v축을 각각 실수축과 허수축으로 가지는 또다른 복소평면, 즉 w 평면(w-plane) 위의 점을 의미한다. 이때, z 평면 위의 점은 복소함수

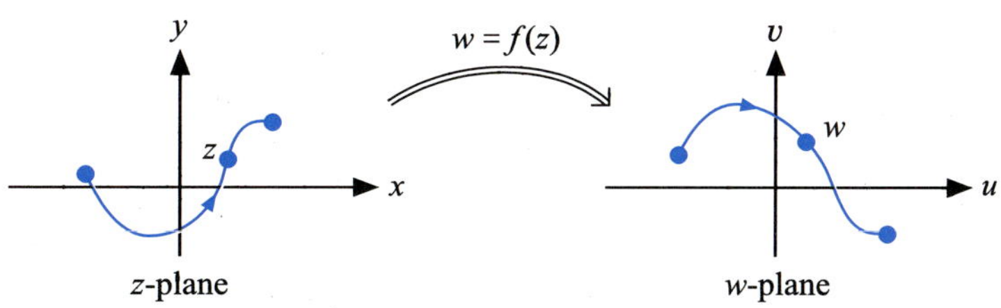

그림 15.1 복소평면에서 다른 복소평면으로의 사상

$w = f(z)$에 의해 w-평면 위의 점으로 **사상**(mapping)**되었다**고 한다.

특히, z-평면상에서 영역 D(점으로 이루어진 집합)의 모든 점 z가 복소함수 $f(z)$에 의해 사상되는 점의 집합을 $f(D)$로 나타내고 w-평면 위의 D의 **상**(像; image)이라고 한다.

사상의 종류. z-평면에서의 영역을 D, w-평면에서의 영역을 D^*라고 하자. 이때, 영역 D의 $w = f(z)$에 의한 상 $f(D)$가

① D^*의 일부이면 $f(z)$는 D를 D^* **안으로**(into) 사상

② D^*와 동일한 영역이면 $f(z)$는 D를 D^* **위로**(onto) 사상

③ $z_1 \neq z_2$일 때, $f(z_1) \neq f(z_2)$이면 $f(z)$는 **일대일**(one-to-one) 사상

이라고 한다.

평행이동, $w = z + b$. 복소평면에서 가장 간단한 사상으로

$$w = z + b \tag{1}$$

와 같이 표현된다. 위의 사상을 성분으로 나타내면

$$u + iv = (x + iy) + (b_1 + ib_2) \quad \Rightarrow \quad \begin{cases} u = x + b_1 \\ v = y + b_2 \end{cases} \tag{2}$$

로 된다. 평행이동은 일대일 사상임을 알 수 있다.

회전과 확대/축소, $w = az$. 복소수 $a \neq 0$에 대해

$$w = az \tag{3}$$

은 복소수 a의 크기만큼 확대/축소($|a| > 1$이면 확대, $|a| < 1$이면 축소)하고, 또한 a의 편각만큼 회전하는 사상이다. 즉,

$$a = \rho e^{i\alpha}, \quad z = re^{i\theta}, \quad w = Re^{i\psi} \tag{4}$$

로 두면

$$Re^{i\psi} = (\rho e^{i\alpha})(re^{i\theta}) \quad \Rightarrow \quad \begin{cases} R = \rho r \\ \psi = \alpha + \theta \end{cases} \tag{5}$$

인 관계가 성립한다. 회전과 확대/축소는 일대일 사상이다.

선형변환, $w = az + b$. 선형변환(linear transformation)은 복소수 a, b에 대해

$$w = az + b \tag{6}$$

로 정의되는 사상이다. 이것은 회전, 확대/축소, 평행이동을 모두 포함하고 있다. 선형 변환은 일대일 사상이며, 마치 똑같은 사진을 크기만 다르게 현상하듯이 영역 전체의 모양을 바꾸지 않는 성질을 가진다. 즉, $z_1 \neq z_2$인 모든 쌍에 대해

$$\begin{cases} w_1 = az_1 + b \\ w_2 = az_2 + b \end{cases} \Rightarrow \frac{w_2 - w_1}{z_2 - z_1} = a \tag{7}$$

가 된다. 다시 말하면, 영역 D 위에서 임의의 두 점 z_1과 z_2 사이의 상대적인 위치와 사상영역 D^*에서 두 점 w_1과 w_2의 상대적인 위치는 일정한 비율을 유지한다.

반전, $w = \frac{1}{z}$. 반전(反轉; inversion)은 역을 취하는 것으로

$$w = \frac{1}{z} \tag{8}$$

로 정의된다. 반전 사상은 아주 단순한 형태임에도 불구하고 사용상 주의를 기울일 필요가 있다. 우선, 성분으로 나타내면

$$u + iv = \frac{1}{x + iy} \Rightarrow \begin{cases} u = \dfrac{x}{x^2 + y^2}, & x = \dfrac{u}{u^2 + v^2} \\ v = \dfrac{-y}{x^2 + y^2}, & y = \dfrac{-v}{u^2 + v^2} \end{cases} \tag{9}$$

가 된다. 또는, 극형식으로 나타내면 보다 간편하게

$$Re^{i\psi} = \frac{1}{re^{i\theta}} \Rightarrow \begin{cases} R = 1/r \\ \psi = -\theta \end{cases} \tag{10}$$

인 관계를 얻는다. 이때, 단위원 $|z| = 1$은 반전에 의해 단위원 $|w| = 1$로 사상되는 것을 알 수 있다. 그리고, 단위원의 외부 $|z| > 1$은 w 평면에서 단위원의 내부 $|w| < 1$로 사상되며, 거꾸로 $|z| < 1$인 영역은 $|w| > 1$인 영역으로 사상된다. 여기서, **반전**(inversion)이란 이름은 단위원을 경계로 안과 밖이 서로 바뀌는 성질로부터 비롯된 것이다. 이것을 그림으로 나타내면 그림 15.2에 보인 바와 같다.

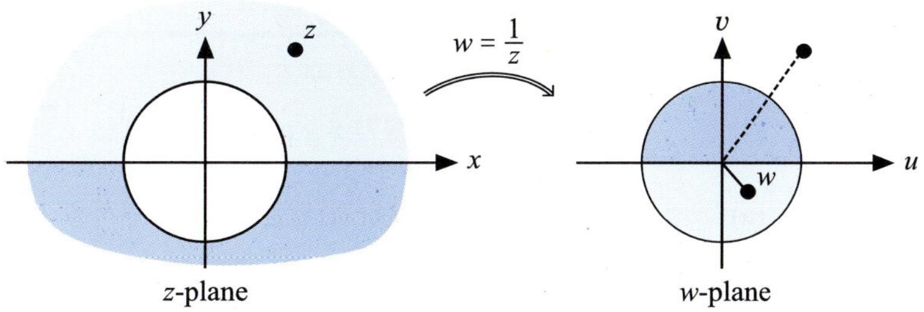

그림 15.2 반전사상

반전사상은 일대일 사상으로 직선과 원을 다시 직선 또는 원으로 사상하는 매우 중요한 성질을 지닌다. 이것을 설명하기 위하여 z 평면 위에서

$$a(x^2+y^2)+bx+cy+d=0 \tag{11}$$

으로 나타나는 곡선을 고려한다. 윗식은 식 (9)를 이용하면

$$a\frac{1}{u^2+v^2}+b\frac{u}{u^2+v^2}+c\frac{-v}{u^2+v^2}+d=0$$

즉,

$$a+bu-cv+d(u^2+v^2)=0 \tag{12}$$

이 된다. 그런데, 식 (11)로부터

① $a=0$이면 직선, ② $d=0$이면 원점을 지난다.
③ $a\neq 0$이면 원, ④ $d\neq 0$이면 원점을 지나지 않는다

는 것을 알 수 있으며 이것을 식 (12)에 적용하면 결론은 다음과 같다.

z 평면				w 평면	
원점을 지나는	직선	$(a=0,\ d=0)$	⇒	원점을 지나는	직선
	원	$(a\neq 0,\ d=0)$		원점을 지나지 않는	
원점을 지나지 않는	직선	$(a=0,\ d\neq 0)$	⇒	원점을 지나는	원
	원	$(a\neq 0,\ d\neq 0)$		원점을 지나지 않는	

☑ 반전 $w=1/z$에 의해 0은 ∞로, ∞는 0으로 사상되는 것을 이용해 보자. 먼저, 원의 경우는 ∞를 포함하지 않기 때문에 원의 사상은 $\infty^{-1}=0$, 즉 원점을 지날 수 없다. 그런데 원점을 지나는 원의 사상은 $0^{-1}=\infty$를 지나야 하므로 직선이 될 수밖에 없다(원점을 지나지 않는다는 것은 이미 토의하였다). 직선의 경우는 항상 ∞를 포함하므로 그 사상은 반드시 $\infty^{-1}=0$에 대응하는 원점을 지나게 되어 있다. 그런데, 원점을 지나는 직선의 사상은 $0^{-1}=\infty$를 지나므로 직선이 되고, 원점을 지나지 않는 직선의 사상은 무한점을 포함하지 않기 때문에 원점을 지나는 원이 된다. 이와 같이 원점과 무한점의 사상만을 따져보면 반전에 의한 사상이 어떤 도형으로 되는가를 쉽게 알 수 있다.

예제 1 반전 $w=1/z$에 의한 다음의 사상을 구하라(단, $a, b>0$).

(a) 반평면 $x\geq a$, (b) 반평면 $y\geq b$

☞ (a)의 경우, $x=a$인 원점을 지나지 않는 직선은 원점을 지나는 원으로 사상되어 w-평면에서

$$\frac{u}{u^2+v^2}=a \Rightarrow \left(u-\frac{1}{2a}\right)^2+v^2=\left(\frac{1}{2a}\right)^2 \tag{13}$$

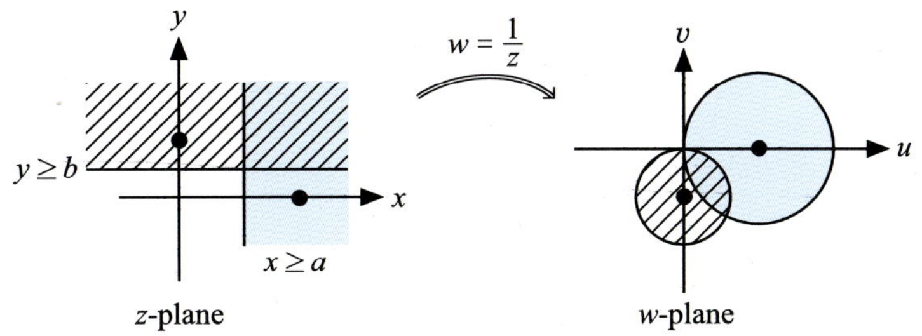

그림 15.3

즉, 중심 $\left(\frac{1}{2a}, 0\right)$이고 반지름 $\frac{1}{2a}$인 원으로 된다(그림 15.3 참조). 그러나, 윗식은 반평면 $x \geq a$의 경계를 의미하므로 $x \geq a$인 영역의 사상은 원의 내부 또는 외부가 될 것이다. 이때, 내부 또는 외부를 판단하는 가장 빠른 방법은 $x \geq a$인 영역에 속하는 한 점의 사상을 조사해 보는 것이다. 예를 들어, $z = 2a$는 $w = 1/z = 1/(2a)$로 원의 내부로 사상된다.

마찬가지로, (b)의 경우

$$\frac{-v}{u^2+v^2} = b \quad \Rightarrow \quad u^2 + \left(v + \frac{1}{2b}\right)^2 = \left(\frac{1}{2b}\right)^2 \tag{14}$$

으로 되어 중심 $\left(0, -\frac{1}{2b}\right)$, 반지름 $\frac{1}{2b}$인 원을 경계로 하고 $z = i2b$의 사상 $w = \frac{1}{i2b} = -i\frac{1}{2b}$로부터 원의 내부가 된다. ◀

연습문제

[1] $w = iz$에 의한 영역 $|z - i| = 1$의 상을 구하라.

[2] 반전 $w = \frac{1}{z}$에 의한 다음의 상을 구하라.

(a) $\text{Re}(z) \geq -1$ (b) $1 \leq \text{Im}(z) \leq 2$ (c) $|z + i| = 1$

15-2 해석함수와 등각사상

등각사상의 정의. z-평면 위의 점 $z = z_0$에서 서로 교차하는 임의의 두 곡선 C_1과 C_2가 복소함수 $f(z)$에 의해 w-평면에서 각각 C_1'과 C_2'으로 사상되고 교차점은 $f(z_0)$로 사상된다고 하자(그림 15.4 참조). 이때, $f(z)$가 두 곡선의 접선이 이루는 각의 크기와 방향을 보존하면, 즉 $\beta = \alpha$이고 반시계방향 또는 시계방향을 그대로 유지하면, "$f(z)$는 점 z_0에서 **등각사상**(等角寫像; conformal mapping)이다"라고 정의한다.

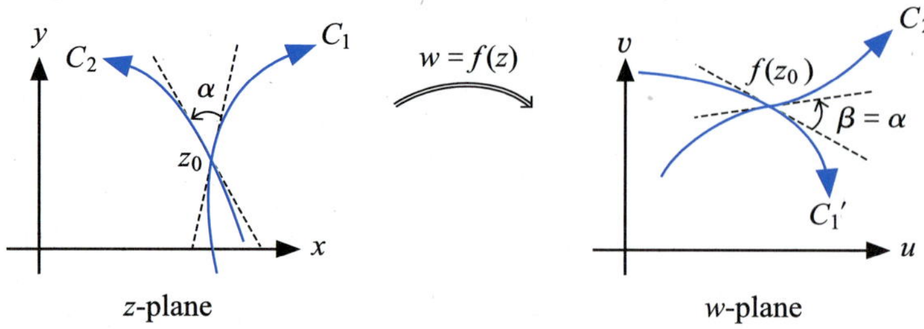

그림 15.4

등각사상의 조건. 등각사상에 대한 정리는 다음과 같다.

> **(등각사상)** 영역 D에서 해석적인 함수 $f(z)$는 $\dfrac{df}{dz}(z)=0$인 점을 제외한 모든 점에서 등각사상이다.

▶ **증명**: z-평면에서 t를 매개변수로 하여 정의된 곡선 C: $z=z(t)$는 $f'(z_0)\neq 0$인 점 $z_0=z(t_0)$를 지나는 원활곡선(smooth curve)이라고 하자. 이때, $w=f(z)=f[z(t)]$에 의한 곡선 C의 사상을 C^*: $w=w(t)$라고 하면 사슬법칙에 의해

$$\frac{dw}{dt}=\frac{df}{dz}\frac{dz}{dt} \quad\Rightarrow\quad \dot{w}(t)=f'(z)\dot{z}(t)$$

이므로, $f'(z_0)\neq 0$이면 $\dot{w}(t_0)\neq 0$이다[원활곡선의 정의로부터 $\dot{z}(t)\neq 0$]. 따라서, 2π의 상수배만큼의 편각 차이를 무시하면

$$\arg\dot{w}(t_0)=\arg f'(z_0)+\arg\dot{z}(t_0) \tag{15}$$

가 성립한다. 그런데, $\dot{z}(t_0)$와 $\dot{w}(t_0)$는 각각 z 평면과 w 평면에서 곡선의 접선을 의미하므로, $\arg\dot{z}(t_0)$와 $\arg\dot{w}(t_0)$는 그림 15.5에 나타낸 바와 같이 각각의 접선이 실수축과 이루는 편각을 뜻한다. 따라서,

$$\psi=\arg\dot{w}(t_0),\quad \theta=\arg\dot{z}(t_0)$$

로 쓰면

$$\psi-\theta=\arg f'(z_0) \tag{16}$$

가 성립한다. 일반적으로, 점 z_0를 지나는 두 곡선 C_1, C_2와 그 사상에 대해 각각

$$\begin{aligned}\psi_1-\theta_1&=\arg f'(z_0)\\ \psi_2-\theta_2&=\arg f'(z_0)\end{aligned} \tag{17}$$

가 성립하므로

$$\psi_2-\psi_1=\theta_2-\theta_1 \tag{18}$$

이 된다. 윗식은 두 접선의 사이각의 크기와 방향이 같다는 것을 뜻하므로 함수 $f(z)$는

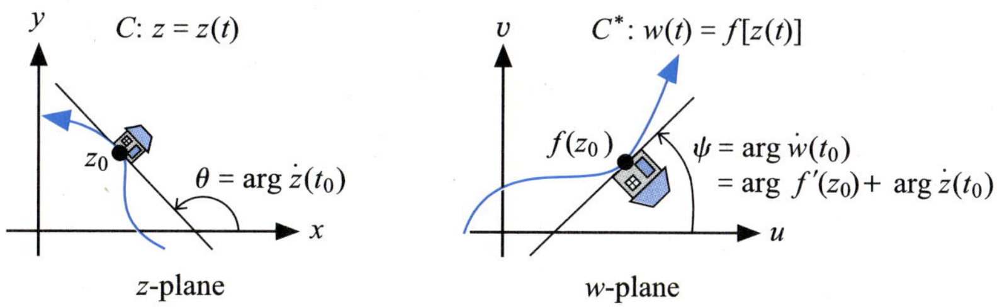

그림 15.5 해석함수와 등각사상

등각사상이다. 이때, $f'(z_0)=0$인 점을 **특이점**(singularity)이라고 하며 특이점에서는 등각사상이 되지 않는다.

등각사상과 Jacobian. 등각사상 $f(z)$의 기하학적인 의미를 Jacobian과 연관하여 살펴본다. 복소함수 $f(z)=u+iv$는 12-3절의 (예제 12.6)과 식 (15)로부터

$$\left|\frac{df}{dz}\right|^2=\frac{\partial(u,v)}{\partial(x,y)}=\begin{vmatrix}\dfrac{\partial u}{\partial x} & \dfrac{\partial u}{\partial y}\\ \dfrac{\partial v}{\partial x} & \dfrac{\partial v}{\partial y}\end{vmatrix}$$
$$\arg\frac{df}{dz}=\arg\dot{w}-\arg\dot{z} \tag{19}$$

로 정리할 수 있다. 이때, 그림 15.5에서 z-평면 위의 점 z_0의 "접선 위에 지은 작은 집"은 식 (19)에서 $\left|\frac{df}{dz}\right|^2$만큼 면적이 확대되고 $\arg\frac{df}{dz}$만큼 회전되어 사상되는 것으로부터 등각사상의 기하학적인 의미를 파악할 수 있다(길이는 $\left|\frac{df}{dz}\right|$만큼 확대된다). 만약, $f(z)$가 등각사상이 아니라면 "작은 집"의 모양은 비틀리고 찌그러져 보일 것이다.

☑ 그리고, 점 z_0에서 $\frac{df}{dz}=0$이라면 "작은 집"은 형체도 없이 사라지게 된다.

연습문제

[1] $w=\bar{z}=x-iy$는 사이각의 크기는 보존하지만 방향을 보존하지 않는 것을 설명하라.

[2] $w=\cos z$가 등각사상이 아닌 점을 써라.

15-3 기본적인 등각사상

거듭제곱 $w=z^2$에 의한 사상. 복소함수 $w=z^2$은 $w'=2z$이므로 $z=0$을 제외한 모든 점에서 등

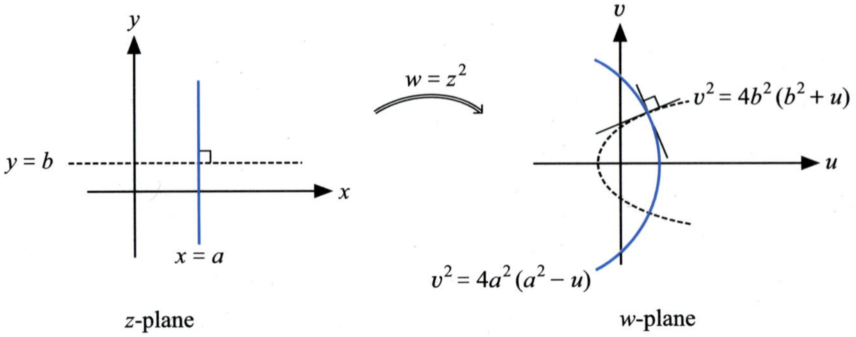

그림 15.6

각사상이다. 사상을 성분으로 나타내면

$$u + iv = (x + iy)^2 \quad \Rightarrow \quad \begin{cases} u = x^2 - y^2 \\ v = 2xy \end{cases} \tag{20}$$

로 된다. 윗식에서 x와 y를 각각 소거하면

$$\begin{aligned} v^2 &= 4x^2(x^2 - u) \\ v^2 &= 4y^2(y^2 + u) \end{aligned} \tag{21}$$

를 얻어, $x = a$, $y = b$인 직선의 사상은 그림 15.6에 보인 바와 같이 $w = z^2$이 등각사상이므로 서로 수직으로 만나는 포물선이 된다.

역으로, $u = u_0$, $v = v_0$로 w 평면에서 좌표축에 평행한 직선은 z 평면에서는 식 (20)으로부터 각각 $x^2 - y^2 = u_0$, $2xy = v_0$인 서로 수직으로 만나는 쌍곡선으로 나타날 것이다.

이번에는, 사상 $w = z^2$을 극형식으로 나타내면

$$Re^{i\psi} = (re^{i\theta})^2 \quad \Rightarrow \quad \begin{cases} R = r^2 \\ \psi = 2\theta \end{cases} \tag{22}$$

가 된다. 이것은 임의의 원 $|z| = r_0$가 $w = z^2$에 의해 원 $|w| = r_0^2$으로 사상되고, 임의의 편각 $\theta = \theta_0$는 편각 $\psi = 2\theta_0$로 사상되는 것을 뜻한다. 따라서, 상부반평면 $0 \le \theta \le \pi$가 w 평면 전체로 사상되고, 또한 하부반평면 $\pi \le \theta \le \pi$도 w 평면 전체로 사상된다.

일반적으로, 양의 정수 n에 대해 거듭제곱 $w = z^n$에 의한 사상은 영역 $0 \le \theta \le \dfrac{\pi}{n}$를 w 평면의 상부반평면 위에 사상한다(그림 15.7 참조).

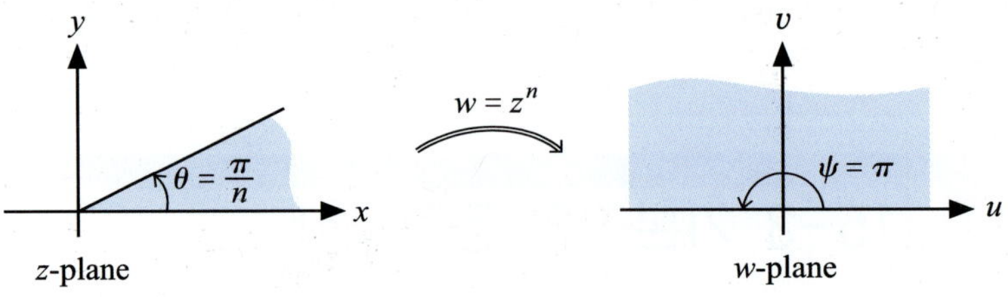

그림 15.7

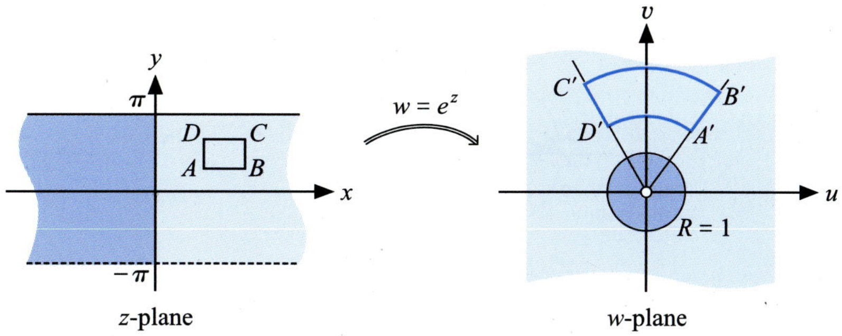

그림 15.8

지수함수 $w = e^z$에 의한 사상. 지수함수는 항상 $e^z \neq 0$이라는 점을 고려하면, z 평면은 $w = e^z$에 의해서 w 평면에서 0을 제외한 영역으로 사상되는 것을 알게 된다. 사상의 성분을 구하면

$$u + iv = e^{x+iy} \quad \Rightarrow \quad \begin{cases} u = e^x \cos y \\ v = e^x \sin y \end{cases} \tag{23}$$

이므로, $x = x_0$인 직선은 $|w| = \sqrt{u^2 + v^2} = e^{x_0}$인 원으로 사상되고 $y = y_0$인 직선은 $\arg w = y_0$인 일정한 편각으로 사상된다. 그런데, 지수함수는 $2\pi i$를 주기로 갖는 주기함수, 즉 $e^{z+2\pi i} = e^z e^{2\pi i} = e^z$이므로 z 평면에서

$$-\pi < y \leq \pi \tag{24}$$

인 영역이 w 평면에서 원점을 제외한 모든 점으로 사상된다. 따라서, 식 (24)의 반무한 띠를 $w = e^z$의 **기본영역**(fundamental region)이라고 한다.

지수함수에 의한 사상을 그림 15.8에 나타내었다. 언급한 바와 같이 사상영역은 원점이 제거된 w 평면이다.

로그함수 $w = \mathrm{Ln}\, z$에 의한 사상. 로그함수는 일반적으로

$$\ln z = \mathrm{Ln}\, z + 2n\pi i$$

로 주어지는 다가함수(multi-valued function)이므로 단가함수인

$$\mathrm{Ln}\, z = \ln|z| + i \,\mathrm{Arg}\, z, \qquad -\pi < \mathrm{Arg}\, z \leq \pi \tag{25}$$

를 고려한다. 이때, $\mathrm{Ln}\, z$가 단가함수로 되기 위해서는 z 평면에서 음의 실수축은 그림 15.9에 보인 바와 같이 **분지선**(分岐線; branch-line) 또는 절단선(cut line)이 되어야 하며, $\mathrm{Arg}\, z = -\pi$인 반직선은 정의되지 않으므로 음(陰)의 실수축 위와 아래에서의 편각은 2π만큼 차이난다.

즉, 그림 15.9를 참고하면 분지선에 대해

$$\lim_{\epsilon \to 0} \mathrm{Arg}(-1 + i\epsilon) = \pi, \quad \lim_{\epsilon \to 0} \mathrm{Arg}(-1 - i\epsilon) = -\pi \tag{26}$$

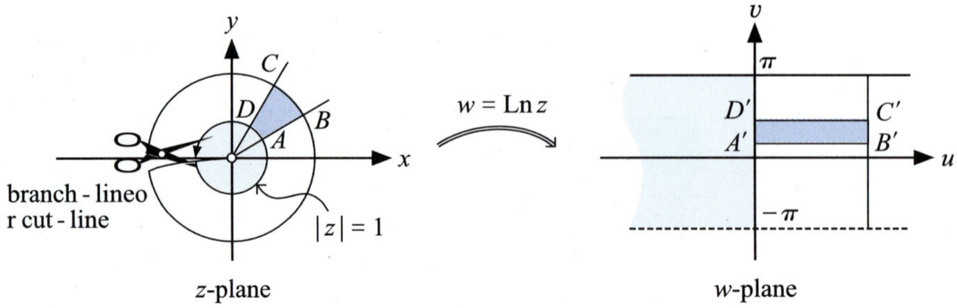

그림 15.9

가 된다. 그러면, 로그함수 $w = \mathrm{Ln}\, z$는 원점을 포함한 분기선을 제외한 영역에서는 지수함수 $w = e^z$의 역함수로 볼 수 있다.

***삼각함수 $w = \sin z$에 의한 사상.** 삼각함수는 2π를 주기로 가지므로, 즉

$$\sin(z + 2\pi) = \sin z$$

이므로, z 평면에서 2π를 구간의 크기로 갖는 $-\pi < \mathrm{Re}\, z \le \pi$인 무한띠가 삼각함수의 기본영역이 된다. 그러나,

$$\sin(z \pm \pi) = \sin z \cos \pi \pm \cos z \sin \pi = -\sin z$$

이므로, z 평면에서 실질적으로 의미 있는 영역은 $-\frac{\pi}{2} < \mathrm{Re}\, z \le \frac{\pi}{2}$인 무한띠가 된다. 계속해서, $z = x + iy$로 두고 전개하면

$$\begin{aligned} u + iv &= \sin(x + iy) \\ &= \sin x \cosh y + i \cos x \sinh y \end{aligned} \quad \Rightarrow \quad \begin{cases} u = \sin x \cosh y \\ v = \cos x \sinh y \end{cases} \tag{27}$$

를 얻고,

$$\cos A^2 + \sin A^2 = 1, \quad \cosh A^2 - \sinh A^2 = 1$$

인 항등관계를 이용하면

$$\begin{aligned} \frac{u^2}{\cosh^2 y} + \frac{v^2}{\sinh^2 y} &= 1 \\ \frac{u^2}{\sin^2 x} - \frac{v^2}{\cos^2 x} &= 1 \end{aligned} \tag{28}$$

과 같이 x와 y를 각각 소거한 식을 얻는다. 따라서, $x = x_0$, $y = y_0$인 직선(단, x_0, $y_0 \ne 0$)은 각각 w 평면에서 초점(焦點; focus)을 $w = \pm 1$에 둔 쌍곡선과 타원으로 사상된다.

식 (28)에서 분모가 0이 되는 경우에 대해서는 식 (27)로부터 다음과 같이 사상을 결정한다(그림 15.10 참조). 특히, $z = \pm\frac{\pi}{2}$에서 $w' = \cos z = 0$이므로 두 점에서는 등각사상이 아니다.

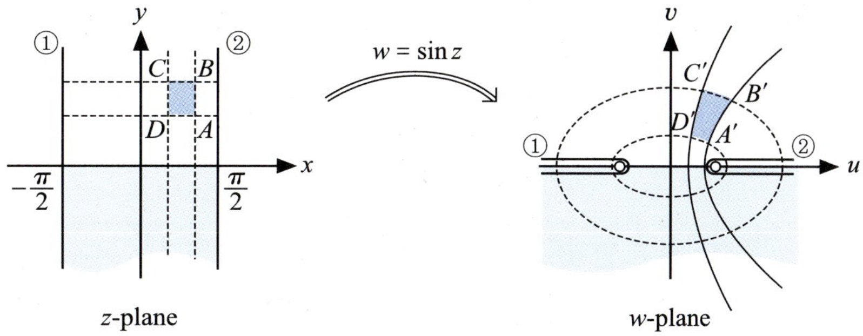

그림 15.10

① $x=-\frac{\pi}{2}$; $u=-\cosh y$, $v=0$ $\Rightarrow$ $w=-1$을 감싸며 접힌 선으로

② $x=\frac{\pi}{2}$; $u=\cosh y$, $v=0$ $\Rightarrow$ $w=1$을 감싸며 접힌 선으로

③ $x=0$; $u=0$, $v=\sinh y$ $\Rightarrow$ y축은 v축으로

④ $y=0$; $u=\sin x$, $v=0$ $\Rightarrow$ x축은 $-1\le u\le 1$로

그 밖의 삼각함수와 쌍곡선함수는 $w=\sin z$으로부터 구할 수 있다(연습문제 참조).

여기서는 $-1\le \sin x\le 1$, $\cosh y=\frac{e^x+e^{-x}}{2}\ge 1$인 성질을 사용하였다.

연습문제

*[1] $\cos z=\sin\left(z+\frac{\pi}{2}\right)$를 이용하면 사상 $w=\cos z$는 $\zeta_1=z+\frac{\pi}{2}$, $w=\sin\zeta_1$으로 두 사상을 합성하여 구할 수 있다. 사상을 그려 보라.

*[2] $\cosh z=\cos iz=\sin\left(iz+\frac{\pi}{2}\right)$, $\sinh z=-i\sin iz$를 이용하여 각 사상을 그려 보라.

15-4 1차분수 변환

1차분수 변환(Möbius 변환)의 정의. 가장 널리 쓰이는 사상은 1차분수 변환으로 a, b, c, d를 고정된 복소수라고 할 때(단, $ad-bc\neq 0$)

$$w=\frac{az+b}{cz+d} \tag{29}$$

로 정의되는 사상이다. 위의 변환은 직선과 원을 직선 또는 원으로 사상하는 반전 $w=\frac{1}{z}$과 같은 성질을 가지므로, 물리적으로 다양한 문제를 해결하는 데 사용된다. 여기서

$$w' = \frac{a(cz+d) - c(az+b)}{(cz+d)^2} = \frac{ad-bc}{(cz+d)^2} \tag{30}$$

로부터 $ad - bc = 0$이면 항상 $w' = 0$이 되기 때문에 조건 $ad - bc \neq 0$은 1차분수 변환의 의미를 갖기 위한 필수조건이다.

> **(1차분수 변환)** 모든 1차분수 변환은 z 평면 위의 직선과 원을 w 평면 위의 직선 또는 원으로 사상한다.

▶ **증명**: $c = 0$인 경우는 $w = \frac{az+b}{d} = \frac{a}{d}z + \frac{b}{d}$인 단순한 선형변환으로 확대(축소)회전과 평행이동의 조합이므로 직선은 직선, 원은 원으로 사상된다. 만일, $c \neq 0$이라면

$$w = Q\frac{1}{cz+d} + \frac{a}{c}, \quad Q = -\frac{ad-bc}{c} \tag{31}$$

가 되어 1차분수 변환은

$w_1 = cz,$	$w_2 = w_1 + d,$	$w_3 = \frac{1}{w_2},$	$w_4 = Qw_3,$	$w = w_4 + \frac{a}{c}$
① 확대회전	② 평행이동	③ 반전	④ 확대회전	⑤ 평행이동

과 같이 이미 알고 있는 5개 사상의 조합으로 이루어지므로 증명된다.

☑ 다음을 참고하여

$$\mathbf{A}^{-1} = \begin{bmatrix} a & b \\ c & d \end{bmatrix}^{-1} = \frac{1}{ad-bc}\begin{bmatrix} d & -b \\ -c & a \end{bmatrix}$$

부호를 바꾼다 위치를 바꾼다

1차분수 변환의 역변환을 $w = \frac{az+b}{cz+d}$, $z = \frac{dw-b}{-cw+a}$로 쓰는 것이 편리하다. 예를 들어, $w = \frac{(3-i)z-2+5i}{(1+i)z-2}$를 풀어서 역변환을 구해 보고 위의 방법과 비교해 보라(이러한 유사점은 이미 5-6절에서 토의하였다).

확대 복소평면(extended complex plane). z-평면에서 $|z| \to \infty$인 경우는 어떤 특정한 점을 나타내는 것이 아니므로 $z = \infty$는 복소수에 속하지 않는다. 그러나, $z = \infty$를 원점 $z = 0$의 $\frac{1}{z}$에 의한 사상으로 간주하면 $\mathbb{C}^{\infty} = \mathbb{C} + \{z = \infty\}$인 영역을 확대 복소평면으로 정의하여 사용할 수 있다.

확대 복소평면은 사상을 다룰 때 매우 편리한 영역이 된다. 예를 들어, 1차분수 변환 $w = \frac{az+b}{cz+d}$에 의해 $z = \infty$는 $w = \frac{a}{c}$로 사상되고, $z = -\frac{d}{c}$는 $w = \infty$로 사상된다고 말할 수 있게 된다(단, $c \neq 0$인 경우).

☑ $w = \frac{az+b}{cz+d} = \frac{a + \frac{b}{z}}{c + \frac{d}{z}}$로 쓰면 $z = \infty$일 때의 사상이 $w = \frac{a}{c}$로 된다. 마찬가지로, 역변환

$z=\dfrac{dw-b}{-cw+a}$로부터 $w=\infty$의 역사상이 $z=-\dfrac{d}{c}$로 되는 것을 알 수 있다.

부동점. 사상에 의해 복소평면에서의 위치가 변하지 않는 점을 **부동점**(不動點; fixed point)이라고 한다. 이것을 수식으로 표현하면

$$w=f(z)=z \tag{32}$$

가 되는 점 z를 말한다. 평행이동 $w=z+a$는 부동점을 갖지 못하는 대표적인 사상이다(단, $a\neq 0$). 1차분수 변환($c\neq 0$)의 부동점은

$$w=\frac{az+b}{cz+d}=z \tag{33}$$

를 정리하고

$$cz^2+(d-a)z-b=0$$

을 풀면 최대한 두 개의 부동점이 나타날 수 있다.

3개의 점 z_1, z_2, z_3를 w_1, w_2, w_3로 보내는 1차분수 변환. 1차분수 변환이 쓸모 있는 이유는 z 평면에서 주어진 3개의 점을 w 평면에서 지정된 3개의 점으로 보내는 사상을 제공하기 때문이다. 이것은 다음과 같이 주어진다.

$$\frac{w-w_1}{w_3-w_1}\,\frac{w_3-w_2}{w-w_2}=\frac{z-z_1}{z_3-z_1}\,\frac{z_3-z_2}{z-z_2} \tag{34}$$

윗식의 양변에 $w=w_1$과 $z=z_1$을 대입하면 $0=0$(참; true)이 되어 z_1의 사상이 w_1임을 알 수 있다. 마찬가지로 $w=w_3$와 $z=z_3$를 대입하면 $1=1$(참)이 되고, $w=w_2$와 $z=z_2$를 대입하면 $\infty=\infty$(참)이므로 주어진 1차분수 변환은 점 z_1, z_2, z_3를 점 w_1, w_2, w_3로 보내는 사상임을 확인할 수 있다. 최종변환을 구하기 위해서 식 (34)를 w에 대해서 풀어 쓰면

$$w=\frac{\begin{vmatrix} z & z_1 & z_2 \\ 0 & w_1 & aw_2 \\ 1 & 1 & 1 \end{vmatrix}}{\begin{vmatrix} z & z_1 & z_2 \\ 0 & 1 & a \\ 1 & 1 & 1 \end{vmatrix}},\quad a=\frac{\dfrac{w_1-w_3}{w_2-w_3}}{\dfrac{z_1-z_3}{z_2-z_3}} \tag{35}$$

와 같이 된다.

☑ 위의 사상을 쉽게 기억하는 방법을 생각해 보자. 먼저, 식 (34)를 다음과 같이 써보면

$$\frac{w-w_1}{w_3-w_1}\,\frac{w_3-w_2}{w-w_2}=\frac{z-z_1}{z_3-z_1}\,\frac{z_3-z_2}{z-z_2}$$

w_1, w_2(우변에서는 z_1, z_2)의 위치는 결정되어 있고 w, w_3(우변에서는 z, z_3)는 서로 엇갈리

며 남은 자리를 차지한다. 참고로, 식 (34)로 주어지는 사상은 유일하게 존재한다.

예제 2 $z=-1, i, 1$을 $w=1, 0, -1$로 보내는 사상을 구하라.

☞ 순서대로 $z_1=-1$, $z_2=i$, $z_3=1$이고, $w_1=1$, $w_2=0$, $w_3=-1$이므로, 먼저 "1과 2의 위치를 결정하면"

$$\frac{\square+1}{\square+1}\frac{\square-i}{\square-i}=\frac{\triangle-1}{\triangle-1}\frac{\triangle-0}{\triangle-0}$$

이 되고, 계속하여 □ 자리에는 z, z_3, △ 자리에는 w, w_3를 엇갈려 채워 넣으면

$$\frac{z+1}{1+1}\frac{1-i}{z-i}=\frac{w-1}{-1-1}\frac{-1-0}{w-0} \tag{36}$$

으로 된다. 윗식을 간단히 하면

$$\frac{1-i}{2}\frac{z+1}{z-i}=\frac{1}{2}\frac{w-1}{w} \quad\Rightarrow\quad w=\frac{z-i}{iz-1}=i\left(\frac{i-z}{i+z}\right) \tag{37}$$

를 얻는다. ◀

✔ 그런데, $z=-1, i, 1$은 모두 단위원 $|z|=1$ 위의 점들이고, $w=1, 0, -1$은 실수축 위의 점들이므로 식 (37)은 단위원(원)을 실수축(직선)으로 보내는 사상이다(원은 반드시 원 또는 직선으로 사상되는 것이 1차분수 변환의 성질이다). 또한 위의 결과는 식 (35)를 이용하여 다음과 같이 구해도 된다.

$$a=1-i,\quad w=\frac{\begin{vmatrix} z & -1 & i \\ 0 & 1 & 0 \\ 1 & 1 & 1 \end{vmatrix}}{\begin{vmatrix} z & -1 & i \\ 0 & 1 & a \\ 1 & 1 & 1 \end{vmatrix}}=\frac{z-i}{(1-a)z-a-i}=\frac{z-i}{iz-1}$$

예제 3 $z=-1, 0, \infty$를 $w=-1, i, 1$로 보내는 사상을 구하라.

☞ 무한점 $z=\infty$가 포함될 경우의 처리방법을 묻는 예제이다. 예제 2의 방법을 따라가면

$$\frac{z+1}{\infty+1}\frac{\infty-0}{z-0}=\frac{w+1}{1+1}\frac{1-i}{w-i} \tag{38}$$

가 되고 $\frac{\infty}{\infty}=1$로 처리하고 정리하면

$$\frac{z+1}{z}=\frac{1-i}{2}\frac{w+1}{w-i} \quad\Rightarrow\quad w=\frac{z+1+i}{z+1-i} \quad ◀ \tag{39}$$

✔ 위의 변환은 $z=\infty$일 때, $w=1$인 사실로부터 직접 $w=\dfrac{z+\beta}{z+\alpha}$로 쓸 수 있다는 것을 이용해도 된다. 즉, $z=0$일 때, $w=i$이므로 $i\alpha=\beta$이다. 또한, $z=-1$일 때, $w=-1$이므로

$1-\alpha=-1+\beta$가 되고 연립하여 α, β를 풀면 식 (39)를 얻는다.

반평면을 원판으로 보내는 사상. 1차분수 변환을 이용하면 z 평면의 반평면을 w 평면의 원판으로 사상시킬 수 있다. 이것은 반평면의 경계인 직선은 1차분수 변환에 의해 직선 또는 원으로 사상되기 때문이다. 따라서, 주어진 반평면의 경계에서 적절히 3점을 택하고 w 평면에서 지정된 원판의 둘레에서 역시 3점을 택한 후 식 (34)를 이용하면 사상을 얻는다.

예제 4 z 평면에서 상부반평면을 w 평면에서 원점을 중심으로 한 단위원 $|w|=1$의 내부로 사상하는 변환의 한 가지 예를 찾아보라.

☞ 먼저 경계만을 생각하여 그림 15.11에 보인 대로 $z=-1, 0, 1$을 w 평면에서 단위원의 둘레 $w=-1, i, 1$로 보내는 사상을 구해 보자.

이것은 식 (34)로 주어진 1차분수 변환이므로 예제 2의 방법을 따르면

$$\frac{z+1}{1+1}\frac{1-0}{z-0}=\frac{w+1}{1+1}\frac{1-i}{w-i} \tag{40}$$

가 되고 정리하면

$$w=\frac{z+i}{iz+1} \tag{41}$$

를 얻는다. 이제는 영역의 내부점에 대하여 고려한다. 그림 15.11에서 점 $z=i$는 윗식에 의해 $w=\infty$로 사상되므로 상부반평면이 단위원의 외부로 사상된다. 따라서, 안팎을 뒤집는 반전사상이 구하고자 하는 사상, 즉

$$w=\frac{iz+1}{z+i}=\frac{z-i}{-iz+1}=i\,\frac{z-i}{z+i} \tag{42}$$

가 한 예가 된다. 이제, $z=i$는 식 (42)에 의해 $w=0$으로 사상되고 $z=0$은 $w=-i$로 그림 15.11에서 B'이 반전된 B''으로 사상된다. ◀

원판을 원판으로 보내는 사상. z 평면에서 단위원 $|z|=1$ 내부에서 임의의 점 z_0를 w 평면의 원점으로 보내고, 단위원은 역시 단위원 $|w|=1$의 둘레로 보내는 사상은 복소선적분과 관

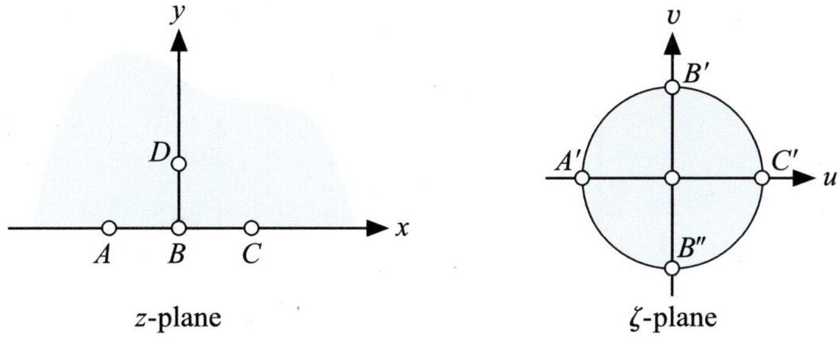

그림 15.11

련하여 Poisson의 적분공식 등 실질적인 응용에서 나타난다. 이러한 사상은 다음과 같이 주어진다.

$$w=\frac{z-z_0}{\overline{z}_0\,z-1},\quad |z_0|<1 \tag{43}$$

예제 5 사상 $w=\dfrac{z-z_0}{\overline{z}_0\,z-1}$, $|z_0|<1$에 의해 z 평면의 단위원 $|z|=1$은 w 평면에서의 단위원 $|w|=1$로 사상되는 것을 보여라.

☞ $|z|^2=z\overline{z}=1$을 이용하면

$$\begin{aligned}|w|^2=w\overline{w}&=\frac{z-z_0}{\overline{z}_0\,z-1}\,\frac{\overline{z}-\overline{z}_0}{z_0\overline{z}-1}\\&=\frac{z\overline{z}-z_0\overline{z}-\overline{z}_0\,z+z_0\overline{z}_0}{z_0\overline{z}_0\,z\overline{z}-z_0\overline{z}-\overline{z}_0\,z+1}=\frac{1-z_0\overline{z}-\overline{z}_0\,z+z_0\overline{z}_0}{z_0\overline{z}_0-z_0\overline{z}-\overline{z}_0\,z+1}=1\end{aligned} \tag{44}$$

이므로 $|w|=1$을 얻는다. 그런데, $|z_0|<1$인 조건은 단위원의 내부가 단위원의 내부로 사상되기 위해서 필요하다. 만일, $|z_0|>1$이라면 단위원의 외부가 w 평면에서 단위원의 내부로 사상될 것이다. ◀

각영역을 원판으로 보내는 사상. z 평면에서 각영역을 단위원의 내부로 보내는 사상은 전자기학, 유체역학 등에서 사용된다. 예를 들어, 그림 15.12에 보인 각영역 $0\le\arg z\le\frac{\pi}{3}$는 먼저

$$\zeta=z^3$$

에 의해 상부반평면으로 사상되고, 다시

$$w=\frac{i\zeta+1}{\zeta+i}=i\,\frac{\zeta-i}{\zeta+i}$$

를 이용하면 단위원의 내부로 사상된다(예제 4 참조). 따라서,

$$w=\frac{iz^3+1}{z^3+i}=i\,\frac{z^3-i}{z^3+i} \tag{45}$$

가 각영역을 단위원의 내부로 보내는 사상이 된다.

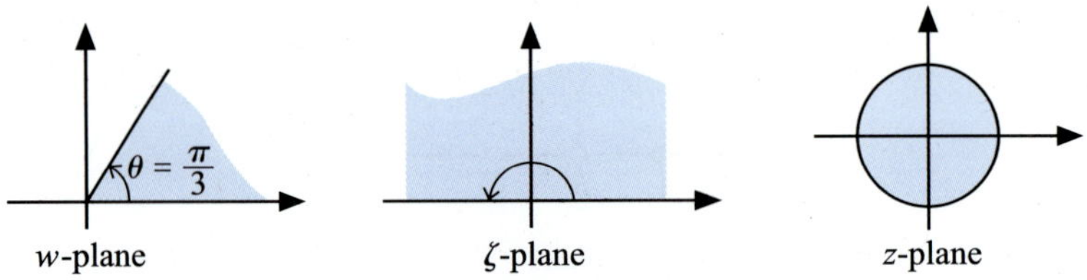

그림 15.12

연습문제

[1] 0, 1을 부동점으로 갖는 1차분수 변환을 구하라.

[2] i를 부동점으로 갖는 1차분수 변환을 구하라.

[3] $-1, 0, 1$을 $0, 1, \infty$로 보내는 사상을 구하라.

[4] $-i, 1, i$를 $-1, 0, 1$로 보내는 사상을 구하라.

[5] 단위원을 단위원으로 그리고 $z_0 = \frac{1}{2}$을 원점으로 보내는 사상을 구하라.

[6] 각영역 $-\frac{\pi}{6} \le \arg z \le \frac{\pi}{6}$를 단위원의 내부로 보내는 사상을 구하라.

[7] $1 \le y \le x+1$인 영역을 단위원의 내부로 보내는 사상을 구하라.

15-5 등각사상의 응용

$\nabla^2\phi = 0$의 간단한 경우. 라플라스 방정식은 주어진 영역의 형상이 단순한 경우에 쉽게 풀린다. 특히, 평행판 사이의 영역 또는 동심원 사이의 영역(concentric annuli)의 경계에서 $\phi = \phi_{\text{boundary}}$(Dirichlet 형태의 조건)로 주어져 있는 경우 라플라스 방정식의 해를 아래에서 살펴본다.

예제 6 그림 15.13에 주어진 무한띠와 동심원의 경계에서 $\phi = \phi_1$, $\phi = \phi_2$인 조건이 주어져 있다. 이 영역 내에서의 조화함수를 구하라.

☞ 먼저, 무한띠에서는 x방향으로의 변화가 없으므로 y만의 함수가 되어

$$\nabla^2\phi = \frac{\partial^2\phi}{\partial x^2} + \frac{\partial^2\phi}{\partial y^2} = \frac{d^2\phi}{dy^2} = 0$$

을 풀어 $\phi = Ay + B$를 얻고 경계조건을 대입하면

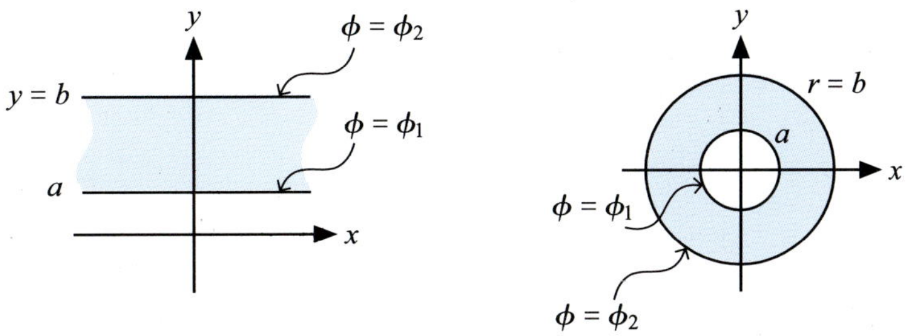

그림 15.13

$$\phi = \phi_1 + (\phi_2 - \phi_1)\frac{y-a}{b-a} \tag{46}$$

가 해로 된다. 다음으로, 동심원 사이의 영역에서는 r만의 함수가 되므로

$$\nabla^2\phi = \frac{1}{r}\frac{\partial}{\partial r}\left(r\frac{\partial\phi}{\partial r}\right) + \frac{1}{r^2}\frac{\partial^2\phi}{\partial\theta^2} = \frac{1}{r}\frac{d}{dr}\left(r\frac{d\phi}{dr}\right) = 0$$

으로부터 $\phi = A\ln r + B$가 되고 마찬가지로 경계조건을 이용하면

$$\phi = \phi_1 + (\phi_2 - \phi_1)\frac{\ln r - \ln a}{\ln b - \ln a} \tag{47}$$

가 구하는 조화함수이다. ◀

등각사상을 이용한 라플라스 방정식의 해. 앞의 예제에서는 경계의 형상이 단순하므로 해를 쉽게 구하였다. 등각사상을 이용한 해법은 주어진 영역을 비교적 단순한 영역으로 사상하여 해를 구하고 다시 역변환하는 것이다. 이것은 라플라스 변환을 이용하여 미분방정식의 해를 구하는 것과 유사한 점이 있다.

예제 7 단위원, 즉 $|z| = 1$의 내부에 반지름 a인 원이 그림 15.14에 보인 바와 같이 ϵ만큼 편심(偏心)되어 있다. 원 둘레에서 각각 조화함수의 값이 ϕ_1, ϕ_2로 주어져 있을 때, $\epsilon = a$ 및 $\phi_2 = 0$인 경우에 대해서 영역 내부에서의 조화함수를 구하라.

☞ 단위원 $|z| = 1$을 단위원 $|w| = 1$로, 그리고 점 $z = \beta$를 원점 $w = 0$으로 사상하는 변환

$$w = \frac{z-\beta}{\beta z - 1}, \quad |\beta| < 1 \tag{48}$$

을 고려한다[식 (43) 참조]. 여기서, 내부원(inner circle) $|z-\epsilon| = a$의 양 끝점(그림 15.14의 까만 점) $z = \epsilon \pm a$가 각각 $w = \pm r_0$로 사상되도록 β와 r_0를 구해 보자. 만일, $\epsilon = a$인 경우라면

$$r_0 = \frac{\epsilon + a - \beta}{\beta(\epsilon + a) - 1} = \frac{2a - \beta}{2a\beta - 1}, \quad -r_0 = \frac{\epsilon - a - \beta}{\beta(\epsilon - a) - 1} = \frac{-\beta}{-1} \tag{49}$$

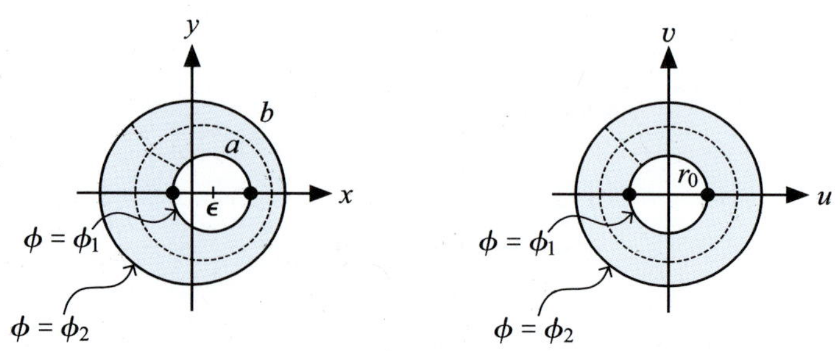

그림 15.14

에서 두 식을 더하여 r_0를 소거하면 β에 관한 2차방정식을 얻어

$$a\beta^2 - \beta + a = 0 \quad \Rightarrow \quad \beta = \frac{1 \pm \sqrt{1-4a^2}}{2a}$$

이 된다. 그러나, $|\beta| < 1$을 만족하는

$$\beta = \frac{1 - \sqrt{1-4a^2}}{2a} \tag{50}$$

을 택한다. 이제, w 평면에서의 해를 구하면 식 (47)로부터 $\phi_2 = 0$을 이용하면

$$\phi = \phi_1 + (\phi_2 - \phi_1)\frac{\ln R - \ln\beta}{\ln 1 - \ln\beta} = \phi_1 \frac{\ln R}{\ln\beta} \tag{51}$$

인 해를 얻는다. 그런데, 식 (48)로부터

$$R = \sqrt{u^2 + v^2} = |w| = \left|\frac{z-\beta}{\beta z - 1}\right|$$

이므로, 최종해는

$$\phi = \phi_1 \frac{\ln R}{\ln\beta} = \frac{\phi_1}{\ln\beta}\ln\left|\frac{z-\beta}{\beta z - 1}\right|, \quad \beta = \frac{1-\sqrt{1-4a^2}}{2a} \tag{52}$$

이 된다. ◀

연습문제

[1] 그림 15.10을 이용하여 그림 15.15에 보인 경계조건과 상부반평면에서 라플라스 방정식 $\nabla^2 T = 0$을 만족하는 해가 $T(x, y) = \frac{1}{2} + \frac{1}{\pi}\mathrm{Re}(\sin^{-1} z)$임을 보여라.

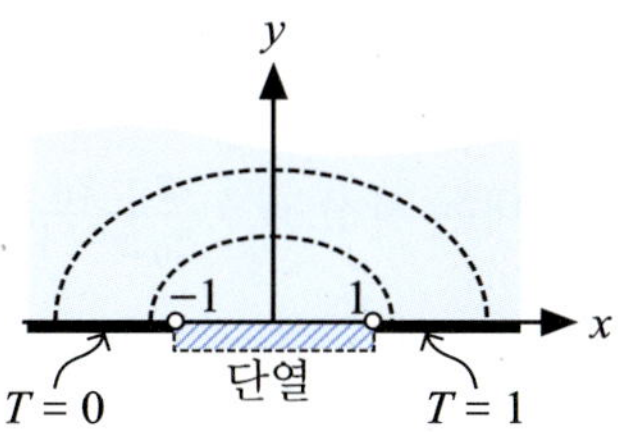

그림 15.15

*__[2]__ 단위원 둘레의 $y < 0$인 영역에서는 $\phi = 1$, $y > 0$인 영역에서는 $\phi = 0$이라고 할 때, 단위원 내부에서 $\nabla^2\phi = 0$을 만족하는 함수 $\phi(x, y)$를 구하라.

요약

• 기본적인 사상

▷ 평행이동: $w = z + b$

▷ 확대(축소)회전: $w = az$

▷ 선형변환: $w = az + b$

▷ 반전: $w = \dfrac{1}{z}$

원점을 지나는 직선 → 원점을 지나는 직선

원점을 지나지 않는 원 → 원점을 지나지 않는 원

- 등각사상의 정리:

영역 D에서 해석적인 함수 $f(z)$는 $\dfrac{df}{dz}(z) \neq 0$인 점을 제외한 모든 점에서 등각사상이다.

- 등각사상과 Jacobian:

$$\left|\frac{df}{dz}\right|^2 = \frac{\partial(u,v)}{\partial(x,y)} = \begin{vmatrix} \dfrac{\partial u}{\partial x} & \dfrac{\partial u}{\partial y} \\ \dfrac{\partial v}{\partial x} & \dfrac{\partial v}{\partial y} \end{vmatrix}$$

$$\arg\frac{df}{dz} = \arg\dot{w} - \arg\dot{z}$$

- 1차분수 변환: $w = \dfrac{az+b}{cz+d}$ (단, $ad - bc \neq 0$)

▷ z_1, z_2, z_3을 w_1, w_2, w_3로 보내는 사상

$$\frac{w-w_1}{w_3-w_1}\,\frac{w_3-w_2}{w-w_2} = \frac{z-z_1}{z_3-z_1}\,\frac{z_3-z_2}{z-z_2}$$

$$w = \frac{\begin{vmatrix} z & z_1 & z_2 \\ 0 & w_1 & aw_2 \\ 1 & 1 & 1 \end{vmatrix}}{\begin{vmatrix} z & z_1 & z_2 \\ 0 & 1 & a \\ 1 & 1 & 1 \end{vmatrix}}, \quad a = \frac{\dfrac{w_1-w_3}{w_2-w_3}}{\dfrac{z_1-z_3}{z_2-z_3}}$$

▷ 원판을 원판으로 보내는 사상 $w = \dfrac{z-z_0}{\bar{z}_0 z - 1}$, $|z_0| < 1$

선택과정

Chapter 16

선형대수의 응용

이 장에서는 행렬을 이용하여 연립1차방정식의 해의 존재성, 유일성 등의 일반적인 성질을 알아보고, 역행렬을 쉽게 구하는 Gauss-Jordan 소거법을 소개한다. 또한, 전기회로망과 진동시스템 등의 공학분야에서 중요한 고유값문제와 행렬의 대각화방법을 알아본다. 그리고, 몇 가지 특수한 행렬의 성질을 공부한다. 이 장에서 다루게 될 특수한 행렬은 대칭, 반대칭, 직교행렬과 이들의 일반화된 형태인 Hermite, skew-Hermite, unitary 행렬 등이다.

16-1 행렬과 연립1차방정식

연립1차방정식의 기본형. n개의 미지수 $x_1, x_2, \cdots, x_n$에 관한 m개의 연립1차방정식의 기본형은

$$\begin{aligned} a_{11}x_1 + a_{12}x_2 + \cdots + a_{1n}x_n &= b_1 \\ a_{21}x_1 + a_{22}x_2 + \cdots + a_{2n}x_n &= b_2 \\ \cdots\cdots\cdots\cdots\cdots\cdots & \ \ \vdots \\ a_{m1}x_1 + a_{m2}x_2 + \cdots + a_{mn}x_n &= b_m \end{aligned} \tag{1}$$

이다. 행렬을 써서 윗식을 나타내면 $m \times n$ 행렬 $\mathbf{A}$, 열벡터 $\mathbf{x}$, $\mathbf{b}$를

$$\mathbf{A} = \begin{bmatrix} a_{11} & a_{12} & \cdots & a_{1n} \\ a_{21} & a_{22} & \cdots & a_{2n} \\ \cdot & \cdot & \cdots & \cdot \\ a_{m1} & a_{m2} & \cdots & a_{mn} \end{bmatrix}, \quad \mathbf{x} = \begin{bmatrix} x_1 \\ x_2 \\ x_3 \\ \cdot \\ x_n \end{bmatrix}, \quad \mathbf{b} = \begin{bmatrix} b_1 \\ b_2 \\ \cdot \\ b_m \end{bmatrix} \tag{2}$$

으로 정의하여

$$\mathbf{Ax} = \mathbf{b} \tag{3}$$

로 간단히 쓸 수 있다(열벡터 $\mathbf{x}$는 n개의 원소, $\mathbf{b}$는 m개의 원소를 가진다는 것에 주의한다). 위에서, $\mathbf{A}$를 **계수행렬**(係數行列; coefficient matrix)이라고 한다. 또한, $\mathbf{b} = 0$인 경우를 **제차**(homogeneous), $\mathbf{b} \neq 0$인 경우를 **비제차**(non-homogeneous) 연립방정식이라고 한다. 그리고, 식 (3)을 만족하는 열벡터 $\mathbf{x}$를 **해벡터**(solution vector)라고 한다. 특히, $\mathbf{b} = 0$인 제차 연립방정식은 자명한 해 $\mathbf{x} = 0$을 갖는다. 또한, 계수행렬이 정사각행렬(즉, $m = n$)이고 $\det\mathbf{A} \neq 0$인 경우 해는 $\mathbf{x} = \mathbf{A}^{-1}\mathbf{b}$로 주어진다(5-6절에서 다룬 크래머의 공식 참조).

일반적인 연립1차방정식은 m, n의 값에 따라 다음과 같이 분류된다.

① 불완전연립($m < n$): 항상 해를 갖는다.
② 완전연립($m = n$) : 해가 존재할 수도 있고 아닐 수도 있다.
③ 중복연립($m > n$) : 해가 존재할 수도 있고 아닐 수도 있다.

첨가행렬. 일반적인 계수행렬 $\mathbf{A}$에 열벡터 $\mathbf{b}$를 덧붙여 만든 $m \times (n+1)$ 행렬

$$\hat{\mathbf{A}} = \left[\begin{array}{cccc:c} a_{11} & a_{12} & \cdots & a_{1n} & b_1 \\ a_{21} & a_{22} & \cdots & a_{2n} & b_2 \\ \cdot & \cdot & \cdots & \cdot & \cdot \\ a_{m1} & a_{m2} & \cdots & a_{mn} & b_m \end{array}\right] \tag{4}$$

을 **첨가행렬**(添加行列; augmented matrix)로 정의한다(점선은 편의상 생략할 수 있다). 위와 같이 정의한 첨가행렬은 연립1차방정식의 모든 정보를 포함하고 있으므로 해의 존재성, 유일성 등 방정식의 성질을 파악하는 데 유용하다. 예를 들어, 다음의 간단한 연립방정식은

① $\begin{cases} x+y=0 \\ x+y=1 \end{cases}$ $\Rightarrow$ 해를 갖지 않는다(두 직선이 평행하다)

② $\begin{cases} x+y=0 \\ x-y=1 \end{cases}$ $\Rightarrow$ 유일한 해를 갖는다(두 직선이 교차한다)

③ $\begin{cases} x+y=3 \\ 2x+2y=6 \end{cases}$ $\Rightarrow$ 무한히 많은 해를 갖는다(두 직선이 일치한다)

와 같이 세 가지 경우가 가능한 것은 이미 초보적인 해석기하로부터 알고 있는 바와 같다. 이때, 이러한 해의 성질을 일반적으로 이해하기 위해서는 첨가행렬을 이용하는 것이 편리하다.

Gauss의 소거법. 일반적인 연립1차방정식의 해는 **소거법**(elimination method)으로 알려진 첨가

행렬의 연산을 통해 구한다. 가우스의 소거법은

① 두 행을 교환한다
② 한 행에 0이 아닌 상수를 곱한다
③ 한 행에 다른 행의 상수배를 더한다

와 같이 세 가지의 기본적인 행의 연산(elementary row operation)을 이용한다. 아래와 같은 예제를 통하여 연립1차방정식의 해법을 구체적으로 알아보자.

예제 1 연립방정식 $\begin{cases} x_1 - 2x_2 - x_3 + 3x_4 = -3 \\ -3x_1 + 7x_2 + 3x_3 - 11x_4 = 13 \\ 4x_1 - 10x_2 - x_3 + 10x_4 = -26 \end{cases}$ 을 풀어라.

☞ 주어진 연립방정식을 첨가행렬을 이용하여 나타내면

$$\begin{cases} x_1 - 2x_2 - x_3 + 3x_4 = -3 \\ -3x_1 + 7x_2 + 3x_3 - 11x_4 = 13 \\ 4x_1 - 10x_2 - x_3 + 10x_4 = -26 \end{cases} \Rightarrow \begin{bmatrix} 1 & -2 & -1 & 3 & -3 \\ -3 & 7 & 3 & -11 & 13 \\ 4 & -10 & -1 & 10 & -26 \end{bmatrix}$$

가 된다. 여기서, 1행에 3을 곱하여 2행에 더하고, 1행에 −4를 곱하여 3행에 더하면

$$\begin{cases} x_1 - 2x_2 - x_3 + 3x_4 = -3 \\ x_2 \qquad - 2x_4 = 4 \\ -2x_2 + 3x_3 - 2x_4 = -14 \end{cases} \Rightarrow \begin{bmatrix} 1 & -2 & -1 & 3 & -3 \\ 0 & 1 & 0 & -2 & 4 \\ 0 & -2 & 3 & -2 & -14 \end{bmatrix}$$

즉, 1열의 첫 번째 원소 아래가 모두 0이 되도록 조작할 수 있다. 이번에는 2행에 2를 곱하여 3행에 더하면

$$\begin{cases} x_1 - 2x_2 - x_3 + 3x_4 = -3 \\ x_2 \qquad - 2x_4 = 4 \\ 3x_3 - 6x_4 = -6 \end{cases} \Rightarrow \begin{bmatrix} 1 & -2 & -1 & 3 & -3 \\ 0 & 1 & 0 & -2 & 4 \\ 0 & 0 & 3 & -6 & -6 \end{bmatrix} \tag{5}$$

과 같이 0으로 이루어진 사다리꼴을 포함하는 행렬을 얻는다. 이때, 소거된 첨가행렬에 대응하는 방정식은 처음 주어진 방정식과 같은 해를 갖는다는 것이 가우스 소거법의 원리이다. 이 예제는 $m = 3$ 및 $n = 4$, 즉 미지수의 갯수가 방정식의 갯수보다 큰 경우에 해당하며 유일한 해를 갖지 않고 무한히 많은 순서쌍 (x_1, x_2, x_3, x_4)를 해로 갖는다. 실제로, 식 (5)로부터 $x_4 = t$로 두면 **후진대입**(後進代入; backward substitution)에 의해

$$\begin{aligned} x_4 &= t \\ x_3 &= 2x_4 - 2 = 2t - 2 \\ x_2 &= 2x_4 + 4 = 2t + 4 \\ x_1 &= 2x_2 + x_3 - 3x_4 - 3 = 3t + 3 \end{aligned} \tag{6}$$

으로 해가 결정된다(단, t는 임의의 수). ◀

잉여방정식. 가우스의 소거법을 계속하여 $0 = 0$과 같은 방정식을 얻는 경우가 있다. 이때, $0 = 0$인 방정식을 **잉여방정식**(剩餘方程式; redundant equation)이라고 한다. 잉여방정식은 항상 참(true)이므로 해의 결정에 영향을 주지 않는다. 예를 들어, 두 직선이 일치하는 경우에 대응하는 연립방정식

$$\begin{cases} x + y = 3 \\ 2x + 2y = 6 \end{cases} \Rightarrow \begin{bmatrix} 1 & 1 & 3 \\ 2 & 2 & 6 \end{bmatrix} \tag{7}$$

에 대해 소거를 하면

$$\begin{cases} x + y = 3 \\ \quad 0 = 0 \end{cases} \Rightarrow \begin{bmatrix} 1 & 1 & 3 \\ 0 & 0 & 0 \end{bmatrix} \tag{8}$$

이 되어 잉여방정식이 1개 나타나므로 제외시키면

$$x + y = 3$$

으로 방정식이 1개인 경우와 동일한 해를 가진다.

모순방정식. 가우스의 소거법을 계속하여 $0 = 1$처럼 항상 거짓(false)인 방정식이 나타나는 경우, 이 방정식을 **모순방정식**(矛盾方程式; inconsistent equation)이라고 하는데, 이때는 해가 존재하지 않는다. 예를 들어, 연립방정식

$$\begin{cases} x + y = 2 \\ x + y = 7 \\ 3x + 3y = 6 \end{cases} \Rightarrow \begin{bmatrix} 1 & 1 & 2 \\ 1 & 1 & 7 \\ 3 & 3 & 6 \end{bmatrix} \tag{9}$$

에 대한 가우스 소거로부터

$$\begin{cases} x + y = 2 \\ \quad 0 = 5 \\ \quad 0 = 0 \end{cases} \Rightarrow \begin{bmatrix} 1 & 1 & 2 \\ 0 & 0 & 5 \\ 0 & 0 & 0 \end{bmatrix} \tag{10}$$

으로 잉여방정식 1개와 모순방정식 1개를 얻는다. 이때, 모순방정식이 나타나므로 식 (9)의 해는 존재하지 않는다.

해의 존재성과 유일성 및 사다리꼴 행렬. 첨가행렬 $\hat{\mathbf{A}}$에 가우스의 소거법을 적용하여 얻는 최종적인 행렬은 식 (5)에 보인 바와 같이 0을 사다리꼴로 쌓은 형태가 나타나므로 **사다리꼴 행렬** 또는 **제형행렬**(梯形行列; echelon matrix)이라고 하고 $\hat{\mathbf{A}}_R$로 나타낸다. 아래첨자 R은 소거에 의해 **감축**(減縮; reduced)되었다는 것을 의미한다. 최초로 돌아가서 식 (1)로 주어진 연립1차방정식은 가우스 소거법을 적용하여 얻은 사다리꼴 행렬을 이용하여 다시 쓰면

$$
\begin{aligned}
a_{11}x_1 + a_{12}x_2 + a_{13}x_3 + \cdots + a_{1n}x_n &= b_1 \\
c_{22}x_2 + c_{23}x_3 + \cdots + c_{2n}x_n &= b_2^* \\
&\vdots \\
c_{rr}x_r + \cdots + c_{rn}x_n &= b_r^* \\
0 &= b_{r+1}^* \\
&\vdots \\
0 &= b_m^*
\end{aligned} \tag{11}
$$

의 형태로 바뀐다(위에서, c_{22}, $\cdots$, c_{rr}은 모두 0이 아니고 $r \le m$이다). 사다리꼴 행렬로 감축된 결과로부터 해의 존재성과 유일성에 대하여 다음과 같은 결론을 얻을 수 있다.

> **(정리 1: 해의 존재성과 유일성)**
> ① $r < m$일 때, b_{r+1}^*, $\cdots$, b_m^* 중에서 최소한 1개가 0이 아니면 해가 없다.
> ② $r = n$이고 b_{r+1}^*, $\cdots$, b_m^*가 모두 0이면 유일한 해가 존재한다.
> ③ $r < n$이고 b_{r+1}^*, $\cdots$, b_m^*가 모두 0이면 무한히 많은 해가 존재한다.

▶ 위의 내용은 이미 잉여방정식, 모순방정식으로 설명한 것과 동일하므로 구체적인 예는 생략한다.

행렬의 계급값. 사다리꼴 행렬로부터 얻은 식 (11)에서 r을 계수행렬의 **계급값**(階級値; rank)이라고 한다. 그러면, 계급값은 (정리 1)에 서술한 바와 같이 해의 존재성 및 유일성과 밀접한 관련을 맺게 된다.

$m \times n$ 행렬 $\mathbf{A}$의 계급값(rank)은 $\mathbf{A}$에 가우스 소거를 적용하여 얻는 사다리꼴 행렬 $\hat{\mathbf{A}}_R$에서 0이 아닌 행(行; row)의 갯수로 정의하고 rank($\mathbf{A}$) 또는 rank $\mathbf{A}$로 나타낸다. 특히, 계급값의 정의로부터 $\mathbf{A} = 0$일 때만 계급값이 0이라는 사실을 유의한다. 계급값에 관한 중요한 정리는 다음과 같다.

> **(정리 2)** $m \times n$ 행렬 $\mathbf{A}$와 $n \times m$ 전치행렬 $\mathbf{A}^{\mathrm{T}}$의 계급값은 서로 같다. 즉, rank $\mathbf{A}$ = rank $\mathbf{A}^{\mathrm{T}}$이다.

▶ 위 정리에 대한 엄밀한 증명은 생략하고 구체적인 예를 들어 설명하기로 한다. 다음의 행렬에 대해 가우스 소거를 통한 사다리꼴 행렬로의 감축

$$
\mathbf{A} = \begin{bmatrix} 1 & 1 & 2 & 3 \\ 1 & 1 & 7 & 4 \\ 3 & 3 & 6 & 9 \end{bmatrix} \Rightarrow \mathbf{A}_R = \begin{bmatrix} 1 & 1 & 2 & 3 \\ 0 & 0 & 5 & 1 \\ 0 & 0 & 0 & 0 \end{bmatrix} \tag{12}
$$

에 의해 행렬 $\mathbf{A}$의 계급값은 2가 된다[위에서, 2행에 1행의 (−1)배를 더하고, 3행에 1행의 (−3)배를 더하였다]. 그런데, 전치행렬 $\mathbf{B} = \mathbf{A}^{\mathrm{T}}$는

$$\begin{bmatrix}1&1&3\\1&1&3\\2&7&6\\3&4&9\end{bmatrix}\begin{matrix}\\ \mathbf{r}_2-\mathbf{r}_1\rightarrow\\ \mathbf{r}_3-2\mathbf{r}_1\rightarrow\\ \mathbf{r}_4-3\mathbf{r}_1\rightarrow\end{matrix}\begin{bmatrix}1&1&3\\0&0&0\\0&5&0\\0&1&0\end{bmatrix}\rightarrow\begin{bmatrix}1&1&3\\0&1&0\\0&5&0\\0&0&0\end{bmatrix}\mathbf{r}_3-5\mathbf{r}_2\longrightarrow\begin{bmatrix}1&1&3\\0&1&0\\0&0&0\\0&0&0\end{bmatrix} \quad (13)$$

의 과정을 거쳐 0이 아닌 행을 2개 가지므로 계급값은 마찬가지로 2이다.

행공간, 열공간과 계급값. 행렬 $\mathbf{A}$의 행벡터의 1차결합으로 이루어진 공간을 **행공간**(行空間; row space), 열벡터의 1차결합으로 이루어진 공간을 **열공간**(列空間; column space)으로 정의한다. 편의상, 행렬 $\mathbf{A}$에 대한 행공간과 열공간을 각각 $\mathbb{R}^{\mathbf{A}}$와 $\mathbb{C}^{\mathbf{A}}$로 나타내도록 한다(row와 column의 첫글자를 이용한 기호이다).

공간의 **차원**(次元; dimension)은 서로 1차독립인 벡터의 최대갯수를 의미하며, 행공간과 열공간의 차원에 대해서는 다음의 정리가 성립한다.

(정리 3) 행렬 $\mathbf{A}$의 행공간 및 열공간의 차원은 계급값과 같다. 즉,

$$\dim \mathbb{R}^{\mathbf{A}} = \dim \mathbb{C}^{\mathbf{A}} = \operatorname{rank} \mathbf{A}$$

▶ 예를 들어, 식 (12)와 (13)에서 1차독립인 벡터의 최대갯수는 각각 2개가 되고, 이것은 계급값과 같다. 그런데, 행렬

$$\mathbf{A}=\begin{bmatrix}1&1&2&3\\1&1&7&4\\3&3&6&9\end{bmatrix} \quad (14)$$

에서 3행은 1행의 3배임을 한눈에 알 수 있으므로 1차결합, 즉

$$\mathbf{r}_3 = 3\mathbf{r}_1 + 0\mathbf{r}_2 \quad (15)$$

로 쓸 수 있다. 다시 말해, 행공간은 $\mathbf{r}_1 = [1\ \ 1\ \ 2\ \ 3]$과 $\mathbf{r}_2 = [1\ \ 1\ \ 7\ \ 4]$의 1차결합으로 이루어진다. 그러나, 열벡터에 대해서는 2열이 1열과 같다는 것은 자명하지만

$$\frac{13}{5}\begin{bmatrix}1\\1\\3\end{bmatrix}+\frac{1}{5}\begin{bmatrix}2\\7\\6\end{bmatrix}=\begin{bmatrix}3\\4\\9\end{bmatrix} \quad\Rightarrow\quad \frac{1}{5}(13\mathbf{c}_1+\mathbf{c}_3)=\mathbf{c}_4 \quad (16)$$

가 되는 관계는 금방 얻기가 어렵다. 따라서, 행렬의 계급값 또는 1차독립인 벡터의 최대갯수는 구하기 쉬운 사다리꼴 변환으로부터 얻는 것이 유리하다.

***계급값을 이용한 해의 존재성.** 연립1차방정식 해의 성질에 대한 일반적인 이론은 이미 (정리 1)에서 사다리꼴 행렬을 이용하여 서술하였지만, 계급값의 관점에서 해의 존재성에 대한 정리를 다음에서 다루어 본다.

> **(정리 4)** 비제차 연립1차방정식 $\mathbf{Ax} = \mathbf{b}$가 해를 갖기 위한 필요충분조건은 계수행렬 $\mathbf{A}$와 첨가행렬 $\hat{\mathbf{A}}$가 같은 계급값을 가지는 것이다. 즉,
>
> $$\text{rank}\, \hat{\mathbf{A}} = \text{rank}\, \mathbf{A}$$

▶ 계수행렬 $\mathbf{A}$는 $m \times n$ 행렬이고 열벡터 $\mathbf{x}$는 n개의 원소, 열벡터 $\mathbf{b} \neq 0$은 m개의 원소를 가진 것으로 생각한다. 행렬의 계급값을 r이라고 하면

$$r \equiv \text{rank}\, \mathbf{A} \tag{17}$$

이고, (정리 1)에 서술한 바와 같이 r의 값에 따라 ① 유일한 해, ② 무한히 많은 해, ③ 해를 갖지 않는 경우를 판단할 수 있다. 정리 4의 증명은 행렬 $\mathbf{A}$의 열벡터 $\mathbf{a}_1$, $\mathbf{a}_2$, ⋯, $\mathbf{a}_n$에 대하여 연립방정식 $\mathbf{Ax} = \mathbf{b}$를 풀어 쓴

$$\mathbf{Ax} = \begin{bmatrix} \mathbf{a}_1 & \mathbf{a}_2 & \cdots & \mathbf{a}_n \end{bmatrix} \begin{bmatrix} x_1 \\ x_2 \\ \cdot \\ x_n \end{bmatrix} = x_1 \mathbf{a}_1 + x_2 \mathbf{a}_2 + \cdots + x_n \mathbf{a}_n = \mathbf{b} \tag{18}$$

인 표현을 이용한다. 만일, $\mathbf{Ax} = \mathbf{b}$의 해벡터 $\mathbf{x} = [x_1, x_2, \cdots, x_n]^{\mathrm{T}}$가 존재한다면 첨가행렬 $\hat{\mathbf{A}}$에 다음과 같이 가우스 소거를 수행하여

$$\mathbf{b} - x_1 \mathbf{a}_1 - x_2 \mathbf{a}_2 - \cdots - x_n \mathbf{a}_n = 0. \tag{19}$$

첨가행렬 $\hat{\mathbf{A}}$의 마지막 열벡터 $\mathbf{b}$는 0벡터로 바뀐다. 그런데, 계급값(rank)은 0벡터가 아닌 행 또는 열벡터의 갯수를 말하므로 $\mathbf{A}$에 $\mathbf{b}$를 첨가하여도 계급값이 같게 된다. 즉, $\text{rank}\, \hat{\mathbf{A}} = \text{rank}\, \mathbf{A}$이다.

역의 증명은

$$\text{rank}\, \hat{\mathbf{A}} = \text{rank}\, \mathbf{A} \quad \text{또는} \quad \text{rank}\, \hat{\mathbf{A}} = 1 + \text{rank}\, \mathbf{A} \tag{20}$$

일 수밖에 없다는 사실을 이용한다. 즉, $\text{rank}\, \hat{\mathbf{A}} = \text{rank}\, \mathbf{A}$가 성립하면 $\mathbf{b}$는 $\mathbf{a}_1$, $\mathbf{a}_2$, ⋯, $\mathbf{a}_n$의 1차결합일 수밖에 없다. 그렇지 않다면, 식 (18)로 표현되는 해벡터 $\mathbf{x}$를 갖지 못하기 때문이다.

제차연립방정식과 행렬의 무효수. 연립1차방정식 $\mathbf{Ax} = \mathbf{b}$에서 $\mathbf{b} = 0$인 경우를 **제차연립방정식**이라고 한다. $m \times n$ 행렬 $\mathbf{A}$가 주어졌을 때 n개의 미지수 $\mathbf{x}^{\mathrm{T}} = [x_1 \ \ x_2 \ \ \cdots \ \ x_n]$에 대한 연립방정식

$$\mathbf{Ax} = 0 \tag{21}$$

은 항상 자명한 해 $\mathbf{x} = 0$을 갖는다. 이때, 윗식이 0이 아닌 해를 가질 조건은 다음과 같다.

> **(정리 5)** 제차연립방정식 $\mathbf{Ax} = 0$이 $\mathbf{x} \neq 0$인 해를 가질 필요충분조건은 $\text{rank}\, \mathbf{A} = r < n$이고, 이때의 해는 $n - r$ 차원의 벡터공간을 이룬다.

▶ 식 (11)과 (정리 1)로부터 위의 정리가 성립하는 것을 알 수 있다. 그런데, 식 (11)을 살펴보면 rank $\mathbf{A} = r < n$이면 $x_{r+1}, x_{r+2}, \cdots, x_n$은 임의로 택할 수 있고 $x_1, x_2, \cdots, x_{r-1}, x_r$은 후진대입에 의해 $x_{r+1}, x_{r+2}, \cdots, x_n$에 관한 1차결합으로 나타난다는 것을 알 수 있다. 따라서, 총 $n-r$개의 수의 순서쌍, 즉 $(x_{r+1}, x_{r+2}, \cdots, x_n)$은 $n-r$ 차원의 벡터공간을 이룬다. 제차연립방정식의 해가 존재하는 공간을 **영공간**(零空間; null space), 그 차원(dimension)을 **무효수**(無效數; nullity)라고 하고

$$\text{nullity } \mathbf{A} = n - r \tag{22}$$

로 나타낸다. 그러면, 행렬 $\mathbf{A}$에 대해

$$\text{rank } \mathbf{A} + \text{nullity } \mathbf{A} = n \tag{23}$$

인 관계를 얻을 수 있다.

예제 2 $\mathbf{A} = \begin{bmatrix} 1 & -1 \\ -1 & 1 \end{bmatrix}$의 무효수와 영공간을 찾아라.

☞ 행렬 $\mathbf{A}$의 1행과 2행의 합은 0이므로 계급값은 1이다. 따라서, 무효수는 $2-1=1$이다. 그런데, 행렬 $\mathbf{A}$에 대한 제차연립방정식은

$$\mathbf{Ax} = 0 \quad \Rightarrow \quad \begin{bmatrix} 1 & -1 \\ -1 & 1 \end{bmatrix}\begin{bmatrix} x \\ y \end{bmatrix} = \begin{bmatrix} 0 \\ 0 \end{bmatrix} \quad \Rightarrow \quad \begin{aligned} x - y &= 0 \\ -x + y &= 0 \end{aligned} \tag{24}$$

으로 되어 $y = x$인 해가 존재한다. 이것은 무효수가 1이므로 1차원 공간, 즉 직선을 영공간으로 갖는다. 다시 말하면, 임의의 상수 c에 대하여

$$\mathbf{x}_h = c\begin{bmatrix} 1 \\ 1 \end{bmatrix} \tag{25}$$

은 $\mathbf{Ax} = 0$의 해가 된다. ◀

비제차 연립방정식의 일반해. 연립1차방정식 $\mathbf{Ax} = \mathbf{b}$에서 $\mathbf{b} \neq 0$인 비제차 연립방정식은 만약 해를 가진다면(해가 없는 경우도 있으므로)

$$\mathbf{x} = \mathbf{x}_p + \mathbf{x}_h \tag{26}$$

의 형태로 주어진다. 여기서, $\mathbf{x}_p$는 $\mathbf{Ax}_p = \mathbf{b}$를 만족하는 특정한 해이고, $\mathbf{x}_h$는 연립1차방정식의 제차해를 의미한다.

예제 3 $\mathbf{A} = \begin{bmatrix} 1 & -1 \\ -1 & 1 \end{bmatrix}$, $\mathbf{b} = \begin{bmatrix} 5 \\ -5 \end{bmatrix}$라 할 때 $\mathbf{Ax} = \mathbf{b}$를 풀어라.

☞ 행렬 $\mathbf{A}$와 열벡터 $\mathbf{b}$로 이루어진 첨가행렬 $\hat{\mathbf{A}}$의 계급값과 $\mathbf{A}$의 계급값은 모두 1이므로

해가 존재한다. 주어진 식을 다시 쓰면

$$\mathbf{Ax} = \mathbf{b} \quad \Rightarrow \quad \begin{bmatrix} 1 & -1 \\ -1 & 1 \end{bmatrix} \begin{bmatrix} x \\ y \end{bmatrix} = \begin{bmatrix} 5 \\ -5 \end{bmatrix} \quad \Rightarrow \quad \begin{matrix} x - y = 5 \\ -x + y = -5 \end{matrix}$$

가 된다. 윗식을 만족하는 특정한 해로

$$\mathbf{x}_p = \begin{bmatrix} 5 \\ 0 \end{bmatrix} \tag{27}$$

을 택할 수 있다. 또한, 예제 2로부터 제차해는 직선 $y = x$ 위의 모든 점이므로 일반해는

$$\mathbf{x} = \mathbf{x}_p + \mathbf{x}_h = \begin{bmatrix} 5 \\ 0 \end{bmatrix} + c\begin{bmatrix} 1 \\ 1 \end{bmatrix} = \begin{bmatrix} 5 + c \\ c \end{bmatrix} \quad ◀ \tag{28}$$

☑ 식 (27)에서 특정한 해를 $\mathbf{x}_p = \begin{bmatrix} 0 \\ -5 \end{bmatrix}$ 또는 $\mathbf{x}_p = \begin{bmatrix} 2 \\ -3 \end{bmatrix}$ 등을 택하여도 된다. 식 (28)은 기하학적으로 직선 $y = x - 5$ 위의 모든 점이 해가 된다는 사실을 의미한다. 사실은, 식 (27)과 식 (28)의 과정을 거치지 않아도 $\mathbf{Ax} = \mathbf{b}$에서 바로 $y = x - 5$인 관계를 얻는다.

Gauss-Jordan 소거에 의한 역행렬의 결정. 사다리꼴 행렬을 얻기 위해 사용되는 가우스 소거를 확장하면 역행렬을 쉽게 구할 수 있는 Gauss-Jordan(가우스-조르단) 소거법이 된다. 이것은 행렬 **A**에 단위행렬 **I**를 덧붙여 얻는 첨가행렬 $(\mathbf{A} : \mathbf{I})$에 가우스 소거를 연속적으로 적용하여 $(\mathbf{I} : \mathbf{A}^{-1})$ 형태의 감축된 행렬을 얻는 방법인데, 구체적인 과정은 다음의 예제를 통해 설명한다.

예제 4 $\mathbf{A} = \begin{bmatrix} 1 & -2 & -1 \\ -3 & 7 & 3 \\ 4 & -10 & -1 \end{bmatrix}$의 역행렬을 구하라.

☞ 주어진 행렬에 단위행렬을 첨가하고 아래에 보인 가우스-조르단 소거를 수행하여, 역행렬을 구하는 것이 5-6절에서 여인자를 이용하여 역행렬을 결정하는 것보다 효율적이다. 특히, 수치적인 계산을 할 경우, 계산의 양과 기억용량에서 특히 이점이 있다.

$$\left[\begin{array}{ccc:ccc} 1 & -2 & -1 & 1 & 0 & 0 \\ -3 & 7 & 3 & 0 & 1 & 0 \\ 4 & -10 & -1 & 0 & 0 & 1 \end{array}\right] \begin{matrix} \\ \mathbf{r}_2 + 3\mathbf{r}_1 \\ \mathbf{r}_3 - 4\mathbf{r}_1 \end{matrix}$$

$$\Rightarrow \left[\begin{array}{ccc:ccc} 1 & -2 & -1 & 1 & 0 & 0 \\ 0 & 1 & 0 & 3 & 1 & 0 \\ 0 & -2 & 3 & -4 & 0 & 1 \end{array}\right] \begin{matrix} \mathbf{r}_1 + 2\mathbf{r}_2 \\ \\ \mathbf{r}_3 + 2\mathbf{r}_2 \end{matrix}$$

$$\Rightarrow \left[\begin{array}{ccc:ccc} 1 & 0 & -1 & 7 & 2 & 0 \\ 0 & 1 & 0 & 3 & 1 & 0 \\ 0 & 0 & 3 & 2 & 2 & 1 \end{array}\right] \begin{matrix} \\ \\ \frac{\mathbf{r}_3}{3} \end{matrix}$$

$$\Rightarrow \left[\begin{array}{ccc|ccc} 1 & 0 & -1 & 7 & 2 & 0 \\ 0 & 1 & 0 & 3 & 1 & 0 \\ 0 & 0 & 1 & \frac{2}{3} & \frac{2}{3} & \frac{1}{3} \end{array}\right] \mathbf{r}_1 + \mathbf{r}_3$$

$$\Rightarrow \left[\begin{array}{ccc|ccc} 1 & 0 & 0 & \frac{23}{3} & \frac{8}{3} & \frac{1}{3} \\ 0 & 1 & 0 & 3 & 1 & 0 \\ 0 & 0 & 1 & \frac{2}{3} & \frac{2}{3} & \frac{1}{3} \end{array}\right] \tag{29}$$

따라서, 역행렬은

$$\mathbf{A}^{-1} = \begin{bmatrix} \frac{23}{3} & \frac{8}{3} & \frac{1}{3} \\ 3 & 1 & 0 \\ \frac{2}{3} & \frac{2}{3} & \frac{1}{3} \end{bmatrix} = \frac{1}{3}\begin{bmatrix} 23 & 8 & 1 \\ 9 & 3 & 0 \\ 2 & 2 & 1 \end{bmatrix} \quad ◀ \tag{30}$$

연습문제

※Gauss의 소거법으로 다음의 연립방정식을 풀어라.

[1] $\begin{cases} -x_1 + x_2 + 2x_3 = 2 \\ 3x_1 - x_2 + x_3 = 6 \\ -2x_1 + 5x_2 + 4x_3 = 1 \end{cases}$

[2] $\begin{cases} x_1 + x_2 + 2x_3 = 1 \\ 2x_1 - 3x_2 + x_3 = 2 \\ -3x_1 - 3x_2 - 6x_3 = -3 \end{cases}$

[3] $\begin{cases} x_1 + x_2 + x_3 = 1 \\ x_1 + 2x_2 - x_3 = 2 \\ 2x_1 - 2x_2 + x_3 = 1 \\ x_1 + x_2 + x_3 = 6 \end{cases}$

[4] $\begin{cases} -a + 3b - 3c + d = 3 \\ -2a + 5b - 4c + 5d = 5 \\ -4a + 7b - 2c - 3d = 7 \\ 3a + b - 11c + 2d = 1 \end{cases}$

※다음의 역행렬을 구하라.

[5] $\begin{bmatrix} 1 & 0 & 0 \\ -2 & 1 & 0 \\ 3 & -4 & 1 \end{bmatrix}$

[6] $\begin{bmatrix} 2 & 5 & 3 \\ -1 & 2 & 1 \\ 1 & 1 & 1 \end{bmatrix}$

***[7]** $\text{rank}(\mathbf{B}^T\mathbf{A}^T) = \text{rank}(\mathbf{AB})$임을 보여라.

16-2 행렬의 대각화와 고유벡터

상사행렬과 2차형식. 5-8절에서 언급한 바와 같이 2차원 평면에서 위치벡터를 다음과 같이 써 보면

$$\mathbf{r} = \mathbf{i}x + \mathbf{j}y = [x \quad y]\begin{bmatrix} \mathbf{i} \\ \mathbf{j} \end{bmatrix} = [x \quad y]\begin{bmatrix} \cos\theta & -\sin\theta \\ \sin\theta & \cos\theta \end{bmatrix}\begin{bmatrix} \mathbf{e}_1 \\ \mathbf{e}_2 \end{bmatrix}$$

회전에 관여하는 변환행렬은

$$\begin{bmatrix} \mathbf{i} \\ \mathbf{j} \end{bmatrix} = \mathbf{L} \begin{bmatrix} \mathbf{e}_1 \\ \mathbf{e}_2 \end{bmatrix}, \quad \mathbf{L} = \begin{bmatrix} \cos\theta & -\sin\theta \\ \sin\theta & \cos\theta \end{bmatrix} \tag{31}$$

의 형태가 자연스럽다. 이와 유사하게 주어진 좌표 $\mathbf{x}$에 대해 변환된 좌표 $\mathbf{y}$를

$$\mathbf{x} = \mathbf{L}\mathbf{y} \tag{32}$$

의 형태로 결정하면 2차형식 $Q = \mathbf{x}^{\mathrm{T}}\mathbf{A}\mathbf{x}$는

$$Q = \mathbf{x}^{\mathrm{T}}\mathbf{A}\mathbf{x} = \mathbf{y}^{\mathrm{T}}(\mathbf{L}^{\mathrm{T}}\mathbf{A}\mathbf{L})\mathbf{y} \tag{33}$$

로 표현된다. 특히, 변환행렬 $\mathbf{L}$이 직교행렬이라면 $\mathbf{L}^{\mathrm{T}} = \mathbf{L}^{-1}$이므로 2차형식은

$$Q = \mathbf{x}^{\mathrm{T}}\mathbf{A}\mathbf{x} = \mathbf{y}^{\mathrm{T}}(\mathbf{L}^{-1}\mathbf{A}\mathbf{L})\mathbf{y},\ \mathbf{L}^{-1} = \mathbf{L}^{\mathrm{T}} \tag{34}$$

와 같이 상사행렬 $\mathbf{L}^{-1}\mathbf{A}\mathbf{L}$을 포함하게 된다. 이때, 변환행렬 $\mathbf{L}$을 적절히 선택하면 2차형식은

$$Q = \lambda_1 y_1^2 + \lambda_2 y_2^2 + \cdots + \lambda_n y_n^2 \tag{35}$$

과 같이 제곱만을 포함한 식으로 나타나는 경우가 있다. 아래에서는 이러한 형태가 가능한 경우를 다루기로 한다.

행렬의 대각화. 행렬의 대각화(對角化; diagonalization)란 주대각선 위의 원소(principal diagonal elements)만을 남기고 나머지 원소들(off-diagonal elements)은 모두 0으로 만드는 과정을 말한다. 이러한 대각화를 이해하기 위하여 $n \times n$ 행렬 $\mathbf{A}$의 고유값 $\lambda_1, \lambda_2, \cdots, \lambda_n$이 모두 서로 다른 경우를 생각해 보자. 이때, 고유값 λ_j에 대응하는 고유벡터를

$$\mathbf{x}_j = \begin{bmatrix} x_{1j} \\ x_{2j} \\ \vdots \\ x_{nj} \end{bmatrix}, \quad j = 1, 2, 3, \cdots, n \tag{36}$$

이라고 하면

$$\mathbf{A}\mathbf{x}_1 = \lambda_1\mathbf{x}_1,\ \mathbf{A}\mathbf{x}_2 = \lambda_2\mathbf{x}_2,\ \cdots,\ \mathbf{A}\mathbf{x}_n = \lambda_n\mathbf{x}_n$$

이 만족되고, 이것을 행렬의 형태로 쓰면

$$[\mathbf{A}\mathbf{x}_1 \quad \mathbf{A}\mathbf{x}_2 \quad \cdots \quad \mathbf{A}\mathbf{x}_n] = [\lambda_1\mathbf{x}_1 \quad \lambda_2\mathbf{x}_2 \quad \cdots \quad \lambda_n\mathbf{x}_n] \tag{37}$$

으로 된다. 윗식은 좌변의 1열이 우변의 1열과 같다는 행렬의 상등을 뜻한다. 이것을 보다 편리한 형태로 나타내기 위해

$$\mathbf{X} = \begin{bmatrix} x_{11} & x_{12} & \cdots & x_{1n} \\ x_{21} & x_{22} & \cdots & x_{2n} \\ \cdot & \cdot & \cdots & \cdot \\ x_{n1} & x_{n2} & \cdots & x_{nn} \end{bmatrix}, \quad \mathbf{D} = \begin{bmatrix} \lambda_1 & 0 & \cdots & 0 \\ 0 & \lambda_2 & \cdots & 0 \\ \cdot & \cdot & \cdots & \cdot \\ 0 & 0 & \cdots & \lambda_n \end{bmatrix} \tag{38}$$

으로 쓰면, 행렬 $\mathbf{X}$는 고유벡터를 열벡터로 갖는 행렬이고 행렬 $\mathbf{D}$는 고유값을 대각원소로 갖는 대각행렬임을 알 수 있다. 식 (37)은

$$\mathbf{AX} = \mathbf{XD} \tag{39}$$

와 같이 간단히 쓸 수 있다. 이때, 행렬 $\mathbf{X}$가 역행렬 $\mathbf{X}^{-1}$을 가진다면 윗식은

$$\mathbf{D} = \mathbf{X}^{-1}\mathbf{AX} \tag{40}$$

와 같이 쓸 수 있는데, 이것을 행렬의 **대각화**라고 한다. 그러나, 모든 행렬이 대각화될 수 있는 것이 아니므로(즉, 역행렬 $\mathbf{X}^{-1}$이 없을 수도 있다) 보다 상세한 이론을 살펴보기로 한다.

☑ 식 (39)의 우변이 $\mathbf{XD}$가 되는 이유는 고유값이 열벡터에 곱해져 있기 때문이다. 즉, $[\mathbf{XD}]_{i,j} = \sum_{k=1}^{n} [\mathbf{X}]_{i,k}[\mathbf{D}]_{k,j} = \sum_{k=1}^{n} x_{ik}\,\delta_{kj}\,\lambda_j = \lambda_j x_{ij}$에서 아래첨자 j는 열을 나타내고 있다. 그러나, $\mathbf{DX}$로 쓰게 되면 고유값이 $[\mathbf{DX}]_{i,j} = \lambda_i x_{ij}$와 같이 행(row)벡터에 곱해지므로 전혀 다른 행렬이 된다는 것에 주의한다.

벡터의 1차독립. 여기서 잠깐 벡터의 **1차독립성**(一次獨立性; linear independence)을 간단히 언급하기로 한다. 0이 아닌 벡터 $\mathbf{x}_1, \mathbf{x}_2, \cdots, \mathbf{x}_n$이 서로 1차독립이라는 것은 주어진 벡터의 선형결합이

$$c_1\mathbf{x}_1 + c_2\mathbf{x}_2 + \cdots + c_n\mathbf{x}_n = 0 \tag{41}$$

으로 되면 반드시

$$c_1 = c_2 = \cdots = c_n = 0 \tag{42}$$

이 성립하는 것을 말한다. 만일, $c_1, c_2, \cdots, c_n$ 중에서 하나라도 0이 아닌 값을 가질 경우, 주어진 벡터들은 서로 **1차종속**(一次從屬; linearly dependent)이라고 한다.

대각화의 조건(고유벡터의 1차독립과 기저). 행렬의 고유벡터는 행렬의 대각화를 이루는 데 중요한 역할을 한다. 다음의 두 정리는 식 (40)에서 역행렬 $\mathbf{X}^{-1}$의 존재여부를 결정하는 데 사용된다. 결론을 말하면, $n \times n$ 행렬 $\mathbf{A}$가 $\mathbb{R}^n$ 공간에서 고유벡터의 기저를 가진다면 역행렬 $\mathbf{X}^{-1}$을 가지고, 따라서 행렬의 대각화 $\mathbf{D} = \mathbf{X}^{-1}\mathbf{AX}$가 가능하다.

> **(고유벡터의 1차독립성)** $\lambda_1, \lambda_2, \cdots, \lambda_k$를 $n \times n$ 행렬 $\mathbf{A}$의 서로 다른 고유값이라고 하면, 대응하는 고유벡터 $\mathbf{x}_1, \mathbf{x}_2, \cdots, \mathbf{x}_k$는 서로 1차독립이다.

▶ 이 정리의 증명은 연습문제를 참조한다(단, $k \le n$). 위의 정리를 이용하면 $k = n$인 경우, 즉 $n \times n$ 행렬 $\mathbf{A}$가 n개의 서로 다른 고유값을 가진다면 $\mathbf{A}$는 $\mathbb{R}^n$(또는 $\mathbb{C}^n$) 공간에

서 서로 독립인 n개의 벡터를 가지므로 고유벡터는 $\mathbb{R}^n$ 공간의 기저를 이룬다. 다시 말하면, $\mathbb{R}^n$ 공간 내의 모든 벡터는 행렬 $\mathbf{A}$의 고유벡터에 대한 1차결합

$$\mathbf{x} = c_1\mathbf{x}_1 + c_2\mathbf{x}_2 + \cdots + c_n\mathbf{x}_n \tag{43}$$

으로 나타낼 수 있다.

☑ 그러나, 5장의 (예제 16)의 경우처럼 3×3 행렬의 서로 다른 고유값이 2개이더라도 서로 독립인 고유벡터는 3개가 될 수도 있다.

(특수행렬의 기저) Hermite, skew-Hermite 및 unitary 행렬은 $\mathbb{C}^n$ 공간에서 unitary 계인 기저(基底; basis)를 갖는다. 대칭행렬은 $\mathbb{R}^n$ 공간에서 고유벡터의 직교기저를 갖는다.

▶ 증명은 본 교재의 수준을 넘으므로 생략한다.

주축에 대한 2차형식의 변환. 행렬의 대각화를 이용하면 **주축**(主軸; principal axis), 즉 고유벡터 방향을 축의 방향으로 택해서 2차형식을 간단한 형태로 변환할 수 있다. 2차형식인

$$Q = \mathbf{x}^{\mathrm{T}}\mathbf{A}\mathbf{x} = \sum_{i=1}^{n}\sum_{j=1}^{n} a_{ij}x_i x_j \tag{44}$$

를 생각하자. 위에서 Q는 2차형식(quadratic form)을 표시한 것이다. 일반적으로 식 (44)에 포함된 행렬 $\mathbf{A}$는 실대칭행렬로 간주할 수 있다는 것을 이미 앞에서 언급하였다. 그런데, 위에서

대칭행렬은 $\mathbb{R}^n$ 공간에서 고유벡터의 직교기저를 갖는다

로 서술한 정리로부터 n개의 "단위직교기저" $\mathbf{x}_i$ $(i = 1, 2, \cdots, n)$를 가질 수 있으므로 이들을 열벡터로 갖는 행렬 $\mathbf{X}$는 직교행렬이다. 즉, $\mathbf{X}^{\mathrm{T}} = \mathbf{X}^{-1}$이다. 그러면, $\mathbf{D} = \mathbf{X}^{-1}\mathbf{A}\mathbf{X}$로부터

$$\mathbf{x} = \mathbf{X}\mathbf{y} \tag{45}$$

로 두면

$$\begin{aligned} Q = \mathbf{x}^{\mathrm{T}}\mathbf{A}\mathbf{x} &= \mathbf{y}^{\mathrm{T}}(\mathbf{X}^{\mathrm{T}}\mathbf{A}\mathbf{X})\mathbf{y} \\ &= \mathbf{y}^{\mathrm{T}}(\mathbf{X}^{-1}\mathbf{A}\mathbf{X})\mathbf{y} \\ &= \mathbf{y}^{\mathrm{T}}\mathbf{D}\mathbf{y} \end{aligned} \tag{46}$$

즉,

$$\begin{aligned} Q = \mathbf{x}^{\mathrm{T}}\mathbf{A}\mathbf{x} = \mathbf{y}^{\mathrm{T}}\mathbf{D}\mathbf{y} &= \sum_{i=1}^{n}\sum_{j=1}^{n}(\lambda_i\delta_{ij})y_i y_j \\ &= \lambda_1 y_1^2 + \lambda_2 y_2^2 + \cdots + \lambda_n y_n^2 \end{aligned} \tag{47}$$

을 얻고, 이것을 2차형식의 주축형(主軸形; principal axes form)이라고 한다. 여기서, 대칭행렬 $\mathbf{A}$의 고유값 $\lambda_1, \lambda_2, \cdots, \lambda_n$은 반드시 서로 다른 값을 가질 필요는 없다.

✓ 직교행렬 $\mathbf{X}$의 각 열(column)은 단위벡터이다. 따라서, 주어진 고유값에 대응하는 임의 크기의 고유벡터로부터 구한 단위벡터를 $\mathbf{x} = \mathbf{X}\mathbf{y}$인 식에 사용한다.

예제 5 2차형식 $Q = 3x_1^2 - 4x_1x_2 + 3x_2^2 = 5$를 주축형으로 바꾸어 어떤 원추곡선인가를 말하라.

☞ $Q = 3x_1x_1 - 2x_1x_2 - 2x_2x_1 + 3x_2x_2 = \mathbf{x}^T\mathbf{A}\mathbf{x}$에서

$$\mathbf{A} = \begin{bmatrix} 3 & -2 \\ -2 & 3 \end{bmatrix}, \quad \mathbf{x} = \begin{bmatrix} x_1 \\ x_2 \end{bmatrix}$$

이고, 특성방정식 $(3-\lambda)^2 - 4 = 0$이다. 이것을 풀면 $\lambda_1 = 1$, $\lambda_2 = 5$이므로

$$Q = \mathbf{y}^T\mathbf{D}\mathbf{y} = y_1^2 + 5y_2^2 = 5 \tag{48}$$

즉, y_1y_2 좌표계에서는 타원이 된다(장축의 길이는 $2\sqrt{5}$, 단축의 길이는 2). 좌표변환관계를 구하려면 고유벡터를 $(\mathbf{A} - \lambda\mathbf{I})\mathbf{x} = 0$으로부터 구하면

$$\mathbf{x}_1 = \begin{bmatrix} 1 \\ 1 \end{bmatrix}, \quad \mathbf{x}_2 = \begin{bmatrix} -1 \\ 1 \end{bmatrix}$$

이고, 이것을 단위고유벡터로 나타내면 $\theta = 45°$라 할 때

$$\mathbf{x}_1 = \begin{bmatrix} \cos\theta \\ \sin\theta \end{bmatrix}, \quad \mathbf{x}_2 = \begin{bmatrix} -\sin\theta \\ \cos\theta \end{bmatrix} \quad \Rightarrow \quad \mathbf{X} = \begin{bmatrix} \cos\theta & -\sin\theta \\ \sin\theta & \cos\theta \end{bmatrix} \tag{49}$$

즉, 45°의 회전을 의미한다. 여기서, $\mathbf{x} = \mathbf{X}\mathbf{y}$ 또는 $\mathbf{y} = \mathbf{X}^T\mathbf{x}$로 구한다. ◀

연습문제

[1] 행렬 $\mathbf{A}$와 상사행렬 $\tilde{\mathbf{A}} = \mathbf{T}^{-1}\mathbf{A}\mathbf{T}$는 $\operatorname{trace}\tilde{\mathbf{A}} = \operatorname{trace}\mathbf{A}$를 만족하는 것을 보여라.

[2] 다음의 2차형식으로 표현되는 원추곡선의 형태를 찾고 주축형으로 바꾸어라.

(a) $x_1^2 - 2x_1x_2 + 4x_2^2 = 12$

(b) $6x_1^2 + 2x_1x_2 + 5x_2^2 = 7$

(c) $3x_1^2 + 4x_1x_2 - 3x_2^2 = 5$

[3] $n \times n$ 행렬 $\mathbf{A}$의 서로 다른 고유값을 $\lambda_1, \lambda_2, \cdots, \lambda_k$라고 하면, 대응하는 고유벡터 $\mathbf{x}_1, \mathbf{x}_2, \cdots, \mathbf{x}_k$는 서로 1차독립이다(단, $k \le n$). 이것을 증명하라.

✓ **증명**: 결론이 거짓이라고 가정하면 $\{\mathbf{x}_1, \mathbf{x}_2, \cdots, \mathbf{x}_r\}$이 1차독립이 되는 $1 \le r < k$인 가장 큰 정수가 존재한다(최소한 고유벡터 $\mathbf{x}_1$은 1차독립). 그러면, $\{\mathbf{x}_1, \mathbf{x}_2, \cdots, \mathbf{x}_r, \mathbf{x}_{r+1}\}$은 1차

종속이 되어

$$c_1\mathbf{x}_1 + c_2\mathbf{x}_2 + \cdots + c_r\mathbf{x}_r + c_{r+1}\mathbf{x}_{r+1} = 0$$

을 만족하는 적어도 한 개가 0이 아닌 상수 c_1, c_2, $\cdots$, c_r, c_{r+1}이 존재한다. 윗식에 행렬 $\mathbf{A}$를 곱하고 $\mathbf{A}\mathbf{x}_i = \lambda_i\mathbf{x}_i$를 사용하면

$$c_1\lambda_1\mathbf{x}_1 + c_2\lambda_2\mathbf{x}_2 + \cdots + c_r\lambda_r\mathbf{x}_r + c_{r+1}\lambda_{r+1}\mathbf{x}_{r+1} = 0$$

을 얻고, 처음 식에서 λ_{r+1}을 곱하여 빼면

$$c_1(\lambda_1 - \lambda_{r+1})\mathbf{x}_1 + c_2(\lambda_2 - \lambda_{r+1})\mathbf{x}_2 + \cdots + c_r(\lambda_r - \lambda_{r+1})\mathbf{x}_r = 0$$

으로 된다. 여기서, $\{\mathbf{x}_1, \mathbf{x}_2, \cdots, \mathbf{x}_r\}$이 1차독립이므로

$$c_1(\lambda_1 - \lambda_{r+1}) = c_2(\lambda_2 - \lambda_{r+1}) = \cdots = c_r(\lambda_r - \lambda_{r+1}) = 0$$

이 성립한다. 그런데, 고유값은 모두 서로 다른 값을 가지므로 $c_1 = c_2 = \cdots = c_r = 0$이다. 따라서, 최종적으로는 $c_{r+1}\mathbf{x}_{r+1} = 0$, 즉 $c_{r+1} = 0$을 얻는다(고유벡터는 0이 아닌 벡터이다). 그러나, 이것은 $\{\mathbf{x}_1, \mathbf{x}_2, \cdots, \mathbf{x}_r, \mathbf{x}_{r+1}\}$이 1차종속이라는 사실에 모순되므로 정리의 결론이 성립한다.

16-3 행렬의 분해(LU-decomposition)

이 절에서는 $n \times n$ 정사각행렬 $\mathbf{A}$에 관한 연립1차방정식 $\mathbf{Ax} = \mathbf{b}$의 해를 구하기 위한 행렬의 분해, 특히 행렬의 LU-분해에 대하여 다루기로 한다. 역행렬 $\mathbf{A}^{-1}$을 구하는 데 드는 많은 시간과 노력에 비해서 LU-분해는 매우 간단히 얻을 수 있기 때문에 수치해석에서 많이 응용된다.

특수한 정사각행렬과 연립1차방정식의 풀이. $n \times n$ 행렬 $\mathbf{A}$에 관한 연립1차방정식 $\mathbf{Ax} = \mathbf{b}$는 정사각행렬 $\mathbf{A}$가 삼각행렬의 형태로 주어지면 쉽게 해가 구해진다. 5장의 그림 5.1을 참조하면 정사각행렬(square matrix)의 집합관계를

단위행렬 identity	$\subset$	스칼라 행렬 scalar	$\subset$	대각행렬 diagonal	$\subset$	삼각행렬 triangular	$\subset$	정사각행렬 square

과 같이 쓸 수 있다. 그러면 단위행렬, 스칼라 행렬, 대각행렬, 위삼각행렬, 아래삼각행렬의 경우에 대한 연립1차방정식의 해를 알아보자(편의상 $n = 3$, 즉 3×3 행렬에 대해 서술하기로 한다).

✔ 보통, 단위행렬 $\mathbf{I}$, 스칼라 행렬 $\mathbf{S}$, 대각형렬 $\mathbf{D}$, 위삼각행렬 $\mathbf{U}$, 아래삼각행렬 $\mathbf{L}$로 표현한다.

1. 단위행렬($\mathbf{A}=\mathbf{I}$)

▶가장 간단한 연립1차방정식의 경우로

$$\mathbf{Ax}=\mathbf{b} \quad \Rightarrow \quad \begin{bmatrix} 1 & 0 & 0 \\ 0 & 1 & 0 \\ 0 & 0 & 1 \end{bmatrix}\begin{bmatrix} x_1 \\ x_2 \\ x_3 \end{bmatrix}=\begin{bmatrix} b_1 \\ b_2 \\ b_3 \end{bmatrix} \quad \Rightarrow \quad \begin{matrix} x_1=b_1 \\ x_2=b_2 \\ x_3=b_3 \end{matrix}$$

와 같이 해가 구해진다. 이것을 $\mathbf{A}^{-1}=\mathbf{I}^{-1}=\mathbf{I}$이므로 $\mathbf{x}=\mathbf{A}^{-1}\mathbf{b}=\mathbf{b}$로 푼 결과로 해석할 수 있다.

2. 스칼라 행렬($\mathbf{A}=\mathbf{S}$)

▶스칼라 행렬의 원소는 $[\mathbf{S}]_{i,j}=k\delta_{ij}$로 표현되므로 $k\neq 0$인 경우

$$\mathbf{Ax}=\mathbf{b} \quad \Rightarrow \quad \begin{bmatrix} k & 0 & 0 \\ 0 & k & 0 \\ 0 & 0 & k \end{bmatrix}\begin{bmatrix} x_1 \\ x_2 \\ x_3 \end{bmatrix}=\begin{bmatrix} b_1 \\ b_2 \\ b_3 \end{bmatrix} \quad \Rightarrow \quad \begin{matrix} x_1=b_1/k \\ x_2=b_2/k \\ x_3=b_3/k \end{matrix}$$

3. 대각행렬($\mathbf{A}=\mathbf{D}$)

▶대각행렬의 원소는 $[\mathbf{D}]_{i,j}=d_{ii}\delta_{ij}$로 표현되므로 $a_{ii}\neq 0$일 때

$$\mathbf{Ax}=\mathbf{b} \quad \Rightarrow \quad \begin{bmatrix} a_{11} & 0 & 0 \\ 0 & a_{22} & 0 \\ 0 & 0 & a_{33} \end{bmatrix}\begin{bmatrix} x_1 \\ x_2 \\ x_3 \end{bmatrix}=\begin{bmatrix} b_1 \\ b_2 \\ b_3 \end{bmatrix} \quad \Rightarrow \quad \begin{matrix} x_1=b_1/a_{11} \\ x_2=b_2/a_{22} \\ x_3=b_3/a_{33} \end{matrix}$$

만약, $a_{ii}=0$인 경우에는 $0x_i=b_i$로 되어 x_i의 값은 존재하지 않거나($b_i\neq 0$일 때), 무한히 많게 된다($b_i=0$일 때). 여기서 $i=1, 2, \cdots, n$이다.

4. 아래삼각행렬($\mathbf{A}=\mathbf{L}$): 전진대입법

▶아래삼각행렬의 원소는 $i<j$인 경우 $[\mathbf{L}]_{i,j}=0$으로 주어지므로

$$\mathbf{Ax}=\mathbf{b} \quad \Rightarrow \quad \begin{bmatrix} a_{11} & 0 & 0 \\ a_{21} & a_{22} & 0 \\ a_{31} & a_{32} & a_{33} \end{bmatrix}\begin{bmatrix} x_1 \\ x_2 \\ x_3 \end{bmatrix}=\begin{bmatrix} b_1 \\ b_2 \\ b_3 \end{bmatrix} \tag{50}$$

로 되고, 전개하여 쓰면

$$\begin{aligned} a_{11}x_1 \qquad\qquad\qquad &= b_1 \\ a_{21}x_1+a_{22}x_2 \qquad\quad &= b_2 \\ a_{31}x_1+a_{32}x_2+a_{33}x_3 &= b_3 \end{aligned} \tag{51}$$

이다. 첫 번째 식부터 마지막 식까지 순서대로 풀면($a_{ii}\neq 0$이라 하자)

$$\begin{aligned} x_1 &= b_1/a_{11} \\ x_2 &= (b_2-a_{21}x_1)/a_{22} \\ x_3 &= (b_3-a_{31}x_1-a_{32}x_2)/a_{33} \end{aligned} \tag{52}$$

를 얻는다. 즉, ① 처음에 x_1을 구하고, ② x_1의 값을 사용하여 x_2를 구하고, ③ 앞에서 구한 x_1, x_2의 값을 이용하여 x_3을 구한다. 위의 과정은 앞으로 전진하면서 순서대로 해를 구하기 때문에 **전진대입법**(前進代入法; forward substitution)이라고 한다. 이 방법은 역행렬 $\mathbf{L}^{-1}$을 구하는 것보다 훨씬 간단하고 추가적인 기억장소를 필요로 하지 않기 때문에 수치해석에서 매우 효율적이다.

☑ 전진대입법을 이용하여 해를 구하는 과정을 $\mathbf{Lx}=\mathbf{b} \Rightarrow \mathbf{x}=\mathbf{L}^{-1}\mathbf{b}$로 나타내기로 한다. 이때, 윗식에 포함된 $\mathbf{L}^{-1}$은 아래삼각행렬의 역행렬을 구하는 것이 아니라 전진대입법을 의미하는 것으로 약속한다. 마찬가지로 다음에서 다루는 후진대입법은 $\mathbf{x}=\mathbf{U}^{-1}\mathbf{b}$로 나타내기로 한다.

5. 위삼각행렬($\mathbf{A}=\mathbf{U}$): 후진대입법

▶ 위삼각행렬의 원소는 $i>j$인 경우 $[\mathbf{U}]_{i,j}=0$이므로 연립1차방정식 $\mathbf{Ax}=\mathbf{b}$는($a_{ii}\neq 0$이라 하자)

$$\begin{bmatrix} a_{11} & a_{12} & a_{13} \\ 0 & a_{22} & a_{23} \\ 0 & 0 & a_{33} \end{bmatrix}\begin{bmatrix} x_1 \\ x_2 \\ x_3 \end{bmatrix}=\begin{bmatrix} b_1 \\ b_2 \\ b_3 \end{bmatrix}$$

즉,

$$\begin{aligned} a_{11}x_1+a_{12}x_2+a_{13}x_3&=b_1 \\ a_{22}x_2+a_{23}x_3&=b_2 \\ a_{33}x_3&=b_3 \end{aligned}$$

로 정리된다. 이 경우에는 거꾸로 마지막 식부터 순서대로 풀어서

$$\begin{aligned} x_3&=b_3/a_{33} \\ x_2&=(b_2-a_{23}x_3)/a_{22} \\ x_1&=(b_1-a_{12}x_2-a_{13}x_3)/a_{11} \end{aligned} \tag{53}$$

이 된다. 위의 과정은 뒤로 후진하면서 순서대로 해를 구하기 때문에 **후진대입법**(後進代入法; backward substitution)이라고 한다.

LU-분해에 의한 연립1차방정식의 풀이. 주어진 행렬 $\mathbf{A}$가 단위행렬, 스칼라 행렬 또는 대각행렬이면 연립1차방정식 $\mathbf{Ax}=\mathbf{b}$의 해는 위에서 살펴본 바와 같이 매우 쉽게 얻어진다. 일반적인 $n\times n$ 정사각행렬에 대해서는 전진대입법과 후진대입법을 결합하여 다음과 같이 구한다.

> 행렬 $\mathbf{A}$가 $\mathbf{A}=\mathbf{LU}$로 LU-분해되면 연립1차방정식 $\mathbf{Ax}=\mathbf{b}$의 해는 벡터 $\mathbf{y}=\mathbf{Ux}$를 도입하여 $\mathbf{LUx}=\mathbf{b}$, 즉 $\mathbf{Ly}=\mathbf{b}$를 풀어 벡터 $\mathbf{y}$를 구하고 다시 $\mathbf{Ux}=\mathbf{y}$를 풀어 해벡터 $\mathbf{x}$를 구한다. 다시 말하면, 전진대입법으로 $\mathbf{y}$를 결정한 다음에 후진대입법으로 $\mathbf{x}$를 구한다. 형식적으로
>
> $$\mathbf{x}=\mathbf{U}^{-1}(\mathbf{L}^{-1}\mathbf{b})$$
>
> 와 같이 나타낼 수 있다.

▶ 위에 서술한 LU-분해에 의한 연립방정식의 해법은 LU-분해가 가능한 경우에 국한된다. 특히, 아래삼각행렬 $\mathbf{L}$, 위삼각행렬 $\mathbf{U}$의 주대각선의 원소가 0인 경우는 해가 존재하지 않거나, 무한히 많으므로 주의하여야 한다. 주어진 행렬 $\mathbf{A}$의 LU-분해를 구하는 방법은 뒤에서 다루기로 한다.

예제 6 행렬 $\mathbf{A}$의 LU-분해 $\mathbf{A}=\mathbf{LU}$가 다음과 같이 주어져 있다.

$$\mathbf{A}=\begin{bmatrix}3 & 9 & 6\\ -2 & -5 & -5\\ 4 & 7 & 17\end{bmatrix},\quad \mathbf{L}=\begin{bmatrix}3 & 0 & 0\\ -2 & 1 & 0\\ 4 & -5 & 4\end{bmatrix},\quad \mathbf{U}=\begin{bmatrix}1 & 3 & 2\\ 0 & 1 & -1\\ 0 & 0 & 1\end{bmatrix}.$$

이때, 연립1차방정식 $\mathbf{Ax}=\mathbf{b}$를 $\mathbf{b}^T=[3\ \ -4\ \ 18]$에 대하여 풀어라.

☞ 주어진 연립방정식

$$\begin{bmatrix}3 & 9 & 6\\ -2 & -5 & -5\\ 4 & 7 & 17\end{bmatrix}\begin{bmatrix}x_1\\ x_2\\ x_3\end{bmatrix}=\begin{bmatrix}3\\ -4\\ 18\end{bmatrix}$$

은 LU-분해 $\mathbf{A}=\mathbf{LU}$를 이용하면

$$\begin{bmatrix}3 & 0 & 0\\ -2 & 1 & 0\\ 4 & -5 & 4\end{bmatrix}\begin{bmatrix}1 & 3 & 2\\ 0 & 1 & -1\\ 0 & 0 & 1\end{bmatrix}\begin{bmatrix}x_1\\ x_2\\ x_3\end{bmatrix}=\begin{bmatrix}3\\ -4\\ 18\end{bmatrix}$$

로 고쳐 쓸 수 있다. 위의 청색 부분에 대응하는 열벡터를 $\mathbf{y}$라고 두고, 다시 말해서

$$\begin{bmatrix}3 & 0 & 0\\ -2 & 1 & 0\\ 4 & -5 & 4\end{bmatrix}\begin{bmatrix}y_1\\ y_2\\ y_3\end{bmatrix}=\begin{bmatrix}3\\ -4\\ 18\end{bmatrix}$$

로 두고 전진대입법을 이용하여 해를 구하면

$$3y_1=3,\quad -2y_1+y_2=-4,\quad 4y_1-5y_2+4y_3=18$$

로부터 $(y_1, y_2, y_3)=(1, -2, 1)$을 얻는다. 계속해서, 청색 부분에 대한 연립1차방정식

$$\begin{bmatrix}1 & 3 & 2\\ 0 & 1 & -1\\ 0 & 0 & 1\end{bmatrix}\begin{bmatrix}x_1\\ x_2\\ x_3\end{bmatrix}=\begin{bmatrix}y_1\\ y_2\\ y_3\end{bmatrix}=\begin{bmatrix}1\\ -2\\ 1\end{bmatrix}$$

을 풀면 $(x_1, x_2, x_3)=(2, -1, 1)$이 해가 된다. ◀

기본행연산과 기본행렬. 행렬의 LU-분해를 체계적으로 다루기 위하여 먼저 기본행렬을 다음과 같이 도입하자. 주어진 행렬의 행(row)을 교환하지 않는 **기본행연산**(基本行演算; elementary row operation)에 대하여 **기본행렬**(elementary matrix) $\mathbf{E}_{ij}$를 ($i\geq j$만을 고려한다)

① $i=j$일 때는 i행에 상수를 "곱하는" 기본행연산

② $i>j$일 때는 i행에 j행의 상수배를 "더하는" 기본행연산

이 대응되도록 정의한다. 예를 들어, 3×3 행렬에 대해서 행렬곱 $\mathbf{E}_{ij}\mathbf{A}$는($E$가 왼쪽에서 곱해지는 것에 주의)

$$\mathbf{E}_{11}=\begin{pmatrix} f_{11} & 0 & 0 \\ 0 & 1 & 0 \\ 0 & 0 & 1 \end{pmatrix},\quad \mathbf{E}_{22}=\begin{pmatrix} 1 & 0 & 0 \\ 0 & f_{22} & 0 \\ 0 & 0 & 1 \end{pmatrix},\quad \mathbf{E}_{33}=\begin{pmatrix} 1 & 0 & 0 \\ 0 & 1 & 0 \\ 0 & 0 & f_{33} \end{pmatrix}$$

1행을 f_{11}배한다	2행을 f_{22}배한다	3행을 f_{33}배한다

$$\mathbf{E}_{21}=\begin{pmatrix} 1 & 0 & 0 \\ f_{21} & 1 & 0 \\ 0 & 0 & 1 \end{pmatrix},\quad \mathbf{E}_{31}=\begin{pmatrix} 1 & 0 & 0 \\ 0 & 1 & 0 \\ f_{31} & 0 & 1 \end{pmatrix},\quad \mathbf{E}_{32}=\begin{pmatrix} 1 & 0 & 0 \\ 0 & 1 & 0 \\ 0 & f_{32} & 1 \end{pmatrix}$$

1행을 f_{21}배하여 2행에 더한다	1행을 f_{31}배하여 3행에 더한다	2행을 f_{32}배하여 3행에 더한다

인 의미를 가진다.

특히, 기본행연산에 대응하는 기본행렬(elementary matrix)의 역행렬은

$$\begin{bmatrix} 1 & 0 & 0 \\ 0 & k & 0 \\ 0 & 0 & 1 \end{bmatrix}^{-1}=\begin{bmatrix} 1 & 0 & 0 \\ 0 & 1/k & 0 \\ 0 & 0 & 1 \end{bmatrix},\quad \begin{bmatrix} 1 & 0 & 0 \\ 0 & 1 & 0 \\ k & 0 & 1 \end{bmatrix}^{-1}=\begin{bmatrix} 1 & 0 & 0 \\ 0 & 1 & 0 \\ -k & 0 & 1 \end{bmatrix} \tag{54}$$

과 같이 "곱하기는 나누기"로 "더하기는 빼기"로 대치하는 기본행연산과 대응한다.

☑ 기본행연산과 기본행렬의 대응관계를 예를 들어 확인하기 위하여 3×3 행렬 $\mathbf{A}$에 대해 $\mathbf{E}_{31}$을 적용하면

$$\mathbf{E}_{31}\mathbf{A}=\begin{bmatrix} 1 & 0 & 0 \\ 0 & 1 & 0 \\ k & 0 & 1 \end{bmatrix}\begin{bmatrix} a_{11} & a_{12} & a_{13} \\ a_{21} & a_{22} & a_{23} \\ a_{31} & a_{32} & a_{33} \end{bmatrix}=\begin{bmatrix} a_{11} & a_{12} & a_{13} \\ a_{21} & a_{22} & a_{23} \\ a_{31}+ka_{11} & a_{32}+ka_{12} & a_{33}+ka_{13} \end{bmatrix}$$

그러나, 기본행렬 $\mathbf{E}_{31}$이 오른쪽에서 곱해지면

$$\mathbf{A}\mathbf{E}_{31}=\begin{bmatrix} a_{11} & a_{12} & a_{13} \\ a_{21} & a_{22} & a_{23} \\ a_{31} & a_{32} & a_{33} \end{bmatrix}\begin{bmatrix} 1 & 0 & 0 \\ 0 & 1 & 0 \\ k & 0 & 1 \end{bmatrix}=\begin{bmatrix} a_{11}+ka_{13} & a_{12} & a_{13} \\ a_{21}+ka_{23} & a_{22} & a_{23} \\ a_{31}+ka_{33} & a_{32} & a_{33} \end{bmatrix}$$

와 같이 열(column)에 관한 연산으로 된다.

기본행렬과 아래삼각행렬.

아래의 그림과 같이

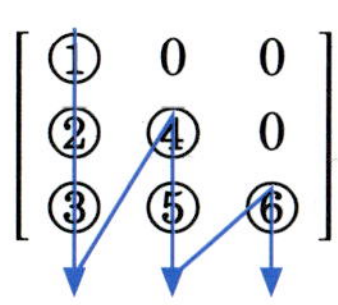

열을 먼저 택하고 행을 택하는 순서로 기본행렬을 곱하면, 즉 $\mathbf{E}_{11}$, $\mathbf{E}_{21}$, $\mathbf{E}_{31}$, $\mathbf{E}_{22}$, $\mathbf{E}_{32}$, $\mathbf{E}_{33}$의 순서로 행렬곱을 구하면 아래삼각행렬

$$\mathbf{L} = (\mathbf{E}_{11}\mathbf{E}_{21}\mathbf{E}_{31})(\mathbf{E}_{22}\mathbf{E}_{32})(\mathbf{E}_{33})$$

를 얻을 수 있다(확인은 ☑ 참조). 일반적인 $n \times n$ 행렬의 경우에 대해서도 위에서 언급한 순서대로 기본행렬을 택하여 모두 곱하면

$$\mathbf{L} = (\mathbf{E}_{11}\mathbf{E}_{21} \cdots \mathbf{E}_{n1})(\mathbf{E}_{22} \cdots \mathbf{E}_{n2}) \cdots (\mathbf{E}_{nn}) \tag{55}$$

인 형태의 아래삼각행렬로 된다.

☑ 위에서 언급한 순서대로, 즉 열을 먼저 택하고 행을 택하는 순서로 기본행렬을 연속적으로 곱하면 다음과 같이 흩어져 있는 원소를 주워 모으는 것처럼 된다.

$$
\begin{aligned}
&(\mathbf{E}_{11}\mathbf{E}_{21}\mathbf{E}_{31}) \times (\mathbf{E}_{22}\mathbf{E}_{32}) \times (\mathbf{E}_{33}) \\
&= \begin{bmatrix} \textcircled{1} & 0 & 0 \\ 0 & 1 & 0 \\ 0 & 0 & 1 \end{bmatrix} \begin{bmatrix} 1 & 0 & 0 \\ \textcircled{2} & 1 & 0 \\ 0 & 0 & 1 \end{bmatrix} \begin{bmatrix} 1 & 0 & 0 \\ 0 & 1 & 0 \\ \textcircled{3} & 0 & 1 \end{bmatrix} \times \begin{bmatrix} 1 & 0 & 0 \\ 0 & \textcircled{4} & 0 \\ 0 & 0 & 1 \end{bmatrix} \begin{bmatrix} 1 & 0 & 0 \\ 0 & 1 & 0 \\ 0 & \textcircled{5} & 1 \end{bmatrix} \times \begin{bmatrix} 1 & 0 & 0 \\ 0 & 1 & 0 \\ 0 & 0 & \textcircled{6} \end{bmatrix} \\
&= \begin{bmatrix} \textcircled{1} & 0 & 0 \\ \textcircled{2} & 1 & 0 \\ 0 & 0 & 1 \end{bmatrix} \begin{bmatrix} 1 & 0 & 0 \\ 0 & 1 & 0 \\ \textcircled{3} & 0 & 1 \end{bmatrix} \times \begin{bmatrix} 1 & 0 & 0 \\ 0 & \textcircled{4} & 0 \\ 0 & 0 & 1 \end{bmatrix} \begin{bmatrix} 1 & 0 & 0 \\ 0 & 1 & 0 \\ 0 & \textcircled{5} & 1 \end{bmatrix} \times \begin{bmatrix} 1 & 0 & 0 \\ 0 & 1 & 0 \\ 0 & 0 & \textcircled{6} \end{bmatrix} \\
&= \begin{bmatrix} \textcircled{1} & 0 & 0 \\ \textcircled{2} & 1 & 0 \\ \textcircled{3} & 0 & 1 \end{bmatrix} \times \begin{bmatrix} 1 & 0 & 0 \\ 0 & \textcircled{4} & 0 \\ 0 & 0 & 1 \end{bmatrix} \begin{bmatrix} 1 & 0 & 0 \\ 0 & 1 & 0 \\ 0 & \textcircled{5} & 1 \end{bmatrix} \times \begin{bmatrix} 1 & 0 & 0 \\ 0 & 1 & 0 \\ 0 & 0 & \textcircled{6} \end{bmatrix} \\
&= \begin{bmatrix} \textcircled{1} & 0 & 0 \\ \textcircled{2} & \textcircled{4} & 0 \\ \textcircled{3} & 0 & 1 \end{bmatrix} \begin{bmatrix} 1 & 0 & 0 \\ 0 & 1 & 0 \\ 0 & \textcircled{5} & 1 \end{bmatrix} \times \begin{bmatrix} 1 & 0 & 0 \\ 0 & 1 & 0 \\ 0 & 0 & \textcircled{6} \end{bmatrix} \\
&= \begin{bmatrix} \textcircled{1} & 0 & 0 \\ \textcircled{2} & \textcircled{4} & 0 \\ \textcircled{3} & \textcircled{5} & 1 \end{bmatrix} \times \begin{bmatrix} 1 & 0 & 0 \\ 0 & 1 & 0 \\ 0 & 0 & \textcircled{6} \end{bmatrix} \\
&= \begin{bmatrix} \textcircled{1} & 0 & 0 \\ \textcircled{2} & \textcircled{4} & 0 \\ \textcircled{3} & \textcircled{5} & \textcircled{6} \end{bmatrix}.
\end{aligned}
$$

그러나, 순서를 바꾸면 다음과 같이 원소들의 곱이 나타나는 것을 주의한다.

$$\begin{bmatrix} \textcircled{1} & 0 & 0 \\ 0 & 1 & 0 \\ 0 & 0 & 1 \end{bmatrix} \begin{bmatrix} 1 & 0 & 0 \\ 0 & \textcircled{4} & 0 \\ 0 & 0 & 1 \end{bmatrix} \begin{bmatrix} 1 & 0 & 0 \\ \textcircled{2} & 1 & 0 \\ 0 & 0 & 1 \end{bmatrix} = \begin{bmatrix} \textcircled{1} & 0 & 0 \\ \textcircled{2}\textcircled{4} & \textcircled{4} & 0 \\ 0 & 0 & 1 \end{bmatrix}$$

LU-분해를 구하는 방법. 행렬의 LU-분해는 주어진 행렬로부터 시작하여 다음과 같은 행연산을 $\mathbf{E}_n \cdots \mathbf{E}_2\mathbf{E}_1\mathbf{A}$가 (만일 가능하다면) 주대각선이 모두 1인 위삼각행렬이 될 때까지 수행한다.

$$\begin{aligned}\mathbf{A} = \mathbf{IA} &= (\mathbf{E}_1^{-1})(\mathbf{E}_1\mathbf{A}) \\ &= (\mathbf{E}_1^{-1}\mathbf{E}_2^{-1})(\mathbf{E}_2\mathbf{E}_1\mathbf{A}) \\ &\vdots \\ &= (\mathbf{E}_1^{-1}\mathbf{E}_2^{-1}\cdots\mathbf{E}_n^{-1})(\mathbf{E}_n\cdots\mathbf{E}_2\mathbf{E}_1\mathbf{A})\end{aligned} \tag{56}$$

최종적으로 행렬의 LU-분해는(만일 존재한다면)

$$\mathbf{A} = \mathbf{LU} \quad \Rightarrow \quad \mathbf{L} = \mathbf{E}_1^{-1}\mathbf{E}_2^{-1}\cdots\mathbf{E}_n^{-1}, \quad \mathbf{U} = \mathbf{E}_n\cdots\mathbf{E}_2\mathbf{E}_1\mathbf{A} \tag{57}$$

로 구해진다. 행렬의 LU-분해를 구하는 구체적인 과정은 아래와 같다.

예제 7 행렬 $\begin{bmatrix} 3 & 9 & 6 \\ -2 & -5 & -5 \\ 4 & 7 & 17 \end{bmatrix}$의 LU-분해를 구하라.

☞ 주어진 행렬로부터 주대각선이 모두 1인 위삼각행렬이 얻어질 때까지 기본행연산을 수행하면

$$\begin{bmatrix} 3 & 9 & 6 \\ -2 & -5 & -5 \\ 4 & 7 & 17 \end{bmatrix}$$

• 1행의 선두 3을 1로 만든다. $\quad \mathbf{E}_1 = \begin{bmatrix} 1/3 & 0 & 0 \\ 0 & 1 & 0 \\ 0 & 0 & 1 \end{bmatrix} \quad \mathbf{E}_1^{-1} = \begin{bmatrix} 3 & 0 & 0 \\ 0 & 1 & 0 \\ 0 & 0 & 1 \end{bmatrix}$

$$\begin{bmatrix} 1 & 3 & 2 \\ -2 & -5 & -5 \\ 4 & 7 & 17 \end{bmatrix}$$

• 2행의 선두 −2를 0으로 만든다. $\quad \mathbf{E}_2 = \begin{bmatrix} 1 & 0 & 0 \\ 2 & 1 & 0 \\ 0 & 0 & 1 \end{bmatrix} \quad \mathbf{E}_2^{-1} = \begin{bmatrix} 1 & 0 & 0 \\ -2 & 1 & 0 \\ 0 & 0 & 1 \end{bmatrix}$

$$\begin{bmatrix} 1 & 3 & 2 \\ 0 & 1 & -1 \\ 4 & 7 & 17 \end{bmatrix}$$

• 3행의 선두 4를 0으로 만든다. $\quad \mathbf{E}_3 = \begin{bmatrix} 1 & 0 & 0 \\ 0 & 1 & 0 \\ -4 & 0 & 1 \end{bmatrix} \quad \mathbf{E}_3^{-1} = \begin{bmatrix} 1 & 0 & 0 \\ 0 & 1 & 0 \\ 4 & 0 & 1 \end{bmatrix}$

$$\begin{bmatrix} 1 & 3 & 2 \\ 0 & 1 & -1 \\ 0 & -5 & 9 \end{bmatrix}$$

• 3행의 선두 −5를 0으로 만든다. $\quad \mathbf{E}_4 = \begin{bmatrix} 1 & 0 & 0 \\ 0 & 1 & 0 \\ 0 & 5 & 1 \end{bmatrix} \quad \mathbf{E}_4^{-1} = \begin{bmatrix} 1 & 0 & 0 \\ 0 & 1 & 0 \\ 0 & -5 & 1 \end{bmatrix}$

$$\begin{bmatrix} 1 & 3 & 2 \\ 0 & 1 & -1 \\ 0 & 0 & 4 \end{bmatrix}$$

• 3행의 선두 4를 1로 만든다. $\quad \mathbf{E}_5 = \begin{bmatrix} 1 & 0 & 0 \\ 0 & 1 & 0 \\ 0 & 0 & 1/4 \end{bmatrix} \quad \mathbf{E}_5^{-1} = \begin{bmatrix} 1 & 0 & 0 \\ 0 & 1 & 0 \\ 0 & 0 & 4 \end{bmatrix}$

$$\begin{bmatrix} 1 & 3 & 2 \\ 0 & 1 & -1 \\ 0 & 0 & 1 \end{bmatrix}$$

와 같이 된다. 따라서, 위삼각행렬과 아래삼각행렬은 각각

$$\mathbf{U} = \mathbf{E}_5\mathbf{E}_4\mathbf{E}_3\mathbf{E}_2\mathbf{E}_1\mathbf{A} = \begin{bmatrix} 1 & 3 & 2 \\ 0 & 1 & -1 \\ 0 & 0 & 1 \end{bmatrix}$$

$$\mathbf{L}=\mathbf{E}_1^{-1}\mathbf{E}_2^{-1}\mathbf{E}_3^{-1}\mathbf{E}_4^{-1}\mathbf{E}_5^{-1}=\begin{bmatrix}3&0&0\\-2&1&0\\4&-5&4\end{bmatrix} \tag{58}$$

로 된다. 위에서, (역행렬 $\mathbf{E}_i^{-1}$의 청색 부분과 기본행연산이 적용되는 행렬의 청색 부분과 같다는 것에 주목하면) 아래삼각행렬은 다시 계산할 필요없이 기본행연산을 수행할 때마다 각 행의 선두에 표시를 하고 마지막에 모두 모아서 쓰면 된다(1을 곱하는 연산은 생략하므로 비어 있는 주대각선은 1을 채워 넣는다). ◀

☑ 실제의 LU-분해에서는 기본행렬 $\mathbf{E}_i$와 역행렬 $\mathbf{E}_i^{-1}$을 기록하지 않고 위에서처럼 **기본행연산이 수행될 때마다 선두에 표시**를 하면 된다. 또한, 행렬의 LU-분해는 제한조건을 명시하지 않는 경우 유일하지 않은 것을 알 수 있다. 즉,

$$\begin{bmatrix}3&9&6\\-2&-5&-5\\4&7&17\end{bmatrix}=\begin{bmatrix}3&0&0\\-2&1&0\\4&-5&1\end{bmatrix}\begin{bmatrix}1&3&2\\0&1&-1\\0&0&4\end{bmatrix}$$
$$=\begin{bmatrix}3&0&0\\-2&1&0\\4&-5&4\end{bmatrix}\begin{bmatrix}1&3&2\\0&1&-1\\0&0&1\end{bmatrix}$$

과 같이 $\mathbf{A}=\mathbf{L}_1\mathbf{U}_1=\mathbf{L}_2\mathbf{U}_2$인 관계가 성립할 수 있다.

예제 8 행렬 $\begin{bmatrix}2&-2&4\\-3&8&9\\1&-3&0\end{bmatrix}$의 LU-분해를 구하라.

☞ 기본행연산을 이용하여 주어진 행렬을 주대각선의 원소가 모두 1인 위삼각행렬로 바꾸면

$$\begin{bmatrix}2&-2&4\\-3&8&9\\1&-3&0\end{bmatrix}\Rightarrow\begin{bmatrix}1&-1&2\\-3&8&9\\1&-3&0\end{bmatrix}\Rightarrow\begin{bmatrix}1&-1&2\\0&5&15\\0&-2&-2\end{bmatrix}\Rightarrow$$
$$\Rightarrow\begin{bmatrix}1&-1&2\\0&1&3\\0&-2&-2\end{bmatrix}\Rightarrow\begin{bmatrix}1&-1&2\\0&1&3\\0&0&4\end{bmatrix}\Rightarrow\begin{bmatrix}1&-1&2\\0&1&3\\0&0&1\end{bmatrix}$$

따라서, LU-분해는

$$\begin{bmatrix}2&-2&4\\-3&8&9\\1&-3&0\end{bmatrix}=\begin{bmatrix}2&0&0\\-3&5&0\\1&-2&4\end{bmatrix}\begin{bmatrix}1&-1&2\\0&1&3\\0&0&1\end{bmatrix} \quad ◀ \tag{59}$$

예제 9 행렬 $\begin{bmatrix}3&-6&12\\1&-2&4\\-2&5&-8\end{bmatrix}$의 LU-분해가 존재하는가를 알아보라.

☞ 기본행연산을 수행하여

$$\begin{bmatrix} 3 & -6 & 12 \\ 1 & -2 & 4 \\ -2 & 5 & -8 \end{bmatrix} \Rightarrow \begin{bmatrix} 1 & -2 & 4 \\ 1 & -2 & 4 \\ -2 & 5 & -8 \end{bmatrix} \Rightarrow \begin{bmatrix} 1 & -2 & 4 \\ 0 & 0 & 0 \\ 0 & 1 & 0 \end{bmatrix} \tag{60}$$

오른쪽의 마지막 행렬은 (행을 교환하지 않는다면) 위삼각행렬로 만들 수 없다. 위의 결과를 정리하면

$$\begin{bmatrix} 3 & -6 & 12 \\ 1 & -2 & 4 \\ -2 & 5 & -8 \end{bmatrix} = \begin{bmatrix} 3 & 0 & 0 \\ 1 & 1 & 0 \\ -2 & 0 & 1 \end{bmatrix} \begin{bmatrix} 1 & -2 & 4 \\ 0 & 0 & 0 \\ 0 & 1 & 0 \end{bmatrix} \tag{61}$$

으로 되고, 따라서 주어진 행렬의 LU-분해는 존재하지 않는다. 이러한 경우는 행을 교환하는 기본행연산을 $\mathbf{P}$라고 할 때

$$\mathbf{A} = \mathbf{PLU} \tag{62}$$

와 같은 형태의 분해(decomposition)가 존재한다. ◀

☑ m행과 n행을 교환하는 기본행연산을 $\mathbf{P}_{mn}$으로 나타내기로 하면 3×3 행렬의 경우 다음과 같이 된다.

$$\mathbf{P}_{12} = \begin{bmatrix} 0 & 1 & 0 \\ 1 & 0 & 0 \\ 0 & 0 & 1 \end{bmatrix}, \quad \mathbf{P}_{23} = \begin{bmatrix} 1 & 0 & 0 \\ 0 & 0 & 1 \\ 0 & 1 & 0 \end{bmatrix}, \quad \mathbf{P}_{31} = \begin{bmatrix} 0 & 0 & 1 \\ 0 & 1 & 0 \\ 1 & 0 & 0 \end{bmatrix}$$

연습문제

※다음 행렬의 LU-분해가 존재할 경우 LU-분해를 구하라.

[1] $\begin{bmatrix} 2 & -8 \\ -3 & 13 \end{bmatrix}$

[2] $\begin{bmatrix} 1 & -1 \\ -2 & 5 \end{bmatrix}$

[3] $\begin{bmatrix} 3 & -6 & -3 \\ 2 & 0 & 6 \\ -4 & 7 & 4 \end{bmatrix}$

[4] $\begin{bmatrix} 2 & -6 & 2 \\ -3 & 8 & 0 \\ 4 & 9 & 2 \end{bmatrix}$

*[5] $\begin{bmatrix} 2 & -4 & 0 & 0 \\ 1 & 2 & 12 & 0 \\ 0 & -1 & -4 & -5 \\ 0 & 0 & 2 & 11 \end{bmatrix}$

*[6] $\begin{bmatrix} -1 & 0 & 1 & 0 \\ 2 & 3 & -2 & 6 \\ 0 & -1 & 2 & 0 \\ 0 & 0 & 1 & 5 \end{bmatrix}$

*[7] 행을 교환하는 기본행연산

$$\mathbf{P}_{12} = \begin{bmatrix} 0 & 1 & 0 \\ 1 & 0 & 0 \\ 0 & 0 & 1 \end{bmatrix}, \quad \mathbf{P}_{23} = \begin{bmatrix} 1 & 0 & 0 \\ 0 & 0 & 1 \\ 0 & 1 & 0 \end{bmatrix}, \quad \mathbf{P}_{31} = \begin{bmatrix} 0 & 0 & 1 \\ 0 & 1 & 0 \\ 1 & 0 & 0 \end{bmatrix}$$

에 대하여 $\mathbf{P}_{12}^{-1} = \mathbf{P}_{12}$, $\mathbf{P}_{23}^{-1} = \mathbf{P}_{23}$, $\mathbf{P}_{31}^{-1} = \mathbf{P}_{31}$이 성립하는 것을 보여라.

*[8] 정사각행렬 $\mathbf{A}$의 LU-분해는 유일하지 않다는 것을 증명하라.

☑ 행렬 $\mathbf{A}$가 $\mathbf{A}=\mathbf{LU}$로 분해될 때 임의의 대각행렬 $\mathbf{D}$에 대해서 $\mathbf{L}^*=\mathbf{LD}$, $\mathbf{U}^*=\mathbf{D}^{-1}\mathbf{U}$로 정의한다. 이때, $\mathbf{D}$가 대각행렬이므로 $\mathbf{L}^*$는 아래삼각행렬이고, $\mathbf{U}^*$는 위삼각행렬이 된다. 그런데, $\mathbf{L}^*\mathbf{U}^*=(\mathbf{LD})(\mathbf{D}^{-1}\mathbf{U}^*)=\mathbf{L}(\mathbf{DD}^{-1})\mathbf{U}=\mathbf{LU}=\mathbf{A}$가 되므로 LU-분해는 유일하지 않다.

*[9] 예제 9에서 주어진 행렬 $\begin{bmatrix} 3 & -6 & 12 \\ 1 & -2 & 4 \\ -2 & 5 & -8 \end{bmatrix}$을 $\mathbf{A}=\mathbf{PLU}$ 형태로 분해하라.

☑ 예제의 결과

$$\begin{bmatrix} 3 & -6 & 12 \\ 1 & -2 & 4 \\ -2 & 5 & -8 \end{bmatrix} \Rightarrow \begin{bmatrix} 1 & -2 & 4 \\ 1 & -2 & 4 \\ -2 & 5 & -8 \end{bmatrix} \Rightarrow \begin{bmatrix} 1 & -2 & 4 \\ 0 & 0 & 0 \\ 0 & 1 & 0 \end{bmatrix}$$

에서 오른쪽의 마지막 행렬은 2행과 3행을 교환한다면 위삼각행렬이 된다. 따라서, 기본행연산 P_{23}을 이용하여 주어진 행렬을

$$\begin{bmatrix} 3 & -6 & 12 \\ 1 & -2 & 4 \\ -2 & 5 & -8 \end{bmatrix} = \begin{bmatrix} 1 & 0 & 0 \\ 0 & 0 & 1 \\ 0 & 1 & 0 \end{bmatrix} \begin{bmatrix} 3 & -6 & 12 \\ -2 & 5 & -8 \\ 1 & -2 & 4 \end{bmatrix}$$

로 두고, 마지막 행렬을 위삼각행렬로 바꾸는 과정을 밟으면 다음과 같이 분해된다.

$$\begin{bmatrix} 3 & -6 & 12 \\ 1 & -2 & 4 \\ -2 & 5 & -8 \end{bmatrix} = \begin{bmatrix} 1 & 0 & 0 \\ 0 & 0 & 1 \\ 0 & 1 & 0 \end{bmatrix} \begin{bmatrix} 3 & 0 & 0 \\ -2 & 1 & 0 \\ 1 & 0 & 1 \end{bmatrix} \begin{bmatrix} 1 & -2 & 4 \\ 0 & 1 & 0 \\ 0 & 0 & 0 \end{bmatrix}$$

*[10] 대칭행렬 $\mathbf{A}=\begin{bmatrix} a_{11} & a_{21} & a_{31} \\ a_{21} & a_{22} & a_{32} \\ a_{31} & a_{32} & a_{33} \end{bmatrix}$을 대각행렬 $\mathbf{D}$, 주대각선의 모든 원소가 1인 아래삼각행렬 $\mathbf{L}$, 아래삼각행렬의 전치로 얻어지는 위삼각행렬 $\mathbf{U}=\mathbf{L}^{\mathrm{T}}$의 곱으로 분해하라. 즉, $\mathbf{A}=\mathbf{LDU}=\mathbf{LDL}^{\mathrm{T}}$로 분해하라.

☑ 대칭행렬의 경우에는 $\mathbf{A}=\mathbf{LDL}^{\mathrm{T}}$ 형태의 분해가 가능하고, 이것은 수치해석에서 매우 중요한 분해가 된다. 다음과 같이 성분별로 쓰고 전개하여

$$\begin{aligned}
\mathbf{A} = \begin{bmatrix} a_{11} & a_{21} & a_{31} \\ a_{21} & a_{22} & a_{32} \\ a_{31} & a_{32} & a_{33} \end{bmatrix} &= \begin{bmatrix} 1 & 0 & 0 \\ \beta_1 & 1 & 0 \\ \alpha_1 & \beta_2 & 1 \end{bmatrix} \begin{bmatrix} D_1 & 0 & 0 \\ 0 & D_2 & 0 \\ 0 & 0 & D_3 \end{bmatrix} \begin{bmatrix} 1 & \beta_1 & \alpha_1 \\ 0 & 1 & \beta_2 \\ 0 & 0 & 1 \end{bmatrix} \\
&= \begin{bmatrix} D_1 & 0 & 0 \\ D_1\beta_1 & D_2 & 0 \\ D_1\alpha_1 & D_2\beta_2 & D_3 \end{bmatrix} \begin{bmatrix} 1 & \beta_1 & \alpha_1 \\ 0 & 1 & \beta_2 \\ 0 & 0 & 1 \end{bmatrix} \\
&= \begin{bmatrix} D_1 & D_1\beta_1 & D_1\alpha_1 \\ D_1\beta_1 & D_2+D_1\beta_1^2 & D_2\beta_2+D_1\beta_1\alpha_1 \\ D_1\alpha_1 & D_2\beta_2+D_1\beta_1\alpha_1 & D_3+D_2\beta_2^2+D_1\alpha_1^2 \end{bmatrix}
\end{aligned}$$

양변을 비교하여 해를 구하면

$$D_1 = a_{11} \qquad \alpha_1 = \frac{a_{31}}{D_1} \qquad \beta_1 = \frac{a_{21}}{D_1}$$

$$D_2 = a_{22} - D_1\beta_1^2 \qquad \beta_2 = \frac{a_{32} - D_1\alpha_1\beta_1}{D_2}$$

$$D_3 = a_{33} - D_1\alpha_1^2 - D_2\beta_2^2.$$

*16-4 Hermite, skew-Hermite, unitary 행렬

****Hermite, skew-Hermite, unitary 행렬의 정의.** 실수를 원소로 갖는 정사각행렬에서 대칭행렬, 반대칭행렬, 그리고 직교행렬을 복소수를 원소로 갖는 복소 정사각행렬로 일반화시킨 것이 Hermite(에르미트), skew-Hermite(스큐-에르미트), unitary(유니타리) 행렬이며 다음과 같이 정의된다. 먼저, 복소행렬 $\mathbf{A} = (a_{ij})$의 공액복소행렬은

$$\overline{\mathbf{A}} = (\overline{a_{ij}}) \tag{63}$$

를 도입하면

$\overline{\mathbf{A}}^{\mathrm{T}} = \mathbf{A}$	Hermite	$\mathbf{A}^{\mathrm{T}} = \mathbf{A}$	대칭
$\overline{\mathbf{A}}^{\mathrm{T}} = -\mathbf{A}$	skew-Hermite	$\mathbf{A}^{\mathrm{T}} = -\mathbf{A}$	반대칭
$\overline{\mathbf{A}}^{\mathrm{T}} = \mathbf{A}^{-1}$	unitary	$\mathbf{A}^{\mathrm{T}} = \mathbf{A}^{-1}$	직교

(64)

와 같이 특수행렬을 정의한다. 위에서, $\mathbf{A} = (a_{ij})$가 실수로 이루어진 행렬이라면 $\overline{\mathbf{A}}^{\mathrm{T}} = \mathbf{A}^{\mathrm{T}}$이므로 에르미트, 스큐-에르미트, 유니타리 행렬은 각각 대칭, 반대칭, 직교행렬을 복소수로 확장한 것임을 알 수 있다.

****형식의 정의.** 형식(形式; form)이란 복소수를 원소로 갖는 열벡터 $\mathbf{x}$에 대해

$$\overline{\mathbf{x}}^{\mathrm{T}}\mathbf{A}\mathbf{x} = \sum_{i=1}^{n}\sum_{j=1}^{n} a_{ij}\overline{x}_i x_j \tag{65}$$

로 정의된 스칼라로 정의된다. 이것은 실수에 대해 정의된 2차형식을 복소수에 대해 일반화한 것이다. 만약, 행렬 $\mathbf{A}$가 에르미트 행렬이면 식 (65)를 Hermite 형식, 행렬 $\mathbf{A}$가 스큐-에르미트 행렬이면 skew-Hermite 형식이라고 한다. 이러한 형식은 물리학에서 중요하게 쓰이게 된다.

예제 10 임의의 벡터 $\mathbf{x}$에 대한 형식 $\overline{\mathbf{x}}^{\mathrm{T}}\mathbf{A}\mathbf{x}$에 대해 다음을 보여라.

(a) 에르미트 형식은 실수

(b) 스큐-에르미트 형식은 순허수 또는 0

☞ 아래의 두 가지 성질을 이용하여 해결한다.

- 형식 $\overline{\mathbf{x}}^{\mathrm{T}}\mathbf{A}\mathbf{x}$는 스칼라이므로 $(\overline{\mathbf{x}}^{\mathrm{T}}\mathbf{A}\mathbf{x})^{\mathrm{T}}=\overline{\mathbf{x}}^{\mathrm{T}}\mathbf{A}\mathbf{x}$
- 복소수 z가 $\bar{z}=z$이면 실수, $\bar{z}=-z$이면 순허수 또는 0

(a) $\mathbf{A}$가 에르미트 행렬이면 $\overline{\mathbf{A}}^{\mathrm{T}}=\mathbf{A}$, 즉 $\overline{\mathbf{A}}=\mathbf{A}^{\mathrm{T}}$를 쓰면

$$\begin{aligned}\overline{(\overline{\mathbf{x}}^{\mathrm{T}}\mathbf{A}\mathbf{x})} &= \mathbf{x}^{\mathrm{T}}\overline{\mathbf{A}}\overline{\mathbf{x}} \\ &= \mathbf{x}^{\mathrm{T}}\mathbf{A}^{\mathrm{T}}\overline{\mathbf{x}} \\ &= (\overline{\mathbf{x}}^{\mathrm{T}}\mathbf{A}\mathbf{x})^{\mathrm{T}} = (\overline{\mathbf{x}}^{\mathrm{T}}\mathbf{A}\mathbf{x})\end{aligned} \tag{66}$$

(b) $\mathbf{A}$가 스큐-에르미트 행렬이면 $\overline{\mathbf{A}}^{\mathrm{T}}=-\mathbf{A}$가 되어

$$\begin{aligned}\overline{(\overline{\mathbf{x}}^{\mathrm{T}}\mathbf{A}\mathbf{x})} &= \mathbf{x}^{\mathrm{T}}\overline{\mathbf{A}}\overline{\mathbf{x}} \\ &= -\mathbf{x}^{\mathrm{T}}\mathbf{A}^{\mathrm{T}}\overline{\mathbf{x}} \\ &= -(\overline{\mathbf{x}}^{\mathrm{T}}\mathbf{A}\mathbf{x})^{\mathrm{T}} = -(\overline{\mathbf{x}}^{\mathrm{T}}\mathbf{A}\mathbf{x})\end{aligned} \tag{67}$$ ◀

****에르미트, 스큐-에르미트, 유니타리 행렬의 고유값.** 앞에서 정의한 복소행렬의 고유값 λ는 복소평면에서 그림 16.1에 보인 바와 같이 위치한다.

> (a) 에르미트 행렬(대칭행렬)의 고유값은 실수이다.
> (b) 스큐-에르미트 행렬(반대칭행렬)의 고유값은 순허수 또는 0이다.
> (c) 유니타리 행렬(직교행렬)의 고유값은 절대값이 1이다.

▶**증명:** $\mathbf{A}$의 고유값을 λ, 대응하는 고유벡터를 $\mathbf{x}$라고 하면

$$\mathbf{A}\mathbf{x}=\lambda\mathbf{x} \quad\Rightarrow\quad \overline{\mathbf{x}}^{\mathrm{T}}\mathbf{A}\mathbf{x}=\overline{\mathbf{x}}^{\mathrm{T}}\lambda\mathbf{x}=\lambda\overline{\mathbf{x}}^{\mathrm{T}}\mathbf{x}$$

가 성립한다. 그런데, $\overline{\mathbf{x}}^{\mathrm{T}}\mathbf{x}=\sum_{k=1}^{n}\overline{x_k}\,x_k=\sum_{k=1}^{n}|x_k|^2=|\mathbf{x}|^2$은 실수이고 $\mathbf{x}\neq 0$이므로

$$\lambda=\frac{\overline{\mathbf{x}}^{\mathrm{T}}\mathbf{A}\mathbf{x}}{\overline{\mathbf{x}}^{\mathrm{T}}\mathbf{x}}=\frac{\overline{\mathbf{x}}^{\mathrm{T}}\mathbf{A}\mathbf{x}}{|\mathbf{x}|^2} \tag{68}$$

가 된다. 따라서, 분자가 실수이면 λ도 실수, 분자가 순허수이면 λ도 순허수이다. 여기서, (예제 10)으로부터

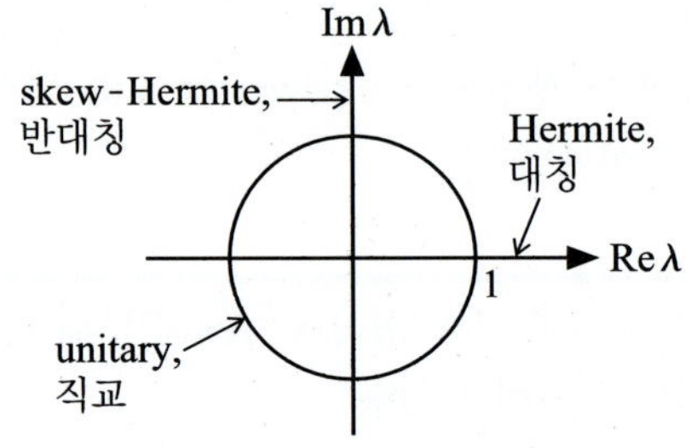

그림 16.1 복소 λ-평면에서 특수행렬의 고유값

(a) $\mathbf{A}$가 에르미트 행렬이면 $\overline{\mathbf{x}}^{\mathrm{T}}\mathbf{A}\mathbf{x}$는 실수이다. 따라서, λ는 실수.

(b) $\mathbf{A}$가 스큐-에르미트 행렬이면 $\overline{\mathbf{x}}^{\mathrm{T}}\mathbf{A}\mathbf{x}$는 순허수 또는 0이다.
따라서, λ는 순허수 또는 0.

(c) $\mathbf{A}$가 유니타리 행렬, 즉 $\overline{\mathbf{A}}^{\mathrm{T}} = \mathbf{A}^{-1}$이면

$$(\overline{\mathbf{A}}\overline{\mathbf{x}})^{\mathrm{T}}\mathbf{A}\mathbf{x} = (\overline{\lambda}\overline{\mathbf{x}})^{\mathrm{T}}(\lambda\mathbf{x}) = \lambda\overline{\lambda}\overline{\mathbf{x}}^{\mathrm{T}}\mathbf{x} \tag{69}$$

인 항등식과

$$\begin{aligned}(\overline{\mathbf{A}}\overline{\mathbf{x}})^{\mathrm{T}}\mathbf{A}\mathbf{x} &= (\overline{\mathbf{x}}^{\mathrm{T}}\overline{\mathbf{A}}^{\mathrm{T}})\mathbf{A}\mathbf{x} \\ &= \overline{\mathbf{x}}^{\mathrm{T}}(\mathbf{A}^{-1}\mathbf{A})\mathbf{x} = \overline{\mathbf{x}}^{\mathrm{T}}\mathbf{I}\mathbf{x} = \overline{\mathbf{x}}^{\mathrm{T}}\mathbf{x}\end{aligned}$$

를 비교하면

$$\lambda\overline{\lambda} = |\lambda|^2 = 1 \tag{70}$$

임을 알 수 있다.

**unitary 행렬의 성질과 unitary계. 앞에서 직교행렬에 대해 논의한 내용을 유니타리 행렬로 확장해 보자. 이것을 위해서는 지금까지 n개의 실수를 원소로 갖는 벡터공간 $\mathbb{R}^n$ 대신에 복소수를 원소로 갖는 복소벡터공간 $\mathbb{C}^n$을 생각한다. 이때, 복소벡터공간 $\mathbb{C}^n$에서 내적은

$$\mathbf{a}\cdot\mathbf{b} = \overline{\mathbf{a}}^{\mathrm{T}}\mathbf{b} \tag{71}$$

로 정의한다. 또한, 정규직교계(orthonormal system)를 확장한 **유니타리계**(unitary system)는

$$\mathbf{a}_i\cdot\mathbf{a}_j = \overline{\mathbf{a}}_i^{\mathrm{T}}\mathbf{a}_j = \delta_{ij} \tag{72}$$

와 같이 정의한다. 그러면, 직교행렬의 경우처럼 다음의 성질이 성립한다.

- 정사각행렬이 유니타리 행렬일 필요충분조건은 열벡터(또는 행벡터)가 유니타리계를 이루는 것이다.
- 유니타리 행렬의 행렬식 값은 절대값이 1이다.
- 유니타리 행렬에 의한 선형변환은 내적의 값을 보존한다.

연습문제

[1] 임의의 정사각행렬은 유니타리 행렬과 스큐-에르미트 행렬의 합으로 되는 것을 보여라.

[2] 유니타리 행렬의 역은 유니타리 행렬임을 보여라.

[3] 두 유니타리 행렬의 곱은 유니타리 행렬임을 보여라.

[4] $\mathbf{A}\overline{\mathbf{A}}^{\mathrm{T}} = \overline{\mathbf{A}}^{\mathrm{T}}\mathbf{A}$를 만족하는 행렬을 **정규행렬**이라고 한다. 에르미트, 스큐-에르미트, 유니타리 행렬은 정규행렬임을 보여라.

Chapter 17

고계 및 연립미분방정식

이 장에서는 2장에서 공부한 2계 선형미분방정식의 개념과 해법을 고계의 선형미분방정식에 확장하는 것을 다룬다. 앞에서와 마찬가지로 제차와 비제차로 나누어서 미분방정식의 해법을 살펴본다. 이때, Wronski 행렬식의 역할이 매우 중요해지는 것을 알 수 있다. 연립미분방정식을 효율적으로 다루기 위해서 미분연산자의 개념을 도입하고 소거법을 이용하여 기본적인 해를 구한다. 그리고 행렬에 관한 여러 가지 성질, 특히 고유벡터와 행렬의 대각화를 이용하여 연립미분방정식을 해결하는 방법을 알아보고, 변수변분법을 행렬을 이용하여 확장한 방법을 다룬다. 연립미분방정식이 대표적으로 응용되는 회로망과 진동시스템 등의 응용에 대한 예제를 직접 다루기보다는 그러한 응용에 관련된 기본이론을 중점적으로 서술하였다.

17-1 제차 선형미분방정식

n계 선형미분방정식의 표준형. n계 선형미분방정식은

$$y^{(n)} + a_1(x)y^{(n-1)} + \cdots + a_{n-1}(x)y' + a_n(x)y = h(x) \tag{1}$$

의 형태로 나타내고 $h(x) = 0$인 경우를 제차, $h(x) \neq 0$인 경우를 비제차라고 한다. 그리고, 위와 같이 최고차 도함수의 계수가 1이 되도록 쓴 것을 **미분방정식의 표준형**이라고 한다. 2장의 내용으로부터 예측할 수 있듯이 n계 제차 선형미분방정식(n-th order homogeneous linear differential equation)은 n개의 1차독립인 해의 기본계

$$y_1(x),\ y_2(x),\ \cdots,\ y_n(x) \tag{2}$$

를 갖고, 일반해는 **중첩의 원리**(superposition principle)로부터 해의 기본계의 1차결합

$$y = c_1 y_1(x) + c_2 y_2(x) + \cdots + c_n y_n(x) \tag{3}$$

로 주어진다(단, $c_1, c_2, \cdots, c_n$은 임의의 상수). 2장에서 언급한 바와 같이 중첩의 원리는 $h(x) \neq 0$인 비제차 미분방정식 또는 비선형 미분방정식에는 적용되지 않는다는 것을 유념해야 한다.

상계수를 갖는 n계 미분방정식. 2-2절에서 다룬 2계 선형미분방정식의 경우처럼 상수 $a_1, a_2, \cdots, a_n$에 대하여 n계의 제차 선형미분방정식

$$y^{(n)} + a_1 y^{(n-1)} + \cdots + a_{n-1} y' + a_n y = 0 \tag{4}$$

은 $y = e^{\lambda x}$ 형태의 해를 가지고 미지수 λ는

$$\lambda^n + a_1 \lambda^{n-1} + \cdots + a_{n-1} \lambda + a_n = 0 \tag{5}$$

으로 주어지는 **특성방정식**의 근이다. 여기서, 식 (5)를 만족하는 λ가 m차의 다중근으로 존재하면 대응하는 해는

$$y_\lambda = e^{\lambda x}(c_1 + c_2 x + \cdots + c_{m-1} x^{m-1}) \tag{6}$$

으로 주어진다. 이것은 2-2절에서 다룬 중근의 경우를 확장한 것이다. 물론, λ가 1차의 단순근이면

$$y_\lambda = c_1 e^{\lambda x} \tag{7}$$

로 결정되는 것은 자명한 사실이다. 또한, 공액복소근 $\lambda = p \pm iq$가 m차의 다중근으로 존재하는 경우 특성방정식이

$$\lambda^n + a_1 \lambda^{n-1} + \cdots + a_{n-1} \lambda + a_n = \cdots \times [(\lambda - p)^2 + q^2]^m \times \cdots = 0$$

으로 되고, 이에 대응하는 해는

$$\begin{aligned} y_\lambda &= e^{px} \cos qx (c_1 + c_2 x + \cdots + c_{m-1} x^{m-1}) \\ &\quad + e^{px} \sin qx (d_1 + d_2 x + \cdots + d_{m-1} x^{m-1}) \end{aligned} \tag{8}$$

과 같은 형태로 주어진다.

예제 1 $y''' + 3y'' - y' - 3y = 0$을 풀어라.

☞ 주어진 미분방정식의 특성방정식

$$\lambda^3 + 3\lambda^2 - \lambda - 3 = \lambda^2(\lambda + 3) - (\lambda + 3) = (\lambda + 3)(\lambda + 1)(\lambda - 1) = 0$$

으로부터

$$y_1 = e^{-3x}, \quad y_2 = e^{-x}, \quad y_3 = e^{x}$$

가 해의 기본계가 되고, 일반해는

$$y = c_1 e^{-3x} + c_2 e^{-x} + c_3 e^{x} \tag{9}$$

예제 2 $y''' + 3y'' + 3y' + y = 0$을 풀어라.

☞ 특성방정식 $\lambda^3 + 3\lambda^2 + 3\lambda + 1 = (\lambda + 1)^3 = 0$은 3중실근 $\lambda = -1$을 갖는다. 이때의 일반해는

$$y = e^{-x}(c_1 + c_2 x + c_3 x^2) \tag{10}$$

예제 3 $y^{(5)} + 2y''' + y' = 0$을 풀어라.

☞ 특성방정식 $\lambda^5 + 2\lambda^3 + \lambda = \lambda(\lambda^2 + 1)^2 = 0$의 근은 $\lambda = 0$과 2중복소근 $\lambda = \pm i$이다. 따라서, 일반해는

$$\begin{aligned} y &= c_1 e^{0x} + e^{0x}\cos 1x(c_2 + c_3 x) + e^{0x}\sin 1x(c_4 + c_5 x) \\ &= c_1 + \cos x(c_2 + c_3 x) + \sin x(c_4 + c_5 x) \quad ◀ \end{aligned} \tag{11}$$

n계의 오일러 방정식. n계의 오일러 방정식은

$$x^n y^{(n)} + a_1 x^{n-1} y^{(n-1)} + \cdots + a_{n-1} x y' + a_n y = 0 \tag{12}$$

으로 주어지는 선형미분방정식을 말한다. 여기서 해는 2-3절의 개념을 그대로 적용하여 구한다. 즉, $y = x^\lambda$ 형태를 가정하고 대입하여 얻는

$${}_\lambda P_n + a_1({}_\lambda P_{n-1}) + \cdots + a_{n-1}({}_\lambda P_1) + a_n = 0 \tag{13}$$

형태의 λ에 관한 보조방정식을 풀어 해를 구한다. 여기서,

$${}_\lambda P_n = \lambda(\lambda - 1) \times \cdots \times \{\lambda - (n-1)\} \tag{14}$$

을 의미한다. 예를 들어, 3계 및 4계 오일러 방정식의 보조방정식은

$$\lambda(\lambda - 1)(\lambda - 2) + a_1 \lambda(\lambda - 1) + a_2 \lambda + a_3 = 0 \tag{15}$$

$$\lambda(\lambda - 1)(\lambda - 2)(\lambda - 3) + a_1 \lambda(\lambda - 1)(\lambda - 2) + a_2 \lambda(\lambda - 1) + a_3 \lambda + a_4 = 0 \tag{16}$$

으로 쓸 수 있다.

오일러 방정식의 해는 보조방정식으로부터 구한 λ가 1차의 단순근이면 $y_\lambda = c_1 x^\lambda$의 형태를 취한다. 그러나, λ가 m중근으로 존재하면 상계수방정식의 경우에서 $x \to \ln x$인

치환을 통해

$$\begin{aligned} &m\text{중 실근 :} \quad y_\lambda = x^\lambda[c_1 + c_2(\ln x) + \cdots + c_{m-1}(\ln x)^{m-1}] \\ &m\text{중 복소근:} \quad y_\lambda = x^p(\cos q\ln x)[c_1 + c_2(\ln x) + \cdots + c_{m-1}(\ln x)^{m-1}] \\ &\qquad\qquad\qquad + x^p(\sin q\ln x)[d_1 + d_2(\ln x) + \cdots + d_{m-1}(\ln x)^{m-1}] \end{aligned} \tag{17}$$

으로 해가 결정된다(복소근인 경우는 $\lambda = p \pm iq$).

☑ 정리한 형태로 쓰면 식 (15)와 (16)은 각각 다음과 같이 된다.

$$\lambda^3 + (a_1 - 3)\lambda^2 + (a_2 - a_1 + 2)\lambda + a_3 = 0$$
$$\lambda^4 + (a_1 - 6)\lambda^3 + (a_2 - 3a_1 + 11)\lambda^2 + (a_3 - a_2 + 2a_1 - 6)\lambda + a_4 = 0$$

예제 4 $x^3y''' + 4x^2y'' + xy' - y = 0$을 풀어라.

☞ 보조방정식 $\lambda(\lambda-1)(\lambda-2) + 4\lambda(\lambda-1) + \lambda - 1 = (\lambda+1)^2(\lambda-1) = 0$을 풀어 단순근 $\lambda = 1$과 2중근 $\lambda = -1$을 얻는다. 따라서, 일반해는

$$y = c_1 x + \frac{1}{x}(c_2 + c_3 \ln x) \quad ◀ \tag{18}$$

***차수내림에 의한 해.** 2-4절의 방법과 같이 하나의 해가 알려져 있으면 차수내림으로 미분방정식의 차수(order)를 낮출 수 있다. 예를 들어, 다음의 3계 선형미분방정식

$$y''' + a_1(x)y'' + a_2(x)y' + a_3(x)y = 0 \tag{19}$$

의 한 해가 $y = y_1(x)$로 주어져 있을 때 다른 해는 $y = uy_1$의 형태를 가정하여 대입하면

$$v'' + \left(a_1 + 3\frac{y_1'}{y_1}\right)v' + \left(a_2 + 2a_1\frac{y_1'}{y_1} + 3\frac{y_1''}{y_1}\right)v = 0, \quad v = u' \tag{20}$$

을 풀어 다른 해를 구할 수 있다(증명은 연습문제). 그러나, 이것은 간단히 풀리지 않는 경우가 많다.

연습문제

※다음 [1]–[6]까지의 미분방정식을 풀어라.

[1] $y''' - 3y'' + 4y' - 2y = 0$

[2] $y^{(4)} + 3y'' - 4y = 0$

[3] $y^{(4)} - y = 0$

[4] $x^3y''' + x^2y'' - 4xy' = 0$

[5] $x^3y''' - 3x^2y'' + 6xy' - 6y = 0$

[6] $xy''' + 3y'' = 0$

***[7]** 식 (20)을 증명하라.

17-2 비제차 선형미분방정식

n계 비제차방정식의 일반해. n계 비제차 선형미분방정식

$$y^{(n)} + a_1(x)y^{(n-1)} + \cdots + a_{n-1}(x)y' + a_n(x)y = h(x) \tag{21}$$

의 일반해는 $h(x) = 0$인 경우의 제차해를 $y_h(x)$라고 할 때,

$$y = y_h + y_p \tag{22}$$

의 형태로 주어진다. 위에서, y_p는 임의상수를 포함하지 않는 식 (21)의 특수해를 말한다. 비제차방정식은 2-6절과 2-7절에서 도입한 **미정계수법** 또는 **매개변수변화법**을 사용한다[제차해 $y_h(x)$는 알고 있다고 간주한다].

미정계수법. 2-6절에서 적용한 미정계수법을 고계의 미분방정식에 적용할 때의 차이점은 중근 이상의 m차 다중근을 가질 수 있으므로, 제차해가 $h(x)$에 포함된 경우 생성집합에 x^m을 곱하는 것이다. 다른 규칙은 모두 같으므로 2-6절의 방법을 그대로 이용한다.

예제 5 $y''' + 3y'' + 3y' + y = xe^{-x}$를 풀어라.

☞ 앞의 예제 2로부터 특성방정식 $\lambda^3 + 3\lambda^2 + 3\lambda + 1 = (\lambda + 1)^3 = 0$을 풀어 제차해는 $y = e^{-x}(c_1 + c_2x + c_3x^2)$으로 주어진다. 그런데, 제차항 xe^{-x}는 이미 제차해에 포함되어 있고, 이때의 특성방정식은 3중근을 가진다. 따라서, 생성집합 $\{x, 1\} \times \{e^{-x}\} = \{xe^{-x}, e^{-x}\}$에 x^3을 곱하여 얻는 $\{x^4e^{-x}, x^3e^{-x}\}$으로부터

$$\begin{aligned}
y_p &= (Ax^4 + Bx^3)e^{-x}\\
y_p' &= [-Ax^4 + (4A - B)x^3 + 3Bx^2]e^{-x}\\
y_p'' &= [Ax^4 + (B - 8A)x^3 + (12A - 6B)x^2 + 6Bx]e^{-x}\\
y_p''' &= [-Ax^4 + (12A - B)x^3 + (9B - 36A)x^2 + (24A - 18B)x + 6B]e^{-x}
\end{aligned}$$

를 대입하고 정리하면

$$(24Ax + 6B)e^{-x} = xe^{-x} \quad \Rightarrow \quad A = \frac{1}{24}, \quad B = 0 \tag{23}$$

따라서, 일반해는

$$y = e^{-x}(c_1 + c_2x + c_3x^2) + \frac{1}{24}x^4e^{-x} \quad ◀ \tag{24}$$

변수변분법의 확장. Lagrange의 변수변분법은 이미 2-7절에서 다루어 보았으며, 이것을 n계 선형미분방정식으로 확장하면 다음과 같다.

$$y^{(n)} + a_1(x)y^{(n-1)} + \cdots + a_{n-1}(x)y' + a_n(x)y = h(x) \tag{25}$$

의 제차해가

$$y = c_1 y_1 + c_2 y_2 + \cdots + c_n y_n \tag{26}$$

으로 주어지면, 상수 $c_1, c_2, \cdots, c_n$을 매개변수 $c_1(x), c_2(x), \cdots, c_n(x)$로 간주하여

$$\begin{aligned} c'_1 y_1 + c'_2 y_2 + \cdots + c'_n y_n &= 0 \\ c'_1 y'_1 + c'_2 y'_2 + \cdots + c'_n y'_n &= 0 \\ &\vdots \\ c'_1 y_1^{(n-2)} + c'_2 y_2^{(n-2)} + \cdots + c'_n y_n^{(n-2)} &= 0 \\ c'_1 y_1^{(n-1)} + c'_2 y_2^{(n-1)} + \cdots + c'_n y_n^{(n-1)} &= h(x) \end{aligned} \tag{27}$$

와 같이 $c'_1, c'_2, \cdots, c'_n$에 관한 연립방정식을 얻을 수 있다. 윗식은 2-7절에서 서술한 방법과 동일한 유도과정을 거쳐 얻은 것이다. 식 (27)을 행렬을 이용하여 나타내면

$$\begin{bmatrix} y_1 & y_2 & \cdots & y_n \\ y'_1 & y'_2 & \cdots & y'_n \\ \cdot & \cdot & \cdots & \cdot \\ y_1^{(n-2)} & y_1^{(n-2)} & \cdots & y_1^{(n-2)} \\ y_1^{(n-1)} & y_1^{(n-1)} & \cdots & y_1^{(n-1)} \end{bmatrix} \begin{bmatrix} c'_1 \\ c'_2 \\ \cdot \\ c'_{n-1} \\ c'_n \end{bmatrix} = \begin{bmatrix} 0 \\ 0 \\ \cdot \\ 0 \\ h \end{bmatrix} \tag{28}$$

일반적인 Wronski 행렬식. 식 (28)에서 제차해의 미분으로 이루어진 계수행렬의 행렬식을 Wronski 행렬식 또는 Wronskian(론스키안)이라고 하고

$$W[y_1, y_2, \cdots, y_n] = \begin{vmatrix} y_1 & y_2 & \cdots & y_n \\ y'_1 & y'_2 & \cdots & y'_n \\ \cdot & \cdot & \cdots & \cdot \\ y_1^{(n-2)} & y_2^{(n-2)} & \cdots & y_n^{(n-2)} \\ y_1^{(n-1)} & y_2^{(n-1)} & \cdots & y_n^{(n-1)} \end{vmatrix} \tag{29}$$

으로 쓴다. 이미 2-9절에서 언급한 바와 같이 제차해 $y_1, y_2, \cdots, y_n$이 서로 1차독립일 필요충분조건은 $W \neq 0$이 되는 것이다. 그런데, 점 $x = x_0$에서 $W = 0$이면 x의 모든 구간에서 $W \equiv 0$이 된다(2-9절 참조). 따라서, 1차독립성을 보이려면 단 하나의 점에서 $W[y_1, y_2, \cdots, y_n](x_0) \neq 0$임을 보이면 된다. 그러나, 이러한 성질은 $y_1, y_2, \cdots, y_n$이 n계 선형미분방정식의 해일 경우에 국한된다는 것을 잊으면 안된다.

만일, 론스키안의 함수형태만을 구하고자 하면 2-9절에서 소개한 Abel의 공식을 이용하여 식 (25)에서 $n-1$계 도함수의 계수 $a_1(x)$에 관해

$$W = \frac{C}{p}, \quad p = \exp \int a_1 \tag{30}$$

을 얻는다.

매개변수변환에 의한 특수해. 식 (26)과 (28)을 이용한 해는 2-9절에서 정의한 것과 같이

$$y_p = y_1\int\frac{W_1}{W} + y_2\int\frac{W_2}{W} + \cdots + y_n\int\frac{W_n}{W} \tag{31}$$

으로 주어지고, 여기서 W_j는 론스키안에서 j열을 $(0, 0, \cdots, 0, h)^T$로 치환한 행렬식을 말한다(2-9절 참조).

***예제 6** $xy''' + 3y'' = xe^x$를 풀어라.

☞ 주어진 미분방정식은 $x^3y''' + 3x^2y'' = x^3e^x$로 비제차 오일러 방정식의 형태이다. 따라서, 보조방정식 $\lambda(\lambda-1)(\lambda-2) + 3\lambda(\lambda-1) = \lambda^3 - \lambda = 0$으로부터

$$y_1 = 1, \quad y_2 = x, \quad y_3 = x^{-1} \tag{32}$$

인 제차해를 얻는다. 그리고, 비제차항은 미분방정식의 표준형

$$y''' + \frac{3}{x}y'' = e^x \tag{33}$$

로부터 $h(x) = e^x$가 된다. 먼저, 론스키안과 W_j를 모두 구하면

$$\begin{aligned} W &= \begin{vmatrix} 1 & x & x^{-1} \\ 0 & 1 & -x^{-2} \\ 0 & 0 & 2x^{-3} \end{vmatrix} = \frac{2}{x^3}, \quad W_1 = \begin{vmatrix} 0 & x & x^{-1} \\ 0 & 1 & -x^{-2} \\ e^x & 0 & 2x^{-3} \end{vmatrix} = -\frac{2e^x}{x} \\ W_2 &= \begin{vmatrix} 1 & 0 & x^{-1} \\ 0 & 0 & -x^{-2} \\ 0 & e^x & 2x^{-3} \end{vmatrix} = \frac{e^x}{x^2}, \quad W_3 = \begin{vmatrix} 1 & x & 0 \\ 0 & 1 & 0 \\ 0 & 0 & e^x \end{vmatrix} = e^x \end{aligned} \tag{34}$$

을 얻고, 식 (31)에 대입한 결과

$$\begin{aligned} y_p &= 1\int\frac{x^3}{2}\left(-\frac{2e^x}{x}\right)dx + x\int\frac{x^3}{2}\left(\frac{e^x}{x^2}\right)dx + \frac{1}{x}\int\frac{x^3}{2}(e^x)\,dx \\ &= -\int x^2e^x\,dx + \frac{x}{2}\int xe^x\,dx + \frac{1}{2x}\int x^3e^x\,dx \\ &= -(x^2-2x+2)e^x + \frac{x}{2}(x-1)e^x + \frac{1}{2x}(x^3-3x^2+6x-6)e^x \end{aligned} \tag{35}$$

를 정리하면

$$y_p = \left(1 - \frac{3}{x}\right)e^x \quad ◀ \tag{36}$$

☑ 식 (35)의 적분은 제0장에서 공부한 연속적인 부분적분을 활용한 것이다. 또한, 식 (33)으로부터 $p = e^{\int\frac{3}{x}} = x^3$. 따라서, $W = \dfrac{C}{x^3}$의 형태임을 알 수 있다.

****해의 존재성과 유일성.** 2-8절에서 언급한 초기값문제의 존재성정리가 n계 선형미분방정식에

대해서는 다음과 같이 표현된다.

주어진 구간에서 $a_1(x)$, $a_2(x)$, $\cdots$, $a_n(x)$, $h(x)$가 연속이면

① $y^{(n)} + a_1(x)y^{(n-1)} + \cdots + a_{n-1}(x)y' + a_n(x)y = h(x)$

② $y(x_0) = K_0,\quad y'(x_0) = K_1,\quad \cdots,\quad y^{(n-1)}(x_0) = K_{n-1}$

을 만족시키는 유일한 해가 존재한다(단, x_0는 구간 내의 점).

연습문제

[1] $y''' + y'' - y' - y = 3x + e^{-x}$를 미정계수법으로 풀어라.

[2] $y''' + 3y'' - y' - 3y = x^2 + 1$을 미정계수법으로 풀어라.

***[3]** 식 (29)에서 $y_i = \exp(\lambda_i x)$인 경우를 대입한 론스키안으로부터 Vandermonde 또는 코시 행렬식으로 정의되는

$$\begin{vmatrix} 1 & 1 & \cdots & 1 \\ \lambda_1 & \lambda_2 & \cdots & \lambda_n \\ \lambda_1^2 & \lambda_2^2 & \cdots & \lambda_n^2 \\ \cdot & \cdot & \cdots & \cdot \\ \lambda_1^{n-1} & \lambda_2^{n-1} & \cdots & \lambda_n^{n-1} \end{vmatrix}$$

인 행렬식을 얻을 수 있다. 위의 값은 $(-1)^{n(n-1)/2}\prod_{j<k\le n}(\lambda_j - \lambda_k)$로 구할 수 있다. 여기서, Π는 곱을 의미한다(Σ는 합을 의미하는 것과 비교하라). 예를 들어, $n = 3$인 경우 Vandermonde 행렬식의 값은 $(-1)^3(\lambda_1 - \lambda_2)(\lambda_1 - \lambda_3)(\lambda_2 - \lambda_3)$으로 된다.

17-3 연립미분방정식의 기본개념

이 절에서는 먼저 미분연산자를 정의하고 이를 이용하여 간단한 연립미분방정식을 푸는 소거법을 알아본다. 또한, 고계 연립미분방정식은 일반적으로 1계 연립미분방정식으로 환원되는 사실로부터 1계 연립미분방정식에 대한 기초적인 개념을 살펴본다.

미분연산자의 정의. 연립미분방정식을 다루기 위해서는 **미분연산자**(differential operator)를 이용하는 것이 편리하다. x에 관한 미분을

$$D \equiv \frac{d}{dx} \tag{37}$$

로 미분연산자 D를 정의한다. 그러면, 함수 $y(x)$의 도함수는

$$Dy = \frac{dy}{dx}, \quad D^2 y = \frac{d^2 y}{dx^2}, \quad D^3 y = \frac{d^3 y}{dx^3}, \quad \cdots$$

으로 나타낼 수 있다. 여기서, 미분연산자의 거듭제곱은

$$D^2 y = D(Dy) = \frac{d}{dx}\left(\frac{d}{dx}y\right) = \frac{d^2 y}{dx^2}$$

와 같이 사용된 것이다. 일반적으로, 미분연산자로 이루어진 다항식

$$L = p(D) = D^2 + aD + b \tag{38}$$

를 고려하자(단, a, b는 상수). 이때 L은 선형(linear)을 의미하며 $p(D)$는 D에 관한 다항식(polynomial)을 의미한다. 미분연산자의 다항식 L이 함수 $y(x)$에 작용하면

$$L[y] = p(D)[y] = (D^2 + aD + b)y = y'' + ay' + by \tag{39}$$

로 된다. 여기서, 연산자다항식 L의 선형성(linearity)은

$$L[c_1 y_1 + c_2 y_2] = c_1 L[y_1] + c_2 L[y_2] \tag{40}$$

를 의미한다. 미분연산자 D에 관한 다항식 L_1과 L_2의 계수가 상수일 때

$$L_1 L_2 = L_2 L_1 \tag{41}$$

으로 교환법칙이 성립한다. 이러한 성질은 일반적으로 다항식의 인수분해와 같이 연산자다항식의 인수분해가 가능하다는 것을 의미한다. 예를 들어,

$$L = D^2 - D - 2 = (D+1)(D-2) = (D-2)(D+1) \tag{42}$$

이 성립한다. 그러나, D에 관한 다항식의 계수가 상수가 아니고 x에 관한 함수가 되면

$$\left.\begin{aligned} (xD+1)D &= xD^2 + D \\ D(xD+1) &= xD^2 + 2D \end{aligned}\right\} \Rightarrow (xD+1)D \neq D(xD+1) \tag{43}$$

과 같이 되는 것을 주의해야 한다.

예제 7 연산자다항식 $L = p(D) = D^n + a_1 D^{n-1} + \cdots + a_{n-1} D + a_n$으로 정의하면 $y = e^{\lambda x}$에 대해, $L[y] = L[e^{\lambda x}] = P(\lambda)e^{\lambda x}$임을 보여라.

☞ 미분연산자의 정의로부터

$$\begin{aligned} L[e^{\lambda x}] &= P(D)[e^{\lambda x}] \\ &= (D^n + a_1 D^{n-1} + \cdots + a_{n-1} D + a_n) e^{\lambda x} \\ &= (\lambda^n + a_1 \lambda^{n-1} + \cdots + a_{n-1}\lambda + a_n) e^{\lambda x} \\ &= P(\lambda) e^{\lambda x}. \end{aligned} \tag{44}$$ ◀

☑ 따라서, 미분방정식 $L[y]=0$을 푼다는 것은 $e^{\lambda x}\neq 0$이므로 $P(\lambda)=0$을 풀어 λ를 구하는 것과 같다. 이때, $P(\lambda)=0$이 특성방정식임은 이미 알고 있는 내용이다.

***예제 8** $L=p(D)=D^n+a_1D^{n-1}+\cdots+a_{n-1}D+a_n$으로 정의된 연산자다항식에 대해 λ가 $P(z)=0$의 이중근이면 $L[xe^{\lambda x}]=0$, 즉 $y=xe^{\lambda x}$가 해임을 보여라.

☞ λ가 $P(z)=0$의 이중근이면 $P(z)=(z-\lambda)^2Q(z)=0$의 형태이므로

$$P'(z)=2(z-\lambda)Q(z)+(z-\lambda)^2Q'(z)$$

로부터

$$P(\lambda)=P'(\lambda)=0 \tag{45}$$

이 성립한다. 그런데, 예제 7에서

$$L[e^{\lambda x}]=P(\lambda)e^{\lambda x}$$

의 양변을 λ에 관해 편미분하면

$$\frac{\partial}{\partial\lambda}L[e^{\lambda x}]=xP(\lambda)e^{\lambda x}+P'(\lambda)e^{\lambda x}=[xP(\lambda)+P'(\lambda)]e^{\lambda x} \tag{46}$$

를 얻는다. 그런데, x에 관한 미분과 λ에 관한 미분은 교환가능하므로

$$\frac{\partial}{\partial\lambda}L[e^{\lambda x}]=L\left[\frac{\partial}{\partial\lambda}e^{\lambda x}\right]=L[xe^{\lambda x}] \tag{47}$$

가 성립하고, 식 (45)로부터 식 (46)의 우변은 0이 되므로

$$L[xe^{\lambda x}]=0 \quad ◀$$

☑ λ가 m중근으로 되면 $L[e^{\lambda x}]=L[xe^{\lambda x}]=\cdots=L[x^{m-1}e^{\lambda x}]=0$이 되어 대응하는 해가 $y_\lambda=e^{\lambda x}(c_1+c_2x+\cdots+c_{m-1}x^{n-1})$로 되는 것이다[식 (6) 참조].

소거법에 의한 연립미분방정식의 풀이. 미분연산자를 마치 상수처럼 취급하여 선형연립방정식의 해를 구하는 방법을 **소거법**(消去法; elimination method)이라고 한다.

예제 9 연립미분방정식 $\begin{cases}x'=y+t\\ y'=-x+t^2\end{cases}$을 소거법을 이용하여 풀어라.

☞ 미분연산자 $D\equiv d/dt$로 정의하면

$$\begin{cases}Dx=y+t\\ Dy=-x+t^2\end{cases} \Rightarrow \begin{cases}Dx-y=t\\ x+Dy=t^2\end{cases} \tag{48}$$

으로 쓸 수 있고, 윗식을 크래머의 공식을 이용하여 풀면

$$x = \frac{\begin{vmatrix} t & -1 \\ t^2 & D \end{vmatrix}}{\begin{vmatrix} D & -1 \\ 1 & D \end{vmatrix}} = \frac{Dt + t^2}{D^2 + 1}, \quad y = \frac{\begin{vmatrix} D & t \\ 1 & t^2 \end{vmatrix}}{\begin{vmatrix} D & -1 \\ 1 & D \end{vmatrix}} = \frac{Dt^2 - t}{D^2 + 1} \tag{49}$$

가 된다. 이것은

$$\begin{aligned} (D^2+1)x &= 1 + t^2 \quad \Rightarrow \quad x'' + x = 1 + t^2 \\ (D^2+1)y &= 2t - t \quad \Rightarrow \quad y'' + y = t \end{aligned} \tag{50}$$

를 푸는 것과 동치이다. 특성방정식 $\lambda^2 + 1 = 0$을 풀고 미정계수법을 써서 특수해를 각각 구하면

$$\begin{aligned} x &= A \cos t + B \sin t + t^2 - 1 \\ y &= C \cos t + D \sin t + t \end{aligned} \tag{51}$$

로 된다. 그러나, 적분상수 A, B, C, D는 서로 독립인 상수가 아니라는 점을 유의해야 한다(✓ 참조). 식 (51)에 포함된 적분상수 사이의 관계를 얻기 위해서 미분방정식에 대입하면 (둘 중의 어떤 것이든 마찬가지이다)

$$x' = y + t \quad \Rightarrow \quad -A\sin t + B\cos t + 2t = C\cos t + D\sin t + t + t \tag{52}$$

즉, $C = B$, $D = -A$가 되어 최종해는

$$\begin{aligned} x &= A \cos t + B \sin t + t^2 - 1 \\ y &= B \cos t - A \sin t + t \quad ◀ \end{aligned} \tag{53}$$

✓ 그 이유는 x, y에 대한 1계 미분방정식이 소거를 하면서 각각 2계 미분방정식으로 차수가 높아졌기 때문이다. 이것은 $x = y$를 제곱하여 빼면 $x^2 - y^2 = (x - y)(x + y) = 0$과 같이 $y = -x$라는 추가적인 해가 나타나는 상황과 유사하다. 그리고, 식 (50)을 풀어 구한 x를 직접 $x' = y + t$, 즉 $y = x' - t = B\cos t - A\sin t + t$로 구할 수 있지만, 이와 같이 지름길이 항상 가능한 것은 아니다.

1계 연립미분방정식의 중요성. 소거법은 간단한 연립미분방정식에 대해서는 매우 효과적인 방법이지만, 더욱 높은 차수의 도함수가 포함될수록 다루기가 힘들어진다. 따라서, 연립미분방정식에 대한 일반적인 해법을 알아볼 필요가 있다. 이를 위해 먼저 n계 미분방정식이 항상 1계 연립미분방정식으로 환원되는 사실을 확인하고, 1계 연립미분방정식에 대한 해법을 다음 절에서 알아보기로 하자. 함수 $y(t)$에 관한

$$y^{(n)} = F(t, y, y', y'', \cdots, y^{(n-1)}) \tag{54}$$

의 일반적인 n계 미분방정식은

$$z_1 = y, \ z_2 = y', \ z_3 = y'', \ \cdots, \ z_n = y^{(n-1)} \tag{55}$$

과 같은 치환에 의해 항상 n개의 1계 연립미분방정식

$$\begin{aligned} z_1' &= z_2 \\ z_2' &= z_3 \\ &\vdots \\ z_{n-1}' &= z_n \\ z_n' &= F(t, z_1, z_2, \cdots, z_{n-1}, z_n) \end{aligned} \tag{56}$$

으로 변환된다. 또한, 고계(high order) 연립미분방정식들도 식 (55)와 유사한 치환을 통해 1계 연립미분방정식으로 변환될 수 있다.

✔ 실용적인 측면에서 복잡한 고계 미분방정식을 직접 다루기보다는 위와 같은 1계(first-order) 연립미분방정식을 푸는 것이 효과적이다. 또한, 물리적인 해석에서 편리한 경우도 있다. 예를 들어 변위 $y(t)$에 대한 미분방정식에서 가속도 y''이 주된 관심의 대상일 수 있다.

예제 10 상계수 비제차미분방정식 $y'' + ay' + by = h$를 1계 연립미분방정식으로 변환하라.

☞ $z_1 = y,\ z_2 = y'$으로 두면 주어진 미분방정식은

$$\begin{aligned} z_1' &= z_2 \\ z_2' + az_2 + bz_1 &= h \end{aligned}$$

로 변환된다. 행렬을 이용하면 이것은

$$\begin{bmatrix} z_1' \\ z_2' \end{bmatrix} = \begin{bmatrix} 0 & 1 \\ -b & -a \end{bmatrix} \begin{bmatrix} z_1 \\ z_2 \end{bmatrix} + \begin{bmatrix} 0 \\ h \end{bmatrix} \tag{57}$$

***예제 11** $x'' = y + 1,\ y'' = x + t$로 주어진 2계 연립미분방정식을 1계(first-order) 연립미분방정식으로 변환하라.

☞ $z_1 = x,\ z_2 = x',\ z_3 = y,\ z_4 = y'$을 도입하면

$$\begin{cases} z_1' = z_2 \\ z_2' = z_3 + 1 \\ z_3' = z_4 \\ z_4' = z_1 + t \end{cases} \Rightarrow \begin{bmatrix} z_1' \\ z_2' \\ z_3' \\ z_4' \end{bmatrix} = \begin{bmatrix} 0 & 1 & 0 & 0 \\ 0 & 0 & 1 & 0 \\ 0 & 0 & 0 & 1 \\ 1 & 0 & 0 & 0 \end{bmatrix} \begin{bmatrix} z_1 \\ z_2 \\ z_3 \\ z_4 \end{bmatrix} + \begin{bmatrix} 0 \\ 1 \\ 0 \\ t \end{bmatrix} \blacktriangleleft \tag{58}$$

✔ 위와 같이 행렬의 크기가 클수록 계산이 복잡해지므로 보통 수치적인 방법을 사용한다.

연습문제

※다음의 연립미분방정식을 소거법으로 풀어라.

[1] $\begin{cases} x' = x + y \\ y' = x - y \end{cases}$

[2] $\begin{cases} x' = x + 2y \\ y' = -3x + 6y \end{cases}$

[3] $\begin{cases} x'' = y + 1 \\ y'' = x + t \end{cases}$　　　　***[4]** $\begin{cases} x' = -2x + 4y + 6 \\ y' = -x + 3y + 3t \end{cases}$

17-4 1계 연립미분방정식의 해법

1계 연립미분방정식의 일반형. 1계 연립미분방정식의 일반형은

$$\begin{aligned} y'_1 &= F_1(t, y_1, y_2, \cdots, y_n) \\ y'_2 &= F_2(t, y_1, y_2, \cdots, y_n) \\ &\vdots \\ y'_n &= F_n(t, y_1, y_2, \cdots, y_n) \end{aligned} \tag{59}$$

으로 표현된다. 그러나, 미분방정식이 모두 선형인 경우에는 행렬을 이용하여 보다 편리하게

$$\mathbf{y}' = \mathbf{A}\mathbf{y} + \mathbf{h} \tag{60}$$

와 같이 쓸 수 있다. 여기서,

$$\mathbf{A} = \begin{bmatrix} a_{11} & a_{12} & \cdots & a_{1n} \\ a_{21} & a_{22} & \cdots & a_{2n} \\ \cdot & \cdot & \cdots & \cdot \\ a_{n1} & a_{n2} & \cdots & a_{nn} \end{bmatrix}, \quad \mathbf{y} = \begin{bmatrix} y_1 \\ y_2 \\ \cdot \\ y_n \end{bmatrix}, \quad \mathbf{h} = \begin{bmatrix} h_1 \\ h_2 \\ \cdot \\ h_n \end{bmatrix} \tag{61}$$

을 나타낸다. 위에서, $\mathbf{h} = 0$인 경우를 제차 연립미분방정식, $\mathbf{h} \neq 0$인 경우를 비제차 연립미분방정식이라고 한다. 특히, $\mathbf{h} = 0$인 경우의 해를 **제차해**라고 하며, 이때는 두 제차해 $\mathbf{y}^{[1]}$과 $\mathbf{y}^{[2]}$의 선형결합 $c_1\mathbf{y}^{[1]} + c_2\mathbf{y}^{[2]}$도 연립미분방정식의 제차해가 되는 **중첩의 원리**가 적용된다(증명은 연습문제).

$\mathbf{h} \neq 0$인 비제차 연립미분방정식의 일반해는

$$\mathbf{y} = \mathbf{y}_h + \mathbf{y}_p \tag{62}$$

와 같이 제차해와 특수해의 합으로 이루어진다(예제 9 참조).

제차 연립방정식의 해. 선형 연립미분방정식

$$\begin{aligned} x' &= ax + cy \\ y' &= bx + dy \end{aligned} \quad \Rightarrow \quad \begin{bmatrix} x' \\ y' \end{bmatrix} = \begin{bmatrix} a & c \\ b & d \end{bmatrix} \begin{bmatrix} x \\ y \end{bmatrix} \tag{63}$$

의 해는 소거법을 이용하여 구할 수 있으며 정리하면 표 17.1과 같다.

예제 12 연립미분방정식 $\begin{cases} x' = y \\ y' = -x \end{cases}$을 풀어라.

☞ $\begin{bmatrix} x' \\ y' \end{bmatrix} = \begin{bmatrix} 0 & 1 \\ -1 & 0 \end{bmatrix}\begin{bmatrix} x \\ y \end{bmatrix}$로 주어진 선형 연립미분방정식이므로 표 17.1을 참조한다. 그러면, 특성방정식 $\lambda^2 + 1 = 0$으로부터

$$x = A\cos t + B\sin t$$

를 구하고

$$y = x' = -A\sin t + B\cos t \tag{64}$$

***예제 13** 표 17.1의 연립미분방정식에서 $\mathbf{A} = \begin{bmatrix} a & c \\ b & d \end{bmatrix}$로 두면 특성방정식은 $D(\lambda) = \det(\mathbf{A} - \lambda\mathbf{I}) = \lambda^2 - \lambda(\text{trace}\,\mathbf{A}) + \det\mathbf{A} = 0$임을 보여라.

☞ 표 17.1에서 분리된 형태(decoupled form)는 예제 9의 경우와 마찬가지로 크래머의 공식을 이용하여 구할 수 있다. 즉,

$$\begin{vmatrix} a-D & c \\ b & d-D \end{vmatrix} x = \begin{vmatrix} 0 & c \\ 0 & d-D \end{vmatrix} \quad \Rightarrow \quad [(a-D)(d-D) - bc]x = 0. \tag{65}$$

마찬가지로 y에 대해서도 소거된 형태를 구하면

$$\begin{cases} x'' - (a+d)x' + (ad-bc)x = 0 \\ y'' - (a+d)y' + (ad-bc)y = 0 \end{cases} \tag{66}$$

으로 된다. 위의 상계수를 가진 2계 선형미분방정식의 특성방정식은 2×2 행렬 $\mathbf{A}$에 대한 trace $\mathbf{A}$와 det $\mathbf{A}$의 정의에 의해

표 17.1 간단한 선형 연립미분방정식의 일반해

연립미분방정식: $\begin{pmatrix} x' \\ y' \end{pmatrix} = \begin{pmatrix} a & c \\ b & d \end{pmatrix}\begin{pmatrix} x \\ y \end{pmatrix}$ 분리된 형태: $\begin{cases} x'' - (a+d)x' + (ad-bc)x = 0 \\ y'' - (a+d)y' + (ad-bc)y = 0 \end{cases}$
특성방정식: $D(\lambda) = \lambda^2 - (a+d)\lambda + (ad-bc) = 0$ ① 두 실근, $\lambda = \lambda_1, \lambda_2$ $\quad x = c_1 e^{\lambda_1 t} + c_2 e^{\lambda_2 t}$ ② 중근, $\lambda = p$ $\quad x = e^{pt}(c_1 + c_2 t)$ ③ 복소근, $\lambda = p \pm iq$ $\quad x = e^{pt}(c_1 \cos qt + c_2 \sin qt)$
$c \neq 0$이면 위의 모든 경우에 대해 $y = \frac{1}{c}(x' - ax)$

*만일 $c = 0$, $b \neq 0$이면 y를 먼저 구하고 $x = \frac{1}{b}(y' - dy)$로 쓴다.

$$D(\lambda) = \lambda^2 - (a+d)\lambda + (ad-bc)$$
$$= \det(\mathbf{A} - \lambda\mathbf{I}) = \lambda^2 - \lambda(\text{trace}\,\mathbf{A}) + \det\mathbf{A} = 0 \tag{67}$$

과 같이 표현된다. ◀

일반적인 제차연립방정식. 일반적인 선형 연립미분방정식은 식 (60)에서 $h = 0$으로 두어

$$\mathbf{y}' = \mathbf{A}\mathbf{y} \tag{68}$$

로 표현된다. 물론, 2×2 행렬에 대한 식 (63)은 위의 특수한 경우가 된다. 윗식의 해는 스칼라인 경우와 유사하게

$$\mathbf{y} = \mathbf{x}e^{\lambda t} \tag{69}$$

로 가정하면(단, $\mathbf{x}$는 상수벡터), $e^{\lambda t} \neq 0$이므로

$$\mathbf{y}' = \mathbf{A}\mathbf{y} \quad \Rightarrow \quad \lambda\mathbf{x}e^{\lambda t} = \mathbf{A}\mathbf{x}e^{\lambda t} \quad \Rightarrow \quad \mathbf{A}\mathbf{x} = \lambda\mathbf{x}$$

의 과정을 거쳐 5장에서 다룬 고유값문제로 바뀐다. 즉,

$$\det(\mathbf{A} - \lambda\mathbf{I}) = 0 \tag{70}$$

의 고유값 λ와 대응하는 고유벡터 $\mathbf{x}$를 구하는 문제로 변환된다.

대각화법을 이용한 비제차 연립방정식의 풀이. 연립미분방정식은 행렬의 고유값문제의 응용 중에서 대표적인 것이다. 다음의 비제차 연립미분방정식

$$\mathbf{y}' = \mathbf{A}\mathbf{y} + \mathbf{h} \tag{71}$$

는 행렬 $\mathbf{A}$의 대각화(16-2절 참조), 즉

$$\mathbf{A}\mathbf{X} = \mathbf{X}\mathbf{D} \quad \Rightarrow \quad \mathbf{X}^{-1}\mathbf{A}\mathbf{X} = \mathbf{D} \tag{72}$$

를 이용하면 쉽게 해를 구할 수 있다. 여기서, $\mathbf{D}$는 고유값으로 이루어진 대각행렬, $\mathbf{X}$는 고유벡터로 이루어진 $n \times n$ 행렬이다. 16-2절을 참조하여

$$\mathbf{y} = \mathbf{X}\mathbf{z} \tag{73}$$

인 치환을 하고 양변에 $\mathbf{X}^{-1}$을 왼쪽으로 곱하면

$$\mathbf{X}\mathbf{z}' = \mathbf{A}\mathbf{X}\mathbf{z} + \mathbf{h} \quad \Rightarrow \quad \mathbf{z}' = \mathbf{X}^{-1}\mathbf{A}\mathbf{X}\mathbf{z} + \mathbf{X}^{-1}\mathbf{h} \tag{74}$$

즉,

$$\mathbf{z}' = \mathbf{D}\mathbf{z} + \mathbf{X}^{-1}\mathbf{h} \quad \Rightarrow \quad \frac{d}{dt}z_j = \lambda_j z_j + [\mathbf{X}^{-1}\mathbf{h}]_j \tag{75}$$

와 같이 z_j에 대해 각각 **분리된 방정식**(decoupled equation)을 풀고, 최종적으로 $\mathbf{y} = \mathbf{X}\mathbf{z}$에 대입하여 y_j를 구하게 된다.

예제 14 다음 연립미분방정식을 대각화법을 이용하여 풀어라.

$$\begin{cases} x' = -2x + 4y + 6 \\ y' = -x + 3y + 3t \end{cases}$$

☞ 주어진 연립미분방정식은

$$\begin{bmatrix} x' \\ y' \end{bmatrix} = \begin{bmatrix} -2 & 4 \\ -1 & 3 \end{bmatrix} \begin{bmatrix} x \\ y \end{bmatrix} + \begin{bmatrix} 6 \\ 3t \end{bmatrix}$$

로 쓸 수 있고, $\mathbf{A} = \begin{bmatrix} -2 & 4 \\ -1 & 3 \end{bmatrix}$에 대하여 특성방정식은 $\lambda^2 - \lambda - 2 = 0$이므로 고유값은 $\lambda_1 = -1$, $\lambda_2 = 2$이고 대응하는 고유벡터는

$$\mathbf{x}_1 = \begin{bmatrix} 4 \\ 1 \end{bmatrix}, \quad \mathbf{x}_2 = \begin{bmatrix} 1 \\ 1 \end{bmatrix}$$

이다[5-7절의 예제 13 참조]. 따라서, 행렬의 대각화를 위한 행렬

$$\mathbf{D} = \begin{bmatrix} -1 & 0 \\ 0 & 2 \end{bmatrix}, \quad \mathbf{X} = \begin{bmatrix} 4 & 1 \\ 1 & 1 \end{bmatrix}, \quad \mathbf{X}^{-1} = \frac{1}{3}\begin{bmatrix} 1 & -1 \\ -1 & 4 \end{bmatrix} \tag{76}$$

를 얻는다. 주어진 미분방정식은 $\mathbf{y} = \mathbf{Xz}$의 치환에 의해

$$\begin{bmatrix} z_1' \\ z_2' \end{bmatrix} = \begin{bmatrix} -1 & 0 \\ 0 & 2 \end{bmatrix} \begin{bmatrix} z_1 \\ z_2 \end{bmatrix} + \frac{1}{3}\begin{bmatrix} 1 & -1 \\ -1 & 4 \end{bmatrix} \begin{bmatrix} 6 \\ 3t \end{bmatrix}$$

인 비연립방정식으로 변환된다. 이것을 각각 풀어

$$\begin{cases} z_1' = -z_1 + 2 - t \\ z_2' = 2z_2 - 2 + 4t \end{cases} \Rightarrow \begin{cases} z_1 = c_1 e^{-t} - t + 3 \\ z_2 = c_2 e^{2t} - 2t \end{cases}$$

를 구하고 다시 $\mathbf{y} = \mathbf{Xz}$에 대입하면

$$\begin{aligned} \begin{bmatrix} x \\ y \end{bmatrix} &= \begin{bmatrix} 4 & 1 \\ 1 & 1 \end{bmatrix} \begin{bmatrix} c_1 e^{-t} - t + 3 \\ c_2 e^{2t} - 2t \end{bmatrix} \\ &= c_1 e^{-t} \begin{bmatrix} 4 \\ 1 \end{bmatrix} + c_2 e^{2t} \begin{bmatrix} 1 \\ 1 \end{bmatrix} + \begin{bmatrix} 12 - 6t \\ 3 - 3t \end{bmatrix} \end{aligned} \tag{77}$$ ◀

☑ 식 (76)에서 λ_1에 대응하는 고유벡터 $\mathbf{x}_1$이 순서대로 대각행렬과 고유벡터행렬에 놓여야 하는 것에 주의한다. 예를 들어, 식 (76)을 다음과 같이 쓰면 어떻게 될 것인가 생각해 보라.

$$\mathbf{D} = \begin{bmatrix} 2 & 0 \\ 0 & -1 \end{bmatrix}, \quad \mathbf{X} = \begin{bmatrix} 4 & 1 \\ 1 & 1 \end{bmatrix}, \quad \mathbf{X}^{-1} = \frac{1}{3}\begin{bmatrix} 1 & -1 \\ -1 & 4 \end{bmatrix}$$

***변수변분법을 이용한 비제차 연립방정식의 풀이.** 비제차 연립미분방정식 $\mathbf{y}' = \mathbf{Ay} + \mathbf{h}$의 간단한 형태인

$$\begin{bmatrix} x' \\ y' \end{bmatrix} = \begin{bmatrix} a_{11} & a_{12} \\ a_{21} & a_{22} \end{bmatrix} \begin{bmatrix} x \\ y \end{bmatrix} + \begin{bmatrix} h_1 \\ h_2 \end{bmatrix} \tag{78}$$

의 경우에 대해 연립미분방정식의 변수변분법에 의한 풀이를 설명하기로 한다. 식 (78)의 제차해는 표 17.1에 주어진 방법을 이용하면 쉽게 구할 수 있다. 이때의 서로 1차독립인 제차해를

$$\mathbf{y}^{[1]}=\begin{bmatrix} x_1 \\ y_1 \end{bmatrix}, \quad \mathbf{y}^{[2]}=\begin{bmatrix} x_2 \\ y_2 \end{bmatrix} \tag{79}$$

라고 하자. 그러면,

$$\begin{aligned}\mathbf{y}_h = c_1\mathbf{y}^{[1]} + c_2\mathbf{y}^{[2]} &= c_1\begin{bmatrix} x_1 \\ y_1 \end{bmatrix} + c_2\begin{bmatrix} x_2 \\ y_2 \end{bmatrix} \\ &= \begin{bmatrix} c_1x_1 + c_2x_2 \\ c_1y_1 + c_2y_2 \end{bmatrix} = \begin{bmatrix} x_1 & x_2 \\ y_1 & y_2 \end{bmatrix}\begin{bmatrix} c_1 \\ c_2 \end{bmatrix}\end{aligned}$$

가 제차미분방정식의 일반해가 된다. 이때,

$$\mathbf{Y} = \begin{bmatrix} x_1 & x_2 \\ y_1 & y_2 \end{bmatrix}, \quad \mathbf{c} = \begin{bmatrix} c_1 \\ c_2 \end{bmatrix} \tag{80}$$

로 두면, $\mathbf{y}_h = \mathbf{Yc}$는 $\mathbf{y}'_h = \mathbf{Ay}_h$의 해이므로 $\mathbf{Y'c} = \mathbf{AYc}$를 만족한다. 그런데, 여기서 벡터 $\mathbf{c}$를 t에 관한 함수로 간주하여

$$\mathbf{y}_p = \mathbf{Yc} \tag{81}$$

로 특수해를 나타내기로 하면 $\mathbf{y}'_p = \mathbf{Ay}_p + \mathbf{h}$에 대입하여

$$\mathbf{y}'_p = \mathbf{Y'c} + \mathbf{Yc'} = \mathbf{AYc} + \mathbf{h} \tag{82}$$

가 된다. 이때, $\mathbf{Y'c} = \mathbf{AYc}$를 윗식에서 제거하면

$$\mathbf{Yc'} = \mathbf{h} \quad \Rightarrow \quad \mathbf{c'} = \mathbf{Y}^{-1}\mathbf{h} \quad \Rightarrow \quad \mathbf{c} = \int \mathbf{Y}^{-1}\mathbf{h}$$

인 관계식을 얻는다. 따라서, 특수해는

$$\mathbf{y}_p = \mathbf{Yc} = \mathbf{Y}\int \mathbf{Y}^{-1}\mathbf{h} \tag{83}$$

로 결정된다. 이것을 일반적으로 확장하여 쓰면

$$\mathbf{y}^{[1]} = \begin{bmatrix} y_1^{[1]} \\ y_2^{[1]} \\ \cdot \\ y_n^{[1]} \end{bmatrix}, \quad \mathbf{y}^{[2]} = \begin{bmatrix} y_1^{[2]} \\ y_2^{[2]} \\ \cdot \\ y_n^{[2]} \end{bmatrix}, \quad \cdots, \quad y^{[n]} = \begin{bmatrix} y_1^{[n]} \\ y_2^{[n]} \\ \cdot \\ y_n^{[n]} \end{bmatrix} \tag{84}$$

으로 표현되는 제차해로 이루어진 행렬

$$\mathbf{Y} = [\mathbf{y}^{[1]}, \mathbf{y}^{[2]}, \cdots, \mathbf{y}^{[n]}] = \begin{bmatrix} y_1^{[1]} & y_1^{[2]} & \cdots & y_1^{[n]} \\ y_2^{[1]} & y_2^{[2]} & \cdots & y_2^{[n]} \\ \cdot & \cdot & \cdots & \cdot \\ y_n^{[1]} & y_n^{[2]} & \cdots & y_n^{[n]} \end{bmatrix} \tag{85}$$

에 대해서 특수해를

$$\mathbf{y}_p = \mathbf{Yc} = \mathbf{Y}\int \mathbf{Y}^{-1}\mathbf{h} \tag{86}$$

로 구한다.

☑ 1장에서 1계 비제차 선형미분방정식 $y' + ay = h$의 특수해가 $py = \int ph,\ p = e^{\int a}$인 공식과 닮은 점을 찾아보자. 만일, 비제차 선형미분방정식이 $y' = ay + h$의 형태로 주어졌다면 $p^{-1}y = \int p^{-1}h$, 즉 $y = p\int p^{-1}h$가 특수해가 된다(이때, $p = e^{\int a}$는 제차해임에 주목한다). 따라서, 식 (86)을 따로 기억하지 않고 다음과 같은 유사성으로부터 이끌어내도록 하자.

1계 미분방정식 : $y' = ay + h,\quad y_p = p\int p^{-1}h,\quad p$는 제차해

1계 연립미분방정식: $\mathbf{y}' = \mathbf{Ay} + \mathbf{h},\quad \mathbf{y_p} = \mathbf{Y}\int \mathbf{Y}^{-1}\mathbf{h},\quad \mathbf{Y}$는 제차해행렬

***예제 15** 앞의 (예제 14)를 변수변분법으로 풀어라.

☞ 연립미분방정식

$$\begin{cases} x' = -2x + 4y + 6 \\ y' = -x + 3y + 3t \end{cases} \tag{87}$$

에 대응하는 행렬의 고유값은 $\lambda_1 = -1,\ \lambda_2 = 2$이고 대응하는 고유벡터는

$$\mathbf{x}_1 = \begin{bmatrix} 4 \\ 1 \end{bmatrix},\quad \mathbf{x}_2 = \begin{bmatrix} 1 \\ 1 \end{bmatrix}$$

이므로, 제차해는

$$\mathbf{y}^{[1]} = e^{-t}\begin{bmatrix} 4 \\ 1 \end{bmatrix},\quad \mathbf{y}^{[2]} = e^{2t}\begin{bmatrix} 1 \\ 1 \end{bmatrix} \tag{88}$$

으로 주어진다[식 (77) 또는 ☑ 참조]. 따라서,

$$\mathbf{Y} = \begin{bmatrix} 4e^{-t} & e^{2t} \\ e^{-t} & e^{2t} \end{bmatrix},\quad \mathbf{Y}^{-1} = \frac{1}{3e^t}\begin{bmatrix} e^{2t} & -e^{2t} \\ -e^{-t} & 4e^{-t} \end{bmatrix} \tag{89}$$

이때,

$$\mathbf{Y}^{-1}\mathbf{h} = \frac{1}{3e^t}\begin{bmatrix} e^{2t} & -e^{2t} \\ -e^{-t} & 4e^{-t} \end{bmatrix}\begin{bmatrix} 6 \\ 3t \end{bmatrix} = \begin{bmatrix} (2-t)e^t \\ (-2+4t)e^{-2t} \end{bmatrix}$$

이므로

$$\int \mathbf{Y}^{-1}\mathbf{h} = \begin{bmatrix} (2-t)e^t - (-1)e^t \\ (-2+4t)\left(-\frac{1}{2}e^{-2t}\right) - 4\left(\frac{1}{4}e^{-2t}\right) \end{bmatrix} = \begin{bmatrix} (3-t)e^t \\ -2te^{-2t} \end{bmatrix}$$

즉,

$$\mathbf{y}_p = \mathbf{Y}\int \mathbf{Y}^{-1}\mathbf{h} = \begin{bmatrix} 4e^{-t} & e^{2t} \\ e^{-t} & e^{2t} \end{bmatrix}\begin{bmatrix} (3-t)e^t \\ -2te^{-2t} \end{bmatrix} = \begin{bmatrix} 12-6t \\ 3-3t \end{bmatrix} \tag{90}$$

인 특수해가 주어진다. 이것은 대각화법으로 이용한 식 (77)과 동일한 결과이다. ◀

☑ 식 (77)은 $\mathbf{y} = c_1\mathbf{y}^{[1]} + c_2\mathbf{y}^{[2]} + \mathbf{y}_p$의 형태를 가진다. 여기서, $\mathbf{y}^{[1]} = \mathbf{x}_1 e^{-t}$ 및 $\mathbf{y}^{[2]} = \mathbf{x}_2 e^{2t}$가 되고 $\mathbf{x}_1$, $\mathbf{x}_2$는 고유벡터를 뜻한다. 만일, 고유벡터를 구하지 않고 제차해를 구하려면 표 17.1에 보인 바와 같이 $y = c_1e^{-t} + c_2e^{2t}$를 구하고 $y' = -x + 3y$에 대입하여 $x = 4c_1e^{-t} + c_2e^{2t}$. 따라서, $\begin{bmatrix} x \\ y \end{bmatrix} = c_1\mathbf{y}^{[1]} + c_2\mathbf{y}^{[2]} = c_1e^{-t}\begin{bmatrix} 4 \\ 1 \end{bmatrix} + c_2e^{2t}\begin{bmatrix} 1 \\ 1 \end{bmatrix}$. 그러나, 이러한 방법은 2×2 계수행렬인 경우에 사용할 수 있으며, 보다 큰 계수행렬에 대해서는 고유벡터를 구해야 한다.

연습문제

※다음의 연립미분방정식을 풀어라.

[1] $\begin{cases} x' = x + 2y \\ y' = -x + 4y \end{cases}$

[2] $\begin{cases} x' = x + y \\ y' = -x + 3y \end{cases}$

[3] $\begin{cases} x' = 2x - 5y \\ y' = x + 4y \end{cases}$

※다음의 연립미분방정식을 대각화법으로 풀어라.

[4] $\begin{cases} x' = 3x + 3y + 8 \\ y' = x + 5y + 4e^{3t} \end{cases}$

[5] $\begin{cases} x' = 2x + y + t \\ y' = x + 2y + t^2 \end{cases}$

*****[6]** $\mathbf{y}^{[1]}$과 $\mathbf{y}^{[2]}$가 $\mathbf{y}' = \mathbf{A}\mathbf{y}$의 해이면 $\mathbf{y} = c_1\mathbf{y}^{[1]} + c_2\mathbf{y}^{[2]}$도 해가 되는 중첩의 원리를 증명하라.

☑ $\mathbf{y}' = c_1\mathbf{y}'^{[1]} + c_2\mathbf{y}'^{[2]} = c_1\mathbf{A}\mathbf{y}^{[1]} + c_2\mathbf{A}\mathbf{y}^{[2]} = \mathbf{A}\left(c_1\mathbf{y}^{[1]} + c_2\mathbf{y}^{[2]}\right) = \mathbf{A}\mathbf{y}$.

Chapter 18

다변수함수의 해석

이 장에서는 독립변수가 2개 이상인 다변수함수에 대한 미분과 적분을 공부한다. 다변수함수에 대한 편도함수, 사슬법칙, 테일러 전개, 곡면의 극대점, 극소점 및 안장점, 그리고 최대, 최소의 결정을 위한 Lagrange의 승수(乘數; multiplier) 등에 관한 기본개념을 알아보고, 일반 곡선좌표계에서의 구배, 발산, 회전 등의 연산을 유도한다. 또한, 다변수함수에 대한 다중적분과 면적분을 살펴본다.

18-1 편도함수와 사슬법칙

이 절에서는 다변수함수의 미분을 올바르게 수행할 수 있는 능력을 기르는 데 중점을 두어 편도함수 및 사슬법칙을 다룬다.

편도함수의 정확한 정의. 독립변수 x, y, z에 관한 다변수함수 $f(x, y, z)$의 편도함수(偏導函數; partial derivative)는

$$\frac{\partial f}{\partial x} \equiv \left.\frac{\partial f}{\partial x}\right)_{y,z} \tag{1}$$

와 같이 독립변수 x에 대해 편미분할 때 다른 독립변수 y, z는 고정되어 있다는 것을 명시하는 것이 정확한 표현이다(우변의 아래첨자가 고정된 변수를 의미한다). 물론, 대부분의 경우 편도함수의 의미가 명확하므로 생략하게 되지만, 이 장에서는 고정된 변수를 명시하지 않으면 편도함수의 의미가 모호한 경우를 다루게 되므로 편도함수의 정의를 다시 살펴보았다.

사슬법칙. 제0장에서 사슬법칙은 다변수함수 $f(x, y, z)$에 대해

$$df = \frac{\partial f}{\partial x}dx + \frac{\partial f}{\partial y}dy + \frac{\partial f}{\partial z}dz \tag{2}$$

로 정의되었다. 사슬법칙을 보다 구체적으로 정의하면 다음과 같다.

> **(사슬법칙)** 독립변수 x, y, z에 관한 다변수함수 $f(x, y, z)$가 xyz 공간의 영역 D에서 연속이고 또한 연속인 1계 편도함수를 가진다고 하자. 그리고, $x = x(u, v)$, $y = y(u, v)$, $z = z(u, v)$는 uv 평면상에 있는 영역 R에서 연속이고 1계 편도함수를 가지며 R 내부의 모든 점 (u, v)에 대한 대응점 $(x(u, v), y(u, v), z(u, v))$가 공간영역 D에 포함된다고 하자. 그러면, 함수 $f(x, y, z) = F(u, v)$는 uv 평면상의 영역 R에서 정의되고
>
> $$\frac{\partial F}{\partial u} = \frac{\partial f}{\partial u} = \frac{\partial f}{\partial x}\frac{\partial x}{\partial u} + \frac{\partial f}{\partial y}\frac{\partial y}{\partial u} + \frac{\partial f}{\partial z}\frac{\partial z}{\partial u}$$
>
> $$\frac{\partial F}{\partial v} = \frac{\partial f}{\partial v} = \frac{\partial f}{\partial x}\frac{\partial x}{\partial v} + \frac{\partial f}{\partial y}\frac{\partial y}{\partial v} + \frac{\partial f}{\partial z}\frac{\partial z}{\partial v}$$

▶ 위의 정리는 다양한 방법으로 변형되어 응용된다. 예를 들어, $f = f(x, y)$에서 $x = x(t)$, $y = y(t)$이면 실질적인 독립변수(independent variable)는 t이고, x, y는 매개변수(intermediate variable)로 되어

$$\frac{df}{dt} = \frac{\partial f}{\partial x}\frac{dx}{dt} + \frac{\partial f}{\partial y}\frac{dy}{dt} \tag{3}$$

이다. 비슷한 예로, $f(t, x, y) = f[t, x(t), y(t)]$와 같이 주어져 있다면

$$\frac{df}{dt} = \frac{\partial f}{\partial t} + \frac{\partial f}{\partial x}\frac{dx}{dt} + \frac{\partial f}{\partial y}\frac{dy}{dt} \tag{4}$$

로 된다. 여기서, t에 관한 전도함수(全導函數; total derivative) df/dt와 편도함수 $\partial f/\partial t$는

$$\frac{df}{dt} \neq \frac{\partial f}{\partial t} \tag{5}$$

로 서로 구별되는 것에 주의해야 한다.

예제 1 $f(t,x,y) = tx + t^2y$에 대해서 $x = t^2 - 1, y = 3t - 2$로 독립변수가 t일 때, $\frac{df}{dt} = \frac{\partial f}{\partial t} + \frac{\partial f}{\partial x}\frac{dx}{dt} + \frac{\partial f}{\partial y}\frac{dy}{dt}$가 만족되는 것을 확인하라.

☞ 먼저, 좌변을 구하기 위해 x, y를 직접 대입하면

$$f = tx + t^2y = t(t^2 - 1) + t^2(3t - 2) = 4t^3 - 2t^2 - t \tag{6}$$

이므로

$$\frac{df}{dt} = 12t^2 - 4t - 1 \tag{7}$$

임은 자명한 사실이다. 이때, 우변은

$$\begin{aligned}\frac{\partial f}{\partial t} + \frac{\partial f}{\partial x}\frac{dx}{dt} + \frac{\partial f}{\partial y}\frac{dy}{dt} &= (x + 2ty) + t\frac{dx}{dt} + t^2\frac{dy}{dt} \\ &= [t^2 - 1 + 2t(3t - 2)] + t(2t) + t^2(3) \\ &= 12t^2 - 4t - 1\end{aligned} \tag{8}$$

이므로 양변이 서로 같다.

예제 2 다변수함수 $f[x, y, z(x, y)]$가 x, y를 독립변수, z를 매개변수로 가질 때, 통상적인 편미분 $\frac{\partial f}{\partial x}$는 $\frac{\partial f}{\partial x} \equiv \left.\frac{\partial f}{\partial x}\right)_{y,z}$ 를 의미한다. 이때, $f(x, y, z) = x^3 + 5xz + y^2$, $z = x^2 - 2y$를 써서 $\left.\frac{\partial f}{\partial x}\right)_y = \frac{\partial f}{\partial x} + \frac{\partial f}{\partial z}\frac{\partial z}{\partial x}$가 되는 것을 설명하라. 즉, $\left.\frac{\partial f}{\partial x}\right)_y \neq \frac{\partial f}{\partial x}$임을 보여라.

☞ $z = x^2 - 2y$를 대입하면

$$f = x^3 + 5xz + y^2 = x^3 + 5x(x^2 - 2y) + y^2 = 6x^3 - 10xy + y^2 \tag{9}$$

이므로

$$\left.\frac{\partial f}{\partial x}\right)_y = 18x^2 - 10y \tag{10}$$

가 된다. 그런데, $f(x, y, z) = x^3 + 5xz + y^2$에서 y, z를 고정시키고 x에 대해 편미분한 것은

$$\left.\frac{\partial f}{\partial x}\right)_{y,z} \equiv \frac{\partial f}{\partial x} = 3x^2 + 5z = 3x^2 + 5(x^2 - 2y) = 8x^2 - 10y \tag{11}$$

가 되어 $\left.\frac{\partial f}{\partial x}\right)_y \neq \frac{\partial f}{\partial x}$임을 알 수 있다. 실제로, $\left.\frac{\partial f}{\partial x}\right)_y$ 를 구하면

$$\begin{aligned}\left.\frac{\partial f}{\partial x}\right)_y &= \left.\frac{\partial f}{\partial x}\right)_{y,z}\left.\frac{\partial x}{\partial x}\right)_{y,z} + \left.\frac{\partial f}{\partial y}\right)_{x,z}\left.\frac{\partial y}{\partial x}\right)_z + \left.\frac{\partial f}{\partial z}\right)_{x,y}\left.\frac{\partial z}{\partial x}\right)_y \\ &= \frac{\partial f}{\partial x} + \frac{\partial f}{\partial z}\frac{\partial z}{\partial x}\end{aligned} \tag{12}$$

가 된다. 식 (12)의 마지막 항은

$$\frac{\partial f}{\partial z}\frac{\partial z}{\partial x} = (5x)(2x) = 10x^2$$

으로 식 (10)과 식 (11)의 차이만큼을 보정한다. ◀

☑ 위에서, x, y가 독립변수이므로

$$\left.\frac{\partial x}{\partial x}\right)_{y,z} = 1, \quad \left.\frac{\partial y}{\partial x}\right)_z = 0, \quad \left.\frac{\partial z}{\partial x}\right)_y = \frac{\partial z}{\partial x}, \quad \left.\frac{\partial f}{\partial z}\right)_{x,y} = \frac{\partial f}{\partial z}$$

임은 자명한 사실이기 때문에 첨자를 생략한 것이다.

예제 3 $f(x,y,z)=0$, $z=z(x,y)$로 x, y를 독립변수로 택할 때, $\dfrac{\partial z}{\partial x}=-\dfrac{\partial f/\partial x}{\partial f/\partial z}=-\dfrac{f_x}{f_z}$임을 보여라.

☞ y를 고정하고 x에 관해 $f=0$을 편미분하면(이때, z는 변한다)

$$\left.\frac{\partial f}{\partial x}\right)_y=\frac{\partial f}{\partial x}+\frac{\partial f}{\partial z}\frac{\partial z}{\partial x}=0 \tag{13}$$

이므로, $\partial f/\partial x$를 이항하고 $\partial f/\partial z$로 나누면 증명된다.

예제 4 $f(x, y, z)=0$으로 x, y, z 중 최소한 1개는 종속변수가 되는 구속조건이 주어질 경우, $\left.\dfrac{\partial x}{\partial y}\right)_z\left.\dfrac{\partial y}{\partial z}\right)_x\left.\dfrac{\partial z}{\partial x}\right)_y=-1$임을 보여라.

☞ x, y를 독립변수로 택하면 z는 $f(x, y, z)=0$인 구속조건(constraint)을 통해 종속변수로 되기 때문에

$$dz=\left.\frac{\partial z}{\partial x}\right)_y dx+\left.\frac{\partial z}{\partial y}\right)_x dy$$

인 관계가 성립한다. 이와 마찬가지로, y, z를 독립변수로 택하면

$$dx=\left.\frac{\partial x}{\partial y}\right)_z dy+\left.\frac{\partial x}{\partial z}\right)_y dz$$

가 된다. 이때, 위의 두 식은 $dz=0$, 즉 $z=$ 일정인 경우에도 성립하므로

$$0=\left.\frac{\partial z}{\partial x}\right)_y dx+\left.\frac{\partial z}{\partial y}\right)_x dy,\quad dx=\left.\frac{\partial x}{\partial y}\right)_z dy \tag{14}$$

에서 두 번째 식을 첫 번째 식에 대입하고 dy는 임의의 변화량이므로

$$0=\left.\frac{\partial z}{\partial x}\right)_y\left.\frac{\partial x}{\partial y}\right)_z+\left.\frac{\partial z}{\partial y}\right)_x\quad\Rightarrow\quad\left.\frac{\partial x}{\partial y}\right)_z\left.\frac{\partial y}{\partial z}\right)_x\left.\frac{\partial z}{\partial x}\right)_y=-1 \tag{15}$$

인 관계가 성립한다. ◀

☑ 위에서, $(\partial z/\partial y)_x=\dfrac{1}{(\partial y/\partial z)_x}$을 이용하였다. 식 (15)는 열역학(熱力學; thermodynamics)에서 매우 중요한 관계식이 된다. 그리고, 분모의 ∂y가 분자에 있는 ∂y와 마치 약분되는 것처럼 모두 순환적으로 놓여 있지만 최종값이 1이 아니라 -1인 점에 특히 주의한다.

연습문제

[1] $x=r\cos\theta$, $y=r\sin\theta$인 관계가 주어져 있을 때, 다음의 편도함수를 r, θ의 함수로 나타내어라.

(a) $\left.\dfrac{\partial x}{\partial r}\right)_\theta$ (b) $\left.\dfrac{\partial y}{\partial r}\right)_\theta$ (c) $\left.\dfrac{\partial x}{\partial \theta}\right)_r$ (d) $\left.\dfrac{\partial y}{\partial \theta}\right)_r$

(e) $\left.\dfrac{\partial r}{\partial x}\right)_y$ (f) $\left.\dfrac{\partial \theta}{\partial x}\right)_y$ (g) $\left.\dfrac{\partial r}{\partial y}\right)_x$ (h) $\left.\dfrac{\partial \theta}{\partial y}\right)_x$

[2] 압력 P, 비체적 v, 온도 T가 $f(P, v, T) = 0$인 관계를 만족한다고 하면 다음이 성립하는 것을 보여라.

(a) $\left.\dfrac{\partial v}{\partial T}\right)_P = -\dfrac{f_T}{f_v}$ (b) $\left.\dfrac{\partial P}{\partial v}\right)_T = -\dfrac{f_v}{f_P}$

(c) $\left.\dfrac{\partial T}{\partial P}\right)_v = -\dfrac{f_P}{f_T}$ (d) $\left.\dfrac{\partial T}{\partial P}\right)_v \left.\dfrac{\partial P}{\partial v}\right)_T \left.\dfrac{\partial v}{\partial T}\right)_P = -1$

*[3] (Blasius의 경계층이론) 층류유동에 대한 경계층(境界層; boundary layer) 방정식은

$$\text{연속방정식: } \frac{\partial u}{\partial x} + \frac{\partial v}{\partial y} = 0, \qquad \text{운동량방정식: } u\frac{\partial u}{\partial x} + v\frac{\partial v}{\partial y} = \nu\frac{\partial^2 u}{\partial y^2}$$

로 구성된다. 여기서, 유선함수(流線函數; stream function) $\psi(x, y)$를 이용하면 연속방정식은 $u = \dfrac{\partial \psi}{\partial y}$, $v = -\dfrac{\partial \psi}{\partial x}$ 로부터 자동적으로 만족된다. 이때, 새로운 종속변수 $f(\eta)$와 독립변수 η를 $\psi = \sqrt{\nu x}\, f(\eta)$, $\eta \equiv \dfrac{y}{\sqrt{\nu x}}$와 같이 도입하면

$$\frac{\partial \eta}{\partial x} = \frac{y}{\sqrt{\nu}}\left(-\frac{1}{2x\sqrt{x}}\right) = -\frac{\eta}{2x}, \quad \frac{\partial \eta}{\partial y} = \frac{1}{\sqrt{\nu x}}$$

을 얻는다. 이것을 이용하면

$$u = \frac{\partial \psi}{\partial y} = \sqrt{\nu x}\frac{\partial}{\partial y} f(\eta) = \sqrt{\nu x}\frac{df}{d\eta}\frac{\partial \eta}{\partial y} = \frac{df}{d\eta}$$

$$\begin{aligned} v = -\frac{\partial \psi}{\partial x} &= -\left[\sqrt{\nu}\frac{1}{2\sqrt{x}} f(\eta) + \sqrt{\nu x}\frac{df}{d\eta}\frac{\partial \eta}{\partial x}\right] \\ &= -\left[\sqrt{\nu}\frac{1}{2\sqrt{x}} f(\eta) + \sqrt{\nu x}\frac{df}{d\eta}\left(-\frac{\eta}{2x}\right)\right] = \frac{1}{2}\sqrt{\frac{\nu}{x}}\left(\eta\frac{df}{d\eta} - f\right) \end{aligned}$$

로 되고, 계속해서 속도를 미분하면

$$\frac{\partial u}{\partial x} = \frac{\partial}{\partial x}\frac{df}{d\eta} = \frac{d}{d\eta}\left(\frac{df}{d\eta}\right)\frac{\partial \eta}{\partial x} = -\frac{\eta}{2x}\frac{d^2 f}{d\eta^2}$$

$$\frac{\partial u}{\partial y} = \frac{\partial}{\partial y}\frac{df}{d\eta} = \frac{d}{d\eta}\left(\frac{df}{d\eta}\right)\frac{\partial \eta}{\partial y} = \frac{1}{\sqrt{\nu x}}\frac{d^2 f}{d\eta^2}$$

$$\frac{\partial^2 u}{\partial y^2} = \frac{\partial}{\partial y}\left(\frac{\partial u}{\partial y}\right) = \frac{d}{d\eta}\left(\frac{1}{\sqrt{\nu x}}\frac{d^2 f}{d\eta^2}\right)\frac{\partial \eta}{\partial y} = \frac{1}{\nu x}\frac{d^3 f}{d\eta^3}.$$

이 식들을 운동량방정식에 대입하면 $2\dfrac{d^3 f}{d\eta^3} + f\dfrac{d^2 f}{d\eta^2} = 0$인 비선형 상미분방정식으로 변환된다. 그리고, 3계 미분방정식의 해는 $\dfrac{df}{d\eta}(0) = f(0) = 0$, $\dfrac{df}{d\eta}(\infty) = 1$인 3개의 경계조건을 이용하여 구한다.

18-2 일반 곡선직교좌표계

다변수함수는 좌표변환을 통하여 보다 쉽게 이해되는 경우가 많다. 이 절에서는 벡터 표현을 이용하여 카테시안 좌표계를 기준으로 일반 곡선좌표계로의 변환과 이때 관여하는 Jacobian(자코비안 또는 야코비안)에 대해 설명한다. 또한, 구배, 발산 및 회전에 대한 일반적인 표현을 유도한다.

카테시안 좌표계의 정규직교기저. 공간상의 위치벡터를 카테시안 좌표계에서

$$\mathbf{r} = \mathbf{i}x + \mathbf{j}y + \mathbf{k}z \tag{16}$$

로 나타내면, 미소변위벡터는

$$d\mathbf{r} = \mathbf{i}dx + \mathbf{j}dy + \mathbf{k}dz = \frac{\partial \mathbf{r}}{\partial x}dx + \frac{\partial \mathbf{r}}{\partial y}dy + \frac{\partial \mathbf{r}}{\partial z}dz \tag{17}$$

이다. 여기서,

$$\frac{\partial \mathbf{r}}{\partial x} = \mathbf{i}, \quad \frac{\partial \mathbf{r}}{\partial y} = \mathbf{j}, \quad \frac{\partial \mathbf{r}}{\partial z} = \mathbf{k} \tag{18}$$

임을 알 수 있고, 이들 단위벡터의 집합은 $(\mathbf{ijk}) = \mathbf{i} \cdot \mathbf{j} \times \mathbf{k} = 1$, 즉

$$\frac{\partial \mathbf{r}}{\partial x} \cdot \frac{\partial \mathbf{r}}{\partial y} \times \frac{\partial \mathbf{r}}{\partial z} = 1$$

을 만족하므로 카테시안 좌표계 (x, y, z)에서 정규직교기저(orthonormal basis)를 이룬다. 이러한 개념을 아래에서 일반적인 곡선좌표계로 확장한다.

곡선직교. 새로운 좌표계 (η_1, η_2, η_3)를 도입하면 (x, y, z)는

$$\begin{aligned} x &= x(\eta_1, \eta_2, \eta_3) \\ y &= y(\eta_1, \eta_2, \eta_3) \\ z &= z(\eta_1, \eta_2, \eta_3) \end{aligned} \tag{19}$$

의 관계식을 갖는다. 좌표변환이 유효하려면 (x, y, z)와 (η_1, η_2, η_3) 사이에는 반드시 일대일의 대응(one-to-one correspondence)이 성립하고 상호 미분가능이어야 한다. 새로운 좌표계에서 식 (17)과 같은 표현을 구하면

$$d\mathbf{r} = \frac{\partial \mathbf{r}}{\partial \eta_1}d\eta_1 + \frac{\partial \mathbf{r}}{\partial \eta_2}d\eta_2 + \frac{\partial \mathbf{r}}{\partial \eta_3}d\eta_3 \tag{20}$$

가 얻어진다. $i = 1, 2, 3$이라 할 때 $\partial\mathbf{r}/\partial\eta_i$는 각 η_i좌표축 방향으로의 접선벡터를 나타낸다. 이때, $h_i \equiv |\partial\mathbf{r}/\partial\eta_i|$를 η_i좌표축 방향의 **척도요소**(尺度要素; scale factor)라 하고

$$h_i^2 = \frac{\partial \mathbf{r}}{\partial \eta_i} \cdot \frac{\partial \mathbf{r}}{\partial \eta_i} = \left(\mathbf{i}\frac{\partial x}{\partial \eta_i} + \mathbf{j}\frac{\partial y}{\partial \eta_i} + \mathbf{k}\frac{\partial z}{\partial \eta_i}\right) \cdot \left(\mathbf{i}\frac{\partial x}{\partial \eta_i} + \mathbf{j}\frac{\partial y}{\partial \eta_i} + \mathbf{k}\frac{\partial z}{\partial \eta_i}\right)$$

이를 간단히 하면

$$h_i^2 = \left(\frac{\partial x}{\partial \eta_i}\right)^2 + \left(\frac{\partial y}{\partial \eta_i}\right)^2 + \left(\frac{\partial z}{\partial \eta_i}\right)^2, \quad i = 1, 2, 3 \tag{21}$$

으로부터 구한다. 따라서, $\frac{1}{h_i}\frac{\partial \mathbf{r}}{\partial \eta_i}$은 크기가 1인 단위벡터로 되고

$$\mathbf{e}_i = \frac{1}{h_i}\frac{\partial \mathbf{r}}{\partial \eta_i} \tag{22}$$

로 정의하면 $\mathbf{e}_i$는 η_i좌표축의 접선단위벡터를 나타낸다.

일반 곡선좌표계 (η_1, η_2, η_3)가 정의되는 모든 점에서

$$(\mathbf{e}_1 \mathbf{e}_2 \mathbf{e}_3) = \mathbf{e}_1 \cdot \mathbf{e}_2 \times \mathbf{e}_3 = 1 \tag{23}$$

이 주어진 좌표계는 $\mathbf{e}_1$, $\mathbf{e}_2$, $\mathbf{e}_3$를 정규직교기저($\mathbf{e}_i \cdot \mathbf{e}_j = \delta_{ij}$)로 하는 **곡선직교**(曲線直交; curvilinear orthogonal) **좌표계**라 한다.

미소길이와 자코비안. 일반적인 곡선직교좌표계에서의 미소변위벡터는 식 (20)과 (22)로부터

$$d\mathbf{r} = \mathbf{e}_1 h_1 d\eta_1 + \mathbf{e}_2 h_2 d\eta_2 + \mathbf{e}_3 h_3 d\eta_3 \tag{24}$$

로 쓸 수 있고, $\mathbf{e}_1$, $\mathbf{e}_2$, $\mathbf{e}_3$는 정규직교기저($\mathbf{e}_i \cdot \mathbf{e}_j = \delta_{ij}$)이므로 미소길이 ds는

$$\begin{aligned} ds^2 = d\mathbf{r} \cdot d\mathbf{r} &= \sum_{i,j} h_i (d\eta_i) h_j (d\eta_j) \delta_{ij} \\ &= h_1^2 (d\eta_1)^2 + h_2^2 (d\eta_2)^2 + h_3^2 (d\eta_3)^2 \end{aligned} \tag{25}$$

이 된다. 또한, 자코비안은

$$J = \frac{\partial \mathbf{r}}{\partial \eta_1} \cdot \frac{\partial \mathbf{r}}{\partial \eta_2} \times \frac{\partial \mathbf{r}}{\partial \eta_3} = \begin{vmatrix} \frac{\partial x}{\partial \eta_1} & \frac{\partial y}{\partial \eta_1} & \frac{\partial z}{\partial \eta_1} \\ \frac{\partial x}{\partial \eta_2} & \frac{\partial y}{\partial \eta_2} & \frac{\partial z}{\partial \eta_2} \\ \frac{\partial x}{\partial \eta_3} & \frac{\partial y}{\partial \eta_3} & \frac{\partial z}{\partial \eta_3} \end{vmatrix} = \frac{\partial (x, y, z)}{\partial (\eta_1, \eta_2, \eta_3)} \tag{26}$$

로 정의하고, $\partial \mathbf{r}/\partial \eta_i = h_i \mathbf{e}_i$를 이용하면

$$J = h_1 \mathbf{e}_1 \cdot h_2 \mathbf{e}_2 \times h_3 \mathbf{e}_3 = h_1 h_2 h_3 (\mathbf{e}_1 \cdot \mathbf{e}_2 \times \mathbf{e}_3)$$

이므로

$$J = h_1 h_2 h_3 \tag{27}$$

인 단순한 표현을 갖는다. 이때, 자코비안은 좌표변환과 연관된 각 좌표계에서의 미소체적비와 같다. 즉,

$$dV = dx\,dy\,dz = \frac{\partial (x, y, z)}{\partial (\eta_1, \eta_2, \eta_3)} d\eta_1 d\eta_2 d\eta_3 = J\, d\eta_1 d\eta_2 d\eta_3 \tag{28}$$

예제 5 원통좌표계 (r, θ, z)에서의 척도요소와 자코비안을 구하라.

☞ 원통좌표계에서는 $x = r\cos\theta$, $y = r\sin\theta$이므로

$$h_1^2 = \left(\frac{\partial x}{\partial r}\right)^2 + \left(\frac{\partial y}{\partial r}\right)^2 + \left(\frac{\partial z}{\partial r}\right)^2 = \cos^2\theta + \sin^2\theta = 1$$

$$h_2^2 = \left(\frac{\partial x}{\partial \theta}\right)^2 + \left(\frac{\partial y}{\partial \theta}\right)^2 + \left(\frac{\partial z}{\partial \theta}\right)^2 = (-r\sin\theta)^2 + (r\cos\theta)^2 = r^2$$

$$h_3^2 = \left(\frac{\partial x}{\partial z}\right)^2 + \left(\frac{\partial y}{\partial z}\right)^2 + \left(\frac{\partial z}{\partial z}\right)^2 = 1$$

$$h_1 = 1, \quad h_2 = r, \quad h_3 = 1, \quad J = r \tag{29}$$

예제 6 구면좌표계 (r, θ, φ)에서의 척도요소와 자코비안을 구하라.

☞ 구면(球面; spherical) 좌표계에서는

$$x = r\cos\varphi\sin\theta, \quad y = r\sin\varphi\sin\theta, \quad z = r\cos\theta \tag{30}$$

인 좌표변환관계로부터

$$h_1^2 = \left(\frac{\partial x}{\partial r}\right)^2 + \left(\frac{\partial y}{\partial r}\right)^2 + \left(\frac{\partial z}{\partial r}\right)^2 = \cos^2\varphi\sin^2\theta + \sin^2\varphi\sin^2\theta + \cos^2\theta = 1$$

$$h_2^2 = \left(\frac{\partial x}{\partial \theta}\right)^2 + \left(\frac{\partial y}{\partial \theta}\right)^2 + \left(\frac{\partial z}{\partial \theta}\right)^2 = r^2\cos^2\varphi\cos^2\theta + r^2\sin^2\varphi\cos^2\theta + r^2\sin^2\theta = r^2$$

$$h_3^2 = \left(\frac{\partial x}{\partial \varphi}\right)^2 + \left(\frac{\partial y}{\partial \varphi}\right)^2 + \left(\frac{\partial z}{\partial \varphi}\right)^2 = r^2\sin^2\varphi\sin^2\theta + r^2\cos^2\varphi\sin^2\theta = r^2\sin^2\theta$$

$$h_1 = 1, \quad h_2 = r, \quad h_3 = r\sin\theta, \quad J = r^2\sin\theta \tag{31}$$ ◀

자코비안의 일반적인 정의와 성질. 자코비안은 기존 좌표와 새로운 좌표를 연결하는 매개역할뿐아니라, 그 자체로도 흥미 있는 성질을 가진다. 이러한 자코비안의 성질은 공학적으로 매우 유용하며, 특히 열공학에서는 압력, 온도, 비체적, 엔트로피 등의 관계를 규명하는 데 핵심적인 역할을 한다. 서로 독립인 변수 $x_1, x_2, \cdots, x_n$ 대신 새로운 독립변수 $\eta_1, \eta_2, \cdots, \eta_n$을 도입하면 자코비안은

$$J = \det\left(\frac{\partial x_i}{\partial \eta_j}\right) = \begin{vmatrix} \dfrac{\partial x_1}{\partial \eta_1} & \dfrac{\partial x_1}{\partial \eta_2} & \cdots & \dfrac{\partial x_1}{\partial \eta_n} \\ \dfrac{\partial x_2}{\partial \eta_1} & \dfrac{\partial x_2}{\partial \eta_2} & \cdots & \dfrac{\partial x_2}{\partial \eta_n} \\ \cdot & \cdot & \cdots & \cdot \\ \dfrac{\partial x_n}{\partial \eta_1} & \dfrac{\partial x_n}{\partial \eta_2} & \cdots & \dfrac{\partial x_n}{\partial \eta_n} \end{vmatrix} \tag{32}$$

으로 정의하는 것이 일반적이다. 그러나, $\det \mathbf{A} = \det \mathbf{A}^{\mathrm{T}}$이므로 전치행렬의 행렬식으로, 예를 들면 식 (26)과 같이 써도 무방하다.

예제 7 $\dfrac{\partial(u,v)}{\partial(x,y)} = -\dfrac{\partial(v,u)}{\partial(x,y)} = -\dfrac{\partial(u,v)}{\partial(y,x)}$임을 보여라(즉, 변수의 위치를 교환하면 부호가 바뀐다).

☞ 자코비안은 행렬식으로 정의되므로 행 또는 열을 교환하면 부호가 바뀌게 된다. 즉,

$$\frac{\partial(v,u)}{\partial(x,y)} = \begin{vmatrix} \frac{\partial v}{\partial x} & \frac{\partial v}{\partial y} \\ \frac{\partial u}{\partial x} & \frac{\partial u}{\partial y} \end{vmatrix} = -\begin{vmatrix} \frac{\partial u}{\partial x} & \frac{\partial u}{\partial y} \\ \frac{\partial v}{\partial x} & \frac{\partial v}{\partial y} \end{vmatrix} = -\frac{\partial(u,v)}{\partial(x,y)} \tag{33}$$

등으로 증명된다.

예제 8 $\dfrac{\partial(u,v)}{\partial(p,q)}\dfrac{\partial(p,q)}{\partial(x,y)} = \dfrac{\partial(u,v)}{\partial(x,y)}$임을 보여라(즉, 약분과 비슷한 성질을 가진다).

☞ 자코비안은 미소증분 사이의 변환과 관계하므로

$$\left.\begin{aligned} du &= \left.\frac{\partial u}{\partial x}\right)_y dx + \left.\frac{\partial u}{\partial y}\right)_x dy \\ dv &= \left.\frac{\partial v}{\partial x}\right)_y dx + \left.\frac{\partial v}{\partial y}\right)_x dy \end{aligned}\right\} \Rightarrow \begin{bmatrix} du \\ dv \end{bmatrix} = \begin{bmatrix} u_x & u_y \\ v_x & v_y \end{bmatrix}\begin{bmatrix} dx \\ dy \end{bmatrix} \tag{34}$$

인 관계를 얻는다. 이것을 uv 좌표, pq 좌표, xy 좌표에 대해 반복하고

$$\begin{bmatrix} du \\ dv \end{bmatrix} = \begin{bmatrix} u_p & u_q \\ v_p & v_q \end{bmatrix}\begin{bmatrix} dp \\ dq \end{bmatrix}, \quad \begin{bmatrix} dp \\ dq \end{bmatrix} = \begin{bmatrix} p_x & p_y \\ q_x & q_y \end{bmatrix}\begin{bmatrix} dx \\ dy \end{bmatrix} \tag{35}$$

위의 두 식을 결합하면

$$\begin{bmatrix} du \\ dv \end{bmatrix} = \begin{bmatrix} u_p & u_q \\ v_p & v_q \end{bmatrix}\begin{bmatrix} p_x & p_y \\ q_x & q_y \end{bmatrix}\begin{bmatrix} dx \\ dy \end{bmatrix} \tag{36}$$

이므로 식 (34)와 비교하면

$$\begin{bmatrix} u_p & u_q \\ v_p & v_q \end{bmatrix}\begin{bmatrix} p_x & p_y \\ q_x & q_y \end{bmatrix} = \begin{bmatrix} u_x & u_y \\ v_x & v_y \end{bmatrix} \tag{37}$$

를 얻고, $\det \mathbf{AB} = (\det \mathbf{A})(\det \mathbf{B})$를 이용하면

$$\frac{\partial(u,v)}{\partial(p,q)}\frac{\partial(p,q)}{\partial(x,y)} = \frac{\partial(u,v)}{\partial(x,y)} \tag{38}$$

가 된다. 또한, 특수한 경우로

$$\frac{\partial(u,v)}{\partial(x,y)}\frac{\partial(x,y)}{\partial(u,v)} = 1 \tag{39}$$

이 성립한다. ◀

예제 9 $\dfrac{\partial(u,v)}{\partial(x,v)} = \left.\dfrac{\partial u}{\partial x}\right)_v$ 임을 보여라(즉, 편도함수로 축약된다).

☞ 자코비안의 정의로부터

$$\frac{\partial(u,v)}{\partial(x,v)} = \begin{vmatrix} \left.\frac{\partial u}{\partial x}\right)_v & \left.\frac{\partial u}{\partial v}\right)_x \\ \left.\frac{\partial v}{\partial x}\right)_v & \left.\frac{\partial v}{\partial v}\right)_x \end{vmatrix} = \begin{vmatrix} \left.\frac{\partial u}{\partial x}\right)_v & 0 \\ \left.\frac{\partial v}{\partial x}\right)_v & 1 \end{vmatrix} = \left.\frac{\partial u}{\partial x}\right)_v$$

따라서,

$$\frac{\partial(u,v)}{\partial(x,v)} = \left.\frac{\partial u}{\partial x}\right)_v \tag{40}$$

와 같이 청색 부분이 고정된 상태에서의 편미분으로 축약되는 형태이다. ◀

☑ 위의 결과를 이용하면 예제 4를 다음과 같이 증명할 수 있다.

$$\begin{aligned}\left.\frac{\partial x}{\partial y}\right)_z \left.\frac{\partial y}{\partial z}\right)_x \left.\frac{\partial z}{\partial x}\right)_y &= \frac{\partial(x,z)}{\partial(y,z)} \frac{\partial(y,x)}{\partial(z,x)} \frac{\partial(z,y)}{\partial(x,y)} \\ &= \frac{\partial(x,z)}{\partial(y,z)} \times (-1)^2 \frac{\partial(x,y)}{\partial(x,z)} \times (-1) \frac{\partial(y,z)}{\partial(x,y)} \\ &= -1\end{aligned}$$

연습문제

[1] 편구면(偏球面) (u, v, θ)좌표계는

$$x = \cosh u \sin v \cos\theta, \quad y = \cosh u \sin v \sin\theta, \quad z = \sinh u \cos v$$

단, $0 \le u < \infty$, $0 \le v \le \pi$, $0 \le \theta < 2\pi$로 정의되는 좌표계이다.

(a) $u =$ 상수, $v =$ 상수는 각각 타원면과 쌍곡면을 나타내는 것을 보여라.

(b) $\dfrac{\partial \mathbf{r}}{\partial u}$, $\dfrac{\partial \mathbf{r}}{\partial v}$, $\dfrac{\partial \mathbf{r}}{\partial \theta}$는 서로 직교하는 것을 보여라.

(c) 척도요소 h_1, h_2, h_3와 자코비안 J를 구하라.

[2] 구면좌표계에서 다음을 보여라.

$$\begin{bmatrix} \frac{\partial}{\partial x} \\ \frac{\partial}{\partial y} \\ \frac{\partial}{\partial z} \end{bmatrix} = \begin{bmatrix} \sin\theta\cos\varphi & \cos\theta\cos\varphi & -\sin\varphi \\ \sin\theta\sin\varphi & \cos\theta\sin\varphi & \cos\varphi \\ \cos\theta & -\sin\theta & 0 \end{bmatrix} \begin{bmatrix} \frac{\partial}{\partial r} \\ \frac{1}{r}\frac{\partial}{\partial\theta} \\ \frac{1}{r\sin\theta}\frac{\partial}{\partial\varphi} \end{bmatrix}$$

[3] (열역학) $J = \dfrac{\partial(P,v)}{\partial(T,s)} = 1$이 만족될 때, 다음의 Maxwell 관계식을 보여라.

(a) $\left.\frac{\partial T}{\partial v}\right)_s = -\left.\frac{\partial P}{\partial s}\right)_v$ (b) $\left.\frac{\partial T}{\partial P}\right)_s = \left.\frac{\partial v}{\partial s}\right)_P$

(c) $\left.\frac{\partial v}{\partial T}\right)_P = -\left.\frac{\partial s}{\partial P}\right)_T$ (d) $\left.\frac{\partial P}{\partial T}\right)_v = \left.\frac{\partial s}{\partial v}\right)_T$

✓ $\left.\frac{\partial T}{\partial v}\right)_s = \frac{\partial(T, s)}{\partial(v, s)} = \frac{\partial(T, s)}{\partial(P, v)}\frac{\partial(P, v)}{\partial(v, s)} = (1)(-1)\frac{\partial(P, v)}{\partial(s, v)} = -\left.\frac{\partial P}{\partial s}\right)_v$ 를 참고한다.

18-3 극대, 극소와 Lagrangian multiplier

다변수함수의 테일러 전개. x를 독립변수로 하는 함수 $f(x)$의 테일러 전개는

$$f(x+p) = f(x) + f'(x)p + \frac{f''(x)}{2!}p^2 + \frac{f'''(x)}{3!}p^3 + \cdots \tag{41}$$

으로 주어진다. 그런데, $D = d/dx$를 도입하면 윗식을

$$f(x+p) = f(x) + (pD)f(x) + \frac{(pD)^2}{2!}f(x) + \frac{(pD)^3}{3!}f(x) + \cdots$$

의 형태로 나타낼 수 있다. 이와 유사하게 다변수함수 $f(x, y, z) = f(\mathbf{r})$의 테일러 전개는

$$f(\mathbf{r}+\mathbf{p}) = f(\mathbf{r}) + (\mathbf{p}\cdot\nabla)f(\mathbf{r}) + \frac{(\mathbf{p}\cdot\nabla)^2}{2!}f(\mathbf{r}) + \frac{(\mathbf{p}\cdot\nabla)^3}{3!}f(\mathbf{r}) + \cdots \tag{42}$$

으로 된다. 여기서, $\mathbf{p} = (a, b, c)$라 할 때

$$\begin{aligned}(\mathbf{p}\cdot\nabla)^2 &= \left(a\frac{\partial}{\partial x} + b\frac{\partial}{\partial y} + c\frac{\partial}{\partial z}\right)^2 \\ &= a^2\frac{\partial^2}{\partial x^2} + b^2\frac{\partial^2}{\partial y^2} + c^2\frac{\partial^2}{\partial z^2} \\ &\quad + 2ab\frac{\partial^2}{\partial x\partial y} + 2bc\frac{\partial^2}{\partial y\partial z} + 2ca\frac{\partial^2}{\partial z\partial x}\end{aligned} \tag{43}$$

등으로 단순한 다항식의 제곱과는 약간 다르게 정의한다. 다시 말하면

$$\left(a\frac{\partial}{\partial x}\right)^2 = a^2\frac{\partial^2}{\partial x^2} \neq a^2\left(\frac{\partial}{\partial x}\right)^2 \tag{44}$$

과 같이 정의된다. 일반적으로 $\mathbf{r} = (x_1, x_2, \cdots, x_n)$으로 독립변수가 n개가 되면 테일러 급수는 식 (42)에서

$$(\mathbf{p}\cdot\nabla)^m = \left(p_1\frac{\partial}{\partial x_1} + p_2\frac{\partial}{\partial x_2} + \cdots + p_n\frac{\partial}{\partial x_n}\right)^m \tag{45}$$

으로 정의하면 된다.

곡면의 접평면. x를 독립변수로 하는 곡선 $y=f(x)$ 위의 점 $(x_0,\ y_0)$에서의 접선은

$$y=y_0+(x-x_0)f'(x_0) \tag{46}$$

의 형태인 것을 알고 있다. 이와 비슷한 방법으로 x, y를 독립변수로 갖는 곡면 $z=f(x,y)$ 위의 점$(x_0,\ y_0,\ z_0)$에서의 접평면의 식을 구해 보자. 먼저, 곡면의 식을 $F(x,\ y,\ z)=z-f(x,\ y)=0$으로 나타내고, 접평면 위의 임의의 점을 $(x,\ y,\ z)$라고 하면 변위 $d\mathbf{r}=(x-x_0,\ y-y_0,\ z-z_0)$는 ∇F와 수직이 될 것이다. 즉,

$$d\mathbf{r}\cdot\nabla F=0 \quad\Rightarrow\quad (x-x_0)\frac{\partial F}{\partial x}+(y-y_0)\frac{\partial F}{\partial y}+(z-z_0)\frac{\partial F}{\partial z}=0 \tag{47}$$

이고, 이것을 정리하면

$$z=z_0+(x-x_0)f_x(x_0,\ y_0)+(y-y_0)f_y(x_0,\ y_0) \tag{48}$$

로 되어 식 (46)과 매우 유사한 형태를 갖는다.

☑ 이때, $z_0=f(x_0, y_0)$이므로 접평면의 방정식은 $\mathbf{p}\cdot\nabla\equiv(x-x_0)\dfrac{\partial}{\partial x}+(y-y_0)\dfrac{\partial}{\partial y}$을 정의하면 $z=f(x,y)=f(x_0,y_0)+(\mathbf{p}\cdot\nabla)f$와 같이 다변수함수의 테일러 전개에서 처음 두 항과 동일하게 된다.

곡면의 정류점. 곡선 $y=f(x)$의 경우 $y'=0$이 되는 점에서 **극대**(極大; relative maximum) 또는 **극소**(極小; relative minimum)가 나타날 수 있다. 예를 들어, 원점에서의 미분값이 0인 다음의 함수들은 점 $x=0$에서

① $y=x^2$은 극소$(y''>0)$
② $y=-x^2$은 극대$(y''<0)$
③ $y=x^3$은 극대도 극소도 아니다$(y''=0)$

인 사실은 해석학에서 이미 다룬 내용이다. 위의 사실을 확장하여 곡면 $z=f(x,y)$의 극대와 극소를 생각해 보자. 먼저, 2변수함수 $f(x,\ y)$를 점 $(x_0,\ y_0)$에 관하여 테일러 전개하면

$$f(x,\ y)=f(x_0,\ y_0)+(\mathbf{p}\cdot\nabla)f+\frac{(\mathbf{p}\cdot\nabla)^2}{2}f+\cdots \tag{49}$$

$$\mathbf{p}\cdot\nabla\equiv(x-x_0)\frac{\partial}{\partial x}+(y-y_0)\frac{\partial}{\partial y} \tag{50}$$

로 된다. 여기서, 식 (49)의 기하학적인 의미를 살펴보면

$$f(x,\ y)=f(x_0,\ y_0)+(\mathbf{p}\cdot\nabla)f+\frac{(\mathbf{p}\cdot\nabla)^2}{2}f+\cdots$$

↑ $z=z_0+(x-x_0)f_x+(y-y_0)f_y$ — 접평면의 방정식

↑ $\dfrac{(\mathbf{p}\cdot\nabla)^2}{2}$ — 접평면으로부터 벗어난 정도

를 나타내므로 $\mathbf{p}\cdot\nabla f=0$, 즉 $\mathbf{p}=(x-x_0, y-y_0)$는 임의의 변위이므로

$$\mathbf{p}\cdot\nabla f=0 \quad\Rightarrow\quad \frac{\partial f}{\partial x}=\frac{\partial f}{\partial y}=0 \tag{51}$$

인 조건이 점 (x_0, y_0)에서 극대 또는 극소를 가질 "필요조건"이다(경우에 따라서는 극대 또는 극소가 아닐 수도 있다). 이때, 식 (51)을 만족하는 점을 **정류점**(停留點; stationary point)이라고 한다.

곡면의 극대와 극소의 판단. $(\mathbf{p}\cdot\nabla)f=0$이 임의의 $\mathbf{p}$에 대해 만족되는 정류점, 즉 $f_x=f_y=0$인 점에서 식 (49)는

$$f(x, y)-f(x_0, y_0)=\frac{1}{2}(\mathbf{p}\cdot\nabla)^2 f+\cdots \tag{52}$$

으로 단순화되므로 정류점 근처에서의 곡면의 거동은 $\frac{1}{2}(\mathbf{p}\cdot\nabla)^2 f$의 부호로부터 판단할 수 있다[곡선 $y=f(x)$의 경우 y''의 부호로부터 극대, 극소를 판단한 사실과 비교해 보라]. 따라서,

$$\mathbf{p}\equiv(x-x_0, y-y_0)=(u, v)$$

로 두고

$$\Delta f\equiv\frac{1}{2}(\mathbf{p}\cdot\nabla)^2 f=\frac{1}{2}(u^2 f_{xx}+2uvf_{xy}+v^2 f_{yy}) \tag{53}$$

의 부호를 조사하기로 한다. 식 (53)은 u, v에 대해 2차식이므로

① u^2+v^2과 같이 $f_{xx}f_{yy}-f_{xy}^2>0$이면 $f_{xx}>0$일 때 Δf는 항상 양이므로 극소점이고(즉, 정류점 근처에서 정류점을 벗어날수록 함수값이 커진다), $f_{xx}<0$일 때 Δf는 항상 음이므로 극대점이 된다.

② u_2-v^2과 같이 $f_{xx}f_{yy}-f_{xy}^2<0$이면 Δf는 "음수, 0, 양수"의 모든 값을 가질 수 있다. 이 경우는 정류점을 지나는 곡선의 방향에 따라 극대도 되고 극소도 되는 말안장 위의 점처럼 보이므로 **안장점**(鞍裝點; saddle point)이라고 한다.

③ $(u-v)^2$과 같이 $f_{xx}f_{yy}-f_{xy}^2=0$이면 Δf는 완전제곱꼴 $(\alpha u-\beta v)^2$이다. 따라서, 항상 0이거나 $\alpha u=\beta v$, 즉 $\alpha(x-x_0)=\beta(y-y_0)$인 직선을 따라갈 때 항등적으로 0이 되어 정류점 근처의 거동을 판단하기 위해서는 보다 많은 정보가 필요하다.

위에서 토의한 내용을 정리하면 곡면에서의 극대, 극소 및 안장점을 결정하는 조건은 다음과 같다.

(곡면의 극대, 극소 및 안장점)

곡면 $z=f(x, y)$ 위에서 $f_x=f_y=0$인 정류점 (x_0, y_0)는

① 극대점: $f_{xx}f_{yy}-f_{xy}^2>0, \quad f_{xx}<0$

② 극소점: $f_{xx}f_{yy} - f_{xy}^2 > 0, \quad f_{xx} > 0$
③ 안장점: $f_{xx}f_{yy} - f_{xy}^2 < 0$
④ $f_{xx}f_{yy} - f_{xy}^2 = 0$이면 거동을 판단하기 위한 정보가 더 필요하다.

▶ 위의 구체적인 예를 들면 그림 18.1에 보인 바와 같다.

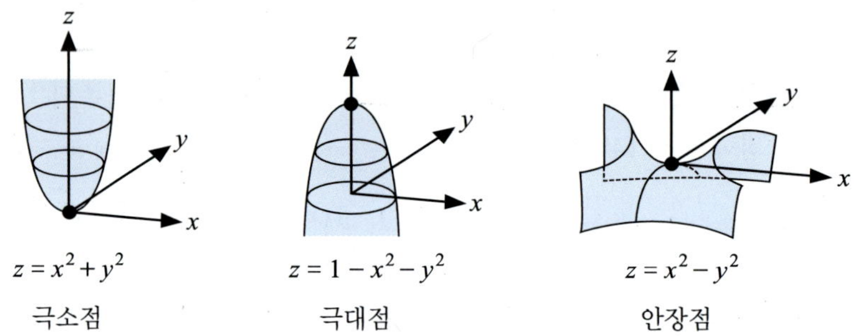

그림 18.1 극소, 극대 및 안장점의 형태

구속조건하에서의 최대와 최소(Lagrangian multiplier). 포물선 $y = x^2 - 1$ 위에서 원점에 가장 가까운 점을 찾는 문제를 생각해 보자. 이것은 구속조건 $y = x^2 - 1$을 만족하면서 $x^2 + y^2$을 최소로 만드는 점 (x_0, y_0)를 찾는 문제이다. 이와 같이 구속조건을 만족하면서 어떤 함수의 최대 또는 최소(경우에 따라서는 극대 또는 극소)를 구하는 방법으로 유명한 **라그랑주의 승수**(Lagrangian multiplier)를 알아보자.

다음의 구속조건

$$g(x, y) = 0 \tag{54}$$

을 만족시키면서 함수

$$f(x, y)$$

의 값이 극대(또는 극소)로 되는 점을 (x_0, y_0)라고 하자. 함수 $f(x, y)$가 극값을 가지려면 반드시

$$f_x dx + f_y dy = 0 \quad \text{at} \quad (x_0, y_0) \tag{55}$$

이어야 한다. 그러나, 위에서 dx와 dy는 임의로 택할 수 없고 구속조건을 만족시키도록 주어진다(즉, $\mathbf{p} \cdot \nabla f = 0$인 조건을 말하며 $\mathbf{p}$를 임의로 택할 수 있는 경우인 $f_x = f_y = 0$에 대응하는 정류점과는 구별되어야 한다). 계속하여, 식 (54)를 미분하여도 0이므로

$$g_x dx + g_y dy = 0 \quad (x_0, y_0) \tag{56}$$

이 성립한다. 여기서, 식 (55)와 (56)을 정리하면 dx와 dy에 관한

$$\begin{bmatrix} f_x & f_y \\ g_x & g_y \end{bmatrix} \begin{bmatrix} dx \\ dy \end{bmatrix} = \begin{bmatrix} 0 \\ 0 \end{bmatrix} \tag{57}$$

과 같은 연립1차방정식을 얻는다. 윗식이 $dx = dy = 0$이 아닌 해를 가지려면 계수행렬의 행렬식이 0이어야 한다. 다시 말하면, $f_x g_y - f_y g_x = 0$으로부터 비례관계가 성립하여

$$\frac{f_x}{g_x} = \frac{f_y}{g_y} = -\lambda \tag{58}$$

를 만족하는 상수 λ가 존재한다. 따라서,

$$\left.\begin{aligned} f_x + \lambda g_x = 0 \\ f_y + \lambda g_y = 0 \end{aligned}\right\} \quad \text{at} \quad (x_0, y_0) \tag{59}$$

와 구속조건 $g(x, y) = 0$이 함수의 극값을 결정하는 방정식으로 되고, 이때 상수 λ를 **라그랑주의 승수**(乘數; multiplier)라고 한다. 윗식은 다음과 같이 **보조함수**(補助函數; auxiliary function)

$$\phi = f + \lambda g \tag{60}$$

를 도입하면, 식 (59)와 구속조건은

$$\phi_x = \phi_y = 0, \quad g = 0 \quad \text{at} \quad (x_0, y_0) \tag{61}$$

로 간단히 나타낼 수 있다. 위 결과는 다음과 같이 일반화할 수 있다.

> **(라그랑주의 승수법)** 어떤 함수 f를 n개의 독립적인 구속조건 $g_1 = g_2 = \cdots = g_n = 0$을 만족하면서 극대화(또는 극소화) 시키려면 미지수 $\lambda_1, \lambda_2, \cdots, \lambda_n$에 대하여 보조함수 $\phi = f + \lambda_1 g_1 + \lambda_2 g_2 + \cdots + \lambda_n g_n$이 극대(또는 극소)를 갖도록 $\lambda_i (i = 1, 2, \cdots, n)$를 구하여 해결한다.

▶ 독립변수가 p개라면

$$\begin{aligned} \frac{\partial \phi}{\partial x_i} &= 0, \quad i = 1, 2, 3, \cdots, p \\ \frac{\partial \phi}{\partial \lambda_i} &= g_i = 0, \quad i = 1, 2, 3, \cdots, n \end{aligned} \tag{62}$$

인 $n + p$개의 방정식으로부터 $\lambda_1, \lambda_2, \cdots, \lambda_n$과 $(x_1, x_2, \cdots, x_p)$의 값을 결정하게 된다. 여기서, 중요한 사실은 극대 또는 극소에 대한 판단은 문제의 물리적인 해석을 통해 결정되어야 한다는 것이다.

예제 10 평면 $ax + by + cz = d$ 위에서 원점에 가장 가까운 점을 구하라.

☞ 구속조건 $ax + by + cz - d = 0$을 만족하면서 $x^2 + y^2 + z^2$을 최소화하는 문제이다. 따라서,

$$\phi = (x^2 + y^2 + z^2) + \lambda(ax + by + cz - d) \tag{63}$$

가 점 (x_0, y_0, z_0)에서 $\phi_x = \phi_y = \phi_z = 0$을 만족하는 조건을 구하면

$$\left.\begin{aligned}2x_0+\lambda a=0\\2y_0+\lambda b=0\\2z_0+\lambda c=0\end{aligned}\right\} \;\Rightarrow\; x_0=-\frac{1}{2}\lambda a,\quad y_0=-\frac{1}{2}\lambda b,\quad z_0=-\frac{1}{2}\lambda c$$

를 얻고, 이것을 구속조건에 대입하면

$$ax_0+by_0+cz_0-d=-\frac{1}{2}\lambda(a^2+b^2+c^2)-d=0$$

따라서,

$$\lambda=-\frac{2d}{a^2+b^2+c^2}$$

가 되고, 이때 대응하는 점은

$$(x_0,\ y_0,\ z_0)=-\frac{1}{2}\lambda(a,b,c)=\frac{d}{a^2+b^2+c^2}(a,b,c) \tag{64}$$

이며, 최소거리는

$$\ell=\sqrt{x_0^2+y_0^2+z_0^2}=\frac{|d|}{\sqrt{a^2+b^2+c^2}} \quad ◀ \tag{65}$$

☑ 기하학적인 해석으로부터 길이가 최소인 것으로 판단한 것이다.

연습문제

[1] 함수 $x^2+y^2-\frac{1}{2}y^4$의 정류점을 모두 구하고 극대, 극소 또는 안장점인가를 판단하라.

[2] 길이가 ℓ인 끈(string)으로 직사각형을 만들어 면적이 최대가 되려면 한 변의 길이가 $\ell/4$인 정사각형이어야 하는 것을 보여라.

[3] 길이가 ℓ인 끈(string)으로 반지름 R, 각도 θ인 부채꼴을 만들었을 때 면적이 최대로 되는 각도를 구하라.

***[4]** 단위원 $x^2+y^2=1$ 위의 점에서 직선 $y=3x+4$에 가장 가까운 길이를 구하라.

18-4 다중적분

다중적분의 정의. 구간 $[a, b]$에서 정의된 정적분(定積分; definite integral) $\int_a^b f(x)\,dx$를 공간상에서 면 또는 체적으로 주어지는 영역 R에 대하여 확장한 것을 **다중적분**(多重積分; multiple integral)이라고 한다. 다중적분의 기하학적인 의미를 표현하기 위해서 그림 18.2에 정적분과 xy 평면상에 주어진 영역 R에 대한 이중적분을 비교하였다. 그림으로부터 정적분은 곡선 아래의 면적, 이중적분은 곡면 아래의 체적으로 이해할 수 있다.

☑ 함수가 음의 값을 가질 수 있으므로 음의 면적과 체적이 가능하다는 것에 주의한다.

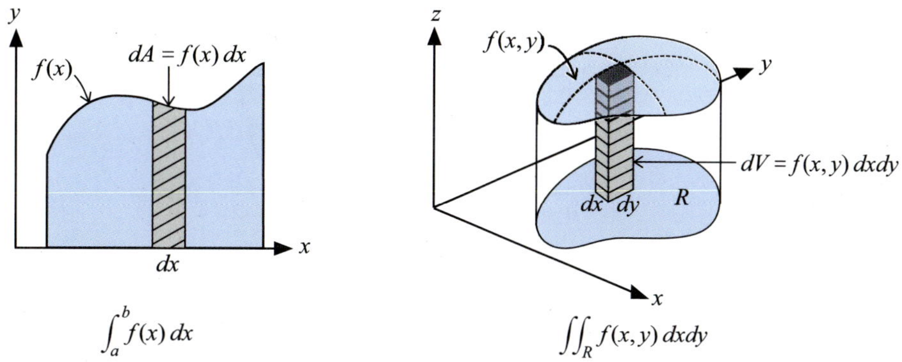

그림 18.2 정적분과 이중적분의 기하학적 의미

이중적분의 계산(Fubini의 정리). 영역 R이 xy 평면상에서

$$a \le x \le b, \quad y_1(x) \le y \le y_2(x) \tag{66}$$

또는

$$c \le y \le d, \quad x_1(y) \le x \le x_2(y) \tag{67}$$

와 같이 표현될 경우(그림 18.3 참조), 이중적분은 중복적분

$$\iint_R f(x,y)\,dxdy = \begin{cases} \displaystyle\int_a^b \left[\int_{y_1(x)}^{y_2(x)} f(x,y)\,dy \right] dx \\ \displaystyle\int_c^d \left[\int_{x_1(y)}^{x_2(y)} f(x,y)\,dx \right] dy \end{cases} \tag{68}$$

로 계산할 수 있다는 것이 Fubini의 정리이다. 이때, 우변의 위와 아래에서 꺽쇠 내부의 적분은 그림 18.3에서 왼쪽과 오른쪽의 빗금친 부분에 각각 대응된다.

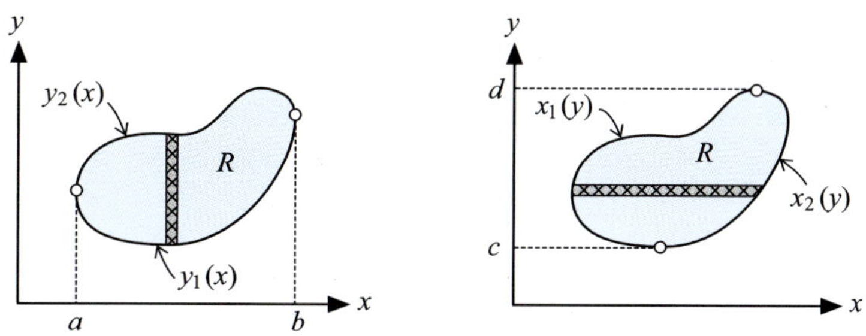

그림 18.3 이중적분

예제 11 $y = x^2, y = 4, x = 0$으로 둘러싸인 영역 R에 대하여 이중적분 $\iint_R (x+y)\,dxdy$를 구하라(그림 18.4 참조).

☞ 그림 18.4의 왼쪽과 같이 y에 대해 먼저 적분하면

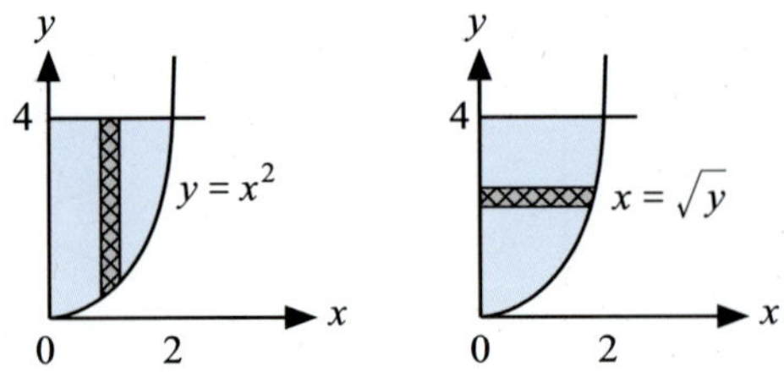

그림 18.4

$$\iint_R (x+y)\,dx\,dy = \int_0^2 \left[\int_{x^2}^4 (x+y)\,dy\right] dx$$
$$= \int_0^2 \left[xy + \frac{1}{2}y^2\right]_{y=x^2}^{y=4} dx$$
$$= \int_0^2 x(4-x^2) + \frac{1}{2}(16-x^4)\,dx \tag{69}$$
$$= \left[2x^2 - \frac{1}{4}x^4 + 8x - \frac{1}{10}x^5\right]_0^2$$
$$= \frac{84}{5}$$

또는, 오른쪽과 같이 x에 대해 먼저 적분하면

$$\iint_R (x+y)\,dx\,dy = \int_0^4 \left[\int_0^{\sqrt{y}} (x+y)\,dx\right] dy$$
$$= \int_0^4 \left[\frac{1}{2}x^2 + xy\right]_{x=0}^{x=\sqrt{y}} dy$$
$$= \int_0^4 \frac{1}{2}y + y\sqrt{y}\,dy \tag{70}$$
$$= \left[\frac{1}{4}y^2 + \frac{2}{5}y^{5/2}\right]_0^4$$
$$= \frac{84}{5}$$ ◀

☑ 이 예제에서는 적분의 순서에 크게 관계없이 적분이 가능하다(적분구간을 정확히 구별하는 것이 중요하다). 그러나, 적분방향에 따라 계산이 대단히 복잡해지는 경우가 있다.

이중적분의 응용. 이중적분은 공학적으로 매우 중요한 양이다. 예를 들어, 함수 $\rho(x, y)$를 단위 면적당의 질량, 즉 **밀도**(密度; density)라고 하면

$$M = \iint_R \rho(x, y)\,dx\,dy \tag{71}$$

는 영역 R의 전체질량이 되고

$$x_G = \frac{\iint_R \rho x\,dx\,dy}{\iint_R \rho\,dx\,dy} = \frac{1}{M}\iint_R \rho x\,dx\,dy$$

$$y_G = \frac{\iint_R \rho\, y\, dx\, dy}{\iint_R \rho\, dx\, dy} = \frac{1}{M}\iint_R \rho\, y\, dx\, dy \tag{72}$$

는 각각 영역의 **중심**(重心) 또는 **무게중심**(center of gravity)의 x좌표 및 y좌표를 의미한다. 이와 비슷한 양으로 x축 및 y축에 관한 **관성능률**(慣性能率; moment of inertia) I_x, I_y는

$$\begin{aligned} I_x &= \iint_R \rho\, y^2\, dx\, dy \\ I_y &= \iint_R \rho\, x^2\, dx\, dy \end{aligned} \tag{73}$$

로 정의된다. 이때, 좌표축의 중심에 대한 **극관성능률**(極慣性能率; polar moment of inertia)은

$$I_0 = I_x + I_y = \iint_R \rho(x^2 + y^2)\, dx\, dy \tag{74}$$

로 주어진다. 이러한 관성능률은 특히 회전운동의 해석에서 중요한 역할을 한다.

좌표변환에 의한 이중적분의 계산. 이중적분을 영역 R의 기하학적인 형상에 따라 좌표변환을 이용하여 구하는 것이 효과적인 경우가 많다. 곡선을 따른 선적분의 경우, 함수 $f(x)$에서 x를 다시 u에 관하여 나타내면, 즉

$$x = x(u) \quad \Rightarrow \quad dx = \frac{dx}{du}\, du$$

인 관계를 이용하여 선적분을

$$\int f(x)\, dx = \int f[x(u)]\frac{dx}{du}\, du \tag{75}$$

와 같이 변환하였다. 이것을 xy 평면에서의 이중적분에 대해 확장하면, 먼저 카테시안 좌표계 (x, y)를 기준으로 하고

$$x = x(u, v), \qquad y = y(u, v) \tag{76}$$

와 같이 일반좌표계 (u, v)를 도입한다. 그러면, 1차원의 경우와 비교하여

$$\begin{aligned} dx &= \frac{\partial x}{\partial u}\, du \\ dx\, dy &= \frac{\partial(x, y)}{\partial(u, v)}\, du\, dv \end{aligned} \tag{77}$$

형태로 미소면적 $dx\,dy$는 uv 평면에서의 미소면적 $du\,dv$에

$$J = \frac{\partial(x, y)}{\partial(u, v)} = \begin{vmatrix} \frac{\partial x}{\partial u} & \frac{\partial x}{\partial v} \\ \frac{\partial y}{\partial u} & \frac{\partial y}{\partial v} \end{vmatrix} = \frac{\partial x}{\partial u}\frac{\partial y}{\partial v} - \frac{\partial y}{\partial u}\frac{\partial x}{\partial v} \tag{78}$$

로 정의하는 자코비안을 곱하게 된다. 따라서, 이중적분은

$$\iint_R f\,dx\,dy = \iint_{R*} f\,\frac{\partial(x, y)}{\partial(u, v)}\,du\,dv \tag{79}$$

로 적분변수를 변환하여 구할 수 있다. 여기서, 적분기호의 첨자 R은 xy평면상의 영역, $R*$는 uv 평면상의 대응하는 영역을 의미한다. 가장 대표적으로 사용되는 좌표변환은 극좌표계 $x = r\cos\theta$, $y = r\sin\theta$로 이에 대응하는 자코비안은

$$J = \frac{\partial(x, y)}{\partial(r, \theta)} = \begin{vmatrix} \dfrac{\partial x}{\partial r} & \dfrac{\partial x}{\partial \theta} \\ \dfrac{\partial y}{\partial r} & \dfrac{\partial y}{\partial \theta} \end{vmatrix} = \begin{vmatrix} \cos\theta & -r\sin\theta \\ \sin\theta & r\cos\theta \end{vmatrix} = r \tag{80}$$

✔ 식 (77)에 보인 $dx\,dy$를 3차원으로 확장하면 $dx\,dy\,dz = \dfrac{\partial(x, y, z)}{\partial(u, v, w)}\,du\,dv\,dw$로 될 것이다. 이것을 $(x_1, x_2, \cdots, x_n)$ 좌표계에서 $(u_1, u_2, \cdots, u_n)$ 좌표계로 변환하는 일반적인 좌표계로 다시 확장하면

$$J = \frac{\partial(x_1, x_2, \cdots, x_n)}{\partial(u_1, u_2, \cdots, u_n)} = \det\left(\frac{\partial x_i}{\partial u_j}\right)$$

예제 12 극좌표로 표현된 심장형곡선(cardiod) $r = a(1 - \cos\theta)$로 둘러싸인 영역의 질량 M과 극관성능률 I_0를 구하라. 단, 밀도는 균일하다.

☞ 균일한 밀도 $\rho(x, y) = \rho$에 대하여

$$\begin{aligned} M &= \iint_R \rho\,dx\,dy = \int_0^{2\pi}\int_0^{a(1-\cos\theta)} \rho\cdot r\,dr\,d\theta \\ &= \int_0^{2\pi}\left[\frac{1}{2}\rho r^2\right]_{r=0}^{r=a(1-\cos\theta)} d\theta = \frac{3\rho\pi a^2}{2} \end{aligned} \tag{81}$$

$$\begin{aligned} I_0 &= \iint_R \rho(x^2+y^2)\,dx\,dy = \int_0^{2\pi}\int_0^{a(1-\cos\theta)} \rho r^2\cdot r\,dr\,d\theta \\ &= \int_0^{2\pi}\frac{1}{4}\rho a^4(1-\cos\theta)^4\,d\theta = \frac{35\pi\rho a^4}{16} \end{aligned} \tag{82}$$ ◀

✔ $n = 1, 2, 3, \cdots$일 때, $\int_0^{2\pi}\cos n\theta\,d\theta = \int_0^{2\pi}\sin n\theta\,d\theta = 0$과 $\int_0^{2\pi}\cos^{2n+1}\theta\,d\theta = 0$을 쓰면

$$\int_0^{2\pi}(1-\cos\theta)^2\,d\theta = \int_0^{2\pi} 1 - 2\cos d\theta + \frac{1+\cos 2\theta}{2}\,d\theta = \left[\frac{3\theta}{2}\right]_0^{2\pi} = 3\pi$$

$$\begin{aligned} \int_0^{2\pi}(1-\cos\theta)^4\,d\theta &= \int_0^{2\pi}(1 - 4\cos\theta + 6\cos^2\theta - 4\cos^3\theta + \cos^4\theta)\,d\theta \\ &= \int_0^{2\pi} 1 + 6\cos^2\theta + \cos^4\theta\,d\theta \\ &= \int_0^{2\pi} 1 + 6\,\frac{1+\cos 2\theta}{2} + \frac{1}{4}\left(1 + 2\cos 2\theta + \frac{1+\cos 4\theta}{2}\right)d\theta \\ &= \int_0^{2\pi}\frac{35}{8}\,d\theta = \frac{35\pi}{4} \end{aligned}$$

보통, 식 (81)과 식 (82)를 결합하여 $I_0 = Mr_e^2$, $r_e = a\sqrt{\frac{35}{24}}$와 같이 유효반지름(effective radius) r_e를 정의하여 관성능률을 표현한다. 제0장의 공식을 이용하면

$$\int_0^{2\pi} \cos^2\theta\, d\theta = 4\int_0^{\pi/2} \cos^2\theta\, d\theta = 4\times\frac{1!!}{2!!}\frac{\pi}{2} = (4)\frac{(1)}{(2)}\frac{\pi}{2} = \pi$$

$$\int_0^{2\pi} \cos^4\theta\, d\theta = 4\int_0^{\pi/2} \cos^4\theta\, d\theta = 4\times\frac{3!!}{4!!}\frac{\pi}{2} = (4)\frac{(3)(1)}{(4)(2)}\frac{\pi}{2} = \frac{3\pi}{4}$$

연습문제

[1] $z \geq 0, x^2 + y^2 + z \leq a^2$은 포물선을 z축 주위로 회전하여 얻는 영역을 의미한다. 이 영역의 체적을 이중적분을 이용하여 구하라.

[2] $z \geq 0, x^2 + y^2 + z^2 \leq a^2$으로 표현되는 반구(半球; hemisphere)의 체적을 구하라.

[3] 그림 18.4에 주어진 영역 R의 무게중심의 좌표 (x_G, y_G)와 관성능률 I_x, I_y를 구하라. 단, 밀도는 영역 전체에서 균일하다.

[4] 영역 R: $x^2 + y^2 \leq a^2$에 대하여 $\iint_R (x^2y - xy^2 + 1)\,dx\,dy$를 구하라(참고: 극좌표계를 이용하여 구한다).

*__[5]__ 이중적분에 대한 **중간값정리**(mean value theorem)는 $\iint_R f(x, y)\,dx\,dy = f(x_0, y_0)A$로 쓰여진다. 여기서, A는 영역 R의 면적이고 (x_0, y_0)는 영역 내부에 존재하는 점이다.

*__[6]__ 이중적분은 정적분과 유사하게 다음의 성질을 가진다.

(a) $\iint_R (c_1 f_1 + c_2 f_2)\,dx\,dy = c_1\iint_R f_1\,dx\,dy + c_2\iint_R f_2\,dx\,dy$ (단, c_1, c_2는 상수)

(b) $\iint_R f\,dx\,dy = \iint_{R_A} f\,dx\,dy + \iint_{R_B} f\,dx\,dy$ (단, $R = R_A + R_B$)

18-5 면적분

xy 평면상의 영역 R에 대하여 정의한 이중적분을 임의의 곡면 S상의 영역에 대하여 확장한 것이 **면적분**(面積分; surface integral)이다. 면적분을 다루기 위해서는 곡면의 표현방법을 명확히 할 필요가 있다. 앞서 그린의 정리와 가우스의 정리에서 간단한 면적분을 구한 바 있지만, 이 절에서 면적분을 보다 상세히 토의한다.

여러 형태로의 곡면의 표현. 곡면(曲面; surface)은 곡면 S 위의 점 $\mathbf{r} = (x, y, z) = \mathbf{i}x + \mathbf{j}y + \mathbf{k}z$을 나타내는 방법에 따라

① 음함수 표현 : $f(x, y, z) = 0$
② 양함수 표현 : $z = f(x, y)$ (83)
③ 매개변수 표현: $\mathbf{r}(u, v) = \mathbf{i}x(u, v) + \mathbf{j}y(u, v) + \mathbf{k}z(u, v)$

와 같은 세 가지의 표현식을 갖는다.

예제 13 중심이 원점에 있고 반지름이 a인 구(sphere)의 표면을 세 가지 방법으로 각각 나타내어라.

☞ 식 (83)을 참조하면

$$① \; x^2+y^2+z^2-a^2=0$$

$$② \; z=\pm\sqrt{a^2-x^2-y^2}$$

$$③ \; \mathbf{r}(\theta,\varphi)=a(\mathbf{i}\cos\theta\cos\varphi+\mathbf{j}\cos\theta\sin\varphi+\mathbf{k}\sin\theta) \tag{84}$$

로 나타낼 수 있다(단, $-\frac{\pi}{2}\le\theta\le\frac{\pi}{2},\quad 0\le\varphi\le 2\pi$이다). 위에서, θ는 **위도**(緯度; latitude), φ는 **경도**(經度; longitude)를 의미한다. 이러한 표현은 지리학에서 사용되며, 수학적인 표현에서는 각도가 $0\le\theta\le\pi$로 된다(그림 6.12 참조). ◀

법선벡터와 미소면적의 계산. 곡면의 음함수 표현 $f(x, y, z)=0$에 대해서 함수 f의 구배는 곡면에 수직한 법선벡터라는 것을 7장에서 공부하였다. 따라서, 곡면에 수직한 **단위법선**(單位法線; unit normal) 또는 **단위법선벡터** $\mathbf{n}$은 $\nabla f\neq 0$일 때

$$\mathbf{n}=\frac{\nabla f}{|\nabla f|} \tag{85}$$

로 주어진다($\nabla f=0$인 점에서는 법선이 정의되지 않는다).

반면에, 곡면이 매개변수 u, v에 관하여

$$\mathbf{r}(u,v)=\mathbf{i}x(u,v)+\mathbf{j}y(u,v)+\mathbf{k}z(u,v)$$

와 같이 표현될 경우 곡면은 u = 일정, v = 일정인 곡선군(曲線群)에 의해 그물망처럼 나누어진다(그림 18.5 참조). 이때, 미소곡면의 면적은 외적(outer product)을 이용하여

$$dA=\left|\frac{\partial\mathbf{r}}{\partial u}du\times\frac{\partial\mathbf{r}}{\partial v}dv\right|=|\mathbf{r}_u\times\mathbf{r}_v|\,du\,dv \tag{86}$$

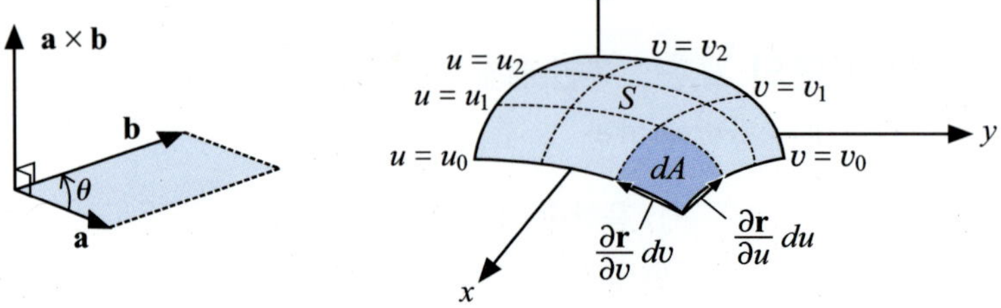

그림 18.5 매개변수를 이용한 미소면적의 계산

로 주어진다. 여기서,

$$\mathbf{r}_u = \frac{\partial \mathbf{r}}{\partial u} = \mathbf{i}\frac{\partial x}{\partial u} + \mathbf{j}\frac{\partial y}{\partial u} + \mathbf{k}\frac{\partial z}{\partial u}$$
$$\mathbf{r}_v = \frac{\partial \mathbf{r}}{\partial v} = \mathbf{i}\frac{\partial x}{\partial v} + \mathbf{j}\frac{\partial y}{\partial v} + \mathbf{k}\frac{\partial z}{\partial v} \tag{87}$$

를 의미한다. 또한, 곡면의 단위법선벡터는

$$\mathbf{n} = \frac{\mathbf{r}_u \times \mathbf{r}_v}{|\mathbf{r}_u \times \mathbf{r}_v|} \tag{88}$$

로부터 구할 수 있다.

매개변수 표현에 의한 면적분. 곡면이 매개변수 u, v에 관하여 주어지면, 어떤 스칼라함수 $f(x, y, z)$의 면적분은 식 (86)을 이용하여

$$\iint_S f(x, y, z)\, dA = \iint_R f[x(u,v),\ y(u,v),\ z(u,v)]\,|\mathbf{r}_u \times \mathbf{r}_v|\, du\, dv \tag{89}$$

로 정의할 수 있다. 이때, 적분기호의 아래첨자 S는 곡면상의 영역을 뜻하고, R은 uv 평면상의 적분영역을 의미한다. 여기서, $f = 1$로 두면 곡면 S의 표면적이 구해진다.

예제 14 흔히 타이어(tire) 모양으로 익숙한 원환체(圓環體; torus)의 매개변수표현은(그림 18.6 참조)

$$\mathbf{r}(\theta, \varphi) = \mathbf{i}(a + b\cos\theta)\cos\varphi + \mathbf{j}(a + b\cos\theta)\sin\varphi + \mathbf{k}\, b\sin\theta$$

이다. 단, $0 < b < a$, $0 \le \theta \le 2\pi$, $0 \le \varphi \le 2\pi$. 원환체의 표면적을 구하라.

☞ 먼저, $\mathbf{r}_\theta$와 $\mathbf{r}_\varphi$를

$$\mathbf{r}_\theta = \frac{\partial \mathbf{r}}{\partial \theta} = \mathbf{i}(-b\sin\theta)\cos\varphi + \mathbf{j}(-b\sin\theta)\sin\varphi + \mathbf{k}\, b\cos\theta$$
$$\mathbf{r}_\varphi = \frac{\partial \mathbf{r}}{\partial \varphi} = \mathbf{i}(a + b\cos\theta)(-\sin\varphi) + \mathbf{j}(a + b\cos\theta)\cos\varphi \tag{90}$$

와 같이 구하고

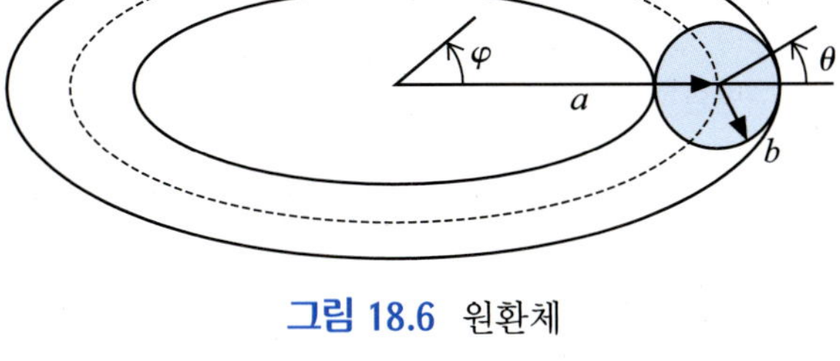

그림 18.6 원환체

$$\mathbf{r}_\theta \times \mathbf{r}_\varphi = b(a+b\cos\theta)\begin{vmatrix} \mathbf{i} & \mathbf{j} & \mathbf{k} \\ -\sin\theta\cos\varphi & -\sin\theta\sin\varphi & \cos\theta \\ -\sin\varphi & \cos\varphi & 0 \end{vmatrix}$$
$$= b(a+b\cos\theta)[\,\mathbf{i}(-\cos\theta\cos\varphi) + \mathbf{j}(\cos\theta\sin\varphi) + \mathbf{k}(-\sin\theta)]$$

를 면적분의 공식, 식 (89)에 대입하면

$$\begin{aligned} A = \int_S dA &= \int_R |\,\mathbf{r}_\theta \times \mathbf{r}_\varphi|\, d\theta\, d\varphi \\ &= \int_0^{2\pi}\int_0^{2\pi} b(a+b\cos\theta)\, d\theta\, d\varphi \\ &= \int_0^{2\pi} b(2\pi a)\, d\varphi = 4\pi^2 ab \end{aligned} \tag{91}$$

◀

양함수 표현에 의한 면적분. 곡면이 양함수 형태 $z = z(x, y)$, 즉

$$\mathbf{r}(x, y) = \mathbf{i}x + \mathbf{j}y + \mathbf{k}z(x, y) \tag{92}$$

로 표현될 경우, 식 (86)으로부터

$$\begin{aligned} |\mathbf{r}_x \times \mathbf{r}_y| &= \left|\left(\mathbf{i} + \mathbf{k}\frac{\partial z}{\partial x}\right) \times \left(\mathbf{j} + \mathbf{k}\frac{\partial z}{\partial y}\right)\right| \\ &= \left|-\mathbf{i}\frac{\partial z}{\partial x} - \mathbf{j}\frac{\partial z}{\partial y} + \mathbf{k}\right| \\ &= \sqrt{1 + \left(\frac{\partial z}{\partial x}\right)^2 + \left(\frac{\partial z}{\partial y}\right)^2} \end{aligned} \tag{93}$$

이므로 면적분은

$$\iint_S f(x,y,z)\, dA = \iint_R f[x, y, z(x, y)]\sqrt{1 + \left(\frac{\partial z}{\partial x}\right)^2 + \left(\frac{\partial z}{\partial y}\right)^2}\, dx\, dy \tag{94}$$

로 주어진다.

예제 15 $z = x^2 + y^2,\ 0 \le z \le 2$로 표현되는 포물면 모양의 물체의 표면적을 구하라.

☞ 표면적은 면적분, 식 (94)에서 $f(x, y, z) = 1$로 두어

$$\iint_S dA = \iint_R \sqrt{1 + \left(\frac{\partial z}{\partial x}\right)^2 + \left(\frac{\partial z}{\partial y}\right)^2}\, dx\, dy = \iint_R \sqrt{1 + 4x^2 + 4y^2}\, dx\, dy$$

를 얻는다. 그런데, xy 평면상의 대응하는 영역 R은 반지름 $\sqrt{2}$인 원의 내부이므로 극좌표계로 변수변환하여

$$\begin{aligned} A = \iint_R \sqrt{1 + 4x^2 + 4y^2}\, dx\, dy &= \int_0^{\sqrt{2}}\int_0^{2\pi} \sqrt{1 + 4r^2} \cdot r\, dr\, d\theta \\ &= 2\pi\left[\frac{1}{12}(1 + 4r^2)^{3/2}\right]_0^{\sqrt{2}} = \frac{13\pi}{3} \end{aligned} \tag{95}$$

◀

***투영과 벡터장의 면적분.** 곡면 S에 대한 면적분을 식 (94)로부터 구하는 것은 실제로 그림 18.7에 나타낸 바와 같이 xy 평면상에 투영한 영역 R에 관한 적분으로 변환하는 것으로 생각할 수 있다. 곡면 S의 방정식이 $z = f(x, y)$, 즉 $F(x, y, z) = z - f(x, y) = 0$으로 주어져 있을 때, 곡면의 단위법선벡터는

$$\mathbf{n} = \frac{\nabla F}{|\nabla F|} = \frac{-\mathbf{i}\dfrac{\partial f}{\partial x} - \mathbf{j}\dfrac{\partial f}{\partial y} + \mathbf{k}}{\sqrt{\left(\dfrac{\partial f}{\partial x}\right)^2 + \left(\dfrac{\partial f}{\partial y}\right)^2 + 1}} \tag{96}$$

가 된다. 그런데, 그림 18.7에서 법선벡터가 z축과 이루는 각도 γ는 내적의 정의로부터

$$\mathbf{k} \cdot \mathbf{n} = |\mathbf{k}||\mathbf{n}| \cos \gamma = \cos \gamma \tag{97}$$

이다. 이때, 식 (96)의 양변과 $\mathbf{k}$의 내적을 취하고 식 (97)과 비교하면

$$\cos \gamma = \frac{1}{\sqrt{\left(\dfrac{\partial f}{\partial x}\right)^2 + \left(\dfrac{\partial f}{\partial y}\right)^2 + 1}} \tag{98}$$

임을 알 수 있다. 또한, 곡면 S 위의 미소면적 dA가 xy 평면상으로 투영된 면적은 그림 18.7로부터

$$dA \cos \gamma = dx\,dy \quad \Rightarrow \quad dA = \frac{dx\,dy}{\cos \gamma} = \sqrt{1 + \left(\frac{\partial f}{\partial x}\right)^2 + \left(\frac{\partial f}{\partial y}\right)^2}\, dx\,dy \tag{99}$$

이다. 이것은 식 (94)와 동일한 결과이며, 계속하여

$$f = F_3 \cos \gamma \tag{100}$$

로 두면

$$\iint_R F_3\, dx\,dy = \iint_S F_3 \cos \gamma\, dA \tag{101}$$

의 관계를 얻는다. 이 과정을 단위법선벡터의 방향코사인(direction cosine)

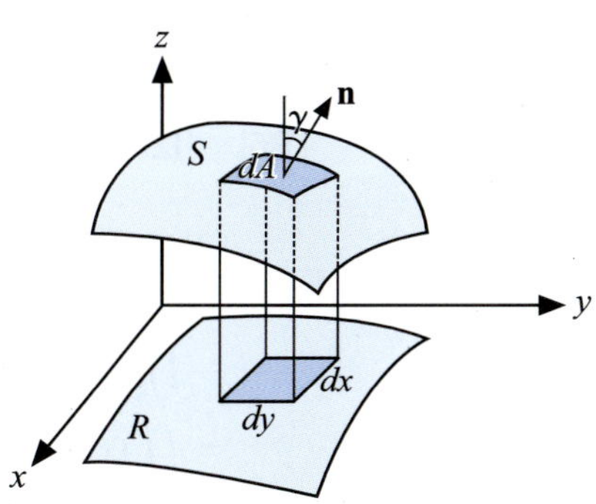

그림 18.7 곡면의 xy 평면으로의 투영

$$\mathbf{n} = \mathbf{i}\cos\alpha + \mathbf{j}\cos\beta + \mathbf{k}\cos\gamma \tag{102}$$

를 이용하여 yz 평면, zx 평면, xy 평면으로 투영된 적분으로 확장하면

$$\begin{aligned}\iint_R F_1\,dy\,dz &= \iint_S F_1\cos\alpha\,dA\\ \iint_R F_2\,dz\,dx &= \iint_S F_2\cos\beta\,dA\\ \iint_R F_3\,dx\,dy &= \iint_S F_3\cos\gamma\,dA\end{aligned} \tag{103}$$

가 된다. 위의 식을 모두 더하고 벡터장

$$\mathbf{F} = \mathbf{i}F_1 + \mathbf{j}F_2 + \mathbf{k}F_3 \tag{104}$$

를 도입하면

$$\begin{aligned}\iint_R (F_1\,dy\,dz + F_2\,dz\,dx + F_3\,dx\,dy) &= \iint_S (F_1\cos\alpha + F_2\cos\beta + F_3\cos\gamma)\,dA\\ &= \iint_S \mathbf{F}\cdot\mathbf{n}\,dA\end{aligned} \tag{105}$$

인 공식을 얻는다. 이때, 미소면적벡터를

$$d\mathbf{A} = \mathbf{n}dA = (\mathbf{i}\cos\alpha + \mathbf{j}\cos\beta + \mathbf{k}\cos\gamma)dA \tag{106}$$

와 같이 정의하면

$$\iint_R (F_1\,dy\,dz + F_2\,dz\,dx + F_3\,dx\,dy) = \iint_S \mathbf{F}\cdot d\mathbf{A} \tag{107}$$

로 정리된다. 이 식을 벡터장 $\mathbf{F}$의 곡면 S상의 적분으로 정의한다.

***예제 16** 곡면 S를 원점을 중심으로 하고 반지름 1인 구(sphere)에서 $z \geq 0$인 반구면이라고 할 때, 벡터장 $\mathbf{F} = \mathbf{i}xz + \mathbf{j}yz$에 대한 면적분 $\iint_S \mathbf{F}\cdot d\mathbf{A}$를 구하라(단, 법선벡터는 무한점을 향하도록 정의한다).

☞ 구면 S의 법선벡터는 $S : f(x, y, z) = x^2 + y^2 + z^2 - 1 = 0$으로부터

$$\mathbf{n} = \frac{\nabla f}{|\nabla f|} = \frac{\mathbf{i}2x + \mathbf{j}2y + \mathbf{k}2z}{|\mathbf{i}2x + \mathbf{j}2y + \mathbf{k}2z|} = \mathbf{i}x + \mathbf{j}y + \mathbf{k}z \tag{108}$$

를 대입하면

$$\begin{aligned}\iint_S \mathbf{F}\cdot d\mathbf{A} &= \iint_S \mathbf{F}\cdot\mathbf{n}\,dA\\ &= \iint_S (\mathbf{i}xz + \mathbf{j}yz)\cdot(\mathbf{i}x + \mathbf{j}y + \mathbf{k}z)\,dA\\ &= \iint_S (x^2 + y^2)\,z\,dA\end{aligned}$$

가 된다. 여기서, 반구면을 xy 평면으로 투영하여 적분하는 것이 가장 편리하므로

$$dA = \frac{dx\,dy}{\cos\gamma} = \frac{dx\,dy}{\mathbf{k}\cdot\mathbf{n}} = \frac{dx\,dy}{\mathbf{k}\cdot(\mathbf{i}x+\mathbf{j}y+\mathbf{k}z)} = \frac{dx\,dy}{z} \tag{109}$$

를 사용하면

$$\iint_S (x^2+y^2)z\,dA = \iint_R (x^2+y^2)\,dx\,dy = \int_0^{2\pi}\int_0^1 r^2\cdot r\,dr\,d\theta = \frac{\pi}{2} \quad ◀ \tag{110}$$

☑ 식 (108)의 분모는 (x, y, z)가 반지름 1인 구면 위의 점이므로 $2\sqrt{x^2+y^2+z^2}=2$가 되었다. 그리고, xy 평면으로 투영된 영역 R은 반지름이 1인 원의 내부이므로 극좌표를 이용하였다.

연습문제

[1] 원추면 $z=\sqrt{x^2+y^2}$, $0\le z\le h$는 $\mathbf{r}(u,v)=\mathbf{i}u\cos v+\mathbf{j}u\sin v+\mathbf{k}u$, $0\le u\le h$, $0\le v\le 2\pi$인 매개변수로 표현되는 것을 보여라.

[2] 구면 $f(x,y,z)=x^2+y^2+z^2-a^2=0$의 단위법선벡터를 구하라.

[3] 원추면 $f(x,y,z)=z-\sqrt{x^2+y^2}=0$의 단위법선벡터를 구하라. 또한, 법선을 갖지 못하는 점은 어느 곳인가.

[4] 구면의 매개변수표현을 이용하여 반지름 R인 구의 표면적이 $4\pi R^2$임을 보여라.

[5] 곡면 S를 원점을 중심으로 하고 반지름 1인 구(sphere)에서 $z\ge 0$인 반구면이라고 할 때, 벡터장 $\mathbf{F}=\mathbf{i}x+\mathbf{j}y$에 대한 면적분 $\iint_S \mathbf{F}\cdot d\mathbf{A}$를 구하라(단, 법선벡터는 무한점을 향한다고 하자).

*[6] 얇은 두께로 이루어진 구형용기 위의 점은 $x^2+y^2+z^2=a^2$으로 표현된다. 구형용기의 전체질량이 M일 때, z축에 관한 관성능률과 유효반경은 $I_z=Mr_e^2$, $r_e=a\sqrt{\frac{2}{3}}$임을 보여라.

*[7] (Steiner의 정리) 질량 M인 물체의 질량중심을 지나는 축 A에 관한 관성능률이 I_A라고 할 때, 축 A와 평행하고 ℓ만큼 떨어진 축 B에 관한 관성능률은 $I_B=I_A+M\ell^2$이 되는 것을 보여라.

*[8] (Pappus의 정리) 평면 위에서 닫힌 영역으로 이루어진 도형의 면적이 A이고, 이 도형과 만나지 않고 같은 평면에 놓여 있는 직선으로부터 도형의 중심까지의 거리가 ℓ일 때, 직선의 둘레로 도형을 회전하여 얻는 회전체의 체적은 V = 면적 × 중심의 이동거리 = $A(2\pi\ell)$이다.

☑ 이 정리를 이용하면 반구의 무게중심은 $\frac{2}{3}\pi R^3=\frac{1}{2}\pi R^2(2\pi r_G)$, 즉 $r_G=\frac{2R}{3\pi}$로 된다.

Chapter 19

편미분방정식의 해석

앞의 11장에서 공학적으로 대표적인 편미분방정식인 라플라스의 방정식, 열전도방정식, 파동방정식 등의 해를 변수분리 또는 결합에 의해 구해 보았다. 이 장에서는 이미 알고 있는 라플라스 변환과 푸리에 변환을 이용하여 편미분방정식의 해를 구하는 방법을 알아본다. 또한, Helmholtz의 정리를 이용한 벡터장의 해법, Duhamel 적분, Poisson 적분, Green 함수, 상사변수(similarity variable)를 이용한 해법 등 편미분방정식의 해를 구하는 다양한 방법들을 다룬다.

19-1 Laplace 변환에 의한 해법

다변수함수의 라플라스 변환. 라플라스 변환을 이용하여 편미분방정식의 해를 구할 수도 있다. 그러나, 편미분방정식의 계수가 상수이고 또한 적절한 조건을 가져야 하는 제한조건이 따른다. 다변수함수 $u(x, t)$의 라플라스 변환은 보통 독립변수 t에 관한 라플라스 변환

$$\mathcal{L}\{u(x,t)\} = U(x,s) = \int_0^{\infty} e^{-st} u(x,t)\, dt \tag{1}$$

로 정의하고, 이때의 s는 매개변수의 역할을 한다. 독립변수 t에 관한 연산은 라플라스 변환의 공식(이때의 t는 시간을 나타내는 것이 일반적이다)

$$\mathcal{L}\left\{\frac{\partial u}{\partial t}\right\} = sU(x,s) - u(x,0)$$

$$\mathcal{L}\left\{\frac{\partial^2 u}{\partial t^2}\right\} = s^2 U(x,s) - su(x,0) - \frac{\partial u}{\partial t}(x,0) \tag{2}$$

등을 그대로 이용하는 반면, x에 관해서는 상수처럼 취급하여

$$\mathcal{L}\{xu\} = xU, \quad \mathcal{L}\left\{\frac{\partial u}{\partial x}\right\} = \frac{\partial U}{\partial x}, \quad \mathcal{L}\left\{\frac{\partial^2 u}{\partial x^2}\right\} = \frac{\partial^2 U}{\partial x^2} \tag{3}$$

와 같이 쓴다.

예제 1 x축의 원점에서부터 양의 방향으로 무한히 긴 철사(wire)의 초기온도가 0으로 주어져 있다. 시간 $t=0$에서 철사끝의 온도를 u_0로 올릴 때, 철사의 온도분포 $u(x, t)$를 구하라.

지배방정식: $\dfrac{\partial u}{\partial t} = \alpha \dfrac{\partial^2 u}{\partial x^2}$

초기조건 : $u(x, 0) = 0$, 경계조건: $u(0, t) = u_0$, $u(\infty, t) = 0$

☞ 지배방정식을 t에 관하여 라플라스 변환하면

$$\mathcal{L}\left\{\frac{\partial u}{\partial t}\right\} = \mathcal{L}\left\{\alpha\frac{\partial^2 u}{\partial x^2}\right\} \quad \Rightarrow \quad sU(x,s) - u(x,0) = \alpha\frac{\partial^2 U}{\partial x^2}(x,s)$$

그리고, 초기조건 $u(x, 0) = 0$을 대입하고 정리하면

$$\frac{\partial^2 U}{\partial x^2} - \frac{s}{\alpha}U = 0 \tag{4}$$

을 얻는다. 윗식은 비록 편미분방정식의 형태를 갖지만 s에 대한 도함수가 없으므로 상미분방정식과 같이

$$U(x,s) = c_1(s)\,e^{x\sqrt{s/\alpha}} + c_2(s)\,e^{-x\sqrt{s/\alpha}} \tag{5}$$

형태의 해를 구할 수 있다. 그리고, 경계조건을 t에 관해 라플라스 변환한 결과로부터

$$\begin{aligned} \mathcal{L}\{u(0,t)\} = \mathcal{L}\{u_0\} \quad &\Rightarrow \quad U(0,s) = \frac{u_0}{s} \\ \mathcal{L}\{u(\infty,t)\} = \mathcal{L}\{0\} \quad &\Rightarrow \quad U(\infty,s) = 0 \end{aligned} \tag{6}$$

인 변환된 경계조건을 얻고, 식 (5)에 대입하면 $c_1 = 0$, $c_2 = u_0/s$가 되어

$$U(x, s) = \frac{u_0}{s}\,e^{-x\sqrt{s/\alpha}} \tag{7}$$

를 얻는다. 마지막으로, 라플라스 변환표(4장; 공식 49번)를 이용하여 역변환하면

$$u(x,t) = u_0\,\mathrm{erfc}\left(\frac{x}{2\sqrt{\alpha t}}\right) = u_0\left(1 - \frac{2}{\sqrt{\pi}}\int_0^{x/2\sqrt{\alpha t}} e^{-z^2}dz\right) \quad ◀ \tag{8}$$

☑ 식 (5)에서 x에 대해 적분할 때의 적분상수는 s에 관한 함수인 것에 주의한다. 그리고, $x=\infty$로 표시한 수식은 모두 $\lim_{x\to\infty}$로 간주한다. 즉, $u(\infty, t) \equiv \lim_{x\to\infty} u(x, t)$를 의미한다.

예제 2 x축의 원점부터 양의 방향으로 무한한 현(string)이 초기에 정지상태로 있다. 현의 한 쪽 끝을 $f(t)$로 흔들 때 변위 $u(x, t)$를 구하라.

$$\frac{\partial^2 u}{\partial t^2} = c^2 \frac{\partial^2 u}{\partial x^2}, \qquad \text{초기조건: } u(x,0) = 0, \quad \frac{\partial u}{\partial t}(x,0) = 0$$

$$\text{경계조건: } u(0,t) = f(t), \quad u(\infty, t) = 0$$

☞ 지배방정식과 경계조건을 각각 t에 관하여 라플라스 변환하면

$$s^2 U(x,s) - su(x,0) - \frac{\partial u}{\partial t}(x,0) = c^2 \frac{\partial^2 U}{\partial x^2}(x,s) \qquad U(0,s) = F(s), \quad U(\infty, s) = 0 \tag{9}$$

즉,

$$\frac{\partial^2 U}{\partial x^2} - \frac{s^2}{c^2} U = 0, \quad U(0,s) = F(s), \quad U(\infty,s) = 0 \tag{10}$$

으로 이루어지는 미분방정식의 해를 구하게 된다. 윗식을 풀면

$$U(x,s) = c_1(s)\, e^{xs/c} + c_2(s)\, e^{-xs/c} \quad \Rightarrow \quad U(x,s) = F(s)\, e^{-xs/c} \tag{11}$$

가 되고, $e^{-xs/c}$는 s-domain에서의 변위이므로 라플라스 역변환은

$$u(x,t) = f\left(t - \frac{x}{c}\right) H\left(t - \frac{x}{c}\right) \tag{12}$$

와 같이 표현된다. 위의 결과는 속도 c로 오른쪽으로 진행하는 여행파를 의미한다. ◀

☑ 위에서 $H(t)$는 4장에서 정의한 헤비사이드 함수(Heaviside function) 또는 단위계단함수(unit step function)를 뜻한다.

연습문제

[1] $\dfrac{\partial u}{\partial x} + 2x \dfrac{\partial u}{\partial t} = 0$, $\;u(x,0) = 0$, $\;u(0,t) = t$ (단, $t > 0$)를 라플라스 변환을 이용하여 풀면 $u(x, t) = (t - x^2)H(t - x^2)$이 되는 과정을 보이고 대입하여 확인해 보라[단, $H(t)$는 단위계단함수를 의미한다].

[2] $\dfrac{\partial u}{\partial t} = \alpha \dfrac{\partial^2 u}{\partial x^2}$, $\;u(x,0) = e^{-x}$, $\;u(0,t) = 0$ (단, $t > 0$, $x > 0$)을 풀어라.

*__[3]__ $\dfrac{\partial^2 u}{\partial t^2} = c^2 \dfrac{\partial^2 u}{\partial x^2}$, $\;u(x,0) = 0$, $\;\dfrac{\partial u}{\partial t}(x,0) = 1$, $\;u(0,t) = t$ (단, $t > 0$, $x > 0$)로 주어지는 편미분방정식을 풀어라.

*__[4]__ $\dfrac{\partial u}{\partial t} = \alpha \dfrac{\partial^2 u}{\partial x^2}$, $\;u(x,0) = 0$, $\;u(0,t) = f(t)$, $\;u(\infty,t) = 0$의 일반해는 합성곱을 이용하여 $u(x,t) = \displaystyle\int_0^t f(t-\tau) \frac{x}{2\sqrt{\pi\alpha\tau^3}} e^{-x^2/4\alpha\tau}\, d\tau$가 되는 것을 보여라(참고: 라플라스 역변환공식 47

을 이용한다).

이 결과는 $f(t)=u_0$인 경우를 다룬 (예제 1)의 확장으로 볼 수 있다. 그러나, 실제로는 합성곱을 이용하여 적분하는 것보다 역변환공식을 바로 이용하는 것이 편리한 경우가 많다.

19-2 Fourier 변환에 의한 해법

공간의 무한영역과 Fourier 변환. 함수 $u(x, t)$에 관한 편미분방정식의 해는 푸리에 변환을 이용하여도 구할 수 있다. 그러나, 라플라스 변환이 시간에 대해 적분하는 것과는 달리 푸리에 변환은

$$\mathscr{F}\{u(x,t)\} = U(\lambda,t) = \int_{-\infty}^{\infty} u(x,t)\, e^{-i\lambda x}\, dx \tag{13}$$

와 같이 일반적으로 공간에 대해 적분하기 때문에 변환의 물리적인 특성이 다르다는 것에 주목한다(경우에 따라서는 푸리에 변환을 시간에 대해 적분할 수도 있다). 이것은 푸리에 변환이 유한구간 $[-L, L]$에서 정의된 고유값문제의 $L \to \infty$인 극한으로부터 정의된 사실로부터 비롯된다. 또한, $x=\pm\infty$는 어떤 특정한 점이 아니므로 경계조건을 명시할 필요는 없지만 $u(x, t)$의 푸리에 변환이 존재하기 위한 절대적분가능조건 $\int_{-\infty}^{\infty}|u|\,dx<\infty$를 만족하도록 $\lim_{x\to\pm\infty}|u|=0$인 물리적인 특성을 가지는 것이 필수적이다. 푸리에 변환에 대한 미분, 적분, 합성곱 및 변위정리(10장 참조)

$$\begin{aligned}
\mathscr{F}\left(\frac{\partial^n f}{\partial x^n}\right) &= (i\lambda)^n \mathscr{F}(f)\\
\mathscr{F}\left\{\int_{-\infty}^{x} f\right\} &= \frac{1}{i\lambda}\mathscr{F}\{f\}\\
\mathscr{F}(f*g) &= \mathscr{F}(f)\,\mathscr{F}(g)\\
\mathscr{F}\{f(x-a)\,t\} &= e^{-i\lambda a}\mathscr{F}\{f(x)\}
\end{aligned} \tag{14}$$

는 이 절에서 중요한 공식이 된다[단, 합성곱 $f*g=\int_{-\infty}^{\infty} f(x-v)\,g(v)\,dv$].

만일, 편미분방정식이 $x \ge 0$인 **반무한영역**(半無限領域; half-infinite domain)에서 정의되어 있다면 푸리에 코사인변환 또는 푸리에 사인변환을 사용하게 된다.

예제 3 무한히 긴 막대 내부의 온도분포를 구하라. 지배방정식과 초기조건은 다음과 같다.

지배방정식: $\dfrac{\partial u}{\partial t}=\alpha\dfrac{\partial^2 u}{\partial x^2}$, 초기조건: $u(x, 0)=f(x)$

☞ 지배방정식과 초기조건을 각각 x에 관해 푸리에 변환하면

$$\mathscr{F}\left\{\frac{\partial u}{\partial t}\right\} = \mathscr{F}\left\{\alpha\frac{\partial^2 u}{\partial x^2}\right\} \quad\Rightarrow\quad \frac{\partial U}{\partial t}(\lambda, t) = \alpha(i\lambda)^2 U(\lambda, t) \tag{15}$$
$$\mathscr{F}\{u(x, 0)\} = \mathscr{F}\{f(x)\} \quad\Rightarrow\quad U(\lambda, 0) = F(\lambda)$$

즉,

$$\frac{\partial U}{\partial t} + \alpha\lambda^2 U = 0, \quad U(\lambda, 0) = F(\lambda) \tag{16}$$

와 같이 λ에 관한 미분방정식을 얻고, 이것을 풀어

$$U(\lambda, t) = F(\lambda)\, e^{-\alpha\lambda^2 t} \tag{17}$$

인 해를 구한다. 윗식을 합성곱의 성질 $\mathscr{F}(f * g) = \mathscr{F}(f)\mathscr{F}(g)$을 이용하여 $\mathscr{F}(g) = e^{-\alpha\lambda^2 t}$인 함수를 찾아 역변환하면

$$u(x, t) = f(x) * K(x, t) = \int_{-\infty}^{\infty} f(v)\, K(x - v, t)\, dv \tag{18}$$

로 해를 쓸 수 있다. 여기서, $K(x, t)$는

$$K(x, t) = \frac{1}{2\sqrt{\pi\alpha t}}\, e^{-\frac{x^2}{4\alpha t}} \tag{19}$$

으로 주어진다(☑ 참조). 이때, $K(x, t)$는 열전도방정식 $\dfrac{\partial K}{\partial t} = \alpha\dfrac{\partial^2 K}{\partial x^2}$를 만족하며, 따라서 열전도방정식의 기본해(fundamental solution)라고 한다. ◀

☑ 10-6절 (예제 10.11)의 $\mathscr{F}(e^{-ax^2}) = \sqrt{\dfrac{\pi}{a}}\, e^{\frac{-\lambda^2}{4a}}$인 공식에서 $\dfrac{1}{4a} = \alpha t$, 즉 $a = \dfrac{1}{4\alpha t}$로 두면 $\mathscr{F}\left(\dfrac{1}{2\sqrt{\pi\alpha t}}\, e^{-\frac{x^2}{4\alpha t}}\right) = e^{-\alpha\lambda^2 t}$가 된다. 위에서, $K(x, t)$는 열전도방정식에서 아주 중요한 역할을 한다. 연산자 $L \equiv \dfrac{\partial}{\partial t} - \alpha\dfrac{\partial^2}{\partial x^2}$를 정의하면 열전도방정식은 $Lu = 0$으로 쓸 수 있고, $u(x, 0) = f(x)$를 만족하는 해는 초기분포 $f(x)$와 기본해 $K(x, t)$의 합성곱 $u(x, t) = f(x) * K(x, t)$로 결정된다.

***예제 4** 반무한영역($x > 0$)에서 다음의 해를 구하라.

$$\frac{\partial u}{\partial t} = \alpha\frac{\partial^2 u}{\partial x^2}, \quad \text{초기조건: } u(x, 0) = f(x), \quad \text{경계조건: } u(0, t) = 0$$

☞ 이 예제에서는 반무한영역이므로 $x = 0$에서의 경계조건이 필요하다는 것에 주의한다. 또한, $0 < x < \infty$에서 정의되므로 푸리에 코사인변환 또는 푸리에 사인변환을 이용하여 구한다. 그런데, 경계조건 $u(0, t) = 0$으로부터 $\lim_{\epsilon\to 0} u(-\epsilon, t) = \lim_{\epsilon\to 0} - u(\epsilon, t)$, 즉 $\lim_{\epsilon\to 0} u(\epsilon, t) = 0$인 성질을 갖는 푸리에 사인변환을 적용하여(10-5절 참조)

$$\mathscr{F}_S\left\{\frac{\partial u}{\partial t}\right\} = \mathscr{F}_S\left\{\alpha\frac{\partial^2 u}{\partial x^2}\right\} \quad\Rightarrow\quad \frac{\partial U_S}{\partial t}(\lambda, t) = \alpha\left[-\lambda^2 U_S(\lambda, t) + \lambda u(0, t)\right]$$

즉, 경계조건의 푸리에 사인변환과 함께

$$\frac{\partial U_S}{\partial t} + \alpha\lambda^2 U_S = 0, \quad U_S(\lambda, 0) = F_S(\lambda) \tag{20}$$

인 미분방정식을 구성한다. 윗식을 풀어

$$U_S(\lambda, t) = F_S(\lambda)\, e^{-\alpha\lambda^2 t} \tag{21}$$

를 얻고, 푸리에 사인역변환을 하면

$$\begin{aligned} u(x,t) &= \frac{2}{\pi}\int_0^\infty U_S(\lambda, t)\sin\lambda x\, d\lambda \\ &= \frac{2}{\pi}\int_0^\infty F_S(\lambda)\, e^{-\alpha\lambda^2 t}\sin\lambda x\, d\lambda \\ &= \frac{2}{\pi}\int_0^\infty \left[\int_0^\infty f(\omega)\sin\lambda\omega\, d\omega\right] e^{-\alpha\lambda^2 t}\sin\lambda x\, d\lambda \end{aligned} \tag{22}$$

인 최종해를 얻는다. 윗식에서 초기분포 $f(x)$가 주어지면 적분을 수행하여 해를 결정한다. ◀

예제 5 무한한 길이인 현의 진동에 관해 다음의 해를 구하라.

$$\frac{\partial^2 u}{\partial t^2} = c^2\frac{\partial^2 u}{\partial x^2}, \qquad \text{초기조건: } u(x,0) = f(x), \quad \frac{\partial u}{\partial t}(x,0) = g(x)$$

☞ 지배방정식과 초기조건을 각각 x에 관해 푸리에 변환하면

$$\begin{aligned} &\mathcal{F}\left\{\frac{\partial^2 u}{\partial t^2}\right\} = \mathcal{F}\left\{c^2\frac{\partial^2 u}{\partial x^2}\right\} &&\Rightarrow \frac{\partial U}{\partial t}(\lambda, t) = c^2(i\lambda)^2 U(\lambda, t) \\ &\mathcal{F}\{u(x,0)\} = \mathcal{F}\{f(x)\} &&\Rightarrow U(\lambda, 0) = F(\lambda) \\ &\mathcal{F}\left\{\frac{\partial u}{\partial t}(x,0)\right\} = \mathcal{F}\{g(x)\} &&\Rightarrow \frac{\partial U}{\partial t}(\lambda, 0) = G(\lambda) \end{aligned} \tag{23}$$

즉,

$$\frac{\partial^2 U}{\partial t^2} + c^2\lambda^2 U = 0, \quad U(\lambda, 0) = F(\lambda), \quad \frac{\partial U}{\partial t}(\lambda, 0) = G(\lambda) \tag{24}$$

를 얻는다. 윗식의 일반해 $U(\lambda, t) = c_1(\lambda)\cos c\lambda t + c_2(\lambda)\sin c\lambda t$에서 경계조건을 대입하면

$$\begin{aligned} U(\lambda, t) &= F(\lambda)\cos ct\lambda + \frac{1}{c\lambda}G(\lambda)\sin ct\lambda \\ &= \frac{1}{2}F(\lambda)[e^{ict\lambda} + e^{-ict\lambda}] + \frac{1}{2c}\frac{G(\lambda)}{i\lambda}[e^{ict\lambda} - e^{-ict\lambda}] \end{aligned} \tag{25}$$

가 된다. 계속하여, 변위정리 및 적분의 변환

$$\begin{aligned} &\mathcal{F}\{f(x-a)\} = e^{-ia\lambda}\mathcal{F}\{f(x)\} \\ &\mathcal{F}\left\{\int_{-\infty}^x f(v)\, dv\right\} = \frac{1}{i\lambda}\mathcal{F}\{f(x)\} \end{aligned} \tag{26}$$

를 이용하여 역변환을 수행하면

$$u(x,t)=\frac{1}{2}[f(x+ct)+f(x-ct)]+\frac{1}{2c}\left[\int_{-\infty}^{x+ct} g(v)\,dv-\int_{-\infty}^{x-ct} g(v)\,dv\right]$$
$$=\frac{1}{2}[f(x+ct)+f(x-ct)]+\frac{1}{2c}\int_{x-ct}^{x+ct} g(v)\,dv \quad ◀ \tag{27}$$

☑ 위 결과는 다름아닌 파동방정식의 D'Alembert 해임을 알 수 있다.

연습문제

[1] 함수 $K(x,t)=\dfrac{1}{2\sqrt{\pi\alpha t}}e^{-\frac{x^2}{4\alpha t}}$이 $\dfrac{\partial u}{\partial t}=\alpha\dfrac{\partial^2 u}{\partial x^2}$의 해임을 대입하여 확인하라.

[2] 예제 3의 결과는 $z=\dfrac{v-x}{2\sqrt{\alpha t}}$로 치환하면 $u(x,t)=\dfrac{1}{\sqrt{\pi}}\displaystyle\int_{-\infty}^{\infty} f(x+2z\sqrt{\alpha t})\,e^{-z^2}dz$로 표현되는 것을 보여라.

[3] 초기 온도분포가 $u(x,0)=u_0\ (|x|<1)$, $u(x,0)=0\ (|x|>1)$일 때의 열전도방정식의 해를 구하면 $u(x,t)=\dfrac{u_0}{2}\left[\operatorname{erf}\dfrac{1-x}{2\sqrt{\alpha t}}+\operatorname{erf}\dfrac{1+x}{2\sqrt{\alpha t}}\right]$임을 보여라[**참고**: 기본해 $K(x,t)$를 이용하고 적분변수를 $z=(v-x)/2\sqrt{\alpha t}$로 치환하라].

*__[4]__ 반무한영역 $0<x<\infty$에서 한쪽 끝 $x=0$은 0°C로 유지되고 초기온도분포가 $f(x)$일 때, 온도분포는 $u(x,t)=\dfrac{1}{\sqrt{\pi}}\left[\displaystyle\int_{-x/\tau}^{\infty} f(x+\tau z)\,e^{-z^2}dz-\int_{x/\tau}^{\infty} f(-x+\tau z)\,e^{-z^2}dz\right]$임을 보여라. 단, $\tau=2\sqrt{\alpha t}$이다(**참고**: 영역을 $-\infty<x<\infty$로 확장하고 홀함수 $f(-x)=-f(x)$ 형태의 온도분포를 사용한다).

19-3 Duhamel의 적분공식

외부교란과 반응. 진동시스템에서 물체의 변위를 $y(t)$라고 할 때 다음의 비제차 미분방정식

$$my''+cy'+ky=f(t) \tag{28}$$

← internal response | external disturbance →

는 **외부교란**(外部攪亂; external disturbance)에 대한 진동시스템의 **반응**(反應; response)을 결정하는 수학적인 모델을 의미한다. 다시 말하면, 시간 t에 의존하는 외부교란에 어떠한 형태로 반응할 것인가는 미분방정식의 좌변에 있는 상수들 m, c, k의 값에 따라 결정되며, 이러한 거동을 예측하기 위하여 미분방정식의 해를 구하는 것이다. 물론, 위의 미분방정식의 해는 4장에서 다룬 라플라스 변환 등을 이용하여 쉽게 구할 수 있지만, 미분방정식에 대한 이해를 높이고 Duhamel(두하멜)의 적분공식을 설명하기 위해 고려한

다. 특히, 두하멜의 적분공식은 선형성을 가진 동적시스템(dynamic system)의 해석에 매우 효과적이다.

단위교란에 대한 기본해. 수(數; number)의 세계에서 1과 기본적인 사칙연산을 이용하면 자연수, 음수, 0, 유리수를 모두 만들 수 있다. 이와 유사하게, 미분방정식에서 **단위교란**(單位攪亂; unit disturbance)이 마치 수의 체계에서 단위수 1과 같은 역할을 할 수 있다면 매우 유용할 것이다(단, 중첩의 원리가 적용되는 선형미분방정식의 경우에 국한).

초기조건이 0이고 외부입력이 단위계단함수 $H(t)$인 미분방정식

$$y' + y = H(t), \quad y(0) = 0 \tag{29}$$

의 해 $y = \psi(t)$를 구하면

$$\psi(t) \equiv 1 - e^{-t} \tag{30}$$

가 된다. 이때, 외부입력이 시간 $t = \tau$까지 지연(遲延; time delay)된 경우, 즉 단위계단함수 $H(t-\tau)$에 대응하는 해는 $\psi(t)$를 이용하여

$$\phi(t) = \begin{cases} 0 & (t-\tau < 0) \\ \psi(t-\tau) & (t-\tau > 0) \end{cases} \tag{31}$$

로 쓸 수 있다. 이것을 일반적인 외부입력에 대해 다음과 같이 확장한다.

일반적인 외부입력 $f(t)$를 그림 19.1에 나타낸 것처럼 미소계단(微小階段; infinitesimal step)을 쌓은 형태로 근사시켜 보자. 이러한 근사를 물리적으로 해석하면 $t = \tau_0 = 0$에서 순간적으로 $f(0)$인 입력을 가한 후 $t = \tau_1$까지 유지하고, 다시 $t = \tau_1$에서 $f(\tau_1) - f(\tau_0)$ 만큼의 입력을 가한다. 이것을 $t = \tau_n$까지 반복하면 시간 t가 흐른 후의 응답(response) $\phi(t)$를 얻게 될 것이다. 그 내용을 수식으로 표현하면, 중첩의 원리에 의해 각 계단에 대응하는 해를 $t = \tau_n$이 될 때까지 계속 더하여

$$\begin{aligned}\phi(t) = f(0)\psi(t) &+ [f(\tau_1) - f(\tau_0)]\psi(t-\tau_1) \\ &+ [f(\tau_2) - f(\tau_1)]\psi(t-\tau_2) \\ &\vdots \\ &+ [f(\tau_n) - f(\tau_{n-1})]\psi(t-\tau_n)\end{aligned} \tag{32}$$

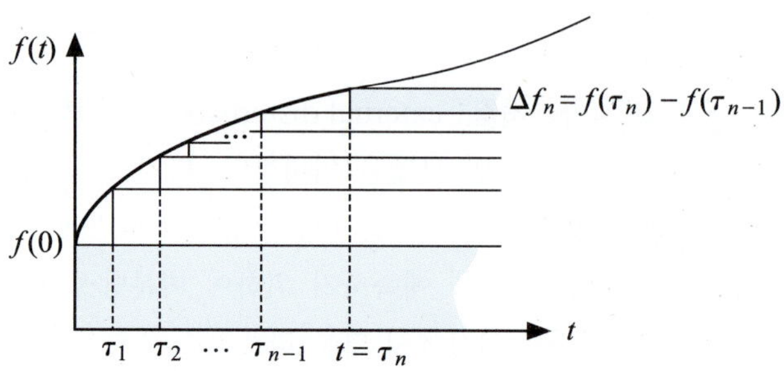

그림 19.1 Duhamel 적분의 유도과정

을 얻는다. 여기서,

$$\Delta f_k = f(\tau_k) - f(\tau_{k-1}), \quad \tau_k - \tau_{k-1} = \Delta\tau_k \tag{33}$$

를 정의하면 식 (32)는

$$\phi(t) = f(0)\psi(t) + \sum_{k=1}^{n} \psi(t-\tau_k)\left(\frac{\Delta f}{\Delta\tau}\right)_k \Delta\tau_k \tag{34}$$

와 같이 쓸 수 있다. 이때, $n\to\infty$인 극한을 취하면

$$\phi(t) = f(0)\psi(t) + \int_0^t \psi(t-\tau)\frac{df(\tau)}{d\tau}\,d\tau \tag{35}$$

가 되고, 이것을 Duhamel(두하멜)의 **중첩적분**(superposition integral) 또는 단순히 Duhamel(두하멜) 적분이라고 한다.

예제 6 미분방정식 $y' + y = f(t)$, $y(0) = 0$의 해를 두하멜 적분을 이용하여 풀어라.

☞ 최우선의 단계는 단위교란에 대응하는 기본해를 구하는 것이다. 그런데, 예제의 경우는 이미 식 (30)으로부터 $\psi(t) = 1 - e^{-t}$임을 알고 있다. 따라서, 두하멜 적분에 대입하고, 부분적분하면

$$\begin{aligned} y(t) &= f(0)(1-e^{-t}) + \int_0^t (1-e^{-t+\tau})\frac{df(\tau)}{d\tau}\,d\tau \\ &= f(0)(1-e^{-t}) + \left[(1-e^{-t+\tau})f(\tau)\right]_{\tau=0}^{\tau=t} - \int_0^t (-e^{-t+\tau})f(\tau)\,d\tau \end{aligned}$$

즉,

$$y(t) = e^{-t}\int_0^t e^{\tau}f(\tau)\,d\tau \quad ◀ \tag{36}$$

☑ 앞에서 $p = e^{\int 1} = e^t$를 이용하여 $py = \int pf + c$, 즉 $y = e^{-t}\int_0^t e^{\tau}f(\tau)\,d\tau + ce^{-t}$로 일반해를 구하였다. 여기서, 경계조건을 대입하면 식 (36)과 동일하게 된다.

두하멜 적분의 확장. 위에서, 간단한 미분방정식을 이용하여 두하멜 적분의 개념을 알아보았다. 이것을 공간상의 위치 $\mathbf{r} = (x, y, z)$와 시간 t를 독립변수로 갖는 종속변수 $\phi(\mathbf{r}, t)$로 확장하게 되면

$$\phi(\mathbf{r},t) = f(0)\psi(\mathbf{r},t) + \int_0^t \psi(\mathbf{r}, t-\tau)\frac{df(\tau)}{d\tau}\,d\tau \tag{37}$$

로 되는 것은 자명한 사실이다(독립변수만 추가됨). 여기서, (예제 6)에서 살펴본 바와 같이 부분적분을 수행하면

$$\begin{aligned} \phi(\mathbf{r},t) &= f(0)\psi(\mathbf{r},t) + \left[f(\tau)\psi(\mathbf{r},t-\tau)\right]_{\tau=0}^{\tau=t} - \int_0^t f(\tau)\frac{\partial}{\partial\tau}\psi(\mathbf{r},t-\tau)\,d\tau \\ &= f(t)\psi(\mathbf{r},0) - \int_0^t f(\tau)\frac{\partial}{\partial\tau}\psi(\mathbf{r},t-\tau)\,d\tau \end{aligned}$$

가 되고, 다시

$$\frac{\partial}{\partial \tau}\psi(\mathbf{r},\, t-\tau) = -\frac{\partial}{\partial t}\psi(\mathbf{r},\, t-\tau) \tag{38}$$

인 관계를 이용하면 두하멜 적분의 새로운 표현

$$\phi(\mathbf{r}, t) = f(t)\,\psi(\mathbf{r}, 0) + \int_0^t f(\tau)\frac{\partial \psi}{\partial t}(\mathbf{r},\, t-\tau)\,d\tau \tag{39}$$

를 얻는다. 또한, 라이프니츠의 미분규칙(제0장 참조)으로부터 두하멜 적분을

$$\phi(\mathbf{r}, t) = \frac{\partial}{\partial t}\int_0^t f(\tau)\,\psi(\mathbf{r},\, t-\tau)\,d\tau$$

로도 쓸 수 있으며, 이것은 익숙한 합성곱의 형태이다. 즉, 함수 $f(t)$와 $\psi(\mathbf{r}, t)$의 합성곱 $f*\psi$를 t에 관하여 편미분한

$$\phi(\mathbf{r},\, t) = \frac{\partial}{\partial t}(f*\psi) = \frac{\partial}{\partial t}\int_0^t f(\tau)\,\psi(\mathbf{r},\, t-\tau)\,d\tau \tag{40}$$

형태로 주어진다. 이것을 정리하면 두하멜의 적분공식은

$$\phi(\mathbf{r},\, t) = \begin{cases} \dfrac{\partial}{\partial t}\displaystyle\int_0^t f(\tau)\,\psi(\mathbf{r},\, t-\tau)\,d\tau \\ f(t)\,\psi(\mathbf{r},\, 0) + \displaystyle\int_0^t f(\tau)\frac{\partial \psi}{\partial t}(\mathbf{r},\, t-\tau)\,d\tau \\ f(0)\,\psi(\mathbf{r},\, t) + \displaystyle\int_0^t \psi(\mathbf{r},\, t-\tau)\frac{df(\tau)}{d\tau}\,d\tau \end{cases} \tag{41}$$

로 나타낼 수 있다.

예제 7 $\dfrac{\partial u}{\partial t} = \alpha\dfrac{\partial^2 u}{\partial x^2}$, $u(x, 0) = 0$, $u(0, t) = f(t)$, $u(\infty, t) = 0$인 열전도방정식의 해를 두하멜 적분 적분을 이용하여 구하라(단, $0 \le x < \infty$).

☞ 경계 $x = 0$에서의 외부입력이 $f(t)$로 시간에 따라 바뀌는 경우이므로 $f(t) = 1$인 단위교란에 대응하는 해 $\psi(x, t)$를 먼저 구한다. 그런데,

$$\psi(x, t) = \mathrm{erfc}\left(\frac{x}{2\sqrt{\alpha t}}\right) = 1 - \frac{2}{\sqrt{\pi}}\int_0^{x/2\sqrt{\alpha t}} e^{-z^2}\,dz \tag{42}$$

임이 이미 (예제 1)로부터 알려져 있다. 여기서, 두하멜 적분의 세 가지 표현, 즉 식 (41)에서 어떤 형태가 편리한가는 상황에 따라 다르며, 이 경우에는 두 번째 표현을 사용한다.

$$\frac{\partial \psi}{\partial t}(x, t) = \frac{x}{2\sqrt{\pi\alpha t^3}}\,e^{-\frac{x^2}{4\alpha t}} \tag{43}$$

이고, $\psi(x, 0) = u(x, 0) = 0$이므로 두하멜 적분으로부터

$$u(x,t) = f(t)\,\psi(x,0) + \int_0^t f(\tau)\,\frac{\partial\psi}{\partial t}(x, t-\tau)\,d\tau$$
$$= \int_0^t f(\tau)\,\frac{x}{2\sqrt{\pi\alpha(t-\tau)^3}}\,e^{-\frac{x^2}{4\alpha(t-\tau)}}\,d\tau \tag{44}$$

가 최종해로 된다. ◀

☑ 위의 결과를 19-1절의 연습문제 4와 비교해 보라. 적분변수를 $t-\tau=z$로 변환하면 동일한 해임을 알 수 있다.

라플라스 변환과의 비교. 식 (40)을 4장의 라플라스 변환에 의한 해와 비교해 보자. 연산자 다항식을 적절히 정의하면 미분방정식은

$$Ly = f(t)$$

로 쓸 수 있다. 이때, 4-7절의 표 4.5에서는 미분방정식의 해가 합성곱으로 주어지는 반면에 식 (40)은 합성곱의 미분으로 주어진다. 이러한 차이는 단위계단함수 $H(t)$와 디락델타 함수 $\delta(t)$와의 관계 $\frac{d}{dt}H(t)=\delta(t)$로부터 비롯된다. 즉, 디락델타 함수의 라플라스 변환은 $\mathscr{L}\{\delta(t)\}=1$이므로 $Ly=f(t)$의 제차해 $\psi_L(t)$는 디락델타 형태의 입력에 대응하는 해이다. 이에 비해서, 두하멜 적분은 단위계단함수 $H(t)$에 대응하는 해를 기초로 하기 때문에 식 (40)에서 합성곱을 t에 관해 미분하는 것이다. 표 19.1에 이러한 개념의 차이를 요약하였다. 디락델타 함수 형태의 충격(impulse)에 대응하는 시스템의 반응(response)은 합성곱과 연관되어 임의의 충격에 대한 반응특성을 밝히는 데 열쇠가 되는데, 구체적인 토의는 Green 함수를 설명할 때 할 것이다.

***유한도약 불연속을 가지는 경우.** 외부입력 $f(t)$가 유한도약 불연속(finite-jump discontinuity)을 가지는 경우, 식 (32)에서 우변의 각 항은 도약불연속에 따른 해의 중첩을 의미하므로 두하멜의 적분공식은

$$\phi(\mathbf{r},t) = \int_0^t \psi(\mathbf{r}, t-\tau)\,\frac{df(\tau)}{d\tau}\,d\tau + \sum_{j=0}^{N}\psi(\mathbf{r}, t-\tau_j)\,\Delta f_j$$
$$\Delta f_j \equiv f(\tau_j+0) - f(\tau_j-0) \tag{45}$$

으로 일반화된다(단, $t=\tau_j$에서 유한도약 불연속이 존재한다). 윗식에서 첨자가 $j=0$에

표 19.1 $Ly=f(t)$에 대한 라플라스 변환과 Duhamel 적분과의 비교

	라플라스 변환	Duhamel 적분
기본입력의 형태	$L\psi_L=\delta(t)$	$L\psi_D=H(t)$
중첩해의 형태	$y=\psi_L * f$	$y=\frac{\partial}{\partial t}(\psi_D * f)$

*여기서, asterisk(∗)는 합성곱을 의미하고
**아래첨자 L, D는 각각 Laplace와 Duhamel을 의미한다.

서부터 시작하게 되는 이유는 식 (35)의 첫째 항에서 $f(0)$가 이미 $t=0$에서의 불연속을 고려한 것이기 때문이다.

✓ 위의 결과를 4-4절의 연습문제에서 라플라스 변환의 경우와 비교해 본다(아래의 식).

$$\mathcal{L}\left\{\frac{df}{dt}(t)\right\} = s\mathcal{L}\{f(t)\} - f(0) - \sum_{j=1}^{N} \Delta f(a_j)e^{-a_j s}$$

***예제 8** 앞의 예제 6에서 $f(t)=\begin{cases}\beta t & (t<a)\\ 0 & (t>a)\end{cases}$으로 주어질 경우, 식 (45)를 이용하여 $y'+y=f(t)$, $y(0)=0$에 대한 해를 구하라.

☞ 단위교란에 대한 기본해는 $\psi(t)=1-e^{-t}$로 주어진다. 따라서, 구간 $t<a$에서는 $df/dt=\beta$이므로

$$\begin{aligned} y(t) &= \int_0^t \psi(t-\tau)\beta d\tau + \psi(t)\Delta f_0 \\ &= \int_0^t (1-e^{-t+\tau})\beta d\tau = \beta(t-1+e^{-t}) \end{aligned}$$

로 주어지고, 구간 $t>a$에서는 $df/dt=0$이므로

$$\begin{aligned} y(t) &= \int_0^a \psi(t-\tau)\times\beta d\tau + \int_a^t \psi(t-\tau)\times 0 d\tau + \psi(t)\Delta f_0 + \psi(t-a)\Delta f_1 \\ &= \int_0^a (1-e^{-t+\tau})\beta d\tau + (1-e^{-t+a})(0-\beta a) \\ &= \beta(a-e^{-t+a}+e^{-t}) - \beta a(1-e^{-t+a}) = \beta[e^{-t}+(a-1)e^{-t+a}] \end{aligned}$$

따라서,

$$y(t)=\begin{cases}\beta(e^{-t}+t-1) & (t<a)\\ \beta[e^{-t}+(a-1)e^{-t+a}] & (t>a)\end{cases} \quad ◀ \qquad (46)$$

✓ 위의 결과를 라플라스변환을 이용하여 풀어본다(연습문제).

연습문제

[1] 식 (39)와 (40)의 항등관계를 보여라.

[2] $y'=f(t)$, $y(0)=0$을 풀면 $y=\int_0^t f(\tau)d\tau$임은 자명한 사실이다. 이것을 두하멜 적분의 개념을 이용하여 다시 설명하라. 즉, 단위교란 $f(t)=1$에 대응하는 미분방정식 $y'=1$, $y(0)=0$의 기본해를 구하고 두하멜 적분을 적용하여 위의 당연한 사실을 확인해 보라.

[3] 예제 8을 라플라스 변환을 사용하여 풀어 식 (46)을 구하라.

✓ 최종적으로는 $Y(s)=\beta\left[(1-e^{-as})\left(\frac{1}{s^2}-\frac{1}{s}+\frac{1}{s+1}\right)-ae^{-as}\left(\frac{1}{s}-\frac{1}{s+1}\right)\right]$의 역변환을 구

하게 된다.

[4] $\eta = \dfrac{x}{2\sqrt{\alpha(t-\tau)}}$ 인 치환으로 식 (44)는 $u(x,t) = \dfrac{2}{\sqrt{\pi}}\int_{x/2\sqrt{\alpha t}}^{\infty} f\left(t - \dfrac{x^2}{4\alpha\eta^2}\right)e^{-\eta^2}d\eta$로 변환 되는 것을 보여라.

[5] 위의 결과를 이용하여 예제 7에서 $f(t) = u_0\cos(\omega t - \beta)$로 주어질 때의 해는

$$\frac{u(x,t)}{u_0} = \exp\left[-x\left(\frac{\omega}{2\alpha}\right)^{1/2}\right]\cos\left[\omega t - x\left(\frac{\omega}{2\alpha}\right)^{1/2} - \beta\right] - \frac{2}{\sqrt{\pi}}\int_0^{x/2\sqrt{\alpha t}} e^{-\eta^2}\cos\left[\omega\left(t - \frac{x^2}{4\alpha\eta^2}\right) - \beta\right]d\eta$$

가 되는 것을 보여라.

19-4 Helmholtz의 정리(벡터장의 해법)

단위충격과 디락델타. 앞 절에서 두하멜 적분은 단위교란 $H(t)$, 라플라스 변환은 디락델타 $\delta(t)$에 각각 대응하는 기본해를 이용하여 임의의 입력 $f(t)$에 대한 시스템의 반응, 즉 미분방정식의 해를 구하는 방법임을 살펴보았다. 이러한 개념은 벡터장의 해석에도 Helmholtz정리의 형태로 나타난다.

시간 t에 대해서는 디락델타 $\delta(t)$ 또는 단위교란 $H(t)$가 모두 중요한 입력의 형태가 된다. 예를 들어, 1차원 공간상에서 운동하는 물체에 대해 뉴턴의 제2법칙 $m\dfrac{d^2x}{dt^2} = F(t)$를 고려하면 $F(t) = \delta(t)$는 순간적인 단위충격, $F(t) = H(t)$는 크기가 1인 지속적인 힘을 가하는 상황에 대응된다.

반면에, 공간을 다룰 때 단위계단함수(unit step function)는 공간에서 무한히 많은 점을 나타내므로(예를 들어, $H(x)$는 $x > 0$인 반무한공간), **단위충격**(單位衝擊; unit impulse) 또는 **근원점**(根源點; source point)만을 고려하게 된다. 즉, 디락델타 $\delta(x)$ 또는 이러한 개념을 가진 함수를 고려한다.

이미 잘 알고 있는 디락델타(Dirac delta)를 3차원공간 $\mathbf{r} = (x, y, z)$에서 표현하게 되면

$$\delta^3(\mathbf{r} - \mathbf{r}_0) \equiv \delta(x - x_0)\delta(y - y_0)\delta(z - z_0) \tag{47}$$

로 되고(단, $\mathbf{r}_0$는 3차원공간 $\mathbb{R}^3$의 고정된 점),

$$\delta(x - x_0) = \begin{cases}\infty & (x = x_0)\\ 0 & (x \neq x_0)\end{cases} \qquad \delta^3(\mathbf{r} - \mathbf{r}_0) = \begin{cases}\infty & (\mathbf{r} = \mathbf{r}_0)\\ 0 & (\mathbf{r} \neq \mathbf{r}_0)\end{cases}$$

$$\int_{-\infty}^{\infty}\delta(x - x_0)\,dx = 1 \qquad \int_{\mathbb{R}^3}\delta^3(\mathbf{r} - \mathbf{r}_0)\,dV = 1 \tag{48}$$

$$\int_{-\infty}^{\infty}f(x)\delta(x - x_0)\,dx = f(x_0) \qquad \int_{\mathbb{R}^3}f(\mathbf{r})\delta^3(\mathbf{r} - \mathbf{r}_0)\,dV = f(\mathbf{r}_0)$$

인 관계를 만족한다.

☑ 위에서, $\int_{\mathbb{R}^3} \delta^3(\mathbf{r}-\mathbf{r}_0)\,dV \equiv \int_{-\infty}^{\infty}\int_{-\infty}^{\infty}\int_{-\infty}^{\infty} \delta(x-x_0)\,\delta(y-y_0)\,\delta(z-z_0)\,dx\,dy\,dz$으로 정의한다.

예제 9 3차원공간에서 $\nabla^2\left(-\frac{1}{4\pi r}\right) = \nabla\cdot\frac{\mathbf{e}_r}{4\pi r^2} = \delta^3(\mathbf{r})$임을 보여라.

☞ 이 예제로부터 3차원 디락델타가 다른 형태로 표현될 수 있다는 사실을 알게 된다. 먼저, $r=\sqrt{x^2+y^2+z^2} \neq 0$인 경우

$$\nabla\cdot\frac{\mathbf{e}_r}{4\pi r^2} = \frac{1}{r^2}\frac{\partial}{\partial r}\left(r^2\frac{1}{4\pi r^2}\right) = \frac{1}{r^2}\frac{\partial}{\partial r}\left(\frac{1}{4\pi}\right) = 0 \tag{49}$$

이다. 그리고, $r=0$일 때 윗식은 발산하여 정의되지 않는다. 즉, 식 (48)의 첫 번째 조건을 만족한다. 따라서, 식 (48)의 두 번째 조건

$$\int_{\mathbb{R}^3} \nabla^2\left(-\frac{1}{4\pi r}\right) dV = 1 \tag{50}$$

을 만족하면 항등적으로

$$\nabla^2\left(-\frac{1}{4\pi r}\right) = \nabla\cdot\frac{\mathbf{e}_r}{4\pi r^2} = \delta^3(\mathbf{r}) \tag{51}$$

이라고 할 수 있다. 식 (50)은 $\mathbf{r}=0$을 중심으로 하고 반지름 ϵ인 구에 대하여 가우스의 발산정리를 이용하면(구면좌표계에서 구 표면의 외향단위법선벡터는 $\mathbf{n}=\mathbf{e}_r$)

$$\int_V \nabla\cdot\frac{\mathbf{e}_r}{4\pi r^2}\,dV = \int_S \frac{\mathbf{e}_r}{4\pi r^2}\cdot\mathbf{e}_r\,dA = \frac{1}{4\pi\epsilon^2}\int_{|\mathbf{r}|=\epsilon} dA = 1 \quad ◀ \tag{52}$$

☑ 2차원의 경우를 미리 예상하고 3차원과 비교하면 다음과 같이 될 것이다.

2차원공간:	$\nabla\cdot\frac{\mathbf{e}_r}{2\pi r} = \delta^2(\mathbf{r})$,	원의 둘레 : $2\pi r$
3차원공간:	$\nabla\cdot\frac{\mathbf{e}_r}{4\pi r^2} = \delta^3(\mathbf{r})$,	구의 표면적: $4\pi r^2$

예제 10 원점을 중심으로 하고 반지름 R인 구의 체적 V에 대해서 적분 $\int_V (r^2+1)\nabla\cdot\frac{\mathbf{e}_r}{r^2}\,dV$를 구하라.

☞ 식 (51)의 $\nabla\cdot\frac{\mathbf{e}_r}{r^2} = 4\pi\delta^3(\mathbf{r})$인 표현과 디락델타의 성질을 이용하면

$$\int_V (r^2+1)\nabla\cdot\frac{\mathbf{e}_r}{r^2}\,dV = \int_V (r^2+1)\,4\pi\delta^3(\mathbf{r})\,dV = 4\pi(0^2+1) = 4\pi \quad ◀ \tag{53}$$

디락델타의 확장. 3차원공간에서의 디락델타

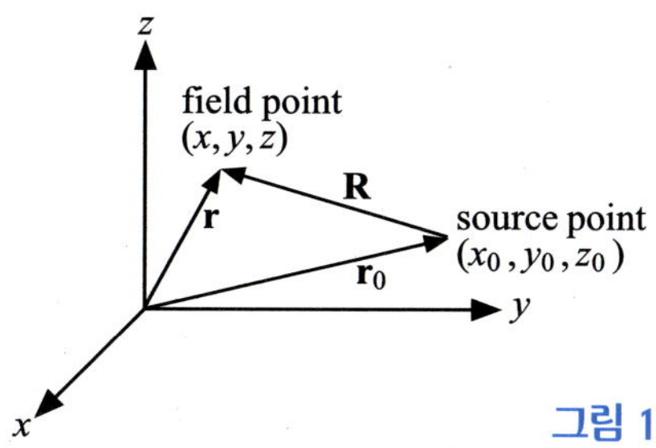

그림 19.2

$$\nabla^2\left(\frac{1}{r}\right) = -4\pi\delta^3(\mathbf{r}) \tag{54}$$

은 매우 유용한 표현이지만 $\mathbf{r} = 0$인 원점에서만 의미를 가진다. 따라서, 디락델타를 공간상의 임의의 점에 대해서 사용할 수 있도록 식 (54)를 확장할 필요가 있다. 그림 19.2에 나타낸 바와 같이 3차원공간 $\mathbb{R}^3$에서 $\mathbf{r}_0$를 근원점(根源點; source point)으로 택하고 $\mathbf{r}$은 벡터장의 점이라고 하자(예를 들어 점 $\mathbf{r}_0$에 미소자석을 놓으면 점 $\mathbf{r}$에서는 근원점 방향으로 인력(引力)을 느낀다). 그러면, 근원점으로부터의 변위와 거리는

$$\mathbf{R} = \mathbf{r} - \mathbf{r}_0, \quad R = \sqrt{(x-x_0)^2 + (y-y_0)^2 + (z-z_0)^2} \tag{55}$$

이 된다. 이때, 점 $\mathbf{r}_0$를 포함하는 체적에 대해 가우스의 발산정리를 적용하면 식 (54)와 유사하게

$$\nabla^2\left(\frac{1}{R}\right) = -4\pi\delta^3(\mathbf{R}) = -4\pi\delta^3(\mathbf{r}-\mathbf{r}_0) = \nabla^2\frac{1}{|\mathbf{r}-\mathbf{r}_0|} \tag{56}$$

인 결과를 얻는다. 그런데, 식 (55)에서 R을 x, y, z에 대해 미분한 것이나 x_0, y_0, z_0에 대해 미분한 것이나 서로 같은 결과이므로

$$\nabla^2\left(\frac{1}{R}\right) = \nabla_0^2\left(\frac{1}{R}\right) = \begin{cases} -4\pi\delta^3(\mathbf{R}) \\ -4\pi\delta^3(-\mathbf{R}) \end{cases} = \begin{cases} -4\pi\delta^3(\mathbf{r}-\mathbf{r}_0) \\ -4\pi\delta^3(\mathbf{r}_0-\mathbf{r}) \end{cases} \tag{57}$$

이 성립한다(단, ∇_0는 x_0, y_0, z_0에 관한 미분연산자를 의미한다. 또한, $\frac{\partial}{\partial x} = \frac{\partial}{\partial X}\frac{\partial X}{\partial x} = \frac{\partial}{\partial X}\frac{\partial}{\partial x}(x-x_0) = \frac{\partial}{\partial X}$ 이므로 ∇은 X, Y, Z에 관한 미분으로 정의한다).

☑ 다음 절에서 알게 되겠지만 식 (57)은 $L \equiv \nabla^2$에 대응하는 Green 함수와 관련되어 있다.

Helmholtz의 정리. 퍼텐셜이론(potential theory)에서 중요한 Helmholtz의 정리는 다음과 같이 서술된다.

(Helmholtz의 정리) 벡터장 $\mathbf{v}$의 발산과 회전이 무한원점에서 $1/r^2$보다 빨리 0에 접근하는 스칼라함수 $D(\mathbf{r})$와 벡터함수 $\mathbf{C}(\mathbf{r})$에 의해

$$\nabla\cdot\mathbf{v}=D \tag{58}$$
$$\nabla\times\mathbf{v}=\mathbf{C} \tag{59}$$

로 주어지고 $\lim_{|r|\to\infty}\mathbf{v}(\mathbf{r})=0$이면, 벡터장 $\mathbf{v}$는

$$\mathbf{v}=-\nabla\phi+\nabla\times\mathbf{A} \tag{60}$$

형태의 비회전(irrotational)장과 비발산(solenoidal)장의 합으로 유일하게 주어진다.

▶ 여기서, D는 divergence의 첫 글자, C는 curl의 첫 글자를 딴 것이며, 벡터항등식 $\nabla\cdot\nabla\times\mathbf{v}=0$으로부터 반드시 $\nabla\cdot\mathbf{C}=0$이 만족되는 것을 전제로 한다. $\nabla\phi$와 $\nabla\times\mathbf{A}$가 각각 비회전, 비발산인 것은 벡터항등식

$$\nabla\times\nabla\phi=0,\quad \nabla\cdot\nabla\times\mathbf{A}=0$$

으로부터 자명한 사실이다. 이때, 스칼라퍼텐셜과 벡터퍼텐셜은

$$\phi(\mathbf{r})=\frac{1}{4\pi}\int\frac{D(\mathbf{r}_0)}{|\mathbf{r}-\mathbf{r}_0|}dV_0 \tag{61}$$
$$\mathbf{A}(\mathbf{r})=\frac{1}{4\pi}\int\frac{\mathbf{C}(\mathbf{r}_0)}{|\mathbf{r}-\mathbf{r}_0|}dV_0 \tag{62}$$

와 같이 주어지는 것을 보일 수 있다. 먼저, 식 (60)의 발산을 취하면 $R=|\mathbf{r}-\mathbf{r}_0|$이므로

$$\begin{aligned}\nabla\cdot\mathbf{v}&=-\nabla\cdot\nabla\phi+\nabla\cdot\nabla\times\mathbf{A}\\&=-\frac{1}{4\pi}\nabla^2\int\frac{D(\mathbf{r}_0)}{R}dV_0\\&=-\frac{1}{4\pi}\int D(\mathbf{r}_0)\nabla^2\left(\frac{1}{R}\right)dV_0\\&=\int D(\mathbf{r}_0)\delta^3(\mathbf{r}-\mathbf{r}_0)dV_0=D(\mathbf{r})\end{aligned} \tag{63}$$

을 얻는다. 여기서, ∇^2은 벡터장의 점 (x, y, z)에 대한 미분이고 적분은 근원점 (x_0, y_0, z_0)에 대한 것이므로 미분과 적분의 순서를 교환한 것이다.

☑ Helmholtz의 정리에 대해 상세히 토의하려면 Green의 제3공식을 언급하는 것이 필요하다[H. F. Davis and A. D. Snider, *Introduction to Vector Analysis*, Wm. C. Brown Publishers(2095)를 참조]. 그리고, $\nabla\times\mathbf{v}=\mathbf{C}$의 증명은 생략하기로 한다.

Poisson 방정식의 해. Helmholtz의 정리를 이용하면 푸아송 방정식

$$\nabla^2\phi=\rho \tag{64}$$

의 해는

$$\phi(\mathbf{r})=-\frac{1}{4\pi}\int\frac{\rho(\mathbf{r}')}{|\mathbf{r}-\mathbf{r}'|}dV'+\phi_h(\mathbf{r}) \tag{65}$$

표 19.2 라플라스 변환의 합성곱과 푸아송 방정식의 해의 유사구조

$L \equiv \frac{d}{dt} + 1 \quad (\phi' + \phi = f)$	$L \equiv \nabla^2 \quad (\nabla^2 \phi = \rho)$
$L\phi = f(t)$	$L\phi = \rho$
$L\psi = \delta(t), \quad \psi(t) = e^{-t}$	$L\psi = \delta(\mathbf{r}), \quad \psi(\mathbf{r}) = -\frac{1}{4\pi\lvert\mathbf{r}\rvert}$
$\phi(t) = \int_I \psi(t-\tau) f(\tau)\, d\tau$	$\phi(\mathbf{r}) = \int_D \psi(\mathbf{r}-\mathbf{r}')\rho(\mathbf{r}')\, dV'$

로 구할 수 있다. 식 (65)에서, $\phi_h(\mathbf{r})$은 라플라스의 방정식 $\nabla^2\phi_h = 0$의 해, 즉 푸아송 방정식의 제차해를 의미한다. 영역이 무한공간인 경우에는 Helmholtz의 정리에서와 같이 ρ는 무한점에서 충분히 빠르게 0으로 접근하는 것을 전제로 한다. 위의 결과를 라플라스 변환의 합성곱과 비교하면 표 19.2에 보인 바와 같이 단위충격(unit impulse)에 대응하는 기본해를 합성곱 형태로 중첩하는 구조(構造; structure)가 된다. 그러나, 표 19.2의 결과는 적절한 조건하에서 성립하는 것임을 잊어서는 안 된다.

***Biot-Savart의 법칙.** 정자기학(靜磁氣學; magnetostatics)에서 유명한 Biot-Savart(비오-사바르)의 법칙은 부피전류가 흐르는 일반적인 경우에 대해

$$\nabla \cdot \mathbf{B} = 0$$
$$\nabla \times \mathbf{B} = \mu_0 \mathbf{J} \tag{66}$$

를 만족하는 자기장 $\mathbf{B}$는

$$\mathbf{B} = \frac{\mu_0}{4\pi}\int \frac{\mathbf{J}\times\mathbf{e}_R}{R^2}\,dV', \quad \mathbf{R} = \mathbf{r} - \mathbf{r}' \tag{67}$$

으로 되는 법칙을 말한다(단, $\nabla \cdot \mathbf{J} = 0$).

☑ Biot-Savart의 법칙에 대한 상세한 토의는 D. J. Griffiths의 *Introduction to electrodynamics*, 2e, Prentice Hall (1989)의 p.200~202를 참고하라.

***벡터장의 적분.** 지금까지 다루어 본 벡터장의 적분에 대해 "형식적인 결과"를 다음에 정리하였다. 여기서, 벡터장의 적분에 대해 추가적인 설명과 적절한 제한조건을 다시 언급하지 않았기 때문에 "형식적"이라는 수식어를 사용하였다(단, $R = \lvert\mathbf{r}-\mathbf{r}'\rvert$, $\mathbf{e}_R = (\mathbf{r}-\mathbf{r}')/\lvert\mathbf{r}-\mathbf{r}'\rvert$).

$$\begin{aligned}
\nabla\phi = \mathbf{F} \quad &\Rightarrow \quad \phi(\mathbf{r}) = \int \mathbf{F}\cdot d\mathbf{r} \\
\nabla^2\phi = -\rho \quad &\Rightarrow \quad \phi(\mathbf{r}) = \frac{1}{4\pi}\int \frac{\rho(\mathbf{r}')}{R}\,dV' \\
\nabla\times\mathbf{A} = \mathbf{B} \quad &\Rightarrow \quad \mathbf{A}(\mathbf{r}) = \frac{1}{4\pi}\int \frac{\mathbf{B}(\mathbf{r}')\times\mathbf{e}_R}{R^2}\,dV'
\end{aligned} \tag{68}$$

***2차원공간의 경우.** 2차원 디락델타 함수는 2차원적인 현상을 해석하는 데 중요한 역할을 하며, 아래의 예제로부터 주어진다.

예제 11 2차원공간 $\mathbf{r} = (x, y)$에서 $\nabla^2\left(\frac{1}{2\pi}\ln r\right) = \delta^2(\mathbf{r})$임을 보여라.

☞ 우선, $r = \sqrt{x^2+y^2} \neq 0$일 때는 극좌표계에서

$$\nabla^2\left(\frac{1}{2\pi}\ln r\right) = \frac{1}{2\pi}\frac{1}{r}\frac{\partial}{\partial r}\left(r\frac{\partial}{\partial r}\ln r\right) = 0 \tag{69}$$

이고, $r = 0$에서 윗식은 발산하여 정의되지 않는다. 예제 9와 마찬가지로 원점을 중심으로 하고 반지름 ϵ인 원에 대해서 가우스의 발산정리[2차원인 경우 8-4절에서 Green의 정리인 식 (8.37)을 쓴다]를 적용하여

$$\begin{aligned}\int_S \nabla\cdot\nabla\left(\frac{1}{2\pi}\ln r\right)dA &= \oint_C \nabla\left(\frac{1}{2\pi}\ln r\right)\ \mathbf{n}ds \\ &= \oint_C \frac{1}{2\pi}\frac{1}{r}\mathbf{e}_r\cdot\mathbf{e}_r\,ds = \frac{1}{2\pi}\frac{1}{\epsilon}\times 2\pi\epsilon = 1\end{aligned} \tag{70}$$

이므로

$$\nabla^2\left(\frac{1}{2\pi}\ln r\right) = \nabla\cdot\frac{\mathbf{e}_r}{2\pi r} = \delta^2(\mathbf{r}) \quad ◀ \tag{71}$$

☑ 3차원공간에서의 거리 $r = \sqrt{x^2+y^2+z^2}$과 구별하기 위하여 $\rho = \sqrt{x^2+y^2}$을 사용하기도 한다. 즉, $\nabla^2\left(\frac{1}{2\pi}\ln\rho\right) = \delta^2(\boldsymbol{\rho})$를 쓰기도 한다. 그러나, 2차원을 명시하여 혼동이 되지 않는다면 r을 사용하여도 된다. 그리고, 1차원 공간에서는 $\nabla^2\phi = \frac{d^2}{dx^2}\phi = \delta(x)$가 되는 함수 $\phi(x)$가 존재하지 않는다는 것에 주의한다.

연습문제

[1] $\int_{-\infty}^{\infty}\delta'(x)f(x)\,dx = -f'(0)$임을 보여라[단, $f'(x)$는 $x = 0$에서 연속이다].

[2] $\delta(kx) = \frac{1}{|k|}\delta(x)$임을 보여라(단, $k \neq 0$). **참고:** 임의의 함수 $f(x)$에 대해 $\int_{-\infty}^{\infty}f(x)\delta(kx)\,dx$에서 적분변수를 바꾼다.

[3] $x\frac{d}{dx}\delta(x) = -\delta(x)$임을 보여라. **참고:** 부분적분을 수행한다.

[4] $\int_{\mathbb{R}^3} e^{-r^2}\nabla\cdot\frac{\mathbf{e}_r}{r^2}\,dV$ 를 구하라.

***[5]** (**정전기퍼텐셜**) 전하(電荷; charge)가 존재할 때, 정전기퍼텐셜(electrostatic potential) ϕ는 푸아송 방정식 $\nabla^2\phi = -\frac{\rho}{\epsilon_0}$(MKS 단위), 전하가 없을 때($r = 0$)에는 라플라스의 방정식

$\nabla^2\phi = 0$을 만족한다. 이때, 전하밀도 $\rho(\mathbf{r})$로 공간상에 분포되어 있는 경우에 원점에서는 $\phi(0) = \frac{1}{4\pi\epsilon_0}\int\frac{\rho(\mathbf{r})}{|\mathbf{r}|}dV$가 되고, 임의의 점에서는 $\phi(\mathbf{r}) = \frac{1}{4\pi\epsilon_0}\int\frac{\rho(\mathbf{r}')}{|\mathbf{r}-\mathbf{r}'|}dV'$으로 주어진다.

19-5 Green 함수에 의한 해법

Green 함수의 물리적 의미(충격과 반응). 19-3절에서 미분방정식을 외부에서 가한 충격에 대한 시스템의 반응을 예측하는 수학적인 모델로 인식하였다. 구체적인 수식은 뒤에서 다루기로 하고, 우선 물리적인 의미를 살펴보면 Green 함수는 공간의 점 $\mathbf{r}' = (x', y', z')$에 **단위충격**(unit impulse)을 시간 $t = \tau$에서 순간적으로 가했을 때, 공간의 임의의 점 $\mathbf{r} = (x, y, z)$와 시간 t에서 시스템이 나타내는 반응을 의미한다. 즉,

$$G(\mathbf{r}, t \mid \mathbf{r}', \tau) \qquad (72)$$

$$\underset{\text{response}}{\longleftarrow} \; \vdots \; \underset{\text{impulse}}{\longrightarrow}$$

를 Green 함수라고 한다. Green 함수의 물리적인 의미로부터 충격이 가해지기 전에는 아무런 영향을 받지 않으므로 $t < \tau$에서 Green 함수는 0이다. 이때, Green 함수는 초기조건이 0, 경계조건이 제차인 미분방정식의 해이어야만 위에 서술된 물리적인 의미에 부합되는 것을 예상할 수 있다.

앞에서 구한 바와 같이 공간상의 전하(電荷; charge) 분포에 의한 정전기 퍼텐셜은 푸아송 방정식

$$\nabla^2\phi = -\frac{\rho}{\epsilon_0}$$

를 만족하고, 이에 대한 Green 함수는 근원점 $\mathbf{r}' = (x', y', z')$에 가해진 단위충격에 의한 영향을 점 $\mathbf{r} = (x, y, z)$에서 구하는 것으로

$$\nabla^2 G = -\delta^3(\mathbf{r}-\mathbf{r}')$$

또는

$$\nabla^2 G(x, y, z \mid x', y', z') = -\delta(x-x')\delta(y-y')\delta(z-z') \qquad (73)$$

을 만족하는

$$G(\mathbf{r} \mid \mathbf{r}') = \frac{1}{4\pi|\mathbf{r}-\mathbf{r}'|} \qquad (74)$$

이다[식 (57) 참조]. 위의 결과는 $L = \nabla^2$인 경우에 해당하며 일반적인 2계 비제차 선형 미분방정식(우변에서 음의 부호를 갖도록 정의한 것에 주의)

$$L\phi(\mathbf{r}) = -f(\mathbf{r}) \qquad (75)$$

에 대한 Green 함수는

$$LG(\mathbf{r}\,|\,\mathbf{r}') = -\delta(\mathbf{r}-\mathbf{r}') \tag{76}$$

의 해이다. 따라서, 특수해는 $G(\mathbf{r}\,|\,\mathbf{r}')$을 적분의 커널(kernel; 核)로 갖는

$$\phi(\mathbf{r}) = \int G(\mathbf{r}\,|\,\mathbf{r}') f(\mathbf{r}')\, dV' \tag{77}$$

형태로 주어진다(라플라스 변환에서의 합성곱과 비교하라).

☑ 명확한 표기를 위하여 보통 $\mathbf{r}' = (x', y', z') = (\xi, \eta, \zeta)$로 쓰기도 한다.

1차원 Green 함수. 1차원에서의 Green 함수를 논의하기 위하여 되딸림(self-adjoint) 미분연산자

$$L = \frac{d}{dx}\left(p(x)\frac{d}{dx}\right) + q(x) \tag{78}$$

에 대한 비제차 스텀-리우빌 방정식

$$Ly(x) = -f(x) \tag{79}$$

의 해를 구하기로 한다. 주어진 구간 $a \le x \le b$에서 Green 함수 $G(x\,|\,\xi)$를 다음과 같은 조건하에서 정의한다(표기의 편의상, $x' = \xi$로 둔다).

Ⓐ 함수 $g(x)$는 구간 $a \le x \le b$에서 매개변수 ξ에 의해 다음과 같이 분리된다.

$$g(x) = \begin{cases} g_1(x), & a \le x < \xi \\ g_2(x), & \xi < x \le b \end{cases}$$

Ⓑ $Lg_1 = 0$이고, $g_1(x)$는 $x = a$에서의 경계조건을 만족
$Lg_2 = 0$이고, $g_2(x)$는 $x = b$에서의 경계조건을 만족

Ⓒ $x = \xi$에서 연속, 즉 $\lim_{x\to\xi-} g_1(x) = \lim_{x\to\xi+} g_2(x)$

Ⓓ $x = \xi$에서의 미분은 불연속이고 다음과 같이 주어진다.

$$\left.\frac{d}{dx}g_2(x)\right|_\xi - \left.\frac{d}{dx}g_1(x)\right|_\xi = -\left.\frac{1}{p(x)}\right|_\xi$$

▶ 위의 조건들을 만족하는 $g(x)$는 두 개의 독립변수를 갖는 함수처럼 행동하므로 $G(x\,|\,\xi)$로 나타내고, 이를 1차원 Green 함수로 정의한다. 2계 미분방정식의 Green 함수는 $Lu = Lv = 0$이고 각각의 경계조건을 만족하는 함수 u, v를 구하면[아래 결과의 유도과정은 예제 12 참조]

$$G(x\,|\,\xi) = \begin{cases} cu(x)v(\xi), & a \le x < \xi \\ cu(\xi)v(x), & \xi < x \le b \end{cases} \tag{80}$$

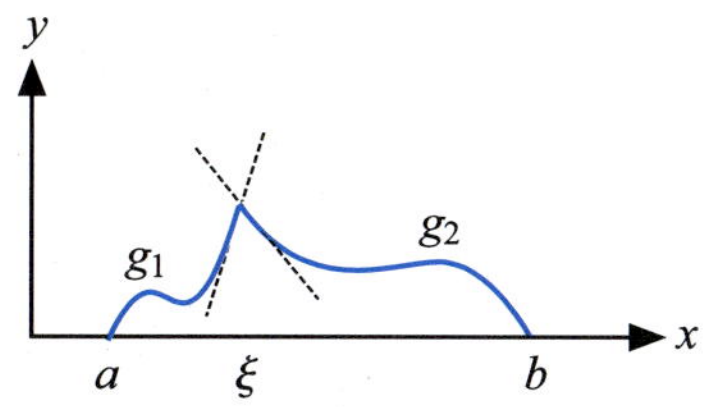

그림 19.3

로 주어진다(단, 상수 c는 조건 Ⓓ로부터 결정한다). 일반적으로 특정한 미분방정식에 대응하는 Green 함수 $G(x\,|\,\xi)$는

① $L = \dfrac{d}{dx}\left(p(x)\dfrac{d}{dx}\right) + q(x)$의 형태

② $x = a, b$에서의 경계조건

에 따라 결정된다(보통, 경계조건은 고유함수의 경우와 마찬가지로 $y = 0$, $y' = 0$, $\alpha y' + \beta y = 0$ 중의 한 가지로 주어진다). 따라서, 비제차 미분방정식 $Ly(x) = -f(x)$의 해는

$$y(x) = \int_a^b G(x\,|\,\xi) f(\xi)\, d\xi \tag{81}$$

가 된다. Green 함수의 기하학적인 의미는 그림 19.3으로부터 파악할 수 있다.

☑ 조건 Ⓓ에서 $-\dfrac{1}{p(\xi)}$로 음의 부호가 되는 것은 비제차 미분방정식 $Ly(x) = -f(x)$의 우변이 음의 부호를 갖도록 정의되기 때문이다.

예제 12 구간 $[a, b]$에서 $Ly(x) = -f(x)$에 대한 Green 함수, 식 (80)을 유도하라.

☞ 언급한 바와 같이 u, v는 $Lu = Lv = 0$인 제차방정식의 해이고, $u(x)$는 $x = a$에서 $v(x)$는 $x = b$에서의 경계조건을 각각 만족하도록 택한다. 그러면,

$$\begin{aligned} g_1(x) &= c_1 u(x) \\ g_2(x) &= c_2 v(x) \end{aligned} \tag{82}$$

로 두면 $g_1(x)$와 $g_2(x)$는 조건 Ⓐ와 Ⓑ를 모두 만족한다. $x = \xi$에서 연속인 조건 Ⓒ로부터

$$c_2 v(\xi) - c_1 u(\xi) = 0 \tag{83}$$

그리고, $x = \xi$에서 1계 도함수가 불연속인 조건 Ⓓ로부터

$$c_2 v'(\xi) - c_1 u'(\xi) = -\frac{1}{p(\xi)} \tag{84}$$

이 되도록 상수 c_1과 c_2를 구한다. 그런데, 식 (83)과 (84)는 잘 알려진 Wronski 행렬식

$$W[u, v] = \begin{vmatrix} u(\xi) & v(\xi) \\ u'(\xi) & v'(\xi) \end{vmatrix} = u(\xi)v'(\xi) - u'(\xi)v(\xi) \tag{85}$$

가 0이 아닐 때 해를 가지고, Abel의 공식 (2.102)로부터 A를 상수라고 할 때,

$$W[u,v]=\frac{A}{p(\xi)} \tag{86}$$

이다. 따라서, c_1과 c_2를 풀면

$$c_1=-\frac{1}{A}v(\xi),\quad c_2=-\frac{1}{A}u(\xi) \tag{87}$$

가 되어 $c=-1/A$라고 두면 식 (80)으로 표현되는 Green 함수를 얻는다. ◀

예제 13 $L=\dfrac{d^2}{dx^2}$일 때 $Ly(x)=h(x)$, $y(0)=0$, $y(1)=0$에 대한 Green 함수를 구하고, 이를 이용하여 일반해를 구하라.

☞ 주어진 조건으로부터 $p=1, q=0$이다. Green 함수를 구성하기 위해서는 먼저 제차방정식 $Ly=0$의 해를 구해야 한다. 즉, $y''=0$에서 $y=Ax+B$를 얻는다. $u(0)=0, v(1)=0$을 만족하는 해는

$$\begin{aligned}u(x)&=x\\ v(x)&=1-x\end{aligned} \tag{88}$$

이고, 또한

$$c\begin{vmatrix}u & v\\ u' & v'\end{vmatrix}=c\begin{vmatrix}x & 1-x\\ 1 & -1\end{vmatrix}=-c=-\frac{1}{p(x)}=-1$$

로부터 $c=1$이므로 구하고자 하는 Green 함수는 식 (80)으로부터

$$G(x\,|\,\xi)=\begin{cases}x(1-\xi), & x<\xi\\ \xi(1-x), & \xi<x\end{cases} \tag{89}$$

이다. 따라서, 최종해는

$$\begin{aligned}y(x)&=\int_0^1 G(x,\xi)\{-h(\xi)\}\,d\xi\\ &=(x-1)\int_0^x \xi h(\xi)\,d\xi+x\int_x^1(\xi-1)h(\xi)\,d\xi\end{aligned} \tag{90}$$ ◀

☑ 경계조건이 $y(0)=a$, $y(1)=b$로 주어져 있을 때는 제차해 $y(x)=a(1-x)+bx$를 먼저 구하여 $y(x)=a(1-x)+bx+\int_0^1 G(x,\xi)\{-h(\xi)\}\,d\xi$로 주어진다.

***열전도방정식과 Green 함수.** 3차원공간에서 경계 S를 가진 영역 R에서의 온도분포 $u(\mathbf{r},t)$에 대해

$$\begin{aligned}&\text{지배방정식: } \frac{\partial u}{\partial t}=\alpha\nabla^2 u\\ &\text{경계조건: } \frac{\partial u}{\partial n}+\beta u=0\\ &\text{초기조건: } u(\mathbf{r},0)=f(\mathbf{r})\end{aligned} \tag{91}$$

로 구성된 미분방정식을 고려하자(위에서, $\dfrac{\partial u}{\partial n} = \mathbf{n} \cdot \nabla u$ 및 $\mathbf{n}$은 경계 S에서의 법선벡터를 의미). 식 (91)의 해가 초기 온도분포와 적분의 kernel을 이용하여

$$u(\mathbf{r},t) = \int_R K(\mathbf{r},\mathbf{r}',t) f(\mathbf{r}')\,dV' \tag{92}$$

형태로 주어진다고 가정하자. 실제로, 1차원 무한공간에 대한 예제 3의 식 (18)은 식 (92)와 동일한 형태이다. 식 (91)의 미분방정식에 대응하는 Green 함수를 고려하면

$$u(\mathbf{r},t) = \int_R G(\mathbf{r},t\,|\,\mathbf{r}',\tau)\big|_{\tau=0} f(\mathbf{r}')\,dV' \tag{93}$$

형태의 해를 얻게 될 것이다. 따라서, 식 (92)와 비교하면

$$G(\mathbf{r},t\,|\,\mathbf{r}',\tau)\big|_{\tau=0} = K(\mathbf{r},\mathbf{r}',t) \tag{94}$$

가 된다. 이때, 열전도방정식에 대해서

$G(\mathbf{r},t\,|\,\mathbf{r}',\tau)$는 $G(\mathbf{r},t\,|\,\mathbf{r}',\tau)\big|_{\tau=0}$에서 t 대신 $t-\tau$를 대입하여 얻는다

라는 정리가 알려져 있다. 1차원 Green 함수는 예제 3의 식 (19)로부터

$$G(x,t\,|\,\xi,\tau)\big|_{\tau=0} = K(x-\xi,t) = \frac{1}{2\sqrt{\pi\alpha t}}\,e^{-\frac{(x-\xi)^2}{4\alpha t}}$$

임을 알 수 있다. 따라서,

$$G(x,t\,|\,\xi,\tau) = \frac{1}{2\sqrt{\pi\alpha(t-\tau)}}\,e^{-\frac{(x-\xi)^2}{4\alpha(t-\tau)}} \tag{95}$$

이고, 3차원에 대해서는

$$G(x,y,z,t\,|\,\xi,\eta,\zeta,\tau) = \left(\frac{1}{2\sqrt{\pi\alpha(t-\tau)}}\right)^3 e^{-\frac{(x-\xi)^2+(y-\eta)^2+(z-\zeta)^2}{4\alpha(t-\tau)}} \tag{96}$$

으로 주어진다.

***예제 14** 3차원공간에서 크기가 1인 열원(熱源; heat source)을 원점에 순간적으로 놓았을 때, 공간 내의 온도분포를 식 (96)으로 주어진 Green 함수를 이용하여 구하라(단, 초기온도는 0이고 $\dfrac{\partial u}{\partial t} = \alpha\nabla^2 u$).

☞ Green 함수는 충격에 대한 반응, 즉 식 (72)로 정의되므로 문제의 해는 식 (96)에서 $\xi = \eta = \zeta = 0$, $\tau = 0$을 대입하여 바로 얻을 수 있다. 그리고, 문제의 특성상 구면좌표계를 사용하는 것이 편리하므로

$$u(x,y,z,t) = u(r,t) = \left(\frac{1}{2\sqrt{\pi\alpha t}}\right)^3 e^{-\frac{x^2+y^2+z^2}{4\alpha t}} = \frac{1}{8(\pi\alpha t)^{3/2}}\,e^{-\frac{r^2}{4\alpha t}} \tag{97}$$

인 온도분포가 해가 된다(물리적으로는 밀도와 열용량으로 나눈 단위가 필요하지만 수식의

처리와는 무관하므로 생략한다).

만일, 초기 온도분포가 반지름 r만의 함수 $u(\mathbf{r}, 0) = f(r)$로 주어져 있다면 온도분포는

$$u(r,t) = \int_0^\infty \frac{1}{8(\pi\alpha t)^{3/2}} e^{-\frac{(r-v)^2}{4\alpha t}} f(r-v)\,dv \tag{98}$$

가 된다. 이 예제를 살펴보면 예제 3에서 함수

$$K(x,t) = \frac{1}{2\sqrt{\pi\alpha t}} e^{-\frac{x^2}{4\alpha t}}$$

을 열전도방정식의 기본해라고 부르는 이유를 알 수 있다. ◀

✔ $\tau = 0$에서 원점에 순간적으로 가한 열원은 $\delta^3(\mathbf{r}')\delta(\tau) = \delta(\xi)\delta(\eta)\delta(\zeta)\delta(\tau)$ 형태의 충격이므로 식 (96)을 적분하여

$$\int_0^t \int_{-\infty}^\infty \int_{-\infty}^\infty \int_{-\infty}^\infty \left(\frac{1}{2\sqrt{\pi\alpha(t-\tau)}}\right)^3 e^{-\frac{(x-\xi)^2+(y-\eta)^2+(z-\zeta)^2}{4\alpha(t-\tau)}} \delta(\xi)\delta(\eta)\delta(\zeta)\delta(\tau)\,d\xi\,d\eta\,d\zeta\,d\tau$$

$$= \left(\frac{1}{2\sqrt{\pi\alpha t}}\right)^3 e^{-\frac{x^2+y^2+z^2}{4\alpha t}} = \frac{1}{8(\pi\alpha t)^{3/2}} e^{-\frac{r^2}{4\alpha t}}$$

과 같이 구할 수도 있다.

연습문제

[1] 식 (90)을 x에 관해 두 번 미분하여 $\frac{d^2}{dx^2}y = h$가 되는 것을 보여라.

[2] $L = \frac{d^2}{dx^2}$일 때 미분방정식 $Ly = h$, $y(0) = y'(1) = 0$에 대한 Green 함수는 $G(x|\xi) = \begin{cases} x, & x<\xi \\ \xi, & \xi<x \end{cases}$ 임을 보여라.

***[3]** 예제 14를 2차원공간에서 고려하면 $u(x,y,t) = u(r,t) = \frac{1}{4(\pi\alpha t)} e^{-\frac{r^2}{4\alpha t}}$이 된다.

19-6 라플라스의 방정식과 Poisson의 적분공식

상부반평면에서 라플라스 방정식의 기본해. 해석적인 복소함수의 실수부와 허수부가 모두 라플라스의 방정식을 만족하는 조화함수라는 사실은 12-4절의 예제 12.7에서 확인하였다. t를 임의의 실수라고 할 때, 복소변수 $z = x + iy$에 관한 복소함수

$$F(z) = \frac{1}{i\pi}\mathrm{Ln}(z-t) = \frac{1}{\pi}\mathrm{Arg}(z-t) + \frac{1}{i\pi}\ln|z-t| \tag{99}$$

는 $\mathrm{Im}(z) > 0$인 상부반평면(upper half-plane)에서 해석함수이다. 따라서, 실수부

$$u(x,y) = \frac{1}{\pi}\operatorname{Arg}(z-t) = \frac{1}{\pi}\operatorname{Arg}\{(x-t)+iy\} \\ = \frac{1}{\pi}\tan^{-1}\left(\frac{y}{x-t}\right) \tag{100}$$

는 라플라스의 방정식 $\nabla^2 u = 0$을 만족한다. 그리고, 편각의 성질

$$\operatorname{Arg}(1) = \operatorname{Arg}(e^{i0}) = 0$$
$$\operatorname{Arg}(-1) = \operatorname{Arg}(e^{i\pi}) = \pi$$

로부터 $u(x, y)$는 실수축 $y = 0$에서

$$u(x,0) = \frac{1}{\pi}\operatorname{Arg}(x-t) = \begin{cases} 0 & (x-t>0) \\ 1 & (x-t<0) \end{cases} \tag{101}$$

인 경계조건을 가진다. 이것을 정리하면 다음과 같은 상부반평면에서의 라플라스의 방정식 $\nabla^2\psi = 0$의 기본해

$$\psi(x,y) = \frac{1}{\pi}\operatorname{Arg}(z-t), \quad \psi(x,0) = \begin{cases} 0 & (x-t>0) \\ 1 & (x-t<0) \end{cases} \tag{102}$$

을 정의할 수 있다. 위 함수는 Duhamel 적분에서 단위계단함수에 대응하는 기본해와 유사한 개념이라는 것에 주목한다.

특히, 상수함수 $\psi(x, y) \equiv c$는 당연히 $\nabla^2\psi = 0$을 만족하는 조화함수이고, 실수축에서도 $\psi(x, 0) \equiv c$이므로 $t \to \infty$에서 경계값이 0이 아닌 경우는 상수함수를 이용하여 처리한다(아래의 예제 참조).

예제 15 경계조건 $u(x,0) = \begin{cases} 2, & |x|<1 \\ 1, & |x|>1 \end{cases}$을 만족하고, $y > 0$에서 $\nabla^2 u = 0$인 조화함수 $u(x, y)$를 구하라.

☞ 먼저, 상수함수 $u_c(x, y) = 1$을 빼고, 식 (102)로 주어진 $t = 1$일 때의 기본해와 $t = -1$일 때의 기본해를 이용하면

$$u(x,y) - 1 = \frac{1}{\pi}\operatorname{Arg}(z-1) - \frac{1}{\pi}\operatorname{Arg}(z+1) \\ = \frac{1}{\pi}\left(\tan^{-1}\frac{y}{x-1} - \tan^{-1}\frac{y}{x+1}\right) \tag{103}$$

와 같이 주어진 경계조건을 만족하는 조화함수를 얻을 수 있다. ◀

실수축 상의 근원분포에 대한 Poisson의 적분. 상부반평면에서 라플라스의 방정식을 만족하고, 실수축 $y = 0$에서 디리클레 경계조건 $u(x, 0) = f(x)$를 만족하는 조화함수를 두하멜의 적분을 유도한 방법을 따라 구해 보자.

그림 19.4를 참조하여 구간 $t_{k-1} \le x \le t_k$에서 $u(x, 0) = f(t_k)$이고, 다른 구간에서는 $u(x, 0) = 0$이 되는 해 $u_k(x, y)$는 (예제 15)의 경우와 같이

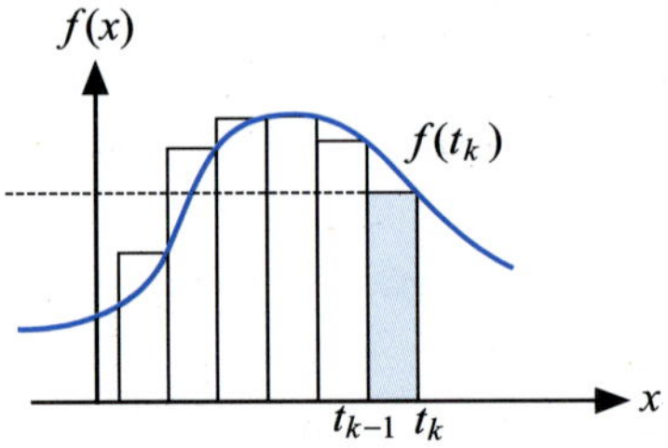

그림 19.4 상부반평면에서 Poisson 적분의 유도과정

$$\begin{aligned} u_k(x,y) &= \frac{1}{\pi} f(t_k)[\operatorname{Arg}(z-t_k) - \operatorname{Arg}(z-t_{k-1})] \\ &= \frac{1}{\pi} f(t_k)\left[\tan^{-1}\left(\frac{y}{x-t_k}\right) - \tan^{-1}\left(\frac{y}{x-t_{k-1}}\right)\right] \end{aligned} \tag{104}$$

로 주어진다. 여기서,

$$\theta = \tan^{-1}\left(\frac{y}{x-t}\right), \quad d\theta = \frac{y}{(x-t)^2+y^2}\,dt \tag{105}$$

를 도입하면, 식 (104)는

$$u_k(x,y) = \frac{1}{\pi} f(t_k)(\theta_k - \theta_{k-1}) = \frac{1}{\pi} f(t_k)\,\Delta\theta_k \tag{106}$$

로 되고, 이것을 실수축의 전 구간 $-\infty < x < \infty$로 확장하여 더하면

$$u(x,y) = \frac{1}{\pi}\int_{-\infty}^{\infty} f(t)\,d\theta = \frac{1}{\pi}\int_{-\infty}^{\infty} f(t)\frac{y}{(x-t)^2+y^2}\,dt$$

즉,

$$u(x,y) = \frac{y}{\pi}\int_{-\infty}^{\infty}\frac{f(t)\,dt}{(x-t)^2+y^2} \tag{107}$$

인 상부반평면에서의 Poisson의 적분공식을 얻을 수 있다.

☑ 위의 공식은 푸리에 적분을 이용해서도 유도할 수 있다.

예제 16 경계조건 $u(x,0) = \begin{cases} 1, & |x|<1 \\ 0, & |x|>1 \end{cases}$를 만족하고, $y>0$에서 $\nabla^2 u = 0$인 조화함수 $u(x,y)$를 구하라.

☞ 푸아송의 적분공식 (107)을 사용하면

$$\begin{aligned} u(x,y) &= \frac{1}{\pi}\int_{-1}^{1}\frac{y\,dt}{(x-t)^2+y^2} = \frac{1}{\pi}\left[\tan^{-1}\frac{y}{x-t}\right]_{-1}^{1} \\ &= \frac{1}{\pi}\left(\tan^{-1}\frac{y}{x-1} - \tan^{-1}\frac{y}{x+1}\right) \end{aligned} \tag{108}$$

가 된다. 그 결과를 예제 15와 비교하여 공식을 확인해 보라. ◀

☑ 위의 결과는 $\tan a = A$, $\tan b = B$로 두면 $\tan(a-b) = \dfrac{\tan a - \tan b}{1 + \tan a \tan b}$인 공식으로부터 $a - b = \tan^{-1}\left(\dfrac{\tan a - \tan b}{1 + \tan a \tan b}\right)$, 즉 $\tan^{-1} A - \tan^{-1} B = \tan^{-1}\left(\dfrac{A - B}{1 + AB}\right)$를 이용하면 $u(x, y) = \dfrac{1}{\pi}\left(\tan^{-1}\dfrac{y}{x-1} - \tan^{-1}\dfrac{y}{x+1}\right) = \dfrac{1}{\pi}\tan^{-1}\left(\dfrac{2y}{x^2+y^2-1}\right)$로 쓸 수 있다.

원형 영역에 대한 푸아송 적분. 반지름 a인 원의 내부에서 라플라스의 방정식 $\nabla^2 u = 0$을 만족하고, 원의 둘레에서 $u(a, \theta) = f(\theta)$인 디리클레 경계조건을 만족하는 해는

$$\nabla^2 u = 0, \quad u(a, \theta) = f(\theta), \quad r \le a \tag{109}$$

를 푸리에 급수로 풀어(11-5절의 연습문제 참조)

$$u(r,\theta) = A_0 + \sum_{n=1}^{\infty}\left(\frac{r}{a}\right)^n (A_n \cos n\theta + B_n \sin n\theta) \tag{110}$$

여기서,

$$\begin{aligned} A_0 &= \frac{1}{2\pi}\int_0^{2\pi} f(\varphi)\,d\varphi, \\ A_n &= \frac{1}{\pi}\int_0^{2\pi} f(\varphi)\cos n\varphi\,d\varphi \\ B_n &= \frac{1}{\pi}\int_0^{2\pi} f(\varphi)\sin n\varphi\,d\varphi \end{aligned} \tag{111}$$

로 나타낼 수 있다. 계속하여, 푸리에 계수 A_n과 B_n을 식 (110)에 대입하고 정리하면

$$\begin{aligned} u(r,\theta) &= \frac{1}{\pi}\int_0^{2\pi} f(\varphi)\left[\frac{1}{2} + \sum_{n=1}^{\infty}\left(\frac{r}{a}\right)^n (\cos n\theta \cos n\varphi + \sin n\theta \sin n\varphi)\right]d\varphi \\ &= \frac{1}{\pi}\int_0^{2\pi} f(\varphi)\left[\frac{1}{2} + \sum_{n=1}^{\infty}\left(\frac{r}{a}\right)^n \cos n(\theta - \varphi)\right]d\varphi \end{aligned} \tag{112}$$

가 된다. 여기서, 꺽쇠(bracket) 내부는

$$\frac{1}{2} + \sum_{n=1}^{\infty}\left(\frac{r}{a}\right)^n \cos n(\theta-\varphi) \equiv \frac{1}{2}\frac{a^2 - r^2}{a^2 - 2ar\cos(\theta-\varphi) + r^2} \tag{113}$$

으로 간단한 형태를 가진다(증명은 연습문제). 따라서, 식 (112)는

$$u(r,\theta) = \int_0^{2\pi} \frac{1}{2\pi}\frac{a^2 - r^2}{a^2 - 2ar\cos(\theta-\varphi) + r^2} f(\varphi)\,d\varphi \tag{114}$$

인 형태로 변환되고, 윗식을 원형 영역에 대한 **푸아송의 적분공식**이라고 한다. 특히, 피적분(integrand)에 포함된 함수

$$K(r,\theta-\varphi)=\frac{1}{2\pi}\frac{a^2-r^2}{a^2-2ar\cos(\theta-\varphi)+r^2} \tag{115}$$

를 푸아송의 핵(核; kernel)으로 정의하며, 14–5절의 연습문제에서 구한 실적분(real integral)으로부터

$$\int_0^{2\pi}K(r,\theta)\,d\theta=\int_0^{2\pi}\frac{1}{2\pi}\frac{a^2-r^2}{a^2-2ar\cos\theta+r^2}\,d\theta=1,\quad r<a \tag{116}$$

가 된다. 이것은 구간 $0\le\theta\le2\pi$에서 $K(r,\theta)$의 역할이 마치 구간 $-\infty<x<\infty$에서 디락델타 $\delta(x)$의 역할과 비슷하다는 것을 시사한다.

✔ 다음의 예제에서 알게 되겠지만, 푸아송의 적분공식을 복소수와 등각사상을 이용하여 유도하는 것이 보다 유리하다.

***예제 17** 반지름 1인 원의 내부에서 조화함수이고, 경계조건 $u(1,\theta)=\begin{cases}1, & |\theta|<\pi/2\\ 0, & |\theta|>\pi/2\end{cases}$를 만족하는 함수 $u(r,\theta)$를 구하라.

☞ 구간 $0\le\theta<2\pi$ 대신 $-\pi<\theta\le\pi$를 사용하는 것이 편리할 때가 많다. 푸아송의 적분공식 (114)를 $-\pi<\theta\le\pi$의 구간에 대해 적용하면

$$u(r,\theta)=\frac{1-r^2}{2\pi}\int_{-\pi/2}^{\pi/2}\frac{1}{1-2r\cos(\theta-\varphi)+r^2}\,d\varphi \tag{117}$$

를 구하는 문제가 된다. 물론, 위의 적분을 구할 수 있지만 계산이 쉽지 않으므로 다른 방법을 택하여 해를 구한다. 이것은 앞에서 언급한 등각사상을 이용하는 것으로 선형변환

$$\zeta=i\left(\frac{i-z}{i+z}\right) \tag{118}$$

는 $z=-1, i, 1, 0$(그림 19.5에서 A, B, C, O점)을 $\zeta=1, 0, -1, i$로 대응시킨다. 그리고 $z=-i$(그림 19.5에서 D점)를 $|\zeta|\to\infty$로 사상시킨다. 따라서, 그림 19.5에 보인 바와 같이 z평면 상의 단위원의 내부를 ζ평면의 상부반평면으로 사상한다. 그런데, ζ평면의 실수축 상에서 B'-A'-D', 즉 $\mathrm{Re}(\zeta)>0$인 영역은 z평면에서 0인 부분, B'-C'-D', 즉 $\mathrm{Re}(\zeta)<0$인 영역은 z

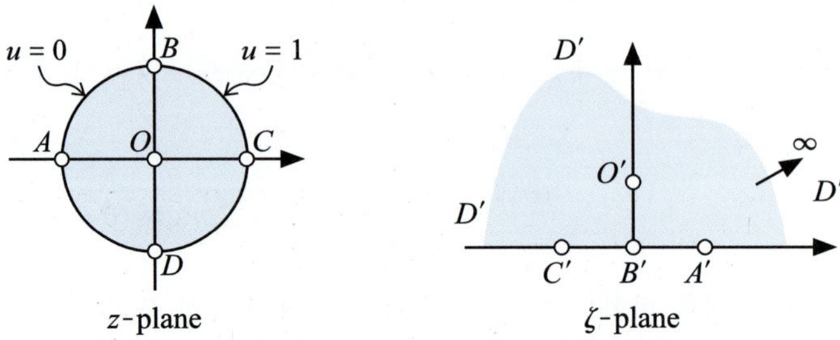

그림 19.5 등각사상에 의한 푸아송 적분의 단순화

평면의 1인 부분이 사상되므로 식 (102)의 기본해를 이용하여

$$u(x, y) = \frac{1}{\pi}\operatorname{Arg}(\zeta - 0) = \frac{1}{\pi}\operatorname{Arg}\left[i\left(\frac{i-z}{i+z}\right)\right] \tag{119}$$

가 최종해로 된다. 그런데,

$$\operatorname{Arg}\left[i\left(\frac{i-z}{i+z}\right)\right] = \operatorname{Arg}\frac{y-1-ix}{x+i(y+1)} = \operatorname{Arg}\frac{-2x+i(1-x^2-y^2)}{x^2+(y+1)^2} \tag{120}$$

에서 $b>0$일 때 $\operatorname{Arg}(a+ib) = \tan^{-1}(b/a)$이므로 (단위원의 내부에서 $1-x^2-y^2>0$임에 주목하라)

$$u(x,y) = \frac{1}{\pi}\tan^{-1}\left(\frac{1-x^2-y^2}{-2x}\right) \ \Rightarrow\ u(r,\theta) = \frac{1}{\pi}\tan^{-1}\left(\frac{1-r^2}{-2r\cos\theta}\right) \tag{121}$$

의 과정을 거쳐 닫힌 형태의 해를 구할 수 있다. ◀

☑ 식 (117)을 직접 적분하게 되면

$$\begin{aligned} u(r,\theta) &= \frac{1}{2\pi}\int_{-\pi/2}^{\pi/2}\frac{1-r^2}{1-2r\cos(\theta-\varphi)+r^2}\,d\varphi \\ &= \frac{1}{\pi}\left[\tan^{-1}\left(\frac{1+r}{1-r}\tan\frac{\varphi-\theta}{2}\right)\right]_{\varphi=-\pi/2}^{\varphi=\pi/2} \end{aligned}$$

가 되고 $\xi = \tan\dfrac{\theta}{2}$라고 둘 때,

$$\tan\left(\frac{\pi}{4}-\frac{\theta}{2}\right) = \frac{1-\xi}{1+\xi}, \quad \tan\left(-\frac{\pi}{4}-\frac{\theta}{2}\right) = -\frac{1+\xi}{1-\xi}$$

인 관계와 $\tan^{-1}A - \tan^{-1}B = \tan^{-1}\left(\dfrac{A-B}{1+AB}\right)$인 공식을 사용하면, 몇 단계의 과정을 거쳐 식 (121)에 도달하게 된다.

연습문제

*[1] 식 (114)의 증명은 $\rho = r/a < 1$, $\phi = \varphi - \theta$로 두고 오일러의 공식을 쓰면 아래와 같다.

$$\begin{aligned} \frac{1}{2} + \sum_{n=1}^{\infty}\left(\frac{r}{a}\right)^n\cos n(\varphi-\theta) &= \operatorname{Re}\left[\frac{1}{2} + \sum_{n=1}^{\infty}(\rho e^{i\phi})^n\right] = \operatorname{Re}\left[\frac{1}{2} + \frac{\rho e^{i\phi}}{1-\rho e^{i\phi}}\right] \\ &= \frac{1}{2}\operatorname{Re}\left[\frac{1+\rho e^{i\phi}}{1-\rho e^{i\phi}}\right] = \frac{1}{2}\operatorname{Re}\left[\frac{(1+\rho e^{i\phi})(1-\rho e^{-i\phi})}{(1-\rho e^{i\phi})(1-\rho e^{-i\phi})}\right] \\ &= \frac{1}{2}\operatorname{Re}\left[\frac{1+\rho(e^{i\phi}-e^{-i\phi})-\rho^2}{1-\rho(e^{i\phi}+e^{-i\phi})+\rho^2}\right] \\ &= \frac{1}{2}\operatorname{Re}\left[\frac{1-\rho^2+2i\rho\sin\phi}{1-2\rho\cos\phi+\rho^2}\right] = \frac{1}{2}\frac{1-\rho^2}{1-2\rho\cos\phi+\rho^2}. \end{aligned}$$

[2] 상부반평면(upper half-plane)에서 푸아송 적분에 관한 다음의 결과를 보여라.

$$e^{-y}\cos x = \frac{y}{\pi}\int_{-\infty}^{\infty}\frac{\cos t\,dt}{(x-t)^2+y^2},\quad e^{-y}\sin x = \frac{y}{\pi}\int_{-\infty}^{\infty}\frac{\sin t\,dt}{(x-t)^2+y^2}$$

[3] 상부반평면에서 조화함수이고 $u(x,0)=\begin{cases}1, & x>0\\ 0, & x<0\end{cases}$인 경계조건을 만족하는 해를 구하라.

✓ $u(x,y)=\frac{1}{\pi}\int_0^{\infty}\frac{y}{(x-t)^2+y^2}dt=\frac{1}{\pi}\left(\frac{\pi}{2}+\tan^{-1}\frac{x}{y}\right) \Rightarrow u(r,\theta)=1-\frac{\theta}{\pi}$. 또는 직관적으로 식 (102)를 바로 이용하는 방법을 사용한다.

19-7 상사변수를 이용한 해법(Similarity Solution)

상사변수의 결정. 열전도방정식

$$\frac{\partial u}{\partial t}=\alpha\frac{\partial^2 u}{\partial x^2} \tag{122}$$

의 상사해(相似解; similarity solution)를 상사변수(similarity variable)

$$\eta=\frac{x}{2\sqrt{\alpha t}} \tag{123}$$

를 이용하여 구한 바 있다[11-10절의 (예제 11.18) 참조]. 상사변수의 결정은 11-10절의 연습문제에서와 같이 $\eta=x^A t^B$로 가정하고 편미분방정식에 대입하여 A, B를 결정할 수도 있지만, 식 (122)에서 차원(dimension)만을 고려하여

$$\frac{u}{t}\cong\alpha\frac{u}{x^2} \quad\Rightarrow\quad \frac{x^2}{\alpha t}\cong 1 \tag{124}$$

과 같이 무차원수가 나타나도록 독립변수를 결합하여 $\eta_1=\frac{x^2}{\alpha t}$을 상사변수로 판단할 수도 있다[물론, 식 (123)보다는 사용에 약간 불편하지만 근본적으로 독립변수의 결합이라는 측면에서는 차이가 없다].

상사변수의 물리적 의미. 11-10절 (예제 11.18)의 상사해가 상사변수와 관련하여 어떤 의미를 가지는가를 살펴보자. 먼저,

$$\frac{\partial u}{\partial t}=\alpha\frac{\partial^2 u}{\partial x^2},\quad u(x,0)=u_\infty,\quad u(\infty,t)=u_\infty,\quad u(0,t)=u_0 \tag{125}$$

를 만족하는 해가

$$\frac{u-u_0}{u_\infty-u_0}=\operatorname{erf}(\eta)\equiv\operatorname{erf}\left(\frac{x}{2\sqrt{\alpha t}}\right) \tag{126}$$

가 되는 것을 직접 대입하여 확인할 수 있다(예제 11.18).

그림 19.6을 참조하여 위의 해가 갖는 물리적인 의미와 상사변수의 유용성에 대해 토의하기로 한다. $x > 0$인 구간에서 $u = u_\infty$로 균일한 온도분포로 유지되어 있다가 $t = 0$인 순간에 $x = 0$에 위치한 벽면의 온도를 $u = u_0$로 갑자기 올리면, 열이 내부로 전달되어 $t = t_1$인 순간에는 그림 19.6의 곡선과 같은 온도분포를 이룬다. 이때, $x = \delta_1$은 열이 내부로 전달된 깊이, 즉 **열침투깊이**(thermal penetration depth)라고 하자. 마찬가지로, 시간 $t = t_2$일 때의 온도분포와 열침투깊이 δ_2를 그림 19.6에 보였다. 이때, 열침투깊이와 흐른 시간은

$$\frac{\delta_1}{2\sqrt{\alpha t_1}} = \frac{\delta_2}{2\sqrt{\alpha t_2}} \tag{127}$$

인 관계를 나타낸다. 즉, 열침투깊이가 2배가 되려면 4배의 시간이 흘러야 되는 것을 알 수 있다. 이와 같이 시간에 따른 열침투의 상황은 $\eta = \dfrac{x}{2\sqrt{\alpha t}}$로 정의하는 상사변수를 이용하면, 식 (126)으로 주어진 상사해로부터 파악할 수 있다. 실제로, 그림 19.6에서 점선은 같은 온도를 나타내는 시간과 거리가 상사변수로 표현되는 것을 의미한다.

예제 18 무한히 긴 철사에서 일정한 양의 열을 계속적으로 방출할 때, 무한공간에서의 온도분포를 상사변수 $\eta = r^2/4\alpha t$를 이용하여 구하라.

지배방정식: $\dfrac{\partial T}{\partial t} = \alpha \dfrac{1}{r}\dfrac{\partial}{\partial r}\left(r\dfrac{\partial T}{\partial r}\right)$

경계조건: $r \to 0,\quad -2\pi r L k \dfrac{\partial T}{\partial r} = \dot{Q};\qquad r \to \infty,\quad T \to T_\infty$

초기조건: $t = 0,\quad T = T_\infty$

☞ 경계조건을 제차화(homogenize)시키기 위해서 $\theta = T - T_\infty$라고 하면

$$\eta \frac{d^2\theta}{d\eta^2} + (\eta + 1)\frac{d\theta}{d\eta} = 0 \qquad \eta \to 0:\quad \dot{Q} = -4\pi k L \eta \frac{d\theta}{d\eta};\qquad \eta \to \infty:\quad \theta \to 0 \tag{128}$$

으로 상사변수 $\eta = r^2/4\alpha t$에 관한 상미분방정식으로 변환된다(☑ 참조). 지배방정식을 풀기 위해 변수분리를 하면

$$\frac{\theta''}{\theta'} = -1 - \frac{1}{\eta} \tag{129}$$

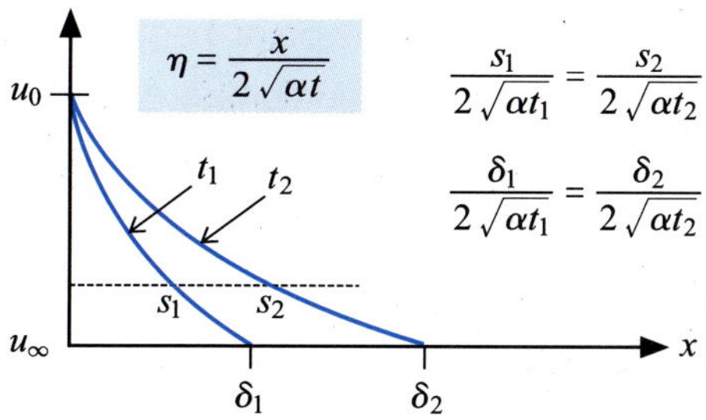

그림 19.6 상사변수와 상사해의 물리적 의미

이것을 적분하여,

$$\ln\theta' = -\eta - \ln\eta + C \quad\Rightarrow\quad \theta' = C\frac{e^{-\eta}}{\eta}$$

따라서,

$$\theta = A\int^{\eta}\frac{e^{-z}}{z}dz + B$$

그런데, $\eta\to\infty$에서 $\theta\to 0$이므로

$$\theta = A\int_{\eta}^{\infty}\frac{e^{-z}}{z}dz = A\cdot Ei(\eta) \tag{130}$$

가 된다. 여기서, 지수적분함수(exponential-integral function) $Ei(\eta)$는

$$-Ei(-\eta) = Ei(\eta) = \int_{\eta}^{\infty}\frac{e^{-z}}{z}dz \tag{131}$$

로 정의한다.

마지막 남은 경계조건에서 $\dfrac{d\theta}{d\eta} = -A\dfrac{e^{-\eta}}{\eta}$이므로

$$\dot{Q} = -4\pi kL\eta\left(-A\frac{e^{-\eta}}{\eta}\right) = 4\pi kLA$$

따라서, 상수 A를 결정하여

$$\theta = \frac{\dot{Q}}{4\pi kL}Ei(\eta) \quad\Rightarrow\quad T - T_{\infty} = \frac{\dot{Q}}{4\pi kL}Ei\left(\frac{r^2}{4\alpha t}\right) \blacktriangleleft \tag{132}$$

☑ 편미분방정식을 상미분방정식으로 변환하는 과정은 다음과 같다.

$$\frac{\partial\theta}{\partial r} = \frac{d\theta}{d\eta}\frac{\partial\eta}{\partial r} = \frac{d\theta}{d\eta}\frac{r}{2\alpha t} = \frac{2\eta}{r}\frac{d\theta}{d\eta}$$

$$\frac{1}{r}\frac{\partial}{\partial r}\left(r\frac{\partial\theta}{\partial r}\right) = \frac{1}{r}\frac{d}{d\eta}\left(2\eta\frac{d\theta}{d\eta}\right)\frac{\partial\theta}{\partial r} = \frac{1}{r}\left(2\frac{d\theta}{d\eta} + 2\eta\frac{d^2\theta}{d\eta^2}\right)\frac{r}{2\alpha t} = \frac{1}{\alpha t}\left(\frac{d\theta}{d\eta} + \eta\frac{d^2\theta}{d\eta^2}\right)$$

$$\frac{\partial\theta}{\partial t} = \frac{d\theta}{d\eta}\frac{\partial\eta}{\partial t} = \frac{d\theta}{d\eta}\left(-\frac{r^2}{4\alpha t^2}\right) = -\frac{\eta}{t}\frac{d\theta}{d\eta}$$

이 문제의 해는 $t\to\infty$, 즉 $\eta\to 0$일 때 $Ei(0) = \infty$이므로 정상상태(定常狀態; steady state)의 해가 존재하지 않는다는 것에 주목한다.

예제 19 원점에 놓인 점열원(點熱源; point heat source)이 $t = 0$인 순간부터 꾸준히 같은 양의 열을 무한매질(infinite medium)로 방출한다. 무한매질 내부의 온도분포를 구하라.

지배방정식: $\dfrac{\partial T}{\partial t} = \alpha\dfrac{1}{r^2}\dfrac{\partial}{\partial r}\left(r^2\dfrac{\partial T}{\partial r}\right)$

경계조건: $r\to 0,\quad -4\pi r^2 k\dfrac{\partial T}{\partial r} = \dot{Q};\qquad r\to\infty,\quad T\to T_{\infty}$

초기조건: $t = 0,\quad T = T_{\infty}$

☞ 구형(球形)문제를 다룰 때 사용되는 변환 $u = r(T - T_{\infty})$을 사용하면

$$\frac{\partial u}{\partial t} = \alpha \frac{\partial^2 u}{\partial r^2} \qquad \begin{aligned} r \to 0: &\quad -4\pi k\left(r\frac{\partial u}{\partial r} - u\right) = \dot{Q} \\ r \to \infty: &\quad u \to 0 \\ t = 0: &\quad u = 0 \end{aligned} \tag{133}$$

으로 문제를 바꿀 수 있다(유도과정은 ☑ 참조). 먼저, 상사변수 $\eta = \dfrac{r}{2\sqrt{\alpha t}}$을 써서

$$\frac{\partial u}{\partial r} = \frac{\partial \eta}{\partial r}\frac{du}{d\eta} = \frac{1}{2\sqrt{\alpha t}}\frac{du}{d\eta} \tag{134}$$

인 관계로부터 경계조건을

$$\begin{aligned} \eta \to 0: &\quad \dot{Q} = -4\pi k\left(\eta\frac{du}{d\eta} - u\right) \\ \eta \to \infty: &\quad u \to 0 \end{aligned} \tag{135}$$

으로 변환한다. 그리고, 이미 알고 있는 바와 같이 $\dfrac{\partial u}{\partial t} = \alpha\dfrac{\partial^2 u}{\partial r^2}$의 해

$$u = A\,\mathrm{erf}(\eta) + B \quad \text{또는} \quad u = A\,\mathrm{erfc}(\eta) + B \tag{136}$$

를 경계조건에 대입하여 상수를 결정한다. 그런데, $\eta \to \infty$일 때 $u \to 0$인 조건으로부터 $u = A\,\mathrm{erfc}(\eta)$을 구한다. 또한

$$\eta \to 0: \quad \dot{Q} = -4\pi k\left(-\eta A\frac{2}{\sqrt{\pi}}e^{-\eta^2} - A\right)_{\eta=0} = 4\pi kA \tag{137}$$

로부터 상수 A를 결정하면 최종해는

$$u = \frac{\dot{Q}}{4\pi k}\mathrm{erfc}(\eta) \quad \Rightarrow \quad T - T_\infty = \frac{\dot{Q}}{4\pi kr}\mathrm{erfc}\left(\frac{r}{2\sqrt{\alpha t}}\right) \tag{138}$$

이 된다. 위의 해는 $t \to \infty$에서 $T - T_\infty = \dfrac{\dot{Q}}{4\pi kr}$인 정상상태의 온도분포를 갖는다. ◀

☑ 변환 $T - T_\infty = \dfrac{u}{r}$에 대해 $\dfrac{\partial T}{\partial t} = \dfrac{1}{r}\dfrac{\partial u}{\partial t}$, $\dfrac{\partial T}{\partial r} = -\dfrac{u}{r^2} + \dfrac{1}{r}\dfrac{\partial u}{\partial r}$가 되고 구형 라플라시안 (spherical Laplacian)에 대입하면

$$\frac{1}{r^2}\frac{\partial}{\partial r}\left(r^2\frac{\partial T}{\partial r}\right) = \frac{1}{r^2}\frac{\partial}{\partial r}\left(-u + r\frac{\partial u}{\partial r}\right) = \frac{1}{r^2}\left(-\frac{\partial u}{\partial r} + \frac{\partial u}{\partial r} + r\frac{\partial^2 u}{\partial r^2}\right) = \frac{1}{r}\frac{\partial^2 u}{\partial r^2}$$

****예제 20** $t = 0$인 순간부터 무한한 평면의 한쪽으로 계속하여 열을 방출할 때, $x > 0$인 영역에서 온도분포를 구하라(단, $\dot{Q}$는 상수).

지배방정식: $\dfrac{\partial \theta}{\partial t} = \alpha\dfrac{\partial^2 \theta}{\partial x^2}$, $\theta = T - T_\infty$

경계조건: $x = 0$, $-kA\dfrac{\partial \theta}{\partial x} = \dot{Q}$; $x \to \infty$, $\theta = 0$

초기조건: $t = 0$, $\theta = 0$

☞ $x = 0$에서의 경계조건을 제차화(齊次化; homogenize)하기 위해,

$$S=\frac{\partial\theta}{\partial x}+\frac{\dot{Q}}{kA} \tag{139}$$

인 새로운 종속변수를 도입하면 지배방정식과 경계조건은

$$\frac{\partial S}{\partial t}-\alpha\frac{\partial^2 S}{\partial x^2}=\frac{\partial}{\partial x}\left(\frac{\partial\theta}{\partial t}-\alpha\frac{\partial^2\theta}{\partial x^2}\right)=0 \qquad \begin{aligned} x=0:&\quad S=0\\ x\to\infty:&\quad S=\frac{\dot{Q}}{kA}\\ t=0:&\quad S=\frac{\dot{Q}}{kA}\end{aligned} \tag{140}$$

로 된다. 상사변수 $\eta=\frac{x}{2\sqrt{\alpha t}}$를 사용하면 식 (140)의 해는

$$S=\frac{\dot{Q}}{kA}\operatorname{erf}(\eta)=\frac{\dot{Q}}{kA}[1-\operatorname{erfc}(\eta)] \tag{141}$$

로 주어지는 것을 쉽게 알 수 있다. 다시, 식 (139)와 결합하면

$$-\frac{\dot{Q}}{kA}\operatorname{erfc}(\eta)=\frac{\partial\theta}{\partial x}=\frac{d\theta}{d\eta}\frac{\partial\eta}{\partial x}=\frac{1}{2\sqrt{\alpha t}}\frac{d\theta}{d\eta}$$

가 되고, 이것을 η에 관하여 적분하면(☑ 참조)

$$-\frac{\dot{Q}}{kA}\left[\eta\operatorname{erfc}(\eta)-\frac{1}{\sqrt{\pi}}e^{-\eta^2}\right]=\frac{1}{2\sqrt{\alpha t}}\theta=\frac{\eta}{x}\theta \tag{142}$$

따라서,

$$\theta=\frac{\dot{Q}x}{kA}\left[\frac{1}{\eta}\frac{1}{\sqrt{\pi}}e^{-\eta^2}-\operatorname{erfc}(\eta)\right] \tag{143}$$

또는

$$T-T_\infty=\frac{\dot{Q}x}{kA}\left[\frac{2\sqrt{\alpha t}}{x}\frac{1}{\sqrt{\pi}}e^{-x^2/4\alpha t}-\operatorname{erfc}\left(\frac{x}{2\sqrt{\alpha t}}\right)\right] \tag{144}$$

위의 해는 $t\to\infty$인 극한에서 $T-T_\infty\sim t^{1/2}$이므로 정상상태의 해가 없다. ◀

☑ $\int\operatorname{erfc}(\eta)\,d\eta=\eta\operatorname{erfc}(\eta)-\int\eta\left(-\frac{2}{\sqrt{\pi}}e^{-\eta^2}\right)d\eta=\eta\operatorname{erfc}(\eta)-\frac{1}{\sqrt{\pi}}e^{-\eta^2}$

디락델타 형태의 열방사(thermal bomb). $t=0$에서 총에너지 E_0만큼의 열이 무한매질(infinite medium)의 원점에서 마치 폭탄이 터지듯이 순간적으로 방출되는 문제를 생각해 보자. 이것은 바로 열전도방정식에서 Green 함수를 의미하는 것을 눈치챌 것이다. 이제, 상사변수를 이용하여 식 (97)로 주어지는 Green 함수를 확인해 보자.

예제 21 열폭탄(熱爆彈) 문제는 디락델타 형태의 입력과 유사한 것으로 생각할 수 있다(단, $\theta=T-T_\infty$). 다음을 풀어 Green 함수를 구하라.

지배방정식: $\dfrac{\partial T}{\partial t} = \alpha \dfrac{1}{r^2}\dfrac{\partial}{\partial r}\left(r^2 \dfrac{\partial T}{\partial r}\right)$

열방사(熱放射)조건: $\displaystyle\int_0^\infty \rho c_p (T - T_\infty)\, 4\pi r^2\, dr = E_0$

경계조건: $r \to \infty$, $T \to T_\infty$. 초기조건: $t = 0$, $T = T_\infty$

☞ 예제 19와 마찬가지로 변환 $u = r(T - T_\infty)$를 사용하면

$$\frac{\partial u}{\partial t} = \alpha \frac{\partial^2 u}{\partial r^2} \qquad \begin{array}{ll} \displaystyle\int_0^\infty ur\, dr = \frac{E_0}{4\pi\rho c_p} & \\ r \to \infty: & u \to 0 \\ t = 0: & u = 0 \end{array} \tag{145}$$

으로 문제가 구형 라플라시안에서 카테시안 라플라시안의 형태로 변환된다. 따라서, 카테시안 라플라시안에 대한 상사변수 $\eta = \dfrac{r}{2\sqrt{\alpha t}}$을 사용하여

$$\begin{aligned} \psi &= A\,\mathrm{erf}(\eta) + B \\ \frac{\partial \psi}{\partial r} &= A \frac{2}{\sqrt{\pi}} e^{-\eta^2} \frac{\partial \eta}{\partial r} = A \frac{1}{\sqrt{\pi \alpha t}} e^{-\eta^2} \\ \frac{\partial^2 \psi}{\partial r^2} &= -A \frac{1}{\sqrt{\pi}} \frac{\eta}{\alpha t} e^{-\eta^2} = -A \frac{r}{2\sqrt{\pi}\,(\alpha t)^{3/2}} e^{-\eta^2} \end{aligned} \tag{146}$$

등등으로 ψ의 모든 편미분이 해가 된다. 다시 말하면,

$$L = \frac{\partial}{\partial t} - \alpha \frac{\partial^2}{\partial x^2}$$

이라고 할 때, $L\psi = 0$이면

$$L\psi = 0 \quad \Rightarrow \quad L\left(\frac{\partial \psi}{\partial r}\right) = \frac{\partial}{\partial r} L\psi = 0, \quad L\left(\frac{\partial^2 \psi}{\partial r^2}\right) = \frac{\partial^2}{\partial r^2} L\psi = 0$$

이 된다. 그런데

$$\int_0^\infty ur\, dr = \int_0^\infty ur \cdot 2\sqrt{\alpha t}\, d\eta = \int_0^\infty u\eta \cdot 4\alpha t\, d\eta = \frac{E_0}{4\pi\rho c_p} \tag{147}$$

를 만족할 수 있는 해는 2계 편도함수 $\dfrac{\partial^2 \psi}{\partial r^2}$임을 알 수 있다. 즉,

$$\frac{E_0}{4\pi\rho c_p} = -\frac{4A}{\sqrt{\pi}} \int_0^\infty \eta^2 e^{-\eta^2} d\eta = -A$$

가 된다(적분은 ☑ 참조). 따라서,

$$u = \frac{E_0\, r}{8\rho c_p (\pi \alpha t)^{3/2}} e^{-\eta^2} \tag{148}$$

즉,

$$T - T_\infty = \left(\frac{E_0}{\rho c_p}\right) \frac{1}{8(\pi \alpha t)^{3/2}} e^{-\frac{r^2}{4\alpha t}} \tag{149}$$

인 해를 얻을 수 있다. 식 (149)의 우변은 물리적인 의미를 가진 계수 $\left(\dfrac{E_0}{\rho c_p}\right)$를 생략하면 식 (97)의 Green 함수로부터 얻은 해와 동일한 것을 알 수 있다. ◀

☑ $\int_0^\infty \eta^2 e^{-\eta^2} d\eta = \int_0^\infty \left(-\frac{1}{2}\eta\right)\frac{d}{d\eta}e^{-\eta^2} d\eta = -\frac{1}{2}\eta e^{-\eta^2}\Big|_0^\infty - \int_0^\infty -\frac{1}{2}e^{-\eta^2} d\eta = \frac{1}{4}\sqrt{\pi}$ 이다. 그리고, 열방사조건 $\int_0^\infty \rho c_p (T - T_\infty) 4\pi r^2 dr = E_0$는 디락델타의 성질 $\int_{-\infty}^\infty \delta(x)\,dx = 1$을 연상케 하는 것은 우연이 아니라, 식 (149)로 주어지는 해가 Green 함수와 연관된 결과인 것이다.

연습문제

*[1] Wire 형태의 열폭탄(熱爆彈)을 고려하면 지배방정식은 예제 18과 같고 열방사(熱放射) 조건 $\int_0^\infty \rho c_p (T - T_\infty) 2\pi r L dr = E_0$를 만족하도록 해를 구하게 된다. 이 문제로부터 2차원 공간에서의 열전도방정식에 대한 Green 함수를 결정할 수 있다.

☑ 상사변수 $\eta = r^2/4\alpha t$에 관하여 지수적분함수, 또는 그의 편미분

$$\psi = A\int_\eta^\infty \frac{e^{-z}}{z} dz + B$$

$$\frac{\partial \psi}{\partial t} = -A\frac{e^{-\eta}}{\eta}\frac{\partial \eta}{\partial t} = -A\frac{e^{-\eta}}{\eta}\left(-\frac{r^2}{4\alpha t^2}\right) = \frac{A}{t}e^{-\eta}$$

중에서 $\dfrac{\partial \psi}{\partial t}$가 에너지보존을 만족한다. 즉, $dr = \dfrac{2\alpha t}{r} d\eta$를 사용하면

$$\frac{E_0}{2\pi L \rho c_p} = \int_0^\infty u r\,dr = \int_0^\infty u\,2\alpha t\,d\eta = 2\alpha A\int_0^\infty e^{-z} dz = 2\alpha A$$

로부터

$$u = \frac{E_0}{4\alpha\pi L \rho c_p}\frac{1}{t}e^{-\eta}, \quad T - T_\infty = \left(\frac{E_0}{\rho c_p L}\right)\frac{1}{4\alpha\pi t}\exp\left(-\frac{r^2}{4\alpha t}\right).$$

*[2] Plane 형태의 열폭탄(熱爆彈)을 고려하면 지배방정식은 예제 20과 같고 열방사조건 $\int_0^\infty \rho c_p (T - T_\infty) S_A\,dx = E_0$를 만족하는 해를 구하게 된다. 이 문제로부터 열전도방정식에 대한 1차원 Green 함수를 얻게 된다(단, S_A는 표면의 면적).

☑ 상사변수를 $\eta = x/2\sqrt{\alpha t}$, 종속변수를 $u = T - T_\infty$로 두고, $dx = 2\sqrt{\alpha t}\,d\eta$를 대입하면, 열방사조건은 $\dfrac{E_0}{\rho c_p S_A} = \int_0^\infty u\,dx = \int_0^\infty u\,2\sqrt{\alpha t}\,d\eta$가 되므로 $u\,2\sqrt{\alpha t}$가 η만의 함수로 되는 해를 찾아야 한다. 그런데, $u = \dfrac{\partial}{\partial x}[A\,\mathrm{erf}(\eta) + B] = A\dfrac{2}{\sqrt{\pi}}e^{-\eta^2}\dfrac{1}{2\sqrt{\alpha t}} = \dfrac{A}{\sqrt{\pi\alpha t}}e^{-\eta^2}$이 원하는 성질을 가진다. 즉, $\dfrac{E_0}{\rho c_p S_A} = \int_0^\infty u\,2\sqrt{\alpha t}\,d\eta = \int_0^\infty \dfrac{2A}{\sqrt{\pi}}e^{-\eta^2} d\eta = A$로부터 상수 A를 결정하면

$$u = \frac{E_0}{\rho c_p S_A \sqrt{\pi \alpha t}} e^{-\eta^2}, \quad T - T_\infty = \left(\frac{2E_0}{\rho c_p S_A}\right) \frac{1}{2\sqrt{\pi \alpha t}} \exp\left(-\frac{x^2}{4\alpha t}\right)$$

이다. 우변의 $\frac{1}{2\sqrt{\pi \alpha t}} \exp\left(-\frac{x^2}{4\alpha t}\right)$은 열전도방정식에 대한 1차원 Green 함수의 형태이다.

Chapter 20

텐서의 기초

텐서는 연속체역학 분야에서 매우 중요한 개념이다. 수의 순서쌍이라는 관점에서 살펴보면 스칼라는 0차텐서, 벡터는 1차텐서에 해당한다. 우리가 잘 알고 있는 크로네커 델타 δ_{ij}는 2차텐서의 일종이며 벡터와 벡터를 **ij**와 같이 그냥 붙여서 쓰는 다이아드(dyad)도 마찬가지로 2차텐서이다. 물리적으로 중요한 응력텐서와 변형률텐서는 다이아드로 표현하는 것이 매우 편리하다. 이 장에서는 2차텐서의 기초적인 개념과 연산들을 다룬다. 특히, $\nabla\mathbf{u}$, $\nabla^2\mathbf{u}$ 등과 같이 ∇을 포함하는 연산은 연속체역학의 기본적인 방정식을 유도하고 이해하는 데 핵심적인 역할을 하므로 잘 알아두도록 한다.

20-1 다이아드와 응력텐서

일반표기법과 지시표기법. 카테시안 좌표계에서 위치벡터를 (x, y, z), 단위벡터를 **i**, **j**, **k**로 표현하는 것을 **일반표기법**(一般表記法; generic notation)이라고 한다. 이에 비하여 첨자 1, 2, 3을 이용하여

$$x_1 = x, \quad x_2 = y, \quad x_3 = z$$
$$\mathbf{i}_1 = \mathbf{i}, \quad \mathbf{i}_2 = \mathbf{j}, \quad \mathbf{i}_3 = \mathbf{k} \tag{1}$$

와 같이 좌표 및 단위벡터를 나타내는 방법을 **지시표기법**(indicial notation)이라고 한다. 보통 텐서를 다룰 때는 위와 같이 첨자를 이용하여 나타내는 것을 원칙으로 한다.

일반표기법	지시표기법
(x, y, z)	(x_1, x_2, x_3)
$\mathbf{i}, \mathbf{j}, \mathbf{k}$	$\mathbf{i}_1, \mathbf{i}_2, \mathbf{i}_3$
(u, v, w)	(u_1, u_2, u_3)

아인쉬타인 표기법. 두 벡터 $\mathbf{a} = (a_1, a_2, a_3)$와 $\mathbf{b} = (b_1, b_2, b_3)$의 내적은

$$\mathbf{a} \cdot \mathbf{b} = a_1 b_1 + a_2 b_2 + a_3 b_3 = \sum_i^3 a_i b_i \tag{2}$$

임을 알고 있다. 그런데, 3차원 공간에서 물리적인 양을 다룰 때는 항상 첨자가 $i = 1, 2, 3$임을 알고 있으므로 윗식에서

$$\mathbf{a} \cdot \mathbf{b} = \sum_i a_i b_i$$

와 같이 윗첨자 3을 생략해도 무관하다. 더 나아가서 반복되는 첨자는 합기호(Σ)를 나타내는 것으로 약속하면(Einstein notation) 벡터의 내적은

$$\mathbf{a} \cdot \mathbf{b} = a_i b_i$$

가 된다. 다음은 우리가 알고 있는 대표적인 물리량에 대한 **아인쉬타인 표기법**이다.

물리량	아인쉬타인 표기	의 미
vector: $\mathbf{a}$	$\mathbf{i}_i a_i$	$\mathbf{i}_1 a_1 + \mathbf{i}_2 a_2 + \mathbf{i}_3 a_3$
gradient: $\nabla \phi$	$\mathbf{i}_i \dfrac{\partial \phi}{\partial x_i}$	$\mathbf{i}_1 \dfrac{\partial \phi}{\partial x_1} + \mathbf{i}_2 \dfrac{\partial \phi}{\partial x_2} + \mathbf{i}_3 \dfrac{\partial \phi}{\partial x_3}$
divergence: $\nabla \cdot \mathbf{F}$	$\dfrac{\partial F_i}{\partial x_i}$	$\dfrac{\partial F_1}{\partial x_1} + \dfrac{\partial F_2}{\partial x_2} + \dfrac{\partial F_3}{\partial x_3}$
Laplacian: $\nabla^2 \phi$	$\dfrac{\partial^2 \phi}{\partial x_i \partial x_i}$	$\dfrac{\partial^2 \phi}{\partial x_1^2} + \dfrac{\partial^2 \phi}{\partial x_2^2} + \dfrac{\partial^2 \phi}{\partial x_3^2}$

특히, 라플라시안의 경우 $\nabla^2 \phi = \dfrac{\partial^2 \phi}{\partial x_i^2}$로 쓰는 것은 첨자가 하나 밖에 없으므로 잘못된 표현이라는 점에 유의한다.

☑ 첨자로 반드시 i를 써야 하는 것은 아니다. 특히, 반복되는 첨자는 아인쉬타인 표기법에 의해 합을 나타내기 때문에 어떤 이름의 첨자를 사용하여도 마찬가지이다. 예를 들어, 벡터의 내적은 $\mathbf{a} \cdot \mathbf{b} = a_i b_i = a_m b_m = a_j b_j$ 등으로 된다.

수의 순서쌍과 텐서. 물리적인 양이 관측자의 상태(수학적으로 표현하면 좌표변환)와 무관한 것을 **물리량의 불변성**(physical invariance)이라고 한다. 예를 들어, 앉아서 보아도, 또는 거꾸로 매달려 보아도(즉, 좌표계를 바꾸어도)

① 스칼라: 사과의 크기
② 벡터 : 사과가 땅으로 떨어지는 방향

은 변함없다는 것은 당연한 일이다.

텐서는 차수(order)를 가지는데 수(number)와 같은 스칼라는 0차텐서이다. 그리고,

벡터는 수의 순서쌍으로 이해하여, 즉 벡터는 $\mathbf{a} = \mathbf{i}_m a_m$과 같이 한 개의 첨자를 이용하여 나타내므로 **1차텐서**가 된다. 우리가 이미 알고 있는 크로네커 델타 δ_{ij}는 두 개의 첨자 i, j를 가지는 **2차텐서**이다. 특히, δ_{ij}는 행렬을 이용하여

$$\delta_{ij} = \begin{bmatrix} 1 & 0 & 0 \\ 0 & 1 & 0 \\ 0 & 0 & 1 \end{bmatrix} \tag{3}$$

과 같이 나타낼 수 있다. 다음은 텐서를 기하학적으로 이해하기 위한 그림이다. 2차 이상의 텐서는 벡터와 구별하기 위하여 똑바로 선 굵은 글씨로 **T**와 같이 나타내기도 한다.

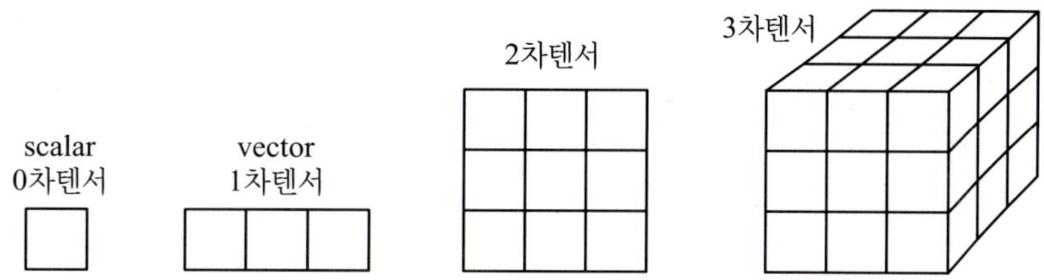

벡터곱 dyad. 벡터의 곱에서 내적과 외적을 6장에서 살펴보았다. 그런데 벡터와 벡터를 그냥 붙여서 쓴, 예를 들어 $\mathbf{ij}$형태의 곱을 **다이아드(dyad)**라고 한다. 다이아드는 텐서와 마찬가지로 $\mathsf{D} = \mathbf{ab}$와 같이 "똑바로 선 굵은 문자"로 나타낸다. 벡터와 다이아드의 내적은 벡터로 되고, 일반적으로

$$\mathbf{u} \cdot \mathsf{D} \neq \mathsf{D} \cdot \mathbf{u} \tag{4}$$

이다. 한 예로, $\mathbf{i} \cdot (\mathbf{ij}) = (\mathbf{i} \cdot \mathbf{i})\mathbf{j} = \mathbf{j}$이지만 $(\mathbf{ij}) \cdot \mathbf{i} = \mathbf{i}(\mathbf{j} \cdot \mathbf{i}) = 0$이다.

다이아드의 기하학적인 해석. 다이아드는 기하학적인 해석에서 중요한 역할을 한다. 이미 잘 알고 있는 단위벡터 $\mathbf{u}$에 관한 평행 · 수직 분해

$$\mathbf{F} = (\mathbf{u} \cdot \mathbf{F})\mathbf{u} + \mathbf{u} \times (\mathbf{F} \times \mathbf{u}) \tag{5}$$

를 다시 한 번 생각해 보자. 위에서 내적의 순서를 바꾸고 내적을 포함하는 괄호를 생략하면

$$(\mathbf{u} \cdot \mathbf{F})\mathbf{u} = (\mathbf{F} \cdot \mathbf{u})\mathbf{u} = \mathbf{F} \cdot \mathbf{uu}$$

가 되고 성분 $\mathbf{F} \cdot \mathbf{uu}$는 벡터 $\mathbf{F}$를 단위벡터 $\mathbf{u}$방향으로 투영(projection)시킨 벡터를 의미한다. 이러한 의미에서 단위벡터 $\mathbf{u}$를 두 번 붙여서 만든 다이아드 $\mathbf{uu}$를 **투영텐서** (projection tensor)라고 할 수 있다. 투영텐서를 이용하면 다음의 그림에 보인 바와 같이 벽면의 수직한 방향과 수평한 방향으로의 벡터분해는

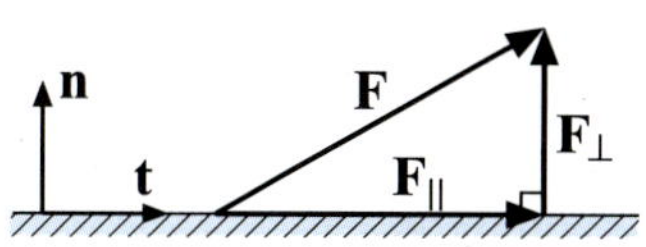

$$\mathbf{F} = \mathbf{F}_{\perp} + \mathbf{F}_{\parallel} = \mathbf{F} \cdot \mathbf{nn} + \mathbf{F} \cdot \mathbf{tt} \tag{6}$$

가 되는 것을 쉽게 이해할 수 있을 것이다.

☑ 단위벡터 **u**에 대해서 다이아드 **uu**와 임의의 벡터 **F**의 내적 $\mathbf{F}\cdot\mathbf{uu}$는 벡터이다. 이때, 첫 번째 단위벡터는 벡터의 크기, 두 번째 단위벡터는 벡터의 방향과 연관된다(아래 참조).

	벡터의 크기	벡터의 방향
$\mathbf{F}\cdot\mathbf{uu} =$	$\mathbf{F}\cdot\mathbf{u}$	$\mathbf{u}$
	벡터 **F**의 단위벡터 **u**로의 투영	

예제 1 $\mathbf{u}\cdot(\nabla\mathbf{r}) = (\nabla\mathbf{r})\cdot\mathbf{u} = \mathbf{u}$를 보여라.

☞ **i, j, k**는 상수벡터이므로 미분하면 영벡터가 된다. 따라서,

$$\begin{aligned}\nabla\mathbf{r} &= \nabla(x\mathbf{i} + y\mathbf{j} + z\mathbf{k}) \\ &= (\nabla x)\mathbf{i} + (\nabla y)\mathbf{j} + (\nabla z)\mathbf{k} \\ &= \mathbf{ii} + \mathbf{jj} + \mathbf{kk}\end{aligned} \tag{7}$$

가 된다(여기서는 $\nabla x = \mathbf{i}$ 등을 사용하였다). 이때, $\mathbf{u} = \mathbf{i}u_1 + \mathbf{j}u_2 + \mathbf{k}u_3$에 대해서

$$\begin{aligned}&(\mathbf{i}u_1 + \mathbf{j}u_2 + \mathbf{k}u_3)\cdot(\mathbf{ii} + \mathbf{jj} + \mathbf{kk}) \\ &\quad = u_1(\mathbf{i}\cdot\mathbf{ii} + \mathbf{i}\cdot\mathbf{jj} + \mathbf{i}\cdot\mathbf{kk}) + u_2(\mathbf{j}\cdot\mathbf{ii} + \mathbf{j}\cdot\mathbf{jj} + \mathbf{j}\cdot\mathbf{kk}) + u_3(\mathbf{k}\cdot\mathbf{ii} + \mathbf{k}\cdot\mathbf{jj} + \mathbf{k}\cdot\mathbf{kk}) \\ &\quad = \mathbf{i}u_1 + \mathbf{j}u_2 + \mathbf{k}u_3.\end{aligned}$$

마찬가지 방법으로

$$(\mathbf{ii} + \mathbf{jj} + \mathbf{kk})\cdot(\mathbf{i}u_1 + \mathbf{j}u_2 + \mathbf{k}u_3) = \mathbf{i}u_1 + \mathbf{j}u_2 + \mathbf{k}u_3$$

로 된다. 즉,

$$\mathbf{I} \equiv \nabla\mathbf{r} = \mathbf{ii} + \mathbf{jj} + \mathbf{kk} \tag{8}$$

라고 두면 $\mathbf{u}\cdot\mathbf{I} = \mathbf{I}\cdot\mathbf{u} = \mathbf{u}$로 된다. 다이아드 **I**는 벡터와의 내적에 대한 항등원 역할을 하므로 단위 다이아드(unit dyad)라고 부른다.

예제 2 임의의 벡터 **a, b**의 다이아드 **ab**를 카테시안 정규직교기저 **i, j, k**를 이용하여 나타내어라.

☞ **a, b**를 성분표시에 의해 쓰고 전개하면

$$\begin{aligned}\mathbf{ab} &= (\mathbf{i}a_1 + \mathbf{j}a_2 + \mathbf{k}a_3)(\mathbf{i}b_1 + \mathbf{j}b_2 + \mathbf{k}b_3) \\ &= \mathbf{ii}a_1b_1 + \mathbf{ij}a_1b_2 + \mathbf{ik}a_1b_3 \\ &\quad + \mathbf{ji}a_2b_1 + \mathbf{jj}a_2b_2 + \mathbf{jk}a_2b_3 \\ &\quad + \mathbf{ki}a_3b_1 + \mathbf{kj}a_3b_2 + \mathbf{kk}a_3b_3\end{aligned} \tag{9}$$

또는, 2차형식(quadratic form)을 이용하여

$$\mathbf{ab} = \mathbf{i}_i\mathbf{i}_j a_i b_j = [\mathbf{i} \quad \mathbf{j} \quad \mathbf{k}]\begin{bmatrix} a_1b_1 & a_1b_2 & a_1b_3 \\ a_2b_1 & a_2b_2 & a_2b_3 \\ a_3b_1 & a_3b_2 & a_3b_3 \end{bmatrix}\begin{bmatrix} \mathbf{i} \\ \mathbf{j} \\ \mathbf{k} \end{bmatrix} \tag{10}$$

로 간단히 나타낼 수 있다. 여기서 $[\mathbf{i} \quad \mathbf{j} \quad \mathbf{k}]$에서와 같이 "상징적으로" 벡터를 행렬의 원소처럼 사용하는 것이 표현상 유리한 점이 많다. 위와 유사하게 단위 다이아드는

$$\mathsf{I} = \mathbf{i}_i\mathbf{i}_j\delta_{ij} = [\mathbf{i} \quad \mathbf{j} \quad \mathbf{k}]\begin{bmatrix} 1 & 0 & 0 \\ 0 & 1 & 0 \\ 0 & 0 & 1 \end{bmatrix}\begin{bmatrix} \mathbf{i} \\ \mathbf{j} \\ \mathbf{k} \end{bmatrix} = \mathbf{ii} + \mathbf{jj} + \mathbf{kk} \tag{11}$$

로 쓸 수 있다. 그리고, 다이아드 $\mathbf{ab}$와 임의의 벡터 $\mathbf{u}$의 내적은

$$\mathbf{u}\cdot\mathbf{ab} = (\mathbf{u}\cdot\mathbf{a})\mathbf{b} \tag{12}$$

또는

$$\mathbf{ab}\cdot\mathbf{u} = \mathbf{a}(\mathbf{b}\cdot\mathbf{u}) \tag{13}$$

인 벡터로 되고, 일반적으로 $\mathbf{u}\cdot\mathbf{ab} \neq \mathbf{ab}\cdot\mathbf{u}$이다. ◀

☑ $\mathbf{u}\cdot\mathbf{ab} = (\mathbf{i}_m u_m)\cdot(\mathbf{i}_j a_j \mathbf{i}_k b_k) = (u_j a_j)\mathbf{i}_k b_k = (\mathbf{u}\cdot\mathbf{a})\mathbf{b}$와 같이 증명할 수도 있다.

응력텐서 $\boldsymbol{\sigma} = \lim_{|\delta\mathbf{A}|\to 0}\dfrac{\delta\mathbf{F}}{\delta\mathbf{A}}$. 구배 $\nabla\phi$는 미소변위 $\delta\mathbf{r}$에 따른 물리량의 미소변화 $\delta\phi$를 이용하여

$$\nabla\phi = \frac{\delta\phi}{\delta\mathbf{r}} = \frac{\delta\phi}{\mathbf{i}\delta x + \mathbf{j}\delta y + \mathbf{k}\delta z} = \mathbf{i}\frac{\delta\phi}{\delta x} + \mathbf{j}\frac{\delta\phi}{\delta y} + \mathbf{k}\frac{\delta\phi}{\delta z} \tag{14}$$

와 같이 분모에 위치하는 벡터가 밖으로 빠져나오는 "상징적인 연산"을 통해 이해하였다(비록 수학적인 논리와는 전혀 무관하지만).

이와 매우 유사하게 고체(固體)역학에서 다루는 응력(應力; stress)의 개념은 미소면 $d\mathbf{A}$에 작용하는 미소힘 $d\mathbf{F}$에서 비롯된다. 따라서, 응력을 "상징적"으로 $\boldsymbol{\sigma} = \dfrac{d\mathbf{F}}{d\mathbf{A}}$인 표현을 사용하여 이해할 수도 있을 것이다. 실제로, 면적 $\delta\mathbf{A}$에 작용하는 힘 $\delta\mathbf{F}$에 대해서 $\delta\mathbf{F} = \delta\mathbf{A}\cdot\square$로부터 $\square$를 "상징적인 연산"을 수행하여 구하면

$$\begin{aligned}\square = \frac{\delta\mathbf{F}}{\delta\mathbf{A}} &= \frac{\delta\mathbf{F}}{\mathbf{i}\delta A_1 + \mathbf{j}\delta A_2 + \mathbf{k}\delta A_3} \\ &= \mathbf{i}\frac{\delta\mathbf{F}}{\delta A_1} + \mathbf{j}\frac{\delta\mathbf{F}}{\delta A_2} + \mathbf{k}\frac{\delta\mathbf{F}}{\delta A_3} \\ &= \mathbf{i}\frac{\delta}{\delta A_1}(\mathbf{i}F_1 + \mathbf{j}F_2 + \mathbf{k}F_3) + \mathbf{j}\frac{\delta}{\delta A_2}(\mathbf{i}F_1 + \mathbf{j}F_2 + \mathbf{k}F_3) + \mathbf{k}\frac{\delta}{\delta A_3}(\mathbf{i}F_1 + \mathbf{j}F_2 + \mathbf{k}F_3)\end{aligned}$$

즉,

$$\begin{aligned}\square = \frac{\delta\mathbf{F}}{\delta\mathbf{A}} = \mathbf{ii}\frac{\delta F_1}{\delta A_1} &+ \mathbf{ij}\frac{\delta F_2}{\delta A_1} + \mathbf{ik}\frac{\delta F_3}{\delta A_1} \\ &+ \mathbf{ji}\frac{\delta F_1}{\delta A_2} + \mathbf{jj}\frac{\delta F_2}{\delta A_2} + \mathbf{jk}\frac{\delta F_3}{\delta A_2} \\ &+ \mathbf{ki}\frac{\delta F_1}{\delta A_3} + \mathbf{kj}\frac{\delta F_2}{\delta A_3} + \mathbf{kk}\frac{\delta F_3}{\delta A_3}\end{aligned} \tag{15}$$

를 얻는다. 어떻게 유도되었더라도, 식 (15)는 **응력텐서**(stress tensor)라고 하는 잘 알려진 물리적인 양을 나타내고 있다.

응력텐서를 다루게 되는 이유를 간단히 설명하면 "어떤 미소면적에 작용하는 미소힘은 벡터량이다. 그런데, 면적도 마찬가지로 놓이는 위치에 따라서 향하는 방향이 바뀌는 벡터량"이므로 텐서가 나타나게 된다. 이와 같이 응력텐서의 성분은 식 (15)에서

$$\sigma_{ij} = \lim_{\delta A_i \to 0} \frac{\delta F_j}{\delta A_i} \tag{16}$$

면의 방향　힘의 방향

인 극한을 이용하여 정의된다. 물리적으로 해석하면 x_i축에 수직한 면 δA_i에 작용하는 응력의 x_j축 방향의 성분이 σ_{ij}이다(단위는 압력과 같다). 즉, 식 (15)를 다시 쓰면

$$\begin{aligned}\boldsymbol{\sigma} = \lim_{(\delta \mathbf{A}) \to 0} \frac{\delta \mathbf{F}}{\delta \mathbf{A}} &= \mathbf{ii}\sigma_{11} + \mathbf{ij}\sigma_{12} + \mathbf{ik}\sigma_{13} \\ &\quad + \mathbf{ji}\sigma_{21} + \mathbf{jj}\sigma_{22} + \mathbf{jk}\sigma_{23} \\ &\quad + \mathbf{ki}\sigma_{31} + \mathbf{kj}\sigma_{32} + \mathbf{kk}\sigma_{33}\end{aligned} \tag{17}$$

또는, $\mathbf{i}_1 = \mathbf{i}, \mathbf{i}_2 = \mathbf{j}, \mathbf{i}_3 = \mathbf{k}$인 지시표기법과 반복되는 첨자는 합을 나타내는 규칙을 따르면

$$\boldsymbol{\sigma} = \mathbf{i}_i \mathbf{i}_j \sigma_{ij} \tag{18}$$

로 간략하게 쓸 수 있다.

☑ 식 (18)에서 첫 번째 벡터는 면의 방향을 나타내고, 두 번째 벡터는 힘의 방향을 나타내는 것에 습관을 들이도록 한다.

예제 3 미소체적의 각 면에 작용하는 압력(pressure)과 전단력(shear force)이 그림 20.1과 같이 주어져 있다. 대응하는 응력을 식으로 표현하라.

☞ 그림 20.1을 참조하면

① $\mathbf{i}$면에서 $\mathbf{i}$방향으로 작용하는 단위면적당의 힘은 p_1, $\sigma_{11} = p_1$
② $\mathbf{i}$면에서 $\mathbf{j}$방향으로 작용하는 단위면적당의 힘은 t_1, $\sigma_{12} = t_1$
③ $\mathbf{j}$면에서 $\mathbf{i}$방향으로 작용하는 단위면적당의 힘은 t_2, $\sigma_{21} = t_2$
④ $\mathbf{j}$면에서 $\mathbf{j}$방향으로 작용하는 단위면적당의 힘은 $-p_2$, $\sigma_{22} = -p_2$

임을 알 수 있다.

이것을 식 (17) 또는 식 (18)을 참조하여 표현하면

$$\boldsymbol{\sigma} = \mathbf{ii}p_1 + \mathbf{ij}t_1 + \mathbf{ji}t_2 - \mathbf{jj}p_2 \tag{19}$$

로 된다. 음의 면의 경우, 예를 들어 $-\mathbf{i}$면에 작용하는 $-\mathbf{j}$방향의 힘은 t_1이므로 응력텐서의 구성성분은 $(-\mathbf{i})(-\mathbf{j})t_1 = \mathbf{ij}t_1$으로 이미 윗식에 포함되어 있다. 즉, 음의 면의 경우는 따로 고

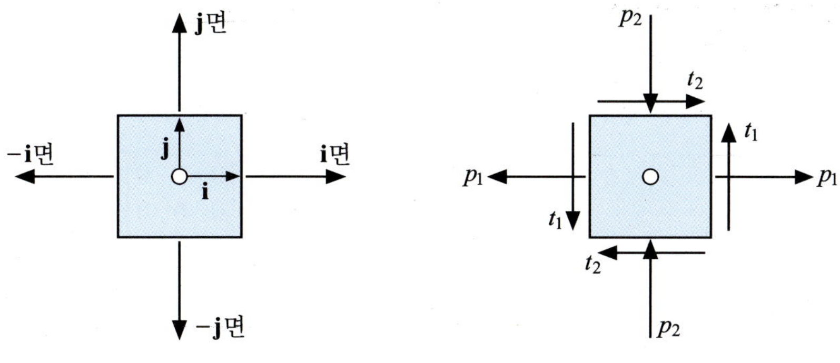

그림 20.1 응력텐서

려할 필요가 없다. 이 문제가 물리적으로 타당하기 위해서는 응력텐서가 대칭이어야 한다. 즉, $t_1 = t_2$인 조건이 반드시 만족되어야 한다. ◀

☑ 방향도함수 $\dfrac{d\phi}{ds} = \mathbf{u}\cdot\dfrac{d\phi}{d\mathbf{r}}$와 유사하게 면적벡터 $\mathbf{n}$에 대한 힘은 $\mathbf{F}_n = \mathbf{n}\cdot\dfrac{d\mathbf{F}}{d\mathbf{A}}$, 즉 $\mathbf{F}_n = \mathbf{n}\cdot\boldsymbol{\sigma}$ 등으로 구할 수 있다. 위의 문제에서 $\mathbf{i}$면에 작용하는 힘은

$$\mathbf{i}\cdot\boldsymbol{\sigma} = \mathbf{i}\cdot(\mathbf{ii}p_1 + \mathbf{ij}t_1 + \mathbf{ji}t_2 - \mathbf{jj}p_2) = \mathbf{i}p_1 + \mathbf{j}t_1$$

이 되는 것을 확인해 본다.

행렬에 의한 응력텐서의 표현. 식 (17) 또는 식 (18)은 벡터를 원소로 가지는 행렬을 이용하면 식 (10)으로 표현된 다이아드와 마찬가지로

$$\begin{aligned}\boldsymbol{\sigma} = [\mathbf{i}\quad \mathbf{j}\quad \mathbf{k}]\begin{bmatrix}\sigma_{11} & \sigma_{12} & \sigma_{13}\\ \sigma_{21} & \sigma_{22} & \sigma_{23}\\ \sigma_{31} & \sigma_{32} & \sigma_{33}\end{bmatrix}\begin{bmatrix}\mathbf{i}\\ \mathbf{j}\\ \mathbf{k}\end{bmatrix} &= \mathbf{i}(\sigma_{11}\mathbf{i} + \sigma_{12}\mathbf{j} + \sigma_{13}\mathbf{k})\\ &\quad + \mathbf{j}(\sigma_{21}\mathbf{i} + \sigma_{22}\mathbf{j} + \sigma_{23}\mathbf{k})\\ &\quad + \mathbf{k}(\sigma_{31}\mathbf{i} + \sigma_{32}\mathbf{j} + \sigma_{33}\mathbf{k})\\ &= \sigma_{11}\mathbf{ii} + \sigma_{12}\mathbf{ij} + \sigma_{13}\mathbf{ik}\\ &\quad + \sigma_{21}\mathbf{ji} + \sigma_{22}\mathbf{jj} + \sigma_{23}\mathbf{jk}\\ &\quad + \sigma_{31}\mathbf{ki} + \sigma_{32}\mathbf{kj} + \sigma_{33}\mathbf{kk}\end{aligned} \tag{20}$$

인 표현을 가진다. 특히, 2차원 평면에서는 응력텐서를

$$\begin{aligned}\boldsymbol{\sigma} = [\mathbf{i}\quad \mathbf{j}]\begin{bmatrix}\sigma_{11} & \sigma_{12}\\ \sigma_{21} & \sigma_{22}\end{bmatrix}\begin{bmatrix}\mathbf{i}\\ \mathbf{j}\end{bmatrix} &= \mathbf{i}(\sigma_{11}\mathbf{i} + \sigma_{12}\mathbf{j}) + \mathbf{j}(\sigma_{21}\mathbf{i} + \sigma_{22}\mathbf{j})\\ &= \sigma_{11}\mathbf{ii} + \sigma_{12}\mathbf{ij} + \sigma_{21}\mathbf{ji} + \sigma_{22}\mathbf{jj}\end{aligned} \tag{21}$$

와 같이 쓸 수 있다. 예를 들어, 그림 20.1에 보인 경우의 응력텐서는

$$\boldsymbol{\sigma} = [\mathbf{i}\quad \mathbf{j}]\begin{bmatrix}p_1 & t_1\\ t_2 & -p_2\end{bmatrix}\begin{bmatrix}\mathbf{i}\\ \mathbf{j}\end{bmatrix}$$

로 나타낼 수 있다.

예제 4 $(\mathbf{ij})^{\mathrm{T}} = \mathbf{ji}$임을 보여라.

☞ $\mathbf{ij}$를 식 (20)과 비교하면 $\sigma_{12} \neq 0$이고 나머지는 모두 $\sigma_{ij} = 0$임을 알 수 있다. 즉,

$$\mathbf{ij} = [\mathbf{i} \quad \mathbf{j} \quad \mathbf{k}] \begin{bmatrix} 0 & 1 & 0 \\ 0 & 0 & 0 \\ 0 & 0 & 0 \end{bmatrix} \begin{bmatrix} \mathbf{i} \\ \mathbf{j} \\ \mathbf{k} \end{bmatrix} \tag{22}$$

가 된다. 마찬가지로

$$\mathbf{ji} = [\mathbf{i} \quad \mathbf{j} \quad \mathbf{k}] \begin{bmatrix} 0 & 0 & 0 \\ 1 & 0 & 0 \\ 0 & 0 & 0 \end{bmatrix} \begin{bmatrix} \mathbf{i} \\ \mathbf{j} \\ \mathbf{k} \end{bmatrix}$$

이고, $(\mathbf{ABC})^{\mathrm{T}} = \mathbf{C}^{\mathrm{T}}\mathbf{B}^{\mathrm{T}}\mathbf{A}^{\mathrm{T}}$인 공식을 이용하면

$$\begin{aligned} (\mathbf{ij})^{\mathrm{T}} &= \begin{bmatrix} \mathbf{i} \\ \mathbf{j} \\ \mathbf{k} \end{bmatrix}^{\mathrm{T}} \begin{bmatrix} 0 & 1 & 0 \\ 0 & 0 & 0 \\ 0 & 0 & 0 \end{bmatrix}^{\mathrm{T}} [\mathbf{i} \quad \mathbf{j} \quad \mathbf{k}]^{\mathrm{T}} \\ &= [\mathbf{i} \quad \mathbf{j} \quad \mathbf{k}] \begin{bmatrix} 0 & 0 & 0 \\ 1 & 0 & 0 \\ 0 & 0 & 0 \end{bmatrix} \begin{bmatrix} \mathbf{i} \\ \mathbf{j} \\ \mathbf{k} \end{bmatrix} \\ &= \mathbf{ji}. \end{aligned} \tag{23}$$

마찬가지 방법으로 $\mathbf{ij} = (\mathbf{ji})^{\mathrm{T}}$임을 보일 수 있다. ◀

☑ 일반적으로, $(\mathbf{ab})^{\mathrm{T}} = \mathbf{ba}$가 성립한다. 왜냐하면

$$\begin{aligned} (\mathbf{ab})^{\mathrm{T}} &= \left[(\mathbf{i}_i a_i)(\mathbf{i}_j b_j)\right]^{\mathrm{T}} = (\mathbf{i}_i \mathbf{i}_j a_i b_j)^{\mathrm{T}} \\ &= (\mathbf{i}_i \mathbf{i}_j)^{\mathrm{T}} a_i b_j = \mathbf{i}_j \mathbf{i}_i a_i b_j = (\mathbf{i}_j b_j)(\mathbf{i}_i a_i) = \mathbf{ba}. \end{aligned}$$

실제로 이 결과는 $(\mathbf{a}\nabla\phi)^{\mathrm{T}} = (\nabla\phi)\mathbf{a}$와 같은 형태로 사용된다.

예제 5 $\mathbf{a} \cdot \mathsf{D} = \mathsf{D}^{\mathrm{T}} \cdot \mathbf{a}$임을 보여라.

☞ 반복되는 첨자는 합을 나타내는 규칙을 이용하여 쓰면

$$\mathbf{a} \cdot \mathsf{D} = (\mathbf{i}_k a_k) \cdot (\mathbf{i}_i \mathbf{i}_j D_{ij}) = \mathbf{i}_k \cdot \mathbf{i}_i \mathbf{i}_j (a_k D_{ij}) = \mathbf{i}_j a_i D_{ij}$$

$$\mathsf{D}^{\mathrm{T}} \cdot \mathbf{a} = (\mathbf{i}_i \mathbf{i}_j D_{ij})^{\mathrm{T}} \cdot (\mathbf{i}_k a_k) = (\mathbf{i}_j \mathbf{i}_i D_{ij}) \cdot (\mathbf{i}_k a_k) = \mathbf{i}_j (D_{ij}) a_i$$

로 동일한 결과를 얻는다. ◀

연습문제

[1] 단위벡터 $\mathbf{u}, \mathbf{v}$에 대해서 $\mathsf{H} \cdot \mathbf{u} = \mathbf{v}$, $\quad \mathsf{H} \cdot \mathbf{v} = \mathbf{u}$가 되는 텐서는

$$\mathbf{H} = \mathbf{I} + \frac{\mathbf{uv} + \mathbf{vu} - \mathbf{uu} - \mathbf{vv}}{1 - \mathbf{u}\cdot\mathbf{v}}$$

임을 보여라. 이 텐서는 **u**는 **v**로, **v**는 **u**로 반사하는 텐서(reflector tensor)이다.

[2] 깨끗한 거울의 단위법선벡터를 **n**이라고 할 때, 빛이 들어오는 벡터가 **u**이면 반사되는 벡터는 텐서 **R**을 이용하여 $\mathbf{R}\cdot\mathbf{u}$ 라고 한다. 이때, 다음을 보여라.

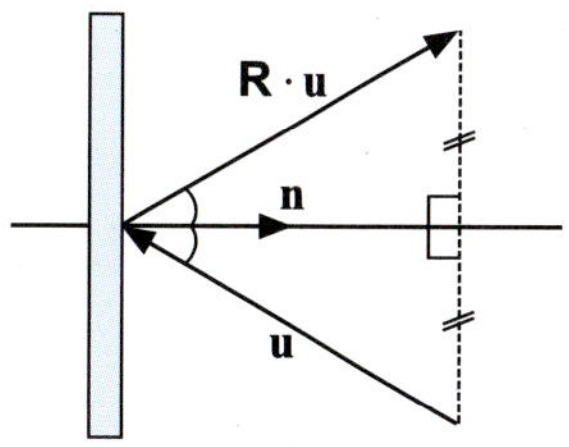

(a) $\mathbf{R} = \mathbf{I} - 2\mathbf{nn}$

(b) $\mathbf{R} = \mathbf{R}^T, \quad \mathbf{R}^2 = \mathbf{I}$

20-2 좌표변환과 2차텐서

응력텐서와 좌표변환. 행렬에 의한 응력텐서의 표현

$$\mathbf{A} = \mathbf{i}_i\mathbf{i}_j A_{ij} = [\mathbf{i} \quad \mathbf{j} \quad \mathbf{k}]\begin{bmatrix} A_{11} & A_{12} & A_{13} \\ A_{21} & A_{22} & A_{23} \\ A_{31} & A_{32} & A_{33} \end{bmatrix}\begin{bmatrix} \mathbf{i} \\ \mathbf{j} \\ \mathbf{k} \end{bmatrix} \tag{24}$$

또는, 2차원인 경우의 표현

$$\mathbf{A} = \mathbf{i}_i\mathbf{i}_j A_{ij} = [\mathbf{i} \quad \mathbf{j}]\begin{bmatrix} A_{11} & A_{12} \\ A_{21} & A_{22} \end{bmatrix}\begin{bmatrix} \mathbf{i} \\ \mathbf{j} \end{bmatrix} \tag{25}$$

에서 나타나는 카테시안 좌표계의 정규직교기저 **i**, **j**, **k** 또는 **i**, **j**는 다른 좌표계의 정규직교기저로 표현될 수 있으며, 이러한 좌표변환 특히, 회전에 의한 변환의 경우를 살펴보기로 한다.

간결한 논의를 위하여 식 (25)로 주어지는, 2차원 공간에서의 응력텐서를 고려하기로 한다. 먼저, 그림 20.2에 보인 회전에 의한 좌표변환으로부터

$$\begin{bmatrix} \mathbf{i} \\ \mathbf{j} \end{bmatrix} = \mathbf{L}\begin{bmatrix} \mathbf{e}_1 \\ \mathbf{e}_2 \end{bmatrix}, \quad \mathbf{L} \equiv \begin{bmatrix} \cos\theta & -\sin\theta \\ \sin\theta & \cos\theta \end{bmatrix} \tag{26}$$

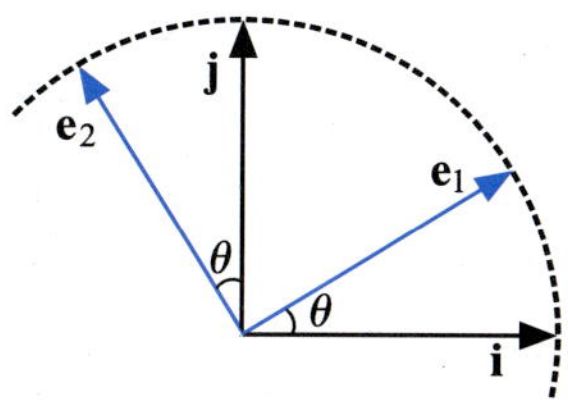

$$\mathbf{i} = \mathbf{e}_1\cos\theta - \mathbf{e}_2\sin\theta$$
$$\mathbf{j} = \mathbf{e}_1\sin\theta + \mathbf{e}_2\cos\theta$$

그림 20.2 회전에 의한 좌표변환

의 관계를 얻을 수 있다. 위에서, 변환행렬 $\mathbf{L}$은 직교변환(orthogonal transformation)에 관계하는 직교행렬로 $\mathbf{L}^{-1} = \mathbf{L}^{\mathrm{T}}$인 성질을 가진다(5-8절 참조). 계속하여, 식 (26)의 전치

$$[\mathbf{i} \quad \mathbf{j}] = \left[\mathbf{L}\begin{bmatrix}\mathbf{e}_1\\ \mathbf{e}_2\end{bmatrix}\right]^{\mathrm{T}} = [\mathbf{e}_1 \quad \mathbf{e}_2]\mathbf{L}^{\mathrm{T}}$$

를 취하고, 행렬 $\mathbf{A} = \begin{bmatrix}A_{11} & A_{12}\\ A_{21} & A_{22}\end{bmatrix}$를 정의하여 식 (25)에 대입하면

$$\mathbf{A} = \mathbf{i}_i \mathbf{i}_j A_{ij} = [\mathbf{i} \quad \mathbf{j}]\begin{bmatrix}A_{11} & A_{12}\\ A_{21} & A_{22}\end{bmatrix}\begin{bmatrix}\mathbf{i}\\ \mathbf{j}\end{bmatrix} = [\mathbf{e}_1 \quad \mathbf{e}_2]\mathbf{L}^{\mathrm{T}}\mathbf{A}\mathbf{L}\begin{bmatrix}\mathbf{e}_1\\ \mathbf{e}_2\end{bmatrix}$$

를 얻는다. 특히, 직교행렬 $\mathbf{L}^{-1} = \mathbf{L}^{\mathrm{T}}$를 이용하면

$$\mathbf{A} = [\mathbf{e}_1 \quad \mathbf{e}_2]\mathbf{L}^{-1}\mathbf{A}\mathbf{L}\begin{bmatrix}\mathbf{e}_1\\ \mathbf{e}_2\end{bmatrix} \tag{27}$$

인 일반형으로 된다. 위에서, 행렬 $\mathbf{L}^{-1}\mathbf{A}\mathbf{L}$은 $\mathbf{A}$와 상사(similarity)관계에 있다고 하며 **상사행렬**이라고 부른다. 상사행렬은 원래 행렬의 고유값을 보존하는 중요한 성질을 가진다(5-8절 참조).

예제 6 식 (27)로 주어지는 상사행렬 $\tilde{\mathbf{A}} = \mathbf{L}^{-1}\mathbf{A}\mathbf{L}$의 각 원소를 모두 적고, 행렬 $\mathbf{A}$가 대칭행렬일 때 $\tilde{\mathbf{A}}$가 대각행렬이 될 조건을 구하라.

☞ 직교행렬의 성질 $\mathbf{L}^{-1} = \mathbf{L}^{\mathrm{T}}$를 이용하면

$$\begin{aligned}
\tilde{\mathbf{A}} &= \mathbf{L}^{-1}\mathbf{A}\mathbf{L}\\
&= \begin{bmatrix}\cos\theta & \sin\theta\\ -\sin\theta & \cos\theta\end{bmatrix}\begin{bmatrix}A_{11} & A_{12}\\ A_{21} & A_{22}\end{bmatrix}\begin{bmatrix}\cos\theta & -\sin\theta\\ \sin\theta & \cos\theta\end{bmatrix}\\
&= \begin{bmatrix}\cos\theta & \sin\theta\\ -\sin\theta & \cos\theta\end{bmatrix}\begin{bmatrix}A_{11}\cos\theta + A_{12}\sin\theta & -A_{11}\sin\theta + A_{12}\cos\theta\\ A_{21}\cos\theta + A_{22}\sin\theta & -A_{21}\sin\theta + A_{22}\cos\theta\end{bmatrix}\\
&= \begin{bmatrix}\begin{matrix}\cos\theta(A_{11}\cos\theta + A_{12}\sin\theta)\\ +\sin\theta(A_{21}\cos\theta + A_{22}\sin\theta)\end{matrix} & \begin{matrix}\cos\theta(-A_{11}\sin\theta + A_{12}\cos\theta)\\ +\sin\theta(-A_{21}\sin\theta + A_{22}\cos\theta)\end{matrix}\\ \begin{matrix}-\sin\theta(A_{11}\cos\theta + A_{12}\sin\theta)\\ +\cos\theta(A_{21}\cos\theta + A_{22}\sin\theta)\end{matrix} & \begin{matrix}-\sin\theta(-A_{11}\sin\theta + A_{12}\cos\theta)\\ +\cos\theta(-A_{21}\sin\theta + A_{22}\cos\theta)\end{matrix}\end{bmatrix}
\end{aligned}$$

즉,

$$\begin{aligned}
\tilde{A}_{11} &= A_{11}\cos^2\theta + A_{22}\sin^2\theta + (A_{12} + A_{21})\cos\theta\sin\theta\\
\tilde{A}_{22} &= A_{11}\sin^2\theta + A_{22}\cos^2\theta - (A_{12} + A_{21})\cos\theta\sin\theta\\
\tilde{A}_{12} &= A_{12}\cos^2\theta - A_{21}\sin^2\theta + (A_{22} - A_{11})\cos\theta\sin\theta\\
\tilde{A}_{21} &= A_{21}\cos^2\theta - A_{12}\sin^2\theta + (A_{22} - A_{11})\cos\theta\sin\theta
\end{aligned} \tag{28}$$

로 된다. 만일, 행렬 $\mathbf{A}$가 대칭행렬이라면 $A_{12} = A_{21}$이 되고, 윗식으로부터 상사행렬 $\tilde{\mathbf{A}}$가 대

각행렬이 되기 위해서는

$$\tilde{A}_{12} = \tilde{A}_{21} = A_{12}(\cos^2\theta - \sin^2\theta) + (A_{22} - A_{11})\cos\theta\sin\theta = 0 \tag{29}$$

이 성립해야 한다. 그런데,

$$\cos 2\theta = \cos^2\theta - \sin^2\theta, \quad \sin 2\theta = 2\cos\theta\sin\theta$$

이므로, 식 (29)를 풀면

$$A_{12}\cos 2\theta + (A_{22} - A_{11})\frac{1}{2}\sin 2\theta = 0 \quad \Rightarrow \quad \tan 2\theta = \frac{2A_{12}}{A_{11} - A_{22}} \tag{30}$$

인 조건을 얻는다. ◀

예제 7 행렬을 사용하지 말고 응력텐서의 다이아드 표현 $\mathbf{A} = \mathbf{i}_i\mathbf{i}_j A_{ij}$로부터 직접 식 (28)을 유도하라.

☞ 그림 20.2에 보인 좌표변환관계

$$\mathbf{i} = \mathbf{e}_1\cos\theta - \mathbf{e}_2\sin\theta$$
$$\mathbf{j} = \mathbf{e}_1\sin\theta + \mathbf{e}_2\cos\theta$$

를 직접 대입하면

$$\begin{aligned}
\mathbf{A} &= \mathbf{i}_i\mathbf{i}_j A_{ij} \\
&= A_{11}\mathbf{ii} + A_{12}\mathbf{ij} + A_{21}\mathbf{ji} + A_{22}\mathbf{jj} \\
&= A_{11}(\mathbf{e}_1\cos\theta - \mathbf{e}_2\sin\theta)(\mathbf{e}_1\cos\theta - \mathbf{e}_2\sin\theta) \\
&\quad + A_{12}(\mathbf{e}_1\cos\theta - \mathbf{e}_2\sin\theta)(\mathbf{e}_1\sin\theta + \mathbf{e}_2\cos\theta) \\
&\quad + A_{21}(\mathbf{e}_1\sin\theta + \mathbf{e}_2\cos\theta)(\mathbf{e}_1\cos\theta - \mathbf{e}_2\sin\theta) \\
&\quad + A_{22}(\mathbf{e}_1\sin\theta + \mathbf{e}_2\cos\theta)(\mathbf{e}_1\sin\theta + \mathbf{e}_2\cos\theta) \\
&= \mathbf{e}_1\mathbf{e}_1(A_{11}\cos^2\theta + A_{12}\cos\theta\sin\theta + A_{21}\sin\theta\cos\theta + A_{22}\sin^2\theta) \\
&\quad + \mathbf{e}_1\mathbf{e}_2(-A_{11}\cos\theta\sin\theta + A_{12}\cos^2\theta - A_{21}\sin^2\theta + A_{22}\sin\theta\cos\theta) \\
&\quad + \mathbf{e}_2\mathbf{e}_1(-A_{11}\sin\theta\cos\theta - A_{12}\sin^2\theta + A_{21}\cos^2\theta + A_{22}\cos\theta\sin\theta) \\
&\quad + \mathbf{e}_2\mathbf{e}_2(A_{11}\sin^2\theta - A_{12}\sin\theta\cos\theta - A_{21}\cos\theta\sin\theta + A_{22}\cos^2\theta)
\end{aligned}$$

가 되고

$$\mathbf{A} = \mathbf{e}_i\mathbf{e}_j\tilde{A}_{ij} \tag{31}$$

와 비교하면, 식 (28)과 동일한 결과를 얻는다. ◀

예제 8 그림 20.3의 왼쪽에 보인 것처럼 순수히 전단응력만이 작용하는 경우를 45° 회전한 미소체적면에서는 전단응력이 0으로 표현되는 사실을 보여라.

☞ 그림에 나타난 응력은 $\sigma(\mathbf{ij} + \mathbf{ji})$로 쓸 수 있다(앞의 예제 3 참조). 계속해서, $\theta = 45°$인 경우에 대한 좌표변환관계

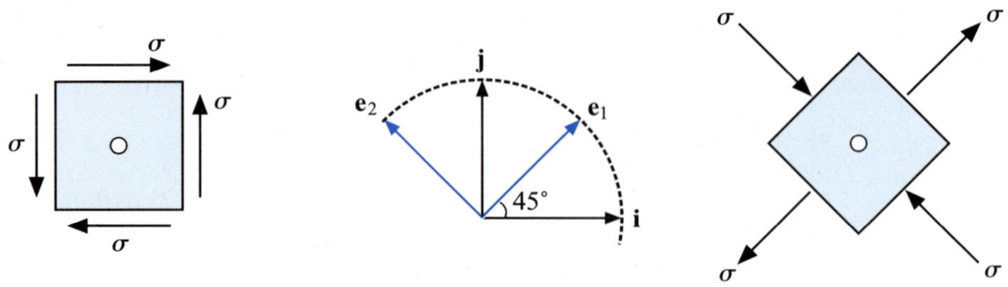

그림 20.3 동일한 응력텐서의 서로 다른 표현

$$\begin{aligned} \mathbf{i} &= \mathbf{e}_1 \cos\theta - \mathbf{e}_2 \sin\theta = \frac{1}{\sqrt{2}}(\mathbf{e}_1 - \mathbf{e}_2) \\ \mathbf{j} &= \mathbf{e}_1 \sin\theta + \mathbf{e}_2 \cos\theta = \frac{1}{\sqrt{2}}(\mathbf{e}_1 + \mathbf{e}_2) \end{aligned} \tag{32}$$

를 대입하면

$$\begin{aligned} \sigma(\mathbf{ij} + \mathbf{ji}) &= \sigma\left[\frac{1}{\sqrt{2}}(\mathbf{e}_1 - \mathbf{e}_2)\frac{1}{\sqrt{2}}(\mathbf{e}_1 + \mathbf{e}_2) + \frac{1}{\sqrt{2}}(\mathbf{e}_1 + \mathbf{e}_2)\frac{1}{\sqrt{2}}(\mathbf{e}_1 - \mathbf{e}_2)\right] \\ &= \frac{\sigma}{2}[(\mathbf{e}_1\mathbf{e}_2 + \mathbf{e}_1\mathbf{e}_2 - \mathbf{e}_2\mathbf{e}_1 - \mathbf{e}_2\mathbf{e}_2) + (\mathbf{e}_1\mathbf{e}_2 - \mathbf{e}_1\mathbf{e}_2 + \mathbf{e}_2\mathbf{e}_1 - \mathbf{e}_2\mathbf{e}_2)] \\ &= \sigma(\mathbf{e}_1\mathbf{e}_1 - \mathbf{e}_2\mathbf{e}_2) \end{aligned} \tag{33}$$

가 된다. 위의 결과를 해석하면

① $\mathbf{e}_1$면에서 $\mathbf{e}_1$방향으로 σ만큼의 인장력(引張力; tension)

② $\mathbf{e}_2$면에서 $\mathbf{e}_2$방향으로 σ만큼의 압축력(壓縮力; compression)

이 되고, 그림 20.3의 오른쪽에 보인 것과 같다. ◀

☑ 분필의 양끝을 잡고 비틀었을 때 부러지는 면이 45°의 각을 이루는 사실은 이 예제의 응용이 된다. 위 예제는 보통 Mohr의 원을 이용하여 해결하고 있다.

***2차원 응력텐서와 Mohr의 원.** 연속체역학에서 응력텐서는 대칭으로 주어진다. 이때, 2차원 응력텐서 $\mathbf{A} = [\mathbf{e}_1 \ \ \mathbf{e}_2]\mathbf{L}^{-1}\mathbf{AL}\begin{bmatrix}\mathbf{e}_1 \\ \mathbf{e}_2\end{bmatrix}$의 경우 $A_{12} = A_{21}$이므로 식 (28)로부터

$$\begin{aligned} \tilde{A}_{11} &= A_{11}\cos^2\theta + A_{22}\sin^2\theta + (A_{12} + A_{21})\cos\theta\sin\theta \\ \tilde{A}_{12} = \tilde{A}_{21} &= A_{12}(\cos^2\theta - \sin^2\theta) + (A_{22} - A_{11})\cos\theta\sin\theta \\ \tilde{A}_{22} &= A_{11}\sin^2\theta + A_{22}\cos^2\theta - (A_{12} + A_{21})\cos\theta\sin\theta \end{aligned} \tag{34}$$

로 되고,

$$\begin{aligned} \cos^2\theta &= \frac{1 + \cos 2\theta}{2} \\ \sin^2\theta &= \frac{1 - \cos 2\theta}{2} \\ \sin\theta\cos\theta &= \frac{1}{2}\sin 2\theta \end{aligned}$$

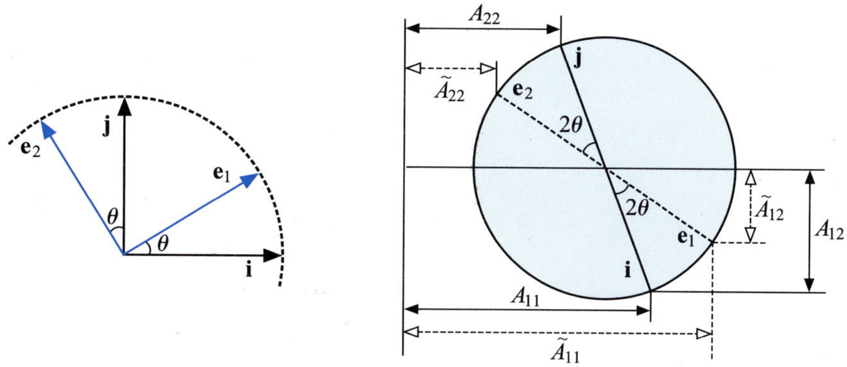

그림 20.4 응력텐서에 대한 Mohr의 원

인 공식을 이용하면 식 (34)는

$$
\begin{aligned}
\tilde{A}_{11} &= \frac{A_{11}+A_{22}}{2} + \frac{A_{11}-A_{22}}{2}\cos 2\theta + A_{12}\sin 2\theta \\
\tilde{A}_{12} &= \qquad\qquad\; - \frac{A_{11}-A_{22}}{2}\sin 2\theta + A_{12}\cos 2\theta \\
\tilde{A}_{22} &= \frac{A_{11}+A_{22}}{2} - \frac{A_{11}-A_{22}}{2}\cos 2\theta - A_{12}\sin 2\theta
\end{aligned} \tag{35}
$$

인 형태로 된다. 위의 계산은 그림 20.4에 보인 Mohr의 원을 이용하여 구하는 것이 연속체역학에서 잘 알려져 있다. 특히, 응력텐서가

$$
\boldsymbol{\sigma} = \lambda_1 \mathbf{e}_1\mathbf{e}_1 + \lambda_2 \mathbf{e}_2\mathbf{e}_2 + \lambda_3 \mathbf{e}_3\mathbf{e}_3 = \begin{bmatrix} \mathbf{e}_1 & \mathbf{e}_2 & \mathbf{e}_3 \end{bmatrix} \begin{bmatrix} \lambda_1 & 0 & 0 \\ 0 & \lambda_2 & 0 \\ 0 & 0 & \lambda_3 \end{bmatrix} \begin{bmatrix} \mathbf{e}_1 \\ \mathbf{e}_2 \\ \mathbf{e}_3 \end{bmatrix} \tag{36}
$$

와 같이 주어진 면의 수직방향성분만을 가지는 경우를 **응력텐서의 주방향**이라고 한다.

20-3 ∇을 포함하는 텐서연산

카테시안 좌표계의 기저벡터 **i**, **j**, **k**는 크기와 방향이 모두 일정하기 때문에 그 미분은 항상 0이다. 즉, $\nabla\mathbf{i} = \nabla^2\mathbf{i} = 0$ 등으로 된다. 그러나, 원통 및 구면좌표계의 기저벡터는 크기는 일정하지만 방향이 변하므로 이러한 기저벡터의 미분은 0이 아니다. 예를 들어 $\nabla\mathbf{e}_r$은 2차텐서, $\nabla^2\mathbf{e}_r$은 벡터로 나타난다. 이 절에서는 이와 같이 ∇연산자를 포함하는 텐서연산을 다루기로 한다.

텐서와 ∇ 연산. ∇을 포함하는 벡터연산들, $\nabla\phi$, $\nabla\cdot\mathbf{u}$, $\nabla\times\mathbf{u}$, $\nabla^2\phi$에 대해서는 7장에서 이미 다루었다. 이 절에서는 ∇을 포함하는 텐서연산에서 매우 중요한 공식과 그 응용을 다룬다. 공

식은 다음과 같다.

$$\nabla(\phi\mathbf{u}) = (\nabla\phi)\mathbf{u} + \phi\nabla\mathbf{u} \tag{37}$$

$$\nabla\cdot(\mathbf{ab}) = (\nabla\cdot\mathbf{a})\mathbf{b} + (\mathbf{a}\cdot\nabla)\mathbf{b} \tag{38}$$

$$\nabla\cdot(\phi\mathbf{D}) = \phi\nabla\cdot\mathbf{D} + (\nabla\phi)\cdot\mathbf{D} \tag{39}$$

$$\nabla^2(\phi\mathbf{u}) = (\nabla^2\phi)\mathbf{u} + 2\nabla\phi\cdot\nabla\mathbf{u} + \phi\nabla^2\mathbf{u} \tag{40}$$

예제 9 $\nabla(\phi\mathbf{u}) = (\nabla\phi)\mathbf{u} + \phi\nabla\mathbf{u}$를 보여라.

☞ 수식의 증명은 항상 카테시안 벡터를 이용한다. 따라서 $\mathbf{u} = \mathbf{i}_j u_j$로 두고 $\partial\mathbf{i}_j/\partial x_i = 0$임을 이용하면

$$\begin{aligned}\nabla(\phi\mathbf{u}) &= \mathbf{i}_i\frac{\partial}{\partial x_i}(\phi\mathbf{i}_j u_j) = \mathbf{i}_i\left(\frac{\partial\phi}{\partial x_i}\mathbf{i}_j u_j + \phi\mathbf{i}_j\frac{\partial u_j}{\partial x_i}\right)\\ &= \left(\mathbf{i}_i\frac{\partial\phi}{\partial x_i}\right)(\mathbf{i}_j u_j) + \phi\mathbf{i}_i\frac{\partial}{\partial x_i}(\mathbf{i}_j u_j)\\ &= (\nabla\phi)\,\mathbf{u} + \phi\nabla\mathbf{u}\end{aligned} \tag{41}$$

예제 10 $\nabla\cdot(\mathbf{ab}) = (\nabla\cdot\mathbf{a})\mathbf{b} + (\mathbf{a}\cdot\nabla)\mathbf{b}$를 보여라.

☞ 카테시안 기저벡터에 대해서 $\mathbf{i}_i\cdot\mathbf{i}_j = \delta_{ij}$임을 이용하면

$$\begin{aligned}\nabla\cdot(\mathbf{ab}) &= \mathbf{i}_i\frac{\partial}{\partial x_i}\cdot(\mathbf{i}_j a_j\mathbf{i}_k b_k)\\ &= \mathbf{i}_i\cdot\left[\mathbf{i}_j\mathbf{i}_k\left(\frac{\partial a_j}{\partial x_i}b_k + a_j\frac{\partial b_k}{\partial x_i}\right)\right]\\ &= \frac{\partial a_j}{\partial x_j}(\mathbf{i}_k b_k) + a_j\frac{\partial}{\partial x_j}(\mathbf{i}_k b_k) = (\nabla\cdot\mathbf{a})\,\mathbf{b} + (\mathbf{a}\cdot\nabla)\,\mathbf{b}\end{aligned} \tag{42}$$

예제 11 $\nabla\cdot(\phi\mathbf{D}) = \phi\nabla\cdot\mathbf{D} + (\nabla\phi)\cdot\mathbf{D}$를 보여라.

☞ 카테시안 기저벡터에 대해서 $\mathbf{i}_i\cdot\mathbf{i}_j = \delta_{ij}$임을 이용하면

$$\begin{aligned}\nabla\cdot(\phi\mathbf{D}) &= \mathbf{i}_i\frac{\partial}{\partial x_i}\cdot(\phi D_{jk}\mathbf{i}_j\mathbf{i}_k)\\ &= \frac{\partial}{\partial x_j}(\phi D_{jk})\mathbf{i}_k\\ &= \frac{\partial\phi}{\partial x_j}D_{jk}\mathbf{i}_k + \phi\frac{\partial D_{jk}}{\partial x_j}\mathbf{i}_k = (\nabla\phi)\cdot\mathbf{D} + \phi\nabla\cdot\mathbf{D}\end{aligned} \tag{43}$$

예제 12 $\nabla^2(\phi\mathbf{u}) = (\nabla^2\phi)\mathbf{u} + 2\nabla\phi\cdot\nabla\mathbf{u} + \phi\nabla^2\mathbf{u}$를 보여라.

☞ $\nabla^2(\phi\mathbf{u}) = \nabla\cdot\nabla(\phi\mathbf{u})$로 두고 식 (37)을 사용하면

$$\nabla \cdot \nabla(\phi \mathbf{u}) = \nabla \cdot [(\nabla \phi)\mathbf{u} + \phi \nabla \mathbf{u}]$$

로 전개된다. 윗식의 첫째 항에는 식 (38)을 적용하고, 둘째 항에는 식 (39)를 적용하면($\nabla \mathbf{u}$는 2차텐서이다)

$$\begin{aligned}\nabla \cdot \nabla(\phi \mathbf{u}) &= \nabla \cdot [(\nabla \phi)\mathbf{u} + \phi \nabla \mathbf{u}] \\ &= [\nabla \cdot (\nabla \phi)]\mathbf{u} + (\nabla \phi) \cdot \nabla \mathbf{u} + \phi \nabla \cdot (\nabla \mathbf{u}) + (\nabla \phi) \cdot \nabla \mathbf{u} \\ &= (\nabla^2 \phi)\mathbf{u} + 2\nabla \phi \cdot \nabla \mathbf{u} + \phi \nabla^2 \mathbf{u} \quad ◀\end{aligned} \tag{44}$$

☑ $\nabla^2(uv) = (\nabla^2 u)v + 2\nabla u \cdot \nabla v + u(\nabla^2 v)$와 비교해 보라.

기저벡터의 미분. 주어진 좌표계에서 기저벡터의 미분은 매우 중요한 역할을 한다(예를 들어 원통좌표계에서 속도벡터는 $\mathbf{r} = r\mathbf{e}_r$의 미분으로 주어진다). 어떤 기저벡터를

$$\mathbf{e} = a\mathbf{i} + b\mathbf{j} + c\mathbf{k}$$

로 나타내면

$$\nabla \mathbf{e} = \nabla(a\mathbf{i} + b\mathbf{j} + c\mathbf{k}) = (\nabla a)\mathbf{i} + (\nabla b)\mathbf{j} + (\nabla c)\mathbf{k} \tag{45}$$

와 같이 계산할 수 있다.

☑ 그러나 윗식과 매우 비슷하게 생겼지만 $(\nabla \mathbf{e})^{\mathrm{T}} = \mathbf{i}\nabla a + \mathbf{j}\nabla b + \mathbf{k}\nabla c$임에 특히 주의해야 한다. 이것은

$$\begin{aligned}\nabla \mathbf{e} &= \left(\mathbf{i}\frac{\partial}{\partial x} + \mathbf{j}\frac{\partial}{\partial y} + \mathbf{k}\frac{\partial}{\partial z}\right)(\mathbf{i}a + \mathbf{j}b + \mathbf{k}c) \\ &= \left(\mathbf{i}\frac{\partial a}{\partial x} + \mathbf{j}\frac{\partial a}{\partial y} + \mathbf{k}\frac{\partial a}{\partial z}\right)\mathbf{i} + \left(\mathbf{i}\frac{\partial b}{\partial x} + \mathbf{j}\frac{\partial b}{\partial y} + \mathbf{k}\frac{\partial b}{\partial z}\right)\mathbf{j} + \cdots \\ &= (\nabla a)\mathbf{i} + (\nabla b)\mathbf{j} + \cdots\end{aligned}$$

에서 보듯이 ∇ 연산자와 벡터 $\mathbf{i}$의 순서를 마음대로 바꿀 수 없기 때문이다(실제로 ∇ 연산자 자체는 마치 벡터처럼 행동한다).

예제 13 극좌표계 (r, θ)에서 $\nabla \mathbf{e}_r$을 구하라.

☞ 극좌표계에서 $\mathbf{e}_r = \mathbf{i}\cos\theta + \mathbf{j}\sin\theta$와 $\mathbf{L} = \begin{bmatrix}\cos\theta & -\sin\theta \\ \sin\theta & \cos\theta\end{bmatrix}$를 이용하면

$$\begin{aligned}\nabla \mathbf{e}_r &= \left(\mathbf{e}_r \frac{\partial}{\partial r} + \mathbf{e}_\theta \frac{1}{r}\frac{\partial}{\partial \theta}\right)(\mathbf{i}\cos\theta + \mathbf{j}\sin\theta) \\ &= [\mathbf{e}_r \quad \mathbf{e}_\theta]\begin{bmatrix}\dfrac{\partial}{\partial r} \\ \dfrac{1}{r}\dfrac{\partial}{\partial \theta}\end{bmatrix}[\cos\theta \quad \sin\theta]\begin{bmatrix}\mathbf{i} \\ \mathbf{j}\end{bmatrix} \\ &= [\mathbf{e}_r \quad \mathbf{e}_\theta]\frac{1}{r}\begin{bmatrix}0 & 0 \\ -\sin\theta & \cos\theta\end{bmatrix}\begin{bmatrix}\cos\theta & -\sin\theta \\ \sin\theta & \cos\theta\end{bmatrix}\begin{bmatrix}\mathbf{e}_r \\ \mathbf{e}_\theta\end{bmatrix} \\ &= [\mathbf{e}_r \quad \mathbf{e}_\theta]\frac{1}{r}\begin{bmatrix}0 & 0 \\ 0 & 1\end{bmatrix}\begin{bmatrix}\mathbf{e}_r \\ \mathbf{e}_\theta\end{bmatrix}\end{aligned}$$

즉,

$$\nabla \mathbf{e}_r = \frac{1}{r}\mathbf{e}_\theta \mathbf{e}_\theta \quad ◀ \tag{46}$$

예제 14 구면좌표계에서 $\nabla^2 \mathbf{e}_r$을 구하라.

☞ 라플라시안에 대해서

$$\nabla^2 = \frac{1}{r^2}\frac{\partial}{\partial r}\left(r^2 \frac{\partial}{\partial r}\right) + \frac{1}{r^2 \sin\theta}\frac{\partial}{\partial \theta}\left(\sin\theta \frac{\partial}{\partial \theta}\right) + \frac{1}{r^2 \sin^2\theta}\frac{\partial}{\partial \varphi}\left(\frac{\partial}{\partial \varphi}\right)$$

을 이용하여 먼저

$$\begin{aligned} \nabla^2 \cos\theta &= \frac{-2\cos\theta}{r^2}, \quad \nabla^2 \sin\theta = \frac{\cos^2\theta - \sin^2\theta}{r^2 \sin\theta} \\ \nabla^2 \cos\varphi &= \frac{-\cos\varphi}{r^2 \sin^2\theta}, \quad \nabla^2 \sin\varphi = \frac{-\sin\varphi}{r^2 \sin^2\theta} \end{aligned} \tag{47}$$

를 구하고, $\mathbf{e}_r = \mathbf{i}\sin\theta\cos\varphi + \mathbf{j}\sin\theta\sin\varphi + \mathbf{k}\cos\theta$의 라플라시안을 구하면

$$\begin{aligned} \nabla^2 \mathbf{e}_r &= \mathbf{i}\nabla^2(\sin\theta\cos\varphi) + \mathbf{j}\nabla^2(\sin\theta\sin\varphi) + \mathbf{k}\nabla^2\cos\theta \\ &= \mathbf{i}\left[\frac{\cos^2\theta - \sin^2\theta}{r^2\sin\theta}\cos\varphi + \sin\theta\left(\frac{-\cos\varphi}{r^2\sin^2\theta}\right)\right] \\ &\quad + \mathbf{j}\left[\frac{\cos^2\theta - \sin^2\theta}{r^2\sin\theta}\sin\varphi + \sin\theta\left(\frac{-\sin\varphi}{r^2\sin^2\theta}\right)\right] \\ &\quad + \mathbf{k}\frac{-2\cos\theta}{r^2} \\ &= -\frac{2}{r^2}(\mathbf{i}\sin\theta\cos\varphi + \mathbf{j}\sin\theta\sin\varphi + \mathbf{k}\cos\theta) = -\frac{2}{r^2}\mathbf{e}_r \end{aligned} \tag{48}$$

을 얻는다. ◀

☑ 위에서 $\nabla\theta\cdot\nabla\varphi = \frac{\mathbf{e}_\theta}{r}\cdot\frac{\mathbf{e}_\varphi}{r\sin\theta} = 0$이므로(직교좌표계이다),

$$\nabla^2(\sin\theta\cos\varphi) = (\nabla^2\sin\theta)\cos\varphi + 2\nabla\sin\theta\cdot\nabla\cos\varphi + \sin\theta(\nabla^2\cos\varphi)$$

에서 $\nabla\sin\theta\cdot\nabla\cos\varphi = 2(\cos\theta)(-\sin\varphi)\nabla\theta\cdot\nabla\varphi = 0$이 되는 것을 이용한 것이다.

☑ $\nabla^2\mathbf{e}_r$을 구하는 또다른 방법은 $\nabla\times(\nabla\times\mathbf{u}) = \nabla(\nabla\cdot\mathbf{u}) - \nabla^2\mathbf{u}$인 항등식으로부터 $\nabla^2\mathbf{u} = \nabla(\nabla\cdot\mathbf{u}) - \nabla\times(\nabla\times\mathbf{u})$에 대입하는 것이다. 즉, $\nabla\times\mathbf{e}_r = 0$ 및 $\nabla\cdot\mathbf{e}_r = \frac{2}{r}$이므로 $\nabla^2\mathbf{e}_r = \nabla(\nabla\cdot\mathbf{e}_r) - \nabla\times(\nabla\times\mathbf{e}_r) = \nabla\left(\frac{2}{r}\right) = -\frac{2}{r^2}\mathbf{e}_r$과 같이 구한다.

원통 및 구면좌표계에서 기저벡터에 대한 ∇연산. 원통좌표계 및 구면좌표계에서 자주 사용되는 공식을 표 20.1에 정리하였다. 그 증명은 앞의 예제와 같은 방법으로 한다(연습문제).

표 20.1 원통 및 구면 좌표계에서 기저벡터와 ∇연산

원통좌표계	구면좌표계
$\nabla \cdot \mathbf{e}_r = \frac{1}{r}$	$\nabla \cdot \mathbf{e}_r = \frac{2}{r}$
$\nabla \cdot \mathbf{e}_\theta = 0$	$\nabla \cdot \mathbf{e}_\theta = \frac{\cot\theta}{r}$
$\nabla \cdot \mathbf{e}_z = 0$	$\nabla \cdot \mathbf{e}_\varphi = 0$
$\nabla \mathbf{e}_r = \frac{1}{r}\mathbf{e}_\theta \mathbf{e}_\theta$	$\nabla \mathbf{e}_r = \frac{1}{r}(\mathbf{e}_\theta \mathbf{e}_\theta + \mathbf{e}_\varphi \mathbf{e}_\varphi)$
$\nabla \mathbf{e}_\theta = \frac{1}{r}(-\mathbf{e}_\theta \mathbf{e}_r)$	$\nabla \mathbf{e}_\theta = \frac{1}{r}(-\mathbf{e}_\theta \mathbf{e}_r + \mathbf{e}_\varphi \mathbf{e}_\varphi \cot\theta)$
$\nabla \mathbf{e}_z = 0$	$\nabla \mathbf{e}_\varphi = \frac{1}{r}(-\mathbf{e}_\varphi \mathbf{e}_r - \mathbf{e}_\varphi \mathbf{e}_\theta \cot\theta)$
$\nabla^2 \mathbf{e}_r = -\frac{1}{r^2}\mathbf{e}_r$	$\nabla^2 \mathbf{e}_r = -\frac{2}{r^2}\mathbf{e}_r$
$\nabla^2 \mathbf{e}_\theta = -\frac{1}{r^2}\mathbf{e}_\theta$	$\nabla^2 \mathbf{e}_\theta = -\frac{2\cot\theta}{r^2}\mathbf{e}_r - \frac{1}{r^2\sin^2\theta}\mathbf{e}_\theta$
$\nabla^2 \mathbf{e}_z = 0$	$\nabla^2 \mathbf{e}_\varphi = -\frac{1}{r^2\sin^2\theta}\mathbf{e}_\varphi$

*발산은 식 (7.46)과 (7.47)로부터 구한 것이다.

벡터의 구배, 라플라시안과 응력텐서의 발산. 원통 및 구면 좌표계에서 벡터의 구배 및 라플라시안과 응력텐서의 발산을 알아보자.

예제 15 구면좌표계에서 $\nabla\mathbf{u}$를 구하라.

☞ $\nabla(u_i\mathbf{e}_i) = (\nabla u_i)\mathbf{e}_i + u_i\nabla\mathbf{e}_i$이므로 표 20.1을 이용하면

$$\begin{aligned}\nabla\mathbf{u} &= (\nabla u_i)\,\mathbf{e}_i + u_r\nabla\mathbf{e}_r + u_\theta\nabla\mathbf{e}_\theta + u_\varphi\nabla\mathbf{e}_\varphi \\ &= (\nabla u_i)\,\mathbf{e}_i + \frac{u_r}{r}(\mathbf{e}_\theta\mathbf{e}_\theta + \mathbf{e}_\varphi\mathbf{e}_\varphi) \\ &\quad + \frac{u_\theta}{r}(-\mathbf{e}_\theta\mathbf{e}_r + \mathbf{e}_\varphi\mathbf{e}_\varphi\cot\theta) \\ &\quad + \frac{u_\varphi}{r}(-\mathbf{e}_\varphi\mathbf{e}_r - \mathbf{e}_\varphi\mathbf{e}_\theta\cot\theta)\end{aligned} \tag{49}$$

즉,

$$\begin{aligned}\nabla\mathbf{u} = (\nabla u_i)\mathbf{e}_i &- \mathbf{e}_\theta\mathbf{e}_r\frac{u_\theta}{r} + \mathbf{e}_\theta\mathbf{e}_\theta\frac{u_r}{r} - \mathbf{e}_\varphi\mathbf{e}_r\frac{u_\varphi}{r} \\ &- \mathbf{e}_\varphi\mathbf{e}_\theta\frac{u_\varphi\cot\theta}{r} + \mathbf{e}_\varphi\mathbf{e}_\varphi\frac{u_r + u_\theta\cot\theta}{r}\end{aligned} \tag{50}$$

예제 16 (r, θ) 극좌표계에서 속도벡터를 $\mathbf{u} = u\mathbf{e}_r + v\mathbf{e}_\theta$로 나타낼 경우 $\mathbf{u}\cdot\nabla\mathbf{u}$를 구하라.

☞ 표 20.1을 참조하면

$$\begin{aligned}\mathbf{u}\cdot\nabla\mathbf{u} &= \mathbf{u}\cdot\nabla(u\mathbf{e}_r+v\mathbf{e}_\theta)\\ &= \mathbf{u}\cdot[(\nabla u)\,\mathbf{e}_r+(\nabla v)\,\mathbf{e}_\theta+u\nabla\mathbf{e}_r+v\nabla\mathbf{e}_\theta)\\ &= (\mathbf{u}\cdot\nabla u)\,\mathbf{e}_r+(\mathbf{u}\cdot\nabla v)\,\mathbf{e}_\theta+(u\mathbf{e}_r+v\mathbf{e}_\theta)\cdot\left(\frac{u}{r}\,\mathbf{e}_\theta\mathbf{e}_\theta-\frac{v}{r}\,\mathbf{e}_\theta\mathbf{e}_r\right)\end{aligned}$$

즉,

$$\mathbf{u}\cdot\nabla\mathbf{u}=\left(u\frac{\partial u}{\partial r}+\frac{v}{r}\frac{\partial u}{\partial\theta}\right)\mathbf{e}_r+\left(u\frac{\partial v}{\partial r}+\frac{v}{r}\frac{\partial v}{\partial\theta}\right)\mathbf{e}_\theta+\frac{uv}{r}\,\mathbf{e}_\theta-\frac{v^2}{r}\,\mathbf{e}_r \tag{51}$$

을 얻는다. 위에서 $-\frac{v^2}{r}$은 구심가속도이고, $\frac{uv}{r}$는 코리올리스 가속도와 연관이 있다. 이 예제로부터 구심가속도는 $\mathbf{e}_\theta$의 방향이 바뀌는 것 때문에 나타난다는 사실을 쉽게 파악할 수 있다. ◀

예제 17 구면좌표계에서 $\mathbf{u}=u_r\mathbf{e}_r+u_\theta\mathbf{e}_\theta+u_\varphi\mathbf{e}_\varphi$로 나타낼 경우 $\mathbf{u}\cdot\nabla\mathbf{F}$를 구하라.

☞ 구면좌표계에서 $\nabla\mathbf{e}_r$, $\nabla\mathbf{e}_\theta$, $\nabla\mathbf{e}_\varphi$를 이용하게 된다. 표 20.1의 결과를 이용하면

$$\begin{aligned}\mathbf{u}\cdot\nabla\mathbf{F} &= \mathbf{u}\cdot\nabla(F_r\mathbf{e}_r+F_\theta\mathbf{e}_\theta+F_\varphi\mathbf{e}_\varphi)\\ &= \mathbf{u}\cdot[(\nabla F_r)\mathbf{e}_r+(\nabla F_\theta)\mathbf{e}_\theta+(\nabla F_\varphi)\mathbf{e}_\varphi+F_r\nabla\mathbf{e}_r+F_\theta\nabla\mathbf{e}_\theta+F_\varphi\nabla\mathbf{e}_\varphi]\\ &= (\mathbf{u}\cdot\nabla F_r)\mathbf{e}_r+(\mathbf{u}\cdot\nabla F_\theta)\mathbf{e}_\theta+(\mathbf{u}\cdot\nabla F_\varphi)\mathbf{e}_\varphi\\ &\quad+\mathbf{u}\cdot\frac{F_r}{r}(\mathbf{e}_\theta\mathbf{e}_\theta+\mathbf{e}_\varphi\mathbf{e}_\varphi)+\mathbf{u}\cdot\frac{F_\theta}{r}(-\mathbf{e}_\theta\mathbf{e}_r+\mathbf{e}_\varphi\mathbf{e}_\varphi\cot\theta)\\ &\quad+\mathbf{u}\cdot\frac{F_\varphi}{r}(-\mathbf{e}_\varphi\mathbf{e}_r-\mathbf{e}_\varphi\mathbf{e}_\theta\cot\theta)\\ &= (\mathbf{u}\cdot\nabla F_r)\mathbf{e}_r+(\mathbf{u}\cdot\nabla F_\theta)\mathbf{e}_\theta+(\mathbf{u}\cdot\nabla F_\varphi)\mathbf{e}_\varphi\\ &\quad+\frac{u_\theta F_r}{r}\mathbf{e}_\theta+\frac{u_\varphi F_r}{r}\mathbf{e}_\varphi-\frac{u_\theta F_\theta}{r}\mathbf{e}_r+\frac{u_\varphi F_\theta\cot\theta}{r}\mathbf{e}_\varphi\\ &\quad-\frac{u_\varphi F_\varphi}{r}\mathbf{e}_r-\frac{u_\varphi F_\varphi\cot\theta}{r}\mathbf{e}_\theta\end{aligned} \tag{52}$$

예제 18 구면좌표계에서 $\mathbf{u}=u_r\mathbf{e}_r+u_\theta\mathbf{e}_\theta+u_\varphi\mathbf{e}_\varphi$로 나타낼 경우 $\nabla^2\mathbf{u}$를 구하라.

☞ 표 20.1의 결과를 이용하면

$$\begin{aligned}\nabla^2(u_i\mathbf{e}_i) &= (\nabla^2u_i)\,\mathbf{e}_i+2\nabla u_i\cdot\nabla\mathbf{e}_i+u_i\nabla^2\mathbf{e}_i\\ &= (\nabla^2u_r)\mathbf{e}_r+(\nabla^2u_\theta)\mathbf{e}_\theta+(\nabla^2u_\varphi)\mathbf{e}_\varphi\\ &\quad+2\left(\mathbf{e}_r\frac{\partial u_r}{\partial r}+\mathbf{e}_\theta\frac{1}{r}\frac{\partial u_r}{\partial\theta}+\mathbf{e}_\varphi\frac{1}{r\sin\theta}\frac{\partial u_r}{\partial\varphi}\right)\cdot\frac{1}{r}(\mathbf{e}_\theta\mathbf{e}_\theta+\mathbf{e}_\varphi\mathbf{e}_\varphi)\\ &\quad+2\left(\mathbf{e}_r\frac{\partial u_\theta}{\partial r}+\mathbf{e}_\theta\frac{1}{r}\frac{\partial u_\theta}{\partial\theta}+\mathbf{e}_\varphi\frac{1}{r\sin\theta}\frac{\partial u_\theta}{\partial\varphi}\right)\cdot\frac{1}{r}(-\mathbf{e}_\theta\mathbf{e}_r+\mathbf{e}_\varphi\mathbf{e}_\varphi\cot\theta)\\ &\quad+2\left(\mathbf{e}_r\frac{\partial u_\varphi}{\partial r}+\mathbf{e}_\theta\frac{1}{r}\frac{\partial u_\varphi}{\partial\theta}+\mathbf{e}_\varphi\frac{1}{r\sin\theta}\frac{\partial u_\varphi}{\partial\varphi}\right)\cdot\frac{1}{r}(-\mathbf{e}_\varphi\mathbf{e}_r-\mathbf{e}_\varphi\mathbf{e}_\theta\cot\theta)\\ &\quad+u_r\left(-\frac{2}{r^2}\mathbf{e}_r\right)+u_\theta\left(-\frac{2\cot\theta}{r^2}\mathbf{e}_r-\frac{1}{r^2\sin^2\theta}\mathbf{e}_\theta\right)+u_\varphi\left(-\frac{1}{r^2\sin^2\theta}\mathbf{e}_\varphi\right)\end{aligned}$$

형태의 긴 수식을 얻는다. 이것을 각 방향의 성분별로 정리하면

$$(\nabla^2\mathbf{u})_r = (\nabla^2 u_r) - \frac{2}{r^2}\frac{\partial u_\theta}{\partial\theta} - \frac{2}{r^2\sin\theta}\frac{\partial u_\varphi}{\partial\varphi} - \frac{2u_r}{r^2} - \frac{2u_\theta\cot\theta}{r^2} \tag{53}$$

$$(\nabla^2\mathbf{u})_\theta = (\nabla^2 u_\theta) + \frac{2}{r^2}\frac{\partial u_r}{\partial\theta} - \frac{2\cot\theta}{r^2\sin\theta}\frac{\partial u_\varphi}{\partial\varphi} - \frac{u_\theta}{r^2\sin^2\theta} \tag{54}$$

$$(\nabla^2\mathbf{u})_\varphi = (\nabla^2 u_\varphi) + \frac{2}{r^2\sin\theta}\frac{\partial u_r}{\partial\varphi} + \frac{2\cot\theta}{r^2\sin\theta}\frac{\partial u_\theta}{\partial\varphi} - \frac{u_\varphi}{r^2\sin^2\theta} \tag{55}$$

***예제 19** 구면좌표계에서 $\boldsymbol{\sigma} = \sigma_{ij}\mathbf{e}_i\mathbf{e}_j$로 나타낼 경우 $\nabla\cdot\boldsymbol{\sigma}$를 구하라.

☞ 식 (39)와 식 (38)을 순서대로 적용하면

$$\begin{aligned}\nabla\cdot\boldsymbol{\sigma} &= \nabla\cdot(\sigma_{ij}\mathbf{e}_i\mathbf{e}_j) = \sigma_{ij}\nabla\cdot(\mathbf{e}_i\mathbf{e}_j) + \nabla\sigma_{ij}\cdot(\mathbf{e}_i\mathbf{e}_j)\\ &= \sigma_{ij}[(\nabla\cdot\mathbf{e}_i)\mathbf{e}_j + \mathbf{e}_i\cdot\nabla\mathbf{e}_j] + \nabla\sigma_{ij}\cdot\mathbf{e}_i\mathbf{e}_j\end{aligned}$$

로 되고, 우변의 각 항을 따로따로 구한다. 표 20.1을 이용하면

$$\begin{aligned}\sigma_{ij}(\nabla\cdot\mathbf{e}_i)\mathbf{e}_j &= [\sigma_{rj}(\nabla\cdot\mathbf{e}_r) + \sigma_{\theta j}(\nabla\cdot\mathbf{e}_\theta) + \sigma_{\varphi j}(\nabla\cdot\mathbf{e}_\varphi)]\mathbf{e}_j\\ &= \left(\frac{2}{r}\sigma_{rj} + \frac{\cot\theta}{r}\sigma_{\theta j}\right)\mathbf{e}_j\end{aligned}$$

이고, $i = r, \theta, \varphi$ 및 $j = r, \theta, \varphi$이므로

$$\begin{aligned}\sigma_{ij}\mathbf{e}_i\cdot\nabla\mathbf{e}_j &= \sigma_{ir}\mathbf{e}_i\cdot\nabla\mathbf{e}_r + \sigma_{i\theta}\mathbf{e}_i\cdot\nabla\mathbf{e}_\theta + \sigma_{i\varphi}\mathbf{e}_i\cdot\nabla\mathbf{e}_\varphi\\ &= \sigma_{ir}\,\mathbf{e}_i\cdot\frac{1}{r}(\mathbf{e}_\theta\mathbf{e}_\theta + \mathbf{e}_\varphi\mathbf{e}_\varphi)\\ &\quad + \sigma_{i\theta}\,\mathbf{e}_i\cdot\frac{1}{r}(-\mathbf{e}_\theta\mathbf{e}_r + \mathbf{e}_\varphi\mathbf{e}_\varphi\cot\theta)\\ &\quad + \sigma_{i\varphi}\,\mathbf{e}_i\cdot\frac{1}{r}(-\mathbf{e}_\varphi\mathbf{e}_r - \mathbf{e}_\varphi\mathbf{e}_\theta\cot\theta)\\ &= \frac{1}{r}(\sigma_{\theta r}\mathbf{e}_\theta + \sigma_{\varphi r}\mathbf{e}_\varphi) + \frac{1}{r}(-\sigma_{\theta\theta}\mathbf{e}_r + \sigma_{\varphi\theta}\mathbf{e}_\varphi\cot\theta)\\ &\quad + \frac{\sigma_{\varphi\varphi}}{r}(-\mathbf{e}_r - \mathbf{e}_\theta\cot\theta)\end{aligned}$$

를 얻는다. 계속해서 계산의 편의를 위하여

$$\partial_i \equiv \frac{1}{h_i}\frac{\partial}{\partial\eta_i} \quad (\text{no sum on } i) \tag{56}$$

을 정의하면

$$\nabla\sigma_{ij}\cdot\mathbf{e}_i\mathbf{e}_j = \mathbf{e}_k(\partial_k\sigma_{ij})\cdot\mathbf{e}_i\mathbf{e}_j = (\partial_i\sigma_{ij})\mathbf{e}_j \tag{57}$$

이므로 정리하면

$$\begin{aligned}\nabla\cdot\boldsymbol{\sigma} &= \left[(\partial_i\sigma_{ij}) + \frac{2}{r}\sigma_{rj} + \frac{\cot\theta}{r}\sigma_{\theta j}\right]\mathbf{e}_j + \frac{1}{r}(\sigma_{\theta r}\mathbf{e}_\theta + \sigma_{\varphi r}\mathbf{e}_\varphi)\\ &\quad + \frac{1}{r}(-\sigma_{\theta\theta}\mathbf{e}_r + \sigma_{\varphi\theta}\mathbf{e}_\varphi\cot\theta) + \frac{\sigma_{\varphi\varphi}}{r}(-\mathbf{e}_r - \mathbf{e}_\theta\cot\theta)\end{aligned} \tag{58}$$

와 같이 된다. 이것을 각 방향의 성분으로 쓰면

$$(\nabla\cdot\boldsymbol{\sigma})_r=(\partial_i\sigma_{ir})+\frac{1}{r}(2\sigma_{rr}-\sigma_{\theta\theta}-\sigma_{\varphi\varphi}+\sigma_{\theta r}\cot\theta) \tag{59}$$

$$(\nabla\cdot\boldsymbol{\sigma})_\theta=(\partial_i\sigma_{i\theta})+\frac{1}{r}(3\sigma_{r\theta}+\sigma_{\theta\theta}\cot\theta-\sigma_{\varphi\varphi}\cot\theta) \tag{60}$$

$$(\nabla\cdot\boldsymbol{\sigma})_\varphi=(\partial_i\sigma_{i\varphi})+\frac{1}{r}(3\sigma_{r\varphi}+2\sigma_{\varphi\theta}\cot\theta) \tag{61}$$

이고, 여기서

$$\partial_i\sigma_{ij}=\frac{\partial\sigma_{rj}}{\partial r}+\frac{1}{r}\frac{\partial\sigma_{\theta j}}{\partial\theta}+\frac{1}{r\sin\theta}\frac{\partial\sigma_{\varphi j}}{\partial\varphi},\quad j=r,\theta,\varphi \quad ◀ \tag{62}$$

∇을 포함하는 중요한 연산. 원통 및 구면 좌표계에서 중요한 ∇연산은 표 20.2에 정리한다.

연습문제

[1] $\mathbf{a}\cdot(\nabla\mathbf{b})=(\mathbf{a}\cdot\nabla)\mathbf{b}$가 되는 것을 보여라(즉, $\mathbf{a}\cdot\nabla\mathbf{b}$처럼 괄호를 생략해도 전혀 문제가 되지 않는다).

[2] $(\nabla\mathbf{b})\cdot\mathbf{a}=\mathbf{a}\cdot(\nabla\mathbf{b})+\mathbf{a}\times(\nabla\times\mathbf{b})$를 증명하라[일반적으로 $\mathbf{a}\cdot(\nabla\mathbf{b})\neq(\nabla\mathbf{b})\cdot\mathbf{a}$임에 주의한다].

☑ 7장의 예제 8에서 언급한 바와 같이 이 결과는 $\nabla(\mathbf{a}\cdot\mathbf{b})$를 전개할 때 다음과 같이 사용된다.

$$\begin{aligned}\nabla(\mathbf{a}\cdot\mathbf{b})&=(\nabla\mathbf{a})\cdot\mathbf{b}+(\nabla\mathbf{b})\cdot\mathbf{a}\\&=[\mathbf{b}\cdot\nabla\mathbf{a}+\mathbf{b}\times(\nabla\times\mathbf{a})]+[\mathbf{a}\cdot\nabla\mathbf{b}+\mathbf{a}\times(\nabla\times\mathbf{b})].\end{aligned}$$

여기서, $\mathbf{a}\cdot(\nabla\mathbf{b})=(\mathbf{a}\cdot\nabla)\mathbf{b}=\mathbf{a}\cdot\nabla\mathbf{b}$인 결과를 사용하였다. 그러나, 모양은 비슷하지만

$$\nabla(\mathbf{a}\cdot\mathbf{b})\neq\mathbf{a}\cdot(\nabla\mathbf{b})+\mathbf{b}\cdot(\nabla\mathbf{a})$$

와 같이 ∇연산자가 「·」기호의 뒤로 가는 경우는 등호가 성립하지 않는다는 점에 주의한다.

[3] 원통좌표계에서 기저벡터를 편미분하여 다음을 보여라.

$$\frac{\partial\mathbf{e}_r}{\partial\theta}=\mathbf{e}_\theta,\quad\frac{\partial\mathbf{e}_\theta}{\partial\theta}=-\mathbf{e}_r\qquad\text{(other derivatives are all 0)}.$$

[4] 구면좌표계에서 기저벡터를 편미분하여 다음을 보여라.

$$\begin{array}{lll}\dfrac{\partial\mathbf{e}_r}{\partial r}=0 & \dfrac{\partial\mathbf{e}_\theta}{\partial r}=0 & \dfrac{\partial\mathbf{e}_\varphi}{\partial r}=0\\[2ex]\dfrac{\partial\mathbf{e}_r}{\partial\theta}=\mathbf{e}_\theta & \dfrac{\partial\mathbf{e}_\theta}{\partial\theta}=-\mathbf{e}_r & \dfrac{\partial\mathbf{e}_\varphi}{\partial\theta}=0\\[2ex]\dfrac{\partial\mathbf{e}_r}{\partial\varphi}=\mathbf{e}_\varphi\sin\theta & \dfrac{\partial\mathbf{e}_\theta}{\partial\varphi}=\mathbf{e}_\varphi\cos\theta & \dfrac{\partial\mathbf{e}_\varphi}{\partial\varphi}=-\mathbf{e}_r\sin\theta-\mathbf{e}_\theta\cos\theta\end{array}$$

표 20.2 원통 및 구면 좌표계에서 ∇을 포함하는 중요한 연산

원통 좌표계	$\nabla\mathbf{u} = (\nabla u_r)\,\mathbf{e}_r + (\nabla u_\theta)\,\mathbf{e}_\theta + (\nabla u_z)\,\mathbf{e}_z - \mathbf{e}_\theta\,\mathbf{e}_r\frac{u_\theta}{r} + \mathbf{e}_\theta\,\mathbf{e}_\theta\frac{u_r}{r}$ $\nabla^2\mathbf{u} = \mathbf{e}_r\left[(\nabla^2 u_r) - \frac{u_r}{r^2} - \frac{2}{r^2}\frac{\partial u_\theta}{\partial\theta}\right] + \mathbf{e}_\theta\left[(\nabla^2 u_\theta) - \frac{u_\theta}{r^2} + \frac{2}{r^2}\frac{\partial u_r}{\partial\theta}\right] + \mathbf{e}_z(\nabla^2 u_z)$ $\mathbf{u}\cdot\nabla\mathbf{F} = \mathbf{e}_r\left(\mathbf{u}\cdot\nabla F_r - \frac{1}{r}u_\theta F_\theta\right) + \mathbf{e}_\theta\left(\mathbf{u}\cdot\nabla F_\theta + \frac{1}{r}u_\theta F_r\right) + \mathbf{e}_z(\mathbf{u}\cdot\nabla F_z)$ $\nabla\cdot\boldsymbol{\sigma} = \mathbf{e}_r\left[(\partial_i\sigma_{ir}) + \frac{1}{r}(\sigma_{rr} - \sigma_{\theta\theta})\right] + \mathbf{e}_\theta\left[(\partial_i\sigma_{i\theta}) + \frac{2}{r}\sigma_{r\theta}\right] + \mathbf{e}_z\left[(\partial_i\sigma_{iz}) + \frac{1}{r}\sigma_{rz}\right]$
구면 좌표계	$\nabla\mathbf{u} = (\nabla u_r)\,\mathbf{e}_r + (\nabla u_\theta)\,\mathbf{e}_\theta + (\nabla u_\varphi)\,\mathbf{e}_\varphi - \mathbf{e}_\theta\,\mathbf{e}_r\frac{u_\theta}{r} + \mathbf{e}_\theta\,\mathbf{e}_\theta\frac{u_r}{r} - \mathbf{e}_\varphi\,\mathbf{e}_r\frac{u_\varphi}{r} - \mathbf{e}_\varphi\,\mathbf{e}_\theta\frac{u_\varphi\cot\theta}{r} + \mathbf{e}_\varphi\,\mathbf{e}_\varphi\frac{u_r + u_\theta\cot\theta}{r}$ $\nabla^2\mathbf{u} = \mathbf{e}_r\left[(\nabla^2 u_r) - \frac{2}{r^2}\frac{\partial u_\theta}{\partial\theta} - \frac{2}{r^2\sin\theta}\frac{\partial u_\varphi}{\partial\varphi} - \frac{2(u_r + u_\theta\cot\theta)}{r^2}\right] + \mathbf{e}_\theta\left[(\nabla^2 u_\theta) + \frac{2}{r^2}\frac{\partial u_r}{\partial\theta} - \frac{2\cot\theta}{r^2\sin\theta}\frac{\partial u_\varphi}{\partial\varphi} - \frac{u_\theta}{r^2\sin^2\theta}\right] + \mathbf{e}_\varphi\left[(\nabla^2 u_\varphi) + \frac{2}{r^2\sin\theta}\frac{\partial u_r}{\partial\varphi} + \frac{2\cot\theta}{r^2\sin\theta}\frac{\partial u_\theta}{\partial\varphi} - \frac{u_\varphi}{r^2\sin^2\theta}\right]$ $\mathbf{u}\cdot\nabla\mathbf{F} = \mathbf{e}_r\left[\mathbf{u}\cdot\nabla F_r - \frac{1}{r}(u_\theta F_\theta + u_\varphi F_\varphi)\right] + \mathbf{e}_\theta\left[\mathbf{u}\cdot\nabla F_\theta + \frac{1}{r}(u_\theta F_r - u_\varphi F_\varphi\cot\theta)\right] + \mathbf{e}_\varphi\left[\mathbf{u}\cdot\nabla F_\varphi + \frac{1}{r}(u_\varphi F_r + u_\varphi F_\theta\cot\theta)\right]$ $\nabla\cdot\boldsymbol{\sigma} = \mathbf{e}_r\left[(\partial_i\sigma_{ir}) + \frac{1}{r}(2\sigma_{rr} - \sigma_{\theta\theta} - \sigma_{\varphi\varphi} + \sigma_{\theta r}\cot\theta)\right] + \mathbf{e}_\theta\left[(\partial_i\sigma_{i\theta}) + \frac{1}{r}(3\sigma_{r\theta} + \sigma_{\theta\theta}\cot\theta - \sigma_{\varphi\varphi}\cot\theta)\right] + \mathbf{e}_\varphi\left[(\partial_i\sigma_{i\varphi}) + \frac{1}{r}(3\sigma_{r\varphi} + 2\sigma_{\varphi\theta}\cot\theta)\right]$

*텐서 $\boldsymbol{\sigma}$는 대칭인 경우, 즉 $\sigma_{ij} = \sigma_{ji}$인 경우임

[5] 원통좌표계에서 $\nabla\mathbf{e}_\theta$ 및 $\nabla^2\mathbf{e}_r$, $\nabla^2\mathbf{e}_\theta$를 구하라.

[6] 구면좌표계에서 $\nabla\mathbf{e}_r$, $\nabla\mathbf{e}_\theta$, $\nabla\mathbf{e}_\varphi$ 및 $\nabla^2\mathbf{e}_\theta$와 $\nabla^2\mathbf{e}_\varphi$를 구하라.

**[7] 포물원통좌표계(parabolic cylindrical coordinate)를

$$x = \frac{1}{2}(u^2 - v^2), \quad y = uv$$

와 같이 정의한다. 좌표계 (u, v)에서의 기저벡터를 $\mathbf{e}_1$, $\mathbf{e}_2$라고 할 때 다음을 보여라(단, $\rho \equiv \sqrt{u^2 + v^2}$).

(a) $\nabla\mathbf{e}_1 = \frac{1}{\rho^3}(-v\mathbf{e}_1\mathbf{e}_2 + u\mathbf{e}_2\mathbf{e}_2)$ (b) $\nabla\mathbf{e}_2 = \frac{1}{\rho^3}(v\mathbf{e}_1\mathbf{e}_1 - u\mathbf{e}_2\mathbf{e}_1)$

(c) $\nabla^2\mathbf{e}_1 = -\frac{\mathbf{e}_1}{\rho^4}$ (d) $\nabla^2\mathbf{e}_2 = -\frac{\mathbf{e}_2}{\rho^4}$

**[8] $\nabla^2\mathbf{e}_r$을 구하는 또다른 방법은 $\nabla^2\mathbf{e}_r = \nabla\cdot\nabla\mathbf{e}_r$로 두고 표 20.1의 결과를 이용하면 $\nabla^2\mathbf{e}_r = \nabla\cdot\nabla\mathbf{e}_r = \nabla\cdot\left[\frac{1}{r}(\mathbf{e}_\theta\mathbf{e}_\theta + \mathbf{e}_\varphi\mathbf{e}_\varphi)\right]$로 되고, 식 (39)를 이용하면 윗식의 첫째 항은

$$\begin{aligned}
\nabla\cdot\left(\frac{1}{r}\mathbf{e}_\theta\mathbf{e}_\theta\right) &= \frac{1}{r}\nabla\cdot(\mathbf{e}_\theta\mathbf{e}_\theta) + \nabla\left(\frac{1}{r}\right)\cdot(\mathbf{e}_\theta\mathbf{e}_\theta) \\
&= \frac{1}{r}[(\nabla\cdot\mathbf{e}_\theta)\mathbf{e}_\theta + \mathbf{e}_\theta\cdot\nabla\mathbf{e}_\theta] - \frac{1}{r^2}\mathbf{e}_r\cdot(\mathbf{e}_\theta\mathbf{e}_\theta) \\
&= \frac{1}{r}\left[\frac{\cot\theta}{r}\mathbf{e}_\theta + \mathbf{e}_\theta\cdot\frac{1}{r}(-\mathbf{e}_\theta\mathbf{e}_r + \mathbf{e}_\varphi\mathbf{e}_\varphi\cot\theta)\right] \\
&= \frac{\cot\theta}{r^2}\mathbf{e}_\theta - \frac{1}{r^2}\mathbf{e}_r
\end{aligned}$$

로 된다(여기서는 표 20.1에서 $\nabla\mathbf{e}_\theta$의 표현을 사용하였다). 마찬가지로 두 번째 항에 대해서도 반복하면 $\nabla\cdot\left(\frac{1}{r}\mathbf{e}_\varphi\mathbf{e}_\varphi\right) = -\frac{1}{r^2}\mathbf{e}_r - \frac{\cot\theta}{r^2}\mathbf{e}_\theta$를 얻을 수 있다.

Chapter 21

일반좌표계와 텐서

이 장에서는 일반좌표계에서 정의되고 있는 공변기저(covariant basis)와 반변기저(contravariant basis)에 대해서 알아보고, 벡터와 텐서가 일반좌표계에서 어떻게 표현되는가를 살펴본다. 또한, 기저벡터의 미분으로부터 Christoffel(크리스토펠) 기호를 유도하고 가속도와 연관하여 물리적인 의미를 파악하기로 한다. 구배연산자 ∇과 공변미분연산자 ∇_i는 연속체역학에서 매우 중요한 개념이므로 잘 알아두도록 한다.

21-1 일반기저의 정의

아인쉬타인 표기법의 검토. 앞에서 살펴본 아인쉬타인 표기법에서, 예를 들어 $\mathbf{a} = \mathbf{i}_i a_i = \mathbf{i}_1 a_1 + \mathbf{i}_2 a_2 + \mathbf{i}_3 a_3$ 등을 사용할 때 첨자의 위치에 대해서는 아무런 언급을 하지 않았는데, 그 이유는 이러한 표기법으로 인하여 혼동이 일어나지 않았기 때문이다. 그러나, 지금부터는 아래첨자와 위첨자의 의미를 구분하기 때문에 아인쉬타인 표기법은 반복되는 첨자가 $\mathbf{v} = v^i \mathbf{g}_i$와 같이 위, 아래로 엇갈려 놓일 때만 합을 나타내는 것으로 한다. 한편 첨자가 같은 위치에서 반복되는 경우는 특정한 첨자에 대한 값으로 생각한다, 예를 들어, $\mathbf{i}_i a_i$는 $\mathbf{i}_1 a_1$ 또는 $\mathbf{i}_2 a_2$ 또는 $\mathbf{i}_3 a_3$로 간주한다. 반대로, 같은 첨자를 부득이 위, 아래로 엇갈려 쓰지만 합을 의미하지 않는 경우는

$$a^i b_i \quad (\text{no sum on } i) \tag{1}$$

와 같이 합이 아니라는 것을 명시하기로 한다.

☑ $a^i b_i = 1$로부터 $a^i = \frac{1}{b_i}$로 쓰는 실수를 하지 않도록 한다.

공변기저. 2차원 평면에서 위치벡터는 $\mathbf{r} = \mathbf{i}x + \mathbf{j}y$와 같이 카테시안 기저(Cartesian basis) $\mathbf{i}$, $\mathbf{j}$의 1차결합으로 나타낼 수도 있고, 경우에 따라서는 극 기저(polar basis) $\mathbf{e}_r$, $\mathbf{e}_\theta$를 사용한다. 이러한 개념을 일반화하기 위하여 공변기저를 다음과 같이 정의한다.

공변기저(共變基底; covariant basis): n차원 공간에서 서로 1차독립인 벡터집합 $\{\mathbf{g}_1, \mathbf{g}_2, \cdots, \mathbf{g}_n\}$을 이용하여 임의의 벡터를

$$\mathbf{v} = v^i \mathbf{g}_i = v^1 \mathbf{g}_1 + v^2 \mathbf{g}_2 + \cdots + v^n \mathbf{g}_n \tag{2}$$

으로 나타낼 때

① $\mathbf{g}_i$를 공변기저벡터(covariant base vector)
② $\{\mathbf{g}_1, \mathbf{g}_2, \cdots, \mathbf{g}_n\}$을 공변기저(covariant basis)
③ v^i를 벡터 $\mathbf{v}$의 반변성분(contravariant component)

으로 정의한다.

▶ 먼저, 첨자 i가 위, 아래로 엇갈려 놓이면서 합을 나타내는 아인쉬타인 표기법을 확인한다. 공변과 반변의 명칭은 첨자의 위치와 관련되어

- 공변(共變; covariant)은 아래첨자
- 반변(反變; contravariant)은 위첨자

에 대응한다. 공변기저벡터는 단위벡터일 필요도 없고, 또 서로 수직일 필요도 없다. 이러한 이유로 공변기저벡터에 대해서

$$g_{ij} = \mathbf{g}_i \cdot \mathbf{g}_j, \quad h_i \equiv |\mathbf{g}_i| = \sqrt{g_{ii}} \tag{3}$$

로 크기를 정의한다. 위에서, g_{ij}를 **메트릭 텐서**(metric tensor)라고 한다. 특히, 카테시안 기저 $\mathbf{i}$, $\mathbf{j}$, $\mathbf{k}$와 같은 정규직교기저(orthonormal bais)는 $\delta_{ij} = \mathbf{g}_i \cdot \mathbf{g}_j$인 경우에 해당한다.

☑ 위에서, g_{ii}는 특정한 i에 대한 값으로, 합을 나타내지 않는 것을 살펴둔다. 한편, 연구자에 따라서는 공변, 반변을 각각 **바닥**(cellar), **천장**(roof)으로 부르기도 한다.

공변기저의 구성요건. 공변기저벡터를 "열벡터"로 가지는 행렬

$$\mathbf{G} = [\mathbf{g}_1 \quad \mathbf{g}_2 \quad \cdots \quad \mathbf{g}_n] \tag{4}$$

을 **자코비안 행렬**(Jacobian matrix)로 정의한다. n차원 공간에서 벡터집합 $\{\mathbf{g}_1, \mathbf{g}_2, \cdots, \mathbf{g}_n\}$

이 기저를 이루려면 모든 벡터가 서로 1차독립이어야 하고, 이것은 행렬의 성질을 이용하여 나타내면

$$J = \det \mathbf{G} = \det(\mathbf{g}_1 \quad \mathbf{g}_2 \quad \cdots \quad \mathbf{g}_n) \neq 0 \tag{5}$$

으로 된다. 위에서 행렬식의 값은 **자코비안**이라고 한다.

반변기저. 자코비안 행렬 $\mathbf{G}$가 $J = \det \mathbf{G} \neq 0$이면 역행렬을 가지며, 이때 역행렬 $\mathbf{G}^{-1}$에서 각각의 "행벡터"를 **반변기저벡터**(contravariant base vector)라고 정의한다. 즉,

$$\mathbf{G}^{-1} = \begin{bmatrix} \mathbf{g}^1 \\ \mathbf{g}^2 \\ \vdots \\ \mathbf{g}^n \end{bmatrix} \tag{6}$$

으로 나타낸다. 역행렬 $\mathbf{G}^{-1}$을 이용하면 다음과 같이 반변기저를 정의할 수 있다.

반변기저(反變基底; contravariant basis): n차원 공간에서 서로 1차독립인 벡터 집합 $\{\mathbf{g}^1, \mathbf{g}^2, \cdots, \mathbf{g}^n\}$을 이용하여 임의의 벡터를

$$\mathbf{v} = v_i \mathbf{g}^i = v_1 \mathbf{g}^1 + v_2 \mathbf{g}^2 + \cdots + v_n \mathbf{g}^n \tag{7}$$

으로 나타낼 때

① $\mathbf{g}^i$를 반변기저벡터(contravariant base vector)
② $\{\mathbf{g}^1, \mathbf{g}^2, \cdots, \mathbf{g}^n\}$을 반변기저(contravariant basis)
③ v_i를 벡터 $\mathbf{v}$의 공변성분(covariant component)

으로 정의한다.

▶ 공변기저와 마찬가지로 반변기저벡터는 단위벡터가 아닐 수 있고, 서로 직교하지 않을 수 있다. 따라서

$$g^{ij} = \mathbf{g}^i \cdot \mathbf{g}^j, \quad h^i \equiv \left|\mathbf{g}^i\right| = \sqrt{g^{ii}} \tag{8}$$

를 정의한다. 임의의 벡터를 $\mathbf{v} = v^i \mathbf{g}_i = v_i \mathbf{g}^i$와 같이 공변기저 또는 반변기저를 이용하여 나타낼 때, 일반적으로

$$\mathbf{g}_i \neq \mathbf{g}^i, \quad v_i \neq v^i, \quad h_i \neq h^i, \quad g_{ij} \neq g^{ij} \tag{9}$$

가 된다. 물론, 반변기저와 공변기저가 서로 같은 경우, 즉 $\mathbf{g}_i = \mathbf{g}^i$인 경우도 존재하며 카테시안 기저 $\mathbf{i}, \mathbf{j}, \mathbf{k}$가 대표적인 예이다.

다음의 그림은 공변기저(또는 바닥기저)와 반변기저(또는 천장기저)의 명칭이 행렬의 행 및 열과 대응하는 재미있는 사실을 보여준다.

$$\mathbf{G}^{-1} = \begin{bmatrix} \mathbf{g}^1 \\ \mathbf{g}^2 \\ \vdots \\ \mathbf{g}^n \end{bmatrix} \quad \text{Row} \Rightarrow \text{Roof} \longrightarrow$$

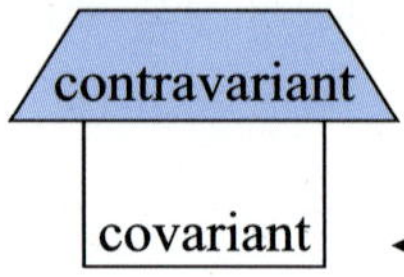

$$\mathbf{G} = [\mathbf{g}_1 \quad \mathbf{g}_2 \quad \cdots \quad \mathbf{g}_n]$$

Column ⇓ Cellar ⟵

공변기저와 반변기저의 내적. 공변기저와 반변기저가 "행렬의 열"과 "역행렬의 행"을 이용하여 정의되는 것은 행렬의 곱과 관련이 있다. 두 행렬의 곱은

$$\mathbf{G}^{-1}\mathbf{G} = \begin{bmatrix} \mathbf{g}^1 \\ \mathbf{g}^2 \\ \vdots \\ \mathbf{g}^n \end{bmatrix} [\mathbf{g}_1 \quad \mathbf{g}_2 \quad \cdots \quad \mathbf{g}_n] = \begin{bmatrix} \mathbf{g}^1 \cdot \mathbf{g}_1 & \mathbf{g}^1 \cdot \mathbf{g}_2 & \cdots & \mathbf{g}^1 \cdot \mathbf{g}_n \\ \mathbf{g}^2 \cdot \mathbf{g}_1 & \mathbf{g}^2 \cdot \mathbf{g}_2 & \cdots & \mathbf{g}^2 \cdot \mathbf{g}_n \\ \cdots & \cdots & \cdots & \cdots \\ \mathbf{g}^n \cdot \mathbf{g}_1 & \mathbf{g}^n \cdot \mathbf{g}_2 & \cdots & \mathbf{g}^n \cdot \mathbf{g}_n \end{bmatrix} \tag{10}$$

또는 성분표시로 쓰면 $\mathbf{G}^{-1}\mathbf{G}$의 i행, j열은

$$[\mathbf{G}^{-1}\mathbf{G}]_{i,j} = \mathbf{g}^i \cdot \mathbf{g}_j \tag{11}$$

가 된다. 그런데, $\mathbf{I} = \mathbf{G}^{-1}\mathbf{G}$이고 $[\mathbf{I}]_{i,j} = \delta_{ij}$이므로 윗식과 비교하여

$$\mathbf{g}^i \cdot \mathbf{g}_j = \delta^i_j \tag{12}$$

인 매우 중요한 공식을 얻는다. 위에서, 크로네커 델타의 값은 $\delta^i_j = \delta_{ij}$ 와 같이 첨자의 위치에 무관한 것으로 생각한다. 식 (12)의 관계는 공변 및 반변기저를 함께 고려하는 이유이며, 앞으로 전개할 많은 공식을 유도하는 데 핵심적인 역할을 한다.

☑ 식 (10)에서 $\mathbf{G}\mathbf{G}^{-1}$을 생각할 수 있는데, 이때는 $\mathbf{G}\mathbf{G}^{-1} = (\mathbf{G}^{-1})^{-1}\mathbf{G}^{-1}$이므로 공변기저와 반변기저의 역할을 바꾼 경우에 해당한다.

일반기저와 벡터의 내적. 두 벡터 $\mathbf{u}$와 $\mathbf{v}$의 내적은 각각의 벡터가 어떤 기저를 사용하는가에 따라 표현이 달라진다. 먼저, 모두 공변기저를 사용하는 경우 벡터의 내적은

$$\mathbf{u} \cdot \mathbf{v} = (u^i\mathbf{g}_i) \cdot (v^j\mathbf{g}_j) = (\mathbf{g}_i \cdot \mathbf{g}_j)u^i v^j = g_{ij}u^i v^j \tag{13}$$

이고, 모두 반변기저를 쓰면

$$\mathbf{u} \cdot \mathbf{v} = (u_i\mathbf{g}^i) \cdot (v_j\mathbf{g}^j) = (\mathbf{g}^i \cdot \mathbf{g}^j)u_i v_j = g^{ij}u_i v_j \tag{14}$$

와 같이 g_{ij} 또는 g^{ij}의 값을 포함하게 된다. 그러나, 한쪽은 공변기저, 다른 쪽은 반변기저를 사용하면 벡터의 내적은

$$\mathbf{u} \cdot \mathbf{v} = \begin{cases} (u^i\,\mathbf{g}_i) \cdot (v_j\,\mathbf{g}^j) = u^i\,v_j\,(\mathbf{g}_i \cdot \mathbf{g}^j) = u^i\,v_j\,\delta^j_i = u^i\,v_i \\ (u_i\,\mathbf{g}^i) \cdot (v^j\,\mathbf{g}_j) = u_i\,v^j\,(\mathbf{g}^i \cdot \mathbf{g}_j) = u_i\,v^j\,\delta^i_j = u_i\,v^i \end{cases} \tag{15}$$

와 같이 벡터의 공변성분과 반변성분의 곱으로 구해진다. 이러한 편리함으로 벡터의 내적은 주로 식 (15)로부터 결정한다.

식 (13)-(15)에서 벡터의 내적값은 벡터의 표현과는 무관하다. 이러한 성질을 **내적의 불변성**(invariance of dot product)이라고 한다.

벡터의 공변성분과 반변성분.

벡터의 성분은 내적을 이용하여

$$\begin{aligned} \mathbf{v} \cdot \mathbf{g}_i &= v_j \mathbf{g}^j \cdot \mathbf{g}_i = v_j \delta_i^j = v_i \\ \mathbf{v} \cdot \mathbf{g}^i &= v^j \mathbf{g}_j \cdot \mathbf{g}^i = v^j \delta_j^i = v^i \end{aligned} \tag{16}$$

와 같이

① 벡터의 공변성분은 공변기저벡터와의 내적
② 벡터의 반변성분은 반변기저벡터와의 내적

으로부터 결정된다. 다시 말해서, 임의의 벡터 $\mathbf{v}$는

$$\mathbf{v} = v^i \mathbf{g}_i = \mathbf{v} \cdot \mathbf{g}^i \mathbf{g}_i \qquad \text{또는} \qquad \mathbf{v} = v_i \mathbf{g}^i = \mathbf{v} \cdot \mathbf{g}_i \mathbf{g}^i \tag{17}$$

와 같이 쓸 수 있다. 윗식을 2차 단위텐서 $\mathbf{I}$가 내적에 대한 항등원인 사실, 즉 $\mathbf{v} = \mathbf{v} \cdot \mathbf{I}$와 비교하면

$$\mathbf{I} = \mathbf{g}_i \mathbf{g}^i = \mathbf{g}^i \mathbf{g}_i \tag{18}$$

임을 알게 된다.

예제 1 식 (18)의 결과 $\mathbf{I} = \mathbf{g}_i \mathbf{g}^i = \mathbf{g}^i \mathbf{g}_i$를 이용하여 $\mathbf{g}^i = g^{ik} \mathbf{g}_k$, $\mathbf{g}_i = g_{ik} \mathbf{g}^k$, $v^i = g^{ik} v_k$ 및 $v_i = g_{ik} v^k$가 성립하는 것을 보여라.

☞ $\mathbf{v} = \mathbf{v} \cdot \mathbf{I}$를 다음과 같이 적용하면

$$\begin{cases} \mathbf{v} = \mathbf{v} \cdot \mathbf{g}^k \mathbf{g}_k \\ \mathbf{v} = \mathbf{v} \cdot \mathbf{g}_k \mathbf{g}^k \end{cases} \Rightarrow \begin{cases} \mathbf{v} = v_i \mathbf{g}^i \cdot \mathbf{g}^k \mathbf{g}_k = v_i g^{ik} \mathbf{g}_k \\ \mathbf{v} = v^i \mathbf{g}_i \cdot \mathbf{g}_k \mathbf{g}^k = v^i g_{ik} \mathbf{g}^k \end{cases}$$

이고, 첫 번째 줄에서

$$v_i g^{ik} \mathbf{g}_k = \mathbf{v} = \begin{cases} v_i \mathbf{g}^i \\ v^k \mathbf{g}_k \end{cases} \tag{19}$$

로부터 $\mathbf{g}^i = g^{ik} \mathbf{g}_k$와 $v^k = g^{ik} v_i$를 얻는다. 위의 과정을 $v^i g_{ik} \mathbf{g}^k$에 대해서도 반복하고, 정리하면

$$\begin{aligned} \mathbf{g}_i &= g_{ik} \mathbf{g}^k & \mathbf{g}^i &= g^{ik} \mathbf{g}_k \\ v_i &= g_{ik} v^k & v^i &= g^{ik} v_k \end{aligned} \tag{20}$$

인 공식(raising and lowering indices)을 얻는다. 또한 윗식으로부터

$$\mathbf{g}^i \cdot \mathbf{g}_j = \delta^i_j \quad \Rightarrow \quad g^{ik}\mathbf{g}_k \cdot \mathbf{g}_j = \delta^i_j$$

즉,

$$g^{ik} g_{kj} = \delta^i_j \tag{21}$$

인 중요한 공식을 얻는다. ◀

2차원 평면에서의 간단한 예. 카테시안 평면에서 간단한 예를 다루어 본다. 그 결과는 다음 절에서 속도벡터의 물리적 성분을 구분하는 데 활용될 것이다.

예제 2 카테시안 평면에서 $\mathbf{g}_1 = 3\mathbf{i} + \mathbf{j}$, $\mathbf{g}_2 = -\mathbf{i} + \mathbf{j}$를 공변기저로 택할 때, 두 벡터 $\mathbf{v} = 2\mathbf{i} + 4\mathbf{j}$, $\delta\mathbf{A} = 2\mathbf{i} + 2\mathbf{j}$에 대한 내적 $\mathbf{v} \cdot \delta\mathbf{A}$의 불변성을 확인해 보라.

☞ 자코비안 행렬과 역행렬을 구하면

$$\mathbf{G} = [\mathbf{g}_1 \quad \mathbf{g}_2] = \begin{bmatrix} 3 & -1 \\ 1 & 1 \end{bmatrix} \quad \Rightarrow \quad \mathbf{G}^{-1} = \begin{bmatrix} \mathbf{g}^1 \\ \mathbf{g}^2 \end{bmatrix} = \frac{1}{4}\begin{bmatrix} 1 & 1 \\ -1 & 3 \end{bmatrix} \tag{22}$$

이므로 반변기저는

$$\mathbf{g}^1 = \frac{1}{4}(\mathbf{i} + \mathbf{j}), \quad \mathbf{g}^2 = \frac{1}{4}(-\mathbf{i} + 3\mathbf{j}) \tag{23}$$

로 된다. 따라서,

$$\begin{aligned} h_1 &= |\mathbf{g}_1| = \sqrt{10} \quad h^1 = |\mathbf{g}^1| = \frac{\sqrt{2}}{4} \\ h_2 &= |\mathbf{g}_2| = \sqrt{2} \quad h^2 = |\mathbf{g}^2| = \frac{\sqrt{10}}{4} \end{aligned} \tag{24}$$

을 얻는다. 또한, 카테시안 기저 $\mathbf{i}, \mathbf{j}$를 각각의 기저벡터에 대해서 풀면

$$\begin{aligned} \mathbf{i} &= \frac{1}{4}(\mathbf{g}_1 - \mathbf{g}_2) = 3\mathbf{g}^1 - \mathbf{g}^2 \\ \mathbf{j} &= \frac{1}{4}(\mathbf{g}_1 + 3\mathbf{g}_2) = \mathbf{g}^1 + \mathbf{g}^2 \end{aligned} \tag{25}$$

이므로, 주어진 벡터는

$$\begin{aligned} \mathbf{v} &= 2\mathbf{i} + 4\mathbf{j} = \frac{3}{2}\mathbf{g}_1 + \frac{5}{2}\mathbf{g}_2 = 10\mathbf{g}^1 + 2\mathbf{g}^2 \\ \delta\mathbf{A} &= 2\mathbf{i} + 2\mathbf{j} = \mathbf{g}_1 + \mathbf{g}_2 \qquad = 8\mathbf{g}^1 \end{aligned} \tag{26}$$

와 같이 공변기저 및 반변기저를 이용하여 각각 쓸 수 있다. 따라서, 두 벡터의 내적을 각각 구하면

$$\mathbf{v} \cdot \delta\mathbf{A} = \begin{cases} (2\mathbf{i} + 4\mathbf{j}) \cdot (2\mathbf{i} + 2\mathbf{j}) = 4 + 8 = 12 \\ (10\mathbf{g}^1 + 2\mathbf{g}^2) \cdot (\mathbf{g}_1 + \mathbf{g}_2) = 12 + 2 = 12 \\ \left(\frac{3}{2}\mathbf{g}_1 + \frac{5}{2}\mathbf{g}_2\right) \cdot (8\mathbf{g}^1) = 12 + 0 = 12 \end{cases} \tag{27}$$

◀

연습문제

[1] $\mathbf{x} + \mathbf{a} \times \mathbf{x} = \mathbf{b}$에서 $\mathbf{x}$를 $\mathbf{a}$, $\mathbf{b}$만을 사용하여 나타내면

$$\mathbf{x} = \frac{\mathbf{b} + (\mathbf{a} \cdot \mathbf{b})\mathbf{a} - \mathbf{a} \times \mathbf{b}}{1 + \mathbf{a} \cdot \mathbf{a}}$$

와 같음을 보여라(**참고**: 임의의 벡터는 3차원 공간에서 서로 독립인 3개 벡터의 일차결합으로 주어진다)

[2] 3차원 공간에서는 반변기저벡터가

$$\mathbf{g}^1 = \frac{\mathbf{g}_2 \times \mathbf{g}_3}{J}, \quad \mathbf{g}^2 = \frac{\mathbf{g}_3 \times \mathbf{g}_1}{J}, \quad \mathbf{g}^3 = \frac{\mathbf{g}_1 \times \mathbf{g}_2}{J}$$

와 같음을 보여라(n차원 공간에서는 유사한 표현이 존재하지 않는다). 참고로

$$\frac{1}{(\mathbf{abc})}\begin{bmatrix} \mathbf{b} \times \mathbf{c} \\ \mathbf{c} \times \mathbf{a} \\ \mathbf{a} \times \mathbf{b} \end{bmatrix}[\mathbf{a} \quad \mathbf{b} \quad \mathbf{c}] = \frac{1}{(\mathbf{abc})}\begin{bmatrix} \mathbf{b} \times \mathbf{c} \cdot \mathbf{a} & 0 & 0 \\ 0 & \mathbf{c} \times \mathbf{a} \cdot \mathbf{b} & 0 \\ 0 & 0 & \mathbf{a} \times \mathbf{b} \cdot \mathbf{c} \end{bmatrix} = \begin{bmatrix} 1 & 0 & 0 \\ 0 & 1 & 0 \\ 0 & 0 & 1 \end{bmatrix}$$

과 비교해 보라.

[3] $[\mathbf{G}^T\mathbf{G}]_{i,j} = \mathbf{g}_i \cdot \mathbf{g}_j = g_{ij}$를 이용하여 다음의 관계를 증명하라.

(a) $\det g_{ij} = J^2$ (b) $g_{ik}g^{kj} = \delta_i^j$

21-2 기저와 성분의 이해

이 절에서는 공변기저 또는 반변기저에 관한 벡터분해의 기하학적인 의미를 알아보고, 또한 벡터의 내적으로 표현되는 유량(流量)을 해석하여 공변성분 및 반변성분의 물리적 의미를 살펴보기로 한다.

$\mathbf{F} = F^i\mathbf{g}_i$에서 공변기저와 반변성분의 기하학적의미. 앞에서 이미 공부한 벡터의 평행육면체 분해(6장 참조)

$$\mathbf{F} = \mathbf{g}_1\frac{(\mathbf{F}\mathbf{g}_2\mathbf{g}_3)}{(\mathbf{g}_1\mathbf{g}_2\mathbf{g}_3)} + \mathbf{g}_2\frac{(\mathbf{g}_1\mathbf{F}\mathbf{g}_3)}{(\mathbf{g}_1\mathbf{g}_2\mathbf{g}_3)} + \mathbf{g}_3\frac{(\mathbf{g}_1\mathbf{g}_2\mathbf{F})}{(\mathbf{g}_1\mathbf{g}_2\mathbf{g}_3)} \tag{28}$$

를 다시 생각해 보자. 위의 표현은 자코비안 $J = \mathbf{g}_1 \cdot \mathbf{g}_2 \times \mathbf{g}_3 = (\mathbf{g}_1\mathbf{g}_2\mathbf{g}_3)$가 0이 아닐 때만 가능하므로 $J \neq 0$이라고 하면, 세 벡터 $\mathbf{g}_1$, $\mathbf{g}_2$, $\mathbf{g}_3$를 공변기저로 택할 수 있다. 그러면 반변기저(또는 reciprocal basis)는

$$\mathbf{g}^1 = \frac{\mathbf{g}_2 \times \mathbf{g}_3}{J}, \quad \mathbf{g}^2 = \frac{\mathbf{g}_3 \times \mathbf{g}_1}{J}, \quad \mathbf{g}^3 = \frac{\mathbf{g}_1 \times \mathbf{g}_2}{J} \tag{29}$$

가 된다(앞 절의 연습문제 참조). 이때, 반변기저벡터와 벡터 **F**의 내적을

$$F^1 = \mathbf{F} \cdot \mathbf{g}^1 = \mathbf{F} \cdot \frac{\mathbf{g}_2 \times \mathbf{g}_3}{J} = \frac{(\mathbf{F}\mathbf{g}_2\mathbf{g}_3)}{(\mathbf{g}_1\mathbf{g}_2\mathbf{g}_3)} \tag{30}$$

등으로 구하면, 식 (28)로 표현된 평행육면체 분해는

$$\mathbf{F} = F^i\mathbf{g}_i = F^1\mathbf{g}_1 + F^2\mathbf{g}_2 + F^3\mathbf{g}_3 \tag{31}$$

와 같이 쓸 수 있다. 즉, 우리가 앞에서 이미 공부한 평행육면체 분해는 공변기저에 대응하는 반변성분을 구하는 과정과 동일한 것이다.

2차원 평면에서 기저방향의 단위벡터. 이해를 돕기 위해서 물리적인 의미를 가진 속도벡터를 고려한다. 즉, 어떤 속도벡터를

$$\mathbf{v} = v^1\mathbf{g}_1 + v^2\mathbf{g}_2 = v_1\mathbf{g}^1 + v_2\mathbf{g}^2$$

와 같이 공변 또는 반변기저를 이용하여 분해하는 것은 그림 21.1에서 보는 바와 같이 벡터합에 관한 평행사변형 법칙에 따른 것이다. 예를 들어, 그림의 윗쪽에서 청색으로 표시된 평행사변형은

$$\mathbf{v} = v_1\mathbf{g}^1 + v_2\mathbf{g}^2 \tag{32}$$

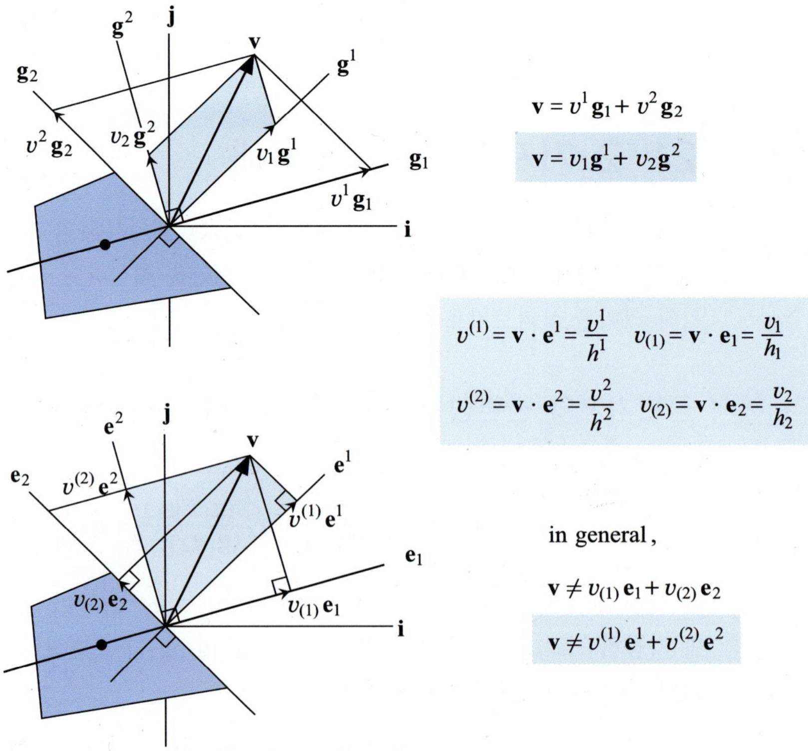

그림 21.1 속도벡터의 공변, 반변성분과 물리적 공변, 반변성분

로 반변기저를 이용한 벡터분해에 대응하며, $v_1\mathbf{g}^1$은 평행사변형의 한 변에 대응하는 벡터로, 그 크기 $|v_1\mathbf{g}^1|$은 변의 길이와 같다.

그런데, 벡터 $\mathbf{g}^1$과 벡터 $\mathbf{g}^2$의 물리적 차원이 서로 다를 수 있기 때문에 공변 및 반변기저벡터 방향으로의 단위벡터

$$\mathbf{e}_i = \frac{\mathbf{g}_i}{|\mathbf{g}_i|} = \frac{\mathbf{g}_i}{h_i}, \quad \mathbf{e}^i = \frac{\mathbf{g}^i}{|\mathbf{g}^i|} = \frac{\mathbf{g}^i}{h^i} \tag{33}$$

를 도입하기로 한다. 윗식을 다시 표현하면

$$\mathbf{g}_i = h_i\,\mathbf{e}_i = \sqrt{g_{ii}}\,\mathbf{e}_i, \quad \mathbf{g}^i = h^i\,\mathbf{e}^i = \sqrt{g^{ii}}\,\mathbf{e}^i \tag{34}$$

가 된다.

☑ 뒤에서 알게 되겠지만 극좌표계에서는 $\mathbf{g}^1 = \mathbf{e}_r$, $\mathbf{g}^2 = r^{-1}\mathbf{e}_\theta$로 정의되기 때문에 $\mathbf{g}^1$은 무차원, $\mathbf{g}^2$는 길이의 역수 차원을 가진다. 즉, 두 반변기저벡터의 물리적 차원이 서로 다르다.

2차원 평면에서 벡터의 물리적 성분. 벡터 $\mathbf{v}$와 공변방향의 단위벡터 $\mathbf{e}_i$와의 내적

$$v_{(i)} = \mathbf{v}\cdot\frac{\mathbf{g}_i}{|\mathbf{g}_i|} = \mathbf{v}\cdot\mathbf{e}_i = \frac{v_i}{h_i} \tag{35}$$

를 「벡터 $\mathbf{v}$의 공변기저벡터 방향으로의 물리적 성분(physical component of the vector v in the direction of the covariant base vector)」이라고 정의한다. 마찬가지로

$$v^{(i)} = \mathbf{v}\cdot\frac{\mathbf{g}^i}{|\mathbf{g}^i|} = \mathbf{v}\cdot\mathbf{e}^i = \frac{v^i}{h^i} \tag{36}$$

를 「벡터 $\mathbf{v}$의 반변기저벡터 방향으로의 물리적 성분(physical component of the vector **v** in the direction of the contravariant base vector)」으로 정의한다. 벡터의 물리적 성분은 첨자에 괄호를 포함하여 구별하며, 기하학적으로는 벡터의 주어진 방향으로의 투영(projection)이 된다. 따라서, 벡터의 물리적 성분은 그림 21.1에 나타낸 길이와 같게 된다.

벡터의 물리적 성분과 관련하여 주의해야 할 것은 그림 21.1로부터 알 수 있듯이 일반적으로

$$\mathbf{v} \neq v^{(1)}\mathbf{e}^1 + v^{(2)}\mathbf{e}^2 = (\mathbf{e}^1\cdot\mathbf{v})\,\mathbf{e}^1 + (\mathbf{e}^2\cdot\mathbf{v})\,\mathbf{e}^2 \tag{37}$$

라는 점이다. 그럼에도 불구하고 벡터의 물리적 성분이 중요한 이유는 주어진 방향으로의 투영이 유량, 가속도, 힘 등과 직접적으로 관련되기 때문이다.

☑ 실제로 2차원 평면에서는

$$\mathbf{v} = \frac{v^{(1)}\mathbf{e}^1 + v^{(2)}\mathbf{e}^2 - \gamma\,[v^{(1)}\mathbf{e}^2 + v^{(2)}\mathbf{e}^1]}{1-\gamma^2}, \quad \gamma = (\mathbf{e}^1\cdot\mathbf{e}^2)$$

가 된다(6장의 예제 6 참조).

미소일과 미소유량의 해석. 물리량

- 미소일, $\delta W = \mathbf{F} \cdot \delta \mathbf{r}$
- 미소유량, $\delta Q = \mathbf{v} \cdot \delta \mathbf{A}$

에 대해서 생각해 보자. 두 양은 수학적으로는 모두 내적으로 정의되지만 기하학적인 해석에서는 약간의 미묘한 차이가 나타난다. 미소일의 경우 힘벡터 $\mathbf{F}$가 운동방향 $\delta\mathbf{r}$과 일치할 경우 최대가 된다[그림 21.2(a) 참조]. 이때, 벡터 $\delta\mathbf{r}$은 관찰자의 입장에서 그 의미가 자명하다.

이에 비해서, 미소유량의 계산에서도 δx, δy를 그대로 쓰게 되면 그림 21.2(b)에 보인 것처럼 $\delta Q = v_x \delta y + v_y \delta x$와 같이 변수명의 순서가 어긋날 수밖에 없다. 그러므로 어떤 면을 통과하는 유량을 구할 때는 그림 21.2(c)에 나타낸 것처럼 면적을 크기로 하고 면에 수직인 방향으로 면적벡터 $\delta\mathbf{A}$를 정의하면 미소유량은

$$\delta Q = \mathbf{v} \cdot \delta \mathbf{A} = v_x (\delta A)_x + v_y (\delta A)_y \tag{38}$$

형태의 내적으로부터 결정된다. 이때, 유량이 최대가 되는 경우는 유동방향 $\mathbf{v}$와 면적벡터 $\delta\mathbf{A}$의 방향이 일치할 때이다. 그러나, 관측자의 입장에서는 면적벡터 $\delta\mathbf{A}$보다는 "면 자체"가 보다 직접적인 의미를 가지므로, 유량이 최대가 되는 경우는 유동방향이 면에 수직일 때라고 받아들이는 것이 자연스럽다.

벡터의 공변 및 반변 성분을 미소유량 $\mathbf{v} \cdot \delta\mathbf{A}$와 비교하여 해석하면 다음과 같다. 식 (38)에서 카테시안 좌표계의 각 좌표방향으로의 미소유량을

$$\delta Q_x = v_x (\delta A)_x, \quad \delta Q_y = v_y (\delta A)_y \tag{39}$$

로 구한 것과 유사하게

① $\mathbf{e}^1$방향으로의 미소유량: $\delta Q^{(1)} = v^{(1)} (\delta A)^{(1)}$

② $\mathbf{e}_2$방향으로의 미소유량: $\delta Q_{(2)} = v_{(2)} (\delta A)_{(2)}$

또는

③ $\mathbf{e}_1$방향으로의 미소유량: $\delta Q_{(1)} = v_{(1)} (\delta A)_{(1)}$

④ $\mathbf{e}^2$방향으로의 미소유량: $\delta Q^{(2)} = v^{(2)} (\delta A)^{(2)}$

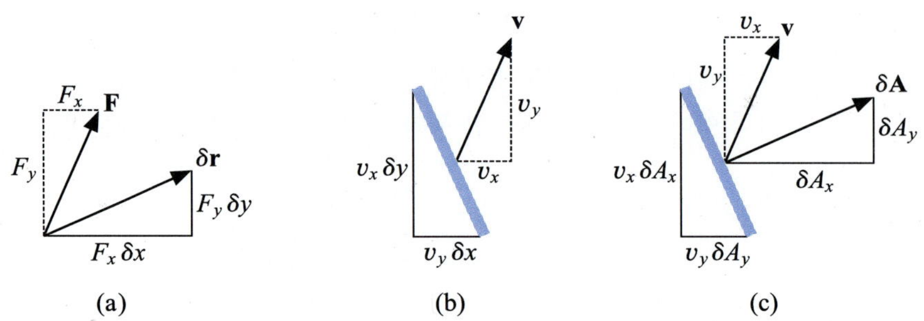

그림 21.2 미소일과 미소유량의 해석

인 관계가 성립한다(예제 2 및 그림 21.3 참조). 위에서 미소유량은 주어진 방향과 평행한 물리적 속도성분과 면의 수직한 크기를 단순히 곱한 값이다.

일반적으로, n차원 공간에서 벡터 $\mathbf{v}$에 대해서 $\mathbf{e}^1$ 방향의 물리적 성분이 $v^{(1)} = \mathbf{v} \cdot \mathbf{e}^1$이

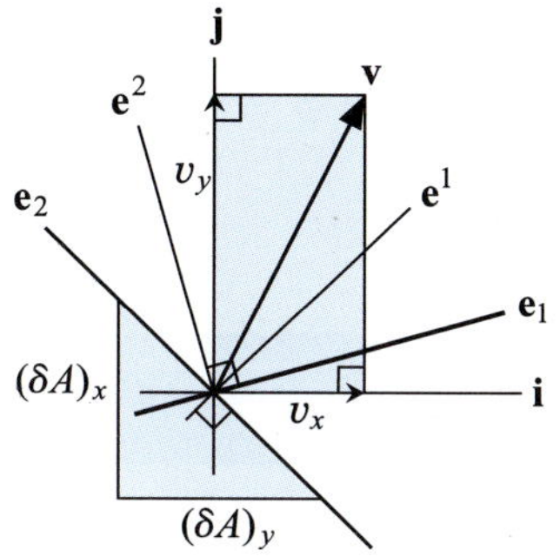

$Q_x = v_x (\delta A)_x$

$Q_y = v_y (\delta A)_y$

$\mathbf{g}_1 = 3\mathbf{i} + \mathbf{j} \qquad \mathbf{g}^1 = \frac{1}{4}(\mathbf{i} + \mathbf{j})$

$\mathbf{g}_2 = -\mathbf{i} + \mathbf{j} \qquad \mathbf{g}^2 = \frac{1}{4}(-\mathbf{i} + 3\mathbf{j})$

$h_1 = |\mathbf{g}_1| = \sqrt{10} \qquad h^1 = |\mathbf{g}^1| = \frac{\sqrt{2}}{4}$

$h_2 = |\mathbf{g}_2| = \sqrt{2} \qquad h^2 = |\mathbf{g}^2| = \frac{\sqrt{10}}{4}$

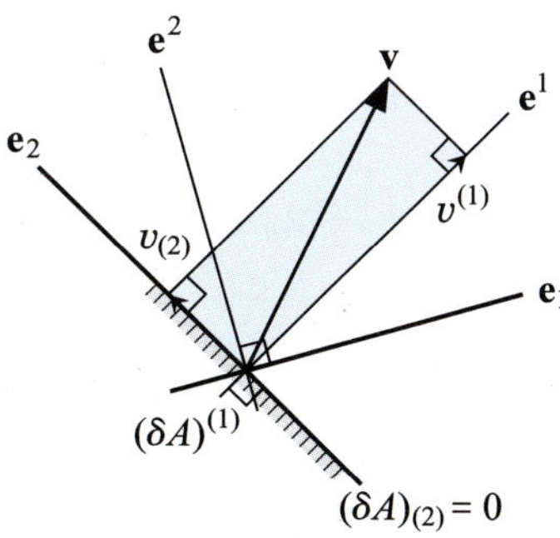

$Q^{(1)} = v^{(1)} (\delta A)^{(1)} = 12$

$Q_{(2)} = v_{(2)} (\delta A)_{(2)} = 0$

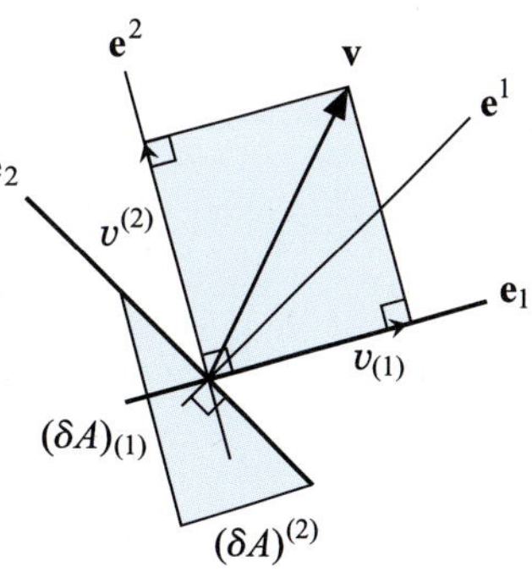

$Q_{(1)} = v_{(1)} (\delta A)_{(1)} = 8$

$Q^{(2)} = v^{(2)} (\delta A)^{(2)} = 4$

$$\mathbf{v} = 2\mathbf{i} + 4\mathbf{j} = \frac{3}{2}\mathbf{g}_1 + \frac{5}{2}\mathbf{g}_2 = 10\mathbf{g}^1 + 2\mathbf{g}^2$$

$$\delta\mathbf{A} = 2\mathbf{i} + 2\mathbf{j} = \mathbf{g}_1 + \mathbf{g}_2 = 8\mathbf{g}^1$$

$h^1 = \frac{\sqrt{2}}{4}$	$h^2 = \frac{\sqrt{10}}{4}$	$h_1 = \sqrt{10}$	$h_2 = \sqrt{2}$
$v^1 = \frac{3}{2}$	$v^2 = \frac{5}{2}$	$v_1 = 10$	$v_2 = 2$
$v^{(1)} = \frac{6}{\sqrt{2}}$	$v^{(2)} = \sqrt{10}$	$v_{(1)} = \sqrt{10}$	$v_{(2)} = \sqrt{2}$
$(\delta A)^1 = 1$	$(\delta A)^2 = 1$	$(\delta A)_1 = 8$	$(\delta A)_2 = 0$
$(\delta A)^{(1)} = 2\sqrt{2}$	$(\delta A)^{(2)} = \frac{4}{\sqrt{10}}$	$(\delta A)_{(1)} = \frac{8}{\sqrt{10}}$	$(\delta A)_{(2)} = 0$

그림 21.3 벡터의 공변방향 및 반변방향 물리적 성분

라는 것을 기하학적으로 해석하면

$$\mathbf{v} = v^{(1)}\mathbf{e}^1 + (\beta_2\mathbf{e}_2 + \beta_3\mathbf{e}_3 + \cdots + \beta_n\mathbf{e}_n)$$

(단위벡터 $\mathbf{e}^1$에 수직한 $n-1$ 차원 공간에서의 벡터)

과 같다(그림 21.3에서 $\mathbf{v} = v^{(1)}\mathbf{e}^1 + v_{(2)}\mathbf{e}_2$가 성립하는 것을 확인해 보라).

연습문제

[1] 2차원 평면에서 속도벡터가 $\mathbf{v} = \mathbf{i}u + \mathbf{j}v$로 주어져 있을 때, 임의의 곡선좌표계 (ξ, η)에서 물리적 공변속도와 반변속도를 구하라.

✔ 먼저 공변기저벡터와 척도요소를 구하면

$$\mathbf{g}_\xi = \frac{\partial \mathbf{r}}{\partial \xi} = \mathbf{i}x_\xi + \mathbf{j}y_\xi, \quad h_\xi = |\mathbf{g}_\xi| = \left(x_\xi^2 + y_\xi^2\right)^{\frac{1}{2}}$$

$$\mathbf{g}_\eta = \frac{\partial \mathbf{r}}{\partial \eta} = \mathbf{i}x_\eta + \mathbf{j}y_\eta, \quad h_\eta = |\mathbf{g}_\eta| = \left(x_\eta^2 + y_\eta^2\right)^{\frac{1}{2}}$$

이 된다. 따라서, 물리적 공변속도성분은

$$u_\xi = \mathbf{v} \cdot \frac{\mathbf{g}_\xi}{h_\xi} = \frac{x_\xi u + y_\xi v}{h_\xi}, \quad u_\eta = \mathbf{v} \cdot \frac{\mathbf{g}_\eta}{h_\eta} = \frac{x_\eta u + y_\eta v}{h_\eta}$$

로 주어진다. 계속해서, 자코비안 행렬과 역행렬을 구하면

$$\mathbf{G} = \begin{bmatrix} x_\xi & x_\eta \\ y_\xi & y_\eta \end{bmatrix}, \quad \mathbf{G}^{-1} = \frac{1}{J}\begin{bmatrix} y_\eta & -x_\eta \\ -y_\xi & x_\xi \end{bmatrix}, \quad J = x_\xi y_\eta - x_\eta y_\xi$$

이므로, 반변기저벡터는 역행렬 $\mathbf{G}^{-1}$의 행벡터로부터

$$\mathbf{g}^\xi = \frac{1}{J}(\mathbf{i}y_\eta - \mathbf{j}x_\eta), \qquad h^\xi = |\mathbf{g}^\xi| = \frac{h_\eta}{J}$$

$$\mathbf{g}^\eta = \frac{1}{J}(-\mathbf{i}y_\xi + \mathbf{j}x_\xi), \qquad h^\eta = |\mathbf{g}^\eta| = \frac{h_\xi}{J}$$

로 된다. 이때 물리적 반변속도성분은

$$U^\xi = \mathbf{v} \cdot \frac{\mathbf{g}^\xi}{h^\xi} = \frac{y_\eta u - x_\eta v}{h_\eta}, \qquad U^\eta = \mathbf{v} \cdot \frac{\mathbf{g}^\eta}{h^\eta} = \frac{-y_\xi u + x_\xi v}{h_\xi}$$

가 된다. 참고로 좌표축의 두 점 η와 $\eta + d\eta$ 사이를 통과하는 유량은 면적(2차원이므로 실제로는 길이가 된다)벡터의 반변방향 물리적성분인 $(dA)^\xi = h_\eta d\eta$와 반변방향 물리적 속도성분 U^ξ의 곱으로부터 $dQ^\xi = (y_\eta u - x_\eta v)d\eta$로 된다. 마찬가지로 $dQ^\eta = (-y_\xi u + x_\xi v)d\xi$이다.

21-3 벡터의 외적과 순열텐서

지금까지 살펴본 벡터의 내적은 n차원 공간에서 정의되는 벡터연산이지만, 이 절에서는 3차원 공간에서 정의되는 벡터의 외적을 다룬다.

3차원 공간에서 벡터의 외적. 두 벡터 $\mathbf{u}, \mathbf{v}$의 외적은

$$\mathbf{u} \times \mathbf{v} = (\mathbf{u} \times \mathbf{v})_k \mathbf{g}^k \tag{40}$$

의 형태로 쓸 수 있다. 이때, $(\mathbf{u} \times \mathbf{v})_k$는 $\mathbf{u} \times \mathbf{v}$의 공변성분이므로 공변기저벡터와의 내적으로부터 그 크기를 구할 수 있다. 즉,

$$(\mathbf{u} \times \mathbf{v})_k = (\mathbf{u} \times \mathbf{v}) \cdot \mathbf{g}_k = u^i v^j (\mathbf{g}_i \times \mathbf{g}_j) \cdot \mathbf{g}_k \equiv u^i v^j \epsilon_{ijk} \tag{41}$$

로 구할 수 있다. 여기서,

$$\epsilon_{ijk} = \mathbf{g}_i \cdot \mathbf{g}_j \times \mathbf{g}_k = \det(\mathbf{g}_i \quad \mathbf{g}_j \quad \mathbf{g}_k)$$

를 순열(順列; permutation)텐서의 공변성분으로 정의한다. 공변기저에 대한 자코비안

$$J = \mathbf{g}_1 \cdot \mathbf{g}_2 \times \mathbf{g}_3 = \det(\mathbf{g}_1 \quad \mathbf{g}_2 \quad \mathbf{g}_3) = \det \mathbf{G} \tag{42}$$

로부터

$$\epsilon_{ijk} = \mathbf{g}_i \cdot \mathbf{g}_j \times \mathbf{g}_k = \begin{cases} J & (i,j,k) \sim (1,2,3) \\ -J & (i,j,k) \sim (2,1,3) \\ 0 & i,j,k\text{에서 한 쌍이 같을 때} \end{cases} \tag{43}$$

와 같이 값을 구할 수 있다. 기호 "~"는 순열이 같은 것을 의미한다. 이 정의에 따르면

$$\begin{aligned} \epsilon_{123} &= \epsilon_{231} = \epsilon_{312} = J \\ \epsilon_{213} &= \epsilon_{132} = \epsilon_{321} = -J \end{aligned} \tag{44}$$

이고, 나머지는 모두 0이 된다.

처음으로 다시 돌아가서 식 (40)과 (41)을 결합하여 쓰면

$$\mathbf{u} \times \mathbf{v} = \epsilon_{ijk} u^i v^j \mathbf{g}^k \tag{45}$$

인 산뜻한 표현을 얻게 된다.

위의 과정을 공변기저벡터에 대해서 반복하면

$$\mathbf{u} \times \mathbf{v} = (\mathbf{u} \times \mathbf{v})^k \mathbf{g}_k \tag{46}$$

로부터

$$(\mathbf{u} \times \mathbf{v})^k = (\mathbf{u} \times \mathbf{v}) \cdot \mathbf{g}^k = u_i v_j (\mathbf{g}^i \times \mathbf{g}^j) \cdot \mathbf{g}^k \equiv u_i v_j \epsilon^{ijk} \tag{47}$$

를 얻게 되고, 위에서

$$\epsilon^{ijk} = \mathbf{g}^i \cdot \mathbf{g}^j \times \mathbf{g}^k = \det \begin{bmatrix} \mathbf{g}^i \\ \mathbf{g}^j \\ \mathbf{g}^k \end{bmatrix} \tag{48}$$

를 **순열텐서의 반변성분**이라고 정의한다. ϵ^{ijk}의 값은 식 (43)과 매우 유사하게 $\epsilon^{123} = \det \mathbf{G}^{-1} = J^{-1}$임을 이용하여

$$\epsilon^{ijk} = \mathbf{g}^i \cdot \mathbf{g}^j \times \mathbf{g}^k = \begin{cases} J^{-1} & (i,j,k) \sim (1,2,3) \\ -J^{-1} & (i,j,k) \sim (2,1,3) \\ 0 & i,j,k\text{에서 한 쌍이 같을 때} \end{cases} \tag{49}$$

으로부터 구한다. 식 (46)과 (47)을 결합하면

$$\epsilon_{ijk} = J^2 \epsilon^{ijk} \tag{50}$$

인 관계를 얻을 수 있다.

또한, 벡터의 외적을 공변기저를 이용하여

$$\mathbf{u} \times \mathbf{v} = \epsilon^{ijk} u_i v_j \mathbf{g}_k \tag{51}$$

와 같이 표현하는 것은 식 (45)와 대응된다.

순열텐서와 관련하여 유용한 공식은

$$\epsilon^{ijk} \epsilon_{pqr} = \begin{vmatrix} \delta^i_p & \delta^i_q & \delta^i_r \\ \delta^j_p & \delta^j_q & \delta^j_r \\ \delta^k_p & \delta^k_q & \delta^k_r \end{vmatrix} \tag{52}$$

로, 특히 $r = k$일 때

$$\epsilon^{ijk} \epsilon_{pqk} = \begin{vmatrix} \delta^i_p & \delta^i_q & \delta^i_r \\ \delta^j_p & \delta^j_q & \delta^j_r \\ 0 & 0 & 1 \end{vmatrix} = \delta^i_p \delta^j_q - \delta^i_q \delta^j_p \tag{53}$$

인 공식은 빈번하게 사용된다.

예제 3 공식 $\mathbf{a} \times (\mathbf{b} \times \mathbf{c}) = (\mathbf{a} \cdot \mathbf{c})\mathbf{b} - (\mathbf{a} \cdot \mathbf{b})\mathbf{c}$를 식 (53)을 사용하여 증명하라.

☞ 우선 식 (51)을 이용하면

$$\mathbf{a} \times (\mathbf{b} \times \mathbf{c}) = \epsilon^{ijk} \mathbf{g}_i a_j (\mathbf{b} \times \mathbf{c})_k$$

가 되고, 벡터 $\mathbf{b} \times \mathbf{c}$에 대해서는 식 (45)를 이용하여

$$\mathbf{b}\times\mathbf{c}=\epsilon_{pqr}b^p c^q \mathbf{g}^r$$

이다. 따라서

$$(\mathbf{b}\times\mathbf{c})_k=(\mathbf{b}\times\mathbf{c})\cdot\mathbf{g}_k=\epsilon_{pqr}b^p c^q \mathbf{g}^r\cdot\mathbf{g}_k=\epsilon_{pqk}b^p c^q$$

를 얻고, 이것을 처음 식에 대입하면

$$\begin{aligned}\mathbf{a}\times(\mathbf{b}\times\mathbf{c}) &= \epsilon^{ijk}\epsilon_{pqk}\mathbf{g}_i a_j b^p c^q \\ &= (\delta^i_p\delta^j_q-\delta^i_q\delta^j_p)\mathbf{g}_i a_j b^p c^q \\ &= \delta^i_p\delta^j_q\mathbf{g}_i a_j b^p c^q-\delta^i_q\delta^j_p\mathbf{g}_i a_j b^p c^q \\ &= (a_j c^j)(\mathbf{g}_i b^i)-(a_j b^j)(\mathbf{g}_i c^i) \\ &= (\mathbf{a}\cdot\mathbf{c})\mathbf{b}-(\mathbf{a}\cdot\mathbf{b})\mathbf{c}\end{aligned} \tag{54}$$

로 증명된다. ◀

연습문제

※다음을 증명하라.

[1] $\epsilon^{ijk}\epsilon_{pjk}=2\delta^i_p$

[2] $\epsilon^{ijk}\epsilon_{ijk}=6$

[3] $\mathbf{g}_i\times\mathbf{g}_j=\epsilon_{ijk}\mathbf{g}^k,\quad \mathbf{g}^i\times\mathbf{g}^j=\epsilon^{ijk}\mathbf{g}_k$

[4] $\mathbf{g}^k=\dfrac{1}{2}\epsilon^{ijk}\mathbf{g}_i\times\mathbf{g}_j,\quad \mathbf{g}_k=\dfrac{1}{2}\epsilon_{ijk}\mathbf{g}^i\times\mathbf{g}^j$

21-4 2차텐서의 기저

2차텐서의 기저. 두 벡터로부터 정의되는 다이아드를 카테시안 벡터를 이용하여

$$\mathbf{D}=\mathbf{uv}=\mathbf{i}_i\mathbf{i}_j u^i v^j \tag{55}$$

와 같이 표현하였다. 그런데, 카테시안 기저벡터 대신에 일반적인 기저벡터를 사용하는 경우를 살펴보면

$$\mathbf{D}=\begin{cases}D^{ij}\mathbf{g}_i\mathbf{g}_j \\ D_{ij}\mathbf{g}^i\mathbf{g}^j \\ D_{\cdot j}^{i}\mathbf{g}_i\mathbf{g}^j \\ D^{\cdot j}_{i}\mathbf{g}^i\mathbf{g}_j\end{cases} \tag{56}$$

와 같이 네 가지의 방법으로 다이아드를 표현할 수 있다는 것을 알게 된다. 특히, 반변기저벡터와 공변기저벡터가 섞여 있는 경우 텐서의 성분을 D^i_j로만 쓰게 되면

$$D^i_j\,\mathbf{g}^j\,\mathbf{g}_i,\quad D^i_j\,\mathbf{g}_i\,\mathbf{g}^j$$

에서 어떤 것을 나타내는지 혼동이 일어나게 되므로, 뒤쪽의 기저벡터에 대응하는 첨자 앞에는 점을 찍어 구분한다. 즉,

$$\mathbf{D} = D^i_{.j}\,\mathbf{g}_i\,\mathbf{g}^j = D_i^{.j}\,\mathbf{g}^i\,\mathbf{g}_j \tag{57}$$

로 쓰는 것이 올바른 표기이다.

벡터가 $\mathbf{v} = v^i\mathbf{g}_i = v_i\mathbf{g}^i$와 같이 두 가지의 표현(반변성분 또는 공변성분)을 가지고, 또한

$$v^i = \mathbf{v}\cdot\mathbf{g}^i,\quad v_i = \mathbf{v}\cdot\mathbf{g}_i$$

와 같이 각 성분이 결정되는 것과 마찬가지로 텐서는 네 가지의 표현을 가지는데, 각각의 성분은

$$\begin{aligned}
D_{ij} &= \mathbf{g}_i\cdot\mathbf{D}\cdot\mathbf{g}_j\\
D^{ij} &= \mathbf{g}^i\cdot\mathbf{D}\cdot\mathbf{g}^j\\
D_i^{.j} &= \mathbf{g}_i\cdot\mathbf{D}\cdot\mathbf{g}^j\\
D^i_{.j} &= \mathbf{g}^i\cdot\mathbf{D}\cdot\mathbf{g}_j
\end{aligned} \tag{58}$$

으로부터 결정할 수 있다.

예를 들어, 공변기저 및 반변기저

$$\begin{aligned}
\mathbf{g}_1 &= 3\mathbf{i} + 5\mathbf{j},\quad \mathbf{g}_2 = \mathbf{i} + 2\mathbf{j}\\
\mathbf{g}^1 &= 2\mathbf{i} - \mathbf{j},\quad \mathbf{g}^2 = -5\mathbf{i} + 3\mathbf{j}
\end{aligned} \tag{59}$$

를 이용하여

$$\mathbf{u} = \mathbf{i} - \mathbf{j},\quad \mathbf{v} = \mathbf{i} - 2\mathbf{j} \tag{60}$$

로부터 정의되는 텐서 $\mathbf{D} = \mathbf{uv}$를 구해 보자.

먼저, 벡터 $\mathbf{u}, \mathbf{v}$를 각 기저에 대해 나타내면

$$\begin{aligned}
\mathbf{u} &= \mathbf{i} - \mathbf{j} = -3\mathbf{g}_1 + 8\mathbf{g}_2 = 2\mathbf{g}^1 + \mathbf{g}^2\\
\mathbf{v} &= \mathbf{i} - 2\mathbf{j} = -4\mathbf{g}_1 + 11\mathbf{g}_2 = 7\mathbf{g}^1 + 3\mathbf{g}^2
\end{aligned} \tag{61}$$

이므로, 다이아드의 정의에 따라서

$$\begin{aligned}
\mathbf{uv} &= (2\mathbf{g}^1 + \mathbf{g}^2)(7\mathbf{g}^1 + 3\mathbf{g}^2) = \begin{bmatrix}\mathbf{g}^1 & \mathbf{g}^2\end{bmatrix}\begin{bmatrix}14 & 6\\ 7 & 3\end{bmatrix}\begin{bmatrix}\mathbf{g}^1\\ \mathbf{g}^2\end{bmatrix}\\
\mathbf{uv} &= (-3\mathbf{g}_1 + 8\mathbf{g}_2)(-4\mathbf{g}_1 + 11\mathbf{g}_2) = \begin{bmatrix}\mathbf{g}_1 & \mathbf{g}_2\end{bmatrix}\begin{bmatrix}12 & -33\\ -32 & 88\end{bmatrix}\begin{bmatrix}\mathbf{g}_1\\ \mathbf{g}_2\end{bmatrix}\\
\mathbf{uv} &= (2\mathbf{g}^1 + \mathbf{g}^2)(-4\mathbf{g}_1 + 11\mathbf{g}_2) = \begin{bmatrix}\mathbf{g}^1 & \mathbf{g}^2\end{bmatrix}\begin{bmatrix}-8 & 22\\ -4 & 11\end{bmatrix}\begin{bmatrix}\mathbf{g}_1\\ \mathbf{g}_2\end{bmatrix}
\end{aligned} \tag{62}$$

$$\mathbf{uv} = (-3\mathbf{g}_1 + 8\mathbf{g}_2)(7\mathbf{g}^1 + 3\mathbf{g}^2) = [\mathbf{g}_1 \quad \mathbf{g}_2]\begin{bmatrix} -21 & -9 \\ 56 & 24 \end{bmatrix}\begin{bmatrix} \mathbf{g}^1 \\ \mathbf{g}^2 \end{bmatrix}$$

와 같이 네 가지의 방법으로 표현할 수 있다. 특히, 카테시안 기저만을 이용하면

$$\mathbf{D} = \mathbf{uv} = (\mathbf{i} - \mathbf{j})(\mathbf{i} - 2\mathbf{j}) = [\mathbf{i} \quad \mathbf{j}]\begin{bmatrix} 1 & -2 \\ -1 & 2 \end{bmatrix}\begin{bmatrix} \mathbf{i} \\ \mathbf{j} \end{bmatrix} \tag{63}$$

로부터

$$\begin{aligned} D_{12} &= \mathbf{g}_1 \cdot \mathbf{D} \cdot \mathbf{g}_2 = [3 \quad 5]\begin{bmatrix} 1 & -2 \\ -1 & 2 \end{bmatrix}\begin{bmatrix} 1 \\ 2 \end{bmatrix} = 6 \\ D^{12} &= \mathbf{g}^1 \cdot \mathbf{D} \cdot \mathbf{g}^2 = [2 \quad -1]\begin{bmatrix} 1 & -2 \\ -1 & 2 \end{bmatrix}\begin{bmatrix} -5 \\ 3 \end{bmatrix} = -33 \\ D_1^{\cdot 2} &= \mathbf{g}_1 \cdot \mathbf{D} \cdot \mathbf{g}^2 = [3 \quad 5]\begin{bmatrix} 1 & -2 \\ -1 & 2 \end{bmatrix}\begin{bmatrix} -5 \\ 3 \end{bmatrix} = 22 \\ D^1_{\cdot 2} &= \mathbf{g}^1 \cdot \mathbf{D} \cdot \mathbf{g}_2 = [2 \quad -1]\begin{bmatrix} 1 & -2 \\ -1 & 2 \end{bmatrix}\begin{bmatrix} 1 \\ 2 \end{bmatrix} = -9 \end{aligned} \tag{64}$$

등으로 텐서의 각 성분을 구할 수 있다. 위에서 구한 결과를 아래와 비교하면 그 의미를 보다 확실하게 알 수 있을 것이다.

$$\mathbf{D} = \mathbf{uv} = \begin{cases} [\mathbf{g}^1 \quad \mathbf{g}^2]\begin{bmatrix} 14 & 6 \\ 7 & 3 \end{bmatrix}\begin{bmatrix} \mathbf{g}^1 \\ \mathbf{g}^2 \end{bmatrix} & \Rightarrow \quad D_{ij}\mathbf{g}^i\mathbf{g}^j \\ [\mathbf{g}_1 \quad \mathbf{g}_2]\begin{bmatrix} 12 & -33 \\ -32 & 88 \end{bmatrix}\begin{bmatrix} \mathbf{g}_1 \\ \mathbf{g}_2 \end{bmatrix} & \Rightarrow \quad D^{ij}\mathbf{g}_i\mathbf{g}_j \\ [\mathbf{g}^1 \quad \mathbf{g}^2]\begin{bmatrix} -8 & 22 \\ -4 & 11 \end{bmatrix}\begin{bmatrix} \mathbf{g}_1 \\ \mathbf{g}_2 \end{bmatrix} & \Rightarrow \quad D_i^{\cdot j}\mathbf{g}^i\mathbf{g}_j \\ [\mathbf{g}_1 \quad \mathbf{g}_2]\begin{bmatrix} -21 & -9 \\ 56 & 24 \end{bmatrix}\begin{bmatrix} \mathbf{g}^1 \\ \mathbf{g}^2 \end{bmatrix} & \Rightarrow \quad D^i_{\cdot j}\mathbf{g}_i\mathbf{g}^j \end{cases} \tag{65}$$

연습문제

[1] 2차 단위텐서 $\mathbf{I}$를 공변기저 또는 반변기저를 이용하여 나타낼 때의 성분을 구하라. 다시 말해서, $\mathbf{I} = I^{ij}\mathbf{g}_i\mathbf{g}_j = I_{ij}\mathbf{g}^i\mathbf{g}^j = I_i^{\cdot j}\mathbf{g}^i\mathbf{g}_j = I^i_{\cdot j}\mathbf{g}_i\mathbf{g}^j$에서 I^{ij} 등을 구하라.

[2] 텐서 $\mathbf{T}$가 대칭이면 $\mathbf{T} = \mathbf{T}^{\mathrm{T}}$가 된다. 이때,

$$T^{ij} = T^{ji}, \quad T_{ij} = T_{ji}, \quad T^{\cdot j}_{\cdot i} = T_i^{\cdot j}$$

임을 보여라. 그러나, 대칭텐서 $\mathbf{T}$에 대해서 $T^{\cdot j}_{\cdot i}$가 대칭행렬이라는 것은 아니다.

21-5 일반좌표계 (η^1, η^2, η^3)에서의 기저

일반좌표계에서의 공변기저 및 반변기저. 새로운 일반좌표계 (η^1, η^2, η^3)를 도입하면 카테시안 좌표계와는

$$\begin{cases} x^1 = x^1(\eta^1, \eta^2, \eta^3) \\ x^2 = x^2(\eta^1, \eta^2, \eta^3) \\ x^3 = x^3(\eta^1, \eta^2, \eta^3) \end{cases} \tag{66}$$

형태의 좌표변환관계를 이룬다. 이때, 두 좌표계 사이에는 일대일 대응을 이루고 상호 미분가능한 것을 가정한다. 다음은 일반좌표계에서 공변기저 및 반변기저를 선택하는 기준을 설명한다.

> 공간에서 위치벡터를 카테시안 기저벡터를 이용하여
>
> $$\mathbf{r} = \mathbf{i}_j x^j = \mathbf{i}_1 x^1 + \mathbf{i}_2 x^2 + \mathbf{i}_3 x^3 \tag{67}$$
>
> 로 나타낼 때
>
> $$\mathbf{g}_i = \frac{\partial \mathbf{r}}{\partial \eta^i} \tag{68}$$
>
> $$\mathbf{g}^i = \nabla \eta^i \tag{69}$$
>
> 를 좌표계 (η^1, η^2, η^3)에 대한 공변기저벡터와 반변기저벡터라 한다.

▶ 위에 주어진 기저벡터는

$$\begin{aligned} \mathbf{g}^i \cdot \mathbf{g}_j &= \nabla \eta^i \cdot \frac{\partial \mathbf{r}}{\partial \eta^j} \\ &= \mathbf{i}_k \frac{\partial \eta^i}{\partial x^k} \cdot \mathbf{i}_p \frac{\partial x_p}{\partial \eta^j} \\ &= \frac{\partial \eta^i}{\partial x^k} \frac{\partial x_k}{\partial \eta^j} = \frac{\partial \eta^i}{\partial \eta^j} = \delta^i_j \end{aligned} \tag{70}$$

를 만족하므로, 각각 공변기저와 반변기저의 역할을 하는 것을 확인할 수 있다. 그림 21.4에 보인 바와 같이 좌표계 (η^1, η^2, η^3)에 대한 공변기저벡터 $\mathbf{g}_i$는 공간상에서 η^i축의 접선벡터를 나타내고, 반변기저벡터 $\mathbf{g}^i$는 η^i가 일정한 면의 법선벡터를 나타낸다.

예제 4 (r, θ) 극좌표계에서 공변기저 및 반변기저를 구하라.

☞ 극좌표계는

$$x = r\cos\theta, \quad y = r\sin\theta \tag{71}$$

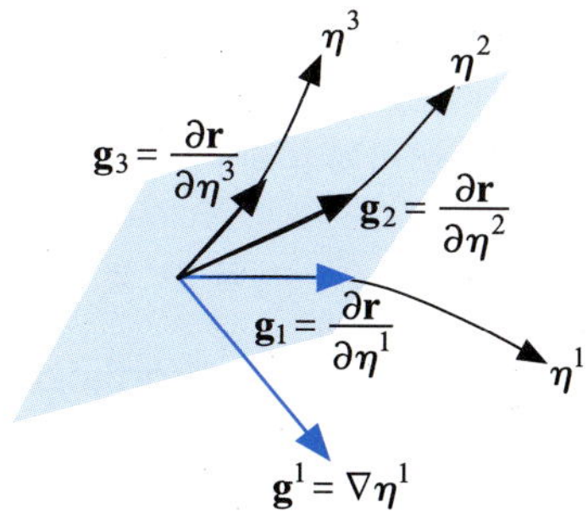

그림 21.4

로 표현되므로 공변기저벡터는

$$\mathbf{g}_r = \frac{\partial \mathbf{r}}{\partial r} = \mathbf{i}\frac{\partial x}{\partial r} + \mathbf{j}\frac{\partial y}{\partial r} = \mathbf{i}\cos\theta + \mathbf{j}\sin\theta$$

$$\mathbf{g}_\theta = \frac{\partial \mathbf{r}}{\partial \theta} = \mathbf{i}\frac{\partial x}{\partial \theta} + \mathbf{j}\frac{\partial y}{\partial \theta} = -\mathbf{i}r\sin\theta + \mathbf{j}r\cos\theta \tag{72}$$

로 되고, 자코비안 행렬과 자코비안은

$$\mathbf{G} = [\mathbf{g}_r \quad \mathbf{g}_\theta] = \begin{bmatrix} \cos\theta & -r\sin\theta \\ \sin\theta & r\cos\theta \end{bmatrix}$$

$$J = \det\mathbf{G} = \begin{vmatrix} \cos\theta & -r\sin\theta \\ \sin\theta & r\cos\theta \end{vmatrix} = r \tag{73}$$

로 구해진다. 계속해서, 반변기저는

$$\mathbf{G}^{-1} = \begin{bmatrix} \mathbf{g}_r \\ \mathbf{g}_\theta \end{bmatrix} = \frac{1}{r}\begin{bmatrix} r\cos\theta & r\sin\theta \\ -\sin\theta & \cos\theta \end{bmatrix} \tag{74}$$

으로부터

$$\mathbf{g}^r = \mathbf{i}\cos\theta + \mathbf{j}\sin\theta$$

$$\mathbf{g}^\theta = -\mathbf{i}\frac{\sin\theta}{r} + \mathbf{j}\frac{\cos\theta}{r} \tag{75}$$

가 된다. 또한, 척도요소는 다음과 같다.

$$h_r = |\mathbf{g}_r| = (\cos^2\theta + \sin^2\theta)^{\frac{1}{2}} = 1$$

$$h_\theta = |\mathbf{g}_\theta| = (r^2\cos^2\theta + r^2\sin^2\theta)^{\frac{1}{2}} = r \quad ◀ \tag{76}$$

☑ 반변기저를 $\mathbf{g}^i = \nabla\eta^i$로부터 구하는 것보다 $\mathbf{G}^{-1}$로부터 구하는 것이 간단할 때가 많다. 또한, $\mathbf{G}^{-1}$의 원소를 참조하면 $\mathbf{g}^i = \nabla\eta^i = \dfrac{\partial\eta^i}{\partial x^j}\mathbf{i}_j$의 표현을 바로 구할 수 있다. 예를 들어,

$$\mathbf{g}^r = \mathbf{i}\cos\theta + \mathbf{j}\sin\theta \quad \Rightarrow \quad \frac{\partial r}{\partial x} = \cos\theta, \quad \frac{\partial r}{\partial y} = \sin\theta$$

$$\mathbf{g}^\theta = -\mathbf{i}\frac{\sin\theta}{r} + \mathbf{j}\frac{\cos\theta}{r} \quad \Rightarrow \quad \frac{\partial\theta}{\partial x} = -\frac{\sin\theta}{r}, \quad \frac{\partial\theta}{\partial y} = \frac{\cos\theta}{r} \tag{77}$$

인 관계를 얻을 수 있다.

직교좌표계와 정규직교기저. 일반좌표계 (η^1, η^2, η^3)의 공변기저벡터가 서로 직교하는 경우, 즉

$$g_{ij} \equiv \mathbf{g}_i \cdot \mathbf{g}_j = |\mathbf{g}_i||\mathbf{g}_j|\delta_{ij} = h_i h_j \delta_{ij} \tag{78}$$

이면 주어진 좌표계를 **직교좌표계**(orthogonal coordinate)라고 정의하고, 벡터집합 $\{\mathbf{g}_1, \mathbf{g}_2, \mathbf{g}_3\}$를 **직교기저**(orthogonal basis)라고 한다. 이미 잘 알고 있는 원통 및 구면 좌표계는 대표적인 직교좌표계이다.

직교좌표계에서 $\mathbf{e}_i \equiv \dfrac{\mathbf{g}_i}{h_i}$로 이루어지는 단위벡터집합 $\{\mathbf{e}_1, \mathbf{e}_2, \mathbf{e}_3\}$를 **정규직교기저**(orthonormal basis)라고 한다. 이것은 정규직교기저에 대해서는

$$\mathbf{e}_i \cdot \mathbf{e}_j = \delta_{ij} \tag{79}$$

가 성립하기 때문이다.

> 정규직교기저(orthonormal basis), 즉 $\mathbf{e}_i \cdot \mathbf{e}_j = \delta_{ij}$인 기저는 공변기저벡터와 반변기저벡터의 구별이 없다. 다시 말해서 $\mathbf{e}^i = \mathbf{e}_i$이므로 $\mathbf{e}_i$를 대표로 사용한다.

▶ 다시 강조하지만, 정규직교기저를 사용할 때 편리한 점은 공변기저와 반변기저의 구분이 없다는 것이다. 실제로 $\mathbf{e}_i$에 대응하는 반변기저벡터를 $\mathbf{e}^i$로 쓰면 $\mathbf{e}^i \cdot \mathbf{e}_j = \delta^i_j$가 성립하는데, 정의로부터 $\mathbf{e}_i \cdot \mathbf{e}_j = \delta_{ij}$이므로 $\mathbf{e}^i = \mathbf{e}_i$가 된다.

21-6 가속도와 Christoffel 기호

이 절에서 다루는 크리스토펠 기호는 그 자체가 텐서량은 아니지만 미분기하, 연속체역학, 상대성이론 등 많은 분야에서 중요한 역할을 한다.

물체의 속도. 속도는 위치의 시간미분으로 정의된다. 일반좌표계 (η^1, η^2, η^3)에서 속도를 구하면 사슬법칙을 이용하여

$$\mathbf{v} = \frac{d\mathbf{r}}{dt} = \frac{d\eta^i}{dt}\frac{\partial \mathbf{r}}{\partial \eta^i} = \frac{d\eta^i}{dt}\mathbf{g}_i \tag{80}$$

와 같이 표현된다. 이때, $d\eta^i/dt$는 속도벡터 $\mathbf{v}$의 반변성분이므로 $v^i = \dfrac{d\eta^i}{dt} = \dot{\eta}^i$로 쓴다. 따라서, 속도벡터는

$$\mathbf{v} = v^i \mathbf{g}_i \tag{81}$$

로 쓸 수 있다. 예를 들어, (r, θ) 극좌표계에서 속도는

$$\mathbf{v} = \dot{\mathbf{r}} = \dot{r}\frac{\partial \mathbf{r}}{\partial r} + \dot{\theta}\frac{\partial \mathbf{r}}{\partial \theta} = \dot{r}\mathbf{g}_r + \dot{\theta}\mathbf{g}_\theta = v^r \mathbf{g}_r + v^\theta \mathbf{g}_\theta \tag{82}$$

가 된다. 이때, 속도벡터의 반변성분

$$v^r = \dot{r}, \quad v^\theta = \dot{\theta}$$

에서 v^θ는 물리적으로 속도의 차원이 아니지만, 반변기저벡터 방향의 물리적 성분 $v^{(\theta)} = \dfrac{v^\theta}{h^\theta} = rv^\theta = r\dot{\theta}$는 속도의 차원을 가지게 된다(물론, $v^\theta \mathbf{g}_\theta$는 속도의 차원이다).

물체의 가속도와 크리스토펠 기호의 정의. 가속도는 속도의 시간미분이므로 식 (81)을 미분하여

$$\mathbf{a} = \dot{\mathbf{v}} = \dot{v}^i \mathbf{g}_i + v^i \dot{\mathbf{g}}_i = \dot{v}^i \mathbf{g}_i + v^i \frac{d\eta^j}{dt}\frac{\partial \mathbf{g}_i}{\partial \eta^j} = \dot{v}^i \mathbf{g}_i + v^i v^j \frac{\partial \mathbf{g}_i}{\partial \eta^j} \tag{83}$$

가 된다. 따라서, 가속도를 구하기 위해서는 공변기저벡터의 미분 $\dfrac{\partial \mathbf{g}_i}{\partial \eta^j}$를 구해야 한다. 편의상, 앞으로 η^j에 대한 편미분을

$$\frac{\partial \square}{\partial \eta^j} \equiv \square_{,j} \tag{84}$$

와 같이 콤마 뒤에 첨자를 쓰는 것으로 약속한다. 그러면,

$$\mathbf{g}_{i,j} = \frac{\partial \mathbf{g}_i}{\partial \eta^j} = \frac{\partial}{\partial \eta^j}\left(\frac{\partial \mathbf{r}}{\partial \eta^i}\right)$$
$$\mathbf{g}_{j,i} = \frac{\partial \mathbf{g}_j}{\partial \eta^i} = \frac{\partial}{\partial \eta^i}\left(\frac{\partial \mathbf{r}}{\partial \eta^j}\right)$$

가 되고, 편미분의 순서를 교환할 수 있다면(사실은 이러한 좌표변환만을 고려한다)

$$\mathbf{g}_{i,j} = \mathbf{g}_{j,i} \tag{85}$$

가 성립한다.

3차원 공간에서 벡터의 미분은 다시 벡터가 되기 때문에 $\mathbf{g}_{i,j}$는 공변기저벡터들의 1차결합으로 표현될 수 있으며, 이때의 계수를 **크리스토펠 기호**(Christoffel symbol)라고 정의한다. 즉,

$$\mathbf{g}_{i,j} = \Gamma^k_{ij}\mathbf{g}_k = \Gamma^1_{ij}\mathbf{g}_1 + \Gamma^2_{ij}\mathbf{g}_2 + \Gamma^3_{ij}\mathbf{g}_3 \tag{86}$$

로 정의한다. 크리스토펠 기호는 마치 3차텐서처럼 보이지만 실제로는 텐서량이 아니므로 흔히

$$\begin{Bmatrix} k \\ ij \end{Bmatrix} = \Gamma^k_{ij} \tag{87}$$

와 같이 나타내어, 텐서가 아니라는 것을 강조하기도 한다.

크리스토펠 기호를 계산하기 위해서는 식 (86)과 반변기저벡터 $\mathbf{g}^k$와의 내적을 취하면

$$\mathbf{g}^k \cdot \mathbf{g}_{i,j} = \mathbf{g}^k \cdot \Gamma^p_{ij}\mathbf{g}_p = \Gamma^p_{ij}\delta^k_p = \Gamma^k_{ij}$$

즉,

$$\Gamma^k_{ij} = \Gamma^k_{ji} = \mathbf{g}^k \cdot \mathbf{g}_{i,j} \tag{88}$$

로부터 구할 수 있다. 위에서, $\Gamma^k_{ij} = \Gamma^k_{ji}$인 성질은 $\mathbf{g}_{i,j} = \mathbf{g}_{j,i}$로부터 비롯된 것이다.

예제 5 반변기저벡터의 미분공식 $\dfrac{\partial \mathbf{g}^i}{\partial \eta^j} = \mathbf{g}^i_{,j} = -\Gamma^i_{jk}\,\mathbf{g}^k$를 보여라.

☞ 크리스토펠 기호와 유사하게 새로운 기호

$$\mathbf{g}^i_{,j} = B^i_{jk}\,\mathbf{g}^k \tag{89}$$

를 정의하고 $B^i_{jk} = -\Gamma^i_{jk}$임을 보이면 될 것이다. 다음의 내적

$$\mathbf{g}^k \cdot \mathbf{g}_i = \delta^k_i$$

를 좌표 η^j에 대해 미분하면

$$\mathbf{g}^k_{,j} \cdot \mathbf{g}_i + \mathbf{g}^k \cdot \mathbf{g}_{i,j} = 0$$

이 되고, 크리스토펠 기호의 정의와 식 (89)를 대입하면

$$B^k_{jp}\,\mathbf{g}^p \cdot \mathbf{g}_i + \mathbf{g}^k \cdot \Gamma^p_{ij}\,\mathbf{g}_p = 0 \quad \Rightarrow \quad B^k_{jp}\,\delta^p_i + \Gamma^p_{ij}\,\delta^k_p = 0$$

즉,

$$B^k_{ji} + \Gamma^k_{ij} = 0$$

을 얻는다. 윗식에서 $\Gamma^k_{ij} = \Gamma^k_{ji}$이므로 $B^k_{ji} = B^k_{ij} = -\Gamma^k_{ij}$가 된다. 크리스토펠 기호에 대한 결과를 정리하면

$$\begin{aligned} \Gamma^k_{ij} &= \mathbf{g}^k \cdot \mathbf{g}_{i,j} \qquad & \mathbf{g}_{i,j} &= \Gamma^k_{ij}\,\mathbf{g}_k \\ \Gamma^i_{jk} &= -\mathbf{g}_k \cdot \mathbf{g}^i_{,j} \qquad & \mathbf{g}^i_{,j} &= -\Gamma^i_{jk}\,\mathbf{g}^k \end{aligned} \tag{90}$$

예제 6 (r, θ) 극좌표계에서 크리스토펠 기호값을 모두 구하라.

☞ 식 (72)로 주어진, 극좌표계에서의 공변기저

$$\begin{aligned} \mathbf{g}_r &= \mathbf{i}\cos\theta + \mathbf{j}\sin\theta \\ \mathbf{g}_\theta &= -\mathbf{i}r\sin\theta + \mathbf{j}r\cos\theta \end{aligned}$$

를 미분하면

$$\begin{aligned} \mathbf{g}_{r,\theta} &= \mathbf{g}_{\theta,r} = -\mathbf{i}\sin\theta + \mathbf{j}\cos\theta = \frac{1}{r}\mathbf{g}_\theta \\ \mathbf{g}_{\theta,\theta} &= -\mathbf{i}r\cos\theta - \mathbf{j}r\sin\theta = -r\mathbf{g}_r \end{aligned} \tag{91}$$

이므로 크리스토펠 기호의 정의

$$\begin{aligned} \mathbf{g}_{r,\theta} &= \Gamma^r_{r\theta}\,\mathbf{g}_r + \Gamma^\theta_{r\theta}\,\mathbf{g}_\theta \\ \mathbf{g}_{\theta,\theta} &= \Gamma^r_{\theta\theta}\,\mathbf{g}_r + \Gamma^\theta_{\theta\theta}\,\mathbf{g}_\theta \end{aligned} \tag{92}$$

와 비교하면

$$\Gamma^{\theta}_{r,\theta} = \Gamma^{2}_{12} = \frac{1}{r}, \quad \Gamma^{r}_{\theta,\theta} = \Gamma^{1}_{22} = -r \tag{93}$$

이고 나머지는 모두 0이다. ◀

크리스토펠 기호의 계산. 일반 곡선좌표계에서 크리스토펠 기호값을 식 (90)의 정의, $\Gamma^{k}_{ij} = \mathbf{g}^{k} \cdot \mathbf{g}_{i,j}$ 로부터 성분별로 하나씩 구하는 것보다 다음의 예제에서 보는 것처럼 행렬로 나타내어 한 묶음씩 구하는 것이 보다 편리하다.

예제 7 행렬 $\mathbf{G}^{-1}\mathbf{G}_{,k} = \mathbf{G}^{-1}\dfrac{\partial \mathbf{G}}{\partial \eta_k}$의 i행 j열은 크리스토펠 기호 Γ^{i}_{kj} 임을 보여라.

☞ 두 행렬의 곱 $\mathbf{G}^{-1}\mathbf{G}_{,k}$의 i행 j열은 행렬 $\mathbf{G}^{-1}$의 i행벡터와 행렬 $\mathbf{G}_{,k}$의 j열벡터의 내적이므로

$$\left[\mathbf{G}^{-1}\frac{\partial \mathbf{G}}{\partial \eta_k}\right]_{i,j} = \mathbf{g}^{i} \cdot \frac{\partial}{\partial \eta_k}\mathbf{g}_j = \mathbf{g}^{i} \cdot \mathbf{g}_{j,k} \tag{94}$$

가 되고, 크리스토펠 기호의 정의로부터

$$\Gamma^{i}_{kj} = \left[\mathbf{G}^{-1}\frac{\partial \mathbf{G}}{\partial \eta_k}\right]_{i,j} \tag{95}$$

가 성립한다.

예제 8 구면좌표계에서 0이 아닌 크리스토펠 기호 Γ^{k}_{ij}를 모두 구하라.

☞ 여러 가지 방법이 있을 수 있지만 식 (95)의 정의를 이용한다. 먼저, 좌표변환 관계식

$$\begin{aligned} x &= r\sin\theta\cos\varphi \\ y &= r\sin\theta\sin\varphi \\ z &= r\cos\theta \end{aligned} \tag{96}$$

으로부터 자코비안 행렬

$$\mathbf{G} = [\mathbf{g}_1 \quad \mathbf{g}_2 \quad \mathbf{g}_3] = \begin{bmatrix} \sin\theta\cos\varphi & r\cos\theta\cos\varphi & -r\sin\theta\sin\varphi \\ \sin\theta\sin\varphi & r\cos\theta\sin\varphi & r\sin\theta\cos\varphi \\ \cos\theta & -r\sin\theta & 0 \end{bmatrix} \tag{97}$$

을 구할 수 있다. 그리고, 직교좌표계에서는

$$\mathbf{G}^{-1}\frac{\partial \mathbf{G}}{\partial \eta_k} = \begin{bmatrix} \mathbf{g}^1 \\ \mathbf{g}^2 \\ \mathbf{g}^3 \end{bmatrix} \frac{\partial}{\partial \eta_k}[\mathbf{g}_1 \quad \mathbf{g}_2 \quad \mathbf{g}_3] = \begin{bmatrix} h_1^{-1}\mathbf{e}_1 \\ h_2^{-1}\mathbf{e}_2 \\ h_3^{-1}\mathbf{e}_3 \end{bmatrix} \frac{\partial}{\partial \eta_k}[h_1\mathbf{e}_1 \quad h_2\mathbf{e}_2 \quad h_3\mathbf{e}_3] \tag{98}$$

와 같이 표현되므로 계산이 더욱 간단해진다. 최종적으로 행렬 $\mathbf{G}^{-1}\dfrac{\partial \mathbf{G}}{\partial \eta_k}$를 $k = r, \theta, \varphi$에 대

해서 구하면(상세한 계산은 ✔ 참조) 다음과 같고, 크리스토펠 기호 Γ^i_{kj}는 행렬 $\mathbf{G}^{-1}\dfrac{\partial \mathbf{G}}{\partial \eta_k}$의 i행 j열이므로

$$\mathbf{G}^{-1}\frac{\partial \mathbf{G}}{\partial r}=\begin{bmatrix}0&0&0\\0&\frac{1}{r}&0\\0&0&\frac{1}{r}\end{bmatrix}\qquad\Rightarrow\qquad\begin{cases}\Gamma^2_{12}=\frac{1}{r}\\\Gamma^3_{13}=\frac{1}{r}\end{cases}$$

$$\mathbf{G}^{-1}\frac{\partial \mathbf{G}}{\partial \theta}=\begin{bmatrix}0&-r&0\\\frac{1}{r}&0&0\\0&0&\cot\theta\end{bmatrix}\qquad\Rightarrow\qquad\begin{cases}\Gamma^1_{22}=-r\\\Gamma^3_{23}=\cot\theta\\\Gamma^2_{21}=\frac{1}{r}\end{cases}\tag{99}$$

$$\mathbf{G}^{-1}\frac{\partial \mathbf{G}}{\partial \varphi}=\begin{bmatrix}0&0&-r\sin^2\theta\\0&0&-\sin\theta\cos\theta\\\frac{1}{r}&\cot\theta&0\end{bmatrix}\qquad\Rightarrow\qquad\begin{cases}\Gamma^1_{33}=-r\sin^2\theta\\\Gamma^2_{33}=-\sin\theta\cos\theta\\\Gamma^3_{31}=\frac{1}{r}\\\Gamma^3_{32}=\cot\theta\end{cases}$$

로 된다. 정리하면, 구면좌표계에서 0이 아닌 크리스토펠 기호는 다음과 같다($\Gamma^k_{ij}=\Gamma^k_{ji}$를 항상 잊으면 안된다).

$$\begin{array}{ll}\Gamma^2_{12}=\Gamma^2_{21}=\frac{1}{r} & \Gamma^3_{13}=\Gamma^3_{31}=\frac{1}{r}\\ \Gamma^1_{22}=-r & \Gamma^3_{23}=\Gamma^3_{32}=\cot\theta\\ \Gamma^1_{33}=-r\sin^2\theta & \Gamma^2_{33}=-\sin\theta\cos\theta\end{array}\tag{100}$$

✔ $\mathbf{G}^{-1}\dfrac{\partial \mathbf{G}}{\partial \eta_k}$를 풀어서 쓴 것은 다음과 같다.

$$\mathbf{G}^{-1}\frac{\partial \mathbf{G}}{\partial r}=\begin{bmatrix}\sin\theta\cos\varphi&\sin\theta\sin\varphi&\cos\theta\\\frac{\cos\theta\cos\varphi}{r}&\frac{\cos\theta\sin\varphi}{r}&-\frac{\sin\theta}{r}\\-\frac{\sin\varphi}{r\sin\theta}&\frac{\cos\varphi}{r\sin\theta}&0\end{bmatrix}\begin{bmatrix}0&\cos\theta\cos\varphi&-\sin\theta\sin\varphi\\0&\cos\theta\sin\varphi&\sin\theta\cos\varphi\\0&-\sin\theta&0\end{bmatrix}$$

$$\mathbf{G}^{-1}\frac{\partial \mathbf{G}}{\partial \theta}=\begin{bmatrix}\sin\theta\cos\varphi&\sin\theta\sin\varphi&\cos\theta\\\frac{\cos\theta\cos\varphi}{r}&\frac{\cos\theta\sin\varphi}{r}&-\frac{\sin\theta}{r}\\-\frac{\sin\varphi}{r\sin\theta}&\frac{\cos\varphi}{r\sin\theta}&0\end{bmatrix}\begin{bmatrix}\cos\theta\cos\varphi&-r\sin\theta\cos\varphi&-r\cos\theta\sin\varphi\\\cos\theta\sin\varphi&-r\sin\theta\sin\varphi&r\cos\theta\cos\varphi\\-\sin\theta&-r\cos\theta&0\end{bmatrix}$$

$$\mathbf{G}^{-1}\frac{\partial \mathbf{G}}{\partial \varphi}=\begin{bmatrix}\sin\theta\cos\varphi&\sin\theta\sin\varphi&\cos\theta\\\frac{\cos\theta\cos\varphi}{r}&\frac{\cos\theta\sin\varphi}{r}&-\frac{\sin\theta}{r}\\-\frac{\sin\varphi}{r\sin\theta}&\frac{\cos\varphi}{r\sin\theta}&0\end{bmatrix}\begin{bmatrix}-\sin\theta\sin\varphi&-r\cos\theta\sin\varphi&-r\sin\theta\cos\varphi\\\sin\theta\cos\varphi&r\cos\theta\cos\varphi&-r\sin\theta\sin\varphi\\0&0&0\end{bmatrix}$$

그리고, 구면좌표계에서의 크리스토펠 기호를 꼭 알아 두어야 할 경우 다음과 같이 기억해 둔다(단, $s = \sin\theta$, $c = \cos\theta$). 앞에서 $\nabla \mathbf{e}_i$의 경우와 매우 유사한 모양임을 확인해 보라.

$$\mathbf{G}^{-1}\frac{\partial \mathbf{G}}{\partial r} = \begin{bmatrix} 0 & 0 & 0 \\ \square & \frac{1}{r} & 0 \\ \square & \square & \frac{1}{r} \end{bmatrix}$$

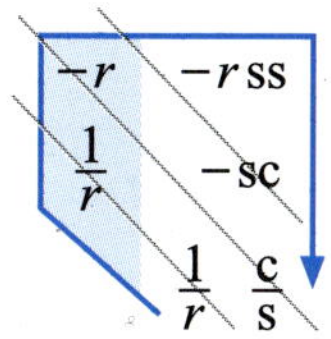

$$\mathbf{G}^{-1}\frac{\partial \mathbf{G}}{\partial \theta} = \begin{bmatrix} 0 & -r & 0 \\ \square & 0 & 0 \\ \square & \square & \frac{c}{s} \end{bmatrix}$$

$$\mathbf{G}^{-1}\frac{\partial \mathbf{G}}{\partial \varphi} = \begin{bmatrix} 0 & 0 & -r\,ss \\ \square & 0 & -sc \\ \square & \square & 0 \end{bmatrix}$$

원통좌표계의 경우는 위의 그림에서 청색 부분의 $\frac{1}{r}$, $-r$만 남기면 된다.

물체의 가속도. 처음으로 되돌아가서 가속도를 다시 구해 보면

$$\begin{aligned} \mathbf{a} = \dot{\mathbf{v}} &= \dot{v}^i\,\mathbf{g}_i + v^i\,\dot{\mathbf{g}}_i = \dot{v}^i\,\mathbf{g}_i + v^i\frac{d\eta^j}{dt}\frac{\partial \mathbf{g}_i}{\partial \eta^j} \\ &= \dot{v}^k\,\mathbf{g}_k + v^i v^j \Gamma^k_{ij}\,\mathbf{g}_k \\ &= \left(\dot{v}^k + v^i v^j \Gamma^k_{ij}\right)\mathbf{g}_k \end{aligned} \qquad (101)$$

가 된다. 즉,

$$\mathbf{a} = \left(\dot{v}^k + v^i v^j \Gamma^k_{ij}\right)\mathbf{g}_k \qquad (102)$$

인 결과를 얻는다.

예제 9 원통좌표계에서 각 좌표방향의 물리적 가속도를 구하라.

☞ 식 (93)으로부터 원통좌표계에서의 크리스토펠 기호값은

$$\Gamma^2_{12} = \Gamma^\theta_{r\theta} = \frac{1}{r}, \qquad \Gamma^1_{22} = \Gamma^r_{\theta\theta} = -r$$

이고, 식 (102) 및 $\mathbf{g}_i = h_i\mathbf{e}_i$를 사용하여 가속도를 구하면

$$\begin{aligned} \mathbf{a} = \dot{\mathbf{v}} &= \left(\dot{v}^r + v^i v^j \Gamma^r_{ij}\right)\mathbf{g}_r + \left(\dot{v}^\theta + v^i v^j \Gamma^\theta_{ij}\right)\mathbf{g}_\theta \\ &= \left(\ddot{r} + \dot{\theta}\dot{\theta}\Gamma^r_{\theta\theta}\right)\mathbf{g}_r + \left(\ddot{\theta} + 2\dot{r}\dot{\theta}\Gamma^\theta_{r\theta}\right)\mathbf{g}_\theta \\ &= \left(\ddot{r} - r\dot{\theta}^2\right)\mathbf{e}_r + \left(\ddot{\theta} + 2\dot{r}\dot{\theta}r^{-1}\right)r\mathbf{e}_\theta \\ &= \left(\ddot{r} - r\dot{\theta}^2\right)\mathbf{e}_r + \left(r\ddot{\theta} + 2\dot{r}\dot{\theta}\right)\mathbf{e}_\theta \end{aligned} \qquad (103)$$

인 잘 알려진 결과가 된다. 위에서, $v^i v^j \Gamma^k_{ij} = v^j v^i \Gamma^k_{ji}$이므로 $i \neq j$인 경우에는 두 번 반복되므로 상수 2가 나타난 것이다. ◀

☑ 직교좌표계인 원통좌표계에서 $h_1 = 1$, $h_2 = r$, $h_3 = 1$인 사실은 이미 알고 있다.

예제 10 구면좌표계에서 각 좌표방향의 물리적 가속도를 구하라.

☞ 구면좌표계에서 크리스토펠 기호는

$$\Gamma^1_{22} = -r \qquad \Gamma^2_{12} = \Gamma^2_{21} = \frac{1}{r} \qquad \Gamma^3_{13} = \Gamma^3_{31} = \frac{1}{r}$$
$$\Gamma^1_{33} = -r\sin^2\theta \qquad \Gamma^2_{33} = -\sin\theta\cos\theta \qquad \Gamma^3_{23} = \Gamma^3_{32} = \cot\theta$$

로 주어지므로, 가속도는

$$\begin{aligned}\mathbf{a} = \dot{\mathbf{v}} &= \left(\dot{v} + v^i v^j \Gamma^1_{ij}\right)\mathbf{g}_r + \left(\dot{v}^\theta + v^i v^j \Gamma^2_{ij}\right)\mathbf{g}_\theta + \left(\dot{v}^\varphi + v^i v^j \Gamma^3_{ij}\right)\mathbf{g}_\varphi \\ &= \left(\ddot{r} + \dot{\theta}\dot{\theta}\Gamma^1_{22} + \dot{\varphi}\dot{\varphi}\Gamma^1_{33}\right)\mathbf{e}_r + \left(\ddot{\theta} + 2\dot{r}\dot{\theta}\Gamma^2_{12} + \dot{\varphi}\dot{\varphi}\Gamma^2_{33}\right) r\mathbf{e}_\theta \\ &\quad + \left(\ddot{\varphi} + 2\dot{r}\dot{\varphi}\Gamma^3_{13} + 2\dot{\theta}\dot{\varphi}\Gamma^3_{23}\right) r\sin\theta\mathbf{e}_\varphi \\ &= \left(\ddot{r} - r\dot{\theta}^2 - r\dot{\varphi}^2\sin^2\theta\right)\mathbf{e}_r + \left(r\ddot{\theta} + 2\dot{r}\dot{\theta} - r\dot{\varphi}^2\sin\theta\cos\theta\right)\mathbf{e}_\theta \\ &\quad + \left(r\ddot{\varphi}\sin\theta + 2\dot{r}\dot{\varphi}\sin\theta + 2r\dot{\theta}\dot{\varphi}\cos\theta\right)\mathbf{e}_\varphi\end{aligned} \tag{104}$$

로 된다. ◀

☑ 구면좌표계에서 $\mathbf{g}_i = h_i\mathbf{e}_i$ 및 $h_1 = 1, h_2 = r, h_3 = r\sin\theta$를 이용하였다.

다른 방법에 의한 크리스토펠 기호의 계산. 크리스토펠 기호값을 구하는 또다른 방법은 g_{ij}를 이용하는 것이다.

***예제 11** $g_{ij} \equiv \mathbf{g}_i \cdot \mathbf{g}_j$의 정의로부터 $\Gamma^k_{ij} = \frac{1}{2} g^{kp}(g_{ip,j} + g_{jp,i} - g_{ij,p})$임을 보여라.

☞ 먼저 $\mathbf{g}_{ij}$를 η^k에 대해 미분하고 $\mathbf{g}_{i,j} = \Gamma^k_{ij}\mathbf{g}_k$를 이용하면

$$\begin{aligned} g_{ij,k} &= (\mathbf{g}_i \cdot \mathbf{g}_j)_{,k} = \mathbf{g}_{i,k} \cdot \mathbf{g}_j + \mathbf{g}_i \cdot \mathbf{g}_{j,k} \\ &= \Gamma^r_{ik}\mathbf{g}_r \cdot \mathbf{g}_j + \mathbf{g}_i \cdot \Gamma^r_{jk}\mathbf{g}_r \\ &= \Gamma^r_{ik} g_{jr} + \Gamma^r_{jk} g_{ir}\end{aligned} \tag{105}$$

이 된다. 윗식에서 i, j, k의 역할을 차례로 바꾸면서 다시 쓰면(즉, $i \to j \to k \to i$)

$$\begin{aligned} g_{ij,k} &= \boxed{\Gamma^r_{ik} g_{jr}} + \Gamma^r_{jk} g_{ir} \\ g_{jk,i} &= \Gamma^r_{ji} g_{kr} + \boxed{\Gamma^r_{ki} g_{jr}} \\ g_{ki,j} &= \Gamma^r_{kj} g_{ir} + \Gamma^r_{ij} g_{kr}\end{aligned}$$

을 얻는다. 윗식의 두 번째와 마지막 식의 합에서 첫 번째 식을 빼면

$$g_{jk,i} + g_{ik,j} - g_{ij,k} = 2\Gamma^r_{ij} g_{kr} \quad \Rightarrow \quad \Gamma^r_{ij} g_{kr} = \frac{1}{2}(g_{jk,i} + g_{ik,j} - g_{ij,k}) \tag{106}$$

이고, 양변에 g^{kp}를 곱하고 k에 대해 합하면 $g_{kr}g^{kp} = \delta^p_r$이므로[식 (21) 참조]

$$\Gamma^r_{ij}\, g_{kr}\, g^{kp} = \Gamma^r_{ij}\,\delta^p_r = \Gamma^p_{ij} = \frac{1}{2}\, g^{kp}(g_{ik,j} + g_{jk,i} - g_{ij,k})$$

가 된다. 따라서 첨자 k와 p의 역할을 바꾸면

$$\Gamma^k_{ij} = \frac{1}{2}\, g^{kp}(g_{ip,j} + g_{jp,i} - g_{ij,p}) \tag{107}$$

***예제 12** $\Gamma^j_{jk} = \dfrac{1}{J}\dfrac{\partial J}{\partial \eta^k}$임을 보여라.

☞ 위의 공식은 구배연산자 ∇과 연관하여 매우 중요한 결과이다. 먼저, 행렬 $\mathbf{G}^{\mathrm{T}}\mathbf{G}$의 i행, j열의 성분은 $[\mathbf{G}^{\mathrm{T}}\mathbf{G}]_{i,j} = \mathbf{g}_i \cdot \mathbf{g}_j = g_{ij}$이므로 행렬식 $J^2 = \det \mathbf{G}^{\mathrm{T}}\mathbf{G}$를 i행 또는 j열에 관하여 라플라스 전개하면

$$J^2 = \det \mathbf{G}^{\mathrm{T}}\mathbf{G} = \begin{cases} \sum\limits_{k=1}^{N} g_{ik}\, C_{ik} = g_{i1}\, C_{i1} + g_{i2}\, C_{i2} + \cdots + g_{iN}\, C_{iN} \\ \sum\limits_{k=1}^{N} g_{kj}\, C_{kj} = g_{1j}\, C_{1j} + g_{2j}\, C_{2j} + \cdots + g_{Nj}\, C_{Nj} \end{cases} \tag{108}$$

의 형태가 된다(여기서, C_{ij}는 여인자를 의미한다). 위의 행렬식을 각 원소 g_{ij}를 모두 독립변수로 하는 함수로 생각하면(☑ 참조)

$$\frac{\partial J^2}{\partial g_{ik}} = C_{ik} \quad \text{or} \quad \frac{\partial J^2}{\partial g_{kj}} = C_{kj}$$

로 된다. 위의 표현을 다시 식 (108)에 대입하면 행렬식은

$$J^2 = \begin{cases} \sum\limits_{k=1}^{N} g_{ik}\, \dfrac{\partial J^2}{\partial g_{ik}} \\ \sum\limits_{k=1}^{N} g_{kj}\, \dfrac{\partial J^2}{\partial g_{kj}} \end{cases}$$

으로 나타낼 수 있다. 윗식을 보다 간단히 표현하면

$$J^2 = g_{ij}\,\frac{\partial J^2}{\partial g_{ij}} \quad \text{(sum over either } i \text{ or } j)$$

으로 쓸 수 있다. 또한 $g_{ij}\, g^{jk} = \delta^k_i$에서 $J^2 = J^2\, g_{ij}\, g^{ij}$가 되고 이것을 윗식에 대입하면

$$J^2\, g_{ij}\, g^{ij} = J^2 = g_{ij}\,\frac{\partial J^2}{\partial g_{ij}} \quad \Rightarrow \quad J^2 g^{ij} = \frac{\partial J^2}{\partial g_{ij}} \tag{109}$$

을 얻는다. 계속해서, 윗식과 사슬법칙으로부터

$$\frac{\partial J^2}{\partial \eta^k} = \frac{\partial J^2}{\partial g_{ij}}\frac{\partial g_{ij}}{\partial \eta^k} = J^2 g^{ij}\,\frac{\partial g_{ij}}{\partial \eta^k} = J^2 g^{ij}\, g_{ij,k}$$

가 성립하고, 식 (105)에서 $g_{ij,k} = \Gamma^r_{ik}\, g_{jr} + \Gamma^r_{jk}\, g_{ir}$이므로 윗식은

$$\frac{2}{J}\frac{\partial J}{\partial \eta^k} = g^{ij} g_{ij,k} = g^{ij}\left(\Gamma^r_{ik} g_{jr} + \Gamma^r_{jk} g_{ir}\right) = \Gamma^r_{ik}\delta^i_r + \Gamma^r_{jk}\delta^j_r = 2\Gamma^j_{jk}$$

즉, 다음과 같은 중요한 공식을 얻는다.

$$\Gamma^j_{jk} = \frac{1}{J}\frac{\partial J}{\partial \eta^k} \tag{110}$$

2×2 행렬식의 경우 $D = \begin{vmatrix} a & b \\ c & d \end{vmatrix} = ad - bc = a\frac{\partial D}{\partial a} + b\frac{\partial D}{\partial b}$로 1행에 관해 라플라스 전개한 경우와 비교해 보라.

물리적 크리스토펠 기호. 직교좌표계의 정규직교기저 $\mathbf{e}^i = \mathbf{e}_i$에 대한 가속도의 물리적 성분을 구하기 위해서

$$u_i \equiv v^{(i)} = \mathbf{v}\cdot\mathbf{e}^i = \frac{v^i}{h^i} = h_i v^i \tag{111}$$

로 두면, $\mathbf{g}_i = h_i\mathbf{e}_i$이므로 가속도는

$$\mathbf{a} = \left(\dot{v}^k + \frac{u_i u_j}{h_i h_j}\Gamma^k_{ij}\right)h_k\mathbf{e}_k = \left(h_k\ddot{\eta}^k + u_i u_j\frac{h_k}{h_i h_j}\Gamma^k_{ij}\right)\mathbf{e}_k$$

가 된다. 이 식으로부터 물리적 크리스토펠 기호를 다음과 같이 정의한다.

$$\Lambda^k_{ij} = \frac{h_k}{h_i h_j}\Gamma^k_{ij}, \quad \text{no sum on } i, j, k \tag{112}$$

그러면 가속도는

$$\mathbf{a} = \left(h_k\ddot{\eta}^k + u_i u_j\Lambda^k_{ij}\right)\mathbf{e}_k \tag{113}$$

와 같이 표현된다. 차후, 알게 되겠지만 정규직교기저에 대해서는 물리적 크리스토펠 기호를 사용하는 것이 훨씬 편리하다.

대표적인 직교좌표계인 원통좌표계와 구면좌표계에서 물리적 크리스토펠 기호를 구하면 다음과 같다(명시되지 않는 값은 모두 0이다).

▶ 원통좌표계

$$\Lambda^2_{12} = \Lambda^2_{21} = \frac{1}{r} \quad \Lambda^1_{22} = -\frac{1}{r} \tag{114}$$

▶ 구면좌표계

$$\begin{aligned} &\Lambda^2_{12} = \Lambda^2_{21} = \frac{1}{r} \quad &&\Lambda^1_{22} = -\frac{1}{r} \quad &&\Lambda^1_{33} = -\frac{1}{r} \\ &\Lambda^3_{13} = \Lambda^3_{31} = \frac{1}{r} \quad &&\Lambda^3_{23} = \Lambda^3_{32} = \frac{\cot\theta}{r} \quad &&\Lambda^2_{33} = -\frac{\cot\theta}{r} \end{aligned} \tag{115}$$

위의 결과를 익혀 두려면 다음의 그림을 활용한다. 원통좌표계의 경우에는 청색 부분만

택하면 된다.

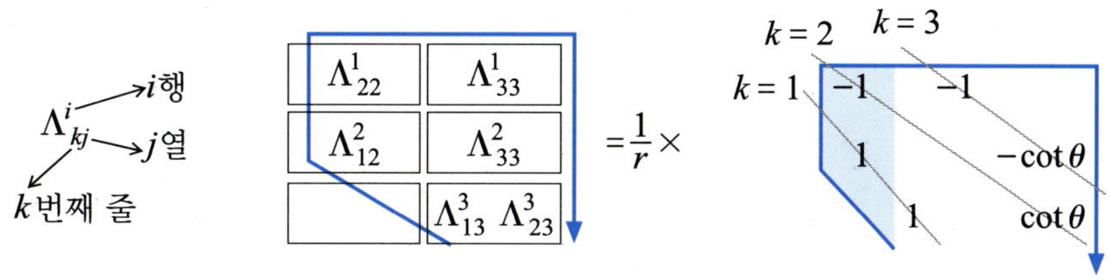

연습문제

[1] 포물원통좌표계(parabolic cylindrical coordinate) $x=\frac{1}{2}(u^2-v^2)$, $y=uv$에서 크리스토펠 기호는 다음과 같음을 보여라.

$$\Gamma^1_{11}=\frac{u}{\rho^2},\quad \Gamma^2_{11}=-\frac{v}{\rho^2},\quad \Gamma^1_{22}=-\frac{u}{\rho^2},\quad \Gamma^2_{22}=\frac{v}{\rho^2}$$

$$\Gamma^1_{12}=\Gamma^1_{21}=\frac{v}{\rho^2},\quad \Gamma^2_{12}=\Gamma^2_{21}=\frac{u}{\rho^2}$$

21-7 구배연산자 ∇과 공변미분

카테시안 좌표계에서 구배는 $\nabla\phi=\mathbf{i}\frac{\partial\phi}{\partial x}+\mathbf{j}\frac{\partial\phi}{\partial y}+\mathbf{k}\frac{\partial\phi}{\partial z}$로 정의된다. 이 절에서는 $\nabla\phi=\frac{d\phi}{d\mathbf{r}}$의 표현을 이용하여 일반좌표계 $(\eta^1,\ \eta^2,\ \eta^3)$에서 구배 $\nabla\phi$의 정의를 구하고, 공변미분(covariant derivative)에 대해 살펴본다.

일반좌표계에서 ∇의 정의. 일반좌표계에서 $\nabla\phi=\frac{d\phi}{d\mathbf{r}}$의 표현으로부터 먼저 $d\mathbf{r}$을 구하면 사슬법칙을 이용하여

$$d\mathbf{r}=d\eta^i\frac{\partial\mathbf{r}}{\partial\eta^i}=d\eta^i\mathbf{g}_i \quad \text{(sum over } i) \tag{116}$$

가 된다. 즉, 벡터 $d\mathbf{r}$은 공변기저벡터로 표현되므로 $d\phi=d\mathbf{r}\cdot\nabla\phi$인 항등식에서 $d\mathbf{r}$과 $\nabla\phi$의 내적을 구하려면 $\nabla\phi$를 반변기저벡터로 나타내는 것이 가장 편리할 것이다. 다시 말해서

$$\nabla\phi=\mathbf{g}^j(\nabla\phi)_j \tag{117}$$

로 쓰자. 그러면

$$d\mathbf{r}\cdot\nabla\phi=d\eta^i\mathbf{g}_i\cdot\mathbf{g}^j(\nabla\phi)_j=d\eta^i(\nabla\phi)_i$$

이고, 사슬법칙으로부터

$$d\mathbf{r}\cdot\nabla\phi = d\phi = d\eta^i\frac{\partial\phi}{\partial\eta^i}\quad(\text{sum over } i)$$

이므로 두 식을 비교하여

$$(\nabla\phi)_i = \frac{\partial\phi}{\partial\eta^i} \tag{118}$$

를 얻는다. 다시 말해서, 일반좌표계 (η^1, η^2, η^3)에서 구배연산자는

$$\nabla\phi = \mathbf{g}^i\frac{\partial\phi}{\partial\eta^i} \quad\Rightarrow\quad \nabla\equiv\mathbf{g}^i\frac{\partial}{\partial\eta^i} \tag{119}$$

로 정의된다. 위의 정의를 이용하면 벡터 $\mathbf{v}$에 작용하는 구배연산은

$$\begin{aligned}\nabla\mathbf{v} &= \mathbf{g}^i\frac{\partial\mathbf{v}}{\partial\eta^i} = \mathbf{g}^i\,\mathbf{v}_{,i}\\ \nabla\times\mathbf{v} &= \mathbf{g}^i\frac{\partial}{\partial\eta^i}\times\mathbf{v} = \mathbf{g}^i\times\mathbf{v}_{,i}\\ \nabla\cdot\mathbf{v} &= \mathbf{g}^i\frac{\partial}{\partial\eta^i}\cdot\mathbf{v} = \mathbf{g}^i\cdot\mathbf{v}_{,i}\end{aligned} \tag{120}$$

와 같이 쓸 수 있다.

✔ 구배연산자 $\nabla\equiv\mathbf{g}^i\frac{\partial}{\partial\eta^i}$에서 반변기저벡터 $\mathbf{g}^i$가 포함된다. 만일 공변기저벡터 $\mathbf{g}_j$를 포함하려면 $\mathbf{g}^i = g^{ij}\mathbf{g}_j$인 공식을 이용하여 $\nabla\equiv g^{ij}\,\mathbf{g}_j\frac{\partial}{\partial\eta^i}$로 쓰게 된다. 이것은 훨씬 복잡한 모양을 가진다.

공변미분(covariant derivative). 식 (120)에 포함된 벡터 $\mathbf{v}$의 미분 $\mathbf{v}_{,i} = \frac{\partial\mathbf{v}}{\partial\eta^i}$를 직접 구해 보면

$$\begin{aligned}\mathbf{v}_{,i} &= \left(v^j\,\mathbf{g}_j\right)_{,i} = v^j_{,i}\,\mathbf{g}_j + v^j\,\mathbf{g}_{j,i}\\ &= v^k_{,i}\,\mathbf{g}_k + v^j\,\Gamma^k_{ji}\,\mathbf{g}_k = \left(v^k_{,i} + v^j\,\Gamma^k_{ij}\right)\mathbf{g}_k\end{aligned} \tag{121}$$

가 된다. 여기서, "반변성분의 **공변미분**(covariant derivative)"을

$$\nabla_i v^k \equiv v^k_{,i} + v^j\,\Gamma^k_{ij} \tag{122}$$

로 정의하면 식 (121)은

$$\mathbf{v}_{,i} = (v^k\,\mathbf{g}_k)_{,i} \equiv (\nabla_i v^k)\,\mathbf{g}_k \tag{123}$$

로 간단한 형태가 된다.

위의 과정과 매우 유사하게 예제 5의 결과를 이용하면

$$\begin{aligned}\mathbf{v}_{,i} &= (v_j\,\mathbf{g}^j)_{,i} = v_{j,i}\,\mathbf{g}^j + v_j\,\mathbf{g}^j_{,i}\\ &= v_{k,i}\,\mathbf{g}^k - v_j\,\Gamma^j_{ik}\,\mathbf{g}^k = (v_{k,i} - v_j\,\Gamma^j_{ik})\,\mathbf{g}^k\end{aligned} \tag{124}$$

이므로, “공변성분의 공변미분”을

$$\nabla_i v_k \equiv v_{k,i} - v_j \Gamma^j_{ik} \tag{125}$$

로 정의하면 식 (124)는

$$\mathbf{v}_{,i} = (v_k \mathbf{g}^k)_{,i} \equiv (\nabla_i v_k)\mathbf{g}^k \tag{126}$$

로 된다.

☑ 반변성분과 공변성분의 공변미분에서 나타나는 부호를 혼동하지 않기 위해서 다음과 같이 익혀두도록 한다.

$$\begin{array}{lll} \nabla_i v^k \equiv v^k_{,i} + v^j \Gamma^k_{ij} & \text{roof} & + \\ \nabla_i v_k \equiv v_{k,i} - v_j \Gamma^j_{ik} & \text{cellar} & - \end{array}$$

2차텐서의 공변미분. 2차텐서 $\mathbf{T} = T^{ij}\mathbf{g}_i\mathbf{g}_j$를 좌표 η^k에 대해서 미분하면

$$\begin{aligned} \frac{\partial \mathbf{T}}{\partial \eta^k} &= \frac{\partial}{\partial \eta^k}(T^{ij}\mathbf{g}_i\mathbf{g}_j) \\ &= \frac{\partial T^{ij}}{\partial \eta^k}\mathbf{g}_i\mathbf{g}_j + T^{ij}\frac{\partial \mathbf{g}_i}{\partial \eta^k}\mathbf{g}_j + T^{ij}\mathbf{g}_i\frac{\partial \mathbf{g}_j}{\partial \eta^k} \\ &= \frac{\partial T^{ij}}{\partial \eta^k}\mathbf{g}_i\mathbf{g}_j + T^{ij}\Gamma^p_{ik}\mathbf{g}_p\mathbf{g}_j + T^{ij}\mathbf{g}_i\Gamma^p_{jk}\mathbf{g}_p \end{aligned} \tag{127}$$

로 되고, 두 번째 항에서 첨자 i와 p, 세 번째 항에서 첨자 j와 p를 교환하면

$$\frac{\partial \mathbf{T}}{\partial \eta^k} = \left(\frac{\partial T^{ij}}{\partial \eta^k} + T^{pj}\Gamma^i_{pk} + T^{ip}\Gamma^j_{pk}\right)\mathbf{g}_i\mathbf{g}_j \tag{128}$$

를 얻는다. 이때, 2차텐서의 반변성분 T^{ij}의 공변미분을

$$\nabla_k T^{ij} = \frac{\partial T^{ij}}{\partial \eta^k} + \Gamma^i_{kp}T^{pj} + \Gamma^j_{kp}T^{ip} \tag{129}$$

로 정의하면

$$\frac{\partial \mathbf{T}}{\partial \eta^k} = \frac{\partial}{\partial \eta^k}(T^{ij}\mathbf{g}_i\mathbf{g}_j) = (\nabla_k T^{ij})\mathbf{g}_i\mathbf{g}_j \tag{130}$$

가 된다. 위와 유사한 과정을 밟으면

$$\begin{aligned} \nabla_k T_{ij} &= \frac{\partial T_{ij}}{\partial \eta^k} - \Gamma^p_{ki}T_{pj} - \Gamma^p_{kj}T_{ip} \\ \nabla_k T_i^{\cdot j} &= \frac{\partial T_i^{\cdot j}}{\partial \eta^k} - \Gamma^p_{ki}T_p^{\cdot j} + \Gamma^j_{kp}T_i^{\cdot p} \\ \nabla_k T^i_{\cdot j} &= \frac{\partial T^i_{\cdot j}}{\partial \eta^k} + \Gamma^i_{kp}T^p_{\cdot j} - \Gamma^p_{kj}T^i_{\cdot p} \end{aligned} \tag{131}$$

를 정의할 수 있다.

공변미분의 성질. 앞에서 정의한 공변미분의 가장 중요한 성질은 다음과 같다.

> 물리적인 불변량(invariance; 좌표변환과 무관한 양), 예를 들어 스칼라, 벡터, 2차 텐서 등의 공변미분은 편미분과 동일하게 된다. 참고로, 좌표의 선택에 의존하는 물리량에는 공변기저벡터 $\mathbf{g}_i$, 반변성분 v^i 등이 있다.

▶ 물리적인 불변량의 공변미분이 편미분과 같다는 사실은 예를 들어,

$$\mathbf{v}_{,i} = (v^k \mathbf{g}_k)_{,i} = \nabla_i (v^k \mathbf{g}_k)$$

로 쓸 수 있다는 것을 말한다. 이러한 이유로 물리적 불변량을 미분할 때는 공변미분 연산자를 이용하여

$$\nabla \equiv \mathbf{g}^i \frac{\partial}{\partial \eta^i} = \mathbf{g}^i \nabla_i \tag{132}$$

로 쓸 수 있다. 그러나, 물리적 불변량이 아닌, 예를 들어 공변기저벡터 $\mathbf{g}_j$에 대해서는 $\dfrac{\partial \mathbf{g}_j}{\partial \eta^i} \neq \nabla_i \mathbf{g}_j$이므로 $\nabla \mathbf{g}_j = \mathbf{g}^i \dfrac{\partial \mathbf{g}_j}{\partial \eta^i}$와 같이 ∇_i 대신에 $\dfrac{\partial}{\partial \eta^i}$을 써야 한다. 즉, 물리적 불변량을 미분할 때만 $\nabla \equiv \mathbf{g}^i \dfrac{\partial}{\partial \eta^i} = \mathbf{g}^i \nabla_i$를 쓰고, 그 이외의 경우에는 $\nabla \equiv \mathbf{g}^i \dfrac{\partial}{\partial \eta^i}$을 그대로 사용하면 된다.

예제 13 $\mathbf{g}^k$와 $\mathbf{g}_k$는 공변미분에 대해서 상수임을 보여라(covariantly constant). 즉, $\nabla_i \mathbf{g}^k = \nabla_i \mathbf{g}_k = 0$을 보여라.

☞ 공변미분의 정의를 이용하면

$$\begin{aligned} \nabla_i \mathbf{g}^k &= \mathbf{g}^k_{,i} + \Gamma^k_{ij} \mathbf{g}^j = \left(-\Gamma^k_{ij} \mathbf{g}^j\right) + \Gamma^k_{ij} \mathbf{g}^j = 0 \\ \nabla_i \mathbf{g}_k &= \mathbf{g}_{k,i} - \Gamma^j_{ik} \mathbf{g}_j = \Gamma^j_{ki} \mathbf{g}_j - \Gamma^j_{ki} \mathbf{g}_j = 0 \end{aligned} \tag{133}$$

이다. 윗식을 이용하면 벡터의 공변미분은

$$\begin{aligned} \frac{\partial \mathbf{v}}{\partial \eta^i} &= \nabla_i \mathbf{v} = \nabla_i (v_j \mathbf{g}^j) = (\nabla_i v_j) \mathbf{g}^j + v_j \cancel{\nabla_i \mathbf{g}^j} \\ \frac{\partial \mathbf{v}}{\partial \eta^i} &= \nabla_i \mathbf{v} = \nabla_i (v^j \mathbf{g}_j) = (\nabla_i v^j) \mathbf{g}_j + v^j \cancel{\nabla_i \mathbf{g}_j} \end{aligned} \tag{134}$$

이므로 $\nabla_i v_j \mathbf{g}^j$와 같이 괄호를 생략해도 된다. 이것은 카테시안 벡터에 대해서 $\nabla(\phi \mathbf{i}) = (\nabla \phi)\mathbf{i} = \nabla \phi \mathbf{i}$인 결과와 매우 유사하다. ◀

☑ 마찬가지로 $\nabla_i g_{jk} = \nabla_i (\mathbf{g}_j \cdot \mathbf{g}_k) = \nabla_i \mathbf{g}_j \cdot \mathbf{g}_k + \mathbf{g}_j \cdot \nabla_i \mathbf{g}_k = 0$이 성립한다. 여기서 한 가지

주의할 점은 $\nabla = \mathbf{g}^i \nabla_i$는 벡터 연산자인 반면에 ∇_i는 스칼라 연산자라는 사실이다. 예를 들어 $\nabla(\mathbf{a}\cdot\mathbf{b}) = \nabla\mathbf{a}\cdot\mathbf{b} + \nabla\mathbf{b}\cdot\mathbf{a}$(연습문제 참조)와 같이 ∇의 위치가 반드시 앞에 있는 경우만 등호가 성립하지만, ∇_i에 대해서는

$$\nabla_i(\mathbf{a}\cdot\mathbf{b}) = \nabla_i\mathbf{a}\cdot\mathbf{b} + \nabla_i\,\mathbf{b}\cdot\mathbf{a} = \mathbf{a}\cdot\nabla_i\mathbf{b} + \mathbf{b}\cdot\nabla_i\mathbf{a}$$

처럼 위치를 바꾸어도 된다.

예제 14 공변미분을 이용하여 $\nabla\phi$, $\nabla\cdot\mathbf{v}$, $\nabla\times\mathbf{v}$를 구하라.

☞ 공변기저벡터 $\mathbf{g}_j$와 반변기저벡터 $\mathbf{g}^j$의 공변미분이 0이라는 사실(즉, covariantly constant)로부터 구배연산 $\nabla \equiv \mathbf{g}^i\nabla_i$를 간단하게 수행할 수 있게 된다. 우선 스칼라인 경우 공변미분은 편미분과 같으므로

$$\nabla\phi = \mathbf{g}^i\nabla_i\phi = \mathbf{g}^i\frac{\partial\phi}{\partial\eta^i} \tag{135}$$

이다. 또한,

$$\nabla\cdot\mathbf{v} = \mathbf{g}^i\cdot\nabla_i(v^j\mathbf{g}_j) = \mathbf{g}^i\cdot\mathbf{g}_j(\nabla_i v^j) = \nabla_i v^i$$

즉,

$$\nabla\cdot\mathbf{v} = \nabla_i v^i = v^i_{,i} + \Gamma^i_{ij}v^j \tag{136}$$

가 된다. 그런데, 예제 12의 결과로부터 $\Gamma^i_{ij} = J^{-1}J_{,j}$이므로 윗식은

$$\nabla\cdot\mathbf{v} = \nabla_i v^i = v^i_{,i} + J^{-1}J_{,j}v^j = \frac{1}{J}(Jv^i_{,i} + J_{,i}v^i) = \frac{1}{J}(Jv^i)_{,i}$$

즉,

$$\nabla\cdot\mathbf{v} = \nabla_i v^i = \frac{1}{J}\frac{\partial}{\partial\eta^i}(Jv^i) \tag{137}$$

인 간단한 모양으로 된다. 또한, 21-3절의 연습문제로부터 $\mathbf{g}^i\times\mathbf{g}^j = \epsilon^{ijk}\mathbf{g}_k$이므로

$$\nabla\times\mathbf{v} = \mathbf{g}^i\times\nabla_i v_j\mathbf{g}^j = \nabla_i v_j\mathbf{g}^i\times\mathbf{g}^j = \epsilon^{ijk}\nabla_i v_j\mathbf{g}_k \tag{138}$$

가 되고, $\nabla_j v_k = \dfrac{\partial v_k}{\partial\eta^j} - \Gamma^p_{jk}v_p$를 이용하면

$$\nabla\times\mathbf{v} = \epsilon^{ijk}\mathbf{g}_i\nabla_j v_k = \epsilon^{ijk}\,\mathbf{g}_i\frac{\partial v_k}{\partial\eta^j} - \epsilon^{ijk}\,\mathbf{g}_i\Gamma^p_{jk}v_p$$

로 전개된다. 그런데, $\epsilon^{123} = J^{-1}$이고 우변의 마지막 항은 0이므로(☑ 참조)

$$\nabla\times\mathbf{v} = \epsilon^{ijk}\,\mathbf{g}_i\frac{\partial}{\partial\eta^j}v_k = \frac{1}{J}\begin{vmatrix}\mathbf{g}_1 & \mathbf{g}_2 & \mathbf{g}_3\\ \dfrac{\partial}{\partial\eta^1} & \dfrac{\partial}{\partial\eta^2} & \dfrac{\partial}{\partial\eta^3}\\ v_1 & v_2 & v_3\end{vmatrix} \tag{139}$$

가 된다. ◀

✓ $\epsilon^{ijk} = -\epsilon^{ikj}$ 및 $\Gamma^p_{jk} = \Gamma^p_{kj}$이므로 $\mathbf{p} = \epsilon^{ijk}\,\mathbf{g}_i\,\Gamma^p_{jk}\,v_p = -\epsilon^{ikj}\,\mathbf{g}_i\,\Gamma^p_{kj}\,v_p = -\mathbf{p}$, 즉 $\mathbf{p} = 0$이 되는 것이다. 직교좌표계에서 $\mathbf{g}_i = h_i\mathbf{e}_i$, $\mathbf{v} = v^i\mathbf{g}_i = v^i h_i \mathbf{e}_i$이므로 벡터를 정규직교기저 $\mathbf{e}_i$에 대해 $\mathbf{v} = F_i\mathbf{e}_i$로 나타내면 $v^i = \dfrac{F_i}{h_i}$이므로 식 (137)은

$$\nabla\cdot\mathbf{v} = \frac{1}{J}\left(\frac{JF_i}{h_i}\right)_{,i} = \frac{1}{J}\frac{\partial}{\partial\eta_1}\left(\frac{JF_1}{h_1}\right) + \frac{1}{J}\frac{\partial}{\partial\eta_2}\left(\frac{JF_2}{h_2}\right) + \frac{1}{J}\frac{\partial}{\partial\eta_3}\left(\frac{JF_3}{h_3}\right)$$

로 7장에서 구한 결과와 같게 된다. 또한, $\mathbf{v} = v_i\,\mathbf{g}^i = v_i\,\dfrac{\mathbf{e}_i}{h_i}$이므로 $\mathbf{v} = F_i\mathbf{e}_i$로 나타내면 $v_i = h_i F_i$가 되기 때문에 식 (139)는

$$\nabla\times\mathbf{F} = \frac{1}{J}\begin{vmatrix} h_1\mathbf{e}_1 & h_2\mathbf{e}_2 & h_3\mathbf{e}_3 \\ \dfrac{\partial}{\partial\eta^1} & \dfrac{\partial}{\partial\eta^2} & \dfrac{\partial}{\partial\eta^3} \\ h_1F_1 & h_2F_2 & h_3F_3 \end{vmatrix}$$

로 7장에서 구한 것과 동일하게 된다.

예제 15 공변미분을 이용하여 $\nabla\mathbf{v}$를 구하라.

☞ 마찬가지로 공변미분 $\nabla \equiv \mathbf{g}^i\nabla_i$을 이용하면

$$\nabla\mathbf{v} = \mathbf{g}^i\nabla_i(v_j\mathbf{g}^j) = \nabla_i v_j\,\mathbf{g}^i\mathbf{g}^j \tag{140}$$

로 된다. 다시 말해서, $\nabla_i v_j$는 텐서 $\nabla\mathbf{v}$의 공변성분이 된다. 마찬가지 방법으로

$$\nabla\mathbf{v} = \mathbf{g}^i\nabla_i v^j\mathbf{g}_j = \nabla_i v^j\,\mathbf{g}^i\mathbf{g}_j \tag{141}$$

도 성립한다. ◀

✓ 그런데, 반변미분(contravariant derivative)연산은 다루지 않기 때문에 $\nabla\mathbf{v} = (\nabla\mathbf{v})^{ij}\mathbf{g}_i\mathbf{g}_j$로 나타내는 경우가 거의 없다. 꼭 필요하다면 $\mathbf{g}^k = g^{ik}\mathbf{g}_i$인 공식을 써서

$$\nabla\mathbf{v} = \nabla_k v^j\,\mathbf{g}^k\mathbf{g}_j = g^{ik}\nabla_k v^j\,\mathbf{g}_i\mathbf{g}_j$$

와 같이 나타낼 수 있다.

예제 16 공변미분을 이용하여 $\nabla^2\phi$를 구하라.

☞ 식 (137)에서 벡터의 발산 $\nabla\cdot\mathbf{v} = \nabla_i v^i$을 이용하여 $\nabla\cdot\nabla\phi$를 구하려면 구배 $\nabla\phi$의 반변성분 $(\nabla\phi)^i$가 필요하다. 따라서

$$\nabla\phi = \mathbf{g}^j\nabla_j\phi = \mathbf{g}_i g^{ij}\nabla_j\phi = \mathbf{g}_i(\nabla\phi)^i \tag{142}$$

와 같이 $(\nabla\phi)^i = g^{ij}\nabla_j\phi$를 먼저 구한다. 계속해서, 식 (137)의 결과

$$\nabla\cdot\mathbf{v} = \nabla_i v^i = \frac{1}{J}\frac{\partial}{\partial\eta^i}(Jv^i)$$

를 이용하면

$$\nabla^2\phi = \nabla\cdot\nabla\phi = \nabla_i(\nabla\phi)^i$$
$$= \frac{1}{J}\frac{\partial}{\partial\eta^i}[J(\nabla\phi)^i] = \frac{1}{J}\frac{\partial}{\partial\eta^i}\left(Jg^{ij}\frac{\partial\phi}{\partial\eta^j}\right) \tag{143}$$

즉,

$$\nabla^2\phi = \frac{1}{J}\frac{\partial}{\partial\eta^i}\left(Jg^{ij}\frac{\partial\phi}{\partial\eta^j}\right) \tag{144}$$

로 된다. ◀

✅ 직교좌표계에서는 $\mathbf{g}^i = \frac{\mathbf{e}_i}{h_i}$이므로 $g^{ij} = \frac{1}{h_i^2}\delta_{ij}$가 되고, 라플라시안은

$$\nabla^2\phi = \frac{1}{J}\frac{\partial}{\partial\eta^i}\left(\frac{J}{h_i^2}\frac{\partial\phi}{\partial\eta^i}\right)$$

로 7장에서 구한 것과 동일한 결과가 된다.

***예제 17** 공변미분을 이용하여 $\mathbf{v}\cdot\nabla\mathbf{v}$를 구하라. 또한, 구면좌표계에서 $\mathbf{v}\cdot\nabla\mathbf{v}$를 물리적 속도성분을 써서 나타내어라.

☞ 공변미분 $\nabla \equiv \mathbf{g}^i\nabla_i$를 이용하면

$$\mathbf{v}\cdot\nabla\mathbf{v} = v^j\mathbf{g}_j\cdot\mathbf{g}^i\nabla_i v^k\mathbf{g}_k = (v^i\nabla_i v^k)\mathbf{g}_k$$
$$= v^i\left(v^k_{,i} + \Gamma^k_{ij}v^j\right)\mathbf{g}_k$$
$$= v^i v^k_{,i}\mathbf{g}_k + v^i v^j\Gamma^k_{ij}\mathbf{g}_k \tag{145}$$

로 된다. 구면좌표계에서 속도의 물리적 성분 $u_i \equiv v^{(i)} = \frac{v^i}{h^i} = h_i v^i$를 쓰기 위해서 $v^i = u_i/h_i$를 대입한다. 먼저, 첫 번째 항은

$$v^i v^k_{,i}\mathbf{g}_k = \frac{u_i}{h_i}\frac{\partial}{\partial\eta^i}\left(\frac{u_k}{h_k}\right)h_k\mathbf{e}_k$$
$$= \frac{u_i}{h_i}\frac{\partial u_k}{\partial\eta^i}\mathbf{e}_k - \frac{u_i}{h_i}\frac{u_k}{h_k}\frac{\partial h_k}{\partial\eta^i}\mathbf{e}_k$$
$$= \frac{u_i}{h_i}\frac{\partial u_k}{\partial\eta^i}\mathbf{e}_k - \frac{u_i}{h_i}\frac{u_2}{r}\frac{\partial r}{\partial\eta^i}\mathbf{e}_2 - \frac{u_i}{h_i}\frac{u_3}{r\sin\theta}\frac{\partial r\sin\theta}{\partial\eta^i}\mathbf{e}_3$$
$$= \frac{u_i}{h_i}\frac{\partial u_k}{\partial\eta^i}\mathbf{e}_k - \frac{u_1u_2}{r}\mathbf{e}_2 - \left(\frac{u_1u_3}{r} + \frac{u_2u_3\cot\theta}{r}\right)\mathbf{e}_3$$
$$= (\mathbf{v}\cdot\nabla u_1)\mathbf{e}_1 + (\mathbf{v}\cdot\nabla u_2)\mathbf{e}_2 + (\mathbf{v}\cdot\nabla u_3)\mathbf{e}_3$$
$$- \frac{u_1u_2}{r}\mathbf{e}_2 - \left(\frac{u_1u_3}{r} + \frac{u_2u_3\cot\theta}{r}\right)\mathbf{e}_3 \tag{146}$$

로 전개되고, 두 번째 항은(✅ 참조)

$$v^i v^j \Gamma^k_{ij}\mathbf{g}_k = \frac{u_i u_j}{h_i h_j}\Gamma^k_{ij} h_k \mathbf{e}_k = u_i u_j \Lambda^k_{ij}\mathbf{e}_k$$
$$= \left(u_2 u_2 \Lambda^1_{22} + u_3 u_3 \Lambda^1_{33}\right)\mathbf{e}_1 + \left(2u_1 u_2 \Lambda^2_{12} + u_3 u_3 \Lambda^2_{33}\right)\mathbf{e}_2 + \left(2u_1 u_3 \Lambda^3_{13} + 2u_2 u_3 \Lambda^3_{23}\right)\mathbf{e}_3$$
$$= \frac{1}{r}(-u_2 u_2 - u_3 u_3)\mathbf{e}_1 + \frac{1}{r}(2u_1 u_2 - u_3 u_3 \cot\theta)\mathbf{e}_2 + \frac{1}{r}(2u_1 u_3 + 2u_2 u_3 \cot\theta)\mathbf{e}_3 \tag{147}$$

이므로 최종결과는

$$\mathbf{v}\cdot\nabla\mathbf{v} = (\mathbf{v}\cdot\nabla u_1)\mathbf{e}_1 + (\mathbf{v}\cdot\nabla u_2)\mathbf{e}_2 + (\mathbf{v}\cdot\nabla u_3)\mathbf{e}_3 - \frac{1}{r}(-u_2 u_2 - u_3 u_3)\mathbf{e}_1 + \frac{1}{r}(u_1 u_2 - u_3 u_3 \cot\theta)\mathbf{e}_2 + \frac{1}{r}(u_1 u_3 + u_2 u_3 \cot\theta)\mathbf{e}_3 \tag{148}$$

로 표 20.2의 결과와 같다. ◀

☑ 구면좌표계에서의 물리적 크리스토펠 기호 $\Lambda^k_{ij} = \dfrac{h_k}{h_i h_j}\Gamma^k_{ij}$를 다시 쓰면 아래와 같다.

$$\Lambda^1_{22} = -\frac{1}{r} \qquad \Lambda^2_{12} = \Lambda^2_{21} = \frac{1}{r} \qquad \Lambda^3_{13} = \Lambda^3_{31} = \frac{1}{r}$$
$$\Lambda^1_{33} = -\frac{1}{r} \qquad \Lambda^2_{33} = -\frac{\cot\theta}{r} \qquad \Lambda^3_{23} = \Lambda^3_{32} = \frac{\cot\theta}{r}$$

***예제 18** 직교좌표계에서 $\nabla\mathbf{e}_i = \Lambda^k_{ij}\mathbf{e}_j\mathbf{e}_k - \dfrac{\nabla h_i}{h_i}\mathbf{e}_i$ 가 되는 것을 보여라.

☞ 먼저,

$$\nabla\mathbf{g}_i = \mathbf{g}^j \frac{\partial}{\partial\eta^j}\mathbf{g}_i = \mathbf{g}^j\mathbf{g}_{i,j} = \mathbf{g}^j\Gamma^k_{ij}\mathbf{g}_k = \Gamma^k_{ij}\mathbf{g}^j\mathbf{g}_k \tag{149}$$

이므로[단, $\nabla\mathbf{g}_i \neq \mathbf{g}^j\nabla_j\mathbf{g}_i$임에 주의해야 한다. 왜냐하면 $\mathbf{g}_i$는 물리적 불변량(invariance)이 아니기 때문이다]

$$\nabla\mathbf{e}_i = \nabla\left(\frac{\mathbf{g}_i}{h_i}\right) = -\frac{1}{h_i^2}(\nabla h_i)\mathbf{g}_i + \frac{1}{h_i}\nabla\mathbf{g}_i$$
$$= -\frac{1}{h_i^2}(\nabla h_i)\mathbf{g}_i + \frac{1}{h_i}\Gamma^k_{ij}\mathbf{g}^j\mathbf{g}_k$$
$$= -\frac{1}{h_i^2}(\nabla h_i)h_i\mathbf{e}_i + \frac{1}{h_i}\Gamma^k_{ij}\frac{\mathbf{e}_j}{h_j}h_k\mathbf{e}_k$$

즉,

$$\nabla\mathbf{e}_i = \Lambda^k_{ij}\mathbf{e}_j\mathbf{e}_k - \frac{\nabla h_i}{h_i}\mathbf{e}_i \quad ◀ \tag{150}$$

☑ 원통좌표계에서 $h_1=1, h_2=2, h_3=1$과 $\Lambda^2_{12}=\frac{1}{r}$, $\Lambda^1_{22}=-\frac{1}{r}$을 윗식에 대입하면

$$\nabla\mathbf{e}_r=\Lambda^2_{12}\,\mathbf{e}_2\,\mathbf{e}_2=\frac{1}{r}\,\mathbf{e}_\theta\,\mathbf{e}_\theta$$

$$\begin{aligned}\nabla\mathbf{e}_\theta&=\Lambda^1_{22}\,\mathbf{e}_2\,\mathbf{e}_1+\Lambda^2_{21}\,\mathbf{e}_1\,\mathbf{e}_2-\frac{\nabla r}{r}\,\mathbf{e}_\theta\\&=-\frac{1}{r}\,\mathbf{e}_\theta\,\mathbf{e}_r+\frac{1}{r}\,\mathbf{e}_r\,\mathbf{e}_\theta-\frac{1}{r}\,\mathbf{e}_r\,\mathbf{e}_\theta=-\frac{1}{r}\,\mathbf{e}_\theta\,\mathbf{e}_r\end{aligned}$$

등으로 구할 수 있다.

*예제 19 공변미분을 이용하여 $\nabla\cdot\boldsymbol{\sigma}$를 구하라.

☞ 2차텐서에 대한 공변미분을 이용하면 $\nabla_k\mathbf{g}_i=\nabla_k\mathbf{g}_j=0$이므로

$$\begin{aligned}\nabla\cdot\boldsymbol{\sigma}&=\mathbf{g}^k\nabla_k\cdot\sigma^{ij}\mathbf{g}_i\mathbf{g}_j=\mathbf{g}^k\cdot(\nabla_k\sigma^{ij})\mathbf{g}_i\mathbf{g}_j\\&=(\nabla_i\sigma^{ij})\mathbf{g}_j\\&=\left(\frac{\partial\sigma^{ij}}{\partial\eta^i}+\Gamma^i_{ik}\sigma^{kj}+\Gamma^j_{ik}\sigma^{ik}\right)\mathbf{g}_j\end{aligned}\tag{151}$$

로 정리된다. 그런데, $\Gamma^i_{ik}=\frac{1}{J}\frac{\partial J}{\partial\eta^k}$이므로 윗식을 다시 쓰면

$$\nabla\cdot\boldsymbol{\sigma}=\mathbf{g}_j\left(\frac{\partial\sigma^{ij}}{\partial\eta^i}+\frac{\sigma^{ij}}{J}\frac{\partial J}{\partial\eta^i}+\sigma^{ik}\Gamma^j_{ik}\right)\tag{152}$$

로 된다(직교좌표계에서 물리적 성분에 의한 표현은 연습문제 참조). ◀

☑ 여기서, $\nabla\sigma^{ij}\neq\mathbf{g}^k\nabla_k\sigma^{ij}$임에 주의해야 한다.

연습문제

※다음을 증명하라.

[1] $\nabla\cdot(\phi\mathbf{u})=(\nabla\phi)\cdot\mathbf{u}+\phi\nabla\cdot\mathbf{u}$

[2] $\nabla\cdot(\mathbf{uv})=(\nabla\cdot\mathbf{u})\mathbf{v}+(\mathbf{u}\cdot\nabla)\mathbf{v}$

[3] $\nabla\cdot(\nabla\mathbf{u})^{\mathrm{T}}=\nabla(\nabla\cdot\mathbf{u})$

[4] $\nabla\cdot(\nabla\mathbf{u})=\nabla^2\mathbf{u}$

[5] $\nabla(\mathbf{u}\cdot\mathbf{v})=(\nabla\mathbf{u})\cdot\mathbf{v}+(\nabla\mathbf{v})\cdot\mathbf{u}$

[6] $\mathrm{tr}(\nabla\mathbf{u})=\nabla\cdot\mathbf{u}$

[7] 예제 19의 결과를 구면좌표계에 대해서 다시 표현하라.

☑ 공식 $\nabla\cdot\boldsymbol{\sigma}=\nabla\cdot(\sigma^{ij}\mathbf{g}_i\mathbf{g}_j)=\mathbf{g}_j\left(\frac{\partial\sigma^{ij}}{\partial\eta^i}+\frac{\sigma^{ij}}{J}\frac{\partial J}{\partial\eta^i}+\sigma^{ik}\Gamma^j_{ik}\right)$를 직교좌표계에서 물리적 성

분으로 쓰면

$$\boldsymbol{\sigma} = \sigma^{ij}\mathbf{g}_i\mathbf{g}_j = \sigma^{ij}h_i\mathbf{e}_ih_j\mathbf{e}_j = S_{ij}\mathbf{e}_i\mathbf{e}_j$$

로부터 $\sigma^{ij} = \dfrac{S_{ij}}{h_i h_j}$이므로

$$\begin{aligned}\nabla\cdot\boldsymbol{\sigma} &= h_j\mathbf{e}_j\left[\frac{\partial}{\partial\eta^i}\left(\frac{S_{ij}}{h_i h_j}\right) + \frac{S_{ij}}{h_i h_j}\frac{1}{J}\frac{\partial J}{\partial\eta^i} + \frac{S_{ik}}{h_i h_k}\Gamma^j_{ik}\right]\\ &= h_j\mathbf{e}_j\left[\frac{1}{h_i h_j}\frac{\partial S_{ij}}{\partial\eta^i} + S_{ij}\frac{\partial}{\partial\eta^i}\left(\frac{1}{h_i h_j}\right) + \frac{S_{ik}}{h_i h_k}\Gamma^j_{ik}\right] + \frac{S_{ij}\mathbf{e}_j}{h_i}\frac{1}{J}\frac{\partial J}{\partial\eta^i}\end{aligned}$$

즉,

$$\nabla\cdot\boldsymbol{\sigma} = \partial_i S_{ij}\mathbf{e}_j + \mathbf{e}_j\left[S_{ik}\Lambda^j_{ik} + h_j S_{ij}\frac{\partial}{\partial\eta^i}\left(\frac{1}{h_i h_j}\right)\right] + \frac{\mathbf{e}_j}{J}\left(\frac{S_{ij}}{h_i}\frac{\partial J}{\partial\eta^i}\right),\quad \partial_i \equiv \frac{1}{h_i}\frac{\partial}{\partial\eta^i}$$

을 얻는다. 위의 결과를 구면좌표계에 대해서 쓰면

$$\begin{aligned}\nabla\cdot\boldsymbol{\sigma} &= \partial_i S_{ij}\mathbf{e}_j + \mathbf{e}_1\left[S_{ik}\Lambda^1_{ik} + S_{i1}\frac{\partial}{\partial\eta^i}\left(\frac{1}{h_i}\right)\right] + \mathbf{e}_2\left[S_{ik}\Lambda^2_{ik} + rS_{i2}\frac{\partial}{\partial\eta^i}\left(\frac{1}{h_i r}\right)\right]\\ &\quad + \mathbf{e}_3\left[S_{ik}\Lambda^3_{ik} + r\sin\theta\, S_{i3}\frac{\partial}{\partial\eta^i}\left(\frac{1}{h_i r\sin\theta}\right)\right]\\ &\quad + \frac{\mathbf{e}_j}{r^2\sin\theta}\left(\frac{S_{1j}}{1}\frac{\partial r^2\sin\theta}{\partial r} + \frac{S_{2j}}{r}\frac{\partial r^2\sin\theta}{\partial\theta}\right)\\ &= \partial_i S_{ij}\mathbf{e}_j + \mathbf{e}_1\left[S_{ik}\Lambda^1_{ik}\right] + \mathbf{e}_2\left[S_{ik}\Lambda^2_{ik} + rS_{12}\left(-\frac{1}{r^2}\right)\right]\\ &\quad + \mathbf{e}_3\left[S_{ik}\Lambda^3_{ik} + (r\sin\theta)S_{13}\left(-\frac{1}{r^2\sin\theta}\right) + (r\sin\theta)S_{23}\left(-\frac{\cos\theta}{r^2\sin^2\theta}\right)\right]\\ &\quad + \mathbf{e}_j\left(\frac{2S_{1j}}{r} + \frac{S_{2j}\cot\theta}{r}\right)\end{aligned}$$

의 중간단계를 거쳐 최종적으로는 표 20.2에 보인 결과를 얻게 된다. 이 결과를 보면 텐서의 일반적인 정의로부터 $\nabla\cdot\boldsymbol{\sigma}$를 구하는 것이 그리 쉬운 일이 아니라는 것을 알 수 있다.

[8] 직교좌표계인 경우에 대해서 $\nabla\mathbf{v}$를 구하려면 $v_i = h_i u_i$, $\mathbf{g}^i = \dfrac{\mathbf{e}_i}{h_i}$인 관계로부터

$$\begin{aligned}\nabla\mathbf{v} = \nabla_i v_j\mathbf{g}^i\mathbf{g}^j &= \left(v_{j,i} - \Gamma^k_{ij}v_k\right)\mathbf{g}^i\mathbf{g}^j\\ &= \left[\frac{\partial}{\partial\eta^i}(h_j u_j) - \Gamma^k_{ij}h_k u_k\right]\frac{\mathbf{e}_i\mathbf{e}_j}{h_i h_j}\\ &= \frac{1}{h_i h_j}\left(h_j\frac{\partial u_j}{\partial\eta^i} + u_j\frac{\partial h_j}{\partial\eta^i}\right)\mathbf{e}_i\mathbf{e}_j - \Lambda^k_{ij}u_k\mathbf{e}_i\mathbf{e}_j\\ &= \left(\frac{\mathbf{e}_i}{h_i}\frac{\partial u_j}{\partial\eta^i}\right)\mathbf{e}_j + \frac{u_j}{h_i h_j}\frac{\partial h_j}{\partial\eta^i}\mathbf{e}_i\mathbf{e}_j - \Lambda^k_{ij}u_k\mathbf{e}_i\mathbf{e}_j\end{aligned}$$

즉,

$$\nabla\mathbf{v} = (\nabla u_j)\mathbf{e}_j - \Lambda^k_{ij}u_k\mathbf{e}_i\mathbf{e}_j + \frac{u_j}{h_i h_j}\frac{\partial h_j}{\partial\eta^i}\mathbf{e}_i\mathbf{e}_j$$

를 얻는다. 예를 들어, 이것을 구면좌표계에 대해서 쓰면

$$\begin{aligned}\nabla \mathbf{v} = (\nabla u_j)\mathbf{e}_j &- \Lambda^1_{22} u_1 \mathbf{e}_2 \mathbf{e}_2 - \Lambda^1_{33} u_1 \mathbf{e}_3 \mathbf{e}_3 - \Lambda^2_{12} u_2 \mathbf{e}_1 \mathbf{e}_2 \\ &- \Lambda^2_{21} u_2 \mathbf{e}_2 \mathbf{e}_1 - \Lambda^2_{33} u_2 \mathbf{e}_3 \mathbf{e}_3 - \Lambda^3_{13} u_3 \mathbf{e}_1 \mathbf{e}_3 \\ &- \Lambda^3_{31} u_3 \mathbf{e}_3 \mathbf{e}_1 - \Lambda^3_{23} u_3 \mathbf{e}_2 \mathbf{e}_3 - \Lambda^3_{32} u_3 \mathbf{e}_3 \mathbf{e}_2 \\ &+ \frac{u_2}{h_i r}\frac{\partial r}{\partial \eta^i}\mathbf{e}_i \mathbf{e}_2 + \frac{u_3}{h_i r \sin\theta}\frac{\partial r \sin\theta}{\partial \eta^i}\mathbf{e}_i \mathbf{e}_3\end{aligned}$$

로 되고, 정리하면 표 20.2와 같은 결과가 된다. 또한, 예제 20의 결과를 직접 이용하여

$$\nabla \mathbf{v} = \nabla(u_i \mathbf{e}_i) = (\nabla u_i)\mathbf{e}_i + u_i \nabla \mathbf{e}_i = (\nabla u_i)\mathbf{e}_i + u_i\left(\Lambda^k_{ij}\mathbf{e}_j \mathbf{e}_k - \frac{\nabla h_i}{h_i}\mathbf{e}_i\right)$$

로부터 구할 수도 있다.

21-8 절대미분과 리만 텐서

앞에서 도입한 공변미분(covariant derivative)은 물리량을 일반좌표계 (η^1, η^2, η^3)에 관해서 미분할 때 유용하다. 이 절에서는 매개변수 t로 표현되는 곡선 $\mathbf{r}(t)$를 따라가면서 물리량을 미분하는 경우에 정의되는 절대미분(absolute derivative)을 알아본다.

곡선을 따른 미분. $\mathbf{r}(t)$로 표현되는 곡선을 따라서 벡터 $\mathbf{F}$를 미분하기로 한다. 일반좌표계 (η^1, η^2, η^3)와 공변기저 $\mathbf{g}_i$를 사용하여 벡터를 나타내면 벡터의 미분은

$$\begin{aligned}\frac{d\mathbf{F}}{dt} = \frac{d}{dt}(F^i \mathbf{g}_i) &= \frac{dF^i}{dt}\mathbf{g}_i + F^i \frac{d\mathbf{g}_i}{dt} \\ &= \frac{dF^i}{dt}\mathbf{g}_i + F^i \frac{\partial \mathbf{g}_i}{\partial \eta^k}\frac{d\eta^k}{dt} \\ &= \frac{dF^i}{dt}\mathbf{g}_i + F^i \Gamma^p_{ik}\mathbf{g}_p \frac{d\eta^k}{dt}\end{aligned} \tag{153}$$

로 된다. 여기서 첨자 i와 p의 역할을 바꾸고 사슬법칙으로부터

$$\frac{dF^i}{dt} = \frac{\partial F^i}{\partial \eta^k}\frac{d\eta^k}{dt}$$

임을 이용하면 식 (153)은

$$\begin{aligned}\frac{d\mathbf{F}}{dt} &= \left(\frac{dF^i}{dt} + \Gamma^i_{jk} F^j \frac{d\eta^k}{dt}\right)\mathbf{g}_i \\ &= \left(\frac{\partial F^i}{\partial \eta^k} + \Gamma^i_{jk} F^j\right)\frac{d\eta^k}{dt}\mathbf{g}_i \\ &= (\nabla_k F^i)\frac{d\eta^k}{dt}\mathbf{g}_i\end{aligned} \tag{154}$$

로 간단하게 된다. 여기서 반변성분의 **절대미분**(absolute derivative or intrinsic derivative)을

$$\frac{\delta F^i}{\delta t} = \nabla_k F^i \frac{d\eta^k}{dt} = \left(\frac{\partial F^i}{\partial \eta^k} + \Gamma^i_{jk} F^j \right) \frac{d\eta^k}{dt} \tag{155}$$

로 정의하면

$$\frac{d\mathbf{F}}{dt} = \frac{\delta F^i}{\delta t} \mathbf{g}_i = (\nabla_k F^i) \frac{d\eta^k}{dt} \mathbf{g}_i$$

가 된다. 이와 유사하게 공변성분의 절대미분은

$$\frac{\delta F_i}{\delta t} = \nabla_k F_i \frac{d\eta^k}{dt} = \left(\frac{\partial F_i}{\partial \eta^k} - \Gamma^j_{ik} F_j \right) \frac{d\eta^k}{dt} \tag{156}$$

로 정의된다.

가속도. 곡선을 따라서 속도벡터 $\mathbf{v} = \dot{\eta}^i \mathbf{g}_i = v^i \mathbf{g}_i$을 미분하면 가속도가 된다. 이것을 절대미분을 이용하여 나타내면

$$\begin{aligned} \mathbf{a} = \frac{d\mathbf{v}}{dt} = \frac{\delta v^i}{\delta t} \mathbf{g}_i = \nabla_k v^i \frac{d\eta^k}{dt} \mathbf{g}_i &= \left(\frac{\partial v^i}{\partial \eta^k} + \Gamma^i_{jk} v^j \right) \frac{d\eta^k}{dt} \mathbf{g}_i \\ &= \left(\frac{dv^i}{dt} + \Gamma^i_{jk} v^j v^k \right) \mathbf{g}_i \\ &= \left(\frac{dv^k}{dt} + \Gamma^k_{ij} v^i v^j \right) \mathbf{g}_k \end{aligned}$$

로 앞에서 구한 것과 동일한 결과를 얻는다.

2차텐서의 절대미분. 2차텐서의 성분에 대한 절대미분은 마찬가지 방법으로 정의된다. 즉,

$$\frac{\delta T^{ij}}{\delta t} = (\nabla_k T^{ij}) \frac{d\eta^k}{dt} = \left(\frac{\partial T^{ij}}{\partial \eta^k} + \Gamma^i_{kp} T^{pj} + \Gamma^j_{kp} T^{ip} \right) \frac{d\eta^k}{dt} \tag{157}$$

로 절대미분을 정의한다. 그러면

$$\frac{d\mathbf{T}}{dt} = \frac{\delta T^{ij}}{\delta t} \mathbf{g}_i \mathbf{g}_j = (\nabla_k T^{ij}) \frac{d\eta^k}{dt} \mathbf{g}_i \mathbf{g}_j$$

로 미분을 구할 수 있다. 또한

$$\frac{\delta T_{ij}}{\delta t} = (\nabla_k T_{ij}) \frac{d\eta^k}{dt} = \left(\frac{\partial T_{ij}}{\partial \eta^k} - \Gamma^p_{ki} T_{pj} - \Gamma^p_{kj} T_{ip} \right) \frac{d\eta^k}{dt}$$

$$\frac{\delta T_i^{j}}{\delta t} = (\nabla_k T_i^{\cdot j})\frac{d\eta^k}{dt} = \left(\frac{\partial T_i^{\cdot j}}{\partial \eta^k} - \Gamma_{ki}^p T_p^{\cdot j} + \Gamma_{kp}^j T_i^{\cdot p}\right)\frac{d\eta^k}{dt}$$
$$\frac{\delta T_{\cdot j}^{i}}{\delta t} = (\nabla_k T_{\cdot j}^{i})\frac{d\eta^k}{dt} = \left(\frac{\partial T_{\cdot j}^{i}}{\partial \eta^k} + \Gamma_{kp}^i T_{\cdot j}^{p} - \Gamma_{kj}^p T_{\cdot p}^{i}\right)\frac{d\eta^k}{dt} \tag{158}$$

로 텐서성분의 절대미분을 정의할 수 있다.

***리만 텐서의 정의.** 리만(Riemann) 텐서는 공간의 성질을 설명하는 유용한 개념이다. 공변성분 v_i에 대한 공변미분이 그 순서를 바꿀 수 있는가를 생각해 보자. 즉, $\nabla_j \nabla_k = \nabla_k \nabla_j$가 성립하는 조건을 생각해 보자. 먼저, 공변미분의 정의로부터

$$\nabla_k(\nabla_j v_i) = \nabla_k\left(\frac{\partial v_i}{\partial \eta^j} - \Gamma^l_{ji} v_l\right) = \frac{\partial}{\partial \eta^k}\left(\frac{\partial v_i}{\partial \eta^j} - \Gamma^l_{ji} v_l\right) - \Gamma^p_{ki}\left(\frac{\partial v_p}{\partial \eta^j} - \Gamma^l_{jp} v_l\right)$$

및

$$\nabla_j(\nabla_k v_i) = \nabla_j\left(\frac{\partial v_i}{\partial \eta^k} - \Gamma^l_{ki} v_l\right) = \frac{\partial}{\partial \eta^j}\left(\frac{\partial v_i}{\partial \eta^k} - \Gamma^l_{ki} v_l\right) - \Gamma^p_{ji}\left(\frac{\partial v_p}{\partial \eta^k} - \Gamma^l_{kp} v_l\right)$$

를 얻는다. 위의 두 식의 차를 구하면

$$\begin{aligned}\nabla_k(\nabla_j v_i) - \nabla_j(\nabla_k v_i) &= \frac{\partial}{\partial \eta^k}\left(\frac{\partial v_i}{\partial \eta^j} - \Gamma^l_{ji} v_l\right) - \Gamma^p_{ki}\left(\frac{\partial v_p}{\partial \eta^j} - \Gamma^l_{jp} v_l\right)\\ &\quad - \frac{\partial}{\partial \eta^j}\left(\frac{\partial v_i}{\partial \eta^k} - \Gamma^l_{ki} v_l\right) + \Gamma^p_{ji}\left(\frac{\partial v_p}{\partial \eta^k} - \Gamma^l_{kp} v_l\right)\\ &= \left(\frac{\partial \Gamma^l_{ik}}{\partial \eta^j} - \frac{\partial \Gamma^l_{ij}}{\partial \eta^k} + \Gamma^p_{ik}\Gamma^l_{jp} - \Gamma^p_{ij}\Gamma^l_{kp}\right) v_l\end{aligned} \tag{159}$$

이 된다. 윗식의 우변에서

$$R^l_{ijk} \equiv \frac{\partial \Gamma^l_{ik}}{\partial \eta^j} - \frac{\partial \Gamma^l_{ij}}{\partial \eta^k} + \Gamma^p_{ik}\Gamma^l_{jp} - \Gamma^p_{ij}\Gamma^l_{kp} \tag{160}$$

을 리만 텐서로 정의한다. 특히 카테시안 좌표계에서는 $\Gamma^k_{ij} = 0$이므로 리만 텐서는 0이 된다. 즉, 공변미분 ∇_j와 ∇_k의 순서를 교환할 수 있다. 이러한 성질은 3차원 유클리드 공간의 임의의 좌표계에 대해서도 성립한다. 즉, $R^l_{ijk} = 0$이다.

이론적으로 표현하면 $R^l_{ijk} = 0$이면 **리만 다양체**(多樣體; manifold)는 편평하고(flat), 따라서 공변미분의 순서를 $\nabla_j \nabla_k = \nabla_k \nabla_j$와 같이 교환할 수 있다. 3차원 유클리드 공간은 편평한(flat) 리만 다양체의 한 예가 된다.

부 록

표 1 오차함수, $\mathrm{erf}(x) = \frac{2}{\sqrt{\pi}} \int_0^x e^{-z^2} dz$

x	erf(x)	x	erf(x)	x	erf(x)	x	erf(x)	x	erf(x)	x	erf(x)
0.00	0	0.40	0.42839	0.80	0.74210	1.20	0.91031	1.60	0.97634	2.0	0.99532
0.01	0.01128	0.41	0.43796	0.81	0.74800	1.21	0.91295	1.61	0.97720	2.2	0.99814
0.02	0.02256	0.42	0.44746	0.82	0.75381	1.22	0.91553	1.62	0.97803	2.4	0.99931
0.03	0.03384	0.43	0.45688	0.83	0.75952	1.23	0.91805	1.63	0.97884	2.6	0.99976
0.04	0.04511	0.44	0.46622	0.84	0.76514	1.24	0.92050	1.64	0.97962	2.8	0.99992
0.05	0.05637	0.45	0.47548	0.85	0.77066	1.25	0.92290	1.65	0.98037	3.0	0.99998
0.06	0.06762	0.46	0.48465	0.86	0.77610	1.26	0.92523	1.66	0.98110		
0.07	0.07885	0.47	0.49374	0.87	0.78143	1.27	0.92751	1.67	0.98181		
0.08	0.09007	0.48	0.50274	0.88	0.78668	1.28	0.92973	1.68	0.98249		
0.09	0.10128	0.49	0.51166	0.89	0.79184	1.29	0.93189	1.69	0.98315		
0.10	0.11246	0.50	0.52049	0.90	0.79690	1.30	0.93400	1.70	0.98379		
0.11	0.12362	0.51	0.52924	0.91	0.80188	1.31	0.93606	1.71	0.98440		
0.12	0.13475	0.52	0.53789	0.92	0.80676	1.32	0.93806	1.72	0.98500		
0.13	0.14586	0.53	0.54646	0.93	0.81156	1.33	0.94001	1.73	0.98557		
0.14	0.15694	0.54	0.55493	0.94	0.81627	1.34	0.94191	1.74	0.98613		
0.15	0.16799	0.55	0.56332	0.95	0.82089	1.35	0.94376	1.75	0.98667		
0.16	0.17901	0.56	0.57161	0.96	0.82542	1.36	0.94556	1.76	0.98719		
0.17	0.18999	0.57	0.57981	0.97	0.82987	1.37	0.94731	1.77	0.98769		
0.18	0.20093	0.58	0.58792	0.98	0.83423	1.38	0.94901	1.78	0.98817		
0.19	0.21183	0.59	0.59593	0.99	0.83850	1.39	0.95067	1.79	0.98864		
0.20	0.22270	0.60	0.60385	1.00	0.84270	1.40	0.95228	1.80	0.98909		
0.21	0.23352	0.61	0.61168	1.01	0.84681	1.41	0.95385	1.81	0.98952		
0.22	0.24429	0.62	0.61941	1.02	0.85083	1.42	0.95537	1.82	0.98994		
0.23	0.25502	0.63	0.62704	1.03	0.85478	1.43	0.95685	1.83	0.99034		
0.24	0.26570	0.64	0.63458	1.04	0.85864	1.44	0.95829	1.84	0.99073		
0.25	0.27632	0.65	0.64202	1.05	0.86243	1.45	0.95969	1.85	0.99111		
0.26	0.28689	0.66	0.64937	1.06	0.86614	1.46	0.96105	1.86	0.99147		
0.27	0.29741	0.67	0.65662	1.07	0.86977	1.47	0.96237	1.87	0.99182		
0.28	0.30788	0.68	0.66378	1.08	0.87332	1.48	0.96365	1.88	0.99215		
0.29	0.31828	0.69	0.67084	1.09	0.87680	1.49	0.96489	1.89	0.99247		
0.30	0.32862	0.70	0.67780	1.10	0.88020	1.50	0.96610	1.90	0.99279		
0.31	0.33890	0.71	0.68466	1.11	0.88353	1.51	0.96727	1.91	0.99308		
0.32	0.34912	0.72	0.69143	1.12	0.88678	1.52	0.96841	1.92	0.99337		
0.33	0.35927	0.73	0.69810	1.13	0.88997	1.53	0.96951	1.93	0.99365		
0.34	0.36936	0.74	0.70467	1.14	0.89308	1.54	0.97058	1.94	0.99392		
0.35	0.37938	0.75	0.71115	1.15	0.89612	1.55	0.97162	1.95	0.99417		
0.36	0.38932	0.76	0.71753	1.16	0.89909	1.56	0.97262	1.96	0.99442		
0.37	0.39920	0.77	0.72382	1.17	0.90200	1.57	0.97360	1.97	0.99466		
0.38	0.40900	0.78	0.73001	1.18	0.90483	1.58	0.97454	1.98	0.99489		
0.39	0.41873	0.79	0.73610	1.19	0.90760	1.59	0.97546	1.99	0.99511		

$$\mathrm{erf}(x) = \frac{2}{\sqrt{\pi}} \sum_{n=0}^{\infty} (-1)^n \frac{x^{2n+1}}{n!(2n+1)}$$

$$\sqrt{\pi}\, x e^{x^2} \mathrm{erfc}(x) = 1 + \sum_{n=1}^{\infty} (-1)^n \frac{(2n-1)!!}{(2x^2)^n}$$

표 2 베셀함수, $J_0(x)$와 $J_1(x)$

x	$J_0(x)$	$J_1(x)$	x	$J_0(x)$	$J_1(x)$	x	$J_0(x)$	$J_1(x)$	x	$J_0(x)$	$J_1(x)$
0.0	1.0000	0.0000	4.0	−0.3971	−0.0660	8.0	0.1717	0.2346	12.0	0.0477	−0.2234
0.1	0.9975	0.0499	4.1	−0.3887	−0.1033	8.1	0.1475	0.2476	12.1	0.0697	−0.2157
0.2	0.9900	0.0995	4.2	−0.3766	−0.1386	8.2	0.1222	0.2580	12.2	0.0908	−0.2060
0.3	0.9776	0.1483	4.3	−0.3610	−0.1719	8.3	0.0960	0.2657	12.3	0.1108	−0.1943
0.4	0.9604	0.1960	4.4	−0.3423	−0.2028	8.4	0.0692	0.2708	12.4	0.1296	−0.1807
0.5	0.9385	0.2423	4.5	−0.3205	−0.2311	8.5	0.0419	0.2731	12.5	0.1469	−0.1655
0.6	0.9120	0.2867	4.6	−0.2961	−0.2566	8.6	0.0146	0.2728	12.6	0.1626	−0.1487
0.7	0.8812	0.3290	4.7	−0.2693	−0.2791	8.7	−0.0125	0.2697	12.7	0.1766	−0.1307
0.8	0.8463	0.3688	4.8	−0.2404	−0.2985	8.8	−0.0392	0.2641	12.8	0.1887	−0.1114
0.9	0.8075	0.4059	4.9	−0.2097	−0.3147	8.9	−0.0653	0.2559	12.9	0.1988	−0.0912
1.0	0.7652	0.4401	5.0	−0.1776	−0.3276	9.0	−0.0903	0.2453	13.0	0.2069	−0.0703
1.1	0.7196	0.4709	5.1	−0.1443	−0.3371	9.1	−0.1142	0.2324	13.1	0.2129	−0.0489
1.2	0.6711	0.4983	5.2	−0.1103	−0.3432	9.2	−0.1367	0.2174	13.2	0.2167	−0.0271
1.3	0.6201	0.5220	5.3	−0.0758	−0.3460	9.3	−0.1577	0.2004	13.3	0.2183	−0.0052
1.4	0.5669	0.5419	5.4	−0.0412	−0.3453	9.4	−0.1768	0.1816	13.4	0.2177	0.0166
1.5	0.5118	0.5579	5.5	−0.0068	−0.3414	9.5	−0.1939	0.1613	13.5	0.2150	0.0380
1.6	0.4554	0.5699	5.6	0.0270	−0.3343	9.6	−0.2090	0.1395	13.6	0.2101	0.0590
1.7	0.3980	0.5778	5.7	0.0599	−0.3241	9.7	−0.2218	0.1166	13.7	0.2032	0.0791
1.8	0.3400	0.5815	5.8	0.0917	−0.3110	9.8	−0.2323	0.0928	13.8	0.1943	0.0984
1.9	0.2818	0.5812	5.9	0.1220	−0.2951	9.9	−0.2403	0.0684	13.9	0.1836	0.1165
2.0	0.2239	0.5767	6.0	0.1506	−0.2767	10.0	−0.2459	0.0435	14.0	0.1711	0.1334
2.1	0.1666	0.5683	6.1	0.1773	−0.2559	10.1	−0.2490	0.0184	14.1	0.1570	0.1488
2.2	0.1104	0.5560	6.2	0.2017	−0.2329	10.2	−0.2496	−0.0066	14.2	0.1414	0.1626
2.3	0.0555	0.5399	6.3	0.2238	−0.2081	10.3	−0.2477	−0.0313	14.3	0.1245	0.1747
2.4	0.0025	0.5202	6.4	0.2433	−0.1816	10.4	−0.2434	−0.0555	14.4	0.1065	0.1850
2.5	−0.0484	0.4971	6.5	0.2601	−0.1538	10.5	−0.2366	−0.0789	14.5	0.0875	0.1934
2.6	−0.0968	0.4708	6.6	0.2740	−0.1250	10.6	−0.2276	−0.1012	14.6	0.0679	0.1999
2.7	−0.1424	0.4416	6.7	0.2851	−0.0953	10.7	−0.2164	−0.1224	14.7	0.0476	0.2043
2.8	−0.1850	0.4097	6.8	0.2931	−0.0652	10.8	−0.2032	−0.1422	14.8	0.0271	0.2066
2.9	−0.2243	0.3754	6.9	0.2981	−0.0349	10.9	−0.1881	−0.1603	14.9	0.0064	0.2069
3.0	−0.2601	0.3391	7.0	0.3001	−0.0047	11.0	−0.1712	−0.1768	15.0	−0.0142	0.2051
3.1	−0.2921	0.3009	7.1	0.2991	0.0252	11.1	−0.1528	−0.1913	15.1	−0.0346	0.2013
3.2	−0.3202	0.2613	7.2	0.2951	0.0543	11.2	−0.1330	−0.2039	15.2	−0.0544	0.1955
3.3	−0.3443	0.2207	7.3	0.2882	0.0826	11.3	−0.1121	−0.2143	15.3	−0.0736	0.1879
3.4	−0.3643	0.1792	7.4	0.2786	0.1096	11.4	−0.0902	−0.2225	15.4	−0.0919	0.1784
3.5	−0.3801	0.1374	7.5	0.2663	0.1352	11.5	−0.0677	−0.2284	15.5	−0.1092	0.1672
3.6	−0.3918	0.0955	7.6	0.2516	0.1592	11.6	−0.0446	−0.2320	15.6	−0.1253	0.1544
3.7	−0.3992	0.0538	7.7	0.2346	0.1813	11.7	−0.0213	−0.2333	15.7	−0.1401	0.1402
3.8	−0.4026	0.0128	7.8	0.2154	0.2014	11.8	0.0020	−0.2323	15.8	−0.1533	0.1247
3.9	−0.4018	−0.0272	7.9	0.1944	0.2192	11.9	0.0250	−0.2290	15.9	−0.1650	0.1080

$x \geq 16$일 때, $J_0(x) \cong \sqrt{\frac{2}{\pi x}}\left[\sin\left(z + \frac{\pi}{4}\right) + \frac{1}{8x}\sin\left(x - \frac{\pi}{4}\right)\right]$

$$J_1(x) \cong \sqrt{\frac{2}{\pi x}}\left[\sin\left(z - \frac{\pi}{4}\right) + \frac{3}{8x}\sin\left(x + \frac{\pi}{4}\right)\right]$$

표 3 베셀함수, $Y_0(x)$와 $Y_1(x)$

x	$Y_0(x)$	$Y_1(x)$	x	$Y_0(x)$	$Y_1(x)$	x	$Y_0(x)$	$Y_1(x)$	x	$Y_0(x)$	$Y_1(x)$
0.0	$-\infty$	$-\infty$	4.0	−0.0169	0.3979	8.0	0.2235	−0.1581	12.0	−0.2252	−0.0571
0.1	−1.5342	−6.4590	4.1	−0.0561	0.3846	8.1	0.2381	−0.1331	12.1	−0.2184	−0.0787
0.2	−1.0811	−3.3238	4.2	−0.0938	0.3680	8.2	0.2501	−0.1072	12.2	−0.2095	−0.0994
0.3	−0.8073	−2.2931	4.3	−0.1296	0.3484	8.3	0.2595	−0.0806	12.3	−0.1986	−0.1189
0.4	−0.6060	−1.7809	4.4	−0.1633	0.3260	8.4	0.2662	−0.0535	12.4	−0.1858	−0.1371
0.5	−0.4445	−1.4715	4.5	−0.1947	0.3010	8.5	0.2702	−0.0262	12.5	−0.1712	−0.1538
0.6	−0.3085	−1.2604	4.6	−0.2235	0.2737	8.6	0.2715	0.0011	12.6	−0.1551	−0.1689
0.7	−0.1907	−1.1032	4.7	−0.2494	0.2445	8.7	0.2700	0.0280	12.7	−0.1375	−0.1821
0.8	−0.0868	−0.9781	4.8	−0.2723	0.2136	8.8	0.2659	0.0544	12.8	−0.1187	−0.1935
0.9	0.0056	−0.8731	4.9	−0.2921	0.1812	8.9	0.2592	0.0799	12.9	−0.0989	−0.2028
1.0	0.0883	−0.7812	5.0	−0.3085	0.1479	9.0	0.2499	0.1043	13.0	−0.0782	−0.2101
1.1	0.1622	−0.6981	5.1	−0.3216	0.1137	9.1	0.2383	0.1275	13.1	−0.0569	−0.2152
1.2	0.2281	−0.6211	5.2	−0.3313	0.0792	9.2	0.2245	0.1491	13.2	−0.0352	−0.2182
1.3	0.2865	−0.5485	5.3	−0.3374	0.0445	9.3	0.2086	0.1691	13.3	−0.0134	−0.2190
1.4	0.3379	−0.4791	5.4	−0.3402	0.0101	9.4	0.1907	0.1871	13.4	0.0085	−0.2176
1.5	0.3824	−0.4123	5.5	−0.3395	−0.0238	9.5	0.1712	0.2032	13.5	0.0301	−0.2140
1.6	0.4204	−0.3476	5.6	−0.3354	−0.0568	9.6	0.1502	0.2171	13.6	0.0512	−0.2084
1.7	0.4520	−0.2847	5.7	−0.3282	−0.0887	9.7	0.1279	0.2287	13.7	0.0717	−0.2007
1.8	0.4774	−0.2237	5.8	−0.3177	−0.1192	9.8	0.1045	0.2379	13.8	0.0913	−0.1912
1.9	0.4968	−0.1644	5.9	−0.3044	−0.1481	9.9	0.0804	0.2447	13.9	0.1099	−0.1798
2.0	0.5104	−0.1070	6.0	−0.2882	−0.1750	10.0	0.0557	0.2490	14.0	0.1272	−0.1666
2.1	0.5183	−0.0517	6.1	−0.2694	−0.1998	10.1	0.0307	0.2508	14.1	0.1431	−0.1520
2.2	0.5208	0.0015	6.2	−0.2483	−0.2223	10.2	0.0056	0.2502	14.2	0.1575	−0.1359
2.3	0.5181	0.0523	6.3	−0.2251	−0.2422	10.3	−0.0193	0.2471	14.3	0.1703	−0.1186
2.4	0.5104	0.1005	6.4	−0.1999	−0.2596	10.4	−0.0437	0.2416	14.4	0.1812	−0.1003
2.5	0.4981	0.1459	6.5	−0.1732	−0.2741	10.5	−0.0675	0.2337	14.5	0.1903	−0.0810
2.6	0.4813	0.1884	6.6	−0.1452	−0.2857	10.6	−0.0904	0.2236	14.6	0.1974	−0.0612
2.7	0.4605	0.2276	6.7	−0.1162	−0.2945	10.7	−0.1122	0.2114	14.7	0.2025	−0.0408
2.8	0.4359	0.2635	6.8	−0.0864	−0.3002	10.8	−0.1326	0.1973	14.8	0.2056	−0.0202
2.9	0.4079	0.2959	6.9	−0.0563	−0.3029	10.9	−0.1516	0.1813	14.9	0.2065	0.0005
3.0	0.3769	0.3247	7.0	−0.0259	−0.3027	11.0	−0.1688	0.1637	15.0	0.2055	0.0211
3.1	0.3431	0.3496	7.1	0.0042	−0.2995	11.1	−0.1843	0.1446	15.1	0.2023	0.0413
3.2	0.3071	0.3707	7.2	0.0339	−0.2934	11.2	−0.1977	0.1243	15.2	0.1972	0.0609
3.3	0.2691	0.3879	7.3	0.0628	−0.2846	11.3	−0.2091	0.1029	15.3	0.1902	0.0799
3.4	0.2296	0.4010	7.4	0.0907	−0.2731	11.4	−0.2183	0.0807	15.4	0.1813	0.0979
3.5	0.1890	0.4102	7.5	0.1173	−0.2591	11.5	−0.2252	0.0579	15.5	0.1706	0.1148
3.6	0.1477	0.4154	7.6	0.1424	−0.2428	11.6	−0.2299	0.0348	15.6	0.1584	0.1305
3.7	0.1061	0.4167	7.7	0.1658	−0.2243	11.7	−0.2322	0.0114	15.7	0.1446	0.1447
3.8	0.0645	0.4141	7.8	0.1872	−0.2039	11.8	−0.2322	−0.0118	15.8	0.1295	0.1575
3.9	0.0234	0.4078	7.9	0.2065	−0.1817	11.9	−0.2298	−0.0347	15.9	0.1132	0.1686

$x \geq 16$일 때, $Y_0(x) \cong \sqrt{\frac{2}{\pi x}}\left[\sin\left(z - \frac{\pi}{4}\right) - \frac{1}{8x}\sin\left(x + \frac{\pi}{4}\right)\right]$

$$Y_1(x) \cong \sqrt{\frac{2}{\pi x}}\left[\sin\left(z - \frac{3\pi}{4}\right) + \frac{3}{8x}\sin\left(x - \frac{\pi}{4}\right)\right]$$

표 4 변형베셀함수, $I_0(x)$와 $K_0(x)$

x	$I_0(x)$	$K_0(x)$	x	$I_0(x)$	$K_0(x)$	x	$I_0(x)$	$K_0(x)$
0.0	1.0000	∞	4.0	11.302	0.011160	8.0	427.56	0.00014647
0.1	1.0025	2.4271	4.1	12.324	0.009980	8.1	469.50	0.00013173
0.2	1.0100	1.7527	4.2	13.442	0.008927	8.2	515.59	0.00011849
0.3	1.0226	1.3725	4.3	14.668	0.007988	8.3	566.26	0.00010658
0.4	1.0404	1.1145	4.4	16.010	0.007149	8.4	621.94	0.00009588
0.5	1.0635	0.9244	4.5	17.481	0.006400	8.5	683.16	0.00008626
0.6	1.0920	0.7775	4.6	19.093	0.005730	8.6	750.46	0.00007761
0.7	1.1263	0.6605	4.7	20.858	0.005132	8.7	824.45	0.00006983
0.8	1.1665	0.5653	4.8	22.794	0.004597	8.8	905.80	0.00006283
0.9	1.2130	0.4867	4.9	24.915	0.004119	8.9	995.24	0.00005654
1.0	1.2661	0.4210	5.0	27.240	0.003691	9.0	1093.6	0.00005088
1.1	1.3262	0.3656	5.1	29.789	0.003308	9.1	1201.7	0.00004579
1.2	1.3937	0.3185	5.2	32.584	0.002966	9.2	1320.7	0.00004121
1.3	1.4693	0.2782	5.3	35.648	0.002659	9.3	1451.4	0.00003710
1.4	1.5534	0.2437	5.4	39.009	0.002385	9.4	1595.3	0.00003339
1.5	1.6467	0.2138	5.5	42.695	0.002139	9.5	1753.5	0.00003006
1.6	1.7500	0.1880	5.6	46.738	0.001918	9.6	1927.5	0.00002706
1.7	1.8640	0.1655	5.7	51.173	0.001721	9.7	2118.9	0.00002436
1.8	1.9896	0.1459	5.8	56.038	0.001544	9.8	2329.4	0.00002193
1.9	2.1277	0.1288	5.9	61.377	0.001386	9.9	2561.0	0.00001975
2.0	2.2796	0.11389	6.0	67.234	0.001244			
2.1	2.4463	0.10078	6.1	73.663	0.0011167			
2.2	2.6291	0.08926	6.2	80.718	0.0010025			
2.3	2.8296	0.07914	6.3	88.462	0.0009001			
2.4	3.0493	0.07022	6.4	96.962	0.0008083			
2.5	3.2898	0.06235	6.5	106.29	0.0007259			
2.6	3.5533	0.05540	6.6	116.54	0.0006520			
2.7	3.8417	0.04926	6.7	127.79	0.0005857			
2.8	4.1573	0.04382	6.8	140.14	0.0005262			
2.9	4.5027	0.03901	6.9	153.70	0.0004728			
3.0	4.8808	0.03474	7.0	168.59	0.0004248			
3.1	5.2945	0.03095	7.1	184.95	0.0003817			
3.2	5.7472	0.02759	7.2	202.92	0.0003431			
3.3	6.2426	0.02461	7.3	222.66	0.0003084			
3.4	6.7848	0.02196	7.4	244.34	0.0002772			
3.5	7.3782	0.01960	7.5	268.16	0.0002492			
3.6	8.0277	0.01750	7.6	294.33	0.0002240			
3.7	8.7386	0.01563	7.7	323.09	0.0002014			
3.8	9.5169	0.01397	7.8	354.68	0.0001811			
3.9	10.369	0.01248	7.9	389.41	0.0001629			

$x \geq 10$일 때, $I_0(x) \cong \sqrt{\dfrac{1}{2\pi}}\dfrac{e^x}{\sqrt{x}}\left[1+\dfrac{1}{8x}+\dfrac{9}{128x^2}+\dfrac{75}{1024x^3}\right]$

$$K_0(x) \cong \sqrt{\frac{\pi}{2}}\frac{e^{-x}}{\sqrt{x}}\left[1-\frac{1}{8x}+\frac{9}{128x^2}-\frac{75}{1024x^3}\right]$$

표 5 변형베셀함수, $I_1(x)$와 $K_1(x)$

x	$I_1(x)$	$K_1(x)$	x	$I_1(x)$	$K_1(x)$	x	$I_1(x)$	$K_1(x)$
0.0	0.0000	∞	4.0	9.759	0.012484	8.0	399.87	0.00015537
0.1	0.0501	9.8538	4.1	10.688	0.011136	8.1	439.48	0.00013964
0.2	0.1005	4.7760	4.2	11.706	0.009938	8.2	483.05	0.00012552
0.3	0.1517	3.0560	4.3	12.822	0.008872	8.3	530.96	0.00011283
0.4	0.2040	2.1844	4.4	14.046	0.007923	8.4	583.66	0.00010143
0.5	0.2579	1.6564	4.5	15.389	0.007078	8.5	641.62	0.00009120
0.6	0.3137	1.3028	4.6	16.863	0.006325	8.6	705.38	0.00008200
0.7	0.3719	1.0503	4.7	18.479	0.005654	8.7	775.51	0.00007374
0.8	0.4329	0.8618	4.8	20.253	0.005055	8.8	852.66	0.00006631
0.9	0.4971	0.7165	4.9	22.199	0.004521	8.9	937.54	0.00005964
1.0	0.5652	0.6019	5.0	24.336	0.004045	9.0	1030.9	0.00005364
1.1	0.6375	0.5098	5.1	26.680	0.003619	9.1	1133.6	0.00004825
1.2	0.7147	0.4346	5.2	29.254	0.003239	9.2	1246.7	0.00004340
1.3	0.7973	0.3725	5.3	32.080	0.002900	9.3	1371.0	0.00003904
1.4	0.8861	0.3208	5.4	35.182	0.002597	9.4	1507.9	0.00003512
1.5	0.9817	0.2774	5.5	38.588	0.002326	9.5	1658.5	0.00003160
1.6	1.0848	0.2406	5.6	42.328	0.002083	9.6	1824.1	0.00002843
1.7	1.1963	0.2094	5.7	46.436	0.001866	9.7	2006.5	0.00002559
1.8	1.3172	0.1826	5.8	50.946	0.001673	9.8	2207.1	0.00002302
1.9	1.4482	0.1597	5.9	55.900	0.001499	9.9	2428.0	0.00002072
2.0	1.5906	0.13987	6.0	61.342	0.0013439			
2.1	1.7455	0.12275	6.1	67.319	0.0012050			
2.2	1.9141	0.10790	6.2	73.886	0.0010805			
2.3	2.0978	0.09498	6.3	81.100	0.0009691			
2.4	2.2981	0.08372	6.4	89.026	0.0008693			
2.5	2.5167	0.07389	6.5	97.735	0.0007799			
2.6	2.7554	0.06528	6.6	107.30	0.0006998			
2.7	3.0161	0.05774	6.7	117.82	0.0006280			
2.8	3.3011	0.05111	6.8	129.38	0.0005636			
2.9	3.6126	0.04529	6.9	142.08	0.0005059			
3.0	3.9534	0.04016	7.0	156.04	0.0004542			
3.1	4.3262	0.03563	7.1	171.38	0.0004078			
3.2	4.7343	0.03164	7.2	188.25	0.0003662			
3.3	5.1810	0.02812	7.3	206.79	0.0003288			
3.4	5.6701	0.02500	7.4	227.17	0.0002953			
3.5	6.2058	0.02224	7.5	249.58	0.0002653			
3.6	6.7927	0.01979	7.6	274.22	0.0002383			
3.7	7.4357	0.01763	7.7	301.31	0.0002141			
3.8	8.1404	0.01571	7.8	331.10	0.0001924			
3.9	8.9128	0.01400	7.9	363.85	0.0001729			

$x \geq 10$일 때, $I_1(x) \cong \sqrt{\frac{1}{2\pi}} \frac{e^x}{\sqrt{x}}\left[1 - \frac{3}{8x} - \frac{15}{128x^2} - \frac{105}{1024x^3}\right]$

$$K_1(x) \cong \sqrt{\frac{\pi}{2}} \frac{e^{-x}}{\sqrt{x}}\left[1 + \frac{3}{8x} - \frac{15}{128x^2} + \frac{105}{1024x^3}\right]$$

표 6 베셀함수의 영점(零點; zeros), $J_\nu(x_n) = 0$

n	$J_0(x)$	$J_1(x)$	$J_2(x)$	$J_3(x)$	$J_4(x)$	$J_5(x)$
1	2.4048	3.8317	5.1356	6.3802	7.5883	8.7715
2	5.5201	7.0156	8.4172	9.7610	11.0647	12.3386
3	8.6537	10.1735	11.6198	13.0152	14.3725	15.7002
4	11.7915	13.3237	14.7960	16.2235	17.6160	18.9801
5	14.9309	16.4706	17.9598	19.4094	20.8269	22.2178
6	18.0711	19.6159	21.1170	22.5827	24.0190	25.4303
7	21.2116	22.7601	24.2701	25.7482	27.1991	28.6266
8	24.3525	25.9037	27.4206	28.9084	30.3710	31.8117
9	27.4935	29.0468	30.5692	32.0649	33.5371	34.9888
10	30.6346	32.1897	33.7165	35.2187	36.6990	38.1599

표 7 지수적분함수, $-Ei(-x) = Ei(x) = \int_x^\infty \frac{e^{-z}}{z} dz$

x	$Ei(x)$	x	$Ei(x)$	x	$Ei(x)$	x	$Ei(x)$
0.00	∞	0.25	1.0442	0.50	0.55977	1.80	0.064713
0.01	4.0379	0.26	1.0138	0.55	0.50336	1.85	0.060295
0.02	3.3547	0.27	0.98493	0.60	0.45437	1.90	0.056204
0.03	2.9591	0.28	0.95730	0.65	0.41151	1.95	0.052414
0.04	2.6812	0.29	0.93091	0.70	0.37376	2.00	0.048900
0.05	2.4678	0.30	0.90567	0.75	0.34034	2.10	0.042614
0.06	2.2953	0.31	0.88150	0.80	0.31059	2.20	0.037191
0.07	2.1508	0.32	0.85833	0.85	0.28401	2.30	0.032502
0.08	2.0269	0.33	0.83610	0.90	0.26018	2.40	0.028440
0.09	1.9187	0.34	0.81474	0.95	0.23873	2.60	0.021850
0.10	1.8229	0.35	0.79421	1.00	0.21938	2.80	0.016855
0.11	1.7371	0.36	0.77446	1.05	0.20187	3.00	0.013048
0.12	1.6595	0.37	0.75544	1.10	0.18599	3.50	0.006970
0.13	1.5888	0.38	0.73711	1.15	0.17155	4.00	0.003779
0.14	1.4241	0.39	0.71943	1.20	0.15840	4.50	0.002073
0.15	1.4644	0.40	0.70238	1.25	0.14641	5.00	0.001148
0.16	1.4091	0.41	0.68591	1.30	0.13545	∞	0
0.17	1.3577	0.42	0.66999	1.35	0.12541		
0.18	1.3097	0.43	0.65461	1.40	0.11621		
0.19	1.2648	0.44	0.63973	1.45	0.10777		
0.20	1.2226	0.45	0.62533	1.50	0.10001		
0.21	1.1829	0.46	0.61138	1.60	0.086308		
0.22	1.1453	0.47	0.59787	1.65	0.080247		
0.23	1.1098	0.48	0.58478	1.70	0.074654		
0.24	1.0762	0.49	0.57208	1.75	0.069488		

표 8 계승함수 $x! = \int_0^\infty z^x e^{-z}\, dz$

x	$x!$	x	$x!$	x	$x!$	x	$x!$	x	$x!$
0.00	1	0.20	0.9182	0.40	0.8873	0.60	0.8935	0.80	0.9314
0.01	0.9943	0.21	0.9156	0.41	0.8868	0.61	0.8947	0.81	0.9341
0.02	0.9888	0.22	0.9131	0.42	0.8864	0.62	0.8959	0.82	0.9368
0.03	0.9835	0.23	0.9108	0.43	0.8860	0.63	0.8972	0.83	0.9397
0.04	0.9784	0.24	0.9085	0.44	0.8858	0.64	0.8986	0.84	0.9426
0.05	0.9735	0.25	0.9064	0.45	0.8857	0.65	0.9001	0.85	0.9456
0.06	0.9687	0.26	0.9044	0.46	0.8856	0.66	0.9017	0.86	0.9487
0.07	0.9642	0.27	0.9025	0.47	0.8856	0.67	0.9033	0.87	0.9518
0.08	0.9597	0.28	0.9007	0.48	0.8857	0.68	0.9050	0.88	0.9551
0.09	0.9555	0.29	0.8990	0.49	0.8859	0.69	0.9068	0.89	0.9584
0.10	0.9514	0.30	0.8975	0.50	0.8862	0.70	0.9086	0.90	0.9618
0.11	0.9474	0.31	0.8960	0.51	0.8866	0.71	0.9106	0.91	0.9652
0.12	0.9436	0.32	0.8946	0.52	0.8870	0.72	0.9126	0.92	0.9688
0.13	0.9399	0.33	0.8934	0.53	0.8876	0.73	0.9147	0.93	0.9724
0.14	0.9364	0.34	0.8922	0.54	0.8882	0.74	0.9168	0.94	0.9761
0.15	0.9330	0.35	0.8912	0.55	0.8889	0.75	0.9191	0.95	0.9799
0.16	0.9298	0.36	0.8902	0.56	0.8896	0.76	0.9214	0.96	0.9837
0.17	0.9267	0.37	0.8893	0.57	0.8905	0.77	0.9238	0.97	0.9877
0.18	0.9237	0.38	0.8885	0.58	0.8914	0.78	0.9262	0.98	0.9917
0.19	0.9209	0.39	0.8879	0.59	0.8924	0.79	0.9288	0.99	0.9958

표 9 계승함수의 근사값

$$x! = 1 + \sum_{n=1}^{8} b_n x^n + \epsilon(x), \quad |\epsilon(x)| < 3 \times 10^{-7}, \quad 0 \le x \le 1$$

$b_1 = -0.577191652$	$b_5 = -0.756704078$
$b_2 = +0.988205891$	$b_6 = +0.482199394$
$b_3 = -0.897056937$	$b_7 = -0.193527818$
$b_4 = +0.918206857$	$b_8 = +0.035868343$

*C. Hastings, Jr., *Approximations for Digital Computers*. Princeton, NJ, 1955

표 10 계승 $n!$

n	$n!$	$\log(n!)$	n	$n!$	$\log(n!)$
1	1	0.000 000	11	39 916 800	7.601 156
2	2	0.301 030	12	479 001 600	8.680 337
3	6	0.778 151	13	6 227 020 800	9.794 280
4	24	1.380 211	14	87 178 291 200	10.940 408
5	120	2.079 181	15	1 307 674 368 000	12.116 500
6	720	2.857 332			
7	5 040	3.702 431			
8	40 320	4.605 521			
9	362 880	5.559 763			
10	3 628 800	6.559 763			

추천문헌

[1] G. B. Arfken and H. J. Weber, *Mathematical Methods for Physicists*, Academic Press (1995).

[2] H. F. Davis and A. D. Snider, *Introduction to Vector Analysis*, Wm. C. Brown Publishers (1995).

[3] F. B. Hildebrand, *Advanced Calculus for Applications*, Prentice-Hall (1976).

[4] W. Kaplan, *Advanced Calculus*, Addison Wesley (1991).

[5] E. Kreyszig, *Advanced Engineering Mathematics*, John Wiley (1993).

[6] P. V. O'Neil, *Advanced Engineering Mathematics*, Wadsworth, Inc. (1991).

찾아보기

【ㄴ】

【ㄷ】

【ㅅ】

【ㅇ】

【ㅈ】

【#】

【A · B · C】

【T · U】

【W】

저/자/약/력

김 찬 중

- 1983: 서울대학교 공과대학 기계공학과, 학사(수학 부전공)
- 1985: 서울대학교 공과대학 기계공학과, 석사
- 1991: University of Michigan, Ann Arbor, 공학박사
- 현재: 서울대학교 공과대학 기계항공공학부 부교수

- 저서: 길잡이 공업수학 개정4판(日語版: 工業數學ポケットブック)
  길잡이 전산유체역학 개정2판
  길잡이 수치해석 개정3판
  길잡이 유체역학
  길잡이 열역학
  길잡이 열전달

개정4판

길잡이 공업수학

4판1쇄인쇄 | 2020년 2월 10일
4판3쇄발행 | 2022년 10월 12일

저 자 | 김찬중
발 행 인 | 이성범
발 행 처 | 문운당
주 소 | 서울시 종로구 혜화로5길 16 (명륜1가 45-3)
전 화 | (02)762-6010
팩 스 | 영업 (02)745-0265 / 편집 (02)762-8758
이 메 일 | 영업 munun2@chol.com
편집 munundang@naver.com
홈페이지 | http://munundang.co.kr

ISBN 979-11-5692-466-1 93500

정가 31,000원